Ernst-Albrecht Reinsch

Mathematik für Chemiker

Ernst Albrecht Reinsch

Mathematik für Chemiker

Methoden, Beispiele, Anwendungen und Aufgaben

B. G. Teubner Stuttgart · Leipzig · Wiesbaden

Bibliografische Information der Deutschen Bibliothek
Die Deutsche Bibliothek verzeichnet diese Publikation in der Deutschen Nationalbibliographie;
detaillierte bibliografische Daten sind im Internet über <http://dnb.ddb.de> abrufbar.

Prof. Dr. rer. nat. Ernst-Albrecht Reinsch
Ernst-Albrecht Reinsch – Jahrgang 1931 – wurde im Herbst 1961 an der Universität München im Fachgebiet „Organische Chemie" promoviert. Er widmete sich im Anschluß daran bei Professor Hartmann
dem Studium der Theoretischen Chemie. Er habilitierte sich in Frankfurt für das Fachgebiet
„Physikalische Chemie" und war am dortigen Fachbereich in der Zeit von 1979 bis 2001 für die
Mathematik-Ausbildung der Chemiestudenten verantwortlich. Aus dieser Zeit stammen seine Erfah-
rungen in der Lehre, die dem vorstehenden Werk zugrunde liegen.

1. Auflage Januar 2004

Der B. G. Teubner Verlag ist ein Unternehmen von Springer Science+Business Media.
www.teubner.de

Umschlaggestaltung: Ulrike Weigel, www.CorporateDesignGroup.de

Gedruckt auf säurefreiem und chlorfrei gebleichtem Papier.

ISBN-13:978-3-519-00443-1   e-ISBN-13:978-3-322-80060-2
DOI: 10.1007/978-3-322-80060-2

Vorwort

"Mathematik für Chemiker" ist – didaktisch gesehen – in der Regel ein heikles Unterfangen. Mathematik ist, anders als Chemie, eine auf Abstraktionen beruhende Disziplin, die ihre eigene Begabung und Zuneigung braucht, um sich richtig auf sie einzulassen. Nun hat aber der Chemiker seine eigenen Interessen und auch ganz andere Begabungen als sie die Mathematik benötigt. Entsprechend unbeliebt ist eine einführende Mathematik-Vorlesung.

Nun ist es leider so, daß eine chemische Ausbildung ohne Mathematik nicht auskommt. Im wesentlichen ist es die Physikalische Chemie, die mehr höhere Mathematik verlangt als in der Schule vermittelt werden kann, und die deshalb ebenfalls in der Beliebtheitsskala des Chemiestudenten nicht gerade ganz oben steht. Nichtsdestotrotz bildet sie die theoretische Grundlage für die gesamte Chemie, und sie mehr oder weniger zu umgehen führt zu einer bedenklichen Verengung des Wissens. Es besteht also die Notwendigkeit, dem Chemiker ein gewisses Grundwissen an Mathematik beizubringen, obwohl Mathematik eigentlich mehr verlangt als eine beiläufige Beschäftigung mit ihr. Andererseits muß sich der Studienaufwand für ein Nebenfach in Grenzen halten. Es ist schwierig, das richtige Maß zwischen diesen gegensätzlichen Polen zu finden. Mathematiker werden alles ablehnen, was nicht ganz sauber deduziert worden ist und Chemiker finden das Wenige, was ihnen zugemutet werden muß, oft noch "viel zu schwer" oder überflüssig.

Ich weiß nicht, ob mir mit dem vorliegenden Werk ein Zwischenweg zwischen Vermittlung mathematischer Grundlagen und der Anwendung mathematischer Methoden in der Chemie (oder Physik) gelungen ist, – trotz meiner langjährigen Erfahrung in der Lehre dieses Gebietes. Ich habe mich jedenfalls bemüht, so viel wie möglich zu begründen, und da, wo eine vollständige Begründung zu weit führen würde, dies auch ehrlich gesagt. Dennoch wird der Mathematiker zahllose Unzulänglichkeiten aufspüren können, die nicht dadurch entstanden sind, daß das Buch sonst zu umfangreich geraten wäre (man kann auch schwierige Dinge kurz ausdrücken!). Ursache ist vielmehr, daß eine bestimmte Art von Abstraktionsvermögen nicht vorausgesetzt wurde, weil es bei Chemikern eher selten anzutreffen ist.

Meine Richtlinie für die Stoffauswahl war zunächst durch das, was an Mathematik in den Vorlesungen über Physikalische Chemie benötigt wird, vorgegeben: also für Thermodynamik, chemische Kinetik, Statistik, Spektroskopie und die Anfangsgründe der Theorie der chemischen Bindung. Darüber hinaus war es mein Bestreben, auch dem Leser, der mehr als dieses Minimum an Mathematik benötigt, wenigstens eine gute Grundlage für Themen zu bieten, die als Erweiterungen in Frage kommen. Dies dürfte insbesondere für diejenigen, die sich mit der Theoretischen Chemie etwas näher befassen möchten, von Nutzen sein, und der eventuelle Einstieg in weiterführende Literatur dann leichter fallen. Diejenigen Leser, die auf ein Fachgebiet abzielen, in dem sie voraussichtlich wenig Mathematik benötigen, brauchen sich also nicht durch den gesamten, hier behandelten Stoff zu arbeiten. In der Einleitung habe ich Hinweise gegeben, welche Abschnitte für diese Gruppe entbehrlich sind. Für sie verbleiben dann etwas über 300 Seiten Stoff.

Alles in allem hoffe ich, Ihnen ein Buch an die Hand zu geben, welches seinen Zielen gerecht wird, – das heißt eben, Ihnen das notwendige mathematische Rüstzeug für ein erfolgreiches Chemie-Studium zu vermitteln, und das in einer Form, die für den Nicht-Mathematiker noch verdaulich ist. Vielleicht finden Sie dann auch ein wenig Gefallen an der Mathematik.

Mein Dank gilt an erster Stelle Herrn Prof. B. Brutschy vom Institut für Physikalische und Theoretische Chemie, der mir durch die großzügige Überlassung von Arbeitsraum im Institut und Möglichkeiten zur Datenverarbeitung die Abfassung zumindest sehr erleichtert hat. Darüber hinaus möchte ich K.-H. Gericke danken, der mir nützliche Hinweise zur Verständlichkeit der Darstellung geben konnte. Besonderen Dank aber schulde ich meiner Frau, die die mühevolle Arbeit des Korrekturlesens auf sich genommen hat.

Frankfurt, Januar 2004

Ernst-Albrecht Reinsch

Inhalt

Einleitung

Der Stoff ist so angeordnet, wie es der logische Aufbau erfordert, – also in einer Reihenfolge, in der jedes Kapitel auf den vorhergehenden aufbaut. Wir beginnen mit Zahlen, wobei der Schwerpunkt auf den *komplexen* Zahlen liegt. Sie sind im Ausbildungsplan der Schulen meist nicht vorgesehen, aber unabdingbar für die Quantenmechanik. In diesem einführenden Kapitel werden außerdem noch Polynome behandelt, die von der Schule her meist gut bekannt sind, die aber komplexe Wurzeln haben können und sich deshalb zwanglos hier anschließen lassen. Der letzte Abschnitt enthält das Nötigste an Kombinatorik, wie sie für die thermodynamische Statistik benötigt wird und den häufig verwendeten Binomialsatz.

Daran schließt sich die *lineare Algebra* an, also Vektorrechnung, Matrizenrechnung, Determinanten und lineare Gleichungssysteme. Es folgt die *analytische Geometrie*, die hier eher handwerksmäßig behandelt wird, also mehr technische Dinge wie Verschiebungen oder Drehungen von geometrischen Gebilden beinhaltet. Das vierte Kapitel enthält die Grundlagen für die eigentliche *Analysis*: Funktionsbegriff und Grenzwertbildung. Sodann folgen *Differential-* und *Integralrechnung*, die wohl wichtigsten Gebiete für den Chemiker. Da in der Thermodynamik praktisch alle Funktionen von zwei (oder mehr) Variablen abhngen, ist die Behandlung von Funktionen dieser Art die wesentliche Erweiterung gegenüber dem Schulstoff. Die Entwicklung von Funktionen in *Taylorreihen* wird meist in den Schulen überhaupt nicht behandelt, ist aber in der Praxis ein unentbehrliches Mittel, um Funktionen, die nicht durch einfache analytische Ausdrücke gegeben sind, in den Griff zu bekommen. Die in das gleiche Kapitel aufgenommene Skizzierung einiger Begriffe der Funktionentheorie können als ein gewisser Luxus gelten, ohne den der Chemiker überleben kann. Das achte Kapitel enthält Stoff, der eher für die Theorie der chemischen Bindung wichtig ist. Es folgt ein Kapitel über *Differentialgleichungen*, auf denen die ganze chemische Kinetik beruht. Die *Gruppentheorie* schließlich ist hier nur skizziert worden, – sie wird häufig in eigenen Vorlesungen behandelt. Das letzte Kapitel gehört zum Handwerkszeug jedes Naturwissenschaftlers, der Versuche auswertet und deren Ergebnisse mathematisch darstellen will.

Wie schon im Vorwort gesagt, habe ich mich bemüht, auch dem fortgeschrittenen Leser bzw. besonders Interessierten gerecht zu werden. Deshalb enthalten die Kapitel 2, 3 und 5 bis 10 gegen Schluß zu jeweils Abschnitte, die für diese Gruppe von Lesern gedacht sind und die der weniger Interessierte überschlagen kann. Diese Abschnitte sind auch knapper gehalten, weil vorausgesetzt werden darf, daß solche Leser nicht allzuviel Mühe mit dem übrigen Stoff gehabt haben. Es handelt sich dabei insbesondere um die Abschnitte 2.7–2.8, 3.2.3, 5.4, 6.4.4–6.4.5, 6.5.3–6.5.5, 7.2, 8.2–8.5, 9.4–9.5 und 10.2.

Es wäre in vieler Hinsicht das Einfachste, das Buch von vorn bis hinten durchzuarbeiten. Dem steht entgegen, daß der Studienplan vielerorts bereits für das zweite Semester die

Ausbildung in Thermodynamik vorsieht, so daß der Student möglichst schnell das mathematische Wissen erarbeitet haben muß, das er dafür benötigt. (Aus diesem Grund beginnt auch die Vorlesung meist mit der Analysis und behandelt die lineare Algebra erst im zweiten Semester, obwohl vieles für die umgekehrte Reihenfolge spricht.) Dieser Stoff ist in den Kapiteln 4 bis 6 enthalten. Man benötigt als Voraussetzung dafür nur die Abschnitte 1.1 und 1.5 des 1. Kapitels (letzteren wegen des öfters benutzen Binomialsatzes). Danach, spätestens aber nach Abschnitt 7.1, sollte man die übersprungenen Teile nachholen, da der Rest ohne Kenntnis komplexer Zahlen und linearer Algebra nicht zu verstehen ist. (Kapitel 3 kann abschnittsweise eingeschaltet werden, wenn vom Text her darauf Bezug genommen wird, z.B. Abschn. 3.1 beim Lesen von Abschn. 6.4.)

Der hier skizzierte Seiteneinstieg ist natürlich nur ein Hinweis auf eine Mglichkeit, schnell notwendiges Anfangswissen zu erlangen. Man nimmt dabei allerdings in Kauf, daß manche Stellen, wo Bezug auf den vorangegangenen Stoff genommen wird, nicht voll verständlich sind. Es ist deshalb zu empfehlen, daß man dann, wenn man die übersprungenen Teile angeht, sich diese Passagen nochmals ansieht.

In jedem Fall sollte sich der Leser aber zu Anfang anhand des Anhangs A vergewissern, daß sein Schulwissen, das hier vorausgesetzt werden muß, ausreichend ist. In diesem Anhang ist das Wichtigste zusammengestellt. Dieses Wissen muß der Leser auch wirklich parat haben, denn es wird als selbstverständlich angesehen und überall darauf zurückgegriffen, ohne daß noch eigens darauf hingewiesen wird.

1 Zahlen

Wir beginnen mit der Einführung einiger weniger Begriffe aus der Mengenlehre, die wir bei der Definition des Funktionsbegriffes benötigen werden. Das eigentliche Thema dieses Kapitels aber sind die wichtigsten mathematischen Objekte: die Zahlen. Dabei ist der Abschnitt über die *reellen* Zahlen eher knapp gehalten, weil sie im wesentlichen vom Schulunterricht her bekannt sein dürften. Der Abschnitt über *komplexe* Zahlen ist dagegen ausführlicher, denn das Thema stellt für viele Chemiestudenten Neuland dar. Ergänzt wird das Kapitel durch einen Abschnitt über Polynome, deren Wurzeln ja im allgemeinen komplexe Zahlen sind. Und schließlich gibt es noch einen Abschnitt über Kombinatorik. Dieser Zweig der Mathematik befaßt sich mit Abzählproblemen aller Art, aber der Chemiker benötigt nur einen kleinen Ausschnitt von ihr. Dieses Buch beschränkt sich auf das, was entweder in späteren Kapiteln oder aber in der thermodynamischen Statistik benötigt werden wird.

1.1 Grundbegriffe der Mengenlehre

Die Mengenlehre hat sich zu einer Standard-Sprache der Mathematik entwickelt. Wir sprechen z.B. von der Menge aller Lösungen einer Gleichung oder der Menge der Punkte einer Ebene. Viele mathematischen Aussagen lassen sich mit ihrer Hilfe kürzer und klarer formulieren als ohne sie. In der Folge soll diese Sprache aber nicht generell verwendet werden, weil der Chemiker als Nichtmathematiker nicht unnötig belastet werden soll. Wir benötigen hier eigentlich nur den Begriff der *Abbildung* (Abschnitt 1.1.3) als Grundlage für den Funktionsbegriff. Ein kurzer Abriß mengentheoretischer Begriffe, der diesem Werk vorangestellt wurde, ist im Hinblick auf Leser aufgenommen worden, die weiterführende Literatur zu Rate ziehen möchten und dann eventuell die wichtigsten Begriffe benötigen.

Im Folgenden werden wir nur mit Beispielen arbeiten, bei denen die Mengen aus wenigen Elementen bestehen. In der Praxis aber umfassen unsere Mengen natürlich viele, oft sogar beliebig viele Elemente. Die Prinzipien, die zu erläutern sind, bleiben aber die gleichen.

1.1.1 Elemente, Mengen und Teilmengen

Wir gehen aus von einem Satz von Objekten, hier *Elemente* genannt, z.B. den Buchstaben des Alphabets. (Diese Objekte müssen nicht "vom gleichen Typ" sein, wir können ebenso gut noch Punkt und Komma oder die zehn Ziffern dazunehmen.) Eine *Menge* bilden wir, wenn wir eine Reihe von Objekten auswählen und sie so zu einer Menge zusammenfassen. Man bezeichnet dann die Menge dadurch, daß man die gewählten Elemente in geschweifte

Klammern setzt: z. B. $M = \{d,f,s,z\}$. Da es nur darauf ankommt, ob beispielsweise das "d" dazugehört oder nicht, machen Mehrfach-Nennungen keinen Sinn. Aus dem gleichen Grund spielt auch die Reihenfolge der Elemente keine Rolle. Die hier benützte Aufzählungsform für M ist übrigens nicht die Regel. Weit häufiger definiert man die Menge indirekt durch Eigenschaften der zu ihr gehörenden Elemente, z. B. die Menge aller Buchstaben mit Oberlänge, die Menge aller geraden Zahlen zwischen 1 und 100. Gehört ein bestimmtes Element zu M, so schreibt man $d \in M$ ("d ist Element von M"), bzw. im gegenteiligen Fall $e \notin M$ ("e ist nicht Element von M"). Es ist auch möglich, *kein* Element auszuwählen und so eine Menge zu erzeugen, die *leer* ist: $M = \{\}$. Die Menge aller Großbuchstaben ohne Oberlänge ist leer. Eine solche leere Menge wird durch das Symbol $\emptyset$ bezeichnet.

Ein häufig gebrauchter Begriff ist der der *Teilmenge*: N ist Teilmenge von M, wenn jedes Element von N auch Element von M ist, in Symbolen: $N \subset M$. Beispielsweise ist $\{f,z\}$ Teilmenge unserer oben als Beispiel verwendeten Menge M, die Menge $\{a,d\}$ dagegen nicht, weil das a nicht zu M gehört: $\{a, d\} \not\subset M$. (Gemäß Definition ist aber auch M selbst Teilmenge von M, weil wir nicht verabredet haben, daß die Teilmenge nicht *alle* Elemente von M enthalten darf. Allerdings spricht man in diesem Fall nicht von einer *echten* Teilmenge.) Die Beziehung "$\subset$" ist übrigens *transitiv*: Aus $P \subset N$ und $N \subset M$ folgt $P \subset M$. Beispiel: aus $\{a.d\} \subset \{a,c,d\}$ und $\{a,c,d\} \subset \{a,c,d,x,y\}$ folgt natürlich $\{a,d\} \subset \{a,c,d,x,y\}$.

Zum Schluß sei noch ein Weg erläutert, wie man aus zwei Mengen eine neue Menge bilden kann, indem man ihr *kartesisches Produkt* $M \otimes N$ bildet. Dazu konstruiert man zunächst aus den Elementen von M und N neue Elemente: man kombiniert ein Element von M mit einem von N. Die Menge $M \otimes N$ besteht dann aus dem Satz aller möglichen derartigen Kombinationen. Ist beispielsweise M die Menge aller Buchstaben von a bis z und N die Menge aller zehn Ziffern, so bestehen die neuen Elemente aus den Kombinationen (a,0), (a,1), ... (a,9), (b,0), ... (b,9), usw. bis (z,9). Aus den 26 Buchstaben und den 10 Ziffern haben wir auf diese Weise die 260 Elemente von $M \otimes N$ erzeugt.

1.1.2 Mengen-Operationen

Ist N Teilmenge von M, so läßt sich das *Komplement* (oder die *Differenz*) $M \setminus N$ nach folgender Vorschrift bilden: Die Menge $M \setminus N$ besteht aus allen Elementen von M, die *nicht* zur Teilmenge N gehören. Beispielsweise ist für $M=\{a,d,r,x,y\}$ und $N=\{a,x\}$

$$M \setminus N = \{d, r, y\}.$$

Die *Vereinigung* zweier Mengen (in Symbolen: $M \bigcup N$) wird so gebildet, daß alle Elemente, die entweder zu M oder zu N gehören, in die neue Menge aufgenommen werden: Für M wie oben und $N=\{d,f,g\}$ ist also

$$M \bigcup N = \{a, d, f, g, r, x, y\}.$$

Der *Durchschnitt* zweier Mengen (in Symbolen: $M \bigcap N$) wird auf die Weise gebildet, daß nur die Elemente, die sowohl zu M als auch zu N gehören, aufgenommen werden:

$$M \bigcap N = \{d\}.$$

Der Durchschnitt kann natürlich leer sein. Beide Operationen sind *kommutativ*, d.h. es gilt $M \cup N = N \cup M$ und $M \cap N = N \cap M$, was einfach aus den Definitionen folgt. Sie sind des weiteren *assoziativ*: $M \cup (N \cup P) = (M \cup N) \cup P$ und Entsprechendes gilt für den Durchschnitt. Auch das folgt aus den Definitionen.

Es gibt zahlreiche weitere Relationen, die wir hier aber nicht alle besprechen müssen. Ein Beispiel hierfür ist eine Art *distributives Gesetz*, wie wir es aus der Algebra kennen, nämlich $a(b + c) = ab + ac$. Hier gibt es zwei solcher Beziehungen:

$$(M \cup N) \cap P = (M \cap P) \cup (N \cap P), \tag{1.1}$$

und eine ähnliche, bei der $\cap$ und $\cup$ vertauscht sind. Den Beweis überlassen wir dem Leser (siehe Übungsaufgabe 3).

■ Die *Mengenoperationen*
- Komplement $(M \setminus N)$
- Vereinigung $(M \cup N)$
- Durchschnitt $(M \cap N)$

werden erläutert. Sie können zu komplizierteren Operationen zusammengesetzt werden.

1.1.3 Abbildungen

Ein wichtiger Begriff, der uns bei der Behandlung von Vektorräumen, bei der Definition des Funktionsbegriffes oder bei Koordinatentransformationen begegnen wird, ist der der *Abbildung*. Gegeben zwei Mengen M_1 und M_2. Wir denken uns eine Zuordnung, bei der *jedem* Element von M_1 *genau ein* Element aus der Menge M_2 nach irgendeiner Vorschrift zugeordnet ist. M_1 nennen wir die Menge der *Urbilder* und die zugeordneten Elemente (aus M_2) die *Abbilder*. Es ist dabei nicht notwendig, daß *jedes* Element von M_2 ein Urbild hat und auch nicht, daß ein Element von M_2 nur *ein* Urbild hat. Nehmen wir als Beispiel für M_1 die Zahlen 1,2,3 und für M_2 die Zahlen 5,6,7,8, so genügen die beiden Zuordnungen

Zuordnung A	Zuordnung B
$1 \to 6$	$1 \to 6$
$2 \to 7$	$2 \to 5$
$3 \to 5$	$3 \to 6$

durchaus den Vereinbarungen für Abbildungen, weil für jedes Urbild (1,2,3) ein Abbild genannt ist. Die Mehrfachnennungen der 6 oder die Tatsache, daß die 8 überhaupt kein Abbild ist, stört nicht. Eine andere Frage ist die, ob die Abbildung *umkehrbar* ist, d.h. ob man gleicherweise M_2 als Urbilder und M_1 als Abbilder auffassen kann. Beide Beispiele sind nicht umkehrbar, A nicht, weil die 8 bei der Umkehrung kein Abbild hätte und B nicht, weil die 7 und 8 kein Abbild hätten und die Zuordnung der 6 mehrdeutig wäre. Eine Abbildung ist also nur dann umkehrbar, wenn *jedes* Element der Menge M_2 *genau ein* Urbild hat. Zwei Mengen, zwischen denen eine umkehrbare Abbildung möglich ist, nennt man *gleich mächtig*. Ein häufig auftretender Fall von Abbildungen ist der, wo M_1 und M_2 *dieselbe* Menge sind. Man spricht dann von einer Abbildung einer Menge auf sich selbst. Auch diese *kann, aber muß nicht* umkehrbar sein.

■ Eine Abbildung einer Menge M_1 auf eine Menge M_2 ist dadurch definiert, daß *jedem* Element von M_1 *ein und nur ein* Element von M_2 zugeordnet ist. Dabei ist nicht ausgeschlossen, daß verschiedenen Elementen von M_1 das gleiche Element von M_2 zugeordnet ist, und auch nicht, daß Elemente von M_2 ohne Zuordnung bleiben. *Umkehrbar* ist die Abbildung allerdings nur, wenn weder das eine noch das andere der Fall ist.

Aufgaben

1. Die Menge M_1 bestehe aus den Elementen der Alkaligruppe und die Menge M_2 aus denen der dritten Periode (Na-Ar). Welche Elemente gehören zu
(a) zu $M_1 \bigcup M_2$,
(b) zu $M_1 \bigcap M_2$,
(c) zur Teilmenge von $M_1 \bigcup M_2$, deren Kernladungszahl durch 3 teilbar ist
(d) zur Teilmenge von $M_1 \bigcap M_2$, deren Kernladungszahl durch 3 teilbar ist?
(e) Sind zwei der Mengen (a) bis (d) gleich mächtig?
2. M sei die Menge der chemischen Elemente. Geben Sie ein einfaches Beispiel für einen Sachverhalt, wo das kartesische Produkt von M mit sich selbst von Nutzen sein könnte!
3. Beweisen Sie Gl. (1.1), indem Sie auf die Definitionen von Vereinigung und Durchschnitt zurückgehen!

Spätestens an dieser Stelle sollten Sie an Hand von Anhang A überprüfen, ob die notwendigen Voraussetzungen zum Verständnis dieses Buches vorhanden sind. Dort ist das Basiswissen, das von der Schule her erwartet wird, zusammengestellt, und Sie müssen sich vergewissern, daß Sie damit umgehen können. Im Folgenden wird alles, was dort skizziert ist, ohne eigens darauf hinzuweisen, verwendet und vorausgesetzt, daß Sie die entsprechenden Regeln im Kopf haben. Wenn Sie feststellen, daß Ihnen diese Dinge nur "so ungefähr" bekannt sind, sollten Sie sich vorher an Hand von eigenen Übungsaufgaben die notwendige Sicherheit verschaffen. Ohne diese würden Sie bei allen an sich trivialen Umformungen immer wieder nachschlagen müssen und dabei den Überblick verlieren.

Im Vorwort wurde bereits darauf hingewiesen, daß es notwendig sein kann, die Reihenfolge, in der Sie die Kapitel durcharbeiten, abzuändern. Wenn in Ihrem Studiengang bereits im 2. Semester die Thermodynamik vorgesehen ist, müssen Sie sich als erstes die wichtigsten Begriffe aus der Analysis aneignen. Das würde bedeuten, von diesem Kapitel nur noch den Abschnitt 1.5 (wegen des häufig verwendeten Binomialsatzes) zu lesen und danach mit den Kapiteln 4–6 fortzufahren. Sie können anschließend die übersprungenen Teile nachholen.

1.2   Reelle Zahlen

Die reellen Zahlen und ihre Rechenregeln dürften vom Schulunterricht her allgemein bekannt sein. Wir können uns deshalb hier darauf beschränken, in knapper Form das Wesentliche zusammenzufassen, ohne von abstrakten Axiomen auszugehen. Da es für den Chemiker in erster Linie darauf ankommt, mit Zahlen richtig umgehen zu können, sind tiefer liegende Zusammenhänge nicht von primärem Interesse für ihn.

1.2.1 Ganze Zahlen

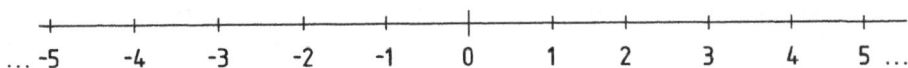

Fig. 1.1 Die Zahlengerade mit positiven und negativen ganzen Zahlen

Die ganzen Zahlen umfassen die positiven (oder natürlichen) Zahlen des Zählens, die Null und die negativen Zahlen. Sie bilden eine geordnete Menge, so daß wir von zwei Zahlen m und n immer sagen können, ob sie gleich sind oder welche die größere bzw. die kleinere ist: Entweder gilt $m = n$ oder $m > n$ oder $m < n$ (m größer n bzw. kleiner). Deshalb kann man diese Zahlen (äquidistant) auf einer Geraden abtragen, wenn man die größere immer rechts von der kleineren anordnet. Mit der Null in der Mitte sieht diese *Zahlengerade* dann wie in Abb. 1.1 aus. Manchmal interessiert nur der *Betrag* einer Zahl, geschrieben $|m|$, d.h. die Zahl ohne ihr Vorzeichen. Auf der Zahlengeraden ist das einfach der Abstand von der Null, gleich ob die Zahl rechts oder links von ihr steht.

Zahlen können sowohl *addiert* als auch *multipliziert* werden. Wir haben also zwei Operationen, die zwei Zahlen miteinander *verknüpfen* und dabei eine dritte Zahl liefern. Beide Operationen sind sowohl *kommutativ* als auch *assoziativ*, d.h.

$$m + n = n + m, \qquad m \cdot n = n \cdot m \quad (\text{auch} \quad mn = nm),$$

und

$$(m + n) + p = m + (n + p), \qquad (m \cdot n) \cdot p = m \cdot (n \cdot p).$$

Für zusammengesetzte Operationen gilt das *distributive* Gesetz

$$(m + n) \cdot p = mp + np.$$

Eine Gleichung der Form

$$m + x = n \qquad \Rightarrow \qquad x = n - m$$

(links als Gleichung, rechts als neue Operation geschrieben) können wir immer lösen. Die entsprechende Gleichung für die Multiplikation leitet uns aber zum nächsten Abschnitt über.

Zuvor noch ein Wort zu *Zahlensystemen*. Wir haben nur die zehn Ziffern (0-9) zu unserer Verfügung, größere Zahlen müssen also in irgendeiner anderen Form charakterisiert werden. Der Trick ist, eine Zahl über 9 aber unter 100 als Summe von einem Vielfachen von Zehn und einem Rest, der kleiner als Zehn ist, aufzufassen. Diese Zahlen bestehen dann aus zwei Ziffern: Die linke gibt die Anzahl der Zehnergruppen und die rechte die Anzahl der restlichen Einer an und beides ist zusammenzuzählen. Entsprechend kann man bei den Zahlen unter 1000 usw. verfahren. Man nennt dieses System zur Charakterisierung der Zahlen das Dezimalsystem: Es baut auf den Zehner-Potenzen auf, weil jede Position die Zahl der entsprechenden 10^n-Gruppen angibt. Natürlich sind auch andere Systeme möglich. Eine

:

Alternative bildet beispielsweise das *Dual*system, das in gleicher Weise auf Potenzen der Zahl zwei aufbaut. Hier benötigen wir nur zwei Ziffern, die 1 und die 0, weil die 2 bereits die erste Zweierpotenz ist und somit durch die Ziffernfolge 10 darzustellen wäre. (Man sieht, daß man bei Ziffernfolgen angeben muß, auf welches System sie sich beziehen. Selbstverständlich ist in der Regel das Dezimalsystem gemeint.) Zu betonen wäre noch, daß es sich natürlich jeweils um die gleichen Zahlen handelt, betroffen ist lediglich die Darstellung.

Das Dualsystem ist deshalb von Interesse, weil im Computer nur zwei Ziffern existieren und sich somit die Dualdarstellung anbietet. Wenn man ganze Zahlen in der Form, wie sie gespeichert sind, betrachtet, so liegen sie in *binärer* Form, d.h. als Folge von Nullen und Einsen vor. Für praktische Zwecke ist das etwas unbequem, weil auf diese Weise sehr lange 0/1-Folgen entstehen (die 1000 benötigt bereits 10 Stellen: 1111101000). Abhilfe bietet der Trick, jeweils vier Stellen zusammenzufassen. Mit vier Stellen lassen sich die Zahlen 0 bis 15 darstellen und man hat ein *Hexadezimal*system, das auf Potenzen der 16 beruht. Die fehlenden sechs Ziffern muß man nun natürlich erschaffen: man nimmt für die Ziffern 10 bis 15 einfach die Buchstaben a bis f. Dieses System ist für praktische Zwecke auch nicht übermäßig geeignet, weil wir an das Dezimalsystem gewöhnt sind und das kleine Einmaleins können, aber für die Interpretation der Zahlen im Computer ist es recht nützlich ($1000 \sim 3e8$).

1.2.2   Rationale Zahlen

Selbstverständlich wird auch vorausgesetzt, daß der Leser mit Brüchen (rationalen Zahlen) umgehen kann. Da wir aber im nächsten Abschnitt eine wichtige *Zahlenbereichserweiterung* vornehmen werden, empfiehlt es sich, diesen Prozeß zunächst in einem Fall durchzuspielen, der bereits vertraut ist. Er umfaßt drei Stufen:
(1) Bestimmte Dinge können mit den vorliegenden Zahlen nicht durchgeführt werden, – in der Regel, irgendwelche Gleichungen haben keine Lösung.
(2) Man definiert (erfindet) neue Zahlen, so daß die gewünschten Lösungen möglich werden.
(3) Man erweitert die Rechenregeln auf die neuen Zahlen, und zwar so, daß die Rechenregeln für die alten Zahlen unverändert gelten.

Erweiterung auf rationale Zahlen

Stufe 1: Das Produkt $m \cdot n = p$ gibt Anlaß zur Formulierung einer Gleichung wie $x \cdot n = m$ (mit welcher Zahl muß ich n multiplizieren, um m zu erhalten?). Die Lösung kann auch formal als das Ergebnis einer neuen Operation, der *Division*, geschrieben werden:

$$x \cdot n = m \implies x = m : n.$$

(Symbol für die Operation ist der Doppelpunkt.) Nicht jede solche Gleichung hat eine Lösung: $x \cdot 7 = 28$ ist lösbar, $x \cdot 7 = 29$ dagegen nicht.

Stufe 2: Die neuen Zahlen, die wir einführen, sind die *Brüche*, geschrieben

$$\frac{m}{n}$$

(im Text auch oft m/n). Sie werden durch zwei ganze Zahlen gekennzeichnet, dem *Zähler* m und dem *Nenner* n. Definiert ist ein Bruch durch die Beziehung

$$\left(\frac{m}{n}\right) \cdot n = m, \tag{1.2}$$

die der ungelösten Gleichung entspricht. In Worten: Multiplikation des Bruches mit dem Nenner soll den Zähler ergeben. Das schließt Brüche mit $n = 0$ aus, weil dann die Gleichung nicht zu erfüllen ist. Damit hat jede Ausgangsgleichung (außer bei $n = 0$) eine Lösung. Ist $n = 1$, so ist der Bruch aufgrund seiner Definition gleich der ganzen Zahl m, weshalb die ganzen Zahlen auch als besonders einfache Brüche aufgefaßt werden können. Es ist zu beachten, daß ein Bruch keine Divisionsaufgabe sondern die *Lösung* einer solchen ist und mithin eine Einheit, nämlich eine (neu eingeführte) *Zahl*, darstellt.

Als erstes müssen wir feststellen, daß für eine Zahl verschiedene Darstellungen existieren. 1/3 und 2/6 stellen die gleiche Zahl dar, und allgemein gilt

$$\frac{m}{n} = \frac{mp}{np}.$$

Einerseits gilt nämlich

$$\frac{m}{n} \cdot n = m$$

und andererseits

$$\frac{mp}{np} \cdot (np) = mp.$$

Multipliziert man die erste Beziehung beiderseits mit p und setzt voraus, daß das assoziative Gesetz der Multiplikation auch für Brüche gilt, so entsteht die zweite Gleichung, woraus die Gleichheit von m/n und $(mp)/(np)$ folgt.

Brüche können also beliebig *erweitert* und umgekehrt auch *gekürzt* werden, wenn Zähler und Nenner die gleiche ganze Zahl als Faktor enthalten.

Stufe 3: Wir müssen nun noch die Rechenregeln für die Addition und die Multiplikation von Brüchen festsetzen. Dabei setzen wir voraus, daß auch bei Brüchen das kommutative, das assoziative und das distributive Gesetz für beide Operationen gilt. Zunächst gilt für Brüche mit gleichem Nenner

$$\frac{m_1}{n} + \frac{m_2}{n} = \frac{m_1 + m_2}{n},$$

denn einerseits ist

$$\frac{m_1 + m_2}{n} \cdot n = m_1 + m_2$$

und andererseits

$$\left(\frac{m_1}{n} + \frac{m_2}{n}\right) \cdot n = \frac{m_1}{n} \cdot n + \frac{m_2}{n} \cdot n = m_1 + m_2.$$

Brüche mit ungleichem Nenner müssen zunächst erweitert werden:

$$\frac{m}{n} + \frac{p}{q} = \frac{mq}{nq} + \frac{pn}{qn},$$

und können dann addiert werden:

$$\frac{mq}{nq} + \frac{pn}{qn} = \frac{mq + np}{nq}.$$

Eine ähnliche Gleichung gilt für die Differenz zweier Brüche. Das Produkt zweier Brüche ist

$$\frac{m}{n} \cdot \frac{p}{q} = \frac{mp}{nq},$$

weil einerseits

$$\frac{mp}{nq} \cdot (nq) = mp$$

und andererseits

$$\left(\frac{m}{n} \cdot \frac{p}{q}\right) \cdot (n \cdot q) = \left(\frac{m}{n} \cdot n\right) \cdot \left(\frac{p}{q} \cdot q\right) = mp$$

ist. Die Herleitung der Divisionsgleichung

$$\frac{m}{n} : \frac{p}{q} = \frac{mq}{np}$$

soll als Übungsaufgabe dienen. Daß diese Rechenregeln die der ganzen Zahlen einschließen und ihnen nicht widersprechen, kann man überprüfen, wenn man Brüche der Form $m/1$ einsetzt.

Eigenschaften der rationalen Zahlen

Die Gesamtheit der Brüche einschließlich der ganzen Zahlen nennt man die *rationalen Zahlen* (ratio ~ Verhältnis). Auch bei ihnen läßt sich entscheiden, welche von zwei (verschiedenen) rationalen Zahlen die größere und welche die kleinere ist. Nachdem wir die Differenz zweier Brüche bilden können, trifft man die Entscheidung so, wie man sie bei ganzen Zahlen aufgrund ihrer Differenz treffen würde. Deshalb haben auch rationale Zahlen auf der Zahlengeraden ihren genauen Platz. Die Multiplikationsregel zeigt, daß man m/n auch als $m \cdot (1/n)$ schreiben kann. Man muß also nur die Einheit in n gleiche Teile teilen und diese Strecke dann m mal abtragen. (Ist Zähler oder Nenner negativ, trägt man natürlich nach links ab.)

Sind zwei Brüche gegeben, so ist ihr Mittelwert ebenfalls ein Bruch, der auf der Zahlengeraden genau zwischen ihnen liegt. Man kann also immer zwischen zwei Brüchen wieder Brüche finden, wie klein ihre Differenz auch immer ist. Das führt letztlich dazu, daß auf jedem beliebig kleinen Teilstück der Zahlengeraden noch Brüche liegen: man sagt, die rationalen Zahlen sind *dicht* (auf der Zahlengeraden).

Der Umgang mit Dezimalzahlen wird als bekannt vorausgesetzt. Mathematisch bieten sie nichts Neues, weil es sich lediglich um eine Frage der Schreibweise handelt: 1.4142 ist der Bruch 14142/10000. Nachdem es sich dabei um Brüche mit Nennern von Zehnerpotenzen handelt, ergeben sich allerdings Schwierigkeiten, Brüche wie 1/3 darzustellen (das geht nämlich gar nicht). Man kann lediglich zwei Dezimalzahlen suchen, die den Bruch einschließen:

$$\frac{m}{10^n} < \frac{1}{3} < \frac{m+1}{10^n}.$$

Dabei ist n vorgegeben und m entsprechend zu bestimmen. Je größer n ist, um so genauer ist die Einschließung. Es läßt sich zeigen, daß die Ziffernfolgen ab einer gewissen Stelle Perioden sind, die sich wiederholen, in unserem Beispiel wiederholt sich die 3: 1/3 entspricht der Dezimalzahl 0.33333.... Wir wollen dieses Thema aber nicht weiter verfolgen, weil es in der Praxis für den Chemiker nur geringe Bedeutung hat.

> ■ Um alle Gleichungen der Art $x \cdot m = n$ für ganze Zahlen m und n lösen zu können, so müssen wir eine *Zahlenbereichserweiterung* vornehmen, indem wir den Bereich der ganzen Zahlen auf den der *rationalen Zahlen* (also um die Brüche) erweitern. Für diese sind dann zusätzliche Rechenregeln festzusetzen.

1.2.3 Irrationale Zahlen

Es überrascht vielleicht, daß trotz der Tatsache, daß die rationalen Zahlen überall dicht auf der Zahlengeraden liegen, es dennoch Punkte gibt, die sich *keiner* rationalen Zahl zuordnen lassen. Um das zu zeigen, genügt ein einziges Beispiel: die Zahl $\sqrt{2}$. Den entsprechenden Punkt kann man leicht konstruieren, wenn man die Diagonale eines Quadrats mit der Seitenlänge 1, die laut Pythagoras die Länge $\sqrt{2}$ hat, auf der Zahlengeraden abträgt. Die Frage ist nun, ob $\sqrt{2}$ durch einen Bruch m/n darstellbar ist. Das ist aber nicht der Fall. Quadriert man den Ansatz $m/n = \sqrt{2}$, so erhält man $(m/n)^2 = 2$, bzw. $m^2 = 2n^2$. Nehmen wir den Bruch als gekürzt an, so können nicht m und n beides gerade Zahlen sein. $m =$ ungerade ist offensichtlich nicht möglich, denn das Quadrat wäre ebenfalls ungerade, soll aber $2n^2$ sein. Die einzig verbleibende Möglichkeit ist also $m =$ gerade und $n =$ ungerade. Ist m aber gerade, so kann man es auch in der Form $m = 2r$ und $m^2 = 4r^2$ schreiben. Eingesetzt in $m^2 = 2n^2$ liefert das $4r^2 = 2n^2$ bzw. nach Kürzen $2r^2 = n^2$, was damit in Widerspruch steht, daß n ungerade sein soll. $\sqrt{2}$ ist also kein Bruch! Solche Zahlen nennt man *irrationale Zahlen*.

Da die rationalen Zahlen überall dicht auf der Zahlengeraden liegen, kann man in der Nachbarschaft von $\sqrt{2}$ immer auch rationale Zahlen finden, die kleiner oder größer als $\sqrt{2}$ sind. Beispielsweise kann das wieder – wie bei dem Bruch 1/3 im letzten Abschnitt – mittels Dezimalzahlen geschehen:

$$\frac{m}{10^n} < \sqrt{2} < \frac{m+1}{10^n}.$$

Wie dort wird die Einschränkung um so besser, je größer man n wählt, je mehr Stellen nach dem Komma also die Dezimalzahl enthält und wie dort kann der Bereich beliebig klein gemacht werden. Man kann sich der $\sqrt{2}$ von unten oder von oben her beliebig nähern, je nachdem man die Folge der unteren oder der oberen Begrenzungen betrachtet. Dies stellt einen Prozeß dar, der grundlegend für die gesamte Analysis ist und mit dem wir uns deshalb später (Abschn. 4.3) noch genauer auseinandersetzen müssen. Irrationale Zahlen stellen für Mathematiker ein subtiles Problem dar, aber für Chemiker oder Ingenieure, die die Länge einer Diagonalen eines Einheitsquadrats berechnen wollen, genügt es völlig, wenn sie die $\sqrt{2}$ auf, sagen wir, zehn Dezimalstellen genau haben. Es ist deshalb für unsere Zwecke ausreichend, wenn wir sagen, daß jeder Prozeß, der sich über rationale Zahlen einem Punkt auf der Zahlengeraden nähert, der selbst keine rationale Zahl darstellt, eine irrationale Zahl definiert. Es gibt neben der $\sqrt{2}$ noch unendlich viel andere irrationale Zahlen und diese bilden, zusammen mit den rationalen Zahlen, die *reellen Zahlen*.

Die Erweiterung der Rechenregeln geschieht hier so, daß man die Summe oder das Produkt von irrationalen Zahlen ebenso über Summe oder Produkt von "benachbarten" rationalen Zahlen annähern kann, wie die irrationalen Zahlen selbst. Das ist zwar für Mathematiker keineswegs selbstverständlich, aber für Nichtmathematiker plausibel. Ob $a > b$ oder das Gegenteil gilt, läßt sich wie bei den rationalen Zahlen aufgrund der Differenz entscheiden.

Eine ganze Reihe von Rechenregeln aus der Algebra, z.B. Potenzrechnung, müssen wir hier als von der Schule her bekannt voraussetzen. Die wichtigsten von ihnen sind in einem Anhang zu diesem Kapitel in knapper Form dargestellt.

Die Bernoullische Ungleichung und vollständige Induktion Eine interessante Beziehung ist die *Bernoullische Ungleichung*

$$(1 + a)^n > 1 + na, \tag{1.3}$$

wobei a eine reelle Zahl $a > -1$ und n eine natürliche Zahl ≥ 2 ist. Wir können bei ihrem Beweis ein häufig verwendetes Verfahren, das der *vollständigen Induktion*, demonstrieren. Dieses besteht darin, daß man zunächst zeigt, daß die Behauptung für ein (möglichst kleines) n gilt, in unserem Fall für $n = 2$:

$$(1 + a)^2 = 1 + 2a + a^2 > 1 + 2a.$$

Kann man dann zeigen, daß die Beziehung unter der Voraussetzung, daß sie für ein beliebiges n gilt, auch für das nächst größere n (also $n + 1$) zutrifft, muß es für alle n zutreffen, die größer als das n sind, für das die Beziehung verifiziert wurde. Wir bilden ist also

$$(1 + a)^{n+1} = (1 + a)^n \cdot (1 + a) = (1 + a)^n + a(1 + a)^n.$$

Unter der Annahme, daß die Behauptung für n richtig ist, ergibt das

$$(1 + a)^{n+1} > (1 + na) + a(1 + na) = 1 + (n + 1)a + na^2 > 1 + (n + 1)a,$$

also die gesuchte Beziehung für $n + 1$. Wir können nun von der Gültigkeit für $n = 2$ auf die für $n = 3$, von da auf $n = 4$ usw. schließen.

Intervalle Bei der Einschränkung von Zahlen wie $1/3$ oder $\sqrt{2}$ haben wir mit einem Zahlenbereich gearbeitet, der durch eine obere und eine untere Grenze definiert war. So einen Zahlenbereich nennt man ein *Intervall* und bezeichnet es mit $[a, b]$, wenn beide Intervallgrenzen a und b zum Intervall gehören sollen (*abgeschlossenes Intervall*). Ein Intervall ist, mengentheoretisch gesprochen, also diejenige Teilmenge der reellen Zahlen, für die gilt $a \leq x \wedge x \leq b$ ($\wedge$ ist das mathematische Zeichen für "und"). Sollen die Grenzen a und b selbst nicht zum Intervall gehören, schreibt man (a, b) (*offenes Intervall*). Mischformen wie $[a, b)$ oder $(a, b]$ sind möglich. Der oben beschriebene Prozeß, der zu einer irrationalen Zahl führt, besteht also im Nennen von Grenzen immer kleinerer Intervalle, die einander umfassen (*Intervall-Schachtelung*). Ein Intervall kann auch nach oben (bzw. unten) unbeschränkt sein. Ein x-Wert, für den $x \geq 2$ gilt, beschreibt ein Intervall, das mit $[2, +\infty]$ bezeichnet werden kann. Dabei steht das Zeichen ∞ für keine *feste* Zahl, sondern für "*beliebig große Zahl*". Deshalb ist es auch gleichgültig, ob man $[2, \infty]$ oder $[2, \infty)$ schreibt. Entsprechend steht $-\infty$ in Intervallen wie $[-\infty, 2]$ für "*beliebig negativ groß*".

■ Es wurde gezeigt, daß außer den rationalen Zahlen noch weitere Zahlen, genannt *irrationale* Zahlen, existieren müssen, deren Position auf der Zahlengeraden eindeutig bestimmt ist. Sie können deshalb durch rationale Zahlen eingegrenzt werden, und sind durch eine Folge solcher Eingrenzungen definiert (*Intervall-Schachtelung*).

Aufgaben

1. Zeigen Sie, ausgehend vom assoziativen Gesetz für drei Faktoren, daß z. B. auch $((a \cdot b) \cdot c) \cdot d = a \cdot (b \cdot (c \cdot d))$ gilt!
2. Zu den Zahlensystemen
(a) Geben Sie die Zahlen 100 und 180 im binären und im hexadezimalen Zahlensystem an!
(b) Addieren Sie beide Zahlen im jeweiligen System!
(c) Schreiben Sie das Resultat zurück ins Dezimalsystem!
3. Ist die Subtraktion kommutativ?
4. Zeigen Sie, daß $m - \overline{n} = m + n$ ist!
5. Leiten Sie die Gleichung für die Division zweier Brüche aus der Definition von Brüchen her!
6. Ist die Zahl π (Verhältnis von Umfang zu Durchmesser eines Kreises) eine rationale oder eine irrationale Zahl?
7. Verifizieren Sie die Bernoullische Ungleichung [Gl. (1.3)] für den Fall $p = 1$ und $n = 5$!

1.3   Komplexe Zahlen

1.3.1   Die Gaußsche Zahlenebene

Wir haben im vorigen Abschnitt eine Zahlenbereichserweiterung vorgenommen, um bestimmte Gleichungen allgemein lösbar zu machen. Nun gibt es weitere Gleichungen, die keine Lösung haben, für die aber Lösungen wünschenswert wären. Ein Beispiel ist die quadratische Gleichung $x^2 = -1$, die für reelle Zahlen keine Lösung hat. Wenn wir nun unseren Zahlenbereich nochmals erweitern wollen, können die neuen Zahlen nur abseits der bisherigen Zahlengeraden angeordnet werden, da deren Punkte ja den reellen Zahlen entsprechen. Das führt uns zur Zahlen-*Ebene* (*Gaußsche Zahlenebene*, Abb. 1.2), auf der ebenfalls jedem Punkt eine Zahl entsprechen soll.

Unser erstes Problem betrifft die Charakterisierung der neuen Zahlen. Man kann das über

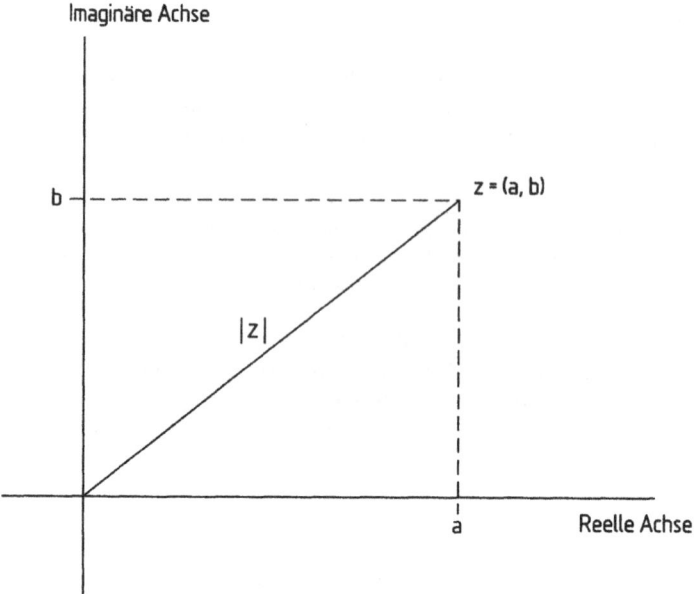

Fig. 1.2 Die Zahl z in der Gaußsche Zahlenebene

ihre Lage in der Zahlenebene tun, und zwar am einfachsten mittels zweier Achsen. Als horizontale Achse verwenden wir die reelle Zahlengerade und senkrecht dazu führen wir eine zweite Achse ein, die wir die *imaginäre* Achse nennen (imaginär im Sinne von "dazu-erfunden"). Nun kann jede Zahl durch ihre beiden Achsenabschnitte, d.h. ihre Koordinaten in der Zahlenebene, beschrieben werden: $z = (a, b)$, wobei die erste Position a den Achsen-abschnitt auf der reellen Achse und b den auf der imaginären Achse angibt. *Komplex* heißen solche Zahlen, weil sie formal aus zwei (reellen) Zahlen *zusammensetzt* sind. Die neue Zahl z ist selbst nicht reell. Die bisherigen (reellen) Zahlen sind Sonderfälle, die auf der horizontalen Achse liegen, und demgemäß durch $z = (a, 0)$ charakterisiert werden müssen.

Zwei Zahlen sind *gleich*, wenn sie durch denselben Punkt dargestellt werden. Das ist bei der oben gewählten Form der Charakterisierung genau dann gegeben, wenn die beiden reellen und die beiden imaginären Komponenten jeweils gleich sind. $z_1 = z_2$ steht also für die beiden Gleichungen $a_1 = a_2$ und $b_1 = b_2$. Die nächste Frage ist, ob diese Zahlen ebenso wie die reellen Zahlen *geordnet* sind. Dies ist offensichtlich nicht der Fall, weil die Ordnung der reellen Zahlen eben daher rührt, daß sie auf einer Geraden angeordnet sind, wo die weiter rechts stehende Zahl größer als die weiter links stehende genannt wird. Bei Zahlen, die in einer Ebene angeordnet sind, verlieren aber die Begriffe größer und kleiner ihren Sinn.

Wir benötigen für später noch eine Reihe von Definitionen:

Für die reelle Komponente von z schreibt man $\mathrm{Re}(z)$ und entsprechend für die imaginäre Komponente $\mathrm{Im}(z)$. Ist also z.B. $z = (3, 4)$, so ist $\mathrm{Re}(z) = 3$ und $\mathrm{Im}(z) = 4$.

Der *Betrag* einer komplexen Zahl z, geschrieben wie bei den reellen Zahlen $|z|$, wird wie dort durch den Abstand zur Zahl Null definiert. Die Null als komplexe Zahl ist durch $(0,0)$ charakterisiert, wird aber der Einfachheit halber oft nur kurz als 0 bezeichnet. Der Betrag von z ist bei obiger Definition nach Pythagoras durch $\sqrt{a^2+b^2}$ gegeben. Der Radiand ist außer für die Null stets positiv und die positive Wurzel ist immer eindeutig definiert. Der Betrag ist also wie bei den reellen Zahlen für $z \neq 0$ stets > 0.

Die zu einer Zahl z *konjugiert komplexe* Zahl, geschrieben z^*, ist durch einen Vorzeichen-wechsel der imaginären Komponente gegenüber z bestimmt: Zu $z = (a,b)$ ist $z^* = (a,-b)$ konjugiert komplex. In der Gaußschen Zahlenebene entspricht dies der Spiegelung an der reellen Achse. Diese Beziehung kann man auch durch das Gleichungspaar

$$\text{Re}(z^*) = \text{Re}(z) \qquad \text{Im}(z^*) = -\text{Im}(z)$$

zum Ausdruck bringen.

1.3.2 Addition und Subtraktion

Die Addition zweier reeller Zahlen a_1 und a_2 in komplexer Schreibweise lautet

$$(a_1,0) + (a_2,0) = (a_1 + a_2, 0).$$

Es liegt nun nahe, für die Addition zweier komplexer Zahlen z_1+z_2 folgende Rechenvorschrift zu vereinbaren:

$$(a_1,b_1) + (a_2,b_2) = (a_1 + a_2, b_1 + b_2),$$

d.h. in Worten: *die reellen und die imaginären Komponenten werden jeweils addiert.* Z.B. ist $(2,4) + (3,-1) = (5,3)$. In der Gaußschen Zahlenebene bedeutet dies, daß man – wie bei der Vektoraddition – die Strecke $\overline{0-z_2}$ hinter die Strecke $\overline{0-z_1}$ schiebt. Die Spitze der verschobenen Strecke $\overline{0-z_2}$ charakterisiert dann die Summe $z_1 + z_2$ (siehe Abb. 1.3). Man sieht sofort, daß die (komplexe) Null den gleichen Effekt als Summand hat wie die reelle Null bei den reellen Zahlen: sie ändert den Wert des anderen Summanden nicht: $z+0 = z$.

Die *Subtraktion* als Umkehrung der Addition erfolgt in analoger Weise:

$$(a_1,b_1) - (a_2,b_2) = (a_1 - a_2, b_1 - b_2),$$

Um das zu zeigen, braucht man diese Formel nur in die Gleichung $z_1 = (z_1 - z_2) + z_2$ einzusetzen.

Allgemein gilt noch: $z + z^*$ ergibt immer eine reelle Zahl, denn

$$(a,b) + (a,-b) = (2a,0).$$

Für $z - z^*$ gilt

$$(a,b) - (a,-b) = (0,2b).$$

Zahlen mit $\text{Re}(z) = 0$ nennt man *rein imaginär*. Eine Bedingung, daß z reell ist, kann man so formulieren, daß $z = z^*$ ist. Für die imaginäre Komponente gilt dann $b = -b$ und das ist nur durch $b = 0$ erfüllbar. Schließlich gilt noch: Das Konjugiert-Komplexe einer Summe ist die Summe der konjugiert komplexen Summanden:

$$(z_1 + z_2)^* = z_1^* + z_2^*. \tag{1.4}$$

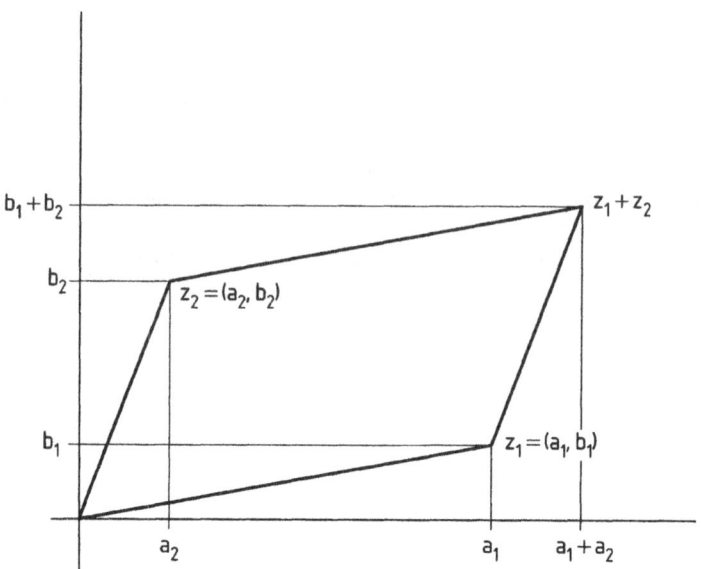

Fig. 1.3 Addition zweier komplexer Zahlen $z_1 + z_2$

1.3.3   Multiplikation mit einer reellen Zahl

Der zentrale Punkt für die Entwicklung der Rechenregeln für komplexe Zahlen ist die Multiplikation. Daß man nicht so einfach wie bei der Addition vorgehen kann, nämlich für die reelle und die imaginäre Komponente jeweils die Produkte zu bilden, kann man auf folgende Weise erkennen: Wir bilden das Produkt einer reellen Zahl c mit einer komplexen Zahl z. Für $c = 2$ muß ja $2 \cdot z$ offensichtlich gleich $z + z$ sein. In der Schreibweise für komplexe Zahlen lautet das

$$(2,0) \cdot (a,b) = (a,b) + (a,b) = (2a, 2b),$$

d.h. die reelle Komponente von 2 erscheint sowohl in der reellen als auch in der imaginären Komponente von $2z$. Allgemein gilt für die Multiplikation mit einem beliebigen $c > 0$, daß die Strecke $\overline{0-z}$ um den Faktor c verlängert oder, falls $c < 1$ ist, entsprechend verkürzt wird:

$$(c,0) \cdot (a,b) = (ca, cb).$$

Für die Zahl 1, bzw. (1,0) gilt ähnlich wie für die Null bei der Addition, daß sie die gleiche Funktion wie die Eins bei den reellen Zahlen hat: Sie ändert als Faktor den Wert des Multiplikanden nicht. Multiplikation mit der reellen Zahl -1 mit $z = (a,b)$ liefert $(-a, -b)$, d.h. sie kehrt die Richtung der Strecke $\overline{0-z}$ um.

Man kann die bisher entwickelten Rechenregeln dazu benutzen, um komplexe Zahlen als algebraischen Ausdruck zu schreiben:

$$z = (a,b) = (a,0) + (0,b) = a \cdot (1,0) + b \cdot (0,1).$$

Die oft benötigte (komplexe!) Zahl $(0, 1)$, die *imaginäre Einheit*, bezeichnen wir in Zukunft mit i. Läßt man die Multiplikation mit der reellen 1 als überflüssig weg, so kann z wie folgt geschrieben werden:

$$z = (a, b) = a + bi.$$

Dabei sind a und b reelle Zahlen, nicht reell ist nur i. Dieser Ausdruck ist manchmal sehr nützlich, – er bringt aber weniger gut zum Ausdruck, daß es sich bei (a, b) um *ein* mathematisches Objekt handelt.

■ Gleichungen der Form $x^2 = -1$ machen die Einführung weiterer Zahlen wünschenswert. Diese Zahlen lassen sich in einer Zahlenebene *(Gaußsche Zahlenebene)* anordnen und sind demgemäß durch *zwei* reelle Zahlen festgelegt, die in der Form (a, b) geschrieben werden. Man nennt sie daher *komplexe Zahlen*. Summe und Differenz werden so gebildet, daß sowohl der Realteil (erste Position) als auch der Imaginärteil (zweite Position) addiert bzw. subtrahiert werden. Die Zahl $(0, 1)$ nennt man die *imaginäre Einheit* und bezeichnet sie durchgängig mit dem Symbol i. Das Produkt mit einer *reellen* Zahl c wird so gebildet, daß beide Positionen mit c multipliziert werden. Wahlweise kann (a, b) auch als Summe $a + ib$ geschrieben werden.

1.3.4 Darstellung von z in Polarkoordinaten

Die Charakterisierung von z durch zwei Achsenabschnitte ist nicht die einzig mögliche Form. Um die Rechenregel für die Multiplikation zweier komplexer Zahlen zu entwickeln, ist eine andere Charakterisierung zweckmäßiger, – nämlich die durch Polarkoordinaten. Außerdem tritt diese Form in der Praxis häufiger auf als die (a, b)-Form.

Polarkoordinaten charakterisieren die Lage eines Punktes nicht durch seine Achsenabschnitte sondern durch seinen Abstand ρ vom Koordinatenursprung und durch die Richtung, in der er liegt. Diese Richtung wird am einfachsten durch ihren Winkel φ gegenüber der reellen Achse charakterisiert (Abb. 1.4). Die Umrechnung von den Achsenabschnitten a und b in ρ und φ und umgekehrt wird später in einem Abschnitt über Koordinatentransformationen (3.2) behandelt werden. Für den Augenblick genügt es zu sagen, daß $\rho = \sqrt{a^2 + b^2}$ ist und φ sich durch Lösen der Gleichung $b/a = \tan \varphi$ ergibt. (Die grundlegenden trigonometrischen Begriffe und Winkelmessung im Bogenmaß sind im Anhang A.2 skizziert.)

Um z durch ρ und φ auszudrücken, wollen wir die Zahlen mit $|z| = 1$ durch den Ausdruck $e(\varphi)$ kennzeichnen (siehe Abb. 1.4). Diese (speziellen) Zahlen liegen auf einem Kreis mit dem Radius 1 um die Null. φ gibt die Richtung an, in der die betreffende Zahl liegt. Sie ist damit eindeutig bestimmt. Ein Beispiel ist die reelle Zahl 1, bzw. $(1, 0)$, die alternativ durch den Ausdruck $e(0)$ festgelegt ist (Abstand von der Null ist 1 und der Winkel mit der reellen Achse ist 0 rad). Weitere Beispiele sind:

$$-1 = (-1, 0) = e(\pi), \qquad i = (0, 1) = e(\pi/2),$$

$$-i = (0, -1) = e(3\pi/2) \quad \text{oder} \quad e(-\pi/2),$$

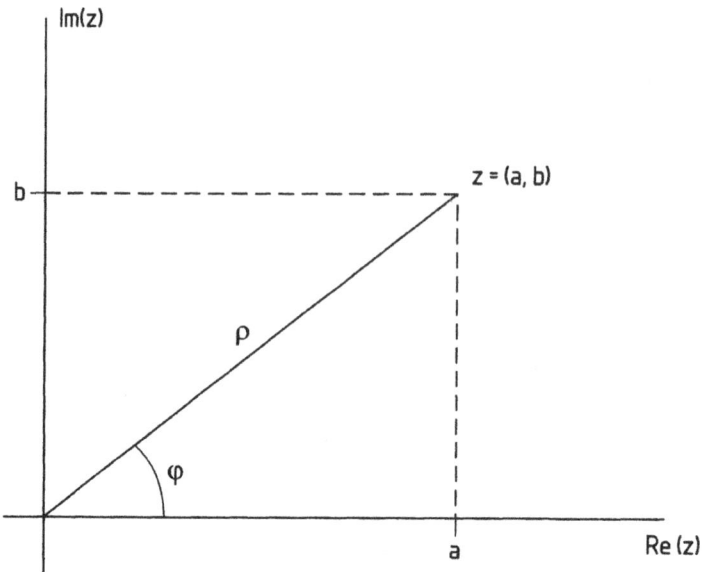

Fig. 1.4 Die Zahl z in Polarkoordinaten für die Zahlenebene

aber auch $(1/\sqrt{2}, 1/\sqrt{2}) = e(\pi/4)$. (Der Leser mache sich klar, daß im letzten Beispiel der Abstand von der Null 1 ist und daß aus $a = b$ je nach Vorzeichen der Winkel $\pi/4$ oder $5\pi/4$ folgt.) Das Beispiel $-i$ zeigt noch ein wichtiges Faktum: Der Winkel φ ist nur bis auf ein Vielfaches von 2π bestimmt. Die 1 kann gleichermaßen mit $e(0)$ wie auch durch $e(2\pi)$ bezeichnet werden. Entscheidend ist, daß beide Ausdrücke den gleichen Punkt in der Gaußschen Zahlenebene bezeichnen, und daß laut Voraussetzung ein Punkt eine Zahl definiert. Auch im Falle von $-i$ unterscheiden sich die beiden Formen ja um die Differenz von 2π für den Winkel.

Zum Schluß soll $e(\varphi)$ noch in der a,b-Form angegeben werden. Die Definition von $\sin\varphi$ und $\cos\varphi$ (siehe Anh. A.2) zeigt, daß gilt

$$e(\varphi) = \cos\varphi + i\sin\varphi.$$

Um eine beliebige Zahl z mittels ρ und φ zu charakterisieren, erinnern wir uns an die Tatsache, daß die Multiplikation mit einer reellen positiven Zahl zu einer Verlängerung oder Verkürzung des Abstandes von der Null führt, und daß der Winkel unverändert bleibt. Wir können also $e(\varphi)$ durch Multiplikation mit ρ auf jeden gewünschten Abstand bringen:

$$z = \rho e(\varphi).$$

z läßt sich somit als Produkt schreiben. Zum Schluß wollen wir noch zwei weiter oben vorgenommene Definitionen in die ρ/φ-Sprache übersetzen. Zunächst gilt natürlich $|z| = \rho$, und das zu z zugehörige $z^* = \rho e(-\varphi)$ (die Abtragung des Winkels im umgekehrten Sinn führt zu einer Spiegelung an der reellen Achse).

1.3.5 Multiplikation

Die Form $z = \rho e(\varphi)$ ist für die Multiplikation geeigneter als die (a, b)-Form. Es ist nämlich

$$z_1 \cdot z_2 = \rho_1 e(\varphi_1) \cdot \rho_2 e(\varphi_2) = \rho_1 \rho_2 e(\varphi_1) \cdot e(\varphi_2).$$

Man sieht, daß die Beträge ρ keinerlei Problem machen, – man kann sie einfach multiplizieren. Das ganze Problem besteht ausschließlich in der Multiplikation zweier Zahlen, die auf dem Einheitskreis liegen. Die Multiplikationsregel für sie muß nun so gefunden werden, daß die bisherigen Regeln für die reellen Zahlen erhalten bleiben. Wir haben $1 \cdot 1 = 1$ und übersetzen das in die ρ/φ-Form:

$$e(0) \cdot e(0) = e(0).$$

$-1 \cdot 1 = -1$, bzw. $-1 \cdot -1 = 1$ lauten nun

$$e(\pi) \cdot e(0) = e(\pi) \qquad \text{und} \qquad e(\pi) \cdot e(\pi) = e(0) = e(2\pi).$$

Die Tatsache, daß die Multiplikation mit -1 die Richtung von z umkehrt, läßt sich so ausdrücken:

$$e(\pi) \cdot e(\varphi) = e(\varphi + \pi).$$

In allen diesen Fällen müssen einfach die Winkel addiert werden und der Betrag ändert sich nicht. Als allgemeine Regel postuliert man deshalb

$$e(\varphi_1) \cdot e(\varphi_2) = e(\varphi_1 + \varphi_2)$$

und für beliebige Zahlen gilt dann

$$z_1 \cdot z_2 = \rho_1 e(\varphi_1) \cdot \rho_2 e(\varphi_2) = \rho_1 \rho_2 e(\varphi_1 + \varphi_2).$$

In Worten lautet also die Multiplikationsregel: *Zwei komplexe Zahlen werden miteinander multipliziert, indem man die Beträge multipliziert und die Winkel addiert.*

Insbesondere gilt $i^2 = i \cdot i = e(\pi/2) \cdot e(\pi/2) = e(\pi) = -1$. Damit sind auch alle i-Potenzen gegeben:

$$i^3 = i^2 \cdot i = -i, \qquad i^4 = 1, \qquad i^5 = i \qquad \text{usw.,} \qquad \text{ferner} \qquad \frac{1}{i} = -i.$$

Mit dem Wert für $i^2 = -1$ läßt sich $z_1 \cdot z_2$ schließlich auch in der (a, b)-Form ausdrücken, was die etwas mühsame Umrechnung erspart:

$$\begin{aligned}
z_1 \cdot z_2 &= (a_1, b_1) \cdot (a_2, b_2) = (a_1 + b_1 i) \cdot (a_2 + b_2 i) = a_1 a_2 + a_1 b_2 i + b_1 i a_2 + b_1 b_2 i^2 \\
&= a_1 a_2 - b_1 b_2 + (a_1 b_2 + b_1 a_2) i = (a_1 a_2 - b_1 b_2, \ a_1 b_2 + b_1 a_2).
\end{aligned}$$

Diese Multiplikationsregel liegt nicht auf der Hand und hätte auf direktem Wege nicht ohne weiteres gefunden werden können.

Eine oft benötigte Formel ist

$$z \cdot z^* = \rho e(\varphi)\rho e(-\varphi) = \rho^2 e(0) = \rho^2,$$

in Worten: *Die Multiplikation einer komplexen Zahl mit der zu ihr konjugiert komplexen Zahl ergibt das Quadrat ihres Betrages.*

Zahlenbeispiele für eine beliebige Multiplikation:

$$(2,3) \cdot (4,-1) = (2 \cdot 4 - 3 \cdot (-1), 2 \cdot (-1) + 3 \cdot 4) = (11,10)$$

und für den Fall $z \cdot z^*$:

$$(4,-1) \cdot (4,-1)^* = (4,-1) \cdot (4,1) = (4 \cdot 4 - (-1) \cdot 1, 4 \cdot 1 + (-1) \cdot 4) = (17,0)$$

Zum Schluß noch eine Umformung des Konjugiert-Komplexen eines Produktes:

$$(z_1 z_2)^* = z_1^* z_2^*. \tag{1.5}$$

Dies läßt sich am leichtesten in der (ρ, φ)-Form verifizieren:

$$(\rho_1 e^{i\varphi_1} \rho_2 e^{i\varphi_2})^* = \rho_1 \rho_2 (e^{i\varphi_1} e^{i\varphi_2})^* = \rho_1 e^{-i\varphi_1} \rho_2 e^{-i\varphi_2}$$

1.3.6   Darstellung durch $e^{i\varphi}$

Der im letzten Abschnitt eingeführte Ausdruck $e(\varphi)$ wird in der Literatur in der Regel $e^{i\varphi}$ geschrieben. e ist dabei, ähnlich wie π, eine spezielle Zahl (Eulersche Zahl, s. Anhang A.1 und Abschn. 4.3.2). Ein Exponential-Ausdruck wie e^3 ist in seiner Bedeutung klar, ebenso wie beispielsweise $e^{3/2}$, was bekanntlich $\sqrt{eee}$ bedeutet. Dagegen ist ein Ausdruck wie e^{3i} zunächst sinnlos. Daß man ihm tatsächlich einen Sinn geben kann, wird erst in einem späteren Kapitel (Abschn. 7.2.1) bei der Behandlung komplexer Funktionen gezeigt werden. Für den Augenblick wollen wir uns so behelfen, daß wir $e^{i\varphi}$ einfach als eine andere Schreibweise für $e(\varphi)$ ansehen, also zunächst einfach als Definition betrachten. Wir können uns darüber hinaus sofort davon überzeugen, daß diese Exponential-Form konsistent mit der Multiplikationsregel ist:

$$e^{i\varphi_1} \cdot e^{i\varphi_2} = e^{i\varphi_1 + i\varphi_2} = e^{i(\varphi_1 + \varphi_2)}$$

Diese Umformung ist einerseits nach den Regeln für Exponenten-Ausdrücke erfolgt und entspricht andererseits genau der eben aufgestellten Multiplikationsregel für komplexe Zahlen. Um möglichst in Einklang mit der üblichen Schreibweise zu bleiben, wollen wir hinfort die $e^{i\varphi}$-Schreibweise benützen. Wir schreiben also in Zukunft in der ρ/φ-Form

$$z = \rho e^{i\varphi}.$$

In allen Fällen, in denen der Leser Zweifel hat, sollte er für sich einfach $e^{i\varphi}$ durch $e(\varphi)$ ersetzen.

■ Eine alternative Form, eine komplexe Zahl festzulegen, sind die Polarkoordinaten ρ und φ. Mit diesen Koordinaten nimmt die komplexe Zahl die Form $\rho e^{i\varphi}$ (übergangsweise auch mit $\rho e(\varphi)$ bezeichnet) an. Die Multiplikationsregel für zwei komplexe Zahlen läßt sich dann in die Form $\rho_1 e^{i\varphi_1} \rho_2 e^{i\varphi_2} = \rho_1 \rho_2 e^{i(\varphi_1 + \varphi_2)}$ bringen. In der (a,b)-Form lautet das Produkt $(a_1 a_2 - b_1 b_2, \, a_1 b_2 + a_2 b_1)$.

1.3.7 Potenzen und Division

Nachdem wir die Multiplikationsregel kennen, ist die Bildung von *Potenzen* z^n keine Schwierigkeit. Da die Beträge multipliziert werden, geht ρ in ρ^n über und die Addition der Winkel führt auf $n\varphi$:

$$z^n = (\rho e^{i\varphi})^n = \rho^n e^{in\varphi}$$

Diese Formel ist unter dem Namen *Regel von Moivre* bekannt.

Die *Division* ergibt sich aus dem Lösen der Gleichung $z_2 \cdot x = z_1$. Setzen wir für x den Ausdruck $\sigma e^{i\chi}$ an, so lautet die Gleichung für die Beträge

$$\rho_2\sigma = \rho_1,$$

und die für die Winkel

$$\varphi_2 + \chi = \varphi_1$$

z_1/z_2 ist also durch

$$\frac{z_1}{z_2} = \frac{\rho_1}{\rho_2}e^{i(\varphi_1-\varphi_2)}, \tag{1.6}$$

gegeben, mit anderen Worten, *die Beträge werden dividiert und die Winkel werden subtrahiert.*

Für die Division ist es wie für die Multiplikation wünschenswert, auch über eine Formel für die (a,b)-Form zu verfügen. Es ist lehrreich und dient der Übungen im Umgang mit komplexen Zahlen, sich das Resultat auf zwei verschiedenen Wegen zu verschaffen. Beim ersten Weg gehen wir von dem Bruch

$$\frac{a_1 + b_1 i}{a_2 + b_2 i}$$

aus, den wir mit dem Ausdruck $a_2 - b_2 i$ erweitern. Im Nenner ergibt sich dabei $a_2^2 + b_2^2$, was eine reelle Zahl ist. Wir haben dann

$$\frac{(a_1 + b_1 i)(a_2 - b_2 i)}{(a_2 + b_2 i)(a_2 - b_2 i)} = \frac{a_1 a_2 + b_1 b_2 + i(b_1 a_2 - a_1 b_2)}{a_2^2 + b_2^2}$$

$$= \frac{(a_1 a_2 + b_1 b_2, \; b_1 a_2 - a_1 b_2)}{a_2^2 + b_2^2}$$

Der Zähler des Bruches auf der rechten Seite ist eine komplexe Zahl in der (a,b)-Form und der Nenner ist eine reelle Zahl, die als reeller Faktor der Form $1/(a_2^2 + b_2^2)$ angesehen werden kann. Auf dem zweiten Weg gehen wir von Gl. (1.6) aus und erweitern sie mit ρ_2:

$$\frac{z_1}{z_2} = \frac{\rho_1 \rho_2}{\rho_2^2}e^{i(\varphi_1-\varphi_2)} = \frac{1}{\rho_2^2}\rho_1 e^{i\varphi_1}\rho_2 e^{-i\varphi_2} = \frac{1}{\rho_2^2}z_1 \cdot z_2^*,$$

in Worten: *multipliziere z_1 mit dem konjugiert komplexen Wert von z_2 und dividiere durch das Quadrat des Betrages von z_2.* Wenn man sich daran erinnert, daß z_2^* bedeutet, das Vorzeichen von b_2 umzukehren, sieht man, daß die (a,b)-Formel des ersten Weges genau diese Vorschrift beinhaltet. Zahlenbeispiel: $(2,3)/(4,-1) = (2 \cdot 4 + 3 \cdot (-1), 3 \cdot 4 - 2 \cdot (-1))/17 = (5/17, 14/17)$

1.3.8 Wurzeln

Gehen wir zunächst von der Situation bei reellen Zahlen aus und wählen als Beispiel die
Zahlen $+64$ und -64. Die Quadratwurzeln von $+64$ sind $+8$ und -8, und Quadratwurzeln
von -64 existieren nicht. Die dritten Wurzeln sind $+4$ von $+64$ und -4 von -64, also jeweils
eine Wurzel. Für die vierten Wurzeln liegen die Dinge wie bei den Quadratwurzeln: $+\sqrt{8}$
und $-\sqrt{8}$ für $+64$ und für -64 keine. Wir wollen nun sehen, wie die Dinge bei den komplexen Zahlen liegen. Zunächst definieren wir etwas, was ich der Anschaulichkeit halber die
"Taschenrechner-Wurzel" nennen möchte: aus einer positiven Zahl die n.te Wurzel ziehen,
die ebenfalls positiv sein soll. Diese Aufgabe ist immer lösbar, und die Lösung ist eindeutig
(siehe obiges Zahlenbeispiel).

Zur Bildung von $\sqrt[n]{z}$ gehen wir ähnlich wie bei der Division vor: $\sqrt[n]{z} = x$ ist gleichbedeutend
mit $x^n = z$. Machen wir für x wieder den Ansatz $\sigma e^{i\chi}$, so erhalten wir als Gleichung für die
Beträge

$$\sigma^n = \rho$$

und für die Winkel

$$n\chi = \varphi.$$

Da ρ eine reelle positive Zahl ist und auch σ wieder eine reelle positive Zahl sein soll,
handelt es sich hier um die oben beschriebene Taschenrechner-Wurzel. Das Problem liegt
– wie bei der Multiplikation – wiederum nur bei dem Winkel. Zunächst würde sich für
χ einfach φ/n ergeben. Damit hat man eine erste Lösung. Man muß aber daran denken,
daß $\varphi + 2\pi$ und φ im Exponenten von e die gleiche Zahl z bezeichnen. Also läßt sich eine
zweite Lösung für χ finden: $(\varphi + 2\pi)/n$. Dieses Argument kann man insgesamt $(n-1)$-mal
wiederholen: Es gibt eine dritte Lösung: $\chi = (\varphi + 4\pi)/n$, und das Ganze endet bei der
Lösung $\chi = (\varphi + (n-1)2\pi)/n$, denn der nächste Ansatz für $\chi = (\varphi + n2\pi)/n$ bringt nichts
Neues mehr, weil χ dann $\varphi/n + 2\pi$, also die gleiche Lösung liefert wie die erste. Wir haben
also für die n.te Wurzel insgesamt *immer* n verschiedene Lösungen, für die Quadratwurzel
immer zwei, für die kubische Wurzel immer drei Lösungen und so fort.

Beispiele:
Quadratwurzeln
aus $z = 1$:

$$(1) \quad e^{i0} \Rightarrow e^{i0} = 1 \qquad (2) \quad e^{i2\pi} \Rightarrow e^{i\pi} = -1$$

aus $z = -1$:

$$(1) \quad e^{i\pi} \Rightarrow e^{i\pi/2} = i \qquad (2) \quad e^{i3\pi} \Rightarrow e^{i3\pi/2} = -i$$

aus $z = i$:

$$(1) \quad e^{i\pi/2} \Rightarrow e^{i\pi/4} = (1/\sqrt{2}, 1/\sqrt{2}), \qquad (2) \quad e^{i5\pi/2} \Rightarrow e^{i5\pi/4} = (-1/\sqrt{2}, -1/\sqrt{2})$$

Kubikwurzeln
aus $z = 1$:

$$(1) \quad e^{i0} \Rightarrow e^{i0} = 1 \qquad (2) \quad e^{i2\pi} \Rightarrow e^{i2\pi/3} = (-1/2, \sqrt{3}/2)$$

(3) $e^{i4\pi} \Rightarrow e^{i4\pi/3} = (-1/2, -\sqrt{3}/2)$

aus $z = -1$:

(1) $e^{i\pi} \Rightarrow e^{i\pi/3} = (1/2, \sqrt{3}/2)$ (2) $e^{i3\pi} \Rightarrow e^{i\pi} = -1$

(3) $e^{i5\pi} \Rightarrow e^{i5\pi/3} = (1/2, -\sqrt{3}/2)$

4. Wurzeln aus $z = \rho e^{i\varphi}$:

(1) $\sqrt[4]{\rho}e^{i\varphi/4}$ (2) $\sqrt[4]{\rho}e^{i(\varphi/4+\pi/2)}$

(3) $\sqrt[4]{\rho}e^{i(\varphi/4+\pi)}$ (4) $\sqrt[4]{\rho}e^{i(\varphi/4+3\pi/2)}$

usw. Der Leser sei angeregt, sich die Lage der verschiedenen Wurzeln in der Gaußschen Zahlenebene klarzumachen und, insbesondere für einige der (a,b)-Formen, auch die Probe durch Potenzieren zu machen.

■ Jede komplexe Zahl (außer der Null) hat n verschiedene n-te Wurzeln. In der ρ, φ-Form lauten sie

$$\sqrt[n]{\rho}e^{i\varphi/n}, \quad \sqrt[n]{\rho}e^{i(\varphi+2\pi)/n}, \quad \sqrt[n]{\rho}e^{i(\varphi+4\pi)/n}, \quad \ldots,$$

bis sich der Zyklus wiederholt und nichts Neues mehr erbringt.

Aufgaben

1. Geben Sie den Realteil und den Imaginärteil der Zahlen $(3,4)$ und $3 + 4i$ an!

2. Bilden Sie (a) $(3,-2) + (2,5)$,   (b) $(3,2) - (2,5)$,
(c) $|(4,1)|$ (d) den Betrag von $(4,-1)$!

3. Stellen Sie folgende Zahlen in ρ, φ-Form dar:
(a) 3+5i   (b) 2i   (c) 25   (d) a+bi   (e) $(2 + i)e^{i\pi/6}$:

4. Stellen Sie folgende Zahlen in der (a,b)-Form dar:
(a) $3e^{i\pi/6}$ (b) $2e^{-i\pi}$.
Anleitung: Benutzen Sie folgende Umrechnungsformeln (s. Abschn. 3.2.3): $a = \rho \cos\varphi$ und $b = \rho \sin\varphi$!

5. Gegeben die beiden Zahlen $x = (3,5)$ und $y = (2,1)$.
(a) Bilden Sie $x \cdot y$ zunächst in der Form, in der x und y gegeben ist!
(b) Benutzen Sie die Resultate oder Zwischenergebnisse von Aufg. 3, um das Produkt in der ρ, φ-Form zu bilden!
(c) Rechnen Sie das Resultat von (a) in die ρ, φ-Form um und vergleichen Sie!
(d) Rechnen Sie das Resultat von (b) in die (a,b)-Form um und vergleichen Sie ebenfalls.

6. Bilden Sie den Quotienten x/y der Zahlen von Aufg. 5 sowohl in der ρ, φ-Form als auch in der (a,b)-Form.

7. Berechnen Sie $(2,-1)^5$!

8. Berechnen Sie alle dritten Wurzeln von $z = (8/\sqrt{2}, 8/\sqrt{2}) = 8e^{i\pi/4}$

1.4   Polynome und ihre Nullstellen

Der Inhalt dieses Abschnittes gehört nicht unbedingt in ein Kapitel über Zahlen. Die Aspekte, die uns hier an diesem Thema interessieren, hängen aber so eng mit dem eben behandelten Problem des Wurzelziehens zusammen, daß es trotz allem zweckmäßig erscheint, die

Polynome an dieser Stelle zu behandeln. Andere Aspekte kommen später in dem Kapitel über Funktionen zur Sprache. (Zur Schreibweise der Summen mit Summationszeichen und Laufindex siehe Anhang A.1.)

1.4.1 Polynome

Wir sagen, der Ausdruck

$$P_n(x) = \sum_{i=0}^{n} a_i\, x^i = a_0 + a_1 x + \cdots + a_{n-1}\, x^{n-1} + a_n\, x^n \quad (a_n \neq 0) \tag{1.7}$$

sei ein *Polynom n-ten Grades in x*, wobei die Koeffizienten a_i feste Zahlen vertreten und x als Variable aufgefaßt wird. Für einen bestimmten x-Wert ergibt sich eine bestimmte Zahl, die man den *Wert* des Polynoms nennt. Alle Koeffizienten sowie x können reelle oder komplexe Zahlen sein.

Eine häufig benötigte Rechenoperation ist die *Multiplikation* zweier Polynome $P_n(x)$ und $Q_m(x)$:

$$P_n(x) \cdot Q_m(x) = \left(\sum_{i=0}^{n} a_i\, x^i \right) \cdot \left(\sum_{j=0}^{m} b_j\, x^j \right) = \sum_{i=0}^{n} \sum_{j=0}^{m} a_i\, b_j\, x^{i+j}$$

Dabei ergibt sich, daß das Resultat wiederum ein Polynom ist, und zwar eines vom $(m+n)$-ten Grad.

Eine weitere Operation ist die sog. *Polynomdivision*, die aber eher einer Zerlegung eines gegebenen Polynoms entspricht. Gegeben ist ein Polynomquotient

$$\frac{P_n(x)}{Q_m(x)}$$

mit einem Zähler-Polynom n-ten Grades $P_n(x)$ und einem Nenner-Polynom m-ten Grades $Q_m(x)$, wobei der Nennergrad nicht größer als der Zählergrad ist, d.h. $m \leq n$. Die Zerlegung, die nun erfolgen soll, kann man am besten mit dem Problem, einen Bruch wie z.B. $\frac{29}{4}$ in eine ganze Zahl und einen (echten) Restbruch zu zerlegen, vergleichen:

$$\frac{29}{4} = \frac{28+1}{4} = 7 + \frac{1}{4} \quad \text{bzw.} \quad 29 = 7 \cdot 4 + 1.$$

Man zerlegt den Zähler so, daß ein möglichst großes Vielfaches des Nenners plus ein Rest, der jetzt kleiner als der Nenner ist, entsteht. Analog geht man mit den beiden Polynomen vor: man zerlegt $P_n(x)$ so, daß

$$P_n(x) = S(x) \cdot Q_m(x) + R(x)$$

ist. Gesucht ist also ein Polynom $S(x)$ von möglichst hohem Grad, so daß bei Multiplikation mit dem Nenner $Q_m(x)$ plus Addition eines Rest-Polynoms $R(x)$ (von möglichst niedrigem Grad) das Polynoms $P_n(x)$ entsteht. Der Grad von $S(x)$ ist offenbar $n-m$ und der von $R(x)$ höchstens $m-1$. Das Prinzip der praktischen Durchführung ist höchst einfach: Man zieht nacheinander möglichst große Vielfache von $Q(x)$ von $P(x)$ ab, bis der Rest ein Polynom kleineren Grades als $Q(x)$ ist. Am leichtesten ist das an Hand eines Beispiels zu verstehen.

Gegeben sei

$$P_4(x) = 3x^4 + 2x^3 - x^2 + 4x - 1 \quad \text{und} \quad Q_2(x) = x^2 + 3x - 5$$

1. Schritt:

Man bringt den $3x^4$-Term in $P(x)$ zum Verschwinden, indem man $3x^2 \cdot Q(x)$ von $P(x)$ abzieht:

$$(3x^4 + 2x^3 - x^2 + 4x - 1) - (3x^4 + 9x^3 - 15x^2) = -7x^3 + 14x^2 + 4x - 1$$

2. Schritt:

Man bringt den $-7x^3$-Term des Restes durch Abziehen von $-7x \cdot Q(x)$ zum Verschwinden:

$$(-7x^3 + 14x^2 + 4x - 1) - (-7x^3 - 21x^2 + 35x) = 35x^2 - 31x - 1$$

3. Schritt:

Abziehen von $35 \cdot Q(x)$ vom Rest:

$$(35x^2 - 31x - 1) - (35x^2 + 105x - 175) = -136x + 174$$

Nun findet das Verfahren sein Ende, weil der Rest einen kleineren Grad als $Q(x)$ hat. Man sammelt nun die Vielfachen von $Q(x)$, die man abgezogen hat:

$$(3x^2 - 7x + 35) \cdot Q(x).$$

Die gesuchte Zerlegung ist mithin

$$P_4(x) = (3x^2 - 7x + 35) \cdot Q(x) + (-136x + 174).$$

Es kann der Fall sein, daß der Rest $R(x)$ gleich Null ist, daß also die Zerlegung "aufgeht". Man sagt dann: *P(x) ist durch Q(x) teilbar.*

■ Polynome n-ten Grades $P_n(x)$ sind durch den Ausdruck

$$\sum\nolimits_{k=1}^{n} a_k x^k = a_0 + a_1 x + a_2 x^2 + \dots a_n x^n$$

definiert. Sie können auf übliche Weise addiert, subtrahiert und multipliziert werden. Die Division hinterläßt als Rest einen Polynomquotienten, dessen Zählergrad kleiner als der Nennergrad ist.

1.4.2 Nullstellen von Polynomen

Im Zusammenhang mit Polynomen interessiert uns nun die Frage: Für welche Werte von x hat ein gegebenes Polynom den Wert Null? Das führt auf eine Gleichung der Form

$$a_n x^n + a_{n-1} x^{n-1} + \dots + a_1 x + a_0 = 0. \tag{1.8}$$

Solche Gleichungen nennt man *algebraische* Gleichungen. Ihre Lösungen werden *Wurzeln* genannt, weil im Sonderfall

$$a_n\, x^n + a_0\; =\; 0$$

die Lösungen lauten

$$x_0 = \sqrt[n]{-\frac{a_0}{a_n}}.$$

Wir wissen außerdem, daß in diesem Fall genau n (reelle oder komplexe) Lösungen existieren. Der Hauptsatz der Algebra besagt, daß dies im allgemeinen Fall ebenso ist.

Die algebraischen Gleichungen (1.8) sind nur bis zum 4.Grad analytisch lösbar, und in der Praxis geht man mit rein rechnerischen Lösungen über die Gleichung 2. Grades (*quadratische Gleichung*) nicht hinaus. Für Gleichungen höheren als 4. Grades muß man numerische Verfahren heranziehen. Die Lösung der Gleichung 1. Grades lautet

$$x_1 = -\frac{a_0}{a_1}$$

(Der Index an x numeriert die Lösungen, hier gibt es nur eine.)

Die Gleichung 2. Grades lautet, nachdem man durch a_2 dividiert hat und auf beiden Seiten den Ausdruck $(a_1/(2a_2))^2$ ergänzt hat

$$x^2 + \frac{a_1}{a_2}x + \left(\frac{a_1}{2a_2}\right)^2 + \frac{a_0}{a_2} = \left(\frac{a_1}{2a_2}\right)^2.$$

Bringt man den letzten Term auf der linken Seite nach rechts, so entsteht

$$\left(x + \frac{a_1}{2a_2}\right)^2 = \left(\frac{a_1}{2a_2}\right)^2 - \frac{a_0}{a_2}.$$

Wurzelziehen und Auflösen nach x ergibt schließlich

$$x_{1,2} = -\frac{a_1}{2a_2} \pm \sqrt{\left(\frac{a_1}{2a_2}\right)^2 - \frac{a_0}{a_2}}.$$

oder, etwas umgeschrieben,

$$x_1 = \frac{-a_1 + \sqrt{a_1^2 - 4a_0 a_2}}{2a_2}$$

$$x_2 = \frac{-a_1 - \sqrt{a_1^2 - 4a_0 a_2}}{2a_2}.$$

Es soll eigens darauf hingewiesen werden, daß alle Umformungen einschließlich Wurzelziehen auch für komplexe Zahlen gültig sind.

number zerlegen, wobei die A_k noch zu bestimmende *konstante Zahlen* sind. Um sie zu bestimmen, multipliziert man diese Gleichung auf beiden Seiten mit $\prod_{k=1}^{n}(x-x_k)$, [1] wobei links der Nenner wegfällt und rechts sich gerade jeweils *ein* $x-x_k$-Faktor wegkürzt. Wir haben dann links ein Polynom m-ten Grades und rechts ein Polynom $(n-1)$-ten Grades und die A_k können durch Koeffizientenvergleich gefunden werden:

$$\frac{1}{a_n}P_m(x) = A_1(x-x_2)\ldots(x-x_n) + A_2(x-x_1)(x-x_3)\ldots(x-x_n) + \ldots$$

Ähnlich wie bei der Polynomdivision läßt sich das Verfahren am einfachsten an einem konkreten Beispiel nachvollziehen: Es soll der Ausdruck

$$\frac{x^2-x+2}{3(x-4)(x+3)(x-5)} \quad \text{in} \quad \frac{A_1}{x-4} + \frac{A_2}{x+3} + \frac{A_3}{x-5}$$

zerlegt werden. Wir multiplizieren beide Seiten mit $(x-4)(x+3)(x-5)$ und erhalten

$$\frac{1}{3}(x^2-x+2) = A_1(x+3)(x-5) + A_2(x-4)(x-5) + A_3(x-4)(x+3) =$$

$$= A_1(x^2-2x-15) + A_2(x^2-9x+20) + A_3(x^2-x-12).$$

Umordnen der rechten Seite ergibt das Polynom 2. Grades

$$(A_1+A_2+A_3)x^2 + (-2A_1-9A_2-A_3)x + (-15A_1+20A_2-12A_3).$$

Koeffizientenvergleich der beiden Polynome ergibt

x^2-Koeffizienten: $\qquad \frac{1}{3} = A_1 + A_2 + A_3$

x^1-Koeffizienten: $\qquad -\frac{1}{3} = -2A_1 - 9A_2 - A_3$

x^0-Koeffizienten: $\qquad \frac{2}{3} = -15A_1 + 20A_2 - 12A_3.$

Die Lösung ist

$$A_1 = -\frac{2}{3}, \qquad A_2 = \frac{1}{12} \qquad A_3 = \frac{11}{12}.$$

Mithin lautet die gesuchte Umformung

$$\frac{x^2-x+2}{3(x-4)(x+3)(x-5)} = -\frac{2/3}{x-4} + \frac{1/12}{x+3} + \frac{11/12}{x-5}.$$

Sind zwei Wurzeln gleich, z.B. $x_1 = x_2$, so muß der Ansatz abgeändert werden, denn der Standard-Ansatz enthielte die beiden Terme

$$\ldots + \frac{A_1}{x-x_1} + \frac{A_2}{x-x_1} + \ldots,$$

und wäre in dieser Form natürlich sinnlos. Nehmen wir aber statt dessen die Terme

$$\ldots + \frac{A_1}{x-x_1} + \frac{A_2}{(x-x_1)^2} + \ldots$$

---

[1] Das Zeichen $\prod$ steht für eine wiederholte Produktbildung, hier also $(x-x_1)(x-x_2)\ldots$

in den Ansatz auf, so kann man ansonsten weiter wie oben verfahren. Bei dreifachen Wurzeln setzt man drei Terme mit entsprechenden Potenzen an, usw.

Sind die Koeffizienten des Nennerpolynoms reell, so treten eventuell Wurzeln auf, die paarweise zu einander konjugiert komplex sind, also z.B. $x_2 = x_1^*$. Der Ansatz enthielte dann die Terme

$$\cdots + \frac{A_1}{x - x_1} + \frac{A_2}{x - x_1^*} + \cdots.$$

Allgemein sind dann die A_i komplexe Zahlen, weil zumindest x_1 komplex ist. Sind auch die Zählerpolynom-Koeffizienten reell, so ist der Wert des Polynomquotienten für reelle x überhaupt reell und das ist nur möglich, wenn $A_2 = A_1^*$ ist. Das heißt, der Ansatz muß unter diesen Umständen

$$\cdots + \frac{A_1}{x - x_1} + \frac{A_1^*}{x - x_1^*} + \cdots$$

lauten. Diese zwei Terme können mittels Erweiterung umgeformt werden:

$$\frac{A_1(x - x_1^*)}{(x - x_1)(x - x_1^*)} + \frac{A_1^*(x - x_1)}{(x - x_1^*)(x - x_1)} = \frac{A_1(x - x_1^*) + A_1^*(x - x_1)}{(x - x_1)(x - x_1^*)}$$

$$= \frac{(A_1 + A_1^*)x - (A_1 x_1^* + A_1^* x_1)}{x^2 - x(x_1 + x_1^*) + x_1 x_1^*} = \frac{2\mathrm{Re}(A_1)x - 2\mathrm{Re}(A_1 x_1^*)}{x^2 - 2\mathrm{Re}(x_1)x + |x_1|^2}.$$

Dieser Ansatz enthält nur noch reelle Faktoren und kann statt der zwei ursprünglichen Termen in der Form $(Ax + B)/(x^2 - 2\mathrm{Re}(x_1)x + |x_1|^2)$ verwendet werden.

■ (Echte) Polynomquotienten können im einfachsten Fall in eine Summe von Ausdrücken der Form $A/(x - x_k)$ zerlegt werden. Dabei sind die x_k die Wurzeln des Nennerpolynoms. Diese Form gilt nur für den Fall, daß alle Wurzeln voneinander verschieden sind. Anderenfalls muß der Ansatz modifiziert werden.

Aufgaben

(Die ersten drei Aufgaben sind Übungen zur Summenschreibweise mit Σ-Symbol.)

1. Berechnen Sie folgenden Summationsausdruck:

$$\sum_{k=2}^{4} (k^2 - 1).$$

2. Verschieben Sie den Index in Aufgabe 1 so, daß die Summe jetzt von 0 bis 2 läuft und berechnen Sie die Summe jetzt!

3. Führen die drei Summationsausdrücke

$$(a) \quad \left(\sum_{k=1}^{2} k^2\right)\left(\sum_{k=1}^{3} k\right) \quad (b) \quad \left(\sum_{k=1}^{2} k^2\right)\left(\sum_{l=1}^{3} l\right) \quad (c) \quad \sum_{k=1}^{2}\left(k^2 \sum_{l=1}^{3} l\right)$$

zu verschiedenen Resultaten?

4. Verifizieren Sie die Formel für das Produkte zweier Polynome an Hand des konkreten Beispiels $P_1(x) = 3x - 4$ und $P_2(x) = x^2 + 2x + 5$!

5. Polynome:

(a) Führen Sie eine Polynomdivision für $P(x) = 12x^5 + 7x^4 + 6x^3 - 9x^2 + 8x - 2$ mit $Q(x) = 4x^3 + 5x^2 + 4x - 2$ als Nenner durch!

(b) Sind die beiden Polynome teilbar?

(c) Gilt das Gleiche auch, wenn wir von $P(x)$ noch das Polynom $8x + 6$ subtrahieren?

(d) Was ist, wenn wir in (a) Zähler und Nenner vertauschen?

6. (a) Wie lauten die Lösungen der quadratischen Gleichung $2x^2 + 3x - 2$?

(b) Wie lauten die Lösungen, wenn man in der Gleichung von (a) den Term -2 durch $-i$ ersetzt?

7. Wie lautet die algebraische Gleichung, die als Wurzeln die Zahlen 1,2,3 hat?

8. (a) Was können Sie über die Wurzeln der Gleichung 3. Grades $4x^3 - 20x^2 + 28x - 8$ sagen?

(b) Wie gelangen Sie an die restlichen Wurzeln, wenn Sie durch Probieren eine von ihnen gefunden haben (z.B. $x_1 = 2$)?

9. Geben Sie die Partialbruchzerlegung folgender Polynomquotienten an:

$$(a) \quad \frac{5x - 29}{x^2 - 11x + 28} \qquad (b) \quad \frac{3x - 10}{x^2 - 8x + 16} \qquad (c) \quad \frac{2x - 8}{x^2 - 8 + 17}?$$

1.5 Kombinatorik

Wir beschließen dieses einführende Kapitel mit einigen wenigen Problemen aus dem Gebiete der Kombinatorik, wo es um die Anzahl verschiedener Anordnungsmöglichkeiten geht. Die für den Chemiker bedeutsamsten Anwendungen treten in der thermodynamischen Statistik auf, auf der sich die gesamte Thermodynamik aufbauen läßt. Aber auch für rein mathematische Fragen wie die Auswertung von Ausdrücken wie $(a+b)^n$ schafft sie die Voraussetzungen. Sie gehört insofern zum Handwerkszeug als wir an vielen Stellen dieses Buches immer wieder auf ihre Resultate zurückgreifen müssen.

1.5.1 Permutationen

Die einfachste Frage ist folgende: Gegeben n verschiedene Elemente, wieviel Möglichkeiten bestehen, sie in einer Reihe anzuordnen? Betrachten wir als Beispiel die sieben Buchstaben a bis g: Für den ersten Platz haben wir die Wahl zwischen sieben Buchstaben, für den zweiten die Wahl noch zwischen sechs, usw. beim vorletzten Platz noch die Wahl zwischen zwei und beim letzten schließlich keine Wahl mehr, d.h. nur noch *eine* Möglichkeit. Das ergibt insgesamt $7 \cdot 6 \cdot 5 \cdot 4 \cdot 3 \cdot 2 \cdot 1$ Möglichkeiten. Bei n Elementen sind das

$$n \cdot (n-1) \cdot \cdots \cdot 2 \cdot 1 \; = \; 1 \cdot 2 \cdot \cdots \cdot (n-1) \cdot n \; = \; \prod_{k=1}^{n} k \; \equiv \; n!$$

Möglichkeiten. Der letzte Ausdruck ist eine Abkürzung (gesprochen "n-Fakultät"), da das Produkt der ersten n natürlichen Zahlen noch oft benötigt werden wird. Die aufgeworfene Frage besteht darin, nach der Anzahl möglicher *Permutationen* von n Elementen zu fragen und wird mit dem Symbol $P(n)$ bezeichnet. Kurz: *Die Zahl möglicher Permutationen von n Elementen $P(n)$ beträgt also $n!$.*

Für manche Zwecke ist es wünschenswert, auch einen Wert für 0! zu haben, obwohl dieser Ausdruck nach der obigen Definition von $n!$ zunächst sinnlos ist. Man kann aber folgendermaßen argumentieren: Allgemein gilt

$$(n + 1)! = (n + 1) \cdot n!$$

und speziell für $n = 0$ wird daraus $1! = 1 \cdot 0!$. Auf diese Weise läßt sich mit einem gewissen Sinn festsetzen: $0! = 1$.

Jede beliebige Reihenfolge kann man auf eine Reihe von Vertauschungen von nur *zwei* Elementen zurückführen. (Eine solche Zweier-Vertauschung bezeichnet man als *Transposition*.) Z. B. kann aus *abcd* die Reihenfolge *cadb* durch folgende Kette von Transpositionen generiert werden:

$$abcd \rightarrow cbad \rightarrow cabd \rightarrow cadb.$$

Man kann aber auch andere Transpositionsketten bilden, eventuell beliebig lange. Bemerkenswert dabei ist, daß bei gegebenem Endstand die möglichen Ketten immer entweder eine *gerade* oder eine *ungerade* Anzahl solcher Transpositionen umfassen. (Versuchen Sie mal, im Beispiel oben zur ursprünglichen Anordnung durch 2 oder 4 Transpositionen zurückzukommen!) Aus diesem Grund kann man jeder Permutation das Prädikat "gerade" oder "ungerade" zuweisen, je nachdem, ob eine gerade oder eine ungerade Anzahl von Transpositionen zu ihr führt.

Wir müssen nun, gerade im Hinblick auf Anwendungen in der thermodynamischen Statistik, die Fragestellung noch etwas erweitern: Gegeben seien wiederum n Elemente, aber sie seien teilweise *gleich*. Um an das Eingangsbeispiel anzuknüpfen: Gegeben zwei a, ein b, und vier c, also ebenfalls sieben Elemente, aber zwei sind untereinander gleich und vier andere ebenfalls. Wieviel Anordnungen gibt es nun? Offensichtlich sind es weniger! Um die Zahl zu ermitteln, kann man so vorgehen, daß man alle sieben zunächst – z.B. durch einen Index – unterscheidet: $a_1, a_2, b, c_1, c_2, c_3, c_4$. Jetzt gibt es wieder 7! Möglichkeiten. Wenn man nun zunächst die Indizes an den a entfernt, treten Anordnungen wie z.B.

$$c_1 \ a \ c_3 \ b \ a \ c_4 \ c_2$$

auf. Fügen wir die Indizes wieder hinzu, so haben wir offenbar *zwei* Möglichkeiten: Index 1 an das erste a oder an das zweite a. Bei den vier c können wir die vier Indexwerte auf so viele Weise vergeben wie es Anordnungen der Zahlen 1 bis 4 gibt: $P(4) = 4!$. Ausgehend von der gesuchten Zahl der Permutationen $P(7; 2, 1, 4)$ kommen wir also durch Multiplikation mit 2! und 4! auf die Anzahl von $P(7)$. Wir können das noch etwas eleganter machen, wenn wir auch für die Einer-Gruppe b den Faktor 1! vorsehen. Dann ergibt sich

$$P(7; 2, 1, 4) \cdot 2! \cdot 1! \cdot 4! = P(7) \quad \text{bzw.} \quad P(7; 2, 1, 4) = \frac{7!}{2! \ 1! \ 4!}.$$

(Die Bezeichnungweise $P(7; 2, 1, 4)$ ist evident: vor dem Semikolon die Gesamtzahl der Elemente, dahinter die Gruppengrößen, deren Summe 7 ergibt.) Im allgemeinen Fall erhält man auf gleichem Wege

$$P(n; n_1, n_2, \dots n_k) = \frac{n!}{n_1! n_2! \cdot \ldots n_k!}. \qquad \text{wobei} \quad \sum_{i=1}^{k} n_i = n. \qquad (1.10)$$

Wir wollen noch ein Beispiel für die Art von Überlegungen, wie sie in der statistischen Thermodynamik angestellt werden, geben. Um das Beispiel aber recht zu verstehen, müssen wir nochmals auf das $P(7; 2, 1, 4)$-Problem zurückkommen. Dort waren 2 bzw. 4 der 7 Buchstaben als gleich angesehen worden, aber die Plätze (Nr. 1 bis 7) als verschieden. Auf das gleiche kombinatorische Problem kommt man aber auch, wenn die Buchstaben alle als verschieden angesehen werden (a bis g), aber die Plätze als teilweise gleichwertig, z.B. die ersten beiden Plätze und die letzten vier. Auch dann kommt der Nenner wieder so zustande, daß Platztausch innerhalb der Positionsgruppen keine Rolle spielen soll.

Nun zu unserem Beispiel: Gegeben 100 Moleküle, die in vier unterschiedlichen Zuständen A, B, C, D existieren können. Wir geben nun eine bestimmte Verteilung an, z.B. 34 Moleküle im Zustand A, 21 Moleküle im Zustand B, 17 Moleküle im Zustand C und 28 Moleküle im Zustand D. Das ist äquivalent der Annahme, daß die ersten 34 Plätze als gleichwertig angesehen werden, die nächsten 21 ebenfalls usw. Wieviel Realisierungsmöglichkeiten gibt es nun? Antwort: $P(100; 34, 21, 17, 28) = 100!/(34!21!17!28!)$. Zu der physikalischen Seite des Problems noch zwei Anmerkungen: Die 100 Moleküle wurden als *unterscheidbar* angesehen, was an sich nicht richtig ist, uns aber hier nicht stören soll. Des weiteren kann man die Frage stellen, wozu die Überlegung gut sein soll. Die Antwort lautet, daß die Zahl der Realisierungsmöglichkeiten es erlaubt, die Wahrscheinlichkeit des Auftretens vorgegebener Verteilungen untereinander zu vergleichen.

Da in der statistischen Thermodynamik die Zahl der Moleküle von der Größenordnung der Loschmittschen Zahl ist, d.h. 10^{23}, benötigt man dort eine Formel für $n!$, wenn n sehr groß ist. Wir führen hier die *Sterlingsche Formel* an, die eine Näherung für diesen Fall darstellt:

$$n! \approx \sqrt{2\pi n} \left(\frac{n}{e}\right)^n, \qquad (1.11)$$

wobei e die Eulersche Zahl (siehe Anhang A.1) ist. Der relative Fehler dieses Ausdrucks wird mit größeren n-Werten immer kleiner. Man überzeugt sich leicht, daß er selbst für so kleine Werte wie $n = 3$ unter 3% liegt. Da sich der Zweck der Formel im Liefern eines Näherungswertes für einen bestimmten Ausdruck erschöpft und die Herleitung sehr weit führen würde, beschränken wir uns hier darauf, lediglich das Resultat anzuführen. Zu ergänzen wäre noch, daß man den Wurzel-Faktor oft wegläßt, wenn man nur an der Größenordnung von $n!$ interessiert ist.

> ■ Die Zahl möglicher Permutationen von n Elementen, von denen eine Gruppe von n_1 Elementen ununterscheidbar sind, desgleichen n_2 weitere Elemente, und so fort, ist
>
> $$P(n; n_1, n_2, \ldots n_k) = \frac{n!}{n_1! n_2! \ldots n_k!} \qquad (n = \sum_{i=1}^{k} n_i).$$

1.5.2 Kombinationen und Binomischer Lehrsatz

Kombinationen werfen die Frage auf, wie viele Möglichkeiten es gibt, aus n Elementen k Elemente herauszugreifen, etwa aus 10 Personen eine Dreiergruppe. Dabei soll nur das Resultat, nicht aber der Auswahlvorgang betrachtet werden. Man spricht dann von *Kombinationen von n Elementen zur k-ten Klasse* und bezeichnet ihre Anzahl mit dem Symbol $C(n, k)$.

Dieses Problem läßt sich leicht auf ein Permutationsproblem zurückführen. Die n Elemente können zwei verschiedenen Gruppen angehören: entweder der Gruppe der herausgegriffenen Elemente oder der Gruppe der übriggebliebenen, d.h. wir haben n (verschiedene) Elemente, aber nur zwei verschiedene Arten von Positionen: die ersten k Positionen (gewählt) sind einander gleichwertig und die restlichen $n - k$ (nicht gewählt) ebenfalls. Wir haben also ein Permutationsproblem mit zwei Gruppen gleicher Elemente: die erste Gruppe umfaßt k Elemente und die zweite den Rest ($n - k$ Elemente). Also gilt für $C(n, k)$

$$C(n,k) = P(n; k, n-k) = \frac{n!}{k!(n-k)!}.$$

Das gleiche Resultat erhält man natürlich auch direkt: Wie bei den Permutationen gibt es n Möglichkeiten für das erste Element, $n - 1$ Möglichkeiten für das zweite, usw. und schließlich $n - k + 1$ Möglichkeiten für das k.te. Dies sind $n \cdot (n-1) \cdot \ldots \cdot (n-k+1)$ Möglichkeiten. Erweitert man diesen Ausdruck mit $(n - k)!$, so ergibt sich $n!/(n-k)!$. Nun sind verschiedene Reihenfolgen des Herausgreifens bislang als verschieden gezählt worden. Da uns die Reihenfolge aber nicht interessiert, müssen wir noch durch die Zahl der möglichen Reihenfolgen der k herausgegriffenen Elemente dividieren. Dann ergibt sich wie oben $n!/(k!(n-k)!)$.

Da dieser Ausdruck sehr häufig benötigt wird, verwendet man für ihn ein eigenes Symbol: $\binom{n}{k}$ (gesprochen "n über k"). Man nennt diese Größen aus Gründen, die im nächsten Abschnitt ersichtlich werden, *Binomialkoeffizienten*. Es gilt also

$$\binom{n}{k} \equiv \frac{n!}{k!(n-k)!} = \frac{n(n-1)\ldots(n-k+1)}{k!} \tag{1.12}$$

und $C(n, k)$ läßt sich kurz als

$$C(n,k) = \binom{n}{k} \tag{1.13}$$

schreiben. Das Eingangsbeispiel (Dreiergruppe aus 10 Personen) würde also

$$C(10,3) = \binom{10}{3} = \frac{10!}{3!\,7!} = \frac{10 \cdot 9 \cdot 8}{3!} = 120$$

liefern.

Zwischen den Binomialkoeffizienten besteht noch eine Beziehung, die zuweilen von Nutzen ist:

$$\binom{n}{k-1} + \binom{n}{k} = \binom{n+1}{k}. \tag{1.14}$$

Sie läßt sich leicht mit Hilfe der Definitionsgleichung (1.12) verifizieren, wenn man die beiden Brüche jeweils passend erweitert. Es ergibt sich dann

$$\begin{aligned}
\binom{n}{k-1} + \binom{n}{k} &= \frac{n!}{(k-1)!(n-k+1)!} + \frac{n!}{k!(n-k)!} \\
&= \frac{n!\,k}{k!(n-k+1)!} + \frac{n!(n-k+1)}{k!(n-k+1)!} = \frac{n!(n+1)}{k!(n+1-k)!} \\
&\equiv \binom{n+1}{k}.
\end{aligned}$$

(Der erste Bruch wurde mit k und der zweite mit $n - k + 1$ erweitert, um gleiche Nenner zu erhalten.) Schließlich wollen wir noch feststellen, daß

$$\binom{n}{0} = \binom{n}{n} = \binom{0}{0} = 1$$

ist, wenn man für 0! den im vorigen Abschnitt festgesetzten Wert 1 benützt.

Als eine Variante der Kombinationen kann man die *Variationen* auffassen. Sie unterscheiden sich von den Kombinationen dadurch, daß man die Reihenfolge der herausgegriffenen Elemente beachtet. Außerdem können Kombinationen oder Variationen so abgeändert werden, daß es erlaubt ist, einzelne Elemente mehrfach zu benennen. Alle diese kombinatorischen Probleme spielen in der Chemie keine wesentliche Rolle, und so wollen wir es bei diesem Hinweis belassen.

Binomischer Lehrsatz

Häufig tritt ein Ausdruck der Form $(a + b)^n$ (mit beliebigem ganzzahligen Exponenten) auf, für den eine explizite Form sehr nützlich wäre. Eine derartige Darstellung ist mit Hilfe der Binomialkoeffizienten möglich und lautet

$$(a + b)^n = \sum_{k=0}^{n} \binom{n}{k} a^k b^{n-k}. \tag{1.15}$$

Beispiel:

$$(a + b)^3 = \binom{3}{0} a^0 b^3 + \binom{3}{1} a^1 b^2 + \binom{3}{2} a^2 b^1 + \binom{3}{3} a^3 b^0 = b^3 + 3a b^2 + 3a^2 b + a^3.$$

Der Beweis ist eine hübsche Gelegenheit, die Stärke des Verfahrens der vollständigen Induktion (s. S. 24) unter Beweis zu stellen. Der Satz ist richtig für $n = 1$:

$$a + b = \binom{1}{0} a^0 b^1 + \binom{1}{1} a^1 b^0 = 1 \cdot b + 1 \cdot a.$$

Wir müssen also nur noch zeigen, daß aus der Gültigkeit für n (mit $n \geq 1$) auch die Gültigkeit für $n+1$ folgt. Letzteres bedeutet, daß aus der Beziehung (1.15) die entsprechende Beziehung mit $n + 1$ anstelle von n hervorgehen muß. Wir benötigen also den Ausdruck

$$(a + b)^{n+1} = (a + b)(a + b)^n$$

und verwenden dabei laut Voraussetzung Gl. (1.15). Dies ergibt nach Ausmultiplizieren den Ausdruck

$$(a + b) \cdot \sum_{k=0}^{n} \binom{n}{k} a^k b^{n-k} = \sum_{k=0}^{n} \binom{n}{k} a^{k+1} b^{n-k} + \sum_{k=0}^{n} \binom{n}{k} a^k b^{n-k+1}.$$

Wir können die ab-Potenzen des ersten Ausdrucks denen des zweiten Ausdrucks (formal) angleichen, wenn wir in der ersten Summe den Summationsindex verschieben (siehe Appendix A.1). Wir ersetzen also dort k durch $k - 1$ und erhalten

$$\sum_{k=1}^{n+1} \binom{n}{k-1} a^k b^{n-k+1} + \sum_{k=0}^{n} \binom{n}{k} a^k b^{n-k+1}.$$

Wir können nun die Summe bilden, soweit die k-Bereiche übereinstimmen, d.h. in der ersten Summe müssen wir den letzten Summanden und in der zweiten Summe den ersten Summanden separat behandeln:

$$a^{n+1} + \sum\nolimits_{k=1}^{n} \left[\binom{n}{k-1} + \binom{n}{k} \right] a^k b^{n-k+1} + b^{n+1}.$$

Berücksichtigt man nun Gl. (1.14) und bindet die beiden separaten Terme wieder in die Summe ein, so ergibt sich

$$(a+b)^{n+1} = \sum\nolimits_{k=0}^{n+1} \binom{n+1}{k} a^k b^{n+1-k}$$

wie behauptet. (Dabei wird der Term b^{n+1} zum $k=0$-Term und a^{n+1} zum $k=n+1$-Term.)

Die Binomialkoeffizienten sind durch zwei ganze Zahlen gekennzeichnet: n und k, für die gilt $n \geq 0$ und $0 \leq k \leq n$. Schreibt man die Zahlen für gleiche n jeweils in eine Zeile, so entsteht ein Dreieck, da die Zahl der möglichen k-Werte von Zeile zu Zeile um jeweils eins zunimmt. Aus Gründen, die gleich ersichtlich werden, ist es zweckmäßig, die Zeilen jeweils zu zentrieren, so daß folgende Figur entsteht:

$$
\begin{array}{ccccccccc}
& & & & \binom{0}{0} & & & & \\
& & & \binom{1}{0} & & \binom{1}{1} & & & \\
& & \binom{2}{0} & & \binom{2}{1} & & \binom{2}{2} & & \\
& \binom{3}{0} & & \binom{3}{1} & & \binom{3}{2} & & \binom{3}{3} & \\
\cdots & & \cdots & & \cdots & & \cdots & & \cdots
\end{array}
$$

Die Anordnung wurde so gewählt, weil die äußeren Ränder jeweils 1 sind und sich im übrigen alle Elemente aus den beiden über ihnen stehenden Elementen mittels Gl. (1.14) berechnen lassen. Es entsteht dann ein Zahlenschema der Form (*Pascalsches Dreieck*)

$$
\begin{array}{ccccccccccc}
& & & & & 1 & & & & & \\
& & & & 1 & & 1 & & & & \\
& & & 1 & & 2 & & 1 & & & \\
& & 1 & & 3 & & 3 & & 1 & & \\
& 1 & & 4 & & 6 & & 4 & & 1 & \\
\cdots & & \cdots & & \cdots & & \cdots & & \cdots & & \cdots
\end{array}
$$

dessen nächste Zeile sich jeweils durch Summen von Elementen der vorigen Zeile ergibt. Dies stellt die bequemste Form dar, schnell den Ausdruck für, sagen wir, $(x+y)^{10}$ hinzuschreiben. (Beispielsweise läßt sich der letzten Zeile oben sofort $(x+y)^4 = x^4 + 4x^3y + 6x^2y^2 + 4xy^4 + y^4$ entnehmen.)

■ Kombinationen sind Permutationen der Form $P(n; k, n-k)$, also Permutationen mit nur zwei Gruppen gleicher Elemente. Ihre Anzahl schreibt man in der Form von Binomialkoeffizienten

$$\binom{n}{k} \equiv \frac{n!}{k!(n-k)!}.$$

Die sehr häufig benutzte Binomialformel für Ausdrücke der Form $(a+b)^n$ lautet mit ihnen

$$(a+b)^n = \sum_{k=0}^{n} \binom{n}{k} a^k b^{n-k} =$$

$$b^n + nab^{n-1} + \frac{n(n-1)}{2} a^2 b^{n-2} + \binom{n}{3} a^3 b^{n-3} + \cdots + a^n.$$

(Oft werden auch a und b vertauscht.)

Aufgaben

1. Gegeben jeweils sechs Elemente (in Form von Buchstaben). Geben Sie die Zahl der möglichen Permutationen (Reihenfolgen) für folgende Fälle an:
(a) abcdef   (b) abcdff   (c) addddf   (d) eeeeee!
2. (a) Kürzen Sie den Bruch 12!/9! und schreiben Sie das Resultat als Produkt mittels Π-Zeichen!
(b) Wie könnte man die Brüche 8!/5! und 8!/2! auf den gleichen Nenner bringen und weiter vereinfachen?
3. Ist die Permutation abcde → decba eine gerade oder eine ungerade Permutation?
4. Berechnen Sie 14! mittels der Sterlingschen Formel und vergleichen Sie mit dem exakten Wert!
5. Berechnen Sie folgende Binomialkoeffizienten:

$$(a)\ \binom{5}{3}, \qquad (b)\ \binom{5}{1}, \qquad (c)\ \binom{5}{0}, \qquad (d)\ \binom{5}{5}!$$

6. (a) Wie groß ist die Anzahl möglicher Kombinationen, wenn aus 7 Elementen 4 herausgegriffen werden sollen?
(b) Um wieviel wird die Zahl von Aufg. 6a größer, wenn es zusätzlich auf die Reihenfolge der herausgegriffenen Elemente ankommt?
(c) Wie groß ist die Wahrscheinlichkeit von sechs Richtigen im Lotto (6 von 49)?
7. Überlegen Sie selbständig folgendes Problem: Ein Computer kann letztlich nur Einsen und Nullen darstellen. Wir haben somit zwei Elemente: 0 und 1. Ein "Wort" hat 16 Positionen. Wieviel mögliche Wörter gibt es? Anleitung: Den 16 Positionen entsprechen 16 Wahlmöglichkeiten, allerdings *mit* Mehrfachbenennung, sonst wären wir nach zwei Wahlen am Ende. Andererseits spielt die Reihenfolge eine Rolle, weil wir eine Position im Wort nach der anderen besetzen müssen. Überlegen Sie, wieviel Möglichkeiten Sie in jedem Schritt haben und wie sich die Gesamtzahl der Möglichkeiten aus ihnen aufbaut!
8. Multiplizieren Sie den Ausdruck $(x^2+1)^5$ mit Hilfe der Binomialformel aus!

2   Vektorrechnung

Vektoren haben eine Reihe von Berührungspunkten mit komplexen Zahlen. Sie sind wie diese mathematische Objekte, die aus mehreren Zahlen *zusammengesetzt* sind, allerdings nicht nur aus zweien. Die Rechenregeln für die Addition und die Multiplikation mit einer Zahl sind ebenfalls gleich. Der Unterschied besteht zunächst einmal darin, daß Vektoren nicht eingeführt werden, um Gleichungen lösen zu können, also keine Zahlenbereichserweiterung darstellen. Sie werden vielmehr benötigt, um Objekte darzustellen, die sich mit *einer* Zahl nicht darstellen lassen. (Das Konzept für Produkte ist übrigens gegenüber komplexen Zahlen grundverschieden.)

Das einfachste Beispiel für einen Vektor stammt aus der Physik: Zwei Kräfte von, sagen wir, 1 Newton, von denen eine nach rechts gerichtet ist und die andere nach oben, wird ein Physiker als *verschieden* ansehen. Mit anderen Worten, zur Kraft gehört nicht nur eine bestimmte Intensität, die sich mit *einer* Zahl angeben ließe, sondern außerdem eine bestimmte *Richtung*. In einem dreidimensionalen Raum läßt sich die Kraft eindeutig durch ihre drei Komponenten bezüglich dreier Koordinatenachsen (k_x, k_y, k_z) angeben, d. h. in diesem Fall werden drei Zahlen zu einem neuen mathematischen Objekt, eben einem *Vektor* zusammengefaßt. Das Rechnen mit solchen Objekten ist Thema der Vektorrechnung.

Aber auch in der Mathematik ist es oft einfacher, mit Sätzen von Zahlen als mit vielen einfachen Zahlen zu rechnen. Wir werden dieses Konzept bei der Lösung von linearen Gleichungssystemen kennenlernen. Weiterführendes findet der Leser in [1, 2] oder auch im 2. Abschnitt von [3].

2.1   Vektoren

2.1.1   Allgemeines

Wir haben gehört, daß in der Physik Größen, wie Kraft oder Geschwindigkeit, existieren, denen eine bestimmte *Richtung* zugeordnet werden muß. Ein Gegenbeispiel, dem sich keine Richtung zuordnen läßt, wären Zeit oder Temperatur. Gerichtete Größen nennt man, wie gesagt, *Vektoren*, nicht gerichtete Größen *Skalare*.

Die Charakterisierung der Richtung könnte ähnlich wie bei komplexen Zahlen in der ρ, φ-Form durch bestimmte Winkel geschehen. Das ist aber bis auf Ausnahmen höchst unzweckmäßig. Um eine Alternative zu finden, betrachten wir eine rein geometrische Größe, die ebenfalls die Charakteristika eines Vektors aufweist, den sog. *Ortsvektor*. Das ist ein Vektor, der vom Koordinatenurspung zu einem bestimmten Raumpunkt weist und ihn damit kennzeichnet. Auch hier könnte man den Abstand und diverse Winkel zur Festlegung wählen. Einfacher ist es aber, ein rechtwinkliges Achsenkreuz einzuführen und Punkte mittels ihrer Achsenabschnitte festzulegen. Im zweidimensionalen Fall benötigt man zwei Achsen, eine horizontale und eine vertikale. Ein Punkt in dieser Ebene ist dann durch seine Projektionen auf die beiden Achsen eindeutig festgelegt (*kartesische Koordinaten*, siehe Abb. 2.1a). Im Falle eines dreidimensionalen Raumes muß man drei Achsen festlegen, wobei die dritte Achse wiederum senkrecht auf den beiden anderen steht. Ein Punkt im Raum wird nun durch *drei* Achsenabschnitte charakterisiert (s. Abb. 2.1b).

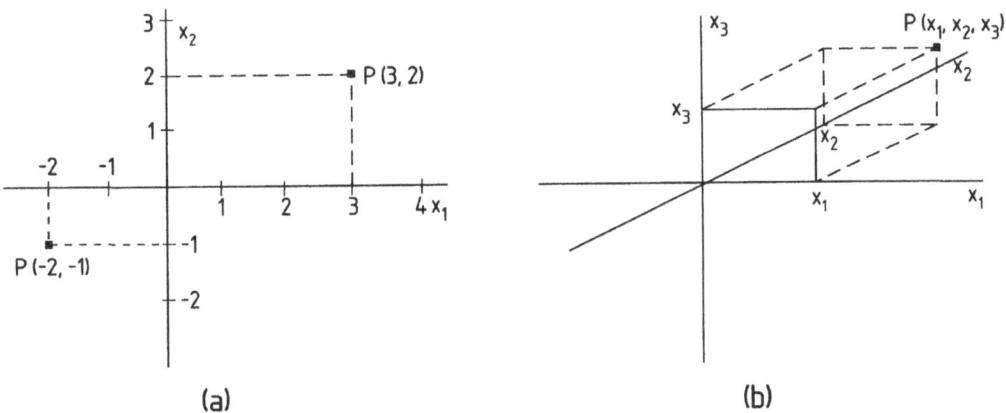

(a)   (b)

Fig. 2.1 (a) kartesische Koordinaten eines zweidimensionalen Raumes mit zwei Beispielen; (Der Punkt (0,0) wird als *Ursprung* bezeichnet);
(b) dreidimensionales Achsenkreuz zur Kennzeichnung von Punkten in einem Raum.
Bitte beachten Sie, daß hier die Koordinatenachsen bzw. die zugehörigen Koordinaten nicht mit x, y, z sondern mit x_1, x_2, x_3 bezeichnet wurden. Dies ist im Hinblick auf die Verarbredung auf Seite 53 unten geschehen.

Übertragen wir das auf die Kraft, so kann man sie ebenfalls durch ihre Projektionen auf die Koordinatenachsen charakterisieren: k_x, k_y, k_z, die *Komponenten* der Kraft, die ihre Intensität und Richtung eindeutig festlegen.

Aus Gründen der Anschaulichkeit werden Vektoren in räumlichen Skizzen oft parallelverschoben eingezeichnet, weil das sehr instruktiv ist. Beispielsweise liegt es nahe, einen Vektor, der eine Kraft darstellen soll, die an einem bestimmten Punkt angreift, vom Angriffspunkt ausgehend einzuzeichnen (Abb. 2.2a). Man muß sich aber klarmachen, daß in diesen Tatbestand eigentlich *zwei* Vektoren eingehen, die aus mathematischer Sicht nichts miteinander zu tun haben: einerseits der Kraft-Vektor, der Größe und Richtung der Kraft angibt und andererseits ein Ortsvektor, der den Angriffspunkt charakterisiert. In einer Skizze wie in Abb. 2.2a sind also zwei Vektoren enthalten, die in zwei verschiedene Skizzen gehören würden: Abb. 2.2b (Vektor r) und Abb. 2.2c (Vektor k). Jeder der beiden Vektoren ist durch drei Komponenten bestimmt und wird vom Koordinatenursprung ausgehend eingezeichnet. Wesentlich ist, daß der Ansatzpunkt für die Charakterisierung der Kraft unerheblich ist und deshalb nicht zu den Größen gehört, die die Kraft selbst beschreiben. Umgekehrt legt der Vektor r einen Ansatzpunkt fest, gleichgültig, welche Kraft dort angreift. Man beachte die unterschiedlichen Dimensionen in (b) und (c)!

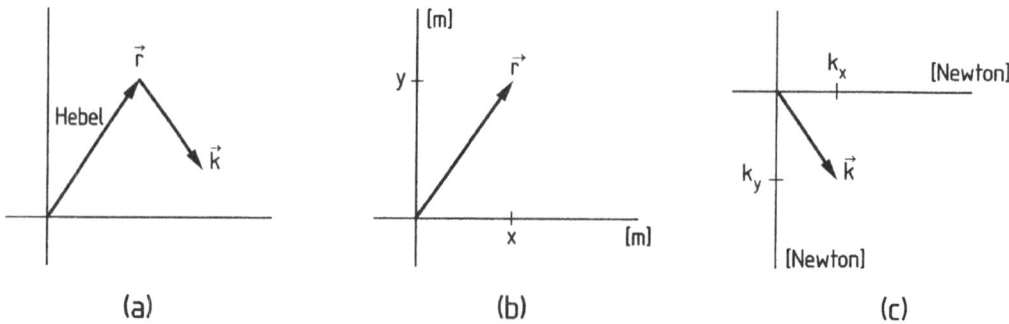

Fig. 2.2 (a) Zwei Vektoren verschiedener Natur in *einem* Diagramm: Kraftvektor mit Angriffspunkt,
(b) der Vektor für den Ansatzpunkt, (c) der reine Kraftvektor. (Die Skizzen sind der Übersichtlichkeit halber nur zwei-dimensional.)

Ein Vektor wird in der Physik meist mit einem Pfeil über dem Namen $\vec{a}$ gekennzeichnet. Diese Bezeichnungsweise soll auch hier angewendet werden, obwohl sich Mathematiker häufig mit einem einfachen Buchstaben begnügen. Soll der Vektor durch seine Komponenten festgelegt werden, kann man diese in Form einer Spalte untereinander schreiben:

$$\mathbf{a} = \begin{pmatrix} a_x \\ a_y \\ a_z \end{pmatrix}.$$

Dabei ist $\mathbf{a}$ eine Abkürzung für die drei Zahlen a_x, a_y, a_z, die den Vektor $\vec{a}$ charakterisieren. Warum wir $\vec{a}$ nicht einfach mit $\mathbf{a}$ identifizieren, sondern nur sagen, $\mathbf{a}$ charakterisiert $\vec{a}$, wird gleich erläutert werden. Zunächst ist das eine reine Vorsichtsmaßnahme.

Die Komponenten eines Vektors ändern sich, wenn man das Koordinatensystem dreht. Am einfachsten ist das beim Ortsvektor $\vec{r}$ zu sehen, dessen Komponenten nach der Drehung des Koordinatensystems ja nun die neuen Koordinaten darstellen. Allein auch die Kraft-Komponenten ändern sich natürlich, weil sie sich nach der Drehung auf die neuen Achsen beziehen sollen. Das ist auch der Grund, weshalb wir zwischen $\vec{a}$ und $\mathbf{a}$ unterschieden haben: $\vec{a}$ ist *unabhängig* von der Wahl des Koordinatensystems, weil $\vec{a}$ eine bestimmte Richtung im physikalischen Raum festlegt. Dagegen faßt aber $\mathbf{a}$ die drei Komponenten zusammen, deren Zahlen sich bei Koordinatentransformationen *ändern*. (Skalare sind übrigens unabhängig von einer Drehung des Koordinatensystems.)

Wir haben weiter oben neben der Richtung auch von der "Intensität" der Kraft gesprochen, die man geometrisch durch die Länge des Vektors zum Ausdruck bringen kann. Die entsprechende Größe nennt man in der Mathematik den *Betrag* des Vektors und bezeichnet ihn mit dem Symbol $|\vec{a}|$. Für zweidimensionale Vektoren (Vektoren in einer Ebene mit nur zwei Komponenten!) ist der Betrag laut Pythagoras

$$|\vec{a}| = \sqrt{a_x^2 + a_y^2}.$$

Mit Hilfe von Abb.2.3 erkennt man, daß bei dreidimensionalen Vektoren zur Bestimmung des Betrages der Pythagoras zweimal angewendet werden muß: das Quadrat der gesuchten

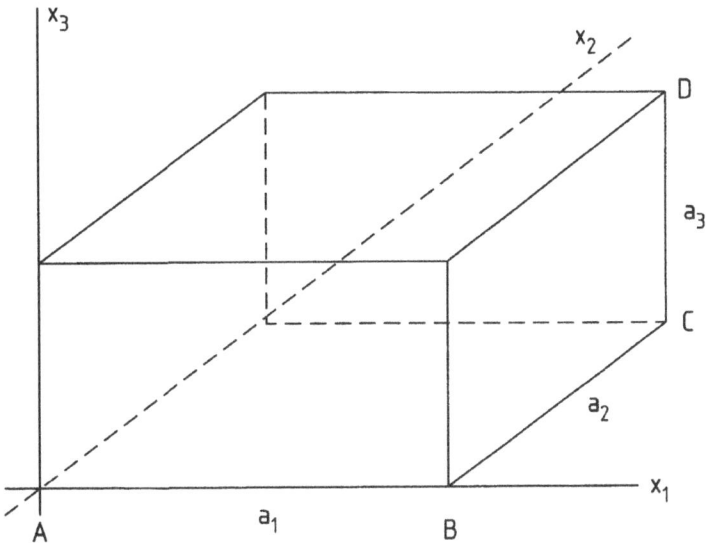

Fig. 2.3 Der Betrag eines dreidimensionalen Vektors (Strecke $\overline{AD}$) mit den Komponenten a_1, a_2, a_3. Letztere sind gleichbedeutend den Größen a_x, a_y, a_z (siehe die Verabredung weiter unten).

Diagonale des Quaders $\overline{AD}$ ist gleich dem Quadrat der Länge $\overline{AC}$ $a_x^2 + a_y^2$ plus dem Quadrat von $\overline{CD}$ a_z^2. Somit ist das Resultat

$$|\vec{a}| = \sqrt{a_x^2 + a_y^2 + a_z^2}. \tag{2.1}$$

So wie wir – je nach Dimension des Raumes – mit zwei- oder mit dreidimensionalen Vektoren arbeiten müssen, werden wir in Abschnitt 2.1.4 noch sehen, daß es auch zweckmäßig sein kann, mit Vektoren mit n Komponenten zu arbeiten. Das geschieht rein formal und der Raum ist nicht anschaulich, aber darauf kommt es nicht an. Entscheidend ist nur, ob es zweckmäßig ist und ob eindeutige Rechenregeln existieren. Man spricht in diesem Fall von n-dimensionalen Vektoren.

In diesem Zusammenhang ist noch eine Änderung der Schreibweise angebracht: In einem dreidimensionalen Koordinatensystem bezeichnet man in der Regel die Achsen mit x, y, z. Dementsprechend sind auch die Vektorkomponenten indiziert worden. Für n-dimensionale Vektoren ist das aber unzweckmäßig. Nun lassen sich ja auch im dreidimensionalen Raum die drei Achsen mit x_1, x_2, x_3 bezeichnen und die Vektorkomponenten dann entsprechend mit a_1, a_2, a_3. Im n-dimensionalen Fall ist diese Schreibweise aber viel bequemer, die Komponenten laufen dann einfach von a_1 bis a_n. Da die meisten Rechenregeln der Vektorrechnung unabhängig von der Dimension sind, werden wir in der Regel die Komponenten mit Zahlenindizes verwenden.

Die Gesamtheit aller Vektoren bezeichnet man als *Vektorraum*. Zwei Vektoren wollen wir als *gleich* ansehen, wenn sie gleiche Richtung und gleichen Betrag haben. Das ist dann und nur dann der Fall, wenn die Komponenten beider Vektoren jeweils gleich sind.[1]

2.1.2   Summe und Differenz zweier Vektoren

Um die *Addition* möglichst sinnvoll zu definieren, orientieren wir uns wieder an der Kraft. Die Überlagerung zweier Kräfte können wir als ihre *Summe* ansehen: sie wäre dann durch ein Kräfte-Parallelogramm definiert. Eine derartige Addition ist uns bereits bei den komplexen Zahlen begegnet (siehe Abb. 1.3.2). Sie wurde dort so durchgeführt, daß einfach die entsprechenden Komponenten addiert wurden. Diese Definition übertragen wir auf die Summe von zwei Vektoren: $\vec{c} = \vec{a} + \vec{b}$ bedeutet also bezüglich der Komponenten:

$$c_1 = a_1 + b_1; \qquad c_2 = a_2 + b_2; \qquad c_3 = a_3 + b_3;$$

oder kürzer

$$c_i = a_i + b_i \quad (\text{für} \quad 1 \le i \le 3),$$

oder noch kürzer

$$\mathbf{c} = \mathbf{a} + \mathbf{b}.$$

In Abb. 2.4 wurde der besseren Übersichtlichkeit halber nur der zweidimensionale Fall illustriert. Bei dreidimensionalen Vektoren liegt das Parallelogramm entsprechend im Raum. Der Leser kann sich mit zwei Bleistiften klarmachen, daß die komponentenweise Addition zum Kräfte-Parallelogramm führt.

Weil für die Komponenten als Zahlen das kommutative und das assoziative Gesetz gilt, hat diese Vorschrift zur Folge, daß die beiden Gesetze für die Vektoraddition ebenfalls gelten:

$$\vec{a} + \vec{b} = \vec{b} + \vec{a}$$

$$\vec{a} + (\vec{b} + \vec{c}) = (\vec{a} + \vec{b}) + \vec{c}.$$

Um zu zeigen, daß die Definition der Addition von Vektoren nicht ausschließlich für Kräfte sinnvoll ist, geben wir ein weiteres Beispiel. Auch die Geschwindigkeit stellt einen Vektor dar und auch Geschwindigkeiten lassen sich überlagern. Wenn sich ein Schiff mit einer Geschwindigkeit $\vec{v}_s$ bewegt und an Deck eine Person mit der Geschwindigkeit $\vec{v}_p$ läuft, so beträgt ihre Geschwindigkeit gegen die Meeresoberfläche $\vec{v}_s + \vec{v}_p$. Man kann sich leicht überlegen, daß auch hier die Komponentenaddition sinnvoll ist.

---
[1] Selbstverständlich müssen sich die beiden Komponentensätze auf das gleiche Koordinatensystem beziehen. Das Gleiche gilt für alle Rechenregeln in den nächsten Abschnitten. Anderenfalls müßte ein Komponentensatz zuvor umgerechnet werden.

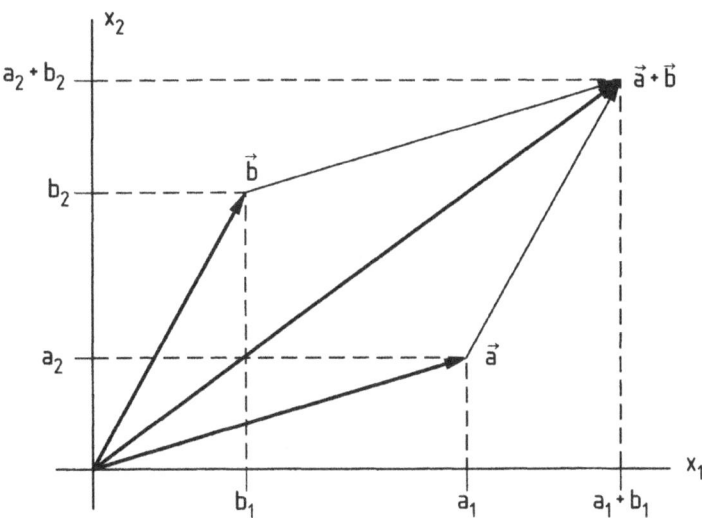

Fig. 2.4 Summe zweier (zweidimensionaler) Vektoren $\vec{a}+\vec{b}$. Bei drei Dimensionen hat man sich das Parallelogramm als im Raume liegend vorzustellen.

Die *Differenz* zweier Vektoren $\vec{d} = \vec{a} - \vec{b}$ führen wir wie immer auf eine Summe zurück, indem wir rechts und links den Vektor $\vec{b}$ addieren:

$$\vec{d} + \vec{b} = \vec{a}$$

bzw. in Komponentenform

$$\mathbf{d} + \mathbf{b} = \mathbf{a}$$

was ja für die einzelnen Komponenten

$$d_i + b_i = a_i \quad (\text{für} \quad 1 \leq i \leq 3)$$

bedeutet. Daraus ersehen wir, daß sich die Komponenten von $\vec{d}$ aus

$$d_i = a_i - b_i \quad (\text{für} \quad 1 \leq i \leq 3)$$

ergeben. *Die Differenz zweier Vektoren wird gebildet, indem man die Differenz der jeweiligen Komponenten bildet.* Grafisch läßt sich das so ausdrücken: Der Vektor $\vec{a} - \vec{b}$ ist der Vektor, der von der Spitze von $\vec{b}$ ausgehend zur Spitze von $\vec{a}$ führt (Abb. 2.5a).

Bildet man den Vektor $\vec{a} - \vec{a}$, so ergibt sich der sog. *Nullvektor*. Die Komponentenformel zeigt, daß dessen Komponenten alle Null sind.

2.1.3 Multiplikation mit einer Zahl und Zerlegung

Aus der Tatsache, daß sich $2 \cdot \vec{a}$ schlecht anders als $\vec{a} + \vec{a}$ definieren läßt, ersieht man, daß die Multiplikation mit einer Zahl auf eine Verlängerung (oder Verkürzung) des Vektors mit

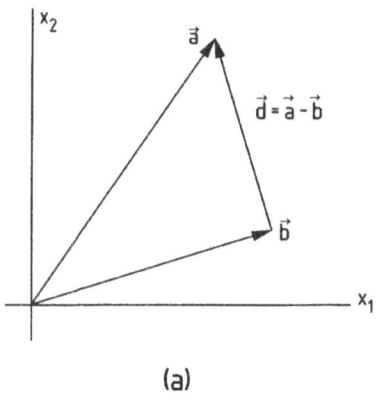 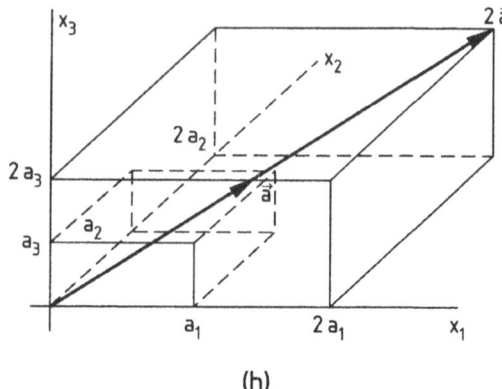

(a)   (b)

Fig. 2.5 (a) Die Differenz zweier Vektoren im Kräfteparallelogramm;
(b) Multiplikation des Vektors $\vec{a}$ mit der Zahl 2.

einem entsprechenden Faktor unter Beibehaltung seiner Richtung hinausläuft. Das erreicht man dadurch, daß man alle Komponenten mit dem betreffenden Faktor multipliziert (siehe Abb. 2.5b).

$$\vec{b} = c \cdot \vec{a}$$

entspricht also

$$\mathbf{b} = c \cdot \mathbf{a} \quad \text{bzw.} \quad b_i = c\, a_i \quad (\text{für} \quad 1 \leq i \leq 3).$$

Der Sonderfall $c = -1$ zeigt, daß die Multiplikation mit -1 die Richtung von $\vec{a}$ umkehrt. Entsprechend führt Multiplikation mit einer Zahl $c < 0$ zu Richtungsumkehr und Längenänderung. Allgemein gilt für den Betrag des Vektors $c\vec{a}$

$$|c\vec{a}| = |c| \cdot |\vec{a}|. \tag{2.2}$$

Das kann man unmittelbar einsehen, man kann es aber auch der Formel für den Betrag (2.1) entnehmen:

$$\sqrt{(ca_1)^2 + (ca_2)^2 + (ca_3)^2} = \sqrt{c^2(a_1^2 + a_2^2 + a_3^2)} = |c|\ |\vec{a}|.$$

Einen Vektor von Betrage 1 nennt man einen *Einheitsvektor*. Wir bezeichnen solche Vektoren oft mit $\vec{e}^{(\text{Richtung})}$, z.B. im Zusammenhang mit einem Vektor $\vec{a}$ mit $\vec{e}^{(a)}$. $\vec{e}^{(a)}$ stellt dann einen Einheitsvektor in Richtung von $\vec{a}$ dar. Es gilt

$$\vec{e}^{(a)} = \frac{1}{|\vec{a}|}\vec{a} \quad \text{bzw.} \quad \vec{a} = |\vec{a}| \cdot \vec{e}^{(a)}. \tag{2.3}$$

Dies gibt uns die Möglichkeit, einen Vektor in ein Produkt aus Betrag und "Richtung" zu zerlegen.

Zerlegung eines Vektors in Vielfache von Basisvektoren Von besonderer Bedeutung sind nun die Einheitsvektoren, die in Richtung der Koordinatenachsen liegen. Wir bezeichnen sie mit $\vec{e}^{(x)}$ oder $\vec{e}^{(1)}$, usw. Sie lauten in Komponentenform

$$\mathbf{i} = \begin{pmatrix} 1 \\ 0 \\ 0 \end{pmatrix}, \quad \mathbf{j} = \begin{pmatrix} 0 \\ 1 \\ 0 \end{pmatrix}, \quad \mathbf{k} = \begin{pmatrix} 0 \\ 0 \\ 1 \end{pmatrix}.$$

($\mathbf{i}$, $\mathbf{j}$ und $\mathbf{k}$ sind Standard-Namen.) Unter Berücksichtigung der bisherigen Rechenregeln läßt sich nun **a** wie folgt zerlegen:

$$\begin{pmatrix} a_1 \\ a_2 \\ a_3 \end{pmatrix} = a_1 \cdot \begin{pmatrix} 1 \\ 0 \\ 0 \end{pmatrix} + a_2 \cdot \begin{pmatrix} 0 \\ 1 \\ 0 \end{pmatrix} + a_3 \cdot \begin{pmatrix} 0 \\ 0 \\ 1 \end{pmatrix},$$

in Kurzform einfach $\mathbf{a} = a_1\mathbf{i} + a_2\mathbf{j} + a_3\mathbf{k}$. Die entsprechende Beziehung zwischen den beteiligten Vektoren lautet

$$\vec{a} = a_1\,\vec{e}^{(1)} + a_2\,\vec{e}^{(2)} + a_3\,\vec{e}^{(3)} \quad = \sum_{i=1}^{3} a_i\,\vec{e}^{(i)}, \tag{2.4}$$

eine wichtige Formel, auf die wir in Zukunft noch öfter zurückkommen werden (siehe Abb.2.6). Da sich *alle* Vektoren in dieser Form ausdrücken lassen, dienen uns diese spe-

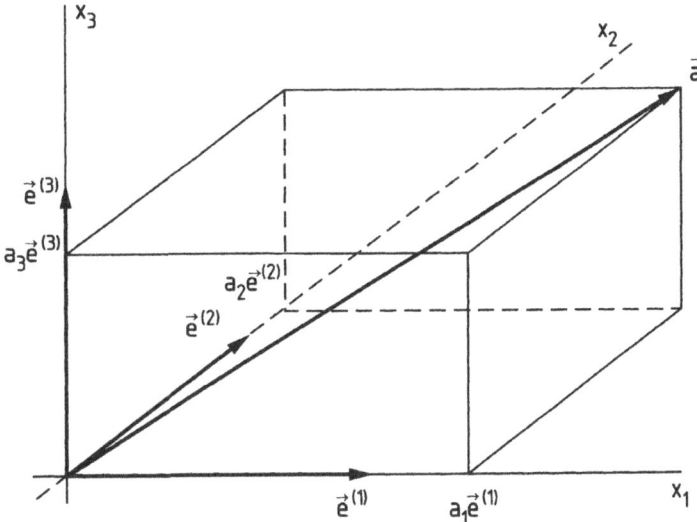

Fig. 2.6 Der Vektor $\vec{a}$ als Summe dreier Vektoren, die in Richtung der Koordinatenachsen zeigen.

ziellen Einheitsvektoren als *Basisvektoren.*

2.1.4   n-dimensionaler Vektorraum und komplexe Vektoren

Bereits am Ende der Vorbemerkungen wurde darauf hingewiesen, daß formal ebenso gut
mit n wie mit drei Dimensionen gerechnet werden kann. Für den Mathematiker bietet
das Konzept der Vektorrechnung einfach die Möglichkeit, mehrere Zahlen zu einer neuen
mathematischen Größe zusammenzufassen, für die dann Rechenregeln festgesetzt werden.
Nun gibt es in der Mathematik viele Möglichkeiten, ein solches Konzept einzusetzen. Ein
Beispiel ist, in einem Gleichungssystem für mehrere Unbekannte die Unbekannten zu *einer*
Größe (z.B. einem Vektor, wenn die Rechenregeln für Vektoren passen) zusammenzufassen.
Da die Zahl der Unbekannten natürlich drei übersteigen kann, hat man hier ein Beispiel
für die Verwendung von n-dimensionalen Vektoren. Die Tatsache, daß ein n-dimensionaler
Raum nicht anschaulich ist, stört dabei überhaupt nicht, denn alle Rechenregeln sind klar.
Man setzt einfach fest, daß die Indizes und die Summen statt bis 3 nun bis n laufen sollen.

Die zweite Verallgemeinerung bezieht sich auf *komplexe* Vektoren. Wir haben bislang alle
Komponenten stillschweigend als reelle Zahlen angesehen, was sehr natürlich ist, weil wir ja
von physikalischen Größen ausgegangen sind, die immer reell sind. Für die Erweiterung des
Formalismus für mathematische Zwecke gilt das oben Gesagte: es kann sehr übersichtlich
sein, viele Größen zu einer einzigen zusammenzufassen. Die Frage ist dann nur, ob – und
gegebenenfalls was – sich ändert, wenn wir als Komponenten komplexe Zahlen zulassen. Die
Antwort ist: fast nichts, außer daß für alle Komponentenrechnungen die Rechenregeln für
komplexe Zahlen verwendet werden müssen. Die einzige Ausnahme stellt der Betrag eines
Vektors dar. Der Betrag sollte stets eine positive reelle Zahl sein, was mit der Form

$$|\vec{a}|^2 = \sum\nolimits_{i=1}^{n} a_i^2$$

nicht mehr gewährleistet ist. Erinnert man sich aber daran, daß z^*z immer reell und ≥ 0
ist, so sieht man, daß man die Definition für $|\vec{a}|^2$ nur abändern muß, um für den Betrag
stets reelle Zahlen ≥ 0 zu erhalten:

$$|\vec{a}|^2 = \sum\nolimits_{i=1}^{n} a_i^* a_i$$

Dieser Ausdruck ist für reelle Vektoren dem alten gleich, weil ja für reelle Zahlen $z = z^*$
gilt. Er bleibt aber auch richtig, wenn die Vektoren nicht mehr reell sind.

■ n-dimensionale Vektoren sind mathematische Größen, die n Zahlen (Komponenten) zu einer Gesamtheit, eben einem *Vektor*, zusammenfassen. Addition bzw. Subtraktion erfolgt komponentenweise, und die Multiplikation mit einer Zahl so, daß jede der Komponenten mit dieser Zahl multipliziert wird. In der Physik sind Vektoren (meist) dreidimensional und dienen dazu, gerichtete Größen zu charakterisieren.

Vektoren können als Summe von Basisvektoren mal Komponenten geschrieben werden:

$$\vec{v} = \sum\nolimits_{k=1}^{n} v_k \, \vec{e}^{(k)}.$$

Im physikalischen Raum sind die Basisvektoren im einfachsten Fall Vektoren vom Betrage 1, die in Richtung der drei Koordinatenachsen weisen.

Aufgaben

1. Welche der folgenden physikalischen Größen ist ein Skalar und welche ein Vektor: Masse, Ort, Zeit, Impuls, (elektr.) Ladung, Dipolmoment, Energie?

2. Welchen Betrag hat ein Vektor, der durch die Komponenten $v_1 = 3$, $v_2 = -4$, $v_3 = 1$ festgelegt ist?

3. Ein Vektor in einem zweidimensionalen Raum habe die Länge 5 und eine Richtung zwischen positiver x- und y-Achse und schließe gegenüber letzterer einen Winkel von 30^0 ein. Wie lauten seine Komponenten?

4. Gegeben sind zwei Vektoren $\vec{a}$ und $\vec{b}$ mit den Koordinaten

$$ \mathbf{a} = \begin{pmatrix} 4 \\ 2 \\ 1 \end{pmatrix} \quad \text{und} \quad \mathbf{b} = \begin{pmatrix} 3 \\ 8 \\ -5 \end{pmatrix} $$

(a) Bilden Sie $\vec{a} + \vec{b}$, $\vec{a} - \vec{b}$, $-3\vec{a}$, $3\vec{a} - 4\vec{b}$!

(b) Bringen Sie $\vec{a}$ auf Einheitslänge und $\vec{b}$ auf die Länge 5, ohne die Richtung zu verändern! Vollziehen Sie alle diese Schritte auch graphisch nach!

2.2 Produkte von Vektoren

In der Physik treten immer wieder Produkte von Größen auf, die selbst Vektoren sind. Diese können sehr verschiedener Natur sein. Es gibt, wie wir sehen werden, die Möglichkeit, Produkte von Vektoren zu bilden, deren Resultat eine *Zahl* (Skalar) ist. Diese Produkte sind auch für den Mathematiker von Interesse. Daneben gibt es Produkte, die so speziell sind, daß sie überhaupt nur für den dreidimensionalen Vektorraum (also physikalischen Raum) definiert sind, wie das Vektorprodukt, dessen Resultat, wie schon der Name sagt, ein Vektor ist.

2.2.1 Skalarprodukt

Wo treten in der Physik Produkte von Vektoren auf? Das nächstliegende Beispiel ist "geleistete Arbeit = Kraft × Weg". Dabei sind Kraft und Weg Vektoren, die Arbeit aber ist ein Skalar. Wie gehen die Richtungen von Kraft und Weg in diese Gleichung ein? Sie lautet nicht etwa "Betrag der Kraft mal Länge des Weges" sondern "Kraftkomponente in Wegrichtung mal Länge des Weges". (Ein Beispiel wäre das Treideln eines Schiffes vom Ufer aus, wo die vorwärtstreibende Kraft nicht die ist, mit der am Seil gezogen wird, sondern lediglich die Komponente in Richtung des Flusses.) Als Gleichung für Vektoren müßte das etwa so

$$ A = k_{||} \cdot |\vec{s}| $$

geschrieben werden. Dabei ist $k_{||}$ die Kraftkomponente in Richtung des Weges. Sie ist vorzeichenbehaftet: positiv, wenn sie in Richtung des Weges wirkt (Winkel zwischen Weg und Kraft $< 90^0$) und negativ, wenn sie entgegen der Wegrichtung wirkt (Winkel $> 90^0$). Wir benötigen also, allgemein gesprochen, das Produkt des Betrages eines Vektors $\vec{a}$ mit der

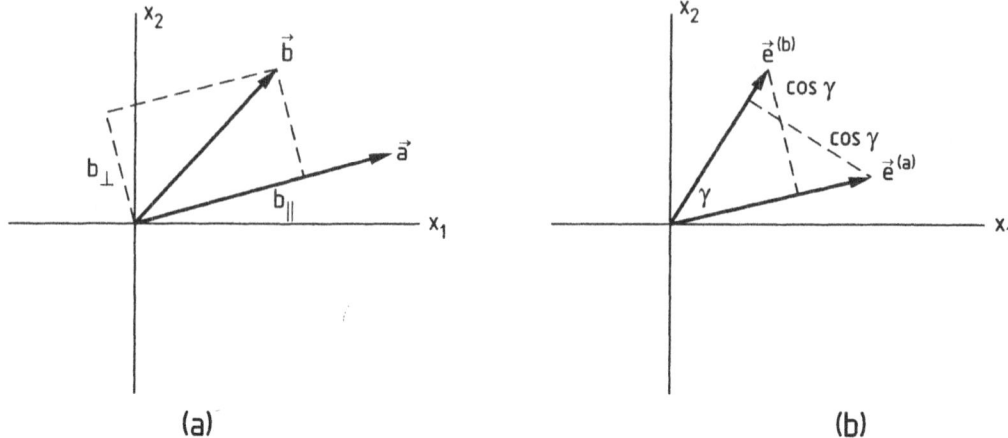

Fig. 2.7 (a) Zur Definition der Komponenten von $b_{\|a}$ und $b_{\perp a}$ des Vektors $\vec{b}$ bezüglich Vektor $\vec{a}$ (zweidimensional gezeichnet, aber im Raume zu denken);
(b) Skalarprodukt zweier Einheitsvektoren.

Komponente eines zweiten Vektors $\vec{b}$ in Richtung von $\vec{a}$, eben $b_{\|}$ (siehe Abb.2.7a). Dieses Produkt ist dann ein Skalar, das wir in der Form $\vec{b} \cdot \vec{a}$ schreiben wollen[2]:

$$\vec{b} \cdot \vec{a} := b_{\|} \, |\vec{a}|. \tag{2.5}$$

Aus dieser Definition ergibt sich sofort dreierlei:

(1) $b_{\|}$ erreicht seinen maximalen Wert (nämlich $|\vec{b}|$), wenn $\vec{b}$ in die gleiche Richtung wie $\vec{a}$ weist, und seinen minimalen Wert, wenn $\vec{b}$ genau entgegengesetzt wie $\vec{a}$ gerichtet ist $(-|\vec{b}|)$. Daraus folgt, daß das Skalarprodukt stets kleiner als das Produkt der Beträge und stets größer als das Negative davon ist:

$$-|\vec{b}| \cdot |\vec{a}| \leq \vec{b} \cdot \vec{a} \leq |\vec{b}| \cdot |\vec{a}| \tag{2.6}$$

(2) Für das Skalarprodukt eines Vektors mit sich selbst gilt

$$\vec{a} \cdot \vec{a} = |\vec{a}|^2. \tag{2.7}$$

Das Skalarprodukt eines Vektors mit sich selbst ist gleich dem Quadrat des Betrages des Vektors.

(3) Wenn $\vec{b}$ senkrecht zu $\vec{a}$ gerichtet (*orthogonal*) ist, dann ist $b_{\|} = 0$ und damit auch das Skalarprodukt Null.

Als nächstes fragen wir, wie sich ein Faktor vor $\vec{a}$ auswirkt. Mit Hilfe von Gln. (2.2) und (2.5) zeigt sich, daß

$$\vec{b} \cdot (c\vec{a}) = c \, (\vec{b} \cdot \vec{a})$$

---

[2]In manchen Büchern wird statt $\vec{b} \cdot \vec{a}$ auch die Schreibweise $(\vec{b}, \vec{a})$ verwendet.

ist. (Für positive c ist das sofort einsichtig, für negative c muß man daran denken, daß unter diesen Umständen $b_\|$ das Vorzeichen wechselt.) Auch ein Faktor vor $\vec{b}$ läßt sich aus dem Skalarprodukt herausziehen. Aus Abb.2.7a ersieht man nämlich, daß $(c\,\vec{b})_\| = c\,b_\|$ ist, daß also auch

$$(c\vec{b}) \cdot \vec{a} = c\,(\vec{b} \cdot \vec{a})$$

gilt. Nun kann man die Tatsache, daß wir sowohl $\vec{a}$ als auch $\vec{b}$ laut Gl. (2.3) als Produkt von Betrag und Einheitsvektor schreiben können, dazu benutzen, $|\vec{a}|$ und $|\vec{b}|$ als Faktoren aus dem Skalarprodukt herauszuziehen:

$$\vec{b} \cdot \vec{a} = |\vec{a}|\,|\vec{b}|\,(\vec{e}^{(b)} \cdot \vec{e}^{(a)}).$$

Abb. 2.7b zeigt uns schließlich, daß $\vec{e}^{(b)} \cdot \vec{e}^{(a)}$ nichts anderes als der Kosinus des eingeschlossenen Winkels ist:

$$\vec{e}^{(b)} \cdot \vec{e}^{(a)} = \vec{e}^{(a)} \cdot \vec{e}^{(b)} = \cos\gamma$$

Wegen

$$\vec{b} \cdot \vec{a} = |\vec{a}|\,|\vec{b}|\,\cos\gamma$$

ist das Skalarprodukt symmetrisch (kommutativ):

$$\vec{b} \cdot \vec{a} = \vec{a} \cdot \vec{b}.$$

Komponentenformel Es wäre schön, wenn wir eine Formel zur Verfügung hätten, mit der wir das Skalarprodukt in einfacher Weise aus den Komponenten von $\vec{a}$ und $\vec{b}$ berechnen könnten. Dazu benötigen wir noch einen Satz über das Skalarprodukt, wenn $\vec{b}$ eine Summe von zwei Vektoren $\vec{b}^{(1)}$ und $\vec{b}^{(2)}$ ist[3]. Wir müssen dazu die Projektion von $\vec{b}^{(1)} + \vec{b}^{(2)}$ in die Richtung von $\vec{a}$ kennen. Abb. 2.8 entnimmt man, daß diese Projektion nichts anderes als die Summe der beiden Einzel-Projektionen ist:

$$(\vec{b}^{(1)} + \vec{b}^{(2)})_\| = b_\|^{(1)} + b_\|^{(2)}.$$

Deshalb gilt einfach

$$(\vec{b}^{(1)} + \vec{b}^{(2)}) \cdot \vec{a} = (\vec{b}^{(1)} + \vec{b}^{(2)})_\|\,|\vec{a}| = (b_\|^{(1)} + b_\|^{(2)})\,|\vec{a}|$$
$$= \vec{b}^{(1)} \cdot \vec{a} + \vec{b}^{(2)} \cdot \vec{a}.$$

Wegen der Symmetrie des Skalarproduktes gilt Entsprechendes auch für den $\vec{a}$-Faktor. Die obige Formel zeigt, daß für beide Positionen das distributive Gesetz gilt: *man kann Summen im Skalarprodukt einfach ausmultiplizieren*. Das machen wir uns zunutze, um eine

---

[3]Hochgestellte Zahlen in Klammern benützen wir in diesem Buch durchweg nicht als Indizes sondern zur Numerierung von mathematischen Objekten. $\vec{b}^{(1)}$ und $\vec{b}^{(2)}$ stellen also zwei verschiedene Vektoren dar. Auch bei Funktionen werden wir später ähnlich verfahren: $f^{(1)}(x)$ und $f^{(2)}(x)$ sind Funktion Nr. 1 und Funktion Nr. 2.

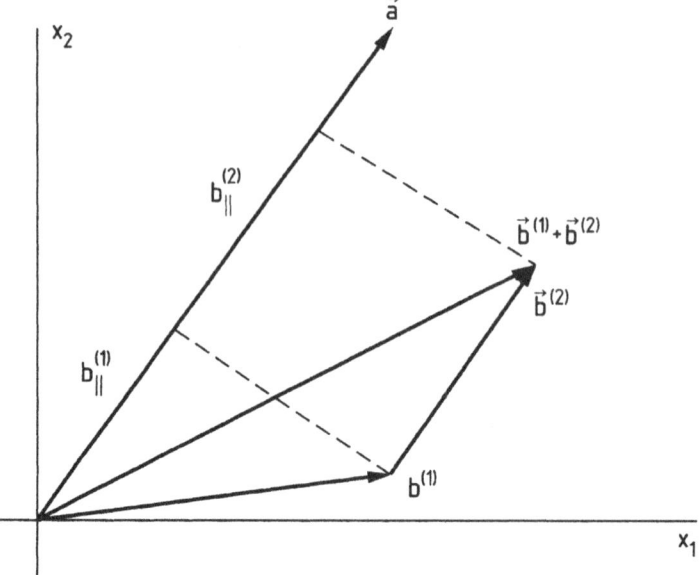

Fig. 2.8 Projektion der Summe zweier Vektoren $\vec{b}^{(1)} + \vec{b}^{(2)}$ in Richtung des Vektors $\vec{a}$.

Komponentenformel abzuleiten. Wir benutzen sowohl für $\vec{a}$ als auch für $\vec{b}$ die Zerlegung in Basisvektoren (siehe Gl. 2.4) und können dann schreiben:

$$\vec{b} \cdot \vec{a} = \left(\sum_{i=1}^{3} b_i \vec{e}^{(i)} \right) \cdot \left(\sum_{j=1}^{3} a_j \vec{e}^{(j)} \right) = \sum_{i=1}^{3} \sum_{j=1}^{3} b_i \, a_j (\vec{e}^{(i)} \cdot \vec{e}^{(j)}) \quad (2.8)$$

(Die zweite Umformung ist nichts als die Anwendung des distributiven Gesetzes nacheinander auf beide Faktoren.) Die Skalarprodukte $\vec{e}^{(i)} \cdot \vec{e}^{(j)}$ lassen sich sehr leicht angeben: Ist $i = j$, so ist der eingeschlossene Winkel 0 und das Skalarprodukt ist 1. Ist aber $i \neq j$, dann ist der eingeschlossene Winkel 90^0 und das Skalarprodukt ist 0. Wenn wir verabreden, daß das Symbol δ_{ij} (Kronecker-Symbol) Folgendes bedeuten soll: $\delta_{ij} = 0$ für $i \neq j$ und $\delta_{ij} = 1$ für $i = j$, so kann man das kurz in der Form

$$\vec{e}^{(i)} \cdot \vec{e}^{(j)} = \delta_{ij} \quad (2.9)$$

schreiben. Aus der Doppelsumme oben bleiben also nur drei Terme übrig:

$$\vec{b} \cdot \vec{a} = b_1 a_1 + b_2 a_2 + b_3 a_3 = \sum_{i=1}^{3} b_i \, a_i. \quad (2.10)$$

Die Komponentenformel ist also sehr einfach und gestattet uns, über sie z.B. den Kosinus des eingeschlossenen Winkels oder Komponenten wie $b_{||}$ zu berechnen, falls sie benötigt werden:

$$\cos \gamma = \frac{\sum_{i=1}^{3} b_i \, a_i}{|\vec{a}| \, |\vec{b}|}$$

und

$$b_{||} = \frac{\sum_{i=1}^{3} b_i \, a_i}{|\vec{a}|}.$$

Für Chemiker besteht damit eine einfache Möglichkeit, Bindungswinkel zu berechnen, wenn die Koordinaten der Atompositionen bekannt sind.

Ergänzungen Auch bei rein mathematischen Anwendungen tritt immer wieder das Problem auf, Komponenten eines Vektors bezüglich einer bestimmten Richtung zu berechnen. Wir müssen also noch überlegen, wie man Gl. (2.10) auf den n-dimensionalen Raum übertragen kann. Im Falle des Betrages hatten wir die Summe über die a_i^2 einfach bis n laufen lassen. Da Betragsquadrat und Skalarprodukt über Gl. (2.7) zusammenhängen, ist es naheliegend, das Skalarprodukt im n-dimensionalen Raum mit

$$\vec{b} \cdot \vec{a} = b_1 a_1 + b_2 a_2 + \cdots + b_n a_n = \sum_{i=1}^{n} b_i \, a_i \qquad (2.11)$$

zu definieren. Da Komponenten immer kleiner als Beträge sein müssen, ist die Gültigkeit von Gl. (2.6) allerdings Voraussetzung und muß überprüft werden.

Wir bilden die Größe

$$\sum_{i=1}^{n} \sum_{j=1}^{n} (a_i \, b_j - b_i \, a_j)^2 \geq 0,$$

von der uns nur interessiert, daß sie eine Summe lauter quadrierter Zahlen ist und deshalb nur aus positiven Termen besteht. Multipliziert man den Ausdruck unter dem Summenzeichen aus, so erhält man

$$\sum_{i=1, j=1}^{n} (a_i^2 \, b_j^2 - 2a_i \, b_j \, b_i \, a_j + b_i^2 \, a_j^2) \geq 0.$$

Man kann nun die Doppelsumme über drei Terme in drei Doppelsummen über je einen Term verwandeln und anschließend jede Doppelsumme als Produkt zweier Einfachsummen schreiben:

$$\sum_{i=1}^{n} a_i^2 \sum_{j=1}^{n} b_j^2 - 2 \sum_{i=1}^{n} a_i b_i \sum_{j=1}^{n} b_j a_j + \sum_{i=1}^{n} b_i^2 \sum_{j=1}^{n} a_j^2 \geq 0.$$

Die erste und die letzte Summe sind jeweils nichts anderes als $|\vec{a}|^2 \cdot |\vec{b}|^2$ und der mittlere Term $2(\vec{a} \cdot \vec{b})^2$. Bringt man ihn auf die andere Seite, so nimmt die Ungleichung die Gestalt

$$2|\vec{a}|^2 \cdot |\vec{b}|^2 \quad \geq \quad 2(\vec{a} \cdot \vec{b})^2$$

an, was nach Kürzen und Wurzelziehen Gl. (2.6) entspricht.

Für *komplexe* Vektoren galt, daß für $|\vec{a}|^2$ statt $\sum a_i^2$ der Ausdruck $\sum a_i^* a_i$ zu verwenden war. Da nach wie vor $|\vec{a}|^2 = \vec{a} \cdot \vec{a}$ gelten soll, müssen wir auch das Skalarprodukt für diesen Fall abändern:

$$\vec{b} \cdot \vec{a} = \sum_{i=1}^{n} b_i^* a_i. \qquad (2.12)$$

Das führt an einer Stelle zu einer Änderung der Rechenregel. Wenn nämlich c eine komplexe Zahl ist, lautet die Rechenregel für einen Faktor vor dem Vektor auf der linken Seite nun

$$(c \, \vec{b}) \cdot \vec{a} = c^* \, (\vec{b} \cdot \vec{a}). \qquad (2.13)$$

Man sieht das, wenn man in der neuen Komponentenformel b_i^* durch $(c\,b_i)^* = c^* b_i^*$ ersetzt.

Ganz wie bei der Formel für den Betrag gilt auch für das Skalarprodukt, daß die Definition mit b_i^* anstelle von b_i die allgemeinere ist, weil bei reellen Vektoren sowieso $b_i^* = b_i$ ist. Da wir aber fast immer mit reellen Vektoren arbeiten, wollen wir es bei den alten Ausdrücken belassen und die Ausdrücke für komplexe Vektoren nur dann verwenden, wenn solche Vektoren tatsächlich auftreten.

> ■ Das Skalarprodukt zweier Vektoren $(\vec{a}, \vec{b})$ im dreidimensionalen Raum ist definiert als $|\vec{a}|\,|\vec{b}| \cdot \cos\gamma$, wobei γ der von den beiden Vektoren eingeschlossene Winkel ist. Allgemein, d.h. im n-dimensionalen Raum, ist das Skalarprodukt als $|\vec{a}| \cdot b_{\|}$, d.h. Betrag des einen Vektors mal Komponente des anderen Vektors (bezüglich des ersten), definiert. Das Skalarprodukt ist *distributiv*, d.i. $(\vec{c}, \alpha\vec{a} + \beta\vec{b}) = \alpha(\vec{c}, \vec{a}) + \beta(\vec{c}, \vec{b})$, bei reellen Vektoren *symmetrisch*, d.i. $(\vec{a}, \vec{b}) = (\vec{b}, \vec{a})$, und kann (für reelle Vektoren) über die *Komponentenformel* $(\vec{a}, \vec{b}) = \sum_{k=1}^{n} a_k b_k$ berechnet werden.

2.2.2   Axiale Vektoren

Der Rest dieses Abschnitts befaßt sich mit der Anwendung der Vektorrechnung auf spezielle Bedürfnisse der Physik. Alle Überlegungen machen Sinn nur im dreidimensionalen (physikalischen) Raum, so daß eine einfache Verallgemeinerung auf n Dimensionen nicht möglich ist. Als erstes wollen wir zeigen, daß bestimmte physikalische Vorgänge nicht in der simplen Form wie bisher mit Vektoren verknüpft werden können.

Nehmen wir als einfaches Beispiel für eine geometrische Operation, die mit einem Vektor beschrieben werden kann, eine *Verschiebung*: Auf sie paßt unser bisheriges Bild vom Vektor: Das Ausmaß der Verschiebung wird durch den Betrag beschrieben, und die Richtung weist vom Ausgangspunkt zum Endpunkt. Es gibt aber andere geometrische Operationen, die auch durch Größe und Richtung beschrieben werden müssen, bei denen aber der Zusammenhang von Richtung und Bewegung komplizierter ist. Ein Beispiel hierfür ist eine *Drehung* eines Körpers um eine Achse. Der Drehwinkel entspricht dem Betrag und die Drehachse ist durch eine bestimmte Richtung charakterisiert. Der erste Unterschied ist, daß der Vektor nicht in die Richtung zeigt, in der die tatsächliche Bewegung stattfindet. Das wäre bei einer Drehung auch nicht zu bewerkstelligen, da sich ja alle Teile des gedrehten Körper in ganz verschiedene Richtung bewegen. Kennzeichnend für die Art der Drehung ist die *Drehachse*, und der Vektor, der die Bewegungsverhältnisse beschreiben soll, muß in diese Richtung weisen. Ein Problem dabei ist nur noch, daß es einerseits zwei Drehsinne gibt und andererseits entlang der Drehachse zwei Richtungen. Anders als bei der Verschiebung ist hier nicht von vornherein klar, welcher Drehsinn mit welcher Richtung auf der Drehachse gemeint ist. Wir müssen hier eine *Definition* vornehmen und tun das wie folgt: Wir denken uns den zu drehenden Körper als Schraube mit einem (normalen) Rechtsgewinde. Wir wählen nun auf der Drehachse die Richtung, in der sich eine Rechtsschraube fortbewegen würde. Oder anders ausgedrückt: *Wir schauen entlang der Drehachse so auf den Körper, daß er sich im Uhrzeigersinn dreht. Dann zeigt der Vektor, der die Drehung charakterisiert, in die Richtung, in die wir blicken.* Wir nennen solche Vektoren *axiale* Vektoren, im

Gegensatz zu Vektoren wie Kraft oder Verschiebung, bei denen die Richtung unmittelbar gegeben ist, und die *polare* Vektoren heißen.

Eine weitere physikalische Größe, die durch einen axialen Vektor dargestellt wird, ist die Winkelgeschwindigkeit $\vec{\omega}$. Die Richtung dieses Vektors liegt ebenfalls in der Drehachse (Orientierung wie oben) und der Betrag ist der je Zeiteinheit zurückgelegte Winkel im Bogenmaß.

Formal gelten alle Rechenregeln wie Addition usw. weiter. Allerdings ist hier mit der Summe zweier Vektoren kein so einfacher Sachverhalt verbunden wie beispielsweise bei Kraft oder Geschwindigkeit. Wir benötigen sie aber in der Regel auch gar nicht. Rein formal unterscheiden sich axiale Vektoren von den polaren dadurch, daß sie bei Punktspiegelung des Koordinatensystems nicht das Vorzeichen (d.h. die Richtung) wechseln sondern beibehalten. (Man sieht das am einfachsten weiter unten beim Vektorprodukt zweier polarer Vektoren, das per Definition ein polarer Vektor ist.)

> ■ *Axiale* Vektoren unterscheiden sich von den (gewöhnlichen) *polaren* Vektoren dadurch, daß sie die Richtung einer Rotationsbewegungen durch die der Drehachse beschreiben. Drehsinn und Richtung (der beiden möglichen Richtungen) auf der Drehachse werden durch die *Schraubenregel* miteinander in Beziehung gesetzt.

2.2.3 Vektorprodukt

Im Zusammenhang mit Drehungen benötigen die Physiker ein anderes Produkt als das Skalarprodukt. Eine wichtige Größe ist das Drehmoment N, für das gilt: "Drehmoment = Hebelarm × Kraft". Kraft und Hebelarm sind polare Vektoren. Auch das Drehmoment ist ein Vektor, aber ein axialer Vektor: Er enthält als Betrag die Maßzahl und als Richtung die der Drehachse, die senkrecht auf der Ebene von Hebelarm und Kraft steht, wobei wiederum der Drehsinn zu beachten ist. Ähnlich wie beim Skalarprodukt ist die Maßzahl nicht einfach "Länge Hebel × Betrag Kraft" sondern "Effektiver Hebel × Betrag Kraft". Aus Abb. 2.9a sieht man, daß dies den Sinus des eingeschlossenen Winkels impliziert.[4]

Wir setzen also fest: Unter dem *Vektorprodukt* (oder *Kreuzprodukt*) zweier Vektoren $\vec{a}$ und $\vec{b}$, geschrieben[5] $\vec{a} \times \vec{b}$, versteht man einen Vektor $\vec{c}$, dessen Betrag durch

$$|\vec{a}| \cdot |\vec{b}| \cdot \sin\gamma$$

gegeben ist und der senkrecht sowohl auf $\vec{a}$ als auch auf $\vec{b}$ steht und in die Richtung weist, in die der Mittelfinger der rechten Hand zeigt, wenn der Daumen in Richtung von $\vec{a}$ und der Zeigefinger in Richtung von $\vec{b}$ deutet (*Dreifingerregel*). γ ($0 \leq \gamma \leq 180^0$) ist dabei der zwischen $\vec{a}$ und $\vec{b}$ eingeschlossene Winkel. Abb. 2.9b läßt sich entnehmen, daß $|\vec{c}|$ gleich der Fläche des von $\vec{a}$ und $\vec{b}$ aufgespannten Parallelogramms ist. Für $\vec{a}$ parallel oder antiparallel

---

[4]Der Leser stutzt vielleicht angesichts des Winkels γ. Er möge aber bedenken, daß die Kraft nur der Anschaulichkeit halber an ihrem Ansatzpunkt eingezeichnet ist. Um den von $\vec{h}$ und $\vec{k}$ eingeschlossenen Winkel richtig zu sehen, müssen beide Vektoren vom Koordinatenursprung ausgehend gedacht werden (vergl. auch Abb. 2.9b).

[5]in manchen Büchern auch mit $[\vec{a}, \vec{b}]$ bezeichnet.

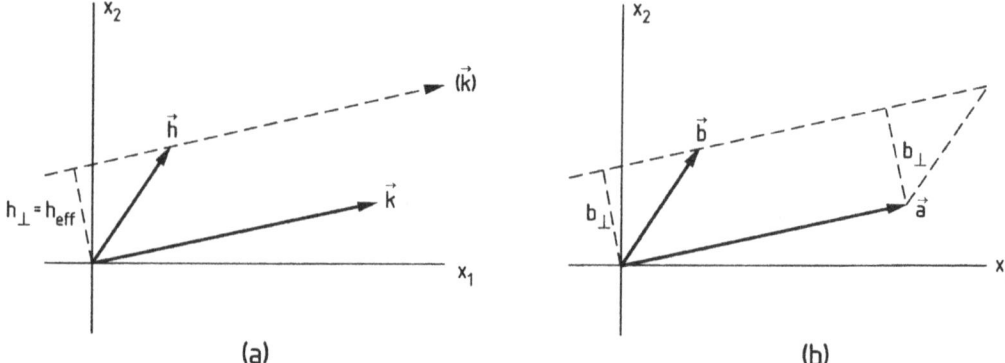

Fig. 2.9 (a) Zum Vektorprodukt $\vec{h} \times \vec{k}$: Hebelarm $\vec{h}$, effektiver Hebelarm $h_\perp$ und Kraft $\vec{k}$. (Die Drehachse steht vertikal auf dem Ausgangspunkt von $\vec{h}$).
(b) Zur Fläche des von $\vec{a}$ und $\vec{b}$ aufgespannten Parallelogramms.

zu $\vec{b}$ wird $\sin\gamma$ Null und das Vektorprodukt verschwindet. (Kraft in Hebelrichtung oder entgegengesetzt dazu bewirkt kein Drehmoment.) Erst recht gilt $\vec{a} \times \vec{a} = 0$.

Weil sich bei Vertauschung von $\vec{a}$ und $\vec{b}$ die Richtung des Produktvektors umkehrt, gilt für das Vektorprodukt

$$\vec{a} \times \vec{b} = -\vec{b} \times \vec{a}. \tag{2.14}$$

Es ist also *anti*symmetrisch und daher *nicht* kommutativ. Wir werden später noch sehen, daß es auch nicht assoziativ ist. Dagegen gilt für die Multiplikation mit einem Skalar c das assoziative Gesetz, wie man der Definition unmittelbar entnehmen kann:

$$(c\vec{a}) \times \vec{b} = \vec{a} \times (c\vec{b}) = c(\vec{a} \times \vec{b}).$$

Auch das distributive Gesetz gilt:

$$\vec{a} \times (\vec{b}^{(1)} + \vec{b}^{(2)}) = \vec{a} \times \vec{b}^{(1)} + \vec{a} \times \vec{b}^{(2)}.$$

Es ist eine Beziehung zwischen drei Vektoren, die nur von der *relativen* Orientierung der Vektoren abhängen kann. In diesem Fall kann man einen der drei Vektoren beliebig orientieren und das Einfachste ist, $\vec{a}$ in z-Richtung anzunehmen[6]: $(0, 0, a)$. Um die Gültigkeit des distributiven Gesetzes zu zeigen, berechnen wir zunächst die Komponenten des Vektors $\vec{c} = \vec{a} \times \vec{b}$ (dies ist eine gute Gelegenheit, einiges des bisher Besprochenen anzuwenden!).

Zu bestimmen ist ein Vektor, der (a) orthogonal zu $\mathbf{a} = (0, 0, a)$, (b) orthogonal zu $\mathbf{b} = (b_1, b_2, b_3)$ sein soll, (c) den Betrag der Fläche des von $\vec{a}$ und $\vec{b}$ aufgespannten Parallelogramms haben soll und der schließlich (d) der Dreifingerregel genügen soll.

(a) $\vec{a} \cdot \vec{c}$ soll Null sein. Gl. (2.10) liefert $0 \cdot c_1 + 0 \cdot c_2 + a \cdot c_3 = 0$ und das wiederum $c_3 = 0$.

---

[6] Vektoren werden im Text oft der Einfachheit halber in Zeilenform geschrieben, wenn keine Mißverständnisse zu befürchten sind.

(b) $\vec{b} \cdot \vec{c}$ soll Null sein. $b_1 c_1 + b_2 c_2 + b_3 \cdot 0 = 0$ ergibt, daß ein Vektor $(-b_2, b_1, 0)$ das Gewünschte leistet, wie man sich durch Einsetzen leicht überzeugen kann.

(c) Der gefundene Vektor hat nun die geforderte Richtung, aber noch nicht den richtigen Betrag. Wir bringen ihn zunächst auf Einheitslänge [Gl. (2.3)]: $(-b_2/\sqrt{b_1^2 + b_2^2},\ b_1\sqrt{b_1^2 + b_2^2},\ 0)$ und multiplizieren ihn dann mit der Fläche F [Gl. (2.2)]. F ist, wie Abb.2.9b lehrt, gleich $a \cdot \sqrt{b_1^2 + b_2^2}$, so daß das Resultat

$$\vec{c} = \begin{pmatrix} -ab_2 \\ ab_1 \\ 0 \end{pmatrix}$$

lautet.

(d) Wir müssen nun noch die Dreifingerregel überprüfen und gegebenenfalls die Richtung umkehren, d.h. mit -1 multiplizieren. Die Prüfung ergibt, daß das nicht mehr erforderlich ist.

Diesem Ergebnis läßt sich das distributive Gesetz unmittelbar entnehmen:

$$\vec{a} \times \vec{b}^{(1)} = \begin{pmatrix} -ab_2^{(1)} \\ ab_1^{(1)} \\ 0 \end{pmatrix} \qquad \vec{a} \times \vec{b}^{(2)} = \begin{pmatrix} -ab_2^{(2)} \\ ab_1^{(2)} \\ 0 \end{pmatrix}$$

$$\vec{a} \times (\vec{b}^{(1)} + \vec{b}^{(2)}) = \begin{pmatrix} -a(b_2^{(1)} + b_2^{(1)}) \\ a(b_1^{(1)} + b_1^{(1)}) \\ 0 \end{pmatrix} = \vec{a} \times \vec{b}^{(1)} + \vec{a} \times \vec{b}^{(2)}.$$

Komponentenformel Im Folgenden brauchen wir noch die Vektorprodukte von Paaren von Basisvektoren $\vec{e}^{(i)}$ $(i = 1, 2, 3)$. Es gilt $(\gamma = 0!)$

$$\vec{e}^{(i)} \times \vec{e}^{(i)} = 0, \quad \text{für } i = 1, 2, 3 \tag{2.15}$$

und, da je zwei verschiedene Basisvektoren aufeinander senkrecht stehen,

$$\vec{e}^{(1)} \times \vec{e}^{(2)} = \vec{e}^{(3)}, \quad \vec{e}^{(2)} \times \vec{e}^{(3)} = \vec{e}^{(1)} \quad \text{und} \quad \vec{e}^{(3)} \times \vec{e}^{(1)} = \vec{e}^{(2)} \tag{2.16}$$

bzw. unter Beachtung von Gl. (2.14)

$$\vec{e}^{(2)} \times \vec{e}^{(1)} = -\vec{e}^{(3)}, \quad \vec{e}^{(3)} \times \vec{e}^{(2)} = -\vec{e}^{(1)} \quad \text{und} \quad \vec{e}^{(1)} \times \vec{e}^{(3)} = -\vec{e}^{(2)} \tag{2.17}$$

Wir sind nun in der Lage, die Komponenten-Formel für das Vektorprodukt zweier *beliebig* orientierter Vektoren herzuleiten. Wie beim Skalarprodukt ersetzen wir $\vec{a}$ und $\vec{b}$ gemäß Gl. (2.4) durch eine Summe und wenden das distributive Gesetz an. Das ergibt

$$\vec{a} \times \vec{b} = \left(\sum_{i=1}^{3} a_i \vec{e}^{(i)} \right) \times \left(\sum_{j=1}^{3} b_j \vec{e}^{(j)} \right) = \sum_{i=1}^{3} \sum_{j=1}^{3} a_i \, b_j (\vec{e}^{(i)} \times \vec{e}^{(j)})$$

und unter Beachtung der Gln. (2.15) bis (2.17)

$$\vec{a} \times \vec{b} = a_1 b_2 \vec{e}^{(3)} - a_1 b_3 \vec{e}^{(2)} - a_2 b_1 \vec{e}^{(3)} + a_2 b_3 \vec{e}^{(1)} + a_3 b_1 \vec{e}^{(2)} - a_3 b_2 \vec{e}^{(1)}.$$

Diese Vektorgleichung besagt für die einzelnen Komponenten:

$$\mathbf{c} = \mathbf{a} \times \mathbf{b} \quad \text{bzw.} \quad \begin{pmatrix} c_1 \\ c_2 \\ c_3 \end{pmatrix} = \begin{pmatrix} a_2 b_3 - a_3 b_2 \\ a_3 b_1 - a_1 b_3 \\ a_1 b_2 - a_2 b_1 \end{pmatrix}. \tag{2.18}$$

Polare und axiale Vektoren verhalten sich bei Spiegelung des Koordinatensystems verschieden. Ein polarer Vektor wie die Kraft ändert dabei das Vorzeichen aller seiner Komponenten. Axiale Vektoren wie das Drehmoment, die sich bei der Bildung von Vektorprodukten ergeben, bleiben dagegen unverändert. Der Grund ist, daß sowohl $\vec{a} \to -\vec{a}$ als auch $\vec{b} \to -\vec{b}$ und damit $\vec{a} \times \vec{b}$ in $-\vec{a} \times (-\vec{b}) = \vec{a} \times \vec{b}$ übergeht.

Wir benötigen später noch eine Aussage für *zweidimensionale* Vektoren. Liegen sowohl $\vec{a}$ als auch $\vec{b}$ in der x_1, x_2-Ebene (d.h. $a_3 = b_3 = 0$), so ist $\vec{a} \times \vec{b}$ ein Vektor mit $c_1 = c_2 = 0$ und $c_3 = a_1 b_2 - a_2 b_1$). Laut Voraussetzung ist $|c_3|$ die Fläche des Parallelogramms, das von $\vec{a}$ und $\vec{b}$ aufgespannt wird, und das Vorzeichen enthält eine Angabe über die relative Orientierung der beiden Vektoren. Wir halten also fest: Die Größe

$$a_1 b_2 - a_2 b_1$$

zweier zweidimensionaler Vektoren ist gleich der Fläche des von ihnen aufgespannten Parallelogramms mit einem Vorzeichen je nach Orientierung von $\vec{a}$ und $\vec{b}$.

■ Das *Vektor- oder Kreuz-Produkt* zweier (polarer) Vektoren $\vec{a} \times \vec{b}$ ergibt einen (axialen) Vektor, dessen Betrag durch $|\vec{a}|\,|\vec{b}|\sin\gamma$ gegeben ist und der senkrecht auf $\vec{a}$ und $\vec{b}$ steht (Dreifingerregel beachten!). Eine Komponentenformel existiert ebenfalls [Gl. (2.18)].

2.2.4 Mehrfach-Produkte

Spatprodukt $\vec{a} \times \vec{b}$ ist ein Vektor, der wie jeder Vektor mit einem weiteren Vektor ein Skalarprodukt bilden kann. Das Resultat ist eine Zahl und wird *Spatprodukt* genannt:

$$(\vec{a} \times \vec{b}) \cdot \vec{c} = Zahl.$$

Was bedeutet diese Zahl geometrisch? Dazu legen wir die Vektoren $\vec{a}$ und $\vec{b}$ in die x, y-Ebene, so daß $\vec{a} \times \vec{b}$ in die z-Richtung weist. Gebildet wird also letztlich das Produkt aus dem Betrag von $\vec{a} \times \vec{b}$ mit dem Betrag von $\vec{c}$ und dem Kosinus des Winkels, den $\vec{c}$ mit der z-Achse einschließt. Die Zahl, die auf diese Weise entsteht, ist die Fläche des Parallelogramms $\vec{a}$ und $\vec{b}$ multipliziert mit der Projektion von $\vec{c}$ auf die Senkrechte zur Fläche. Das ist nichts anderes als das Volumen eines Quaders mit Nicht-90⁰-Winkeln (*Parallelepiped*), der von den Vektoren $\vec{a}, \vec{b}$ und $\vec{c}$ aufgespannt wird (vergl. Abb.2.10). Das Problem besteht nur noch im Vorzeichen. Mit der Dreifingerregel kann man sich leicht klarmachen, daß wir ein positives Vorzeichen erhalten, wenn die Vektoren $\vec{a}, \vec{b}, \vec{c}$ ein Rechts-System[7] bilden, anderenfalls erhalten wird ein negatives Vorzeichen. Diesem Sachverhalt entnimmt man folgende

---

[7] $\vec{a}, \vec{b}, \vec{c}$ entsprechen den ersten drei Fingern der rechten Hand.

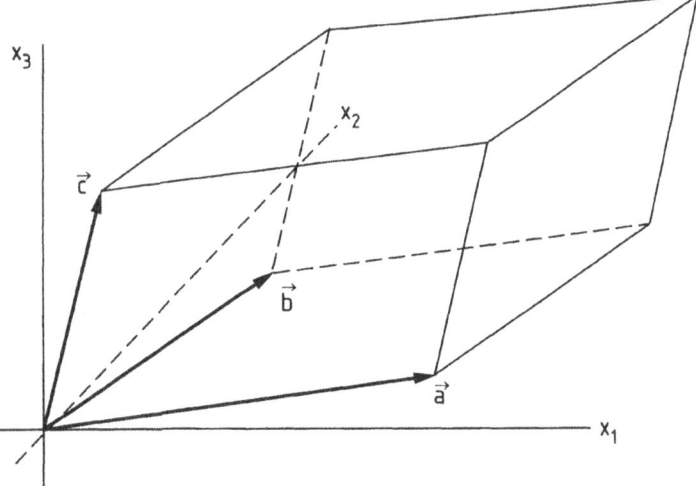

Fig. 2.10 Parallelepiped, aufgespannt von den Vektoren $\vec{a}$, $\vec{b}$ und $\vec{c}$.

Beziehungen:

$$(\vec{a} \times \vec{b}) \cdot \vec{c} = (\vec{b} \times \vec{c}) \cdot \vec{a} = (\vec{c} \times \vec{a}) \cdot \vec{b},$$

weil bei zyklischer Vertauschung der drei Vektoren das gleiche Quader-Volumen entstehen muß. Weil das Skalarprodukt kommutativ ist, gilt weiterhin

$$(\vec{a} \times \vec{b}) \cdot \vec{c} = \vec{c} \cdot (\vec{a} \times \vec{b}).$$

Natürlich läßt sich das Spatprodukt auch leicht in Komponenten angeben, – man muß nur die Gleichungen (2.18) und (2.10) miteinander kombinieren:

$$(\mathbf{a} \times \mathbf{b}) \cdot \mathbf{c} = \begin{pmatrix} a_2 b_3 - a_3 b_2 \\ a_3 b_1 - a_1 b_3 \\ a_1 b_2 - a_2 b_1 \end{pmatrix} \cdot \begin{pmatrix} c_1 \\ c_2 \\ c_3 \end{pmatrix}$$

$$= (a_2 b_3 - a_3 b_2) c_1 + (a_3 b_1 - a_1 b_3) c_2 + (a_1 b_2 - a_2 b_1) c_3$$

$$= a_1 b_2 c_3 + a_3 b_1 c_2 + a_2 b_3 c_1 - a_1 b_3 c_2 - a_2 b_1 c_3 - a_3 b_2 c_1. \tag{2.19}$$

Weitere Mehrfach-Produkte Zuweilen tritt das Problem auf, mit $\vec{a} \times \vec{b}$ als Vektor und einem weiteren Vektor $\vec{c}$ ein Vektorprodukt zu bilden. Das Ergebnis ist wieder ein Vektor, und zwar

$$(\vec{a} \times \vec{b}) \times \vec{c} = (\vec{a} \cdot \vec{c})\vec{b} - (\vec{b} \cdot \vec{c})\vec{a}. \tag{2.20}$$

Man erkennt, daß das Vektorprodukt *nicht* assoziativ ist. (Gl. (2.20) zeigt, daß $(\vec{a} \times \vec{b}) \times \vec{c}$ in einer von $\vec{a}$ und $\vec{b}$ aufgespannten Ebene liegt, $\vec{a} \times (\vec{b} \times \vec{c})$ aber in einer von $\vec{b}$ und $\vec{c}$ aufgespannten.) Ein anderes Mehrfachprodukt ist das Skalarprodukt aus zwei Vektorprodukten, wobei das Resultat diesmal ein Skalar sein muß:

$$(\vec{a} \times \vec{b}) \cdot (\vec{c} \times \vec{d}) = (\vec{a} \cdot \vec{c})(\vec{b} \cdot \vec{d}) - (\vec{a} \cdot \vec{d})(\vec{b} \cdot \vec{c}).$$

Für beide Formeln gibt es elegante Herleitungen, aber man kann sie auch einfach (allerdings ziemlich mühsam) mit Hilfe der Komponenten-Formeln direkt überprüfen.

> ■ Eine Reihe von Kombinationen von Skalar- und Vektorprodukt werden vorgestellt.

Aufgaben

1. (a) Berechnen Sie das Skalarprodukt $\vec{a} \cdot \vec{b}$ für $\mathbf{a} = (3, 4, 7)$ und $\mathbf{b} = (2, -1, 4)$.
(b) Geben Sie die Komponente $a_{\|b}$ von $\vec{a}$ in Richtung von $\vec{b}$ an!
2. Eine Kraft $\vec{k}$ greife an einem Hebel $\vec{r}$ an. Wie groß ist das Drehmoment $\vec{r} \times \vec{k}$, wenn

$$\mathbf{k} = \begin{pmatrix} -1 \\ 1 \\ 2 \end{pmatrix} [Newton] \quad \text{und} \quad \mathbf{r} = \begin{pmatrix} 2 \\ 4 \\ -1 \end{pmatrix} [m]$$

ist? In welchen der acht Oktanden des Koordinatensystems weist es?
3. Wie sehen die drei Komponenten des Drehimpulses $J = \vec{r} \times \vec{p}$ eines Elektrons allgemein aus? (Dabei ist $\vec{r}$ der Ortsvektor und $\vec{p}$ der Impuls.)
4. Geben Sie das Volumen eines Parallelepipeds, das von den Vektoren

$$\mathbf{v}^{(1)} = \begin{pmatrix} 2 \\ 3 \\ 2 \end{pmatrix} \quad \mathbf{v}^{(2)} = \begin{pmatrix} 4 \\ -2 \\ 1 \end{pmatrix} \quad \mathbf{v}^{(3)} = \begin{pmatrix} 2 \\ 5 \\ 3 \end{pmatrix}.$$

aufgespannt wird, an (Spatprodukt)!

2.3   Lineare Abhängigkeit und Basistransformation

2.3.1   Lineare Abhängigkeit von Vektoren

Einen Ausdruck der Form $\alpha x + \beta y$ nennt man eine *Linearkombination* (der beiden Größen x und y), und zwar ist er *linear* sowohl in x als auch in y, weil er x und y nur in der ersten Potenz enthält. Eine Linearkombination zweier Vektoren wäre demnach der Ausdruck $\alpha \vec{a} + \beta \vec{b}$, wobei α und β beliebige Zahlen darstellen. Dieser Ausdruck stellt einen neuen Vektor $\vec{c}$ dar, und man sagt dann, $\vec{c}$ sei eine Linearkombination der Vektoren $\vec{a}$ und $\vec{b}$:

$$\vec{c} = \alpha \vec{a} + \beta \vec{b}.$$

Nun gilt aber, daß in diesem Fall auch $\vec{b}$ eine Linearkombination von $\vec{a}$ und $\vec{c}$ ist. Um das einzusehen, muß man die Gleichung nur nach $\vec{b}$ auflösen:

$$\vec{b} = \frac{1}{\beta} \vec{c} - \frac{\alpha}{\beta} \vec{a}.$$

Weil die Gleichung auch noch nach $\vec{a}$ auflösbar ist, kann eigentlich nur festgestellt werden, daß die drei Vektoren $\vec{a}$, $\vec{b}$ und $\vec{c}$ untereinander linear abhängig sind, und das so ausdrücken:

$$\alpha \vec{a} + \beta \vec{b} + \gamma \vec{c} = 0.$$

(Diese Gleichung kann beliebig aufgelöst werden und zeigt, daß jeder der drei Vektoren als Linearkombination der beiden anderen aufgefaßt werden kann.)

Wir definieren nun allgemeiner: m Vektoren $\vec{a}^{(1)}, \vec{a}^{(2)}, \ldots \vec{a}^{(m)}$ sind *linear abhängig*, wenn zwischen ihnen eine Gleichung der Form

$$\sum_{i=1}^{m} \alpha_i \, \vec{a}^{(i)} = \alpha_1 \, \vec{a}^{(1)} + \alpha_2 \, \vec{a}^{(2)} + \cdots + \alpha_m \, \vec{a}^{(m)} = \vec{0}$$

gilt. Dabei dürfen nicht *alle* α_i Null sein, weil dann die Gleichung *immer* erfüllt wäre und somit kein echtes Kriterium mehr darstellen würde. Wir wollen die Vektorgleichung nochmals für die einzelnen Komponenten hinschreiben, und zwar für dreidimensionale Vektoren:

$$\begin{aligned}
\alpha_1 \, \vec{a}_1^{(1)} + \alpha_2 \, \vec{a}_1^{(2)} + \cdots + \alpha_m \, \vec{a}_1^{(m)} &= 0 \\
\alpha_1 \, \vec{a}_2^{(1)} + \alpha_2 \, \vec{a}_2^{(2)} + \cdots + \alpha_m \, \vec{a}_2^{(m)} &= 0 \qquad (2.21) \\
\alpha_1 \, \vec{a}_3^{(1)} + \alpha_2 \, \vec{a}_3^{(2)} + \cdots + \alpha_m \, \vec{a}_3^{(m)} &= 0.
\end{aligned}$$

(Bei n-dimensionalen Vektoren hätten wir für jede der n Komponenten eine Gleichung, also statt drei Gleichungen deren n.)

Man erkennt nun, daß es sich hierbei um ein *homogenes lineares* Gleichungssystem für die m Unbekannten α_i handelt, wenn man die Vektoren als gegeben ansieht. (Es ist ein *lineares* Gleichungssystem, weil die Unbekannten höchstens in der 1. Potenz auftreten, und es ist *homogen*, weil keine konstanten Terme, also Terme ohne α-Faktor, vorhanden sind.) Man sieht natürlich sofort, daß solche Gleichungssysteme immer eine sog. Trivial-Lösung haben, d.h. eine Lösung, bei der alle Unbekannten gleich Null sind. Diese Lösung ist aber bei der Frage nach linearer Abhängigkeit ausdrücklich ausgeschlossen worden. Diese Frage ist also gleichbedeutend mit der Frage, ob auch Nichttrivial-Lösungen existieren.

In Abschn. 2.6 werden wir uns mit solchen Gleichungssystemen ausführlich und systematisch auseinandersetzen. Dabei wird sich ergeben, daß es für $m > n$, d.h. bei weniger Gleichungen als Unbekannte, *immer* nicht-triviale Lösungen gibt. Aus diesem Grund ist ein Satz n-dimensionaler Vektoren *immer* linear abhängig, wenn er aus mehr als n Vektoren besteht. (Z.B. sind vier dreidimensionale Vektoren *immer* linear abhängig.) Für $m = n$ oder $m < n$ sind beide Möglichkeiten gegeben: nur die Trivial-Lösung (alle $\alpha_i = 0$) oder auch zusätzliche Nichttrivial-Lösungen. Im ersten Fall (siehe Definition oben) liegt *keine* lineare Abhängigkeit vor, im zweiten Fall ist sie gegeben. Um das zu entscheiden, kann man entweder das Gleichungssystem durch Eliminieren lösen oder aber die mehr systematischen Methoden von Abschn. 2.6 heranziehen.

m=2, 3 oder 4 Wir wollen die einfachsten Fälle explizit betrachten und beginnen mit der linearen Abhängigkeit *zweier* Vektoren $\vec{a}$ und $\vec{b}$. Sie müssen, um linear abhängig zu sein, die folgende Bedingung erfüllen:

$$\alpha_1 \, \vec{a} + \alpha_2 \, \vec{b} = 0,$$

oder, nach $\vec{b}$ aufgelöst:

$$\vec{b} = -\frac{\alpha_1}{\alpha_2}\vec{a}.$$

Dies besagt, daß sich die beiden Vektoren nur durch einen Zahlenfaktor $(-\alpha_1/\alpha_2)$ unterscheiden dürfen. Das bedeutet, daß sie die *gleiche Richtung* haben müssen. ("Gleiche Richtung" kann allerdings auch die exakte Gegenrichtung sein, wenn nämlich die beiden α verschiedene Vorzeichen haben[8].) Sind zwei Vektoren also linear abhängig, so weisen sie in die gleiche Richtung, anderenfalls tun sie das nicht.

Als nächstes untersuchen wir den Fall von *drei* Vektoren. Bei linearer Abhängigkeit muß gelten

$$\alpha_1\,\vec{a} + \alpha_2\,\vec{b} + \alpha_3\,\vec{c} = 0.$$

Wir können nach jedem Vektor auflösen und wählen den dritten:

$$\vec{c} = -\frac{\alpha_1}{\alpha_3}\vec{a} - \frac{\alpha_2}{\alpha_3}\vec{b}.$$

Geometrisch läuft das darauf hinaus, daß der Vektor $\vec{c}$ in *der* Ebene liegt, die die Vektoren $\vec{a}$ und $\vec{b}$ aufspannen, mit anderen Worten, daß alle drei Vektoren in *einer* Ebene liegen. Das Weitere hängt von der Dimension des Vektorraumes ab: Ist er drei- (oder mehr-) dimensional $(m = 3, n \geq 3)$, so ist lineare Abhängigkeit möglich oder nicht: Im dreidimensionalen Raum *können* drei Vektoren in einer Ebene liegen, *müssen* es aber nicht. Wenn nicht, so spannen sie einen dreidimensionalen Raum auf, ähnlich wie zwei (nicht-linearabhängige) Vektoren eine Ebene aufspannen. Im *zwei*dimensionalen Vektorraum $[(m = 3) > (n = 2)]$ liegen die Dinge anders: Die drei Vektoren liegen immer in einer Ebene, also müssen drei Vektoren *immer* linear abhängig sein.

Beispiel: Gegeben die drei Vektoren (eines dreidimensionalen Vektorraumes).

$$\mathbf{a} = \begin{pmatrix} 1 \\ -2 \\ 3 \end{pmatrix} \qquad \mathbf{b} = \begin{pmatrix} 0 \\ 1 \\ -1 \end{pmatrix} \qquad \mathbf{c} = \begin{pmatrix} 1 \\ -1 \\ 2 \end{pmatrix}. \tag{2.22}$$

Sie können also, müssen aber nicht linear abhängig sein. Um zu entscheiden, ob sie das sind, müssen wir mit den gegebenen Vektorkomponenten das Gleichungssystem (2.21) aufstellen und zu lösen versuchen. Speziell für den hier vorliegenden Fall von drei drei-dimensionalen Vektoren hilft uns aber ein kleiner Trick weiter: Wir haben gesehen, daß lineare Abhängigkeit vorliegt, wenn die drei Vektoren in einer Ebene liegen. Bilden wir das Vektorprodukt aus $\vec{a}^{(1)}$ und $\vec{a}^{(2)}$, so erhalten wir einen Vektor, der senkrecht auf der Ebene, die von $\vec{a}^{(1)}$ und $\vec{a}^{(2)}$ aufgespannt wird, steht. Liegt $\vec{a}^{(3)}$ ebenfalls in dieser Ebene, so muß auch er senkrecht zu $\vec{a}^{(1)} \times \vec{a}^{(2)}$ liegen, d. h. das Skalarprodukt dieser beiden Vektoren muß verschwinden. Dieses Skalarprodukt ist nun nichts anderes als das Spatprodukt, das wir im vorigen Abschnitt kennengelernt haben. Ist es Null, so liegen die drei Vektoren in einer Ebene. Wir müssen also nur die rechte Seite von Gl. (2.19) ausrechnen und prüfen, ob sich Null ergibt. Dieser Test ist im vorliegenden Fall positiv, so daß die drei Vektoren linear abhängig sind.

---

[8]In der Vektorrechnung werden Richtungen als gleich angesehen, wenn sie auf einer Geraden liegen. Der "Richtungssinn" dagegen spielt keine Rolle und spiegelt sich nur im Vorzeichen des Faktors wieder.

Hätten wir mit Gl. (2.21) aufgestellt und gelöst, so hätten wir für α_1 und α_2 den Wert 1, und für α_3 den Wert -1 gefunden. Auch damit wäre die lineare Abhängigkeit nachgewiesen.

Vier Vektoren $\vec{a}^{(1)}, \vec{a}^{(2)}, \vec{a}^{(3)}$ und $\vec{a}^{(4)}$ im *drei*-dimensionalen Raum sind immer linear abhängig $(m > n)$, und für die Vektoren gilt

$$\alpha_1 \vec{a}^{(1)} + \alpha_2 \vec{a}^{(2)} + \alpha_3 \vec{a}^{(3)} + \alpha_4 \vec{a}^{(4)} = 0. \tag{2.23}$$

Ist $\alpha_4 \neq 0$, so läßt sich das nach dem Vektor $\vec{a}^{(4)}$ auflösen:

$$\vec{a}^{(4)} = -\frac{\alpha_1}{\alpha_4} \vec{a}^{(1)} - \frac{\alpha_2}{\alpha_4} \vec{a}^{(2)} - \frac{\alpha_3}{\alpha_4} \vec{a}^{(3)}. \tag{2.24}$$

Die erhaltene Gleichung besagt, daß man $\vec{a}^{(4)}$ als Linearkombination der Vektoren $\vec{a}^{(1)}, \vec{a}^{(2)}$ und $\vec{a}^{(3)}$ schreiben kann. (Ist der Vektorraum dagegen vier- (oder höher-)dimensional, so wäre lineare Abhängigkeit wiederum möglich oder nicht, d.h. ein eventueller Sonderfall.)

■ Ein Satz von m Vektoren $\vec{v}^{(1)}, \ldots \vec{v}^{(m)}$ ist dann linear abhängig, wenn sich ein Satz von Zahlen $\alpha^{(i)}$ finden läßt, die nicht sämtlich Null sind, und mit denen

$$\sum\nolimits_{i=1}^{m} \alpha^{(i)} \vec{v}^{(i)} = \vec{0}$$

gilt. Mehr als n n-dimensionale Vektoren sind *immer* linear abhängig.

2.3.2 Darstellung bei beliebiger Basis

In diesem Abschnitt beschränken wir uns der Anschaulichkeit halber zunächst auf dreidimensionale Vektoren und werden erst am Schluß skizzieren, wie die Verallgemeinerung auf höher-dimensionale Vektorräume aussieht.

Basis-Transformationen

Wir stellen uns das Problem, einen gegebenen Vektor $\vec{a}$ als Linearkombination von drei ebenfalls gegebenen Vektoren $\vec{f}^{(i)}$ $(i = 1, 2, 3)$ zu schreiben. Wir wissen inzwischen, daß vier dreidimensionale Vektoren immer linear abhängig sind, weil das Gleichungssystem für die vier β_i

$$\sum\nolimits_{i=1}^{3} \beta_i \vec{f}^{(i)} + \beta_4 \vec{a} = \vec{0}$$

immer nicht-triviale Lösungen hat. Wenn wir nach $\vec{a}$ auflösen wollen, darf β_4 allerdings nicht Null sein. Das läßt sich vermeiden, wenn man fordert, daß die drei $\vec{f}^{(i)}$ nicht selbst schon linear abhängig sein dürfen. Geometrisch ist das ohne weiteres klar, denn im allgemeinen Fall läßt sich $\vec{a}$ nicht als Linearkombination von drei Vektoren $\vec{f}^{(i)}$ schreiben, die in einer Ebene liegen, weil sie untereinander bereits linear abhängig sind. Unter dieser Voraussetzung ergibt sich nun

$$\vec{a} = \sum\nolimits_{i=1}^{3} \frac{-\beta_i}{\beta_4} \vec{f}^{(i)} = \alpha_1 \vec{f}^{(1)} + \alpha_2 \vec{f}^{(2)} + \alpha_3 \vec{f}^{(3)} \tag{2.25}$$

mit $\alpha_i = -\beta_i/\beta_4$. In Komponentenform lautet das Gleichungssystem für die drei Unbekannten α_i explizit

$$a_1 = \alpha_1 \vec{f}_1^{(1)} + \alpha_2 \vec{f}_1^{(2)} + \alpha_3 \vec{f}_1^{(3)}$$
$$a_2 = \alpha_1 \vec{f}_2^{(1)} + \alpha_2 \vec{f}_2^{(2)} + \alpha_3 \vec{f}_2^{(3)} \tag{2.26}$$
$$a_3 = \alpha_1 \vec{f}_3^{(1)} + \alpha_2 \vec{f}_3^{(2)} + \alpha_3 \vec{f}_3^{(3)}.$$

Dies ist wiederum ein lineares, diesmal aber ein *inhomogenes* Gleichungssystem, weil auf der linken Seite Konstanten stehen. (Die a_i sind ja gegeben!) Wir werden in Abschn. 2.6.2 sehen, daß ein solches Gleichungssystem unter den angegebenen Bedingungen immer eine eindeutige Lösung hat.

Anschaulich kann man dies im analogen Fall von drei zweidimensionalen Vektoren unmittelbar einsehen. Ein solches Beispiel wird in Abb. 2.11 gezeigt. Man kann die Faktoren, mit denen die beiden $\vec{f}^{(i)}$ zu multiplizieren sind, um $\vec{a}$ zu erzeugen, der Grafik direkt entnehmen. In Abb.2.11

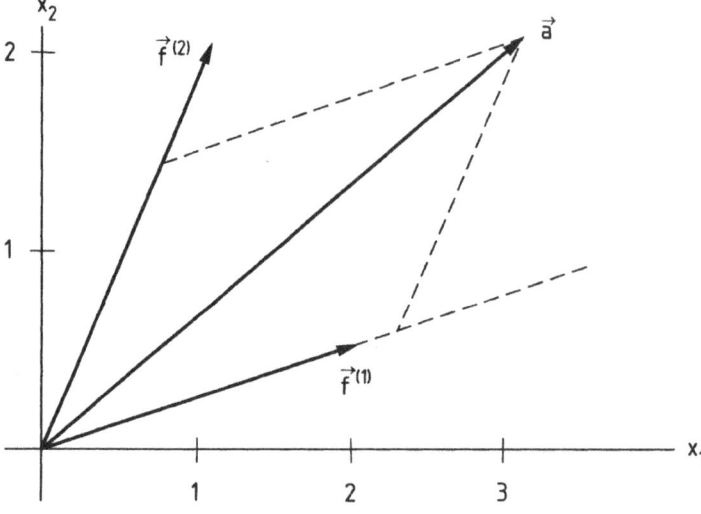

Fig. 2.11 $\vec{a}$ als Linearkombination zweier vorgegebener, nicht linear abhängiger Vektoren $f^{(1)}$ und $f^{(2)}$.

ist $\vec{f}^{(1)} = (2, 0.5)$, $\vec{f}^{(2)} = (1, 2)$ und $\vec{a} = (3, 2)$. Man kann sowohl durch Ausmessen als auch durch Lösen des Gleichungssystems für zwei Unbekannte feststellen, daß der Faktor vor $\vec{f}^{(1)}$ 8/7 und der vor $\vec{f}^{(2)}$ 5/7 ist.

Der mit Gl. 2.25 beschriebene Sachverhalt soll nun für folgende Überlegung genutzt werden: Wir erinnern uns, daß jeder Vektor $\vec{a}$ gemäß Gl. (2.4) in die Form

$$\vec{a} = a_1 \vec{e}^{(1)} + a_2 \vec{e}^{(2)} + a_3 \vec{e}^{(3)}$$

zerlegt werden kann. Die Zerlegung (2.25) ist völlig analog. Die Vektoren $\vec{f}^{(1)}, \vec{f}^{(2)}$ und $\vec{f}^{(3)}$ spielen die Rolle der Basisvektoren und die $\alpha_1, \alpha_2, \alpha_3$ die der zugehörigen Komponenten.

Der Vektor $\vec{a}$ wird also als Linearkombination der neuen Basisvektoren $f^{(k)}$ dargestellt. Hier wird jetzt deutlich, was schon am Anfang gesagt wurde: **a** *repräsentiert den Vektor* $\vec{a}$, aber die Komponenten a_i selbst sind basis-bezogen. Sie beziehen sich nämlich auf die – zugegeben sehr naheliegende – Basis der $\vec{e}^{(i)}$. Diese Basis ist aber eigentlich nur ein Spezialfall. Die Basis der $\vec{f}^{(i)}$ ist ebenso berechtigt, und die Komponenten α_i lassen sich ebenfalls in einer Zahlenspalte α zusammenfassen. Man muß also bei den Komponenten stets wissen (bzw. angeben), auf welche Basis sie sich beziehen. Die Umrechnung von **a** auf α erfolgt über das Gleichungssystem (2.26), bei dem $\alpha_1, \alpha_2, \alpha_3$ die Unbekannten und alle übrigen Zahlen vorgegeben sind .

Neue Komponentenformeln Die Komponentenformel für das Skalarprodukt zweier Vektoren ändert sich für den Fall einer beliebigen Basis. Gl. (2.8) gilt nach wie vor, aber Gl. (2.9) gilt natürlich nicht mehr für die $\vec{f}^{(i)}$. Die Skalarprodukte $\vec{f}^{(i)} \cdot \vec{f}^{(j)}$ müssen in üblicher Form berechnet werden. Wir wollen sie g_{ij} nennen (*metrischer Fundamentaltensor*). Die Form (2.8) läßt sich also nicht weiter vereinfachen, so daß die Komponentenformel für das Skalarprodukt jetzt

$$\vec{b} \cdot \vec{a} = \sum_{i=1}^{3} \sum_{j=1}^{3} b_i a_j g_{ij} \tag{2.27}$$

lautet. Da der Betrag eines Vektors mit dem Skalarprodukt über $|\vec{a}|^2 = \vec{a}\cdot\vec{a}$ zusammenhängt, lautet die Formel für das Betragsquadrat jetzt

$$|\vec{a}|^2 = \vec{a} \cdot \vec{a} = \sum_{i=1}^{3} \sum_{j=1}^{3} a_i a_j g_{ij}.$$

Orthonormierte Basis

Ein besonders häufig auftretender Fall ist der, bei dem die $\vec{f}^{(i)}$ wie die Standard-Basisvektoren $\vec{e}^{(i)}$ den Betrag 1 haben und paarweise senkrecht aufeinander stehen. Das System der $\vec{f}^{(i)}$ ist also lediglich gegen das System der $\vec{e}^{(i)}$ gedreht und entsteht aus den $\vec{e}^{(i)}$ durch eine *Rotation*. Unter diesen Umständen gilt auch für die $\vec{f}^{(i)}$

$$\vec{f}^{(i)} \cdot \vec{f}^{(j)} = \delta_{ij}, \tag{2.28}$$

wobei das Kronecker-Symbol δ_{ij} im Zusammenhang mit Gl. (2.9) erklärt wurde. Man nennt eine solche Basis eine *orthonormale Basis*. Aus Gleichung (2.28) folgt übrigens, daß unter diesen Umständen für das Skalarprodukt statt der allgemeinen Form (2.27) wieder die alte Form (2.10) gilt.

Die Transformationsgleichungen für die Umrechnung der a_i in die α_i sind dann besonders einfach, wenn die $\vec{f}^{(i)}$ eine orthonormale Basis bilden. Dazu bilden wir von der Vektorgleichung (2.25) rechts und links das Skalarprodukt mit $\vec{f}^{(1)}$:

$$\vec{f}^{(1)} \cdot \vec{a} = \vec{f}^{(1)} \cdot \left(\alpha_1 \vec{f}^{(1)} + \alpha_2 \vec{f}^{(2)} + \alpha_3 \vec{f}^{(3)} \right) = \alpha_1 \vec{f}^{(1)} \cdot \vec{f}^{(1)}$$

$$+\alpha_2 \vec{f}^{(1)} \cdot \vec{f}^{(2)} + \alpha_3 \vec{f}^{(1)} \cdot \vec{f}^{(3)} = \alpha_1 \cdot 1 + \alpha_2 \cdot 0 + \alpha_3 \cdot 0 = \alpha_1.$$

Bildung der Skalarprodukte mit den anderen beiden $\vec{f}^{(i)}$ liefert die entsprechenden Formel für α_2 und α_3, so daß allgemein gilt

$$\alpha_i = \vec{f}^{(i)} \cdot \vec{a}. \tag{2.29}$$

Wir brauchen also keine umständliche Lösung eines linearen Gleichungssystems (2.26) zur Bestimmung der neuen Vektorkomponenten, sondern müssen nur drei Skalarprodukte ausrechnen.

Als Beispiel betrachten wir den folgenden Satz von Vektoren, die die neuen Basisvektoren bilden sollen:

$$\vec{f}^{(1)} = \frac{1}{\sqrt{3}} \begin{pmatrix} 1 \\ 1 \\ 1 \end{pmatrix} \quad \vec{f}^{(2)} = \frac{1}{\sqrt{2}} \begin{pmatrix} 1 \\ -1 \\ 0 \end{pmatrix} \quad \vec{f}^{(3)} = \frac{1}{\sqrt{6}} \begin{pmatrix} 1 \\ 1 \\ -2 \end{pmatrix}.$$

(Die Faktoren sind nur der Bequemlichkeit halber vorgezogen worden.) Daß dieser Satz tatsächlich orthonormal ist, kann man leicht nachprüfen, indem man zeigt, daß die Gln. (2.28) erfüllt sind. (Es gilt z.B. $\vec{f}^{(1)} \cdot \vec{f}^{(1)} = 1$ oder $\vec{f}^{(1)} \cdot \vec{f}^{(2)} = 0$.) Es sei jetzt ein Vektor $\vec{a}$ gegeben, der bei Darstellung mittels der $\vec{e}^{(i)}$ die Komponenten

$$\mathbf{a} = \begin{pmatrix} 1 \\ -2 \\ 3 \end{pmatrix}$$

besitzt. Wir fragen nun nach den Komponenten des Vektors bezüglich der oben angegebenen neuen Basisvektoren. Mit Hilfe der Gln. (2.29) ergibt sich

$$\alpha_1 = \vec{a} \cdot \vec{f}^{(1)} = 1 \cdot \frac{1}{\sqrt{3}} - 2 \cdot \frac{1}{\sqrt{3}} + 3 \cdot \frac{1}{\sqrt{3}} = \frac{2}{\sqrt{3}}$$

$$\alpha_2 = \vec{a} \cdot \vec{f}^{(2)} = 1 \cdot \frac{1}{\sqrt{2}} - 2 \cdot \frac{-1}{\sqrt{2}} + 3 \cdot 0 = \frac{3}{\sqrt{2}}$$

$$\alpha_3 = \vec{a} \cdot \vec{f}^{(3)} = 1 \cdot \frac{1}{\sqrt{6}} - 2 \cdot \frac{1}{\sqrt{6}} + 3 \cdot \frac{-2}{\sqrt{6}} = -\frac{7}{\sqrt{6}}.$$

Bei einer Darstellung bezüglich der $\vec{f}^{(i)}$ hat also der Vektor die Komponenten

$$\boldsymbol{\alpha} = \begin{pmatrix} 2/\sqrt{3} \\ 3/\sqrt{2} \\ -7/\sqrt{6} \end{pmatrix}.$$

Der Betrag, bzw. das Betragsquadrat, darf sich bei einer Rotation des Koordinatensystems nicht ändern. In alten Koordinaten ist es $\vec{a} \cdot \vec{a} = 1^2 + (-2)^2 + 3^2 = 14$. Da die neue Basis ebenfalls orthonormal ist, gilt die gleiche Formel für das Skalarprodukt:

$$\vec{a} \cdot \vec{a} = \sum_{i=1}^{3} \alpha_i^2 = \left(\frac{2}{\sqrt{3}}\right)^2 + \left(\frac{3}{\sqrt{2}}\right)^2 + \left(-\frac{7}{\sqrt{6}}\right)^2 = 14.$$

Orthogonalisierung Der Vorteil von orthonormalen Basissystemen bei der Bestimmung der neuen Vektorkomponenten α_i ist so groß, daß es vorteilhaft sein kann, eine zunächst nicht-orthogonale Basis in eine orthonormale umzurechnen. Das geschieht am einfachsten mit der sog. *Schmidt-Orthogonalisierung.* indexOrthogonalisierung

Aus drei linear unabhängigen, aber sonst beliebigen Vektoren $\vec{a}^{(1)}, \vec{a}^{(2)}, \vec{a}^{(3)}$ lassen sich immer drei orthonormierte Basisvektoren $\vec{b}^{(1)}, \vec{b}^{(2)}, \vec{b}^{(3)}$ bilden, die den gleichen Raum aufspannen, also ebenfalls als Basis dienen können. Man bildet als erstes aus dem Vektor $\vec{a}^{(1)}$ einen normierten Vektor

$$\vec{b}^{(1)} = \frac{\vec{a}^{(1)}}{|\vec{a}^{(1)}|}.$$

Anschließend bildet man aus $\vec{a}^{(2)}$ einen zu $\vec{b}^{(1)}$ orthogonalen Vektor, indem man von $\vec{a}^{(2)}$ dessen Komponente in Richtung von $\vec{b}^{(1)}$ abzieht. Diese als Vektor genommene Komponente ist gegeben durch $(\vec{a}^{(2)} \cdot \vec{b}^{(1)}) \, \vec{b}^{(1)}$, so daß man schreiben kann

$$\vec{a}^{(2)}_{orth} = \vec{a}^{(2)} - (\vec{a}^{(2)} \cdot \vec{b}^{(1)}) \, \vec{b}^{(1)}. \tag{2.30}$$

Der Vektor $\vec{b}^{(2)}$ ergibt sich dann durch Normieren:

$$\vec{b}^{(2)} = \frac{\vec{a}^{(2)}_{orth}}{|\vec{a}^{(2)}_{orth}|}.$$

Nun bildet man noch aus $\vec{a}^{(3)}$ einen zu $\vec{b}^{(1)}$ und $\vec{b}^{(2)}$ senkrecht stehenden Vektor $\vec{a}^{(3)}_{orth}$, indem man von $\vec{a}^{(3)}$ dessen Komponenten in Richtung von $\vec{b}^{(1)}$ und $\vec{b}^{(2)}$ abzieht:

$$\vec{a}^{(3)}_{orth} = \vec{a}^{(3)} - (\vec{a}^{(3)} \cdot \vec{b}^{(1)}) \, \vec{b}^{(1)} - (\vec{a}^{(3)} \cdot \vec{b}^{(2)}) \, \vec{b}^{(2)}$$

und dividiert diesen Vektor durch seinen Betrag:

$$\vec{b}^{(3)} = \frac{\vec{a}^{(3)}_{orth}}{|\vec{a}^{(3)}_{orth}|}.$$

$\vec{b}^{(}1), \vec{b}^{(2)}, \vec{b}^{(3)}$ stellen dann drei orthonormierte Vektoren dar, die man als Basisvektoren $\vec{f}^{(i)}$ verwenden kann.

Transformationsgleichungen in Matrixform

Wir können den Satz von Vektoren $\vec{f}^{(i)}$, d.h. drei Vektoren mit je drei Komponenten, zu einem Satz von 3×3 Zahlen zusammenfassen. Ein solches rechteckiges Zahlenschema nennt man eine *Matrix* und bezeichnet sie mit fetten Großbuchstaben $\mathbf{F}$.

Beispielsweise lassen sich die drei Vektoren (2.22) zu dem Schema

$$\mathbf{F} = \begin{pmatrix} 1 & 0 & 1 \\ -2 & 1 & -1 \\ 3 & -1 & 2 \end{pmatrix}$$

zusammenfassen.

Wenn man die Multiplikation einer Matrix mit einem Vektor passend definiert, läßt sich die Komponenten-Transformation Gl. (2.26) in folgender Form schreiben:

$$\mathbf{a} = \mathbf{F} \cdot \boldsymbol{\alpha}. \tag{2.31}$$

Der Begriff einer Matrix und des Produktes mit einem Vektor führt uns dann zu einem Konzept, das das Thema des nächsten Abschnittes darstellt.

■ Man kann Vektoren auch als Linearkombination von *frei gewählten* Basisvektoren (z.B. $\vec{f}^{(i)}$) schreiben. Aus

$$\sum_{k=1}^{n} a_k \, \vec{e}^{(i)} \quad \text{wird dann} \quad \sum_{k=1}^{n} \alpha_k \, \vec{f}^{(i)}.$$

Dabei sind die α_k die neuen Komponenten, die sich auf die neuen Basisvektoren beziehen. Die Umrechnung erfolgt über ein lineares Gleichungssystem (2.26), das sich auch kurz in Matrixform (siehe nächster Abschnitt) schreiben läßt [Gl. (2.31)]. Bei der Schreibweise von Vektoren in der Form, die nur die Komponenten in einer Spalte zusammenfaßt (mit Symbolen wie $\mathbf{a}$ dargestellt), ist zu beachten, daß die Bezugsbasis klar sein muß.

Aufgaben

1. Prüfen Sie, ob die Vektoren (3,2,1), (3,-2,1), (3,2,-1) linear abhängig sind!
2. Liegen sie in einer Ebene?
3. Bilden Sie ein Orthogonalsystem? Wenn nein, orthogonalisieren Sie die beiden ersten Vektoren!
4. Entscheiden Sie, ob die folgenden drei Vektoren

$$\vec{f}^{(1)} = \frac{1}{\sqrt{2}} \begin{pmatrix} 1 \\ 1 \\ 0 \end{pmatrix} \quad \vec{f}^{(2)} = \frac{1}{\sqrt{3}} \begin{pmatrix} -1 \\ 1 \\ 1 \end{pmatrix} \quad \vec{f}^{(3)} = \frac{1}{\sqrt{6}} \begin{pmatrix} 1 \\ -1 \\ 2 \end{pmatrix}$$

ein orthonormiertes System bilden!
5. Gegeben ein Vektors $\vec{v}$ mit den Komponenten (5,5,-2) in einem kartesischen Koordinatensystem. Wie lauten seine Komponenten bezüglich des Basissystems von Aufgabe 4?

2.4   Matrizen

2.4.1   Allgemeines

Wir haben am Ende des vorigen Abschnitts – zunächst rein formal – drei Vektoren zu einem 3×3-Zahlenschema zusammengefaßt und angekündigt, über den Sinn und den Vorteil noch zu sprechen. Ein anderes Beispiel für solch ein Zahlenschema ist ein homogenes lineares Gleichungssystem der Art

$$3x + 4y - 2z = 0$$

$$x + 3y + 5z = 0,$$

wo die wesentliche Information in dem Zahlenschema

$$\begin{pmatrix} 3 & 4 & -2 \\ 1 & 3 & 5 \end{pmatrix}$$

steckt. Wir müssen, wenn wir mit solchen Objekten irgendwie operieren wollen, sinnvolle Rechenregeln festlegen, wie das im Falle der komplexen Zahlen oder der Vektoren durchgespielt wurde. Wir wollen das zunächst tun, ohne uns vorher allzu viele Gedanken zu machen, warum so und nicht anders. Die Zweckmäßigkeit wird sich dann herausstellen, wenn wir mit diesen Größen arbeiten. Ein wichtiges Gebiet für Chemiker, wo Matrizen auftreten, ist die Quantenmechanik, die bekanntlich die Grundlage für die Theorie der chemischen Bindung darstellt.

Wir nennen rechteckige Zahlenschemata, die aus m *Zeilen* und n *Spalten* bestehen, *Matrizen* (Einzahl *Matrix*, genau genommen $m \times n$-Matrix). Man beachte, daß dann die Zeilen*länge* n und die Spalten*länge* m ist. Wir werden sie in der Regel mit fetten Großbuchstaben bezeichnen. Die einzelnen Positionen nennt man die *(Matrix-)Elemente* und kennzeichnet sie mit Indizes, ähnlich wie bei den Vektoren. Zum Unterschied benötigt man hier *zwei* Indizes, einen *Zeilenindex*, der als erster steht und einen *Spaltenindex*, der danach steht. Die Matrixelemente selbst können wir mit einfachen Groß- oder Kleinbuchstaben bezeichnen:

$$\mathbf{A} = \begin{pmatrix} A_{11} & A_{12} & A_{13} & \ldots & A_{1n} \\ A_{21} & A_{22} & A_{23} & \ldots & A_{2n} \\ \ldots & \ldots & \ldots & \ldots & \ldots \\ A_{m1} & A_{m2} & A_{m3} & \ldots & A_{mn} \end{pmatrix} \text{ oder } \begin{pmatrix} a_{11} & \ldots & a_{1n} \\ \ldots & \ldots & \ldots \\ a_{m1} & \ldots & a_{mn} \end{pmatrix}.$$

Als Beispiel möchten wir die Matrixelemente angeben, die durch Zusammenfassung von n Vektoren der Dimension m entstehen. Diese Vektoren seien $\vec{a}^{(k)}$ mit $k = 1, \ldots n$. Sie haben die Komponenten

$$\vec{a}_i^{(k)} \quad \text{mit} \quad 1 \leq i \leq m \quad \text{und} \quad 1 \leq k \leq n.$$

Bildet man die Matrix dadurch, daß man die Spalten der Vektoren nacheinander hinschreibt, ergibt sich eine Matrix $\mathbf{A}$ mit den Elementen

$$A_{ik} = a_i^{(k)} \quad \text{mit} \quad 1 \leq i \leq m \quad \text{und} \quad 1 \leq k \leq n,$$

wobei wir hier Großbuchstaben für die Matrixelemente gewählt haben, um sie von den Vektorkomponenten a zu unterscheiden.

Wir müssen nun einige Begriffe, die im Zusammenhang mit Matrizen auftreten, kennenlernen.

Eine *quadratische* Matrix hat gleichviel Zeilen wie Spalten ($m = n$).

Diagonalelemente nennt man die Elemente, bei denen Zeilenindex gleich Spaltenindex ist: a_{ii}. Die *Diagonale* beginnt also links oben und endet bei einer quadratischen Matrix rechts unten. (Bei nicht-quadratischen Matrizen endet sie am unteren oder rechten Rand, je nachdem, ob sie breiter als hoch ist oder umgekehrt.)

Die *Spur* (englisch *trace*) ist die Summe aller Diagonalelemente und eine häufig benötigte Größe.

Bei einer *Diagonalmatrix* sind alle Elemente außerhalb der Diagonale Null.

Eine *Einheitsmatrix* ist eine quadratische Diagonalmatrix, bei der alle Diagonalelemente 1 sind: $a_{ik} = \delta_{ik}$. Man bezeichnet sie mit $\mathbf{E}$ oder aus Gründen, die gleich ersichtlich werden, oft auch mit dem Symbol $\mathbf{1}$. Der Fettdruck deutet die Matrix an und die "1" weist auf die Definition hin.

Die Matrix, die man aus der Matrix $\mathbf{A}$ dadurch erhält, daß man die Zeilen als Spalten und demgemäß die Spalten als Zeilen schreibt, nennt man die zu $\mathbf{A}$ *transponierte Matrix* und bezeichnet sie mit $\mathbf{A}^T$. Für die Elemente bedeutet das $(\mathbf{A}^T)_{ki} = (\mathbf{A})_{ik} \equiv a_{ik}$ (für alle i und k). Man beachte, daß bei der Transposition aus einer $m \times n$-Matrix eine $n \times m$-Matrix wird. Eine Matrix, für die $\mathbf{A}^T = \mathbf{A}$ gilt, (in Komponenten $a_{ik} = a_{ki}$) nennt man *symmetrisch*. Wenn man Zeilen und Spalten vertauscht, geht eine solche Matrix in sich selbst über. Dies ist z.B. bei der ersten Matrix der Fall, bei der zweiten aber nicht:

$$\begin{pmatrix} 2 & 1 & 7 \\ 1 & 3 & -2 \\ 7 & -2 & 5 \end{pmatrix}, \quad \begin{pmatrix} 2 & 1 & 7 \\ 4 & 2 & -1 \\ 4 & -3 & 0 \end{pmatrix}, \quad \begin{pmatrix} 0 & 1 & 7 \\ -1 & 0 & -2 \\ -7 & 2 & 0 \end{pmatrix}.$$

Gilt $\mathbf{A}^T = -\mathbf{A}$, (in Komponenten $a_{ik} = -a_{ki}$), so spricht man von einer antisymmetrischen Matrix, – ein Beispiel wäre die dritte Matrix.

Wie für Vektoren so gilt auch für Matrizen, daß die Elemente im Prinzip auch *komplexe* Zahlen sein können. Für alle Operationen, die wir noch kennenlernen werden, sind dann die Rechenregeln für komplexe Zahlen zu verwenden. Wir benötigen in diesem Fall aber neben dem Begriff der *transponierten* noch den der *adjungierten* Matrix, geschrieben $\mathbf{A}^+$. Dazu vertauscht man Zeilen und Spalten wie beim Transponieren, ändert aber zusätzlich noch alle Elemente in die zugehörigen konjugiert komplexen Werte. Als Formel für die Elemente gilt also $(\mathbf{A}^+)_{ki} = (\mathbf{A})_{ik}^* \equiv a_{ik}^*$. Entsprechend den symmetrischen Matrizen gibt es nun solche, für die $\mathbf{A}^+ = \mathbf{A}$ gilt. Sie heißen *selbst-adjungiert* oder (nach dem französischen Mathematiker Hermite) *hermitesch*.

Zahlenbeispiele ($\mathbf{B}$ ist hermitesch):

$$\mathbf{A} = \begin{pmatrix} 3+i & 2-3i \\ 4 & 1+i \end{pmatrix} \quad \mathbf{A}^+ = \begin{pmatrix} 3-i & 4 \\ 2+3i & 1-i \end{pmatrix} \quad \mathbf{B} = \begin{pmatrix} 3 & 2-3i \\ 2+3i & 1 \end{pmatrix}$$

Diese Begriffe werden hier eingeführt, weil sie in der Quantenmechanik eine wichtige Rolle spielen.

Rechenregeln Wir bezeichnen zwei Matrizen $\mathbf{A}$ und $\mathbf{B}$ als *gleich*, wenn sie bezüglich Zeilenzahl und Spaltenzahl übereinstimmen und alle Elemente gleich sind:

$$a_{ik} = b_{ik} \quad \text{für} \quad 1 \le i \le m \quad \text{und} \quad 1 \le k \le n.$$

Die *Addition* erfolgt ähnlich wie bei Vektoren elementweise und ist nur möglich, *wenn Zeilenzahl und Spaltenzahl übereinstimmen*: $\mathbf{A} + \mathbf{B} = \mathbf{C}$ entspricht

$$c_{ik} = a_{ik} + b_{ik} \quad \text{für} \quad 1 \le i \le m \quad \text{und} \quad 1 \le k \le n.$$

Sie ist also kommutativ und assoziativ. (Bitte beachten Sie: passen Spalten- und Zeilenzahl nicht aufeinander, so ist die Operation *nicht durchführbar*! Keinesfalls dürfen Sie fehlende

Zeilen oder Spalten mit Nullen auffüllen.) Jede Matrix läßt sich übrigens in eine symmetrische und eine antisymmetrische Matrix zerlegen, wie man leicht an folgendem Beispiel demonstrieren kann:

$$\begin{pmatrix} 2 & 1 \\ 5 & 8 \end{pmatrix} = \begin{pmatrix} 2 & 3 \\ 3 & 8 \end{pmatrix} + \begin{pmatrix} 0 & -2 \\ 2 & 0 \end{pmatrix}.$$

Multiplikation mit einer Zahl: Im Hinblick darauf, daß $2\mathbf{A}$ als $\mathbf{A} + \mathbf{A}$ zu interpretieren ist, setzen wird fest, daß die Multiplikation mit einer Zahl c bedeuten soll, *jedes* Element von $\mathbf{A}$ mit c zu multiplizieren, d.h.

$$(c\mathbf{A})_{ij} = c\, a_{ij} \quad \text{für alle } i, j.$$

Multiplikation einer Matrix mit einem Vektor: Voraussetzung ist, daß die Länge der Zeilen von $\mathbf{A}$ mit der Länge der Spalte von $\mathbf{v}$ übereinstimmt. Das Resultat ist wieder ein Vektor,

$$\mathbf{w} = \mathbf{A}\mathbf{v},$$

dessen Komponenten nach der Vorschrift

$$w_i = a_{i1}v_1 + a_{i2}v_2 + \cdots + a_{in}v_n = \sum_{k=1}^{n} a_{ik}v_k \qquad (1 \leq i \leq m) \tag{2.32}$$

gebildet werden. Um die i-te Komponente von $\mathbf{w}$ zu erhalten, muß also ähnlich wie beim Skalarprodukt jedes Element der i-ten Zeile von $\mathbf{A}$ mit den Komponenten von $\mathbf{v}$ multipliziert und aufaddiert werden. (Der Leser möge beachten, daß die Vorschrift (2.32) nur *diese* Reihenfolge der Faktoren zuläßt.) Zur besseren Einübung wollen wir die gleiche Beziehung auch noch in Matrixform hinschreiben:

$$\begin{pmatrix} w_1 \\ w_2 \\ \cdots \\ w_m \end{pmatrix} = \begin{pmatrix} a_{11} & a_{12} & \ldots & \ldots & a_{1n} \\ a_{21} & a_{22} & \ldots & \ldots & a_{2n} \\ \cdots & \cdots & \cdots & \cdots & \cdots \\ a_{m1} & a_{m2} & \ldots & \ldots & a_{mn} \end{pmatrix} \begin{pmatrix} v_1 \\ v_2 \\ \cdots \\ \cdots \\ v_n \end{pmatrix} =$$

$$\begin{pmatrix} a_{11}v_1 + a_{12}v_2 + \cdots + a_{1n}v_n \\ a_{21}v_1 + a_{22}v_2 + \cdots + a_{2n}v_n \\ \cdots \\ a_{m1}v_1 + a_{m2}v_2 + \cdots + a_{mn}v_n \end{pmatrix}. \tag{2.33}$$

Zahlenbeispiel:

$$\begin{pmatrix} 4 & 3 \\ 5 & 2 \\ -1 & 4 \end{pmatrix} \begin{pmatrix} 2 \\ -1 \end{pmatrix} = \begin{pmatrix} 5 \\ 8 \\ -6 \end{pmatrix}.$$

Faßt man übrigens die Komponentenform eines Vektors als eine $1 \times n$-Matrix auf, so kann man das Skalarprodukt zweier Vektoren auch in der Form

$$\vec{v} \cdot \vec{w} = \mathbf{v}^T\mathbf{w} \tag{2.34}$$

schreiben.

Die Rechenvorschrift für Matrix×Vektor führt uns durch eine natürliche Erweiterung zur *Multiplikation einer Matrix mit einer Matrix:* Für die Operation $\mathbf{C} = \mathbf{A}\mathbf{B}$ verwenden wir für die einzelnen Spalten von $\mathbf{B}$ die Rechenregel für Matrix×Vektor. Jede Spalte von $\mathbf{B}$ liefert uns auf diese Weise eine "Produkt-Spalte" und die Matrix $\mathbf{C}$ ist die Zusammenfassung der auf diese Weise erzeugten Spalten. Die Komponentenformel für $\mathbf{C} = \mathbf{A} \cdot \mathbf{B}$ lautet also

$$c_{ik} = \sum\nolimits_{j=1}^{p} a_{ij}b_{jk}, \tag{2.35}$$

wobei p die Zeilenlänge von $\mathbf{A}$ *und* die Spaltenlänge von $\mathbf{B}$ ist. Auch hier läßt sich die Multiplikationsregel als Skalarprodukt-ähnlich formulieren: Das Element c_{ik} der Produktmatrix erhält man, wenn man jedes Element der i-ten Zeile von $\mathbf{A}$ mit jedem Element der k-ten Spalte von $\mathbf{B}$ multipliziert und aufaddiert.

Zahlenbeispiel:

$$\begin{pmatrix} 4 & 3 \\ 5 & 2 \\ -1 & 4 \end{pmatrix} \begin{pmatrix} 2 & -6 \\ -1 & 2 \end{pmatrix} = \begin{pmatrix} 5 & -18 \\ 8 & -26 \\ -6 & 14 \end{pmatrix}.$$

Allgemein gilt für die Dimension der beteiligten Matrizen: Wenn $\mathbf{A}$ eine $m \times p$- und $\mathbf{B}$ eine $p \times n$-Matrix ist, so ist $\mathbf{C}$ eine $m \times n$-Matrix. Für diese Multiplikationsregel gilt das assoziative Gesetz

$$(\mathbf{A}\mathbf{B})\mathbf{C} = \mathbf{A}(\mathbf{B}\mathbf{C}),$$

denn

$$\sum\nolimits_{k=1}^{q} \left(\sum\nolimits_{j=1}^{p} a_{ij}b_{jk} \right) c_{kl} = \sum\nolimits_{j=1}^{p} a_{ij} \left(\sum\nolimits_{k=1}^{q} b_{jk}c_{kl} \right).$$

Auch die beiden distributiven Gesetze sind gültig,

$$(\mathbf{A} + \mathbf{B})\mathbf{C} = \mathbf{A}\mathbf{C} + \mathbf{B}\mathbf{C}$$

$$\mathbf{A}(\mathbf{B} + \mathbf{C}) = \mathbf{A}\mathbf{B} + \mathbf{A}\mathbf{C}, \tag{2.36}$$

wovon man sich ebenfalls durch Übergang zur Komponentenform Gl. (2.35) vergewissern kann. Ebenso leicht rechnet man nach, daß

$$\mathbf{E}\mathbf{A} = \mathbf{A}\mathbf{E} = \mathbf{A}, \qquad \text{bzw. instruktiver} \qquad \mathbf{1}\mathbf{A} = \mathbf{A}\mathbf{1} = \mathbf{A} \tag{2.37}$$

gilt. An dieser Stelle wird deutlich, warum für $\mathbf{E}$ mit Vorteil das Symbol $\mathbf{1}$ verwendet wird: weil die Matrix $\mathbf{E}$ genau die Funktion im Rahmen der Matrizenrechnung erfüllt, die bei gewöhnlichen Zahlen der Eins zufällt, daß sich nämlich bei Multiplikation mit ihr der Wert des anderen Faktors nicht ändert.

Die Matrizenmultiplikation ist *nicht* kommutativ, schon deswegen nicht, weil die Zeilen von $\mathbf{A}$ auf die Spalten von $\mathbf{B}$ passen müssen, was bei Vertauschung der Reihenfolge im allgemeinen gar nicht mehr gegeben sein wird. Aber auch für quadratische Matrizen gilt das kommutative Gesetz nicht, – zur Demonstration genügt ein Gegenbeispiel:

$$\begin{pmatrix} 2 & 5 \\ 3 & -1 \end{pmatrix} \begin{pmatrix} 4 & -2 \\ 1 & 5 \end{pmatrix} = \begin{pmatrix} 13 & 11 \\ 11 & -9 \end{pmatrix}$$

aber

$$\begin{pmatrix} 4 & -2 \\ 1 & 5 \end{pmatrix} \begin{pmatrix} 2 & 5 \\ 3 & -1 \end{pmatrix} = \begin{pmatrix} 3 & 22 \\ 11 & 2 \end{pmatrix}.$$

Doch es gibt Ausnahmen, z. B.

$$\begin{pmatrix} 4 & -1 \\ -2 & 5 \end{pmatrix} \begin{pmatrix} 7 & 2 \\ 4 & 5 \end{pmatrix} = \begin{pmatrix} 24 & 3 \\ 6 & 21 \end{pmatrix} = \begin{pmatrix} 7 & 2 \\ 4 & 5 \end{pmatrix} \begin{pmatrix} 4 & -1 \\ -2 & 5 \end{pmatrix}.$$

Solche Matrizen nennt man *vertauschbar* oder man sagt, sie *kommutieren*. Schließlich gilt noch, wie man leicht zeigen kann, für zwei beliebige Matrizen

$$(\mathbf{AB})^T = \mathbf{B}^T \mathbf{A}^T \qquad \text{bzw.} \qquad (\mathbf{AB})^+ = \mathbf{B}^+ \mathbf{A}^+ \tag{2.38}$$

■ $m \times n$-*Matrizen* sind rechteckige Zahlenschemata von *Elementen*, deren Rechenregeln (insbesondere die Multiplikation) so definiert sind, daß sich lineare Abbildungen (siehe nächsten Unterabschnitt) in der Form $\mathbf{b} = \mathbf{Aa}$ oder lineare Gleichungssysteme in der Form $\mathbf{Ax} = \mathbf{b}$, beides also als Matrix×Vektor=Vektor, schreiben lassen.
Über die verschiedenen Eigenschaften von Matrizen sei auf den Text verwiesen.

2.4.2   Lineare Abbildungen

Lineare Abbildungen vermittels Matrizen

Wir kommen zurück auf den in Abschnitt 1.1.3 eingeführten Begriff der Abbildung. Es sei $\mathbf{A}$ eine $m \times n$-Matrix. Dann gestattet uns die Beziehung

$$\mathbf{w} = \mathbf{Av}, \tag{2.39}$$

jedem Vektor $\mathbf{v}$ eines n-dimensionalen Vektorraumes einen Vektor $\mathbf{w}$ eines m-dimensionalen Vektorraumes zuzuordnen. Sie vermittelt also eine *(lineare) Abbildung* eines Vektorraumes in einen anderen mit $\mathbf{v}$ als Urbild und $\mathbf{w}$ als Abbild. Sie kann umkehrbar sein oder auch nicht. *Linear* heißt eine solche Abbildung deswegen, weil bei[9]

$$\mathbf{Av}^{(1)} = \mathbf{w}^{(1)} \quad \text{und} \quad \mathbf{Av}^{(2)} = \mathbf{w}^{(2)}$$

für die Summe von $\mathbf{v}^{(1)}$ und $\mathbf{v}^{(2)}$ nach Gl (2.38)

$$\mathbf{A}(\mathbf{v}^{(1)} + \mathbf{v}^{(2)}) = \mathbf{Av}^{(1)} + \mathbf{Av}^{(2)} = \mathbf{w}^{(1)} + \mathbf{w}^{(2)}$$

---

[9]siehe Fußnote S. 61.

gilt. Mit anderen Worten: das Abbild einer Summe ist gleich der Summe der beiden Einzel-Abbilder.

Die Spalten der Matrix $\mathbf{A}$ haben in diesem Zusammenhang eine einfache Bedeutung: Es sind die Vektoren, die den Abbildern der Basisvektoren zugeordnet sind. (Um das zu sehen, muß man sich nur daran erinnern, daß die i-te Komponente des i-ten Basisvektors 1 und alle übrigen Null sind.)

Für den Fall $m = n$ kann man die Abbildung auch so auffassen, daß in einem n-dimensionalen Vektorraum jedem Vektor ein anderer Vektor des *gleichen* Raumes zugeordnet wird. In diesem Fall ist die Matrix, die die Abbildung vermittelt, quadratisch.

Welche Abbildung entspricht nun der Matrix $\mathbf{BA}$? Die Beziehung $\mathbf{w} = \mathbf{BAv}$ kann zerlegt werden in

$$\mathbf{w} = \mathbf{Bu} \quad \text{und} \quad \mathbf{u} = \mathbf{Av}.$$

$\mathbf{BA}$ entspricht also zwei nacheinander ausgeführten Abbildungen (zuerst $\mathbf{v}$ mittels $\mathbf{A}$ in den "Zwischen"-Vektor $\mathbf{u}$ und dann dieser mittels $\mathbf{B}$ in $\mathbf{w}$.)

Inverse Abbildung und reziproke Matrix

Die folgenden Überlegungen beschränken sich auf den Fall der Abbildung eines Vektorraumes auf sich selbst. Wir suchen nach einer Möglichkeit, die Frage zu beantworten, ob man mit Matrizen *dividieren* kann, obwohl wir ja nur über eine Multiplikations-Regel verfügen. Bei einfachen Zahlen kann man die Division durch 7 als Multiplikation mit $\frac{1}{7}$ auffassen. $\frac{1}{7}$ hängt mit 7 über die Beziehung $(7)^{-1} \cdot 7 = 1$ zusammen. Auf Matrizen übertragen lautet die Frage also: Unter welchen Umständen gibt es zu einer Matrix $\mathbf{A}$ eine Matrix $\mathbf{A}^{-1}$, so daß

$$\mathbf{A}^{-1}\mathbf{A} = \mathbf{E} \qquad \text{bzw.} \qquad \mathbf{A}^{-1}\mathbf{A} = \mathbf{1} \tag{2.40}$$

gilt? ($\mathbf{E} \equiv \mathbf{1}$ ist die Einheitsmatrix, die wir oben kennengelernt haben und die bei der Matrizenmultiplikation der Zahl 1 bei den reellen Zahlen entspricht.) Diese Frage läßt sich über die oben besprochene Hintereinander-Ausführung von Abbildungen entscheiden:

$$\mathbf{A}^{-1}\mathbf{A}\mathbf{v} = \mathbf{1}\mathbf{v} = \mathbf{v}$$

Faßt man die linke Seite als Hintereinander-Ausführung zweier Abbildungen auf, so sind die Einzelschritte

$$\mathbf{u} = \mathbf{A}\mathbf{v} \quad \text{und} \quad \mathbf{v} = \mathbf{A}^{-1}\mathbf{u}.$$

Die Abbildung, die $\mathbf{A}^{-1}$ vermittelt, ist also gerade die Umkehrung der Abbildung, die $\mathbf{A}$ darstellt: $\mathbf{A}$ ordnet $\mathbf{v}$ den Vektor $\mathbf{u}$ zu und $\mathbf{A}^{-1}$ ordnet $\mathbf{u}$ den Vektor $\mathbf{v}$ zu. Unter welchen Umständen ist solch eine *inverse* Abbildung möglich, oder – mit anderen Worten – vermittelt $\mathbf{A}$ eine *umkehrbare* Abbildung? Offenbar nur dann, wenn die Spalten der Matrix $\mathbf{A}$ linear unabhängig sind, weil nur dann aus den Basisvektoren n linear unabhängige Abbilder entstehen. Dann können bei der inversen Abbildung auch diesen Abbildern wieder die alten Basisvektoren zugeordnet werden. Sind aber die Abbilder der Basisvektoren *linear abhängig*, dann müßten bei jeder inversen Abbildung auch deren Abbilder linear abhängig sein, können also niemals die n *linear unabhängigen* Basisvektoren ergeben. Es gilt also der Satz: *Eine Matrix* $\mathbf{A}$ *hat dann und nur dann (genau dann) eine* inverse *oder* reziproke *Matrix* $\mathbf{A}^{-1}$, *wenn die Spalten von* $\mathbf{A}$ *linear unabhängig sind.*

Natürlich erhebt sich die Frage, ob man die Elemente von $\mathbf{A}^{-1}$ berechnen kann. Im Prinzip ist das durchaus möglich, wenn man die n linearen Gleichungssysteme, die in Gl. (2.40) enthalten sind, löst. Beispielsweise kann man leicht nachrechnen, daß für jede reelle 2×2-Matrix

$$\begin{pmatrix} a & b \\ c & d \end{pmatrix}^{-1} = \frac{1}{ad - bc} \begin{pmatrix} d & -b \\ -c & a \end{pmatrix} \tag{2.41}$$

gilt. Da meist nur die Frage "existiert sie oder nicht?" von Bedeutung ist und ihre konkrete Berechnung in allen Fällen auch umgangen werden kann, brauchen wir der expliziten Form von $\mathbf{A}^{-1}$ nicht weiter nachzugehen. Gezeigt werden soll aber noch, daß mit $\mathbf{A}^{-1}\mathbf{A} = \mathbf{1}$ auch $\mathbf{A}\mathbf{A}^{-1} = \mathbf{1}$ gilt. Dazu multipliziert man die erste Gleichung rechts mit $\mathbf{A}^{-1}$:

$$(\mathbf{A}^{-1}\mathbf{A})\mathbf{A}^{-1} = \mathbf{A}^{-1}.$$

Wegen des assoziativen Gesetzes der Matrizenmultiplikation kann man die Klammerung ändern

$$\mathbf{A}^{-1}(\mathbf{A}\mathbf{A}^{-1}) = \mathbf{A}^{-1}$$

und der Klammerinhalt muß gleich $\mathbf{1}$ sein.

Orthogonale Abbildungen

Bestimmte Abbildungen sind besonders wichtig: es sind jene, bei der die Abbilder der Basisvektoren *normiert* (d.h. vom Betrag 1) und *paarweise orthogonal* sind. Sie stellen ein System von Vektoren dar, das durch einfache Drehung aus dem System der Basisvektoren erzeugt werden kann.[10] Eine Matrix, die eine solche Abbildung vermittelt, nennt man *orthogonal*. Welchen Bedingungen muß die Matrix $\mathbf{A}$ genügen, um diese Eigenschaft zu haben? Nachdem die Spalten die Abbilder der jeweiligen Basisvektoren darstellen, müssen also die Spalten von $\mathbf{A}$ normiert sein, d.h. für die i-te Spalte muß gelten

$$\sum_{k=1}^{n} a_{ki}^2 = 1$$

und das Skalarprodukt zweier verschiedener Spalten i und j muß Null sein:

$$\sum_{k=1}^{n} a_{ki} a_{kj} = 0 \quad (i \neq j).$$

Beide Beziehung lassen sich mittels des Kronecker-Symbols in *eine* zusammenfassen:

$$\sum_{k=1}^{n} a_{ki} a_{kj} = \delta_{ij}.$$

---

[10]Sollte der Rechts/Links-Händigkeit der beiden Systeme nicht übereinstimmen, so müßte einer der neuen Vektoren mit -1 multipliziert werden.

Man beachte, daß die Form der linken Seite nicht der einer Matrixmultiplikation Gl. (2.35) entspricht (wegen der Indexstellung des 1. Faktors). Man kann das aber leicht beheben, wenn man zur transponierten Matrix übergeht:

$$\sum\nolimits_{k=1}^{n} a_{ik}^{T} a_{kj} = \delta_{ij}.$$

Die Bedingung kann jetzt auch kurz als Matrixgleichung geschrieben werden:

$$\mathbf{A}^{T}\mathbf{A} = \mathbf{1}. \tag{2.42}$$

Dies zeigt, daß für solche Abbildungen die reziproke Matrix $\mathbf{A}^{-1}$ gleich der Transponierten $\mathbf{A}^{T}$ ist. (Bei orthogonalen Matrizen existiert $\mathbf{A}^{-1}$ immer, weil die Spalten per Definition linear-unabhängig sind.) Es muß aber betont werden, daß die Beziehung (2.42) nicht allgemein gültig ist, sondern *nur für orthogonale Matrizen gilt*.

Auch im Rahmen der Quantenmechanik tauchen diese Formen der linearen Abbildungen auf. Da hier aber die Matrizen *komplex* sind, muß man bei der Bildung der Beträge und Skalarprodukte die komplexe Form [Gl. (2.12)] wählen. Die entsprechenden Gleichungen lauten nun

$$\sum\nolimits_{k=1}^{n} a_{ki}^{*} a_{kj} = \sum\nolimits_{k=1}^{n} a_{ik}^{T*} a_{kj} = \sum\nolimits_{k=1}^{n} a_{ik}^{+} a_{kj} = \delta_{ij},$$

bzw.

$$\mathbf{A}^{+}\mathbf{A} = \mathbf{1}.$$

Hier ist jetzt $\mathbf{A}^{-1} = \mathbf{A}^{+}$. Solche Matrizen heißen *unitär*.

Transformation einer Abbildungsmatrix

Wir haben im vorigen Abschnitt gesehen, daß Vektoren einer Basis-Transformation unterworfen werden können. Die Frage ist nun, wie dann die Matrix $\mathbf{A}$ in Gl. (2.39) transformiert werden muß.

Basis-Transformationen wurden durch eine Matrix $\mathbf{F}$ charakterisiert (vergl. Abschn. 2.3.2), deren Spalten die neuen Basisvektoren enthielten. Bedingung war, daß die neuen Basisvektoren linear unabhängig sind, so daß die Matrix $\mathbf{F}$ also immer eine Inverse hat. Wir können die Transformation einer alten Basis $\vec{e}^{(i)}$ in eine neue $\vec{f}^{(i)}$ mit dem Matrizenformalismus behandeln [siehe Gl (2.31)]:

$$\mathbf{a} = \mathbf{F}\boldsymbol{\alpha}.$$

Dabei enthielt $\mathbf{a}$ die Komponenten des Vektors $\vec{a}$ bezüglich der alten Basisvektoren und $\boldsymbol{\alpha}$ die bezüglich der neuen Basis. Die Gleichung gestattet uns also, die alten Komponenten eines Vektors aus den neuen zu berechnen. Für den umgekehrten Vorgang muß man ein lineares Gleichungssystem lösen. Man arbeitet daher lieber mit der Inversen von $\mathbf{F}$, die wir $\mathbf{T}$ (Transformationsmatrix) nennen wollen. Die Transformation der Vektorkomponenten lautet nun einfach

$$\boldsymbol{\alpha} = \mathbf{T}\mathbf{a}, \tag{2.43}$$

wie man erkennt, wenn man die alte Gleichung von links mit $\mathbf{T}$ multipliziert. ($\mathbf{T}$ als Inverse von $\mathbf{F}$ transformiert dann allerdings die *neuen* Basisvektoren in die *alten*.)

In der Gleichung für die lineare Abbildung $\mathbf{b} = \mathbf{Ga}$ eines Vektorraumes auf sich selbst ($m = n$!) ändern sich bei einer Transformation die Koeffizienten von $\mathbf{a}$ und $\mathbf{b}$ in α und β. Wie ändern sich dabei die Matrixelemente von $\mathbf{G}$? Man multipliziert beide Seiten von $\mathbf{b} = \mathbf{Ga}$ von links mit der Matrix $\mathbf{T}$ und schiebt außerdem zwischen $\mathbf{G}$ und $\mathbf{a}$ eine Einheitsmatrix in der Form $\mathbf{T}^{-1}\mathbf{T}$ ein:

$$\mathbf{Tb} = \mathbf{TGT}^{-1}\mathbf{Ta} \quad \text{bzw.} \quad \beta = \mathbf{TGT}^{-1}\alpha.$$

Nennen wir die transformierte Matrix jetzt $\boldsymbol{\Gamma}$, so daß $\beta = \boldsymbol{\Gamma}\,\alpha$ die transformierte Form von $\mathbf{b} = \mathbf{Ga}$ darstellt, so ergibt sich durch Vergleich

$$\boldsymbol{\Gamma} = \mathbf{TGT}^{-1}. \tag{2.44}$$

Der praktisch wichtigste Fall ist der, bei dem $\mathbf{T}$ eine unitäre Matrix $\mathbf{U}$ ist. Dann gilt einfach

$$\boldsymbol{\Gamma} = \mathbf{UGU}^{-1} = \mathbf{UGU}^{+}.$$

Bei der Transformation von $\mathbf{G}$ ist die Spur der Matrix $\mathbf{G}$ eine Invariante: $\mathrm{Sp}(\mathbf{G}) = \mathrm{Sp}(\boldsymbol{\Gamma})$. Allgemein gilt nämlich

$$\mathrm{Sp}(\mathbf{AB}) = \sum_{i=1}^{n} \sum_{j=1}^{n} a_{ij}b_{ji} = \sum_{i=1}^{n} \sum_{j=1}^{n} b_{ij}a_{ji} = \mathrm{Sp}(\mathbf{BA}).$$

Die j-Summe ist die Matrixmultiplikation, die i-Summe die Spurbildung (s.o.). In der zweiten Doppelsumme sind nur die Namen der Indizes und die Reihenfolge der Faktoren vertauscht worden. Ganz ähnlich kann man sich klarmachen, daß $\mathrm{Sp}(\mathbf{ABC}) = \mathrm{Sp}(\mathbf{CAB})$ ist (zyklische Vertauschung). Wendet man diese Aussage auf die Matrix $\boldsymbol{\Gamma}$ an, so ist

$$\mathrm{Sp}(\boldsymbol{\Gamma}) = \mathrm{Sp}(\mathbf{TGT}^{-1}) = \mathrm{Sp}(\mathbf{T}^{-1}\mathbf{TG}) = \mathrm{Sp}(\mathbf{1G}) = \mathrm{Sp}(\mathbf{G}). \tag{2.45}$$

■ Lineare Abbildungen im Rahmen der Vektorrechnung ordnen jedem Vektor des Vektorraumes einen anderen Vektor zu. Die zugeordneten Vektoren können sowohl in einem anderen Vektorraum als auch im gleichen Raum (Abbildung eines Vektorraumes auf sich selbst) liegen. Vermittelt wird die Zuordnung

$$\vec{v}_{\text{Abbild}} = \hat{A}\vec{v}_{\text{Urbild}} \quad \text{durch eine Matrix} \quad \mathbf{v}_{\text{Abbild}} = \mathbf{A}\mathbf{v}_{\text{Urbild}}$$

Umkehrbar sind solche Abbildungen, bei denen die *reziproke Matrix* oder *Inverse* $\mathbf{A}^{-1}$ existiert.
Besonders einfache Abbildungen sind *orthogonale* Abbildungen, wo orthogonale Urbilder orthogonale Abbilder erzeugen.
Bei Wechsel des Basissystems, bei dem die Vektorkomponenten transformiert werden müssen, müssen auch die Elemente der Abbildungsmatrix transformiert werden [siehe Gl. (2.44)].

Aufgaben

1. Gegeben die drei Matrizen

$$\mathbf{A} = \begin{pmatrix} 2 & -2 & 3 \\ 4 & 1 & -1 \\ 2 & 5 & 4 \end{pmatrix} \qquad \mathbf{B} = \begin{pmatrix} 7 & 1 \\ 3 & -1 \\ 2 & 4 \end{pmatrix} \qquad \mathbf{C} = \begin{pmatrix} 4 & -1 & 3 \\ -3 & 1 & 11 \end{pmatrix}.$$

(a) Nennen Sie die Diagonalelemente von $\mathbf{A}$, $\mathbf{B}$, $\mathbf{C}$, $\mathbf{C}^T$!
(b) Bilden Sie die Spuren!
(c) Bilden Sie $\mathbf{A}^T$ und $\mathbf{B}^T$! Ist $\mathbf{B}$ eine symmetrische Matrix?
(d) Symmetrisieren Sie $\mathbf{A}$ [d.h. bilden Sie von $1/2(\mathbf{A} + \mathbf{A}^T)$]! Ist Entsprechendes bei $\mathbf{B}$ möglich?
(e) Berechnen Sie $\mathbf{B} + \mathbf{C}$, $\mathbf{B}^T + \mathbf{C}$, $\mathbf{B} + \mathbf{C}^T$!
(f) Bilden Sie $2\mathbf{A}$, $-\mathbf{B}$ und $\mathbf{C} \cdot 3$!
(g) Berechnen Sie $\mathbf{A}\mathbf{v}$, $\mathbf{B}\mathbf{v}$, $\mathbf{C}\mathbf{v}$, wenn $\mathbf{v}$ der (Spalten-)Vektor $(1, 3, -2)$ ist! Was ergibt $\mathbf{v}\mathbf{B}$ bzw. $\mathbf{v}^T\mathbf{B}$?
(h) Welche der neun möglichen Matrixprodukte können gebildet werden? Bilden Sie diejenigen, wo das möglich ist!
2. Beweisen Sie Gl. (2.38)!
3. (a) Die drei Matrizen von Aufgabe 1 vermitteln lineare Abbildungen eines Vektorraumes auf einen anderen. Wie groß ist jeweils die Dimension des Urbild-Raumes und des Abbild-Raumes?
(b) Welche der drei Abbildungen sind invertierbar?
4. Bilden Sie die Inverse der Matrix

$$\begin{pmatrix} 7 & 1 \\ 2 & 4 \end{pmatrix}!$$

Machen Sie beide Proben!
5. (a) Vermittelt die Matrix

$$\begin{pmatrix} \sqrt{3}/2 & -1/2 \\ 1/2 & \sqrt{3}/2 \end{pmatrix}$$

eine orthonormale Abbildung?
(b) Transformieren Sie mit dieser Matrix die Matrix

$$\begin{pmatrix} 7 & 1 \\ 3 & -1 \end{pmatrix}!$$

6. Gegeben eine lineare Abbildung eines zweidimensionalen Vektorraumes auf sich selbst. Das Abbild des 1. Basisvektors sei der Vektor $\mathbf{a}$ und das des 2. Basisvektors der Vektor $\mathbf{b}$ mit

$$\mathbf{a} = \begin{pmatrix} 3 \\ -4 \end{pmatrix} \qquad \text{und} \qquad \mathbf{b} = \begin{pmatrix} -2 \\ 1 \end{pmatrix} \qquad \text{und} \qquad \mathbf{c} = \begin{pmatrix} 5 \\ 2 \end{pmatrix}.$$

(a) Wie sieht die zugehörige Abbildungsmatrix aus?
(b) Geben Sie das Abbild des Vektors $\mathbf{c}$ an!
7. (a) Hat die Matrix $\mathbf{A}$ von Aufg. 6 eine Inverse?
(b) Falls ja, bilden Sie $\mathbf{A}^{-1}$!
(c) Überprüfen Sie, daß das Abbild von $\mathbf{c}$ (Aufg. 6) mit dieser Matrix den Vektor $\mathbf{c}$ zurückliefert.

8. In Abschn. 5.4.4 enthält Gl. (5.35) eine 3×3-Matrix, die wir hier A nennen wollen. Berechnen Sie das (dort benötigte) Produkt $A^T A$. (Die Elemente der Matrix sind dort allerdings keine Zahlen sondern Funktionen. Für die Matrizenmultiplikation ist das aber unerheblich. Berücksichtigen Sie aber dabei, daß $sin^2 \alpha + \cos^2 \alpha = 1$ ist, und übersehen Sie nicht, daß zwei verschiedene Winkel auftreten!)

2.5 Determinanten

Wir kommen zurück auf das Problem von Abschn. 2.3.1: Sind m vorgegebene Vektoren der Dimension n linear abhängig oder nicht? Wir hatten gesehen, daß man zur Beantwortung dieser Frage ein lineares Gleichungssystem mit n Gleichungen und m Unbekannten lösen muß. Das ist natürlich umständlich. Einfacher wäre es, wenn wir die Vektoren zu einer Matrix zusammenfassen würden und dann aus der Matrix eine Zahl bestimmen könnten, die uns die Antwort gibt, z.B. in der Form: ist die Zahl 0, so liegt lineare Abhängigkeit vor, anderenfalls nicht. Solch eine Zahl gibt es, man nennt sie die *Determinante*. Eine Einschränkung, die wir zunächst machen, ist die, sich auf den Fall $m = n$ zu beschränken, bei dem die Koeffizienten-Matrix quadratisch ist. (Der Fall $m > n$ ist sowieso klar, weil dann immer lineare Abhängigkeit vorliegt, und der Fall $m < n$ läßt sich auf den Fall $m = n$ zurückführen.)

2.5.1 Definition einer Determinante

Einer (quadratischen) $n \times n$-Matrix $\mathbf{A}$ kann man eine *Determinante* zuordnen. Diese soll bei Auswertung eine Zahl ergeben, die die Eigenschaft hat, daß sie Null ist, wenn die Spalten der Matrix linear abhängig sind, anderenfalls ungleich Null.

n = 2 oder 3 Für den Fall $n = 2$ kennen wir die Lösung: beide Vektoren unterscheiden sich nur durch einen Faktor (s. Abschn. 2.3.1). Für unsere Matrix bedeutet das, daß die zweite Spalte gleich der ersten Spalte mal einer Konstanten sein muß:

$$a_{12} = \gamma a_{11} \quad \text{und} \quad a_{22} = \gamma a_{21}.$$

Wir dividieren beide Seiten durch einander und schreiben sie um:

$$\frac{a_{12}}{a_{22}} = \frac{a_{11}}{a_{21}} \quad \text{bzw.} \quad a_{11}a_{22} - a_{12}a_{21} = 0. \tag{2.46}$$

Die linke Seite der letzten Gleichung liefert das Gewünschte: einen Ausdruck, der bei linearer Abhängigkeit Null wird. Er wird aus den vier Matrixelementen von $\mathbf{A}$ gebildet und stellt die Determinante einer 2×2-Matrix dar.

Für den Fall $n = 3$ haben wir ebenfalls in Abschn. 2.3.1 die Lösung gefunden: bei dem Beispiel (2.22) wurde gezeigt, daß das Spatprodukt Null wird, wenn lineare Abhängigkeit vorliegt. Wir müssen nur in Gl. (2.19) die Komponenten der Vektoren $\vec{a}, \vec{b}, \vec{c}$ durch die entsprechenden Matrixelemente ersetzen:

$$a_{11}a_{22}a_{33} + a_{12}a_{23}a_{31} + a_{13}a_{21}a_{32} -$$
$$- a_{11}a_{23}a_{32} - a_{13}a_{22}a_{31} - a_{12}a_{21}a_{33} = 0, \tag{2.47}$$

falls die drei Spalten linear abhängig sind. Auch hier spielt die linke Seite der Gleichung die Rolle der Determinante.

An dieser Stelle ist der Hinweis angebracht, daß die 2×2-Determinante [Gl. (2.46)] die gleiche Formel ist, die wir für die Fläche eines Parallelogramms gefunden hatten, das von zwei zweidimensionalen Vektoren aufgespannt wird. Diese Fläche wird Null, wenn die Vektoren in die gleiche Richtung weisen. Ebenso ist die 3×3-Determinante [Gl. (2.47)] die Formel, die das Volumen des Parallelepipeds angibt, das von drei dreidimensionalen Vektoren aufgespannt wird. Auch hier ist klar, daß diese Größe Null wird, wenn die drei Vektoren in einer Ebene liegen.

Um die entsprechenden Ausdrücke für größere Matrizen zu finden, gehen wir nun wie folgt vor. Im ersten Schritt versuchen wir, das Bildungsgesetz zu erraten, im zweiten definieren wir aufgrund dessen die Determinante für den allgemeinen Fall und zum Schluß müssen wir natürlich beweisen, daß die so gefundene Größe auch wirklich bei linearer Abhängigkeit der Spalten Null wird. Zunächst also das Bildungsgesetz:
(1) Es handelt sich um eine Summe von Produkten von Matrixelementen, und zwar weist jeder der Summanden so viele Faktoren auf, wie es der Dimension entspricht.
(2) In jedem der Produkte kommen alle Zeilenindizes nur *einmal* vor und dasselbe gilt für die Spaltenindizes. Wenn wir die Reihenfolge der Faktoren so wählen, daß der Zeilenindex von 1 bis n läuft, dann ist der Spaltenindex irgend eine andere Reihenfolge der Zahlen 1 bis n. Es sind genau $n!$ Reihenfolgen möglich (s. Absch. 1.5.1) und so viel Summanden sind auch vorhanden: 2!=2 Summanden für $n = 2$ und 3!=6 Summanden für $n = 3$.
(3) Es treten verschiedene Vorzeichen auf. Die nähere Betrachtung zeigt, daß in allen Fällen, bei denen die Permutation der Spaltenindizes *gerade* ist, ein positives, und in den Fällen, bei denen sie *ungerade* ist, ein negatives Vorzeichen steht.

Damit *definieren* wir: Die Determinante einer $n \times n$-Matrix besteht aus einer Summe von Produkten von jeweils n Matrixelementen. Dabei läuft in jedem Produkt der Zeilenindex von 1 bis n und der Spaltenindex ist eine beliebige Permutation der Zahlen 1 bis n. Die Summe besteht aus den $n!$ Möglichkeiten, den Spaltenindex festzulegen, wenn jede der Zahlen 1 bis n nur einmal vorkommen darf. Das Vorzeichen der Summanden wird durch die Parität der Permutation festgelegt: +1 bei gerader und −1 bei ungerader Permutation. Mittels einer Formal läßt sich das folgendermaßen ausdrücken:

$$\det(\mathbf{A}) = \sum_{\substack{\text{alle} \\ \text{Permutationen}}} (-)^p a_{1i_1} a_{2i_2} \dots a_{ni_n}. \tag{2.48}$$

Dabei sind die Spaltenindizes $i_1, i_2 \dots i_n$ irgend eine Permutation der Zahlen 1 bis n und die Summe läuft über *alle* diese Permutationen. p ist die Parität der betreffenden Permutation. (Man schreibt oft auch für $\det(\mathbf{A})$ einfach $\|\mathbf{A}\|$ oder $|\mathbf{A}|$.)

Im Fall einer 7×7-Matrix sind das 5040 Summanden zu je 7 Faktoren. Diese Form eignet sich deshalb nicht für praktische Berechnungen sondern nur zur Festlegung dessen, was eine Determinante bedeuten soll.

Drei Regeln Alle Regeln für die Determinantenberechnung laufen darauf hinaus zu sagen, wie sich die Determinante ändert, wenn man bestimmte Änderungen an der Matrix **A** vornimmt. Bereits aus der oben gegebenen Definition lassen sich drei solche Regeln ableiten. An dieser Definition ändert sich nämlich nichts, wenn man die Rolle von Zeilen- und Spaltenindizes vertauscht: wenn man die Reihenfolge des zweiten Index auf $1, 2, \ldots n$ beschränkt und dafür den ersten Index alle Permutationen durchlaufen läßt. Das bedeutet nämlich nur, in den einzelnen Summanden die Reihenfolge der Faktoren zu ändern und die ist natürlich beliebig. Das hat zur Folge, daß bei Vertauschung von Zeilen und Spalten (Transponieren der Matrix!) sich der Wert der Determinante nicht ändert:

$$\det(\mathbf{A}) = \det(\mathbf{A}^T).$$

Die zweite Regel besagt, daß die Determinante ihr Vorzeichen wechselt, wenn man zwei beliebige Spalten miteinander vertauscht. Der Grund ist der, daß sich dabei an der Summe über die Produkte nichts ändert, außer daß eine Transposition mehr für jede Permutation nötig ist, und somit eine gerade Permutation ungerade wird und umgekehrt. Das führt dann in allen Summanden zu einer Vorzeichenumkehr. (Dem Leser sei empfohlen, sich das an Hand einer 3×3-Matrix, für die eine einfache Formel existiert, klarzumachen.) Die Kombination dieser Regel mit der ersten Regel ergibt, daß auch bei Vertauschung zweier Zeilen sich nur das Vorzeichen der Determinante ändert. Diese Regel hat übrigens etwas sehr Beruhigendes: Spaltentausch bedeutet ja für die lineare Abhängigkeit von Vektoren nichts anderes als Vektortausch. Falls lineare Abhängigkeit vorliegt, darf die Reihenfolge der Vektoren natürlich keine Rolle spielen. Da in diesem Fall die Determinante Null sein soll, ist das auch tatsächlich der Fall.

Die dritte Regel ergibt sich aus der zweiten: Sind zwei Spalten (oder Zeilen) in **A** gleich, so ist die Determinante Null. Man kann dann die zwei Spalten vertauschen, was einerseits das Vorzeichen der Determinante ändern würde, aber andererseits die Matrix **A** selbst unverändert läßt. Beides zusammen ist nur möglich, wenn die Determinante den Wert Null hat.

2.5.2 Der Laplacesche Entwicklungssatz

Dieser Satz hat nur den Zweck, eine äquivalente Formulierung zur obigen Definition zu finden, die es gestattet, wichtige Rechenregeln für Determinanten zu entwickeln. Er ist *rekursiv* in dem Sinn, daß er gestattet, eine $n \times n$-Determinante auf $(n-1) \times (n-1)$-Determinanten zurückzuführen.

Zu jedem Matrixelement a_{ij} kann eine *Unterdeterminante* $D^{(ij)}$ gebildet werden. Dazu streicht man die Zeile und die Spalte, in der das Element a_{ij} steht und berechnet die Determinante der verbleibenden $(n-1) \times (n-1)$-Matrix nach der üblichen Vorschrift (2.48). Der einzige Unterschied besteht in den Namen der Indizes, die nun nicht von 1 bis $n-1$ laufen, sondern von 1 bis n, wobei aber der Zeilenindex i, bzw. der Spaltenindex j ausgelassen werden, weil die Zeile bzw. Spalte ja gestrichen wurde.

Der *Laplacesche Entwicklungssatz* macht folgende Aussage: Man wählt eine beliebige Spalte – wir nennen sie j – aus. Dann kann die Determinante berechnet werden, wenn man jedes

Element dieser Spalte mit der zugehörigen Unterdeterminante und einem Vorzeichenfaktor multipliziert und das Resultat addiert:

$$\det(\mathbf{A}) = \sum\nolimits_{i=1}^{n} a_{ij}(-1)^{i+j} D^{(ij)}. \tag{2.49}$$

Gleicherweise kann man mit einer beliebigen Zeile verfahren:

$$\det(\mathbf{A}) = \sum\nolimits_{j=1}^{n} a_{ij}(-1)^{i+j} D^{(ij)}. \tag{2.50}$$

Der zweite Satz folgt einfach aus dem ersten, weil sich der Wert der Determinante nicht ändert, wenn man die Matrix transponiert, also Zeilen in Spalten verwandelt und umgekehrt.

Der Beweis ist ein wenig umständlich, aber wir wollen ihn skizzieren. Zunächst sieht man, daß die Anzahl der Summanden richtig ist, denn jede Unterdeterminante hat $(n-1)!$ Terme und n Unterdeterminanten sind zu berechnen, was insgesamt $n \cdot (n-1)! = n!$ Terme ergibt. Des weiteren haben die Terme die richtige Indexstruktur, denn in der Unterdeterminante $D^{(ij)}$ fehlt der Zeilenindex i und der Spaltenindex j, den aber dann der Vorfaktor a_{ij} hinzufügt, so daß die beiden Indexlisten wieder vollständig sind. Der schwierigste Punkt ist das Vorzeichen der einzelnen Terme. Der in der Formel enthaltene Faktor $(-1)^{i+j}$ hat die Form eines Schachbrettes

$$
\begin{array}{ccccc}
+ & - & + & - & \dots \\
- & + & - & + & \dots \\
+ & - & + & - & \dots \\
\dots & \dots & & &
\end{array}
$$

und sorgt für das richtige Vorzeichen des betreffenden Terms.

Zunächst wollen wir den 3×3-Fall betrachten, die Entwicklung nach der 1. Spalte vornehmen [Gl. (2.49) mit $j = 1$]). Ohne den $(-1)^{i+j}$-Faktor würden wir

$$\det(\mathbf{A}) = a_{11} D^{(11)} + a_{21} D^{(21)} + a_{31} D^{(31)}$$

erhalten. Man überzeugt sich leicht durch Vergleich mit der linken Seite von Gl. (2.47), daß das Vorzeichen des 2. Terms falsch ist und daß der zusätzliche Faktor, hier $(-1)^{i+1}$ mit $i = 2$, die Sache in Ordnung bringt. Um zu zeigen, daß das auch allgemein richtig ist, wollen wir zunächst wieder nach der 1. Spalte entwickeln und die Indizes der Faktoren betrachten: In $a_{11} D^{(11)}$ enthalten die Zeilenindizes die 1 (aus a_{11}) und danach die Folge 2 bis n (aus $D^{(11)}$) und die Spaltenindizes ebenfalls zunächst die 1 (wiederum aus a_{11}) gefolgt von einer beliebigen Permutation der Zahlen 2 bis n. Die Parität der Gesamtfolge ist die gleiche wie die der Folge aus der Unterdeterminante allein, wobei die Parität ja bereits berücksichtigt wurde [Gl. (2.48)]. Für den nächsten Term gilt das nicht. Zwar laufen die Spaltenindizes genau wie beim ersten Term, aber die Zeilenindizes beginnen mit einer 2 (aus a_{21}), gefolgt von einer Permutation der Zahlen 1, 3, 4, $\dots n$ und man erkennt, daß es einer zusätzlichen Transposition bedarf, um die 2 richtig einzuordnen. Hier ist ein Faktor -1 nötig. In der dritten Zeile werden dann zwei Permutationen benötigt, um die Gesamtpermutation in Ordnung zu bringen, – deshalb wieder plus und so fort. Zerlegt man den Faktor $(-1)^{i+j}$ in $(-1)^{i-1}(-1)^{j-1}$, so ist nun der erste Faktor $[(-1)^{i-1}]$ damit erklärt.

Um auch den zweiten Faktor $[(-1)^{j-1}]$ zu erklären, stellen wir zunächst fest, daß er bei der Entwicklung nach der 1. Spalte $+1$, nach der 2. Spalte -1, nach der 3. Spalte wieder $+1$ usw. ist. Für die 1. Spalte ist das in Ordnung. Die Entwicklung nach der 2. Spalte können wir so vornehmen, daß wir 1. und 2. Spalte vertauschen, was einen Vorzeichenwechsel mit sich bringt, und dann nach der neuen ersten Zeile entwickeln. Dieser Vorzeichenwechsel wird von dem $(-1)^{j-1}$-Faktor bewirkt ($j = 2!$). Entwickelt man nach der 3. Spalte, so muß man die 3. Spalte nach vorn bringen ohne die Reihenfolge der restlichen Spalten zu verändern. Das geschieht, indem wir zunächst 3. und 2. Spalte vertauschen und dann die (neue) 2. Spalte mit der ersten. Dies sind zwei Vertauschungen mit zwei Vorzeichenwechseln, also $+1$, und auch dieses Vorzeichen bringt der Ausdruck $(-1)^{j-1}$ richtig ein ($j = 3!$). Für die Entwicklung nach allen weiteren Zeilen läuft die Überlegung analog.

■ Die *Determinante* einer Matrix (in der Regel einer $n\times n$-Matrix) ist eine Zahl, die nach einem bestimmten Schema aus den Elementen der Matrix berechnet wird. Diese Berechnung ist so definiert, daß sie es ermöglicht, Aussagen über die lineare Abhängigkeit eines Satzes von Vektoren zu machen oder darüber, ob eine inverse Matrix existiert oder nicht. Übersichtlich ist die Regel nur für den Fall von 2×2- oder 3×3-Matrizen. Es werden deshalb eine Reihe von Eigenschaften von Determinanten zusammengestellt, die es ermöglichen, ein allgemeines Berechnungsverfahren (den *Laplacescher Entwicklungssatz*) anzugeben.

2.5.3   Rechenregeln

Aus dem Laplaceschen Entwicklungssatz folgen nun eine Reihe von Rechenregeln, die wir hier für Spalten der Matrix **A** formulieren. Sie gelten aber gleichermaßen für Zeilen, weil neben Gl. (2.49) für Spalten auch Gl. (2.50) für Entwicklung nach Zeilen gilt.

(1) Wenn eine Spalte von **A** nur Nullen enthält, ist der Wert der Determinante Null. Wenn man nämlich nach dieser Spalte entwickelt, sind alle a_{ij} gleich Null und damit die ganze Determinante.

(2) Bildet man aus **A** die Matrix **A**′, indem man *eine* Spalte mit einer Zahl μ multipliziert, so gilt

$$\det(\mathbf{A}') = \mu \det(\mathbf{A}).$$

Auch hier entwickelt man nach dieser Spalte, wobei durchweg statt a_{ij} jetzt μa_{ij} steht. Der gemeinsame Vorfaktor μ kann also ganz herausgezogen werden. In ähnlicher Weise kann jeder *beliebige* Faktor aus einer Spalte herausgezogen und vor die Determinante gesetzt werden. Aber

$$\det(\mu\mathbf{A}) = \mu^n \det(\mathbf{A}),$$

denn $\mu\mathbf{A}$ bedeutet ja, *jedes* Element von **A** mit μ zu multiplizieren. μ muß also aus *allen* n Spalten herausgezogen werden und tritt als Faktor n mal auf!

(3) Gegeben zwei Matrizen **A** und **A**′, die sich *in nur einer Spalte* (z.B. der j-ten Spalte) unterscheiden. Dann ist

$$\det(\mathbf{A}) + \det(\mathbf{A}') = \det(\mathbf{A}''), \tag{2.51}$$

wobei in $\mathbf{A}''$ in der j.ten Spalte nun die Summe der j-ten Spalten von $\mathbf{A}$ und $\mathbf{A}'$ steht. Auch das ergibt sich wieder durch Entwickeln nach der j.ten Spalte von $\mathbf{A}''$, wo der 1. Faktor nun $a_{ij} + a'_{ij}$ ist. Diese Faktoren können dann einfach ausmultipliziert werden:

$$\det(\mathbf{A}'') = \sum\nolimits_{i=1}^{n} (a_{ij} + a'_{ij})(-1)^{(i+j)} D^{(ij)}$$

$$= \sum\nolimits_{i=1}^{n} \left(a_{ij}(-1)^{(i+j)} D^{(ij)} + a'_{ij}(-1)^{(i+j)} D^{(ij)} \right) = \det(\mathbf{A}) + \det(\mathbf{A}').$$

Zahlenbeispiel: (2. Spalte unterschiedlich)

$$\det\left[\begin{pmatrix} 4 & 4 & 3 \\ 2 & 3 & 1 \\ 3 & 6 & -2 \end{pmatrix} + \begin{pmatrix} 4 & 1 & 3 \\ 2 & 2 & 1 \\ 3 & -3 & -2 \end{pmatrix} \right] = \det \begin{pmatrix} 4 & (4+1) & 3 \\ 2 & (3+2) & 1 \\ 3 & (6-3) & -2 \end{pmatrix}.$$

(4) Eine Determinante ändert Ihren Wert nicht, wenn man in $\mathbf{A}$ irgend eine Spalte zu einer anderen Spalte addiert. Das folgt einfach aus der Spalten-Summen-Regel (3), wenn man die neu gebildete Determinante entsprechend zerlegt. Es entsteht einerseits die alte Determinante und andererseits eine Determinante, die zwei gleiche Spalten ausweist und somit Null ist. Die Regel läßt sich noch erweitern: Multipliziert man eine Spalte mit einem Faktor μ und addiert sie sodann zu einer anderen Spalte, so ändert sich der Wert der Determinante ebenfalls nicht. Der Grund ist der gleiche wie oben: die zweite Determinante hat zwar keine gleichen Spalten, aber der Faktor μ kann herausgezogen werden und dann sind beide Spalten gleich. Durch eine Wiederholung dieser Argumentation kommt man sogar zu dem Ergebnis, daß man zu einer Spalte eine beliebige Linearkombination aller übrigen Spalten addieren darf, ohne den Wert der Determinante zu ändern.

Mit dieser Regel läßt sich nun beweisen, daß unsere Definition der Determinante ihren eigentlichen Zweck erfüllt. Sind die Spalten der Matrix $\mathbf{A}$ nämlich linear abhängig, so kann man eine Spalte als Linearkombination der anderen Spalten auffassen. Zieht man diese Linearkombination von der betreffenden Spalte ab – und wir haben gerade gesehen, daß man das immer darf – dann entsteht im Fall linearer Abhängigkeit eine Null-Spalte und dies führt dazu, daß die Determinante Null wird. Genau das sollte die Determinante ja leisten.

Wir hatten oben eine Matrix $\mathbf{A}^{-1}$ definiert, die nur dann existiert, wenn die Spalten von $\mathbf{A}$ linear unabhängig sind. Man kann also die Bedingung, daß $\mathbf{A}^{-1}$ existiert, auch so ausdrücken: *Eine Matrix $\mathbf{A}$ hat eine Inverse $\mathbf{A}^{-1}$, wenn ihre Determinante von Null verschieden ist.*

(5) Wir geben noch eine letzte Beziehung an, die zuweilen nützlich ist:

$$\det(\mathbf{A}\mathbf{B}) = \det(\mathbf{A}) \cdot \det(\mathbf{B}).$$

Der Beweis ist hier etwas umständlich, weil er die häufig wiederholte Anwendung der Spalten-Summen-Regel erfordert. Nachdem er aber nichts grundsätzlich Neues bringt, wollen wir ihn nicht im Detail ausführen. Bitte beachten Sie aber, daß eine ähnliche Regel für die *Summe* zweier Matrizen *nicht* gilt! Das kann man sich auf sehr einfachem Wege klarmachen: man wende die Summenregel zweimal auf zwei Matrizen an, die sich in *zwei* Spalten voneinander unterscheiden. Man wird dann sogleich feststellen, daß hier keineswegs die *einfache* Summenregel gilt, sondern daß wir die Summe von *vier* Determinanten erhalten..

Praktische Berechnung Auch der Laplacesche Entwicklungssatz führt zu keiner wesentlichen Vereinfachung, wenn man den Wert einer Determinante für $n > 4$ konkret ausrechnen will. Mit den obigen Rechenregeln läßt sich aber ein gangbarer Weg aufzeigen. Der erste Schritt besteht darin, durch wiederholtes Abziehen einer mit einem Faktor multiplizierten Spalte von einer anderen Spalte die Matrix in eine Dreiecksform zu bringen, d.h. in eine Form, in der nur in der Diagonale und dem oberen (oder unteren) Dreieck Werte ungleich Null stehen. Das Verfahren soll hier nicht im Einzelnen beschrieben werden, weil wir es in ganz ähnlicher Form noch beim Gaußschen Eliminierungsverfahren kennenlernen werden und es ganz einfach zu übertragen ist. Der zweite Schritt, das Ausrechnen der Determinante, ist dann einfach: Ist **A** eine Dreiecksmatrix, so liefert der Laplacesche Entwicklungssatz

$$\det(\mathbf{A}_{\text{Dreieck}}) = \prod_{i=1}^{n} a_{ii},$$

also das Produkt der Diagonalelemente.

2.5.4 Rang einer Matrix

Aus der Determinante und den Unterdeterminanten einer Matrix läßt sich noch mehr Information gewinnen. Lineare Abhängigkeit bestand bislang darin, daß eine Spalte eine Linearkombination von anderen Spalten war. Sie verschwindet, wenn man diese Spalte streicht. Lineare Abhängigkeit kann aber in einer sehr viel extremeren Form vorliegen, beispielsweise, wenn die zweite Spalte ein Vielfaches der ersten Spalte ist, die dritte ebenfalls usw. bis zur letzten Spalte. Hier könnte man eine Spalte nach der anderen streichen, der Rest wäre immer noch linear abhängig. Übrig bliebe schließlich nur die erste. Wir hätten also nur *eine* linear unabhängige Spalte. Solche Unterschiede lassen sich mit dem *Rang* einer Matrix erfassen.

Dazu erweitern wir den Begriff der Unterdeterminante, die wir durch Streichung einer Zeile und einer Spalte erzeugt hatten. Wir können weitere Unterdeterminanten bilden, indem wir *zwei* Zeilen und *zwei* Spalten streichen usw. Das Verfahren endet schließlich bei den einzelnen Matrixelementen, wenn wir nämlich $n-1$ Zeilen und ebenso viele Spalten gestrichen haben. Der *Rang* der Matrix wird nun durch die größte, nicht verschwindende Unterdeterminante bestimmt. Ist bereits die vollständige Determinante nicht Null, so hat die Matrix den Rang n und alle n Zeilen bzw. Spalten sind linear unabhängig. Ist sie Null, aber eine der $n-1$-Unterdeterminanten nicht Null, wäre die Matrix vom Rang $n-1$ und dementsprechend $n-1$ Zeilen bzw. Spalten linear unabhängig. Der Rang gibt also an, wieviel linear unabhängige Spalten, bzw. Zeilen die betreffende Matrix hat. Man kann diese Spalten und Zeilen sogar "orten", weil in eine Unterdeterminante ja ganz bestimmte Zeilen und Spalten eingehen.

Der Grund liegt darin, daß mit solchen Unterdeterminanten die lineare Abhängigkeit von Teilblöcken der Gesamtmatrix getestet werden kann. Nehmen wir als Beispiel den oben skizzierten Extremfall: alle Spalten lassen sich aus einer einzigen bilden, indem man diese jeweils mit einer Zahl multipliziert. Jede mögliche 2×2-Unterdeterminante ist dann wegen der Proportionalität der beiden "Vektorbruchstücke" Null und die Matrix hat nur den Rang 1.

Der Rang macht auch für nicht-quadratische Matrizen Sinn, weil auch hier nach der größten nicht verschwindenden Unterdeterminante gefragt werden kann. Der einzige Unterschied besteht in der Bildung der Unterdeterminanten: da diese Teil-Determinanten immer quadratisch sein müssen, müssen entsprechend mehr Zeilen als Spalten (oder umgekehrt) gestrichen werden. Beispielsweise können bei einer 3×5-Matrix maximal 3×3-Unterdeterminanten gebildet werden, indem zwei Spalten gestrichen werden. Die nächst kleineren Unterdeterminanten wären 2×2-Unterdeterminanten, die man durch Streichung dreier Spalten und einer Zeile erhält usw.[11]

Für $m < n$ bedeutet das, daß maximal m Spalten linear unabhängig sein können, ein Resultat, das wir schon in Abschn. 2.3.1 konstatiert und geometrisch begründet hatten und das wir im nächsten Abschnitt beweisen werden.

> ■ Der *Rang* einer Matrix enthält mehr Information als nur die Aussage "linear abhängig oder nicht". Er ist bestimmt durch die Dimension der größten nicht-verschwindenden Unterdeterminante und gibt damit die Anzahl linear unabhänger Zeilen oder Spalten der Matrix an.

Aufgaben

1. Gegeben die drei Matrizen

$$\mathbf{A} = \begin{pmatrix} 2 & -2 & 3 \\ 4 & 1 & -1 \\ 2 & 5 & 4 \end{pmatrix} \quad \mathbf{B} = \begin{pmatrix} 7 & 1 \\ 3 & -1 \end{pmatrix} \quad \mathbf{C} = \begin{pmatrix} -1 & 3 \\ -3 & 9 \end{pmatrix}.$$

(a) Berechnen Sie die Determinanten aller Matrizen, ferner die von $\mathbf{A}^T$!
(b) Vertauschen Sie in $\mathbf{A}$ die erste mit der dritten Zeile und berechnen Sie diese Determinante! Berechnen Sie die Determinante einer Matrix, die Sie aus $\mathbf{A}$ bilden, indem Sie 1. Spalte, 2. Spalte, 1. Spalte nebeneinander schreiben!
(c) Verifizieren Sie im Falle von det($\mathbf{A}$) folgendes leicht zu behaltendes Schema (*Regel von Sarus*): Man schreibt die ersten zwei Spalten nochmals hinter die Matrix, so daß ein 3×5-Schema entsteht. Suchen Sie nun an Hand der linken Seite von Gl. (2.47), welche Produkte zu bilden sind, und Sie werden die Regel finden!
2. Schreiben Sie sich den expliziten Ausdruck der Definition einer Determinante für den Fall einer 4×4-Matrix hin! (Wenn Ihnen die 24 Summanden zu langweilig sind, bilden Sie wenigstens die ersten 10!)
3. Entwickeln Sie die gleiche Determinante nach der 2. Spalte! Vergleichen Sie die Terme (wenigstens einige von ihnen)! Prüfen Sie, ob die in Aufgabe 2 gefundenen Terme vorhanden sind!
4. (a) Bilden Sie eine Matrix $\mathbf{D}$ aus den Unterdeterminanten von $\mathbf{A}$ (Aufgabe 1) nach der Formel $D_{ik} = (-1)^{i+k} D^{(ik)}$
(b) Bilden Sie das Produkt $\mathbf{A}\mathbf{D}^T$! Was fällt auf?
5. Berechnen Sie die Determinante von $\mathbf{B}+\mathbf{C}$ von Aufgabe 1, indem Sie die Spalten-Summen-Regel zweimal nacheinander anwenden!

---

[11] Man kann den Vorgang natürlich statt vom Streichen her auch vom Halten her betrachten: um 2×2-Unterdeterminanten zu generieren, muß man sich für zwei bestimmte Zeilen und zwei bestimmte Spalten entscheiden und alles, was nicht zu einer gewählten Zeile *und* einer gewählten Spalte gehört, weglassen.

6. Verifizieren sie an Hand von **B** und **C** von Aufgabe 1 die Regel für die Determinante eines Produktes zweier Matrizen!

7. Geben Sie den Rang der Matrix

$$\begin{pmatrix} 2 & -2 & 3 \\ 4 & -4 & 6 \\ -3 & 3 & -4.5 \end{pmatrix}$$

an!

2.6 Lineare Gleichungssysteme

Gleichungssysteme, d.h. ein Satz zusammengehörender Gleichungen, treten in der Regel dann auf, wenn mehrere Unbekannte zu bestimmen sind. *Lineare* Gleichungssysteme sind die einfachsten solcher Systeme, weil sie die Unbekannten nur in der ersten Potenz enthalten. Der Anschaulichkeit halber formulieren wir das zunächst mit zwei Gleichungen für zwei Unbekannte:

$$ax + by = c \quad \text{und} \quad dx + ey = f.$$

Es ist offensichtlich, wie die Verallgemeinerung auf m Gleichungen und n Unbekannte aussieht. Bei mehreren Gleichungen und Unbekannten lassen sich nun die eben entwickelten Konzepte "Vektor" und "Matrix" mit Vorteil einsetzen. Dazu numeriert man die Unbekannten einfach durch: $x_1, x_2, \ldots x_n$ und betrachtet sie als Komponenten eines Vektors. Gleicherweise könnte man mit den Koeffizienten verfahren und erhielte dann für *eine* Gleichung die Form

$$a_1 x_1 + a_2 x_2 + \ldots a_n x_n = b \quad \text{oder} \quad \sum_{k=1}^{n} a_k x_k = b.$$

Nun haben wir aber m Gleichungen (mit Nr. $i = 1, 2, \ldots m$), so daß wir einen zusätzlichen Index benötigen:

$$a_{i1} x_1 + a_{i2} x_2 + \ldots a_{in} x_n = b_i \quad \text{mit} \quad 1 \leq i \leq m.$$

Unser 2-2-Beispiel nimmt damit die Form

$$a_{11} x_1 + a_{12} x_2 = b_1$$

$$a_{21} x_1 + a_{22} x_2 = b_2$$

an. Fassen wir die Koeffizienten a_{ik} zu einer Matrix **A** zusammen, die Unbekannten zum Vektor **x** und die rechten Seiten zum Vektor **b**, so sieht man, daß die linken Seiten der Gleichungen als Produkt von Matrix **A** mit Vektor **x** aufgefaßt werden können:

$$\begin{pmatrix} a_{11} & a_{12} \\ a_{21} & a_{22} \end{pmatrix} \begin{pmatrix} x_1 \\ x_2 \end{pmatrix} = \begin{pmatrix} b_1 \\ b_2 \end{pmatrix}.$$

In Matrix-Schreibweise gilt also kurz und bündig

$$\mathbf{Ax} = \mathbf{b}. \tag{2.52}$$

Liegen m Gleichungen für n Unbekannte vor, so ist $\mathbf{A}$ eine $m \times n$-Matrix, $\mathbf{x}$ ein n-dimensionaler und $\mathbf{b}$ ein m-dimensionaler Vektor. Die Form von Gl. (2.52) aber bleibt dieselbe.

Lineare Gleichungssysteme sind uns bereits im Abschnitt 2.3.1 bei der Definition der linearen Abhängigkeit und im Abschnitt 2.3.2 bei der Transformation von Vektorkomponenten auf eine neue Basis begegnet, und treten sehr häufig in der Mathematik und ihren Anwendungen auf. Man unterscheidet dabei *homogene* lineare Gleichungssysteme, bei denen $\mathbf{b}$ der Nullvektor ist, d.h. auf der rechten Seite nur Nullen stehen, und *inhomogene* lineare Gleichungssysteme, bei dem das nicht der Fall ist.

2.6.1   Homogene Gleichungssysteme

In Matrixform geschrieben lauten sie

$$\mathbf{Ax} = \mathbf{0}, \tag{2.53}$$

wobei bei n Unbekannten $\mathbf{x}$ ein n-dimensionaler Vektor und bei Vorliegen von m Gleichungen $\mathbf{A}$ eine $m \times n$-Matrix ist. Wir haben bereits die Triviallösung kennengelernt, bei der alle Unbekannten x_i Null sind, und wir können Gl. (2.53) sofort entnehmen, daß eine solche Lösung *immer* existiert.

Die erste Frage bei einem Gleichungssystem dieses Typs lautet: liefert wirklich *jede* Gleichung eine eigene Bedingung? Wenn wir die beiden Gleichungen

$$x + 2y + 3z = 0 \quad \text{und} \quad 2x + 4y + 6z = 0$$

betrachten, so sieht man, daß die zweite Gleichung nichts anderes verlangt als die erste auch, weil sie einfach durch Multiplizieren mit zwei aus der ersten hervorgeht. Jeder Gleichung entspricht eine Zeile in der Matrix $\mathbf{A}$ und wenn zwei oder mehr Zeilen linear abhängig sind, so sind auch die entsprechenden Gleichungen linear abhängig und man kann eine von ihnen streichen. Diesen Vorgang kann man so lange fortsetzen, bis keine lineare Abhängigkeit mehr vorliegt. Dann stellt jede Gleichung eine eigene Bedingung dar und die $\mathbf{A}$-Matrix hat entsprechend weniger Zeilen[12].

Als erstes wollen wir den Fall besprechen, bei dem ebenso viele Gleichungen wie Unbekannte vorliegen. m ist dann gleich n, $\mathbf{A}$ ist eine quadratische Matrix und die Frage, ob die Zeilen von $\mathbf{A}$ linear unabhängig sind oder nicht, kann durch Berechnen der Determinante von $\mathbf{A}$ entschieden werden. Ist sie Null, kann mindestens eine Gleichung weggelassen werden und das führt uns auf den Fall $m < n$. Ist sie aber nicht Null, so sind die Gleichungen linear unabhängig. In diesem Fall existiert die Inverse $\mathbf{A}^{-1}$ und man kann Gl. (2.53) auf beiden Seiten mit ihr multiplizieren:

$$\mathbf{A}^{-1}\mathbf{Ax} = \mathbf{A}^{-1}\mathbf{0},$$

---

[12]Man muß allerdings aufpassen, daß man die richtige Gleichung wegläßt: es könnte z.B. sein, daß die zweite Gleichung einfach ein Vielfaches der ersten Gleichung ist. Dann muß eine dieser beiden Gleichungen gestrichen werden, nicht aber eine andere.

und wegen $\mathbf{A}^{-1}\mathbf{A} = \mathbf{1}$

$$\mathbf{x} = \mathbf{A}^{-1}\mathbf{0} = \mathbf{0}.$$

Das Problem ist in diesem Fall gelöst und es zeigt sich, daß *nur die Triviallösung existiert*.
Für $m \neq n$ muß die Frage, vieviel Gleichungen linear unabhängig sind, mit dem Rang von $\mathbf{A}$ entschieden werden. Beispielsweise sieht man sofort, daß für $m > n$ immer lineare Abhängigkeit vorliegen muß, und daß dann mindestens $m - n$ Gleichungen gestrichen werden können. Liegen beispielsweise drei Gleichungen für zwei Unbekannte vor, so ist die $\mathbf{A}$-Matrix höher als breit:

$$\begin{pmatrix} a_{11} & a_{12} \\ a_{21} & a_{22} \\ a_{31} & a_{32} \end{pmatrix}.$$

Fassen wir hier ausnahmsweise die Zeilen als Vektoren auf, so haben wir mehr Vektoren (drei) als die Dimension des Vektorraumes ist (zwei). Drei zweidimensionale Vektoren sind aber *immer* linear abhängig.

Allgemeine Sätze Bevor wir uns mit dem Fall $m < n$ befassen, ist es zweckmäßig, zwei allgemeine Sätze vorzustellen, weil wir damit einen gewissen Überblick erhalten.
(1) Wenn wir irgendeine Lösung $\mathbf{x}$ kennen, so ist mit ihr zugleich auch $\alpha\mathbf{x}$ eine Lösung, wobei α eine beliebige Zahl ist:

$$\mathbf{A}\left(\alpha\mathbf{x}\right) = \alpha\left(\mathbf{A}\mathbf{x}\right) = \mathbf{0} \quad \text{wenn} \quad \mathbf{A}\mathbf{x} = \mathbf{0}.$$

Dabei wurde nur das assoziative Gesetz für die Matrizenmultiplikation verwendet sowie die offensichtliche Beziehung $\mathbf{A}\alpha = \alpha\mathbf{A}$. Ein Satz von Lösungen x_i kann also immer noch mit einem Faktor multipliziert werden und außer der Triviallösung gibt es damit keine "isolierten" Lösungen.
(2) Wenn wir zwei (linear unabhängige) Lösungen $\mathbf{x}^{(1)}$ und $\mathbf{x}^{(2)}$ haben[13], so ist jede Linearkombination von ihnen ebenfalls eine Lösung. Unter der Voraussetzung, daß

$$\mathbf{A}\mathbf{x}^{(1)} = \mathbf{0} \quad \text{und} \quad \mathbf{A}\mathbf{x}^{(2)} = \mathbf{0},$$

gilt nämlich auch

$$\mathbf{A}\left(\alpha\mathbf{x}^{(1)} + \beta\mathbf{x}^{(2)}\right) = \alpha\left(\mathbf{A}\mathbf{x}^{(1)}\right) + \beta\left(\mathbf{A}\mathbf{x}^{(2)}\right) = \mathbf{0}.$$

Hier wurde das distributive Gesetz Gl.(2.36) für die Matrizenmultiplikation und ebenfalls die Vertauschbarkeit von Zahlenfaktoren mit Matrizen verwendet.
Wir wollen uns das noch geometrisch für den Fall $n = 3$ klarmachen. Der erste Satz sagt uns, daß mit einem Lösungsvektor der ganze Strahl eine Lösung ist (Vektor mal beliebiger Faktor). Der zweite Satz sagt uns, daß mit zwei Vektoren, die nicht in die gleiche Richtung weisen, auch die gesamte Ebene, die diese beiden Lösungen "aufspannen", Lösungen enthält. Etwas Ähnliches

---

[13]Wir haben dabei verschiedene Lösungen durch in Klammern gesetzte Nummern unterschieden, eine Schreibweise, die wir schon bei Vektoren angewendet hatten.

gilt auch für den Fall von n Unbekannten. Wenn wir drei (oder mehr) Lösungen haben, so sind alle Linearkombinationen von ihnen wiederum Lösungen, mit anderen Worten, die Lösungen eines homogenen linearen Gleichungssystems bilden einen Vektor-Teilraum.[14]

m < n Wir sind nun in der Lage, verschiedene Fälle mit $m < n$ durchzuspielen. Der einfachste Fall liegt vor, wenn nach Streichung aller linear abhängigen Gleichungen *eine* Gleichung weniger übrig bleibt als Unbekannte vorhanden sind. Es ist am einfachsten, zunächst konkrete Fälle zu betrachten, – die Verallgemeinerungen liegen auf der Hand. Der Fall $m = 2, n = 3$ sieht (ohne Matrix-Notation) wie folgt aus:

$$ax + by + cz = 0$$

$$dx + ey + fz = 0.$$

Wir wissen von Satz (1), daß wir einen Faktor frei haben, und diesen können wir beispielsweise so einsetzen, daß wir z gleich 1 setzen. Das Gleichungssystem lautet dann

$$ax + by = -c$$

$$dx + ey = -f.$$

Man erhält ein inhomogenes Gleichungssystem, das wir mit den Methoden des nächsten Unterabschnitts lösen können und das uns je einen Wert für x und für y liefert, sagen wir p und q. Unsere Lösung lautet nun $x = p, y = q, z = 1$, aber wir dürfen nicht vergessen, daß noch ein Gesamtfaktor frei ist: Die vollständige Lösung ist $\alpha p, \alpha q, \alpha$. Wir sagen, die Lösungen bilden eine *eindimensionale Mannigfaltigkeit*.

Man kann die gleiche Prozedur auch noch ein wenig anders betrachten: wir dividieren unser Gleichungssystem durch beispielsweise z und erhalten

$$a\frac{x}{z} + b\frac{y}{z} = -c$$

$$d\frac{x}{z} + e\frac{y}{z} = -f,$$

also das gleiche Gleichungssystem wie oben, mit den Lösungen $x/z = p$ und $y/z = q$. Wenn wir das mit z multiplizieren, lautet die Lösung $x = pz, y = qz, z = z \cdot 1$, wobei z frei wählbar ist. Man sieht, daß dies auf das Gleiche wie oben herauskommt.

Der allgemeinere Fall $m = n - 1$ verläuft nach dem gleichen Schema: Man setzt eine Unbekannte gleich 1, erhält damit ein inhomogenes Gleichungssystem, löst es (siehe nächster Unterabschnitt) und multipliziert die Lösung noch mit einer willkürlichen Zahl, die wir z oder α nennen können. Dies ist auch der Beweis dafür, daß n m-dimensionale Vektoren *immer* linear abhängig sind, wenn $n > m$ ist. Das Gleichungssystem (2.21)[15], das darüber befindet, ist nämlich vom eben besprochenen Typ und wir haben gesehen, daß es auch echte Lösungen (neben der Triviallösung) hat.

---

[14]Ein *Vektor-Teilraum* ist jede Teilmenge von Vektoren eines Vektorraumes, die ihrerseits einen Vektorraum darstellen. Zwei beliebige Vektoren bilden keinen Vektorteilraum, wohl aber die Gesamtheit der Vektoren, die in der Ebene liegen, die beide aufspannen. Hier ergibt die Summe zweier Vektoren immer wieder einen Vektor der betreffenden Ebene.

[15]Beachten Sie, daß dort m die Anzahl der Vektoren und n ihre Dimension bezeichnet.

Weitere Fälle sollen nur noch angedeutet werden. Haben wir zwei Gleichungen weniger als Unbekannte, z.B.

$$ax + by + cz + du = 0$$

$$ex + fy + gz + hu = 0,$$

so können wir zwei Lösungsvektoren willkürlich festsetzen, z.B. $(x, y, 1, 0)$ und $(x, y, 0, 1)$ [16]. Wenn man mit dem ersten Ansatz in das Gleichungssystem hineingeht, entsteht

$$ax + by = -c$$

$$ex + fy = -g$$

und liefert z.B. $x = p, y = q$. Damit haben wir den Lösungsvektor $(p, q, 1, 0)$ gefunden. Der zweite Ansatz führt auf

$$ax + by = -d$$

$$ex + fy = -h$$

und liefert z.B. $x = r, y = s$ und damit $(r, s, 0, 1)$. Diese zwei Lösungsvektoren können wir gemäß Satz 2 beliebig linearkombinieren, so daß die allgemeine Lösung

$$\begin{pmatrix} x \\ y \\ z \\ u \end{pmatrix} = \alpha \begin{pmatrix} p \\ q \\ 1 \\ 0 \end{pmatrix} + \beta \begin{pmatrix} r \\ s \\ 0 \\ 1 \end{pmatrix}$$

lauten würde. Hier liegt eine *zweidimensionale Lösungsmannigfaltigkeit* vor. Wir wollen weitere Fälle nicht im einzelnen erörtern, da das Prinzip klar geworden sein sollte. Man macht so viel Festsetzungen wie möglich, löst die entsprechenden Gleichungssysteme und setzt die gewonnenen Lösungen durch Bilden einer Linearkombination zur allgemeinen Lösung zusammen.

Wenn man das Ganze zusammenfassen will, so läuft es darauf hinaus, daß man im ersten Schritt alle linear abhängigen Gleichungen streicht. Man behält dabei genauso viele Gleichungen übrig, wie der *Rang* der Matrix **A** ist. Hat man dann noch ebenso viele Gleichungen wie Unbekannte, so existiert nur die Triviallösung. Bleiben weniger Gleichungen übrig, so kann man für $n-m$ Lösungsvektoren jeweils $n-m$ Festsetzungen treffen, dann diese Lösungsvektoren ermitteln und schließlich aus ihnen eine beliebige Linearkombination bilden. Einen Satz von (linear unabhängigen) Lösungsvektoren, aus denen man die allgemeine Lösung bilden kann, nennt man übrigens ein *Fundamentalsystem* (von Lösungen).

Zahlenbeispiele:

$$3x + 4y + 2z = 0$$

$$-x + 3y - 2z = 0$$

---

[16] Diese zwei Ansätze sind sicher linear unabhängig.

$$x + 5y + z = 0.$$

Die Determinante ist 19, also sind alle Gleichungen linear unabhängig und es existiert nur die Triviallösung $x = y = z = 0$.

$$3x + 4y + 2z = 0$$

$$-x + 3y - 2z = 0$$

$$x + 10y - 2z = 0.$$

Die Determinante ist Null, wir streichen die letzte Gleichung, stellen dann fest, daß keine weiteren Streichungen möglich sind und machen den Ansatz $(x, y, 1)$. Das Gleichungssystem lautet nun

$$3x + 4y = -2$$

$$-x + 3y = 2$$

und liefert die Lösung $x = -14/13, y = 4/13$, so daß sich schließlich für x, y, z der Vektor $(-14a/13, 4a/13, a)$, oder etwas eleganter $(-14b, 4b, 13b)$ mit beliebigem b ergibt.

$$2x - 5y + 3z - u = 0$$

$$3x + 2y - 4z + 6u = 0.$$

Die Streichung einer Gleichung ist nicht möglich. Wir wissen, daß sich $4 - 2$ linear unabhängige Vektoren ergeben müssen, die linear zu kombinieren sind. Wenn wir für den ersten den Ansatz $(1, 0, z, u)$ machen, ergibt das das Gleichungssystem

$$2 + 3z - u = 0 \quad \text{und} \quad 3 - 4z + 6u = 0$$

mit der Lösung $z = -15/14, u = -17/14$, so daß die erste Lösung $(1, 0, -15/14, -17/14)$ lautet. Ein zweiter Ansatz $(0, 1, z, u)$ führt auf

$$-5 + 3z - u = 0 \quad \text{und} \quad 2 - 4z + 6u = 0$$

mit den Lösungen $z = 2$ und $u = 1$, so daß der zweite Lösungsvektor $(0, 1, 2, 1)$ ist. Die allgemeine Lösung ist $x = a, y = b, z = -15a/14 + 2b$ und $u = -17a/14 + b$. Man setze diese Lösung in das ursprüngliche Gleichungssystem ein!

2.6.2   Inhomogene Gleichungssysteme

Der Gleichung

$$\mathbf{Ax} = \mathbf{b} \quad \text{mit} \quad \mathbf{b} \neq \mathbf{0} \tag{2.54}$$

läßt sich sofort entnehmen, daß im Falle inhomogener Gleichungssysteme keine Lösung $\mathbf{x} = \mathbf{0}$ existiert. Triviallösungen gibt es also nur bei homogenen Gleichungssystemen. Es ist zweckmäßig, zunächst den "Standard"-Fall zu betrachten, bei dem für n Unbekannte n linear unabhängige Gleichungen vorliegen. Die Koeffizientenmatrix $\mathbf{A}$ ist dann quadratisch und der Wert ihrer Determinante ungleich Null. Kompliziertere Verhältnisse werden wir erst später behandeln.

n linear unabhängige Gleichungen für n Unbekannte

Zunächst läßt sich sofort sagen, daß nach Voraussetzung die inverse Matrix $\mathbf{A}^{-1}$ existiert. Deshalb kann man Gl. (2.54) beidseitig mit $\mathbf{A}^{-1}$ multiplizieren und erhält

$$\mathbf{A}^{-1}\mathbf{A}\mathbf{x} = \mathbf{1}\mathbf{x} = \mathbf{x} = \mathbf{A}^{-1}\mathbf{b}.$$

Unter diesen Umständen existiert also *eine eindeutige* Lösung.

Es soll aber darauf hingewiesen werden, daß die Argumentation nur *prinzipiell* ist. Für konkrete Fälle (mit Zahlenwerten) sind die noch zu besprechenden Eliminationsverfahren bei weitem effizienter als die Berechnung von $\mathbf{A}^{-1}$.

n=2 Es ist für den Leser wahrscheinlich am einfachsten, wenn wir die praktischen Möglichkeiten zur Lösung zunächst im Fall von *zwei* inhomogenen Gleichungen mit *zwei* Unbekannten erläutern. Der Übergang zu mehr Gleichungen und mehr Unbekannten bereitet dann keine allzu großen Schwierigkeiten mehr. Das Gleichungssystem schreiben wir in der Form

$$a_{11}x_1 + a_{12}x_2 = b_1 \tag{2.55}$$

$$a_{21}x_1 + a_{22}x_2 = b_2 \tag{2.56}$$

und erinnern daran, daß laut Voraussetzung die Determinante von $\mathbf{A}$ nicht verschwindet. Zur Bestimmung der beiden Unbekannten gibt es nun drei Varianten:

(1) Eliminierung einer Variablen.
Man löst eine Gleichung nach einer Unbekannten auf und setzt das Resultat in die andere Gleichung ein, die damit *eine* Gleichung für *eine* Unbekannte wird. Diese läßt sich lösen, und damit kann die andere Variable aus einer der Ausgangsgleichungen bestimmt werden. Der Prozeß läßt sich am einfachsten an Hand eines Zahlenbeispiels nachvollziehen:

$$3x_1 + 4x_2 = 7$$

$$5x_1 - 2x_2 = 9.$$

Die erste Gleichung liefert

$$x_2 = \frac{1}{4}(7 - 3x_1).$$

Hineingehen in die zweite Gleichung ergibt

$$5x_1 - 2 \cdot \frac{1}{4}(7 - 3x_1) = 9$$

und Auflösen nach x_1

$$x_1 = \frac{25}{13}.$$

Setzt man das in die erste Gleichung ein, so erhält man für x_2 den Wert $\frac{4}{13}$.

(2) Das *Gaußsche Eliminationsverfahren* ist verallgemeinerungsfähig, und wir wollen deshalb keine Zahlenwerte annehmen, sondern mit den allgemeinen Koeffizienten arbeiten. (Wir nehmen an, daß der x_1-Koeffizient der ersten Gleichung a_{11} betragsmäßig größer ist als der der zweiten Gleichung a_{21}, anderenfalls vertauschen wir die beiden Gleichungen.) Als erstes multiplizieren wir die erste Gleichung mit einem Faktor, der die x_1-Koeffizienten beider Gleichungen einander gleich macht, nämlich mit a_{21}/a_{11}. Gl. (2.55) lautet nun:

$$a_{21}x_1 + \frac{a_{21}}{a_{11}}a_{12}x_2 = \frac{a_{21}}{a_{11}}b_1$$

Als nächstes ziehen wir diese Gleichung von der zweiten ab, so daß Gl. (2.56) jetzt so aussieht:

$$(a_{22} - \frac{a_{21}}{a_{11}}a_{12})x_2 = b_2 - \frac{a_{21}}{a_{11}}b_1.$$

Der Zweck der Operation war die Eliminierung der Unbekannten x_1. Der nächste Schritt ist nun die x_2-Bestimmung, die man durch einfaches Auflösen nach x_2 durchführen kann:

$$x_2 = \frac{b_2 - \frac{a_{21}}{a_{11}}b_1}{a_{22} - \frac{a_{21}}{a_{11}}a_{12}} = \frac{a_{11}b_2 - a_{21}b_1}{a_{22}a_{11} - a_{21}a_{12}}. \tag{2.57}$$

Einsetzen des Resultats in Gl. (2.55) (in der ursprünglichen Form) liefert

$$a_{11}x_1 + a_{12}\frac{a_{11}b_2 - a_{21}b_1}{a_{22}a_{11} - a_{21}a_{12}} = b_1$$

und Auflösen nach x_1

$$x_1 = \frac{b_1 - a_{12}\frac{a_{11}b_2 - a_{21}b_1}{a_{22}a_{11} - a_{21}a_{12}}}{a_{11}} = \frac{b_1(a_{22}a_{11} - a_{21}a_{12}) - a_{12}(a_{11}b_2 - a_{21}b_1)}{a_{11}(a_{22}a_{11} - a_{21}a_{12})}.$$

Der zweite und der vierte Term im Zähler heben sich weg, so daß wir durch a_{11} kürzen können. Zum Schluß verbleibt

$$x_1 = \frac{b_1 a_{22} - a_{12}b_2}{a_{22}a_{11} - a_{21}a_{12}}. \tag{2.58}$$

(3) Schließlich können wir noch die sog. *Cramersche Regel* anwenden. Wenn wir die eben abgeleiteten Formeln für x_1 und x_2 betrachten, sehen wir zunächst, daß in beiden Fällen im Nenner $\det(\mathbf{A})$ steht. Auch in den Zählern steht eine Determinante, was wir bei geeigneter Schreibweise erkennen:

$$x_1 = \frac{\det\begin{pmatrix} b_1 & a_{12} \\ b_2 & a_{22} \end{pmatrix}}{\det(\mathbf{A})} \quad \text{bzw.} \quad x_2 = \frac{\det\begin{pmatrix} a_{11} & b_1 \\ a_{21} & b_2 \end{pmatrix}}{\det(\mathbf{A})}.$$

Die Determinanten im Zähler entstehen dadurch, daß man für x_1 die erste Spalte von $\mathbf{A}$ durch den Vektor $\mathbf{b}$ ersetzt und bei x_2 entsprechend mit der zweiten Spalte von $\mathbf{A}$ verfährt.

n beliebig Wir übertragen nun die Verfahren auf den Fall von n Unbekannten und n Gleichungen.

(1) Die Eliminierung von Variablen kann im Prinzip in gleicher Weise wie bei zwei Variablen durchgeführt werden: Man löst eine Gleichung nach einer Variablen auf, z.B. die erste Gleichung nach x_1. Man setzt nun den so gewonnenen Ausdruck in alle übrigen Gleichungen ein und hat ein Gleichungssystem von $n-1$ Gleichungen für $n-1$ Variable. Wenn man diesen Schritt nacheinander für alle übrigen Variablen durchführt, bleibt am Schluß eine Gleichung für die letzte Unbekannte. Diese läßt sich nun ausrechnen und mit ihr dann die vorletzte Variable bestimmen usw. bis zurück zur ersten. Das Verfahren ist bei vielen Variablen natürlich entsprechend umständlich, hat aber den Vorteil, daß man angepaßt arbeiten, z.B. Nullen geschickt ausnützen kann. Dagegen hat das

(2) Gaußsches Eliminierungsverfahren den Vorteil, systematisch vorzugehen und damit besonders für die Verwendung in Rechenmaschinen geeignet zu sein. Der erste Schritt bestand im Fall von zwei Gleichungen darin, daß man die erste Gleichung mit einem geeigneten Faktor multiplizierte und dann von der zweiten Gleichung abzog, wobei in dieser der Term mit x_1 wegfiel. Diesen Schritt können wir nun ebenso für die 3., 4., usw. Gleichung ausführen, indem wir die erste Gleichung mit a_{31}/a_{11} multiplizieren und von der dritten Gleichung abziehen usw. Auf diese Weise erzeugen wir in der 1. Spalte von $\mathbf{A}$ außer in der ersten Zeile lauter Nullen:

$$
\begin{array}{rrcrl}
a_{11}x_1+ & a_{12}x_2+ & \cdots+ & a_{1n}x_n & = b_1 \\
 & a'_{22}x_2+ & \cdots+ & a'_{2n}x_n & = b'_2 \\
 & \cdots & \cdots & & \\
 & a'_{n2}x_2+ & \cdots+ & a'_{nn}x_n & = b'_n
\end{array}
\quad .
$$

(Die Striche an den Koeffizienten sollen daran erinnern, daß sich bei dieser Prozedur natürlich alle Koeffizienten und b-Werte ändern.)

Man verfährt dann mit der 2. Zeile ebenso und erzeugt in der zweiten Spalte der Koeffizienten in gleicher Weise Nullen und das Verfahren endet damit, daß die Koeffizientenmatrix nun eine *Dreiecksmatrix* ist:

$$
\begin{array}{rrcrl}
a_{11}x_1+ & a_{12}x_2+ & \cdots+ & a_{1n}x_n & = b_1 \\
 & a'_{22}x_2+ & \cdots+ & a'_{2n}x_n & = b'_2 \\
 & \cdots & \cdots & \cdots & \cdots \\
 & & & a'_{nn}x_n & = b'_n
\end{array}
\quad .
$$

Man sieht, daß man mit der letzten Gleichung x_n ausrechnen und in alle übrigen Gleichungen einsetzen kann. Dann verfährt man mit x_{n-1} ebenso bis zu x_1. (Jedes Rechenzentrum hält übrigens fertige Programme für dieses Verfahren bereit, so daß man im Bedarfsfalle nur noch die Zahlenwerte für die Koeffizienten und die rechten Seiten in den Computer einzugeben braucht.)

(3) Auch die Cramersche Regel kann verallgemeinert werden. Um x_k zu berechnen, muß man nur den Quotienten zweier Determinanten bilden:

$$
x_k = \frac{\det(A^{(1)}, A^{(2)}, \ldots A^{(k-1)}, B, A^{(k+1)}, \ldots A^{(n)})}{\det(\mathbf{A})}, \tag{2.59}
$$

wobei die $A^{(i)}$ die Spalten von **A** andeuten sollen und B für die Spalte, die die rechten Seiten des Gleichungssystems bilden, steht. Das Verfahren ist für $n = 3$ und vielleicht für $n = 4$ akzeptabel, danach aber wegen der Umständlichkeit von Determinantenberechnungen dem Gaußschen Verfahren unterlegen.

Der Beweis besteht in einfachem Einsetzen von (2.59), nachdem man die Zählerdeterminante nach der k.ten Spalte entwickelt hat [Laplacescher Entwicklungssatz (2.49)]:

$$\sum_j b_j (-1)^{j+k} D^{(jk)}.$$

Dies, eingesetzt in (2.54), liefert

$$\sum_k a_{ik} \frac{\sum_j b_j (-1)^{j+k} D^{(jk)}}{\det(\mathbf{A})} = \frac{\sum_k a_{ik} \sum_j b_j (-1)^{j+k} D^{(jk)}}{\det(\mathbf{A})} = b_i. \qquad (2.60)$$

Die Reihenfolge des Summe im Zähler läßt sich vertauschen, wobei wir noch einen zusätzlichen Faktor $(-1)^i (-1)^i = 1$ einfügen:

$$\sum_k a_{ik} \sum_j b_j (-1)^{j+k} D^{(jk)} = \sum_j b_j (-1)^{i+j} \sum_k a_{ik} (-1)^{i+k} D^{(jk)}.$$

Wir diskutieren die innere Summe $\sum_k a_{ik} (-1)^{i+k} D^{(jk)}$ für sich, und zwar für zwei Fälle.
$(i = j)$: Dies stellt die normale Entwicklung [Gl.(2.50)] der Matrix **A** nach der j.ten Zeile dar:

$$\sum_k a_{jk} (-1)^{j+k} D^{(jk)} = \det(\mathbf{A}).$$

$i \neq j$: In diesem Fall ist das ebenfalls die Entwicklung einer Determinante nach der j.ten Zeile, aber einer Determinante, in der man die j.te Zeile durch die i.te Zeile ersetzt hat. Dies ist eine Determinante, die zweimal die i.te Zeile enthält und somit Null ist. Man kann beide Fälle mittels des Kroneckersymbols δ_{ij} zusammenfassen:

$$\sum_k a_{ik} (-1)^{i+k} D^{(jk)} = \delta_{ij} \det(\mathbf{A}).$$

Setzt man schließlich den gewonnenen Ausdruck in (2.60) ein, so entsteht

$$\frac{\sum_j b_j (-1)^{i+j} \delta_{ij} \det(\mathbf{A})}{\det(\mathbf{A})} = b_i,$$

was tatsächlich gleich ist, wenn man $\det(\mathbf{A})$ herauskürzt und die j-Summe ausführt.

Allgemeinere Fälle

Wie bei den homogenen Gleichungssystemen muß es unser erstes Bestreben sein, allfällige linear-abhängige Gleichungen, die ja keine zusätzlichen Bedingungen enthalten, zu streichen. Bei den homogenen Gleichungssystemen war die rechte Seite Null und deshalb war es dort ausreichend, danach zu fragen, ob die linken Seiten linear abhängig sind. Nun aber müssen rechte *und* linke Seiten die gleiche lineare Abhängigkeit aufweisen. Man muß also den Rang einer erweiterten Matrix $(\mathbf{A}, b)$ bestimmen, die die Dimension $m \times (n+1)$ hat. Nur wenn *alle* Unterdeterminanten einen Rang kleiner als m haben, liegt lineare Abhängigkeit vor.

Beispiel für $m = n = 2$:

$$x + 2y = 3 \quad \text{und} \quad 2x + 4y = 6.$$

Alle drei 2×2-Unterdeterminanten

$$\det \begin{pmatrix} 1 & 2 \\ 2 & 4 \end{pmatrix} \qquad \det \begin{pmatrix} 1 & 3 \\ 2 & 6 \end{pmatrix} \qquad \det \begin{pmatrix} 2 & 3 \\ 4 & 6 \end{pmatrix}$$

sind Null, so daß der Rang der erweiterten Matrix 1 ist. Somit existiert nur eine linear unabhängige Gleichung.

Man muß allerdings auf einen Fall achten, der bei homogenen Gleichungssystemen nicht auftreten kann und den man am einfachsten an Hand eines simplen Beispiels erklärt. Wir ändern das obige Beispiel leicht ab:

$$x + 2y = 3 \quad \text{und} \quad 2x + 4y = 7.$$

Hier würden wir feststellen, daß zwei der Unterdeterminanten von Null verschieden sind und eine gleich Null ist. Also liegt *keine* lineare Abhängigkeit vor. So weit ist das richtig. Aber die eine Unterdeterminante, die Null ist, ist $\det(\mathbf{A})$ selbst und sagt uns, daß die linke Seite für sich allein gesehen linear abhängig ist (im Beispiel: sich durch Multiplikation mit 2 ergibt). Welche Werte wir auch immer für x und y links einsetzen, – wir erhalten links in der zweiten Gleichung einen zweimal so großen Wert wie bei der ersten. Die rechten Seiten verhalten sich aber nicht wie 1:2, so daß für alle denkbaren x- und y-Paare ein Widerspruch entsteht. Mit anderen Worten: ein solches Gleichungssystem hat überhaupt keine Lösungen (im Gegensatz zu homogenen Gleichungssystemen, bei dem immer die Triviallösung möglich ist). Verallgemeinert man das, so entsteht folgende Regel: Wenn der Rang von $\mathbf{A}$ kleiner als der von $(\mathbf{A}, b)$ ist, dann *existieren keine Lösungen*.

Es existieren übrigens auch dann keine Lösungen, wenn mehr (linear unabhängige) Gleichungen als Unbekannte vorliegen. Wir haben nämlich gesehen, daß n Gleichungen für n Unbekannte eine eindeutige Lösung haben. Zusätzliche, linear unabhängige Bedingungen lassen sich dann nicht mehr befriedigen.

Allgemeine Sätze Es bleibt noch die Frage, was geschieht, wenn weniger Gleichungen als Unbekannte vorliegen. Bei den homogenen Gleichungssystemen ergaben sich in diesem Fall Lösungs*mannigfaltigkeiten*. Wir werden sehen, daß das bei inhomogenen Gleichungssystemen ebenso ist. Dazu benötigen wir – wie im Fall der homogenen Gleichungssysteme – zwei allgemeine Sätze. In Matrixform lautet unser inhomogenes Gleichungssystem $\mathbf{A}\mathbf{x} = \mathbf{b}$. Daneben existiert ein homogenes Gleichungssystem, dessen linke Seite die gleiche ist, während die rechte Seite $\mathbf{0}$ ist und dessen Lösungen wir $\mathbf{y}$ nennen wollen: $\mathbf{A}\mathbf{y} = \mathbf{0}$. Dann gilt zunächst

Satz 1. Mit $\mathbf{x}$ *ist auch* $\mathbf{x} + \lambda \mathbf{y}$ *(λ beliebig) eine Lösung des inhomogenen Systems.* Der Beweis ist einfach:

$$\mathbf{A}(\mathbf{x} + \lambda \mathbf{y}) = \mathbf{A}\mathbf{x} + \lambda \mathbf{A}\mathbf{y} = \mathbf{A}\mathbf{x} = \mathbf{b}.$$

In Worten heißt das: Wenn man über eine beliebige Lösung eines inhomogenen Gleichungssystem verfügt und dazu eine beliebige Lösung des zugehörigen homogenen Gleichungssystems addiert (eventuell noch mit einem beliebigen Faktor multipliziert), so erhält man weitere Lösungen des inhomogenen Systems. Ferner gilt

Satz 2. Die Differenz zweier beliebiger Lösungen eines inhomogenen Gleichungssystems ist eine Lösung des homogenen Gleichungssystems. Auch dieser Beweis ist einfach:

$$\mathbf{A}(\mathbf{x}^{(1)} - \mathbf{x}^{(2)}) = \mathbf{A}\mathbf{x}^{(1)} - \mathbf{A}\mathbf{x}^{(2)} = \mathbf{b} - \mathbf{b} = \mathbf{0}.$$

In Worten besagt dieser Satz: Das Hinzufügen von Lösungen des zugehörigen *homogenen* Gleichungssystems ist die *einzige* Möglichkeit, weitere Lösungen des inhomogenen Systems zu erzeugen.

Daraus ergibt sich: *Um die allgemeine Lösung eines inhomogenen Gleichungssystems zu erhalten, muß man zu einer beliebigen (*partikulären*) Lösung des inhomogenen Gleichungssystems die allgemeine Lösung des zugehörigen homogenen Systems addieren.* Eine beliebige Lösung kann man so finden, daß man $n-m$ geeigneten Unbekannten feste Werte zuordnet (z.B. Null) und das jetzt eindeutige Gleichungssystem für die übrigen Variablen löst.

Beispiel: 2 Gleichungen für 3 Unbekannte

$$2x - 5y + 3z = 4 \quad \text{und} \quad x + 7y - 4z = 3.$$

Um eine partikuläre Lösung des Gleichungssystem zu finden, setzen wir $z = 0$, woraus die beiden Gleichungen

$$2x - 5y = 4 \quad \text{und} \quad x + 7y = 3$$

entstehen. Die Lösung lautet $x = 43/19, y = 2/19$, so daß die gesuchte partikuläre Lösung $x = 43/19, y = 2/19, z = 0$ ist. Als nächstes suchen wir die Lösung des zugehörigen homogenen Gleichungssystems

$$2x - 5y + 3z = 0 \quad \text{und} \quad x + 7y - 4z = 0.$$

Hier lautet die allgemeine Lösung, berechnet nach der Methode des vorigen Unterabschnittes, $x = \lambda 42/19, y = \lambda 13/19, z = \lambda$, so daß die allgemeine Lösung des inhomogenen Gleichungssystems

$$x = 43/19 + \lambda 42/19, \qquad y = 2/19 + \lambda 13/19, \qquad z = \lambda$$

ist. Der Leser überzeuge sich auch durch Einsetzen, daß dies für beliebige λ eine Lösung darstellt.

Aus dem obigen Satz ergibt sich ein weiterer Beweis für die Eindeutigkeit von Lösungen eines inhomogenen Gleichungssystem von n Gleichungen für n Unbekannte. In diesem Falls ist nämlich det($\mathbf{A}$) ungleich Null und das zugehörige homogene Gleichungssystem hat nur die Triviallösung, die eine partikuläre Lösung nicht mehr verändern kann.

■ Die Verhältnisse bei
homogenen linearen Gleichungssystemen $\mathbf{A}\mathbf{x} = \mathbf{0}$, bzw.
inhomogenen linearen Gleichungssystemen $\mathbf{A}\mathbf{x} = \mathbf{b}$
werden diskutiert. Diese Verhältnisse sind durch die Zahl der Unbekannten, die Zahl der Gleichungen und durch eventuelle lineare Abhängigkeiten bestimmt. Die Zahl der möglichen Lösungen ist die wesentliche Frage. Im einfachsten Fall, einem inhomogenen und linear unabhängigen System mit gleich viel Gleichungen wie Unbekannten, ist die Lösung, wenn sie überhaupt existiert, eindeutig bestimmt.

Aufgaben

Geben Sie die allgemeinen Lösungen folgender linearen Gleichungssysteme an!

1. $-2x + 7y + 4z = 0$, $\quad 5x - 3y + z = 0 \quad$ und $\quad -x + 2y + 3z = 0$.
2. $-2x + 7y + 4z = 0$, $\quad 5x - 3y + z = 0 \quad$ und $\quad 4x + 15y + 14z = 0$.
3. $-2x + 7y + 4z = 0$, $\quad 4x - 14y - 8z = 0 \quad$ und $\quad 5x - 3y + z = 0$.
4. $-2x + 7y + 4z + 3u - v = 0$, $\quad 5x - 3y + z - 3u + 4v = 0 \quad$ und
$-x + 2y + 3z + 3u + 5v = 0$.
5. $-2x + 7y = -4$, $\quad$ und $\quad 5x - 3y = -1$.
(a) Lösung mittels $\mathbf{A}^{-1}$
(b) Lösung mittels Eliminierung
(c) Lösung mittels Gaußschen Eliminierungsverfahrens
(d) Lösung mittels Cramerscher Regel.
6. Berechnen Sie die Unbekannte y für das Gleichungssystem

$$3x + 2y - 4z = 1, \quad 4x + y - z = 3 \quad \text{und} \quad 2x - 5y + z = -2$$

mittels der Cramerschen Regel!
7. Lösen Sie das Gleichungssystem

$$x + y + z = 2, \quad 3x + 2y - 2z = 6 \quad \text{und} \quad 2x - 4y + 3z = -5$$

nach dem Gaußschen Eliminierungsverfahren!
8. Wir ändern das Gleichungssystem von Aufgabe 4 leicht ab:

$$-2x + 7y + 4z + 3u - v = 3, \quad 5x - 3y + z - 3u + 4v = -4 \quad \text{und}$$

$$-x + 2y + 3z + 3u + 5v = 1.$$

Geben Sie die allgemeine Lösung an!

2.7 Eigenwertprobleme

2.7.1 Einführung

Algebraische Eigenwertprobleme sind für die Theorie der chemischen Bindung von zentraler Bedeutung und sollen deshalb hier in ihren Grundzügen behandelt werden. Gegeben eine quadratische Matrix, die wir mit $\mathbf{H}$ bezeichnen wollen, weil sie *hermitesch* sein soll, oder – wenn sie reell ist – symmetrisch. Nur solche Matrizen treten in diesem Zusammenhang auf. Wir erinnern uns, daß $\mathbf{H}$ eine lineare Abbildung vermittelt: $\mathbf{w} = \mathbf{H}\mathbf{v}$. Wir suchen nun Vektoren ψ, für die gelten soll, daß ihr Abbild wieder ψ selbst ist, multipliziert mit einem Faktor E:

$$\mathbf{H}\psi = E\psi. \tag{2.61}$$

Dabei lassen wir den Wert von E frei. Die Vektoren ψ, die dieser Gleichung genügen, nennt man *Eigenvektoren* und die zugehörigen E-Werte die *Eigenwerte*. Für ψ läßt sich sofort sagen, daß mit ψ auch $c\,\psi$ eine Lösung ist, daß also der Betrag dieser Vektoren unbestimmt bleibt. Sie werden in der Regel normiert, d.h. man gibt ihnen den Betrag 1.

Bestimmen wir zunächst die E-Werte. Dazu schieben wir auf der rechten Seite der Eigenwertgleichung die Einheitsmatrix **1** ein, die ja nichts verändert: $E\mathbf{1}\psi$. Man kann nun die
rechte Seite auf die linke Seite bringen und ψ ausklammern:

$$(\mathbf{H} - E\mathbf{1})\psi = \mathbf{0}. \tag{2.62}$$

(Unterscheiden Sie den Eigenwert E (Zahl) und die Einheitsmatrix **1**!) Der Klammerausdruck ist wiederum eine Matrix und die Gleichung ist ein homogenes lineares Gleichungssystem. Wir sind nur an Nicht-Triviallösungen für ψ interessiert und solche gibt es nur,
wenn die Determinante des Klammerausdrucks verschwindet. Wir haben also die Bedin-
gung $|\mathbf{H} - E\mathbf{1}| = 0$. Eine Determinante besteht aus lauter Summanden mit je n Faktoren (n
ist die Dimension von ψ). Die linke Seite der Bedingung stellt also ein Polynom n-ten Grades in E dar, die *charakteristische Gleichung*. Aus der Theorie der Polynome (Abschn. 1.4)
ist bekannt, daß sie n Wurzeln hat, die allerdings nicht alle voneinander verschieden sein
müssen. Denken wir uns die Wurzeln bestimmt, so haben wir nun n mögliche Werte für
E. Für jeden dieser E-Werte ist der Ausdruck $\mathbf{H} - E\mathbf{1}$ jetzt eine Matrix mit bestimmten
Elementen, so daß das homogene Gleichungssystem (2.62) für ψ gelöst werden kann. Das
Resultat ist also: *Die Eigenwertgleichung (2.61) hat als Lösungen n Eigenwerte $E^{(i)}$ mit
den zugehörigen Eigenvektoren $\psi^{(i)}$, wobei $i = 1, 2 \ldots n$.*

■ Eigenwertgleichungen der Form $\mathbf{H}\psi = E\psi$, wobei $\mathbf{H}$ eine symmetrische Matrix, ψ ein zu bestimmender Vektor und E eine zu bestimmende Zahl (Eigenwert)
ist, stellen ein Grundproblem im Rahmen der Theorie der chemischen Bindung
dar. Es existieren für $n \times n$-Matrizen genau n Lösungen, die in zwei Stufen gefunden werden:
zunächst die Bestimmung der n Eigenwerte $E^{(i)}$ und anschließend
die Bestimmung der Eigenvektoren über ein lineares Gleichungssystem.

2.7.2   Sätze für Eigenwerte und Eigenvektoren

Für die Eigenwerte gilt unter der getroffenen Voraussetzung $\mathbf{H}^+ = \mathbf{H}$ die Aussage: *Alle Eigenwerte sind reell.* (Selbst für reelle Matrizen $\mathbf{H}$ ist das nicht trivial, weil sich die
Eigenwerte als Nullstellen eines Polynoms ergeben, die ja bekanntlich auch komplex sein
können.) Zum Beweis bilden wir auf beiden Seiten der Gl. (2.61) das Skalarprodukt mit
ψ. Da die Eigenvektoren sehr wohl komplex sein können, müssen wir die verallgemeinerte
Komponentenformel (2.12) für das Skalarprodukt verwenden. In Komponentenform lautet
dann die Gleichung

$$\sum_i \left(\psi_i^* \sum_j H_{ij} \psi_j \right) = E \sum_i \psi_i^* \psi_i.$$

Die Summe auf der rechten Seite ist reell. Wenn wir zeigen können, daß auch die Doppelsumme der linken Seite reell ist, muß auch E reell sein. Es gilt

$$\sum_{i,j} \psi_i^* H_{ij} \psi_j = \sum_{i,j} \psi_i^* H_{ji}^* \psi_j = \sum_{i,j} \psi_i H_{ij}^* \psi_j^* = \left(\sum_{i,j} \psi_i^* H_{ij} \psi_j \right)^*.$$

Zunächst haben wir die Doppelsumme mit *einem* Summenzeichen zusammengefaßt, im ersten Schritt dann $H_{ij} = H_{ji}^*$ berücksichtigt, im nächsten Schritt wurden die Namen der Summationsindizes vertauscht und die Faktoren in umgekehrter Reihenfolge hingeschrieben und beim letzten Schritt die Beziehung $uv^*w^* = (u^*vw)^*$ für beliebige komplexe Zahlen berücksichtigt.

Die Aussage ist also, daß der Ausdruck auf der linken Seite zu sich selbst konjugiert komplex und somit reell ist. Das aber war die Voraussetzung, daß die *Eigenwerte* reell sind.

Auch für die $\psi^{(i)}$ läßt sich eine wichtige Aussage machen: *Zwei Eigenvektoren $\psi^{(k)}$ und $\psi^{(l)}$ sind orthogonal, wenn die zugehörigen Eigenwerte $E^{(k)}$ und $E^{(l)}$ verschieden sind.* Zum Beweis bilden wir einerseits das Skalarprodukt der Eigenwertgleichung für $\psi^{(k)}$ mit $\psi^{(l)}$ und andererseits das Skalarprodukt der Eigenwertgleichung für $\psi^{(l)}$ mit $\psi^{(k)}$:

$$\sum_{i,j} \psi_i^{(l)*} H_{ij} \psi_j^{(k)} = E^{(k)} \sum_i \psi_i^{(l)*} \psi_i^{(k)}.$$

$$\sum_{i,j} \psi_i^{(k)*} H_{ij} \psi_j^{(l)} = E^{(l)} \sum_i \psi_i^{(k)*} \psi_i^{(l)}.$$

An der zweiten Gleichung nehmen wir nun folgende Veränderung vor: (1) Wir nehmen das konjugiert komplexe beider Seiten und vertauschen in der Doppelsumme wieder die Namen der Indizes. Das ergibt

$$\sum_{i,j} \psi_j^{(k)} H_{ji}^* \psi_i^{(l)*} = E^{(l)} \sum_i \psi_i^{(k)} \psi_i^{(l)*}.$$

(2) Wir ersetzen wieder H_{ji}^* durch H_{ij} und schreiben die Faktoren in passender Reihenfolge. Das Resultat ist

$$\sum_{i,j} \psi_i^{(l)*} H_{ij} \psi_j^{(k)} = E^{(l)} \sum_i \psi_i^{(l)*} \psi_i^{(k)}.$$

Die linken Seiten der beiden Gleichungen sind jetzt einander gleich, so daß auch die rechten Seiten gleich sein müssen:

$$E^{(l)} \sum_i \psi_i^{(l)*} \psi_i^{(k)} = E^{(k)} \sum_i \psi_i^{(l)*} \psi_i^{(k)}.$$

Für $E^{(l)} = E^{(k)}$ sind keine weiteren Aussagen möglich, für $E^{(l)} \neq E^{(k)}$ allerdings muß der gemeinsame Faktor, das Skalarprodukt von $\psi^{(k)}$ und $\psi^{(l)}$ Null sein, q.e.d.

Im Falle zweier gleicher Eigenwerte (*Entartung*) kann man sich durch Einsetzen in die Eigenwert-Gleichung überzeugen, daß jede Linear-Kombination von den zwei gehörigen Eigenvektoren wieder ein Eigenvektor zum gleichen Eigenwert ist. Wir haben also – bildlich gesprochen – eine ganze Ebene mit Eigenvektoren zu diesem (entarteten) Eigenwert. Dann kann man aber immer zwei zueinander orthogonale Eigenvektoren auswählen (siehe auch Abschn. 2.7.4).

■ Es gelten zwei Sätze für Eigenvektoren und zugehörige Eigenwerte:
(1) Selbst im Falle *komplexer* Matrizen **H** sind die Eigenwerte reell, wenn **H** *hermitesch* ist.
(2) Alle Eigenvektoren sind unter diesen Umständen entweder paarweise orthogonal oder können wenigstens so gewählt werden.

2.7.3   Diagonalisierung von hermiteschen Matrizen

Betrachten wir als erstes den Fall, daß alle Eigenwerte von einander verschieden sind. Wir haben dann n paarweise zueinander orthogonale Eigenvektoren $\psi^{(i)}$, die als normiert angesehen werden dürfen. Wir können diesen Satz als neue (orthonormierte) Basis auffassen und fragen, wie Gl. (2.61) bezüglich der neuen Basis aussieht. Die Eigenvektoren sind jetzt Basisvektoren und haben die Komponenten (1,0,0...), (0,1,0,...) usw. Was aber sind jetzt die Komponenten der **H**-Matrix? Die Matrizen der linearen Abbildungen müssen, wie wir wissen, ebenfalls transformiert werden. Wir werden das weiter unten mit dem in Abschnitt 2.4.2 abgeleiteten Transformationsgesetzes tun, aber zunächst das Resultat mit einer sehr einfachen Überlegung vorwegnehmen. Die erste Basisfunktion soll bei der Abbildung sich selbst multipliziert mit $E^{(1)}$ ergeben, die zweite entsprechend, usw. Diese Abbildung wird von einer *Diagonalmatrix* geleistet, in deren Diagonale die Eigenwerte $E^{(k)}$ stehen, und die wir im Folgenden mit $\mathbf{H}_{diag}$ bezeichnen werden.

Nun zur formalen Transformation von **H**. Wir haben als Lösungen von Gl. (2.61) n Gleichungen

$$\mathbf{H}\psi^{(k)} = E^{(k)}\psi^{(k)}.$$

Wenn wir die $\psi^{(k)}$ zu einer Matrix zusammenfassen, so ist das wegen der Orthonormiertheit der $\psi^{(k)}$ eine unitäre Matrix, die in der Diktion des Abschnittes über die Transformation von Abbildungsmatrizen der Matrix **F** entspricht. Wir wollen sie hier mit **U** bezeichnen, weil sie nach Voraussetzung unitär ist. Die n Gleichungen können dann als Matrixgleichung wie folgt geschrieben werden:

$$\mathbf{H}\mathbf{U} = \mathbf{U}\mathbf{H}_{diag}. \tag{2.63}$$

Auf der linken Seite ergibt die k-te Spalte von **U** gerade $\mathbf{H}\psi^{(k)}$ und auf der rechten Seite die gleiche Spalte $E^{(k)}$ mal $k$te Spalte von **U**, also $E^{(k)}\psi^{(k)}$.

Man braucht nur noch von links mit $\mathbf{U}^+$ zu multiplizieren, so erhält man

$$\mathbf{U}^+\mathbf{H}\mathbf{U} = \mathbf{U}^+\mathbf{U}\mathbf{H}_{diag} = \mathbf{H}_{diag},$$

links die Form der transformierten **H**-Matrix, rechts die Diagonalmatrix $\mathbf{H}_{diag}$. (Bitte beachten Sie, daß die inverse Matrix hier links von **H** steht, weil wir nicht den Übergang zu $\mathbf{T} = \mathbf{F}^{-1}$ vorgenommen haben.)

Die Lösung des Eigenwertproblems (2.61) wird deshalb oft als *Diagonalisierung* bezeichnet, was bedeuten soll, daß man eine Basistransformation sucht, bei der **H** danach als Diagonalmatrix erscheint. Übrigens wird auch rein rechentechnisch das Problem auf diesem Wege gelöst, – nicht über die charakteristische Gleichung, was (außer im Fall $n = 2$) viel zu umständlich wäre.

> ■ Man kann die Lösung des Eigenwertproblems so sehen, daß man sie als Übergang zu einem neuen Koordinatensystem auffaßt, und zwar mit den Eigenvektoren als neue Basisvektoren. Die dergestalt transformierte **H**-Matrix ist dann eine Diagonalmatrix mit den Eigenwerten in der Diagonale.

2.7.4   Entartung von Eigenwerten

Es bleiben nun noch einige Überlegungen zum Fall, bei dem einzelne Eigenwerte einander gleich sind. Man nennt diesen Fall *Entartung*. Um ein konkretes Beispiel zu haben, wollen wir annehmen, daß $E^{(1)} = E^{(2)}$ gelten soll. Für $\mathbf{H}_{diag}$ würde das bedeuten, daß $(\mathbf{H}_{diag})_{11} = (\mathbf{H}_{diag})_{22} = E^{(1)}$ ist. Wenn man die Gleichung (2.62) für diesen Eigenwert lösen würde, würde man feststellen, daß man statt eines Vektors $\alpha\psi$ eine Linearkombination der Form $\alpha\psi^{(1)} + \beta\psi^{(2)}$ erhielte. Daß dem so sein muß, kann man am einfachsten erkennen, wenn man zunächst von einer $\mathbf{H}$-Matrix ausgeht, bei der sich $E^{(1)}$ und $E^{(2)}$ leicht unterscheiden. $\psi^{(1)}$ und $\psi^{(2)}$ sind dann orthogonal. Wenn man nun $\mathbf{H}$ kontinuierlich so ändert, daß $E^{(1)}$ in $E^{(2)}$ übergeht, ändern sich auch die zugehörigen Eigenvektoren, bleiben aber zueinander orthogonal. Man erhält also für den Fall der Entartung *zwei* orthogonale Eigenvektoren. Der einzige Unterschied ist nur, daß jetzt auch jede Linearkombination von $\psi^{(1)}$ und $\psi^{(2)}$ einen Eigenvektor zu $E^{(1)}$ darstellt:

$$\mathbf{H}(\alpha\psi^{(1)} + \beta\psi^{(2)}) = \alpha\mathbf{H}\psi^{(1)} + \beta\mathbf{H}\psi^{(2)} = \alpha E^{(1)}\psi^{(1)} + \beta E^{(1)}\psi^{(2)}$$
$$= E^{(1)}(\alpha\psi^{(1)} + \beta\psi^{(2)})$$

Daraus folgt, daß Eigenvektoren zu gleichen Eigenwerten nicht orthogonal sein müssen, daß aber immer ein zueinander orthogonales Paar gewählt werden kann. Gleiche Überlegungen gelten, wenn mehrere Paare entarteter Eigenwerte existieren oder höhere Entartungen vorliegen.

Zu zwei symmetrischen Matrizen $\mathbf{H}$ und $\mathbf{K}$ gehören im allgemeinen zwei *verschiedene* Sätze von Eigenvektoren. Im speziellen Fall aber, daß $\mathbf{H}$ und $\mathbf{K}$ vertauschbar sind, daß also $\mathbf{HK} = \mathbf{KH}$ gilt, kann man die Eigenvektoren stets so wählen, daß sie gleichzeitig Eigenvektoren von $\mathbf{H}$ *und* von $\mathbf{K}$ sind. Wir gehen von einem Eigenvektor von $\mathbf{H}$ aus

$$\mathbf{H}\psi = h\psi,$$

multiplizieren diese Gleichung links mit $\mathbf{K}$ und nützen die Vertauschbarkeit aus

$$\mathbf{KH}\psi = \mathbf{K}h\psi$$
$$= \mathbf{H}(\mathbf{K}\psi) = h(\mathbf{K}\psi).$$

Man erkennt, daß mit ψ auch alle $\mathbf{K}\psi$ Eigenvektoren von $\mathbf{H}$ zum gleichen Eigenwert h sind. Ist nun dieser Eigenwert nicht entartet, so kann sich $\mathbf{K}\psi$ nur um einen Faktor k von ψ unterscheiden, d. h. ψ ist Eigenvektor von $\mathbf{K}$ zum Eigenwert k. Ist aber der Eigenwert entartet (z. B. zweifach), so gibt es zwei (orthogonale) Eigenvektoren zum Eigenwert h:

$$\mathbf{H}\psi^{(1)} = h\psi^{(1)} \qquad \text{und} \qquad \mathbf{H}\psi^{(2)} = h\psi^{(2)}.$$

Auch jetzt gilt wieder, daß $\mathbf{K}\psi^{(1)}$ Eigenvektor von $\mathbf{H}$ zum Eigenwert h ist, und das Gleiche für $\mathbf{K}\psi^{(2)}$, und nochmals das Gleiche auch für jede Linearkombination $\alpha\psi^{(1)} + \beta\psi^{(2)}$. Aus dem gleichen Grund wie beim nicht-entarteten Fall kann man nun schließen, daß die Anwendung von $\mathbf{K}$ auf eine dieser Linearkombinationen nicht aus dem von ihnen aufgespannten Raum herausführen kann, weil der Entartungsgrad sonst entgegen unserer Voraussetzung mehr als zweifach entartet sein müßte. Man kann deshalb unter den Linearkombinationen $\alpha\psi^{(1)} + \beta\psi^{(2)}$ zwei orthogonale Vektoren finden, für die

$$\mathbf{K}\psi^{(a)} = k^{(a)}\psi^{(a)} \quad \text{und} \quad \mathbf{K}\psi^{(b)} = k^{(b)}\psi^{(b)}$$

gilt. Da $\psi^{(a)}$ und $\psi^{(b)}$ zugleich Eigenvektoren von $\mathbf{H}$ zum Eigenwert h sind, ist die Behauptung bewiesen. Analog läßt sich bei höherem Entartungsgrad argumentieren.

> ■ Besonderen Verhältnisse, wenn nämlich zwei oder mehr Eigenwerte $E^{(i)}$ gleich sind, werden besprochen. Unter diesen Umständen ist jede Linearkombination der zugehörigen Eigenvektoren wiederum Eigenvektor zum gemeinsamen Eigenwert. Zwei hermitesche Matrizen $\mathbf{H}$ und $\mathbf{K}$, die vertauschbar sind, haben ein gemeinsames System von Eigenvektoren.

2.7.5   Beispiele

Wegen der außerordentlichen Wichtigkeit für die Theorie der chemischen Bindung wollen wir drei Fälle für $n = 2$ explizit durchrechnen.

Beispiel 1

$$\mathbf{H} = \begin{pmatrix} A & c \\ c & A \end{pmatrix} \quad |\mathbf{H} - E\mathbf{E}| = \begin{vmatrix} A - E & c \\ c & A - E \end{vmatrix} = 0$$

(c reell). Das ergibt

$$(A - E)^2 - c^2 = 0 \quad \text{und} \quad E^{(1)} = A + c; \quad E^{(2)} = A - c.$$

Gl. (2.62) liefert für $E^{(1)}$

$$\begin{pmatrix} A - (A+c) & c \\ c & A - (A+c) \end{pmatrix} \begin{pmatrix} \psi_1 \\ \psi_2 \end{pmatrix} = \begin{pmatrix} -c & c \\ c & -c \end{pmatrix} \begin{pmatrix} \psi_1 \\ \psi_2 \end{pmatrix} = \begin{pmatrix} 0 \\ 0 \end{pmatrix}$$

und damit

$$\psi_{\text{unnormiert}} = \begin{pmatrix} 1 \\ 1 \end{pmatrix} \quad \text{bzw.} \quad \psi^{(1)} = \frac{1}{\sqrt{2}} \begin{pmatrix} 1 \\ 1 \end{pmatrix}.$$

Für $E^{(2)}$ ergibt sich in gleicher Weise

$$\begin{pmatrix} A - (A-c) & c \\ c & A - (A-c) \end{pmatrix} \begin{pmatrix} \psi_1 \\ \psi_2 \end{pmatrix} = \begin{pmatrix} c & c \\ c & c \end{pmatrix} \begin{pmatrix} \psi_1 \\ \psi_2 \end{pmatrix} = \begin{pmatrix} 0 \\ 0 \end{pmatrix}$$

und

$$\psi_{\text{unnormiert}} = \begin{pmatrix} 1 \\ -1 \end{pmatrix} \quad \text{bzw.} \quad \psi^{(2)} = \frac{1}{\sqrt{2}} \begin{pmatrix} 1 \\ -1 \end{pmatrix}.$$

Beispiel 2

$$\mathbf{H} = \begin{pmatrix} A & c \\ c & B \end{pmatrix} \qquad |\mathbf{H} - E\mathbf{E}| = \begin{vmatrix} A - E & c \\ c & B - E \end{vmatrix} = 0.$$

Das ergibt

$$(A - E)(B - E) - c^2 = 0 \quad \text{und} \quad E^{(1)} = \frac{A + B}{2} + w, \quad E^{(2)} = \frac{A + B}{2} - w$$

mit $w = \sqrt{(A - B)^2/4 + c^2}$. $\boldsymbol{\psi}^{(1)}$ ergibt sich aus

$$\begin{pmatrix} A - ((A + B)/2 + w) & c \\ c & B - ((A + B))/2 + w) \end{pmatrix} \begin{pmatrix} \psi_1 \\ \psi_2 \end{pmatrix}$$

$$= \begin{pmatrix} (A - B)/2 - w & c \\ c & -(A - B)/2 - w \end{pmatrix} \begin{pmatrix} \psi_1 \\ \psi_2 \end{pmatrix} = \begin{pmatrix} 0 \\ 0 \end{pmatrix}$$

und

$$\boldsymbol{\psi}^{(1)} = \frac{1}{\sqrt{\alpha^2 + c^2}} \begin{pmatrix} \alpha \\ -c \end{pmatrix}$$

mit $\alpha = (B - A)/2 - w$. Die Berechnung von $\boldsymbol{\psi}^{(2)}$ bleibt dem Leser überlassen.

Beispiel 3 Ein Beispiel für einen zweifach-entarteten Eigenwert läßt sich für $n = 2$ nur finden, wenn $\mathbf{H}$ bereits diagonal ist:

$$\mathbf{H} = \begin{pmatrix} A & 0 \\ 0 & A \end{pmatrix}.$$

Nun ist $E^{(1)} = E^{(2)} = A$ und man überzeugt sich leicht, daß alle Vektoren

$$\frac{1}{\sqrt{\alpha^2 + \beta^2}} \begin{pmatrix} \alpha \\ \beta \end{pmatrix}$$

Eigenvektoren von $\mathbf{H}$ sind. Ist $\mathbf{H}$

$$\mathbf{H} = \begin{pmatrix} A & 0 & 0 \\ 0 & A & 0 \\ 0 & 0 & B \end{pmatrix},$$

so sind alle

$$\frac{1}{\sqrt{\alpha^2 + \beta^2}} \begin{pmatrix} \alpha \\ \beta \\ 0 \end{pmatrix}$$

Eigenvektoren zu $E^{(1)} = E^{(2)} = A$ und

$$\begin{pmatrix} 0 \\ 0 \\ 1 \end{pmatrix}$$

Eigenvektor zu $E^{(3)} = B$.

Aufgaben

Gegeben eine symmetrische Matrix **H**

$$\mathbf{H} = \begin{pmatrix} 2 & 3 \\ 3 & -4 \end{pmatrix}.$$

1. Suchen Sie die Eigenwerte dieser Matrix!
2. Bestimmen Sie die zugehörigen Eigenvektoren!
3. Wie lautet die Transformationsmatrix Matrix **U**, die **H** diagonalisiert?
4. Führen Sie die entsprechende Transformation durch.

2.8   Tensoren und eine Schlußbemerkung

2.8.1   Einführung in das Tensor-Konzept

In den meisten Fällen sind in der Physik Beziehungen zwischen Vektoren von der Form
Vektor=Zahl×Vektor. Beispiele sind die Definition der Geschwindigkeit bei gleichförmiger
Bewegung oder die Beziehung "Kraft=Masse× Beschleunigung":

$$\vec{v} = \frac{\vec{\Delta x}}{\Delta t} = \frac{1}{\Delta t}\vec{\Delta x} \qquad \text{bzw.} \qquad \vec{k} = m\vec{b}.$$

Auch die Polarisierbarkeit folgt in einfachen Fällen diesem Muster. Ein Neonatom besteht
aus einem (mehr oder weniger) punktförmigen positiv geladenem Kern und einer kugelsym-
metrischen Ladungsverteilung um ihn herum, der negativ geladenen Elektronenhülle. Bringt
man das Atom in ein elektrisches Feld, erfährt das Ladungssystem eine Verzerrung: der Kern
wird in Feldrichtung verschoben und die Hülle in entgegengesetzter Richtung deformiert,
bis die inneratomaren Kräfte dem Einhalt gebieten. Die Schwerpunkte beider Ladungen
treten auseinander, gekennzeichnet durch einen Verschiebungsvektor $\vec{\Delta x}$. Damit entsteht
ein Dipol mit einem *Dipolmoment* $\vec{\mu} = q\vec{\Delta x}$, das seinerseits wieder einen Vektor darstellt
(ebenfalls Vektor=Zahl×Vektor, q ist die Kernladung). Das Verhältnis von verursachendem
Feld und "induziertem" Dipol nennt man die Polarisierbarkeit α. Da die Verschiebung der
beiden Ladungsschwerpunkte in bzw. gegen die Feldrichtung erfolgt, sind Dipolmoment und
Feld gleichgerichtet und es gilt

$$\vec{\mu}_{\text{ind}} = \alpha\vec{E}. \tag{2.64}$$

Nun sind die Verhältnisse nicht immer so einfach. Ersetzen wir das Neonatom durch ein
Wassermolekül (Orientierung siehe Abb. 2.12), so wird ein elektrisches Feld immer noch
Ladungsverschiebungen bewirken wie zuvor. Das Molekül wird aber bei einem Feld in x-
Richtung anders als z.B. in y-Richtung reagieren. Gl. (2.64) ist deshalb durch drei Glei-
chungen zu ersetzen:

$$\mu_x = \alpha_x E_x; \qquad \mu_y = \alpha_y E_y; \qquad \mu_z = \alpha_z E_z.$$

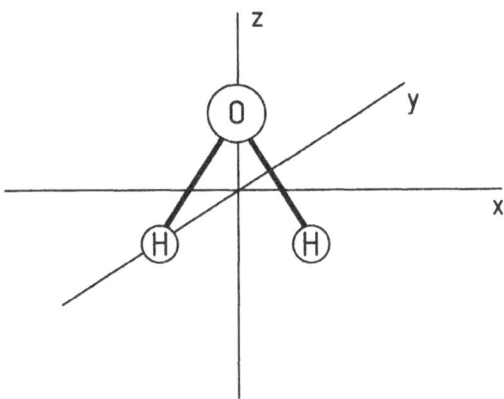

Fig. 2.12 Position des Wassermoleküls im Koordinatensystem.

Ein beliebig orientiertes Feld $\vec{E}$ mit den drei Komponenten E_x, E_y, E_z wird die drei Verzerrungen (bei schwachem Feld) einfach überlagern. Die drei Gleichungen lassen sich am
einfachsten über eine Matrix zusammenfassen:

$$\begin{pmatrix} \mu_x \\ \mu_y \\ \mu_z \end{pmatrix} = \begin{pmatrix} \alpha_x & 0 & 0 \\ 0 & \alpha_y & 0 \\ 0 & 0 & \alpha_z \end{pmatrix} \begin{pmatrix} E_x \\ E_y \\ E_z \end{pmatrix}. \tag{2.65}$$

Dies ist die Komponentenform einer Gleichung Vektor=Matrix×Vektor, die sich in basisun-
abhängiger Form auch

$$\vec{\mu} = \hat{\alpha}\,\vec{E} \tag{2.66}$$

schreiben läßt. Der wesentliche Punkt ist der, daß nun die beiden Vektoren $\vec{\mu}$ und $\vec{E}$ *nicht
mehr gleichgerichtet* sind. Wir haben also eine neue Beziehung zwischen zwei Vektoren, und
die vermittelnde Größe $\hat{\alpha}$, der ja eine physikalische Realität entspricht, nennt man einen
Tensor, hier den *Tensor der Polarisierbarkeit*. Die neue Beziehung zwischen zwei Vektoren
lautet somit Vektor=Tensor×Vektor.

2.8.2   Definition

Die Gleichung (2.65 bzw. 2.66) ist eine Beziehung zwischen Vektoren, wie wir sie vom
Abschnitt 2.4.2 her kennen, nämlich eine lineare Abbildung, – und zwar hier mit einer
symmetrischen Matrix als vermittelnder Größe. Da die Matrix diagonal ist, ist Gl. (2.65)
offenbar nicht die allgemeinste Form. Diese erhalten wir, wenn wir für **T** eine *beliebige*
symmetrische Matrix **T** ansetzen:

$$\begin{pmatrix} p_1 \\ p_2 \\ p_3 \end{pmatrix} = \begin{pmatrix} t_{11} & t_{12} & t_{13} \\ t_{12} & t_{22} & t_{23} \\ t_{13} & t_{23} & t_{33} \end{pmatrix} \begin{pmatrix} f_1 \\ f_2 \\ f_3 \end{pmatrix} \tag{2.67}$$

(die Indizes sind wieder, wie bei Vektoren üblich, mit den Zahlen 1,2,3 charakterisiert). Solche Beziehungen treten in Physik oder Chemie immer dann auf, wenn zwei Vektoren miteinander in Beziehung gesetzt werden, die nicht richtungsgleich sind. Im Beispiel der Polarisierbarkeit sind dies Feldstärke einerseits und induziertes Dipolmoment andererseits.

Ein anderes Beispiel stellt das Trägheitsmoment Θ dar, für das gilt $\vec{J} = \Theta\vec{\omega}$: Der Drehimpuls $\vec{J}$ (ein Vektor) ist proportional der Winkelgeschwindigkeit $\vec{\omega}$ (ebenfalls ein Vektor). Ist der rotierende Körper eine Kugel, so sind Drehimpuls und Winkelgeschwindigkeit gleichgerichtet und Θ ist ein Skalar. Ist aber der rotierende Körper – wie z.B. ein Wassermolekül – nicht kugelförmig, so sind Winkelgeschwindigkeit und Drehimpuls nicht mehr gleichgerichtet und das Trägheitsmoment θ ist ein Tensor Θ_{ij}.

In Abschnitt 2.4.2 wurde auch bereits die Frage behandelt, wie sich $\mathbf{p}$, $\mathbf{f}$ und $\mathbf{T}$ ändern, wenn man die Koordinatenachsen dreht [siehe Gl. (2.43)]. Bezeichnet man die transformierten Größen mit $\tilde{\mathbf{p}}$ usw., dann bestehen die Beziehungen $\tilde{\mathbf{p}} = \mathbf{Sp}$, $\tilde{\mathbf{f}} = \mathbf{Sf}$ und

$$\tilde{\mathbf{T}} = \mathbf{STS}^{-1}.$$

Beachten Sie dabei, daß hier die Transformationsmatrix $\mathbf{S}$ genannt wurde, weil $\mathbf{T}$ (als Abkürzung für *Tensor*) bereits vergeben ist.

Des weiteren ist in diesem Zusammenhang wichtig, daß symmetrische Tensoren, wie in Abschn. 2.8 besprochen, diagonalisiert werden können, d.h., daß man das Achsensystem so drehen kann, daß der Tensor $\mathbf{T}$ die Gestalt von Gl. (2.65) annimmt. Man nennt diese Achsen die *Hauptachsen* des Tensors, weil hier die Beziehung zwischen Vektor $\mathbf{f}$ und zugeordnetem Vektor $\mathbf{p}$ besonders einfach sind.

Im Falle des Trägheitsmomentes des Wassermoleküls sind diese Haupttägheitsachsen die drei Symmetrieachsen des Moleküls (siehe auch das Kapitel über Gruppentheorie). Zur jeder der drei Trägheitsachsen gehört ein *anderes* Haupttägheitsmoment.

> ■ Die Beziehungen zwischen zwei Vektoren in der Physik können komplizierter sein als nur einfache Proportionalität. In diesem Fall liefert nicht eine einfache Zahl, sondern ein *Tensor* die Beziehung zwischen beiden Vektoren. Mathematisch gesehen handelt sich um eine lineare Abbildung, aber physikalisch betrachtet ist ein neuer Typ von physikalischen Größen entstanden.

2.8.3   Der Vektorraum aus der Sicht der Physiker und der der Mathematiker

Wir haben uns in diesem Kapitel dem *Vektorraum* von zwei Seiten her genähert, einerseits von den gerichteten physikalischen Größen her und andererseits von der formalen Zusammenfassung von Zahlen zu einer neuen Größe. Dazu wird noch ein dritter Aspekt treten.

Das für alle Vektorräume Gemeinsame sind die zwei Grundregeln der Vektorrechnung: *Addition* (Vektor plus Vektor ergibt Vektor) und die *Multiplikation mit einer Zahl* (Zahl mal Vektor ergibt Vektor). Die Unterschiede liegen in den verschiedenen Fragestellungen.

Der Vektorraum der Mathematiker entsteht aus dem Bedürfnis, mehrere Zahlen (Komponenten) zu einer neuen Zahl (Vektor) zusammenzufassen und mit ihnen zu operieren.

Der vielleicht wichtigste Begriff ist der der *linearen Abbildung* ($\mathbf{A} \cdot \mathbf{a} = \mathbf{b}$) von einem n-dimensionalen Vektorraum ($\mathbf{a}$) in einen m-dimensionalen Vektorraum ($\mathbf{b}$). Wenn $\mathbf{b}$ vorgegeben und $\mathbf{a}$ gesucht ist, haben wir das Problem des linearen Gleichungssystems. Die Zahlen und Komponenten können dabei gleicherweise reell oder komplex sein. Wichtiges Mittel zur Charakterisierung ist die Determinante. Dagegen spielt das Skalarprodukt zweier Vektoren kaum eine Rolle. Als Bezeichnung bevorzugen die Mathematiker einfache Buchstaben (z.B. v), eventuell auch $\mathbf{v}$.

Die Vektorrechnung der Physiker ist aus dem Bedürfnis entstanden, mit *gerichteten* Größen arbeiten zu können, – deshalb auch die bevorzugte Bezeichnung $\vec{k}$. Der Raum ist der *dreidimensionale*, physikalische Raum und alle Komponenten sind *reell*. Hier werden bestimmte Produkte benötigt, das Skalarprodukt (als Frage nach der Komponente eines Vektors bezüglich einer bestimmten Richtung) und das Vektorprodukt für weitere Erfordernisse. Eine wichtige Operation ist die Drehung des Koordinatensystems und die für sie typische Transformation von Vektoren.

Der quantenmechanische Zustandsraum ist das dritte Gebiet, wo Vektorrechnung für Chemiker wichtig ist. Dieser Zustandsraum übernimmt vom Mathematiker die Eigenschaft, daß er n-dimensional ist (tatsächlich ist n sehr groß). Ferner ist auch er prinzipiell ein *komplexer* Raum, und auch hier sind Abbildungen ein zentraler Begriff, mit der Einschränkung, daß in der Regel nur der Raum auf sich selbst abgebildet wird, d.h., daß alle Matrizen quadratisch sind. Wichtige Operationen sind Basis-Transformationen und Eigenwert-Probleme. Vom physikalischen Vektorraum übernimmt er das Konzept des Skalarproduktes (Frage, wie weit zwei Zustände kompatibel sind). Vektorräume mit einem Skalarprodukt werden *Hilbert-Räume* genannt. Eine spezielle Eigenart der quantenmechanischen Gleichungen ist es, daß Vektoren unterschiedlicher Länge den gleichen physikalischen Zustand beschreiben. Diese *Zustandsvektoren* werden deshalb in der Regel normiert. Als Symbol für Vektoren wird meist die Dirac-Notation $|\psi\rangle$ gewählt, (aber auch einfach ψ), und für das Skalarprodukt schreibt man dann $\langle\psi_1|\psi_2\rangle$ oder (ψ_1, ψ_2). Lineare Abbildungen nehmen die Form

$$|\chi\rangle = H|\psi\rangle$$

an und Skalarprodukte mit einem Abbild die Form

$$\langle\chi|H|\psi\rangle.$$

Aufgabe

Sind die drei Hauptachsen des Polarisierbarkeitstensors des HCN-Moleküls alle drei verschieden?

3   Analytische Geometrie

Die *analytische Geometrie* handelt von geometrischen Gebilden (Geraden, Kreise, Ellipsen usw.) und fragt nach der Möglichkeit, diese rechnerisch ("analytisch") darzustellen. Handelt es sich um ein ebenes Gebilde, muß man die Punkte dieser Ebene durch Zahlenpaare kennzeichnen, – am einfachsten durch die bekannten kartesischen Koordinaten x, y, wie wir das bei zweidimensionalen Vektoren getan haben (s. Abb. 2.1a)[1]. Dann könnte man, um beispielsweise einen Einheitskreis um den Koordinatenursprung mit den Methoden der analytischen Geometrie zu beschreiben, die Frage stellen: welchen Bedingungen müssen die Koordinaten der Punkte genügen, die auf diesem Kreis liegen? Hier lautet die Antwort: alle Punkte, die den Abstand 1 vom Koordinatenursprung aufweisen, also $x^2 + y^2 = 1$.

Eine Gleichung der Form $F(x, y) = 0$ stellt eine allgemeine Form für solch eine Bedingung dar. Stellen wir uns die Punkte, deren Koordinaten der Bedingung genügen, schwarz vor, und alle übrigen weiß, so erscheint eine Figur (geometrisches Gebilde). Auf diese Weise entsteht eine Beziehung zwischen Figur und Zahlenrechnung in Form der Gleichung $F(x, y) = 0$.

Im ersten Abschnitt werden wir einige einfache Figuren in der Ebene oder im Raum behandeln. Daran schließen sich weitere Fragen: Wie ändern sich diese Gebilde, wenn wir die Punkte unserer Ebene, bzw. Raumes, verschieben (transformieren)? Wie ändern sich die Gleichungen, wenn wir andere Koordinaten benutzen (Koordinatentransformationen)?

3.1   Die analytische Darstellung geometrischer Gebilde

3.1.1   Kurven

Geraden

Wir beginnen mit einem nicht allzu trivialen Beispiel: Die Darstellung einer Geraden im Raum, die durch den Koordinatenursprung geht. Um die Punkte eines Raumes zu kennzeichnen, benötigen wir *drei* Koordinaten, x, y, z, (siehe Abb. 2.1b). Die Richtung, die die Gerade haben soll, kennzeichnen wir am einfachsten durch einen Vektor $\vec{a}$. An sich ist die Länge dieses Vektors unwichtig, aber wir wollen einen Einheitsvektor wählen. Fassen wir diesen Vektor als Ortsvektor auf, so zeigt er auf denjenigen Punkt der Geraden, der im Abstand 1 vom Koordinatenursprung liegt. Verlängert man diesen Vektor um den Faktor t, so erhalten wir wiederum einen Punkt auf der Geraden, nun aber im Abstand t. Durch

---

[1] statt x_1, x_2 benützt man in der analytischen Geometrie in der Regel x und y.

Verlängern, bzw. Verkürzen mit oder ohne Vorzeichenumkehr können wir uns nach Belieben auf unserer Geraden bewegen. Ihre Punkte werden also durch die Vektorgleichung

$$\vec{r} = \vec{a}\, t \qquad \text{bzw. in Komponentenform} \qquad \left\{ \begin{array}{l} x = a_x\, t \\ y = a_y\, t \\ z = a_z\, t \end{array} \right.$$

eindeutig beschrieben.

Was wir hier erhalten haben, nennt man eine *Parameterdarstellung*: Die Punkte auf der Geraden werden durch Zahlen t gekennzeichnet. Sie sind in unserem Falle äquidistant, d.h. die Punkte für $t = 1, 2, 3\ldots$ weisen gleiche Abstände auf, aber das ist nicht unbedingt notwendig, – irgend eine fortlaufende Numerierung ist ausreichend. (Man kann sich den Parameter t auch so vorstellen, daß irgend ein Objekt mit der Zeit t die Gerade durchläuft. Dann muß für jedes t der zugehörige x-, y- und z-Wert festliegen.) Wir benötigen also drei Funktionen[2] von t: $x = f(t), y = g(t), z = h(t)$. Im Falle unserer Geraden ist z.B. $f(t) = a_x t$, wobei a_x für eine vorgegebene Zahl steht.

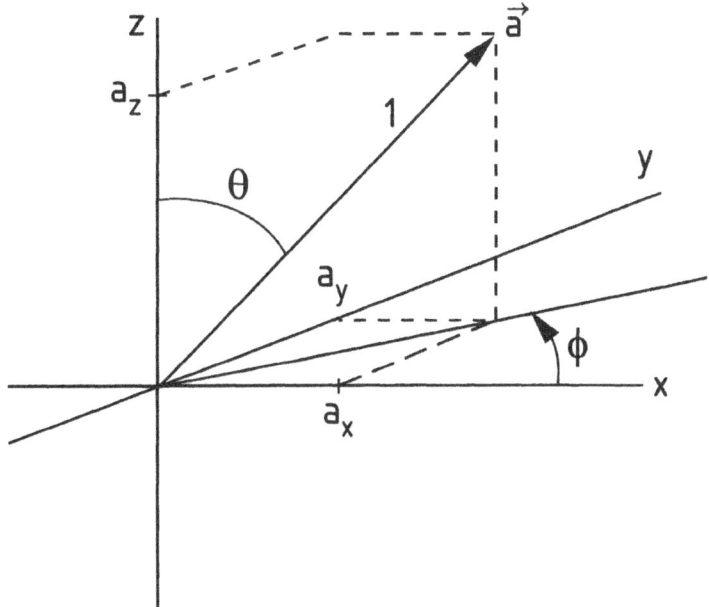

Fig. 3.1 Die Winkel θ und ϕ zur Charakterisierung von Richtungen (hier eines Einheitsvektors $\vec{a}$) im dreidimensionalen Raum.

Soll die Richtung durch Winkel charakterisiert werden, so wählt man häufig (s. Abb. 3.1)

1. den Winkel, den die betreffende Richtung mit der z-Achse einschließt (θ) und

---

[2]Wir werden uns erst im nächsten Kapitel mit diesem Begriff näher auseinandersetzen. Einstweilen benützen wir ihn so wie er von der Schule her bekannt sein dürfte.

2. den Winkel, den die Projektion der Richtung auf die x, y-Ebene mit der x-Achse bildet (ϕ).

Die Komponenten des entsprechenden (normierten) Richtungsvektors lauten

$$\mathbf{e}^{(\theta,\phi)} = \begin{pmatrix} \sin\theta\cos\phi \\ \sin\theta\sin\phi \\ \cos\theta \end{pmatrix} \tag{3.1}$$

Will man eine Gerade darstellen, die nicht durch den Koordinatenursprung sondern durch den Punkt $\vec{p} = (p_x, p_y, p_z)$ geht und im übrigen die gleiche Richtung $\vec{a}$ hat (d.h. parallel zur ersten verläuft), kann man ganz ähnlich vorgehen. Jeder Punkt auf der Geraden kann durch Addition *zweier* Vektoren erreicht werden: Zum Vektor $\vec{p}$ muß der Richtungsvektor $\vec{a}$, beliebig verlängert oder verkürzt, addiert werden (der zweidimensionale Fall ist in Abb. 3.2 dargestellt):

$$\vec{r} = \vec{p} + \vec{a}\, t = \begin{cases} x = p_x + a_x\, t \\ y = p_y + a_y\, t \\ z = p_z + a_z\, t \end{cases}.$$

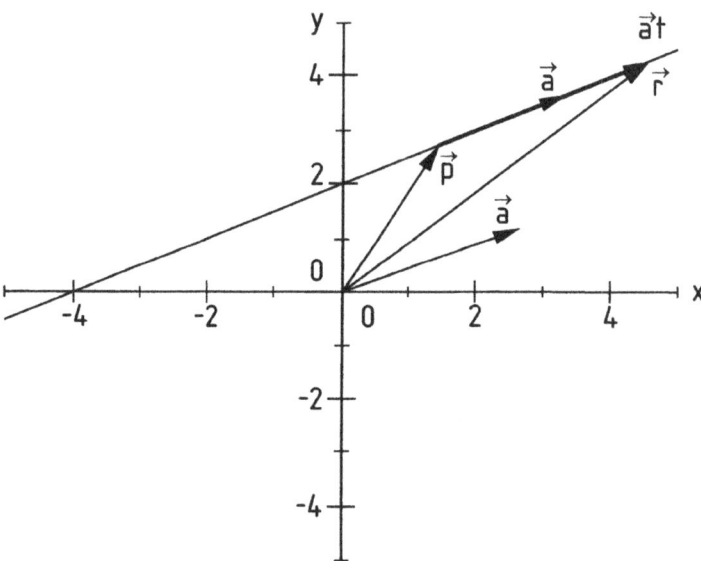

Fig. 3.2 Gerade durch einen Punkt bei gegebener Richtung $\vec{a}$ mittels Vektoraddition.

Eine Gerade kann auch durch zwei Punkte $\vec{p} = (p_x, p_y, p_z)$ und $\vec{q} = (q_x, q_y, q_z)$, durch die sie gehen soll, festgelegt werden. Wir können das so tun, daß wir die Verbindungslinie $\vec{p} \to \vec{q}$ als Richtung wählen, also $\vec{a} = \vec{q} - \vec{p}$:

$$\vec{r} = \vec{p} + (\vec{q} - \vec{p})\, t = \begin{cases} x = p_x + (q_x - p_x)\, t \\ y = p_y + (q_y - p_y)\, t \\ z = p_z + (q_z - p_z)\, t \end{cases}$$

Der Punkt mit $t = 0$ entspricht dann dem Punkt $\vec{p}$ und der mit $t = 1$ dem Punkt $\vec{q}$.

In all diesen Fällen kann man ohne weiteres zu Geraden in der Ebene übergehen, wenn man alle Vektoren nicht drei- sondern zweidimensional ansetzt. Das läuft einfach darauf hinaus, daß man jeweils die Gleichung für die dritte Komponente wegläßt.

Parameterfreie Darstellung   Wie kann man nun zur parameterfreien Darstellung übergehen? Wir demonstrieren das zunächst für den Fall einer Gerade in der Ebene, die durch die beiden Punkte $\vec{p}$ und $\vec{q}$ geht. Wir haben (nach Umschreiben) die zwei Gleichungen: $x - p_x = (q_x - p_x)\,t$ und $y - p_y = (q_y - p_y)\,t$. Nun dividieren wir beide Gleichungen durcheinander, wobei das t herausfällt:

$$\frac{y - p_y}{x - p_x} = \frac{q_y - p_y}{q_x - p_x},$$

und, nach Auflösung nach y,

$$y = \frac{q_y - p_y}{q_x - p_x}(x - p_x) + p_y \quad = \quad \frac{q_y - p_y}{q_x - p_y}\,x + \left(p_y - \frac{q_y - p_y}{q_x - p_x}p_x\right).$$

(Man erkennt die übliche Geradenform $y = Ax + B$.)

Das Gleiche läßt sich auch für die räumliche Gerade tun: Man kann t eliminieren, indem man die 2. durch die 1. Gl. und die 3. durch die 1. Gl. dividiert:

$$\frac{y - p_y}{x - p_x} = \frac{q_y - p_y}{q_x - p_x} \quad \text{und} \quad \frac{z - p_z}{x - p_x} = \frac{q_z - p_z}{q_x - p_x}.$$

Dies führt auf die zwei Gleichungen

$$y = \frac{q_y - p_y}{q_x - p_x}(x - p_x) + p_y \quad \text{und} \quad z = \frac{q_z - p_z}{q_x - p_x}(x - p_x) + p_z$$

Jetzt haben wir statt drei nur noch zwei Gleichungen vom Typ $y = f(x)$ und $z = g(x)$, die die Gerade beschreiben. Sie gestatten es, bei gegebenem x die beiden anderen Koordinaten y und z zu berechnen. (Bei zweidimensionalen Figuren ist die parameterfreie Version etwas kürzer, bei dreidimensionalen aber ist die Sonderrolle einer der drei Koordinaten ein kleiner Schönheitsfehler.)

Allgemeine Kurven

Fassen wir zusammen und beginnen mit der Parameterdarstellung von Kurven in der Ebene. Wir kennzeichnen die einzelnen Punkte unserer Figur durch einen Parameter t. Dann sind die Koordinaten des betreffenden Punktes durch zwei Ausdrücke der Form $x = f(t)$ und $y = g(t)$ gegeben.

Als Beispiel möge ein Kreis mit dem Radius r um den Koordinatenursprung dienen. Als Parameter wählen wir hier den Winkel zwischen x-Achse und Richtung des Punktes. Man überzeugt sich leicht, daß $x = r\cos t$ und $y = r\sin t$ ist, wobei der Parameter t von 0 bis 2π läuft.

Die Parameterdarstellung von Kurven im Raum geschieht analog. Nachdem ein Punkt im Raum aber eine dritte Koordinate benötigt, ist eine dritte Gleichung erforderlich: $z = h(t)$.

Als Beispiel diene eine Spirale: Aus dem obigen Beispiel des Kreises läßt sich leicht eine Spirale erzeugen, wenn man die Gleichung $z = at$ hinzunimmt. Während t läuft, steuert der Parameter die Größen x und y um den Ursprung herum, während die dritte Beziehung dafür sorgt, daß der Punkt stetig an Höhe gewinnt. Jetzt kann t sogar ein Vielfaches von 2π annehmen, je nachdem, wie viele Windungen durchlaufen werden sollen.

Zur parameterfreien Darstellung von Kurven in der Ebene geht man dadurch über, daß man den Parameter t eliminiert. Dazu löst man eine der beiden Gleichungen, z.B. $x = f(t)$, nach t auf und erhält $t = \varphi(x)$. Dann kann man t in der zweiten Gleichung ersetzen, so daß $y = g(\varphi(x))$ entsteht, wofür man auch einfach $F(x, y) = 0$ schreiben kann.

Bei der Parameterdarstellung des Kreises kann man durch Quadrieren der beiden Gleichungen $x = r\cos t$ und $y = r\cos t$ und anschließendes Addieren zur parameterfreien Form $x^2 + y^2 = r^2$ übergehen. Weitere Beispiele für parameterfreie Darstellung von geometrischen Figuren stellen die Beziehungen

$$\frac{x^2}{a^2} + \frac{y^2}{b^2} = 1 \quad \text{und} \quad \frac{x^2}{a^2} - \frac{y^2}{b^2} = 1 \tag{3.2}$$

dar, von denen die erste eine Ellipse und die zweite eine Hyperbel ist (siehe Abb.3.3).

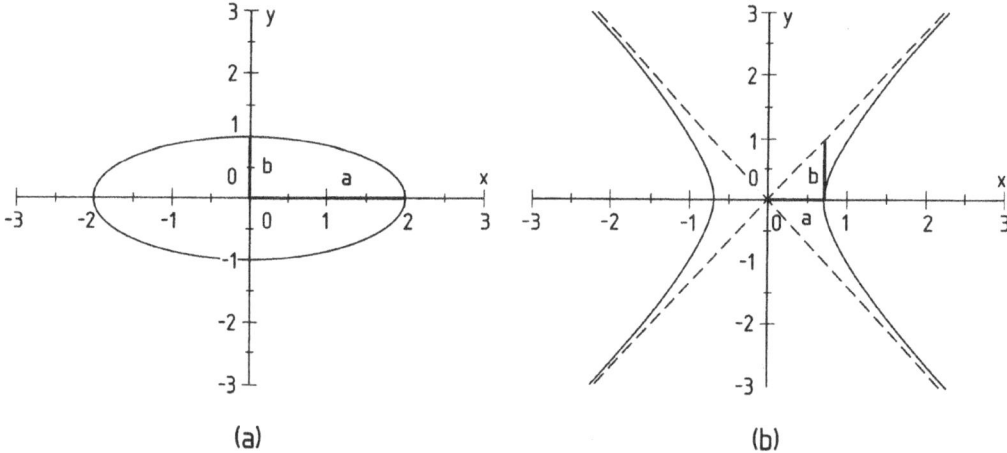

(a)   (b)

Fig. 3.3 Darstellung der beiden durch die Gln.(3.2) beschriebenen Gebilde.

Zur parameterfreie Darstellung von Kurven *im Raum* gelangt man auf dem gleichen Weg. Der Unterschied besteht lediglich darin, daß man nach Auflösen z.B. der ersten Gleichung nach t diese Größe aus den *zwei* übrigen Gleichungen eliminieren muß, so daß zwei Gleichungen resultieren: $y = g(\varphi(x))$ und $z = h(\varphi(x))$. (Es bestehen aber auch andere Möglichkeiten, t zu eliminieren.) Kurven im Raum werden also parameterfrei immer durch zwei Gleichungen zwischen x, y und z beschrieben. Durch Eliminieren haben wir eben die beiden Beziehungen $F(x, z) = 0$ und $G(x, z) = 0$ erhalten. Wir werden gleich im nächsten Abschnitt sehen, daß

Flächen im Raum durch eine Beziehung der Art $F(x, y, z) = 0$ festgelegt sind. Man ersieht daraus, daß zwei Flächen $F(x, y, z) = 0$ und $G(x, y, z) = 0$ als Schnitt eine Kurve im Raum ergeben, daß also stets *zwei* Flächen-Gleichungen notwendig sind, um eine Kurve im Raum festzulegen.

Anwendungen in der Thermodynamik

Derartige Kurven sind in der Thermodynamik (dort als *Wege* bezeichnet) von großer Bedeutung. (Die folgenden Beispiele sind alle zweidimensional.) Nehmen wir an, ein System sei durch die Variablen p (Druck)und T (Temperatur) charakterisiert. Wenn das System am Anfang die Werte p_1, T_1 hat und dann in den Zustand p_2, T_2 übergeführt wird, spielt der Weg, den wir von Punkt 1 nach 2 nehmen, eine wesentliche Rolle. Beispielsweise können wir

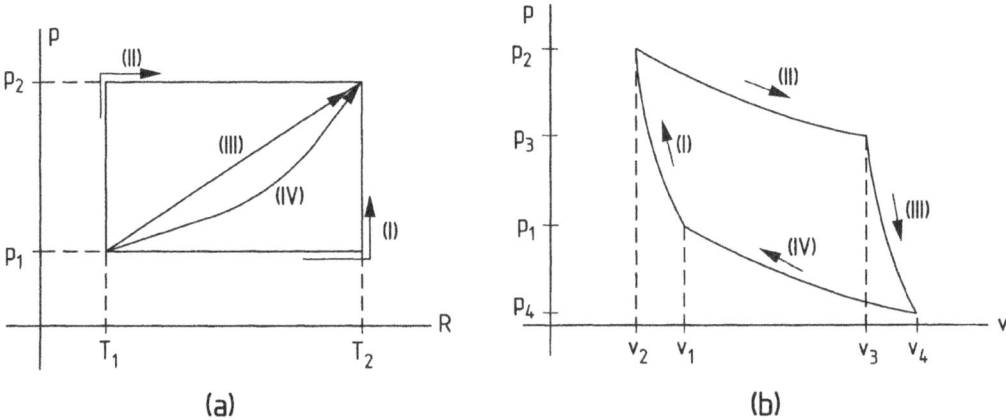

Fig. 3.4 (a) Verschiedene Wege, ein thermodynamisches System von Zustand 1 in den Zustand 2 zu überführen;   (b) Der aus vier Wegstücken bestehende Carnotsche Kreisprozeß.

erst p konstant lassen und nur T ändern und in einem zweiten Zuge dann T konstant lassen und p ändern (siehe Abb. 3.4a Weg I) oder auch die umgekehrte Reihenfolge wählen (Weg II). Wir können des weiteren aber auch beide Größen kontinuierlich ändern (Weg III auf einer Geraden, Weg IV auf einer Parabel). Als Beispiel für die mathematische Darstellung (in Parameterform) seien Weg I

$$\text{Erste Teilstrecke} \quad T = T_1 + (T_2 - T_1)t \qquad p = p_1 \quad (0 \le t \le 1)$$

$$\text{Zweite Teilstrecke} \quad T = T_2 \qquad p = p_1 + (p_2 - p_1)t \quad (0 \le t \le 1)$$

und ein Weg vom Typ IV

$$T = T_1 + (T_2 - T_1)t \quad p = p_1 + (p_2 - p_1)t^2 \quad (0 \le t \le 1)$$

explizit angegeben.

Als weiteres Beispiel wollen wir noch einen Prozeß betrachten, der in der Thermodynamik eine zentrale Rolle spielt, und der sich aus vier Schritten zusammensetzt (*Carnotscher*

Kreisprozeß). Hier wählen wir als Systemvariablen V (Volumen) und p (Druck) und arbeiten parameterfrei (mit V in der Rolle von x, siehe Abb. 3.4b). Der erste Schritt verläuft längs des Weges

$$p = p_1 V_1^\kappa \frac{1}{V^\kappa}, \quad \text{wobei} \quad V_1 \leq V \leq V_2 \quad \text{und} \quad V_2 < V_1,$$

der zweite längs des Weges

$$p = p_2 V_2 \frac{1}{V}, \quad \text{wobei} \quad V_2 \leq V \leq V_3 \quad \text{und} \quad V_2 < V_3,$$

der dritte gemäß

$$p = p_3 V_3^\kappa \frac{1}{V^\kappa}, \quad \text{wobei} \quad V_3 \leq V \leq V_4 \quad \text{und} \quad V_3 < V_4,$$

und der letzte zum Ausgangspunkt zurück:

$$p = p_4 V_4 \frac{1}{V}, \quad \text{wobei} \quad V_4 \leq V \leq V_1 \quad \text{und} \quad V_1 < V_4.$$

Dabei ist κ eine Materialkonstante, z.B. ≈ 1.5, und die p_i und V_i sind ebenfalls feste Zahlen. Die Überlegungen, die der Thermodynamiker darin knüpft, spielen im Augenblick keine Rolle, – wir wollen lediglich zeigen, daß die Charakterisierung der Wege in der hier besprochenen Art und Weise erfolgen muß.

> ■ Kurven im Raum können entweder
> *in Parameterform* $x = x(t)$, $y = y(t)$ und $z = z(t)$ angegeben werden oder
> *in parameterfreier Form* über zwei sich schneidende Flächen $F(x,y,z) = 0$ und
> $G(x,y,z) = 0$.

3.1.2   Flächen

Ebenen

Wir wollen mit der Darstellung von Ebenen im Raum beginnen, und zwar ebenfalls zunächst mit Ebenen durch den Koordinatenursprung. Anders als bei Geraden ist eine solche Ebene aber durch *zwei* Vektoren $\vec{a}$ und $\vec{b}$ charakterisiert. Will man sich in der Ebene bewegen, so muß man beide Vektoren mit einem Parameter verlängern oder verkürzen und dann addieren: $\vec{r} = \vec{a} \cdot u + \vec{b} \cdot v$. Man benötigt also zwei Parameter (hier u und v), um sich in einer Ebene zu bewegen. Die Gleichung einer Ebene durch den Koordinatenursprung lautet also

$$\vec{r} = \vec{a}\, u + \vec{b}\, v \quad \text{bzw. in Komponentenform} \quad \begin{cases} x = a_x u + b_x v \\ y = a_y u + b_y v \\ z = a_z u + b_z v \end{cases}$$

Soll eine Ebene parallel dazu verlaufen, aber durch einen vorgegebenen Punkt $\vec{p}$ gehen, so tritt wiederum an die Stelle dieser Gleichung die Vektorgleichung $\vec{r} = \vec{p} + \vec{a}\, u + \vec{b}\, v$. Soll die Ebene schließlich durch drei vorgegebene Punkte $\vec{o}$, $\vec{p}$ und $\vec{q}$ gehen, so sind die beiden Richtungsvektoren durch $\vec{a} = \vec{p} - \vec{o}$ und $\vec{b} = \vec{q} - \vec{o}$ festgelegt, so daß die Vektorgleichung

$$\vec{r} = \vec{o} + (\vec{p} - \vec{o})\, u + (\vec{q} - \vec{o})\, v = \begin{cases} x = o_x + (p_x - o_x)\, u + (q_x - o_x)\, v \\ y = o_y + (p_y - o_y)\, u + (q_y - o_y)\, v \\ z = o_z + (p_z - o_z)\, u + (q_z - o_z)\, v \end{cases}$$

entsteht.

Beim Übergang zur parameterfreien Form sind aus den drei Gleichungen zwei Größen, u und v, zu eliminieren. Das ist nicht besonders schwer, aber in Anbetracht der Länge der Gleichungen etwas umständlich. Einfacher ist es, sich zu überlegen, daß das Resultat linear in x, y, z sein muß, weil alle drei Gleichungen linear in x, y, z, u und v sind. Die Lösung läßt sich also im Prinzip auf die Form $Ax + By + Cz = 1$ bringen, was wir aber besser als

$$\frac{x}{\alpha} + \frac{y}{\beta} + \frac{z}{\gamma} = 1$$

schreiben. Diese Gleichung gilt es zu interpretieren. Setzen wir $y = z = 0$, so bleibt $x/\alpha = 1$, bzw. $x = \alpha$. α ist also der Durchstoßpunkt der Ebene durch die x-Achse, d.h., sie geht durch den Punkt $(\alpha, 0, 0)$. In analoger Weise ergeben sich die beiden Durchstoßpunkte für die y- und die z-Achse: $(0, \beta, 0)$ und $(0, 0, \gamma)$. Damit wissen wir, um welche Ebene es sich handelt und was die Größen α, β, γ bedeuten.

Ebenen, die parallel zur z-Achse liegen, haben keinen Durchstoßpunkt auf dieser Achse. Das zeigt sich in der Form $Ax + By + Cz = 0$ so, daß $C = 0$ ist: $Ax + By = 1$ ist nur noch eine Beziehung zwischen x und y, die nicht mehr von z abhängt, d.h. für alle z-Werte die gleiche ist. Daraus ergibt sich, daß die Ebene parallel zur z-Achse liegen muß. Z.B. ist $x - y = 1$ eine Beziehung, für die für alle z-Werte $y = x - 1$ gilt. Dies stellt für alle z-Werte die gleiche Gerade in der x, y-Ebene dar, also die Ebene "über dieser Geraden". Entsprechendes gilt für Ebenen parallel zu x- oder zur x-Achse.

Allgemeine Flächen

Allgemein läßt sich bezüglich Flächen im Raum festhalten: In der Parameterform benötigt man für die drei Koordinaten drei Funktionen, die nun von *zwei* Parametern abhängen: $x = f(u, v)$, $y = g(u, v)$, $z = h(u, v)$. Eliminiert man die Parameter u und v, so bleibt *eine Beziehung* zwischen den drei Koordinaten übrig: $F(x, y, z) = 0$.

Als Beispiel wählen wir die Darstellung einer Kugeloberfläche mit Radius r. Als Parameter wollen wir die beiden Winkel θ und φ von Gl. (3.1) verwenden. Ein Vektor der Länge r kennzeichnet dann den Punkt auf der Kugeloberfläche in der Richtung, die durch θ und φ bestimmt ist. Wir erhalten

$$x = r \sin\theta \cos\varphi$$

$$y = r \sin\theta \sin\varphi \tag{3.3}$$

$$z = r \cos\theta.$$

Um zur parameterfreien Form überzugehen, eliminieren wir zunächst φ, indem wir die ersten beiden Gleichungen quadrieren und addieren:

$$x^2 + y^2 = r^2 \sin^2\theta (\cos^2\varphi + \sin^2\varphi) = r^2 \sin^2\theta.$$

Quadrieren der dritten Gleichung und addieren der eben erhaltenen Gleichung eliminiert θ:

$$x^2 + y^2 + z^2 = r^2(\sin^2\theta + \cos^2\theta) = r^2,$$

ein Resultat, daß sich auch direkt hätte finden lassen, wenn man nach der Bedingung für alle Punkte mit Abstand r zum Koordinatenursprung gefragt hätte.

Kompliziertere quadratische Ausdrücke wie

$$\frac{x^2}{a^2} + \frac{y^2}{b^2} + \frac{z^2}{c^2} = 1$$

ergeben auch kompliziertere Flächen, wie Abb. 3.5 zeigt. Dem Leser sei empfohlen, sich die

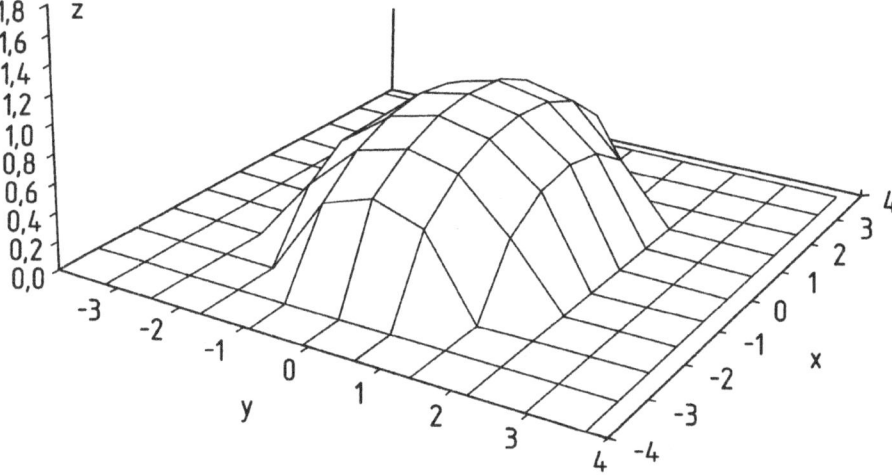

Fig. 3.5 Die Fläche $x^2/9 + y^2/4 + z^2 = 1$.

Flächen von Gleichungen wie

$$\frac{x^2}{a^2} + \frac{y^2}{b^2} - \frac{z^2}{c^2} = 1, \qquad \frac{x^2}{a^2} + \frac{y^2}{b^2} - \frac{z^2}{c^2} = -1,$$

$$\frac{x^2}{a^2} + \frac{y^2}{b^2} = 2z \qquad \text{oder} \qquad \frac{x^2}{a^2} - \frac{y^2}{b^2} = 2z$$

an Hand von horizontalen oder vertikalen Schnitten selbst ein Bild zu machen. (Setzt man z.B. $x = 0$, so erhält man einen Schnitt in der y, z-Ebene. Durch mehrere solcher Schnitte gewinnt man einen Eindruck von der Gestalt der Fläche.) Es soll nur noch auf die Gleichung

$$\frac{x^2}{a^2} + \frac{y^2}{b^2} - \frac{z^2}{c^2} = 0$$

hingewiesen werden (Abb. 3.6), die einen Doppelkegel darstellt. (Solche Flächen treten zuweilen als *konische Durchschneidungen* zweier Energiehyperflächen von Anregungszuständen eines Moleküls auf.)

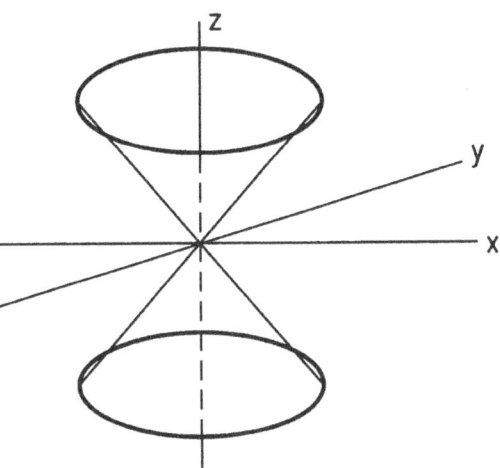

Fig. 3.6 Doppelkegel.

■ Flächen im Raum können entweder mit zwei Parametern
in Parameterform $x = f(u, v)$, $y = g(u, v)$ und $z = h(u, v)$ beschrieben werden
oder
in parameterfreier Form als eine Beziehung zwischen den drei Koordinaten:
$F(x, y, z) = 0$ dargestellt werden.

Aufgaben

Alle Aufgaben sind so zu lösen, daß zunächst eine Parameterform anzugeben ist und dann durch
Eliminierung die parameterfreie Form.

1. Geben Sie die Gleichungen für eine Gerade im Raum an, deren Richtung durch die Winkel θ
und φ gegeben ist (siehe Text) und die durch den Punkt $(4, -2, 1)$ geht!
2. Geben Sie die Gleichungen für eine Gerade im Raum an, die durch die Punkte $(4, -2, 1)$ und
$(3, 5, -3)$ geht!
3. Geben Sie die Gleichungen für eine Gerade in der Ebene an, die durch die Punkte $(-3, 4)$ und
$(6, 2)$ geht!
4. Geben Sie die Gleichungen für eine Gerade in der Ebene an, die mit der x-Achse einen Winkel
von 60^0 bildet und die die y-Achse an der Stelle -3 schneidet!
5. Geben Sie die Gleichungen für eine Ellipse mit den Halbachsen 3 und 2 an!
6. Geben Sie die Gleichungen für eine Hyperbel an, deren Scheitelpunkte bei ± 2 auf der x-Achse
liegen und die sich für große x-Werte den Geraden $y = \pm 4x$ nähert.
7. Wie sehen die entsprechenden Gleichungen aus, wenn die Scheitelpunkte auf der y-Achse liegen
sollen, die asymptotischen Geraden aber die gleichen wie in Aufgabe 6 sein sollen?
8. Diskutieren Sie die vier Formen

$$x^2 + y^2 = 1 \quad x^2 - y^2 = 1 \quad -x^2 + y^2 = 1 \quad -x^2 - y^2 = 1.$$

9. Geben Sie die Gleichungen für eine Ebene an, die durch die Punkte $(7, -1, 3)$, $(-4, -3, 4)$ und

$(2, -5, -6)$ geht!

10. Geben Sie die Gleichungen für eine Ebene an, die drei Achsen in den Punkten 3, -2, 4 schneidet!

11. Diskutieren Sie qualitativ die durch $x^2 - y^2 - z^2 = 1$ gegebene Fläche!

3.2 Abbildungen von Punktmengen, Koordinatentransformationen

Dieser Abschnitt widmet sich zwei Fragen. Die erste ist, wie man aus vorliegenden Figuren neue Gebilde erzeugen kann (*aktive* Transformation). Die wichtigsten Beispiele hierfür sind Verschiebungen, Verzerrungen oder Drehungen. Die zweite Frage ist, wie sich die Gleichung, die ein Gebilde festlegt, ändert, wenn man die Koordinaten durch andere ersetzt (*passive* Transformation). Es wird sich herausstellen, daß beide Fragen sehr eng miteinander zusammenhängen.

Die Gesamtheit aller Punkte einer Ebene oder eines Raumes bilden eine Menge. Nun hatten wir bereits in Abschnitt 1.1.3 gesehen, daß man Mengen auf andere Mengen (oder auch auf sich selbst) abbilden kann. Wir tun das so, daß wir jedem Punkt P einen anderen Punkt $\overline{P}$ zuordnen. Hat der Punkt P die Koordinaten x, y, so soll der Punkt $\overline{P}$ die Koordinaten $\overline{x}, \overline{y}$ haben, bzw. bei einem dreidimensionalen Raum, die *drei* Koordinaten x, y, z und $\overline{x}, \overline{y}, \overline{z}$. Diese Zuordnung soll umkehrbar sein, d.h., *jedem* Punkt P ist genau ein $\overline{P}$ zugeordnet und niemals zwei verschiedenen Punkten P_1 und P_2 der gleiche $\overline{P}$.

Diesen Zusammenhang kann man nun auf zweierlei Weisen interpretieren. Bei der aktiven Form sehen wir das wie eben beschrieben: einem Punkt P wird einer anderer Punkt $\overline{P}$ zugeordnet. Bei der passiven Form fassen wir das so auf, daß P und $\overline{P}$ zwar die gleichen Punkte darstellen, daß sie aber nun durch andere Koordinaten $(\overline{x}, \overline{y})$ beschrieben werden, daß also eine "Namens"änderung (*Koordinatentransformation*) vorgenommen wird.

Wir wollen das Problem nicht in allgemeiner Form angehen, sondern zunächst einfache Fälle studieren. Später kann man dann zu komplizierteren Transformationen übergehen.

3.2.1 Translationen

Wir beginnen mit dem einfachsten Fall und setzen $\overline{x} = x + a$ und $\overline{y} = y + b$. Man sieht, daß $\overline{P}$ aus P dadurch erzeugt wird, daß wir a Einheiten nach rechts und b Einheiten nach oben gehen (siehe z.B. Punkt $(-1, 1)$ in Abb. 3.7a). Da die Vorschrift in unserem Falle für alle Punkte die gleiche ist, bedeutet das, daß die zugeordneten Punkte alle durch die gleiche Verschiebung aus ihren Urbildern hervorgehen (*Translation*).

Wir bringen nun ein geometrisches Gebilde ins Spiel, das entweder in Parameterform oder in parameterfreier Form

$$\left\{ \begin{array}{l} x = f(t) \\ y = g(t) \end{array} \right. \qquad \Longleftrightarrow \qquad F(x, y) = 0 \tag{3.4}$$

festgelegt sein kann und erinnern daran, daß wir durch Eliminieren von t jederzeit von links nach rechts übergehen können.

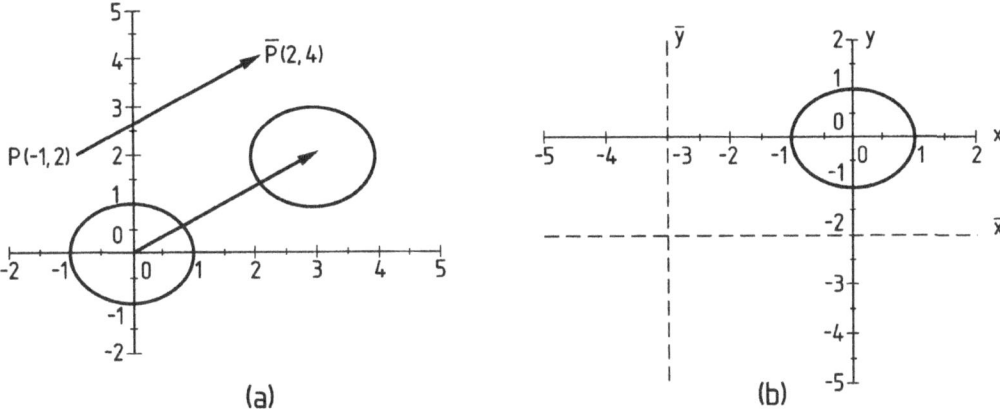

Fig. 3.7 (a) Aktive Translation mit $a = 3$ und $b = 2$;   (b) Entsprechende passive Translation.

Aktive Translation   Allen Punkten werden dabei verschobene Punkte zugeordnet und das gilt auch für die Punkte, die unsere Figur (3.4) beschreiben. Durch Übergang von P zu $\overline{P}$ werden alle ihre Punkte (also die ganze Figur) um a Einheiten nach rechts und b Einheiten nach oben verschoben. Am einfachsten ist das in der Parameterform zu sehen:

$$\left\{ \begin{array}{l} \overline{x} = x + a = f(t) + a \\ \overline{y} = y + b = g(t) + b \end{array} \right. . \tag{3.5}$$

Die Striche erinnern nur daran, daß wir eine Verschiebung vorgenommen haben. Da sich das Koordinatensystem nicht geändert hat, können wir sie jetzt weglassen und einfach sagen, die Parameterform der verschobenen Figur (3.4) lautet

$$\left\{ \begin{array}{l} x = f(t) + a \\ y = g(t) + b \end{array} \right. . \tag{3.6}$$

Um das Gleiche mit der parameterfreien Form vorzunehmen, muß man die beiden Gleichungen (3.6) umformen:

$$x - a = f(t) \quad \text{und} \quad y - b = g(t).$$

Nun kann man t wie in Gl. (3.4) eliminieren und erhält mit $x - a$ an Stelle von x und $y - b$ an Stelle von y

$$F(x - a, y - b) = 0. \tag{3.7}$$

In Worten: *Gegeben ein geometrisches Gebilde durch die Gleichung*

$$F(x, y) = 0$$

und gesucht die entsprechende Gleichung für ein um a in x-Richtung und b in y-Richtung verschobenes Gebilde: um die Gleichung für letzteres zu erhalten, muß man in $F(x, y) = 0$

x durch x − a und y durch y − b ersetzen:

$$F(x - a, y - b) = 0.$$

Als Beispiel diene der Einheitskreis: $x = \cos t, y = \sin t$ (Parameterform), bzw. $F(x, y) = x^2 + y^2 - 1 = 0$ (parameterfrei). Geht man zu $\overline{x} = x + a = \cos t + a$ und $\overline{y} = y + b = \sin t + b$ über und läßt die Striche weg, so erhält man die Parameterform des verschobenen Kreises:

$$x = \cos t + a \quad \text{und} \quad y = \sin t + b.$$

Um zur parameterfreien Form zu gelangen, formt man um:

$$x - a = \cos t \quad \text{und} \quad y - b = \sin t,$$

und geht durch Eliminieren von t (Quadrieren und Addieren) zur parameterfreien Form über:

$$(x - a)^2 + (y - b)^2 - 1 = 0.$$

Diese Gleichung stellt einen Einheitskreises mit dem Zentrum (a, b) dar.

Passive Translation Fassen wir den Übergang von x, y zu $\overline{x}, \overline{y}$ als Zuordnung *neuer Koordinaten* zum alten Punkt P auf, so stellt sich als erstes die Frage nach den neuen Koordinaten-Achsen. Die neue $\overline{x}$-Achse ist durch $\overline{y} = 0$, bzw. wegen $\overline{y} = y + b$ in alten Koordinaten durch $y = -b$ gekennzeichnet. Sie besteht aus allen Punkten, die b Einheiten unter der x-Achse liegen. Die neue x-Achse liegt also parallel zur alten, aber b Einheiten unter ihr. Ähnlich zeigt sich, daß die neue y-Achse ($\overline{x} = 0$!) a Einheiten nach links gegenüber der alten verschoben ist (siehe Abb. 3.7b). Bei der passiven Translation ist das neue Achsenkreuz gerade umgekehrt verschoben wie die Figur selbst bei der aktiven Translation.

Ansonsten bleibt der formale Teil unverändert und wir erhalten ebenfalls zunächst die Gln. (3.5). Da es sich nun aber um andere Koordinaten handelt, behalten wir die Striche über den Variablen jetzt besser bei. Die gleichen Schritte, die uns zur Eliminierung von t und damit zu Gl. (3.7) geführt haben, können wir jetzt ebenfalls vornehmen und es entsteht

$$F(\overline{x} - a, \overline{y} - b) = 0,$$

bis auf die Striche formal das Gleiche wie Gl. (3.7). Diese Gleichung beschreibt also nach wie vor die gleiche Figur, jetzt aber bezogen auf die neuen Koordinaten. In unserem Beispiel des Einheitskreises ist das Zentrum unverändert geblieben. Die parameterfreie Form lautet nach der Koordinatentransformation nun

$$(\overline{x} - a)^2 + (\overline{y} - b)^2 - 1 = 0.$$

Daß sich die Form der Bedingung geändert hat, liegt nur daran, daß sie sich auf neue Koordinaten bezieht. Deshalb nennt man diese Interpretation eine *passive Translation*. Ganz allgemein zeigt sich, daß die Verschiebung aller Punkte einerseits und die gegenläufige Verschiebung des Koordinatensystems andererseits zwei Seiten ein und derselben Medaille sind.

Aktive Translation, dreidimensionaler Fall Zum Schluß wollen wir die aktive Translation noch auf den dreidimensionalen Fall verallgemeinern. Gegeben ein dreidimensionales geometrisches Gebilde, das verschoben werden soll. Die allgemeine Form ist

$$x = f(u,v), \qquad y = g(u,v), \qquad z = h(u,v),$$

bzw., nach Eliminieren von u und v, $F(x,y,z) = 0$. Verschieben wir diese Figur um die Strecke a in x-Richtung, um b in y-Richtung und um c in z-Richtung, müssen wir die drei Gleichungen durch

$$x = f(u,v) + a, \qquad y = g(u,v) + b, \qquad z = h(u,v) + c$$

ersetzen.[3] Die Eliminierung von u und v erfolgt formal in der gleichen Weise wie bei der unverschobenen Figur, indem wir durch Umstellung zu

$$x - a = f(u,v), \qquad y - b = g(u,v), \qquad z - c = h(u,v)$$

übergehen und die gleiche (u,v)-Eliminierung wie bei der ursprünglichen Figur vornehmen, wobei jetzt aber $F(x-a, y-b, z-c) = 0$ entsteht.

■ Abbildungen von Koordinatensätzen auf neue Koordinatensätze lassen sich generell auf zwei Arten lesen:
entweder *aktiv*, d.h. bestimmte Punkte, z.B. die Punkte einer Kurve, werden auf andere Punkte verschoben, so daß das betreffende Objekt in ein anderes übergeht,
oder *passiv*, d.h. alle Punkte im Raum erhalten neue Namen (Koordinatentransformation) und damit alle Gebilde auch neue Bedingungsgleichungen.
Ein einfaches Beispiel bietet die Zuordnung $\overline{x} = x + a$, $\overline{y} = y + b$ und $\overline{z} = z + c$.
Aktiv interpretiert führt die Ersetzung $x \rightarrow x - a$, $y \rightarrow y - b$ und $z \rightarrow z - c$ zu verschobenen Kurven oder Flächen, passiv betrachtet führt der Übergang zu $\overline{x}, \overline{y}, \overline{z}$ zur Darstellung des Gebildes in einem verschobenen Koordinatensystem.

3.2.2 Streckungen und Stauchungen

Das nächste Beispiel ist etwas komplizierter. Als Abbildung wählen wir $\overline{x} = 2x$ und $\overline{y} = y$, d.h. wir strecken die x-Komponente eines Punktes um den Faktor zwei und lassen die y-Komponente unverändert. Beispiele sind in Abb. 3.8a für $P_1 = (-1,2)$ und $P_2 = (2,3)$ gegeben. Aus der Figur des Kreises wird dadurch eine Ellipse mit langer Halbachse 2 (s. ebenfalls Abb. 3.8a). $x = \cos t$ geht nämlich bei der Streckung in $x = 2\cos t$ über und die t-Eliminierung führt auf $x^2/4 + y^2 - 1 = 0$, was – wie wir im vorigen Abschnitt gesehen haben – einer Ellipse der angegebenen Form entspricht [vergl. Gl. (3.2)]. Diese aktive Form der Streckung bringt gegenüber der Translation nichts wesentlich Neues.

Fassen wir aber $\overline{x} = 2x$ als Koordinatentransformation auf, so hat der Punkt $x = 1, y = 0$ jetzt die Koordinaten $\overline{x} = 2, \overline{y} = 0$ usw, d.h. die Numerierung der $\overline{x}$-Achse erhält zweimal so große Werte wie die der (alten) x-Achse (siehe Abb. 3.8b). Die Gleichung für den Kreis

---

[3]Bitte beachten Sie, daß wir bereits an dieser Stelle die Striche an den Koordinaten weggelassen haben!

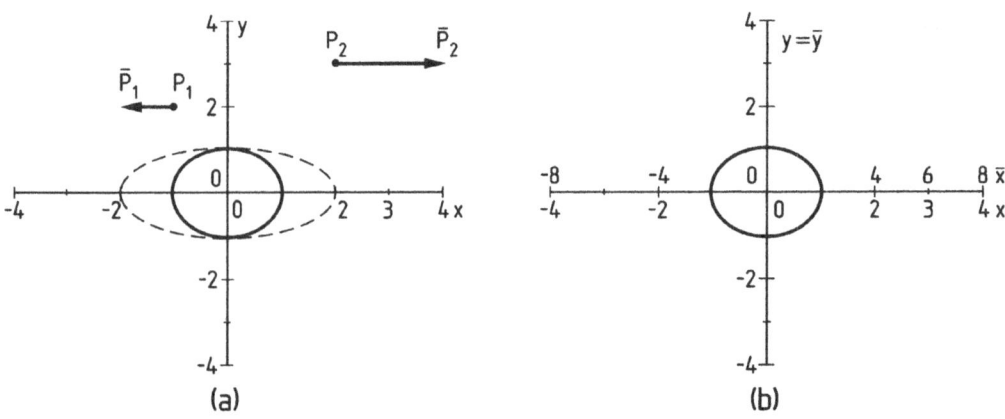

Fig. 3.8 (a) Aktive Streckung in x-Richtung; (b) Passive Stauchung der x-Achse.

$x^2 + y^2 - 1 = 0$ lautet in neuen Koordinaten $\bar{x}^2/4 + \bar{y}^2 - 1 = 0$, hat also die gleiche Form wie die Ellipsengleichung bei der aktiven Streckung. Stellt sie auch eine Ellipse dar? Nein, es handelt sich um eine Kreis-Gleichung. Das wird nur dadurch verschleiert, daß aus dieser Gleichung allein nicht hervorgeht, daß $\bar{x}$ und $\bar{y}$ keine kartesischen Koordinaten mehr darstellen.

Etwas Ähnliches ist uns bei der Vektorrechnung begegnet. Wenn man einen Vektor mit gegebenen Komponenten zeichnen will, geht man davon aus, daß die Basisvektoren die drei Einheitsvektoren sind. Wenn nichts Anderes angemerkt wird, ist das auch vorausgesetzt. Genau genommen müßte aber gefragt werden: Auf welche Basisvektoren beziehen sich die Komponenten? Erst mit der Antwort darauf ist der Vektor vollständig festgelegt. Mit einer Bedingungsgleichung $F(x,y) = 0$ für die Punkte einer Figur verhält es sich ähnlich. Mit Hilfe der Gleichung läßt sich nur feststellen, ob ein Punkt mit den Koordinaten x, y zur Figur gehört oder nicht. *Wo* die Punkte in der Ebene liegen, ist aber damit noch nicht gesagt. Wenn nichts Genaueres angegeben ist, wird man davon ausgehen dürfen, daß es sich um kartesische Koordinaten (senkrecht aufeinander stehende Achsen, gleiche Skalierung, Koordinaten=Achsenabschnitte) handelt. Dann ist die Form der Figur vollständig festgelegt. Bei $F(\bar{x}, \bar{y}) = 0$ handelt es sich aber nicht um kartesische Koordinaten. Um zu wissen, wo der Punkt $(\bar{x}, \bar{y})$ in der Ebene liegt, müssen wir den Zusammenhang mit bekannten Koordinaten kennen. Dies wird durch die beiden Gleichungen $\bar{x} = 2x$ und $\bar{y} = y$ festgelegt. Dann würde sich ergeben, daß die mit $\bar{x}^2/4 + \bar{y}^2 - 1 = 0$ festgelegten Punkte tatsächlich auf dem Einheitskreis um den Ursprung liegen. Der Unterschied zur Translation besteht darin, daß dort das Koordinatensystem nur verschoben wird, also ein kartesisches bleibt.

Auch hier soll das Ergebnis für die aktive Streckung noch auf drei Dimensionen verallgemeinert werden. Wird die Figur in x-Richtung um den Faktor a gestreckt, in y-Richtung um den Faktor b und in z-Richtung um den Faktor c, so lauten die Gleichungen in der Parameterform

$$x = af(u,v), \qquad y = bg(u,v), \qquad z = ch(u,v),$$

bzw.

$$\frac{x}{a} = f(u, v), \qquad \frac{y}{b} = g(u, v), \qquad \frac{z}{c} = h(u, v).$$

Ergibt die Eliminierung der Parameter in der unverzerrten Form die Gleichung $F(x, y, z) = 0$, dann ergibt sich für die verzerrte Form $F(x/a, y/b, z/c) = 0$. In Worten: *Soll ein durch die Gleichung $F(x, y, z) = 0$ festgelegtes Gebilde um die Faktoren a, b, c in den Achsenrichtungen gestreckt werden, lautet die Gleichung der verzerrten Figur $F(x/a, y/b, z/c) = 0$.* (Faktoren größer als 1 führen zu Streckungen, kleiner als 1 zu Stauchungen und negative Faktoren zusätzlich zu Spiegelungen an den Achsen.)

3.2.3   Rotationen

Unser nächstes Beispiel[4] ist die Abbildung, bei der $\overline{P}$ durch Drehung um einen (für alle Punkte gleichen) Winkel aus P entsteht. Derartige Transformationen haben wir im Kapitel 2 für Vektoren bereits besprochen. (Der Koordinatensatz ist ja nichts anderes als die Komponenten des Ortsvektors.) Einer Drehung entsprach eine Matrizengleichung [vergl. Gl. (2.39) und den Unterabschnitt "Orthogonale" Transformationen in Abschn. 2.4.2], im zweidimensionalen Falle

$$\overline{\mathbf{r}} = \mathbf{R}\mathbf{r} \qquad \text{bzw.} \qquad \begin{cases} \overline{x} = R_{11}\, x + R_{12}\, y \\ \overline{y} = R_{21}\, x + R_{22}\, y \end{cases}. \tag{3.8}$$

Dabei ist $\mathbf{R}$ eine reell-orthogonale Matrix, d.i. eine Matrix, die der Bedingung $\mathbf{R}^T\mathbf{R} = \mathbf{1}$ genügt. Will man den Winkel, um den P gedreht wird, ins Spiel bringen, müßte man

$$\mathbf{R} = \begin{pmatrix} \cos\varphi & -\sin\varphi \\ \sin\varphi & \cos\varphi \end{pmatrix} \tag{3.9}$$

setzen (man überzeugt sich leicht, daß die Matrix der angegebenen Bedingung genügt). Um zu den gedrehten Punkten $\overline{P}$ überzugehen, müssen also x bzw. y durch

$$\overline{x} = \cos\varphi\, x - \sin\varphi\, y \tag{3.10}$$

$$\overline{y} = \sin\varphi\, x + \cos\varphi\, y \tag{3.11}$$

ersetzt werden. Dies sind unsere Transformationsgleichungen.

Aktive Rotation   Eine in Parameterform gegebene Figur geht von

$$x = f(t) \qquad \text{und} \qquad y = g(t)$$

in

$$\overline{x} = x\cos\varphi - y\sin\varphi = \cos\varphi\, f(t) - \sin\varphi\, g(t)$$

$$\overline{y} = x\sin\varphi + y\cos\varphi = \sin\varphi\, f(t) + \cos\varphi\, g(t)$$

---

[4]Diesen Abschnitt können weniger interessierte Leser überschlagen.

über. Wir wissen, daß bei aktiven Transformationen die Striche nach Ersetzen von x und y bedeutungslos geworden sind. Im Falle eines Einheitskreises um den Koordinatenursprung lauten die neuen Gleichungen jetzt [mit $f(t) = \cos t$ und $g(t) = \sin t$][5]

$$x = \cos\varphi \cos t - \sin\varphi \sin t = \cos(\varphi + t)$$
$$y = \sin\varphi \cos t + \cos\varphi \sin t = \sin(\varphi + t).$$

Die t-Eliminierung liefert dann die alte Gleichung $x^2 + y^2 - 1 = 0$, was zu erwarten war, da ein Kreis um den Ursprung durch Drehung aller Punkte in sich selbst übergeht. Dagegen führt eine Gerade zu einer gedrehten Geraden bzw. ein Kreis außerhalb des Ursprungs ebenfalls zu einem Kreis, aber mit anderem Zentrum. Verifizieren wir das an Hand einer Geraden durch den Ursprung und einem Winkel α gegen die x-Achse. Eine Parameterdarstellung lautet $x = (\cos\alpha)t$ und $y = (\sin\alpha)t$ (s. Beispiel in Abschn. 3.1.1). Bildet man nun die beiden Ausdrücke (3.10) und (3.11), so entsteht

$$x = \cos\varphi \cos\alpha\, t - \sin\varphi \sin\alpha\, t = \cos(\varphi + \alpha)\, t$$

und

$$y = \sin\varphi \cos\alpha\, t + \cos\varphi \sin\alpha\, t = \sin(\varphi + \alpha)\, t,$$

also die um φ gedrehte Gerade.

Haben wir nur eine parameterfreie Form, so müssen wir wie bei der Translation zunächst die Transformationsgleichungen nach x und y auflösen und dann die entsprechenden Ersetzungen vornehmen. In der Schlußform werden die Striche an den Variablen weggelassen. Die Auflösung nach x und y ergibt

$$\mathbf{x} = \mathbf{R}^{-1}\overline{\mathbf{x}} \quad \text{bzw.} \quad \begin{pmatrix} x \\ y \end{pmatrix} = \begin{pmatrix} \cos\varphi & \sin\varphi \\ -\sin\varphi & \cos\varphi \end{pmatrix} \begin{pmatrix} \overline{x} \\ \overline{y} \end{pmatrix}, \tag{3.12}$$

d.h. x ist durch $\cos\varphi\overline{x} + \sin\varphi\overline{y}$ und y durch $-\sin\varphi\overline{y} + \cos\varphi\overline{x}$ in $F(x,y) = 0$ zu ersetzen.

Passive Rotation Bei der passiven Rotation wird das Koordinatensystem gedreht, und die Transformationsgleichungen liefern die neuen Koordinaten eines Punktes. Die Lage der (neuen) $\overline{y}$-Achse finden wir wiederum aus der Bedingung $\overline{x} = 0$:

$$\overline{x} = \cos\varphi x - \sin\varphi y = 0.$$

Dies ist in alten Koordinaten die Gerade $y = (\cos\varphi/\sin\varphi)x$, eine Gerade, die gegenüber der y-Achse um den Winkel $-\varphi$ gedreht ist. Analog ergibt sich die (neue) $\overline{x}$-Achse aus der Bedingung $\overline{y} = 0$, d.h.

$$\overline{y} = \sin\varphi x + \cos\varphi y = 0.$$

Daraus resultiert $y = -(\sin\varphi/\cos\varphi)x$, d.h. eine Gerade, die gegenüber der (alten) x-Achse ebenfalls um den Winkel $-\varphi$ gedreht ist. Das neue Achsensystem ist also um den *entgegengesetzten* Winkel gedreht wie die Figur bei der gleichen aktiven Rotation (siehe Abb. 3.9).

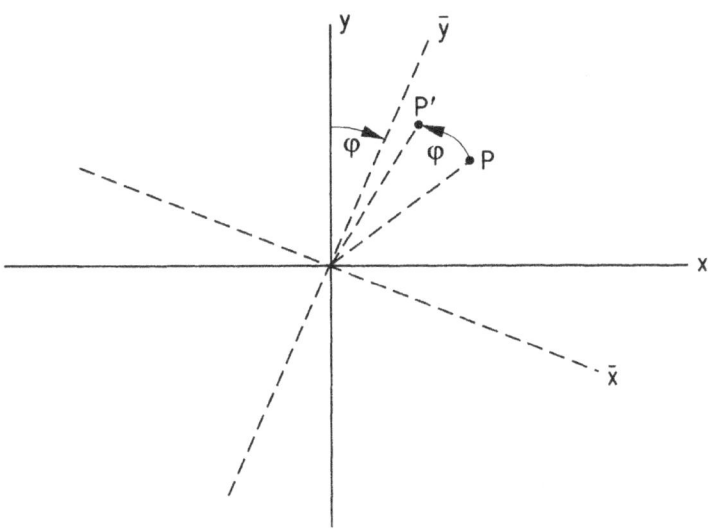

Fig. 3.9 Aktive Rotation von $P \to \overline{P}$ um dem Winkel φ, bzw. die neuen Koordinatenachsen $\overline{x}, \overline{y}$ bei entsprechender passiver Rotation.

Das entspricht den Verhältnissen bei der Translation, bei der ja auch Verschiebung der Punkte und entgegengesetzte Verschiebung der Koordinatenachsen einander entsprachen.

Wenn wir zum Schluß die oben gegebene Gerade in die neuen Koordinaten transformieren wollen, gehen wir am besten zur parameterfreien Form über: $y = \tan\alpha\ x$. Die Auflösung der Transformationsgleichungen nach x und y wurde bereits angegeben [s. Gln. (3.12)]. Geht man damit in die Geradengleichung $y = \tan(\alpha)\, x$ hinein, entsteht

$$-\sin\varphi\ \overline{x} + \cos\varphi\ \overline{y} = \tan\alpha(\cos\varphi\overline{x} + \sin\varphi\overline{y}).$$

Umstellen ergibt

$$(\cos\varphi - \tan\alpha\sin\varphi)\overline{y} = (\sin\varphi + \tan\alpha\cos\varphi)\overline{x},$$

Auflösen nach $\overline{y}$

$$\overline{y} = \frac{\sin\varphi + \tan\alpha\cos\varphi}{\cos\varphi - \tan\alpha\sin\varphi}\overline{x},$$

und schließlich Erweitern mit $\cos\alpha$

$$\overline{y} = \frac{\sin\varphi\cos\alpha + \sin\alpha\cos\varphi}{\cos\varphi\cos\alpha - \sin\alpha\sin\varphi}\overline{x} = \tan(\alpha + \varphi)\overline{x}.$$

Das ist die gleiche Form wie sie die aktiv gedrehte Gerade hatte, aber die Koordinaten sind nun $\overline{x}, \overline{y}$, d.h. eine Geradengleichung, die sich auf das gedrehte Koordinatensystem bezieht.

---

[5]Die für Ausdrücke wie $\cos(\varphi + t)$ benötigten Formeln findet man in der Zusammenstellung Gln. (4.4) bis (4.7).

Daß es sich um die ungedrehte Gerade handelt, sieht man daran, daß sie gegen das neue Achsensystem den Winkel $\alpha + \varphi$ aufweist, also gegen das alte nach wie vor den Winkel α.

Rotationen im dreidimensionalen Raum Wir haben bislang nur zweidimensionale Rotationen behandelt, weil wir die Diskussion zunächst so einfach wie möglich halten wollten. Die Erweiterung von Gln. (3.8) auf drei Dimensionen lautet

$$\left\{ \begin{array}{l} \overline{x} = R_{11}\, x + R_{12}\, y + R_{13}\, z \\ \overline{y} = R_{21}\, x + R_{22}\, y + R_{23}\, z \\ \overline{z} = R_{31}\, x + R_{32}\, y + R_{33}\, z \end{array} \right. \quad \text{wobei} \quad \mathbf{R}^T \mathbf{R} = \mathbf{1}.$$

Um eine solche Rotation durch Winkel zu charakterisieren, sind *drei* Winkel, z.B. die sog. *Eulerschen Winkel* φ, θ, χ, notwendig.[6] Wir erklären sie am besten durch Beschreibung der Drehungen der Koordinatenachsen, also im Rahmen der passiven Rotation. Die ersten beiden Winkel werden benötigt, um die neue Richtung der z-Achse festzulegen und der dritte schließlich, um die x- und y-Achsen in die gewünschte Position zu bringen. Die erste Rotation (um den Winkel φ) dient dazu, die x, y-Achsen so um die z-Achse zu drehen, daß die negative y-Achse in die Richtung weist, in die wir die z-Achse "abkippen" wollen. Der zweite Winkel (θ) ist der Winkel, um den die z-Achse abgekippt wird. Jetzt hat die z-Achse die richtige Orientierung und wir müssen durch eine Drehung um diese z-Achse (Winkel χ) die x- und y-Achse in ihre endgültige Position bringen.

Betrachten wir dazu die Abb. 3.10a: Dort blicken wir von oben auf die x, y-Ebene. Die neue z-Achse ist perspektivisch eingezeichnet. Die Drehung φ um die (alte) z-Achse erfolgt so, daß die $(-y)$-Achse nun in der x, y-Ebene unter oder über der Richtung der neuen z-Achse zu liegen kommt. In Ab. 3.10b sehen wir entlang der momentanen x-Achse auf die (alte) z- und y-Achse. Außerdem ist die Richtung der neuen z-Achse eingezeichnet. Mit einer Drehung um den Winkel θ um die x-Achse bringen wir nun die z-Achse in ihre endgültige Position. Die letzte Drehung um den Winkel χ erfolgt dann schließlich um diese Achse.

Die einzelnen Drehungen lassen sich durch Matrizen der Art (3.8) darstellen, weil jeweils eine Achse ungeändert bleibt. Anschließend kann man die drei Drehungen (nach Erweiterung der einzelnen Matrizen auf drei Dimensionen durch Multiplikation miteinander) zu *einer* Drehung, beschrieben durch eine 3×3-Matrix, zusammensetzen. Wir führen das hier aber nicht explizit aus, weil es sich eher um technische Probleme handelt, für die genügend Literatur existiert, auf die der Leser bei Bedarf zurückgreifen kann.

3.2.4 Nichtlineare Transformationen

Wir wollen zum Schluß noch auf das Problem allgemeiner, also nichtlinearer Abbildungen eingehen. Sie spielt praktisch nur eine Rolle für den passiven Fall, also im Rahmen von Koordinatentransformationen. Allgemein müßten wir ansetzen

$$\overline{x} = u(x, y, z),$$

---

[6]Die Definition der Eulerschen Winkel in der Literatur ist nicht ganz einheitlich. Der Leser kann also in anderen Büchern auf leicht abweichende Formen stoßen.

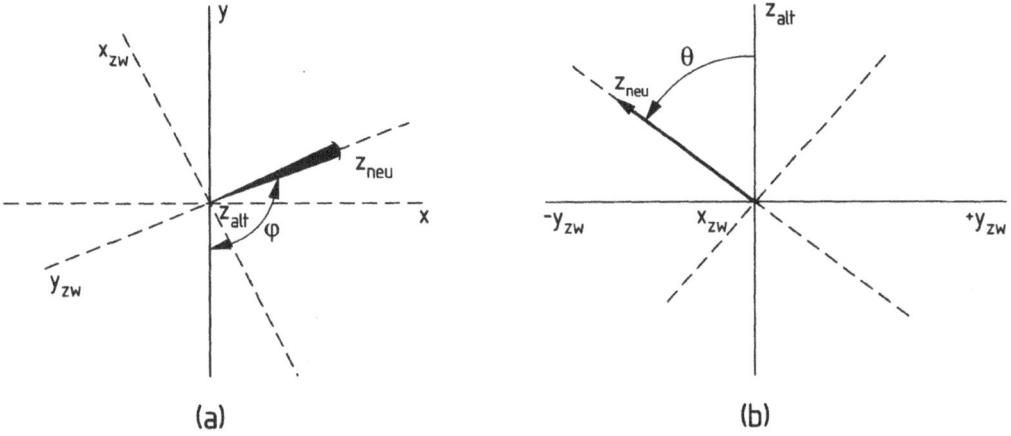

Fig. 3.10 Zur Definition der Eulerschen Winkel (a) ϕ, (b) θ. Siehe Erläuterungen im Text.

$$\overline{y} = v(x, y, z),$$

$$\overline{z} = w(x, y, z).$$

Dabei sind aber einige Zusatzbedingungen erwünscht: Die Abbildung sollte umkehrbar sein, da alte und neue Koordinaten jeweils einen bestimmten Punkt festlegen sollen. Außerdem sollten benachbarte Punkte auch benachbarte Koordinaten haben[7]. Unter diesen Umständen können die Gleichungen (im Prinzip) auch nach x, y, z aufgelöst werden, so daß auch die Rückrechnung durchgeführt werden kann:

$$x = \phi(\overline{x}, \overline{y}, \overline{z}),$$

$$y = \psi(\overline{x}, \overline{y}, \overline{z}),$$

$$z = \chi(\overline{x}, \overline{y}, \overline{z}).$$

Geometrische Gebilde, die durch $F(x, y, z) = 0$ bestimmt sind, können dann in die neuen Koordinaten transformiert werden:

$$F\Big(\phi(\overline{x}, \overline{y}, \overline{z}), \psi(\overline{x}, \overline{y}, \overline{z}), \chi(\overline{x}, \overline{y}, \overline{z})\Big) = 0.$$

Der wichtigste Fall für einen zweidimensionalen Raum sind *Polarkoordinaten*, die wir bereits bei der Darstellung von komplexen Zahlen verwendet hatten. Man bezeichnet die neuen Koordinaten hier nicht mit $\overline{x}$ und $\overline{y}$, sondern mit eigenen Namen r und φ. Die Lage eines Punktes wird anstatt durch die Achsenabschnitte eines kartesischen Koordinatensystems durch den Abstand r vom Koordinatenursprung und durch die Richtung, d.h. durch

---

[7] Wir wollen dies hier nicht näher ausführen. Das Problem wird im nächsten Kapitel in dem Abschnitt über Stetigkeit ausführlicher behandelt.

den Winkel φ, den sie mit der x-Achse bildet, festgelegt. Per Definition gilt dann (siehe Abb. A.1b)

$$\cos\varphi = x/r \quad \text{und} \quad \sin\varphi = y/r,$$

so daß bei gegebenem r und φ die zugehörigen x, y-Werte

$$x = r\cos\varphi \quad \text{und} \quad y = r\sin\varphi \tag{3.13}$$

sind. Wie steht es nun mit der Eindeutigkeit der neuen Koordinaten? So lange wir den Bereich von φ auf das Intervall $[0, 2\pi)$ beschränken, ist Eindeutigkeit gegeben, läßt man aber beliebige φ-Werte zu, bezeichnen (r, φ), $(r, \varphi + 2\pi)$, $(r, \varphi + 4\pi)$ usw. den gleichen Punkt. Diese Mehrdeutigkeit stört nicht unbedingt, wenn man sie nicht übersieht. Ein weiteres Problem ist noch der Koordinatenursprung $x = y = 0$. In Polarkoordinaten ist er durch $r = 0$ ausreichend beschrieben, der φ-Wert ist beliebig. Das kann in bestimmten Fällen Schwierigkeiten machen, die aber von Fall zu Fall untersucht werden müssen. Mit diesen Vorbehalten ist die Umkehrung der Gln. (3.13) möglich:

$$r = +\sqrt{x^2 + y^2} \quad \text{und} \quad \tan\varphi = y/x \tag{3.14}$$

(Das positive Vorzeichen vor der Wurzel legen wir fest, weil Abstände grundsätzlich positiv sind.) Die erste Gleichung stellt kein Problem dar, die zweite ist noch nicht nach φ aufgelöst. Dies ist aber mit der Funktion arctan möglich, die wir im nächsten Kapitel noch kennenlernen werden. Wegen $y/x = (-y)/(-x)$ ergeben sich für zwei verschiedene Punkte allerdings die gleichen Winkel (das gleiche gilt für $(-y)/x = y/(-x)$). Solche Punktpaare liegen jeweils einander "gegenüber" (Punktspiegelung am Ursprung), d.h. wir können φ und $\varphi + \pi$ nicht unterscheiden. Der richtige Winkel muß über die Vorzeichen von x und y endgültig festgelegt werden:

$$\text{für } y > 0: \quad 0 < \phi < \pi,$$

$$\text{für } y < 0: \quad \pi < \phi < 2\pi,$$

$$\text{für } y = 0, x > 0: \quad \phi = 0,$$

$$\text{für } y = 0, x < 0: \quad \phi = \pi.$$

Wir können jetzt auch das in Abschnitt 1.3.4 aufgeworfene Problem der Umrechnung komplexer Zahlen aus der ρ, φ-Form in die a, b-Form und umgekehrt lösen. Zwischen den Variablen beider Formen besteht die gleiche Beziehung wie zwischen kartesischen und Polarkoordinaten. Es gilt also gemäß Gl. (3.13)

$$\rho e^{i\varphi} = (a, b) \quad \text{mit} \quad a = \rho\cos\varphi \quad \text{und} \quad b = \rho\sin\varphi,$$

und für die Umrechnung in die entgegengesetzte Richtung werden ρ und φ entsprechend Gln. (3.14) ermittelt, wobei Vielfache von 2π zu φ beliebig addiert werden können.

Ähnliche Koordinaten werden für dreidimensionale Räume benötigt. Man kann dann entweder *Zylinderkoordinaten* r, φ, z benutzen, bei denen x und y wie bei den Polarkoordinaten durch r und φ ersetzt werden und z unverändert bleibt. Eine andere Möglichkeit bieten die

Kugelkoordinaten r, θ, φ, bei denen $r = \sqrt{x^2 + y^2 + z^2}$ den Abstand vom Koordinatenursprung angibt und die beiden Winkel θ und φ die gleiche Bedeutung wie in Gl. (3.1) haben. Die Transformationsgleichungen $r, \theta, \varphi \to x, y, z$ sind bereits angegeben worden [Gln. (3.3)] und in umgekehrter Richtung lauten sie

$$r = \sqrt{x^2 + y^2 + z^2},$$

$$\tan \varphi = \frac{y}{x},$$

$$\cos \theta = \frac{z}{\sqrt{x^2 + y^2 + z^2}}.$$

Auch hier sind für die endgültige Festlegung der Winkel ähnliche Überlegungen notwendig, wie wir sie bei den zweidimensionalen Polarkoordinaten angestellt hatten.

■ Die beiden mit Abstand wichtigsten nichtlinearen Koordinatensysteme, die (zweidimensionalen) Polarkoordinaten r, φ und die (dreidimensionalen) Kugelkoordinaten r, θ, φ, werden besprochen und die Transformationsgleichungen angegeben.

Aufgaben

Führen Sie mit der in Aufg. 11 von Abschn. 3.1 gegebenen Funktion folgende aktiven Operationen durch:

1. Verschieben um 3, 2, 5 Einheiten in die positive x-Richtung, die negative y- und z-Richtung!
2. Strecken um den Faktor 2 in y- und z-Richtung und Stauchen um den Faktor 2 in x-Richtung!
3. Drehung um 45^0 um die z-Achse!

4 Funktionen, Folgen und Reihen

Diejenigen Leser, die aus den in der Einleitung angeführten Gründen mit diesem Kapitel beginnen, seien nochmals daraufhingewiesen, daß aus dem ersten Kapitel der Begriff der Abbildung (Abschn. 1.1.3) benötigt wird. Der Leser muß sich mit ihm unbedingt vertraut gemacht haben, sonst fehlt dem Funktionsbegriff die Grundlage. Ferner sollte er die Binomial-Formel [Gl. (1.15)] kennen und anwenden können, da sie immer wieder für Umformungen gebraucht wird.

4.1 Allgemeines über Funktionen

4.1.1 Funktionen als Abbildungen

In Physik und Chemie haben wir es in der Regel mit Größen zu tun, die von anderen Größen abhängen. So hängt beispielsweise das Volumen eines Gases von seinem Druck ab: bei einem *vorgegebenen* Druck nimmt es ein *bestimmtes* Volumen ein. Wie läßt sich dieser Sachverhalt nun in die Sprache der Mathematik übersetzen? Druck und Volumen werden durch bestimmte Zahlen (und natürlich die zugehörigen Einheiten) charakterisiert. Zu einer vorgegebenen Zahl (für den Druck) gehört also eine bestimmte andere Zahl (für das Volumen). Die Mathematiker drücken das so aus: Einem gegebenen Element aus einer Menge M_1 (z.B. einem Intervall von reellen Zahlen) wird ein bestimmtes Element aus einer anderen Menge M_2 (in unserem Fall: ebenfalls reelle Zahlen) zugeordnet. In Abschnitt 1.1.3 hatten wir das eine *Abbildung* genannt. In diesem und in den folgenden Kapiteln werden wir den gleichen Sachverhalt als *Funktion* bezeichnen. (Man kann die Begriffe *Abbildung* und *Funktion* weitgehend synonym benützen, es hängt eher vom Kontext ab, ob man den einen oder den anderen Ausdruck benützt.) Die Menge M_1 nennt man den *Definitionsbereich* der Funktion und die Menge M_2 ihren *Wertevorrat*. Aus der Definition einer Funktion als Abbildung geht also hervor, daß *jedem* Element des Definitionsbereiches *ein und nur ein* Element des Wertevorrates zugeordnet sein muß.

Die Elemente der Menge M_2 sind im Rahmen dieses Buches meist (reelle oder komplexe) Zahlen, aber wir werden auch den Fall kennenlernen, wo die Elemente von M_2 Vektoren sind. Die Elemente von M_1 sind in den einfachsten Fällen ebenfalls Zahlen, aber hier müssen wir auch den Fall bedenken, daß eine Größe von *mehreren* Größen abhängen kann, z.B. das Volumen von Druck *und* Temperatur. Die Zuordnung erfolgt jetzt in der Weise, daß einem Variablen-*Paar* (Druck und Temperatur) ein Wert (Volumen) zugeordnet wird. Es handelt sich dann um eine Abbildung, wo die Elemente der Menge M_1 nicht aus *einer* Zahl sondern aus einer Kombination von *zwei* (oder gar mehr) Zahlen bestehen.

Man spricht in diesem Zusammenhang von *Variablen* oder *Veränderlichen* und nennt die Urbilder (Menge M_1) die *unabhängigen* Variablen und die Abbilder (Menge M_2) den *Funktionswert* oder auch die *abhängige* Variable. Für eine bestimmte Funktion benötigen wir einen Namen (oft einfach f, aber auch, falls zwischen verschiedenen Funktionen unterschieden werden soll, andere Buchstaben wie g usw., oder wir numerieren wie bei Vektoren mit hochgestelltem Index in Klammern $f^{(1)}, f^{(2)}, \dots$). Wir schreiben dann im Falle *einer* unabhängigen Variablen

$$y = f(x), \tag{4.1}$$

und meinen damit, daß die Funktion f einem Wert x den Wert y zuordnet. Im Falle von zwei unabhängigen Variablen würden wir

$$y = f(x_1, x_2) \quad \text{oder} \quad z = f(x, y), \tag{4.2}$$

bzw. bei noch mehr unabhängigen Variablen

$$y = f(x_1, x_2, x_3) \quad \text{oder} \quad u = f(x, y, z) \tag{4.3}$$

usw. schreiben. (Ein Beispiel für drei unabhängige Variable stellen die Temperaturverhältnisse in einem Raum dar, wo die Temperatur von den Raumkoordinaten x, y, z abhängt.) In Physik und Chemie zieht man es übrigens vor, als Funktionsnamen direkt den Namen der Größe zu verwenden, deren Wert angegeben werden soll. Mathematiker können durchaus

$$V = f(p, T)$$

schreiben, aber in Lehrbüchern für physikalische Chemie wird man eher den Ausdruck

$$V(p, T)$$

finden. Der Name der Funktion ist hier V.

4.1.2   Definitionsbereich

Im Falle von Funktionen von einer Variablen ist die Sache einfach. Es handelt sich dabei in der Regel entweder um ein endliches Intervall, z.B. das Intervall $[-1, +1]$, das offen oder abgeschlossen sein kann. Es kann sich aber auch um ein nicht endliches Intervall wie den Bereich der positiven Zahlen $[0, +\infty]$ oder auch den aller reellen Zahlen $[-\infty, +\infty]$ handeln. (Das schließt aber nicht aus, daß eine Funktion auch einmal nur für ganzzahlige x-Werte definiert sein kann.)

Bei Funktionen mit zwei Variablen ist die Festlegung des Definitionsbereiches komplizierter als im Falle einer Variablen, wo Unter- und Obergrenze des Intervalls zur Charakterisierung genügen. Um ein Bild aller Zahlenpaare, die zum Definitionsbereich gehören, zu erzeugen, benötigt man, ähnlich wie bei den komplexen Zahlen, eine *Ebene* mit einer x- und einer y-Koordinatenachse: jedem Zahlenpaar (x, y) entspricht dann ein Punkt in dieser Ebene. Im

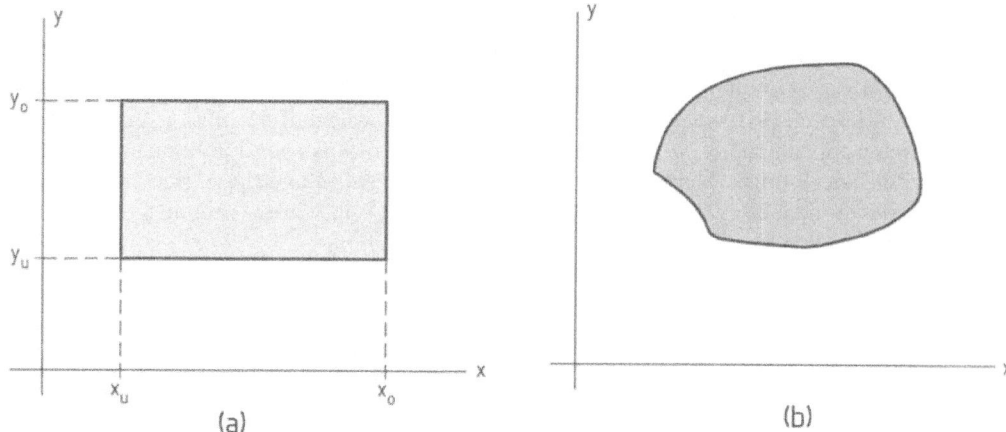

Fig. 4.1 (a) Ein durch $x_u \leq x \leq x_o$ und $y_u \leq y \leq y_o$ definierter Bereich.
(b) Ein Bereich mit nicht-konstanten Grenzen.

einfachsten Fall liegt x zwischen x_u und x_o und y zwischen y_u und y_o. Der Definitionsbereich erscheint dann als Rechteck (Abb. 4.1a). Die Grenzen können aber auch anderer Art sein, beispielsweise alle Punkte, für die $\sqrt{x^2 + y^2} \leq 5$ gilt. Dies wären alle Punkte innerhalb eines Kreises mit dem Radius 5 um den Ursprung. Sie können aber auch beliebig kompliziert sein (Abb. 4.1b). Als Beispiel mag die Temperaturverteilung in einem Hörsaal dienen, wo die Hörsaalgrenzen den Definitionsbereich darstellen.

4.1.3 Festlegung einer Funktion

Bislang haben wir nur verabredet, daß zu jedem Punkt des Definitionsbereiches der Funktionswert festgelegt sein muß. Für viele allgemeine Betrachtungen ist das ausreichend. Will man aber eine *bestimmte* Funktion charakterisieren, so stellt sich die Frage, wie das geschehen kann. Im Prinzip reicht eine Tabelle aus, die man notfalls durch eine Interpolationsvorschrift[1] ergänzt. Die einfachste Möglichkeit besteht aber darin, eine *Rechenvorschrift* anzugeben, nach der man aus einem gegebenen x-Wert den zugehörigen y-Wert bestimmen kann. Bedingung ist nur, daß sie für jedes x im Definitionsbereich *einen* und *nur einen* y-Wert liefert. Man sagt dann, die Funktion sei *analytisch* gegeben. Ist diese Rechenvorschrift in der Form (4.1) gegeben, ist die Funktion *explizit* gegeben. So kann man beispielsweise mit

$$y = \sin(3x) + x^2$$

---

[1]Eine Funktion kann in einem Intervall definiert sein, aber man hat nur eine Reihe von Stützstellen (z.B. Meßwerte). Es erhebt sich dann die Frage nach den Funktionswerten zwischen den Stützstellen. Dazu benötigt man eine geeignete Vorschrift, im einfachsten Fall die, zwei benachbarte Punkte durch eine Gerade zu verbinden. Da dies aber zu Knicken führt, wendet man oft kompliziertere Vorschriften an. Diese *Interpolation* ist ein technisches Problem der *numerischen Mathematik* und kein Thema für eine Einführung.

für ein beliebiges x den zugehörigen Funktionswert y angeben.

Solche Rechenvorschriften ohne festgelegten Definitionsbereich werden in der Regel so verstanden, daß sie eine Funktion für den maximalen Gültigkeitsbereich definieren. So spricht man von der Funktion $1/x$ und meint damit eine Funktion mit Definitionsbereich $x \neq 0$. Aber selbstverständlich kann man auch eine Funktion $1/x$ mit dem Definitionsbereich $x > 0$ definieren.

Es können aber auch beliebig komplizierte Vorschriften sein, nach denen für einen x-Wert der zugehörige y-Wert bestimmen werden muß, – Bedingung ist auch hier nur, daß ein solcher Wert *existiert* und daß er *eindeutig* ist. Man sagt dann, die Funktion sei *implizit* gegeben. Zum Beispiel könnte eine Relation zwischen x und y der Form $F(x, y) = 0$ gegeben sein. Liefert sie mehrere y-Werte zu einem x-Wert, so muß sie allerdings durch passende Ergänzungen eindeutig gemacht werden.

Ein Beispiel hierfür ist die Klasse der *algebraischen Funktionen*, die durch die implizite Vorschrift

$$P(x, y) \equiv \sum\nolimits_{i=0}^{m} \sum\nolimits_{k=0}^{n} a_{ik} x^i y^k = 0$$

gegeben ist. Da hier in der Regel für einen festen x-Wert mehrere y-Werte existieren, muß eine Vorschrift existieren, die einen der Werte auswählt. Auf diese Weise erhält man eine bestimmte Funktion. Wird ein anderer y-Wert festgelegt, erhält man eine *andere* Funktion. (Man spricht auch von verschiedenen *Ästen* einer Funktion, aber das sollte nicht verdunkeln, daß es sich um zwei *verschiedene* Funktionen handelt.) Solche Verhältnisse treten übrigens oft bei Umkehrfunktionen auf (siehe Abschn. 4.2.3, dort auch Beispiele). Aufgabe 1 ist als Illustration zu diesem Punkt gedacht.

Für Funktionen mit zwei Variablen gilt Entsprechendes: Für jedes Zahlenpaar, das zum Definitionsbereich gehört, muß eine Vorschrift einen (eindeutigen) Funktionswert liefern. Ist die Funktion durch einen *analytischen Ausdruck* $z = f(x, y)$ gegeben, muß dieser natürlich im allgemeinen *beide* Variablen enthalten. (Eine Ausnahme liegt nur dann vor, wenn die Funktion bezüglich einer der beiden Variablen konstant ist.)

■ Eine Funktion ist definiert als Abbildung einer Menge auf eine andere Menge. In unserem Fall wird die Urbild-Menge in der Regel durch einen Bereich von Zahlen, oder Zahlenpaaren, Zahlentripeln usw. gebildet und die Abbild-Menge besteht ebenfalls aus Zahlen. Den Bereich, in dem diese Abbildung gültig ist, nennt man den *Definitionsbereich*. Verlangt werden lediglich die allgemein gültigen Regeln für Abbildungen: die Zuordnungen müssen eindeutig sein und für alle Elemente des Definitionsbereiches vorliegen. Die Art und Weise, wie die Zuordnung festgelegt ist, ist sekundär, – in der Praxis geschieht es meist in Form von Rechenanweisungen.

4.1.4 Darstellung von Funktionen

Eine andere Frage ist, wie man sich am bequemsten einen Überblick über den "Verlauf" einer Funktion verschaffen kann. Dazu benützt man am besten eine *grafische Darstellung* mittels kartesischer Koordinaten, wie wir sie bereits in den vorausgegangenen Kapiteln kennengelernt haben. Der wesentliche Unterschied zur analytischen Geometrie besteht darin, daß es sich hier um eine bloße Hilfsvorstellung handelt, denn die grafische Darstellung ist zwar bequem, aber nicht eigentlich notwendig. (Im vorigen Kapitel kam es uns dagegen gerade auf den Zusammenhang zwischen Funktion und Figur an.)

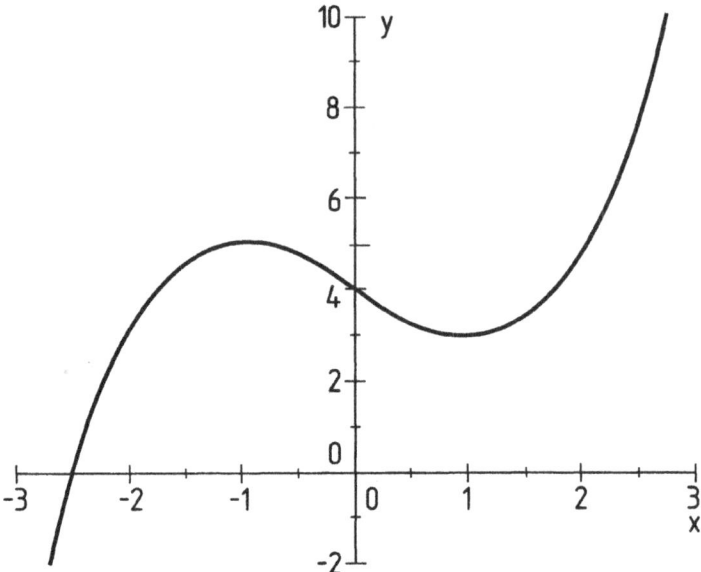

Fig. 4.2 Grafische Darstellung der Funktion $y = 0.5x^3 - 1.5x + 4$ im Intervall $[-3, 3]$ mittels eines kartesischen Achsenkreuzes.

Bei Funktionen mit einer Variablen soll also der Zusammenhang von x-Wert und zugehörigem Funktionswert y dargestellt werden. Das kann so geschehen, daß man die x-Werte ähnlich wie bei der Zahlengeraden auf der horizontalen Achse (der *Abszisse*) anordnet und die zugehörigen Funktionswerte senkrecht über dem x-Wert (also parallel zur *Ordinate*) abträgt. Die Einheiten auf beiden Achsen müssen nicht gleich gewählt werden, vielmehr richten sie sich nach den Erfordernissen der darzustellenden Funktion. Bei einer kontinuierlichen Variablen entsteht eine Kurve, die den gewünschten Überblick über die Funktion verschafft. Ein Beispiel hierfür ist der Verlauf der Funktion $y = 0.5x^3 - 1.5x + 4$ (siehe Abb. 4.2).

Bei Funktionen mit zwei unabhängigen Variablen gestaltet sich die grafische Darstellung schwieriger, weil der Definitionsbereich bereits eine Ebene in Anspruch nimmt. Der zugehörige Funktionswert kann nur noch in der dritten Dimension *über* dem betreffenden Punkt, der die beiden Variablen charakterisiert, aufgetragen werden. Wir erhalten auf diesem Wege eine Art Gebirge über (bzw. unter) der Ebene, die den Definitionsbereich darstellt.

Es gibt heute genügend Computerprogramme, die eine solche Fläche perspektivisch zeichnen können. Ein Beispiel hierfür zeigt Abb. 4.3 für den Fall $z = 1/\{[1 + (x + y)^2][1 + 2(x - y)^2]\}$. Man sieht, daß man einen Eindruck von der Form der Fläche erhält, daß man aber quantitative Aussagen nur schlecht machen kann. Ein anderes Beispiel ist die Funktion $z = +\sqrt{1 - x^2 - y^2}$ für den Definitionsbereich $x^2 + y^2 \leq 1$, deren Darstellung eine Halbkugel über der x, y-Ebene ergibt.

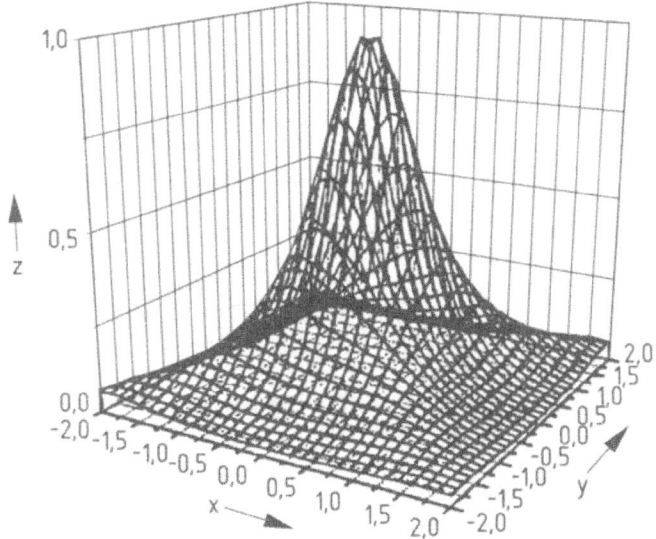

Fig. 4.3 Perspektivische Zeichnung einer Funktion $z = f(x, y)$ (s. Text).

Darstellungen durch Schnitte

Wie schon gesagt, eignet sich die perspektivische Art der Darstellung nicht, wenn man Zahlenwerte ablesen möchte. In diesem Fall bleibt nur die Möglichkeit, Schnitte durch die Fläche zu legen und so wieder auf zweidimensionale Darstellungen zurückzukommen. Die Schnitte können horizontal oder vertikal gelegt werden. Bei *vertikalen* Schnitten spricht man von *Netztafeldiagrammen*. Dazu legt man Schnitte entweder parallel zur x, z-Ebene für eine Reihe von y-Werten oder parallel zur y, z-Ebene für bestimmte x-Werte. Wenn man diese Schnitte übereinander projiziert und die einzelnen Kurven mit ihren (festen) y- (bzw. x-)Werten beschriftet, kann man den Funktionsverlauf auch quantitativ verfolgen. Als Beispiel wählen wir das ideale Gasgesetz, das das Volumen eines Mols eines (idealen) Gases in Abhängigkeit von Druck und Temperatur angibt:

$$V = \frac{RT}{p}.$$

(Dabei ist R eine Naturkonstante: 0.08206 Ltr.Atm./^{0}K.) Wir wählen Schnitte parallel zur p, V-Ebene, müssen also eine Reihe von T-Werten wählen, sagen wir $T = 250, 300, 350, 400^0 K$. Es ergibt sich die in Abb. 4.4 wiedergegebene Figur.

Wählt man *horizontale* Schnitte, so erhält man für verschiedene (konstante) z-Werte "Höhen-

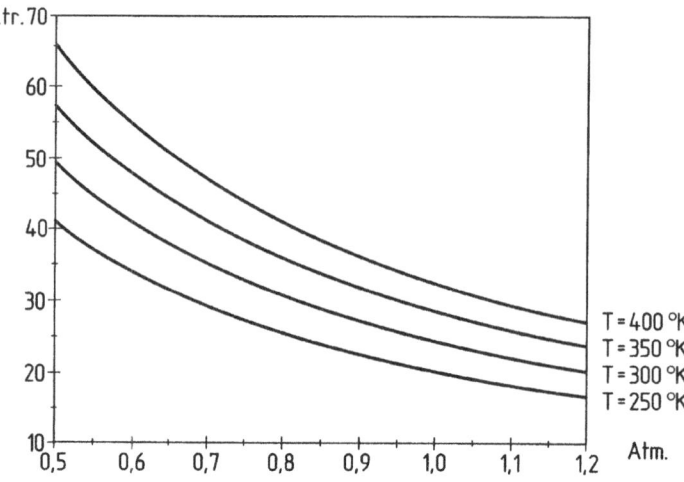

Fig. 4.4 Netztafeldiagramm für $V = RT/p$.

linien". Das Prinzip dürfte jedem, der eine topografische Landkarte lesen kann, klar sein: Aus dem Verlauf der Höhenlinien, die mit der betreffenden Höhe beschriftet sind, kann er Berge, Täler usw. erkennen. Diese Art der Darstellung (*Höhenschichtlinien-Diagramm*) wird z.B. gern zur Darstellung der Energie von Molekülen in Abhängigkeit von der Position ihrer Atome verwendet (sog. *Energiehyperflächen*). Im Falle von gestreckten dreiatomigen Molekülen sind das Funktionen mit zwei Variablen, hier den beiden Bindungslängen.[2] Ein qualitatives Beispiel für das Molekül HCN ist in Abb. 4.5 zu sehen, wo die Energie mit $E = (r_{HC} - r_{HC}^{\min})^2 + 0.4(r_{CN} - r_{CN}^{\min})^2$ in Einheiten, die uns im Augenblick nicht interessieren, dargestellt ist. Man erkennt, daß die Energie für die HC-Bindung mit zunehmender Auslenkung langsamer zunimmt als das bei der CN-Bindung der Fall ist. Für die Bindungslängen des Moleküls nimmt die Energie ein Minimum an.

Dreieckskoordinaten Wir wollen zum Schluß noch an Hand eines Beispiels zeigen, daß rechtwinklige Koordinaten nicht in allen Fällen optimal sind. Gegeben eine Mischung von drei Substanzen A, B und C und gegeben deren *relativer* Anteil α, β, γ. Diese drei Größen müssen bei Addition 1 ergeben, so daß eigentlich nur *zwei* Variablen unabhängig sind. Wählt man nun rechtwinklige Koordinaten für die zwei ausgewählten (z.B. α und γ), so ist das unbefriedigend, weil die an sich gleichberechtigte Variable β nur indirekt berücksichtigt ist. Für dieses Problem gibt es eine sehr elegante Lösung. Man betrachte das gleichseitige Dreieck (Abb. 4.6), wo mit α, β, γ jeweils fünf Strecken gleicher Länge bezeichnet sind. (Drei bilden ebenfalls ein gleichseitiges Dreieck und die zwei anderen sind über Parallelogramme mit dem Dreieck verknüpft.) Zunächst sieht man, daß für alle drei Kanten $\alpha + \beta + \gamma =$ Kantenlänge (gleich 1) gilt. Der Punkt P charakterisiert also genau

---

[2]Bei der Darstellung von gewinkelten Molekülen oder bei vier- und mehratomigen Molekülen muß man zwei Parameter auswählen, die per Höhenschichtliniendiagramm dargestellt werden sollen. Alle anderen Variablen müssen fixiert werden. Beispielsweise müßte bei einem dreiatomigen Molekül entweder der Bindungswinkel oder eine der beiden Bindungslängen festgelegt werden.

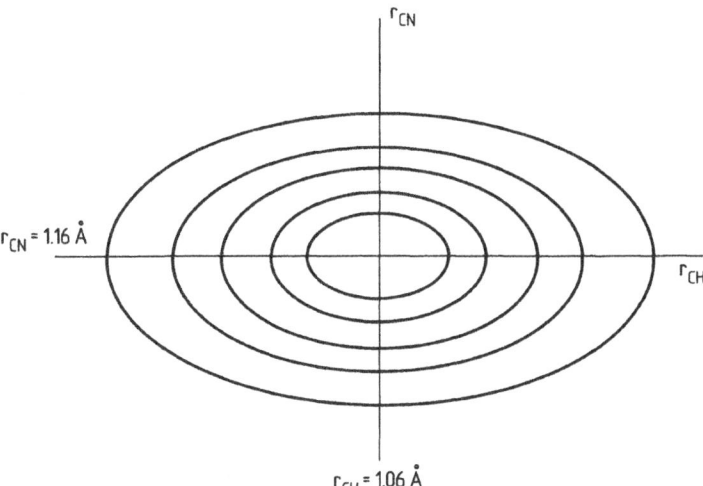

Fig. 4.5 Skizze für $E(r_{HC}, r_{CN})$ für das HCN-Molekül. Die Beschriftung der Höhenlinien mit den entsprechenden Energiewerten wurde weggelassen, da es sich nur um eine Skizze handelt. Die innersten Ellipsen entsprechen den tiefsten Energien. (Oben und rechts: die Bedeutung der beiden Achsen, unten und links: je ein Zahlenwert für die betreffende Achse.)

ein Mischungsverhältnis, und zwar völlig gleichwertig für alle drei Substanzen. Wenn der Punkt innerhalb des Dreiecks wandert, kann er alle denkbaren Mischungsverhältnisse darstellen. Die mit A, B und C bezeichneten Spitzen stellen die reinen Substanzen dar, die Kanten entsprechen Mischungen nur zweier Substanzen usw. Will man physikalische Größen (z.B. den Siedepunkt) vom drei-komponentigen Gemischen darstellen, so am besten über diesem Dreieck.

4.1.5 Stetigkeit

Eine Funktion kann in bestimmten Bereichen *stetig* sein. Wir fragen zunächst danach, ob eine Funktion mit einer Veränderlichen *an einer bestimmten Stelle* x_0 stetig ist und wollen damit ausschließen, daß ihr Wert sich dort sprunghaft ändert. Wie kann man nun diese Eigenschaft mathematisch erfassen? Das geschieht so, daß man sich eine Schranke ϵ setzt, die klein sein darf aber immer noch größer als Null sein muß. Diese Schranke soll die maximale Abweichung des Funktionswertes gegenüber $y_0 = f(x_0)$ begrenzen. Dann lautet die Frage: Gibt es einen Bereich um x_0, also zwischen $x_0 - \delta$ und $x_0 + \delta$, in dem die Änderung der Funktion, also $|y - y_0|$, überall kleiner als ϵ bleibt? Dabei ist δ ebenfalls eine positive Größe, die so klein wie nötig gemacht werden muß (s. Abb. 4.7). Der wesentliche Punkt ist nun, daß ϵ *beliebig* klein (aber nicht Null) gewählt werden darf und *immer* ein δ (ebenfalls nicht Null) existieren muß, so daß für alle x mit $x_0 - \delta < x < x_0 + \delta$ die Änderung der Funktion kleiner als ϵ bleibt.[3] Man sieht, daß mit dieser Vorschrift Sprünge, seien sie auch

---

[3]Für den Fall, daß die Funktion in einem abgeschlossenen Intervall $[a, b]$ definiert ist, und daß nach der Stetigkeit am rechten oder linken Rand gefragt ist, muß der x-Bereich modifiziert werden: für den rechten

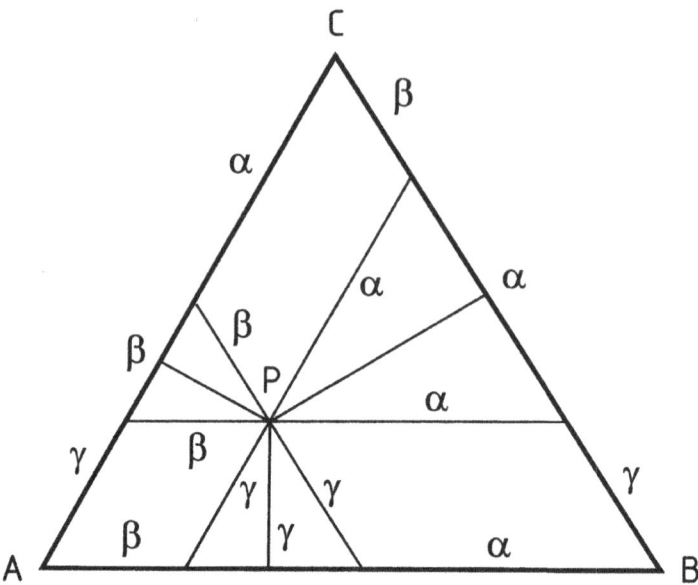

Fig. 4.6 Gleichseitiges Dreieck der Kantenlänge 1 zur Darstellung von Mischungsverhältnissen. (Die Punkte A, B und C entsprechend den drei reinen Substanzen.)

noch so klein, ausgeschlossen sind. Denn ein kleiner, aber endlicher Sprung, kann immer durch ein entsprechend klein gewähltes ϵ dazu führen, daß sich die Bedingung auch durch ein noch so kleines δ *nicht* mehr erfüllen läßt. In Abb. 4.7b, wo die Funktion einen Sprung macht und somit *unstetig* ist, läßt sich für das eingezeichnete ϵ kein entsprechendes δ mehr angeben. Wenn die Funktion dagegen keinen Sprung (Abb. 4.7a) macht, findet man immer eine Umgebung von x_0, wo die Funktionsänderung kleiner als das vorgegebene ϵ ist.

Um zusammenzufassen: Eine Funktion $f(x)$ ist an der Stelle x_0 dann und nur dann stetig, wenn für *jedes* $\epsilon > 0$ ein $\delta > 0$ existiert, dergestalt, daß für alle $|x - x_0| < \delta$ auch $|y - y_0| < \epsilon$ gilt[4]. Man sieht übrigens, daß *Voraussetzung* für die Stetigkeit ist, daß die Funktion an der betreffenden Stelle überhaupt definiert ist, also einen endlichen Wert hat.

Zunächst zwei Zahlenbeispiele für die an sich harmlose Funktion $y = x^2$: Gefragt ist die Stetigkeit an der Stelle $x_0 = 1$ und gegeben beispielsweise die Schranke $\epsilon = 10^{-4}$. Für welches δ liegt die Abweichung vom Funktionswert 1 innerhalb der gegebenen Schranke? Antwort: Für $\delta = 0.4 \ 10^{-4}$! Kontrolle: Für $x = 1 + 0.4 \ 10^{-4}$ ist der Funktionswert $y = (1.00004)^2 = 1.0000800016 < y_0 + \epsilon = 1.0001$. Ähnliches gilt auch für $x = 1 - 0.4 \ 10^{-4}$. Man kann die Aufgabe auch allgemeiner stellen: Die Stelle sei x_0 und die Schranke ϵ. Hier lautet die Antwort $\delta < \sqrt{x_0^2 + \epsilon} - x_0$ Die Probe liefert

$$f(x_0 + [\sqrt{x_0^2 + \epsilon} - x_0]) = (\sqrt{x_0^2 + \epsilon})^2 = x_0^2 + \epsilon,$$

Rand würde $b - \delta < x < b$ und für den linken Rand $a < x < a + \delta$ zu setzen sein.
[4]Die beiden Ungleichungen $x_0 - \delta < x$ und $x < x_0 + \delta$ lassen sich zu *einer* Ungleichung $|x - x_0| < \delta$ zusammenfassen.

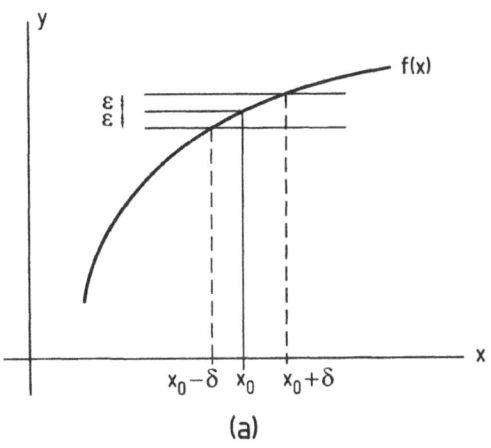 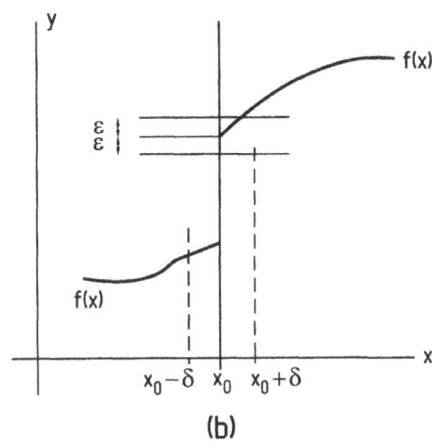

(a)   (b)

Fig. 4.7 (a) Zur Definition von ϵ und δ (b) dto. an einer Sprungstelle

so daß die Abweichung von $f(x_0)$ ϵ beträgt. Für $\delta < \sqrt{x_0^2 + \epsilon} - x_0$ ist dann auch die Abweichung der Funktion von $f(x_0)$ kleiner als ϵ.

Dieses Beispiel lehrt, daß δ im allgemeinen sowohl von der Stelle x_0 als auch von der Schranke ϵ abhängt.

Beispiele für unstetige Funktionen:
1. Die Funktion $\mathrm{sign}(x)$, die durch

$$\mathrm{sign}(x) = \begin{cases} +1 & \text{für} \quad x > 0 \\ 0 & \text{für} \quad x = 0 \\ -1 & \text{für} \quad x < 0 \end{cases}$$

definiert ist, ist überall stetig außer an der Stelle $x = 0$.

2. Die Funktion $y = 1/x$ ist an der Stelle $x = 0$ nicht definiert, kann also dort nicht stetig sein. (An allen anderen Punkten ist die Funktion stetig.) Aber selbst, wenn man einen Funktionswert für $x = 0$ (zusätzlich) festlegt, z.B. Null, wird sie an dieser Stelle nicht stetig, weil auch für noch so kleine δ-Werte $|y - y_0|$ immer größer sein wird als ein gegebenes ϵ.

Die Frage nach der Stetigkeit an einer Stelle x_0 läßt sich erweitern zur Frage nach der Stetigkeit in ganzen Bereichen. Wir sagen, die Funktion $f(x)$ ist in einem bestimmten Bereich stetig, wenn sie in allen Punkten, die zu diesem Bereich gehören, stetig ist. Meist sind die Funktionen nur an bestimmten Stellen unstetig, sonst aber stetig (*stückweise stetig*). Faßt man die Polynome, die wir in Abschn. 1.4 kennengelernt hatten, als Funktionen von x auf, so sind diese Funktionen im gesamten Bereich der reellen Zahlen stetig.

Da die Natur Sprünge nicht liebt, haben wir es in den Naturwissenschaften meist mit stetigen Funktionen zu tun. Auch die Mathematiker befassen sich überwiegend mit stetigen Funktionen, für die es besondere Sätze gibt.

Stetigkeit von zusammengesetzten Funktionen

Man muß bei vielen zusammengesetzten Funktionen nicht immer von neuem ihre Stetigkeit untersuchen, wenn man weiß, daß die Funktionen, aus denen sie sich zusammensetzen, stetig sind. So läßt sich allgemein sagen, daß

1. die *Summe* zweier (oder mehrerer) stetiger Funktionen wiederum stetig ist,
2. gleiches für die *Differenz* und das *Produkt* zweier stetiger Funktionen gilt,
3. ebenso wie für den *Quotienten* zweier stetiger Funktionen mit Ausnahme der Stellen, wo der Nenner Null wird, und schließlich auch
4. für sog. *geschachtelte Funktionen* $f(g(x))$ wie z.B. $\sin(x^3)$.

Es ist auch ohne formellen Beweis einleuchtend, daß beispielsweise das Produkt zweier Funktionen $f(x)g(x)$ sich an einer Stelle kontinuierlich ändert, an der sich die beiden Faktoren jeweils für sich kontinuierlich ändern. Um zu zeigen, wie sich dies auch formal nachweisen läßt, wollen wir den Beweis für diesen Fall skizzieren.

Es wäre zu zeigen, daß $|f(x)g(x) - f(x_0)g(x_0)| < \epsilon$, wenn $|x - x_0| < \delta$. Die Änderung von fg an der Stelle x_0 ist

$$f(x)g(x) - f(x_0)g(x_0),$$

bzw. nach Einschieben zweier Terme, die sich wegheben,

$$f(x)g(x) - f(x)g(x_0) + f(x)g(x_0) - f(x_0)g(x_0)$$
$$= f(x)[g(x) - g(x_0)] + [f(x) - f(x_0)]g(x_0).$$

Wegen der vorausgesetzten Stetigkeit von $f(x)$, bzw. $g(x)$ gilt $|f(x) - f(x_0)| < \epsilon_1$, wenn $|x - x_0| < \delta_1$ und $|g(x) - g(x_0)| < \epsilon_2$, wenn $|x - x_0| < \delta_2$. Man bestimmt nun δ_1 und δ_2 etwas abweichend, nämlich δ_1 so, daß $|f(x) - f(x_0)| < \epsilon/(2|g(x_0)|)$ und δ_2 so, daß $|g(x) - g(x_0)| < \epsilon/(2|f(x)|)$ ist. Für das kleinere der beiden δ [$\delta = \min(\delta_1, \delta_2)$] gilt dann, daß für alle $|x - x_0| < \delta$

$$|f(x)g(x) - f(x_0)g(x_0)| \leq |f(x)| \cdot |g(x) - g(x_0)| + |f(x) - f(x_0)| \cdot |g(x_0)|$$
$$< |f(x)|\epsilon/(2|f(x)|) + \epsilon/(2|g(x_0)|)|g(x_0)| = \epsilon$$

ist.

Als Beispiel für die Erweiterung der Stetigkeit von einfachen auf zusammengesetzte Funktionen möge folgendes Beispiel dienen: die Funktion $y = x$ ist im ganzen reellen Zahlenbereich stetig, also auch $y = x \cdot x$ (Produkt), $y = x^k$ (ebenfalls Produkte), ferner $y = a_k x^k$ (wiederum Produkt) und schließlich $y = P_n(x) = \sum_{k=0}^{n} a_k x^k$ (Summen). Weiter kann man schließen, daß alle Polynomquotienten $P_m(x)/Q_n(x)$ stetig sind mit Ausnahme der Nullstellen des Nenners.

Funktionen mit mehreren Variablen Die eingeführte Definition von Stetigkeit ist auch für Funktionen mit mehreren Veränderlichen brauchbar. Im Falle zweier Variablen muß nach der Stetigkeit an der Stelle (x_0, y_0) gefragt werden. Der einzige Unterschied ist der, daß die Änderung des Funktionswertes in einem (kleinen) *Gebiet* um den Punkt (x_0, y_0) abgefragt werden muß. Am einfachsten geschieht das innerhalb eines Kreises mit dem Radius δ. Es wäre also lediglich die Bedingung $x_0 - \delta < x < x_0 + \delta$, bzw. $|x - x_0| < \delta$, durch

$$\sqrt{(x - x_0)^2 + (y - y_0)^2} < \delta$$

zu ersetzen. Entsprechend wäre bei drei und mehr Variablen zu verfahren.

Gleichmäßige Stetigkeit; Zwischenwertsatz von Bolzano

Man kann die Frage nach der Stetigkeit nochmals erweitern, indem man nach *gleichmäßiger* Stetigkeit *in einem bestimmten Bereich* fragt. Wir haben gesehen, daß der δ-Wert zu einer Schranke ϵ von Punkt zu Punkt verschieden ist. Gleichmäßige Stetigkeit liegt dann vor, wenn ein δ-Wert existiert, der die Bedingung für den *ganzen* Bereich erfüllt. In der Regel ist das immer möglich, weil man ja nur den kleinsten δ-Wert im Bereich zu wählen braucht. Ist der Bereich abgeschlossen (z.B. bei abgeschlossenen Intervallen), dann geht das immer. Bei offenen Intervallen aber können Schwierigkeiten auftreten. Nehmen wir als Beispiel die Funktion $1/x$ im Intervall $(0,1]$. Das Intervall ist unten offen, weil die Funktion für $x = 0$ nicht definiert ist. Die Funktion ist im gesamten Intervall stetig, denn auch nahe am Nullpunkt, wo die Funktion sehr steil ansteigt, läßt sich immer ein δ-Wert zu einem gegebenen ϵ finden. Wenn wir allerdings einen δ-Wert für das *gesamte* Intervall angeben sollten, wäre dies nicht möglich, weil man x_0 immer so nahe an den Nullpunkt rücken könnte, daß sich der δ-Wert als zu groß erweisen würde. Das Resümee ist, daß $1/x$ im Intervall $(0,1]$ zwar stetig, aber nicht gleichmäßig stetig ist. Wir werden eine ganze Reihe von Sätzen kennenlernen, deren Voraussetzung nicht bloße Stetigkeit sondern gleichmäßige Stetigkeit ist.

Zum Schluß soll noch einen Satz über stetige Funktionen angeführt werden: *Ist eine Funktion $f(x)$ in einem endlichen abgeschlossenen Intervall [a,b] stetig, so bildet der zugehörige Wertevorrat ebenfalls ein endliches, abgeschlossenes Intervall.* Daraus ergeben sich drei Folgerungen:
1. Die Funktion nimmt im Intervall einen Maximalwert (absolutes Maximum) an, d.h. sie wird nicht beliebig groß.
2. Gleiches gilt für den Minimalwert, die Funktion geht also auch nicht gegen $-\infty$.
3. Greift man zwei beliebige Punkte im Intervall x_1 und x_2 mit den Funktionswerten $f(x_1) = a$, bzw. $f(x_2) = b$ heraus, so gibt es mindestens einen Punkt x_0, wo die Funktion einen beliebigen Zwischenwert $f(x_0) = c$ mit $a < c < b$ (falls $a < b$, sonst $b < c < a$) annimmt (*Zwischenwertsatz von Bolzano*). Ein Sonderfall liegt vor, wenn die Funktionswerte an den beiden Grenzen unterschiedliche Vorzeichen haben. Dann folgt daraus, daß mindestens eine Nullstelle existieren muß.
Die drei Aussagen lassen sich einzeln mittels Intervallschachtelung beweisen. Sie sind aber verhältnismäßig einsichtig, wenn man die Bewegung bedenkt, die der Funktionswert auf der Zahlengeraden macht, während der x-Wert das Intervall durchläuft. Laut Voraussetzung sind ja Sprünge und Unendlich-Werden ausgeschlossen.

> ■ Die Stetigkeit einer Kurve bedeutet – grob gesprochen – den Ausschluß von Sprüngen bei beliebigen "Bewegungen" im Definitionsbereich. Auch an Stellen, wo die Funktion unendlich wird, ist sie nicht stetig. Die saubere mathematische Definition von Stetigkeit (an der Stelle x_0) besteht darin, daß verlangt wird, daß für eine vorgegebene Größe ϵ immer eine Umgebung von x_0 angegeben werden kann, in der die Änderung des Funktionswertes unter diesem ϵ bleibt.

Aufgaben

1. Wir betrachten die algebraische Funktion, die durch die implizite Gleichung $y^3 - 3y - x = 0$ gegeben ist. Definiert sie eine Funktion und wenn nein, welche Ergänzungen wären denkbar? Anleitung: Um den Funktionswert für einen x-Wert zu bestimmen, wäre die Gleichung nach Einsetzen des Zahlenwertes von x für y zu lösen. Von Abschnitt 1.4.2 wissen wir, daß reelle Polynome 3. Grades entweder drei oder eine reelle Wurzel haben. Die Lösung ist also eventuell mehrdeutig und die Definitionsgleichung bedarf der Ergänzung. Nachdem die Lösung einer Gleichung dritten Grades (für y) umständlich ist, hilft ein kleiner Trick weiter: wir tragen in das x, y-Koordinatensystem nicht die y-Werte für gewählte x-Werte ein, sondern umgekehrt für gewählte y-Werte die zugehörigen x-Werte (z.B. y-Werte von -2 bis $+2$ in Abständen von 0.5). Sie erhalten dann einen Überblick über die Funktion und können sinnvolle Zusatzbedingungen angeben.
2. Welche Form hat die Fläche, die die Funktion $z = 10 - 0.5x^2 - 3y^2$ über der x, y-Ebene definiert? Definitionsbereich sind alle x, y-Werte, für die $z \geq 0$ ist. Anleitung: Skizzieren Sie die Schnitte längs der Achsen!
3. Ist die Funktion $\tan x$ im Bereich $0 \leq x < \pi/2$ gleichmäßig stetig?

4.2 Einige wichtige Funktionen mit einer oder zwei Veränderlichen

4.2.1 Begriffe zur Charakterisierung von Funktionen mit einer Veränderlichen

Als erstes sollen eine Reihe von Begriffen, die wir zur Charakterisierung von bestimmten Funktionen benötigen, erläutert werden.

Man nennt Funktionen *monoton steigend*, wenn für alle $x_1 < x_2$ auch $f(x_1) \leq f(x_2)$ gilt, bzw. *streng monoton steigend*, wenn statt dessen sogar $f(x_1) < f(x_2)$ ist, also der Fall $f(x_1) = f(x_2)$ ausgeschlossen ist. Ebenso ist eine Funktion *monoton fallend* (bzw. *streng monoton fallend*), wenn für alle $x_1 < x_2$ die Beziehung $f(x_1) \geq f(x_2)$ (bzw. $f(x_1) > f(x_2)$) gilt. Selbstverständlich kann die Aussage auch auf ein bestimmtes Intervall beschränkt werden. So ist die Funktion $y = x^2$ zwar nicht überall monoton steigend oder fallend, aber man kann sagen, daß sie im Bereich der positiven x-Werte streng monoton steigend und im Bereich der negativen x-Werte streng monoton fallend ist.

Eine Funktion ist *symmetrisch*, wenn für alle x gilt: $f(x) = f(-x)$. Dies läuft darauf hinaus, daß die grafische Darstellung bei Spiegelung an der y-Achse in sich selbst übergeht. So ist $y = x^4$ eine symmetrische Funktion. Eine Funktion ist *antisymmetrisch* (oder auch *schiefsymmetrisch*), wenn immer $f(x) = -f(-x)$ gilt. Die grafische Form ist dann so, daß sie bei Spiegelung an der y-Achse das Vorzeichen wechselt, was darauf hinausläuft, daß sie punktsymmetrisch (bezüglich des Koordinatenursprungs) ist.

Man nennt eine Funktion *periodisch* (mit der Periode p), wenn sich die Funktionswerte im Abstand p wiederholen. Die formale Bedingung dafür ist, daß für alle x-Werte $f(x + p) = f(x)$ gilt. $\sin x$ oder $\cos x$ sind periodische Funktionen. Die Perioden sind in diesem Fall Wellen, aber das muß nicht so sein, wesentlich ist nur die Wiederholung der Periode in gleicher Form (wie z.B. bei $\tan x$ mit der Periode π).

Eine *Nullstelle* einer Funktion schließlich ist ein Punkt x_0, an dem die Funktion den Wert 0 annimmt: $f(x_0) = 0$.

4.2.2 Diskussion einiger spezieller Funktionen

Rationale Funktionen

Rationale Funktionen sind entweder Polynome $y = P_n(x)$ (ganze rationale Funktionen) oder Polynomquotienten $y = P_m(x)/Q_n(x)$ (gebrochene rationale Funktionen). Beide haben wir bereits in Abschn. 1.4 ausführlich diskutiert. Polynome sind für alle x definiert und überall stetig (s. Abschn. 4.1.5). Monoton sind sie nur in Ausnahmefällen (z.B. $y = ax + b$) und symmetrisch sind sie nur, wenn sie nur *gerade* Potenzen enthalten, bzw. antisymmetrisch nur, wenn nur *ungerade* Potenzen auftreten. Abb. 4.8 zeigt drei Beispiele: erstens die lineare

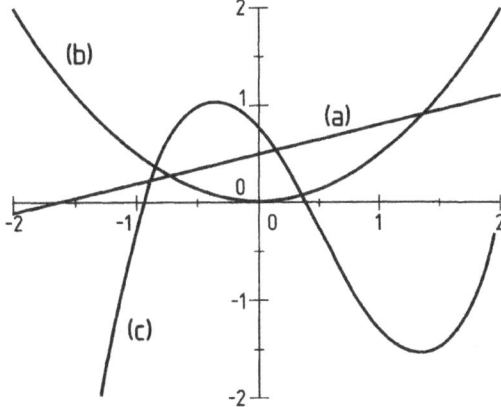

Fig. 4.8 Beispiele für Polynome (a): $y = 0.3x + 0.5$, (b): $y = 0.5x^2$, (c): $y = x^3 - 3x^2/2 - 3x/2 + 3/4$

Funktion $y = ax + b$ (ein Polynom 1. Grades), zweitens eine rein-quadratische Funktion (Parabel) und drittens ein willkürlich herausgegriffenes Polynom 3. Grades.

Polynomquotienten lassen sich für alle x-Werte berechnen ausgenommen für jene Stellen, wo das Nennerpolynom Null wird, also für Stellen, an denen die Wurzeln des Nennerpolynoms (s. Abschn. 1.4.2) liegen. Gebrochen rationale Funktionen sind überall außer an diesen Stellen stetig. In der Nachbarschaft der Unstetigkeitsstellen wird der Betrag des Funktionswertes beliebig groß. Auch hier zeigen wir zwei Beispiele (Abb.4.9).

Exponentialfunktionen

Ausdrücke der Form a^x (mit $a > 0$) lassen sich zunächst nur für rationale x-Werte berechnen. Im Anhang A.1 wurde aber darauf hingewiesen, daß wir mittels Intervallschachtelung auch für beliebige (irrationale) x-Werte einen Wert für a^x ermitteln können. Wählen wir als Basis zunächst die Eulersche Zahl e, so ist die Funktion $y = e^x$ also für beliebige x-Werte definiert. Für den Wertevorrat y gilt $y > 0$ (auch $e^{-x} = 1/e^x$ ist positiv!). Wollen wir die Funktion noch verallgemeinern, so kann man zur Funktion $y = e^{\alpha x}$ übergehen. Solange $\alpha > 0$ ist, führt diese Substitution wegen $e^{\alpha x} = (e^\alpha)^x = a^x$ (mit $a = e^\alpha$) auf eine Exponentialfunktion mit einer anderen Basis. Alle solche Exponentialfunktionen (mit $a > 1$)

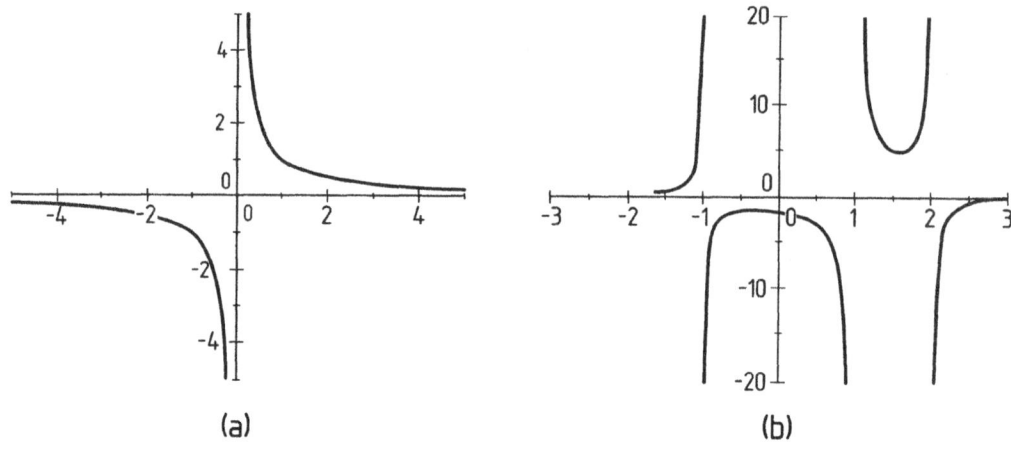

(a)   (b)

Fig. 4.9 (a) $y = 1/x$,   (b) $y = (x^2 - x - 7)/(2x^3 - 4x^2 - 2x + 4)$

sind streng monoton steigend. Oft benötigt man auch die Funktion $y = e^{-x}$, die man durch Spiegelung der Ausgangsfunktion an der y-Achse erhält. Abb. 4.10a gibt einen Eindruck von dem Verlauf von $y = e^x$ und $y = e^{2x}$ wieder (den Verlauf von e^{-x} erhält man durch Spiegelung, diese Funktion ist streng monoton fallend.) Exponentialfunktionen treten bei allen Wachstumsprozeßen auf, bei denen das Wachstum proportional zur vorhandenen Menge ist (z.B. Zinseszins). Der Zerfall von chemischen Substanzen folgt oft einem $e^{-\alpha x}$-Gesetz.

Einen gänzlich anderen Charakter hat eine ähnliche Exponentialfunktion: $y = e^{-\alpha x^2}$. Abb. 4.10b zeigt den Verlauf sowie den Einfluß von α (einmal 0.5 und einmal 2). Die Funktion stellt eine sog. "Glockenkurve" dar, die sehr häufig in den Naturwissenschaften auftritt. Je größer der Koeffizient im Exponenten ist, um so schmaler wird die Breite der Glocke und umgekehrt.

Kreis- oder Winkelfunktionen

Die Bedeutung von $\sin\varphi$ und $\cos\varphi$ wurde bereits im Anhang A.2 erläutert. Betrachten wir nochmals Abb. A.1: Für einen gegebenen Winkel φ sind zwei Strecken angegeben, deren Länge den Sinus bzw. den Kosinus des betreffenden Winkels festlegt. Wenn wir nun diesen Winkel (im Bogenmaß!) als Variable x auffassen und die eingezeichneten Strecken als zugehörige Funktionswerte, so sieht man, daß sich für $\sin x$ bzw. $\cos x$ der in Abb. 4.11a gezeigte Verlauf ergibt. Die beiden Funktionswerte existieren für beliebige Winkel, und zwar gilt für den Wertevorrat beider Funktionen aufgrund der Definitionen $-1 \leq y \leq +1$. Ebenfalls aufgrund der Definitionen sind beide Funktionen periodisch, und zwar mit der Periodenlänge 2π. $\sin x$ ist antisymmetrisch, $\cos x$ dagegen symmetrisch.

Die Zahlenwerte selbst mußten früher Tabellen entnommen werden, heute lassen sie sich mit jedem Taschenrechner abrufen[5]. $\sin x$ bzw. $\cos x$ spielen eine zentrale Rolle für alle

---

[5]Bitte beachten Sie dabei, daß zuvor die Einstellung auf Bogenmaß erfolgt sein muß, weil man anderenfalls

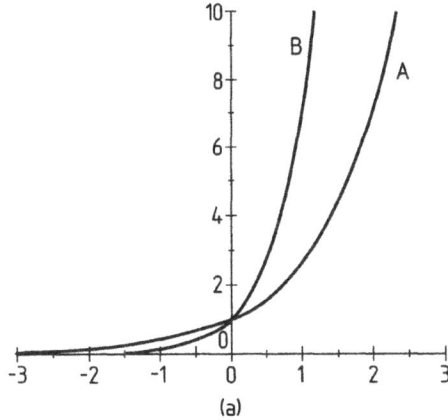
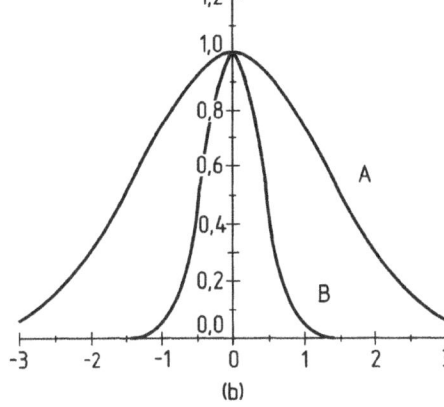

Fig. 4.10 (a) A: $y = e^x$, B: $y = e^{2x}$ (b) A: $y = e^{-x^2/2}$, B: $y = e^{-2x^2}$

Schwingungsvorgänge oder Wellen-Phänomene.

Es lassen sich noch zwei abgeleitete Funktionen, die immer wieder auftreten, definieren:

$$y = \tan x = \frac{\sin x}{\cos x} \quad \text{und} \quad y = \cot x = \frac{\cos x}{\sin x}$$

(zuweilen auch tg x bzw. ctg x abgekürzt). Diese Funktionen sind ebenfalls überall definiert außer an den Stellen, wo der Nenner Null wird: Beim Tangens ist das für $x = \pm\pi/2, \pm3\pi/2, \ldots$, und beim Kotangens bei $x = 0, \pm\pi, \pm2\pi \ldots$ der Fall. Sie sind ebenfalls periodisch, aber die Periode hat nur noch die Länge π (s. Abb 4.11b). Beide Funktionen sind antisymmetrisch, wie man sich leicht überlegen kann: Das Produkt zweier symmetrischer Funktionen ist wiederum symmetrisch, das einer symmetrischen mit einer antisymmetrischen Funktion ist antisymmetrisch und das Produkt schließlich zweier antisymmetrischer Funktionen ist wieder symmetrisch. Analoges gilt für die Quotienten.

Die wichtige Beziehung $\sin^2 x + \cos^2 x = 1$ folgt aus dem Satz des Pythagoras (siehe Anhang A.2). Eine weitere Relation zwischen beiden Funktionen lautet $\cos x = \sin(\pi/2 - x)$, was man der Abb.A.1 entnehmen kann, wenn man bedenkt, daß der Winkel $\pi/2 - \varphi$ den Winkel φ zu einem rechten Winkel ergänzt ($\pi/2$) und der zugehörige Sinus-Wert dem Kosinus-Wert von ϕ entspricht und umgekehrt. Häufig werden noch die sog. *Additionstheoreme*, d.h. Ausdrücke für z.B $\sin(u + v)$ benötigt. Mit einigem Umstand kann man sie der ursprünglichen Definition der Winkelfunktionen entnehmen, aber man findet sie natürlich auch in jeder Formelsammlung. Es gilt

$$\sin(u + v) = \sin u \cos v + \cos u \sin v \tag{4.4}$$

$$\sin(u - v) = \sin u \cos v - \cos u \sin v \tag{4.5}$$

$$\cos(u + v) = \cos u \cos v - \sin u \sin v \tag{4.6}$$

die Umrechnung der Winkel selbst vorzunehmen hat!

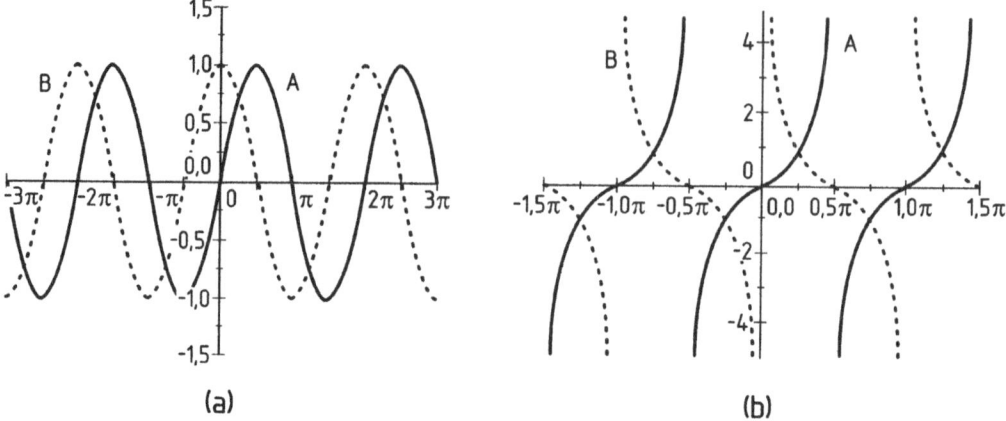

Fig. 4.11 (a) A: $y = \sin x$, B: $y = \cos x$ (b) A: $y = \tan x$, B: $y = \cot x$

$$\cos(u - v) = \cos u \cos v + \sin u \sin v \tag{4.7}$$

$$\sin u - \sin v = 2 \cos \frac{u + v}{2} \sin \frac{u - v}{2} \tag{4.8}$$

$$\cos u - \cos v = -2 \sin \frac{u + v}{2} \sin \frac{u - v}{2} \tag{4.9}$$

Weitere Zusammenhänge findet man in den meisten Formelsammlungen.

Hyperbelfunktionen

Schließlich wollen wir die sog. Hyperbelfunktionen kennenlernen. Sie tragen die Namen "sinus hyperbolicus" und "cosinus hyperbolicus" und werden mit sinh x bzw. cosh x abgekürzt. Ihre Definition lautet

$$y = \sinh x = \frac{e^x - e^{-x}}{2} \quad \text{bzw.} \quad y = \cosh x = \frac{e^x + e^{-x}}{2}$$

und den Verlauf skizziert Abb 4.12. sinh x ist übrigens streng monoton steigend. Auf den Zusammenhang mit den gewöhnlichen Winkelfunktionen können wir hier nicht eingehen, aber als Hinweis darauf einen ganz ähnlichen Zusammenhang zwischen ihnen wie beim Sinus und Kosinus anführen:

$$\cosh^2 x - \sinh^2 x = \frac{(e^x + e^{-x})^2}{4} - \frac{(e^x - e^{-x})^2}{4}$$

$$= \frac{e^{2x} + 2 + e^{-2x}}{4} - \frac{e^{2x} - 2 + e^{-2x}}{4} = 1.$$

Periodisch sind diese Funktionen allerdings nicht. cosh x wird "Kettenlinie" genannt, weil eine an den Enden aufgehängte Kette unter der Schwerkraft diese Form annimmt. Beide Funktionen treten in diversen physikalischen Gesetzen auf.

Auch hier läßt sich ein tanh und ein coth definieren:

$$y = \tanh x = \frac{\sinh x}{\cosh x} = \frac{e^x - e^{-x}}{e^x + e^{-x}} \quad \text{und} \quad y = \coth x = \frac{\cosh x}{\sinh x} = \frac{e^x + e^{-x}}{e^x - e^{-x}}.$$

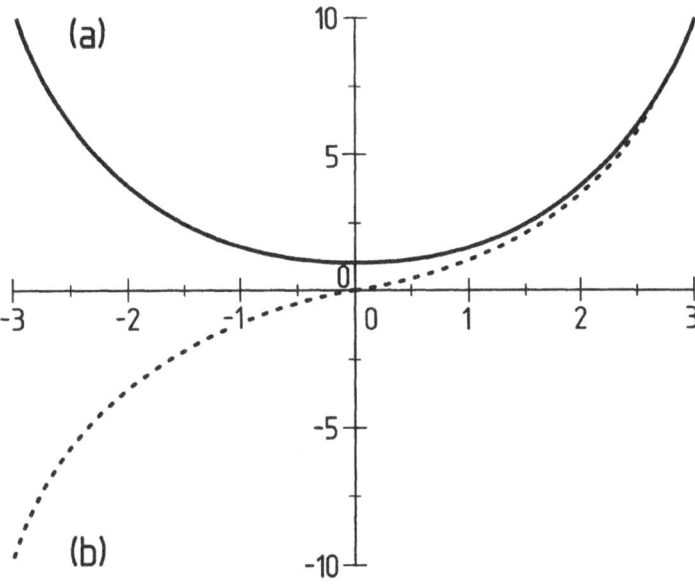

Fig. 4.12 (a): $y = \cosh x$,   (b): $y = \sinh x$

4.2.3   Umkehrung von Funktionen

Eine Funktion mit einer Veränderlichen ist laut Definition eine Abbildung eines Intervalles reeller Zahlen (Definitionsbereich) auf die reellen Zahlen. Wir haben in Abschn. 4.1.5 gehört, daß unter der Voraussetzung, daß die Funktion im Definitionsbereich stetig ist, auch der Wertevorrat ein Intervall (der reellen Zahlen) darstellt. Man kann nun fragen, ob die Abbildung *umkehrbar* ist, ob man also jedem y aus dem Wertevorrat ein x aus dem Definitionsbereich zuordnen kann. Wie wir aus Abschnitt 1.1.3 wissen, ist diese Abbildung nur dann umkehrbar, wenn auch die Zuordnung $y \to x$ für alle y-Werte des Wertevorrats eindeutig ist. Das ist aber offensichtlich nur dann der Fall, wenn die Funktion $y = f(x)$ (im Definitionsbereich) streng monoton ist. Man nennt die so erzeugte Funktion die *Umkehrfunktion* von $y = f(x)$ (oder auch die *inverse Funktion*).

Beispiel:

Gegeben die Funktion $y = x^2$ im Intervall $[0, 10]$. Die Funktion ist streng monoton und stetig und damit umkehrbar, denn jedem y-Wert ($0 \le y \le 100$) läßt sich eindeutig ein x-Wert zuordnen.

Gegenbeispiel:

Gegeben die Funktion $y = x^2$ im Intervall $[-1, +1]$. Diese Funktion ist nicht monoton und somit nicht umkehrbar, denn die Abbildung $y \to x$ ist nicht eindeutig: zu $y = 1/4$ gibt es zwei Urbilder, nämlich $x = +1/2$ und $x = -1/2$, so daß die Umkehrung nicht eindeutig ist und man damit in Widerspruch zur Eindeutigkeit von Funktionen geraten würde.

Um eine explizite Darstellung der Umkehrfunktion zu erhalten, braucht man lediglich die Gleichung $y = f(x)$ nach x aufzulösen: $x = \varphi(y)$. Es soll aber betont werden, daß das zwar bequem, aber nicht notwendig ist. Wir erinnern uns nämlich, daß Funktionen auch implizit z.B. durch eine Gleichung der Form $F(x, y) = 0$ gegeben sein können, und daß es hierbei nur darauf ankommt, daß für ein x das zugehörige y eindeutig bestimmt ist. Gleiches gilt auch für die Umkehrfunktion: die Beziehung $y = f(x)$ muß nur zu jedem y den zugehörigen x-Wert eindeutig festlegen.

Wie spiegelt sich dieser Zusammenhang bei der grafischen Darstellung von Funktionen wieder? Am Zusammenhang von x- und y-Werten ändert sich nichts. Was sich ändert, ist nur

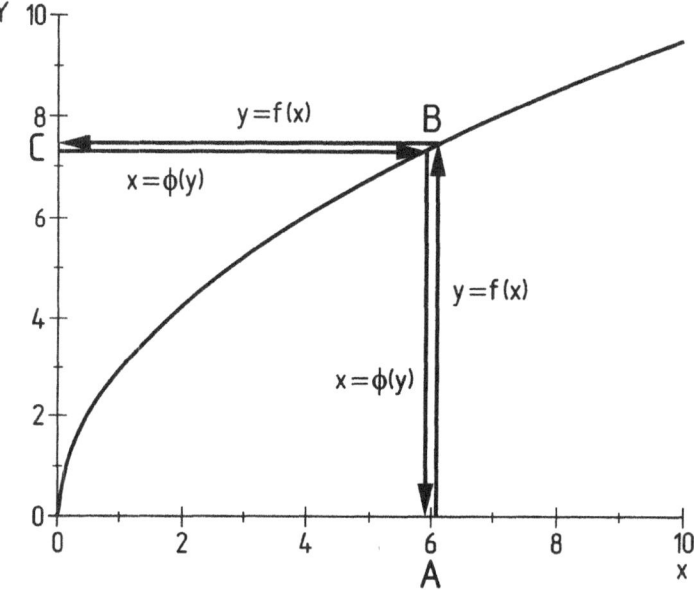

Fig. 4.13 Ablesen des Funktionswertes bei Funktion und zugehöriger Umkehrfunktion

die Rolle von abhängiger und unabhängiger Variablen.

Zunächst wird x als unabhängige Variable angesehen. Wir wählen den entsprechenden Punkt auf der horizontalen Achse (Punkt A in Abb. 4.13). Um den zugehörigen Funktionswert zu finden, gehen wir bis zur Funktion (Punkt B) hoch und zum Ablesen des Wertes horizontal zur senkrechten Achse (Punkt C). Wenn wir zur Umkehrfunktion übergehen, wählen wir auf der vertikalen Achse den y-Wert (Punkt C), gehen horizontal zur Funktionskurve (Punkt B) und zum Ablesen nach unten (Punkt A).

Wem das vertraute Schema (von unten nach oben und dann nach links) lieber ist, braucht die grafische Darstellung nur um die Diagonale zu klappen, so daß die y-Achse in die Horizontale kommt, und er hat den (an sich unveränderten) Zusammenhang zwischen x und y wieder in der üblichen Form. Man sieht bei dieser Gelegenheit übrigens, daß auch die Umkehrfunktion unter diesen Umständen stetig ist.

Ein Wort noch zum Vertauschen der *Namen* der Variblen x und y. Um auch hier vertraute Verhältnisse wieder herzustellen, wird oft empfohlen, auch die Namen der Variablen noch zu vertauschen: $y = x^2 \Rightarrow x = \sqrt{y} \Rightarrow y = \sqrt{x}$. Natürlich kann man sagen: $y = \sqrt{x}$ ist die Umkehrfunktion von $y = x^2$, weil die Namen der Variablen letztlich unbedeutend sind. Oft allerdings muß man Beziehungen zwischen Funktion- und Umkehrfunktion aufstellen und umformen. In solchen Fällen dürfen dann entweder keine Variablen vertauscht werden oder sie müssen in Funktion *und* Umkehrfunktion vertauscht werden, um ein Durcheinander zu vermeiden. Wir werden bei den folgenden Beispiele einen kleinen Trick verwenden: wir vertauschen in der Ausgangsfunktion bereits die Variablen-Namen $[x = f(y)]$, so daß bei der Umkehrfunktion dann die Namen in der gewünschten Form vorliegen $[y = \varphi(x)]$.

Fragt sich noch, wie man bei nicht-monotonen Funktionen vorgehen kann. Man kann sich so behelfen, daß man den Definitionsbereich in mehrere Bereiche zerschneidet, in denen die Funktion jeweils streng monoton ist. In jedem der Bereiche kann die Funktion dann invertiert werden. Man muß sich aber darüber klar sein, daß es sich im Grunde um verschiedene Funktionen handelt. Man kann das auch so ausdrücken, daß man sagt, daß die Umkehrfunktion *verschiedene Äste* hat.

Beispiel:

Der Definitionsbereich der Funktion $y = x^2$ müßte, um monotone Funktionen zu liefern, in zwei Intervalle, $[-\infty, 0]$ und $[0, +\infty]$ aufgespalten werden. Jede der "beiden" Funktionen liefert eine eindeutige Umkehrfunktion, die erste $x = -\sqrt{y}$ und die zweite $x = +\sqrt{y}$. Diese beiden Äste repräsentieren die Umkehrfunktion von $y = x^2$ und stellen jeder für sich eine neue Funktion dar.

■ Bei Funktionen mit nur einer Veränderlichen kann nach der *Umkehrfunktion* gefragt werden. Eine Antwort ist nur möglich, wenn die zugrunde liegende Abbildung, die die Funktion ja darstellt, umkehrbar ist. Dies ist nur bei streng monotonen Funktionen der Fall. Ist eine Funktion nicht streng monoton, so kann sie im allgemeinen doch in Bereiche zerlegt werden, in denen sie diese Eigenschaft besitzt. In diesen Bereichen ist sie dann umkehrbar. Die verschiedenen Bereiche, in denen das der Fall ist, bilden einzelne *Äste* der Umkehrfunktion, die aber als eigenständige Funktionen zu betrachten sind.

4.2.4 Beispiele für Umkehrfunktionen

Logarithmus

Es handelt sich hierbei um die Umkehrfunktion von $y = a^x$. Um aber in der Umkehrfunktion die "richtigen" Variablennamen zu erhalten, gehen wir besser von $x = a^y$ aus. Diese Funktion ist streng monoton steigend für alle y und ihr Wertevorrat ist $(0, +\infty)$. Die Funktion ist also im gesamten Bereich von y invertierbar. Da beim Übergang zur Umkehrfunktion Definitionsbereich und Wertevorrat ihre Rollen tauschen, ist der Definitionsbereich der Umkehrfunktion $(0, +\infty)$ und ihr Wertevorrat umfaßt alle y-Werte. Der Verlauf ist in Abb. 4.14 für $a = e$ wiedergegeben und die grafische Darstellung ergibt sich durch Umklappen der Darstellung von $x = e^y$ (Abb. 4.9a). Um eine explizite Form zu erhalten, müßte $x = a^y$ nach

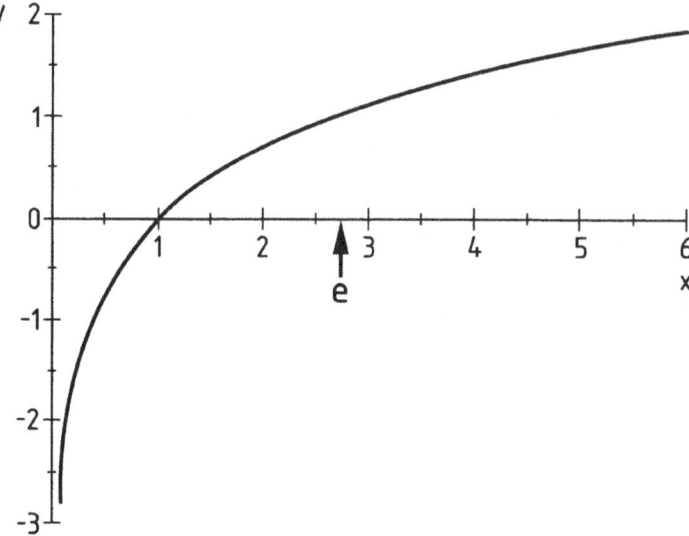

Fig. 4.14 $y = \ln x \equiv \log_e x$

y aufgelöst werden, aber das ist mit algebraischen Mitteln nicht möglich. So bleibt nur, der Umkehrfunktion einen neuen Namen zu geben: man nennt diese Funktion den *Logarithmus zur Basis a* und schreibt

$$y = \log_a x.$$

In Worten besagt das: Man findet den Logarithmus (Basis a) von x, indem man den Exponenten in a^y sucht, der den Wert x ergibt.

Alle Rechenregeln für Logarithmen lassen sich aus dieser Beziehung herleiten. Zunächst folgt aus $1 = a^0$ sofort durch Umkehrung $\log_a 1 = 0$. Ebenso folgt aus $a = a^1$ durch Umkehrung $\log_a a = 1$. Die grundlegende Rechenoperation für Logarithmen,

$$\log_a(x_1 x_2) = \log_a x_1 + \log_a x_2, \tag{4.10}$$

erhält man durch folgende Überlegung:

$$x_{1,2} = a^{y_{1,2}}, \qquad x_1 x_2 = a^{y_1} a^{y_2} = a^{y_1 + y_2}$$

und durch Umkehrung

$$y_1 + y_2 = \log_a(x_1 x_2) \qquad \text{bzw.} \qquad \log_a x_1 + \log_a x_2 = \log_a(x_1 x_2).$$

In gleicher Weise läßt sich zeigen, daß

$$\log_a \frac{x_1}{x_2} = \log_a x_1 - \log_a x_2 \quad \text{und} \quad \log_a x^n = n \log_a x \tag{4.11}$$

ist. Es bleibt noch die Umrechnung zweier Logarithmen, z.B. $\log_b$ in $\log_a$.
Dazu gehen wir von $x = b^y$ aus und wenden Gl. (4.11b) (mit $\log_a$!) an:

$$\log_a x = y \log_a b$$

und durch Auflösen erhalten wir

$$y \equiv \log_b x = \frac{\log_a x}{\log_a b}. \tag{4.12}$$

Ähnlich wie man normalerweise mit der Funktion e^x (an Stelle von a^x) arbeitet, benützt man in den meisten Fällen bei Logarithmen die Basis e. Die Logarithmen mit dieser Basis nennt man die "natürlichen Logarithmen" und kürzt wie folgt ab (ln = logarithmus naturalis):

$$\log_e x \equiv \ln x.$$

Öfters werden auch "Zehner-Logarithmen" $\log_{10}$ (*dekadische Logarithmen*) benützt. Die Umrechnung erfolgt über

$$\ln x = \frac{\log_{10} x}{\log_{10} e} = 2.3026 \log_{10} x.$$

Zyklometrische Funktionen

Die Umkehrfunktionen der Kreisfunktionen sind ebenfalls "neue" Funktionen, d.h. solche, die sich nicht mit einfachen Rechenvorschriften explizit angeben lassen. (Das ist auch gar nicht anders zu erwarten, weil schon die Kreisfunktionen selbst nicht über Rechenvorschriften definiert sind.) Die Umkehrfunktion zu $x =\sin y$ nennt man arcsin[6] und schreibt

$$y = \arcsin x.$$

Der Sinus ist alles andere als monoton, so daß wir den Definitionsbereich entsprechend einschränken müssen. Die Einschränkung auf eine Periode ist noch nicht ausreichend (z.B. von 0 bis 2π), vielmehr müssen wir den Definitionsbereich $-\pi/2 \leq y \leq \pi/2$ verwenden. Der Sinus ist in diesem Intervall in der Tat monoton: er steigt vom Wert -1 streng monoton auf den Wert $+1$ an. arcsin x hat dann einen Definitionsbereich von -1 bis $+1$ und nimmt Werte von $-\pi/2$ bis $+\pi/2$ an. Der Verlauf der Funktion kann Abb. 4.15 entnommen werden. Da die Funktion häufig benötigt wird, ist sie heute auf jedem Taschenrechner vorhanden.

Die Frage ist nun: was ist mit den weiteren Ästen? Man sieht sofort, daß die Intervalle $[3\pi/2, 5\pi/2]$, $[7\pi/2, 9\pi/2]$, usw. jeweils Kurven der gleichen Form liefern, die aber um 2π, 4π, usw. nach oben verschoben sind. Diese additiven Konstanten sind aber ohne großes Interesse.

---

[6]arc bzw. arcus ist der Bogen und y in sin y ist ja ein Bogen (bzw. Winkel). arcsin meint also: der dem sinus-Wert entsprechende Bogen.

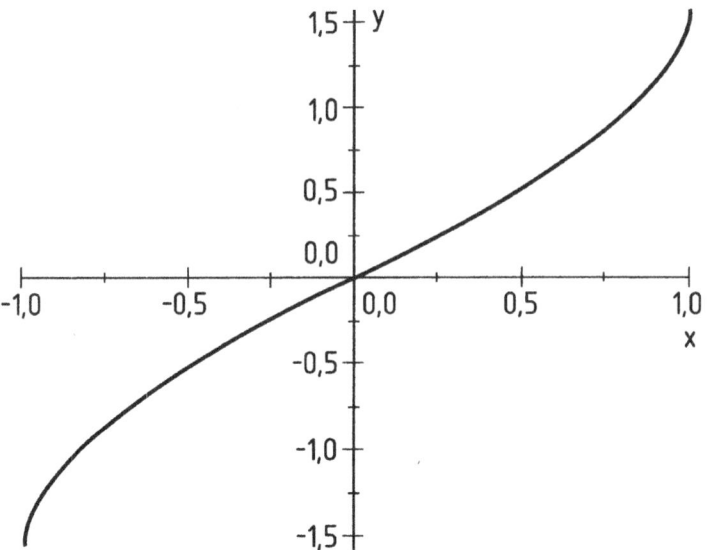

Fig. 4.15 Hauptast von arcsin x

Anders verhält es sich mit den Intervallen $[\pi/2, 3\pi/2]$, $[5\pi/2, 7\pi/2]$ usw. Die Funktionen sind unter einander ebenfalls gleich (bis auf additive Konstanten 2π), unterscheiden sich aber von denen der ersten Gruppe dadurch, daß sie an der y-Achse gespiegelt und dann um π nach oben verschoben sind. Aber auch sie sind keine genuin neue Funktionen.

Um zu demonstrieren, wie sich solche Beziehungen zwischen den Ästen der Umkehrfunktionen aus Beziehungen zwischen den Ausgangsfunktionen erschließen lassen, wollen wir diesen Zusammenhang herleiten: Es gilt $\sin y = -\sin(y - \pi)$, was der grafischen Darstellung des Sinus direkt entnommen werden kann. Wenn wir die y-Werte nach ihrem Intervall kennzeichnen, nämlich y_A aus $[-\pi/2, +\pi/2]$ und y_B aus $[\pi/2, 3\pi/2]$, erhalten wir die beiden Beziehungen $x = \sin y_A$ und $-x = \sin(y_B - \pi)$. Die erste stellt (nach Umkehrung) den Hauptast dar, wie er in Abb.4.15 wiedergegeben ist. Die zweite ergibt bei Umkehrung

$$y_B - \pi = \arcsin(-x) \quad \text{bzw.} \quad y_B = \arcsin(-x) + \pi.$$

In Worten: der "Nebenast" ergibt sich aus dem Hauptast dadurch, daß man $\arcsin(-x)$ bildet (also an der y-Achse spiegelt) und dann π dazuzählt.

Ebenso wie zum Sinus kann man auch zu den anderen drei Kreisfunktionen die Umkehrfunktionen bilden. Man kommt so zu den Funktionen $\arccos y$, $\arctan y$ und $\operatorname{arccot} y$. Wegen der Nichteindeutigkeit besteht auch hier wieder das Problem, den Hauptast festzulegen, um die Mehrdeutigkeit zu beseitigen. Die Festlegung ist natürlich im Prinzip beliebig, aber der Leser kann sich an Hand von Skizzen selbst davon überzeugen, daß die folgenden Vorschläge sinnvoll sind: für $\cos x$ und $\cot x$: $0 \le x \le \pi$ und für $\tan x$ die gleichen Grenzen wie für $\sin x$. (Die vier besprochenen Funktionen bezeichnet man als *zyklometrische Funktionen*.)

Wir wollen zum Schluß noch zeigen, wie man Ausdrücke der Form

$$\cos(\arcsin x)$$

dadurch vereinfachen kann, daß man auf die Umkehrfunktionen zurückgreift.

Wir setzen $y = \cos(\arcsin x)$, bzw. mit der Zwischenvariablen $z = \arcsin x$, $y = \cos z$. Nun invertieren wir die Zwischenvariable: $x = \sin z$ und haben damit zwei Gleichungen für den Zusammenhang von x und y. z kann man nun leicht eliminieren:

$$x^2 + y^2 = \sin^2 z + \cos^2 z = 1 \qquad \text{bzw.} \qquad y \equiv \cos(\arcsin x) = +\sqrt{1-x^2}.$$

(Das positive Vorzeichen gilt für den Hauptast von arcsin.)

Umkehrung der Hyperbelfunktionen

Die Umkehrungen der Hyperbelfunktionen, die sog. Area-Funktionen, formal arsinh x, arcosh x, artanh x und arcoth x geschrieben, lassen sich algebraisch durch die ln-Funktion ausdrücken. Wir beginnen mit dem sinh, einer im ganzen y-Bereich streng monotonen Funktion, die also problemlos invertierbar ist. Dazu führt man die Zwischenvariable $u = e^y$ ein, so daß

$$x = \sinh y = \frac{e^y - e^{-y}}{2} = \frac{u - 1/u}{2} = \frac{u^2 - 1}{2u}$$

wird. Auflösung zunächst nach u führt auf

$$2ux = u^2 - 1 \quad \text{bzw.} \quad u^2 - 2ux - 1 = 0.$$

Diese quadratische Gleichung liefert als Lösung

$$u = e^y = x \pm \sqrt{x^2 + 1},$$

und schließlich durch Logarithmieren auf

$$y = \operatorname{arsinh} x = \ln(\sqrt{x^2 + 1} + x), \tag{4.13}$$

wobei nur die positiven Wurzeln ein positives Argument für den Logarithmus liefern.

Eine ganz ähnliche Rechnung läßt sich für cosh anstellen, wobei aber nun zu bedenken ist, daß der Wertevorrat von cosh nur das Intervall $[1, +\infty]$ umfaßt und Monotonie nur im Definitionsbereich $[0, +\infty]$ vorliegt. Die Umkehrfunktion ist also nur für $x \geq 1$ definiert und hat (für den gewählten Ast) nur positive Werte. Ansonsten liefert eine analoge Rechnung

$$y = \operatorname{arcosh} x = \ln(x - \sqrt{x^2 - 1}).$$

tanh schließlich ist im ganzen y-Bereich streng monoton und hat einen Wertevorrat $[-1, +1]$. Die Umkehrfunktion ist dann nur in diesem Bereich definiert. Die Rechnung liefert

$$y = \operatorname{artanh} x = \frac{1}{2} \ln\left(\frac{1+x}{1-x}\right).$$

Alle diese Funktionen treten häufig bei der Berechnung von Integralen auf.

4.2.5   Quadratische Formen als Beispiele für Funktionen mit zwei Veränderlichen

Die Funktionen $z = ax^2 + 2bxy + cy^2$ stellen außer den linearen Funktionen die einfachsten Beispiele für Funktionen mit zwei Variablen dar. Da, anders als bei Ebenen, hier verschiedene Grundtypen auftreten können, sollen ein paar Worte dazu gesagt werden.

Wir klammern zunächst a aus und erhalten $a[x^2 + 2(by/a)x + (c/a)y^2]$. Wenn wir nun in der Klammer die ersten beiden Terme quadratisch ergänzen, wird aus ihnen $(x + by/a)^2 - b^2y^2/a^2$. Einsetzen ergibt

$$z = a\left[(x + \frac{by}{a})^2 + \frac{ac - b^2}{a^2}y^2\right].$$

Dieser Ausdruck läßt sich leicht diskutieren: Ist die sog. *Diskriminante* $ac - b^2 > 0$, so ist der Ausdruck in der eckigen Klammer für alle x- und y-Werte ebenfalls größer als Null und das Vorzeichen von a entscheidet über das Vorzeichen des Funktionswertes. Da der Funktionswert für $x = y = 0$ Null ist, hat die Funktion dann dort entweder ein Maximum ($a < 0$) oder ein Minimum ($a > 0$). Übrigens haben in diesem Fall a und c gleiche Vorzeichen, weil sonst $ac - b^2$ nicht > 0 sein könnte. Ist aber die Diskriminante kleiner als Null, dann nimmt der Klammerausdruck für $y = 0$ positive Werte an und für $x = -by/a$ negative. Die Funktion hat also in verschiedenen Bereichen der Umgebung des Nullpunktes unterschiedliches Vorzeichen, ein Kennzeichen für einen *Sattelpunkt*.

Aufgaben

1. Ist die Funktion $y = c$ eine rationale Funktion, ist sie (streng) monoton, symmetrisch, antisymmetrisch oder umkehrbar?
2. Diskussion der Funktion $y = \tanh x$.
(a) Wie ist die Funktion definiert? Was ist ihr (maximaler) Definitionsbereich?
(b) Welche Symmetrie hat die Funktion?
(c) Ist die Funktion (streng) monoton steigend/fallend?
(d) Was ist ihr Wertevorrat?
(e) Vergleichen Sie den qualitativen Verlauf von $\arctan x$ und $(\pi/2) \tanh x$!
3. (a) Geben Sie die dekadischen Logarithmen folgender Zahlen an:
$0.1, 1, 10, 100, 3.1623, 0$!
(b) Gegeben folgende dekadischen Logarithmen: $\log 2 = 0.30103$, $\log 3 = 0.47712$.
Berechnen Sie damit die dekad. Logarithmen der Zahlen $4, 5, 6, 8, 9$ und einen Näherungswert für 7.
(c) Geben Sie die Umrechnungsformel für natürliche in dekadische Logarithmen an!
(d) $e^3 = 20.09 \approx 20$. Berechnen Sie damit und den Zahlen von (b) den dekadischen Logarithmus der Zahl e !
4. Untersuchen Sie die Funktion $y = x^2 - x + 2$ hinsichtlich der Frage, in welchen Bereichen sie umkehrbar ist. Bilden Sie die Umkehrfunktion für die betreffenden Bereiche!
5. Umkehrfunktion von $y = \tanh x$.
(a) In welchen Bereichen ist die Funktion umkehrbar?
(b) Welchen Definitionsbereich weist die Umkehrfunktion auf?
(c) Berechnen Sie die Umkehrfunktion, ausgehend von $x = \tanh y$ und mit dem Zwischenwert u für e^y !
(d) Symmetrie von artanh ?
(e) Sind die Umkehrfunktionen von antisymmetrischen Funktionen immer selbst antisymmetrisch?

4.3 Grenzwerte

Wir müssen uns nun einem Begriff zuwenden, auf dem die ganze Differential- (Kap. 5) und Integralrechnung (Kap. 6) beruht. Und zwar wenden wir diesen Begriff zunächst auf Funktionen an, danach aber auch auf zwei mathematische Objekte, die wir bislang noch nicht kennengelernt haben: *Folgen* und *Reihen*. Diese werden in den Kapitel 7 und 8 benötigt und machen ohne den Begriff des Grenzwertes überhaupt keinen Sinn.

4.3.1 Grenzwerte von Funktionen

Um das Problem zu charakterisieren, betrachten wir als Beispiel die Funktion $y = \frac{\sin x}{x}$. Sie ist für alle x definiert mit Ausnahme des Punktes $x = 0$ und der (maximale) Definitionsbereich ist also[7] $(-\infty, 0)$ und $(0, \infty)$. Man kann aber für kleine x-Werte nachrechnen, daß sich in der Umgebung von $x = 0$ Funktionswerte in der Nähe von 1 ergeben, und zwar um so näher an 1, ja näher x an 0 gewählt wird. Es ist deshalb naheliegend danach zu fragen, welcher Wert sich ergibt, wenn man mit x "beliebig" nahe an Null heran geht. Ist dieser Wert 1, so könnte man schreiben

$$\lim_{x \to 0} \frac{\sin x}{x} = 1,$$

und wollte damit sagen, daß sich im Grenzfall (limes=Grenze) $x \to 0$ für den Ausdruck $\sin x/x$ der Wert 1 ergibt. Wir müssen die Überlegungen allerdings für die beiden Intervalle $(-\infty, 0)$ und $(0, \infty)$ getrennt anstellen. Im ersten Fall muß man fragen, wie sich die Funktion am *rechten* Rand des Intervalls, im zweiten Fall, wie sie sich am *linken* Rand verhält. Im ersten Fall könnte man das so ausdrücken:

$$\lim_{x \to -0} \frac{\sin x}{x}$$

(Grenzwert von links) und im zweiten Fall so:

$$\lim_{x \to +0} \frac{\sin x}{x}$$

(Grenzwert von rechts). (Die Vorzeichen vor der Null sollen andeuten, von welcher Seite aus man sich dem Punkt $x = 0$ nähert.)

Allgemein handelt es sich um folgendes Problem: Gegeben eine Funktion in einem bestimmten Definitionsbereich, der offen sein muß. An seinem Rand, der selbst nicht zum Definitionsbereich gehört, braucht die Funktion nicht definiert zu sein. Man sagt, die Funktion hat in diesem Punkt den Grenzwert g, wenn bei Einschluß dieses Randpunktes in den Definitionsbereich mit dem Funktionswert g an dieser Stelle die so erweiterte Funktion dort stetig ist. Zur Beantwortung dieser Frage brauchen wir also nur das Stetigkeitskriterium (Abschnitt 4.1.5) heranzuziehen.

---

[7]Bitte beachten Sie, daß die runden Klammern *offene* Intervalle, also Intervalle ohne die Intervallgrenzen, bedeuten!

Im Falle einer Funktion mit *einer* Variablen mit Definitionsbereich (x_0, b) wollen wir den Grenzwert (von rechts) für $x \to x_0$ bilden. Dann lautet die Frage: Gegeben ein $\epsilon > 0$, existiert dann ein $\delta > 0$ dergestalt, daß für $x_0 < x < x_0 + \delta$ stets $|g - f(x)| < \epsilon$ gilt? Man beachte, daß der einzige Unterschied zum Stetigkeitskriterium der ist, daß x nicht *um* den Punkt x_0 variiert sondern nur rechts von ihm, und daß der Zahlenwert von g offen ist. Beim Grenzwert von links [Intervall (a, x_0)] wäre die Bedingung für x in $x_0 - \delta < x < x_0$ abzuändern. Existiert *keine* Zahl g, die dieser Bedingung genügt, so sagt man, daß der Grenzwert *nicht existiert*, anderenfalls schreibt man

$$\lim_{x \to \pm x_0} f(x) = g,$$

wobei das Vorzeichen angibt, ob der Grenzwert von links oder von rechts gemeint ist.

Bei Funktionen mit zwei Variablen gilt prinzipiell das Gleiche: Gesucht ist der Grenzwert eines Punktes x_0, y_0 *am Rande des Definitionsbereiches*, der aber selbst nicht zum Definitionsbereich gehört. Wie beim Stetigkeitskriterium gibt es hier aber viele Wege, auf denen man sich diesem Punkt annähern kann. Die Bedingung für x und y lautet dann "Abstand kleiner als δ", also

$$\sqrt{(x - x_0)^2 + (y - y_0)^2} < \delta,$$

wobei als Zusatzbedingung gilt, daß der Punkt x, y zum Definitionsbereich gehören muß.

Beispiele   Nun eine Reihe von Beispielen für Funktionen mit einer Variablen.

1. Beispiel

Wir wollen zeigen, daß sich für $y = \frac{\sin x}{x}$ tatsächlich der Grenzwert 1 (an der Stelle $x = 0$) ergibt, und zwar für $x > 0$.

Betrachten wir Abb.4.16. Ihr können wir drei Ungleichungen entnehmen:
1. $\sin x < x$,
2. die Summe der Strecken $\overline{AC}$ und $\overline{CB}$ ist größer als x, also $\sin x + (1 - \cos x) > x$ und
3. die Strecke $\overline{AB}$ ist kleiner als x. Die letzte Bedingung läßt sich nach Quadrieren

$$(\sin x)^2 + (1 - \cos x)^2 < x^2 \quad \text{bzw.} \quad 2 - 2\cos x < x^2$$

schreiben und ergibt letztlich $1 - \cos x < x^2/2$. Die beiden ersten Bedingungen ergeben

$$\sin x < x < \sin x + 1 - \cos x \ ,$$

und wenn man noch die dritte Bedingung berücksichtigt,

$$\sin x < x < \ \sin x + x^2/2.$$

Wir nehmen an allen drei Ausdrücken nun zwei Umformungen vor, die die $<$-Relation nicht verändern: 1. Division durch x und 2. Subtraktion von $(\sin x)/x$ und erhalten danach

$$0 < 1 - \frac{\sin x}{x} < \frac{x}{2}.$$

Der Ausdruck ganz rechts ist für kleine x klein und geht für $x \to 0$ gegen Null. Unter diesen Umständen wird der mittlere Ausdruck auf ein immer engeres Intervall beschränkt und im Grenzfall selbst Null. Das war die Behauptung.

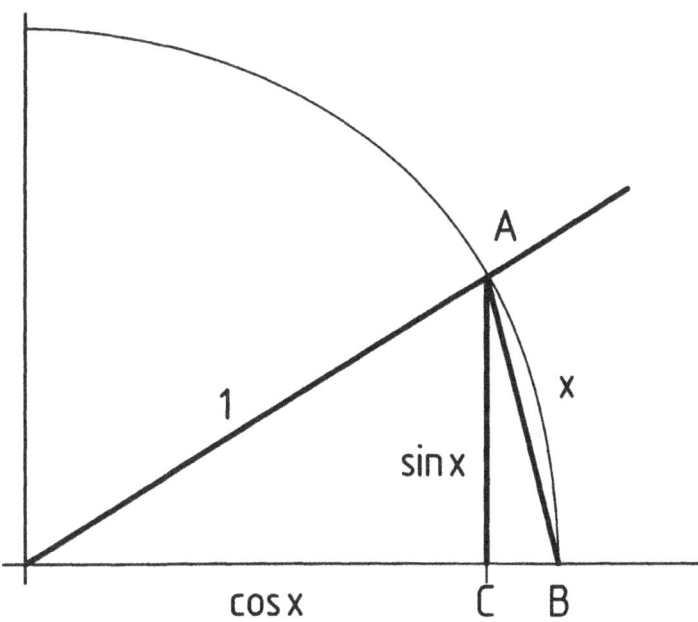

Fig. 4.16 Zum Beweis von $\sin x/x \to 1$ für $\lim x \to 0$

Der Grenzwert von links ergibt das gleiche Resultat, weil $\sin(-x)/(-x) = (-\sin x)/(-x) = \sin x/x$ ist. Bei dieser Funktion hat der Grenzwert von rechts und der von links den gleichen Wert (was durchaus nicht immer der Fall ist). Wir können dann die Definition der Funktion an der Stelle $x = 0$ dadurch vervollständigen, daß wir ihr den Wert 1 zuweisen. Damit erhalten wir eine für alle x-Werte stetige Funktion.

2. Beispiel

Ein Gegenbeispiel ist die Funktion $1/x$, die ebenfalls überall bis auf die Stelle $x = 0$ definiert und stetig ist. Hier existiert aber *kein* Grenzwert, denn welchen g-Wert auch immer wir ansetzen, stets können wir durch Verkleinern von x einen so großen Funktionswert erhalten, daß das (gegebene) ϵ überschritten wird. (Man könnte auch hier der Funktion irgend einen Wert zuweisen, aber *stetig* wird sie dadurch nicht und dann ist eine Zuweisung uninteressant.)

3. Beispiel

Wir betrachten die Funktion $\sin(1/x)$. Dieses Beispiel, wo der Funktionswert für $x = 0$ wiederum nicht existiert, soll zeigen, daß ein Grenzwert nicht zu existieren braucht, obwohl der Funktionswert nicht unendlich wird. Es gilt nämlich $-1 \leq \sin(1/x) \leq +1$ für alle $x \neq 0$. Um einen Überblick für den Verlauf der Funktion zu bekommen, fragen wir danach, für welche x-Werte die Funktion die x-Achse schneidet? Es sind dies die Stellen, wo der Sinus Null wird, nämlich $1/x = n\pi$ (n eine ganze Zahl), bzw. $x = 1/\pi \cdot 1/n$ (s. Abb. 4.17). Diese Nullstellen, zwischen denen die Funktion zwischen -1 und $+1$ hin- und herschwingt, werden

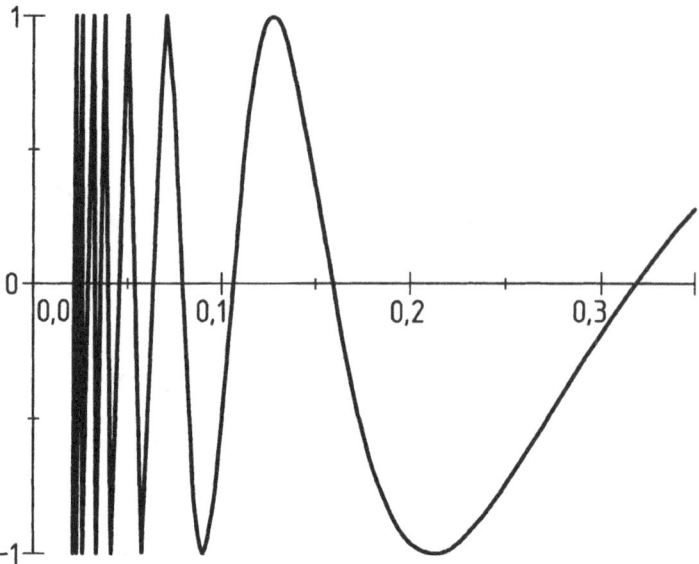

Fig. 4.17 Die Funktion $y = \sin(1/x)$

immer dichter, je näher man an $x = 0$ kommt, so daß die Funktion in der Nachbarschaft von $x = 0$ noch beliebig oft zwischen -1 und $+1$ wechselt. Damit ist offensichtlich, daß die Funktion keiner festen Zahl g zustrebt.

4. Beispiel

Dagegen hat die Funktion $x \sin(1/x)$ durchaus einen Grenzwert für $x = 0$. Diese Funktion ist das Produkt zweier Faktoren, von denen einer zwischen -1 und $+1$ liegt, also endlich ist und der andere für $x \to 0$ gegen Null geht. Ein Produkt aus Null und einer endlichen Zahl ist aber ebenfalls Null. Auch hier ist der Grenzwert von rechts gleich dem Grenzwert von links, so daß man durch die zusätzliche Definition $x \sin(1/x)|_{x=0} = 0$ eine stetige Funktion für beliebige x-Werte erhält.

5. Beispiel

Abb. 4.18 zeigt die sog. Stufenfunktion $\Theta(x)$, die durch folgende Definition gegeben ist:

$$\Theta(x) = \begin{cases} 0 & \text{für} \quad x < 0 \\ 1 & \text{für} \quad x > 0. \end{cases}$$

Dies ist ein Beispiel für eine Funktion, wo sowohl der Grenzwert von rechts als auch der von links für $x = 0$ existiert, aber voneinander verschieden sind. Der von rechts ist offensichtlich 1 und der von links 0. Diese Funktion bleibt unstetig an der Stelle $x = 0$, egal, ob wir den Funktionswert für $x = 0$ als Null oder Eins (oder auch 1/2) festsetzen. Bei einer stetigen Funktion müssen Grenzwert von rechts, Grenzwert von links und der Funktionswert selbst übereinstimmen.

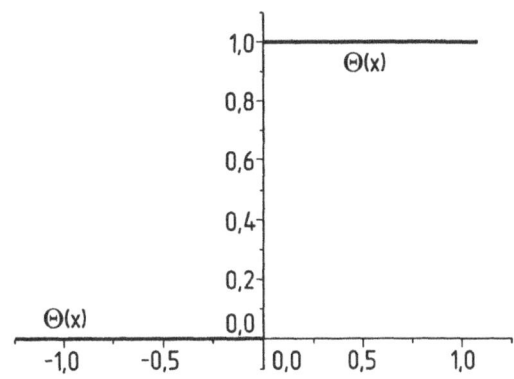

Fig. 4.18   Die Stufenfunktion $\Theta(x)$

Grenzwert für $x \to +\infty$ oder $x \to -\infty$

Eine weitere Fragestellung bei Funktionen mit einer Variablen und einem Definitionsbereich $x > a$ lautet: wie verhält sich die Funktion, wenn man zu immer größeren x-Werten übergeht? Auch hier bestehen mehrere Möglichkeiten: (1) die Funktion kann immer größere (positive oder negative) Werte annehmen, (2) die Funktion kann zwischen zwei Werten hin und her pendeln oder (3) die Funktion kann einem Grenzwert g zustreben. Um zu entscheiden, ob letzteres der Fall ist, fragen wir wieder, ob für ein gegebenes $\epsilon > 0$ für den Funktionswert immer $|g - f(x)| < \epsilon$ gilt. Die Bedingung für die x-Werte müssen wir selbstverständlich abändern. Hier lautet sie: für alle x, die größer als ein bestimmter x-Wert (z.B. x_0) sind. Die Antwort besteht also nicht in einer kleinen Schranke δ, sondern einem (großen) x-Wert, jenseits dessen sich die Funktion um weniger als das vorgegebene ϵ ändern darf. Die Bedingung für x lautet also $x_0 < x$. Analoge Überlegungen gelten für die Frage nach dem Verhalten für $x \to -\infty$. In diesem Falle lautet die x-Bedingung $x < x_0$, wobei x_0 jetzt eine große negative Zahl darstellt. Auch hier drei Beispiele:

1. Beispiel

Die Funktionen $y = x$, $y = \sqrt{x}$ und $y = \sin x$ haben offenbar keinen Grenzwert für $x \to \infty$, und zwar streben die ersten beiden Funktionen gegen unendlich und die dritte bleibt zwar endlich, strebt aber trotzdem keinem festen Wert zu.

2. Beispiel

Für die Funktionen $y = 1/x$ gilt

$$\lim_{x \to \infty} \frac{1}{x} = 0, \quad \text{bzw.} \quad \lim_{x \to -\infty} \frac{1}{x} = 0,$$

denn für jedes noch so kleine ϵ läßt sich ein x_0 finden, so daß für alle $x_0 < x$ der Ausdruck $|0 - f(x)|$ kleiner als ϵ bleibt ($x \to \infty$).

3. Beispiel

Für die Funktionen $y = \frac{x}{x+1}$ gilt

$$\lim_{x \to \infty} \frac{x}{x+1} = 1,$$

denn es gilt

$$\left| 1 - \frac{x}{x+1} \right| = \left| \frac{1}{x+1} \right| < \epsilon$$

für alle $x > x_0 = 1/\epsilon$.

Rechnen mit Grenzwerten

Wir hatten im Falle der Stetigkeit gesehen, daß man bei zusammengesetzten Funktionen (Summen usw.) die Stetigkeit nicht aufs Neue feststellen muß, wenn man weiß, daß die Bausteine selbst stetig sind. Analog verhält es sich bei den Grenzwerten, denn die Bedingung für x, $|x - x_0| < \delta$ unterscheidet sich ja von der bei der Stetigkeit nur dadurch, daß beim Grenzwert von rechts (bzw. links) $x > x_0$ (bzw. $x < x_0$) ist. Gegeben zwei Funktionen $f^{(1)}(x)$ und $f^{(2)}(x)$, die für $x \to x_0$ die Grenzwerte g_1, bzw. g_2 annehmen, so gilt

$$\lim_{x \to x_0} \left(f^{(1)}(x) + f^{(2)}(x) \right) = g_1 + g_2, \tag{4.14}$$

$$\lim_{x \to x_0} \left(f^{(1)}(x) f^{(2)}(x) \right) = g_1 g_2, \tag{4.15}$$

$$\lim_{x \to x_0} \frac{f^{(1)}(x)}{f^{(2)}(x)} = \frac{g_1}{g_2} \quad \text{falls} \quad g_2 \neq 0, \tag{4.16}$$

und

$$\lim_{x \to x_0} f^{(1)} \left(f^{(2)}(x) \right) = g_1(g_2). \tag{4.17}$$

Die Beweise lassen sich in der gleichen Weise wie bei der Stetigkeit führen, und wir wollen im Falle des Produktes zeigen, wie der dort gegebene Beweis für den Fall von Grenzwerten modifiziert werden muß. Wir brauchen nämlich nur folgende Ersetzungen vorzunehmen: $f(x) \to f^{(1)}(x)$, $g(x) \to f^{(2)}(x)$, $f(x_0) \to g_1$ und $g(x_0) \to g_2$.

1. Beispiel: Grenzwert von $\sin^2 x / x$ für $x \to 0$:

Wir fassen die Funktion als $\sin x/x \cdot \sin x$ auf. Der linke Faktor hat den Grenzwert 1, der rechte den Grenzwert Null, also ist der Grenzwert $1 \cdot 0 = 0$.

2. Beispiel: Grenzwert von $(1 - \cos x)/x^2$ für $x \to 0$:

Wir schreiben den Zähler $1 - \cos x$ in $2\sin(x/2)$ um[8] und erhalten für die Funktion

$$\frac{2\sin^2(x/2)}{x^2} \quad \text{bzw.} \quad \frac{2\sin^2 u}{4u^2} = \frac{1}{2}\frac{\sin u}{u}\frac{\sin u}{u},$$

wobei $u = x/2$ ist. Damit ergibt sich für den gesuchten Grenzwert für $\frac{1}{2} \cdot 1 \cdot 1 = \frac{1}{2}$. Beachten Sie dabei, daß $x \to 0$ auch $x/2 = u \to 0$ nach sich zieht.

■ Man kann bei einer Funktion nach dem *Grenzwert* für einen beliebigen Punkt fragen, der durch das Verhalten der Funktion bestimmt ist, wenn man dem betreffenden Punkt beliebig nahe kommt. Dies ist in allen Fällen wichtig, bei denen die Funktion an der betreffenden Stelle selbst Schwierigkeiten macht. Die Stetigkeitsbedingung läßt sich mit Hilfe von Grenzwerten auch so formulieren: Soll eine Funktion in einem Punkt stetig sein, so müssen die Grenzwerte aller Richtungen, aus denen man sich dem betreffenden Punkt nähern kann, gleich sein und mit dem Funktionswert an dieser Stelle übereinstimmen. Existiert kein Funktionswert, kann man ihn eventuell entsprechend festlegen.

4.3.2 Folgen

Eine Funktion, deren Definitionsbereich kein Intervall ist sondern die natürlichen Zahlen sind, nennt man eine *Folge*. Man schreibt die Funktionswerte allerdings nicht in der Form $f(n)$ mit $n = 1, 2, 3 \ldots$, sondern hängt n lieber als Index an: f_n, also $f_1, f_2 \ldots$, ähnlich wie bei Vektoren. Im Folgenden werden wir aber meist andere Buchstaben wie $a_1, a_2, \ldots$ verwenden. Die Folge kann *endlich* sein, aber nicht trivial sind nur Folgen, bei denen n beliebig groß werden kann (*unendliche Folgen*). Jede Zahl S, für die (für alle n) $a_n \le S$ gilt, nennt man eine *obere Schranke*. Gibt es eine solche Zahl, so ist die Folge *nach oben beschränkt*, anderenfalls ist sie *unbeschränkt*. Die kleinste obere Schranke nennt man die *obere Grenze*.

Die Folge $a_n = n$ ist (nach oben) unbeschränkt, weil keine obere Schranke existiert. Dagegen ist die Folge $a_n = 1/n$ nach oben beschränkt, denn alle a_n sind kleiner als z.B. 2 (2 ist eine obere Schranke, aber auch 1.5 oder 1. Obere Grenze ist 1.)

Analog sind die Begriffe *nach unten beschränkt, untere Schranke* und *untere Grenze* definiert. Man nennt eine Folge, für die für alle n gilt $a_n \le a_{n+1}$, *monoton steigend*, bzw. bei $a_n < a_{n+1}$, *streng monoton steigend*. Entsprechend sind die Termina *(streng) monoton fallend* definiert. Die Folge $a_n = n$ ist streng monoton steigend, die Folge $a_n = 1/n$ ist streng monoton fallend, die Folge $a_n = \sin(n\pi/2)$ ist überhaupt nicht monoton.

---

[8]$\cos 2x = \cos^2 x - \sin^2 x = 1 - 2\sin^2 x \quad \Rightarrow \quad 1 - \cos 2x = 2\sin^2 x$ und daraus mit $x \to x/2$ der obige Ausdruck.

Grenzwerte von Folgen

Die Frage nach dem Grenzwert für ein bestimmtes n macht natürlich keinen Sinn, wohl aber die Frage nach dem Grenzwert für $n \to \infty$. Die Bedingung, daß für $n \to \infty$ ein Grenzwert g existiert, ist die gleiche wie bei Funktionen: Gilt für ein beliebig kleines $\epsilon > 0$ stets $|g - a_n| < \epsilon$, wenn n größer als eine (große) Zahl n_0 ist (also $n > n_0$)? Wenn ja, so existiert ein Grenzwert g, und man sagt auch, die Folge *konvergiere* gegen g oder die Folge sei *konvergent*. Manchmal zieht man es vor, ein Kriterium für die Konvergenz einer Folge zu haben, in das der Grenzwert g nicht explizit eingeht. Die Bedingung für die Konvergenz lautet dann: für beliebige $\epsilon > 0$ und beliebiges $m > n_0$ *und* $n > n_0$ muß gelten

$$|a_m - a_n| < \epsilon.$$

In Worten besagt das, daß oberhalb n_0 für alle Paare von Elementen der Folge der Betrag der Differenz kleiner als die Schranke ϵ sein muß. Eine Folge, die diesem Kriterium genügt, nennt man eine *Cauchy-Folge* und jede konvergente Folge erfüllt dieses Kriterium. Das erkennt man daran, daß nach dem alten Kriterium $|a_m - g| < \epsilon$ und $|a_n - g| < \epsilon$ sein muß für alle $n_0 < m, n$. Durch Addition ergibt sich $|a_m - g| + |a_n - g| < 2\epsilon$ und der linke Ausdruck ist größer oder gleich[9] $|a_m - a_n|$. Umgekehrt sind Cauchy-Folgen von reellen (oder komplexen) Zahlen immer konvergent. Alle a_n mit $n > n_0$ liegen nämlich in einem Intervall der Größe ϵ, so daß dieser Teil der Folge sowohl nach oben als auch nach unten beschränkt ist. Durch Verkleinerung von ϵ entsteht eine Intervallschachtelung, die bei einer bestimmten Zahl endet (s. Abschn. 1.2.3).

Für beschränkte und monotone Folgen gilt: Ist eine Folge monoton steigend und nach oben beschränkt, so ist der Grenzwert die obere Grenze, im umgekehrten Fall ist es die untere Grenze. Diese Aussage ist unmittelbar einleuchtend, so daß wir auf den Beweis verzichten wollen.

Beispiele Als erstes Bespiel betrachten wir die Folge $a_n = q^n$, wobei eine Reihe von Fällen zu unterscheiden wären.

(1) $q > 1$: q kann als $1 + p$ geschrieben werden, so daß $a_n = (1 + p)^n > 1 + np$ ist [vergl. Gl. (1.3)]. Da n beliebig groß werden kann, konvergiert diese Reihe nicht. (2) $q = 1$: Alle a_n sind dann gleich 1 und die Reihe konvergiert trivialerweise gegen 1. (3) $0 < q < 1$: $a_n = q^n = 1/(1/q)^n$ und $1/q$ ist jetzt größer als 1. Also wird der Nenner beliebig groß [siehe Fall (1)]. Bei konstantem Zähler führt das aber dazu, daß der Bruch beliebig klein wird. Der Grenzwert ist jetzt Null (*Nullfolge*). (4) $q < 0$: Bislang waren alle Glieder größer als Null, nun aber tritt bei jedem neuen Glied ein Vorzeichenwechsel hinzu (*alternierende Folge*). Man sieht, daß es im Falle von (1) bei der Divergenz bleibt, bei (2) die Folge $1, -1, 1, -1 \ldots$ entsteht, die nicht konvergiert und bei (3) eine Folge entsteht, die bis auf den Vorzeichenwechsel der Folge für positive q gleicht. Da dies aber eine Nullfolge war, ist auch hier der Grenzwert Null.

Als zweites Beispiel diskutieren wir eine Folge, deren Grenzwert wir noch häufig begegnen werden: $e_n = (1 + 1/n)^n$. Die Behandlung dieses Falles ist recht lehrreich und soll – sozusagen exemplarisch – in ausführlicher Form erfolgen. Die angegebene Folge ist streng monoton

---

[9] falls g zwischen a_m und a_n "=", sonst ">".

steigend und außerdem beschränkt, so daß ihr Grenzwert existiert. Dieser Grenzwert heißt *Eulersche Zahl* (aus diesem Grund haben wir Elemente mit e_n (statt a_n) bezeichnet). Es gilt also per Definition

$$e = \lim_{n \to \infty} e_n = \lim_{n \to \infty} \left(1 + \frac{1}{n}\right)^n.$$

Es sollen folgende vier Schritte ausgeführt werden: (1) der Beweis, daß die Reihe streng monoton steigend ist, (2) der Beweis, daß eine obere Schranke existiert und damit der Grenzwert, (3) eine obere und eine untere Schranke für die einzelnen e_n angegeben werden, und (4) der Übergang $n \to \infty$ vollzogen werden.

(1) Um die Monotonie zu zeigen, muß für alle $n \geq 2$

$$\left(1 + \frac{1}{n}\right)^n > \left(1 + \frac{1}{n-1}\right)^{n-1} \quad \text{bzw.} \quad \left(\frac{n+1}{n}\right)^n > \left(\frac{n}{n-1}\right)^{n-1}$$

gelten. Wir multiplizieren diese Ungleichung mit $[(n-1)/n]^n$ und erhalten

$$\left(\frac{n^2-1}{n^2}\right)^n > \frac{n-1}{n} \quad \text{bzw.} \quad \left(1 - \frac{1}{n^2}\right)^n > 1 - \frac{1}{n}.$$

Diese Behauptung ist richtig aufgrund der Bernoullischen Ungleichung (1.3).

(2) Um die Beschränktheit zu zeigen, geben wir zunächst mittels der Binomialgleichung [Gl. (1.15)] einen Ausdruck für e_n an:

$$e_n = \left(1 + \frac{1}{n}\right)^n = \sum_{k=0}^{n} \binom{n}{k} \frac{1}{n^k} = \sum_{k=0}^{n} \frac{n(n-1)(n-2)\ldots(n-k+1)}{k!\, n^k} =$$

$$= \sum_{k=0}^{n} \frac{1}{k!} \left(1 - \frac{1}{n}\right)\left(1 - \frac{2}{n}\right)\ldots\left(1 - \frac{k-1}{n}\right). \tag{4.18}$$

Daraus können wir schließen, daß

$$\sum_{k=0}^{n} \frac{1}{k!} > e_n, \tag{4.19}$$

denn alle weggelassenen Faktoren sind kleiner als 1. Den Ausdruck auf der linken Seite können wir auch durch einen größeren ersetzen, denn wir suchen ja nur irgend eine obere Schranke für die e_n. Für alle $k > 2$ gilt die Ungleichung $k! > 2^{k-1}$, und für den Kehrwert also $1/k! < (1/2)^{k-1}$. Wir schreiben die ersten drei Terme der k-Summe $1 + 1/1 + 1/2 = 5/2$ separat hin und ersetzen im Rest $1/k!$ durch das größere $(1/2)^{k-1}$:

$$\sum_{k=0}^{n} \frac{1}{k!} = 5/2 + \sum_{k=3}^{n} \frac{1}{k!} \quad < \quad 5/2 + \sum_{k=3}^{n} \left(\frac{1}{2}\right)^{k-1} = 5/2 + \sum_{k=0}^{n-3} \left(\frac{1}{2}\right)^{k+2}.$$

Es bleibt die Berechnung der Summe im Endausdruck. Man kann leicht durch Ausmultiplizieren nachrechnen, daß $(1 + q + q^2 + \cdots + q^{n-1})(1 - q)$ gleich $1 - q^n$ ist. Es gilt also

$$\sum_{k=0}^{n-1} q^k = \frac{1 - q^n}{1 - q} \quad \text{bzw.} \quad \sum_{k=0}^{n-3} q^k = \frac{1 - q^{n-2}}{1 - q}. \tag{4.20}$$

Setzt man für q den Wert $1/2$ ein, so ergibt das für die gesuchte Summe

$$\sum_{k=0}^{n-3} \left(\frac{1}{2}\right)^{k+2} = \frac{1}{4} \sum_{k=0}^{n-3} \left(\frac{1}{2}\right)^k = \frac{1/4}{1/2}\left(1 - \frac{1}{2^{n-2}}\right) = \frac{1}{2} - \frac{1}{2^{n-1}}.$$

Die gesuchte obere Schranke für ϵ_n ist also $5/2 + 1/2 - 1/2^{n-1}$, was wir einfach durch das noch größere 3 ersetzen können, und diese ist unabhängig von n. Da andererseits $e_1 = 2$ und die Folge monoton steigend ist, ist 2 eine untere Schranke für alle e_n und wir haben mit den Schranken für die e_n auch die für e: $2 < e < 3$. Um zusammenzufassen: Die Folge e_n lautet

$$e_1 = 2 < e_2 = 2.25 < e_3 = 2.370370 < \cdots < e_n < \cdots < \lim_{n \to \infty} e_n \equiv e < 3.$$

(3) Wir haben mit Gl. (4.19) eine obere Schranke für e_n und benötigen noch eine untere Schranke. Eine solche können wir finden, wenn wir die Summe Gl. (4.18) von n auf m Terme verkürzen (alle Terme sind ja positiv!). Wir erhalten damit und mit Gl. (4.19)

$$\sum_{k=0}^n \frac{1}{k!} > e_n > \sum_{k=0}^m \frac{1}{k!} \left(1 - \frac{1}{n}\right)\left(1 - \frac{2}{n}\right) \cdots \left(1 - \frac{k-1}{n}\right) \quad \text{mit} \quad m < n.$$

(4) In dieser Gleichung halten wir nun m fest und gehen zu immer größeren n-Werten über. Auf der linke Seite wächst die Zahl der Summanden über alle Grenzen. Wir werden uns im nächsten Abschnitt noch mit derartigen Summen zu beschäftigen haben, – im Augenblick nehmen wir das einfach als Grenzwert einer neuen Folge. e_n geht in den Grenzwert $e_\infty \equiv e$ über und auf der rechten Seite werden die Klammerausdrücke alle 1, so daß schließlich

$$\sum_{k=0}^\infty \frac{1}{k!} \geq e_\infty \equiv e > \sum_{k=0}^m \frac{1}{k!} \tag{4.21}$$

mit endlichem m entsteht. Nachdem m nur kleiner als n sein muß, n aber beliebig groß gemacht wurde, verliert die Beschränkung von m ihren Sinn und wir können m nun ebenfalls beliebig groß machen[10]. Gl. (4.21) wird damit zu

$$\sum_{k=0}^\infty \frac{1}{k!} \geq e \geq \sum_{k=0}^\infty \frac{1}{k!}.$$

Beides läßt sich nur vereinbaren, wenn das Gleichheitszeichen gilt:

$$e = \sum_{k=0}^\infty \frac{1}{k!}. \tag{4.22}$$

Dieser Ausdruck ist verhältnismäßig leicht auszuwerten. Als Zahlenwert ergibt sich 2.718281828 (siehe Anhang A.1, die angegebenen zehn Stellen nach dem Komma erhält man bei Abbruch nach dem Glied $k = 12$).

Rechnen mit Grenzwerten von Folgen

Das Rechnen mit Grenzwerten von Folgen geschieht wie bei den Grenzwerten von Funktionen. Sind zwei Folgen a_n und b_n mit den Grenzwerten g_a und g_b gegeben, so gilt für die Folge $a_n + b_n$

$$\lim_{n \to \infty} (a_n + b_n) = \lim_{n \to \infty} a_n + \lim_{n \to \infty} b_n = g_a + g_b, \tag{4.23}$$

für die Folge $a_n b_n$

$$\lim_{n \to \infty} (a_n b_n) = \lim_{n \to \infty} a_n \lim_{n \to \infty} b_n = g_a g_b, \tag{4.24}$$

---

[10]m war eine Zahl, bei der wir eine Summe vorzeitig abgebrochen hatten. Wenn wir diesen Fehler verkleinern wollen, müssen wir m größer machen.

für die Folge a_n/b_n

$$\lim_{n\to\infty} (a_n/b_n) = \lim_{n\to\infty} a_n / \lim_{n\to\infty} b_n = g_a/g_b \qquad \text{für} \quad g_b \neq 0 \tag{4.25}$$

und für die Folge $a_n = f(b_n)$

$$\lim_{n\to\infty} f(b_n) = f\left(\lim_{n\to\infty} b_n\right) = f(g_b), \tag{4.26}$$

wenn die Funktion $f(x)$ an der Stelle g_b stetig ist.

Um ein Beispiel für den Einsatz dieser Formeln zu geben, wollen wir den Grenzwert für den Fall, daß a_n ein Polynomquotient in n ist, ermitteln:

$$a_n = \frac{P_k(n)}{Q_l(n)} = \frac{b_k n^k + b_{k-1} n^{k-1} \cdots + b_0}{c_l n^l + c_{l-1} n^{l-1} \cdots + c_0}.$$

Der Ausdruck kann noch nicht in dieser Form verwendet werden, weil fast alle Terme in Zähler und Nenner keinen Grenzwert haben. Wir dividieren daher durch n^l und erhalten

$$a_n = \frac{b_k n^{k-l} + b_{k-1} n^{k-1-l} \cdots + b_0 n^{-l}}{c_l + c_{l-1} n^{-1} \cdots + c_0 n^{-l}}. \tag{4.27}$$

Nun unterscheiden wir drei Fälle: Grad des Zählerpolynoms kleiner, gleich oder größer als Grad des Nennerpoylnoms. Haben die n-Potenzen negative Exponenten, so sind die Grenzwerte Null, denn für $a_n = 1/n$ ist das bereits bekannt und für höhere Potenzen wie $1/n^2 = 1/n \cdot 1/n$ können wir das über die Produktregel verifizieren. Ist also $k < l$, so sind alle Grenzwerte im Zähler Null und damit auch der Grenzwert des gesamten Zählers (Summenregel). Für den Nenner gilt das gleiche bis auf den ersten Term, dessen Grenzwert c_l ist. Nach der Quotientenregel ist also der Grenzwert insgesamt Null. Ist $k = l$, so führt das dazu, daß nun auch im Zähler der erste Term nicht Null sondern b_k ist. Der Grenzwert des Zählers insgesamt ist also ebenfalls b_k und der des Quotienten also b_k/c_l. Ist aber $k > l$, so stehen im Zähler nun Terme, die keinen Grenzwert haben und damit existiert auch für den Quotienten kein Grenzwert. In diesem Fall konvergiert also die Folge nicht.

■ *Folgen* sind eine Hintereinanderreihung von Zahlen, die in der Praxis durch ein bestimmtes Bildungsgesetz festgelegt sind. Handelt es sich um eine unendliche Folge, so kann man ähnlich wie bei Funktionen danach fragen, ob sie sich mit wachsendem n einer bestimmten Zahl annähert und, falls ja, welcher. Man sagt dann, die Folge *konvergiert* (gegen den betreffenden *Grenzwert*).

4.3.3 Reihen

Reihen stehen in enger Beziehung zu Folgen. Gegeben eine Folge $a_0, a_1, a_2 \ldots$ (daß die Nummerierung mit 0 beginnt, ist unerheblich). Mit ihr kann man eine zweite Folge $s_0, s_1, s_2 \ldots$ aufbauen, indem man die Teilsummen aus den Anfangsgliedern bildet:

$$s_0 = a_0 \qquad s_1 = a_0 + a_1 \qquad s_2 = a_0 + a_1 + a_2 \qquad \ldots \qquad s_n = \sum_{k=0}^{n} a_k.$$

Man spricht also von einer *Reihe* a_n, wenn man die *Summen* betrachten will, die aus der Folge a_n gebildet werden können, und die ihrerseits wieder eine Folge darstellen. Auch hier ist die wesentliche Frage: Konvergiert die Reihe (d.h. die Folge der Teilsummen s_n), und wenn ja, gegen welchen Grenzwert? Konvergiert die Reihe, drückt man das folgendermaßen aus:

$$\sum_{k=0}^{\infty} a_k = g, \tag{4.28}$$

anderenfalls sagt man, daß die Reihe *divergiert*. Ein Beispiel für eine Reihe ist die linke Seite der Gleichung (4.21).

Bitte beachten Sie, daß die linke Seite von Gl. (4.28) nicht eine Summe im üblichen Sinne bedeutet, sondern daß es sich um eine *Zahl* handelt, die durch einen Grenzwertprozeß bestimmt ist. Aus diesem Grunde gelten die üblichen Umordnungssätze für gewöhnliche Summen nicht, so daß es, namentlich wenn man Summanden mit verschiedenen Vorzeichen vertauscht, zu gefährlichen Trugschlüssen kommen kann.

Die einzelnen a_n bezeichnet man als *Glieder* der Reihe. Es ist offensichtlich, daß sie eine Nullfolge bilden müssen, wenn die Reihe konvergieren soll, denn eine Reihe, deren Glieder sich beispielsweise der Zahl 1 nähern, kann natürlich niemals konvergieren. Sehr wichtig ist die Tatsache, daß dies nur eine *notwendige* Bedingung darstellt, aber keine *hinreichende*, – mit anderen Worten, daß die Bedingung erfüllt sein muß, aber dies allein ist nicht ausreichend ist. Ein einfaches Beispiel soll das illustrieren: die Reihe $a_n = 1/n$ konvergiert nicht, obwohl die Folge a_n eine Nullfolge ist.

Um das zu zeigen, fassen wir jeweils eine Gruppe von Summanden zusammen: 1, 1/2, die nächsten zwei zur Gruppe $1/3 + 1/4$, die nächsten vier zur Gruppe $1/5 + 1/6 + 1/7 + 1/8$, die nächsten 8 zu einer Gruppe, die nächsten 16 wiederum usw. Jede dieser Gruppen ist größer als 1/2 und es gibt beliebig viele von ihnen. Das zeigt, daß die Reihe nicht konvergiert. Übrigens konvergiert die *alternierende* Reihe $a_n = (-1)^n \cdot (1/n) = 1 - 1/2 + 1/3 - 1/4 \ldots$, wie wir noch sehen werden.

Als weiteres Beispiel für Reihen betrachten wir die Reihe q^n mit positivem q (geometrische Reihe).

Mit Gl. (4.20) haben wir bereits eine Formel für die Teilsummen:

$$s_{n-1} = \frac{1 - q^n}{1 - q} \quad \text{bzw.} \quad s_n = \frac{1 - q^{n+1}}{1 - q}.$$

Wir brauchen also nur die Konvergenz der Folge s_n zu untersuchen und wegen der Regeln für Grenzwerte bei zusammengesetzten Folgen nur das Verhalten von q^n. Im Abschnitt über Folgen hatten wir gesehen, daß für $q > 1$ die Folge nicht konvergiert, aber für $q < 1$ eine Nullfolge ist. Es gilt also

$$\sum_{k=0}^{\infty} q^k = \lim_{n \to \infty} \sum_{k=0}^{n} q^k = \lim_{n \to \infty} \frac{1 - q^{n+1}}{1 - q} = \frac{1}{1 - q} \quad \text{für} \quad 0 \le q < 1.$$

Hat man, wie im letzten Beispiel, einen Ausdruck für die Gesamtsumme, so braucht man sich um die Frage, *wie gut* die Reihe konvergiert, nicht weiter zu kümmern. Oft aber ist man darauf angewiesen, den Grenzwert wenigstens näherungsweise dadurch zu bestimmen, daß man eine mehr oder weniger große Anzahl von Gliedern aufsummiert. Wir können das für das obige Beispiel gut demonstrieren, weil wir das Ergebnis hier ja kennen.

Wir untersuchen die Güte der Konvergenz für den Fall von (1) $q = 0.01$ und (2) $q = 0.99$. Da wir über die Formel für den Endwert $1/(1-q)$ verfügen, können wir das Resultat leicht berechnen: im

Falle (1) ist es $1/(1 - 0.01) = 1/0.99 = 1.010101\ldots$ und im Falle (2) $1/(1 - 0.99) = 1/0.01 = 100$. Wie sehen die zu bildenden Summen konkret aus? Im ersten Fall

$$1 + 0.01 + 10^{-4} + 10^{-6} + 10^{-8} + \cdots$$

und im zweiten Fall

$$1 + 0.99 + 0.99^2 + 0.99^3 + \cdots.$$

Man sieht: Bei (1) bringt jedes weitere Glied zwei Dezimalstellen für die Genauigkeit, wohingegen bei (2) die Sache quälend langsam vonstatten geht. Nach hundert Gliedern sind wir bei 63.4 angelangt und müssen noch bis 100! Ein anderes Beispiel für schlechte Konvergenz ist die (alternierende) Reihe

$$1 - 1/3 + 1/5 - 1/7 + 1/9 - 1/11 + \ldots,$$

die gegen $\pi/4 \approx 0.7854$ konvergiert. Der Leser mache einen Versuch, π auf diesem Wege zu bestimmen!

Konvergenzkriterien

Wir haben gesehen, daß die Konvergenz einer Reihe gleichbedeutend mit der Konvergenz der Folge der Teilsummen $s_0, s_1, s_2, \ldots s_n \ldots$ ist. Das Konvergenzkriterium von Cauchy würde also lauten: Existiert bei einem gegebenen $\epsilon > 0$ ein n_0, so daß für alle $m > n_0$ und $n > n_0$ die Relation $|s_n - s_m| < \epsilon$ gilt? Im Hinblick auf die Definition der s_n ist $s_n - s_m = a_{m+1} + a_{m+2} + \cdots + a_n$. Da m und n nur größer als n_0, ansonsten aber beliebig sind, kann man die Frage auch so stellen: Existiert ein n_0, so daß für alle $m > n_0$ und $p > 0$ stets

$$|a_m + a_{m+1} + \cdots + a_{m+p}| < \epsilon \tag{4.29}$$

gilt? In Worten: ab einem bestimmten n_0 müssen alle Teilsummen der Glieder kleiner als die Schranke ϵ sein. Dies ist beispielsweise für die geometrische Reihe für $0 < q < 1$ der Fall.

Die Teilsumme $q^m + q^{m+1} + \cdots + q^{m+p}$ ist gleich $q^m(1 + q + q^2 + \cdots + q^p)$ und das wiederum mit Gl (4.20) gleich $q^m(1 - q^{p+1})/(1 - q)$. Für sehr große Teilsummen ($p \to \infty$) ist das $q^m/(1 - q)$. n_0 muß also so groß gemacht werden, daß $q^{n_0}/(1 - q) < \epsilon$ wird.

Für die Praxis tut das *Majoranten-Kriterium* gute Dienste. Gegeben eine Reihe mit *positiven* Gliedern a_n. Man nennt eine Vergleichsreihe v_n eine *Majorante* der Reihe a_n, wenn für alle $n > n_0$ die Ungleichung $a_n < v_n$ erfüllt ist. Weiß man, daß die Majorante konvergiert, dann konvergiert auch die Reihe a_n. Das liegt einfach daran, daß auch die Teilsummen der Reihe a_n kleiner sein müssen als die der Majorante, und aufgrund der Definition eine monoton steigende Folge darstellen. Die Folge der Teilsummen ist also sowohl beschränkt als auch monoton steigend, so daß ein Grenzwert existieren muß. Die umgekehrte Aussage folgt aus einer *Minorante*, einer Vergleichsreihe aus positiven Gliedern w_n, für die ab einem $n > n_0$ die Ungleichung $|a_n| > w_n$ gilt. Hier lautet die Aussage: weiß man, daß die Minorante *divergiert*, dann divergiert auch die Reihe a_n.

Schließlich sollen noch zwei weitere Kriterien erwähnt werden, die relativ einfach zu handhaben sind, und die darauf beruhen, daß die geometrische Reihe eine Majorante für Reihen, die einem der beiden Kriterien genügen, darstellt. Das erste ist das sog. *Quotienten-Kriterium*, nämlich[11]

$$\lim_{n \to \infty} \left| \frac{a_{n+1}}{a_n} \right| = \begin{cases} > 1 & \Rightarrow \quad \text{divergent} \\ = 1 & \Rightarrow \quad \text{keine Aussage möglich} \\ < 1 & \Rightarrow \quad \text{konvergent,} \end{cases}$$

das zweite das *Wurzel-Kriterium*

$$\lim_{n \to \infty} \sqrt[n]{|a_n|} = \begin{cases} > 1 & \Rightarrow \quad \text{divergent} \\ = 1 & \Rightarrow \quad \text{keine Aussage möglich} \\ < 1 & \Rightarrow \quad \text{konvergent.} \end{cases}$$

(Es kann auch sein, daß gar kein Grenzwert für die Quotienten bzw. Wurzeln existiert, z.B. weil die Werte oszillieren. Wir lassen solche Fälle hier außer Betracht.) Man sieht sofort, daß die geometrische Reihe $1 + q + q^2 + q^3 + \dots$ beiden Kriterien genügt: beide Ausdrücke sind für alle $n > 1 : q, q, q, q, \dots$ mit dem Grenzwert q. Ein Beispiel für eine Anwendung ist die Reihe $a_n = 1/(n!)$. Der Quotient $a_{n+1}/a_n = (1/(n+1)!)/(1/n!)$ ergibt nach Kürzen $1/(n+1)$. Der Grenzwert für $n \to \infty$ ist 0 [vergl. die Diskussion nach Gl. (4.27)], was besagt, daß die Reihe konvergiert. Dies hätte freilich ebenso leicht mittels des Majorantenkriteriums gefunden werden können, denn die geometrische Reihe $a_n = 1/2^n$ ist eine Majorante. Daß die unentscheidbaren Fälle Kummer machen können, sei an Hand folgender Fälle gezeigt. Die Reihe $a_n = 1/n$, von der wir bereits wissen, daß sie nicht konvergiert, liefert für den Quotienten $(n+1)/n$ als Grenzwert 1 (unentscheidbar!). Die Reihe $a_n = 1/n^2$, von der bekannt ist, daß sie (gegen $\pi^2/6$) konvergiert (was wir an dieser Stelle nicht zeigen können), liefert als Quotienten $(n+1)^2/n^2$, ebenfalls mit dem Grenzwert 1. Beim Wurzelkriterium liegen die Dinge ähnlich.

Alternierende Reihen und absolut konvergente Reihen

Reihen, deren Glieder abwechselnd positives und negatives Vorzeichen haben, nennt man *alternierend*. Für solche Reihen gilt das *Konvergenz-Kriterium von Leibniz*: Bilden die $|a_n|$ eine *monoton abnehmende* Nullfolge, so ist die Reihe konvergent. Ein Beispiel hierfür ist die Reihe $1 - 1/2 + 1/3 - 1/4 + \dots$. Zeichnet man die Glieder auf der reellen Zahlengeraden ein, so sieht man, daß jeweils ein Paar von ihnen die Grenzen einer Intervallschachtelung angibt. Da es sich um eine Nullfolge handelt, wird das Intervall beliebig klein und führt auf diese Weise zu einem Grenzwert.

Absolut konvergent nennt man eine Reihe, für die gilt, daß auch die Reihe $|a_n|$ konvergiert. Das ist für das eben gegebene Beipiel nicht der Fall: die Reihe $1 + 1/2 + 1/3 + 1/4 + \dots$ konvergiert bekanntlich nicht. Ist eine Reihe aber absolut konvergent, so konvergiert auch jede Reihe, deren Glieder den gleichen Betrag aber beliebige Vorzeichen haben, denn laut Voraussetzung muß gelten [siehe Gl. (4.29)]

$$|a_n| + |a_{n+1}| + \dots + |a_{n+p}| < \epsilon \quad \text{für jedes } n > n_0 \text{ und } p > 0.$$

---

[11] Die Kriterien werden für beliebige Reihen formuliert.

Also gilt erst recht

$$|a_n + a_{n+1}| + \cdots + a_{n+p}| < \epsilon \quad \text{mit } n \text{ und } p \text{ wie oben.}$$

Es wurde eingangs darauf hingewiesen, daß Umordnung oder Bildung von Zwischensummen bei Reihen nicht ohne weiteres möglich ist, weil das Resultat keine Summe sondern eine Zahl darstellt, die über eine Grenzwertbildung erhalten wird. Für absolut konvergente Reihen gilt das nicht, d.h. hier ist Umordnung oder Zwischensummenbildung erlaubt.

Rechnen mit Reihen

Wir haben bei den Folgen gesehen, daß wir mit den Grenzwerten zweier Folgen auch den Grenzwert der Summe, des Produktes, usw. auf einfache Weise ermitteln können [vergl. Gln.(4.23-4.26)]. Im Falle von Reihen sind nur zwei Regeln gültig, eine für die Summe zweier Reihen $c_n = a_n + b_n$ und eine für das Produkt einer Reihe mit einer konstanten Zahl c. Es gilt

$$\sum_{n=0}^{\infty} (a_n + b_n) = \sum_{n=0}^{\infty} a_n + \sum_{n=0}^{\infty} b_n \tag{4.30}$$

und

$$\sum_{n=0}^{\infty} c \cdot a_n = c \sum_{n=0}^{\infty} a_n. \tag{4.31}$$

Dagegen muß das Produkt zweier Reihen als Doppelsumme geschrieben werden:

$$\sum_{n=0}^{\infty} a_n \sum_{n=0}^{\infty} b_n = \sum_{m=0}^{\infty} \sum_{n=0}^{\infty} a_m b_n,$$

was aber wegen der impliziten Umordnung nur für absolut konvergente Reihen zulässig ist.
   Es soll zum Schluß darauf aufmerksam gemacht werden, daß alle Aussagen über Folgen und Reihen in gleicher Weise auch für komplexe Zahlen gelten. Der einzige Unterschied besteht in der Bedeutung des Betragszeichens. Während z.B. $|g - a_n| < \epsilon$ lediglich bedeutet, ein eventuelles negatives Vorzeichen von $g - a_n$ wegzulassen, muß jetzt die Bedeutung bei komplexen Zahlen zugrunde gelegt werden: a_n soll nicht weiter als ϵ von g (in der Gaußschen Zahlenebene) entfernt sein. Die Betrags-Striche sind also bei komplexen Zahlen durchweg in diesem Sinne zu deuten. Komplexe Folgen und Reihen werden in Abschnitt 7.2 (Analytische Funktionen) behandelt werden.

■ *Reihen* beruhen auf Folgen, deren Grenzwert Null ist. Die Reihe entsteht aus der Folge dadurch, daß die Glieder der Folge nacheinander aufsummiert werden. Dadurch entsteht eine neue Folge, die man dann als Reihe bezeichnet. Die Frage nach dem Grenzwert kann ebenso gut wie bei gewöhnlichen Folgen gestellt werden. Reihen sind in der Praxis ungleich wichtiger als Folgen und die *Konvergenzkriterien* für sie werden häufig benötigt.

4.3.4   Definition von Funktionen durch Folgen oder Reihen

Da konvergente Folgen oder Reihen Zahlenwerte darstellen, können sie auch Funktionswerte definieren. Um diese Funktion in einem bestimmten Definitionsbereich festzulegen, müssen die Elemente der Folge bzw. die Glieder der Reihe selbst von der betreffenden Variablen abhängen, mit anderen Worten, selbst Funktionen sein:

$$\lim_{n \to \infty} a_n(x) = g(x) \qquad \text{bzw.} \qquad \sum\nolimits_{n=0}^{\infty} a_n(x) = g(x). \tag{4.32}$$

Diese Ausdrücke definieren dann eine Funktion $g(x)$, deren Definitionsbereich die x-Werte darstellen, für die die Folge (bzw. Reihe) konvergiert. Man spricht in diesem Falle von *einfacher* oder *punktweiser* Konvergenz. Wir wollen uns im Folgenden auf Reihen beschränken und die Glieder (bislang a_n) nun mit $f^{(n)}(x)$ bezeichnen. In dieser Schreibweise ist dann

$$g(x) = \sum\nolimits_{n=0}^{\infty} f^{(n)}(x). \tag{4.33}$$

Ein Beispiel hierfür ist die geometrische Reihe, wobei q jetzt nicht eine feste Zahl sondern eine Variable x ist: $1 + x + x^2 + x^3 + \dots$. Die $f^{(n)}(x)$ sind also die Funktionen

$$f^{(0)}(x) = 1, \qquad f^{(1)}(x) = x, \qquad f^{(2)}(x) = x^2, \dots \quad \text{usw.}$$

Die Reihe konvergiert – wie besprochen – für $0 \le x < 1$, tatsächlich sogar für $-1 < x < 1$, so daß die Funktion für dieses Intervall definiert ist. Im Falle der geometrischen Reihe kennen wir die Summe, nämlich $1/(1-x)$. Die Funktion stellt also in diesem Intervall nichts anderes als die Funktion $f(x) = 1/(1-x)$ dar.

Aufgrund dieses Beispiels stellt sich die Frage: wozu eine so umständliche Darstellung, wenn man doch genauso gut mit einer simplen Funktion arbeiten kann? Die Antwort lautet: erstens kann man durchaus nicht für jede Reihe den Summenwert einfach als analytischen Ausdruck hinschreiben. So wie Reihen in diesem Falle neue Zahlen definieren, so definieren Reihen von Funktionen dann neue Funktionen, die untersucht werden können und die möglicherweise erhebliche Bedeutung haben. Zum anderen kann es interessant sein, bekannte Funktionen in Reihen zu entwickeln (Kap. 7 und 8). Wenn die Konvergenz gut ist, hat man die Chance, näherungsweise mit eventuell viel einfacheren Funktionen zu arbeiten als mit der vielleicht komplizierten Funktion $g(x)$.

Eine wichtige Frage ist die nach der Stetigkeit einer durch eine Reihe definierten Funktion. Selbstverständlich müssen die $f^{(n)}(x)$ selbst stetig sein. Dies ist allerdings noch nicht ausreichend. Erinnern wir uns nochmals an die Untersuchung der Stetigkeit von Funktionen. Wir hatten sie definiert durch die Bedingung, daß $|f(x) - f(x_0)| < \epsilon$ für alle $|x - x_0| < \delta$ ist. Dann hatten wir die Frage dahingehend erweitert, ob nämlich in einem gewissen Bereich von x *gleichmäßige* Stetigkeit vorliegt. Die Antwort war, daß das dann der Fall ist, wenn die Bedingungen im gesamten Bereich von x mit einem festen δ-ϵ-Paar erfüllbar sind. Ähnlich kann man bei Reihen, die von einem x abhängen, fragen, ob für einen gewissen x-Bereich *gleichmäßige Konvergenz* vorliegt. Diese ist dann ganz analog so definiert, daß ein n_0-ϵ-Paar in den Bedingungen

$$\left| g(x) - \sum\nolimits_{n=0}^{\infty} f^{(n)}(x) \right| < \epsilon$$

für alle $n > n_0$ für den gesamten x-Bereich gültig sein muß. Diese gleichmäßige Konvergenz geht über die einfache Konvergenz hinaus. Es stellt sich nun heraus, daß, um die Stetigkeit von $f(x)$ in einem x-Bereich zu garantieren, die Konvergenz in diesem Gebiet gleichmäßig sein muß.

Wir wollen versuchen, dies plausibel zu machen. Die Gleichmäßigkeit der Konvergenz kann (wie die der Stetigkeit) nur am Rande des betreffenden x-Bereiches gestört sein. (Abgeschlossene Intervalle sind deshalb immer gleichmäßig konvergent, wenn sie überhaupt konvergent sind.) Nicht gleichmäßige Konvergenz bedeutet also, salopp gesprochen, nur, daß die Konvergenz gegen den Rand zu zwar bestehen bleibt, aber beliebig schlecht wird. In solchen Bereichen kann man nun nicht erwarten, daß sich die resultierende Funktion nur um beliebig kleine Werte ändert, wenn man x beliebig wenig ändert, was ja Stetigkeit im Kern bedeutet.

> ■ Folgen oder Reihen können neue Funktionen definieren, wenn die Elemente von einem Parameter x abhängen. In dem Bereich, in dem die Folge bzw. Reihe (gleichmäßig) konvergiert, definiert sie eine neue Funktion.

Aufgaben

1. Sind folgende Funktionen an der Stelle $x = 3$ stetig?
(a) $y = 5 - x$ für $x \leq 3$ und $y = x^2 - 6x + 11$ für $x > 3$.
(b) $y = 5 - x$ für $x < 3$ und $y = x^2 - 6x + 11$ für $x > 3$.
2. (a) Ist die Funktion $\exp(-1/x^2)$ überall stetig?   (b) Wenn nein, macht es einen Sinn, sie dort zu erklären, d.h. ihr einen Funktionswert zuzuweisen?
3. Bilden Sie die Grenzwerte $\lim_{x \to \infty} \tanh x$ und $\lim_{x \to -\infty} \tanh x$.
4. Wie lautet der Grenzwert der Folge $a_n = (b + n)/(c + n)$?
5. Ist die Reihe mit den Gliedern $a_n = (n + 1)/n!$ konvergent?
6. (a) Untersuchen Sie, ob Sie mittels des Quotientenkriteriums Aussagen über die Konvergenz der Reihe mit $a_n = 1/[(n + 1)(n + 2)]$ machen können.
(b) Entscheiden Sie diese Frage durch direkte Bildung der Teilsummen. (Anleitung: Formen Sie mit $1/[(n + 1)(n + 2)] = 1/(n + 1) - 1/(n + 2)$ um!)
7. Prüfen Sie die Konvergenz der Reihe $a_n = 1/n^2$, wobei Sie die Reihe von Aufg. 5 als Majorante verwenden.
8. Grenzwert $\lim_{x \to 0}(e^x - 1)/x$
(a) Wir benötigen zuerst einen Ausdruck für e^x entsprechend der Gl. (4.18) für e. Anleitung: Gehen Sie von der Definition für e aus (Folge der e_n). Bilden Sie die x-Potenz, ersetzen Sie n durch m/x und gehen Sie mit dem Binomialsatz zu dem Analogon von Gl. (4.18) über.
(b) Formen Sie das Resultat zu $e^x - 1$ und dann zu $(e^x - 1)/x$ um und nehmen Sie den Grenzübergang $x \to 0$ vor!

5   Differentialrechnung

Eine Reihe physikalischer Größen ist als Quotient zweier anderer physikalischer Größen definiert. Das einfachste Beispiel hierfür ist die Geschwindigkeit, die als Quotient von zurückgelegtem Weg und dafür benötigter Zeit definiert ist (Weg pro Zeit). Andere Beispiele sind die spezifische Wärme (Zunahme der inneren Energie pro Temperaturerhöhung) oder die Reaktionsgeschwindigkeit (Zu- oder Abnahme der Menge einer Substanz pro Zeit). Bleiben wir beim Beispiel der Geschwindigkeit.

Wenn Sie Ihren Tacho eichen wollen, müssen Sie auf der Autobahn die Zeit, die Sie für eine bestimmte Strecke benötigen, messen und dann den Quotienten von Streckenlänge und Zeit bilden. Der springende Punkt dabei ist, daß Sie in dem Zeitintervall Ihre Geschwindigkeit möglichst konstant halten müssen, – anderenfalls würden Sie nur einen Durchschnittswert ermitteln. Physiker benötigen aber für die Aufstellung ihrer Bewegungsgleichungen keine Durchschnittsgeschwindigkeiten, sondern müssen auch bei sich ändernder Geschwindigkeit für diese zu einem *bestimmten Zeitpunkt* einen exakten Wert haben.

Wir können das Problem auf folgendem Wege angehen. Wir beschreiben die (eindimensionale) Bewegung irgend eines Objektes durch eine Funktion, die den Ort x für jeden Zeitpunkt t angibt: $x = f(t)$. Bewegt sich das Objekt mit konstanter Geschwindigkeit, so ist die Zunahme von x proportional zur Zunahme von t und $f(t)$ hat die Form $x = at + x_0$. (Grafisch dargestellt ist das eine Gerade.) Der Formel entnimmt man, daß sich das Teilchen zur Zeit $t = 0$ an der Stelle x_0 befindet und sich (bei $a > 0$) in Richtung der positiven x-Achse bewegt. Wenn wir nun den Quotienten von zurückgelegtem Weg und dafür benötigter Zeit $(x_2 - x_1)/(t_2 - t_1)$ bilden, stellen wir fest, daß sich immer der gleiche Wert a ergibt.

Das Problem ist nur, wie wir vorgehen müssen, wenn $f(t)$ *keine* Gerade ist, weil sich die Geschwindigkeit ständig ändert. Ein simples Beispiel hierfür ist ein Stein, den wir aus der Höhe x_0 fallen lassen. $f(t)$ ist dann nach den Fallgesetzen $x_0 - gt^2/2$ (keine Gerade sondern eine Parabel). Um zu einem brauchbaren Maß für die Geschwindigkeit zu kommen, definieren wir sie als Ausmaß der Ortsänderung mit der Zeitänderung. Für den Fall konstanter Geschwindigkeit läuft das auf den alten Quotienten hinaus, aber die neue Definition gilt auch für den nicht-konstanten Fall. Es bleibt nur noch, die Aussage "eine Größe x ändert sich stark oder schwach mit Änderung einer Größe t" in die Sprache der Mathematik zu übersetzen.

5.1   Die Ableitung von Funktionen mit einer Variablen

5.1.1   Differentialquotienten

Gegeben ist eine Funktion $y = f(x)$ und gesucht wird ein Maß für die Veränderung der abhängigen Variablen y mit der Änderung von x, und zwar an einer vorgegebenen Stelle, die wir der Einfachheit halber ebenfalls x nennen wollen. Wenn wir einen Nachbarpunkt

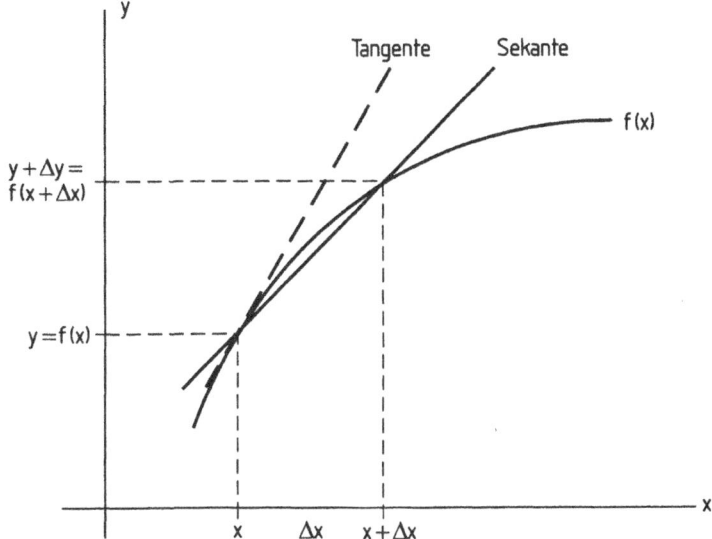

Fig. 5.1 Zur Definition von Differenzenquotienten und Differentialquotienten.

von x wählen, nämlich $x + \Delta x$, ergibt sich für die Änderung von y

$$\Delta y = f(x + \Delta x) - f(x),$$

wobei die zugehörige x-Änderung $(x + \Delta x) - x = \Delta x$ ist (siehe Abb. 5.1). Man kann zunächst den Quotienten beider Größen, den *Differenzenquotienten*

$$\frac{\Delta y}{\Delta x} = \frac{f(x + \Delta x) - f(x)}{\Delta x}$$

bilden. Allerdings ist dies, so lange das Intervall Δx endlich ist, nur ein Mittelwert über das gesamte Intervall, nicht aber der gesuchte Wert für die Stelle x. Dazu müssen wir das Intervall Δx gegen Null gehen lassen,[1] wobei sowohl Zähler als auch Nenner gegen Null gehen. Wir erhalten also, ähnlich wie bei dem Ausdruck $(\sin x)/x$ (s. Abschn. 4.3.2) für

---

[1] Man sagt auch, *infinitesimale* Änderungen von x und y vornehmen, – daher auch der Name "Infinitesimalrechnung".

$x \to 0$, den Ausdruck $0/0$. Ganz wie dort können wir aber den Grenzwert bilden, wobei sich dann – wenn er existiert – eine bestimmte Zahl ergibt:

$$\lim_{\Delta x \to 0} \frac{\Delta y}{\Delta x} \;=\; \lim_{\Delta x \to 0} \frac{f(x + \Delta x) - f(x)}{\Delta x} \;=\; \frac{dy}{dx}. \tag{5.1}$$

Den Ausdruck auf der rechten Seite nennt man den *Differentialquotienten*. Er ist kein Bruch wie der Differenzenquotient, sondern als Grenzwert eine *Zahl*. Will man die betreffende Funktion in die Bezeichnung aufnehmen, kann man auch

$$\frac{df}{dx} \quad \text{oder} \quad \frac{df(x)}{dx} \quad \text{oder auch} \quad \frac{d}{dx} f(x)$$

schreiben. Bildet man den Differentialquotienten einer Funktion, so sagt man auch kürzer, man *differenziert* die Funktion (an der Stelle x).

Beispiel: Differenziation der Funktion $y = f(x) = x^n$ an der Stelle x, wobei n eine ganze Zahl ≥ 0 sein soll. Gl. (5.1) liefert dafür

$$\frac{dy}{dx} = \lim_{\Delta x \to 0} \frac{(x + \Delta x)^n - x^n}{\Delta x}.$$

Der Zähler muß mit dem Binomialsatz (1.15) ausgewertet werden und man erhält

$$\sum_{k=0}^{n} \binom{n}{k} x^{n-k} \Delta x^k - x^n = \left(x^n + n x^{n-1} \Delta x + \frac{n(n-1)}{2} x^{n-2} \Delta x^2 + \ldots \right) - x^n.$$

Der erste und der letzte Term heben sich weg und danach läßt sich Δx ausklammern:

$$(x + \Delta x)^n - x^n = \Delta x \cdot \left(n x^{n-1} + \frac{n(n-1)}{2} x^{n-2} \Delta x + \ldots \right)$$

Setzt man dies in den zu bildenden Grenzwert ein, so ergibt sich schließlich

$$\lim_{\Delta x \to 0} \frac{\Delta x \cdot \left(n x^{n-1} + \frac{n(n-1)}{2} x^{n-2} \Delta x + \ldots \right)}{\Delta x}$$

$$= \lim_{\Delta x \to 0} \left(n x^{n-1} + \frac{n(n-1)}{2} x^{n-2} \Delta x + \ldots \right).$$

Beim Grenzübergang $\Delta x \to 0$ verwenden wir die Rechenregeln für Grenzübergänge (hier die, daß der Limes einer Summe gleich der Summe der Grenzwerte der Summanden ist). Dann fallen alle Terme, die noch Δx-Potenzen enthalten, weg und es bleibt nur der erste Term übrig:

$$\lim_{\Delta x \to 0} \left(n x^{n-1} + \frac{n(n-1)}{2} x^{n-2} \Delta x + \ldots \right) \;=\; n x^{n-1}$$

Wir ersehen daraus, daß der Differentialquotient von $y = x^2$ beispielsweise an der Stelle $x = 4$ gleich 8 ist und y sich somit 8-mal so schnell ändert wie x selbst. Das positive Vorzeichen besagt, daß mit Zunahme von x auch y zunimmt (und umgekehrt). An der Stelle $x = -2$ ergibt sich der Wert -4, wobei das Vorzeichen bedeutet, daß jetzt bei positiver x-Änderung y abnimmt.

Wichtigste Voraussetzung für die Bildung des Differentialquotienten ist natürlich, daß der Grenzwert (5.1) existiert. Eine Voraussetzung dafür ist, daß die Funktion an der Stelle

x stetig ist. Wäre sie das nicht, so würde der Zähler von $\Delta y / \Delta x$ nicht Null werden und $\Delta x \to 0$ würde zu einem beliebig großen Wert führen. Ein weiterer Punkt ist, daß wir den Grenzwert sowohl von rechts ($\Delta x^+ \to 0$) als auch von links ($\Delta x^- \to 0$) bilden können, wobei sich in der Regel die gleiche Zahl ergibt. Ist das der Fall, so sagen wir: "Die Funktion ist an der Stelle x differenzierbar".

Ein Gegenbeispiel stellt die Funktion $y = |x|$ an der Stelle $x = 0$ dar. Der Grenzwert von rechts ist, wie man sich leicht überzeugt, $+1$, während der von links -1 ist. Diese Funktion ist also an der Stelle $x = 0$ *nicht* differenzierbar.

Man kann die Schreibweise noch etwas vereinfachen. In der Mathematik ist in der Regel klar, welche Größe sich mit welcher Größe ändern soll: abhängige Variable y mit unabhängiger Variablen x. Man schreibt dann statt dy/dx einfach y', bzw., wenn man Funktion und Stelle noch kennzeichnen will, $f'(x)$. Das bringt auch zum Ausdruck, daß man beim Differenzieren letztlich eine neue Funktion erhält, da man ja in der Regel die Funktion an jeder Stelle x differenzieren kann und dabei jeweils eine bestimmte Zahl, also eine neue Funktion, erhält. Man nennt das die Bildung der *Ableitung $f'(x)$ der Funktion $f(x)$*.

In Physik und Chemie ist es oft aber zweckmäßiger, bei der Schreibweise des Differentialquotienten zu bleiben, weil man dann festhält, welche Variable sich mit welcher Variablen ändern soll. Im obigen Beispiel der spezifischen Wärme wäre es wenig sinnvoll, $c_v = U'$ zu schreiben, weil die innere Energie U von allem möglichen abhängen kann. Die Schreibweise $c_v = dU/dT$ ist hier viel klarer.

Man interpretiert die Ableitung an einer Stelle oft als die Steigung der Kurve in diesem Punkt. Solange die beiden Skalen für die x- und y-Achse gleich sind, mag das angehen. Man bedenke aber, daß gerade in Physik und Chemie die beiden Variablen verschiedene Dimension haben (innere Energie in kJoule, Temperatur in ^{0}K), so daß hier die geometrische Interpretation wenig aussagekräftig ist. Wir wollen sie deshalb hier nicht in den Vordergrund stellen. Die Charakterisierung "in welchem Ausmaß ändert sich die eine Variable, wenn die andere geändert wird" erscheint der Sache angemessener. Wir halten also fest:

> ■ Will man das Ausmaß der Änderung eines Funktionswertes mit Änderung der unabhängigen Variablen bestimmen, so muß man den Differentialquotienten der Funktion an der betreffenden Stelle (d.i. die Ableitung der Funktion an diesem Punkt) bilden. Dies geschieht, indem man den Grenzwert des Quotienten von Funktionsänderung und Variablenänderung bildet [Gl. (5.1)]:
>
> $$\lim_{\Delta x \to 0} \frac{f(x + \Delta x) - f(x)}{\Delta x} \;=\; \frac{dy}{dx} \;\equiv\; f'(x).$$

5.1.2 Ableitung einiger einfacher Funktionen

Wir wollen das besprochene Verfahren auf eine Reihe von einfachen Funktionen anwenden.

(1) $\mathbf{y = x^n}$ (n eine natürliche Zahl oder 0) wurde bereits als einführendes Beispiel im letzten

Abschnitt behandelt. Das Resultat war

$$(x^n)' = \frac{d}{dx}x^n = nx^{n-1}.$$

(2) Für **y = c** (c eine Konstante) können wir entweder direkt vorgehen:

$$f(x) = c \qquad f(x + \Delta x) = c \qquad \Delta y = 0 \qquad \frac{dy}{dx} = \lim_{\Delta x \to 0} \frac{0}{\Delta x} = 0,$$

d.h., die Ableitung verschwindet. Man kann aber auch die Formel für $y = x^n$ mit $n = 0$ verwenden und kommt zum gleichen Resultat. Man kann es schließlich auch unmittelbar der grafischen Darstellung entnehmen. *Die Ableitung einer Konstanten ist also Null.*

(3) Bei **y =sin x** (oder **cos x**) bilden wir zunächst den Zähler des Differenzenquotienten $f(x + \Delta x) - f(x)$, wobei wir ihn mit Hilfe der Winkel-Additionssätze Gl. (4.8) umformen:

$$\sin(x + \Delta x) - \sin x = 2\cos\frac{2x + \Delta x}{2}\sin\frac{\Delta x}{2}.$$

Der vollständige Differenzenquotient lautet nun

$$\frac{\Delta y}{\Delta x} = 2\cos\frac{2x + \Delta x}{2} \cdot \frac{\sin(\Delta x/2)}{\Delta x} = \cos\frac{2x + \Delta x}{2} \cdot \frac{\sin(\Delta x/2)}{\Delta x/2}.$$

(Der Gesamtfaktor 2 wurde im letzten Ausdruck in den Nenner des Bruches geschrieben.) Bei der anschließenden Grenzwert-Bildung können wir die Regel für Faktoren verwenden und den Grenzwert in der Form

$$\lim_{\Delta x \to 0}\left(\cos\frac{2x + \Delta x}{2}\right) \cdot \lim_{\Delta x/2 \to 0}\frac{\sin(\Delta x/2)}{\Delta x/2}$$

bilden. Der erste Faktor liefert $\cos x$ und der zweite, wie wir aus Abschnitt 4.3.1 wissen, 1. Das Resultat ist schließlich

$$(\sin x)' = \cos x.$$

In ganz ähnlicher Weise zeigt man, daß für $\cos x$

$$(\cos x)' = -\sin x$$

gilt.

(4) Für **ln x** ist die Prozedur etwas trickreicher und soll uns als letztes Beispiel dienen. Δy ist hier $\ln(x + \Delta x) - \ln x$ und kann nach den Rechenregeln für Logarithmen als Bruch geschrieben werden, so daß der Differenzenquotient

$$\frac{\Delta y}{\Delta x} = \frac{\ln[(x + \Delta x)/x]}{\Delta x} = \frac{\ln(1 + \Delta x/x)}{\Delta x} \qquad .$$

lautet. Ihn erweitern wir mit x, so daß

$$\frac{1}{x}\frac{x}{\Delta x}\ln(1 + \frac{\Delta x}{x})$$

entsteht. Nun verwenden wir $a \ln b = \ln(b^a)$ und erhalten

$$\frac{1}{x} \ln \left(1 + \frac{\Delta x}{x} \right)^{\frac{x}{\Delta x}}.$$

Statt nun den Grenzübergang als $\Delta x \to 0$ zu vollziehen, können wir ihn ebensogut in der Form $1/\Delta x \to \infty$ oder auch, da x beim Grenzübergang selbst konstant ist (nur Δx ändert sich!!), als $x/\Delta x \to \infty$ vornehmen. Kürzen wir $x/\Delta x$ mit n ab, so sieht man, daß

$$\lim_{n \to \infty} \left(1 + \frac{1}{n} \right)^n$$

genau der Grenzwert ist, der zur Eulerschen Zahl e führt (Abschn. 4.3.2). Gilt also

$$\lim_{n \to \infty} \left(1 + \frac{1}{n} \right)^n = e,$$

so muß wegen der Stetigkeit der Logarithmus-Funktion auch gelten

$$\lim_{n \to \infty} \ln \left(1 + \frac{1}{n} \right)^n = \ln e,$$

was 1 ist. Bei der Grenzwertbildung bleibt also nur der gegenüber der Δx-Änderung konstante Vorfaktor $1/x$ übrig, der dann mit 1 zu multiplizieren wäre. Das Ergebnis lautet mithin

$$(\ln x)' = \frac{1}{x}.$$

5.1.3 Ableitungen von Umkehrfunktionen

Eine Funktion $y = f(x)$ habe die Umkehrfunktion $x = \varphi(y)$, die sich formal durch Auflösen nach x ergibt. Wir erinnern daran, daß die Voraussetzung hierfür ist, daß die Funktion monoton ist (gegebenenfalls müßten wir den Definitionsbereich entsprechend verkleinern). Die zugehörigen Ableitungen sind

$$\frac{dy}{dx} = \frac{df(x)}{dx} = \lim_{\Delta x \to 0} \frac{\Delta y}{\Delta x} \quad \text{bzw.} \quad \frac{dx}{dy} = \frac{d\varphi(y)}{dy} = \lim_{\Delta y \to 0} \frac{\Delta x}{\Delta y}.$$

In welcher Beziehung stehen die beiden Größen zueinander? Als erstes muß man bedenken, daß mit $\Delta x \to 0$ auch $\Delta y \to 0$ und umgekehrt. Beide Operationen sind also äquivalent. Wir können deshalb die Ableitung der Umkehrfunktion wie folgt umschreiben:

$$\frac{dx}{dy} = \lim_{\Delta y \to 0} \frac{\Delta x}{\Delta y} = \lim_{\Delta x \to 0} \frac{1}{\frac{\Delta y}{\Delta x}} = \frac{1}{\lim_{\Delta x \to 0} \frac{\Delta y}{\Delta x}} = \frac{1}{\frac{dy}{dx}}. \tag{5.2}$$

Im vorletzten Schritt haben wir die Grenzwert-Rechenregel für Quotienten verwendet, die allerdings nur dann erlaubt ist, wenn $dy/dx \neq 0$ ist (siehe unten).

Es ergibt sich also, daß *Ableitung von Funktion und Ableitung von Umkehrfunktion zuein-ander reziprok sind*. Diese Aussage läßt sich auch geometrisch einfach verstehen. Man stelle sich die grafische Darstellung einer Funktion vor, die an einem Punkt die Steigung 2 hat. Die Umkehrfunktion erhält man durch Spiegelung an der Diagonalen, und die Steigung am entsprechenden Punkt ist jetzt natürlich 1/2 (Δx-Δy-Vertauschung!).

Es ist noch folgende Einschränkung zu machen: Wenn $y' = 0$ ist, existiert x' nicht. Die Umkehrfunktion ist mithin nur an solchen Stellen differenzierbar, an denen die Ableitung von $f(x)$ nicht Null ist. Soll die Ableitung von $\varphi(y)$ überall existieren, muß man verlangen, daß $f(x)$ *streng* monoton ist.

Betrachten wir einige Beispiele.

(1) $\mathbf{y} = \sqrt[n]{x} = \mathbf{x^{1/n}}$. Die Ableitungsregel für ganzzahlige Potenzen können wir nicht unbese-hen übernehmen. Man kann aber zur Umkehrfunktion $x = y^n$ übergehen, deren Ableitung wir kennen:

$$\frac{dx}{dy} = ny^{n-1}.$$

Also haben wir

$$\frac{dy}{dx} = \frac{1}{ny^{n-1}} = \frac{1}{n}y^{1-n}.$$

Das Resultat ist von etwas ungewöhnlicher Form, weil es die Ableitung als Funktion von y anstatt von x angibt. Das läßt sich leicht beheben, indem man "resubstituiert":

$$\frac{1}{n}y^{1-n} = \frac{1}{n}(x^{1/n})^{1-n} = \frac{1}{n}x^{\frac{1-n}{n}} = \frac{1}{n}x^{\frac{1}{n}-1}.$$

Es ergibt sich also, daß die Ableitungsregel für Potenzen auch für Exponenten der Form $1/n$ übernommen werden kann.

(2) $\mathbf{y} = \mathbf{e^x}$ hat als Umkehrfunktion $x = \ln y$, deren Ableitung wir kennen:

$$\frac{dx}{dy} = \frac{1}{y}.$$

Also ist

$$\frac{dy}{dx} = y = e^x,$$

wobei der letzte Schritt wiederum die Resubstitution darstellt.

(3) $\mathbf{y} = \mathbf{arcsin\ x}$ führt nach dem gleichen Schema zu

$$x = \sin y, \qquad \frac{dx}{dy} = \cos y, \qquad \frac{dy}{dx} = \frac{1}{\cos y}.$$

Um resubstituieren zu können, müssen wir noch $\cos y$ in $\sin y$ überführen, was wegen $\sin^2 y + \cos^2 y = 1$ auf

$$\frac{dy}{dx} = \frac{1}{\sqrt{1 - \sin^2 y}} = \frac{1}{\sqrt{1 - x^2}}$$

führt. (Bei der von uns gewählten Definition des arcsin gilt das positive Vorzeichen der Wurzel.)

■ Die Ableitung einer Umkehrfunktion $x = x(y)$ kann man als Kehrwert der Ableitung von $y = y(x)$ finden:

$$\frac{dx}{dy} = \frac{1}{\frac{dy}{dx}}.$$

5.1.4   Allgemeine Ableitungsregeln

Wir benötigen nun eine Reihe von allgemeinen Regeln, die es uns gestatten, die Ableitungen von zusammengesetzten Funktionen zu bilden, wenn die Ableitungen der Bausteine bekannt sind.

Summen und konstante Vorfaktoren   Der einfachste Fall ist die Ableitung der Summe zweier Funktionen $f(x) + g(x)$. Der zu bildende Grenzwert (5.1) ist hier

$$\lim_{\Delta x \to 0} \frac{f(x + \Delta x) + g(x + \Delta x) - f(x) - g(x)}{\Delta x}$$
$$= \lim_{\Delta x \to 0} \frac{f(x + \Delta x) - f(x) + g(x + \Delta x) - g(x)}{\Delta x}$$

und kann nach den Rechenregeln für Grenzwerte von Summen zerlegt werden, wenn die Grenzwerte der Summanden existieren:

$$\lim_{\Delta x \to 0} \frac{f(x + \Delta x) - f(x) + g(x + \Delta x) - g(x)}{\Delta x}$$
$$= \lim_{\Delta x \to 0} \frac{f(x + \Delta x) - f(x)}{\Delta x} + \lim_{\Delta x \to 0} \frac{g(x + \Delta x) - g(x)}{\Delta x} = f'(x) + g'(x).$$

Die Ableitung der Summe zweier Funktionen ist also gleich der Summe der beiden Ableitungen. Das läßt sich natürlich auch auf mehrere Summanden ausdehnen und es gilt deshalb allgemein für *endliche* Summen

$$\frac{d}{dx} \sum_{k=1}^{n} f^{(k)}(x) = \sum_{k=1}^{n} f^{(k)'}(x). \tag{5.3}$$

Bei Reihen, also unendlichen Summen, liegen die Dinge nicht ganz so einfach. Da aber ähnliche Probleme später auch bei der Integration auftreten, sollen diese Fragen dort gemeinsam behandelt werden (Abschn. 6.3.3).

Ganz ähnlich liegen die Dinge bei konstanten Vorfaktoren:

$$\lim_{\Delta x \to 0} \frac{cf(x + \Delta x) - cf(x)}{\Delta x} = \lim_{\Delta x \to 0} c \cdot \frac{f(x + \Delta x) - f(x)}{\Delta x}$$
$$= c \cdot \lim_{\Delta x \to 0} \frac{f(x + \Delta x) - f(x)}{\Delta x} = c \cdot f'(x).$$

Es sollen noch drei Beispiele für die Ableitung von Summen, bzw. konstanten Vorfaktoren, gegeben werden:

1. $(3 \sin x - 2 \cos x)' = 3(\sin x)' - 2(\cos x)' = 3 \cos x + 2 \sin x$.

2. Für Polynome gilt

$$\left(\sum\nolimits_{i=0}^{n} a_i x^i \right)' = \sum\nolimits_{i=1}^{n} a_i i x^{i-1}.$$

(Der $(i=0)$-Term ist konstant und fällt weg!)

3. Man kann sich leicht klarmachen, daß für die Differenz zweier Funktionen die Regel gelten muß, daß sich als Ableitung die Differenz der Ableitungen ergibt:

$$\left(f(x) - g(x) \right)' = \left(f(x) + (-1)g(x) \right)' = f'(x) + (-1)g'(x) = f'(x) - g'(x).$$

Produkte und Quotienten Die nächste Frage bezieht sich auf Produkte von Funktionen, also $f(x)g(x)$:

$$\lim_{\Delta x \to 0} \frac{f(x + \Delta x)g(x + \Delta x) - f(x)g(x)}{\Delta x}.$$

Hier müssen wir eine Erweiterung im Zähler vornehmen, nämlich den Term $f(x + \Delta x)g(x)$ hinzuzählen und wieder abziehen:

$$\lim_{\Delta x \to 0} \frac{f(x + \Delta x)g(x + \Delta x) - f(x + \Delta x)g(x) + f(x + \Delta x)g(x) - f(x)g(x)}{\Delta x}.$$

Durch Ausklammern entsteht daraus

$$\lim_{\Delta x \to 0} \frac{f(x + \Delta x)\Big(g(x + \Delta x) - g(x)\Big) + \Big(f(x + \Delta x) - f(x)\Big)g(x)}{\Delta x}$$

$$= \lim_{\Delta x \to 0} f(x + \Delta x) \frac{g(x + \Delta x) - g(x)}{\Delta x} + \lim_{\Delta x \to 0} g(x) \frac{f(x + \Delta x) - f(x)}{\Delta x},$$

wobei wieder von der Summenregel für Grenzwerte Gebrauch gemacht wurde. Nun können wir auch die Regel für Produkte heranziehen und erhalten

$$\lim_{\Delta x \to 0} f(x + \Delta x) \lim_{\Delta x \to 0} \frac{g(x + \Delta x) - g(x)}{\Delta x} + \lim_{\Delta x \to 0} g(x) \lim_{\Delta x \to 0} \frac{f(x + \Delta x) - f(x)}{\Delta x}$$

$$= f(x)g'(x) + g(x)f'(x),$$

oder, in der üblichen Form geschrieben,

$$\Big((f(x)g(x) \Big)' = f'(x)g(x) + f(x)g'(x). \tag{5.4}$$

Da bei Produkten *ein* Term beim Ableiten auf *zwei* Terme führt, wird die Bildung der Ableitung bei Dreifach-Produkten entsprechend komplizierter:

$$(fgh)' = f'(gh) + f(gh)' = f'(gh) + f(g'h + gh') = f'gh + fg'h + fgh'.$$

Übrigens ergibt sich die Regel für konstante Vorfaktoren ebenfalls aus der Produktregel:

$$(cf)' = c'f + cf' = cf',$$

weil $c' = 0$.

Wir geben noch ein Beispiel:

$$(3\sin x \cos x)' = 3\Big(\cos x \cos x + \sin x(-\sin x)\Big) = 3(\cos^2 x - \sin^2 x).$$

Es bleibt die Ableitung eines Quotienten zweier Funktionen $f(x)/g(x)$ (Quotientenregel). Hier müssen wir zuerst die Differenz der beiden Brüche auf einen gemeinsamen Nenner bringen:

$$\lim_{\Delta x \to 0} \frac{1}{\Delta x}\left[\frac{f(x+\Delta x)}{g(x+\Delta x)} - \frac{f(x)}{g(x)}\right] = \lim_{\Delta x \to 0} \frac{f(x+\Delta x)g(x) - f(x)g(x+\Delta x)}{\Delta x \; g(x+\Delta x)g(x)}.$$

Dann gehen wir ähnlich wie beim Produkt vor und ergänzen zwei Terme, die sich wegheben: $f(x)g(x)$:

$$\lim_{\Delta x \to 0} \frac{\Big(f(x+\Delta x) - f(x)\Big)g(x) - f(x)\Big(g(x+\Delta x) - g(x)\Big)}{\Delta x \; g(x+\Delta x)g(x)}.$$

Durch Umformen erhalten wir

$$\lim_{\Delta x \to 0} \frac{1}{g(x+\Delta x)g(x)}\left[\frac{f(x+\Delta x) - f(x)}{\Delta x}g(x) - f(x)\frac{g(x) + \Delta x) - g(x)}{\Delta x}\right].$$

Beim Grenzübergang geht der gemeinsame Vorfaktor in $1/g(x)^2$ über und die übrigen Differenzenquotienten wieder in die Ableitungen. Dabei entsteht

$$\frac{1}{g(x)g(x)}\Big(f'(x)g(x) - f(x)g'(x)\Big),$$

also

$$\left(\frac{f(x)}{g(x)}\right)' = \frac{f'(x)g(x) - f(x)g'(x)}{g(x)^2}. \tag{5.5}$$

(Es dürfte klar sein, daß dieses Resultat nur so lange gilt wie $g(x) \neq 0$ ist.) Ein Sonderfall, nämlich die Ableitung von $1/f(x)$, ergibt sich, wenn man $f(x) = 1$ und $g(x) = f(x)$ setzt:

$$\left(\frac{1}{f(x)}\right)' = -\frac{f'(x)}{f(x)^2}.$$

Zum Beispiel wird die Ableitung der Funktion $y = x^{-n}$, wenn man $f(x) = x^n$ setzt,

$$y' = -\frac{nx^{n-1}}{x^{2n}} = -nx^{-n-1},$$

d.h., man kann auch bei negativen Potenzen von x die gleiche Ableitungsregel wie für positive Potenzen verwenden. Als Beispiel für die Anwendung der Quotientenregel sei noch die Ableitung von $y = \tan x$ gegeben:

$$y' = (\tan x)' = \left(\frac{\sin x}{\cos x}\right)' = \frac{\cos x \cos x - \sin x(-\sin x)}{\cos^2 x} = \frac{1}{\cos^2 x}.$$

Geschachtelte Funktionen Nachdem wir bei allen algebraischen Zusammensetzungen (Summen, Differenzen, Produkte und Quotienten) wissen, wie die Ableitungen zu bilden sind, bleibt nur noch, eine Regel für Funktionen von Funktionen aufzustellen. (Die Funktion $\sin(2\pi x/\lambda)$ wäre ein einfaches Beispiel.) Wir suchen also die Ableitung einer Funktion vom Typ $f(u(x))$, wobei u eine Zwischenvariable darstellt:

$$\lim_{\Delta x \to 0} \frac{f(u(x + \Delta x)) - f(u(x))}{\Delta x}.$$

Setzen wir $u(x) = u$ und $u(x + \Delta x) = u + \Delta u$, also $\Delta u = u(x + \Delta x) - u(x)$, so wird der obige Ausdruck

$$\lim_{\Delta x \to 0} \frac{f(u + \Delta u) - f(u)}{\Delta x}$$

und nach Erweitern mit $\Delta u = u(x + \Delta x) - u(x)$

$$\lim_{\Delta x \to 0} \left\{ \frac{f(u + \Delta u) - f(u)}{\Delta u} \cdot \frac{u(x + \Delta x) - u(x)}{\Delta x} \right\}.$$

Berücksichtigt man nun, daß mit $\Delta x \to 0$ auch $\Delta u \to 0$, so ergibt sich bei Anwendung der Regel für Faktoren beim Grenzübergang, daß dies gleich

$$\lim_{\Delta u \to 0} \frac{f(u + \Delta u) - f(u)}{\Delta u} \lim_{\Delta x \to 0} \frac{u(x + \Delta x) - u(x)}{\Delta x}$$

ist. Der Grenzübergang des ersten Faktors führt auf die Ableitung der "äußeren" Funktion $f'(u)$ und der des zweiten zur Ableitung der "inneren" Funktion $u'(x)$:

$$\left(f(u(x)) \right)' = \frac{df}{du} \cdot \frac{du}{dx} = f'u'. \tag{5.6}$$

Dies ist die sog. *Kettenregel* für geschachtelte Funktionen.

Die mittlere Form erweckt den Eindruck, daß die Regel nur in der Erweiterung eines Bruches besteht, aber in Anbetracht der Tatsache, daß jeder der beiden Faktoren das Resultat eines Grenzüberganges ist und deshalb *keinen* Bruch mehr darstellt, hat diese Form der Betrachtung lediglich den Wert einer Eselsbrücke zum leichteren Erinnern.

Beispiele:
1. Die Ableitung von $\sinh x$ ist

$$(\sinh x)' = (e^x - e^{-x})/2 = 1/2\left((e^x)' - (e^{-x})' \right).$$

Dabei ist alles problemlos bis auf die Ableitung von e^{-x}, deren innere Funktion $-x$ ist. du/dx ist hier also -1 und wir bekommen

$$1/2\left(e^x - (-e^{-x}) \right) = 1/2\left(e^x + e^{-x} \right) = \cosh x.$$

2. Wir suchen die Ableitung der Funktion $y = e^{-\alpha x^2}$. Dies ist eine geschachtelte Funktion mit $u(x) = -\alpha x^2$ und $f(u) = e^u$. Nun ist

$$\frac{df}{du} = (e^u)' = e^u \quad \text{und} \quad \frac{du}{dx} = (-\alpha x^2)' = -2\alpha x,$$

Tab. 5.1 Die wichtigsten elementaren Funktionen und ihre Ableitungen.

$f(x)$	$f'(x)$	$f(x)$	$f'(x)$
x^n	nx^{n-1}		
e^x	e^x	a^x	$\ln a \, a^x$
$\ln x$	$1/x$	$\log_c x$	$1/(\ln c \ x)$
$\sin x$	$\cos x$	$\cos x$	$-\sin x$
$\tan x$	$1/\cos^2 x$	$\cot x$	$-1/\sin^2 x$
$\arcsin x$	$1/\sqrt{1-x^2}$	$\arccos x$	$-1/\sqrt{1-x^2}$
$\arctan x$	$1/(1+x^2)$	$\text{arccot}\ x$	$-1/(1+x^2)$
$\sinh x$	$\cosh x$	$\cosh x$	$\sinh x$
$\tanh x$	$1/\cosh^2 x$	$\coth x$	$-1/\sinh^2 x$
$\text{arsinh}\ x$	$1/\sqrt{x^2+1}$	$\text{arcosh}\ x$	$1/\sqrt{x^2-1}$
$\text{artanh}\ x$	$1/(1-x^2)$	$\text{arcoth}\ x$	$1/(1-x^2)$

Zum Gültigkeitsbereich siehe Text unten.

so daß

$$\frac{d}{dx}\left[e^{-\alpha x^2}\right] = \frac{df}{du} \cdot \frac{du}{dx} = e^u(-2\alpha x).$$

Um das Ergebnis nicht in verschiedenen Variablen (u neben x) zu haben, ersetzen wir zum Schluß u durch $u(x)$ (Resubstitution):

$$\frac{d}{dx}\left[e^{-\alpha x^2}\right] = e^{-\alpha x^2} \cdot (-2\alpha x) = -2\alpha x e^{-\alpha x^2}.$$

3. Ähnlich findet man auch die Ableitung der Funktion $\sqrt{1-x^2}$: $u(x)$ ist hier $u = 1 - x^2$ und $f(u) = \sqrt{u} = u^{1/2}$. Die Ableitungen sind $f'(u) = 1/(2\sqrt{u})$ und $u'(x) = -2x$, so daß die Ableitung

$$(\sqrt{1-x^2})' = \frac{1}{2\sqrt{u}}(-2x) = -\frac{x}{\sqrt{1-x^2}}$$

ist.

Eine sehr häufige innere Funktion ist $u(x) = \alpha x + \beta$, eventuell auch nur $u = x - \beta$ oder $u = \alpha x$. Es lohnt sich deshalb, diesen Sonderfall noch eigens hinzuschreiben:

$$\left(f(\alpha x + \beta)\right)' = f'(u) \cdot \alpha = \alpha f'(\alpha x + \beta).$$

(Die zweite Form ist durch Resubstituieren erhalten worden.)

In Tab. 5.1 sind eine Reihe von wichtigen Funktionen mit ihren Ableitungen zusammengestellt. Die meisten dieser Ableitungen sind in den vorstehenden Abschnitten als Beispiele behandelt worden. Die übrigen können im Rahmen von Übungsaufgaben hergeleitet werden. In vielen Formelsammlungen (z.B. Bronstein, Taschenbuch für Mathematik) findet man sehr viel ausführlichere Tabellen.

Zum Schluß noch ein Wort über den Gültigkeitsbereich der Ableitungen. Zunächst einmal sind die Ableitungen gewiß nur für den Definitionsbereich der betreffenden Funktion definiert, also $\log x$ nur für x-Werte > 0 oder $\arcsin x$ für $-1 \leq x \leq +1$ usw. Aber auch in diesem Bereich muß die Ableitung nicht überall existieren, wie z.B. die von $\arcsin x$ an der Stelle $x = \pm 1$. Das sieht man entweder der Ableitung direkt an: $1/\sqrt{1 - x^2}$ existiert für $x = \pm 1$ nicht. Oder man sieht, daß die Umkehrfunktion, also $\sin x$, an diesen Stellen eine Ableitung hat, die Null ist. Wegen der Kehrwertregel für Umkehrfunktionen kann an diesen Stellen die Ableitung der Umkehrfunktion nicht existieren. Der Vollständigkeit halber sollte vielleicht noch darauf hingewiesen werden, daß vom Gültigkeitsbereich der Funktionen her die Ableitung von $\operatorname{artanh} x$ nur für x-Werte $-1 \le x \le +1$ und $\operatorname{arcoth} x$ nur für x-Werte mit $|x| > 1$ gültig sind.

■ Zusammengesetzte Funktionen werden nach folgenden Regeln differenziert: Summen oder Differenzen nach Gl. (5.3):

$$\Big(f(x) \pm g(x)\Big)' = f'(x) \pm g'(x),$$

ein konstanter Vorfaktor bleibt konstanter Vorfaktor:

$$\Big(c\,f(x)\Big)' = c\,f'(x),$$

Produkte nach der Produktregel (5.4)

$$\Big(f(x)g(x)\Big)' = f'(x)g(x) + f(x)g'(x),$$

Quotienten nach der Quotientenregel (5.5)

$$\left(\frac{f(x)}{g(x)}\right)' = \frac{f'(x)g(x) - f(x)g'(x)}{g^2(x)},$$

und schließlich geschachtelte Funktionen nach der Kettenregel (5.6)

$$\Big(f(u(x))\Big)' = \frac{df}{du} \cdot \frac{du}{dx} = f'u'.$$

Die Ableitungen einer Reihe elementarer Funktionen sind in Tab. 5.1 wiedergegeben.

5.1.5   Tangentengleichung und Differentiale

Tangentengleichung

Wir wollen die Gleichung für die Tangente im Punkt $x = x_0$ aufstellen, – mit anderen Worten, die Gleichung einer Geraden, die durch den Punkt x_0, $y_0 = f(x_0)$ geht und die die gleiche Steigung wie die Funktion $f(x)$ an der Stelle x_0 hat. Gleiche Steigung heißt, daß die Zunahme des y-Wertes beider Funktionen bei x-Änderung gleich sein soll, was darauf hinausläuft, daß Tangente und Funktion an dieser Stelle die gleiche Ableitung haben. Eine Gerade durch den Koordinatenursprung mit dieser Steigung hat die Gleichung $y = f'(x_0)x$ und wenn diese durch den Punkt x_0, y_0 gehen soll, müssen wir sie noch um x_0 nach rechts und um y_0 nach oben verschieben (siehe Abb. 5.2a). Dies geschieht wie in Abschn. 3.2.1 durch Übergang von Gl. 3.4 zu Gl. 3.7, also durch Ersetzen von x durch $x - x_0$ und y durch $y - y_0$:

$$y - y_0 = f'(x_0)(x - x_0) \quad \text{oder} \quad y = y_0 + f'(x_0)(x - x_0). \tag{5.7}$$

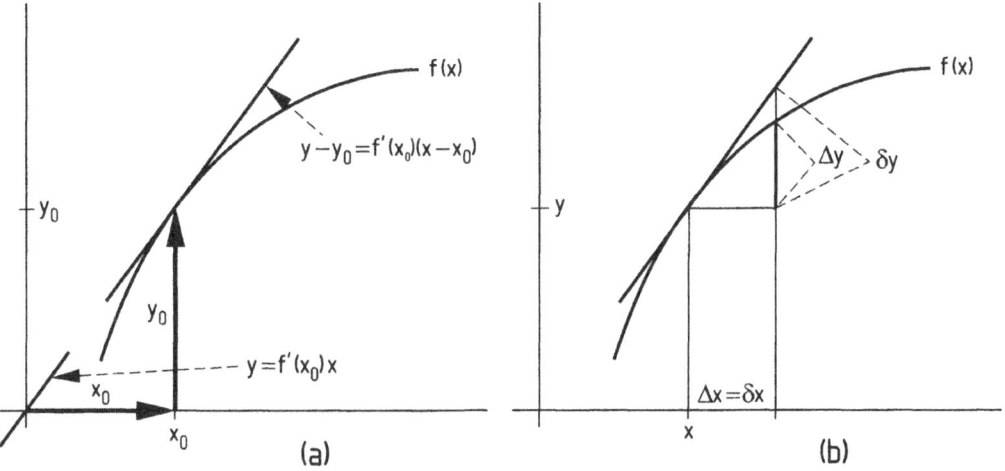

Fig. 5.2 (a) Zur Tangentengleichung; (b) Zur Definition der Differentiale.

Diese *Tangentengleichung* kann uns einige nützliche Dienste erweisen. Man kann sie nämlich für die Abschätzung von Funktionswerten einsetzen, so lange man sich nicht allzu weit von der Stelle x_0 entfernt. Wenn man also Funktionswert $y_0 = f(x_0)$ und die Ableitung $f'(x_0)$ an der Stelle x_0 kennt, kann man die Funktionswerte in der Umgebung näherungsweise berechnen. Will man z.B. $\sin 20^0 = \sin(\pi/9)$ berechnen, so liefert die Tangentenformel (mit $x_0 = 0, \sin 0 = 0, (\sin 0)' = \cos 0 = 1$) den Wert $y = 0 + 1 \cdot (\pi/9) = 0.349$ an Stelle des richtigen Wertes 0.342.

Die Existenz einer Tangente ist geradezu synonym mit der Differenzierbarkeit einer Funktion. Die Tangente ist, einfach ausgedrückt, dadurch gekennzeichnet, daß sich die Funktion an der Stelle x_0 an die Tangente "anschmiegt". Nehmen wir nun den Fall, daß die Funktion bei x_0 einen Knick hat, d.h. nicht differenzierbar ist, weil der Grenzwert für die Steigung von links ungleich dem von rechts ist. Dann ist klar, daß man eine Gerade durch den Punkt x_0, y_0 bestenfalls so legen kann, daß sie auf *einer* der beiden Seiten diese Tangenteneigenschaft hat, daß aber auf der anderen Seite die Funktion mit einem endlichen Winkel auf die Gerade zuläuft. Nur wenn die Funktion differenzierbar ist, existiert eine Tangente, die sich anschmiegt, *und umgekehrt.*

Differentiale

Mit Hilfe der Tangentengleichung können wir "Zähler" und "Nenner" von $\frac{dy}{dx}$ doch noch einen gewissen Sinn geben. Der Vorsicht halber wollen wir aber zwei neue Symbole einführen: δx und δy. Wenn wir in der Tangentengleichung (5.7) $x - x_0$ mit δx und $y - y_0$ mit δy abkürzen, so lautet sie jetzt

$$\delta y = f'(x_0)\delta x \qquad \text{bzw.} \qquad \delta y = \frac{dy}{dx}\delta x. \qquad (5.8)$$

(Für δx und δy wird häufig einfach dx und dy geschrieben, aber diese Größen müssen dann im Sinne der $\delta x, \delta y$ interpretiert werden.) Wenn man δy nicht als Änderung des Funktionswertes selbst sondern als Änderung des Funktionswertes der Tangente versteht (siehe Abb. 5.2b), hat auch der Quotient als eigene Größe einen Sinn. In

$$\frac{\delta y}{\delta x} = \frac{dy}{dx} \qquad (5.9)$$

steht dann links ein echter Bruch, rechts aber eine Zahl, die sich aus einem Grenzübergang ergeben hat.

Die Größen δx und δy nennt man *Differentiale*. Auf Grund ihrer Definition müssen sie nicht klein (*infinitesimal*) sein. Bei Funktionen mit *einer* Variablen könnte man auf diese Betrachtungsweise auch verzichten. Wir werden aber sehen, daß sie sich später bei Funktionen mit mehreren Variablen als sehr hilfreich erweisen wird.

■ Die Gleichung einer Tangente am Punkt x_0 einer Funktion $f(x)$ lautet

$$y = f(x_0) + f'(x_0)\,(x - x_0).$$

Schreibt man sie als Gleichung zwischen dem x-Zuwachs δx und y-Zuwachs δy, so lautet sie

$$\delta y = f'(x_0)\,\delta x.$$

Die Differentiale δx und δy stellen somit den Zuwachs von y mit x *auf der Tangente* dar.

5.1.6 Satz von Rolle und Mittelwertsatz

Gegeben eine Funktion $f(x)$, die im Intervall $[a, b]$ stetig und differenzierbar ist und die an den Intervallgrenzen a und b den Wert Null annimmt (siehe Abb. 5.3a). Dann ist evident, daß die Steigung mindestens an einer Stelle zwischen a und b Null sein muß. Man kann das so formulieren, daß man $f'(x) = 0$ für $a < x < b$ schreibt. Diese Aussage nennt man den *Satz von Rolle*. Man kann die Bedingung etwas eleganter ausdrücken, wenn man $x = a + \theta(b - a)$ schreibt, wobei $0 \leq \theta \leq 1$ ist. (Man überzeugt sich leicht, daß x für $\theta = 0$ den Wert a und für $\theta = 1$ den Wert b annimmt, und daß für θ-Werte dazwischen ein x-Wert zwischen a und b erzeugt wird.) In dieser Form lautet der Satz von Rolle

$$f'\Big(a + \theta(b - a)\Big) = 0 \quad \text{für} \quad 0 \leq \theta \leq 1. \qquad (5.10)$$

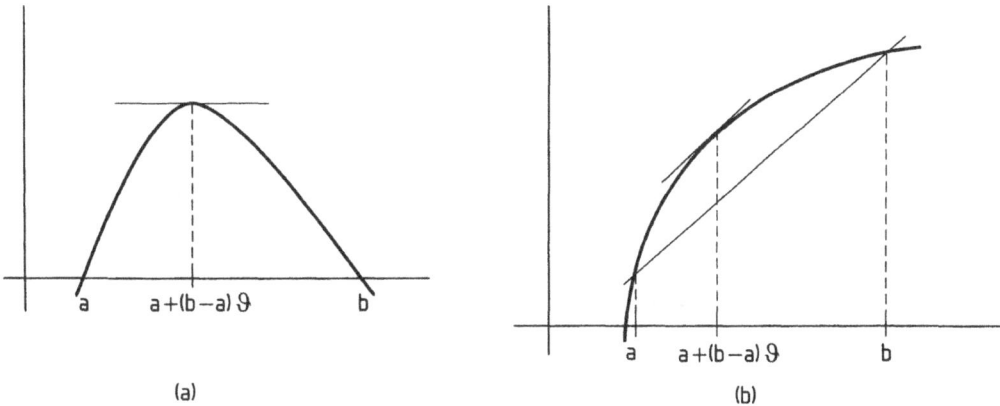

(a)   (b)

Fig. 5.3 (a) Zum Satz von Rolle;   (b) Zum Mittelwertsatz.

Mit den angegebenen Einschränkungen ist der Satz jedoch noch wenig nütze. Man kann sich aber von der Bedingung für die Randpunkte freimachen und nur die Stetigkeit und Differenzierbarkeit zwischen a und b verlangen. Die Funktion hat dann Funktionswerte $f(a)$ und $f(b)$ an den Rändern. Auch hier ist evident (Abb. 5.3b), daß die Steigung der Funktion mindestens an einer Stelle zwischen a und b den gleichen Wert haben muß, den diejenige Gerade hat, die die beiden Randpunkte verbindet:

$$f'\Big(a + \theta(b - a)\Big) = \frac{f(b) - f(a)}{b - a}.$$ (5.11)

Löst man das nach $f(b)$ auf, so erhält man

$$f(b) = f(a) + f'(a + \theta(b - a)) \cdot (b - a),$$

oder, mit $a = x_0$ und $b - a = \Delta x$

$$f(x_0 + \Delta x) = f(x_0) + \Delta x f'(x_0 + \theta \Delta x) \quad \text{für} \quad 0 \le \theta \le 1.$$ (5.12)

Dies nennt man den *Mittelwertsatz der Differentialrechnung*. Er bietet eine Möglichkeit, einen Wert in der Nachbarschaft von a abzuschätzen bzw. einzuschränken. Eine obere Schranke für $f(x_0 + \Delta x)$ ergibt sich, wenn man die maximale Steigung im Intervall $[a, b]$ annimmt, und eine Untergrenze bei Annahme der minimalen Steigung. Der Satz ist sehr wichtig für viele Beweise, weil dann das Intervall $[a, b]$ in der Regel klein ist und man über Schranken für das Verhalten der Funktion in dieser Umgebung verfügt. Wir werden später z.B. bei der Herleitung der Regel von l'Hospital von ihm Gebrauch machen.

■ Der Mittelwertsatz der Differentialrechnung

$$f(x_0 + \Delta x) = f(x_0) + \Delta x f'(x_0 + \theta \Delta x)$$

gestattet uns, Unter- und Obergrenzen von Funktionswerten in der Nachbarschaft einer Stelle anzugeben. Die Form ähnelt der Tangentengleichung, aber zum Unterschied von ihr geht nicht die Steigung an einem festen Punkt ein, sondern an einer passenden Stelle in einem Intervall.

5.1.7   Ableitungen höherer Ordnung

Eine Funktion $f(x)$ liefert, wie wir gesehen haben, in dem Bereich, in dem sie differenzierbar ist, als Ableitung eine neue Funktion $f'(x)$. Wir können $f'(x)$ wie $f(x)$ selbst wieder dem Prozeß der Ableitungsbildung unterwerfen. Dazu nennen wir $f'(x)$ in $g(x)$ um und bilden nach den besprochenen Regeln $g'(x)$. Bezogen auf die Ausgangsfunktion $f(x)$ ist $g'(x) = \big(f'(x)\big)'$, oder, kürzer geschrieben, $f''(x)$. Man nennt $g'(x)$ deshalb auch die zweite Ableitung von $f(x)$. Diesen Prozeß kann man so lange fortsetzen, wie die Funktion (an der betreffenden Stelle) differenzierbar ist und kommt auf diesem Wege zur dritten, vierten, usw., allgemein zur n-ten Ableitung. Da letztere nicht mit n Strichen gekennzeichnet werden kann, verwenden wir dann das Symbol $f^{[n]}(x)$.

In diesem Buch sind hochgestellte Indizes in runden Klammern $f^{(n)}$ durchweg dafür vorgesehen, verschiedene Funktionen zu kennzeichnen, wie wir das bereits bei den Vektoren eingeführt hatten. Um n-te Ableitungen zu kennzeichnen, verwenden wir deshalb eckige Klammern $f^{[n]}(x)$. Es soll aber darauf hingewiesen werden, daß in der Literatur sehr häufig runde Klammern für den Grad der Ableitung verwendet werden.

Will man höhere Ableitungen als Differentialquotienten schreiben, so betrachtet man die Bildung der Ableitung als eine Operation, der man eine Funktion unterwirft, indem man die Schreibweise

$$\frac{dy}{dx} = \frac{d}{dx}y$$

wählt. Leitet man zweimal ab, so muß es jetzt $\frac{d}{dx}\frac{d}{dx}y$ heißen. Dies kann man zu

$$y'' \equiv \frac{d^2}{dx^2}y \qquad \text{oder} \qquad y'' \equiv \frac{d^2y}{dx^2} \tag{5.13}$$

zusammenziehen. Entsprechend lassen sich die *höheren Differentialquotienten* schreiben.

Beispiel:

Die erste Ableitung eines Polynoms n-ten Grades $\sum_{k=0}^{n} a_k x^k$ ist (s.oben) $\sum_{k=1}^{n} a_k k\, x^{k-1}$, die zweite Ableitung

$$P_n''(x) = \sum_{k=2}^{n} a_k k(k-1)x^{k-2},$$

die dritte

$$P_n'''(x) = \sum_{k=3}^{n} a_k k(k-1)(k-2)x^{k-3} \quad \text{usw.,}$$

die n-te

$$P_n^{[n]} = a_n\, n!$$

und alle höheren sind Null.

Wir werden später höhere Ableitungen von Produkten $u(x)v(x)$ benötigen. Dazu muß die Produktregel mehrfach angewendet werden. Zunächst gilt

$$(uv)'' = (u'v + uv')' = (u'v)' + (uv')' = u''v + u'v' + u'v' + uv'' = u'' + 2u'v' + v''.$$

In gleicher Weise kann man sich davon überzeugen, daß

$$(uv)''' = u''' + 3u''v' + 3u'v'' + v'''.$$

Man sieht, daß hier offenbar die Binomialkoeffizienten ins Spiel kommen. In der Tat kann man allgemein schreiben

$$\left(\frac{d}{dx}\right)^n (uv) = \sum_{k=0}^n \binom{n}{k}\left(\frac{d}{dx}\right)^k u \left(\frac{d}{dx}\right)^{n-k} v,$$

bzw. kürzer

$$(uv)^{[n]} = \sum_{k=0}^n \binom{n}{k} u^{[k]} v^{[n-k]}. \tag{5.14}$$

Der Satz ist offenbar für $n = 1$ richtig, da er in diesem Fall mit der einfachen Produktregel übereinstimmt. Wir müssen nur noch zeigen, daß er, wenn er für n richtig ist, auch für $n+1$ gilt.

Wir berechnen die $n+1$-te Ableitung einmal unter der Voraussetzung, daß obige Formel gültig ist, indem wir sie nochmals differenzieren:

$$\frac{d}{dx}(uv)^{[n]} = \sum_{k=0}^n \binom{n}{k}\frac{d}{dx}\left(u^{[k]}v^{[n-k]}\right)$$

$$= \sum_{k=0}^n \binom{n}{k}\left(u^{[k+1]}v^{[n-k]} + u^{[k]}v^{[n-k+1]}\right). \tag{5.15}$$

Andererseits ergibt die Formel direkt für $n+1$ an Stelle von n:

$$(uv)^{[n+1]} = \sum_{k=0}^{n+1} \binom{n+1}{k} u^{[k]} v^{[n+1-k]}.$$

Diese Gleichung formen wir wie folgt um: Wir schreiben den $k = 0$- und den $k = n+1$-Term separat hin und verwenden in den übrigen Termen die aus dem 2. Kapitel bekannte Beziehung zwischen den Binomialkoeffizienten Gl. (1.14):

$$(uv)^{[n+1]} = uv^{[n+1]} + \sum_{k=1}^n \binom{n}{k} u^{[k]} v^{[n+1-k]} + \sum_{k=1}^n \binom{n}{k-1} u^{[k]} v^{[n+1-k]} + u^{[n+1]}v.$$

Den ersten Term und die erste Summe können wir zu

$$\sum_{k=0}^{n} \binom{n}{k} u^{[k]} v^{[n+1-k]}$$

zusammenfassen, und in der zweiten Summe ändern wir die Numerierung ($k-1 \to k$) und fügen den letzten Term hinzu:

$$\sum_{k=0}^{n} \binom{n}{k} u^{[k+1]} v^{[n-k]}.$$

Die Summe beider Summen entspricht Gl. (5.15). Q.e.d.

Aufgaben

1. Berechnen Sie nach ähnlichen Verfahren, wie bei den Beispielen angewendet, nicht vorgerechnete Ableitungen von Tab. 5.1:
(a) a^x. Tip: Ersetzen Sie a durch e^{Zahl}!
(b) $\log_c x$. Tip: Gl. (4.12) benützen!
(c) $\cot x$. Tip: Quotientenregel!
(d) $\sqrt{a^2 - x^2}$. Tip: Radianten substituieren!
(e) $\arctan x$. Tip: Über Umkehrfunktion. Zum Schluß müssen Sie noch $\cos^2$ in $\tan^2$ umformen!
(f) $\tanh x$
(g) $\operatorname{arsinh} x$ auf zwei Wegen: (1) über Umkehrfunktion (2) über Gl. (4.13).
2. Zeigen Sie, daß die Regel $(x^n)' = nx^{n-1}$ auch noch für Exponenten p (beliebige rationale Zahl) gilt. Tip: Daß sie für $1/n$ und für $-n$ gilt, ist gezeigt worden. Kettenregel verwenden!
3. Berechnen Sie die Ableitung von x^x. Tip: ähnlich wie bei Aufgabe 1a) vorgehen!
4. Berechnen Sie alle Ableitungen bis 5. Ordnung von $y = \sin x$!
5. Berechnen Sie die zweite Ableitung von $y = 1/\sqrt{1 - x^2}$!
6. Berechnen Sie mit der Produktregel für höhere Ableitungen die n-te Ableitung von $(1-x^2)v(x)$, wobei $v(x)$ allgemein bleibt.

5.2   Singuläre Stellen; Nullstellen; Extrema

5.2.1   Unbestimmte Ausdrücke

Bei Funktionen der Form

$$h(x) = \frac{f(x)}{g(x)}$$

kann es vorkommen, daß an einer bestimmten Stelle ($x=a$) Zähler und Nenner gleichzeitig Null werden (Beispiel: $y = \sin x/x$ an der Stelle $x=0$). Die Funktion ist dann an dieser Stelle (zunächst) nicht definiert, weil der Quotient nicht gebildet werden kann. Man spricht in solchen Fällen von *unbestimmten Ausdrücken* oder *Formen*. Wir wissen aus Abschnitt 4.3.1, daß man untersuchen kann, ob der Grenzwert der Funktion für $x \to a$ existiert und daß man gegebenenfalls der Funktion diesen Wert als Funktionswert zuweisen kann.

Nun bietet der Mittelwertsatz eine sehr elegante Möglichkeit, den Grenzwert zu finden. Den Abstand von a bezeichnen wir mit $\Delta x = x - a$ und drücken Zähler und Nenner in der Umgebung von $x = a$ jeweils durch Gl. (5.12) aus. Später können wir Δx gegen Null gehen lassen. Die Funktion in der Umgebung von a ist somit durch den Ausdruck

$$\frac{f(a) + \Delta x f'(a + \Delta x \theta)}{g(a) + \Delta x g'(a + \Delta x \theta')}$$

gegeben. (θ und θ' haben beide Werte zwischen 0 und 1, aber diese müssen nicht gleich sein.) Nun ist laut Voraussetzung $f(a) = g(a) = 0$ und wir können deshalb durch Δx kürzen. Der gesuchte Wert des Quotienten ist damit in der Nachbarschaft von a

$$\frac{f'(a + \Delta x \theta)}{g'(a + \Delta x \theta')}.$$

Der Grenzübergang $\Delta x \to 0$ ergibt nun unter der Voraussetzung, daß $g'(a) \neq 0$ ist:

$$\lim_{\Delta x \to 0} \frac{f'(a + \Delta x \theta)}{g'(a + \Delta x \theta')} = \frac{f'(a)}{g'(a)}. \qquad (5.16)$$

Dieses Resultat nennt man die *Regel von l'Hospital*.

Beispiel: Das früher direkt gefundene Resultat für den Ausdruck $(\sin x/x)|_{x=0}$ ergibt sich jetzt sehr einfach:

$$\lim_{x \to 0} \frac{\sin x}{x} = \frac{(\sin x)'}{(x)'}\Big|_{x=0} = \frac{\cos x}{1}\Big|_{x=0} = 1.$$

Es kann vorkommen, daß sowohl Zähler als auch Nenner in Gl. (5.16) wiederum Null sind. Niemand kann uns aber daran hindern, die Regel auch für $f'(a)/g'(a)$ anzuwenden, was auf $f''(a)/g''(a)$ führt. In der Tat kann man so lange mit der Bildung von Ableitungen fortfahren, bis der Nenner nicht mehr Null ist.

Beispiel:

$$\lim_{x \to 0} \frac{1 - \cos x}{x^2} = \frac{\sin x}{2x} = \frac{0}{0}.$$

Aber in zweiter Stufe

$$\frac{(\sin x)'}{(2x)'}\Big|_{x=0} = \frac{\cos x}{2}\Big|_{x=0} = \frac{1}{2}.$$

Die Regel läßt sich auch für den Fall $\lim_{x \to a} f(x) = \infty$ und $\lim_{x \to a} g(x) = \infty$ anwenden. Um das einzusehen, braucht man nur für

$$\frac{f(x)}{g(x)} = \frac{1/g(x)}{1/f(x)}$$

zu schreiben und hat für die Umgebung von $x = a$ wegen $(1/f)' = -f'/f^2$

$$\frac{1/g(x)}{1/f(x)} = \frac{1/g(a) - \Delta x g'(a + \Delta x \theta)/g^2(a + \Delta x \theta)}{1/f(a) - \Delta x f'(a + \Delta x \theta')/f^2(a + \Delta x \theta')}.$$

Nun ist im Bruch wiederum $1/g(a) = 0$ und $1/f(a) = 0$, so daß durch $-\Delta x$ gekürzt werden kann. Es ergibt sich

$$\frac{f(x)}{g(x)} = \frac{g'(a + \Delta x\theta)f^2(a + \Delta x\theta')}{f'(a + \Delta x\theta')g^2(a + \Delta x\theta)},$$

bzw.

$$\left[\frac{f(x)}{g(x)}\right] \cdot \left[\frac{f'(a + \Delta x\theta')}{g'(a + \Delta x\theta)}\right] = \left[\frac{f(a + \Delta x\theta')}{g(a + \Delta x\theta)}\right]^2.$$

Macht man nun überall den Grenzübergang $\Delta x \to 0$, so hebt sich rechts und links ein Faktor f/g weg und es bleibt

$$\lim_{x \to a} \frac{f(x)}{g(x)} = \frac{f'(a)}{g'(a)}.$$

Bei Bedarf kann der Leser z.B. bei Baule[5] oder in Taschenbüchern wie Bronstein[6] Informationen über weitere derartige Ausdrücke finden.

■ Die *Regel von l'Hospital* gestattet uns, auf einfache Weise Quotienten (oder Produkte), die unbestimmte Ausdrücke wie $0/0$ oder ∞/∞ ergeben, zu berechnen:

$$\lim_{x \to a} \frac{f(x)}{g(x)} = \frac{f'(a)}{g'(a)}.$$

Nötigenfalls kann die Regel mehrfach hintereinander angewendet werden.

5.2.2   Nullstellen

Nullstellen sind diejenigen Stellen, an denen eine Funktion den Wert Null annimmt: $f(x) = 0$. Ist diese Gleichung nach x auflösbar, so kann man die Nullstelle direkt berechnen. Ist dies aber nicht der Fall, ist man auf Näherungsverfahren angewiesen. Dies ist eine Gelegenheit einen Zweig der Mathematik, die *numerische Mathematik*, vorzustellen. Sie hat das Ziel, für Probleme, die nicht allgemein lösbar sind, Verfahren zu entwickeln, die wenigstens zahlenmäßige Lösungen mit einer bestimmten Genauigkeit liefern. Oft kann ein Algorithmus angegeben werden, der rohe Näherungswerte so lange verbessert, bis die benötigte Genauigkeit erreicht ist. Für solche Aufgaben ist der Computer besonders geeignet, den man nur entsprechend programmieren muß. Für viele Standardprobleme gibt es in den Programmbibliotheken bereits fertige Programmpakete. Die Bestimmung einer Nullstelle ist ein einfaches Beispiel für solch ein numerisches Problem.

Ein Verfahren zur Nullstellen-Bestimmung setzt voraus, daß man die Lage der zu bestimmenden Nullstelle ungefähr kennt. Wir haben dann zwei Möglichkeiten, den Wert genauer zu bestimmen:

(1) Das *Newton-Verfahren*. Dazu wählt man einen Punkt möglichst nahe an der Nullstelle, bestimmt den zugehörigen y-Wert und die Ableitung. Man kann dann die Tangentenformel [Gl. (5.7)] verwenden und die Nullstelle der Tangente ermitteln. Das wird normalerweise einen verbesserten Wert gegenüber dem Startwert liefern (siehe Abb. 5.4a).

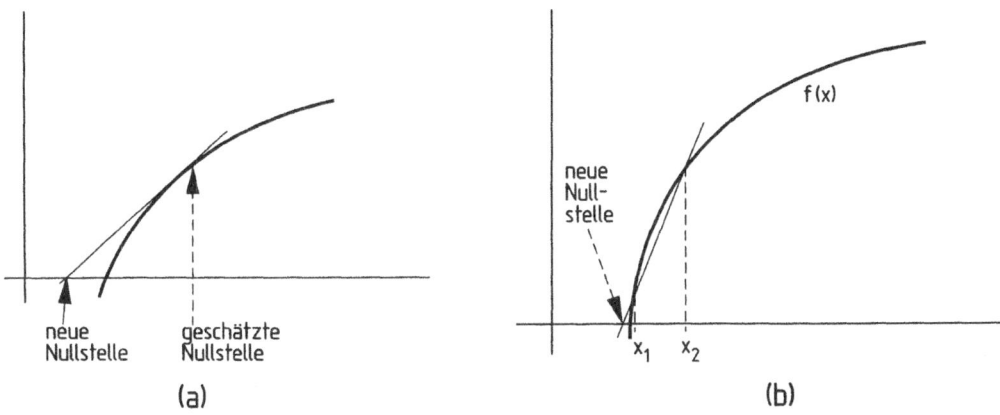

Fig. 5.4 (a) Newton-Verfahren;   (b) regula falsi.

(2) Die sog. *regula falsi*. Sie besteht darin, daß man zwei Punkte in der Nähe der Nullstelle wählt, möglichst einen rechts von der Nullstelle und einen links davon. Man kann die zugehörigen y-Werte berechnen und dann rechnerisch eine Gerade durch die beiden Punkte legen (siehe Abschn. 3.1.1). Auch hier wird man im allgemeinen zu einem genaueren Wert für die Nullstelle gelangen (siehe Abb. 5.4b).

Diese Verfahren werden iterativ eingesetzt, d.h. mehrfach hintereinander durchlaufen. Sie liefern dann sukzessiv immer genauere Werte, bis den Ansprüchen Genüge getan ist (*Iteration*). Außerdem sei darauf hingewiesen, daß man durch überlegtes Vorgehen oft Arbeit sparen kann. Bei einer Funktion vom Typ $y = f(x)g(x)$ ist es ausreichend, die Nullstellen von $f(x)$ und die von $g(x)$ separat zu bestimmen, weil ein Produkt dann Null ist, wenn einer der beiden Faktoren Null ist. Oder bei $y = f(x)/g(x)$ ist es ausreichend, die Nullstellen des Zählers zu bestimmen, wobei man sich natürlich vergewissern sollte, daß der Nenner nicht ebenfalls Null ist.

5.2.3   Bestimmung von relativen Maxima und Minima

Das Auffinden von Stellen, an denen eine Funktion ein *relatives Maximum oder Minimum* aufweist, ist im Rahmen von naturwissenschaftlichen Fragestellungen oft ein wichtiges Problem. Man denke z.B. an eine Potentialkurve, deren stabile Zustände (Ruhelagen) an Stellen liegen, an denen das Potential eine relatives Minimum aufweist. *Relativ* besagt hier: gegenüber der Umgebung, d.h. die Funktionswerte in der Nachbarschaft müssen sämtlich größer bzw. kleiner als der Wert am Extremum sein.

Alles Folgende bezieht sich nur auf Bereiche, in denen die Funktion stetig und differenzierbar ist. Hat eine Funktion unter diesen Umständen ein relatives Extremum, so hat sie dort eine Tangente und diese muß parallel zur x-Achse verlaufen, d.h. ihre Steigung muß Null sein. Am Punkte eines Extremums ist also $f'(x_{ex}) = 0$. Diese Bedingung ist notwendig, aber noch nicht hinreichend. Um den Mangel zu beheben, müssen wir die zweite Ableitung untersuchen. Es können drei Fälle auftreten:

(1) Die zweite Ableitung an der Stelle des Extremums ist positiv, d.h. die erste Ableitung nimmt zu. Da sie am Extremum selbst Null ist, ist sie links vom Extremum negativ und rechts davon positiv. Das wiederum heißt, daß $f(x)$ selbst links vom Extremum fällt und rechts davon steigt. Mit anderen Worten: Es liegt ein Minimum vor.

(2) Die zweite Ableitung an der Stelle des Extremums ist negativ. Eine analoge Überlegung führt zu dem Schluß, daß die Funktion an dieser Stelle ein Maximum hat.

(3) Die zweite Ableitung ist ebenfalls Null. Ist dann die dritte Ableitung nicht Null, so liegt ein Wendepunkt mit horizontaler Tangente vor, weil Wendepunkte dadurch gekennzeichnet sind, daß die zweite Ableitung Null ist (siehe unten und Abb. 5.5b).

Allgemein läßt sich Folgendes sagen: Man sucht die erste nicht verschwindende Ableitung. Nehmen wir an, dies sei die n-te Ableitung und sie habe den Wert a. Wir werden später im Kapitel 7 über Taylorreihen sehen, daß die Funktion in der Umgebung der betreffenden Stelle die gleiche Form hat, wie die Funktion $y = ax^n$ in der Umgebung des Punktes $x = 0$. Die drei oben gemachten Aussagen lassen sich damit sofort direkt verifizieren und kompliziertere Fälle können damit entschieden werden.

Als erstes Beispiel bestimmen wir die Extrema der Funktion $y = x^3 - 3x^2 + 2x$ und bilden also zunächst die Ableitung

$$f' = 3x^2 - 6x + 2.$$

Setzt man das gleich Null, so ergeben sich die zwei Lösungen

$$x_1 = 1 - 1/\sqrt{3} \qquad \text{und} \qquad x_2 = 1 + 1/\sqrt{3}.$$

Durch Einsetzen in die Funktion selbst ergeben sich die zugehörigen Funktionswerte

$$y_1 = 2/(3\sqrt{3}) \qquad \text{und} \qquad y_2 = -2/(3\sqrt{3}).$$

Um die Natur der Punkte zu bestimmen, bilden wir die zweite Ableitung

$$f'' = 6x - 6,$$

die für x_1 den Wert $-2\sqrt{3}$ und für x_2 den Wert $+2\sqrt{3}$ annimmt. Bei $x_1(y'' < 0)$ handelt es sich also um ein Maximum und bei $x_2(y'' > 0)$ um ein Minimum.

Als zweites Beispiel stellen wir folgendes Problem: Sie sollen sich eine Schultüte anfertigen und erhalten dafür einen kreisförmigen Karton (Radius 1m). Davon dürfen Sie ein Segment mit einem Winkel ϕ Ihrer Wahl (ohne Falz) ausschneiden und damit Ihre Tüte basteln. Welchen Winkel wählen Sie, damit Ihre Tüte so viel wie möglich faßt? (Es ist klar: wählen Sie den Winkel zu groß, so faßt Ihre Tüte zu wenig, denn dann ist sie zu flach, und wählen Sie den Winkel zu klein, faßt sie ebenfalls zu wenig, denn dann ist sie zu dünn.)

Die Berechnung des Volumens gehört nicht hierher und wir wollen nur das Ergebnis anführen. Es lautet

$$V = \frac{\phi^2}{12\pi}\sqrt{1 - \frac{\phi^2}{4\pi^2}}.$$

Davon müssen wir die Ableitung bilden und Null setzen, denn wir suchen das Maximum:

$$\frac{dV}{d\phi} = \frac{1}{12\pi}\left[2\phi\sqrt{1 - \frac{\phi^2}{4\pi^2}} + \phi^2 \frac{-\frac{\phi}{4\pi^2}}{\sqrt{1 - \frac{\phi^2}{4\pi^2}}}\right] = 0.$$

Bringen wir den zweiten Term auf die rechte Seite, ergibt sich

$$2\phi\sqrt{1 - \frac{\phi^2}{4\pi^2}} = \phi^2 \frac{\frac{\phi}{4\pi^2}}{\sqrt{1 - \frac{\phi^2}{4\pi^2}}}.$$

Wir multiplizieren nun beide Seiten mit der Wurzel und dividieren durch 2ϕ:

$$1 - \frac{\phi^2}{4\pi^2} = \frac{\phi}{2} \cdot \frac{\phi}{4\pi^2}, \quad \text{bzw. aufgelöst} \quad \phi = \sqrt{\frac{2}{3}}\, 2\pi \quad (\sim 294^0).$$

(Eine Prüfung, ob ein Maximum vorliegt, erübrigt sich hier, da die Funktion $V(\phi)$ an den Randpunkten Null ist und ansonsten überall positiv.)

Bei der Bestimmung von Extrem-Punkten ist manchmal ein kleiner Trick hilfreich, nämlich das Arbeiten mit Zwischenausdrücken. Soll z.B. eine Funktion wie $1/f(x)$ untersucht werden, so genügt es, nur den Nenner zu untersuchen, was häufig etwas einfacher ist. Hat nämlich $f(x)$ an einer Stelle ein Maximum, so hat $1/f(x)$ an dieser Stelle ein Minimum, was unmittelbar einleuchtet. Ähnlich kann man z. B. bei $\ln(f(x))$ argumentieren: Wo $f(x)$ ein Maximum hat, weist auch $\ln(f(x))$ eines auf, weil $\ln x$ eine monotone Funktion ist. Umgekehrt gibt es Fälle, bei denen es einfacher sein kann, statt das Maximum von $f(x)$ das von $\ln(f(x))$ zu suchen. Ein Beispiel dafür werden wir in Abschnitt 5.3.8 kennenlernen.

Wendepunkte

Als *Wendepunkt* bezeichnet man einen Punkt, an dem eine bislang *ständig zunehmende* Steigung wieder *abnimmt* und umgekehrt (siehe Abb. 5.5). Die Steigung hat an solchen Stellen entweder ein Maximum oder ein Minimum. Ein Beispiel hierfür ist die Funktion sin

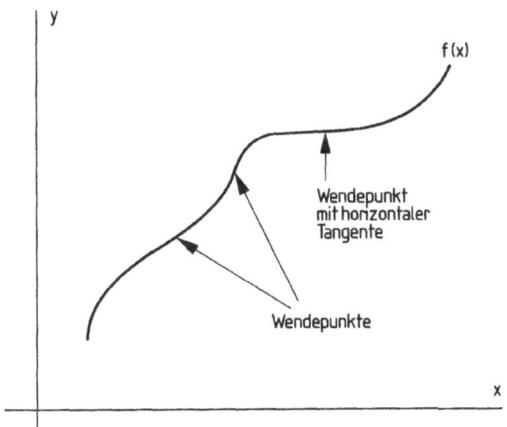

Fig. 5.5 Wendepunkte: einfache Wendepunkte und Wendepunkt mit horizontaler Tangente.

x an der Stelle $x = 0$ oder $\cos x$ an der Stelle $x = \pi/2$.

Die Extremalstellen für die Steigung $f'(x)$ sind dadurch gekennzeichnet, daß ihre Ableitung, jetzt also $f''(x)$, Null wird. Wie bei den einfachen Extremalstellen muß zusätzlich die nächst höhere Ableitung, hier also die dritte, untersucht werden. Da Wendepunkte aber in der Praxis kaum eine Rolle spielen, wollen wir diese Überlegungen nicht allzu sehr vertiefen. Bei Bedarf kann man sich mögliche Fälle leicht selbst überlegen, besonders, wenn man die Gedanken des Kapitels über Reihenentwicklung zu Hilfe nimmt.

Ein spezieller Fall ist der sog. *Wendepunkt mit horizontaler Tangente* (manchmal auch etwas unglücklich als Sattelpunkt bezeichnet). Ein einfaches Beispiel bietet die Funktion $y = x^3$ an der Stelle $x = 0$: ein Wendepunkt, der aber an dieser Stelle eine parallel zur x-Achse verlaufende Funktion zeigt (siehe Abb. 5.5). Das Kriterium dafür ist eine Kombination von Wendepunkt und horizontaler Steigung: es muß sowohl f' an dieser Stelle Null sein (horizontale Steigung) als auch f'' (Wendepunkt). Die dritte Ableitung entscheidet dann darüber, ob die Stelle in einem ansteigenden Bereich oder in einem abfallenden Bereich liegt.

■ Relative Extrema (Minima oder Maxima) werden so bestimmt, daß man die Stellen sucht, an denen die Ableitung einer Funktion Null wird:

$$f'(x_{\text{extr}}) = 0.$$

Die zweite Ableitung entscheidet, ob ein Maximum ($y'' < 0$) oder ein Minimum ($y'' > 0$) vorliegt.

Aufgaben

1. Der Polynomquotient

$$\frac{3x^3 - 11x^2 - 21x + 5}{x^2 - 3x - 10}$$

wird für $x = 5$ unbestimmt. Geben Sie mittels der Regel von l'Hospital den Grenzwert an!

2. Untersuchen Sie den Grenzwert von $x \ln x$ für $x \to 0$! (Tip: Bringen Sie den Faktor x in den Nenner.)

3. Untersuchen Sie folgende Grenzwerte:
(a) $(e^{\alpha x} - e^{\beta x})/x$ für $x \to 0$,
(b) $(1 - \cos x)/x^2$ für $x \to 0$,
(c) $x/(x + \sin x)$ für $x \to 0$
(d) dto. für $x \to \infty$ (hier am besten nach Division durch x direkt ohne l'Hospital)
(e) $1/\sin x - \cot x$ für $x \to 0$. (Zuvor Umformen!)

4. Gegeben die Funktion $10xe^{-2x} - 1$.
(a) Wo hat die Funktion Extrema und welcher Natur sind sie?
(b) Bestimmen Sie die Lage der Nullstelle zwischen $x = 0$ und $x = 0.2$ mittels zweimaliger Anwendung des Newton-Verfahrens!
(c) Hat die Funktion Wendepunkte?

5. An welchen Stellen hat der Tangens Extrema?

6. Gegeben die für die potentielle Energie von zweiatomigen Molekülen typische Morsefunktion

$$f(r) = D \left(e^{-2\alpha(r-r_0)} - 2e^{-\alpha(r-r_0)} \right).$$

(a) Fertigen Sie eine Skizze für den Bereich $-1.5\,r_0 < r < 3r_0$ an, wobei die Parameter $D = 1$ und $\alpha = 1$ seien.

(b) Wo liegen Nullstelle und Extrema, und welche Natur haben letztere? (Parameter allgemein!)

(c) Wie wirkt sich der Parameter α auf die Funktion aus?

5.3   Funktionen mit mehreren Variablen

5.3.1   Partielle Ableitungen 1. Ordnung

Wie läßt sich das Konzept der Ableitung nun auf Funktionen mit zwei Variablen übertragen? Bei einer Funktion $y = f(x)$ lautete die Frage: Wie stark ändert sich die Größe y, wenn sich die Größe x ändert? Will man die Fragestellung auf den Fall $z = f(x,y)$ übertragen, so müßte man fragen: wie stark ändert sich die Größe z, wenn sich die Größen x *und* y ändern? Wir wollen aber die Antwort darauf noch zurückstellen und zunächst zwei einfachere Fragen stellen: wie ändert sich die Größe z, wenn sich *nur* x ändert, y aber unverändert bleibt? Und: wenn sich y ändert und x unverändert bleibt? Beide Fragen lassen sich durch Rückgriff auf die gewöhnlichen Differentialquotienten beantworten. Im ersten Fall lautet die Antwort: Bilde den Grenzwert des Differenzenquotienten

$$\lim_{\Delta x \to 0} \frac{f(x + \Delta x, y) - f(x,y)}{\Delta x}.$$

Der Unterschied dieses Ausdrucks gegenüber Gl. (5.1) besteht lediglich darin, daß f *zwei* Argumente hat, von denen eines (x) sich ändert, während das andere (y) konstant bleibt. Ganz ähnlich geht man bei der Beantwortung der zweiten Frage vor: man bildet den Grenzwert

$$\lim_{\Delta y \to 0} \frac{f(x, y + \Delta y) - f(x,y)}{\Delta y}.$$

Die Bildung der Ableitungen erfolgt dann in genau der gleichen Weise wie bei Funktionen mit einer Variablen, die ja auch noch einen (konstanten) Parameter enthalten können: Der Grenzwert für $\Delta x \to 0$ bei der Funktion e^{-yx} wird in genau der gleichen Weise gebildet wie der von $e^{-\alpha x}$:

$$\lim_{\Delta x \to 0} \frac{e^{-\alpha(x + \Delta x)} - e^{-\alpha x}}{\Delta x} = -\alpha e^{-\alpha x}$$

ebenso wie

$$\lim_{\Delta x \to 0} \frac{e^{-y(x + \Delta x)} - e^{-yx}}{\Delta x} = -y e^{-yx}.$$

Es können also alle Ableitungsregeln in der bisherigen Form übernommen werden, wenn man sie so bildet, als ob die konstant gehaltene Variable ein gewöhnlicher (konstanter) Parameter wäre.

Eine psychologische Schwierigkeit, mit der der Ungeübte oft zu kämpfen hat, tritt dann auf, wenn die Variable x konstant gehalten und nach y abgeleitet werden soll: er hat Hemmungen, x einfach als Konstante zu behandeln. Man kann sich, so lange man unsicher ist, so behelfen, daß man x

durch c ersetzt, dann y durch x (nun trägt die sich ändernde Variable den gewohnten Namen), nach x ableitet und dann die Namensänderungen wieder rückgängig macht.

Ableitungen, bei denen nur die Änderung *einer* Variablen vorgenommen wird, nennt man *partielle Ableitungen*. In der Formelsprache bringt man das so zum Ausdruck, daß man spezielle (runde) ∂ benützt:

$$\frac{\partial z}{\partial x} = \frac{\partial f(x,y)}{\partial x} = z_x$$

und

$$\frac{\partial z}{\partial y} = \frac{\partial f(x,y)}{\partial y} = z_y.$$

Die letzten beiden Ausdrücke sind Kurzformen, die wir zuweilen benützen werden und die die Schreibweise y' ersetzen, die bei mehr als einer Variablen unbrauchbar wird.

Beispiele:

Zunächst ein sehr einfaches Beispiel: $z = x^2 y^3$. Hier ist

$$\frac{\partial z}{\partial x} = 2xy^3 \qquad \frac{\partial z}{\partial y} = 3x^2 y^2.$$

(Beachten Sie, daß beide partielle Ableitungen wieder eine Funktion von x und y darstellen.) Überhaupt sind Funktionen des Typs $z(x,y) = f(x)g(y)$ besonders einfach partiell abzuleiten:

$$\frac{\partial z}{\partial x} = \frac{df}{dx} g(y) \qquad \frac{\partial z}{\partial y} = f(x) \frac{dg}{dy}.$$

(Bei Funktionen des angegebenen Typs ist jeweils einer der Faktoren insgesamt konstant. Beachten Sie, daß bei Funktionen von *einer* Variablen wieder gerade d zu verwenden sind!) Ein Beispiel, bei dem z.B. die Kettenregel in üblicher Form verwendet wird, ist $z = \sqrt{x^2 - y^2}$. Für die Ableitung nach x gilt

$$u(x) = x^2 - y^2; \qquad \frac{\partial u}{\partial x} = 2x; \qquad \frac{\partial z}{\partial x} = \frac{dz}{du}\frac{\partial u}{\partial x} = (1/2)u^{-1/2}2x = \frac{x}{\sqrt{x^2 - y^2}}$$

und für die nach y

$$u(y) = x^2 - y^2; \qquad \frac{\partial u}{\partial y} = -2y; \ (!) \qquad \frac{\partial z}{\partial y} = \frac{dz}{du}\frac{\partial u}{\partial y} = (1/2)u^{-1/2}(-2y) = \frac{-y}{\sqrt{x^2 - y^2}}.$$

Bei $z = y\sqrt{x^2 - y^2}$ tritt vor die partielle Ableitung nach x lediglich der Faktor y (Konstante beim Differenzieren nach x), aber bei der partiellen Ableitung nach y muß die Produktregel angewendet werden:

$$\frac{\partial z}{\partial y} = \frac{dy}{dy}\sqrt{x^2 - y^2} + y\frac{\partial \sqrt{x^2 - y^2}}{\partial y} = \sqrt{x^2 - y^2} + y\frac{-y}{\sqrt{x^2 - y^2}}.$$

Zum Schluß noch ein etwas komplexeres Beispiel: $z = \ln(x^2 \sin(xy))$.

$$\frac{\partial z}{\partial x} = \frac{2x\sin(xy) + x^2 y\cos(xy)}{x^2 \sin(xy)} \qquad \frac{\partial z}{\partial y} = \frac{x^3 \cos(xy)}{x^2 \sin(xy)}.$$

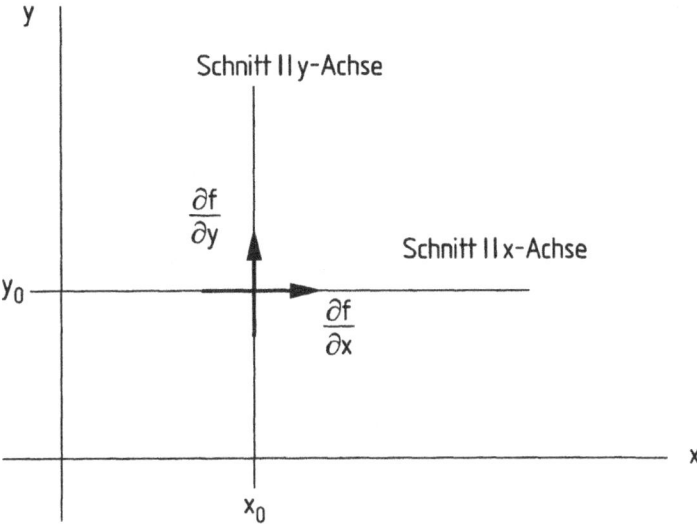

Fig. 5.6 Änderung der unabhängigen Variablen bei partiellen Ableitungen. (Die Pfeile geben die
jeweiligen Koordinatenänderungen an.)

Beide Ausdrücke können noch vereinfacht werden.

Wie kann man das Konzept der partiellen Ableitungen nun geometrisch deuten? Wir haben
als Darstellungsweise von Funktionen mit zwei Variablen das Netztafeldiagramm kennengelernt: Durch die zweidimensionale Fläche wurden Schnitte parallel zur x- (oder wahlweise
zur y-)Achse gelegt. Diese Schnitte waren dann Funktionen von nur einer Variablen (bei
konstant gehaltener anderer Variablen). Mit den partiellen Ableitungen erhalten wir die
"Steigungen" dieser Schnitte (siehe Abb. 5.6). Man kann sich das anschaulich im Gelände
vorstellen, wenn man einerseits die Steigung in Nord-Süd-Richtung und andererseits die in
Ost-West-Richtung betrachtet.

Wie die Ableitung einer Funktion $f(x)$ natürlich von der Stelle x, an der der Grenzwert
gebildet wird, abhängt, so muß man bei partiellen Ableitungen die Stelle x, y festlegen, so
daß beide partielle Ableitungen letztlich Funktionen von den zwei Variablen x und y sind.
Bezeichnet man diese Stelle mit x_0, y_0, kann man das so zum Ausdruck bringen, daß man
entweder

$$\left. \frac{\partial f(x,y)}{\partial x} \right|_{\substack{x=x_0 \\ y=y_0}}, \qquad \text{oder etwas kürzer} \qquad \frac{\partial f}{\partial x}(x_0, y_0)$$

schreibt.

Man kann das Konzept natürlich auf Funktionen mit drei und mehr Variablen übertragen:
Bei der Bildung der partiellen Ableitung von

$$u(x_1, x_2, \ldots, x_m)$$

nach x_k

$$\frac{\partial u(x_1, x_2, \ldots, x_m)}{\partial x_k}$$

werden alle Größen außer x_k konstant gehalten.

> ■ Im Falle von Funktionen mit mehreren Variablen $f(x, y, z, \ldots)$ wird das Konzept der gewöhnlichen Ableitungen df/dx durch das der *partiellen* Ableitungen ersetzt, bei dem nur *eine* Variable geändert und alle übrigen konstant gehalten werden. Man schreibt das in der Form
>
> $$\frac{\partial f}{\partial x}, \quad \frac{\partial f}{\partial y}, \quad \frac{\partial f}{\partial z} \ldots$$
>
> Diese Ableitungen werden genau wie gewöhnliche Ableitungen gebildet mit dem Zusatz, daß alle Variablen außer der im "Nenner" stehenden wie gewöhnliche Konstanten zu behandeln sind.

5.3.2   Tangentialebene und Totales Differential

Wir wollen nun die Frage aufwerfen, ob eine Funktion in einem Punkt als *differenzierbar* bezeichnet werden kann, wenn die beiden partiellen Ableitungen existieren. Da eine Funktionen mit zwei Variablen grafisch durch eine Fläche dargestellt werden kann, müßte man das, in Anlehnung an die Funktionen mit einer Variablen, an die Frage binden, ob eine *Tangentialebene* in dem betreffenden Punkt existiert. Alle Tangenten (in beliebiger Richtung über der x, y-Ebene) müssen dann in dieser Ebene liegen. Voraussetzung hierfür ist, daß die beiden partiellen Ableitungen in der Umgebung des betreffenden Punktes stetige Funktionen von x und y sind. Ist das nicht der Fall, enthält die Fläche Knicke, die keine Tangentialebene zulassen.

Die Gleichung für die Tangentialebene ergibt sich aus der Überlegung, daß diese Ebene die gleichen Steigungen in x- und y-Richtung haben muß wie die Fläche selbst. Eine solche Ebene – zunächst durch den Nullpunkt – ist durch die Gleichung

$$z = \frac{\partial f}{\partial x}\bigg|_{x_0, y_0} x + \frac{\partial f}{\partial y}\bigg|_{x_0, y_0} y$$

charakterisiert, wobei die partiellen Ableitungen an der Stelle $x = x_0, y = y_0$ zu nehmen sind. Soll die Ebene die Fläche im Punkt x_0, y_0 berühren, müssen wir sie noch um x_0 nach größeren x, um y_0 nach größeren y und um $z_0 = z(x_0, y_0)$ nach oben verschieben. Wir erhalten gemäß Abschn. 3.2.1

$$z = \frac{\partial f}{\partial x}\bigg|_{x_0, y_0} (x - x_0) + \frac{\partial f}{\partial y}\bigg|_{x_0, y_0} (y - y_0) + z_0. \tag{5.17}$$

Wie bei der Tangentengleichung für Funktionen mit einer Variablen können wir die Differenzen $x - x_0$ durch δx usw. ersetzen und dann die Tangentialebenen-Gleichung in der

Form

$$\delta z = \left.\frac{\partial f}{\partial x}\right|_{x_0,y_0} \delta x + \left.\frac{\partial f}{\partial y}\right|_{x_0,y_0} \delta y \tag{5.18}$$

schreiben, und auch hier können wir die Größe δz so interpretieren: δz ist die Änderung von z *auf der Tangentialebene*, wenn man x um δx und y um δy ändert. Man nennt einen solchen Ausdruck ein *totales Differential*, weil er die Änderung von z bei Änderung *beider* unabhängiger Variablen wiederspiegelt. (Auch in diesem Fall wird oft nur

$$dz = \frac{\partial f}{\partial x}dx + \frac{\partial f}{\partial y}dy \tag{5.19}$$

geschrieben.)

Die Betrachtungen über Differenzierbarkeit und Differentiale lassen sich auch auf Funktionen von mehreren Veränderlichen $z = f(x_1, x_2, \ldots x_m)$ übertragen. Es gilt z.B. für eine Funktion von n unabhängigen Variablen, die in der Umgebung eines Punktes überall differenzierbar ist,

$$\delta z = \frac{\partial z}{\partial x_1}\delta x_1 + \frac{\partial z}{\partial x_2}\delta x_2 + \cdots + \frac{\partial z}{\partial x_m}\delta x_m = \sum_{i=1}^{n} \frac{\partial z}{\partial x_i}\delta x_i.$$

■ Die partiellen Ableitungen bestimmen die Tangentialebene von Funktionen $z = f(x,y)$ im Punkt x_0, y_0:

$$z - z_0 = \left.\frac{\partial f}{\partial x}\right|_{x_0,y_0} (x - x_0) + \left.\frac{\partial f}{\partial y}\right|_{x_0,y_0} (y - y_0).$$

Totale Differentiale der Form

$$\delta z = \frac{\partial f}{\partial x}\delta x + \frac{\partial f}{\partial y}\delta y$$

verbinden Änderungen auf dieser Tangentialebene miteinander.

5.3.3 Die totale Ableitung

Funktionen der Form $y = f\big(u(x), v(x)\big)$ sind im Prinzip nichts weiter als geschachtelte Funktionen mit *einer* unabhängigen Variablen x und unterscheiden sich von den bisher behandelten lediglich dadurch, daß sie *zwei* innere Funktionen ($v(x)$ neben $u(x)$) enthalten.

Ein Beispiel hierfür ist die Funktion $V = V(x(t), y(t))$, die die potentielle Energie eines Teilchens, das sich auf einer Bahn $x(t), y(t)$ bewegt, als Funktion der Zeit t angibt. Dabei ist $V(x,y)$ die potentielle Energie am Ort x, y.

Selbstverständlich kann man die gewöhnliche Ableitung dF/dx von $y = f\big(u(x), v(x)\big)$ durch Anwendung von Gl. (5.1) bilden. Dies ist aber umständlich und wir wollen hier eine kürzere Argumentation, nämlich mittels Differentialen, aufzeigen. Die Änderung von f mit x und y

ist danach $\delta f = (\partial f/\partial u)\delta u + (\partial f/\partial v)\delta v$ und die von u bzw. v mit x ist $\delta u = (du/dx)\delta x$ bzw. $\delta v = (dv/dx)\delta x$. Dies läßt sich zu

$$\delta f = \frac{\partial f}{\partial u}\frac{du}{dx}\delta x + \frac{\partial f}{\partial v}\frac{dv}{dx}\delta x$$

zusammensetzen. Alle Änderungen sind freilich nur Änderungen auf der Tangente, die aber bei Dividieren durch δx in einen Quotienten von Differentialen übergehen, der gleich dem Differentialquotienten ist [vergl. Gl. (5.9)]:

$$\frac{\delta f}{\delta x} = \frac{df}{dx} = \frac{\partial f}{\partial u}\frac{du}{dx} + \frac{\partial f}{\partial v}\frac{dv}{dx}. \tag{5.20}$$

Das Ergebnis ist eine Art erweiterter Kettenregel mit *partiellen* Ableitungen der äußeren Funktion und zwei Termen (statt nur einem). Man nennt diesen Ausdruck für df/dx die *totale Ableitung*, weil sie nicht nur Änderungen bei konstantem u (bzw. v) umfaßt sondern eine von x gesteuerte Änderung *beider* Größen. Die Verallgemeinerung auf beliebig viele Zwischenvariable $u^{(1)}, u^{(2)}, \ldots u^{(n)}$ ist offensichtlich:

$$\frac{df}{dx} = \frac{\partial f}{\partial u^{(1)}}\frac{du^{(1)}}{dx} + \cdots + \frac{\partial f}{\partial u^{(n)}}\frac{du^{(n)}}{dx}$$
$$= \sum_{i=1}^{n} \frac{\partial f}{\partial u^{(i)}}\frac{du^{(i)}}{dx}.$$

Beispiel:

$f(u,v) = \sqrt{u + v^2}$ mit $u = \sin x$ und $v = x + 1$. Die benötigten Ableitungen sind

$$\frac{\partial f}{\partial u} = \frac{1}{2\sqrt{u + v^2}}; \qquad \frac{\partial f}{\partial v} = \frac{v}{\sqrt{u + v^2}}; \qquad \frac{du}{dx} = \cos x; \qquad \frac{dv}{dx} = 1,$$

so daß

$$\frac{df}{dx} = \frac{\cos x}{2\sqrt{u + v^2}} + \frac{v}{\sqrt{u + v^2}} = \frac{\cos x + 2v}{2\sqrt{u + v^2}} = \frac{\cos x + 2(x + 1)}{2\sqrt{\sin x + (x + 1)^2}}.$$

Der Leser möge sich davon überzeugen, daß das direkte Einsetzen und anschließende normale Differenzieren zum gleichen Ergebnis führt.

Auch noch kompliziertere Formen, wie z.B. die partiellen Ableitungen einer Funktion von *zwei* Variablen mit *zwei* Zwischenfunktionen u und v

$$z = f\big(u(x,y), v(x,y)\big)$$

lassen sich auf dem Wege über Differentiale in den Griff bekommen. (Solche Funktionen treten z.B. bei einer Variablen-Transformation u, v in x, y auf.) Für $\delta f, \delta u, \delta v$ gilt:

$$\delta f = \frac{\partial f}{\partial u}\delta u + \frac{\partial f}{\partial v}\delta v \qquad \delta u = \frac{\partial u}{\partial x}\delta x + \frac{\partial u}{\partial y}\delta y \qquad \delta v = \frac{\partial v}{\partial x}\delta x + \frac{\partial v}{\partial y}\delta y,$$

und durch Einsetzen und anschließendes Umordnen ergibt sich

$$\delta z = \frac{\partial f}{\partial u}\left(\frac{\partial u}{\partial x}\delta x + \frac{\partial u}{\partial y}\delta y\right) + \frac{\partial f}{\partial v}\left(\frac{\partial v}{\partial x}\delta x + \frac{\partial v}{\partial y}\delta y\right)$$
$$= \left(\frac{\partial f}{\partial u}\frac{\partial u}{\partial x} + \frac{\partial f}{\partial v}\frac{\partial v}{\partial x}\right)\delta x + \left(\frac{\partial f}{\partial u}\frac{\partial u}{\partial y} + \frac{\partial f}{\partial v}\frac{\partial v}{\partial y}\right)\delta y.$$

Damit sind die gesuchten partiellen Ableitungen

$$\frac{\partial f}{\partial x} = \frac{\partial f}{\partial u}\frac{\partial u}{\partial x} + \frac{\partial f}{\partial v}\frac{\partial v}{\partial x} \qquad (5.21)$$

und

$$\frac{\partial f}{\partial y} = \frac{\partial f}{\partial u}\frac{\partial u}{\partial y} + \frac{\partial f}{\partial v}\frac{\partial v}{\partial y}. \qquad (5.22)$$

Auch hier sind Erweiterungen auf mehr als zwei Zwischenfunktionen oder mehr als zwei Variable offensichtlich.

■ Totale Ableitungen treten auf, wenn neben der Funktion $z = f(x,y)$ zusätzlich ein Weg $x(t)$ und $y(t)$ gegeben ist, so daß z nur noch von *einer* Variablen t abhängt. Sie gibt die Gesamtänderung von z an, wenn man auf dem Wege mit t fortschreitet:

$$\frac{df}{dt} = \frac{\partial f}{\partial x}\frac{dx}{dt} + \frac{\partial f}{\partial y}\frac{dy}{dt}.$$

Differenziation implizit gegebener Funktionen

Man kann das Konzept der totalen Ableitung dafür benutzen, die Ableitung dy/dx einer nur implizit gegebenen Funktion $y(x)$ zu berechnen. Die implizite Gleichung sei $F(x,y) = 0$. Das Folgende gilt nur für den Fall, daß die Gleichung überhaupt x,y-Paare als Lösung hat, was durchaus nicht immer der Fall sein muß. Ist das aber der Fall, so fassen wir y als Zwischenvariable auf, und die implizite Gleichung lautet dann[2] $F(x,y(x)) \equiv 0$. (Der Leser möge genau unterscheiden zwischen $\partial F/\partial x$, der Änderung des Ausdruckes F mit x bei unverändertem y, und dF/dx, der totalen Ableitung, die außerdem die Änderung in y berücksichtigt, die die Änderung von x zur Folge hat.) Wir bilden rechts und links die *totale* Ableitung und erhalten

$$\frac{dF}{dx} = \frac{\partial F}{\partial x}\frac{dx}{dx} + \frac{\partial F}{\partial y}\frac{dy}{dx} = \frac{\partial F}{\partial x} + \frac{\partial F}{\partial y}\frac{dy}{dx} = 0.$$

---

[2]Das Zeichen $\equiv$ bedeutet "identisch" und besagt, daß hier keine Gleichung vorliegt, für die bestimmte x-Werte eine Lösung darstellen, sondern daß die Beziehung für *alle* x-Werte erfüllt sein muß. Solche Identitäten entstehen z.B. beim Einsetzen einer Funktion $y = f(x)$ in ihre Umkehrfunktion $x = \varphi(y)$: $x = \varphi(f(x))$ ist eine Identität in x.

Die Auflösung dieser Gleichung nach dy/dx führt auf

$$\frac{dy}{dx} = -\frac{\frac{\partial F}{\partial x}}{\frac{\partial F}{\partial y}}. \tag{5.23}$$

Ist die Ausgangsgleichung nicht nach y auflösbar, so ist dies der einzige Weg, um die Ableitung von $y(x)$ zu bestimmen. Aber selbst wenn die Gleichung auflösbar ist, kann der Weg über die implizite Form viel einfacher sein, wie das Beispiel $x^2 + y^2 = 1$, die Gleichung für einen Einheitskreis, lehrt. Die implizite Ableitung ergibt $2x + 2yy' = 0$ und führt (ohne Kettenregel) auf

$$y' = \frac{x}{y} = \frac{x}{\sqrt{1-x^2}}.$$

5.3.4 Funktionaldeterminanten

Die beiden Gleichungen

$$u = u(x,y) \qquad \text{und} \qquad v = v(x,y)$$

lassen sich als Beziehungen, die eine Koordinatentransformation der Variablen (x,y) in die Variablen (u,v) vermitteln, auffassen (s. Abschn. 3.2.4). Die neuen Koordinaten sind im allgemeinen krummlinig und alle weiteren Überlegungen beziehen sich deshalb nur auf die Umgebung eines Punktes (x_0, y_0). Dabei wollen wir voraussetzen, daß $u(x,y)$ und $v(x,y)$ dort beide differenzierbar sind. Die Änderungen von u und v mit x und y lauten

$$\delta u = \frac{\partial u}{\partial x}\delta x + \frac{\partial u}{\partial y}\delta y \quad \text{und} \quad \delta v = \frac{\partial v}{\partial x}\delta x + \frac{\partial v}{\partial y}\delta y.$$

(Die δx usw. stellen hier kleine Veränderungen an den betreffenden Größen dar.) Fassen wir δx und δy zu einem Vektor zusammen, desgleichen δu und δv und die vier partiellen Ableitungen zu einer 2×2-Matrix, so kann man die beiden Variationen in der Form

$$\begin{pmatrix} \delta u \\ \delta v \end{pmatrix} = \begin{pmatrix} \frac{\partial u}{\partial x} & \frac{\partial u}{\partial y} \\ \frac{\partial v}{\partial x} & \frac{\partial v}{\partial y} \end{pmatrix} \begin{pmatrix} \delta x \\ \delta y \end{pmatrix} \tag{5.24}$$

schreiben. Für kleine $\delta x, \delta y$ ist das eine (fast) lineare Transformation, wie wir sie von der Vektorrechnung her kennen. Gl. (5.24) entspricht Gl. (2.31). Wir haben dort gesehen, daß die Abbildung nur dann umkehrbar ist, wenn die Determinante der Transformationsmatrix nicht Null ist. Das führt uns auf die *Funktionaldeterminante* oder *Jacobi-Determinante*, die man aus der Matrix in Gl. (5.24) bilden kann. Ist sie Null, so ist die Koordinatentransformation (an dieser Stelle) nicht umkehrbar, anderenfalls ist sie es. Als Abkürzung für sie schreibt man oft $\frac{\partial(u,v)}{\partial(x,y)}$.

Wie ist diese Determinante interpretierbar? Der "Vektor" $(\delta x = 1, \delta y = 0)$ führt auf $(\delta u, \delta v)$-Änderungen, die in der ersten Spalte der Matrix stehen, und die zweite Spalte enthält die entsprechenden Größen für $(\delta x = 0, \delta y = 1)$. Wie wir wissen, ergibt die Determinante die Fläche, die diese beiden $(\delta u, \delta v)$-Vektoren aufspannen. Die Funktionaldeterminante ist also die Größe des Flächenelementes, das das Koordinaten-Rechteck $(\delta x \delta y)$ im Raum der u, v-Koordinaten erzeugt. Man kann das so ausdrücken:

$$\delta u \delta v = \frac{\partial(u, v)}{\partial(x, y)} \delta x \delta y.$$

Ist die Fläche Null, liegen also die beiden transformierten Vektoren in *einer* Richtung, so ist die Transformation nicht umkehrbar.

Es soll angemerkt werden, daß die Verhältnisse in Anbetracht der Tatsache, daß wir nur *einen* Punkt der x, y-Ebene betrachtet haben, etwas komplizierter sind. Ist der Punkt, in dem die Funktionaldeterminante verschwindet, ein isolierter Punkt, liegen dort zwar besondere Verhältnisse vor, die aber durch benachbarte Punkte "aufgefangen" werden. Nur beim Verschwinden der Determinante über einen ganzen *Bereich* wird die Transformation unumkehrbar. Derartige Details sind aber für Chemiker kaum jemals von Belang.

Auch diese Überlegungen lassen sich ohne weiteres auf den Fall von mehr als zwei Dimensionen übertragen. Ein konkretes Beispiel findet der Leser im nächsten Kapitel (Abschn. 6.5.3), wo die Funktionaldeterminante für Polarkoordinaten berechnet wird.

■ **Die Funktionaldeterminante**

$$\frac{\partial(u, v, w, \ldots)}{\partial(x, y, z, \ldots)} = \det \begin{pmatrix} \frac{\partial u}{\partial x} & \frac{\partial u}{\partial y} & \frac{\partial u}{\partial z} & \cdots \\ \frac{\partial v}{\partial x} & \frac{\partial v}{\partial y} & \frac{\partial v}{\partial z} & \cdots \\ \frac{\partial w}{\partial x} & \frac{\partial w}{\partial y} & \frac{\partial w}{\partial z} & \cdots \\ \cdots & \cdots & \cdots & \cdots \end{pmatrix}$$

dient bei Koordinatentransformationen zur Umrechnung von Flächen- bzw. Volumenelementen und zum Untersuchen der relativen Orientierung der (neuen) Koordinatenachsen.

5.3.5 Partielle Differentialquotienten in der Thermodynamik

Wir müssen nun noch auf eine Modifikation der Schreibweise von partiellen Ableitungen eingehen, wie sie z.B. in der Thermodynamik üblich ist. Bei einer Funktion wie $f(x, y)$ ist die Bedeutung von $\frac{\partial z}{\partial x}$ eindeutig, weil klar ist, daß die Variable y konstant gehalten wird. Bei Anwendungen in der Thermodynamik ist aber ohne weiteres nicht zu ersehen, welche Größe bei einem partiellen Differentialquotienten konstant ist. Ein einfaches Beispiel hierfür ist die innere Energie U, die im allgemeinen von der Temperatur und vom Volumen abhängt: $U = U(V, T)$. Da aber V seinerseits von Druck und Temperatur abhängt $V = V(p, T)$, kann man U genauso gut als Funktion von Druck und Temperatur auffassen:

$$U = U(V, T) = U(V(p, T), T) = \tilde{U}(p, T).$$

Dabei sind U und $\tilde{U}$ natürlich verschiedene Funktionen. Schreibt man nun einfach $\frac{\partial U}{\partial T}$, so ist nicht klar, ob V oder p konstant gehalten wird. Man müßte deshalb

$$\frac{\partial U(V, T)}{\partial T} \quad \text{bzw.} \quad \frac{\partial U(p, T)}{\partial T}$$

schreiben. Da das als zu umständlich empfunden wird, setzt man einfach die partielle Ableitung in Klammern und hängt die konstant gehaltene Größe als Index an:

$$c_v = \left(\frac{\partial U}{\partial T}\right)_V \qquad \text{bzw.} \qquad c_p = \left(\frac{\partial U}{\partial T}\right)_p.$$

Ein weiteres Beispiel hierfür stellt die molare Entropie idealer Gase dar: Sie ist zunächst als Funktion von v (molares Volumen) und T gegeben:

$$S(v, T) = c_v \ln T + R \ln v + c,$$

kann aber mittels des idealen Gasgesetzes $p = RT/v$ in eine Funktion von p und T umgewandelt werden:

$$S(p, T) = c_v \ln T + R \ln(RT/p) + c = (c_v + R) \ln T - R \ln p + R \ln R + c.$$

Dann ist

$$\left(\frac{\partial S}{\partial T}\right)_v = \frac{c_v}{T} \qquad \text{aber} \qquad \left(\frac{\partial S}{\partial T}\right)_p = \frac{c_v + R}{T}.$$

Beide Größen sind unterschiedlich! Wie hängen sie miteinander zusammen? Dazu schreiben wir

$$S(p, T) = S(p(v, T), T)$$

und erhalten mit Gl. (5.21) $[f \to S, u \to p, x \to T$ und $v \to T]$

$$\left(\frac{\partial S}{\partial T}\right)_v = \left(\frac{\partial S}{\partial p}\right)_T \left(\frac{\partial p}{\partial T}\right)_v + \left(\frac{\partial S}{\partial T}\right)_p.$$

Das läßt sich leicht an obigem Beispiel überprüfen. Der Differenzterm ist

$$\left(\frac{\partial S}{\partial p}\right)_T \left(\frac{\partial p}{\partial T}\right)_v = \frac{-R}{p} \frac{R}{v} = -\frac{R}{T}.$$

Invertorregel, Permutatorregel, Eulersche Kettenregel Wir benötigen in der Thermodynamik für die Umrechnung von partiellen Ableitungen noch einige weitere Beziehungen. Ähnlich wie beim impliziten Differenzieren gehen wir von von $z = F(x, y)$ aus und setzen z konstant. Die Beziehung ist dann eine implizit gegebene Funktion und je nach Auflösung $y = f(x)$ oder $x = \varphi(y)$. Die Ableitungen beider Funktionen stehen, wie wir in Abschn. 5.1.3 gesehen haben, zueinander in der Beziehung

$$\frac{dx}{dy} = \frac{1}{\frac{dy}{dx}}.$$

Sehen wir $z = F(x, y)$ als eine Beziehung zwischen *drei* Variablen an, die wir ebensogut als $x = G(y, z)$ oder $y = H(x, z)$ schreiben können, so müssen wir statt $\frac{dy}{dx}$, bzw. statt $\frac{dx}{dy}$ nun

$$\left(\frac{\partial y}{\partial x}\right)_z \qquad \text{bzw.} \qquad \left(\frac{\partial x}{\partial y}\right)_z$$

schreiben, weil z ja konstant ist. Wir erhalten dann die sog. *Invertorregel*

$$\left(\frac{\partial y}{\partial x}\right)_z = \frac{1}{\left(\frac{\partial x}{\partial y}\right)_z}.$$

Des weiteren können wir die Regel für implizites Differenzieren [Gl. (5.23)] in analoger Weise umschreiben:

$$\left(\frac{\partial y}{\partial x}\right)_z = -\frac{\left(\frac{\partial z}{\partial x}\right)_y}{\left(\frac{\partial z}{\partial y}\right)_x}.$$

Drei andere Formen dieser Beziehung erhält man, wenn man die Invertorregel zum Umformen benutzt:

$$\left(\frac{\partial y}{\partial x}\right)_z = -\left(\frac{\partial y}{\partial z}\right)_x \left(\frac{\partial z}{\partial x}\right)_y = -\frac{\left(\frac{\partial y}{\partial z}\right)_x}{\left(\frac{\partial x}{\partial z}\right)_y} = -\frac{1}{\left(\frac{\partial z}{\partial y}\right)_x \left(\frac{\partial x}{\partial z}\right)_y}.$$

Dies ist die sog. *Permutatorregel*. Die letzte Form ergibt, anders geschrieben, die *Eulersche Kettenregel*:

$$\left(\frac{\partial y}{\partial x}\right)_z \left(\frac{\partial x}{\partial z}\right)_y \left(\frac{\partial z}{\partial y}\right)_x = -1.$$

5.3.6 Ableitungen 2. Ordnung

Die partiellen Ableitungen einer Funktion $z = f(x,y)$ sind – wie schon erwähnt – selbst wiederum Funktionen von x und y und können, ähnlich wie die Funktionen mit nur einer Variablen, wiederum abgeleitet werden. Man erhält auf diesem Wege z.B. durch Ableiten von $f(x,y)$ zuerst nach x und danach nach y einen Differentialquotienten zweiter Ordnung

$$\frac{\partial}{\partial y}\left(\frac{\partial}{\partial x} f\right) = \frac{\partial^2 f}{\partial y \partial x} \quad \text{oder kurz} \quad (f_x)_y = f_{xy}.$$

Insgesamt gibt es bei Funktionen mit zwei unabhängigen Variablen vier zweite Ableitungen:

$$\frac{\partial^2 f}{\partial x \partial x} = f_{xx}, \qquad \frac{\partial^2 f}{\partial y \partial x} = f_{xy},$$

$$\frac{\partial^2 f}{\partial x \partial y} = f_{yx}, \qquad \frac{\partial^2 f}{\partial y \partial y} = f_{yy}.$$

Die geometrische Bedeutung macht man sich am einfachsten mit dem ”Gelände”-Modell klar. In der angegebenen Reihenfolge bedeuten die zweiten Ableitungen:
Änderung der Ost-West-Steigung, wenn man sich nach Osten zu bewegt,
Änderung der Ost-West-Steigung, wenn man sich nach Norden zu bewegt,

Änderung der Nord-Süd-Steigung, wenn man sich nach Osten zu bewegt, und
Änderung der Nord-Süd-Steigung, wenn man sich nach Norden zu bewegt.

Sind die beiden *gemischten* Ableitungen f_{xy} und f_{yx} in der Umgebung eines Punktes stetig, so gilt die Besonderheit, daß die Reihenfolge der Ableitungen keine Rolle spielt, daß also

$$\frac{\partial^2 f}{\partial y \partial x} = \frac{\partial^2 f}{\partial x \partial y}$$

ist. Es sind also nur *drei* Ableitungen von einander unabhängig (*Satz von Schwarz*).

Der Beweis folgt aus dem Mittelwertsatz. Man bildet für ein Rechteck von vier Punkten den Ausdruck $f(x + \Delta x, y + \Delta y) - f(x + \Delta x, y) - f(x, y + \Delta y) + f(x, y)$. Faßt man den ersten und den zweiten Term zusammen, kann man ihn mit dem Mittelwertsatz ausdrücken. Das Gleiche gilt von dem dritten und vierten Term:

$$\Delta y \frac{\partial f}{\partial y}(x + \Delta x, y + \theta \Delta y) - \Delta y \frac{\partial f}{\partial y}(x, y + \theta' \Delta y).$$

Nun ist Δx eine sehr kleine Größe und der Unterschied von θ und θ' ist um eine Größenordnung kleiner, so daß wir $\theta = \theta' = \theta_1$ setzen können:

$$\Delta y \left(\frac{\partial f}{\partial y}(x + \Delta x, y + \theta_1 \Delta y) - \frac{\partial f}{\partial y}(x, y + \theta_1 \Delta y) \right).$$

Auch auf diese Differenz läßt sich der Mittelwertsatz anwenden:

$$\Delta y \Delta x \frac{\partial^2 f}{\partial x \partial y}(x + \theta_2 \Delta x, y + \theta_1 \Delta y).$$

Eine ganz ähnliche Überlegung, die mit der Zusammenfassung des ersten und dritten und dann des zweiten und vierten Terms beginnt, führt auf

$$\Delta x \Delta y \frac{\partial^2 f}{\partial y \partial x}(x + \theta_3 \Delta x, y + \theta_4 \Delta y).$$

Da beide Ausdrücke gleich sein müssen, führt der Grenzübergang $\Delta x, \Delta y \to 0$ auf die Gleichheit beider Ableitungen.

Nehmen wir als Beispiel das letzte Beispiel des vorigen Abschnittes: $z = \ln(x^2 \sin(xy))$. Nach Kürzen erhalten wir für $z_x = (2/x) + y \cot(xy)$ und durch Ableiten nach y

$$\frac{\partial^2 z}{\partial y \partial x} = \cot(xy) - \frac{xy}{\sin^2(xy)}.$$

Ebenfalls nach Kürzen ist $z_y = x \cot(xy)$ und die Ableitung nach x führt auf

$$\frac{\partial^2 z}{\partial x \partial y} = \cot(xy) - \frac{xy}{\sin^2(xy)}.$$

Nach den gleichen Prinzipien lassen sich auch partielle Ableitungen dritter und höherer Ordnung bilden.

> ■ Ableitungen höherer Ordnung werden nach den gleichen Regeln wie bei gewöhnlichen Ableitungen gebildet. Festgelegt sein muß lediglich, nach welchen Variablen abgeleitet worden ist. Der *Satz von Schwarz* sagt uns, daß die Reihenfolge, in der die verschiedenen Ableitungen gebildet werden, gleichgültig ist.

5.3.7   Relative Maxima, Minima und Sattelpunkte

Die Bestimmung von Extrema von Funktionen mehrerer Veränderlichen spielt in der physikalischen oder der theoretischen Chemie eine wichtige Rolle. Beispiele sind Untersuchungen der thermischen Stabilität von Phasen oder die Stabilität von Molekülen mittels Energiehyperflächen. Wie bei Funktionen mit einer Variablen beschränken wir uns auf Gebiete, in denen die Funktion stetig und differenzierbar ist. Unter diesen Umständen ist eine notwendige, wenn auch nicht hinreichende Bedingung, daß die Tangentialebene eine horizontale Ebene ist.

Bei Funktionen mit einer Variable hatten wir drei Fälle unterschieden: Maximum, Minimum, Wendepunkt mit horizontaler Tangente. Nachdem wir nun zwei Freiheitsgrade haben, müssen wir alle möglichen Kombinationen für x- bzw. y-Richtung berücksichtigen. Man sieht, daß vielerlei Fälle auftreten können, aber wir werden uns auf die drei wichtigsten beschränken.

Die drei wichtigsten Fälle sind:
(1) relatives Minimum, d.h. die Funktionswerte in der gesamten Umgebung liegen höher als am Extremum,
(2) relatives Maximum, d.h. die Funktionswerte in der gesamten Umgebung liegen tiefer als am Extremum,
(3) Sattelpunkt.

In diesem Fall weist die Funktion in einer Richtung ein Maximum und senkrecht dazu ein Minimum auf. (Man stelle sich im Gebirge einen Paßübergang vor, der eine Bergkette am tiefsten Punkt überschreitet. In der Paßhöhe ist man bezüglich seines Weges auf einem Maximum, in Richtung der Bergkette aber in einem Minimum.) Die Verhältnisse werden noch dadurch kompliziert, daß diese "Achsen" nicht parallel zur x- bzw. y-Achse liegen müssen, sondern beliebig gedreht sein können.

Zunächst suchen wir die Stellen mit einer horizontalen Tangentialebene. Die Bedingungen hierfür lassen sich der zugehörigen Gleichung (5.17) entnehmen:

$$\frac{\partial f}{\partial x} = 0 \quad \text{und} \quad \frac{\partial f}{\partial y} = 0.$$

Dies sind zwei Gleichungen für zwei Unbekannte und die Lösung sei das Zahlenpaar x_0, y_0. Wir geben drei Beispiele:
Die Funktion $z = x^2 + 2xy + 2y^2 - 2x + 4y + 10$ hat die beiden partiellen Ableitungen

$$\frac{\partial z}{\partial x} = 2x + 2y - 2 \quad \text{und} \quad \frac{\partial z}{\partial y} = 2x + 4y + 4.$$

Nullsetzen liefert die beiden Gleichungen

$$2x + 2y - 2 = 0 \quad \text{und} \quad 2x + 4y + 4 = 0.$$

Die Lösung dieses Gleichungssystems ist $x = 4$ und $y = -3$. An diesem Punkt hat die Funktion eine horizontale Tangentialebene.
Die Funktion $z = (x^2 - y^2)e^{2x-3y}$ mit

$$\frac{\partial z}{\partial x} = [2x + 2(x^2 - y^2)]e^{2x-3y} \quad \text{und} \quad \frac{\partial z}{\partial y} = [-2y - 3(x^2 - y^2)]e^{2x-3y}$$

hat eine horizontale Tangentialebene an Stellen, für die gilt

$$2x + 2(x^2 - y^2) = 0 \quad \text{und} \quad -2y - 3(x^2 - y^2) = 0.$$

Lösungen sind (1) $x = y = 0$ und (2) $x = 4/5$ und $y = 6/5$.

Die bereits vorgestellte van-der-Waals-Gleichung $(p + a/v^2)(v - b) = RT$, aufgefaßt als $p(v, T)$, hat die partiellen Ableitungen

$$\frac{\partial p}{\partial T} = \frac{R}{v - b} \quad \text{und} \quad \frac{\partial p}{\partial v} = -\frac{RT}{(v - b)^2} + \frac{2a}{v^3}.$$

Der erste Ausdruck, gleich Null gesetzt, hat im Endlichen keine Lösung und deshalb hat die Funktion im Endlichen auch keine horizontale Tangentialebene.

Nun zur Natur des Extremums: Wie im Falle von Funktionen mit einer Variablen machen wir einen Vorgriff auf das Kapitel 7, das uns sagt: Eine Funktion mit horizontaler Tangentialebene verhält sich in der Umgebung von x_0, y_0 so wie die Funktion $z = (ax^2 + 2bxy + cy^2)/2$ am Nullpunkt, wobei

$$a = \frac{\partial^2 f(x_0, y_0)}{\partial x^2}, \quad b = \frac{\partial^2 f(x_0, y_0)}{\partial x \partial y}, \quad c = \frac{\partial^2 f(x_0, y_0)}{\partial y^2}$$

ist. (Wir setzen dabei voraus, daß nicht alle drei Ableitungen Null sind, denn anderenfalls liegt einer der oben erwähnten Sonderfälle vor.) Solche Funktionen wurden bereits im Abschnitt 4.2.5 untersucht und wir brauchen das Resultat nur zu übertragen. Die Diskriminante ist

$$(ac - b^2)/4 = \frac{1}{4} \left[\frac{\partial^2 f}{\partial x^2} \frac{\partial^2 f}{\partial y^2} - \left(\frac{\partial^2 f}{\partial x \partial y} \right)^2 \right].$$

Ist sie kleiner als Null, liegt ein Sattelpunkt vor, ist sie größer als Null, haben wir ein Extremum, und zwar bei $a, c > 0$ ein Minimum und bei $a, c < 0$ ein Maximum.

Wir untersuchen die beiden ersten der oben angeführten Beispiele:

Bei $z = x^2 + 2xy + 2y^2 - 2x + 4y + 10$ sind die zweiten Ableitungen $z_{xx} = 2$, $z_{xy} = 2$ und $z_{yy} = 4$. Die Diskriminante ist hier eine Zahl, und zwar $(8 - 2^2)/4 = 1 > 0$. Wegen $z_{xx}, z_{yy} > 0$ handelt es sich um ein Minimum.

Bei $z = (x^2 - y^2)e^{2x - 3y}$ ist

$$z_{xx} = [2 + 8x + 4x^2 - 4y^2]e^{2x - 3y}, \quad z_{xy} = [-4y - 6x - 6x^2 + 6y^2]e^{2x - 3y},$$

$$z_{yy} = [-2 + 12y + 9x^2 - 9y^2]e^{2x - 3y}.$$

Für den Punkt $x = y = 0$ ergibt das $z_{xx} = 2$, $z_{xy} = 0$ und $z_{yy} = -2$, die Diskriminante ist $-4/4 = -1 < 0$ und es liegt ein Sattelpunkt vor. Für den Punkt $x = 4/5, y = 6/5$ sind die entsprechenden Werte $z_{xx} = (26/5)e^{-2}$, $z_{xy} = -(24/5)e^{-2}$ und $z_{yy} = (26/5)e^{-2}$. Die Diskriminante ist $[(26/5)^2 - (24/5)^2]e^{-2}/4 > 0$. Es handelt sich um ein Extremum, und zwar um ein Minimum.

Bei Funktionen mit drei und mehr Variablen lassen sich sog. *stationäre Punkte*, d.h. Punkte, in denen sich der Funktionswert in erster Näherung nicht ändert, nach dem gleichen Schema auffinden. Man setzt die n ersten Ableitungen gleich Null und erhält damit ein Gleichungssystem für n Variable. Die Untersuchung der Natur geschieht dann am einfachsten dadurch, daß man die Funktion an den betreffenden Stellen in eine Taylorreihe entwickelt (siehe Kap. 7).

> ■ Punkte mit horizontaler Tangentialebene werden analog denen mit horizontaler Tangente bestimmt. Man setzt sämtliche partiellen Ableitungen gleich Null und erhält ein Gleichungssystem von n Gleichungen für n Unbekannte (bei n Veränderlichen). Die Natur dieser Punkte ist allerdings komplexer als bei Funktionen mit einer Variablen: Sattelpunkte neben relativen Extrema (im einfachsten Fall).

5.3.8 Extremalwerte bei Nebenbedingungen

Der einfachste Fall ist der einer Funktion von zwei Variablen $f(x, y)$ und einer Nebenbedingung (implizit gegeben durch) $g(x, y) = 0$. Die Aufgabe lautet dann: wo hat die Funktion $f(x, y)$ ein Extremum, wenn gleichzeitig $g(x, y) = 0$ erfüllt sein soll?

Die Nebenbedingung sagt uns, daß nur Punkte in Konkurrenz treten sollen, die der Gleichung $g(x, y) = 0$ genügen. Sie legt eine Kurve (gleichsam einen Weg) fest, der eingehalten werden muß. Gefragt ist nicht nach dem Extremum im ganzen x, y-Bereich, sondern nur auf dem durch g vorgezeichneten Weg. Anschaulich gesprochen: Wir fragen nicht nach einem Extremum im Gelände, sondern nach einem Extremum *auf unserem Weg*. Dies kann durchaus auf einem abfallenden Bergrücken der Fall sein, den unser Weg schneidet.

Es gibt zunächst eine sehr naheliegende Möglichkeit. Man löst die Nebenbedingung nach x oder y auf, z.B. $y = h(x)$ und setzt dies in $f(x, y)$ ein, also $f(x, h(x))$. Das Resultat ist eine Funktion von x (mit einer Zwischenvariablen $h(x)$), und wir können nach den üblichen Methoden das Extremum suchen. Man könnte auch den "Weg" $g(x, y) = 0$ durch eine Parameterform $x = x(t)$ und $y = y(t)$ ersetzen und würde ebenfalls bei einer Funktion von einer Variablen enden: $f(x(t), y(t))$. Auch hier könnte auf üblicher Weise das Extremum gesucht werden.

Diese naheliegende Methode weist eine Reihe von Mängeln auf: Zunächst ist es durchaus nicht immer möglich, die Nebenbedingung aufzulösen oder in Parameterform anzugeben. Sodann sind kompliziertere Fälle schwer zu behandeln. In der thermodynamischen Statistik werden uns Fälle begegnen, bei denen viele Variable und mehrere Nebenbedingungen vorliegen. Wir benötigen somit ein verallgemeinerungsfähiges Verfahren.

Verfahren der Lagrangeschen Parameter Als dieses bietet sich das Verfahren von Lagrange an. Dabei arbeitet man mit Differentialen. Einerseits verlangen wir, daß die Änderung von f gleich Null ist:

$$\delta f = \frac{\partial f}{\partial x} \delta x + \frac{\partial f}{\partial y} \delta y = 0.$$

Andererseits sind aber δx und δy nicht unabhängig voneinander, denn wir sollen bei der Änderung von x und y ja unseren Weg nicht verlassen. Dies impliziert

$$\frac{\partial g}{\partial x} \delta x + \frac{\partial g}{\partial y} \delta y = 0.$$

Beide Bedingungen müssen gleichzeitig erfüllt sein. Wenn man zwei derartige Bedingungen gleichzeitig erfüllen will, kann man statt dessen verlangen, daß

$$\frac{\partial f}{\partial x}\delta x + \frac{\partial f}{\partial y}\delta y - \lambda\left(\frac{\partial g}{\partial x}\delta x + \frac{\partial g}{\partial y}\delta y\right) = 0$$

für beliebige λ erfüllt sein muß. ($\lambda = 0$ liefert die erste Bedingung und $\lambda = 1$ liefert nach Abziehen der ersten Bedingung die zweite.) Umordnen ergibt

$$\left(\frac{\partial f}{\partial x} - \lambda\frac{\partial g}{\partial x}\right)\delta x + \left(\frac{\partial f}{\partial y} - \lambda\frac{\partial g}{\partial y}\right)\delta y = 0 \qquad\qquad (5.25)$$

für *beliebige* λ. Wir verfügen nun über λ in der Weise, daß wir die zweite Klammer

$$\frac{\partial f}{\partial y} - \lambda\frac{\partial g}{\partial y} = 0$$

setzen. Dann muß auch, damit Gl. (5.25) erfüllt ist, die erste Klammer Null sein:

$$\frac{\partial f}{\partial x} - \lambda\frac{\partial g}{\partial x} = 0.$$

Beide Bedingungen lassen sich auch so schreiben, daß die beiden partiellen Ableitungen der Funktion $f(x,y) - \lambda g(x,y)$ gleich Null sind:

$$\frac{\partial(f - \lambda g)}{\partial x} = 0 \quad \text{und} \quad \frac{\partial(f - \lambda g)}{\partial y} = 0.$$

Das läuft auf folgende Prozedur hinaus: Suche das Extremum einer Funktion $f(x,y) - \lambda g(x,y)$ *ohne* Nebenbedingung. Dies sind zwei Bedingungsgleichungen für die drei Unbekannten x, y, λ. Die fehlende dritte Bedingungsgleichung stellt die Nebenbedingung $g(x,y) = 0$ selbst dar.

Dieses Verfahren ist nicht abhängig von der Auflösbarkeit von $g(x,y) = 0$, nicht abhängig von der Zahl der Variablen und nicht abhängig von der Zahl der Nebenbedingungen: Bei n Variablen würde man das Minimum der Funktion

$$f(x_1, x_2, \ldots x_n) - \lambda g(x_1, x_2, \ldots x_n)$$

suchen: n Ableitungen gleich Null plus eine Nebenbedingung gibt $n+1$ Gleichungen für ebenso viele Unbekannte. Bei zwei Nebenbedingungen wäre die Lagrange-Funktion

$$f(x_1, x_2, \ldots x_n) - \lambda g(x_1, x_2, \ldots x_n) - \mu h(x_1, x_2, \ldots x_n),$$

und wir hätten für $n+2$ Unbekannte $n+2$ Bedingungen (n aus der Minimumsbedingung und weitere zwei aus den beiden Nebenbedingungen.) Dieses Verfahren, das – wie wir gesehen haben – sehr flexibel ist, nennt man das *Verfahren der Lagrangeschen Parameter.*

Es läßt sich noch ein wenig übersichtlicher schreiben, wenn man (bei zwei Variablen) die Funktion

$$F(x, y, \lambda) = f(x, y) - \lambda g(x, y)$$

einführt. Die drei Gleichungen lauten dann einfach

$$F_x(x,y,\lambda) = 0, \quad F_y(x,y,\lambda) = 0 \quad \text{und} \quad F_\lambda(x,y,\lambda) = 0,$$

was auf die Vorschrift, ein Extremum von $F(x,y,\lambda)$ ohne Nebenbedingung zu suchen, hinausläuft. Zunächst ein sehr einfaches Beispiel. Wir suchen die beiden Seitenlängen eines Rechtecks, dessen Fläche maximal sein soll, und dessen Umfang u vorgegeben ist. Die beiden Seitenlängen seien x und y, also lautet die Extremalaufgabe $f = xy =$Max.! mit der Nebenbedingung $2x + 2y = u$,wobei u eine gegebene Zahl ist. Wir müssen also die Funktion

$$F = xy - \lambda(2x + 2y - u)$$

aufstellen, sodann die beiden partiellen Ableitungen

$$\frac{\partial F}{\partial x} = y - \lambda \cdot 2 \quad \text{und} \quad \frac{\partial F}{\partial y} = x - \lambda \cdot 2$$

bilden und dann die drei Gleichungen

$$y - 2\lambda = 0, \qquad x - 2\lambda = 0 \quad \text{und} \quad 2x + 2y = u$$

für die drei Unbekannten x, y und λ lösen. Bereits die ersten beiden Gleichungen ergeben das gesuchte Verhältnis: $x = y$. Die dritte Gleichung liefert dann: $4x = u$ bzw. $x = y = u/4$. In diesem Fall hätte auch das Einsetzen der Nebenbedingung leicht zum Erfolg geführt: $f = xy = x[(u - 2x)/2] = ux/2 - x^2 =$Max.! Die Bedingung $df/dx = u/2 - 2x = 0$ ergibt $x = u/4$.

Nun das Grundproblem der statistischen Thermodynamik als Beispiel für einen Fall, der ohne das Lagrange-Verfahren ziemlich hoffnungslos wäre. Gegeben ein Ensemble von N Molekülen (ohne Wechselwirkung untereinander), die einen makroskopischen Körper bilden sollen. N ist in diesem Falle sehr groß, größenordnungsmäßig also von der Loschmidtschen Zahl. Die einzelnen Moleküle können sich in bestimmten (physikalischen) Zuständen befinden: $Z_1, Z_2, \ldots Z_z$, von denen uns nur ihre Energie $\epsilon_1, \epsilon_2, \ldots \epsilon_z$ interessiert. Von jedem Molekül kann (im Prinzip) gesagt werden, in welchem Zustand es sich befindet. Eine Verteilung ist also dadurch gekennzeichnet, daß sich n_1 Moleküle im Zustand Z_1, n_2 Moleküle im Zustand Z_2 usw. befinden. Die Zahl der Realisierungsmöglichkeiten ist von der Kombinatorik her bekannt [Gl. (1.10)]: $N!/(n_1! n_2! \ldots n_z!)$. (Dies ist in Abschnitt 1.5.1 näher ausgeführt.) Die Frage ist nun, welche Verteilung $n_1, n_2, \ldots$ hat die meisten Realisierungsmöglichkeiten, ist also die wahrscheinlichste? Offenbar muß der oben angeführte Fakultätenausdruck ein Maximum annehmen. Ersatzweise können wir auch den Logarithmus des Ausdrucks zum Maximum machen, weil der Logarithmus eine monotone Funktion ist. Wir werden gleich sehen, daß diese Wahl Vorteile bietet.

Nun ist zu bedenken, daß die zu variierenden Variablen $n_1, n_2 \ldots$ nicht alle unabhängig voneinander sind. Die Gesamtzahl der Moleküle N muß natürlich zuvor gegeben sein, so daß die Nebenbedingung $\sum_i n_i = N$ besteht. Darüber hinaus wollen wir auch die Gesamtenergie festlegen. Diese ist $\sum_i n_i \epsilon_i$ und soll gleich einer festen Zahl E sein, so daß zwei Nebenbedingungen bei einer Funktion von sehr vielen Variablen vorliegen.

Setzt man für $n!$ die (noch etwas vereinfachte) Sterlingsche Formel (1.11) $n! = (n/e)^n$ an, so ist der zu variierende Ausdruck

$$\frac{(N/e)^N}{(n_1/e)^{n_1}(n_2/e)^{n_2}\ldots(n_z/e)^{n_z}} = \frac{N^N}{n_1^{n_1} n_2^{n_2} \ldots n_z^{n_z}},$$

weil sich alle e-Nenner wegen der ersten Nebenbedingung wegheben. Geht man nun zum Logarithmus über, entsteht der Ausdruck

$$\ln \frac{N^N}{n_1^{n_1} n_2^{n_2} \ldots n_z^{n_z}} = N \ln N - \sum_{i=1}^{z} n_i \ln n_i,$$

der mit den zwei Nebenbedingungen $\sum_i n_i = N$ und $\sum_i n_i \epsilon_i = E$ maximalisiert werden soll. Zu bilden ist also die Lagrange-Funktion

$$F(x_1, x_2, \ldots x_z, \lambda, \mu) = N \ln N - \sum_{i=1}^{z} n_i \ln n_i - \lambda \left(\sum_{i=1}^{z} n_i - N \right) - \mu \left(\sum_{i=1}^{z} n_i \epsilon_i - E \right).$$

Wir setzen nun die Ableitungen nach den n_i gleich Null

$$-\ln n_i - 1 - \lambda \cdot 1 - \mu \cdot \epsilon_i = 0,$$

was wir nach den n_i auflösen können:

$$n_i = e^{-1-\lambda-\mu\epsilon_i} = e^{-1-\lambda} e^{-\mu\epsilon_i}.$$

Wir müssen jetzt noch die zwei Nebenbedingungen heranziehen, um λ und μ zu eliminieren. Wenn wir die letzte Gleichung über alle i summieren, erhalten wir

$$N = e^{-1-\lambda} \sum_{i=1}^{z} e^{-\mu\epsilon_i}.$$

Dividiert man nun die Gleichungen für die n_i durch die Gleichung für N, so fällt das λ heraus und wir haben

$$\frac{n_i}{N} = \frac{e^{-\mu\epsilon_i}}{\sum_{j=1}^{z} e^{-\mu\epsilon_j}},$$

die sog. *Boltzmann Verteilung*. Die Eliminierung von μ wäre schwieriger, aber sie wird in der statistischen Thermodynamik gar nicht vorgenommen, weil sich μ direkt mit der Temperatur in Verbindung bringen läßt. Den Nenner auf der rechten Seite der letzten Gleichung nennt man übrigens die *Zustandssumme*.

> ■ Zur Lösung von Extremalproblemen bei Vorliegen von Nebenbedingungen bietet sich das Verfahren von Lagrange an: Aufstellen der Lagrange-Funktion und damit Lösung der Extremalproblems ohne Nebenbedingungen. Im einfachsten Fall einer Funktion $f(x,y)$ mit einer Nebenbedingung $g(x,y) = 0$ bedeutet das:
>
> $$F(x, y, \lambda) = f(x,y) - \lambda g(x,y)$$
>
> aufstellen und das Gleichungssystem
>
> $$\frac{\partial F}{\partial x} = 0; \qquad \frac{\partial F}{\partial y} = 0; \qquad g(x,y) = 0$$
>
> lösen.

Aufgaben

1. (a) Bilden Sie die partiellen Ableitungen erster und zweiter Ordnung der Funktion $z = \ln(2x - y^2)$ und verifizieren Sie an diesem Beispiel den Satz von Schwarz!
(b) Bilden Sie die partiellen Ableitungen erster Ordnung der Funktion

$$z = e^{x+2y} \ln(2x - y^2)!$$

2. (a) Geben Sie die Gleichung der Tangentialebene der Funktion von Aufg. 1a) an der Stelle $x = 3, y = -2$ an!
(b) Schreiben Sie das Totale Differential für diese Funktion hin!
3. Bilden Sie die totale Ableitung für diese Funktion längs des Weges $y = x^2$!
4. Berechnen Sie die Funktionaldeterminante für die Transformation $x = r \sin\theta \cos\varphi$, $y = r \sin\theta \sin\varphi$ und $z = r \cos\theta$!
5. An welcher Stelle hat die Funktion $z = 2x + 3y - \sqrt{xy^3}$ $(x, y \geq 0)$ Punkte mit einer horizontalen Tangentialebene und welcher Natur sind Sie?
6. Die van-der-Waalsche Zustandsgleichung $(p + a/v^2)(v - b) = RT$ kann als implizit gegebene Funktion $v(p)$ aufgefaßt werden. Bilden Sie dv/dp! (T ist hier konstant.)

5.4 Partielle Ableitungen als Komponenten eines Vektors

Dieser Abschnitt wendet sich in erster Linie an Fortgeschrittene und kann beim ersten Lesen ohne weiteres übersprungen werden. Zum Verständnis der Thermodynamik oder der Kinetik ist er nicht erforderlich.

In Kapitel 2 hatten wir physikalische Größen danach unterschieden, ob es sich um Skalare, Vektoren (oder auch Tensoren) handelt. Erstere ändern sich bei Drehung des Koordinatensystems nicht, wohingegen bei Vektoren die Komponenten transformiert werden müssen. Nun erweitern wir das Bild insofern, als wir alle Größen als von Ort zu Ort verschieden ansehen, d.h. sie hängen jetzt von x, y, z ab. Dann wird beispielsweise die Temperatur (ein Skalar), die nicht im ganzen Raum konstant ist, durch eine Funktion $T(x, y, z)$ beschrieben. Man spricht dann von einem *skalaren Feld*, hier also von einem Temperaturfeld. Bei einer Drehung des Koordinatensystems würde sich zwar die Kennzeichnung der Raumpunkte ändern, nicht aber die Temperatur an einem festen Punkt.

Auch Vektoren können ortsabhängig sein. Man denke an ein Kraftfeld, wie es z.B. von einem im Raum verteilten Ladungssystem erzeugt wird. Eine Probeladung erfährt dann eine Kraft $\vec{k}$

$$\vec{k}(x, y, z) \sim \begin{pmatrix} k_x(x, y, z) \\ k_y(x, y, z) \\ k_z(x, y, z) \end{pmatrix},$$

wobei sich die Komponenten von $\vec{k}$ auf irgendein festgelegtes Achsensystem beziehen. Ein derartiges Gebilde bezeichnet man als ein *Vektorfeld*: an *jedem* Punkt des Raumes ist ein Vektor gegeben, dessen Richtung und Betrag sich von Ort zu Ort ändert. Im Unterschied zum skalaren Feld ändern sich aber hier bei Drehung des Koordinatensystems auch an einem

festen Punkt des Raumes alle Komponenten. Ein weiteres Beispiel für ein Vektorfeld ist das
Feld einer Geschwindigkeit, die die Strömung einer Flüssigkeit oder eines Gases beschreibt.

Ein Vektorfeld verbindet Elemente der Vektorrechnung mit solchen der Analysis, weil z.B.
die Frage nach der Änderung der Kraft von Punkt zu Nachbarpunkt auf die Bildung von
Ableitungen führt. Das Gebiet der Mathematik, das sich mit solcherart Feldern beschäftigt,
nennt man daher *Vektoranalysis*.

Die Darstellung eines Vektorfeldes kann durch Feldlinien geschehen, wie sie aus jedem Physikbuch
z.B. für Stabmagneten bekannt sind. Diese geben allerdings nur die Richtung der Vektoren an.
Wollte man auch den Betrag darstellen, bliebe nichts anderes übrig, als an den einzelnen Punkten
kleine Pfeile einzuzeichnen, was allerdings auch nicht anschaulicher ist als das "Bild" einer räumlich
veränderlichen Kraft.

Im Rahmen der Naturwissenschaften wird Vektoranalysis hauptsächlich für strömende Flüs-
sigkeiten bzw. Gase und in der Elektrodynamik benötigt. Für den Chemiker kommen
zunächst Diffusionsvorgänge in Betracht, und der Theoretiker benötigt Vektoranalysis im
Zusammenhang mit den Kraftfeldern, denen die Elektronen in der Umgebung von Atomker-
nen unterliegen. Wir halten das Folgende möglichst kurz, und wer sich für den erwähnten
Problemkreis nicht interessiert, kann diesen Abschnitt ohne weiteres überschlagen.

5.4.1   Der Gradient

Wir gehen vom Beispiel eines Temperaturfeldes aus und betrachten zunächst den zweidimensionalen Fall, also die Temperaturverhältnisse auf einer dünnen Scheibe, die mit einer
Funktion $T(x, y)$ beschrieben werden. Wir fragen nun nach der Temperatur in der Umgebung eines bestimmten Punktes x, y. Wenn wir uns die Temperatur, wie bei Funktionen
von zwei Variablen üblich, als Fläche über der x, y-Ebene aufgetragen denken, so sieht man,
daß sich diese Beschreibung näherungsweise mit Hilfe der Tangentialebene bewerkstelligen
läßt, und wir erhalten bei sinngemäßer Übertragung von Gl. (5.17)

$$\Delta T = \frac{\partial T(x,y)}{\partial x}\Delta x + \frac{\partial T(x,y)}{\partial y}\Delta y.$$

Dabei kennzeichnet $\Delta x, \Delta y$ die Lage des Nachbarpunktes $[(x{-}x_0)$ usw. in Gl. (5.17)] und ΔT
entspricht $z - z_0$. Wir gehen nun zum dreidimensionalen Fall über, und die entsprechende
Erweiterung lautet

$$\Delta T = \frac{\partial T}{\partial x}\Delta x + \frac{\partial T}{\partial y}\Delta y + \frac{\partial T}{\partial z}\Delta z. \tag{5.26}$$

$\Delta x, \Delta y$ und Δz sind die Komponenten eines Vektors $\vec{\Delta r}$ und ΔT ist, wie T selbst, ein Skalar.
Der Ausdruck auf der rechten Seite von Gl (5.26) hat die Form eines Skalarproduktes, wenn
man auch

$$\frac{\partial T}{\partial x}, \qquad \frac{\partial T}{\partial y}, \qquad \frac{\partial T}{\partial z}$$

als Komponenten eines Vektors auffaßt. Diesen Vektor bezeichnet man als den *Gradienten*
von T (hier also als den Temperaturgradienten) und schreibt dafür "grad T". Man kann

sogar noch einen Schritt weiter gehen und die drei Differenzierungsanweisungen

$$\vec{\nabla} = \begin{pmatrix} \frac{\partial}{\partial x} \\ \frac{\partial}{\partial y} \\ \frac{\partial}{\partial z} \end{pmatrix}$$

als Vektor auffassen. Dabei ist das Symbol $\vec{\nabla}$ als Abkürzung für diesen häufig verwendeten "Vektor" eingeführt worden (gesprochen *Nabla*). Die Rechtfertigung, diese Anweisungen als Vektor aufzufassen, rührt daher, daß sich auch diese Größen bei Drehung des Koordinatensystems wie die Komponenten eines Vektors transformieren. Man kann das auch rein formal über die Beziehung Vektor×Skalar = Vektor nachvollziehen:

$$\operatorname{grad} T \equiv \vec{\nabla} T = \begin{pmatrix} \frac{\partial T}{\partial x} \\ \frac{\partial T}{\partial y} \\ \frac{\partial T}{\partial z} \end{pmatrix} .$$

($\vec{\nabla} T$ entspricht Vektor×Skalar.) Gl. (5.26) läßt sich dann auch in der Form

$$\Delta T = \operatorname{grad} T \cdot \vec{\Delta r} \tag{5.27}$$

schreiben.

Eine anschauliche Deutung von grad T ergibt sich, wenn man sich die Punkte mit gleicher Temperatur als Flächen im Raum vorstellt (*Äquitemperaturflächen*). Für Vektoren $\vec{\Delta r}$, die in der Tangentialebene einer solchen Fläche liegen, muß $\Delta T = \operatorname{grad} T \cdot \vec{\Delta r}$ gleich Null sein, weil sich ja die Temperatur nicht ändert, wenn man sich auf der Äquitemperaturfläche bewegt. Das heißt aber andererseits, daß der Vektor grad T senkrecht auf diesem $\vec{\Delta r}$ steht, – kurz gesagt, grad T steht senkrecht auf den Äquitemperaturflächen.

Diese Überlegungen lassen sich selbstverständlich auch für beliebige skalare Felder $u(x, y, z)$ anstellen: Die Änderung von u mit dem Ort ist durch das Skalarprodukt des Gradienten von u mit dem "Verschiebungsvektor" $\vec{\Delta r}$ gegeben:

$$\Delta u = \operatorname{grad} u \cdot \vec{\Delta r},$$

wobei

$$\operatorname{grad} u = \vec{\nabla} u = \begin{pmatrix} \frac{\partial u}{\partial x} \\ \frac{\partial u}{\partial y} \\ \frac{\partial u}{\partial z} \end{pmatrix}$$

ist.

Ein wohlbekanntes Beispiel ist die potentielle Energie einer Ladung q_1 im Feld einer anderen Ladung q_2. Befindet sich letztere im Koordinatenursprung, so ist $V = q_1 q_2 / \sqrt{x^2 + y^2 + z^2}$. $V(x, y, z)$ ist ein skalares Feld und die Kraft, die q_1 erfährt, hängt mit V über die Gleichung

$$\vec{k} = -\operatorname{grad} V(x, y, z) = -\vec{\nabla} V(x, y, z) \tag{5.28}$$

zusammen. Für das oben angegebene V ergibt sich also

$$k_x = -\frac{\partial V}{\partial x} = -q_1q_2(-1/2)(x^2+y^2+z^2)^{-3/2}(2x) = \frac{q_1q_2x}{(x^2+y^2+z^2)^{3/2}},$$

$$k_y = -\frac{\partial V}{\partial y} = -q_1q_2(-1/2)(x^2+y^2+z^2)^{-3/2}(2y) = \frac{q_1q_2y}{(x^2+y^2+z^2)^{3/2}},$$

$$k_z = -\frac{\partial V}{\partial z} = -q_1q_2(-1/2)(x^2+y^2+z^2)^{-3/2}(2z) = \frac{q_1q_2z}{(x^2+y^2+z^2)^{3/2}}.$$

Der Gradientenvektor weist also hier vom Koordinatenursprung weg.

Zum Schluß wollen wir noch eine Rechenregel für *zusammengesetzte* skalare Felder kennenlernen, weil wir sie zuweilen benötigen. Mittels der Produktregel für die Bildung von Ableitungen läßt sich leicht verifizieren, daß im Falle eines skalaren Feldes der Form $u(x,y,z)\cdot v(x,y,z)$ für den Gradienten gilt

$$\text{grad}(uv) = \vec{\nabla}(uv) = (\vec{\nabla}u)v + u(\vec{\nabla}v).$$

Gradienten von Vektorfeldern   Man kann nicht nur bei skalaren Feldern sondern auch bei Vektorfeldern fragen, wie sie sich ändern, wenn man zu Nachbarpunkten übergeht. Der Unterschied ist nur, daß jetzt die drei Gradienten von den drei Komponenten des Vektorfeldes zu bilden sind, – das sind insgesamt neun neue Felder. Das Resultat ist dann ein *Tensor* (siehe Abschn. 2.8.1):

$$\nabla\vec{v} = \begin{pmatrix} \frac{\partial v_x}{\partial x} & \frac{\partial v_y}{\partial x} & \frac{\partial v_z}{\partial x} \\ \frac{\partial v_x}{\partial y} & \frac{\partial v_y}{\partial y} & \frac{\partial v_z}{\partial y} \\ \frac{\partial v_x}{\partial z} & \frac{\partial v_y}{\partial z} & \frac{\partial v_z}{\partial z} \end{pmatrix}.$$

■ Der *Operator*

$$\text{grad} \equiv \vec{\nabla} \equiv \begin{pmatrix} \frac{\partial}{\partial x} \\ \frac{\partial}{\partial y} \\ \frac{\partial}{\partial z} \end{pmatrix}$$

erzeugt aus einem skalaren Feld $u(x,y,z)$ ein Vektorfeld grad u mit den Komponenten

$$\frac{\partial u(x,y,z)}{\partial x}, \quad \frac{\partial u(x,y,z)}{\partial y}, \quad \frac{\partial u(x,y,z)}{\partial z}.$$

Diese Komponenten beziehen sich auf das Koordinatensystem x, y, z und transformieren sich beim Übergang auf ein gedrehtes Koordinatensystem wie Vektoren.

5.4.2   Die Divergenz

Eine strömende Flüssigkeit, ein strömendes Gas oder eine diffundierende Substanz in einem Lösungsmittel werden durch ein Strömungsfeld $\vec{j}(x,y,z)$ beschrieben. $\vec{j}dF$ gibt die Richtung und die Menge der Substanz, die pro Zeiteinheit durch die Fläche dF hindurchtritt, an. (Das Flächenelement dF steht senkrecht zur Strömungsrichtung.) Es ist klar, daß es sich bei diesem Feld um ein Vektorfeld handelt.

Wir bilden nun aus den Komponenten dieses Feldes folgenden Ausdruck:

$$\frac{\partial j_x}{\partial x} + \frac{\partial j_y}{\partial y} + \frac{\partial j_z}{\partial z} \tag{5.29}$$

und wollen ihn zunächst interpretieren. Dazu berechnen wir die Summe aller Ab- und Zu-

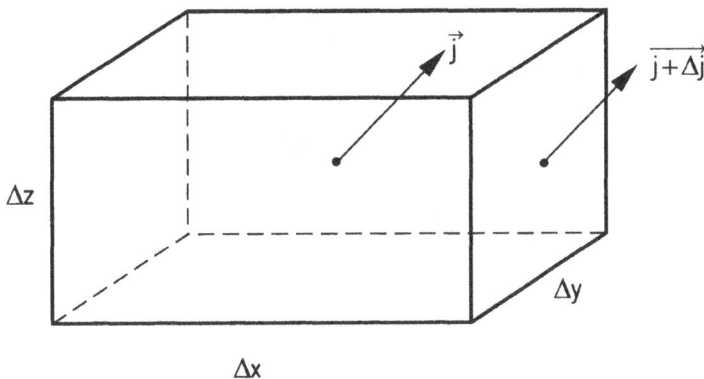

Fig. 5.7 Zum Fluß aus einem Volumenelement $\Delta x \Delta y \Delta z$: mittleres $\vec{j}$ und $\vec{j}$ auf einer der begrenzenden Flächen.

flüsse eines Volumenelementes $\Delta x \Delta y \Delta z$ (Zuflüsse sind negative Abflüsse). Abb. 5.7 zeigt ein würfelförmiges Volumenelement mit der Strömung $\vec{j}$ im Mittelpunkt. Da das Strömungsfeld nicht konstant ist, sind die Strömungen an den Rändern des Würfels leicht verändert. In der Abbildung ist als Beispiel hierfür die Strömung auf der rechten Außenseite gezeigt. Diese ist nach den Ausführungen des vorigen Abschnittes

$$\vec{j} + \frac{\partial \vec{j}}{\partial x} \frac{\Delta x}{2},$$

wobei der einzige Unterschied zum skalaren Feld darin besteht, daß unsere Gleichung jetzt *drei* Komponenten hat, weil $\vec{j}$ ein Vektor ist. In gleicher Weise gilt für die linke Fläche

$$\vec{j} + \frac{\partial \vec{j}}{\partial x} \left(-\frac{\Delta x}{2} \right),$$

und für die hintere, bzw. vordere Fläche ein analoger Ausdruck mit Δy an Stelle von Δx und partiellen Ableitungen nach y. Für den Fluß durch die obere (untere) Fläche haben wir dann das Entsprechende mit der Variablen z. Die Menge pro Zeiteinheit, die durch eine der Flächen fließt, ist Fläche mal *senkrechte Komponente* des Strömungsvektors (weil die parallele Komponente nicht durch das Flächenelement hindurchtritt). Wir haben also für die sechs Flächen den Fluß

$$\text{rechts: } \left(j_x + \frac{\partial j_x}{\partial x}\frac{\Delta x}{2}\right)\Delta y\Delta z \quad \text{links: } \left(j_x - \frac{\partial j_x}{\partial x}\frac{\Delta x}{2}\right)\Delta y\Delta z.$$

$$\text{hinten: } \left(j_y + \frac{\partial j_y}{\partial y}\frac{\Delta y}{2}\right)\Delta x\Delta z \quad \text{vorn: } \left(j_y - \frac{\partial j_y}{\partial y}\frac{\Delta y}{2}\right)\Delta x\Delta z. \qquad (5.30)$$

$$\text{oben: } \left(j_z + \frac{\partial j_z}{\partial z}\frac{\Delta z}{2}\right)\Delta x\Delta y \quad \text{unten: } \left(j_z - \frac{\partial j_z}{\partial z}\frac{\Delta z}{2}\right)\Delta x\Delta y.$$

Addiert man die Werte für die rechte, die hintere und die obere Fläche und subtrahiert diejenigen für die drei übrigen Flächen (Vektor zeigt dort nach innen!), so erhält man den Gesamtabfluß

$$\left(\frac{\partial j_x}{\partial x} + \frac{\partial j_y}{\partial y} + \frac{\partial j_z}{\partial z}\right)\Delta x\Delta y\Delta z.$$

Der Ausdruck (5.29) stellt also den Abfluß aus einem Volumenelement pro Volumen dar. Wir haben damit einen neuen Differentialausdruck für Vektorfelder kennengelernt, den wir unter Benutzung der Vektorschreibweise und der Nabla-Vorschrift noch etwas eleganter schreiben können:

$$\frac{\partial j_x}{\partial x} + \frac{\partial j_y}{\partial y} + \frac{\partial j_z}{\partial z} = \nabla_x j_x + \nabla_y j_y + \nabla_z j_z = \vec{\nabla} \cdot \vec{j} = \text{div } \vec{j}.$$

Man nennt diesen Ausdruck die *Divergenz* von $\vec{j}$. Sie stellt – wie wir gerade gesehen haben – die Summe von Zu- und Abflüssen pro Volumen an der Stelle x, y, z dar. Man kann das als *Quellendichte* interpretieren, wobei es nicht darauf ankommt, welchen physikalischen Hintergrund die Quelle hat. (Der Grund kann sein, daß sich ein Gas an dieser Stelle ausdehnt und deshalb ein Abfluß erfolgt, oder eine Substanz kann infolge chemischer Reaktionen entstehen oder zerfallen, ja selbst ein künstlicher Zufluß durch eine feine Düse in das betreffende Volumenelement ist denkbar.) Die Divergenz konstatiert lediglich den Abfluß. Ein negativer Wert bedeutet einen Zufluß, – man spricht dann auch von *Senken*.

Beispiele Wir wollen noch zwei einfache Beispiele aus der Physik geben, bei denen Divergenzen auftreten. Wir betrachten eine diffundierende Substanz in einem Lösungsmittel und lassen als Quellen nur Konzentrationsänderungen zu. Die Konzentration zum Zeitpunkt t sei $c(x, y, z, t)$ und das zugehörige Strömungsfeld $\vec{j}(x, y, z)$. In der Zeit Δt tritt aus dem Volumenelement $\Delta x\Delta y\Delta z$ die Menge

$$\text{div}\vec{j}\ \Delta x\Delta y\Delta z\ \Delta t$$

aus. Da wir andere Quellen (und Senken) ausgeschlossen haben, muß wegen der Erhaltung der Materie die Menge in $\Delta x\Delta y\Delta z$ um den gleichen Betrag abgenommen haben:

$$\Big(c(x, y, z, t) - c(x, y, z, t + \Delta t)\Big)\Delta x\Delta y\Delta z.$$

Zwischen c und $\vec{j}$ besteht also die Beziehung div $\vec{j}\Delta t = -\Delta c$, bzw. nach Division durch Δt und Übergang zu infinitesimalen Größen

$$\operatorname{div}\vec{j} = -\frac{\partial c}{\partial t}.$$

Das zweite Beispiel soll zeigen, daß die Frage der Quellendichte sich nicht nur auf strömende Systeme bezieht. Am Beispiel einer Punktladung, von der nach allen Seiten elektrische Kraftlinien ausgehen, macht man sich klar, daß Ladungen Quellen für die elektrische Feldstärke darstellen. Das Gleiche wie für Punktladungen gilt natürlich auch für Raumladungen (Ladungsdichten). Wir haben deshalb die Beziehung

$$\operatorname{div}\vec{E} = \frac{1}{\epsilon_0}\rho(x,y,z),$$

wobei $\vec{E}$ die elektrische Feldstärke, ρ die Ladungsdichte und ϵ_0 eine Konstante darstellt, die infolge der Umrechnung der Maßeinheiten für $\vec{E}$ und ρ auftritt.

Manchmal tritt der Fall auf, daß die Divergenz eines Produktes von skalarem Feld $u(x,y,z)$ mit einem Vektorfeld $\vec{v}(x,y,z)$ benötigt wird. Auch hier kann man über die Produktregel für Ableitungen die Lösung finden:

$$\operatorname{div}(u\vec{v}) = \vec{\nabla}(u\vec{v}) = (\vec{\nabla}u)\cdot\vec{v} + u\nabla\cdot\vec{v} = (\operatorname{grad} u)\cdot\vec{v} + u\operatorname{div}\vec{v}. \tag{5.31}$$

Oft wird auch die Divergenz eines Gradientenfeldes benötigt. Mit der Nabla-Schreibweise wird das

$$\operatorname{div}\operatorname{grad} u(x,y,z) = \nabla\cdot\Big(\nabla u(x,y,z)\Big) = \Big(\nabla\cdot\nabla\Big)u(x,y,z)$$

$$= \Big(\nabla_x\nabla_x + \nabla_y\nabla_y + \nabla_z\nabla_z\Big)u(x,y,z)$$

$$= \left(\frac{\partial^2}{\partial x^2} + \frac{\partial^2}{\partial y^2} + \frac{\partial^2}{\partial z^2}\right)u(x,y,z) = \Delta u(x,y,z). \tag{5.32}$$

Dabei hat das Δ im letzten Ausdruck nichts mit einer Differenz zu tun sondern ist eine Abkürzung für den auf der linken Seite stehenden Klammerausdruck. Man bezeichnet ihn als *Laplace-Operator*, – Operator deshalb, weil er eine Rechenvorschrift enthält, die einer Funktion $f(x,y,z)$ eine andere Funktion, eben $\Delta f(x,y,z)$, zuordnet.

■ Die *Divergenz* eines Vektorfeldes $\vec{v}(x,y,z)$ mit den Komponenten $v_x(x,y,z)$, $v_y(x,y,z)$ und $v_z(x,y,z)$ ist durch den Ausdruck

$$\operatorname{div}\vec{v}(x,y,z) = \frac{\partial v_x}{\partial x} + \frac{\partial v_y}{\partial y} + \frac{\partial v_z}{\partial z}$$

gegeben und gibt die Quellen- (bzw. Senken-)Stärke des Vektorfeldes $\vec{v}(x,y,z)$ an.

5.4.3   Die Rotation

Man kann nun fragen, ob mit dem Nabla-Operator auch Vektorprodukte (Kreuzprodukte) gebildet werden können. Dies ist in der Tat der Fall, und der dabei auftretende Ausdruck wird *Rotation* genannt:

$$\nabla \times \vec{v}(x, y, z) = \text{rot } \vec{v}(x, y, z).$$

Ausgeschrieben ist das [vergl. Gl. (2.18)]

$$\text{rot } \vec{v}(x, y, z) = \begin{pmatrix} \frac{\partial v_z}{\partial y} - \frac{\partial v_y}{\partial z} \\ \frac{\partial v_x}{\partial z} - \frac{\partial v_z}{\partial x} \\ \frac{\partial v_y}{\partial x} - \frac{\partial v_x}{\partial y} \end{pmatrix}. \tag{5.33}$$

Die Rotation ist ähnlich wie Gradient und Divergenz ein Differentialausdruck und an dieser Stelle nur der Vollständigkeit halber erwähnt. Wir benötigen ihn im nächsten Kapitel im Zusammenhang mit Kurvenintegralen. Dort werden wir dann auch die Interpretation nachholen.

Einige Rechenregeln für rot $\vec{v}$, u. a. für zusammengesetzte Felder, lassen sich schon hier angegeben. Zunächst ist rot(grad u) = 0, weil $\vec{a} \times \vec{a} = 0$, also auch $\vec{\nabla} \times \vec{\nabla} = 0$ ist:

$$\text{rot grad } u = \vec{\nabla} \times (\vec{\nabla} u) = (\vec{\nabla} \times \vec{\nabla}) u = 0. \tag{5.34}$$

Sodann gilt ebenfalls div rot $\vec{v} = 0$, wegen $\vec{a} \cdot (\vec{b} \times \vec{c}) = (\vec{a} \times \vec{b}) \cdot \vec{c}$ (s. Abschn. 2.2.4):

$$\text{div rot } \vec{v} = \vec{\nabla} \cdot (\vec{\nabla} \times \vec{v}) = (\vec{\nabla} \times \vec{\nabla}) \cdot \vec{v} = 0 \cdot \vec{v} = 0.$$

Doppelte Kreuzprodukte $\vec{a} \times (\vec{b} \times \vec{c})$ lassen sich in $\vec{b}(\vec{a} \cdot \vec{c}) - (\vec{a} \cdot \vec{b})\vec{c}$ umformen [siehe Gl. (2.20)]. Dann gilt

$$\text{rot(rot } \vec{v}) = \vec{\nabla} \times (\vec{\nabla} \times \vec{v}) = \vec{\nabla}(\vec{\nabla} \cdot \vec{v}) - (\vec{\nabla} \cdot \vec{\nabla})\vec{v} = \text{grad div } \vec{v} - \Delta \vec{v}.$$

Schließlich läßt sich noch der Ausdruck div $(\vec{a} \times \vec{b})$ umformen:

$$\text{div } (\vec{a} \times \vec{b}) = \vec{\nabla} \cdot (\vec{a} \times \vec{b}) = \vec{b} \cdot (\vec{\nabla} \times \vec{a}) - \vec{a} \cdot (\vec{\nabla} \times \vec{b}) = \vec{b} \cdot \text{rot } \vec{a} - \vec{a} \cdot \text{rot } \vec{b}.$$

Auch diese Umformung läßt sich durch eine Komponentenrechnung verifizieren.

■ Die *Rotation* eines Vektorfeldes rot $\vec{v}(x, y, z)$ wird nach der Vorschrift

$$\text{rot } \vec{v}(x, y, z) = \nabla \times \vec{v}(x, y, z)$$

[vergl. Gl. (5.33)] gebildet. Allgemein gilt

$$\text{rot grad } u(x, y, z) = 0 \quad \text{und} \quad \text{div rot } \vec{v}(x, y, z) = 0.$$

5.4.4   Gradient und Divergenz in Kugelkoordinaten

Die Umrechnungen unserer Ausdrücke für Gradient, Divergenz usw. auf nicht-kartesische Koordinaten ist natürlich möglich, aber es führt in allgemeiner Form für unsere Zwecke zu weit. Die wesentlichen Aspekte werden an zwei Beispielen klar, – den einzigen Fällen, die dem Chemiker wahrscheinlich begegnen. Es handelt sich um die (zweidimensionalen) Polarkoordinaten r, φ bzw. die (dreidimensionalen) Kugelkoordinaten r, θ, φ (siehe Abschn. 3.2.4). Wir hatten in Abschn. 5.3.4 gesehen, daß Flächenelemente bei Koordinatentransformationen umgerechnet werden müssen. Das Gleiche gilt selbstverständlich für Längenelemente und diese gehen in die umzurechnenden Differentialausdrücke ein. Die Umrechnung bei Polarkoordinaten ist an sich verhältnismäßig einfach, aber wir wollen sie systematisch angehen. Dazu gehen wir von der Matrixgleichung (5.24) aus und schreiben sie für den Fall der Rückrechnung von Polarkoordinaten hin. Die Transformationsgleichungen sind bekanntlich [siehe Gln. (3.13)] $x = r \cos \varphi$ und $y = r \sin \varphi$, so daß

$$\begin{pmatrix} \delta x \\ \delta y \end{pmatrix} = \begin{pmatrix} \frac{\partial x}{\partial r} & \frac{\partial x}{\partial \varphi} \\ \frac{\partial y}{\partial r} & \frac{\partial y}{\partial \varphi} \end{pmatrix} \begin{pmatrix} \delta r \\ \delta \varphi \end{pmatrix} = \begin{pmatrix} \cos \varphi & -r \sin \varphi \\ \sin \varphi & r \cos \varphi \end{pmatrix} \begin{pmatrix} \delta r \\ \delta \varphi \end{pmatrix}$$

ist. Nun ist das Quadrat des Längenelementes δl laut Pytagoras $\delta l^2 = \delta x^2 + \delta y^2$, Dies ist, wenn man $(\delta x, \delta y)$ als Vektor $\delta \mathbf{x}$ auffaßt, gemäß Gl. (2.34) als $\delta \mathbf{x}^T \delta \mathbf{x}$ zu schreiben. Wir haben damit

$$\delta l^2 = \delta \mathbf{x}^T \delta \mathbf{x}$$

$$= \begin{pmatrix} \delta r, \delta \varphi \end{pmatrix} \begin{pmatrix} \cos \varphi & -r \sin \varphi \\ \sin \varphi & r \cos \varphi \end{pmatrix}^T \begin{pmatrix} \cos \varphi & -r \sin \varphi \\ \sin \varphi & r \cos \varphi \end{pmatrix} \begin{pmatrix} \delta r \\ \delta \varphi \end{pmatrix}$$

$$= \begin{pmatrix} \delta r, \delta \varphi \end{pmatrix} \begin{pmatrix} 1 & 0 \\ 0 & r^2 \end{pmatrix} \begin{pmatrix} \delta r \\ \delta \varphi \end{pmatrix} = \delta r^2 + r^2 \delta \varphi^2.$$

Daraus läßt sich schließen, daß die beiden Längenelemente bei Polarkoordinaten δr und $r \delta \varphi$ sind.[3] In der eben skizzierte Form können wir aber auch den komplizierteren Fall von Kugelkoordinaten behandeln. Die Transformationsgleichungen [Gln. (3.3)] lauten $x = r \sin \theta \cos \varphi$, $y = r \sin \theta \sin \varphi$ und $z = r \cos \theta$. Die Matrix der Ableitungen für die Umrechnung der Differentiale wird damit

$$\begin{pmatrix} \delta x \\ \delta y \\ \delta z \end{pmatrix} = \begin{pmatrix} \sin \theta \cos \varphi & r \cos \theta \cos \varphi & -r \sin \theta \sin \varphi \\ \sin \theta \sin \varphi & r \cos \theta \sin \varphi & r \sin \theta \cos \varphi \\ \cos \theta & -r \sin \theta & 0 \end{pmatrix} \begin{pmatrix} \delta r \\ \delta \theta \\ \delta \varphi \end{pmatrix}. \tag{5.35}$$

Auch hier muß zur Ermittlung von δl^2 wieder transponierte Matrix × Matrix gebildet werden. Das Ausrechnen ist nicht schwierig, aber etwas umständlich, doch das Resultat ist einfach (s. Aufgaben zu Abschn. 2.4):

$$\begin{pmatrix} 1 & 0 & 0 \\ 0 & r^2 & 0 \\ 0 & 0 & r^2 \sin^2 \theta \end{pmatrix},$$

---

[3]Das hätte man natürlich auch leicht direkt finden können.

so daß $\delta l^2 = \delta r^2 + r^2 \delta \theta^2 + r^2 \sin^2 \theta \delta \varphi^2$ ist und damit die drei Längenelemente δr, $r \delta \theta$ und $r \sin \theta \delta \varphi$ sind.

Die Umrechnung der Gradienten erfolgt nun so, daß statt [siehe Gl. (5.26)]

$$\Delta T = \frac{\partial T}{\partial x} \Delta x + \frac{\partial T}{\partial y} \Delta y + \frac{\partial T}{\partial z} \Delta z$$

jetzt

$$\Delta T = \frac{\partial T}{\partial r} \Delta r + \frac{\partial T}{r \partial \theta} (r \Delta \theta) + \frac{\partial T}{r \sin \theta \partial \varphi} (r \sin \theta \Delta \varphi)$$

zu schreiben ist, da sich alle Änderungen auf Längenelemente beziehen. Der Gradient wird also durch Ausführen folgender Operationen gebildet:

$$\operatorname{grad}_{r,\theta,\varphi} = \left(\frac{\partial}{\partial r}, \quad \frac{1}{r} \frac{\partial}{\partial \theta}, \quad \frac{1}{r \sin \theta} \frac{\partial}{\partial \varphi} \right). \tag{5.36}$$

Um die Divergenz in Kugelkoordinaten auszudrücken, müssen wir die Zu- und Abflußbilanz (5.30) mit den neuen Längenelementen aufstellen. Für die x-Richtung galt dort

$$j_x \Delta y \Delta z \pm \frac{\partial j_x}{\partial x} \frac{\Delta x}{2} \Delta y \Delta z.$$

Bei nicht-konstanten Längenelementen kann man aber die Fläche $\Delta y \Delta z$ nicht als konstant ansehen, sondern muß ihre Änderung berücksichtigen. Will man das tun, so muß man an Stelle von der Änderung von j_x mit x die von $j_x \Delta y \Delta z$ ansetzen:

$$j_x \Delta y \Delta z \pm \frac{\Delta x}{2} \frac{\partial (j_x \Delta y \Delta z)}{\partial x}.$$

Bei den Koordinaten x, y, z ist das überflüssig, bei Kugelkoordinaten jedoch nicht.

Für je zwei gegenüberliegende Seiten gilt in r-Richtung

$$j_r (r \Delta \theta)(r \sin \theta \Delta \varphi) \pm \frac{\Delta r}{2} \frac{\partial [j_r (r \Delta \theta)(r \sin \theta \Delta \varphi)]}{\partial r},$$

in θ-Richtung

$$j_\theta \Delta r (r \sin \theta \Delta \varphi) \pm \frac{\Delta \theta}{2} \frac{\partial [j_\theta \Delta r (r \sin \theta \Delta \varphi)]}{\partial \theta}$$

und in φ-Richtung

$$j_\varphi \Delta r (r \Delta \theta) \pm \frac{\Delta \varphi}{2} \frac{\partial [j_\varphi \Delta r (r \Delta \theta)]}{\partial \varphi}.$$

Die Gesamtbilanz wird wie bei den kartesischen Koordinaten gebildet und ergibt

$$\frac{\partial (r^2 \sin \theta j_r)}{\partial r} \Delta r \Delta \theta \Delta \varphi + \frac{\partial (r \sin \theta j_\theta)}{\partial \theta} \Delta r \Delta \theta \Delta \varphi + \frac{\partial (r j_\varphi)}{\partial \varphi} \Delta r \Delta \theta \Delta \varphi,$$

bzw., nach Herausziehen von "Konstanten" aus den partiellen Differentialquotienten, und Ausklammern von $\Delta r \Delta\theta \Delta\varphi$

$$\left(\sin\theta \frac{\partial(r^2 j_r)}{\partial r} + r\frac{\partial(\sin\theta j_\theta)}{\partial\theta} + r\frac{\partial j_\varphi}{\partial\varphi}\right)\Delta r \Delta\theta \Delta\varphi.$$

Zum Schluß dividieren wir durch das Volumenelement $\Delta r(r\Delta\theta)(r\sin\theta\Delta\varphi)$ und erhalten für die Divergenz in Kugelkoordinaten

$$\operatorname{div}\vec{j} = \frac{\sin\theta\frac{\partial(r^2 j_r)}{\partial r} + r\frac{\partial(\sin\theta j_\theta)}{\partial\theta} + r\frac{\partial j_\varphi}{\partial\varphi}}{r^2\sin\theta} =$$

$$\frac{1}{r^2}\frac{\partial(r^2 j_r)}{\partial r} + \frac{1}{r\sin\theta}\frac{\partial(\sin\theta j_\theta)}{\partial\theta} + \frac{1}{r\sin\theta}\frac{\partial j_\varphi}{\partial\varphi}.$$

Durch Kombination von Gradient und Divergenz läßt sich auch der Laplace-Operator in Kugelkoordinaten ausdrücken. Dazu müssen wir nur für die j_r, j_θ, j_φ den Gradienten [s. Gl. (5.36)] einsetzen:

$$\Delta = \frac{1}{r^2}\frac{\partial}{\partial r}\left(r^2\frac{\partial}{\partial r}\right) + \frac{1}{r\sin\theta}\frac{\partial}{\partial\theta}\left(\frac{\sin\theta}{r}\frac{\partial}{\partial\theta}\right) + \frac{1}{r\sin\theta}\frac{\partial}{\partial\varphi}\left(\frac{1}{r\sin\theta}\frac{\partial}{\partial\varphi}\right)$$

$$= \frac{1}{r^2}\frac{\partial}{\partial r}\left(r^2\frac{\partial}{\partial r}\right) + \frac{1}{r^2\sin\theta}\frac{\partial}{\partial\theta}\left(\sin\theta\frac{\partial}{\partial\theta}\right) + \frac{1}{r^2\sin^2\theta}\frac{\partial^2}{\partial^2\varphi}. \qquad (5.37)$$

Diese Beziehung wird in der Theorie der atomaren Elektronen-Zustände benötigt.

Aufgaben

1. Bilden Sie das Gradientenfeld $\vec{v}$ des skalaren Feldes $u = (x^2 + y^2 - z^2)^2$!
2. Bilden Sie die Divengenz und das Rotationsfeld des bei Aufgabe 1 erzeugten Vektorfeldes!
3. Tun Sie dasselbe für das Vektorfeld $v_x = yz^2$, $v_y = zx^2$, $v_z = xy^2$!
4. Transformieren Sie $u(x, y, z)$ von Aufgabe 1 in Kugelkoordinaten und bilden Sie dann div grad u!

6   Integralrechnung

In Chemie und Physik treten häufig Probleme auf, die eine Aufsummation vieler Beiträge notwendig machen. Ein einfaches Beispiel hierfür ist ein Rohr der Länge L mit Querschnitt F, das mit einem Lösungsmittel gefüllt ist, in dem eine Substanz gelöst ist, deren Konzentration c bekannt ist. Gefragt wird nach der Menge der gelösten Substanz. Ist die Konzentration über die Länge des Rohres konstant, so ist die Aufgabe einfach zu lösen: Gesamtmenge = Konzentration×Volumen, d.h. $M = cFL$. Ist die Konzentration aber nicht konstant, also $c = f(x)$, wobei x den Ort längs des Rohres angibt, so kommt man nicht so leicht zum Ziel. Man muß vielmehr das Rohr in schmale Scheiben der Länge Δx unterteilen und Δx so klein wählen, daß die Konzentration innerhalb der Scheibe praktisch konstant ist. Die einzelne Scheibe leistet einen Beitrag von $c(x)F\Delta x$ zur Gesamtmenge und die einzelnen Beiträge sind zu summieren:

$$M = \sum_{i=1}^{n} c(x_i)F\Delta x = F\Delta x \sum_{i=1}^{n} c(x_i),$$

wobei alle Scheiben von gleicher Dicke sind und $n = L/\Delta x$ die Anzahl der Scheiben ist.

Ein weiteres Beispiel ist eine Abwandlung des Problems, das wir uns am Anfang des letzten Kapitels gestellt hatten, die Definition der Geschwindigkeit. Dort war der Ort als Funktion der Zeit $x(t)$ gegeben und gesucht war v. Jetzt können wir die Frage umgekehrt stellen: Wir kennen $v(t)$ über einen gewissen Zeitraum und fragen, welchen Weg unser Fahrzeug in dieser Zeitspanne zurückgelegt hat. Wiederum ist die Frage einfach zu beantworten, wenn v konstant ist:

$$s = x_{\text{end}} - x_{\text{anf}} = v \cdot (t_{\text{end}} - t_{\text{anf}}),$$

aber auch hier müssen wir bei nicht-konstanter Geschwindigkeit die Zeit in kleine Intervalle der Länge Δt aufteilen und dann die zugehörigen Strecken aufsummieren:

$$s = \sum_{i=1}^{n} v(t_i)\Delta t = \Delta t \sum_{i=1}^{n} v(t_i).$$

Das dritte Beispiel ist die Arbeit, die ein Körper leistet, der sich längs der x-Achse bewegt. Sie ist Kraft mal Weg: $A = k \cdot s$. Das gilt aber nur so lange wie die Kraft längs des Weges konstant ist. Ist sie aber vom Ort abhängig, d.h. gilt $k(x)$, so müssen die Beiträge für die einzelnen Weg-Elemente aufsummiert werden:

$$A = \sum_{i=1}^{n} k(x_i)\Delta x. \tag{6.1}$$

Dies ist z.B. der Fall, wenn man die Arbeit berechnen will, die man aufwenden muß, um zwei entgegengesetzt geladenen Ionen zu trennen. Die Attraktion ist hier die Coulomb-Kraft, die bekanntlich mit $1/x^2$ abnimmt (x ist hier der Abstand beider Ionen).

Unsere erste Aufgabe wird es sein, ein mathematisch sauberes Verfahren für das aufgezeigte Problem zu entwickeln.

6.1   Bestimmte und unbestimmte Integrale

6.1.1   Begriff des bestimmten Integrals

Es gibt zwei Wege, um die gestellte Aufgabe zu lösen. Der erste ist der direkte, aber umständlichere: das Problem so zu lösen, wie es gestellt ist. Der zweite ist eleganter und wird im nächsten Abschnitt beschrieben.

Gegeben eine Funktion $f(x)$ und gesucht ist die Summe der Beiträge $f(x)\Delta x$ zwischen einem Anfangswert a und einem Endwert b für x. Dabei ist Δx die Breite eines schmalen Intervalls zwischen a und b und die einzelnen Intervalle sollen sich zum Intervall $[a, b]$ aufsummieren. Es ist nicht notwendig, aber bequem, alle Δx gleich groß zu machen. In letzterem Fall beträgt die Anzahl der Teilintervalle $n = (b - a)/\Delta x$. Für die zugehörigen $f(x)$ nehmen wir irgend einen Wert im Bereich von Δx, was eine akzeptable Näherung ist, solange Δx klein und der Funktionswert in seinem Bereich nahezu konstant ist. Die gesuchte Summe S ist dann

$$S = \sum\nolimits_{i=1}^{n} f(x_i)\Delta x = \Delta x \sum\nolimits_{i=1}^{n} f(x_i). \tag{6.2}$$

Eine grafische Darstellung dieses Ausdrucks zeigt Abb. 6.1 und man erkennt, daß man die schraffierte Fläche zwischen $f(x)$ und der x-Achse von $x = a$ bis $x = b$ berechnet hat. (Vorderhand soll $b \geq a$ gelten.) In der Skizze wurden die Funktionswerte am linken Rand der Flächenstreifen verwendet. Der Fehler, den man gegenüber der exakten Fläche macht, kommt in der Grafik durch die nicht-schraffierten "Dreiecke" zum Ausdruck, die die Summe zu klein (eventuell aber auch zu groß) werden lassen. (Dies entspricht im Eingangsbeispiel dem Fehler, den man macht, wenn man die Konzentration in einer Rohrscheibe näherungsweise konstant setzt.) Es ist auch klar, wie man den Fehler verkleinern kann: man macht die Flächenstreifen schmaler, wobei in der Summe dann entsprechend mehr Summanden stehen. Man kann nun den Grenzübergang $\Delta x \to 0$ vornehmen, der uns die richtige Fläche liefert:

$$\lim_{\substack{\Delta x \to 0 \\ n \to \infty}} \sum\nolimits_{i=1}^{n} f(x_i)\,\Delta x = \int_{a}^{b} f(x)dx. \tag{6.3}$$

(Das $\int$-Zeichen stammt von Leibnitz und ist ein stilisiertes S für "Summe".)

Betrachten wir als einfaches Beispiel die Funktion $f(x) = x^2$, deren Beiträge im Intervall zwischen $x = 0$ und $x = 2$ aufsummiert werden sollen. n ist dann $(2 - 0)/\Delta x$ und die x-Werte der rechten Seite der Einzelintervalle sind $x_i = i \cdot \Delta x$. Die Summe ist dann

$$S = \Delta x \sum\nolimits_{i=1}^{n} (i\Delta x)^2 = (\Delta x)^3 \sum\nolimits_{i=1}^{n} i^2.$$

Wir benötigen nun die Hilfsformel

$$\sum\nolimits_{i=1}^{n} i^2 = \frac{1}{6}n(n + 1)(2n + 1),$$

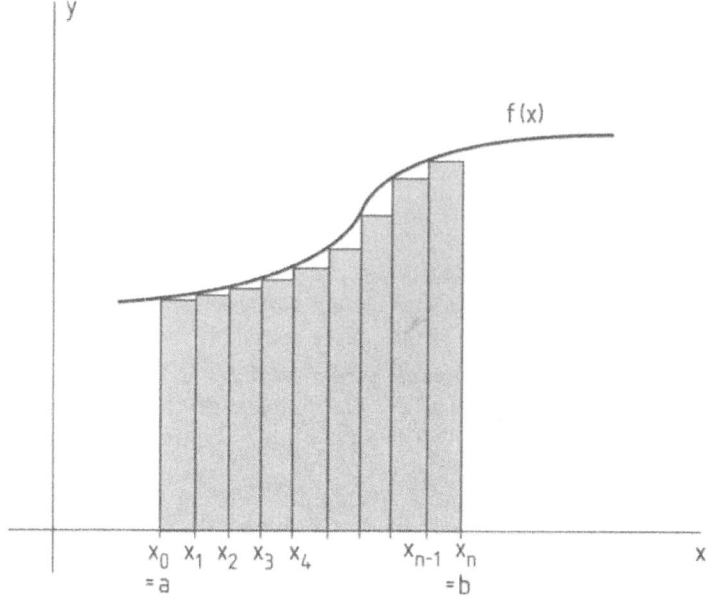

Fig. 6.1 Grafische Veranschaulichung der Summenbildung in Gl. (6.2).

deren Herleitung uns im Augenblick nicht interessiert, die man aber leicht nachprüfen kann. Das ergibt

$$S = (\Delta x)^3 \frac{1}{6} \frac{2}{\Delta x} (\frac{2}{\Delta x} + 1)(2\frac{2}{\Delta x} + 1) = \frac{1}{6} 2 (2 + \Delta x)(2 \cdot 2 + \Delta x).$$

Der Grenzübergang $\Delta x \to 0$ läßt sich nun leicht durchführen und ergibt $16/6 = 8/3$.

Hätten wir statt dessen die Funktionswerte am linken Flächenstreifen gewählt, so wäre $x_i = (i - 1) \cdot \Delta x$ gewesen und

$$S = (\Delta x)^3 \sum_{i=1}^{n} (i - 1)^2 = (\Delta x)^3 \sum_{i=0}^{n-1} i^2.$$

Man kann leicht nachprüfen, daß das zum gleichen Grenzwert führt.

Den Ausdruck auf der rechten Seite von Gl. (6.3) nennt man das *Integral* von $f(x)$, a und b die *untere* bzw. die *obere Grenze*, $f(x)$ ist der *Integrand* und x die *Integrationsvariable*. Das Integral selbst ist hier einfach eine Zahl, und die Integrationsvariable nur eine Art Summationsindex, die im Endwert nicht mehr auftaucht. Wie bei jedem Summationsindex kann man ihren Namen beliebig ändern, so daß das Integral in Gl. (6.3) genauso gut auch

$$\int_a^b f(t)dt$$

geschrieben werden könnte. Das Integral (6.3) ist übrigens ein *bestimmtes Integral*, weil der *Integrationsbereich* (hier untere und obere Grenze) festgelegt ist.

Die Interpretation des Integrals als Fläche ist recht anschaulich und manchmal auch hilfreich. Allerdings trifft sie nicht das Wesentliche, wie man an dem Fall erkennt, daß $f(x) < 0$
wird. Diese Beiträge werden negativ, was zum Flächenbegriff nicht recht paßt, dagegen
völlig natürlich ist, wenn man das Integral als Resultat einer Aufsummierung ansieht. Im
zweiten Eingangsbeispiel (zurückgelegter Weg) kann es vorkommen, daß $v(t)$ zeitweise negativ wird, d.h. daß sich die Bewegungsrichtung umkehrt. Es ist selbstverständlich, daß diese
Beiträge *abgezogen* werden müssen, wenn sich am Ende die richtige Position ergeben soll.
Auch die später zu behandelnden Kurvenintegrale sind mit dem Flächenbegriff nur schwer
anzugehen, sondern ihrem Wesen nach ebenfalls Aufsummationen.

Wir wollen noch unsere drei Eingangs-Aufgaben in der Integral-Schreibweise Gl. (6.3) formulieren:
Für die Gesamtmenge der gelösten Substanz im Rohr gilt

$$M = F \int_{x_{\mathrm{anf}}}^{x_{\mathrm{end}}} c(x)dx,$$

die zwischen t_{anf} und t_{end} erreichte Position gegenüber dem Ausgangspunkt x_0 ist

$$x_{\mathrm{end}} - x_0 = \int_{t_{\mathrm{anf}}}^{t_{\mathrm{end}}} v(t)dt,$$

und die geleistete Arbeit ist

$$A = \int_{x_{\mathrm{anf}}}^{x_{\mathrm{end}}} k(x)dx. \tag{6.4}$$

Ein in der Thermodynamik auftretendes Problem ist eine Variante davon: Ein Gas in einem Kolben
mit Querschnitt F dehnt sich aus und die Frage lautet: welche Arbeit leistet es dabei? Der Druck
p ist k/F, also $k = pF$. Δx läßt sich als $\Delta V/F$ auffassen (ΔV ist das Volumen einer Scheibe des
"Arbeits"-Volumens), so daß sich schließlich

$$A = - \int_{V_{\mathrm{anf}}}^{V_{\mathrm{end}}} p(V)dV \tag{6.5}$$

ergibt. (Das Minuszeichen resultiert daher, daß man üblicherweise die dem System *zugeführte* Arbeit als positiv ansieht.)

Zum Schluß wollen wir die Definition Gl. (6.3) noch benützen, um drei Grundregeln der Integralrechnung aufzuzeigen. Als erstes kann man die i-Summe naürlich in zwei Teilsummen
aufspalten. Da sie die Aufsummation der Flächenstreifen von $x = a$ bis $x = b$ beinhaltet,
läuft eine Aufspaltung darauf hinaus, daß in der ersten Summe nur bis zu einem Zwischenwert $x = c$ mit $a < c < b$ und in der zweiten dann der Rest aufsummiert wird. Es muß
also

$$\int_a^c f(x)dx + \int_c^b f(x)dx = \int_a^b f(x)dx \tag{6.6}$$

gelten. Dabei wurde zunächst vorausgesetzt, daß $a < c < b$. (Später werden wir uns von
dieser Voraussetzung freimachen.) Diese Formel wird auch häufig in umgestellter Form
benötigt:

$$\int_c^b f(x)dx = \int_a^b f(x)dx - \int_a^c f(x)dx. \tag{6.7}$$

Ferner sieht man, daß bei einem Integranden der Form $f(x) + g(x)$ der Ausdruck (6.3) durch Umordnen ebenfalls in zwei Summen zerlegt werden kann. Für die entsprechenden Integrale bedeutet das, daß

$$\int_a^b \Big(f(x) + g(x)\Big) dx = \int_a^b f(x) dx + \int_a^b g(x) dx \qquad (6.8)$$

ist. Und schließlich kann ein konstanter Faktor c am Integranden vor die Summe und damit vor das Integral gezogen werden, weil alle Summanden den gleichen Faktor aufweisen:

$$\int_a^b cf(x) dx = c \int_a^b f(x) dx. \qquad (6.9)$$

Wir fassen zusammen:

■ Das bestimmte Integral zwischen den Grenzen a und b

$$\int_a^b f(x)\, dx$$

führt eine Summation einer sich kontinuierlich ändernden Größe im Sinne von Gl. (6.3) aus. Wichtige Rechenregeln betreffen die Grenzen [Gl. (6.6)], und den Integranden: Summe zweier Funktionen [Gl. (6.8)] und Konstante als Faktor [Gl. 6.9].

6.1.2 Integralabschätzung

Zunächst folgt aus der Definition des Integrals, daß für $f(x) \geq 0$ im Intervall $[a, b]$ (mit $a < b$)

$$\int_a^b f(x) dx \geq 0$$

gelten muß. Daraus lassen sich sofort drei weitere Aussagen herleiten: Ist im gleichen Intervall überall $f(x) \leq 0$, so gilt

$$\int_a^b f(x) dx \leq 0,$$

ist $f(x) \geq g(x)$ überall im Intervall, ist auch

$$\int_a^b f(x) dx \geq \int_a^b g(x) dx.$$

Zu einer Obergrenze für das Integral gelangt man, wenn man berücksichtigt, daß eine konstante Funktion mit einem Funktionswert, der gleich dem Maximalwert von $f(x)$ im Integrationsbereich ist, überall (im Intervall) größer oder gleich dem Integranden ist. Ist $f_{\max}$ dieser Maximalwert von $f(x)$, ist also $f_{\max} \geq f(x)$ im Intervall, so ist

$$\int_a^b f_{\max} dx = f_{\max} \int_a^b dx = f_{\max}(b - a) \geq \int_a^b f(x) dx.$$

Ebenso läßt sich eine Untergrenze angeben:

$$\int_a^b f(x)dx \geq f_{\min}(b-a).$$

Faßt man die letzten beiden Gleichungen zusammen, so erhält man den *Mittelwertsatz der Integralrechnung*

$$(b-a)f_{\min} \leq \int_a^b f(x)dx \leq (b-a)f_{\max}.$$

Das Integral ist gleich dem Produkt von $b-a$ und einer Zahl, die zwischen $f_{\min}$ und $f_{\max}$ liegt.

Ist die Funktion überdies stetig, so kann man das in ähnlicher Form wie beim Mittelwertsatz der Differentialrechnung ausdrücken:

$$\int_a^b f(x)dx = (b-a)f\Big(a+\theta(b-a)\Big) \qquad \text{mit} \quad 0 \leq \theta \leq 1. \tag{6.10}$$

Der Ausdruck $a+\theta(b-a)$ liefert eine Zahl zwischen a und b und an einer solchen Stelle ist der Funktionswert zu nehmen.

An einigen Stellen benötigen wir noch eine Verallgemeinerung dieses Satzes: Sind $f(x)$ und $p(x)$ im Intervall $[a,b]$ stetige Funktionen von x und ändert $p(x)$ im Intervall sein Vorzeichen nicht, so gilt

$$\int_a^b p(x) \cdot f(x)dx = f\Big(a+\theta(b-a)\Big) \int_a^b p(x)dx. \tag{6.11}$$

Der Beweis ist ziemlich einfach zu führen. Ist $p(x) > 0$, so ist $f_{\max}p(x) > f(x)p(x)$ und man erhält als Obergrenze $f_{\max} \int_a^b p(x)dx$. Das gleiche gilt für $f_{\min}$ im Zusammenhang mit einer Untergrenze. Es muß also einen Wert im Intervall $[a,b]$ geben, für den das Gleichheitszeichen gilt. Ist $p(x) < 0$, so vertauschen die beiden Grenzen ihre Rolle, aber die Schlußfolgerung bleibt gleich.

6.1.3 Stammfunktionen

Um die eingangs angekündigte Alternative zur expliziten Aufsummation zu erläutern, müssen wir nochmals auf das zweite Eingangsbeispiel zurückkommen. Dabei war die Aufgabe gestellt, aus einer über einen Zeitraum gegebenen Geschwindigkeit $v(t)$ den zum Zeitpunkt t_{end} erreichten Ort $x(t_{\text{end}})$ zu berechnen. Wäre $x(t)$ gegeben und $v(t)$ gesucht, könnte man $v(t)$ durch einfaches Differenzieren bestimmen. Nun aber ist $v(t)$ gegeben und $x(t)$ gesucht. Diese Aufgabe muß sich dann auch so lösen lassen, daß man nach einer Funktion $x(t)$ sucht, die beim Differenzieren gerade das vorgegebene $v(t)$ liefert. Allgemein kann man das so formulieren: Gegeben eine Funktion $f(x)$, dann ist eine Funktion $F(x)$ gesucht, die die Eigenschaft haben soll, beim Ableiten $f(x)$ zu ergeben: Eine Funktion $F(x)$ mit der Eigenschaft

$$\frac{dF(x)}{dx} = F'(x) = f(x)$$

nennt man *Stammfunktion von f(x)*.

Man sieht sogleich, daß es *die* Stammmfunktion nicht gibt, weil $F(x) + c$ (c eine Konstante) den gleichen Dienst tut. Mit $F(x)$ ist somit jedes $F(x) + c$ ebenfalls Stammfunktion von $f(x)$. Man kann die Frage stellen, ob es darüber hinaus noch weitere Stammfunktionen gibt. Nehmen wir an, $F^{(1)}$ und $F^{(2)}$ seien beides Stammfunktionen von $f(x)$, dann würde

$$\frac{dF^{(1)}}{dx} = f(x) \quad \text{und} \quad \frac{dF^{(2)}}{dx} = f(x)$$

gelten. Für die Differenz beider Funktionen $F^{(1)} - F^{(2)}$ gilt, daß ihre Ableitung verschwindet:

$$(F^{(1)} - F^{(2)})' = \frac{dF^{(1)}}{dx} - \frac{dF^{(2)}}{dx} = f(x) - f(x) = 0.$$

Mit anderen Worten, die Differenz von $F^{(1)}$ und $F^{(2)}$ ist konstant (eine Funktion, die überall die Steigung Null hat). Außer dem Satz von Funktionen $F(x) + c$ gibt es also keine weiteren Stammfunktionen.

Man kann die Stammfunktion aus Gründen, die bald sichtbar werden, auch in der Form

$$F(x) + c = \int f(x)dx$$

schreiben, also als Integral ohne bestimmte Grenzen. Man spricht dann von einem *unbestimmten Integral*. Von der Stammfunktion unterscheidet es sich nur dadurch, daß hier eine additive Konstante von vornherein eingeschlossen ist. (Bei einem unbestimmten Integral kann man übrigens den Namen der Integrationsvariablen nicht ändern, es sei denn, man ändert ihn auch in $f(x)$ bzw. $F(x)$.)

Zusammenhang mit bestimmten Integralen Wir wollen nun noch zeigen, daß wir mit Hilfe der Stammfunktion auch *bestimmte* Integrale berechnen können. Dazu müssen wir etwas ausholen. Wir gehen von einem bestimmten Integral mit einer (festen) Untergrenze c, aber einer variablen Obergrenze, die wir x nennen wollen, aus. Damit kein Durcheinander entsteht, ist es zweckmäßig, die Integrationsvariable, deren Namen – wie schon gesagt – bedeutungslos ist, in t umzubenennen. Wir erhalten auf diesem Wege eine Funktion von x, die wir mit $S_c(x)$ bezeichnen wollen:

$$S_c(x) = \int_c^x f(t)dt.$$

Wollen wir nun die Ableitung dieser Funktion $S_c'(x)$ bilden, so müssen wir, da wir noch keine Ableitungsregel für derartige Funktionen haben, auf den entsprechenden Grenzwert

$$\lim_{\Delta x \to 0} \frac{S_c(x + \Delta x] - S_c(x)}{\Delta x} = \lim_{\Delta x \to 0} \frac{\int_c^{x+\Delta x} f(t)dt - \int_c^x f(t)dt}{\Delta x}$$

zurückgehen. Der Zähler kann mit Gl. (6.7) zu

$$\int_c^{x+\Delta x} f(t)dt - \int_c^x f(t)dt = \int_x^{x+\Delta x} f(t)dt$$

zusammengefaßt und nach dem Mittelwertssatz Gl. (6.10) auch als $f(x + \theta \Delta x)\Delta x$ geschrieben werden. So entsteht schließlich

$$\frac{dS_c(x)}{dx} = \lim_{\Delta x \to 0} \frac{f(x + \theta \Delta x)\Delta x}{\Delta x} = \lim_{\Delta x \to 0} f(x + \theta \Delta x) = f(x).$$

$S_c(x)$ *ist also eine Stammfunktion von* $f(x)$, aber eine, bei der eine Beziehung zu *bestimmten* Integralen besteht. Es läßt sich schnell zeigen, wie man mit ihrer Hilfe ein Integral mit den Grenzen a und b berechnen kann. Dazu wählen wir $c < a$ und verwenden wiederum Gl. (6.7):

$$\int_a^b f(x)dx = \int_c^b f(x)dx - \int_c^a f(x)dx = S_c(b) - S_c(a).$$

Da sich alle Stammfunktionen nur durch eine additive Konstanten von einander unterscheiden, kann man genauso gut auch

$$\int_a^b f(x)dx = F(b) - F(a) \tag{6.12}$$

schreiben. Welche Stammfunktion benutzt wird, ist unerheblich, denn eine zusätzliche Konstante fällt bei der Differenzbildung heraus:

$$\Big(F(b) + c\Big) - \Big(F(a) + c\Big) = F(b) - F(a).$$

Oft wird statt $F(b) - F(a)$ die Schreibweise

$$F(x)\Big|_{x=b} - F(x)\Big|_{x=a} = F(x)\Big|_{x=a}^{x=b}$$

benutzt, was aber nur dem Bedürfnis nach Kürze entspringt. Es gilt also:

> ■ Ein bestimmtes Integral über eine Funktion mit einer Variablen läßt sich dadurch berechnen, daß man die Differenz der Werte der Stammfunktion des Integranden an Ober- und Untergrenze bildet [Gl. (6.12)].

Dies ist der Grund, warum man bei Stammfunktionen auch von *unbestimmten* Integralen spricht.

Ein Beispiel soll das Ganze illustrieren. Wir hatten im vorigen Abschnitt das Integral $\int_0^2 x^2 dx = 8/3$ berechnet. Wir benötigen eine Stammfunktion von x^2, bzw. das unbestimmte Integral $\int x^2 dx$. Man überzeugt sich leicht, daß $F(x) = x^3/3$ das Gewünschte leistet, indem man die Ableitung bildet. Für das gesuchte Integral findet man

$$\int_0^2 x^2 dx = \frac{1}{3}x^3\Big|_0^2 = \frac{1}{3}2^3 - \frac{1}{3}0^3 = \frac{8}{3}.$$

Mit Hilfe von Gl. (6.12) können wir uns von der Einschränkung $b > a$ freimachen. Es gilt nämlich bei $a > b$

$$\int_b^a f(x)dx = F(a) - F(b) = -\Big(F(b) - F(a)\Big) = -\int_a^b f(x)dx.$$

Außerdem läßt sich die "Zerschneidungsregel" Gl. (6.6) von der Einschränkung $a < c < b$ befreien:

$$\int_a^b f(x)dx = F(b) - F(a) = \left(F(b) - F(c) \right) + \left(F(c) - F(a) \right)$$
$$= \int_c^b f(x)dx + \int_a^c f(x)dx$$

gilt für beliebiges c. Auch die Integrationsregeln Gln. (6.8) und (6.9) folgen zwanglos aus dem Konzept der Stammfunktion: Die Stammfunktion von $cf(x)$ ist $cF(x)$, weil

$$\frac{d(cF)}{dx} = c\frac{dF}{dx} = cf(x)$$

ist und diejenige von $f(x) + g(x)$ ist $F(x) + G(x)$, weil

$$\frac{d(F + G)}{dx} = \frac{dF}{dx} + \frac{dG}{dx} = f(x) + g(x)$$

ist, was zusammen mit Gl. (6.12) zu den beiden Gleichungen führt.

Als Resümee läßt sich festhalten, daß wir mit der Stammfunktion einen einfachen Weg gefunden haben, die umständliche Grenzwertbildung im letzten Abschnitt zu vermeiden, – wenigstens für den Fall von Funktionen mit einer Veränderlichen.

Aufgaben

1. Geben Sie eine obere Grenze für das Integral $\int_1^3 x^2 dx$ an (Mittelwertsatz!).
2. Machen Sie einen Vorschlag zur Verbesserung dieses Wertes (Zerschneiden?).
3. Berechnen Sie das Integral $\int_2^5 (3x+4)dx$ über die Summe von Beiträgen einzelner Flächenstreifen und anschließendem Grenzübergang zu immer schmaleren Streifen.
4. Berechnen Sie das Integral $\int_0^{\pi/2} \sin 2x \, dx$, indem Sie die Stammfunktion des Integranden durch Probieren finden!
5. Tun Sie das Gleiche mit $\int_0^{\pi/2} (\sin 2x + 3x^2)dx$. (Am besten auf zwei verschiedenen Wegen, nämlich das Integral im Ganzen behandeln oder aber in zwei Summanden zerlegen!)
6. Berechnen Sie das Integral von Aufgabe 3 des vorigen Abschnitts über die Stammfunktion!
7. Berechnen Sie näherungsweise die Summe $\sum_{n=1}^N (1/n)$! Hinweis: Diese Summe kann man als Fläche auffassen, wenn die einzelnen Summanden als Balken der Breite 1 mit entsprechender Höhe dargestellt werden. Die so entstandene Treppenkurve kann man näherungsweise durch eine glatte Kurve ersetzen und die Fläche darunter mittels des entsprechenden Integrals ausrechnen. Probieren Sie drei Möglichkeiten: a) eine Untergrenze, b) eine Obergrenze und c) etwas dazwischen! Wie groß ist der Fehler bei N=20?

6.2   Integrationsregeln

6.2.1   Allgemeines

Wir haben im letzten Abschnitt gesehen, daß man bestimmte Integrale in einfacher Weise berechnen kann, wenn man die Stammfunktion des Integranden kennt [Gl. (6.12)]. Es

ist daher eine wichtige Aufgabe, von einer gegebenen Funktion $f(x)$ die zugehörige Stammfunktion zu bestimmen. Für eine ganze Reihe von Funktionen haben wir bereits die Lösung,
nämlich für die Ableitungen, die wir von gegebenen Funktionen bilden können. Hat $f(x)$
die Ableitung $g(x)$, so ist die Stammfunktion von $g(x)$ die Funktion $f(x)$. Wir können also
z.B. aus Tabelle 5.1 des letzten Kapitels (S. 195) auch eine Tabelle für Stammfunktionen
machen, wenn wir in der Überschrift $f'(x)$ durch $f(x)$ und $f(x)$ durch $F(x)$ ersetzen und
dann von rechts nach links ablesen. Außerdem haben wir zwei einfache Regeln für zusammengesetzte Funktionen bereits kennengelernt: für $f(x)+g(x)$ und $cf(x)$ gelten Regeln ganz
analog zu denen für das Differenzieren.

Leider endet damit die Analogie, denn Regeln für die Bildung der Stammfunktionen von
Produkten, Quotienten oder verschachtelten Funktionen existieren nicht. Wir werden im
Folgenden lediglich eine Reihe von Möglichkeiten zur Umformung kennenlernen, über die
man oft zum Ziel kommt. In vielen Fällen aber, wie in dem simpel aussehenden Fall $e^{\alpha x^2}$,
gibt es keine Vorschriften. Die zugehörige Stammfunktion ist im mathematischen Sinn zwar
wohl definiert (nach Festlegen der Konstanten liegt der Funktionswert an jeder beliebigen
Stelle fest), aber man kann keinen analytischen Ausdruck für sie hinschreiben. Es geht uns
hier nicht besser als beispielsweise beim Logarithmus, bei dem auch nichts anderes übrig
blieb als dem Kind einen neuen Namen zu geben.

Wir wollen nochmals auf das umgekehrte Lesen von Tabelle 5.1 zurückkommen. Steht,
wie z.B. bei e^x oder $\sin x$ als Ergebnis der Ableitung nur eine einfache Funktion auf der
rechten Seite, brauchen wir tatsächlich nur umgekehrt abzulesen. In anderen Fällen ist eine
Umformulierung zweckmäßig, so z.B. bei $\cos x$: Die Ableitung ist $-\sin x$ und die Tabelle
liefert nur die Stammfunktion von $-\sin x$. Sucht man die von $\sin x$ selbst, so muß man
die Regel für die Bildung der Stammfunktion von $cf(x)$ hinzunehmen (hier mit $c = -1$):
Die Stammfunktion von $\sin x$ ist $-\cos x$. Bekanntlich ist die Stammfunktion von nx^{n-1}
die Funktion x^n. Suchen wir aber die von x^n, so müssen wir wie folgt umformulieren: Da
dieser Zusammenhang für beliebige n gilt, gilt er auch für $n + 1$, d. h. von $(n + 1)x^n$ ist
die Stammfunktion x^{n+1} und die Regel für $cf(x)$ liefert schließlich mit $c = 1/(n+1)$ für x^n
selbst als Stammfunktion

$$\frac{1}{n + 1}x^{n+1}.$$

Bei der Umkehr von $(\ln x)' = 1/x$ ist Vorsicht geboten. Die Beziehung gilt wegen des
Definitionsbereiches des Logarithmus nur für $x > 0$:

$$\int \frac{1}{x}dx = \ln x + C.$$

Für $x < 0$ ist nur $\ln(-x)$ definiert ($-x$ ist jetzt > 0!). Leitet man formal mit $u = -x$ nach
der Kettenregel ab, so erhält man

$$\frac{d(\ln u)}{du}\frac{du}{dx} = \frac{1}{u}(-1) = \frac{1}{x}.$$

Für $x < 0$ muß man also

$$\int \frac{1}{x}dx = \ln(-x) + C = \ln|x| + C$$

schreiben. Da der letzte Ausdruck natürlich auch für $x > 0$ richtig bleibt, ist er für beide Fälle ($x > 0$ und $x < 0$) gültig. Allerdings gilt er für die Berechnung von *bestimmten* Integralen nur so lange, wie *beide* Grenzen positiv oder negativ sind, d.h., man muß entweder im positiven oder im negativen Bereich bleiben: Integrieren über die Unstetigkeitsstelle bei $x = 0$ hinweg ist nicht erlaubt!

Abschließend soll noch darauf hingewiesen werden, daß die in den beiden nächsten Abschnitten entwickelten Verfahren nur an wenigen Beispielen erläutert werden können. Selbstverständlich haben die Mathematiker das Gebiet ausgiebig untersucht. So kann man Stammfunktionen (oder bestimmte Integrale), die man selbst nicht bilden kann oder will, eventuell in speziellen Tabellenwerken nachschlagen (z.B. im Taschenbuch für Mathematik [6] oder in Integraltafeln wie denen von Gradstein [7]).

Wir fassen zusammen:

> ■ Eine ganze Reihe elementarer Stammfunktionen findet man so, daß man die Tabelle 5.1 für die Ableitungen S. 195 umgekehrt abliest: Der Funktion in der rechten Spalte ist die Funktion in der linken Spalte als Stammfunktion zugeordnet.

6.2.2 Anwendung einiger einfacher Regeln für Stammfunktionen

Wir haben bereits zwei Regeln für die Berechnung von Integralen bzw. die Bildung von Stammfunktionen kennengelernt [siehe Gln. (6.8) und (6.9)], die es uns ermöglichen, Stammfunktionen für Summen zu bilden, bzw. konstante Faktoren zu behandeln:

$$\int_a^b \Big(f(x) + g(x)\Big) dx = \int_a^b f(x)dx + \int_a^b g(x)dx$$

und

$$\int_a^b cf(x)dx = c \int_a^b f(x)dx.$$

Als nächstes wollen wir die Stammfunktionen einiger einfacher zusammengesetzter Funktionen hinschreiben, die leicht durch Ableiten zu verifizieren sind.

> ■ Ist $F(x)$ Stammfunktion von $f(x)$, so ist die Stammfunktion
>
> von $\quad f(x + a) \quad$ die Funktion $\quad F(x + a),$ (6.13)
>
> von $\quad f(ax) \quad$ die Funktion $\quad \dfrac{1}{a}F(ax),$ (6.14)
>
> und von $\quad f(ax + b) \quad$ die Funktion $\quad \dfrac{1}{a}F(ax + b).$ (6.15)

Beweis für die dritte Gleichung (mit $u = ax + b$):

$$\frac{d}{dx}\Big(\frac{1}{a}F(ax + b)\Big) = \frac{1}{a}\frac{dF}{du}\frac{du}{dx} = \frac{1}{a}f(u) \cdot a = f(ax + b).$$

Beispiele für die drei Fälle sind: Stammfunktion von

$$\frac{1}{x-a} \quad \text{ist} \quad \ln(x-a)+C,$$

Stammfunktion von

$$e^{-\alpha x} \quad \text{ist} \quad -\frac{1}{\alpha}e^{-\alpha x}+C$$

und Stammfunktion von

$$\sin(\frac{2\pi}{\lambda}x+\varphi_0) \quad \text{ist} \quad -\frac{\lambda}{2\pi}\cos(\frac{2\pi}{\lambda}x+\varphi_0)+C.$$

Des weiteren können wir Integrale über Polynomquotienten

$$\int \frac{P_m(x)}{Q_n(x)}dx$$

ohne große Mühe berechnen, wenn wir uns nur daran erinnern, daß wir den Integranden mittels Partialbruchzerlegung in einfachere Ausdrücke umformen können (siehe Abschn. 1.4.3). Es treten dabei Summen von Termen der Form $A/(x-a)$, eventuell auch noch $A/(x-a)^n$ oder

$$\frac{2B(x-a)-2bC}{(x-a)^2+b^2}$$

auf. Die Stammfunktion der ersten beiden Ausdrücke läßt sich mittels der bisherigen Regeln und Tab. 5.1 (S. 195) leicht angeben:

$$A\ln|x-a| \quad \text{bzw.} \quad -\frac{A}{n-1}\frac{1}{(x-a)^{n-1}}.$$

Der dritte Ausdruck macht ein wenig mehr Mühe, – wir rechnen ihn als Beispiel im Abschnitt 6.2.4 vor.

6.2.3   Partielle Integration

Wir haben zwar eine Regel für die Integration einer Summe zweier Funktionen $f(x)+g(x)$, aber es fehlt etwas Entsprechendes für Produkte. Man kann einen Versuch machen, die Produktregel für Ableitungen umzukehren. Dazu schreibt man die Regel hin und geht auf beiden Seiten zur Stammfunktion (in der Form als unbestimmtes Integral) über:

$$\int \frac{d(f(x)g(x))}{dx}dx = \int \left(\frac{df(x)}{dx}g(x)+f(x)\frac{dg(x)}{dx}\right)dx$$
$$= \int \frac{df(x)}{dx}g(x)dx + \int f(x)\frac{dg(x)}{dx}dx.$$

Die linke Seite ist nichts weiter als die Stammfunktion einer Ableitung, also der unabgeleitete Integrand. Durch Umstellung erhalten wir daraus

$$\int \frac{df(x)}{dx}g(x)dx = f(x)g(x) - \int f(x)\frac{dg(x)}{dx}dx. \tag{6.16}$$

Dies ist eine Umformung für ein Integral mit einem Produkt als Integranden. Oft wird die Gleichung direkt in dieser Form benutzt. Wen es stört, daß einer der Faktoren eine Ableitung ist, kann das dadurch (formal) beseitigen, daß er statt f' genauso gut f schreiben kann, wenn er nur an den Stellen, wo f steht, die Stammfunktion von f, also F einsetzt:

$$\int f(x)g(x)dx = F(x)g(x) - \int F(x)\frac{dg(x)}{dx}dx. \tag{6.17}$$

(Die Gleichung gilt ja für beliebige $f(x)$ und $g(x)$ und nur die Beziehungen zwischen ihnen müssen erhalten bleiben.) Freilich hat man damit keine Produktregel für das Integrieren in der Hand, sondern lediglich die Möglichkeit, das Integral umzuformen. Oft ist allerdings das umgeformte Integral lösbar, so daß die Beziehungen (6.16) oder (6.17) mit Erfolg zur Integration verwendet werden können. Man bezeichnet dieses Verfahren als *partielle Integration*.

Gl. (6.17) muß noch für den Fall bestimmter Integrale erweitert werden. Die allgemeine Regel, die Differenz der Stammfunktion an Ober- und Untergrenze zu nehmen, führt auf

$$\int_a^b f(x)g(x)dx = \left(F(x)g(x)\right)\Big|_a^b - \int_a^b F(x)\frac{dg(x)}{dx}dx. \tag{6.18}$$

Beispiele Wir geben vier Beispiele für unbestimmte Integrale. Der Übergang zu bestimmten Integralen ist offensichtlich.

1. $\int xe^x dx$

Es gibt (fast immer) zwei Möglichkeiten, die Faktoren f und g zuzuordnen: Zunächst $f = x$ und $g = e^x$, oder aber $f = e^x$ und $g = x$. Benötigt wird jeweils F und g'. Im ersten Fall ist $F = x^2/2$ und $g' = e^x$. Der Integrand auf der rechten Seite ist also eher schwieriger geworden. Die Alternative ist $F = e^x$ und $g' = 1$. Ausgeschrieben ergibt letzteres

$$\int xe^x dx = Fg - \int Fg'dx = xe^x - \int e^x dx = xe^x - e^x + c = (x-1)e^x + c.$$

(Die Konstante c sollte hier nicht vergessen werden, da wir nach Ersetzen des Integrals auf der rechten Seite durch die entsprechende Stammfunktion bei einer bestimmten Funktion gelandet sind.) Bei $\int x^2 e^x dx$ müßte das Verfahren zweimal angewendet werden.

2. $\int x \sin x\, dx$

Wir setzen hier $f = \sin x$ und $g = x$. Dann ist $F = -\cos x$ und g' wieder 1. Man erhält

$$\int x \sin x\, dx = -x\cos x - \int(-\cos x)dx = -x\cos x + \sin x + c.$$

3. $\int \sin^2 x\, dx$

$f = g = \sin x$ liefert $F = -\cos x$ und $g' = \cos x$, und es ergibt sich

$$\int \sin^2 x\, dx = -\cos x \sin x - \int(-\cos^2 x)dx = -\cos x \sin x + \int(1 - \sin^2 x)dx$$

$$= -\cos x \sin x + x - \int \sin^2 x\, dx.$$

Auf der rechten Seite erscheint wieder das gesuchte Integral, aber mit umgekehrten Vorzeichen. Der Trick ist, es auf die linke Seite zu schaffen und damit

$$2 \int \sin^2 x \, dx = - \cos x \sin x + x$$

zu erhalten, so daß für das einfache Integral nun

$$\int \sin^2 x \, dx = \frac{1}{2} \left(x - \cos x \sin x \right) + c$$

gilt.

4. $\int x^n \ln x \, dx$ mit $n \geq 0$

$f = x^n$ und $g = \ln x$, $F = x^{n+1}/(n+1)$ und $g' = 1/x$, so daß

$$\int x^n \ln x \, dx = \frac{x^{n+1}}{n+1} \ln x - \int \frac{x^{n+1}}{n+1} \cdot \frac{1}{x} dx$$

$$= \frac{x^{n+1}}{n+1} \ln x - \int \frac{x^n}{n+1} dx = \frac{x^{n+1}}{n+1} \ln x - \frac{x^{n+1}}{(n+1)^2} + c.$$

Insbesondere gilt für $n = 0$

$$\int \ln x \, dx = x \ln x - x + c = x(\ln x - 1) + c.$$

■ Gl. (6.17) für unbestimmte Integrale bzw. Gl. (6.18) für bestimmte Integrale bietet die Möglichkeit, Integrale, deren Integrand das Produkt zweier Funktionen $f(x)g(x)$ ist, umzuformen und sie dadurch eventuell lösbar zu machen (*partielle Integration*).

6.2.4 Das Substitutionsverfahren

Nach der Produktregel können wir zusehen, ob wir auch die Kettenregel für die Integration nutzbar machen können. Wir gehen dazu von einer Funktion $f(u)$ aus, deren Stammfunktion wir wie üblich mit $F(u)$ bezeichnen. Dies kann durch die Gleichungen

$$\frac{dF}{du} = f(u) \quad \text{oder} \quad F(u) = \int f(u) du \tag{6.19}$$

ausgedrückt werden. Wir fassen nun u als Zwischenvariable auf: $u = u(x)$. (Einfache Beispiele wie $u = ax + b$ haben wir bereits im vorvorigen Abschnitt direkt behandelt.) Die Ableitung der Funktion $F(u(x))$ nach x lautet:

$$\frac{dF(u(x))}{dx} = \frac{dF}{du} \frac{du}{dx} = f(u) \frac{du}{dx}.$$

$F(u(x))$, als Funktion von x betrachtet, ist mithin Stammfunktion von $f(u(x)) \frac{du}{dx}$. Das kann man, wie immer, auch als unbestimmtes Integral schreiben:

$$F(u(x)) = \int f(u) \frac{du}{dx} dx. \tag{6.20}$$

Auf der anderen Seite sagt uns Gl. (6.19), daß die linke Seite auch als Integral über die Variable u geschrieben werden kann:

$$\int f(u)du = \int f(u(x))\frac{du}{dx}dx. \tag{6.21}$$

In Worten besagt das: *Hat ein Integrand, wie auf der rechten Seite dieser Gleichung, die Struktur "geschachtelte Funktion mal Ableitung der inneren Funktion", so kann man das Integral auch einfach als Integral über die äußere Funktion $f(u)$ schreiben.*

Als erstes Beispiel wiederholen wir die Bestimmung der Stammfunktion von $f(ax+b)$, wobei u hier $ax+b$ und $du/dx = a$ ist. Nun fehlt zwar der Faktor du/dx in unserem Integranden, aber im hier vorliegenden Fall ist er einfach die Zahl a, die man einschieben kann, wenn man diese Änderung durch einen weiteren Faktor $1/a$ wieder kompensiert:

$$\int f(ax+b)dx = \frac{1}{a}\int f(ax+b)\,a\,dx = \frac{1}{a}\int f(u(x))\frac{du}{dx}dx.$$

Jetzt hat der Integrand die richtige Struktur und wir können Gl. (6.21) anwenden. Das Resultat lautet also wie gehabt

$$\int f(ax+b)dx = \frac{1}{a}F(u) = \frac{1}{a}F(ax+b).$$

Als nächstes bestimmen wir die Stammfunktion von $2x/(x^2+1)$, wobei wir $u = x^2+1$ setzen und somit $du/dx = 2x$ ist. Wir haben also

$$\int \frac{2x}{x^2+1}dx = \int \frac{1}{u}\frac{du}{dx}dx = \int \frac{1}{u}du = \ln u + C.$$

Nach Resubstitution ergibt das

$$\int \frac{2x}{x^2+1}dx = \ln(x^2+1) + C.$$

Als letztes Beispiel bringen wir das in Abschnitt 6.2.2 aufgetretene Integral, dessen Integranden wir als erstes durch Division mit b^2 in Zähler und Nenner umformen:

$$\int \frac{2B(x-a)-2bC}{(x-a)^2+b^2}dx = \frac{1}{b}\int \frac{2B\frac{x-a}{b}-2C}{(\frac{x-a}{b})^2+1}dx.$$

Nun setzen wir als Zwischenvariable $u = \frac{x-a}{b}$ und haben dementsprechend $du/dx = 1/b$. Das Integral lautet damit

$$\int \frac{2Bu(x)-2C}{(u(x))^2+1}\frac{du}{dx}dx = B\int \frac{2u}{u^2+1}du - 2C\int \frac{1}{u^2+1}du.$$

Das erste Integral ist das vorher behandelte Beispiel (mit x statt u), und das zweite kann direkt aus Tab. 5.1 (S. 195) entnommen werden. Das Resultat ist also

$$B\ln(u^2+1) - 2C\arctan u + D = B\ln\frac{(x-a)^2+b^2}{b^2} - 2C\arctan\frac{x-a}{b} + D.$$

Feste Grenzen   Was ändert sich an den Gln. (6.20 und 6.21), wenn feste Grenzen gegeben sind? In Gl. (6.20) geht man davon aus, daß in $F(u)$ die Zwischenvariable $u = u(x)$ resubstituiert wurde, so daß das bestimmte Integral wie üblich als Differenz der Stammfunktion für die Grenzen berechnet werden kann:

$$F(u(b)) - F(u(a)) = \int_{x=a}^{b} f(u) \frac{du}{dx} dx. \tag{6.22}$$

In der zweiten Form [Gl. (6.21)] ist nicht resubstituiert worden, aber aus der obigen Gleichung ersieht man, daß die Grenzen für u jetzt $u(a)$ und $u(b)$ sind:

$$\int_{u(b)}^{u(a)} f(u) du = \int_{a}^{b} f(u(x)) \frac{du}{dx} dx. \tag{6.23}$$

Beide Wege sind legitim.

Als Beispiel wollen wir das obige Beispiel aufgreifen, bei dem wir mit der Substitution $u = x^2 + 1$

$$\int \frac{2x}{x^2 + 1} dx = \ln u + C$$

gefunden hatten. Wollen wir nun das bestimmte Integral $\int_1^2 2x/(x^2 + 1) dx$ berechnen, so können wir entweder resubstituieren $\ln u = \ln(x^2 + 1)$ und dann

$$\ln(x^2 + 1) \Big|_1^2 = \ln(2^2 + 1) - \ln(1^2 + 1) = \ln 5 - \ln 2$$

rechnen oder wir restubitutieren nicht, rechnen aber die Grenzen um ($u_u = 1^2 + 1$ und $u_o = 2^2 + 1$):

$$\ln u \Big|_{u_u}^{u_o} = \ln u \Big|_{u=1^2+1}^{u=2^2+1} = \ln 5 - \ln 2.$$

Wir wollen noch einmal zusammenfassen:

■ Integrale der Form

$$\int f(u(x)) \frac{du}{dx} dx$$

lassen sich berechnen, indem man die Stammfunktion von $f(u)$ sucht. Für bestimmte Integrale gilt: Entweder man resubstituiert die alte Variable x, indem man $u = u(x)$ für u einsetzt. Dann können die x-Grenzen a und b verwendet werden [Gl. 6.22]. Oder man resubstituiert nicht und berechnet mithin ein bestimmtes Integral über u. Dann aber müssen die x-Grenzen a und b auf die u-Grenzen $u(a)$ und $u(b)$ umgerechnet werden [Gl. 6.23].

Es soll zum Schluß noch darauf hingewiesen werden, daß Gl. (6.21) noch in eine andere Form gebracht werden kann. Dazu fassen wir $f(u)$ einfach als geschachtelte Funktion auf: $g(x(u))$. (Die Zwischenfunktion ist jetzt x.) Was entspricht nun $f(u(x))$? Zunächst einmal formal $g(x(u(x)))$. Das Argument dieser Funktion ist einfach x, denn es bedeutet ja nur, daß dem Wert x der Wert $u(x)$ zugeordnet wird und im nächsten Schritt dem u-Wert wieder das ursprüngliche x. $g(x(u(x)))$ ist also nichts anderes als $g(x)$. Substituiert man diese beiden Funktionen in Gl. (6.21), so ergibt sich

$$\int g(x(u))du = \int g(x)\frac{du}{dx}dx, \tag{6.24}$$

was man schließlich durch Vertauschung der Namen von u und x in die vertrautere Form

$$\int g(u(x))dx = \int g(u)\frac{dx}{du}du \tag{6.25}$$

bringt. Jetzt steht links ein Integral über eine verschachtelte Funktion *ohne* die Ableitung der inneren Funktion. Dafür steht rechts nun ein Integral, dessen Integrand aus der äußeren Funktion, multipliziert mit $\frac{dx}{du}$ (Ableitung der Umkehrfunktion von $u(x)$, die natürlich existieren muß), besteht. Wir geben ein Beispiel, bei dem diese Umformung zum Ziele führt.

$$\int \sin(\sqrt{x})dx$$

läßt sich mit $u = \sqrt{x}$, der Umkehrfunktion $x = u^2$ und deren Ableitung $dx/du = 2u$ umformen zu

$$\int \sin u \cdot 2u\ du = 2\int u \sin u\ du = -2u\cos u + 2\sin u + C,$$

wobei im zweiten Schritt die partielle Integration angewandt wurde. Nach Resubstitution ergibt sich schließlich

$$\int \sin(\sqrt{x})dx = -2\sqrt{x}\cos(\sqrt{x}) + 2\sin(\sqrt{x}) + C.$$

Aufgaben

1. Rechnen Sie die im Text gegebene Stammfunktion von $A/(x-a)^n$ nach!
2. Geben Sie die Stammfunktion von $1/(a^2x^2 + 1)$ an!
3. Überzeugen Sie sich, daß die Stammfunktion von $\ln(ax)$, berechnet nach Gl. (6.14) einerseits, und nach $\ln(ax)=\ln x+\ln a$ andererseits, das gleiche Resultat liefert!
4. Berechnen Sie mittels partieller Integration (a) $\int x^2 e^x\ dx$ (b) $\int \sin x \cos x\ dx$!
5. Berechnen Sie die bestimmten Integrale
(a)

$$\int_1^2 x\ln(x^2 + 4)dx,$$

(b)

$$\int_1^2 (x-p)^m dx$$

mittels geeigneter Substitution, und zwar mit und ohne Grenzentransformation!
6. Berechnen Sie die Stammfunktion von $(1 - \beta x)\cos(\alpha x)$! (Anleitung: Erst substituieren, dann partiell integrieren!)

7. (a) Tab. 1 S. 195 kann man entnehmen, daß die Stammfunktion von $1/\sqrt{1-x^2}$ die Funktion arcsin$x$ ist. Das läßt sich auch direkt über eine geschickte Substitution berechnen. Um Gl. (6.21) ohne Umbenennung der Variablen verwenden zu können, ist es besser, die Stammfunktion in der Form $1/\sqrt{1-u^2}$ zu suchen. Durch die Substitution $u = \cos x$ oder wahlweise $u = \sin x$ kann die Stammfunktion gefunden werden.
(b) Je nachdem, welche der beiden Möglichkeiten der Substitution Sie nutzen, kommt ein verschiedenes Resultat zustande. Woran liegt das?
(c) Wenden Sie den gleichen Formalismus für die Berechnung der Stammfunktion von $\sqrt{1-x^2}$ an.
(d) Geben Sie die Stammfunktion von $\sqrt{a^2-x^2}$ an, indem Sie von c) ausgehen und substituieren!

6.3   Ergänzungen

6.3.1   Uneigentliche Integrale

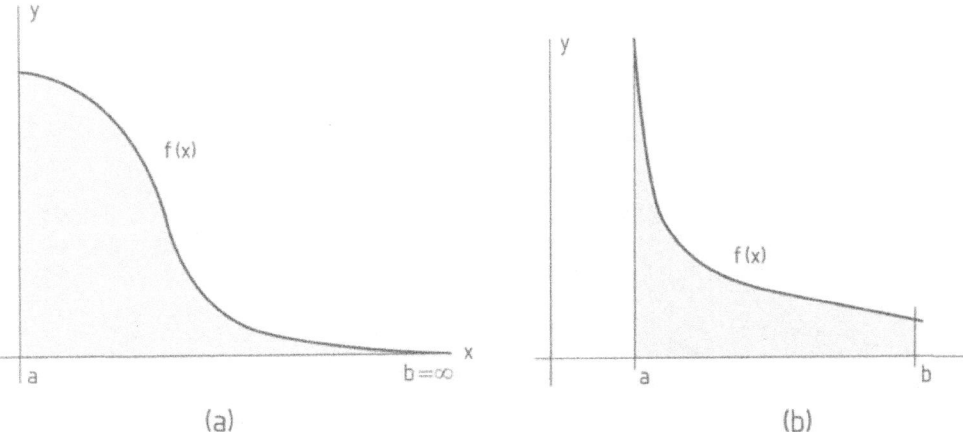

Fig. 6.2 (a) Uneigentliche Integrale erster Art;   (b) Uneigentliche Integrale zweiter Art.

Uneigentliche Integrale erster Art liegen vor, wenn sich das Integrationsintervall bis $+\infty$ oder/und bis $-\infty$ erstreckt (Abb. 6.2a zeigt ein Beispiel). Die Behandlung ist sehr einfach. Nehmen wir an, das Integral erstreckt sich von a bis $+\infty$. Wir ersetzen dann die Obergrenze zunächst durch eine feste Zahl g und können nun den Grenzwert für $g \to \infty$ bilden:

$$\int_a^\infty f(x)dx = \lim_{g \to \infty} \int_a^g f(x)dx.$$

Es gibt jetzt zwei Möglichkeiten: entweder der Grenzwert existiert nicht, dann existiert auch das Integral nicht oder aber der Grenzwert existiert, dann hat das Integral diesen Wert.

Beispiele

$$\int_1^\infty \frac{1}{x}dx = \lim_{g \to \infty} \int_a^g \frac{1}{x}dx = \lim_{g \to \infty} \ln x \Big|_1^g = \lim_{g \to \infty} \ln g.$$

Dieses Integral existiert nicht.

$$\int_1^\infty e^{-\alpha x}dx = \lim_{g\to\infty} \int_1^g e^{-\alpha x}dx = \lim_{g\to\infty} \frac{1}{-\alpha}e^{-\alpha x}\Big|_1^g$$

$$= \frac{1}{-\alpha}\lim_{g\to\infty}(e^{-\alpha g} - e^{-\alpha\cdot 1}) = (0 - e^{-\alpha})/(-\alpha).$$

Dieses Integral hat den Wert $e^{-\alpha}/\alpha$

Die andere Art uneigentlicher Integrale besteht darin, daß zwar das Integrationsintervall endlich ist, aber der Integrand selbst an einer Stelle unendlich wird (siehe Abb. 6.2b). Geschieht das z.B. an der unteren Grenze a, so hilft man sich so, daß man zunächst nicht von a ab integriert sondern einem größeren Wert und dann den Grenzübergang $\to a$ vornimmt. Bei $f(x) \to \infty$ für $x \to a$ ist also Folgendes zu tun:

$$\int_a^b f(x)dx = \lim_{g\to a} \int_g^b f(x)dx \quad \text{mit} \quad g > a.$$

Dann kann wiederum der Grenzwert existieren oder nicht und dementsprechend existiert das Integral oder nicht. Bei der oberen Grenze verfährt man analog.

Beispiele

$$\int_0^b \frac{1}{x}dx = \lim_{g\to 0} \int_g^b \frac{1}{x}dx = \lim_{g\to 0} \ln x\Big|_g^b = \lim_{g\to 0}(\ln b - \ln g).$$

Das Integral existiert nicht.

$$\int_0^b \frac{1}{\sqrt{x}}dx = \lim_{g\to 0} \int_g^b \frac{1}{\sqrt{x}}dx = \lim_{g\to 0} 2\sqrt{x}\Big|_g^b = \lim_{g\to 0}(2\sqrt{b} - 2\sqrt{g}) = 2\sqrt{b}.$$

Das Integral hat den Wert $2\sqrt{b}$.

> ■ Uneigentliche Integrale erster Art (eine oder beide Grenzen bis $\pm\infty$) oder zweiter Art (Integrand an einer Stelle unendlich) müssen als Grenzwerte behandelt werden. Im ersten Fall nimmt man zunächst endliche Grenzen an und bildet $\lim_{g\to\infty}$ und im zweiten Fall integriert man bis *neben* die Unstetigkeitsstelle x_0 und bildet $\lim_{g\to x_0}$.

6.3.2   Parameterabhängige Integrale

Gegeben sei ein Integral, dessen Integrand neben der Integrationsvariablen noch einen Parameter p enthält. Der Wert des Integrals hängt dann selbstverständlich von diesem p ab, so daß wir schreiben können

$$I(p) = \int_a^b f(x,p)dx.$$

Dabei nehmen wir an, daß das Integral in einem gewissen Bereich von p-Werten existiert. Die Funktion $I(p)$ ist eine stetige Funktion, wofern nur $f(x,p)$ für alle x-Werte zwischen a und b eine stetige Funktion in p ist.

Beispiel: $f(x,p)$ sei x^p mit $0 \le p \le 1$, $a = 1$ und $b = 2$.

$$\int_1^2 x^p dx = \frac{1}{p+1} x^{p+1} \Big|_1^2 = \frac{2^{p+1} - 1}{p+1}.$$

Gesucht ist nun die Ableitung von $I(p)$. Da für diesen Fall bislang keine Ableitungsregel existiert, müssen wir auf die ursprüngliche Definition zurückgreifen:

$$\frac{dI}{dp} = \lim_{\Delta p \to 0} \frac{I(p + \Delta p) - I(p)}{\Delta p} = \lim_{\Delta p \to 0} \frac{\int_a^b f(x, p + \Delta p)dx - \int_a^b f(x, p)dx}{\Delta p}$$

$$= \lim_{\Delta p \to 0} \int_a^b \frac{f(x, p + \Delta p) - f(x, p)}{\Delta p} dx.$$

An dieser Stelle nehmen wir den Mittelwertsatz der Differentialrechnung zu Hilfe, dessen zweite Fassung [Gl. (5.12)] für eine Funktion von p

$$f(p + \Delta p) - f(p) = \Delta p \; f'(p + \theta \Delta p)$$

lautet. In unserem Falle hängt die Funktion von einer weiteren Größe, nämlich x, ab, die wir in die Gleichung aufnehmen müssen, wobei auch der θ-Wert für verschiedene x verschieden sein wird:

$$f(x, p + \Delta p) - f(x, p) = \Delta p \frac{\partial f}{\partial p}\Big(x, p + \theta(x)\Delta p\Big).$$

Dabei ist natürlich vorausgesetzt, daß die partielle Ableitung nach p existiert, daß also $f(x,p)$ überall im x, p-Bereich nach p differenzierbar ist. Die vorstehende Gleichung, in die Gleichung für unsere Ableitung eingesetzt, ergibt

$$\frac{dI}{dp} = \lim_{\Delta p \to 0} \int_a^b \frac{\partial f}{\partial p}\Big(x, p + \theta(x)\Delta p\Big)dx.$$

Wir können nun den Grenzübergang $\Delta p \to 0$ ausführen, wobei die Form von $\theta(x)$ irrelevant wird:

$$\frac{dI}{dp} = \int_a^b \frac{\partial f}{\partial p}(x,p)dx. \tag{6.26}$$

Beispiel: $f(x,p) = (x - p)^m$, $a = 1$ und $b = 2$, so daß (siehe Übungsaufgabe 5b von Abschn. 6.2)

$$I(p) = \int_1^2 (x - p)^m dx = \frac{(2 - p)^{m+1} - (1 - p)^{m+1}}{m + 1}$$

ist. Die Ableitung nach p, gebildet auf direktem Wege, ergibt

$$(2 - p)^m(-1) - (1 - p)^m(-1) = (1 - p)^m - (2 - p)^m.$$

Für die Ableitung über das Integral benötigt man die partielle Ableitung des Integranden nach p

$$\frac{\partial f}{\partial p}(x-p)^m = -m(x-p)^{m-1},$$

so daß

$$\frac{d}{dp}\int_1^2 (x-p)^m\,dx = -m\int_1^2 (x-p)^{m-1}\,dx = -m\int_{1-p}^{2-p} u^{m-1}\,du$$

$$= -u^m\Big|_{1-p}^{2-p} = (1-p)^m - (2-p)^m,$$

was das Gleiche wie die direkt gebildete Ableitung ist.

Im Falle uneigentlicher Integrale, die ja Grenzwerte wie z.B.

$$\lim_{g\to\infty}\int_a^g f(x)\,dx$$

darstellen, tritt eine Komplikation hinzu. Wenn derartige Integrale noch von einem Parameter abhängen, also vom Typ

$$\lim_{g\to\infty}\int_a^g f(x,p)\,dx$$

sind, erhebt sich die Frage nach der Konvergenz *für ein bestimmtes Intervall von p*. Aus Abschnitt 4.3.4 wissen wir, daß man in diesem Falle nach der *gleichmäßigen* Konvergenz fragen kann. Die Konvergenz eines uneigentlichen Integrals kann nämlich in einem p-Intervall an einer Intervallgrenze beliebig schlecht werden. Die oben gemachten Ausführungen über die Ableitung solcher Integrale gelten nur für p-Intervalle, in denen gleichmäßige Konvergenz vorliegt.

So ist z.B. das Integral

$$\lim_{g\to\infty}\int_1^g \frac{1}{x^p}\,dx$$

im p-Intervall $[2, 3]$ gleichmäßig konvergent, aber im (halb-offenen) Intervall $(1, 3]$ zwar konvergent, aber nicht gleichmäßig konvergent. Die Ableitungsformel (6.26) gilt also nicht mehr für den Fall $p \to 1$

Man kann zum Schluß die Frage stellen, wozu Gleichung (6.26) überhaupt nütze ist, wenn man doch auch die Funktion $I(p)$ direkt ableiten kann. Die Antwort ist, daß erstens $I(p)$ nicht immer explizit zu berechnen ist und daß zweitens mit ihrer Hilfe aus bekannten Integralen neue Integrale abgeleitet werden können.

Wir werden später (Abschn. 6.5.3) sehen, daß das Integral

$$\int_{-\infty}^{+\infty} e^{-\alpha x^2}\,dx$$

den Wert $I(\alpha) = \sqrt{\pi/\alpha}$ hat. Leitet man sowohl das Integral als auch $I(\alpha)$ nach α ab, so erhält man für einen α-Bereich, in dem das Integral gleichmäßig konvergent ist, einerseits

$$\frac{d}{d\alpha}\int_{-\infty}^{+\infty} e^{-\alpha x^2}\,dx = \int_{-\infty}^{+\infty} \frac{\partial}{\partial\alpha} e^{-\alpha x^2}\,dx = -\int_{-\infty}^{+\infty} \frac{1}{x^2} e^{-\alpha x^2}\,dx$$

$$(6.27)$$

und andererseits

$$\frac{d}{d\alpha}\sqrt{\frac{\pi}{\alpha}} = -\frac{1}{2}\sqrt{\frac{\pi}{\alpha^3}},$$

also durch Vergleich den Wert eines neuen Integrals

$$\int_{-\infty}^{+\infty} \frac{1}{x^2} e^{-\alpha x^2} dx = \frac{1}{2}\sqrt{\frac{\pi}{\alpha^3}}.$$

■ Die Ableitung eines bestimmten Integrals, das von einem Parameter p abhängt, nach p kann man so bilden, daß man den Integranden (partiell) nach diesem Parameter differenziert:

$$\frac{d}{dp}\int_a^b f(x,p)dx = \int_a^b \frac{\partial f(x,p)}{\partial p} dx.$$

6.3.3 Folgen und Reihen

Wir haben in Abschnitt 4.3.4 gesehen, daß Folgen oder Reihen neue Funktionen definieren können [siehe Gln. (4.32) und (4.33)]. Die Frage ist nun, ob Integrale solcher Funktionen einfach dadurch gebildet werden können, daß man

$$\int_a^b \left(\lim_{n\to\infty} f^{(n)}(x)\right)dx = \lim_{n\to\infty}\int_a^b f^{(n)}(x)dx,$$

bzw.

$$\int_a^b \left(\sum_{n=0}^{\infty} f^{(n)}(x)\right)dx = \sum_{n=0}^{\infty}\int_a^b f^{(n)}(x)dx$$

setzt. Dies ist in der Tat möglich, allerdings nur unter zwei Voraussetzungen: die Funktionen müssen im Intervall $[a, b]$ stetig sein und dort *gleichmäßig* konvergieren (siehe Abschnitt 4.3.4). Das läßt sich für den Fall von Reihen verhältnismäßig einfach zeigen. Man spaltet die Reihe $\sum_{m=0}^{\infty} f^{(m)}(x)$ in einen endlichen Teil plus ein Restglied auf:

$$\sum_{m=0}^{\infty} f^{(m)}(x) = \sum_{m=0}^{n} f^{(m)}(x) + R_n(x).$$

Für den endlichen Teil ist die Integration nach der Additionsregel ohne weiteres durchführbar und für den Rest gilt nach dem Mittelwertsatz

$$\int_a^b R_n(x)dx = (b-a)R_n(a + \theta(b-a)).$$

Ist nun die Reihe $f^{(m)}(x)$ im Intervall $[a, b]$ gleichmäßig konvergent, so gilt

$$|R_n(x)| < \epsilon$$

für alle $a \leq x \leq b$ (ϵ unabhängig von x!). Dann kann auch das Integral über das Restglied dadurch, daß man n genügend groß wählt, kleiner als jede vorgegebene Schranke gemacht werden.

Bei dieser Gelegenheit läßt sich auch die Frage nach der Ableitung solcher Funktionen erledigen: Eine konvergente Reihe von Funktionen $f^{(m)}(x)$, die in einem Intervall $[a, b]$ stetig sind, können gliedweise differenziert werden, wenn die dadurch entstehende Reihe in diesem Intervall gleichmäßig konvergiert. Dies ist nichts weiter als die Umkehrung des obigen Satzes für Integrale.

Aufgaben

1. Die elektrostatische Kraft zwischen zwei Ionen hängt vom Abstand ab und folgt ungefähr dem Gesetz $-Z_A\,Z_B/r^2$. Wie groß ist die Bindungsenergie, wenn das Ionenpaar den (Kern-)Abstand R hat? (Im separierten Zustand ist $r = \infty$.) Wenden Sie Gl. (6.4) an!
2. Existiert das uneigentliche Integral (zweiter Art) $\int_0^1 \ln x \, dx$?
3. Als Eingangsbeispiel für Parameter-abhängige Integrale war das Integral $\int_1^2 x^p dx$ angegeben worden. Berechnen Sie die Ableitung nach dem Parameter p sowohl über Gleichung (6.26) als auch auf direktem Wege. (Der Wert des Integrals selbst ist im Text angegeben).

6.4 Kurvenintegrale

Um die Problemstellung, die zur Einführung von Kurvenintegralen führt, aufzuzeigen, gehen wir am besten von einer konkreten Fragestellung im Rahmen der Thermodynamik aus: Gegeben ein System, das von der Temperatur T und dem Druck p abhängt. Wir wollen es in einem Prozeß verändern, der von einem Anfangszustand T_a, p_a ausgeht und mit einem Endzustand T_e, p_e endet. Wir haben schon früher[1] festgestellt, daß neben Anfangs- und Endzustand der gesamte Weg, längs dessen die Veränderung stattfindet, für den Verlauf von Bedeutung ist. Dieser Weg kann z.B. in Parameterform $T(t)$ und $p(t)$ gegeben sein, oder auch nur einfach als $p(T)$. Gefragt wird nun beispielsweise nach der Aufnahme (bzw. Abgabe) von Wärme, die vom jeweiligen Zustand abhängt: Bei einer Änderung des Systems von p nach $p + dp$, bzw. T nach $T + dT$ ist die (infinitesimal kleine) Q-Menge durch einen Ausdruck der Form

$$dQ = L_p(p, T)dp + c_p(p, T)dT$$

gegeben. Die beiden Koeffizienten L_p und c_p geben das Ausmaß der Wärmeübertragung für die Zustandsänderungen dp bzw. dT wieder und hängen natürlich selbst vom (momentanen) Zustand ab. Das Problem besteht in der Aufsummation der dQs für die einzelnen Teilschritte, und das Resultat hängt im allgemeinen vom Weg ab, den das System nimmt. Man spricht deshalb von einem *Weg- oder Kurvenintegral*, denn die Aufsummation ist gleichbedeutend

---

[1]Siehe Ende von Abschn. 3.1.1. Wenn Sie Kapitel 3 übersprungen haben, sollten Sie diesen Abschnitt an dieser Stelle nachholen.

mit der Berechnung eines Integrals der Form

$$Q = \int_{\substack{T_a, p_a \\ \text{Weg}}}^{T_w, p_e} \Big[L_p(p, T)dp + c_p(p, T)dT\Big].$$

Wie man seine Berechnung technisch auf die eines gewöhnlichen Integrals zurückführt, wird im nächsten Unterabschnitt erörtert werden.

Ein weiteres Beispiel ist die Berechnung der Arbeit, die ein Körper längs eines Weges leistet. Im eindimensionalen Fall war das [s. Gl. (6.4)]

$$dA = k(x) \, dx \qquad \text{bzw.} \qquad A = \int_{x_a}^{x_e} k(x) \, dx,$$

aber im dreidimensionalen Fall muß der Ausdruck erweitert werden. Die Kraft hat als Vektor drei Komponenten, die alle von x, y, z abhängen. Der Beitrag eines Schrittes ist $dA = \vec{k} \cdot \vec{ds}$, ausgeschrieben $k_x dx + k_y dy + k_z dz$, und die Aufsummation liefert

$$\int_{\substack{\text{Anf} \\ \text{Weg}}}^{\text{End}} \Big[k_x(x, y, z)dx + k_y(x, y, z)dy + k_z(x, y, z)dz\Big].$$

6.4.1 Allgemeines

Wir definieren zunächst einen allgemeinen Ausdruck für den Zuwachs einer Größe Z, der mit der Änderung zweier Variablen x und y verbunden ist:

$$dZ = P(x, y)dx + Q(x, y)dy. \tag{6.28}$$

Um die Aufsummation $\int dZ$ vornehmen zu können, müssen wir wissen, welche Punkte x, y durchlaufen werden, mit anderen Worten, wir müssen den Weg festlegen. Das geschieht am einfachsten in Parameterform: $x = x(t)$ und $y = y(t)$. t muß so gewählt sein, daß sich für seinen Anfangswert t_a die Anfangs-x- und -y-Werte ergeben: $x_a = x(t_a)$ und $y_a = y(t_a)$. Entsprechendes gilt für die Endpunkte. Außerdem müssen wir noch wissen, wie sich dx und dy mit dt ändern. Dies ist durch die beiden Beziehungen

$$dx = \frac{dx}{dt}dt \quad \text{und} \quad dy = \frac{dy}{dt}dt$$

gegeben. Ersetzen wir nun dx und dy durch die beiden obigen Ausdrücke und außerdem die Größen x und y durch ihre Werte für den betreffenden t-Wert, so ergibt sich

$$dZ = \Big[P(x(t), y(t))\frac{dx}{dt} + Q(x(t), y(t))\frac{dy}{dt}\Big]dt.$$

Man kann nun von t_a bis t_e über t integrieren und erhält für den Gesamtzuwachs

$$Z = \int_{t_a}^{t_e} \Big[P(x(t), y(t))\frac{dx}{dt} + Q(x(t), y(t))\frac{dy}{dt}\Big]dt.$$

Dies ist ein ganz normales Integral über t, denn die x und y spielen nur noch die Rolle von Zwischenfunktionen. Geschrieben wird das Integral aber häufig nur in der Form

$$\int_{Weg} \Big[P(x,y)dx + Q(x,y)dy \Big].$$

(6.29)

Wir wollen an Hand eines einfachen Beispiels das Gesagte verdeutlichen und wählen dazu das Differential $dZ = xy^2 dx + x^2 dy$, und zwar, um die Wegabhängigkeit zu demonstrieren, zwei verschiedene Wege vom Anfangspunkt (1,1) zum Endpunkt (2,2): Der erste verläuft zunächst parallel zur x-Achse zum Punkt (2,1), und dann weiter parallel zur y-Achse zum Endpunkt und der zweite auf einer geraden Linie von (1,1) nach (2,2). Der erste Weg besteht aus zwei Teilwegen (Ia) und (Ib), deren Resultat wir addieren müssen, der zweite nur aus dem (direkten) Weg (II) (siehe Abb. 6.3).

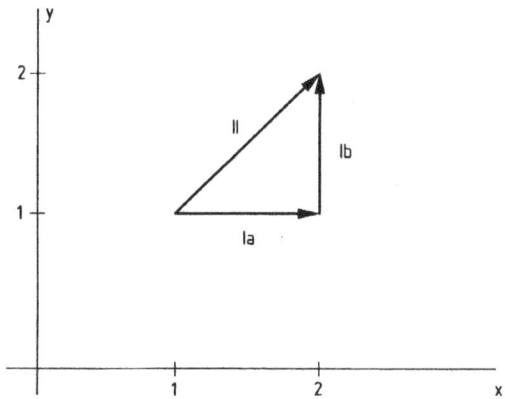

Fig. 6.3 Weg (I) und Weg (II) im Beispiel für die Berechnung eines Wegintegrals.

Im Einzelnen ergibt sich: Integral (Ia):
Weg: $x = t+1$, $y = 1$, $t_a = 0$, $t_e = 1$, $x' = 1$, $y' = 0$.
Dies ist einzusetzen in $\int_0^1 (xy^2 x' + x^2 y') dt$
Resultat: $\int_0^1 \big((t+1) \cdot 1^2 \cdot 1 + (t+1)^2 \cdot 0 \big) dt = \int_0^1 (t+1) dt = 3/2$.

Integral (Ib):
Der t-Wert muß nicht an den ersten Schritt anschließen. t ist Integrationsvariable und kann für jedes Teilstück neu gewählt werden.
Weg: $x = 2$, $y = t+1$, $t_a = 0$, $t_e = 1$, $x' = 0$, $y' = 1$.
Resultat: $\int_0^1 \big(2 \cdot (t+1)^2 \cdot 0 + 2^2 \cdot 1 \big) dt = \int_0^1 2^2 dt = 4$

Integral (II)
Weg: $x = t+1$, $y = t+1$, $t_a = 0$, $t_e = 1$, $x' = 1$, $y' = 1$.
Resultat: $\int_0^1 \big((t+1)^2 (t+1) \cdot 1 + (t+1)^2 \cdot 1 \big) dt = \int_0^1 \big((t+1)^3 + (t+1)^2 \big) dt =$

$$\left(\frac{(t+1)^4}{4} + \frac{(t+1)^3}{3} \right)\Bigg|_0^1 = \frac{16}{4} + \frac{8}{3} - \frac{1}{4} - \frac{1}{3} = \frac{73}{12}.$$

Dagegen ist die Summe der Teilwege (Ia) und (Ib) $3/2 + 4 = 11/2$, also verschieden von (II).

■ Kurvenintegrale der Form

$$\int\limits_{\substack{x_a,y_a \\ Weg}}^{x_e,y_e} \Big[P(x,y)dx + Q(x,y)dy\Big]$$

werden so berechnet, daß man die Variablen x und y durch $x(t)$ und $y(t)$ ersetzt und über den Parameter t integriert:

$$\int_{t_a}^{t_e} \Big[P(x(t),y(t))\frac{dx}{dt} + Q(x(t),y(t))\frac{dy}{dt}\Big]dt.$$

Die Funktionen $x(t)$ und $y(t)$ legen dabei den Weg fest.

6.4.2 Integral über ein totales Differential

Wir hatten einen ähnlichen Ausdruck wie Gl. (6.28) schon in Abschnitt 5.3.2 kennengelernt [das totale Differential Gl. (5.19)]. Dort waren die Koeffizienten P und Q die partiellen Ableitungen einer Funktion $f(x,y)$, die ja ihrerseits auch Funktionen von x und y sind. Zwar hat das totale Differential eine Struktur, die dem Ausdruck (6.28) entspricht aber wir dürfen nicht übersehen, daß wegen

$$\frac{\partial f}{\partial x} = P \quad \text{und} \quad \frac{\partial f}{\partial y} = Q$$

hier P und Q *nicht unabhängig* von einander sind, da ja aufgrund des Satzes von Schwarz gilt:

$$\frac{\partial P}{\partial y} = \frac{\partial^2 f}{\partial y \partial x} = \frac{\partial^2 f}{\partial x \partial y} = \frac{\partial Q}{\partial x}. \tag{6.30}$$

Das totale Differential ist also nur eine spezielle Form für einen Zuwachs, wie er durch Gl. (6.28) ohne weitere Bedingungen gegeben ist.

Selbstverständlich können Wegintegrale auch für totale Differentiale berechnet werden, und zwar wegen ihres gleichen Aufbaus auch in gleicher Weise. Die Frage ist nur noch, ob eine Besonderheit mit ihnen verbunden ist. Dies ist in der Tat der Fall.

Gemäß der Definition des totalen Differentials ist dZ der Zuwachs dz einer Funktion $z = F(x,y)$, wenn x um dx und y um dy geändert wird. Ein Wegintegral, beginnend am Punkt x_a, y_a und endend am Punkt x_e, y_e, muß also den gesamten Zuwachs der Funktion $F(x,y)$ wiedergeben:

$$\int_{x_a,y_a}^{x_e,y_e} \Big[P(x,y)dx + Q(x,y)dy\Big] = F(x_e,y_e) - F(x_a,y_a). \tag{6.31}$$

$P(x,y)$ und $Q(x,y)$ sind dabei laut Voraussetzung durch

$$P(x,y) = \frac{\partial F(x,y)}{\partial x} \quad \text{und} \quad Q(x,y = \frac{\partial F(x,y)}{\partial y}$$

gegeben. Der Gesamtzuwachs ist *unabhängig vom Weg*, da ja in das Resultat nur Anfangs-
und Endpunkt eingehen.

Ein sehr praktisches Beispiel soll das verdeutlichen: Auf einer Bergwanderung [Höhe=$F(x,y)$] addieren Sie für jeden Ihrer Schritte Ihren Höhengewinn oder -verlust dz. Auf Ihrem Weg vom Ausgangspunkt A zum Endpunkt B muß – und zwar auf *jedem* Wege – sich als Summe die Höhendifferenz von A und B ergeben.

Wir wollen zunächst ein Beispiel vorrechnen, bevor wir einen allgemeinen Beweis führen.
Als Differential wählen wir $dz = xy^2 dx + x^2 y dy$, also ganz ähnlich dem Beispiel im vorigen
Abschnitt, aber man kann sich überzeugen, daß es sich um ein totales Differential handelt.
(Es gilt hier $P_y = Q_x$, wie man leicht nachrechnen kann.) Als Wege wollen wir die gleichen
wie im letzten Abschnitt wählen, so daß alle Ausdrücke dafür von dort übernommen werden
können.

Integral (Ia):
Die Ausdrücke für den Weg sind jetzt einzusetzen in $\int_0^1 (xy^2 x' + x^2 yy') dt$
Resultat: $\int_0^1 ((t+1) \cdot 1^2 \cdot 1 + (t+1)^2 \cdot 1 \cdot 0) dt = \int_0^1 (t+1) dt = 3/2$.

Integral (Ib):
Resultat: $\int_0^1 (2 \cdot (t+1)^2 \cdot 0 + 2^2 \cdot (t+1) \cdot 1) dt = \int_0^1 2^2 \cdot (t+1) dt = 4(3/2) = 6$

Integral (II)
Resultat: $\int_0^1 ((t+1)^2(t+1) \cdot 1 + (t+1)(t+1)^2 \cdot 1) dt = \int_0^1 2(t+1)^3 dt =$

$$2 \frac{(t+1)^4}{4} \Big|_0^1 = 2 \left(\frac{16}{4} - \frac{1}{4} \right) = \frac{15}{2}.$$

Die beiden Teilwege (Ia) und (Ib) ergeben das gleiche Resultat $3/2 + 6 = 15/2$.

An sich ist die Argumentation, daß dz bei einem totalen Differential den Höhenzuwachs
einer Funktion $z = F(x,y)$ wiedergibt und so auf jedem Wege zur Höhendifferenz von End-
und Anfangspunkt führen muß, schlüssig, ob die Funktion nun bekannt ist oder nicht. Man
kann aber die Behauptung auch direkt überprüfen. Dazu ersetzen wir im Integranden P
durch $\partial F / \partial x$ und Q durch $\partial F / \partial y$ und schreiben das Integral in Parameterform hin:

$$\int_{t_a}^{t_e} \left[\frac{\partial F}{\partial x} \frac{dx}{dt} + \frac{\partial F}{\partial y} \frac{dy}{dt} \right] dt.$$

Der Integrand hat nun die Form einer totalen Ableitung (Abschnitt 5.3.3, Gl. (5.20)[2]) und
kann einfach als

$$\int_{t_a}^{t_e} \frac{dF(t)}{dt} \, dt$$

geschrieben werden. Das ist nichts anderes als $F(t_e) - F(t_a)$ oder ausführlicher

$$F(x(t_e), y(t_e)) - F(x(t_a), y(t_a)) = F(x_e, y_e) - F(x_a, y_a).$$

Damit ist bewiesen, daß der Wert des Integrals nur von Anfangs- und Endpunkt der Integration abhängt.

---

[2] Die Rolle des dortigen x spielt hier t, und die des dortigen u, v hier x, y

Es bleibt nur noch die Frage zu klären, ob man von $\partial P/\partial y = \partial Q/\partial x$ allein schon auf die Existenz von $F(x,y)$ schließen kann, d.h. ob die Bedingung nicht nur notwendig sondern auch *hinreichend* ist.

Um das zu zeigen, bezeichnen wir die Stammfunktion von $P(x,y)$ bezüglich x mit $F^{(1)}(x,y)$. Für sie gelten dann die beiden Beziehungen

$$F^{(1)}(x,y) = \int P(x,y)dx \quad \text{bzw.} \quad \frac{\partial F^{(1)}}{\partial x} = P(x,y),$$

wobei y jetzt ein Parameter im Sinne von Abschnitt 6.3.2 ist. Die erste Gleichung können wir nach y differenzieren und erhalten

$$\frac{\partial F^{(1)}}{\partial y} = \int \frac{\partial P}{\partial y}dx = \int \frac{\partial Q}{\partial x}dx = Q(x,y).$$

(Im zweiten Schritt haben wir von $\partial P/\partial y = \partial Q/\partial x$ Gebrauch gemacht und im dritten einfach die Definition für Stammfunktionen verwendet.) Ganz analog läßt sich eine zweite Funktion $F^{(2)}(x,y)$ durch

$$F^{(2)}(x,y) = \int Q(x,y)dy \quad \text{bzw.} \quad \frac{\partial F^{(2)}}{\partial y} = Q(x,y)$$

definieren, jetzt mit x als Parameter. Beim Differenzieren nach x entsteht in der gleichen Weise wie oben

$$\frac{\partial F^{(2)}}{\partial x} = P(x,y).$$

Man erkennt, daß $F^{(1)}$ und $F^{(2)}$ die gleichen partiellen Ableitungen nach x und y haben, was bedeutet, daß es sich – bis auf eine Konstante – um die gleiche Funktion handelt, die wir dann mit $F(x,y)$ identifizieren können. Einen zweiten, mehr direkten Beweis findet der Leser im letzten Abschnitt dieses Kapitels im Zusammenhang mit dem Gaußschen Integralsatz.

Für drei und mehr Variablen gilt Entsprechendes. Beispielsweise gilt für den Fall dreier Variablen, daß das Differential

$$du = P(x,y,z)dx + Q(x,y,z)dy + R(x,y,z)dz$$

dann ein totales Differential ist, also in der Form

$$du = \frac{\partial F(x,y,z)}{\partial x}dx + \frac{\partial F(x,y,z)}{\partial y}dy + \frac{\partial F(x,y,z)}{\partial z}dz$$

geschrieben werden kann (und damit das entsprechende Integral wegunabhängig ist), wenn die drei Bedingungen

$$\frac{\partial P(x,y,z)}{\partial y} = \frac{\partial Q(x,y,z)}{\partial x}, \qquad \frac{\partial P(x,y,z)}{\partial z} = \frac{\partial R(x,y,z)}{\partial x}$$

und

$$\frac{\partial Q(x,y,z)}{\partial z} = \frac{\partial R(x,y,z)}{\partial y}$$

erfüllt sind.

■ Kurvenintegrale der Form

$$\int_{\substack{x_a,y_a \\ Weg}}^{x_e,y_e} \Big[P(x,y)dx + Q(x,y)dy\Big],$$

bei denen der Integrand ein totales Differential ist, also

$$\frac{\partial P}{\partial y} = \frac{\partial Q}{\partial x}$$

gilt, sind *unabhängig* vom Weg. Die Berechnung erfolgt im Prinzip wie bei allgemeinen Kurvenintegralen, aber man kann einen beliebig einfachen Weg wählen.

6.4.3   Eine Anwendung im Rahmen der Thermodynamik

Dieser Abschnitt wurde eingeführt in der Absicht, dem Leser eine Vorstellung für die Anwendung der eben entwickelten Begriffe im Rahmen der Thermodynamik zu geben. Wer Schwierigkeiten hat, in diesem so anders wirkenden Zusammenhang den alten Formalismus zu erkennen, möge den Abschnitt einstweilen überschlagen. Er kann dann auf ihn zurückkommen, wenn er die Thermodynamik hört. Wir verwenden im Folgenden als Zustandsvariable durchweg V und T, so daß wir deshalb bei partiellen Ableitungen die konstant zu haltende Größe nicht eigens bezeichnen müssen.

Außerdem muß darauf hingewiesen werden, daß die nachstehenden Überlegungen nur für *reversible* Prozesse gelten. Für die mathematische Behandlung spielt das keine Rolle, für den physikalischen Sachverhalt ist es aber eine wichtige Voraussetzung.

Bei einem thermodynamischen Prozeß wird bei einer Änderung des Volumens um dV und der Temperatur um dT die Wärmemenge

$$dQ = L_v dV + c_v dT$$

übertragen. Dabei ist der Temperaturkoeffizient $c_v(V,T)$ die spezifische Wärme bei konstantem Volumen und der Volumen-Koeffizient $L_v(V,T)$. Für letzteren gilt $L_v(V,T) = T\partial p(V,T)/\partial T$. (Diese Beziehung, die wir hier benötigen, wird in der Thermodynamik hergeleitet.) dQ wird damit

$$dQ = T\frac{\partial p}{\partial T}dV + c_v dT.$$

Die Änderung der inneren Energie setzt sich aus übertragener Wärme plus übertragener Arbeit zusammen: $dU = dQ + dA$, wobei $dA = -pdV$ ist [siehe Beispiel im Abschnitt 6.1.1, Gl. (6.5)]. Also ist

$$dU = \Big(T\frac{\partial p}{\partial T} - p\Big)dV + c_v dT. \tag{6.32}$$

Von der inneren Energie wissen wir, daß sie nur vom Zustand abhängt, nicht aber vom Weg, auf dem dieser erreicht wird (1. Hauptsatz). Also muß der Ausdruck (6.32) ein totales

Differential sein und damit

$$\frac{\partial}{\partial T}\left(T\frac{\partial p}{\partial T} - p\right) = \frac{\partial c_v}{\partial V} \qquad \text{bzw.} \qquad T\frac{\partial^2 p}{\partial T^2} = \frac{\partial c_v}{\partial V}. \tag{6.33}$$

gelten. (Die zweite Form entsteht, wenn man die linke Seite mittels Produktregel ausrechnet.) Wir können nun die Frage stellen, ob nicht vielleicht auch dQ ein totales Differential ist. Wenn man die partiellen Ableitungen der Koeffizienten von dQ (analog wie bei dU) miteinander vergleicht, sieht man, daß (wegen $\partial p/\partial T \neq 0$)

$$\frac{\partial p}{\partial T} + T\frac{\partial^2 p}{\partial T^2} \neq \frac{\partial c_v}{\partial V},$$

also dQ *kein* totales Integral ist. Unser Schluß lautet: Die übertragene Wärme Q hängt vom Weg ab, ist also keine Größe, die einfach durch einen bestimmten Zustand festgelegt ist. Wir können aber eine Größe dS bilden, die gleich dQ/T ist:

$$dS = \frac{\partial p}{\partial T}dV + \frac{c_v}{T}dT.$$

Um zu entscheiden, ob "hinter" diesem Zuwachs eine nur vom Zustand abhängige Funktion S steht, müssen wir wieder fragen, ob dS ein totales Differential ist, d.h. ob

$$\frac{\partial}{\partial T}\frac{\partial p}{\partial T} = \frac{\partial}{\partial V}\frac{c_v}{T}$$

gilt? Wir erhalten

$$\frac{\partial^2 p}{\partial T^2} = \frac{1}{T}\frac{\partial c_v}{\partial V},$$

und diese Beziehung ist laut Gl. (6.33) erfüllt. Wir können daraus schließen, daß der Zuwachs von $dS = dQ/T$ *nicht* vom Wege abhängt sondern nur vom Endpunkt, daß also eine Größe S existiert, deren Werte durch V und T festgelegt sind (eine Zustandsgröße). Die Funktion S spielt eine zentrale Rolle in der Thermodynamik und wird *Entropie* genannt.

6.4.4 Die Rotation als Umlaufintegral um eine infinitesimale Fläche

Die folgenden beiden Unterabschnitte werden im Rahmen der Thermodynamik nicht benötigt und können von weniger Interessierten überschlagen werden. Sie runden lediglich den in Abschnitt 5.4 angeschnittenen Themenkreis ab.

Wir hatten in Abschnitt 5.4.3 die Rotation eines Vektorfeldes rot $\vec{v}$ rein formal eingeführt und die Interpretation auf später verschoben, weil sie Kurvenintegrale benötigt. Sie soll deshalb an dieser Stelle nachgeholt werden. Wie bei der Divergenz gehen wir von einem Strömungsfeld $\vec{j}(x, y, z)$ aus. Zunächst wählen wir einen einfachen Fall: die Strömung soll rein horizontal (also parallel zur x,y-Ebene) verlaufen, d.h. die z-Komponente $j_z(x, y, z) = 0$. Außerdem soll sie in allen Horizontalschichten gleich sein, d.h. die beiden Komponenten j_x und j_y hängen nicht von der Höhe z ab.

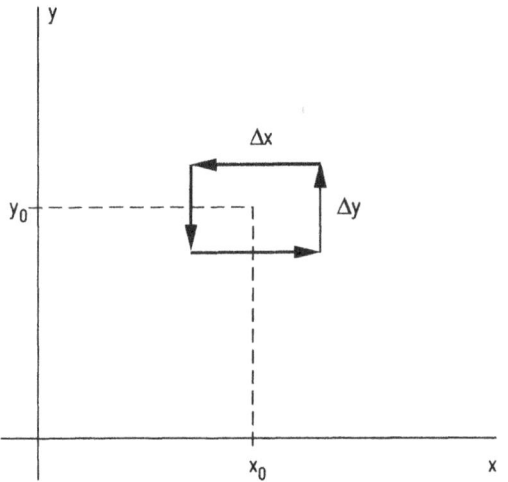

Fig. 6.4 Umlaufintegral um ein infinitesimales Rechteck

Wir wählen einen Punkt x_0, y_0, in dessen Umgebung die beiden Funktionen j_x und j_y nach x und y partiell ableitbar sind und umschließen ihn mit einem parallel zur x, y-Ebene liegenden Rechteck mit Seitenlängen Δx bzw. Δy (s. Abb.6.4a). Wir wollen das Umlaufintegral

$$\oint \Big(j_x(x,y)dx + j_y(x,y)dy \Big)$$

(im mathematischen Sinn) um dieses (infinitesimale) Rechteck berechnen. Für die rechte Seite ist $dx = 0$ und damit die Funktion mit dem dy-Faktor, nämlich j_y, zuständig. j_y hat auf der rechten Seite näherungsweise den Wert

$$j_y(x_0 + \Delta x/2, y_0) \approx j_y(x_0, y_0) + \frac{\partial j_y}{\partial x} \Delta x/2.$$

Für die linke Seite gilt

$$j_y(x_0 - \Delta x/2, y_0) \approx j_y(x_0, y_0) - \frac{\partial j_y}{\partial x} \Delta x/2.$$

Auf beiden Seiten ist der Integrand über das kleine Wegstück Δy praktisch konstant, so daß das Wegintegral einfach Integrand mal Weglänge ist. Zu beachten ist nur, daß das Integral rechts nach oben, links aber nach unten läuft, also mit einem negativen Vorzeichen eingeht. Die Summe beider Seiten ist damit

$$\left[j_y(x_0, y_0) + \frac{\partial j_y}{\partial x} \Delta x/2 \; \Delta y \right] - \left[j_y(x_0, y_0) - \frac{\partial j_y}{\partial x} \Delta x/2 \; \Delta y \right]$$
$$= \frac{\partial j_y}{\partial x} \Delta x \; \Delta y.$$

Bei der oberen und unteren Seite ist dy konstant und also j_x der Integrand. Hier ist die untere Seite in positiver Richtung und die obere in negativer Richtung zu integrieren. Das

Resultat ist

$$-\frac{\partial j_x}{\partial y}\Delta y\ \Delta x,$$

so daß das gesamte Umlaufintegral

$$\left(\frac{\partial j_y}{\partial y} - \frac{\partial j_x}{\partial y}\right)\Delta x\ \Delta y$$

ist. Der Klammerausdruck ist die z-Komponente der Rotation von $\vec{j}(x,y,z)$, so daß das eben berechnete Umlaufintegral

$$\left(\text{rot}\,\vec{j}(x,y,z)\right)_z\ df$$

geschrieben werden kann. Phänomenologisch beschreibt die Rotation also einen Wirbel an einem gegebenen Punkt. Da wir im vorliegenden Fall in allen Höhenschichten die gleiche Strömung angenommen hatten, liegt also eine senkrechte Achse, um die die Flüssigkeit an der Stelle x_0, y_0 rotiert, vor. Dreht man die ganze Anordnung, so daß die Wirbelachse in eine beliebige Richtung weist, dann wird daraus

$$\text{rot}\,\vec{j}(x,y,z)\ df,$$

wobei das Flächenelement, um das das Umlaufintegral läuft, senkrecht zur Wirbelachse liegt. Die Interpretation von $\text{rot}\,\vec{j}$ besteht also in Folgendem:

> ■ Die Rotation eines Vektorfeldes $\text{rot}\,\vec{j}(x,y,z)$ ist ein Vektor, der senkrecht auf einem Wirbel dieses Feldes steht und der das Umlaufintegral um eine infinitesimale Fläche in der Wirbel-Ebene pro Größe dieser Fläche darstellt.

6.4.5 Kurvenintegrale über Vektorfelder

Wir haben am Anfang des Kapitels den Fall erwähnt, daß die Arbeit bestimmt werden soll, die ein Körper bei der Bewegung in einem Kraftfeld leistet [Gl. (6.1)]. Dieses Integral läßt sich viel übersichtlicher schreiben, wenn man im Integranden die Vektorschreibweise verwendet:

$$\int_{\text{Weg}}\left[k_x(x,y,z)dx + k_y(x,y,z)dy + k_z(x,y,z)dz\right] = \int_{\text{Weg}}\vec{k}(x,y,z)\cdot d\vec{r}. \tag{6.34}$$

Das Beispiel zeigt, daß in bestimmten Fällen Kurvenintegrale über Vektorfelder

$$\int_{\text{Weg}}\vec{v}(x,y,z)\cdot d\vec{r}$$

zu berechnen sind. Wie im Falle zweier Variablen besprochen, bestehen zwei Möglichkeiten: Entweder existiert ein Skalarfeld $u(x,y,z)$, aus dem das Vektorfeld $\vec{v}(x,y,z)$ wie in Abschn. 5.4.1 durch Gradientenbildung erzeugt werden kann, oder nicht. Wenn ja, ist

$$v_x(x,y,z) = \frac{\partial u}{\partial x}, \quad v_y(x,y,z) = \frac{\partial u}{\partial y}, \quad v_z(x,y,z) = \frac{\partial u}{\partial z},$$

und das Integral kann dann in der Form

$$\int_{\text{Weg}} \left(\frac{\partial u}{\partial x} dx + \frac{\partial u}{\partial y} dy + \frac{\partial u}{\partial z} dz \right)$$

geschrieben werden. Der Integrand ist in diesem Falle ein totales Differential und damit ist das Integral wegunabhängig. Sein Wert ist nur durch Anfangs- und Endpunkt bestimmt und die Funktion $u(x,y,z)$ ergibt sich bis auf eine Konstante, wenn man den Endpunkt variiert. Für eine geschlossene Kurve ist der Wert des Integrals gleich Null. Im Fall von Kraftfeldern nennt man solche Kräfte *konservativ* und $u(x,y,z)$ das *Potential* des Kraftfeldes. Die Bedingung dafür, daß $\vec{v}(x,y,z) = \operatorname{grad} u(x,y,z)$ ist, sind nach dem Satz von Schwarz die drei Bedingungen

$$\frac{\partial v_y}{\partial x} = \frac{\partial v_x}{\partial y}, \quad \frac{\partial v_z}{\partial y} = \frac{\partial v_y}{\partial z}, \quad \frac{\partial v_x}{\partial z} = \frac{\partial v_z}{\partial x}. \tag{6.35}$$

Sind sie nicht erfüllt, so existiert keine Funktion $u(x,y,z)$ mit den geforderten Eigenschaften, der Integrand ist somit *nicht* als totales Differential schreibbar und wir haben den allgemeinen Fall eines Kurvenintegrals, das wegabhängig ist. Im Fall von Kraftfeldern spricht man dann von *turbulenten* oder *nicht konservativen* Kräften. Die Bedingungen (6.35) können übrigens auch kürzer in der Form rot $\vec{v}(x,y,z) = 0$ geschrieben werden und wir hatten in Abschn. 5.4.3 ja gesehen, daß dies für Gradientenfelder immer gilt [vergl. Gl. (5.34)].

Wir wollen zeigen, daß das Kraftfeld, das eine elektrische Ladung auf eine zweite Ladung ausübt, konservativ ist, daß also rot $\vec{k} = 0$ ist. Die erste Ladung sei im Koordinatenursprung positioniert und der Betrag von $\vec{k}$ ist $q_1 q_2 / r^2$ mit $r = \sqrt{x^2 + y^2 + z^2}$. Um die Kraft als Vektor zu erhalten, müssen wir noch mit einem Einheitsvektor, der vom Ursprung wegweist, multiplizieren, also mit $\vec{r}/r$, wobei $\vec{r} = (x,y,z)$. Es gilt also $\vec{k} = q_1 q_2 \vec{r}/r^3$. Wir berechnen die z-Komponente der Rotation

$$(\operatorname{rot} \vec{k})_z = \frac{\partial k_y}{\partial x} - \frac{\partial k_x}{\partial y} = q_1 q_2 \left(\frac{\partial}{\partial x} \frac{y}{r^3} - \frac{\partial}{\partial y} \frac{x}{r^3} \right).$$

Für die beiden Ableitungen nehmen wir r als Zwischenvariable, so daß die Klammer

$$y \frac{\partial r^{-3}}{\partial x} - x \frac{\partial r^{-3}}{\partial y} = y \frac{d(r^{-3})}{dr} \frac{\partial r}{\partial x} - x \frac{d(r^{-3})}{dr} \frac{\partial r}{\partial y} = -3 r^{-4} \left(y \frac{x}{r} - x \frac{y}{r} \right) = 0.$$

Die beiden anderen Komponenten ergeben in gleicher Weise Null.

Dagegen ist das Magnetfeld eines elektrischen Leiters $\vec{H}(x,y,z) = c\vec{j} \times \vec{r}/r^2$ mit $\vec{j}$ für den elektrischen Strom *nicht* konservativ, wenigstens wenn man das Gebiet des Leiters einschließt. Verläuft der elektrische Strom $\vec{j}$ in der z-Achse, so ist sein Magnetfeld

$$H_z = 0, \qquad H_x = -c j_z y / r^2, \qquad H_y = c j_z x / r^2.$$

Die z-Komponente der Rotation läßt sich überall außerhalb von $x = y = 0$ bilden und ergibt Null (j_z ist hier eine Konstante):

$$\frac{\partial H_y}{\partial x} - \frac{\partial H_x}{\partial y} = c j_z \left(\frac{\partial}{\partial x} \frac{x}{r^2} + \frac{\partial}{\partial y} \frac{y}{r^2} \right) = c j_z \left(\frac{1}{r^2} + x \frac{-2}{r^3} \frac{x}{r} + \frac{1}{r^2} + y \frac{-2}{r^3} \frac{y}{r} \right)$$

$$= c j_z \left(\frac{2}{r^2} - \frac{2x^2 + 2y^2}{r^4} \right) = 0,$$

aber an der Stelle $x = y = 0$ ist H nicht definiert und damit die Rotation nicht direkt berechenbar. Ersatzweise kann man das Umlaufintegral pro Fläche berechnen und den Limes $r \to 0$ versuchen. Nehmen wir als Weg einen Kreis mit Radius r um die z-Achse, so ist $x = r\cos t$, $y = r\sin t$, $dx = -r\sin t\, dt$ und $dy = r\cos t\, dt$, so daß

$$cj_z \oint H ds = cj_z \int_{t=0}^{2\pi} \left(\frac{-r\sin t}{r^2}(-r\sin t\, dt) + \frac{r\cos t}{r^2}(r\cos t\, dt) \right) = cj_z\, 2\pi.$$

Dividiert man schließlich durch die Fläche $r^2\pi$, so ergibt das $2cj_z/r^2$. Der limes $r \to 0$ zeigt, daß die Rotation im Punkt $x = y = 0$ nicht endlich ist, aber jedenfalls nicht Null. (Daß die Rotation nicht endlich ist, rührt daher, daß das angegebene Magnetfeld das eines unendlich dünnen Leiters ist. Das ist physikalisch gesehen natürlich nur ein Grenzfall!)

> ■ Kurvenintegrale über Vektorfelder sind dann vom Weg unabhängig, wenn es sich um Gradientenfelder handelt, also um Felder des Typs $\vec{v} = \operatorname{grad} u(x, y, z)$. Die Bedingung hierfür läßt sich am einfachsten als rot $\vec{v} = 0$ ausdrücken.

Aufgaben

1. Gegeben die fünf Differentiale:

   a) $dx + dy$,   b) $x\, dx + y\, dy$,   c) $y\, dx + x\, dy$,

   d) $x\, dx - y\, dy$,   e) $y\, dx - x\, dy$.

Welche der fünf Ausdrücke stellen totale Differentiale dar? Welche zugehörigen Kurvenintegrale sind wegunabhängig?

2. Berechnen sie die fünf Kurvenintegrale jeweils für drei Wege:

$$Weg\, I : (0,0) \to (0,1) \to (1,1) \qquad Weg\, II : (0,0) \to (1,0) \to (1,1)$$

$$Weg\, III : (0,0) \to (1,1).$$

(Diese Aufgabe mag etwas langweilig erscheinen. Sie ist aber nichtsdestotrotz eine nützliche Übung, um mit Kurvenintegralen etwas vertraut zu werden.)

3. Sind die Kurvenintegrale

   a) $\int [y(\cos x - x\sin x)dx + x\cos x\, dy]$,   b) $\int [y(\cos x - \sin x)dx + x\cos x\, dy]$

wegab- oder wegunabhängig?

4. Berechnen Sie die beiden Kurvenintegrale von Aufgabe 3 für folgende Wege vom Koordinatenursprung zum Punkt $(\pi/2, 1)$:

(a) in zwei Zügen erst gerade nach $(0,1)$ und dann weiter gerade zum Endpunkt und

(b) auf einer Geraden vom Anfangs- zum Endpunkt.

5. Berechnen Sie das Kreisintegral (Kreis im Abstand 1 um den Koordinatenursprung) $\oint (x^2 y\, dx - xy^2\, dy)$!

6.5   Bereichsintegrale

Zur Problemstellung gehen wir nochmals auf unser erstes einführendes Beispiel zurück: die Berechnung der Gesamtmenge einer Substanz in einem Rohr mit variabler Dichte: $M =$

$F \int_{x_a}^{x_e} c(x)dx$. Wählen wir an Stelle des Rohres, bei dem c praktisch nur von x abhängt, einen (dreidimensionalen) Kessel, bei dem c von x, y und z abhängen kann, so muß die Aufsummation nicht nur über die einzelnen Rohrscheiben Fdx geschehen, sondern über ein dreidimensionales System von infinitesimal kleinen Würfeln $dv = dx\,dy\,dz$. Die Grenzen sind jetzt nicht einfach zwei Zahlen sondern die Wände des Kessels, also die eines dreidimensionalen Bereiches, der noch genauer zu spezifizieren wäre. Die Gesamtmenge ist nun

$$\int_{\text{Bereich}} c(x,y,z)\,dx\,dy\,dz \qquad \text{oder einfach} \qquad \int_{\text{Bereich}} c(x,y,z)\,dv.$$

6.5.1   Definition

Wir beginnen mit einem Integral über einen *zweidimensionalen* Bereich und wollen zwei Beispiele für Realisierungsmöglichkeiten geben. Man kann sich erstens – wie oben – eine in einer Flüssigkeit gelöste Substanz vorstellen, wobei sich die Flüssigkeit in einem flachen Becken befindet, das einen beliebigen Bereich überdeckt. Die Höhe der Flüssigkeit h sei so klein, daß die Konzentration in z-Richtung praktisch konstant ist. c hängt dann nur von x und y ab und das Problem der Gesamtmenge wird zu

$$M = \int_{\text{Grundfl.}} h\,c(x,y)\,df,$$

wobei $df = dx\,dy$ ist. Ein zweites Beispiel wäre die Aufgabe, die Gesamtmenge eines Sandhaufens zu bestimmen. Hier ist die Dichte konstant, aber die Menge auf jedem einzelnen Flächenelement ist unterschiedlich, weil sie von der Höhe des Haufens an der betreffenden Stelle abhängt: $c \cdot h(x,y)$. Das Integral läuft über die Grundfläche und die Gesamtmenge M ist

$$M = \int_{\text{Grundfl.}} c\,h(x,y)\,df.$$

Einen eindimensionalen Bereich hatten wir in kleine Abschnitte Δx aufgeteilt, dann deren Beiträge summiert und schließlich den Grenzübergang $\Delta x \to 0$ vorgenommen. Entsprechend teilt man nun sowohl den x- als auch den y-Bereich in Elemente Δx und Δy auf, so daß sich der gesamte Integrationsbereich aus Flächenelementen der Größe $\Delta x \Delta y$ zusammensetzt (siehe Abb. 6.5). Man kann nun wie in Gl. (6.2) vorgehen und die einzelnen Beiträge aufsummieren:

$$S = \sum_{B;i,j} f(x_i, y_j) \Delta x \Delta y, \qquad (6.36)$$

wobei die Summe über den Bereich als eine Doppelsumme über die zum Bereich gehörenden Flächenelemente mit den Laufindizes i und j anzusehen ist. Der Fehler besteht wie beim einfachen Integral zunächst darin, daß die Begrenzungsfläche nach oben über den einzelnen Flächenelementen nicht konstant $f(x_i, y_j)$ ist. Ein zusätzlicher Fehler beruht auf der

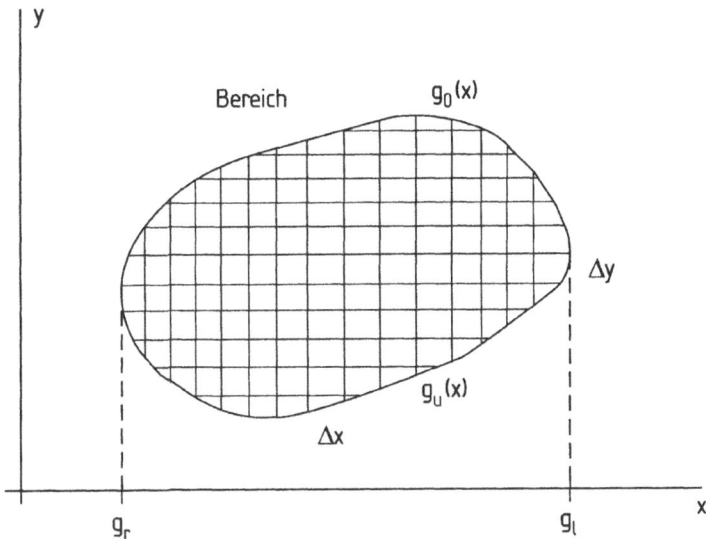

Fig. 6.5 Unterteilung des gesamten Integrationsbereiches in $\Delta x \Delta y$-Flächenelemente.

Tatsache, daß auch der Integrationsbereich nicht durch rechteckige Flächenelemente gegeben ist, sondern an den Rändern Fehler gemacht werden. Beide Fehler werden aber beim Grenzübergang $\Delta x, \Delta y \to 0$ beliebig klein.

Diese Betrachtung läßt sich leicht auf drei oder mehr Dimensionen übertragen. Ein Integral über einen dreidimensionalen Bereich muß als Dreifach-Summe über Volumenelemente der Form $\Delta x \Delta y \Delta z$, multipliziert mit $f(x_i, y_j, z_k)$ aufgefaßt werden, für die der Grenzübergang $\Delta x, \Delta y, \Delta z \to 0$ zu vollziehen ist:

$$\lim_{\substack{\Delta x, \Delta y, \Delta z \\ \to 0}} S = \int \int \int_B f(x,y,z)\, dx\, dy\, dz \quad \text{mit} \quad S = \sum_{B;i,j,k} f(x_i, y_j, z_k)\Delta x \Delta y \Delta z.$$

■ Zwei- oder mehrdimensionale Bereichsintegrale unterscheiden sich von eindimensionalen Integralen nur dadurch, daß der Bereich, über den sich die "Summation" erstreckt, kein ein-, sondern ein mehrdimensionaler Bereich ist. Er muß durch eine entsprechende Vorschrift spezifiziert sein.

6.5.2 Praktische Berechnung

Das Beispiel des Sandhaufens zeigt, daß man sich die Berechnung eines zweidimensionalen Integrals am besten als die Berechnung des Volumens unter einer Fläche $f(x,y)$ über einer bestimmten Grundfläche vorstellt, – ähnlich wie die eines einfachen Integrals als Fläche unter einer Kurve über einem bestimmten Intervall.

Die Doppelsumme in Gl. (6.36) führt man so durch, daß man zunächst über die Beiträge

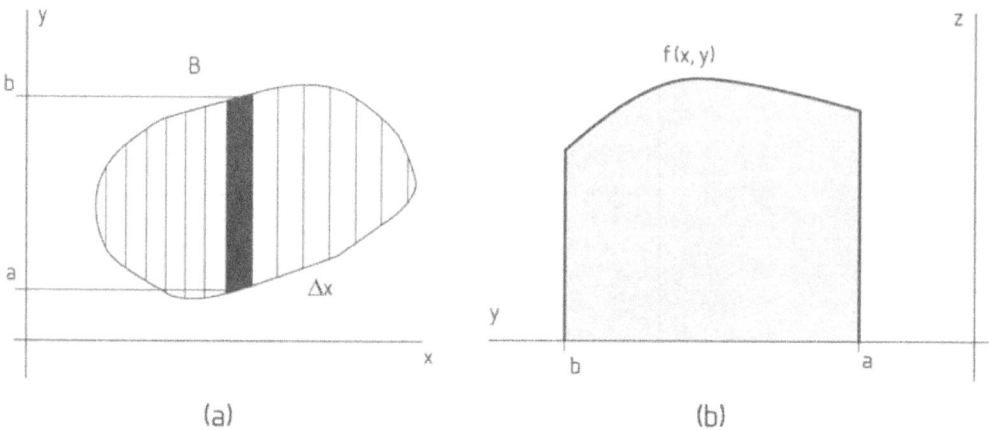

Fig. 6.6 (a) Unterteilung des x-Intervalls in Δx-Bereiche (wir blicken entlang der z-Achse, also von
oben, auf den Bereich);   (b) Skizze der Form der in (a) hervorgehobenen Δx-Scheibe
(wir blicken entlang der negativen x-Achse auf diese in der y, z-Ebene liegende Fläche).

mit verschiedenen y_j bei gleichem x_i addiert und dann eine zweite Summation über die
Beiträge der so entstandenen Scheiben vornimmt. Abb. 6.6 zeigt die beiden Schritte: In (a)
ist die zweite Summe über die Δx-Scheiben angedeutet und in (b) eine Aufsicht auf eine
der Scheiben in der (y, z)-Ebene gezeigt. Man erkennt dabei zweierlei:
(1) Die Berechnung der Flächengröße einer Scheibe ist selbst ein Integral (über y) und
(2) die Grenzen dieses Integrals hängen von der betreffenden Scheibe ab. Abb. 6.5 zeigt,
daß die y-Integration von $a = g_u(x)$ bis $b = g_o(x)$ läuft. Dieses Integral hängt also von x
als einem Parameter ab, und zwar sowohl über den Integranden $f(x, y)$ als auch über die
beiden Grenzen:

$$\int_{y=g_u(x)}^{g_o(x)} f(x,y)dy.$$

Der zweite Schritt, die Summation über die Beiträge der einzelnen Scheiben (Scheibendicke
Δx mal oben angegebenes y-Integral) kann nun in üblicher Weise gebildet werden [vergl.
Gl. (6.2)]. Die Summe der einzelnen Scheiben ist zunächst

$$S = \sum_{i=1}^{n} \left(\Delta x \int_{y=g_{u_i}}^{g_{o_i}} f(x_i,y)\,dy \right),$$

wobei die Summe über alle Scheiben zu erstrecken ist. Durch Grenzübergang entsteht daraus

$$\lim_{\substack{\Delta x \to 0 \\ n \to \infty}} \left(\sum_{i=1}^{n} \Delta x \int_{y=g_{u_i}}^{g_{o_i}} f(x_i,y)\,dy \right) \;=\; \int_{g_l}^{g_r} \left[\int_{g_u(x)}^{g_o(x)} f(x,y)dy \right] dx.$$

(g_l und g_r siehe Abb. 6.5.) Man hat also zwei Integrationen nacheinander auszuführen und schreibt deshalb häufig

$$\int\int_{\text{Bereich}} c(x, y, z)\, dx\, dy$$

Man spricht in diesem Sinne von einem *zweifachen Integral* oder *Doppelintegral.*

Es soll noch darauf hingewiesen werden, daß die eben beschriebene Reihenfolge (erst y-, dann x-Integration) nicht zwingend ist. Gl. (6.36), in die die Δx- und Δy-Elemente, über die zu summieren ist, ganz gleichberechtigt eingehen, zeigt das ganz direkt. Aber auch die Scheibchen-Strategie läßt diese Betrachtungsweise zu: Man kann natürlich das Volumen auch in y-Scheiben zerschneiden. Das Resultat muß in allen Fällen das gleiche sein. Nur die Festlegung des Integrationsbereiches muß dem angepaßt werden: Man legt ihn dann mittels der Größen $g_u, g_o, g_l(y)$ und $g_r(y)$ (mit offensichtlicher Bedeutung) fest.

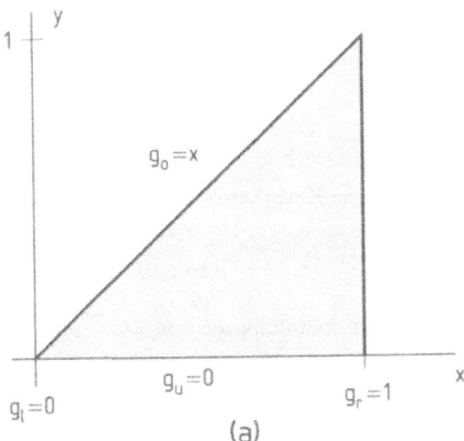 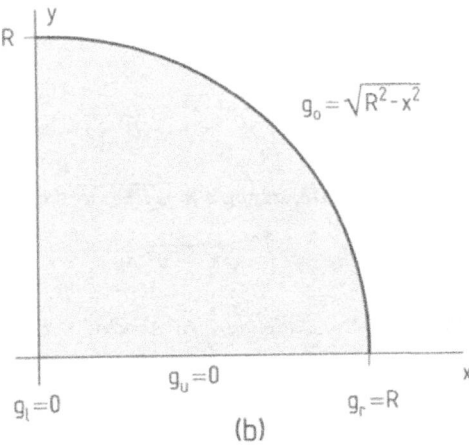

Fig. 6.7 (a) Integrationsbereich für Beispiel 1;   (b) Integrationsbereich für Beispiel 2.

Wir wollen zunächst ein sehr einfaches Beispiel geben. Der Integrationsbereich sei das in Abb. 6.7a gezeigte Dreieck. g_l ist also 0 und g_r gleich 1. Die Untergrenze ist eine konstante Funktion $g_u(x) = 0$, aber die Obergrenze hängt von x ab: $g_o(x) = x$. Die Berechnung des Integrals

$$\int\int_B \sin(x + 2y)\, dx\, dy$$

verläuft nun folgendermaßen (mit der Zwischenfunktion $F(x)$):

$$F(x) = \int_0^x \sin(x + 2y)\, dy = -\frac{1}{2}\cos(x + 2y)\Big|_{y=0}^{y=x} = -\frac{1}{2}\Big[\cos(3x) - \cos(x)\Big].$$

In der zweiten Stufe ist dann

$$\int_0^1 -\frac{1}{2}\Big[\cos(3x) - \cos(x)\Big]\,dx = -\frac{1}{2}\Big[\frac{1}{3}\sin(3x) - \sin(x)\Big]\Big|_0^1$$
$$= -\frac{1}{6}\sin(3) + \frac{1}{2}\sin(1)$$

zu bilden.

Nun noch ein etwas anspruchsvolleres Beispiel. Wir wollen das Volumen einer Kugel mit Radius R berechnen, was am einfachsten so geschieht, daß wir das Volumen unter der Kugeloberfläche in einem Oktanten des Koordinatensystems ausrechnen. Das entsprechende Integral liefert ein Achtel des Kugelvolumens. Der Integrationsbereich ist in Abb. 6.7b gezeigt. Wir entnehmen ihr, daß $g_u(x) = 0$, $g_o(x) = \sqrt{R^2 - x^2}$, $g_l = 0$ und $g_r = R$ ist. Der Integrand ist die Kugeloberfläche, nämlich $\sqrt{R^2 - x^2 - y^2}$. Zu berechnen ist also

$$\int_{x=0}^{R}\int_{y=0}^{\sqrt{R^2-x^2}}\sqrt{R^2 - x^2 - y^2}\,dx\,dy.$$

Die erste Stufe führt auf

$$F(x) = \int_0^{\sqrt{R^2-x^2}}\sqrt{R^2 - x^2 - y^2}\,dy,$$

was mit der Abkürzung $a = \sqrt{R^2 - x^2}$ (x ist in dieser Stufe eine Konstante!) in

$$F(x) = \int_0^a \sqrt{a^2 - y^2}\,dy$$

übergeht. Der Aufgabe 7 zu Abschn. 6.2 entnehmen wir die Stammfunktion von $\sqrt{a^2 - y^2}$. Dies führt auf

$$F(x) = \Big[-\frac{1}{2}\Big(a^2\arccos(y/a) - y\sqrt{a^2 - y^2}\Big)\Big]\Big|_0^a$$
$$= -\frac{1}{2}\Big(a^2\arccos(1) - a\sqrt{a^2 - a^2}\Big) + \frac{1}{2}\Big(a^2\arccos(0) - 0\sqrt{a^2}\Big) = \frac{a^2\pi}{4}.$$

Die zweite Stufe wird nach Wiedereinsetzen von a

$$\int_0^R \frac{(R^2 - x^2)\pi}{4}\,dx = \frac{\pi}{4}\Big[R^2 x - \frac{x^3}{3}\Big]\Big|_0^R = \frac{\pi}{4}\Big(R^3 - \frac{R^3}{3}\Big) = \frac{\pi}{6}R^3,$$

was das bekannte Ergebnis ist.

Es soll noch ein häufig auftretender Sonderfall explizit behandelt werden. Es handelt sich dabei um ein Integral mit *festen Grenzen*, d.h. ein Integral über einen rechteckigen Bereich (s. Abb. 6.8). Die x-Grenzen seien a und b und die y-Grenzen c und d. Außerdem machen wir die Annahme, daß der Integrand die Form eines Produktes $f(x)\cdot g(y)$ hat. Damit ergibt sich zunächst

$$\int_{y=c}^{d}\int_{x=a}^{b} f(x)g(y)\,dx\,dy.$$

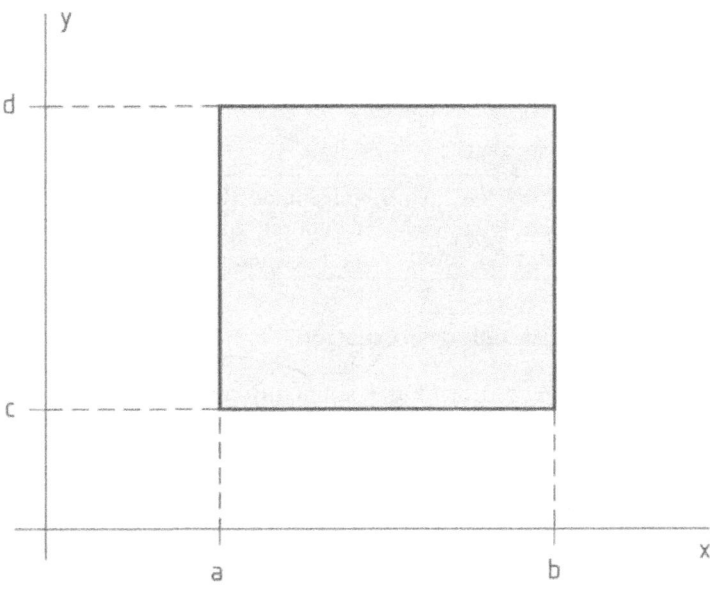

Fig. 6.8   Rechteck als Integrationsbereich.

Für die x-Integration ist $g(y)$ eine Konstante, die vor das x-Integral gezogen werden kann, so daß das Integral nun

$$\int_{y=c}^{d} g(y) \left(\int_{x=a}^{b} f(x)dx \right) dy$$

lautet. Nun ist das x-Integral in der Klammer mit seinen festen Grenzen eine (von y unabhängige) Zahl, die ihrerseits vor das y-Integral gezogen werden kann:

$$\int_{a}^{b} f(x)dx \cdot \int_{c}^{d} g(y)dy.$$

Man sieht, daß unter den gegebenen Voraussetzungen (feste Grenzen *und* Produktform des Integranden) das Doppelintegral in ein Produkt zweier einfacher Integrale übergeht.

Die Übertragung auf mehrdimensionale Integrale ist offensichtlich und folgt den gleichen Prinzipien. Praktische Rechnungen können natürlich recht umständlich werden. Für den häufig auftretenden dreidimensionalen Fall wollen wir das noch an Hand eines Beispiels skizzieren. Nehmen wir an, eine Funktion $f(x,y,z)$ sei über den Bereich einer Kugel um das Zentrum mit Radius R zu integrieren. Das Integral kann dann in folgender Form

$$\int_{x=-R}^{R} \int_{y=-\sqrt{R^2-x^2})}^{\sqrt{R^2-x^2})} \int_{z=-\sqrt{R^2-x^2-y^2})}^{\sqrt{R^2-x^2-y^2})} f(x,y,z) \; dx \; dy \; dz,$$

d.h. ausgeschrieben

$$\int_{x=-R}^{R} \left\{ \int_{y=-\sqrt{R^2-x^2})}^{\sqrt{R^2-x^2})} \left[\int_{z=-\sqrt{R^2-x^2-y^2})}^{\sqrt{R^2-x^2-y^2})} f(x,y,z)\, dz \right] dy \right\} dx$$

ausgerechnet werden.

> ■ Praktisch werden mehrdimensionale Bereichsintegrale so berechnet, daß die
> "Summationen" eine nach der anderen vorgenommen werden. Die Grenzen sind
> dabei von den noch ausstehenden Variablen abhängig.

6.5.3 Variablentransformation

Unter bestimmten Umständen können Bereichsintegrale erheblich vereinfacht werden, wenn
man von den Koordinaten x, y zu neuen Koordinaten u, v übergeht. Besteht zwischen ihnen
der Zusammenhang $x = g(u, v)$ und $y = h(u, v)$, so geht der Integrand in $f(g(u, v), h(u, v))$
über. Die Grenzen müssen entsprechend transformiert werden, ebenso wie das Flächenelement $dx dy$. Daß man an Stelle von $dx dy$ nicht einfach $du dv$ schreiben darf, geht schon aus
dem analogen Fall für einfache Integrale hervor: bei der Substitutionsmethode tritt an Stelle
von du der Ausdruck $(du/dx)dx$.

Die praktisch wichtigsten Fälle sind der Übergang zu Polarkoordinaten r, φ, bzw. bei dreidimensionalen Integralen zu Kugelkoordinaten r, θ, φ. Auch bei Polarkoordinaten erkennt
man ohne weiteres anhand von Abb. 6.9, daß das Flächenelement nicht einfach $dr d\varphi$ sondern
nun $r dr d\varphi$ lautet. Für Kugelkoordinaten ergibt eine entsprechende Überlegung das Volumenelement $r^2 dr \sin\theta d\theta d\varphi$.

Die allgemeine Transformationsformel ergibt sich aus dem in Abschnitt 5.3.4 Gesagten:
Das Verhältnis von Flächenelementen (bzw. Volumenelementen) wird durch die Funktional-
determinante gegeben. Mit ihr können wir das Flächenelement $dr d\varphi$ auch formal herleiten.
Die Transformationsgleichungen lauten $x = r \cos\varphi$ und $y = r \sin\varphi$. Damit ergibt sich

$$\left| \frac{\partial(x,y)}{\partial(r,\varphi)} \right| = \left| \begin{matrix} \frac{\partial x}{\partial r} & \frac{\partial y}{\partial r} \\ \frac{\partial x}{\partial \varphi} & \frac{\partial y}{\partial \varphi} \end{matrix} \right| = \left| \begin{matrix} \cos\varphi & \sin\varphi \\ -r\sin\varphi & r\cos\varphi \end{matrix} \right| = r \left| \begin{matrix} \cos\varphi & \sin\varphi \\ -\sin\varphi & \cos\varphi \end{matrix} \right| = r,$$

also $dy dx = r dr d\varphi$.

Als Beispiel berechnen wir das Volumen des Achtels einer Kugel mit dem Radius R. Wir hatten
das bereits in kartesischen Koordinaten getan und wollen nun zeigen, daß die Aufgabe nach einer
Integraltransformation viel einfacher ist. Das Integral war

$$\int_{x=0}^{R} \int_{y=0}^{\sqrt{R^2-x^2}} \sqrt{R^2 - x^2 - y^2} dx\, dy.$$

Gehen wir zu Polarkoordinaten über, so wird der Integrand wegen $x^2 + y^2 = r^2$ nun $\sqrt{R^2 - r^2}$, die
Grenzen (s. Abb. 6.7b) gehen jetzt für r (unabhängig vom φ-Wert!) von Null bis R und die für
φ von Null bis $\pi/2$. Sie sind also viel einfacher als im Fall von kartesischen Koordinaten und das
transformierte Integral lautet

$$\int_{\varphi=0}^{\pi/2} \int_{r=0}^{R} \sqrt{R^2 - r^2}\; r\, dr\, d\varphi.$$

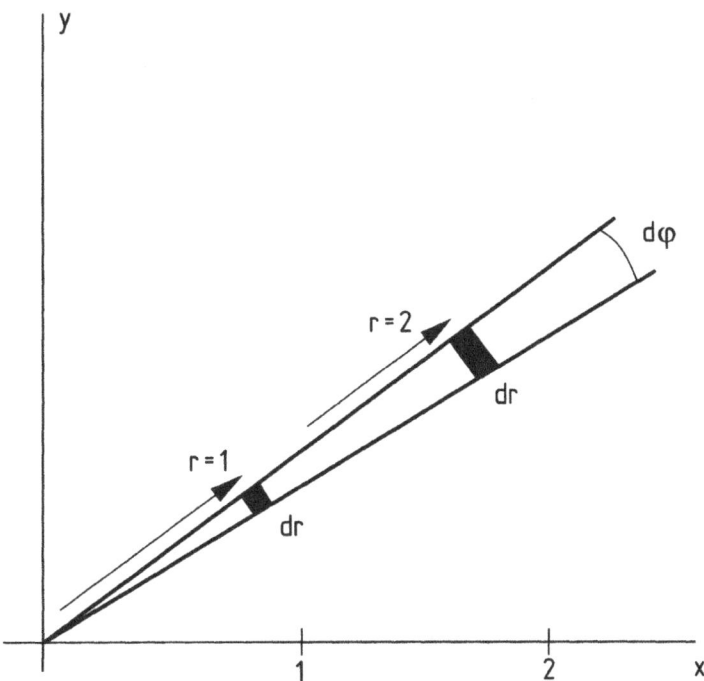

Fig. 6.9 Infinitesimales Flächenelement bei Polarkoordinaten. Die Fläche von $dr d\varphi$ ist bei $r = 2$ doppelt so groß wie bei $r = 1$, so daß das allgemeine Flächenelement $dr \cdot r d\varphi$ ist.

Dieses Integral hat feste Grenzen und einen Integranden, der nur noch von einer Variablen (nämlich r) abhängt, so daß es (siehe vorigen Abschnitt) ein Produkt zweier einfacher Integrale wird:

$$\int_{\varphi=0}^{\pi/2} d\varphi \cdot \int_{r=0}^{R} \sqrt{R^2 - r^2}\; r\, dr.$$

Der erste Faktor ist einfach $\pi/2$ und das r-Integral läßt sich durch die Substitution $u = R^2 - r^2$ lösen:

$$\int \sqrt{R^2 - r^2}\; r\, dr = -\frac{1}{2} \int \sqrt{u} \frac{du}{dr} dr = -\frac{1}{2} \int \sqrt{u}\, du = -\frac{1}{2} \cdot \frac{2}{3} u^{3/2} = -\frac{1}{3}(R^2 - r^2)^{3/2},$$

so daß sich für das r-Integral

$$-\frac{1}{3}(R^2 - r^2)^{3/2}\Big|_{r=0}^{r=R} = -\frac{1}{3}(0 - R^3) = \frac{1}{3}R^3$$

ergibt. Das Produkt ist mithin $\pi/6\, R^3$, was das bereits erhaltene Resultat ist. Der Aufwand jedoch war erheblich geringer.

Als zweites Beispiel wollen wir noch ein oft benötigtes Integral berechnen, nämlich

$$\int_{-\infty}^{+\infty} e^{-\alpha x^2} dx.$$

Der Integrand ist die in Abschn. 4.2.2 erwähnte Gaußsche Glockenkurve (s. Abb. 4.10B), und das zu berechnende Integral ist gleich der gesamten Fläche zwischen ihr und der x-Achse. Es wurde bereits darauf hingewiesen, daß für die Stammfunktion des Integranden kein analytischer Ausdruck existiert. Durch einen einfachen Trick aber läßt sich das Integral wenigstens für die oben gegebenen Grenzen berechnen. Der Trick besteht darin, daß man das Quadrat des gesuchten Ausdrucks berechnet und am Schluß wieder die Wurzel zieht. Bei der Bildung des Quadrates ändert man im zweiten Faktor den Namen der Integrationsvariablen, was ja jederzeit möglich ist:

$$\int_{-\infty}^{+\infty} e^{-\alpha x^2} dx \cdot \int_{-\infty}^{+\infty} e^{-\alpha y^2} dy.$$

Nun kann man – in Umkehrung des oben verwendeten Schrittes – aus einem Produkt zweier Integrale *ein* zweifaches Integral machen:

$$\int_{x=-\infty}^{+\infty} \int_{y=-\infty}^{+\infty} e^{-\alpha x^2} e^{-\alpha y^2} dx dy = \int_{x=-\infty}^{+\infty} \int_{y=-\infty}^{+\infty} e^{-\alpha (x^2+y^2)} dx dy.$$

Jetzt geht man zu Polarkoordinaten über, wobei die Grenzen, die sich über die gesamte x, y-Ebene erstrecken sollen, nun für φ von Null bis 2π und für r von Null bis Unendlich gehen:

$$\int_{\varphi=0}^{2\pi} \int_{r=0}^{+\infty} e^{-\alpha r^2} r dr d\varphi.$$

Dieses Integral läßt sich wieder als Produkt eines φ-Integrals mit dem Wert 2π und eines r-Integrals schreiben:

$$2\pi \int_{r=0}^{+\infty} e^{-\alpha r^2} r dr,$$

das sich durch die Substitution $u = \alpha r^2$ nach dem üblichen Schema

$$\frac{\pi}{\alpha} \int e^{-u} \frac{du}{dr} dr = \frac{\pi}{\alpha} \int e^{-u} du = -\frac{\pi}{\alpha} e^{-u} = -\frac{\pi}{\alpha} e^{-\alpha r^2}$$

lösen läßt. Setzt man nun die Grenzen ein, so erhält man

$$-\frac{\pi}{\alpha}(0 - 1) = \frac{\pi}{\alpha},$$

und die Wurzel daraus ist das gesuchte Ergebnis:

$$\int_{-\infty}^{+\infty} e^{-\alpha x^2} dx = \sqrt{\frac{\pi}{\alpha}}. \tag{6.37}$$

■ Bereichsintegrale können oft mittels Übergang zu zweckmäßigeren Variablen (Variablentransformation) vereinfacht werden. Die Umrechnung der Flächenelemente $dx\,dy$ bzw. der Volumenelemente $dv = dx\,dy\,dz$ erfolgt über die Funktionaldeterminante (Abschn. 5.3.4).

6.5.4 Gaußscher Integralsatz und Greensche Integralformeln

Die letzten beiden Abschnitte können von allen, die Abschnitt 5.4 überschlagen haben, übersprungen werden. Sie runden wie die Abschnitte 6.4.4 und 6.4.5 den in Abschnitt 5.4 angeschnittenen Themenkreis ab.

Am Ende dieses Kapitels soll noch gezeigt werden, daß ein Zusammenhang zwischen Kurvenintegralen und Bereichsintegralen besteht. In Abschnitt 5.4.2 hatten wir die Divergenz eines Strömungsfeldes $\vec{j}$ kennengelernt, die die Gesamtmenge der Ab- bzw. Zuflüsse aus einem (infinitesimalen) Volumenelement angab. Um nicht gleich den dreidimensionalen Fall zu behandeln, wollen wir zunächst ein zweidimensionales Strömungsfeld betrachten, dessen Divergenz (hier Flächendivergenz), multipliziert mit $\Delta x \Delta y$,

$$\left(\frac{\partial j_x}{\partial x} + \frac{\partial j_y}{\partial y} \right) \Delta x \Delta y$$

den erwähnten Gesamtabfluß wiedergibt. Abb. 6.10 zeigt die Strömungsverhältnisse an den

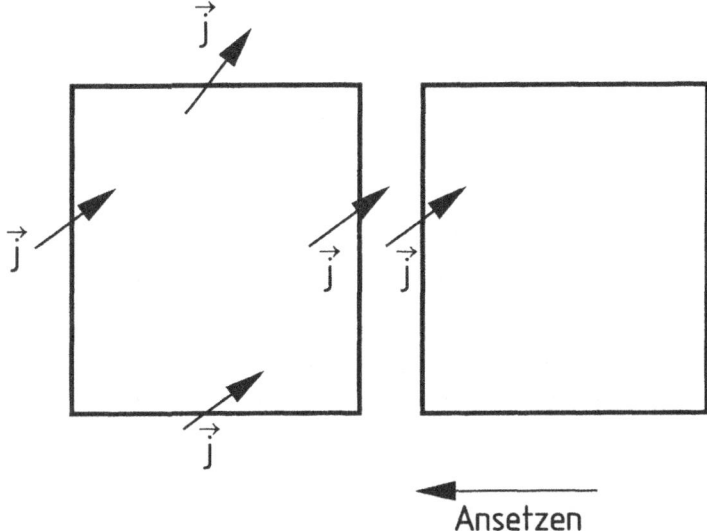

Fig. 6.10 Strömungsverhältnisse an zwei nebeneinanderliegenden Rechtecken. (Beachten Sie, daß die Strömungen an allen vier Seiten des linken Recheckes verschieden sind. Gleich sind nur die Strömungen an den Innenseiten beider Rechtecke.)

Rechteckseiten (man beachte, daß sich alle $\vec{j}$ ein wenig von einander unterscheiden, weil die Strömung nicht konstant ist). Daneben, leicht versetzt, ist das Nachbar-Rechteck eingezeichnet. Vereinigt man beide Rechtecke, so heben sich die Beiträge der gemeinsamen Kante weg, weil sie einmal als Zufluß und einmal als Abfluß in die Bilanz eingehen. Die Summe der beiden Beiträge ist also nach wie vor der gesamte Abfluß nach außen. Das kann beliebig oft wiederhholt werden, so daß die Divergenz, integriert über eine endliche Fläche, den Gesamtab- bzw. -zufluß wiedergibt:

$$\iint\limits_{Fl} \operatorname{div} \vec{j}\, dx\, dy = \iint\limits_{Fl} \left(\frac{\partial j_x}{\partial x} + \frac{\partial j_y}{\partial y} \right) dx\, dy = \tag{6.38}$$

$$\oint\limits_{Bgrzg} (j_x \cdot n_x + j_y \cdot n_y) ds = \oint\limits_{Bgrzg} (\vec{j} \cdot \vec{n}) ds.$$

Dabei ist Fl die Fläche, über die integriert wurde, $Bgrzg$ die Begrenzung dieser Fläche nach
außen, n_x, n_y die Komponenten des sog. Normalen-Vektors, d.h. eines Einheitsvektors, der
senkrecht auf der Außengrenze steht und nach außen weist. $\vec{j} \cdot \vec{n}$ ist deshalb die senkrecht
auf der Begrenzung stehende Komponente des Strömungsfeldes, die einzige Komponente,
die Ab- oder Zufluß bewirkt. Die Integrale in der zweiten Zeile geben also den gesamten
Abfluß wieder.

Wichtiger als diese zweidimensionale Fassung ist seine Erweiterung auf drei Dimensionen,
weil die zu behandelnden Systeme meist räumliche Systeme sind. Statt der Umwandlung
eines Flächenintegrals in ein Kurvenintegral verknüpft die dreidimensionale Form ein Vo-
lumenintegral über einen gegebenen Bereich B mit einem Integral über seine Oberfläche
O:

$$\iiint_B \left[\frac{\partial j_x}{\partial x} + \frac{\partial j_y}{\partial y} + \frac{\partial j_z}{\partial z} \right] dx\, dy\, dz = \iint_O (j_x \cdot n_x + j_y \cdot n_y + j_z \cdot n_z) do$$

$$= \iint_O \vec{j}(x, y, z) \cdot \vec{n}\, do. \tag{6.39}$$

$\vec{j}$ hat jetzt drei Komponenten, der Vektor $\vec{n}$ ist ebenfalls der nach außen weisende Normalen-
Vektor und do ist ein Element der Oberfläche, über die integriert wird. $\vec{j} \cdot \vec{n}$ ist die Komponente von $\vec{j}$ senkrecht zum Flächenelement do, so daß der Integrand den Fluß pro Zeit
über das Flächenelement do darstellt. Die Integration über die gesamte Oberfläche liefert
dann den gesamten Abfluß aus B und der Gaußsche Satz für ein Strömungsfeld besagt, daß
die Integration der Quelldichte über das Gebiet B gleich dem gesamten Abfluß über seine
Oberfläche ist.

Der Beweis erfolgt wie im zweidimensionalen Fall, aber statt der Rechtecke sind jetzt dreidimensionale Quader zu summieren. Von diesen Quadern sind die Oberflächenintegrale auszurechnen,
und beim Zusammenfügen zweier Quader heben sich die Beiträge der gemeinsamen Seitenflächen
ebenso weg wie im zweidimensionalen Fall.

Die Anweisung für den Integranden auf der rechten Seite von Gleichung (6.39) ist eindeutig,
aber die Auswertung recht umständlich, und die technische Seite der Berechnung braucht
hier nicht erörtert zu werden. Für die Bedeutung des Satzes im Rahmen der Vektoranalysis
ist sie nicht wichtig.

> ■ Der Gaußsche Integralsatz [Gln. (6.38) bzw. (6.39)] gestattet die Umrechnung
> von Bereichsintegralen über Divergenzen in Integrale von geringerer Dimension.
> So können zweidimensionale Integrale in einfache (geschlossene) Umlaufintegrale
> und dreidimensionale Integrale in (zweidimensionale) Oberflächenintegrale ver-
> wandelt werden.

Wir hatten in Abschn. 5.4.2 die sog. Kontinuitätsgleichung als Beispiel für ein Auftreten der Divergenz angeführt. Dabei war vorausgesetzt worden, daß keine echten Quellen und Senken vorhanden sind, sondern alle Konzentrationsänderungen ausschließlich von Zu- und Abflüssen herrühren. Unter diesen Umständen galt

$$\operatorname{div} \vec{j} = -\frac{\partial c}{\partial t}.$$

Wenn man will, kann man beide Seiten noch über ein Gebiet B integrieren

$$\int_B \operatorname{div} \vec{j} \, dv = -\frac{\partial}{\partial t} \int \int \int_B c(x, y, z, t) dx \, dy \, dz$$

und dann die linke Seite mittels des Gaußschen Satzes umformen:

$$\int \int_O (\vec{j} \cdot \vec{n}) do = -\frac{\partial}{\partial t} \int \int \int_B c(x, y, z) dx dy dz.$$

In Worten: Der Gesamtabfluß aus dem Gebiet B entspricht der Abnahme der Gesamtmenge der Substanz im Innern pro Zeiteinheit. Umfaßt das Gebiet B den gesamten Raum, in dem c von Null verschieden sein kann, dann ist der Gesamtabfluß Null und damit

$$\frac{\partial}{\partial t} \int \int \int_B c(x, y, z, t) dx \, dy \, dz = 0,$$

bzw.

$$\int \int \int_B c(x, y, z, t) dx \, dy \, dz = const.,$$

d.h. die Gesamtmenge ist (zeitlich) konstant.

Aus Gl. (6.38) läßt sich ein weiterer nützlicher Satz (*Greenscher Satz*) herleiten. Die Gleichung gilt ja für beliebige $j_x(x, y)$ und $j_y(x, y)$, so daß hier auch andere Ausdrücke eingesetzt werden können. Ersetzt man

$$j_x(x, y) \quad \Rightarrow \quad u(x, y) \frac{\partial v}{\partial x} \quad \text{und} \quad j_y(x, y) \quad \Rightarrow \quad u(x, y) \frac{\partial v}{\partial y},$$

so entsteht

$$\int \int_{Fl} \left[\frac{\partial u}{\partial x} \frac{\partial v}{\partial x} + \frac{\partial u}{\partial y} \frac{\partial v}{\partial y} + u \frac{\partial^2 v}{\partial x^2} + u \frac{\partial^2 v}{\partial y^2} \right] dx dy = \oint_{Bgr} u \left(\frac{\partial v}{\partial x} n_x + \frac{\partial v}{\partial y} n_y \right) ds.$$

In gleicher Weise läßt sich eine Formel angeben, bei der überall u und v vertauscht sind. Führt man noch die Abkürzung

$$\Delta f(x, y) := \frac{\partial^2 f}{\partial x^2} + \frac{\partial^2 f}{\partial y^2}$$

ein, so ergibt die Differenz beider Gleichungen, u, v unvertauscht und u, v vertauscht,

$$\int \int_{Fl} (u \Delta v - v \Delta u) \, dx \, dy = \oint_{Bgr} \left[u \left(\frac{\partial v}{\partial x} n_x + \frac{\partial v}{\partial y} n_y \right) - v \left(\frac{\partial u}{\partial x} n_x + \frac{\partial u}{\partial y} n_y \right) \right] ds.$$

Die entsprechende dreidimensionale Form lautet

$$\iiint_G (u\Delta v - v\Delta u)dx\,dy\,dz$$

$$= \iint_O \left[u\left(\frac{\partial v}{\partial x}n_x + \frac{\partial v}{\partial y}n_y + \frac{\partial v}{\partial z}n_z\right) - v\left(\frac{\partial u}{\partial x}n_x + \frac{\partial u}{\partial y}n_y + \frac{\partial u}{\partial z}n_z\right) \right]\,do.$$

Dabei ist $\Delta f(x,y,z)$ die bereits bekannte Abkürzung für

$$\Delta f(x,y,z) = \frac{\partial^2 f(x,y,z)}{\partial x^2} + \frac{\partial^2 f(x,y,z)}{\partial y^2} + \frac{\partial^2 f(x,y,z)}{\partial z^2}, \qquad (6.40)$$

also der Laplace-Operator [siehe Gl. (5.32)].

6.5.5 Satz von Stokes

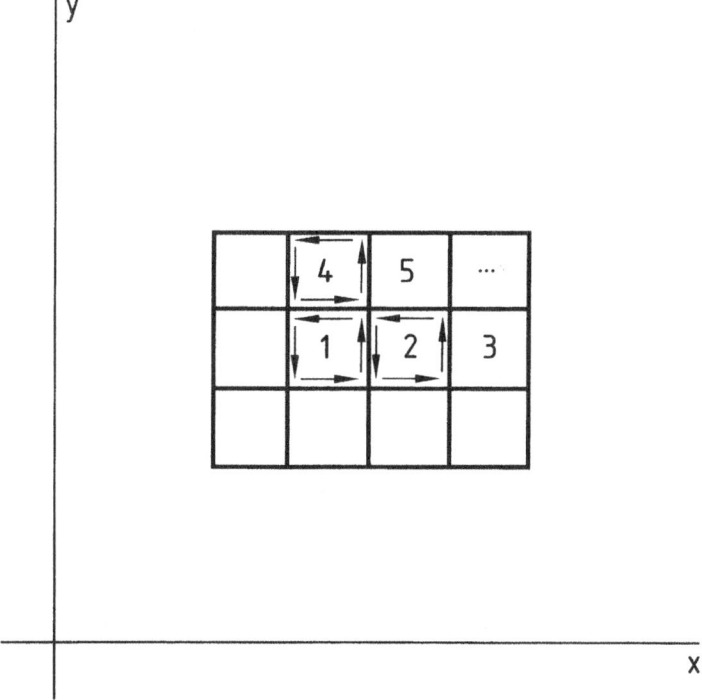

Fig. 6.11 Das Zusammensetzen mehrerer Rechtecke aus Abb. 6.4.

Eine ähnliche Argumentation wie die von der Divergenz zum Satz von Gauß läßt sich auch für die Rotation durchführen. In Abschn. 6.4.4 hatten wir gesehen, daß der Ausdruck rot $\vec{j}\,df$ gleich dem (infinitesimalen) Umlaufintegral über die Strömung ist. Abb. 6.11 zeigt, daß

auch in diesem Falle die Addition zweier nebeneinanderliegender Rechtecke dazu führt,
daß die Summe beider $\operatorname{rot}\vec{j}\,df$ gleich dem Umlaufintegral um *beide* Rechtecke ist. Auch
hier heben sich die Beiträge für die gemeinsame Kante weg, weil sie in entgegengesetztem
Sinne durchlaufen werden. Durch Addition weiterer Rechtecke ergibt sich dann, daß das
Integral über eine beliebig geformte Fläche mit einer Randkurve C gleich dem Kreisintegral
über diese Randkurve ist. Bei der Integration über die Fläche heben sich nämlich (fast)
alle Weg-Elemente weg, weil sie entgegengesetzt durchlaufen werden. Übrig bleibt nur der
äußere Rand C.

$$\int\int_F (\operatorname{rot}\vec{v}\cdot\vec{n})df = \oint_C \vec{v}\cdot d\vec{r}. \tag{6.41}$$

Dabei ist $\vec{n}$ der (normierte) Vektor senkrecht zur Fläche F, über die integriert wird, enthält
also die Ausrichtung der jeweiligen Flächenelemente. Gl. (6.41) ist der *Integralsatz von
Stokes*.

Eine Komplikation im Vergleich zum Satz von Gauß besteht darin, daß der Integrand $\operatorname{rot}\vec{j}$ ein
Vektor ist, wohingegen die Divergenz eine skalare Größe ist, die problemlos addiert werden kann.
$\operatorname{rot}\vec{j}$ steht senkrecht auf dem Wirbel, während bei der Addition von beliebigen Flächenelementen
diese Elemente natürlich auch beliebig gerichtet sind. Zu addieren ist also über die Projektion des
Wirbels auf die gewählte Fläche, was im Integranden dadurch zum Ausdruck kommt, daß nicht
$\operatorname{rot}\vec{j}$, sondern die Projektion in Form von $(\operatorname{rot}\vec{j})\cdot\vec{n}$ im Integranden auftritt. Der Satz von Stokes
spielt keine so große Rolle wie der von Gauß, so daß diese Skizzierung ausreichend erscheint.

Für *rotationsfreie* Felder ergibt der Satz die weiter oben gemachte Aussage, daß unter diesen
Umständen alle Wegintegrale über geschlossene Kurven Null sind, nochmals in direkter
Form.

Aufgaben

1. Gegeben eine Ladungsverteilung mit einer Dichte $\rho(x,y,z)$ in einem bestimmten Bereich. Gesucht ist das elektrische Potential dieser Ladungsverteilung im Punkt (X,Y,Z). Anleitung: Das
elektrische Potential einer Punktladung an einem Punkt ("Aufpunkt") ist q/r, wenn q die Ladung und r der Abstand des Aufpunktes von der Ladung ist. Man überlege zunächst, wie groß
die Ladung in einem Volumenelement $dx\,dy\,dz$ ist und welches Potential sie am Aufpunkt hat. Der
Effekt der gesamten Ladungswolke entsteht dann durch Aufsummation der Beiträge der einzelnen
Volumenelemente.
2. Gegeben zwei Ladungsverteilungen $\rho_1(x,y,z)$ und $\rho_2(x,y,z)$. Wie groß ist die elektrostatische
Wechselwirkungsenergie zwischen ρ_1 und ρ_2? Anleitung: Die Wechselwirkungsenergie zweier Punktladungen q_1 und q_2 ist (in geeigneten Maßeinheiten) $q_1 q_2/r$, wobei r der Abstand beider Ladungen
von einander ist. Die gesamte Wechselwirkungsenergie setzt sich aus den Beiträgen aller Ladungs-
paare zusammen.
3. (a) Berechnen Sie das Bereichsintegral $\int_B x^3 y^2 dx\,dy$ über den in Abb. 6.12 angegebenen Bereich!
(b) Berechnen Sie das gleiche Integral mit Integration zuerst über x und dann über y!
4. Berechnen Sie die Bereichsintegrale über einen rechteckigen Bereich $2 \le x \le 4$ und $-1 \le y \le 5$:
a) mit dem Integranden $\sin(x+2y)$ b) mit dem Integranden $\sin x \sin(2y)$!
5. Die Fläche $z = 5-3x^2-3y^2$ hat die Form eines "Zuckerhutes". Berechnen Sie sein Volumen, wenn
die x,y-Ebene seine Basis darstellt. Vorschlag: Transformieren Sie das Integral in Polarkoordinaten!
6. Berechnen Sie das Integral von Aufgabe 1 mit folgenden Annahmen: $\rho(x,y,z) = e^{-\alpha(x^2+y^2+z^2)}$,
Bereich ist der gesamte dreidimensionale Raum und der Aufpunkt ist $X = Y = 0, Z = z_0$. Diese

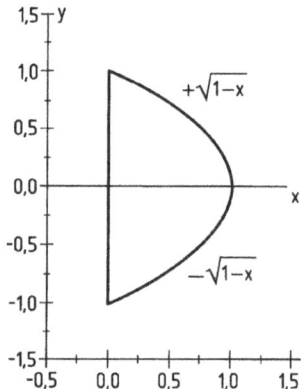

$+\sqrt{1-x}$

$-\sqrt{1-x}$

Fig. 6.12

Integrationsbereich   in

Übungsaufgabe 3.

Aufgabe ist etwas umfangreicher, aber mit den uns zur Verfügung stehenden Mitteln durchaus zu lösen. Sie stellt sozusagen den Ernstfall dar, weil diese Integrale in den Molekül-Programmen (wie z.B. "Gaussian") auftreten, um das Potential von Elektronen gegenüber den Kernen zu bestimmen. Hier eine ausführliche Anleitung: (1) Substituieren Sie $z' = z - z_0$, um den Nenner zu vereinfachen! Dadurch entsteht im Exponenten aber aus z eine Summe, die ausmultipliziert werden muß. (2) Ihr Exponent ist nun eine Summe von fünf Termen. Die exp-Funktion läßt sich jetzt in drei Faktoren zerlegen, einen der nur z_0 enthält (er ist konstant und kann vor das Integral gezogen werden), einer enthält $z_0 z$ und der Rest gar kein z_0. (3) Gehen Sie jetzt zu Kugelkoordinaten r, θ, φ über (einschließlich Transformation des Volumenelementes)! Denken Sie daran, daß das einzeln auftretende $z = r \cos\theta$ ist! (4) φ-Integration. (5) θ-Integration (via Substitution $\cos\theta = u$ und (6) Hinschreiben des endgültigen r-Integrals. (7) Dieser Schritt ist an sich einfach, aber nicht ganz einfach zu beschreiben. Der Integrand besteht auf dieser Stufe aus zwei Summanden. Zieht man den Exponentialfaktor vor dem Integral wieder unter das Integralzeichen, dann lassen sich die beiden Summanden, die nur aus exp-Funktionen bestehen, in der Form exp($-$Faktor$\times$ Quadratischer Ausdruck) schreiben. Eine einfache Substitution in jedem der beiden Terme führt auf einen einfachen Integralausdruck, der allerdings nicht weiter behandelt werden kann.
7. Verifizieren Sie den Gaußschen Integralsatz (6.38) für den einfachen Sonderfall $j_y(x, y) = 0$ bei einem rechteckigen Bereich $a \leq x \leq b$ und $c \leq y \leq d$ [Abb.6.8]!

7 Taylorsche Reihen und Analytische Funktionen

7.1 Taylorsche Reihen

Die Entwicklung von Funktionen in Potenzreihen ist ein für Naturwissenschaftler äußerst wichtiges Thema. Sie wird immer angewendet, wenn irgendwelche Funktionen nicht analytisch, das heißt in diesem Zusammenhang "nicht durch einen expliziten Ausdruck", gegeben sind. Am Beispiel der Wärmekapazität $c_p(T)$ macht man sich sofort klar, wie oft das der Fall sein wird. Aber selbst wenn die Funktion analytisch gegeben ist, gibt es häufig Probleme, deren Lösung erst mittels Potenzreihen möglich wird.

7.1.1 Potenzreihen

Wir hatten in Abschnitt 4.3.4 Reihen von Funktionen kennengelernt, bei denen eine (unendliche) Folge von Funktionen $f^{(n)}(x)$ zu $g(x) = \sum_{n=0}^{\infty} f^{(n)}(x)$ aufsummiert wird. Bei *Potenzreihen* handelt es sich um Reihen mit Gliedern der Form $a_n x^n$:

$$\sum_{n=0}^{\infty} a_n x^n = g(x). \tag{7.1}$$

Der Definitionsbereich der Funktion war der Bereich, in dem die Reihe konvergiert. Gemäß Wurzelkriterium (s. Abschn. 4.3.3) konvergiert die Reihe dann, wenn die n-te Wurzel der einzelnen Glieder für große n kleiner als 1 wird:

$$\lim_{n \to \infty} \sqrt[n]{|a_n x^n|} = \lim_{n \to \infty} \left(|x| \sqrt[n]{|a_n|} \right) = |x| \lim_{n \to \infty} \sqrt[n]{|a_n|} < 1.$$

Löst man das nach $|x|$ auf, so sieht man, daß Konvergenz für alle

$$|x| < x_r = \frac{1}{\displaystyle\lim_{n \to \infty} \sqrt[n]{|a_n|}}$$

gegeben ist. Den Ausdruck auf der rechten Seite nennt man den *Konvergenzradius*[1] x_r: Ist $|x| < x_r$, so konvergiert die Reihe, für $|x| > x_r$ divergiert sie und für $|x| = x_r$ bleibt die Frage offen.

---

[1] Der Ausdruck "Radius" ist bei reellem x nicht besonders einsichtig, denn faktisch ist Konvergenz nur für alle x mit $-x_r < x < +x_r$ garantiert. Erst für komplexe x-Werte bedeutet $|x| < x_r$, daß Konvergenz für alle x innerhalb eines Kreises mit Radius x_r um den Ursprung (die Null) der Gaußschen Zahlenebene gegeben ist.

Die in Gl. (7.1) gegebene Reihe ist um den Punkt $x = 0$ zentriert. Analoge Potenzreihen lassen sich auch für beliebige Zentren (z.B. x_0) angeben:

$$\sum_{n=0}^{\infty} a_n(x - x_0)^n = g(x). \tag{7.2}$$

Eine solche Reihe konvergiert dann für alle $|x - x_0| < x_r$.

Potenzreihen kann man innerhalb ihres Kovergenzradius differenzieren und integrieren. Wir tun das hier für die einfache Form (7.1), – für den Fall (7.2) braucht man nur überall an Stelle von x den Ausdruck $x - x_0$ zu setzen. Wir behaupten also, daß

$$\int \left(\sum_{n=0}^{\infty} a_n x^n \right) dx = c + \sum_{n=0}^{\infty} \frac{a_n}{n+1} x^{n+1} = \int g(x)dx$$

und

$$\frac{d}{dx} \left(\sum_{n=0}^{\infty} a_n x^n \right) = \sum_{n=1}^{\infty} n a_n x^{n-1} = g'(x)$$

ist.

Der Beweis für die Konvergenz der integrierten Reihe ist recht einfach. Man bringt sie in die Form

$$c + x \sum_{n=0}^{\infty} \frac{a_n}{n+1} x^n$$

und erkennt, daß die ursprüngliche Reihe eine Majorante der Reihe in diesem Ausdruck ist, denn für $n > 0$ gilt immer

$$|a_n| > \left| \frac{a_n}{n+1} \right|.$$

Also hat diese Reihe mindestens den gleichen Konvergenzradius wie die, deren Stammfunktion gesucht war.

Für die Ableitung ist der Beweis etwas umständlicher. Man schreibt die Reihe in der Form

$$\sum_{n=0}^{\infty} a_n(x + u)^n$$

und weiß, daß sie für alle $|x + u| < x_r$ konvergiert. Formt man die $(x + u)^n$ nach der Binomialformel Gl. (1.15) um, so ergibt sich

$$\sum_{n=0}^{\infty} a_n \sum_{m=0}^{n} \binom{n}{m} x^{n-m} u^m,$$

was eine Potenzreihe in x und u darstellt. Ordnet man nach u-Potenzen, wird daraus

$$\sum_{n=0}^{\infty} a_n x^n + u \sum_{n=0}^{\infty} n a_n x^{n-1} + u^2 \sum_{n=0}^{\infty} \binom{n}{2} a_n x^{n-2} + \cdots.$$

Alle diese neu entstandenen Reihen konvergieren für $|x + u| < x_r$, und, da man u beliebig klein wählen kann, auch für alle $|x| < x_r$. Sie haben also den gleichen Konvergenzradius wie die Ausgangsreihe und definieren damit neue Funktionen: die erste Reihe ist $f(x)$ selbst, die zweite nennen wir $f^{(1)}(x)$ usw., so daß

$$f(x + u) = f(x) + u f^{(1)}(x) + u^2 f^{(2)}(x) + \cdots.$$

Die Bildung des Grenzwertes

$$f'(x) = \lim_{u \to 0} \frac{f(x+u) - f(x)}{u} = \lim_{u \to 0} \left[f^{(1)}(x) + u f^{(2)}(x) + \cdots \right] = f^{(1)}(x)$$

zeigt, daß die Funktion $f^{(1)}(x)$, deren Konvergenz wir gerade nachgewiesen haben, gleich der abgeleiteten Reihe ist, und damit ist der Beweis beendet.

Das Verfahren läßt sich beliebig oft wiederholen, und deshalb gilt der Satz, daß *Potenzreihen innerhalb ihres Konvergenzradius beliebig oft differenzierbar sind.*

■ Eine *Potenzreihe* hat die Form

$$\sum_{n=0}^{\infty} a_n x^n \qquad \text{bzw. allgemeiner} \qquad \sum_{n=0}^{\infty} a_n (x - x_0)^n$$

und definiert innerhalb ihres Konvergenzradius eine Funktion. Die Reihe ist im ersten Fall im Ursprung des Koordinatensystems und im zweiten Fall im Punkt x_0 zentriert. Ihr *Konvergenzradius* ist durch

$$x_r = \frac{1}{\lim\limits_{n \to \infty} \sqrt{|a_n|}}$$

gegeben.

7.1.2 Entwicklung von Funktionen in Potenzreihen

Es sei eine Funktion $f(x)$ gegeben, die an der Stelle x_0 *in eine Potenzreihe entwickelt* werden soll, d.h. es soll für das Intervall, in dem die rechte Seite konvergiert,

$$f(x) = \sum_{n=0}^{\infty} a_n (x - x_0)^n \tag{7.3}$$

gelten (siehe Gl. 7.2). Der Punkt x_0, der *Entwicklungspunkt*, kann mit gewissen Einschränkungen frei gewählt werden. Die *Koeffizienten* a_n bestimmen wir nun so, daß Funktionswert und *alle* Ableitungen am Entwicklungspunkt mit denen der Funktion $f(x)$ übereinstimmen. Das setzt natürlich voraus, daß alle Ableitungen von $f(x)$ an dieser Stelle auch existieren, ansonsten ist eine Entwicklung an diesem Punkt nicht möglich. Die Ableitungen der linken Seite von Gl. (7.3) an der Stelle $x = x_0$ sind einfach die Größen $f(x_0)$, $f'(x_0)$, $f''(x_0) \ldots$ $f^{[n]}(x_0)$ usw. Für die rechte Seite ergibt sich für die nullte Ableitung (die Funktion selbst)

$$\sum_{n=0}^{\infty} a_n (x - x_0)^n \Big|_{x=x_0} = a_0 + \sum_{n=1}^{\infty} a_n (x_0 - x_0)^n = a_0,$$

weil beim Einsetzen von x_0 für x alle Glieder mit $n > 0$ verschwinden. In gleicher Weise erhält man für die erste Ableitung an der Stelle $x = x_0$

$$\sum_{n=1}^{\infty} a_n n (x - x_0)^{n-1} \Big|_{x=x_0} = a_1$$

und für die zweite

$$\sum_{n=2}^{\infty} a_n n (n-1) (x - x_0)^{n-2} \Big|_{x=x_0} = 2 a_2.$$

Die höheren Ableitungen werden nach dem gleichen Schema gebildet. Die m-te Ableitung ist dann

$$\sum_{n=m}^{\infty} a_n n(n-1)(n-2)\ldots(n-m+1)(x-x_0)^{n-m}\Big|_{x=x_0}$$
$$= a_m m(m-1)(m-2)\ldots 1 = a_m m!\,.$$

Die Gleichsetzung beider Seiten liefert

$$a_m = \frac{f^{[m]}(x_0)}{m!},$$

so daß die Reihenentwicklung

$$f(x) = \sum_{n=0}^{\infty} \frac{1}{n!} f^{[n]}(x_0)(x-x_0)^n = \qquad\qquad (7.4)$$

$$f(x_0) + f'(x_0)(x-x_0) + \frac{1}{2}f''(x_0)(x-x_0)^2 + \frac{1}{3!}f'''(x_0)(x-x_0)^3 + \ldots$$

lautet. Selbstverständlich ist die Gleichung nur innerhalb des Konvergenzradius der Reihe gültig. Eine solche Potenzreihe bezeichnet man als *Taylorsche Reihe* oder einfach als *Taylorreihe*.

Bricht man die Reihe irgendwann ab, so erhält man natürlich nur eine Näherung für die Funktion $f(x)$. Abbruch nach dem ersten Glied liefert $f(x) = f(x_0)$, also eine Konstante, was die schlechteste Näherung darstellt. Bricht man sie nach dem zweiten Term ab, so ergibt sich

$$f(x) = f(x_0) + f'(x_0)(x-x_0),$$

und wir sehen, daß dies die Tangentengleichung am Punkt x_0 darstellt [Gl. (5.7) mit $y \to f(x)$ und $y_0 \to f(x_0)$]. Abbrechen nach dem dritten Glied liefert eine Parabel (Schmiegeparabel, weil sie sich im Punkt x_0 an die Kurve "anschmiegt"):

$$f(x) = f(x_0) + f'(x_0)(x-x_0) + \frac{1}{2}f''(x_0)(x-x_0)^2$$

und so fort (siehe das Beispiel $\sin x$ weiter unten).

Den Entwicklungspunkt wählt man möglichst so, daß er im Zentrum des Gebietes liegt, für das man sich interessiert. Ein Sonderfall ist $x_0 = 0$, also die Entwicklung am Ursprung, für den die Reihe die einfache Form

$$f(x) = \sum_{n=0}^{\infty} \frac{1}{n!} f^{[n]}(0)x^n \qquad\qquad (7.5)$$

annimmt.

■ Funktionen können an einem Punkt x_0 (*Entwicklungspunkt*) in eine Potenzreihe (*Taylorsche Reihe*) der Form

$$f(x) = \sum_{n=0}^{\infty} \frac{1}{n!} f^{[n]}(x_0)(x-x_0)^n$$

entwickelt werden, sofern alle Ableitungen an der Stelle x_0 existieren. Die Reihenentwicklung ist gültig innerhalb des Konvergenzradius der Reihe, der stets eigens zu bestimmen ist.

Beispiele

Als Beispiel wollen wir eine wohlbekannte Funktion betrachten, deren Funktionswerte sich aber im allgemeinen nicht direkt berechnen lassen: $f(x) = \sin x$, und zwar wollen wir sie an der Stelle $x_0 = 0$ entwickeln. Die erste Ableitung ist $\cos x$, die zweite $-\sin x$, die dritte $-\cos x$ und die vierte wieder $\sin x$. Danach wiederholt sich diese Folge periodisch. Wir benötigen die Ableitungen an der Stelle $x_0 = 0$ und erhalten so für die $f^{[n]}(x_0)$ die Folge der Zahlen $0, 1, -0, -1, 0, 1, -0, -1 \ldots$ (beginnend mit $n=0$). Damit wird die Entwicklung von $\sin x$

$$\sin x = x - \frac{1}{6}x^3 + \frac{1}{120}x^5 - \frac{1}{5040}x^7 + \cdots,$$

bzw.

$$\sin x = \sum_{n=1,3,5\ldots}^{\infty} (-1)^{(n-1)/2} \frac{1}{n!} x^n.$$

Bitte beachten Sie, daß der Sinus eine antisymmetrische Funktion ist. Dementsprechend müssen die Koeffizienten aller geraden Potenzen Null sein!

Die $|a_n|$ im Sinne des vorigen Abschnitts sind für gerade n Null und für ungerade $1/n!$. Um den Konvergenzradius zu bestimmen, benötigen wir $\lim_{n\to\infty} \sqrt[n]{|a_n|}$, und in diesem Zusammenhang einen Ausdruck für $\sqrt[n]{1/n!}$ für große n.

Laut Sterlingscher Formel Gl. (1.11) gilt für große n

$$\frac{1}{n!} \approx (2\pi n)^{-1/2} \left(\frac{e}{n}\right)^n$$

und für die $n$te Wurzel

$$\frac{1}{\sqrt[n]{n!}} \approx (2\pi n)^{-1/(2n)} \frac{e}{n}.$$

Dieser Ausdruck geht für große n gegen Null.

$\lim_{n\to\infty} \sqrt[n]{|a_n|}$ ist also Null und der Konvergenzradius x_r ist das Reziproke davon, d.h. unendlich. Die Reihe konvergiert mithin für alle (endlichen) x-Werte. Abb. 7.1 zeigt die Taylorreihe bei verschiedenem Abbruch und man sieht, wie sich die verschiedenen Näherungen bei Übergang zu mehr Gliedern immer besser an die entwickelte Funktion anschmiegen.

Nach dem gleichen Schema lassen sich die Taylorreihen (ebenfalls bei Entwicklung am Ursprung) für verschiedene andere wichtige Funktionen bilden:

$$\cos x = \sum_{n=0,2,4\ldots}^{\infty} (-1)^{n/2} \frac{1}{n!} x^n = 1 - \frac{1}{2}x^2 + \frac{1}{24}x^4 - \frac{1}{720}x^6 + \cdots,$$

$$e^x = \sum_{n=0}^{\infty} \frac{1}{n!} x^n = 1 + x + \frac{1}{2}x^2 + \frac{1}{6}x^3 + \cdots,$$

$$\frac{1}{1-x} = \sum_{n=0}^{\infty} x^n$$

und viele andere, die in Formelsammlungen nachgeschlagen werden können. (Der Konvergenzradius der Reihen für $\cos x$ und e^x ist ebenfalls unendlich, der für $(1-x)^{-1}$ ist 1). $\ln x$

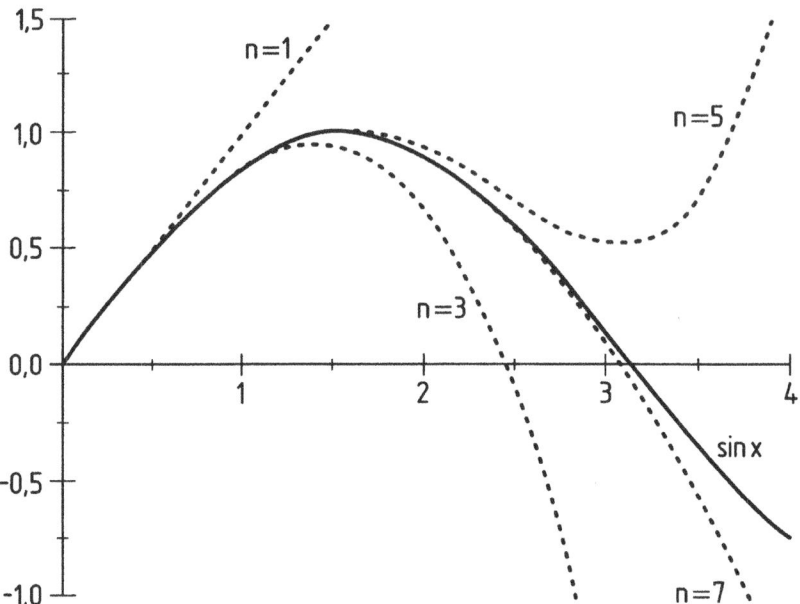

Fig. 7.1 $\sin x$ und die zugehörige Taylor-Entwicklung bei Abbruch nach $n = 1, 3, 5, 7$

kann man nicht an der Stelle $x_0 = 0$ entwickeln, weil dort weder die Funktion noch ihre Ableitungen definiert sind, wohl aber an der Stelle $x_0 = 1$. Man zieht es jedoch meist vor, statt dessen die Funktion $\ln(1+x)$ an der Stelle $x_0 = 0$ zu entwickeln, was ebenso brauchbar ist:

$$\ln(1 + x) = x - \frac{1}{2}x^2 + \frac{1}{3}x^3 - \frac{1}{4}x^4 + \cdots.$$

(Der Konvergenzradius ist ebenfalls 1).

Da alle diese Reihenentwicklungen nach dem gleichen Schema vorgenommen werden, wollen wir sie den Übungsaufgaben vorbehalten. Am einfachsten geht man so vor, daß man sich eine kleine Tabelle mit den Spalten n, $(x - x_0)^n/n!$, $f^{[n]}$ und $f^{[n]}(x_0)$ anlegt, und dann die zweite und vierte Spalte multipliziert und die einzelnen Terme aufaddiert.

In Abschnit 4.3.2 hatten wir gezeigt, daß Zahlen durch konvergente Folgen oder Reihen definiert werden können. Dort hatten wir z.B. die Zahl e berechnet [siehe Gl. (4.22)]. Diese Formel ist mühelos zu reproduzieren, wenn wir die Taylorreihe für e^x für den Fall $x = 1$ hinschreiben. Um ein weiteres Beispiel zu geben, wollen wir noch die Zahl π berechnen. Wir tun das auf die Weise, daß wir von der Gleichung $\tan(\pi/4) = 1$ ausgehen. Durch Auflösen nach π erhalten wir $\pi = 4 \arctan 1$. Man sieht, daß die Taylorreihe für $\arctan x$ benötigt wird, die wir dann für $x = 1$ auszuwerten hätten.

Diese Reihe kann im Prinzip wie bei allen obigen Beispielen aufgestellt werden. Wir wählen auch hier als Entwicklungspunkt $x_0 = 0$. Die erste Ableitung ist $1/(1+x^2)$, aber die höheren Ableitungen werden recht umständlich. Wir können dies aber dadurch umgehen, daß wir aus bekannten Reihen neue Reihen bilden. Wir beginnen mit der oben angegebenen Reihe für $1/(1-x)$:

$$\frac{1}{1-x} = 1 + x + x^2 + x^3 + x^4 + \dots \quad \text{mit} \quad x_r = 1.$$

Wir können aus ihr die Reihe für $1/(1+x)$ dadurch herleiten, daß wir x durch $-x$ ersetzen:

$$\frac{1}{1+x} = 1 + (-x) + (-x)^2 + (-x)^3 + \dots = 1 - x + x^2 - x^3 + x^4 - \dots$$

(ebenfalls mit $x_r = 1$). Mit dieser Reihe können wir die Reihe für $1/(1+x^2)$ erzeugen. Dazu müssen wir nur x durch x^2 ersetzen (Konvergenzradius immer noch 1):

$$\frac{1}{1+x^2} = 1 - x^2 + x^4 - x^6 + \dots .$$

Das ist die Ableitung von $\arctan x$, so daß wir die Reihe nur noch zu integrieren brauchen:

$$\arctan x = x - \frac{x^3}{3} + \frac{x^5}{5} - \frac{x^7}{7} + \dots .$$

x_r ändert sich dabei nicht.

Für π ergibt sich mithin

$$\pi = 4(1 - \frac{1}{3} + \frac{1}{5} - \frac{1}{7} + \dots),$$

was allerdings sehr schlecht konvergiert. Bei Abbruch nach dem 1., 2., 3. Term usw. ergibt sich folgende Zahlenfolge: 4, 2.667, 3.467, 2.895, 3.340, 2.976, usw. Man sieht, daß "die Reihe richtig arbeitet", allerdings höchstens mit einem Computer zu halbwegs brauchbaren Werten führt. Hier hilft ein kleiner Trick weiter: $x-x_0$ ist 1 und das ist für diese schlecht konvergierende Reihe zu groß. Wenn wir aber statt von $\tan(\pi/4) = 1$ von $\tan(\pi/6) = 1/\sqrt{3}$ ausgehen[2], ist $x-x_0$ nur noch etwa 0.557 und die Konvergenz ist für kleinere Werte von $x-x_0$ natürlich besser:

$$\pi = 6\left(\frac{1}{\sqrt{3}} - \frac{1}{3}\left(\frac{1}{\sqrt{3}}\right)^3 + \frac{1}{5}\left(\frac{1}{\sqrt{3}}\right)^5 - \dots\right)$$

$$= \frac{6}{\sqrt{3}}\left(1 - \frac{1}{9} + \frac{1}{45} - \frac{1}{189} + \frac{1}{729} - \dots\right).$$

Die entsprechenden Zahlen sind 3.4641, 3.0792, 3.1562, 3.1378, 3.1426, 3.1413, usw. Man sieht, wieviel die Wahl eines kleineren Wertes von $x-x_0$ einbringt. (Selbstverständlich sind für die Berechnung einer so wichtigen Zahl noch effizientere Methoden entwickelt worden!)

7.1.3   Abschätzung des Restgliedes

Bricht man die Taylorreihe nach dem m-ten Glied ab, so macht man dabei einen Fehler, weil die Terme mit $n > m$ (der Rest) fehlen. Man muß unter diesen Umständen

$$f(x) = \sum\nolimits_{n=0}^{m} \frac{1}{n!} f^{[n]}(x_0)(x-x_0)^n + R_m(x)$$

---

[2] $\sin 30^0 = 1/2$ und $\cos 30^0 = \sqrt{3}/2$.

schreiben, wobei R_m das sog. *Restglied*, das natürlich von m abhängt, darstellt. Dieses Restglied dient weniger zur Berechnung des genauen Fehlers als zur Abschätzung seiner Größenordnung. Um einen Ausdruck hierfür zu finden, müssen wir die Taylorreihe nochmals herleiten, allerdings auf einem umständlicheren Wege.

Wir gehen dazu von Gl. (6.12) aus, die den Zusammenhang von Integral und Stammfunktion wiedergibt:

$$\int_{x_0}^{x} f(t)dt = F(x) - F(x_0).$$

Diese Gleichung gilt auch für ein $f'(t)$, dessen Stammfunktion dann $f(t)$ ist:

$$\int_{x_0}^{x} f'(t)dt = f(x) - f(x_0).$$

Durch Umstellen dieser Gleichung erhalten wir

$$f(x) = f(x_0) + \int_{x_0}^{x} f'(t)dt = f(x_0) + R_0. \tag{7.6}$$

Wir sehen, daß die umgestellte Gleichung die Taylorreihe nach Abbrechen des $(n = 0)$-Gliedes ist, so daß das Integral dem Restglied R_0 entspricht. Um höhere Restglieder zu finden, benötigen wir ein Hilfsintegral.

Wir beginnen mit dem Integral

$$\int_{a}^{b} (b - x)^{n-1} f(x)dx,$$

das sich durch partielle Integration lösen läßt. Im Sinne der Nomenklatur von Abschn. 6.2.3 ist $f = (b - x)^{n-1}$, $g = f(x)$, $F = (-1)(b - x)^n/n$ und $g' = f'(x)$. Damit ergibt sich für das Integral

$$\int_{a}^{b} (b - x)^{n-1} f(x)dx = \frac{-1}{n}(b - x)^n f(x)\Big|_{x=a}^{x=b} - \int_{a}^{b} \frac{-1}{n}(b - x)^n f'(x)dx$$

$$= \frac{1}{n}(b - a)^n f(a) + \frac{1}{n}\int_{a}^{b} (b - x)^n f'(x)dx.$$

(Beim letzten Schritt ist $(b-x)|_{x=b} = 0$ berücksichtigt worden.) Diese Formel müssen wir für unsere Zwecke noch etwas umschreiben. Wir benötigen sie für $a = x_0$ und $b = x$. Da die Variable x jetzt für die obere Grenze vergeben ist, empfiehlt es sich, die Integrationsvariable in t umzubenennen. Damit erhalten wir

$$\int_{x_0}^{x} (x - t)^{n-1} f(t)dt = \frac{1}{n}(x - x_0)^n f(x_0) + \frac{1}{n}\int_{x_0}^{x} (x - t)^n f'(t)dt.$$

Schließlich kann man die Formel auch auf beliebige Ableitungen von $f(t)$, z.B. die m-te $f^{[m]}(t)$, anwenden, wenn man nur an Stelle von $f'(t)$ die nächst höhere Ableitung $f^{[m+1]}(t)$ einsetzt. Dies ist dann das gesuchte Hilfsintegral

$$\int_{x_0}^{x} (x - t)^{n-1} f^{[m]}(t)dt = \frac{1}{n}(x - x_0)^n f^{[m]}(x_0) + \frac{1}{n}\int_{x_0}^{x} (x - t)^n f^{[m+1]}(t)dt.$$

Wenden wir diesen Ausdruck auf das Integral in Gl. (7.6) an (n und m sind hier 1), so ergibt sich

$$R_0 = \int_{x_0}^{x} f'(t)dt = f'(x_0)(x - x_0) + \int_{x_0}^{x} (x - t)f''(t)dt.$$

Der erste Term ist das ($n = 1$)-Glied der Taylorreihe und das Integral mithin das Restglied R_1. Auch dieses Integral kann mit unserer Hilfsformel ausgewertet werden ($n = m = 2$):

$$\int_{x_0}^{x} (x - t)f''(t)dt = \frac{1}{2}(x - x_0)^2 f''(x_0) + \frac{1}{2}\int_{x_0}^{x} (x - t)^2 f'''(t)dt,$$

so daß R_1 in das ($n = 2$)-Glied der Taylorreihe plus R_2 zerlegt ist. Diese Zerlegung läßt sich beliebig oft fortsetzen und man erhält für R_n schließlich

$$R_n = \frac{1}{n!} \int_{x_0}^{x} (x - t)^n f^{[n+1]}(t)dt.$$

Dies ist die Form des Restgliedes nach Euler. Eine andere Form läßt sich gewinnen, wenn man den erweiterten Mittelwertsatz der Integralrechnung [Gl. (6.11)] anwendet:

$$\begin{aligned}
R_n &= \frac{1}{n!} f^{[n+1]}\Big(x_0 + \theta(x - x_0)\Big) \int_{x_0}^{x} (x - t)^n dt \\
&= \frac{1}{n!} f^{[n+1]}\Big(x_0 + \theta(x - x_0)\Big) \frac{-1}{n+1}(x - t)^{n+1}\Big|_{t=x_0}^{t=x} \\
&= \frac{(x - x_0)^{n+1}}{(n+1)!} f^{[n+1]}\Big(x_0 + \theta(x - x_0)\Big)
\end{aligned}$$

mit $0 \leq \theta \leq 1$. Diese Form wird als Restglied von Lagrange bezeichnet. Es hat den Vorteil, daß es kein Integral mehr ist, allerdings um den Preis, daß man nur weiß, daß die Ableitung $f^{[n+1]}$ an einem Punkt zwischen x_0 und x zu nehmen ist. Da das Restglied aber nur der Größenabschätzung dient, ist das kein großes Problem.

Der Betrag des Restgliedes in der letzten Form ist damit

$$|R_n| = \frac{|x - x_0|^{n+1}}{(n+1)!} \Big|f^{[n+1]}\Big(x_0 + \theta(x - x_0)\Big)\Big|,$$

und eine obere Grenze ist

$$|R_n|_{\max} = \frac{|x - x_0|^{n+1}}{(n+1)!} \Big|f^{[n+1]}\Big(x_0 + \theta(x - x_0)\Big)\Big|_{\max}.$$

In dieser Form kann der Fehler bei Abbruch der Taylorreihe leicht geschätzt werden.

Als Beispiel wählen wir wieder die Reihe für $\sin x$, und zwar den Fehler bei der Berechnung von $\sin 30^0 = \sin(\pi/6)$. Für diese Reihe sind alle $|f^{[n+1]}|$ für ungerade n $\sin x$, und der Maximalwert im Bereich zwischen 0 und $\pi/6$ ist 1/2. Damit erhalten wir folgende Tabelle

Abbruch-n	$\|R_n\|_{max}$	tatsächlicher Fehler
1	0.068	0.023
3	$1.6 \cdot 10^{-3}$	$3 \cdot 10^{-4}$
5	$1.4 \cdot 10^{-5}$	$2 \cdot 10^{-6}$
7	$7 \cdot 10^{-8}$	10^{-8}

Der tatsächliche Fehler ist natürlich kleiner als der maximale.

■ Bei Abbruch der Taylorreihe nach dem n-ten Glied verbleibt ein Restbetrag (*Restglied* R_n). Für dieses Restglied läßt sich eine Obergrenze angeben, die einen Anhaltspunkt für den tatsächlichen Fehler infolge des Abbruches gibt.

7.1.4 Funktionen mit zwei Veränderlichen

Wir wollen zum Schluß noch zeigen, daß die Entwicklung in eine Taylorreihe auch für Funktionen mit zwei oder mehr Variablen möglich ist. (Da dieser Fall nicht besonders häufig auftritt, kann dieser Abschnitt von weniger Interessierten überschlagen werden.) Wir schreiben zunächst die Taylorreihe (für eine Variable) in einer etwas abgeänderten Form

$$f(x_0 + h) = \sum_{i=0}^{\infty} \frac{h^i}{i!} \frac{d^i f}{dx^i}(x_0).$$

(Dabei steht h für $x - x_0$.) Für eine Funktion $f(x, y)$ betrachten wir y zunächst als Parameter und entwickeln nach x:

$$f(x_0 + h, y) = \sum_{i=0}^{\infty} \frac{h^i}{i!} \frac{\partial^i f}{\partial x^i}(x_0, y).$$

Im nächsten Schritt können wir die Ableitungen von f nach x, die ja Funktionen von y sind, ebenfalls in eine Taylorreihe entwickeln, die wir einsetzen:

$$f(x_0 + h, y_0 + k) = \sum_{i=0}^{\infty} \frac{h^i}{i!} \frac{\partial^i}{\partial x^i} \left(\sum_{j=0}^{\infty} \frac{k^j}{j!} \frac{\partial^j f}{\partial y^j}(x_0, y_0) \right).$$

Das kann man auch als Doppelsumme schreiben:

$$f(x_0 + h, y_0 + k) = \sum_{i=0}^{\infty} \sum_{j=0}^{\infty} \frac{h^i k^j}{i! j!} \frac{\partial^{i+j} f}{\partial x^i \partial y^j}(x_0, y_0).$$

Damit sind wir im Prinzip fertig. Wir können aber diesen Ausdruck noch etwas eleganter schreiben, wenn wir die i, j-Summe in anderer Form bilden, nämlich statt über i und j über $l = i + j$ und j summieren:

$$f(x_0 + h, y_0 + k) = \sum_{l=0}^{\infty} \sum_{j=0}^{l} \frac{h^{l-j} k^j}{(l-j)! j!} \frac{\partial^l f}{\partial x^{l-j} \partial y^j}(x_0, y_0).$$

Als vorletzten Schritt erweitern wir $1/[(l-j)! j!]$ mit $l!$ zu $\binom{l}{j}/l!$ und erhalten

$$f(x_0 + h, y_0 + k) = \sum_{l=0}^{\infty} \frac{1}{l!} \sum_{j=0}^{l} \binom{l}{j} \frac{h^{l-j} k^j \partial^l f}{\partial x^{l-j} \partial y^j}(x_0, y_0).$$

Die j-Summe läßt sich nun als Binomialausdruck schreiben, so daß als Endform

$$f(x_0 + h, y_0 + k) = \sum_{l=0}^{\infty} \frac{1}{l!} \sum_{j=0}^{l} \left(h \frac{\partial}{\partial x} + k \frac{\partial}{\partial y} \right)^l f(x_0, y_0)$$

entsteht.

Um zu zeigen, daß die Formel einfacher ist als sie aussieht, sei als Beispiel der Ausdruck bei Abbruch nach $l = 2$ angegeben:

$$f(x_0 + h, y_0 + k) = f(x_0, y_0) + h f_x + k f_y + \frac{1}{2}(h^2 f_{xx} + 2hk f_{xy} + k^2 f_{yy}).$$

■ Funktionen mit zwei Veränderlichen werden in eine doppelte Taylorreihe entwickelt.

Aufgaben

1. Leiten Sie die oben nur angeführten Taylorreihen für a) $\cos x$, b) e^x, c) $\ln(1 + x)$ her (Entwicklungspunkt ist $x_0 = 0$)!
2. Berechnen Sie $\cos 17^0$ auf vier Stellen genau!
3. Geben Sie die Taylorreihe für $1/x$ mit Entwicklungspunkt $x_0 = 1$ an!
4. Leiten Sie die Reihenentwicklung für a) e^{-x}, b) $\sinh x$ und c) $\cosh x$ durch Umformung anderer Reihen her!
5. Geben Sie die Glieder erster und zweiter Ordnung von $u = f(x, y, z)$ an (Entwicklungspunkt sei der Koordinatenursprung)!
6. Tun Sie dasselbe für die Funktion $u = \sin(x + 2y)$ (Entwicklungspunkt wie bei 5.)!

7.2   Analytische Funktionen

Analytische Funktionen sind eine besondere Klasse von *komplex-wertigen* Funktionen, die von einer ebenfalls *komplexen* Variablen abhängen. Mit ihnen beschäftigt sich die sog. *Funktionentheorie*, die wir hier aber nicht im einzelnen behandeln können. Für Mathematiker hat dieses Gebiet eine zentrale Bedeutung in der Analysis, weil erst bei analytischen Funktionen ein tieferes Verständnis für die Eigenschaften einer Funktion entwickelt wird. Eine Analogie hierfür sind komplexe Zahlen als Lösungen für algebraische Gleichungen. Bei reellen Zahlen ist die Zahl der Lösungen unbestimmt, und erst bei komplexen Zahlen zeigt es sich, daß es immer genauso viele sind wie der Grad der Gleichung angibt. Für den Naturwissenschaftler ist Funktionentheorie eher ein gewisser Luxus, weil er meist mit reellen Funktionen auskommt. Nur ab und zu trifft er auf Themen aus der Funktionentheorie (z.B. die $e^{i\varphi}$-Darstellung komplexer Zahlen oder den Hauptsatz der Algebra, Abschn. 1.3.6 und 1.4.1). Praktische Bedeutung hat sie für ihn eigentlich nur bei der Berechnung einiger Integrale, die nur mit Hilfe der Funktionentheorie möglich ist. In Abschnitt 8.3.2 findet man ein Beispiel.

Weniger interessierte Leser können diesen Abschnitt deshalb getrost überschlagen. Er hat nur den Zweck, ein Grundverständnis für die Problemstellung überhaupt zu ermöglichen und einige Anwendungen, die ihn betreffen können, zu skizzieren. Wer sich mit diesem Gebiet näher befassen möchte, findet eine kurze, aber ausgezeichnete Darstellung von K. Knopp im ersten Band der zwei Hefte "Funktionentheorie" [8].

Es soll daran erinnert werden, daß alle Aussagen von Abschn. 4.3 über Folgen und Reihen und die in diesem Kapitel (Abschn. 7.1.1) über Potenzreihen auch für komplexe Zahlen gültig bleiben, wenn man nur das Betragszeichen im Sinne des Betrages von komplexen Zahlen interpretiert.

7.2.1   Definition von analytischen Funktionen

Funktionen komplexer Variablen

Eine komplexwertige Funktion mit einer komplexen Variablen ist eine Abbildung eines Bereiches der Gaußschen Zahlenebene (Definitionsbereich) auf die gleiche Zahlenebene oder Teile davon (Wertevorrat). Die Funktionsgleichung kann in der üblichen Form

$$w = f(z)$$

geschrieben werden, nur eben mit der Maßgabe, daß sowohl $z = (x, y)$ (bzw. $z = x + iy$) als auch $w = (u, v)$ (bzw. $w = u + iv$) *komplexe* Zahlen darstellen. Schreibt man Real- und Imaginärteile separat hin, so sieht man, daß es sich von diesem Standpunkt aus gesehen um zwei reelle Funktionen von jeweils zwei reellen Variablen handelt, nämlich für den Realteil u und den Imaginärteil v von w

$$u = u(x, y) \quad \text{und} \quad v = v(x, y).$$

Die Stetigkeit von $f(z)$ kann so definiert werden, daß beide Funktionen $u(x, y)$ und $v(x, y)$ stetig sein müssen. Dabei ist das Kriterium für Funktionen von zwei Variablen maßgebend, das wir am Ende von Abschn. 4.1.5 besprochen hatten: Wenn wir uns einem Punkt (x, y) aus seiner Umgebung annähern, muß der Funktionswert in $u(x, y)$ [bzw. $v(x, y)$] übergehen, und zwar *gleichgültig, aus welcher Richtung man sich der Stelle (x, y) nähert.* Auch der Begriff der gleichmäßigen Stetigkeit kann auf Funktionen mit komplexen Veränderlichen übertragen werden.

Wenn man nun die Ableitung bildet, treten für beide Funktionen zwei partielle Ableitungen auf, nämlich jeweils eine nach dem Realteil von z und eine nach dem Imaginärteil. Das ergibt insgesamt vier reelle Zahlen:

$$\frac{\partial u}{\partial x}, \quad \frac{\partial u}{\partial y}, \quad \frac{\partial v}{\partial x}, \quad \frac{\partial v}{\partial y}.$$

Die Ableitung ist in diesem allgemeinsten Fall also nicht einfach *eine* komplexe Zahl, die ja bekanntlich nur zwei reelle Zahlen enthält.

Analytische Funktionen

Von einer *analytischen* Funktion wird nun verlangt, daß die Ableitung eine *einfache komplexe Zahl* darstellt, die in der üblichen Form

$$\frac{dw}{dz} = \frac{df(z)}{dz} = f'(z) = \lim_{\Delta z \to 0} \frac{f(z + \Delta z) - f(z)}{\Delta z} \tag{7.7}$$

durch Bildung des Grenzwertes definiert ist. Im Unterschied zu reellen Funktionen, bei denen nur die beiden Möglichkeiten "Grenzwert von rechts" oder "von links" bestehen, kann hier aber der Grenzwert bei Annäherung aus *allen* Richtungen (der Gaußschen Zahlenebene) gebildet werden. Um zu einem eindeutigen $f'(z)$ zu gelangen, müssen wir verlangen, daß sich für alle diese Richtungen die gleiche Zahl ergibt. Wie wir sehen werden, führt das zu einer starken Beschränkung der Funktionen $u(x, y)$ und $v(x, y)$.

Dazu schreiben wir den Bruch in Gl. (7.7) ausführlich

$$\frac{u(x + \Delta x, y + \Delta y) - u(x, y) + iv(x + \Delta x, y + \Delta y) - iv(x, y)}{\Delta x + i\Delta y}.$$

Um die Bedingungen für die Existenz der Ableitungen zu erhalten, ist es ausreichend, den obigen Grenzwert auf zwei Wegen zu bilden, einmal bei Annäherung parallel zur reellen Achse ($\Delta z = \Delta x$ und $\Delta y = 0$) und einmal parallel zur imaginären Achse ($\Delta z = i\Delta y$ und $\Delta x = 0$), und zu verlangen, daß beide Grenzwerte das gleiche Resultat liefern. Parallel zur reellen Achse ergibt sich

$$\lim_{\Delta x \to 0} \frac{u(x + \Delta x, y) + iv(x + \Delta x, y) - u(x, y) - iv(x, y)}{\Delta x}$$

$$= \lim_{\Delta x \to 0} \frac{u(x + \Delta x, y) - u(x, y)}{\Delta x} + i \lim_{\Delta x \to 0} \frac{v(x + \Delta x, y) - v(x, y)}{\Delta x} = \frac{\partial u}{\partial x} + i\frac{\partial v}{\partial x}$$

und parallel zur imaginären Achse

$$\lim_{\Delta y \to 0} \frac{u(x, y + \Delta y) + iv(x, y + \Delta y) - u(x, y) - iv(x, y)}{i\Delta y}$$

$$= \lim_{\Delta y \to 0} \frac{u(x, y + \Delta y) - u(x, y)}{i\Delta y} + \lim_{\Delta y \to 0} \frac{v(x, y + \Delta y) - v(x, y)}{\Delta y} = -i\frac{\partial u}{\partial y} + \frac{\partial v}{\partial y}.$$

Die Forderung, daß beide Wege zum gleichen Resultat führen, ergibt also

$$\frac{\partial u}{\partial x} + i\frac{\partial v}{\partial x} = -i\frac{\partial u}{\partial y} + \frac{\partial v}{\partial y},$$

bzw. nach Trennung von Real- und Imaginärteil

$$\frac{\partial u(x, y)}{\partial x} = \frac{\partial v(x, y)}{\partial y} \quad \text{und} \quad \frac{\partial v(x, y)}{\partial x} = -\frac{\partial u(x, y)}{\partial y}. \tag{7.8}$$

Man sieht, daß die Funktionen $u(x, y)$ und $v(x, y)$ nicht beliebig gewählt werden können, wenn sie im Sinne von Gl. (7.7) differenzierbar sein sollen. Ihr Real- und Imaginärteil müssen vielmehr zwei Bedingungen (den sog. *Cauchy-Riemannschen Differentialgleichungen*) genügen. Funktionen des Typs $w = f(z)$, für die das der Fall ist, deren Ableitung also aufgrund der Definition Gl. (7.7) existiert, nennt man *analytische Funktionen*. Gilt das nicht nur für den Punkt z sondern einen ganzen Bereich B der Gaußschen Zahlenebene, so nennt man sie in diesem Gebiet *analytisch* oder *regulär*.

Wir wollen für $f(z) = z^n$ zeigen, daß die Gln. (7.8) erfüllt sind, daß also z^n eine analytische Funktion darstellt. Dazu müssen wir zunächst Real- und Imaginärteil trennen. Dies geschieht mittels der Binomialformel (1.15):

$$z^n = (x + iy)^n = \sum_{k=0}^{n} \binom{n}{k} x^{n-k} (iy)^k,$$

so daß

$$u(x,y) = \sum_{k=0,2,4...}^{n} \binom{n}{k} x^{n-k}(-1)^{k/2} y^k \qquad \text{und}$$

$$v(x,y) = \sum_{k=1,3,5...}^{n} \binom{n}{k} x^{n-k}(-1)^{(k-1)/2} y^k.$$

(Die geraden Potenzen in y sind reell, die ungeraden imaginär.) Um die erste Gleichung nachzurechnen, müssen wir

$$\frac{\partial u}{\partial x} = \sum_{k=0,2,4...}^{n} \binom{n}{k}(n-k) x^{n-k-1}(-1)^{k/2} y^k \qquad \text{und}$$

$$\frac{\partial v}{\partial y} = \sum_{k=1,3,5...}^{n} \binom{n}{k} x^{n-k}(-1)^{(k-1)/2} k y^{k-1}$$

bilden. In der letzten Formel kann man die Summe über $k = 0, 2, 4 \ldots$ laufen lassen, wenn man nur im Ausdruck unter dem Summenzeichen k durch $k + 1$ ersetzt:

$$\frac{\partial v}{\partial y} = \sum_{k=0,2,4...}^{n} \binom{n}{k+1} x^{n-k-1}(-1)^{k/2}(k+1) y^k.$$

Zum Schluß müssen wir uns nur noch vergewissern, daß

$$\binom{n}{k+1}(k+1) = \frac{n!}{(k+1)!(n-k-1)!}(k+1) = \frac{n!}{k!(n-k-1)!}$$

$$= \frac{n!}{k!(n-k)!}(n-k) = \binom{n}{k}(n-k)$$

ist, um beide Ausdrücke als gleich zu erkennen. In ähnlicher Weise kann auch die Gültigkeit der zweiten Gleichung verifiziert werden.

Leitet man beide Gleichungen (7.8) sowohl nach x als auch nach y ab und verwendet den Satz von Schwarz, so erkennt man übrigens, daß die Funktionen u und v jede für sich die Bedingungen $\Delta u(x,y) = 0$ und $\Delta v(x,y) = 0$ erfüllen müssen (Δ ist hier der Laplace-Operator aus Abschnitt 5.4.2).

In welcher Beziehung unterscheiden sich nun analytische Funktionen von den bislang besprochenen reellen Funktionen? Ein Punkt ist die Tatsache, daß die Existenz der *ersten* Ableitung die Existenz aller höheren Ableitungen nach sich zieht. Das ist bei reellen Funktionen nicht der Fall, wo die erste Ableitung zwar existieren kann, nicht aber die zweite (Beispiel $x^{3/2}$ an der Stelle $x = 0$). Der Beweis allerdings übersteigt den Rahmen, den wir uns hier gesetzt haben. Weitere Unterschiede werden wir im nächsten Abschnitt kennenlernen.

Viele Punkte können aber übernommen werden. Die Ableitungsregeln (Produktregel, Quotientenregel, Kettenregel) gelten nach wie vor, weil sie sich einzig auf Gl. (7.7) gründen. Ableitungen lassen sich also in gewohnter Form bilden. Schließlich führt die Existenz beliebig hoher Ableitungen dazu, daß in einem Gebiet, in dem die Funktion regulär ist, die

Funktion in eine Taylorreihe entwickelt werden kann. (An keiner Stelle bei der Ableitung der Taylorschen Reihe wurde vorausgesetzt, daß die unabhängige Variable oder die Ableitungen reell sein müssen.) Der Konvergenzradius ist jetzt ein wirklicher Radius, also ein Kreis in der Gaußschen Zahlenebene um den Entwicklungspunkt. Dabei reicht der Konvergenzradius genau bis zur nächst-gelegenen nicht-regulären (*singulären*) Stelle. Das folgt direkt aus den Überlegungen, die wir zur Konvergenz der Potenzreihen angestellt hatten, immer im Hinblick darauf, daß alle Absolutzeichen $|\ldots|$ als Beträge komplexer Zahl zu interpretieren sind. Die Taylorreihen, die wir als Beispiel in Abschn. 7.1.1 angeführt hatten, bleiben samt ihren Konvergenzradien auch für komplexe x gültig.

Häufig tritt der Fall auf, daß eine Funktion in einem Bereich regulär ist außer an einer (oder mehreren) bestimmten Stelle. Ein Beispiel hierfür ist die Funktion $1/z$, die überall regulär ist außer im Punkt $z = 0$, in dem sie nicht stetig und deshalb auch nicht differenzierbar ist. Man nennt solche Stellen *singuläre Stellen*. Andere Beispiele sind Verzweigungspunkte, wie wir sie bei der Funktion $\sqrt{z}$ kennengelernt haben.

Als Beispiel für die Nützlichkeit dieser Überlegungen wollen wir auf die Zahl $e^{i\varphi}$ zurückkommen, die wir in Abschn. 1.3.6 als Schreibweise für komplexe Zahlen vom Betrage 1 eingeführt hatten. Die Behauptung war, daß $e^{i\varphi}$ die Zahl darstellt, die in Richtung φ im Abstand 1 von der Null liegt. Der Betrag 1 läßt sich leicht nachweisen, nachdem die dazu konjugiert komplexe Zahl einen Winkel von $-\varphi$ aufweisen muß:

$$|z|^2 = z\,z^* = e^{i\varphi}e^{-i\varphi} = e^{i\varphi-i\varphi} = e^0 = 1.$$

Wenn die obige Behauptung richtig ist, muß $e^{i\varphi}$ in der (a, b)-Form

$$e^{i\varphi} = (\cos\varphi, \sin\varphi) = \cos\varphi + i\,\sin\varphi$$

sein (siehe Abb. 7.2). Diese Beziehung nun, die *Eulersche Gleichung*, läßt sich durch Vergleich der entsprechenden Taylorreihen verifizieren:

$$
\begin{aligned}
e^{i\varphi} &= 1 + i\varphi + \frac{1}{2}(i\varphi)^2 + \frac{1}{3!}(i\varphi)^3 + \frac{1}{4!}(i\varphi)^4 + \frac{1}{5!}(i\varphi)^5 - \cdots \\
&= 1 + i\varphi - \frac{1}{2}\varphi^2 - \frac{1}{3!}i\varphi^3 + \frac{1}{4!}\varphi^4 + i\frac{1}{5!}\varphi^5 + \cdots \\
&= 1 - \frac{1}{2}\varphi^2 + \frac{1}{4!}\varphi^4 - \cdots + i\left(\varphi - \frac{1}{3!}\varphi^3 + \frac{1}{5!}\varphi^5 - \cdots\right) = \cos\varphi + i\sin\varphi.
\end{aligned}
$$

Q.e.d.

"Mehrdeutige" Funktionen: Riemannsche Fläche

Im Falle reeller Funktionen haben uns Funktionen wie $y = \sqrt{x}$ Schwierigkeiten gemacht, weil der Funktionsbegriff Eindeutigkeit voraussetzt. Wir hatten uns damit geholfen, daß wir diese Funktion als zwei verschiedene Funktionen (Äste) angesehen haben, einerseits $y = +\sqrt{x}$ und andererseits $y = -\sqrt{x}$. Wenn nun aber $w = \sqrt{z}$ in der ganzen Zahlenebene definiert ist, ist die Trennung in zwei Äste nicht mehr ohne Willkür zu bewerkstelligen. Wir werden sehen, daß das Konzept der "Riemannschen Fläche" eine wesentlich befriedigendere Lösung liefert als die der beiden Äste bei reellen Funktionen.

Wir gehen von der Umkehrfunktion $z = w^2$ aus und setzen

$$z = |z|e^{i\varphi} \quad \text{und} \quad w = |w|e^{i\chi}.$$

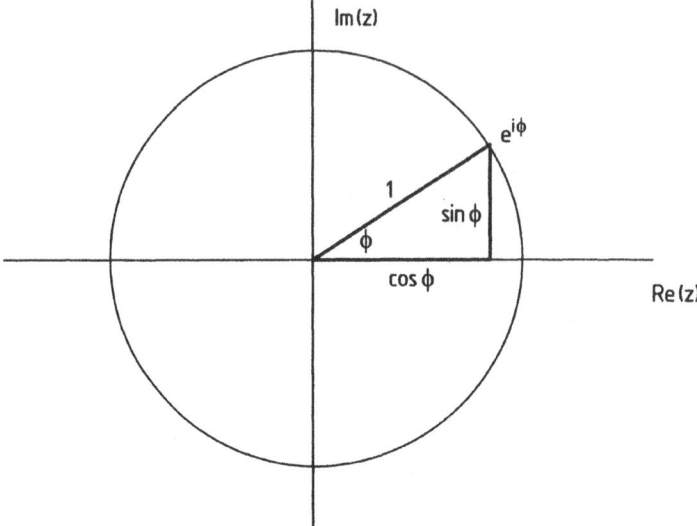

Fig. 7.2 $e^{i\varphi}$ in (a,b)-Form

Es ist ausreichend, $|w|$ konstant zu halten und $|z| = |w|^2$ zu setzen und nur zu beobachten, wie sich der Zusammenhang zwischen φ und χ gestaltet:

$$|z|e^{i\varphi} = \left(|w|e^{i\chi}\right)^2 = |w|^2 e^{2i\chi},$$

was auf

$$\varphi = 2\chi$$

hinausläuft. Lassen wir also χ (Urbild w) von 0 bis 2π laufen, so läuft der Winkel des Abbildes z von 0 bis $2 \cdot 2\pi$, d.h. wenn der Winkel des Urbildes einmal um den Koordinatenursprung läuft, läuft der des Abbildes zweimal herum. Weil jedem χ ein φ zugeordnet wird, ist die Funktion eindeutig.

Wechselt man nun Ur- und Abbild, d.h. geht man zur ursprünglichen Funktion $w = \sqrt{z}$ zurück, ist es genau umgekehrt. Während der Winkel des Urbildes φ einmal den Ursprung umkreist, umkreist der des Abbildes den Ursprung nur zur Hälfte. Umkreist das Urbild den Ursprung ein zweites Mal, schließt das Abbild die zweite, noch ausstehende Hälfte der Umdrehung ab. Daher rührt die Doppeldeutigkeit der Wurzelfunktion.

Die Lösung des Problems besteht einfach darin, daß man die φ-Punkte des zweiten Umlaufes nicht mit denen des ersten Umlaufes identifiziert, sondern sie als "neue" Punkte betrachtet. Erst nach dem zweiten Umlauf mündet man wieder in das Anfangs-φ ein. Damit hat sich die Zahl der Urbild-Punkte verdoppelt, aber die Zuordnung zu den w-Punkten ist jetzt eindeutig. Abb.7.3 soll diese Verdoppelung der φ-Punkte für ein festes $|z|$ veranschaulichen.

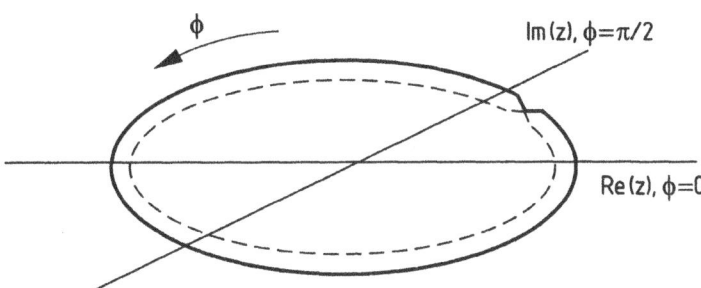

Fig. 7.3 Die φ-Punkte der Funktion $w = \sqrt{z}$ (bei konstantem $|z|$)

Da man diese Prozedur auch für andere Beträge von z in gleicher Weise vornehmen kann, ergibt sich insgesamt eine Verdoppelung *aller* z-Punkte der Zahlenebene (mit Ausnahme der Null), die auf jeder Kreisbahn um die Null so miteinander zusammenhängen, wie das in Abb.7.3 angedeutet ist. Um sich das anschaulich vorzustellen, muß man die Umlauflinie zu einer Straße erweitern und diese wiederum links bis zum Nullpunkt und rechts beliebig weit verbreitern. Anschaulich nicht vorstellbar ist lediglich die Überkreuzung, bei der man von einer Ebene in die andere gelangt, ohne etwas davon zu bemerken. Eine derart erweiterte Zahlenebene nennt man die *Riemannsche Fläche* der betreffenden Funktion und die einzelnen Ebenen ihre verschiedenen (in diesem Beispiel zwei) *Blätter*. Der Punkt $z = 0$ ist ein *Verzweigungspunkt*.

■ *Analytische Funktionen* sind Funktionen, deren unabhängige Variable eine komplexe Zahl ist und deren Funktionswerte ebenfalls komplex sind. Bedingung ist, daß die Ableitung auch eine komplexe *Zahl*, also keine 2 × 2-Matrix, ist, was eine starke Beschränkung zur Folge hat: Real- und Imaginärteil müssen die Riemann-Cauchyschen Bedingungen erfüllen. Analytische Funktionen sind beliebig oft differenzierbar.

7.2.2 Integration analytischer Funktionen

Die Definition des bestimmten Integrals [Gl. (6.3)] als

$$\lim_{\substack{n \to \infty \\ \Delta x \to 0}} \sum_{i=1}^{n} f(x_i)\,\Delta x = \int_a^b f(x)dx$$

kann direkt übernommen werden. Die x_i sind nun allerdings komplexe Zahlen, die wir in Zukunft mit z_i bezeichnen werden, ebenso sind die $f(z_i)$ Funktionswerte einer komplexen Funktion, bei Bedarf auch $u(z_i) + iv(z_i)$ geschrieben, und Δx ist ebenfalls komplex und kann in einen Realteil und einen Imaginärteil zerlegt werden: $\Delta z = \Delta x + i\Delta y$. Ober- und Untergrenze sind natürlich zwei Punkte der Gaußschen Zahlenebene, also z_a und z_e. Damit wird die Definition

$$\lim_{n \to \infty} \sum_{i=1}^{n} f(z_i)\,\Delta z = \int_{z_a}^{z_e} f(z)dz. \tag{7.9}$$

(Dabei ist $z_1 = z_a$ und $z_n = z_e$.) Im Unterschied zum reellen Integral ist dz (mit seinem Realteil dx und Imaginärteil dy) eine *gerichtete* Größe, wohingegen das dx des reellen Integrals nur die Breite des Flächenstreifens angibt. Durch diesen Umstand, und weil das Integral von einem Punkt zu einem anderen Punkt einer Fläche (Gaußsche Zahlenebene!) geht, entspricht das Integral über eine analytische Funktion viel eher einem Kurvenintegral [Gl. (6.29)] als einem gewöhnlichen Integral. Für die Berechnung von (7.9) ist neben Anfangs- und Endpunkt auch die Angabe des Weges erforderlich, der die Richtung der einzelnen dz-Elemente festlegt. Diese Angabe erfolgt in der üblichen Weise: Real- und Imaginärteil der z_i werden durch einen (reellen) Parameter t gesteuert. Die Funktionen $x(t)$ und $y(t)$ legen den Weg C fest, wobei $x(t_a) + iy(t_a) = z_a$ und entsprechend für z_e. Gl. (7.9) lautet, ausführlich geschrieben

$$\int_{z_a,C}^{z_e} [u(x,y) + iv(x,y)][dx + idy]$$

$$= \int_{z_a,C}^{z_e} [u(x,y)dx - v(x,y)dy] + i[v(x,y)dx + u(x,y)dy], \qquad (7.10)$$

wobei das C für den gewählten Weg steht. Arbeitet man den Weg noch ein, entsteht in der gleichen Weise wie beim Kurvenintegral (siehe Abschn. 6.4)

$$\int_{t_a}^{t_e} \left(\left[u(x(t), y(t)) \frac{dx}{dt} - v(x(t), y(t)) \frac{dy}{dt} \right] + i\left[v(x(t), y(t)) \frac{dx}{dt} + u(x(t), y(t)) \frac{dy}{dt} \right] \right) dt.$$

Wenn man will, kann man daraus zwei reelle Integrale machen, die zusammen eine komplexe Zahl, den Wert des Integrals, ergeben:

$$\int_{z_a,C}^{z_e} f(z)dz = \int_{t_a}^{t_e} [u(t)\frac{dx}{dt} - v(t)\frac{dy}{dt}]dt + i \int_{t_a}^{t_e} [v(t)\frac{dx}{dt} + u(t)\frac{dy}{dt}]dt. \qquad (7.11)$$

Beispiel:

$\int_0^{1+2i} z^2 dz$ mit dem direkten Weg $x = t$ und $y = 2t$, wobei $t_a = 0$ und $t_e = 1$. Wir haben also

$$\int_0^{1+2i} (x + iy)^2 (dx + idy) = \int_{t=0}^1 (t + i2t)^2 (dt + i2dt)$$

$$= \int_0^1 (-3t^2 + 4it^2)(1 + 2i)dt = \int_0^1 (-3t^2 - 8t^2)dt + i\int_0^1(4t^2 - 6t^2)dt$$

$$= -11\int_0^1 t^2 dt - 2i\int_0^1 t^2 dt = -11\frac{t^3}{3}\Big|_0^1 - 2i\frac{t^3}{3}\Big|_0^1 = -\frac{11}{3} - i\frac{2}{3}.$$

Wegunabhängigkeit

Wie bei den Kurvenintegralen stellt sich die Frage, in welchen Fällen das Integral nicht vom Integrationsweg abhängt. Wenden wir das Kriterium Gl. (6.30), das wir für Kurvenintegrale entwickelt hatten, auf den Real- und Imaginärteil von Gl. (7.10) separat an, so muß

$$\frac{\partial u(x,y)}{\partial y} = -\frac{\partial v(x,y)}{\partial x} \quad \text{und} \quad \frac{\partial v(x,y)}{\partial y} = \frac{\partial u(x,y)}{\partial x} \qquad (7.12)$$

gelten. Dies sind genau die Cauchy-Riemannschen Differentialgleichungen, die bei analytischen Funktionen für $u(x, y)$ und $v(x, y)$ erfüllt sein müssen. Integrale über analytische Funktionen sind also wegunabhängig. Doch folgender Punkt ist wichtig: Im Abschnitt über Kurvenintegrale hatten wir stillschweigend vorausgesetzt, daß die Bedingung (6.30), wenn sie überhaupt erfüllt ist, für alle Punkte erfüllt ist. Im gegenwärtigen Fall muß das aber näher spezifiziert werden. Für singuläre Stellen oder Gebiete sind die Gln. (7.12) nämlich *nicht* erfüllt. Die Wegunabhängigkeit gilt deshalb nur für Gebiete, in denen die Funktion *überall* regulär ist. Insbesondere ist ein (geschlossenes) Kreisintegral nur dann Null, wenn es keine Singularitäten umschließt. Beispiele hierfür zeigt Abb. 7.4: Das Integral von z_a bis

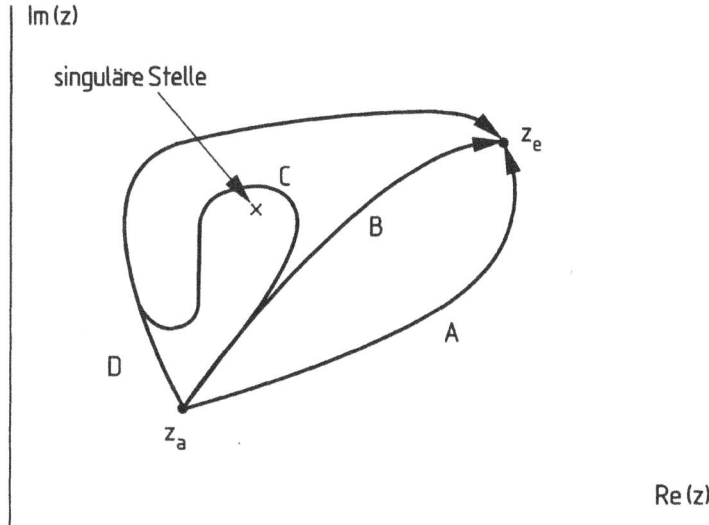

Fig. 7.4 Verschiedene Wege zur Erläuterung der Wegunabhängigkeit eines Integrales (siehe Text)

z_e über Weg A hat den gleichen Wert wie das über Weg B. Ja sogar das Integral über Weg C ist noch gleich, nicht aber das über Weg D. In diesem Fall müßte der Integrationsweg über eine singuläre Stelle geschoben werden, wo die Gln. (7.4) aber nicht erfüllt sind. Aus der Tatsache, daß ein Integral das Vorzeichen wechselt, wenn man die Integrationsrichtung umkehrt ($dz \rightarrow -dz$!), ersieht man übrigens, daß Kreisintegrale ($z_e = z_a$!) Null sind, so lange sie keine singulären Stellen umschließen. Die Wegunabhängigkeit für Gebiete, in denen sie gegeben ist, zieht also

$$\oint f(z)dz = 0$$

in diesen Gebieten nach sich. Das gilt für das Integral mit Weg A hin und Weg B zurück, nicht aber für Weg A hin und Weg D zurück, weil jetzt eine singuläre Stelle umschlossen wird.

Zwei Integrale, die die gleiche singuläre Stelle umschließen, haben den gleichen Wert, wenn sie beide in einer Ringfläche um die singuläre Stelle verlaufen, in der die Funktion analytisch ist. In Abb. 7.5 sind zwei Wege A und B gezeichnet, die eine singuläre Stelle umschließen.

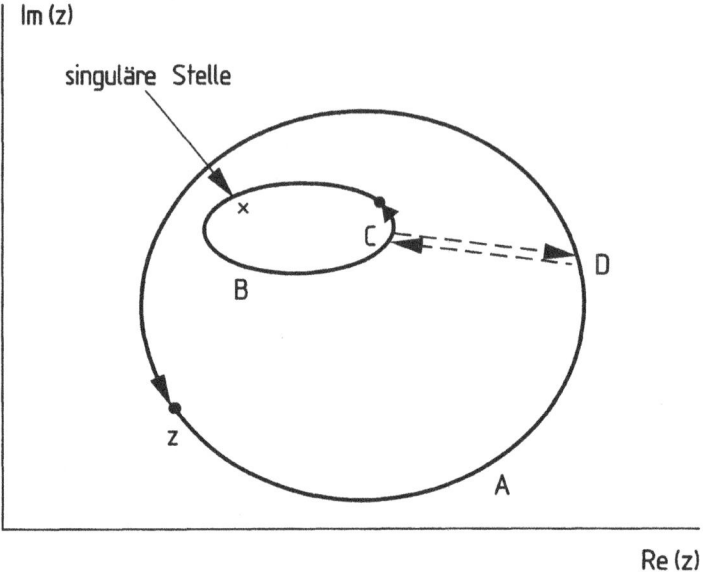

Fig. 7.5 Verschiedene Wege beim Umlauf um eine singuläre Stelle ×

Die Behauptung, daß beide Integrale den gleichen Wert haben, kann auch so ausgedrückt werden, daß die Summe der Integrale über Weg A und Weg B mit umgekehrtem Umlaufsinn Null ergibt. Daß dem tatsächlich so ist, kann man sich klarmachen, wenn man zwei Wegstücke, eines von Punkt C nach D und das andere von Punkt D nach C, hinzunimmt. Die zugehörigen Integrale heben sich weg, da sie sich nur im Durchlaufsinn unterscheiden. Macht man aber aus allen vier Integralen ein einziges Kreisintegral, indem man nach dem A-Umlauf von D nach C geht, dann B in entgegengesetzten Sinne durchläuft und schließlich von C nach D zurückgeht, so sieht man, daß man im Endeffekt eine geschlossene Kurve durchlaufen hat, die die singuläre Stelle *nicht mehr* umschließt. Man kann deshalb den Wert eines Integrals über einen einfachen Umlauf einer singulären Stelle, der ja nicht Null ist, auch so berechnen, daß man als Weg einen sehr kleinen Kreis um die singuläre Stelle wählt (wenn es sich um eine isolierte singuläre Stelle handelt).

Pole

Pole sind eine bestimmte Art von (isolierten) singulären Stellen. Wir sagen, eine Funktion hat einen Pol 1. Ordnung an der Stelle z_0, wenn sie sich in der Umgebung von z_0 wie

$$\frac{A}{z - z_0} + B$$

verhält, wobei A und B zwei beliebige Konstanten darstellen. Beispiele hierfür sind $A/(z - z_0)$ selbst, oder $f(z) = A/(z - z_0) + g(z)$, wobei $g(z)$ eine Funktion ist, die regulär in $z = z_0$

ist. Diese Funktion verhält sich nämlich in der Umgebung von z_0 wie $A/(z-z_0)+g(z_0)$. Aber auch andere Konstrukte sind möglich: Beispielsweise hat $e^z/(z-z_0)$ an der Stelle $z = z_0$ einen Pol (erster Ordnung). Um das einzusehen, entwickeln wir e^z in eine Taylorreihe *an der Stelle $z = z_0$*:

$$e^z = e^{z_0} + e^{z_0}(z - z_0) + \frac{1}{2}e^{z_0}(z - z_0)^2 + \ldots$$

und setzen das in die Funktion ein. Dabei entsteht

$$\frac{e^z}{z - z_0} = \frac{e^{z_0}}{z - z_0} + e^{z_0} + \frac{1}{2}e^{z_0}(z - z_0) + \ldots,$$

was sich in der Umgebung von z_0 wie $A/(z - z_0) + B$ verhält, und zwar mit $A = e^{z_0}$ und $B = e^{z_0}$.

Residuum eines Poles

Als nächstes wollen wir ein Kreisintegral um einen Pol berechnen und wählen als einfachstes Beispiel die Funktion $A/(z - z_0)$. Ein Kreisintegral um z_0 ist nicht Null wie Kreisintegrale in einem Gebiet, wo $f(z)$ überall regulär ist. Wir wissen aber, daß wir den Umlaufweg beliebig verschieben dürfen, so lange keine weitere singuläre Stelle überschritten wird. Das ist bei $A/(z - z_0)$ der Fall, da sie ja nur im Punkt z_0 singulär ist. Hier kann also der Umlauf beliebig erfolgen. Um konkret zu sein, wollen wir z_0 im Abstand ρ im mathematischen Sinn umlaufen:

$$\oint \frac{A}{z - z_0} dz.$$

Als Parameter wählen wir den Umlaufwinkel φ. Die Punkte des Umlaufweges sind also $z = z_0 + \rho e^{i\varphi}$ und dz ist die Änderung von z mit φ:

$$dz = \rho \cdot i e^{i\varphi} d\varphi,$$

so daß unser Integral

$$\int_{\varphi=0}^{2\pi} \frac{A}{\rho e^{i\varphi}} \rho \cdot i e^{i\varphi} d\varphi = \int_{\varphi=0}^{2\pi} iA d\varphi = 2\pi iA$$

wird. A nennt man das Residuum der Funktion, für die das Kreisintegral gebildet wird. Die oben als zweites Beispiel angegebene Funktion $A/(z - z_0) + g(z_0)$ hat das gleiche Residuum, weil $g(z)$ als regulär (wenigstens im Umkreis von ρ) vorausgesetzt wurde und deshalb keinen Beitrag zum Kreisintegral liefert. Unser drittes Beispiel, die Funktion $e^z/(z - z_0)$, hat das Residuum e^{z_0}, wie man aus der obigen Entwicklung nach $z - z_0$ erkennt, weil der erste Term $(e^{z_0}/(z - z_0))$ diesen Beitrag liefert und der Rest eine Potenzreihe und damit eine analytische Funktion ist. (Man kann sich diesen Sachverhalt auch so klarmachen, daß man den Umlaufradius ρ infinitesimal klein macht, denn das ρ fiel ja bei der Berechnung des Kreisintegrals heraus. Der Faktor des $1/(z - z_0)$-Terms kommt also beliebig nahe an den Wert, den die e^z-Funktion an der Stelle z_0 annimmt, also e^{z_0}.)

Pole höherer Ordnung sind analog definiert: $1/(z - z_0)^2$ wäre ein Pol 2. Ordnung an der Stelle z_0 usw. Bei Summen von mehreren Potenzen entscheidet die höchste vorliegende Potenz über die Ordnung. Wir wollen noch das Kreisintegral um

$$\oint \frac{A}{(z - z_0)^2} dz$$

berechnen. Das gleiche Verfahren wie oben liefert

$$\int_{\varphi=0}^{2\pi} \frac{1}{\rho^2 e^{2i\varphi}} \rho i e^{i\varphi} d\varphi = \int_0^{2\pi} \frac{i}{\rho} e^{-i\varphi} d\varphi = \frac{i}{\rho} \frac{1}{-i} \left. e^{-i\varphi} \right|_{\varphi=0}^{2\pi} = -\frac{1}{\rho}(1 - 1) = 0.$$

(Für höhere Potenzen gilt das Gleiche.) Bei einem Pol n-ter Ordnung

$$\sum_{k=1}^{n} \frac{b_k}{(z - z_0)^k} + g(z)$$

liefert also nur der ($k = 1$)-Term einen Beitrag zum Kreisintegral. Das Residuum ist hier b_1.

Wir wollen das Thema an dieser Stelle abbrechen. Selbstverständlich ist damit die Funktionentheorie auch nicht annähernd vollständig behandelt worden. Zweck dieses Abschnittes war lediglich, dem Leser die analytischen Funktionen nahezubringen, Gemeinsamkeiten und Unterschiede gegenüber reellen Funktionen in Bezug auf Ableitung, Integration und Reihenentwicklung zu erläutern und zu zeigen, daß die Wege bei der Integration in großem Umfang variiert werden können, ohne daß sich der Wert des Integrals ändert. Reelle Integrale können auf diese Weise oft so umgeformt werden, daß sie sich in komplexer Form lösen lassen. Diese Art der Anwendung ist wahrscheinlich der einzige Berührungspunkt mit der Chemie.

> ■ Da die unabhängige Variable als komplexe Zahl die ganze (Gaußsche) Zahlenebene durchlaufen kann, sind Integrale über analytische Funktionen grundsätzlich Wegintegrale. In einem Gebiet, in dem die Funktion sich analytisch verhält, sind diese Integrale aber vom Weg unabhängig, was gewisse Freiheiten bei der Integralberechnung gestattet. Für bloße Anwender liegt hier der Hauptnutzen der Theorie der analytischen Funktionen.

Aufgaben

1. Ist die Funktion $w = az^2 + bz^*$ (a und b reell) eine analytische Funktion?
2. (a) Wo hat die Funktion $1/[(z - 4)(z + i)]$ singuläre Stellen?
(b) Wenn sie an der Stelle $z_0 = (2, -1)$ in eine Taylorreihe entwickelt wird, wie groß ist dann ihr Konvergenzradius?
3. Berechnen Sie das Integral $\int_0^{1+2i} z^2 dz$ (Beispiel im Text) auf zwei weiteren Wegen:
(a) zuerst auf der reellen Achse bis zur 1, dann parallel zur imaginären Achse zum Endpunkt und
(b) zuerst auf der imaginären Achse bis zum Punkt $2i$, dann parallel zur reellen Achse zum Endpunkt.
4. Was ergibt ein Umlaufintegral (im mathematischen Sinn), wenn man
a) nur den einen Pol, b) nur den anderen Pol c) beide Pole umschließt?

8   Entwicklung nach Funktionensystemen; Fouriertransformation

In diesem Kapitel werden wichtige mathematische Hilfsmittel für die Quantenmechanik, die ja ihrerseits die Grundlage für die Theorie der chemischen Bindung und für die Spektroskopie darstellt, entwickelt. Dabei ergibt sich als Sonderfall die Fourierentwicklung, die für die Analyse periodischer Vorgänge eine große Rolle spielt. Es ist im Rahmen dieses Buches nicht möglich, das Thema mathematisch sauber zu behandeln. Für den Chemiker ist schon viel gewonnen, wenn er die Gedankengänge im Prinzip versteht, so daß er ihre Anwendung auf physikalische Probleme nachvollziehen kann. Er muß sich freilich bewußt bleiben, daß in dem scheinbar so glatten Formalismus viele Fußangeln lauern, die er als Nichtmathematiker allzu leicht übersieht. Das sollte ihn aber nicht davon abhalten, sich auf das Thema überhaupt einzulassen.

Der erste Abschnitt enthält einige Grundgedanken, die auch in Kapitel 11 eine Rolle spielen. Deshalb wird allen Lesern empfohlen, ihn durchzuarbeiten. Dagegen können die restlichen Abschnitte erst in einem fortgeschrittenen Stadium angegangen werden, wenn sich die Notwendigkeit dazu ergibt oder das Interesse geweckt ist.

Wir haben es im Folgenden durchweg mit Funktionen von einer (oder mehreren) *reellen* Veränderlichen, aber mit *komplexen* Funktionswerten zu tun, d.h. mit Funktionen der Art $z = f(x) = u(x) + iv(x)$. Wir werden das überall in unserer Schreibweise berücksichtigen, auch wenn die Funktionen in vielen Fällen nur reell-wertig sind.

8.1   Funktionen als Vektoren in unendlich dimensionalen Räumen

8.1.1   Entwicklung von Funktionen nach Basis-Funktionen

Gegeben sei eine stetige Funktion $f(x)$ in einem abgeschlossenen Intervall $a \leq x \leq b$, und (im gleichen Intervall) ein Satz von N linear unabhängigen Funktionen $\phi^{(1)}(x)$, $\phi^{(2)}(x)$ ... $\phi^{(N)}(x)$, die wir Basisfunktionen nennen. Wir stellen uns die Aufgabe, eine möglichst gute Annäherung $\tilde{f}(x)$ an $f(x)$ im ganzen Intervall $[a, b]$ zu finden, – und zwar so, daß $\tilde{f}(x)$ eine Linearkombination der $\phi^{(i)}(x)$ sein soll:

$$f(x) \approx \tilde{f}(x) = \sum_{i=1}^{N} c_i \, \phi^{(i)}(x). \tag{8.1}$$

Als Maß für die Qualität können wir das Betragsquadrat der Abweichung beider Funktionen, integriert über das Intervall $[a, b]$, ansehen:

$$\int_a^b \left| f(x) - \tilde{f}(x) \right|^2 dx = \int_a^b \left(f^*(x) - \tilde{f}^*(x) \right) \left(f(x) - \tilde{f}(x) \right) dx. \tag{8.2}$$

(Wir erinnern daran, daß $z^* z = |z|^2$ ist.)

Im Folgenden werden wir ständig Integrale einer bestimmten Form benötigen, für die wir deshalb eine Abkürzung einführen wollen:

$$(f, g) := \int_a^b f^*(x) g(x) dx. \tag{8.3}$$

Auf Grund dieser Definition gilt

$$(f^{(1)} + f^{(2)}, g) = (f^{(1)}, g) + (f^{(2)}, g), \tag{8.4}$$

$$(f, g^{(1)} + g^{(2)}) = (f, g^{(1)}) + (f, g^{(2)}), \tag{8.5}$$

$$(f, \alpha g) = \alpha(f, g), \tag{8.6}$$

aber

$$(\alpha f, g) = \int_a^b (\alpha f(x))^* g(x) dx = \int_a^b \alpha^* f^*(x) g(x) dx = \alpha^*(f, g). \tag{8.7}$$

Ferner laufen in diesem Abschnitt alle Summen von 1 bis N, so daß wir der Bequemlichkeit halber einfach $\sum_i$ schreiben werden.

Mit dieser Abkürzung lautet der Ausdruck (8.2) nun

$$(f - \tilde{f}, f - \tilde{f}) = (f, f) - (\tilde{f}, f) - (f, \tilde{f}) + (\tilde{f}, \tilde{f}),$$

bzw., nach Einsetzen des Ansatzes (8.1)

$$(f, f) - \left(\sum_i c_i \phi^{(i)}, f \right) - \left(f, \sum_j c_j \phi^{(j)} \right) + \left(\sum_i c_i \phi^{(i)}, \sum_j c_j \phi^{(j)} \right)$$

$$= (f, f) - \sum_i c_i^*(\phi^{(i)}, f) - \sum_j c_j(f, \phi^{(j)}) + \sum_{i,j} c_i^* c_j (\phi^{(i)}, \phi^{(j)}). \tag{8.8}$$

(Die zweite Zeile ergibt sich auf Grund von Gln. (8.4)-(8.7).) Die Koeffizienten des Ansatzes (8.1) müssen so bestimmt werden, daß (8.8) ein Minimum wird. Alle (f, g)-Ausdrücke sind mit den gegebenen Funktionen feste Zahlen, – gesucht sind die N (komplexen) Zahlen c_i. Dies sind $2N$ reelle Zahlen, da sich hinter jedem c_i zwei reelle Zahlen verbergen: $c_i = a_i + ib_i$. Man hat also $2N$ reelle Unbekannte, doch statt die a_i und b_i zu bestimmen, kann man einfacher c_i und c_i^* als unabhängige Größen auffassen und diese bestimmen. Wie man das Minimum bei Funktionen mit mehreren Variablen sucht, ist aus Abschn. 5.3.7 bekannt: Man bildet die partiellen Ableitungen nach allen Variablen und setzt diese gleich Null. Man erhält dann die entsprechende Anzahl von Gleichungen für ihre Bestimmung. Die Ableitung von (8.2) nach einem bestimmten c_j (j also jetzt eine feste Zahl) liefert

$$-(f, \phi^{(j)}) + \sum_i c_i^* (\phi^{(i)}, \phi^{(j)}) = 0$$

und die nach einem c_i^*

$$-(\phi^{(i)}, f) + \sum_j c_j (\phi^{(i)}, \phi^{(j)}) = 0.$$

Man kann sich leicht davon überzeugen, daß die eine Gleichung nur das Konjugiert-Komplexe der anderen ist, wenn man berücksichtigt, daß $(f, g) = (g, f)^*$ gilt und wenn man die Index-Namen i und j vertauscht. Die zweite Gleichung allein ist also ausreichend, – wir schreiben sie in der Form

$$\sum_j (\phi^{(i)}, \phi^{(j)}) c_j = (\phi^{(i)}, f). \tag{8.9}$$

Wir haben damit ein lineares Gleichungssystem von N Gleichungen (Nr. der Gleichung ist i) für die N (komplexen) Unbekannten c_j.

Gegenüber $\mathbf{A} \cdot \mathbf{x} = \mathbf{b}$ vertreten die c_j die x_j, die Größen $(\phi^{(i)}, f)$ die b_i und die $(\phi^{(i)}, \phi^{(j)})$ die Matrixelemente A_{ij}, die wegen der linearen Unabhängigkeit der $\phi^{(i)}$ eine invertierbare Matrix bilden. Das Gleichungssystem ist damit eindeutig lösbar.

8.1.2 Entwicklung von Vektoren nach Basis-Vektoren

Wir stellen uns nun eine ganz ähnliche Aufgabe im Rahmen der Vektorrechnung: Gegeben ein M-dimensionaler Vektor $\vec{v}$ mit eventuell komplexen Komponenten, sowie ein Satz von N linear unabhängigen Basisvektoren $\vec{e}^{(i)}$. Dabei soll $N < M$ sein, also weniger Basisvektoren vorhanden sein als die Dimension, die $\vec{v}$ hat. Für den Fall $M = N$ haben wir das Problem im Kapitel über Vektorrechnung (Abschnitt 2.3.2) gelöst, denn im allgemeinen benötigen wir M Basisvektoren, um M-dimensionale Vektoren darzustellen. Wenn wir wie oben *weniger* Basisvektoren vorgeben, können wir das Problem, $\vec{v}$ als Linearkombination der $\vec{e}^{(i)}$ zu entwickeln, nur *näherungsweise* lösen:

$$\vec{v} \approx \vec{w} = \sum_i w_i \vec{e}^{(i)}. \tag{8.10}$$

Bedingung für das optimale $\vec{w}$ ist, daß das Betragsquadrat der Abweichung $|\vec{v} - \vec{w}|^2$ zum Minimum wird:

$$|\vec{v} - \vec{w}|^2 = (\vec{v} - \vec{w}) \cdot (\vec{v} - \vec{w}) = \vec{v} \cdot \vec{v} - \vec{w} \cdot \vec{v} - \vec{v} \cdot \vec{w} + \vec{w} \cdot \vec{w} = \text{Min.!} \ . \tag{8.11}$$

Nach Einsetzen von Ansatz (8.10) ergibt das

$$\vec{v} \cdot \vec{v} - \sum_i w_i^* (\vec{e}^{(i)} \cdot \vec{v}) - \sum_j w_j (\vec{v} \cdot \vec{e}^{(j)}) + \sum_{i,j} w_i^* w_j (\vec{e}^{(i)} \cdot \vec{e}^{(j)}) = \text{Min.!} \ . \tag{8.12}$$

Wir erinnern daran, daß sich für das Skalarprodukt $(\alpha \vec{a}) \cdot \vec{b}$ im Falle komplexer Vektoren $\alpha^* (\vec{a} \cdot \vec{b})$ ergibt [Gl. (2.12)].

Die Bestimmung der N Unbekannten w_j erfolgt in genau der gleichen Weise wie die der c_i im vorigen Abschnitt, weil der Ausdruck (8.12) die gleiche Struktur hat wie der Ausdruck (8.8). Er führt deshalb auf das entsprechende Gleichungssystem, nämlich

$$\sum_j (\vec{e}^{(i)} \cdot \vec{e}^{(j)}) w_j = \vec{e}^{(i)} \cdot \vec{v}, \tag{8.13}$$

das gleichfalls als eindeutige Lösung einen Satz von Vektorkomponenten w_j liefert.

In Abschn. 2.3.2 war besprochen worden, wie man einen nicht-orthogonalen Satz von Vektoren orthogonalisieren kann. Ist der vorgegebene Satz von Basisvektoren nicht orthogonal, so besteht mithin die Möglichkeit, den Satz der Basisvektoren zu orthogonalisieren, so daß für den neuen Satz

$$\vec{e}^{(i)} \cdot \vec{e}^{(j)} = 0 \quad \text{für} \quad i \neq j$$

gilt. Dann zerfällt das Gleichungssystem (8.13) in N Einzelgleichungen

$$w_i = \frac{\vec{e}^{(i)} \cdot \vec{v}}{\vec{e}^{(i)} \cdot \vec{e}^{(i)}}$$

für die w_i. Wenn man die $\vec{e}^{(i)}$ noch zusätzlich normiert, vereinfacht sich der Ausdruck weiter:

$$w_i = \vec{e}^{(i)} \cdot \vec{v}. \tag{8.14}$$

In der Regel geht man davon aus, daß der Satz $\vec{e}^{(i)}$ orthonormiert wurde.

Unter dieser Voraussetzung läßt sich die quadratische Abweichung (8.11) für den optimalen Vektor $\vec{w}$ berechnen. Man kann nämlich wegen Gl. (8.14) $\vec{e}^{(i)} \cdot \vec{v}$ durch w_j, $\vec{v} \cdot \vec{e}^{(j)}$ durch w_j^* und schließlich $\vec{e}^{(i)} \cdot \vec{e}^{(j)}$ durch das Kronecker-Symbol δ_{ij} ersetzen und erhält

$$\vec{v} \cdot \vec{v} - \sum_i w_i^* w_i - \sum_j w_j^* w_j + \sum_{i,j} w_i^* w_j \delta_{i,j} = \vec{v} \cdot \vec{v} - \sum_i w_i^* w_i \geq 0. \tag{8.15}$$

Die letzte Aussage resultiert aus der Tatsache, daß $|\vec{v} - \vec{w}|^2$ als Betragsquadrat eines Vektors stets ≥ 0 ist. Dabei gilt das Gleichheitszeichen nur für den Fall, daß $\vec{v} = \vec{w}$ ist. In allen anderen Fällen ist die Differenz positiv und so zu deuten, daß zur Darstellung von $\vec{v}$ durch $\vec{w}$ "noch etwas fehlt", eben die Beiträge der fehlenden $M - N$ Basisvektoren.

Wir geben noch ein kleines Zahlenbeispiel für den Fall $M = 3$ und $N = 2$:

$$\mathbf{v} = (3, -1, 2), \quad \mathbf{e}^{(1)} = 1/\sqrt{5}(1, 0, 2) \quad \mathbf{e}^{(2)} = 1/\sqrt{29}(4, 3, -2).$$

Man kann sich leicht davon überzeugen, daß die beiden $\mathbf{e}^{(i)}$ orthogonal und normiert sind. w_1 und w_2 ergeben sich nach Gl. (8.14) als Skalarprodukt mit $\mathbf{v}$:

$$w_1 = \mathbf{e}^{(1)} \cdot \mathbf{v} = 7/\sqrt{5} \quad w_2 = \mathbf{e}^{(2)} \cdot \mathbf{v} = 5/\sqrt{29}.$$

$\vec{v} \cdot \vec{v} - \sum_i w_i^* w_i$ wird nun

$$14 - (49/5 + 25/29) = 14 - 10.66 \geq 0.$$

Man sieht, daß statt einem Vektor mit Betragsquadrat 14 nur ein solcher mit Betragsquadrat 10.66 als Näherung erhalten wurde. Den "fehlende Anteil" erhielte man erst durch Hinzufügen eines dritten Basisvektors.

8.1.3 Parallelen und Unterschiede

Schon bei der Lösung des Minimum-Problems ist die Analogie der Problemstellung (8.8) und (8.12) aufgefallen. Dies beruht natürlich auf der Analogie der Ansätze (8.1) und (8.10). Wenn wir also die Entsprechungen aufsuchen, zeigt sich, daß

$$
\begin{aligned}
\phi^{(i)} &\sim \vec{e}^{(i)} \\
f(x) &\sim \vec{v} \\
\tilde{f}(x) &\sim \vec{w} \\
c_i &\sim w_i
\end{aligned}
$$

einander entsprechen. An der Stelle, an der bei der Vektor-Entwicklung Skalarprodukte $\vec{a} \cdot \vec{b}$ auftauchen, stehen bei der Funktionen-Entwicklung die neu definierten Integrale (f, g). Wenn wir also die Analogie komplett machen wollen, müssen wir Skalarprodukte von Funktionen definieren, und zwar in der Form

$$
\text{"Skalarprodukt"} \quad f \cdot g \quad \sim \quad (f, g) = \int_a^b f^*(x) g(x) dx.
$$

Das gibt uns die Möglichkeit, zwei Funktionen orthogonal zu nennen (wenn nämlich $(f, g) = 0$ ist), Funktionen zu orthogonalisieren oder zu normieren, ja, ganze Sätze von Funktionen nach dem Schmitt-Verfahren (Abschn. 2.3.2) zu orthonormieren. Genau wie bei Vektoren sagen wir, ein Satz von Funktionen ist orthonormal, wenn gilt

$$
(f^{(i)}, f^{(j)}) = \int_a^b f^{(i)*}(x) f^{(j)}(x) dx = \delta_{ij}.
$$

Beispiel: Das Intervall, in dem die Funktionen definiert sind, sei $[-1, 1]$, als Satz von Funktionen wählen wir einfache Potenzen $\phi^{(i)}(x) = x^i$ mit $i = 0, 1, 2, 3 \ldots$. Alle geraden Funktionen ($i = 2m$) sind orthogonal zu allen ungeraden ($j = 2n + 1$):

$$
\int_{-1}^1 x^{2m} x^{2n+1} dx = \frac{1}{2m + 2n + 2} x^{2m+2n+2} \Big|_{-1}^1 = 0.
$$

Dagegen sind zwei gerade Funktionen (oder zwei ungerade Funktionen) nicht orthogonal:

$$
\int_{-1}^1 x^{2m} x^{2n} dx = \frac{1}{2m + 2n + 1} x^{2m+2n+1} \Big|_{-1}^1 = \frac{2}{2m + 2n + 1}.
$$

Die Funktionen sind auch nicht normiert:

$$
\int_{-1}^1 (x^m)^2 dx = \frac{1}{2m + 1} x^{2m+1} \Big|_{-1}^1 = \frac{2}{2m + 1}.
$$

Wenn wir $\phi^{(0)}$ oder $\phi^{(1)}$ normieren, erhalten wir

$$
\phi_{\text{norm}}^{(0)} = \frac{1}{\sqrt{2}} \cdot 1 \quad \text{bzw.} \quad \phi_{\text{norm}}^{(1)} = \sqrt{\frac{3}{2}} \cdot x. \tag{8.16}
$$

Soll $\phi^{(2)}$ gegenüber $\phi^{(0)}$ orthogonalisiert werden, muß – wie in der Vektorrechnung [vergl. Gl. (2.30)] –

$$\vec{b}_{\text{orth}} = \vec{b} - \frac{\vec{a} \cdot \vec{b}}{\vec{a} \cdot \vec{a}} \vec{a}$$

gebildet werden:

$$
\begin{aligned}
\phi^{(2)}_{\text{orth}} &= \phi^{(2)} - \frac{(\phi^{(2)}, \phi^{(0)}_{\text{norm}})}{(\phi^{(0)}_{\text{norm}}, \phi^{(0)}_{\text{norm}})} \phi^{(0)}_{\text{norm}} = x^2 - \frac{(x^2, 1/\sqrt{2})}{1} \cdot \frac{1}{\sqrt{2}} \\
&= x^2 - \frac{1}{2} \int_{-1}^{1} x^2 dx = x^2 - \frac{1}{3}
\end{aligned}
\tag{8.17}
$$

usw.

Da die Orthonormalisierung also ein rein technisches Problem ist, können wir immer davon ausgehen, daß die Basis mindestens orthogonal, in der Regel aber orthonormiert ist. Dann brauchen wir zur Bestimmung der Koeffizienten c_i nicht das lineare Gleichungssystem (8.9) zu lösen, sondern können einfach das Analogon von Gl. (8.13), bzw. (8.14) verwenden:

$$c_i = \frac{(\phi^{(i)}, f)}{(\phi^{(i)}, \phi^{(i)})} \tag{8.18}$$

oder, wenn die $\phi^{(i)}$ normiert sind,

$$c_i = (\phi^{(i)}, f). \tag{8.19}$$

Auch die wichtige Formel (8.15) zur Prüfung der Vollständigkeit der Lösung kann übertragen werden:

$$(f, f) - \sum_i c_i^* c_i \geq 0 \qquad \text{bzw.} \qquad (f, f) \geq \sum_i c_i^* c_i. \tag{8.20}$$

(*Besselsche Ungleichung*).

Nachdem wir nun eine ganze Reihe formaler Parallelen entdeckt haben, stellt sich die Frage, wo die Unterschiede liegen. Wollen wir unser Resultat verbessern, so ist im Fall der Vektorrechnung klar, was zu tun ist: man muß weitere $M - N$ Basisvektoren hinzunehmen. Unter diesen Umständen wird $\vec{w} = \vec{v}$. Im Fall der Funktionen ist die Antwort nicht so einfach. Wir wollen die Diskussion mit einer sehr trivialen Basis beginnen.

Basis aus Streifenfunktionen   Ähnlich wie bei der Einführung der Integrale können wir unser Intervall $[a, b]$ in N gleichbreite Streifen aufteilen. Die Streifenbreite ist dann $\Delta x = (b-a)/N$, und die beiden Grenzen des i-ten Streifens sind $x = a+(i-1)\Delta x$ und $x = a+i\Delta x$ (siehe Abb. 8.1). Die Basisfunktionen definieren wir nun in der Form

$$\phi^{(i)}(x) = \begin{cases} h & \text{für} \quad a + (i - 1)\Delta x \leq x \leq a + i\Delta x \\ 0 & \text{sonst} \end{cases}. \tag{8.21}$$

Die Größe h wählen wir so, daß die $\phi^{(i)}$ normiert sind. Das Quadrat der Norm ist

$$(\phi^{(i)}, \phi^{(i)}) = \int_a^b \left[\phi^{(i)}(x)\right]^2 dx = \int_{a+(i-1)\Delta x}^{a+i\Delta x} h^2 dx = h^2 \Delta x,$$

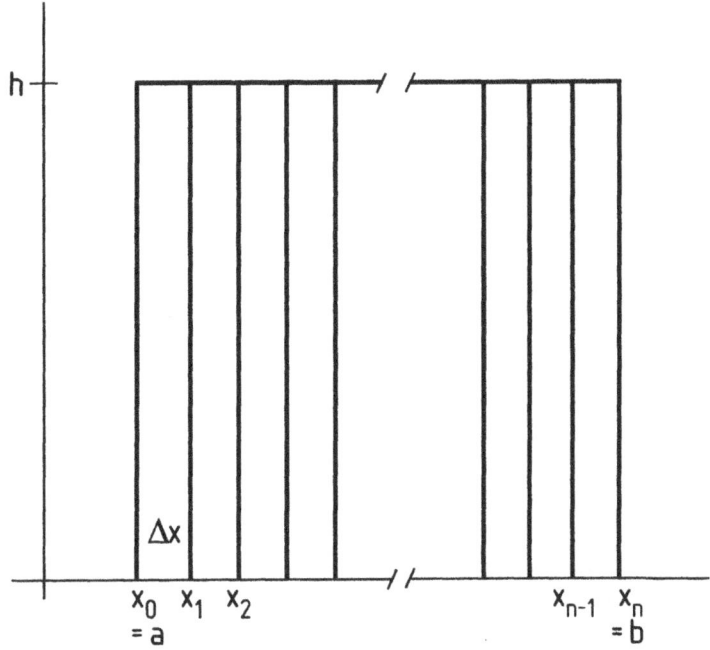

Fig. 8.1 Abschnitte im Intervall $[a, b]$ für eine einfache Basis

so daß wir $h = 1/\sqrt{\Delta x}$ setzen müssen, um normierte Basisfunktionen zu erhalten. Überdies sind verschiedene $\phi^{(i)}$ paarweise orthogonal, weil immer einer der beiden Faktoren im Integranden von $(\phi^{(i)}, \phi^{(j)})$ Null ist.

Schon eine rein qualitative Überlegung zeigt, wie man eine gegebene Funktion $f(x)$ durch eine Linearkombination der $\phi^{(i)}$ annähern kann. Wenn man $\phi^{(i)}$ mit $\sqrt{\Delta x} f_i$ multipliziert, bringt man $\phi^{(i)}$ auf die richtige Höhe, wenn f_i irgendein Wert der Funktion innerhalb des i-ten Streifens ist. Summiert man über alle Streifen, so erhält man eine Näherung von $f(x)$ im Intervall $[a, b]$, – freilich keine glatte Kurve sondern eine "Treppen-Funktion". Es steht uns aber frei, N so groß zu machen, daß die Abweichungen klein werden. Wenn wir weniger intuitiv vorgehen, müssen wir Gl. (8.19) anwenden, um die c_i zu bestimmen:

$$c_i = (\phi^{(i)}, f) = \int_{a+(i-1)\Delta x}^{a+i\Delta x} \frac{1}{\sqrt{\Delta x}} f(x) dx$$

$$= \frac{1}{\sqrt{\Delta x}} \int_{a+(i-1)\Delta x}^{a+i\Delta x} f(x) dx = \frac{1}{\sqrt{\Delta x}} f(a + (i - \theta)\Delta x) \cdot \Delta x = f_i \sqrt{\Delta x},$$

wobei im vorletzten Schritt der Mittelwert der Integralrechnung verwendet wurde ($0 \leq \theta \leq 1$). Zum Unterschied von oben liegt jetzt aber f_i genau fest, nämlich durch das Integral. Wir können also, wie erwartet, schreiben

$$\tilde{f}(x) = \sum_i c_i \phi^{(i)} = \sqrt{\Delta x} \sum_i f_i \phi^{(i)}.$$

Wir wollen bei dieser Gelegenheit noch überprüfen, ob das Skalarprodukt zweier Funktionen $f(x) = \sum c_i \phi^{(i)}$ und $g(x) = \sum d_i \phi^{(i)}$, wenn man beide als Vektoren auffaßt, mit dem Skalarprodukt (f, g) übereinstimmt. Das vektorielle Skalarprodukt ist (orthonormierte Basis vorausgesetzt)

$$\sum_i c_i^* d_i = \sum_i \sqrt{\Delta x}\, f_i^* \sqrt{\Delta x}\, g_i = \sum_i (f_i^* g_i) \Delta x.$$

Macht man nun die Streifenbreite infinitesimal klein, wird f_i zur Funktion $f(x)$ und g_i zu $g(x)$. Die letzte Summe geht dann in ein Integral über, eben jenes Integral (f, g).

Hier wird der Unterschied von Funktionen als Vektoren und gewöhnlichen Vektoren sichtbar: Wir können N sehr groß machen, aber $\tilde{f}(x)$ bleibt eine Treppenfunktion mit Fehlern an den Streifenrändern. Wenn wir diese Fehler beliebig klein machen wollen, müssen wir N beliebig groß machen, d.h. der Vektorraum bekommt eine sehr hohe Dimension, im Grenzfall die Dimension unendlich. Für praktische Zwecke ist das nicht allzu gravierend, denn man kann die Basis immer "abschneiden", wenn die Genauigkeit ausreicht. Unter prinzipiellen Gesichtpunkten aber muß man von Fall zu Fall genau überlegen, welche Funktionen durch welche Basisfunktionen darstellbar sind und welche nicht.

Man könnte noch denken, daß die Notwendigkeit, N gegen unendlich gehen zu lassen, nur eine Eigenheit unserer primitiven Basis aus "Streifen"-Funktionen darstellt. Daß das aber nicht der Fall ist, kann man sich durch folgende Überlegung klarmachen: Nehmen wir die Menge aller im abgeschlossenen Intervall $[a, b]$ stetigen Funktionen. Die Summe zweier solcher Funktionen ist wieder stetig, das gleiche gilt für $\lambda f(x)$. Für die Gesamtheit dieser Funktionen lassen sich also die algebraischen Grundoperationen der Vektorrechnung durchführen, – sie bilden mithin einen *Vektorraum*. Wie kann man seine Dimension feststellen? Für endlich-dimensionale Vektorräume kann man das in der Form machen, daß man feststellt, wieviel maximal linear unabhängige Vektoren gebildet werden können. Wählt man in unserem Funktionenraum als Satz von "Vektoren" die Funktionen $f(x) = x^k$ für $k = 0, 1, \ldots$, so sieht man, daß *alle* Funktionen linear unabhängig von einander sind. (Wäre es anders, müßte man x^{n+1} als Polynom $P_n(x)$ schreiben können, was offensichtlich nicht möglich ist. Außerdem haben wir ja weiter oben gezeigt, daß sich die x^k orthogonalisieren lassen, und orthogonale Funktionen sind immer linear unabhängig.) Das Ergebnis unserer Überlegung ist wiederum, daß die Dimension dieses Funktionenraumes nicht endlich sein kann, daß also beliebige (stetige) Funktionen nicht durch endliche Sätze von Basisfunktionen darstellbar sind.

Zum Schluß wollen wir noch den Fall betrachten, bei dem die Basis nicht endlich gewählt wurde, also immer neue (orthonormierte) Basisfunktionen hinzugefügt werden. Unter diesem Umständen ist N keine endliche Zahl mehr. Für eine stetige Funktion $f(x)$ in einem abgeschlossenen Intervall $[a, b]$ ist das Integral (f, f) immer eine endliche Zahl. Dann lehrt uns die Besselsche Ungleichung (8.20), deren Summe jetzt von 1 bis ∞ läuft, daß die $c_i^* c_i$-Summe konvergieren muß. Wenn sie gegen (f, f) konvergiert, gilt auch, daß $\tilde{f} \to f$ geht. Konvergiert sie aber gegen einen kleineren Wert, so bedeutet das, daß die Basis nicht *vollständig* ist. Man sagt, eine Basis sei *vollständig*, wenn für alle in Betracht kommenden Funktionen $f(x)$ mit $N \to \infty$ die Größe $\sum c_i^* c_i$ gegen (f, f) geht. Ob das der Fall ist, muß aber für jede Basis überprüft werden.

Der nächste Abschnitt wird ein ausführliches Beispiel für die Anwendung der hier entwickelten Methode bringen.

Ähnlich wie Vektoren als Linearkombinationen von Basisvektoren "entwickelt" werden können, können auch *Funktionen* als Linearkombinationen von *Basisfunktionen* angesetzt werden. Die Bestimmung der Koeffizienten erfolgt so, daß die quadratische Abweichung im Definitionsbereich minimal gemacht wird. Das entsprechende Problem bei der Vektorrechnung tritt dann auf, wenn weniger Basisvektoren angesetzt werden als die Dimension des Vektorraumes erfordert.

Um den Formalismus im Falle von Funktionen dem des Vektorraumes anzugleichen, ist es notwendig, für Paare von Funktionen ein Skalarprodukt zu definieren. Dies geschieht am einfachsten durch die Definition

$$(f, g) := \int_a^b f^*(x) g(x) dx,$$

wobei a und b die Grenzen des Definitionsbereiches darstellen. Mit dieser Beziehung können Funktionen normiert und Systeme von Basisfunktionen orthogonalisiert werden. Bei orthonormierten Basisfunktionen ergeben sich die Koeffizienten c_k im Ansatz für $f(x)$ wie bei Vektoren durch

$$c_k = (\phi^{(k)}, f) = \int_a^b \left(\phi^{(k)}(x) \right)^* f(x) dx,$$

wobei $\phi^{(k)}$ die k-te Basisfunktion ist. Bei nicht-orthogonalen Basisfunktionen ist statt dessen – wie bei Vektoren – ein lineares Gleichungssystem zu lösen.

Zum Unterschied von Vektorräumen, deren Dimension in der Regel endlich ist, sind Funktionenräume außer in Sonderfällen *nicht* endlich-dimensional. Die *Besselsche Ungleichung*

$$\sum_{k=1}^\infty c_k^* c_k \leq (f, f)$$

sichert aber die Konvergenz des Normquadrates der Funktion. In praktischen Rechnungen muß die Entwicklung – wie bei der Taylorreihe – an einer passenden Stelle abgebrochen werden.

Aufgaben

1. Zeigen Sie explizit, daß $(f, g) = (g, f)^*$ gilt!
2. Die Gln. (8.16) und (8.17) geben orthogonalisierte x-Potenzen (sog. orthogonalisierte Polynome) an. Wie lautet $\phi_{\mathrm{orth}}^{(3)}$?
3. Entwickeln Sie die Funktion e^x im Bereich von -1 bis +1 nach orthogonalisierten Polynomen. Berechnen Sie in diesem Zusammenhang die ersten drei Entwicklungskoeffizienten c_0, c_1 und c_2!

8.2   Fourieranalyse

Es wurde schon im Vorwort darauf hingewiesen, daß sich der Rest dieses Kapitel an Fortgeschrittene, die besonders interessiert sind, wendet. Für die Grundausbildung in Chemie ist er nicht unbedingt erforderlich. Aus diesem Grunde wurden auch die Rechenschritte eher knapp gehalten, weil darauf vertraut werden kann, daß die Leser in der Lage sind, kleinere Zwischenschritte selbständig nachzuvollziehen.

8.2.1   Fourierreihe einer Funktion mit einer Variablen

Wir stellen uns die Aufgabe, eine stetige *periodische* Funktion in eine Reihe zu entwickeln. Die Länge der Periode sei $2l$. Solche Funktionen sind dadurch definiert, daß für alle x-Werte $f(x + 2l) = f(x)$ gilt. Als Intervall wählen wir $[-l, l]$, also eine der Perioden, und die Basisfunktionen müssen selbst periodische Funktionen dieser Periodenlänge sein. Dann ist gewährleistet, daß auch alle Linearkombinationen diese Periode aufweisen. Derartige Funktionen sind

$$\sin(\frac{\nu\pi}{l}x) \quad \text{und} \quad \cos(\frac{\nu\pi}{l}x) \quad \text{für} \quad \nu = 1, 2, 3 \ldots,$$

außerdem die konstante Funktion $f(x) = 1$. Wir fragen als erstes nach der Orthogonalität dieser Funktionen. $f(x) = 1$ ist zu allen sin- und cos-Funktionen orthogonal:

$$\int_{-l}^{l} 1 \cdot \sin(\frac{\nu\pi}{l}x)dx = 0,$$

weil das Integral einer Sinus-Funktion über volle Perioden Null ergibt, und das gleiche gilt für die entsprechenden Cosinus-Funktionen. Außerdem sind alle Sinus-Funktionen orthogonal zu allen Cosinus-Funktionen, denn

$$\int_{-l}^{l} \sin(\frac{\nu\pi}{l}x) \cos(\frac{\nu'\pi}{l}x)dx = 0,$$

wie man entweder direkt ausrechnen oder aber sich aufgrund einer einfachen Symmetrie-Überlegung klarmachen kann: die Cosinus-Funktion ist symmetrisch (gegenüber x-Spiegelung), die Sinus-Funktion ist antisymmetrisch, der Integrand infolgedessen ebenfalls antisymmetrisch. Integrale mit einem antisymmetrischen Integranden, die von $-l$ bis $+l$ laufen, müssen Null ergeben. Es bleibt also noch die Orthogonalität der Sinus-Funktionen und der Cosinus-Funktionen untereinander. Die Produkte

$$\cos(\alpha x)\cos(\beta x) \quad \text{bzw.} \quad \sin(\alpha x)\sin(\beta x)$$

können wir umschreiben in

$$\frac{1}{2}[\cos((\alpha + \beta)x) + \cos((\alpha - \beta)x)],$$

bzw.

$$-\frac{1}{2}[\cos((\alpha + \beta)x) - \cos((\alpha - \beta)x)],$$

indem wir Summe bzw. Differenz der Gln. (4.6) und (4.7) bilden. Es treten also Integrale des Typs

$$\int_a^b \cos\left((\nu \pm \nu')\frac{\pi}{l}x\right)dx$$

auf, die für $\nu \neq \nu'$ wiederum Integrale von cos-Funktionen über eine volle Periode und damit Null sind. Es ergibt sich also, daß auch alle übrigen Funktionen paarweise orthogonal sind. Unser oben angegebener Satz von Basisfunktionen ist mithin orthogonal (und braucht nicht erst orthogonalisiert zu werden). Ist er auch normiert? Das Quadrat der Norm von $f(x) = 1$ ist

$$\int_{-l}^l 1 \cdot 1 \; dx = 2l$$

und die Normquadrate von Sinus- bzw. Cosinus-Funktionen sind l.

Man erkennt das, wenn man die Beziehungen

$$\cos^2(\alpha x) = \frac{1}{2}[1 + \cos(2\alpha x)] \quad \text{und} \quad \sin^2(\alpha x) = \frac{1}{2}[1 - \cos(2\alpha x)]$$

berücksichtigt. Der zweite Term der Ausdrücke liefert beim Integrieren von $-l$ bis l aus den gleichen Gründen wie oben Null und der erste Term $\frac{1}{2} \cdot 2l = l$.

Wir können also entweder normieren, oder aber die Basisfunktionen unnormiert lassen, müssen aber dann Gl. (8.18) anstelle von (8.19) zur Bestimmung der c_i anwenden. Wegen der zwei Sätze von Basisfunktionen (sin und cos) treten nun auch zwei Sätze von Koeffizienten auf (a_i für die Sinus- und b_i für die Cosinus-Funktionen). Unser Ansatz lautet damit

$$f(x) = b_0 \cdot 1 + \sum_{\nu=1}^{\infty} b_\nu \cos(\frac{\nu\pi}{l}x) + \sum_{\nu=1}^{\infty} a_\nu \sin(\frac{\nu\pi}{l}x), \tag{8.22}$$

und die Koeffizienten sind durch die Beziehungen

$$b_0 = \frac{1}{2l}\int_{-l}^l 1 \cdot f(x)dx = \frac{1}{2l}\int_{-l}^l f(x)dx,$$

$$b_\nu = \frac{1}{l}\int_{-l}^l \cos(\frac{\nu\pi}{l}x)f(x)dx \quad \text{für} \quad \nu = 1, 2, \ldots \tag{8.23}$$

und

$$a_\nu = \frac{1}{l}\int_{-l}^l \sin(\frac{\nu\pi}{l}x)f(x)dx \quad \text{für} \quad \nu = 1, 2, \ldots$$

gegeben.

Als Beispiel wollen wir eine Funktion mit der Form einer Girlande (Abb. 8.2a) berechnen. Die Periode soll die Länge 2 haben und innerhalb des Intervalls $[-1, 1]$ die Form x^2 aufweisen. Für $l = 1$ und $f(x) = x^2$ ergibt sich also

$$b_0 = \frac{1}{2}\int_{-1}^{+1} x^2 dx = \frac{1}{2}\frac{x^3}{3}\Big|_{-1}^{+1} = \frac{1}{3},$$

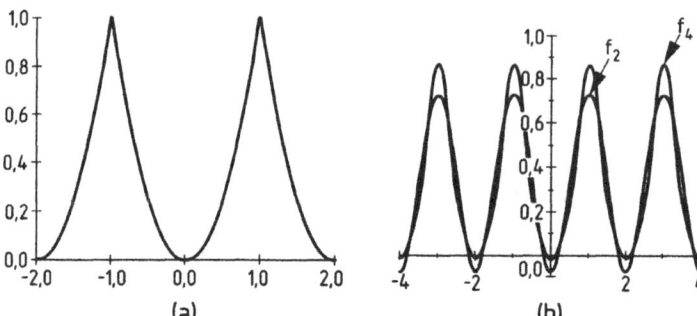

Fig. 8.2 (a) Fourierentwicklung einer Girlande mit Periodenlänge 2,
        (b) Fourierentwicklung im Intervall $[-1, +1]$ bei Abbruch nach 2 bzw. nach 4 Gliedern

$$b_\nu = \int_{-1}^{+1} x^2 \cos(\nu\pi x)dx \qquad \text{und} \qquad a_\nu = \int_{-1}^{+1} x^2 \sin(\nu\pi x)dx.$$

Wir benötigen die Stammfunktionen von $x^2\sin(\alpha x)$ und $x^2\cos(\alpha x)$, die man sich leicht durch Substitution $u = \alpha x$ und anschließende zweimalige partielle Integration ausrechnen kann. Das Ergebnis lautet

$$\int x^2 \cos(\alpha x)dx = \frac{1}{\alpha^3}\left[(\alpha^2 x^2 - 2)\sin(\alpha x) + 2\alpha x \cos(\alpha x)\right]$$

und

$$\int x^2 \sin(\alpha x)dx = \frac{1}{\alpha^3}\left[2\alpha x \sin(\alpha x) + (\alpha^2 x^2 - 2)\cos(\alpha x)\right].$$

Mit $\alpha = \nu\pi$ und den Integrationsgrenzen -1 und $+1$ ergibt sich für das erste Integral

$$\begin{aligned}
b_\nu &= \frac{1}{\nu^3\pi^3}\left[(\nu^2\pi^2 x^2 - 2)\sin(\nu\pi x) + 2\nu\pi x \cos(\nu\pi x)\right]\Big|_{-1}^{+1} \\
&= \frac{2}{\nu^3\pi^3}\left[(\nu^2\pi^2 x^2 - 2)\cdot 0 + 2\nu\pi\cos(\nu\pi)\right] \\
&= \frac{4}{\nu^2\pi^2}\cos(\nu\pi) = \left\{\begin{array}{ll} \frac{4}{\nu^2\pi^2} & (\nu \text{ gerade}) \\ -\frac{4}{\nu^2\pi^2} & (\nu \text{ ungerade}) \end{array}\right. .
\end{aligned}$$

Das Integral für a_ν liefert Null, wie man sich durch Einsetzen überzeugen kann. (Das hätte auch schon die Struktur des Integranden, nämlich ein antisymmetrischer Integrand über ein symmetrisches Intervall, ergeben.) Das Ergebnis unserer Reihenentwicklung ist also

$$f(x) = \frac{1}{3} - \frac{4}{\pi^2}\cos(\pi x) + \frac{4}{4\pi^2}\cos(2\pi x) - \frac{4}{9\pi^2}\cos(3\pi x) + \dots .$$

Abb. 8.2b zeigt das Ergebnis.

Fourierreihen werden z. B. für die Analyse von Schwingungen (periodische Vorgänge!) herangezogen, wobei sich dann neben der Grundschwingung die verschiedenen Oberschwingungen ergeben. Da die ganze Spektroskopie auf Schwingungsvorgängen beruht, ist die

Fourieranalyse ein in diesem Bereich häufig auftretendes Verfahren. Aber auch in der reinen Mathematik gibt es Anwendungen für sie: Bei der Lösung von Differentialgleichungen (s. Abschn. 9.4.4) stellt sie ein oft verwendetes Hilfsmittel dar.

■ Um periodische Funktionen entwickeln zu können, werden als Basisfunktionen die konstante Funktion 1, die Funktionen $\cos(\nu\pi/l)x$ und $\sin(\nu\pi/l)x$ gewählt ($\nu = 1,2,3\ldots$). Dabei wählt man am besten die Periode von $-l$ bis $+l$. Der Ansatz für die zu entwickelnde Funktion lautet dann

$$f(x) = b_0 + \sum_{\nu=1}^{\infty} b_\nu \cos(\frac{\nu\pi}{l}x) + \sum_{\nu=1}^{\infty} a_\nu \sin(\frac{\nu\pi}{l}x),$$

und die zugehörigen Koeffizienten sind

$$b_0 = \frac{1}{2l}\int_{-l}^{+l} f(x)dx, \qquad b_\nu = \frac{1}{l}\int_{-l}^{+l}\cos(\frac{\nu\pi}{l}x)\, f(x)dx,$$

$$a_\nu = \frac{1}{l}\int_{-l}^{+l}\sin(\frac{\nu\pi}{l}x)\, f(x)dx.$$

8.2.2 Fourierreihe mit komplexen Basisfunktionen

Grundsätzlich ändert sich an einer Basis nichts, wenn man anstelle zweier Basisfunktionen $\chi(x)$ und $\psi(x)$ ihre Summe $\chi + \psi$ und ihre Differenz $\chi - \psi$ einführt. Eine ähnliche Argumentation führt auf die Möglichkeit, $\cos(\alpha x)$ und $\sin(\alpha x)$ durch

$$\cos(\alpha x) + i\sin(\alpha x) = e^{i\alpha x} \quad \text{und} \quad \cos(\alpha x) - i\sin(\alpha x) = e^{-i\alpha x}$$

zu ersetzen. Wir hätten dann für das Problem des vorigen Abschnittes als äquivalente Basis

$$e^{i\frac{\nu\pi}{l}x} \quad \text{mit} \quad \nu = 0,\pm1,\pm2,\cdots,$$

wobei $f(x) = 1$ als ($\nu = 0$)-Term bereits eingeschlossen ist. Man sieht, daß diese Basis viel übersichtlicher ist, – sie ist allerdings komplex, so daß wir auf die Sterne zu achten haben. Sie ist ebenfalls orthogonal, wie die Bildung von

$$\int_{-l}^{l}\left(e^{i\frac{\nu\pi}{l}x}\right)^* e^{i\frac{\nu'\pi}{l}x}dx = \int_{-l}^{l} e^{i\frac{(\nu'-\nu)\pi}{l}x}dx$$
$$= \int_{-l}^{l}\cos(\frac{(\nu'-\nu)\pi}{l}x)dx + i\int_{-l}^{l}\sin(\frac{(\nu'-\nu)\pi}{l}x)dx$$
$$= 0$$

für $\nu \neq \nu'$ zeigt. Das Quadrat der Norm ist

$$\int_{-l}^{l}\left(e^{i\frac{\nu\pi}{l}x}\right)^* e^{i\frac{\nu\pi}{l}x}dx = \int_{-l}^{l} dx = 2l,$$

und zwar für alle Basisfunktion in gleicher Weise. Wir haben nur *einen* Koeffizientensatz c_i und der Ansatz (8.22 für $f(x)$ wird zu

$$f(x) = \sum_{\nu=-\infty}^{+\infty} c_\nu e^{i\frac{\nu\pi}{l}x}. \tag{8.24}$$

Für die c_ν gilt

$$c_\nu = \frac{1}{2l}\int_{-l}^{l}\left(e^{i\frac{\nu\pi}{l}x}\right)^* f(x)dx = \frac{1}{2l}\int_{-l}^{l} e^{-i\frac{\nu\pi}{l}x}f(x)dx. \tag{8.25}$$

Will man den Zusammenhang mit den a_ν und b_ν herstellen, zerlegt man den Exponential-ausdruck wieder:

$$\frac{1}{2l}\left[\int_{-l}^{l}\cos(\frac{\nu\pi}{l}x)f(x)dx - i\int_{-l}^{l}\sin(\frac{\nu\pi}{l}x)f(x)dx\right].$$

Dies ist für $\nu > 0$

$$c_\nu = \frac{1}{2}(b_\nu - ia_\nu),$$

für $\nu < 0$

$$c_\nu = \frac{1}{2}(b_{|\nu|} + ia_{|\nu|}), \quad \text{bzw. mit positivem } \nu: \quad c_{-\nu} = \frac{1}{2}(b_\nu + ia_\nu)$$

und für $\nu = 0$ schließlich $c_0 = b_0$. Ist $f(x)$ eine reelle Funktion, dann sind die Koeffizienten a_ν und b_ν reell, und die Gleichungen für die c_ν zeigen, daß dann $c_{-\nu} = c_\nu^*$ ist. Ist $f(x)$ dagegen komplex, so sind auch a_ν und b_ν komplex. Die obigen Beziehungen zwischen den a_ν, b_ν und c_ν bleiben gleich, aber $c_{-\nu}$ ist jetzt ungleich c_ν^*.

Durch Einsetzen dieser Beziehungen zwischen den a_i, b_i und c_i läßt sich die Äquivalenz auch direkt zeigen:

$$\begin{aligned}
\sum_{\nu=-\infty}^{+\infty} c_\nu e^{i\frac{\nu\pi}{l}x} &= c_0 + \sum_{\nu=1}^{+\infty} c_\nu e^{i\frac{\nu\pi}{l}x} + \sum_{\nu=1}^{+\infty} c_{-\nu}e^{-i\frac{\nu\pi}{l}x} \\
&= b_0 + \sum_{\nu=1}^{\infty} \frac{b_\nu - ia_\nu}{2}\left[\cos(\frac{\nu\pi}{l}x) + i\sin(\frac{\nu\pi}{l}x)\right] \\
&\quad + \sum_{\nu=1}^{\infty} \frac{b_\nu + ia_\nu}{2}\left[\cos(\frac{\nu\pi}{l}x) - i\sin(\frac{\nu\pi}{l}x)\right] \\
&= b_0 + \sum_{\nu=1}^{\infty} b_\nu \cos(\frac{\nu\pi}{l}x) + \sum_{\nu=1}^{\infty} a_\nu \sin(\frac{\nu\pi}{l}x).
\end{aligned}$$

(Die letzte Form entsteht einfach durch Ausmultiplizieren.)

Da das Rechnen mit Exponentialfunktionen sehr oft viel einfacher als das Rechnen mit trigonometrischen Funktionen ist, zieht man es häufig vor, mit der komplexen Basis zu arbeiten. Auch im nächsten Abschnitt kann sich der Leser überzeugen, daß dieser Ansatz alle Überlegungen erheblich vereinfacht.

Wir wollen zur Illustration das oben behandelte Beispiel einer "Girlanden"-Kurve in komplexer Darstellung nochmals aufgreifen. c_ν ist durch

$$c_\nu = \frac{1}{2}\int_{-1}^{+1} x^2 e^{-i\nu\pi x}dx$$

gegeben. Entweder setzt man für $e^{-i\varphi}$ den Ausdruck $\cos\varphi - i\sin\varphi$ ein und erhält

$$c_\nu = \frac{1}{2}\int_{-1}^{+1} x^2 \cos(\nu\pi x)dx - \frac{i}{2}\int_{-1}^{+1} x^2 \sin(\nu\pi x)dx$$

und kommt damit auf die alten Integrale, oder aber man berechnet das Integral neu. Die Stammfunktion des Integranden lautet

$$\int x^2 e^{\alpha x} dx = \frac{1}{\alpha^3}(\alpha^2 x^2 - 2\alpha x + 2)e^{\alpha x}.$$

Mit $\alpha = -i\nu\pi$ ergibt sich für $\nu \neq 0$

$$\frac{1}{2}\frac{1}{(-i\nu\pi)^3}\Big[(-i\nu\pi)^2 x^2 - 2(-i\nu\pi)x + 2\Big]e^{-i\nu\pi x}\Big|_{-1}^{+1}$$

$$= \quad -\frac{i}{2\nu^3\pi^3}\Big[(-\nu^2\pi^2 x^2 + 2i\nu\pi x + 2)e^{-i\nu\pi x}\Big|_{-1}^{+1}$$

$$= \quad -\frac{i}{2\nu^3\pi^3}\Big[(-\nu^2\pi^2 + 2i\nu\pi + 2)e^{-i\nu\pi} - (-\nu^2\pi^2 - 2i\nu\pi + 2)e^{i\nu\pi}\Big]$$

$$= \quad -\frac{i}{2\nu^3\pi^3}\Big[(-\nu^2\pi^2 + 2)(e^{-i\nu\pi} - e^{i\nu\pi}) + 2i\nu\pi(e^{-i\nu\pi} + e^{i\nu\pi})\Big]$$

$$= \quad -\frac{i}{\nu^3\pi^3}\Big[(-\nu^2\pi^2 + 2)(-i\sin(\nu\pi)) + 2i\nu\pi\cos(\nu\pi)\Big].$$

Wegen $\sin(\nu\pi) = 0$ ist das

$$c_\nu = \frac{2}{\nu^2\pi^2}\cos(\nu\pi) = \frac{2(-1)^\nu}{\nu^2\pi^2}.$$

Für $\nu = 0$ gilt die Stammfunktion nicht und wir müssen c_0 direkt berechnen:

$$c_0 = \frac{1}{2}\int_{-1}^{+1} x^2 dx = \frac{1}{3}.$$

Damit wird die Reihe

$$f(x) = \frac{1}{3} + \sum_{-\infty,\neq 0}^{+\infty}\frac{2(-1)^\nu}{\nu^2\pi^2}e^{i\nu\pi x} = \frac{1}{3} + \sum_1^{+\infty}\frac{2(-1)^\nu}{\nu^2\pi^2}(e^{i\nu\pi x} + e^{-i\nu\pi x})$$

$$= \frac{1}{3} + \sum_1^{+\infty}\frac{4(-1)^\nu}{\nu^2\pi^2}\cos(\nu\pi x).$$

Die letzte Gleichung entspricht der bereits ermittelten reellen Form.

■ Wesentlich bequemer als der reelle Ansatz für die Entwicklung periodischer Funktionen ist der komplexe Ansatz mit nur einem Typ Basisfunktionen $exp(i\nu\pi/l\,x)$ (an Stelle von drei Typen):

$$f(x) = \sum_{\nu=-\infty}^{+\infty} c_\nu e^{i\nu\frac{\pi}{l}x} \quad \text{mit} \quad c_\nu = \frac{1}{2l}\int_{-l}^{+l} e^{-i\nu\frac{\pi}{l}x}f(x)dx.$$

Vollständigkeit Schließlich steht noch die Frage im Raum, ob die gewählte Basis (reell oder komplex) *vollständig* ist. Um das zu zeigen, kann man mit der Gleichung (8.25) für die c_ν in den Ansatz (8.24) hineingehen, wobei der Name der Integrationsvariablen in ξ zu ändern wäre, um Konflikte mit dem x des Ansatzes zu vermeiden:

$$f(x) = \sum_{\nu=-\infty}^{+\infty} \left(\frac{1}{2l} \int_{-l}^{l} e^{-i\frac{\nu\pi}{l}\xi} f(\xi) d\xi \right) e^{i\frac{\nu\pi}{l}x}$$

$$= \frac{1}{2l} \int_{-l}^{l} \left(\sum_{\nu=-\infty}^{+\infty} e^{i\frac{\nu\pi}{l}(x-\xi)} \right) f(\xi) d\xi.$$

In Worten besagt das: f (als Funktion von ξ) ist mit dem in Klammern stehenden Ausdruck zu multiplizieren und anschließend über ξ von $-l$ bis $+l$ zu integrieren. Dieses Integral enthält einen Parameter (nämlich x) und sein Wert hängt deshalb von x ab. Er stellt mithin eine Funktion von x dar, und diese Funktion muß gleich der in den Ausdruck eingesetzten Funktion $f(\xi)$ sein.

Wir wollen den Beweis wenigstens skizzieren, d.h. dem interessierten Leser die explizite Durchführung der einzelnen Schritte überlassen. Wir gehen von obiger Gleichung aus, aber erstrecken die ν-Summe zunächst nur von $-n$ bis $+n$ und machen den Grenzübergang am Schluß. Zunächst benötigen wir eine Hilfsformel für die ν-Summe:

$$\sum_{-n}^{+n} e^{i\alpha\nu} = \frac{e^{i\alpha\nu(2n+1)/2} - e^{-i\alpha\nu(2n+1)/2}}{e^{i\alpha\nu/2} - e^{-i\alpha\nu/2}}.$$

(Der Leser kann sich leicht von der Richtigkeit überzeugen, wenn er den Nenner auf die linke Seite bringt und dann ausmultipliziert. Es entstehen dabei zwei Summen, die sich bis auf das erste und letzte Glied wegheben.) Dies mit $\alpha = \pi(x-\xi)/l$ eingesetzt, ergibt

$$f(x) = \frac{1}{2l} \int_{-l+c}^{l+c} \frac{e^{i\pi(x-\xi)\nu(2n+1)/(2l)} - e^{-i\pi(x-\xi)\nu(2n+1)/(2l)}}{e^{i\pi(x-\xi)\nu/(2l)} - e^{-i\pi(x-\xi)\nu/(2l)}} f(\xi) d\xi.$$

(Dabei haben wir von der Freiheit, das Integrationsintervall beliebig zu verschieben, durch Hinzufügen der freien Konstante c Gebrauch gemacht.) Wir führen nun folgende Variablentransformation durch: $u = \pi(2n+1)(x-\xi)/(2l)$. (Dieser Schritt ist etwas umständlich, erfolgt aber vollkommen nach der Regel von Abschn. 6.2.4.) Bei der Umrechnung der Grenzen setzen wir $c = -\pi(2n+1)x/(2l)$. Wir erhalten damit

$$\frac{1}{\pi(2n+1)} \int_{-\pi(2n+1)/2}^{\pi(2n+1)/2} f\left(x - \frac{2lu}{\pi(2n+1)} \right) \frac{e^{iu} - e^{-iu}}{e^{iu/(2n+1)} - e^{-iu/(2n+1)}} du.$$

Da wir den Grenzübergang $n \to \infty$ machen wollen, können wir das Argument von f durch $x - \epsilon$ ersetzen (ϵ ist eine sehr kleine Größe) und den Nenner durch die Taylor-Entwicklung $[1 + iu/(2n+1)] - [1 - iu/(2n+1)]$ ersetzen, so daß der gesamte Bruch $(2n+1)\sin u/u$ wird. Die Grenzen gehen in $\pm\infty$ über und es entsteht

$$\frac{1}{\pi} \int_{-\infty}^{+\infty} f(x - \epsilon) \frac{\sin u}{u} du.$$

Da sich $f(x)$ wegen des kleinen ϵ praktisch nicht ändert, können wir es als $f(x)$ vor das Integral ziehen und das verbleibende Integral durch den doppelten Wert des Integrals von 0 bis ∞ ersetzen:

$$\frac{2f(x)}{\pi} \int_{0}^{+\infty} \frac{\sin u}{u} du.$$

Dieses Integral schlagen wir in einer Formelsammlung [9] nach, – es ist $\pi/2$. Das Resultat ist also tatsächlich $f(x)$.

Fourierreihe bei mehreren Veränderlichen

Gegeben sei eine Funktion $f(x, y)$, die sowohl in x periodisch (Periode $2l$) als auch in y periodisch (Periode $2l'$) ist. Die Gedanken des vorigen Abschnittes lassen sich leicht erweitern. Die Basisfunktionen für die x-, bzw. die y-Abhängigkeit sind

$$e^{i\frac{\mu\pi}{l}x} \quad \text{bzw.} \quad e^{i\frac{\nu\pi}{l'}y} \quad \text{für} \quad \mu, \nu = 0, \pm 1, \pm 2 \dots.$$

Die Basisfunktionen für eine Funktion von x und y sind mithin alle möglichen Produkte von je einem Vertreter:

$$e^{i\frac{\mu\pi}{l}x} \cdot e^{i\frac{\nu\pi}{l'}y} = e^{i\pi(\frac{\mu x}{l} + \frac{\nu y}{l'})} \quad \text{für} \quad \mu, \nu = 0, \pm 1, \pm 2 \dots.$$

Hier zeigt sich die Überlegenheit der komplexen Basis deutlich: Wir erhalten nur *einen* Term statt deren vier bei reeller Basis. Unser Ansatz lautet nun

$$f(x, y) = \sum_{i,j=-\infty}^{\infty} c_{\mu,\nu} e^{i\pi(\frac{\mu x}{l} + \frac{\nu y}{l'})},$$

und die Gleichung für die Koeffizienten lautet

$$c_{\mu,\nu} = \frac{1}{(2l)(2l')} \int_{-l}^{l} \int_{-l'}^{l'} e^{-i\pi(\frac{\mu x}{l} + \frac{\nu y}{l'})} f(x, y) dx dy.$$

Die Erweiterung auf drei oder mehr Dimensionen ist offensichtlich.

8.2.3 Fourierintegral

Wir wollen noch überlegen, ob der entwickelte Formalismus auch bei nicht-periodische Funktionen eingesetzt werden kann. Dies könnte in der Form geschehen, daß man die Länge der Periode sehr groß macht und sie schließlich gegen unendlich gehen läßt. Wenn wir zu den Wurzeln des Verfahrens (Abschn. 8.1.1) zurückkehren, sehen wir, daß die Existenz des Integrals (f, f) vorausgesetzt wurde. Das ist kein Problem, so lange das Integrationsintervall endlich ist. Lassen wir es aber gegen unendlich gehen, so müssen wir an unsere Funktionen neben der Stetigkeit noch die Forderungen stellen, daß dieses Integral

$$(f, f) = \int_{-\infty}^{\infty} f^*(x) f(x) dx = \int_{-\infty}^{\infty} |f(x)|^2 dx$$

existiert, daß also $f(x)$ *quadratintegrabel* ist. Dagegen können wir die Forderung nach Stetigkeit dahingehend lockern, daß wir lediglich stückweise Stetigkeit verlangen, also einzelne Sprungstellen tolerieren, so lange die Funktion beschränkt bleibt.

Um den Formalismus der Fourierreihe für $l \to \infty$ zu adaptieren, nützen wir die Tatsache aus, daß wir bei dem Gleichungspaar (8.24) für den Ansatz und (8.25) für die zugehörigen

Koeffizienten noch einen Faktor frei haben. Wir können nämlich c_ν jederzeit mit einem Faktor multiplizieren, wenn wir nur in der Gleichung für $f(x)$ wieder durch die gleiche Zahl dividieren. Wir wählen hierfür die Größe $l\sqrt{2/\pi}$, so daß die beiden Gleichungen jetzt

$$f(x) = \frac{1}{\sqrt{2\pi}} \sum_{\nu=-\infty}^{+\infty} \frac{\pi}{l} c_\nu e^{i\frac{\nu\pi}{l}x} \qquad c_\nu = \frac{1}{\sqrt{2\pi}} \int_{-l}^{l} e^{-i\frac{\nu\pi}{l}x} f(x) dx$$

lauten. Als nächstes führen wir die Größen $k_\nu = \nu\pi/l$ ein. Für die Differenz zweier benachbarter k_ν gilt $\Delta k = k_{\nu+1} - k_\nu = \pi/l$, und damit wird das Gleichungspaar

$$f(x) = \frac{1}{\sqrt{2\pi}} \sum_{\nu=-\infty}^{+\infty} c_\nu e^{ik_\nu x} \Delta k \qquad c_\nu = \frac{1}{\sqrt{2\pi}} \int_{-l}^{l} e^{-ik_\nu x} f(x) dx.$$

Wenn wir nun l sehr groß machen, wird Δk sehr klein, k wird eine kontinuierliche Größe, $c_\nu \equiv c_{k_\nu}$ eine kontinuierliche Funktion $c(k)$ und die Summe über ν wird zu einem Integral über k:

$$f(x) = \frac{1}{\sqrt{2\pi}} \int_{k=-\infty}^{+\infty} c(k) e^{ikx} dk \qquad c(k) = \frac{1}{\sqrt{2\pi}} \int_{-\infty}^{\infty} e^{-ikx} f(x) dx. \qquad (8.26)$$

Man erkennt also: *Bei einer nichtperiodischen quadratintegrablen Funktion geht die Fourierreihe in das Integral (8.26) über (Fourierintegral).* Die ehemals diskrete Variable $\nu = 0, \pm 1, \pm 2 \ldots$ geht in eine kontinuierliche Variable k über, d.h. es treten nicht nur die Oberschwingungen auf sondern *alle* Frequenzen.

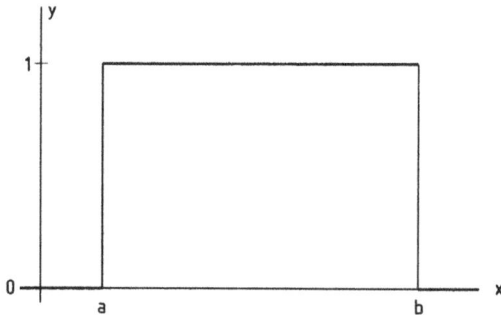

Fig. 8.3 Stufenfunktion zwischen $x = a$ und $x = b$

Als Beispiel wollen wir die in Abb. 8.3 gezeigte Stufenfunktion, die quadratintegrabel ist, behandeln. Diese Funktion ist Null bis zur Stelle $x = a$, dort springt sie auf eins und wird bei $x = b$ wieder Null. Das Integral für $c(k)$ braucht also nur über den Bereich von a bis b erstreckt zu werden, weil $f(x)$ in dem übrigen Bereich Null ist:

$$c(k) = \frac{1}{\sqrt{2\pi}} \int_a^b e^{-ikx} \cdot 1 \, dx = \frac{1}{-\sqrt{2\pi} ik} e^{-ikx} \Big|_a^b = \frac{i}{\sqrt{2\pi} k} (e^{-ikb} - e^{-ika}).$$

Diese Stufenfunktion kann also in der Form

$$f(x) \;=\; \frac{1}{\sqrt{2\pi}} \int_{k=-\infty}^{+\infty} \left[\frac{i}{\sqrt{2\pi}\,k} (e^{-ikb} - e^{-ika}) \right] e^{ikx} dk$$

$$\;=\; \frac{i}{2\pi k} \int_{k=-\infty}^{+\infty} (e^{ik(x-b)} - e^{ik(x-a)}) dk$$

dargestellt werden, wobei das berechnete $c(k)$ (eckige Klammer!) eingesetzt wurde.

Reelle Form   Man kann das Gleichungspaar 8.26 auch reell formulieren. Sinnvoll ist das nur bei reellem $f(x)$. Setzen wir das voraus, so wird die Gleichung für $c(k)$

$$c(k) \;=\; \frac{1}{\sqrt{2\pi}} \int_{-\infty}^{\infty} \Big(\cos(kx) - i\sin(kx) \Big) f(x) dx$$

$$\;=\; \frac{1}{\sqrt{2\pi}} \int_{-\infty}^{\infty} \cos(kx) f(x) dx - \frac{i}{\sqrt{2\pi}} \int_{-\infty}^{\infty} \sin(kx) f(x) dx.$$

Wir kürzen das erste Integral mit $b(k)$ ab und das zweite ohne der Faktor $-i$ mit $a(k)$. Wegen $\cos(kx) = \cos(-kx)$ gilt für $b(k)$ die Bedingung $b(k) = -b(k)$, d.h. $b(k)$ ist bezüglich k symmetrisch. Eine analoge Überlegung ergibt, daß $a(k)$ antisymmetrisch ist: $a(k) = -a(-k)$. Die Gleichung für $f(x)$ lautet nun

$$f(x) = \frac{1}{\sqrt{2\pi}} \int_{k=-\infty}^{+\infty} \Big(b(k) - ia(k) \Big) \Big(\cos(kx) + i\sin(kx) \Big) dk.$$

Der Realteil hiervon ist

$$f(x) = \frac{1}{\sqrt{2\pi}} \int_{k=-\infty}^{+\infty} \Big(b(k)\cos(kx) + a(k)\sin(kx) \Big) dk. \tag{8.27}$$

Weil der Integrand symmetrisch in k ist und das Integrationsintervall desgleichen, kann man sich auf die eine Hälfte davon beschränken und dafür den Faktor 2 einsetzen:

$$f(x) = \sqrt{\frac{2}{\pi}} \int_{k=0}^{+\infty} \Big(b(k)\cos(kx) + a(k)\sin(kx) \Big) dk.$$

Man überzeugt sich leicht, daß der Imaginärteil von (8.27) antisymmetrisch in k ist, und daß das Integral deshalb wegfällt, wie das ja bei reellem $f(x)$ der Fall sein muß.

Mehrere Veränderliche   Bei zwei (oder mehr) Variablen kann man analog vorgehen. In $f(x,y)$ wird y zunächst als Parameter aufgefaßt und man hat

$$c'(k,y) = \frac{1}{\sqrt{2\pi}} \int_{x=-\infty}^{\infty} e^{-ikx} f(x,y) dx.$$

Die Zwischenfunktion $c'(k,y)$ kann nun bezüglich der Variablen y ebenfalls zerlegt werden, wobei als Frequenz jetzt die Variable l verwendet wird:

$$c(k,l) = \frac{1}{\sqrt{2\pi}} \int_{y=-\infty}^{\infty} e^{-ily} c'(k,y) dy.$$

Einsetzen von $c'(k, y)$ liefert

$$c(k,l) = \frac{1}{2\pi} \int_{x=-\infty}^{\infty} \int_{y=-\infty}^{\infty} e^{-i(kx+ly)} dx dy, \tag{8.28}$$

und die Gleichung für $f(x, y)$ ist dann

$$f(x,y) = \frac{1}{2\pi} \int_{k=-\infty}^{\infty} \int_{l=-\infty}^{\infty} c(k,l) e^{i(kx+ly)} dk dl. \tag{8.29}$$

$f(x, y)$ wird damit als Überlagerung von Wellen $e^{i\varphi} = \cos(\varphi) + i\sin(\varphi)$ mit $\varphi = kx + ly$ aufgefaßt. Diese zweidimensionalen "Elementarwellen" haben für gleiches φ die gleiche Amplitude, d.h. die Welle hat die gleiche Phase. $kx + ly$ =konst ist demnach die Bedingung für den Verlauf der Wellenfronten. x und y bilden die Komponenten des Ortsvektors $\vec{r}$. Faßt man k_x und k_y ebenfalls als Komponenten eines Vektors $\vec{k}$ auf, so lautet die Bedingung für die Wellenfront $\vec{k} \cdot \vec{r}$ =konst. Aus Abb. 8.4 erkennt man, daß $\vec{k} \cdot \vec{r}_{\text{Wellenfront}}$ dann konstant ist, wenn $\vec{k}$ senkrecht zur Wellenfront steht, also in Richtung der Ausbreitung der

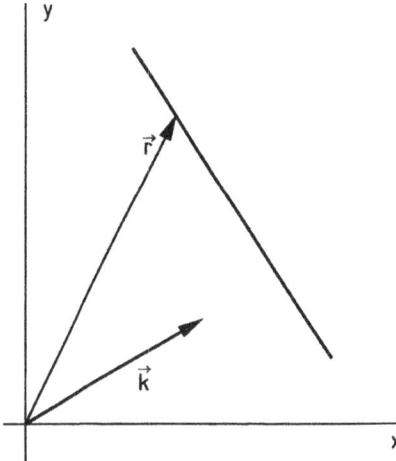

Fig. 8.4
Orientierung von $\vec{k}$ zur Wellenfront

Welle weist. $\vec{k}$ ist deshalb eine gerichtete Größe, die sich bei Koordinatendrehungen wie ein Vektor transformiert, und wird *Wellenvektor* genannt. Sein Betrag ist übrigens wie bei eindimensionalen Wellen gleich $2\pi/\lambda$, wenn λ die Wellenlänge ist. Mit dieser Schreibweise nehmen die Gln. (8.28) und (8.29) die prägnantere Form

$$f(\vec{r}) = \frac{1}{2\pi} \int_{\vec{k}=-\infty}^{+\infty} c(\vec{k}) e^{i\vec{k}\cdot\vec{r}} dk_x dk_y \qquad c(\vec{k}) = \frac{1}{2\pi} \int_{-\infty}^{\infty} e^{-i\vec{k}\cdot\vec{r}} f(\vec{r}) dx dy$$

an.

> ■ Um zu nicht-periodischen Funktionen überzugehen, muß die Periode auf den
> Bereich von $-\infty$ bis $+\infty$ ausgedehnt werden. Die Entwicklung ist dann aller-
> dings auf quadratintegrable Funktionen, d.h. Funktionen mit (f, f) = endlich, be-
> schränkt. Die bislang diskrete Variable ν wird zu einer kontinuierlichen Größe k.
> Das Gleichungspaar (8.26) ergibt einerseits die zu entwickelnde Funktion $f(x)$ als
> Linearkombination von e-Funktionen mit der "Frequenz" k und andererseits die
> "Fouriertransformierte" $c(k)$, die den Koeffizienten der betreffenden e-Funktion
> darstellt.

8.2.4 Die δ-Funktion

In der Quantenmechanik, bzw. in der Theorie der chemischen Bindung spielt eine spezielle
Funktion, genannt die δ-*Funktion* eine besondere Rolle. Man kann sie zunächst als Grenzwert

$$\delta(x - x_0) = \lim_{\alpha \to \infty} \sqrt{\frac{\alpha}{\pi}} e^{-\alpha(x - x_0)^2} \tag{8.30}$$

definieren. Die Funktion unter dem lim-Zeichen ist eine Gaußsche Glockenkurve (Abschn.
4.2.2 und Abb. 4.10b), deren Maximum nach dem Punkt x_0 verschoben wurde. Der Vorfaktor sorgt dafür, daß das Integral über den gesamten x-Bereich den Wert 1 hat [vergl. Gl. 6.37].
Je größer der Parameter α wird, um so schmaler und höher wird die Kurve (bei gleichbleibender Fläche). Im Grenzfall $\alpha \to \infty$ wird die Kurve beliebig schmal. Sie hat dann überall
den Wert Null außer im Punkt $x = x_0$, an dem der Funktionswert beliebig groß wird.

Wichtiger als ihre Funktionswerte sind Integrale über sie. Zunächst gilt

$$\int_{-\infty}^{+\infty} \delta(x - x_0) dx = \lim_{\alpha \to \infty} \sqrt{\frac{\alpha}{\pi}} \int_{-\infty}^{+\infty} e^{-\alpha(x - x_0)^2} dx \tag{8.31}$$

$$= \lim_{\alpha \to \infty} \sqrt{\frac{\alpha}{\pi}} \int_{-\infty}^{+\infty} e^{-\alpha \xi^2} d\xi = \lim_{\alpha \to \infty} 1 = 1, \tag{8.32}$$

wobei wir im zweiten Schritt die Substitution $\xi = x - x_0$ vorgenommen haben und im
dritten auf Gl. (6.37) zurückgegriffen haben. In der Regel tritt die δ-Funktion in Integralen
der Form

$$\int_{-\infty}^{+\infty} f(x) \delta(x - x_0) dx$$

auf. Sie lassen sich leicht berechnen, wenn man berücksichtigt, daß der zweite Faktor des
Integranden fast überall Null ist. Es ist also ausreichend, nur von $x_0 - \epsilon$ bis $x_0 + \epsilon$ zu
integrieren. Unter diesem Umständen kann man den Mittelwertsatz der Integralrechnung
für $f(x)$ verwenden, d.h. $f(x)$ durch $f(\xi)$ ersetzen, wobei ξ innerhalb des (jetzt sehr kleinen)
Integrationsintervalls $[x_0 - \epsilon, x_0 + \epsilon]$ liegt:

$$\int_{-\infty}^{+\infty} f(x) \delta(x - x_0) dx = f(\xi) \int_{x_0 - \epsilon}^{x_0 + \epsilon} \delta(x - x_0) dx = f(\xi).$$

(Das Integral ist wiederum 1, weil man aus dem gleichen Grund wie oben die Grenzen wieder durch $-\infty$ und $+\infty$ ersetzen kann.) Beim Grenzübergang $\epsilon \to 0$ nimmt ξ den Wert x_0 an, so daß schließlich

$$\int_{-\infty}^{+\infty} f(x)\delta(x - x_0)dx = f(x_0) \tag{8.33}$$

resultiert. *Das Integral über $f(x)\delta(x - x_0)$ liefert also den Funktionswert von f an der Stelle x_0.*

Es gibt noch weitere Möglichkeiten, die δ-Funktion darzustellen. Eine sehr häufig benützte Form ist die Fourier-Darstellung

$$\delta(x - x_0) = \frac{1}{2\pi} \int_{k=-\infty}^{+\infty} e^{-ik(x-x_0)}dk. \tag{8.34}$$

Man erhält sie, wenn man in dem Gleichungspaar (8.26) den Ausdruck für $c(k)$ (nach Änderung der Integrationsvariablen in ξ) in den für $f(x)$ einsetzt:

$$f(x) = \frac{1}{\sqrt{2\pi}} \int_{k=-\infty}^{+\infty} \left[\frac{1}{\sqrt{2\pi}} \int_{\xi=-\infty}^{\infty} e^{-ik\xi} f(\xi)d\xi\right] e^{ikx} dk.$$

Nach Vertauschen der Reihenfolge der Integration und Zusammenziehen der beiden Exponentialausdrücke ergibt sich

$$f(x) = \int_{\xi=-\infty}^{\infty} \left[\frac{1}{2\pi} \int_{k=-\infty}^{+\infty} e^{ik(x-\xi)}dk\right] f(\xi)d\xi.$$

Ersetzt man die innere Klammer durch den Ausdruck (8.34) (mit x an Stelle von x_0 und ξ an Stelle von x), dann erhält man in Übereinstimmung mit (8.33)

$$f(x) = \int_{-\infty}^{\infty} \delta(\xi - x)f(\xi)d\xi = f(x),$$

womit die Äquivalenz beider Seiten in (8.34) bewiesen ist.

Wenn man will, kann man (8.34) auch reell schreiben. Dazu zerschneidet man das Integral an der Stelle $k = 0$ und substituiert im negativen k-Bereich $k' = -k$:

$$\delta(x - x_0) = \frac{1}{2\pi} \int_{k=0}^{+\infty} e^{-ik(x-x_0)}dk + \frac{1}{2\pi} \int_{k'=0}^{+\infty} e^{ik'(x-x_0)}dk'.$$

Nun kann man wieder k statt k' setzen und beide Integrale (gleiche Grenzen!) zusammenziehen:

$$\delta(x - x_0) = \frac{1}{2\pi} \int_{k=0}^{+\infty} \left[e^{-ik(x-x_0)} + e^{ik(x-x_0)}\right]dk = \frac{1}{\pi} \int_{k=0}^{+\infty} \cos k(x - x_0)dk.$$

Die δ-Funktion ist also symmetrisch in $x - x_0$. Aus diesem Grund kann Gl. (8.34) ebensogut als

$$\delta(x - x_0) = \frac{1}{2\pi} \int_{k=-\infty}^{+\infty} e^{+ik(x-x_0)}dk$$

geschrieben werden.

Aufgaben

1. Entwickeln Sie die periodische Funktion, die sich ergibt, wenn Sie benachbarte Maxima und Minima der Cosinus-Funktion durch Geraden verbinden, in eine Fourierreihe. (Eine dafür benötigte Stammfunktion ist in Übungsaufgabe 6 in Abschn. 6.2 berechnet worden.)

2. Berechnen Sie folgende Integrale über die δ-Funktion (y feste Zahl):

$$(a) \int_{-\infty}^{\infty} e^x \delta(x-y)dx \quad (b) \int_{y-3}^{y+3} e^x \delta(x-y)dx \quad (c) \int_{y-3}^{y-2} e^x \delta(x-y)dx.$$

3. Gegeben (a) eine symmetrische, (b) eine antisymmetrische periodische Funktion. Was folgt aus der jeweiligen Eigenschaft für die Koeffizienten a_ν, b_ν, c_ν?

4. (a) Stellen Sie die ("Dach"-)Funktion

$$f(x) = \left\{ \begin{array}{ll} 0 & x < -1 \\ 1+x & -1 \le x \le 0 \\ 1-x & 0 \le x \le 1 \\ 0 & 1 < x \end{array} \right.$$

durch ein Fourierintegral dar!

(b) Geben Sie diese Funktion als Integral über k unter Benutzung der eben bestimmten Fouriertransformierten an!

(c) Differenzieren Sie diese Funktion!

8.3 Fouriertransformation

8.3.1 Definition

Das Gleichungspaar (8.26), das zwei Funktionen miteinander verknüpft, soll in diesem Abschnitt etwas ausführlicher diskutiert werden, weil es die am häufigsten verwendete *Integraltransformation* darstellt. Wir nennen die Funktion $c(k)$ jetzt $F(k)$, weil sie – wie wir sehen werden – als Transformierte von $f(x)$ aufgefaßt werden kann. Damit wird unser Gleichungspaar

$$F(k) = \frac{1}{\sqrt{2\pi}} \int_{x=-\infty}^{+\infty} f(x)e^{-ikx}dx \qquad f(x) = \frac{1}{\sqrt{2\pi}} \int_{k=-\infty}^{\infty} e^{ikx} F(k)dk. \qquad (8.35)$$

Dies ist die meist verwendete Form. Es gibt aber eine Reihe von Varianten, die alle durch unbedeutende Abänderungen entstehen. (1) Man kann F mit einem Faktor multiplizieren, wenn man f durch den gleichen Faktor dividiert, wie wir das schon bei der Herleitung des Fourierintegrals getan hatten. (2) Man kann die Vorzeichen in den beiden Exponentialausdrücken vertauschen und man kann (3) die Integrale so transformieren, daß im Exponenten αk statt k erscheinen.

Das Gleichungssystem (8.35) gibt uns die Möglichkeit, einer Funktion $f(x)$, die die im vorigen Abschnitt genannten Voraussetzungen erfüllt, eine Funktion $F(k)$ zuzuordnen, die wir als die *Fouriertransformierte* von $f(x)$ bezeichnen. Die zweite Gleichung ermöglicht die

Rücktransformation. Sowohl $f(x)$ als auch $F(k)$ sind in der Regel komplexwertige Funktionen. Wir werden weiter unten sehen, daß viele physikalische Phänomene diese Transformation zu ihrer Beschreibung benötigen.

Als erstes benötigen wir einige einfache Ergänzungen zum Gleichungspaar (8.35):
(1) Ist $F(k)$ die Fouriertransformierte von $f(x)$, dann ist $cF(k)$ die Fouriertransformierte von $cf(x)$. Dabei ist c eine beliebige komplexe Zahl. Dies folgt unmittelbar aus (8.35).
(2) Ebenso gilt (mit offensichtlicher Bedeutung), daß $F(k) + G(k)$ die Fouriertransformierte von $f(x) + g(x)$ ist.
(3) Die Fouriertransformierte der gespiegelten Funktion $f(-x)$ ist die gespiegelte Funktion von $F(k)$, nämlich $F(-k)$:

$$\frac{1}{\sqrt{2\pi}} \int_{x=-\infty}^{+\infty} f(-x) e^{-ikx} dx$$

geht durch Variablensubstitution $y = -x$ in

$$\frac{1}{\sqrt{2\pi}} \int_{y=-\infty}^{+\infty} f(y) e^{-ik(-y)} dy = \frac{1}{\sqrt{2\pi}} \int_{y=-\infty}^{+\infty} f(y) e^{-i(-k)y} dy = F(-k)$$

über. Da man jede Funktion in einen symmetrischen und einen antisymmetrischen Teil zerlegen kann:

$$f(x) = \frac{1}{2}\left[f(x) + f(-x)\right] + \frac{1}{2}\left[f(x) - f(-x)\right] = f_s(x) + f_a(x),$$

ist die Fouriertransformierte wegen (1) und (2)

$$F(k) = \frac{1}{2}\left[F(k) + F(-k)\right] + \frac{1}{2}\left[F(k) - F(-k)\right] = F_s(k) + F_a(k).$$

$f_s(x)$ liefert also bei der Transformation in den symmetrischen Teil von $F(k)$, nämlich in $F_s(k)$, und $f_a(x)$ in den antisymmetrischen Teil $F_a(k)$.
(4) $f^*(x)$ hat als Fouriertransformierte $F^*(-k)$:

$$\frac{1}{\sqrt{2\pi}} \int_{x=-\infty}^{+\infty} f^*(x) e^{-ikx} dx = \frac{1}{\sqrt{2\pi}} \int_{x=-\infty}^{+\infty} \left(f(x) e^{-i(-k)x}\right)^* dx = \left(F(-k)\right)^*.$$

Eine reelle Funktion $f(x) + f^*(x)$ hat also als Fouriertransformierte die Funktion

$$\begin{aligned}
F(k) + F^*(-k) &= \operatorname{Re}\big(F(k)\big) + i \operatorname{Im}\big(F(k)\big) + \operatorname{Re}\big(F(-k)\big) - i \operatorname{Im}\big(F(-k)\big) \\
&= \operatorname{Re}\big(F(k) + F(-k)\big) + i \operatorname{Im}\big(F(k) - F(-k)\big).
\end{aligned}$$

Die Fouriertransformierte einer rellen Funktion besitzt demnach einen symmetrischen Realteil und einen antisymmetrischen Imaginärteil. Ist $f(x)$ überdies symmetrisch, so ist der (antisymmetrische) Imaginärteil wegen (3) Null. Umgekehrt haben antisymmetrische reelle Funktionen nur einen (antiysmmetrischen) Imaginärteil. (Für rein imaginäre $f(x)$ siehe Übungsaufgabe 1.)

■ Das Gleichungspaar (8.35) $f(x)$ und $F(k)$ wird als Transformation einer Funktion $f(x)$ in eine Funktion $F(k)$ aufgefaßt. Diese *Fouriertransformation* spielt in vielen physikalischen Sachverhalten eine große Rolle. Eine Reihe von Relationen können allgemein angegeben werden, wie die zwischen symmetrischen, bzw. antisymmetrischen oder reellen bzw. imaginären Funktionen und ihren Transformierten.

8.3.2 Beispiele und Anwendungen

Wir geben im Folgenden drei Beispiele für Fouriertransformationen, die häufig in naturwissenschaftlichen Anwendungen vorkommen. Jedes von ihnen illustrieren wir mit einem physikalischen Sachverhalt[1]. Dabei muß man als erstes die physikalischen Entsprechungen des Variablen-Paares x und k kennen und zweitens wissen, welche Rolle die Funktionen e^{ikx} spielen, denn $F(k)$ ist ja nichts anderes als der Koeffizient einer Entwicklung nach diesen e^{ikx}-Funktionen.

Beispiel (1)

$f(x)$ sei ein Stück einer Kosinus-Funktion, die nur im Intervall $[-l, +l]$ von Null verschieden ist:

$$f(x) = \begin{cases} \cos(k_0 x) & \text{für} \quad -l \leq x \leq +l \\ 0 & \text{sonst} \end{cases},$$

wobei k_0 eine feste Zahl ist (siehe Abb. 8.5a). Wir wollen zunächst rekapitulieren, was wir aufgrund der Ausführungen des letzten Abschnittes zu erwarten haben: $f(x)$ ist reell und symmetrisch, – also ist auch $F(k)$ reell und symmetrisch.

Zur Berechnung von $F(k)$ mittels Gln. (8.35) setzen wir die cos-Funktion in der Form $\cos \varphi = (e^{i\varphi} + e^{-i\varphi})/2$ ein, weil das bequemer ist. Das Integrationsintervall können wir auf den Bereich von $-l$ bis $+l$ beschränken, denn der Rest trägt aufgrund der Definition von $f(x)$ nichts bei. Wir haben deshalb

$$
\begin{aligned}
F(k) &= \frac{1}{\sqrt{2\pi}} \int_{-l}^{l} e^{-ikx} \frac{1}{2} \left[e^{ik_0 x} + e^{-ik_0 x} \right] dx \\
&= \frac{1}{2\sqrt{2\pi}} \left[\int_{-l}^{l} e^{i(-k+k_0)x} dx + \int_{-l}^{l} e^{i(-k-k_0)x} dx \right] \\
&= \frac{1}{2\sqrt{2\pi}} \left[\frac{1}{i(-k+k_0)} e^{i(-k+k_0)x} \Big|_{-l}^{l} + \frac{1}{-i(k+k_0)} e^{-i(k+k_0)x} \Big|_{-l}^{l} \right] \\
&= \frac{1}{\sqrt{2\pi}} \left[\frac{\sin[(k-k_0)l]}{k-k_0} + \frac{\sin[(k+k_0)l]}{k+k_0} \right].
\end{aligned}
\tag{8.36}
$$

---

[1] Der Leser sollte aber im Auge behalten, daß dies kein Physik-Lehrbuch ist. Wir betrachten den speziellen Punkt unter dem Gesichtspunkt der formalen Mathematik. Alle Hinweise auf physikalische Größen sollten nur als Hinweise auf Anwendungen aufgefaßt werden, – sie sind jedoch nicht als Erklärungen gedacht.

(Der letzte Schritt impliziert $e^{i\varphi} - e^{-\varphi} = 2i\sin\varphi$.) Daß die Funktion in Gl. (8.36) tatsächlich reell und symmetrisch in k ist, erkennt man, wenn man k durch $-k$ ersetzt und $\sin(-\varphi) = -\sin(\varphi)$ berücksichtigt. Die zweite Gleichung von (8.35) dient dazu, die Funktion $f(x)$ nun als Überlagerung von Wellen e^{ikx} darzustellen:

$$
\begin{aligned}
f(x) &= \frac{1}{\sqrt{2\pi}} \int_{k=-\infty}^{\infty} e^{ikx} F(k)\,dk \\
&= \frac{1}{2\pi} \int_{k=-\infty}^{\infty} \left[\frac{\sin[(k-k_0)l]}{k-k_0} + \frac{\sin[(k+k_0)l]}{k+k_0} \right] e^{ikx}\,dx.
\end{aligned}
\tag{8.37}
$$

In Abb. 8.5b ist der erste Term in Gl. (8.37) wiedergegeben. (Der zweite Term sieht genauso aus, ist aber in $k = -k_0$ zentriert.) Diese Terme in den eckigen Klammern geben den Faktor an, mit dem die Welle e^{ikx} in den Gesamtausdruck eingeht, – anschaulich gesprochen, eine Art von Gewicht für sie.

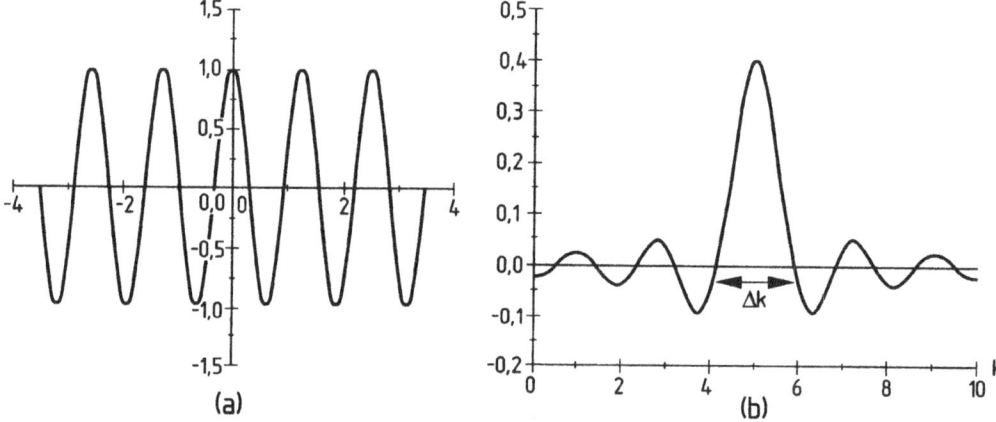

Fig. 8.5 Zu Beispiel (1):
(a) $f(x)$ mit $k_0 = 5$ und $l = 3.5$,   (b) $(k - k_0)$-Term der Fouriertransformierten

Wo tritt nun ein solches Problem auf? Eine (hier eindimensionale) Lichtwelle mit der Frequenz[2] ω_0 wird durch eine cos- oder sin-Funktion wiedergegeben: Die elektrische Feldstärke z.B. ist proportional zu $\cos(\omega_0 t)$. (In dieser Anwendung nennen wir die Größen x, k, k_0 und l wegen ihrer physikalischen Bedeutung besser t, ω, ω_0 und τ.) Bei einem Laser, der dieses Licht für längere Zeit erzeugt, kann man den t-Bereich ohne weiteres als unendlich ansehen. Anders, wenn dieser Laser nur kurze Pulse aussendet: dann erhält man auch kurze Wellenzüge, etwa in der Form, wie $f(x)$ oben definiert wurde. In dem Zeitintervall $[-\tau, \tau]$ haben wir eine trigonometrische Funktion mit exakter Periode $2\pi/\omega_0$, aber gilt das auch für den Laserpuls insgesamt? Hierauf gibt die Fourieranalyse eine Antwort, weil sie die gegebene Funktion als Linearkombination von Lichtwellen $e^{i\omega t}$ *aller* Frequenzen ω wiedergibt. Dazu

---

[2]Dies ist genau genommen die *Kreisfrequenz*. Sie wird in Phasenwinkel/Zeit gemessen und hängt mit der üblichen Größe (Zyklen/Zeit) über die Beziehung $\omega = 2\pi\nu$ zusammen.

brauchen wir nur Gl. (8.37) mit der derzeitigen Notation hinzuschreiben:

$$\left.\begin{array}{l} \cos(\omega_0 t) \ (-\tau \leq t \leq \tau) \\ 0 \ (\text{sonst}) \end{array}\right\} =$$

$$= \frac{1}{2\pi} \int_{-\infty}^{\infty} \frac{\sin[(\omega - \omega_0)\tau]}{\omega - \omega_0} e^{i\omega t} d\omega + \frac{1}{2\pi} \int_{-\infty}^{\infty} \frac{\sin[(\omega + \omega_0)\tau]}{\omega + \omega_0} e^{i\omega t} d\omega.$$

Abb. 8.5b zeigt, daß der größte Anteil bei der Frequenz $\omega = \omega_0$ und in deren unmittelbarer Nachbarschaft liegt, daß aber eben auch andere Frequenzen ihren Beitrag leisten.

Wir suchen nun nach einem Maß für die Breite dieses Frequenzbandes. Am einfachsten ist es, die Beiträge außerhalb der beiden Nullstellen, die rechts und links von ω_0 liegen [siehe Abb. (8.5b)], zu vernachlässigen und nur den Beitrag zwischen ihnen als wesentlich anzusehen. Diese Nullstellen liegen an der Stelle

$$\sin(|\omega - \omega_0|\tau) = 0 \quad \text{bzw.} \quad (\omega - \omega_0)\tau = \pm\pi,$$

und der Abstand zwischen ihnen ist $\Delta\omega = 2\pi/\tau$. Grob gesehen trägt also ein Frequenzbereich der Breite $2\pi/\tau$ zu $f(t)$ bei, nämlich der zwischen $\omega_0 - \Delta\omega/2$ und $\omega_0 + \Delta\omega/2$. Dieser Bereich ist um so schmaler, je größer das Intervall $[-\tau, \tau]$ ist (und das Maximum darin um so höher). Je kleiner τ dagegen wird, um so breiter wird der ω-Bereich, aus dem sich die Lichtwelle zusammensetzt, und daher gilt: *Kurzzeitige Laserpulse verlieren ihre Schmalbandigkeit.*

Beispiel (2)

$$f(x) = e^{i\beta x} \cdot e^{-\alpha x} \quad \text{für} \quad x \geq 0, \quad \text{sonst 0}.$$

Dabei sind α und β feste Zahlen, wobei $\alpha > 0$.

$$\begin{aligned} F(k) &= \frac{1}{\sqrt{2\pi}} \int_0^{\infty} e^{-ikx} e^{i\beta x} \cdot e^{-\alpha x} dx = \frac{1}{\sqrt{2\pi}} \int_0^{\infty} e^{-[\alpha + i(k-\beta)]x} dx \\ &= \frac{1}{\sqrt{2\pi}} \frac{-1}{\alpha + i(k-\beta)} e^{-[\alpha + i(k-\beta)]x} \Big|_0^{\infty}. \end{aligned}$$

Der Exponentialausdruck besteht aus einem reellen Faktor $e^{-\alpha x}$ und einem weiteren, komplexen Faktor vom Betrage 1. Für $x \to \infty$ macht der reelle Faktor den ganzen Ausdruck zu Null. Für die untere Grenze liefert $x = 0$ einfach den Wert 1, so daß die Differenz schließlich -1 ist. Wir können dann mit der Berechnung fortfahren:

$$\begin{aligned} F(k) &= \frac{1}{\sqrt{2\pi}} \frac{1}{\alpha + i(k-\beta)} \\ &= \frac{1}{\sqrt{2\pi}} \left[\frac{\alpha}{\alpha^2 + (k-\beta)^2} - i \frac{k-\beta}{\alpha^2 + (k-\beta)^2} \right]. \end{aligned}$$

(Im letzten Schritt wurde mit dem Konjugiert-Komplexen des Nenners erweitert.) Abb. 8.6 zeigt Real- und Imaginärteil von $F(k)$.

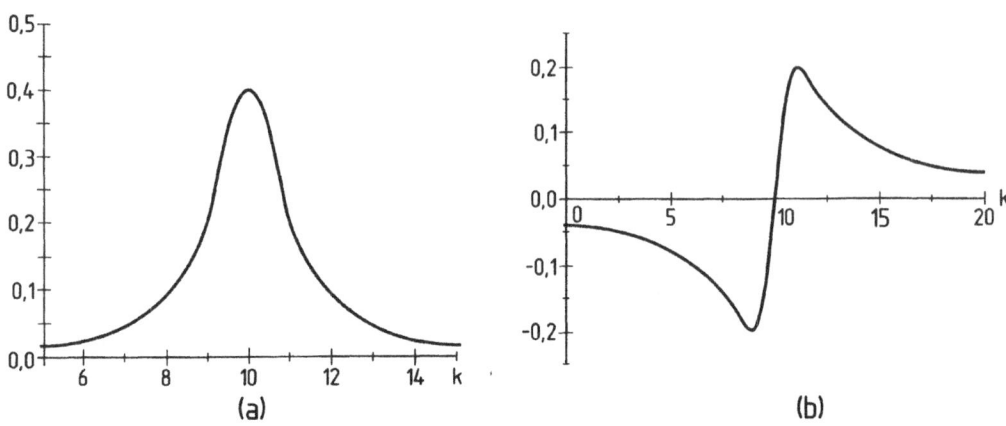

Fig. 8.6 (a) Realteil (b) Imaginärteil der Fouriertransformierten von Beispiel (2) mit $\alpha = 1$ und $\beta = 10$

Der Realteil ist eine Lorentz-Kurve, die die Form vieler Spektrallinien wiedergibt. Für das gewählte Beispiel aus der Physik nennen wir auch hier die Variablen um: $x \to t$, $k \to \omega$ und $\beta \to \omega_0$. Sie stellen nun einen Zusammenhang zwischen Zeit und Frequenzen dar. $f(x)$ und der Realteil von $F(k)$ wären dann als

$$e^{i\omega_0 t} \cdot e^{-\alpha t} \qquad \text{und} \qquad \frac{1}{\sqrt{2\pi}} \, \frac{\alpha}{\alpha^2 + (\omega - \omega_0)^2}$$

zu schreiben. $f(t)$ besteht damit aus einem Faktor, der eine Schwingung der Frequenz ω_0 beschreibt, und einem Faktor, der diese Schwingung dämpft (abklingen läßt). $F_{\text{reell}}(\omega)$ hat die Form einer Spektrallinie, die bei ω_0 zentriert ist, aber eine gewisse Breite hat. (Die sog. Halbwertsbreite bei einer Lorentz-Kurve ist 2α, wie man leicht nachrechnen kann.)

Wir wollen $f(t)$ nun als Lichtwelle interpretieren, die ein Atom oder Molekül aussendet, wenn es aus einem angeregten Zustand in einen energetisch niedrigeren Zustand übergeht. Die Frequenz der Lichtwelle ω_0 hängt mit der Energiedifferenz beider Zustände zusammen, und der zweite Faktor von $f(t)$ gibt das Abklingen der Welle wieder. Der Koeffizient α beschreibt die Geschwindigkeit des Zerfalls des strahlenden Zustandes. Zerfällt der Zustand langsam (relativ stabiler Zustand), ist α klein, und umgekehrt. Der Realteil der Fouriertransformierten $F(\omega)$ ist offenbar die zugehörige Spektrallinie. Danach haben langsam zerfallende Zustände (α klein) eine geringe Halbwertsbreite (scharfe Linien). Zerfällt der Zustand aber schnell (α groß), dann ist die zu beobachtende Spektrallinie breit. Dieser bei Spektroskopikern wohlbekannte Sachverhalt hängt mit der Fouriertransformation zusammen, wie sich bei einer exakten physikalischen Behandlung des Phänomens auch tatsächlich ergibt.

Beispiel (3)

Für die Skizzierung der Wellenmechanik (siehe Abschn. 8.5) benötigen wir die Fouriertransformierte der Funktion $\exp(-\alpha^2 x^2)$:

$$F(k) = \frac{1}{\sqrt{2\pi}} \int_{-\infty}^{\infty} e^{-\alpha^2 x^2} e^{-ikx} dx. \tag{8.38}$$

Wir müssen als erstes die Exponenten zusammenziehen und umschreiben. Quadratische Ergänzung mit dem Ausdruck $\pm k^2/(4\alpha^2)$ führt auf

$$-\alpha^2 x^2 - ikx = -\alpha^2 \left(x + \frac{ik}{2\alpha^2}\right)^2 - \frac{k^2}{4\alpha^2}$$

(Kontrolle einfach durch Ausmultiplizieren der Klammer!). Setzt man diesen Ausdruck für den Exponenten in das Integral ein, so erhält man

$$
\begin{aligned}
F(k) &= \frac{1}{\sqrt{2\pi}} \int_{-\infty}^{\infty} e^{-\alpha^2 [x+ik/(2\alpha^2)]^2} e^{-\frac{k^2}{4\alpha^2}} dx \\
&= \frac{e^{-\frac{k^2}{4\alpha^2}}}{\sqrt{2\pi}} \int_{-\infty}^{\infty} e^{-\alpha^2 [x+ik/(2\alpha^2)]^2} dx.
\end{aligned}
$$

Das Integral enthält als Parameter die Größe k, ist also im Prinzip eine Funktion von k. Wir werden aber sogleich zeigen, daß das Integral tatsächlich von k *unabhängig* ist und die k-Abhängigkeit von $F(k)$ allein auf dem Vorfaktor beruht. Unter dieser Voraussetzung ist unsere Aufgabe bereits gelöst, denn dann ist

$$F(k) = \text{constant} \cdot e^{-\frac{k^2}{4\alpha^2}}.$$

Um die Unabhängigkeit des Integrals zu zeigen, kürzen wir zunächst $1/(2\alpha^2)$ mit β ab. Zu berechnen ist damit

$$\int_{-\infty}^{\infty} e^{-\alpha^2 (x+i\beta k)^2} dx.$$

Zunächst können wir eine Variablen-Substitution vornehmen und zu $x' = x + i\beta k$ übergehen. Dabei müssen wir aber auch die Grenzen transformieren. Die Untergrenze war bislang die (jetzt komplex geschriebene) Zahl $(-\infty, 0)$ und geht infolge der Grenzentransformation in $(-\infty, \beta k)$ über. Das Analoge gilt für die Obergrenze. Nach dieser Transformation lautet das Integral

$$\int_{(-\infty, \beta k)}^{(\infty, \beta k)} e^{-\alpha^2 (x')^2} dx'.$$

Dabei ist x' längs des ganzen Integrationsweges komplex: $x' = x + i\beta k$. Wir müssen nun auf unsere Überlegungen in Abschn. 7.2.2 zurückkommen. Dazu skizzieren wir in Abb.8.7 die Ebene der komplexen Zahlen und ein Rechteck mit folgenden vier Eckpunkten: $A = (-x, 0)$, $B = (+x, 0)$, $C = (+x, +\beta k)$ und $D = (-x, +\beta k)$. Das Wegintegral $A \to B$ ist reell und leicht zu berechnen. Es

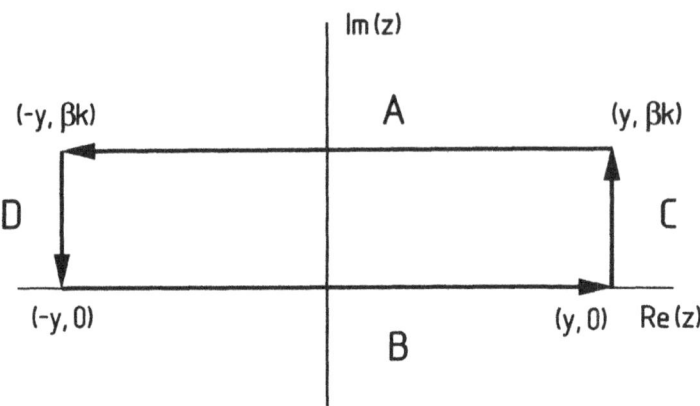

Fig. 8.7 Integrationswege bei der Berechnung des Integrals Gl. (8.38)

ist laut Gl. (6.37)[3] $\sqrt{\pi}/\alpha$. Das Integral $D \to C$ ist gesucht und gleich dem Negativen von $C \to D$. Das Integral $B \to C$ ist

$$\lim_{x \to \infty} \int_{y=0}^{\beta k} e^{-\alpha^2(x+i\beta y)^2} i\,dy = \lim_{x \to \infty} e^{-\alpha^2 x^2} \int_{y=0}^{\beta k} e^{-\alpha^2(2i\beta xy - \beta^2 y^2)} i\,dy.$$

Der Vorfaktor wird beim Grenzübergang Null und macht das Integral ebenfalls zu Null.[4] Das Gleiche gilt für das Integral $A \to D$. Wenn wir nun daran denken, daß der Integrand, nämlich die Exponentialfunktion, überall in der Gaußschen Zahlenebene regulär ist, so wissen wir, daß das Kreisintegral $A \to B \to C \to D \to A$ Null sein muß. Die Anteile $B \to C$ und $D \to A$ sind bereits Null, wie wir eben gesehen haben. Also ist $A \to B + C \to D = 0$, bzw. $A \to B = D \to C = \sqrt{\pi}/\alpha$. Setzen wir dieses Resultat ein, ergibt sich für

$$F(k) = \frac{1}{\sqrt{2}a} e^{-\frac{k^2}{4\alpha^2}}. \tag{8.39}$$

Für Abschn. 8.5 benötigen wir noch die Fouriertransformierte von zwei modifizierten Funktionen, die sich aber ohne weiteres durch Umformung des Integrals der Ausgangsfunktion gewinnen lassen. Erstens müssen wir die Funktion $\exp(-\alpha^2 x^2)$ durch $\exp(-\alpha^2(x - x_0)^2)$ ersetzen:

$$\begin{aligned} F(k) &= \frac{1}{\sqrt{2\pi}} \int_{-\infty}^{\infty} e^{-\alpha^2(x-x_0)^2} e^{-ikx}\,dx \\ &= \frac{1}{\sqrt{2\pi}} \int_{-\infty}^{\infty} e^{-\alpha^2(x-x_0)^2} e^{-ik(x-x_0)} e^{-ikx_0}\,dx, \end{aligned}$$

wobei wir den Integranden durch den Ausdruck $e^{-ikx_0} e^{ikx_0}$ erweitert haben. Den Faktor e^{-ikx_0} können wir vor das Integral ziehen, weil er nicht von x abhängt und in dem Rest die

[3]Bitte beachten Sie: dort α, hier α^2
[4]Der von x abhängige Teil des Integranden ist vom Betrage 1.

Substitution $x' = x - x_0$ vornehmen. Da diese Substitution die Grenzen $\pm\infty$ unverändert läßt, liefert das Integral das gleiche Resultat wie das für die ursprüngliche Funktion:

$$F(k) = \frac{1}{\sqrt{2}a} e^{-ikx_0} e^{-\frac{k^2}{4\alpha^2}}.$$

(Zusätzlich ist nur der e^{-ikx_0}-Faktor.)

Zweitens müssen wir die Funktion durch einen Vorfaktor $e^{ik_0(x-x_0)}$ erweitern. Das Integral lautet dann

$$F(k) = \frac{1}{\sqrt{2\pi}} \int_{-\infty}^{\infty} e^{ik_0(x-x_0)} e^{-\alpha^2(x-x_0)^2} e^{-ikx} dx.$$

Der gleiche Schritt wie eben (Ergänzung von $e^{-ikx_0} e^{ikx_0}$) ergibt unter dem Integralzeichen

$$e^{ik_0(x-x_0)} e^{-\alpha^2(x-x_0)^2} e^{-ik(x-x_0)} e^{-ikx_0} = e^{-\alpha^2(x-x_0)^2} e^{-i(k-k_0)(x-x_0)} e^{-ikx_0}.$$

Dies ist wiederum der gleiche Integrand bis auf den Umstand, daß der Parameter k durch $k - k_0$ ersetzt ist. Deshalb lautet die Fouriertransformierte von

$$f(x) = e^{ik_0(x-x_0)} e^{-\alpha^2(x-x_0)^2}$$

schließlich

$$F(k) = \frac{1}{\sqrt{2}a} e^{-ikx_0} e^{-\frac{(k-k_0)^2}{4\alpha^2}}. \tag{8.40}$$

8.3.3   Allgemeine Sätze

Wir wollen noch einige allgemeine Sätze bezüglich der Fouriertransformation, die unter Umständen nützlich sein können, anführen.

Umkehrung

Wenn wir $F(k)$ als Fouriertransformierte von $f(x)$ berechnet haben, haben wir auch gleich eine zweite Fouriertransformierte gewonnen: die Fouriertransformierte von $F^*(x)$ ist $f^*(k)$:

$$\frac{1}{\sqrt{2\pi}} \int_{-\infty}^{+\infty} F^*(x) e^{ikx} dx = \frac{1}{\sqrt{2\pi}} \int_{-\infty}^{+\infty} \left(F(x) e^{-ikx} \right)^* dx$$

$$= \frac{1}{\sqrt{2\pi}} \left(\int_{-\infty}^{+\infty} F(x) e^{-ikx} dx \right)^* = \left(f(k) \right)^* = f^*(k). \tag{8.41}$$

Ist $f(x)$ reell und sind $F_{\text{reell}}(k)$ und $F_{\text{imag}}(k)$ die beiden Komponenten von $F(k)$, so hat $F_{\text{reell}}(x)$ als Transformierte $f_s(k)$ und $F_{\text{imag}}(x)$ als Transformierte $if_a(k)$. Das ergibt sich einfach als Spezialfall von Gl. (8.41).

Als Beispiel betrachten wir das obige Beispiel (2), bei dem wir für $f(x) = e^{-\alpha x}$ mit $(x > 0)$ als Fouriertransformierte $(\alpha + ik)/[\sqrt{2\pi}(\alpha^2 + k^2)]$ erhalten hatten (der Einfachheit halber haben wir $k = 0$ gesetzt). Gemäß Gl. (8.41) hat der konjugiert komplexe Ausdruck den konjugiert komplexen Ausdruck der Ausgangsfunktion als Fouriertransformierte:

$$f(x) = \frac{1}{\sqrt{2\pi}} \frac{\alpha - ix}{\alpha^2 + x^2} \quad \Rightarrow \quad F(k) = \left\{ \begin{array}{ll} e^{-\alpha k} & (k > 0) \\ 0 & (k < 0) \end{array} \right\}.$$

(Der Stern auf der rechten Seite entfällt, da die Funktion reell ist.) Damit läßt sich eine ebenfalls öfter benötigte Fouriertransformierte finden. Wir haben gesehen, daß die Fouriertransformierte von $f^*(x)$ die Funktion $F^*(-k)$ ist, also das Konjugiert-Komplexe der gespiegelten Fouriertransformierten. Also ist die Fouriertransformierte von

$$f(x) = \frac{1}{\sqrt{2\pi}} \frac{\alpha + ix}{\alpha^2 + x^2}$$

die Funktion

$$F(k) = \left\{ \begin{array}{ll} 0 & (k > 0) \\ e^{\alpha k} & (k < 0) \end{array} \right\}.$$

Die Summe von beiden liefert für

$$f(x) = \frac{1}{\sqrt{2\pi}} \frac{2\alpha}{\alpha^2 + x^2}$$

die Fouriertransformierte

$$F(k) = \left\{ \begin{array}{ll} e^{-\alpha k} & (k > 0) \\ e^{\alpha k} & (k < 0) \end{array} \right\},$$

oder kürzer und mit den Faktoren nun auf der rechten Seite:

$$f(x) = \frac{1}{\alpha^2 + x^2} \quad \Rightarrow \quad F(k) = \frac{1}{\alpha}\sqrt{\frac{\pi}{2}} e^{-\alpha|k|}.$$

Verschiebung

Ist $F(k)$ die Fouriertransformierte von $f(x)$, dann ist die Fouriertransformierte von $f(x - x_0)$

$$\frac{1}{\sqrt{2\pi}} \int_{-\infty}^{+\infty} f(x - x_0) e^{-ikx} dx = e^{-ikx_0} F(k).$$

Beweis:

$$\frac{1}{\sqrt{2\pi}} \int_{x=-\infty}^{+\infty} f(x - x_0) e^{-ikx} dx = \frac{1}{\sqrt{2\pi}} \int_{\xi=-\infty}^{+\infty} f(\xi) e^{-ik(\xi + x_0)} d\xi$$

$$= \frac{1}{\sqrt{2\pi}} \int_{-\infty}^{+\infty} f(\xi) e^{-ik\xi} e^{-ikx_0} d\xi = \frac{e^{-ikx_0}}{\sqrt{2\pi}} \int_{-\infty}^{+\infty} f(\xi) e^{-ik\xi} d\xi = e^{-ikx_0} F(k).$$

Im ersten Schritt wurde eine Variablentransformation $\xi = x - x_0$ durchgeführt, im zweiten Schritt der Exponentialausdruck aufgelöst und im dritten Schritt ein von x unabhängiger Ausdruck vor das Integral gezogen.

Faltungsintegral

Wir definieren als Faltungsintegral den Ausdruck

$$\int_{x'=-\infty}^{+\infty} f(x')h(x-x')dx'.$$

Ist $F(k)$ die Fouriertransformierte von $f(x)$ und $H(k)$ die von $h(x)$, so ist die Fouriertransformierte des Faltungsintegrals

$$\sqrt{2\pi}F(k)H(k). \tag{8.42}$$

Beweis:

$$\frac{1}{\sqrt{2\pi}} \int_{x=-\infty}^{+\infty} \Big[\int_{x'=-\infty}^{+\infty} f(x')h(x-x')dx'\Big] e^{-ikx} dx$$

$$= \frac{1}{\sqrt{2\pi}} \int_{x'=-\infty}^{+\infty} f(x') \int_{x=-\infty}^{+\infty} h(x-x')e^{-ikx} dx\, dx'$$

$$= \int_{x'=-\infty}^{+\infty} f(x')e^{-ikx'} H(k)dx' = \sqrt{2\pi}H(k)\frac{1}{\sqrt{2\pi}} \int_{x'=-\infty}^{+\infty} f(x')e^{-ikx'} dx'$$

$$= \sqrt{2\pi}H(k)F(k)$$

Im ersten Schritt wurde die Integrationsreihenfolge vertauscht, im zweiten Schritt das x-Integral ausgeführt, wobei der Verschiebungssatz angewendet wurde, im dritten Schritt mit $\sqrt{2\pi}$ erweitert und das x-unabhängige $H(k)$ vor das Integral gezogen und im letzten Schritt schließlich das x'-Integral ausgeführt.

Auch die Umkehrung gilt: Die Fouriertransformierte von $\sqrt{2\pi}f(x)h(x)$ ist das Faltungsprodukt der Fouriertransformierten von $f(x)$ und der von $h(x)$:

$$\frac{1}{\sqrt{2\pi}} \int_{-\infty}^{+\infty} \sqrt{2\pi}f(x)h(x)e^{-ikx} dx = \int_{-\infty}^{+\infty} F(k')H(k-k')dk'.$$

Beweis: Wenn wir auf der rechten Seite die Ausdrücke für $F(k')$ und $H(k-k')$ einsetzen, erhalten wir

$$\int_{k'=-\infty}^{+\infty} \Big[\frac{1}{\sqrt{2\pi}} \int_{x=-\infty}^{+\infty} f(x)e^{-ik'x} dx\Big] \Big[\frac{1}{\sqrt{2\pi}} \int_{x'=-\infty}^{+\infty} h(x')e^{-i(k-k')x'} dx'\Big] dk'.$$

Durch Vertauschung der Reihenfolge der Integrationen ergibt sich

$$\int_{x=-\infty}^{+\infty} f(x) \int_{x'=-\infty}^{+\infty} h(x')\Big[\frac{1}{2\pi} \int_{k'=-\infty}^{+\infty} e^{-ik'(x-x')}dk'\Big] e^{-ikx'} dx dx'.$$

Der Ausdruck in der eckigen Klammer ist nichts anderes als $\delta(x-x')$ [s. Gl. (8.34)], so daß die x'-Integration nur ein Ersetzen von x' durch x bewirkt:

$$= \int_{-\infty}^{+\infty} f(x)h(x)e^{-ikx} dx.$$

Q.e.d.

Fouriertransformierte von Ableitungen

Von $df(x)/dx$ ist die Fouriertransformierte

$$\frac{1}{\sqrt{2\pi}}\int_{-\infty}^{+\infty}\frac{df}{dx}e^{-ikx}dx.$$

Partielle Integration liefert

$$\frac{1}{\sqrt{2\pi}}f(x)e^{-ikx}\Big|_{-\infty}^{+\infty} - \frac{1}{\sqrt{2\pi}}\int_{-\infty}^{+\infty}f(x)(-ik)e^{-ikx}dx$$

$$= \frac{1}{\sqrt{2\pi}}f(x)e^{-ikx}\Big|_{-\infty}^{+\infty} + ikF(k).$$

Ist $f(x)$ quadratintegrabel, dann ist $\lim_{x\to\pm\infty}f(x)=0$ und der konstante Term entfällt, so daß das Resultat einfach $ikF(k)$ ist.

Aufgaben

1. Aus den beiden Zusatzregeln läßt sich durch Kombination auch eine Regel für die Fouriertransformierte von $f^*(-x)$ herleiten. Wie lautet sie?
2. Welche Bedingung muß $f(x)$ erfüllen, damit die Fouriertransformierte reell ist?
3. Welche Aussagen lassen sich über die Fouriertransformierte einer rein-imaginären Funktion machen? Was gilt zusätzlich, wenn $f(x)$ a) symmetrisch, b) antisymmetrisch ist?
4. Zerlegen Sie die Funktion e^x in symmetrischen und antisymmetrischen Anteil!
5. Berechnen Sie die Fouriertransformierte von $1/(1+\tau^2 x^2)$, indem Sie das Resultat von Beispiel (2) invertieren. (Setzen Sie dabei $\tau = 1/\alpha$ und $\beta = 0$!)
6. Berechnen Sie die Frequenzbreite eines a) Nanosekunden-Lasers (Pulsdauer 10 nsec), b) Pikosekunden-Lasers (Pulsdauer 10 psec), c) Femtosekunden-Lasers (Pulsdauer 10 fsec) [Siehe Beispiel (1)]!
7. Geben Sie die Linienbreite der Spektrallinie an, wenn der angeregte Zustand eine Halbwertszeit von a) 10^{-13}, b) 10^{-14} sec hat [Siehe Beispiel (2)]!
8. Geben Sie die Fouriertransformierte des folgenden Faltungsintegrals an:

$$\int_{x'=-\infty}^{\infty} e^{-\alpha^2 x'^2}\frac{1}{1+(x-x')^2}dx' \quad !$$

8.4   Lineare Operatoren in Funktionenräumen

Wir fahren nun mit den allgemeinen Überlegungen von Anschn. 8.1 fort und arbeiten ein neues Konzept, das der *Operatoren*, ein. Wir erinnern daran, daß der Definitionsbereich unserer Funktionen endlich, nämlich von a bis b angenommen worden war. Für $a \to -\infty$ oder $b \to \infty$ gilt das in Abschn. 8.2.3 Gesagte: die Funktionen müssen quadratintegrabel sein.

8.4.1 Operatoren

Unter einem *Operator* verstehen wir eine Vorschrift, die einer Funktion $f(x)$ eine andere Funktion $g(x)$ zuordnet. Man schreibt das in der Form

$$\hat{O}: \quad g(x) = \hat{O}f(x), \tag{8.43}$$

d.h., man setzt das Symbol für den Operator vor die Funktion, "auf die er wirkt". Ein paar Beispiele mögen das illustrieren:

$$\hat{a}\cdot: \quad \text{Multipliziere mit } a \quad g(x) = a \cdot f(x),$$
$$\hat{b}(x)\cdot: \quad \text{Multipliziere mit } b(x) \quad g(x) = b(x) \cdot f(x),$$
$$\frac{d}{dx}: \quad \text{Differenziere} \quad g(x) = \frac{df(x)}{dx},$$
$$\hat{K}: \quad (Integraloperator) \quad g(x) = \int_{-\infty}^{+\infty} K(x,x')f(x')dx.$$

Man sieht, daß Operatoren sehr simple Vorschriften zum Inhalt haben können, aber auch schon recht komplizierte, wie das letzte Beispiel lehrt: Fasse $f(x)$ als Funktion von x' auf, multipliziere sie mit einer Funktion $K(x,x')$, und integriere über x'. Da der sog. *Kern K* neben x' auch von x abhängt, enthält das Integral x als Parameter und liefert somit eine neue Funktion von x.

Man kann mit Operatoren rechnen wie mit Zahlen, wenn man die entsprechenden Rechenoperationen definiert. Die Addition definieren wir durch die Beziehung

$$\hat{O} + \hat{P}: \quad (\hat{O} + \hat{P})f(x) = \hat{O}f(x) + \hat{P}f(x),$$

z.B.

$$3\cdot + x^2\cdot: \quad (3\cdot + x^2\cdot)f(x) = 3f(x) + x^2 f(x).$$

Die Multiplikation mit einer Zahl wird ganz ähnlich erklärt:

$$3\hat{O}: \quad (3\hat{O})f(x) = 3(\hat{O}f(x)),$$

und unter der Multiplikation zweier Operatoren versteht man die Anwendung beider Operatoren nacheinander:

$$\hat{O} \cdot \hat{P}: \quad (\hat{O} \cdot \hat{P})f(x) = \hat{O}(\hat{P}f(x)),$$

z.B. mit $\hat{O} = d/dx$ und $\hat{P} = x^2\cdot$ ist

$$(\hat{O} \cdot \hat{P})f(x) = (\frac{d}{dx}x^2\cdot)f(x) = \frac{d}{dx}\big(x^2 f(x)\big).$$

Produkte zweier Operatoren können vertauschbar sein, müssen es aber nicht, wovon man sich anhand des letzten Beispiels überzeugen kann.

Eine wichtige Eigenschaft von Operatoren ist die Linearität. *Lineare Operatoren* nennt man solche, die, angewendet auf eine Summe von Funktionen, die Summe der Resultate der Einzelanwendungen liefern:

$$\hat{O}_{\text{lin}}\big(f(x) + g(x)\big) = \hat{O}_{\text{lin}}f(x) + \hat{O}_{\text{lin}}g(x).$$

Alle vier oben gegebenen Beispiele sind lineare Operatoren, aber es lassen sich auch Gegenbeispiele finden: Ein Operator $\hat{Q}$, der die Vorschrift beinhaltet "quadriere", d.h. $\hat{Q}f(x) = f^2(x)$, ist natürlich nicht linear, wie man sieht, wenn man ihn auf $f(x) + g(x)$ anwendet.

Es stellt sich nun die Frage, welche Form Operatoren in einem Funktionenraum annehmen. Wir beschränken uns dabei auf *lineare* Operatoren, weil nur sie bei physikalischen Anwendungen vorkommen. Wir müssen die Gleichung (8.43) in die Sprache des Funktionenraumes übersetzen, indem wir

$$f(x) = \sum_i f_i \varphi^{(i)}(x) \quad \text{und} \quad g(x) = \sum_i g_i \varphi^{(i)}(x)$$

setzen. (Vergl. Gl. (8.1), die Entwicklungskoeffizienten, dort c_i, tragen jetzt die Namen ihrer Funktionen: f_i bzw. g_i.) Wir setzen durchweg voraus, daß die Basisfunktionen $\varphi^{(i)}(x)$ orthonormiert sind. Wenn wir mit den Ausdrücken für $f(x)$ und $g(x)$ in Gl. (8.43) hineingehen, ergibt sich

$$\sum_i g_i \varphi^{(i)}(x) = \hat{O}\Big(\sum_l f_l \varphi^{(l)}(x)\Big).$$

(Die Umbenennung des Summationsindex auf der rechten Seite erfolgt zunächst nur zur Vorsicht.) Wir können uns nun die Linearität der Operators $\hat{O}$ zunutze machen: Lineare Operatoren, die auf eine Summe wirken, können durch die Summe der Wirkung auf die einzelnen Summanden ersetzt, und Konstanten können einfach vorgezogen werden:

$$\sum_i g_i \varphi^{(i)}(x) = \sum_l f_l \, \hat{O}\varphi^{(l)}(x).$$

Wenn wir jetzt auf beiden Seiten das Skalarprodukt mit der Basisfunktion $\varphi^{(k)}(x)$ bilden, bleibt auf der linken Seite von der Summe nur das Glied mit $i = k$ stehen, weil die $\varphi^{(i)}(x)$ ja als orthonormiert vorausgesetzt wurden. Das Resultat ist also

$$g_k = \Big(\varphi^{(k)}, \sum_l f_l \hat{O}\varphi^{(l)}\Big) = \sum_l \Big(\varphi^{(k)}, \hat{O}\varphi^{(l)}\Big) f_l.$$

Führen wir für die Skalarprodukte, die gemäß Gl. (8.3) definiert sind, O_{kl} als Abkürzung ein:

$$O_{kl} = \Big(\varphi^{(k)}, \hat{O}\varphi^{(l)}\Big) = \int_a^b \Big(\varphi^{(k)}(x)\Big)^* \hat{O}\varphi^{(l)}(x)dx, \qquad (8.44)$$

so sieht man, daß Gleichung (8.43) in eine einfache Matrizengleichung übergeht:

$$g_k = \sum_l O_{kl} f_l \qquad \text{bzw.} \qquad \mathbf{g} = \mathbf{O}\mathbf{f}.$$

So wie im Funktionenraum Funktionen als Vektoren erscheinen, so erscheinen lineare Operatoren als Matrizen. Die Matrixelemente sind durch die oben angegebenen Skalarprodukte von Basisfunktionen mit Basisfunktionen nach Anwendung des Operators gegeben.

Hermitesche Operatoren Bei der Matrizenrechnung hatten wir neben dem Fall der allgemeinen linearen Abbildung, vermittelt durch eine beliebige Matrix **A**, noch den Sonderfall besprochen, bei dem die Abbildung durch eine (reelle) symmetrische Matrix bzw. eine (komplexe) hermitesche Matrix vorgenommen wurde. Diese Fälle waren besonders einfach, weil alle Eigenwerte dann reell und alle Eigenvektoren paarweise orthogonal waren. Die Frage ist nun, welcher Typ von Operatoren durch eine hermitesche Matrix repräsentiert wird. Für hermitesche Matrizen gilt $O_{kl} = O_{lk}^*$, also muß für die Matrixelemente des Operators $\hat{O}$ gelten:

$$\int_a^b \varphi^{(k)*}(x)\left(\hat{O}\varphi^{(l)}(x)\right)dx = \left[\int_a^b \varphi^{(l)*}(x)\left(\hat{O}\varphi^{(k)}(x)\right)dx\right]^* =$$

$$\int_a^b \left(\hat{O}\varphi^{(k)}(x)\right)^* \varphi^{(l)}(x)dx, \tag{8.45}$$

in Worten: die Anwendung des Operators $\hat{O}$ auf die linke, bzw. rechte Basisfunktion muß bei der Bildung des Skalarproduktes die gleiche Zahl ergeben. Operatoren mit dieser Eigenschaft nennt man *hermitesche Operatoren*.

> ■ *Lineare Operatoren* in Funktionenräumen werden eingeführt. So wie Funktionen in Funktionenräumen als Vektoren erscheinen, d.h. durch ihre Entwicklungskoeffizienten c_k definiert sind, so erscheinen lineare Operatoren unter diesen Umständen als Matrizen. Die Matrixelemente O_{kl} sind durch Gl. (8.44) gegeben.

8.4.2 Basistransformationen

Es stellt sich nun noch die Frage, wie sich Funktionen und Operatoren transformieren, wenn man eine neue Basis $\chi^{(i)}(x)$ einführt. Wir gehen dazu genau wie bei Abbildungen im Vektorraum vor (siehe Abschn. 2.4.2): Die neuen Basisfunktionen sind (wie andere Funktionen auch) Linearkombinationen der $\varphi^{(i)}(x)$:

$$\chi^{(i)}(x) = \sum_j \chi_j^{(i)}\varphi^{(j)}(x) = \sum_j X_{ji}\varphi^{(j)}(x). \tag{8.46}$$

Da die neuen Basisfunktionen wiederum orthonormiert sein sollen, ist die Matrix **X** unitär und die dazu inverse Matrix ist **X**$^+$. Diese inverse Matrix hatten wir in Abschn. 2.4.2 **T** genannt und sie drückt in Umkehrung von Gl. (8.46) die alten Basisfunktionen als Linearkombination der neuen aus:

$$\varphi^{(j)}(x) = \sum_i T_{ij}\chi^{(i)}(x).$$

Wollen wir also $f(x)$ als Linearkombination der neuen Basisfunktionen ausdrücken, so erhalten wir neue Koeffizienten $\tilde{f}_i$:

$$f(x) = \sum_i f_i\varphi^{(i)}(x) = \sum_i \sum_j f_i T_{ji}\chi^{(j)}(x) = \sum_j \left[\sum_i T_{ji}f_i\right]\chi^{(j)}(x).$$

Koeffizientenvergleich ergibt, daß die neuen Koeffizienten dem Klammerausdruck entsprechen [vergl. Gl. (2.43)]:

$$\tilde{f}_j = \sum_i T_{ji} f_i \qquad \text{bzw.} \qquad \tilde{\mathbf{f}} = \mathbf{T}\mathbf{f}. \tag{8.47}$$

Damit ist die Transformation der Koeffizienten von $f(x)$ gefunden. Die Transformation der Operatoren finden wir, wenn wir $\mathbf{g} = \mathbf{O}\mathbf{f}$ auf beiden Seiten mit $\mathbf{T}$ multiplizieren und außerdem zwischen $\mathbf{O}$ und $\mathbf{f}$ die Einheitsmatrix in Form von $\mathbf{T}^+\mathbf{T}$ einschieben:

$$\mathbf{T}\mathbf{g} = \mathbf{T}\mathbf{O}\mathbf{T}^+\mathbf{T}\mathbf{f} \qquad \text{bzw.} \qquad \tilde{\mathbf{g}} = \mathbf{T}\mathbf{O}\mathbf{T}^+\tilde{\mathbf{f}}$$

und durch Vergleich ergibt sich

$$\tilde{\mathbf{O}} = \mathbf{T}\mathbf{O}\mathbf{T}^+. \tag{8.48}$$

Damit ist die Parallelität zwischen Vektorraum und Funktionenraum vollständig.

Eigenwertgleichungen Auch im Zusammenhang mit Funktionen treten Eigenwertprobleme auf. Sie haben die Form $\hat{O}f(x) = Ef(x)$, wobei $\hat{O}$ in der Regel ein (linearer) hermitescher Operator ist. E und $f(x)$ sind gesucht und $f(x)$ muß bestimmten Bedingungen genügen, – z.B. quadratintegrabel sein, wenn der Definitionsbereich von $-\infty$ bis $+\infty$ reicht. Wählt man eine Basis (N groß, aber endlich), so kann man näherungsweise in diesem Funktionenraum arbeiten, und die Gleichung nimmt die Form einer Matrix-Gleichung an:

$$\mathbf{O}\mathbf{f} = E\mathbf{f}.$$

Diese Gleichung ist im Kapitel über Matrizen (Abschn. 2.4.1) bereits ausführlich behandelt worden und alles dort Gesagte kann vollständig übernommen werden, wie die Diagonalisierung von $\mathbf{O}$ usw. Lösung ist ein Satz von Eigenvektoren bzw. Eigenfunktionen $f^{(i)}(x)$ mit den zugehörigen Eigenwerten $E^{(i)}$. Da der Operator $\hat{O}$ hermitesch angenommen wurde, sind alle Eigenwerte reell und die Eigenfunktionen paarweise orthogonal.

Der Funktionenraum wird hauptsächlich im Rahmen der Quantenmechanik benützt. Die physikalische Bedeutung von Funktionen und Operatoren in diesem Zusammenhang wird im nächsten Abschnitt skizziert. In den meisten Lehrbüchern wird die sog. Dirac-Schreibweise benutzt und die Entsprechungen sind leicht aufzuzeigen. Ein Element des Funktionenraumes, d.h. eine Funktion, wird dort in der Form $|f\rangle$ geschrieben. Das Skalarprodukt (f, g) hat die Entsprechung $\langle f|g\rangle$, $\hat{O}f(x)$ wird als $\hat{O}|f\rangle$ und schließlich das Skalarprodukt von $f(x)$ mit $\hat{O}g(x)$ in der Form $\langle f|\hat{O}|g\rangle$ geschrieben.

Für praktische Rechnungen, z.B. im Rahmen der theoretischen Chemie, können die auftretenden Gleichungen fast nie direkt gelöst werden. Man muß vielmehr seine Zuflucht zum Funktionenraum nehmen, weil in diesem Falle alle Differentialgleichungen in Matrizengleichungen übergehen, für die numerische Lösungsmethoden gut entwickelt sind. Es ist natürlich nicht möglich, mit unendlichdimensionalen Vektoren und Matrizen im Computer zu rechnen. Hier bleibt nur, nach einer Anzahl von – möglichst zweckmäßig gewählten – Basisfunktionen die Entwicklung abzuschneiden und mit zwar großen, aber doch endlich-dimensionalen Vektoren zu arbeiten. Man macht dann natürlich einen Fehler, aber man hofft, durch entsprechend große Basissätze diesen Fehler in erträglichen Grenzen halten zu können.

> ■ Die in der Quantenmechanik wichtigen Basistransformationen werden besprochen. Unter einer Basistransformation ändern sich alle Entwicklungskoeffizienten c_k der Funktionen in analoger Weise wie Vektorkomponenten beim Übergang zu neuen Basisvektoren [Gl. (8.47)]. Auch die Matrixelemente O_{kl} der Operatoren müssen transformiert werden [Gl. (8.48)].

Aufgabe

Wir betrachten den Raum aller Funktionen, die im Intervall $[-l, l]$ definiert sind und an den Intervallgrenzen den gleichen Funktionswert und gleiche Ableitungen haben. Als Basis können wir den (orthonormierten) Satz der Funktionen $(1/\sqrt{2l})e^{ik\pi x/l}$ mit ganzzahligen k-Werten wählen. Geben Sie die Matrix an, durch die der Operator d/dx in der gegebenen Basis dargestellt wird!

8.5 Wellenmechanik

Dieser Abschnitt gehört streng genommen nicht in ein Lehrbuch für Mathematik, weil es sich um ein rein physikalisches Problem handelt. Es gibt zwei Gründe, die mich veranlaßt haben, diesen Abschnitt trotzdem aufzunehmen.

Erstens gibt es keine rechte Gelegenheit für den Chemiker, sich mit der Schrödinger-Gleichung etwas vertrauter zu machen. In der Vorlesungsreihe für Physikalische Chemie ist zu wenig Zeit, um viel mehr zu tun als die Gleichung einfach vorzustellen. Physikern wird das Thema innerhalb eines Zyklus "Theoretische Physik" nahegebracht, den Chemiker normalerweise nicht hören. Bliebe der Hinweis auf die Literatur, aber diese wendet sich in der Regel ebenfalls an den Physiker und behandelt das Thema entsprechend ausführlich und anspruchsvoll.

Zum anderen ist an dieser Stelle der gesamte mathematische Apparat aufgebaut, der notwendig ist, um den Gedankengang, der zur Schrödinger-Gleichung führt, zu entwickeln. Aus diesem Grunde habe ich die Bedenken zurückgestellt, weil ich hoffe, einem interessierten Leser helfen zu können.

8.5.1 Das Konzept

In den zwanziger Jahren hatte sich herausgestellt, daß die klassische Mechanik, die auf der "Basis Kraft= Masse×Beschleunigung" beruht, unzureichend ist, wenn es sich um Gebilde von atomarer Dimension handelt. Der vielleicht tiefste Grund hierfür ist der sog. Welle-Teilchen-Dualismus. Dieser besteht darin, daß einerseits mit Lichtwellen Streu-Experimente (wie mit Billard-Kugeln) angestellt werden können und andererseits beispielsweise Elektronen Interferrenzerscheinungen, also typische Wellenphänomene, an geeigneten Gittern zeigen.

Das Ziel besteht nun darin, eine Mechanik zu entwickeln, die sich im wesentlich auf *Wellen* stützt, die aber andererseits die Möglichkeit bietet, den Teilchen-Aspekt einzuarbeiten. Auf einer ersten Stufe wird man so einfach wie möglich vorgehen. Man wird zum ersten nur *eine* Dimension vorsehen, weil die Erweiterung auf mehrere Dimensionen auch später noch vorgenommen werden kann. Zum anderen wird man mit Verhältnisse beginnen, unter denen keine Kräfte vorhanden sind, weil zunächst nur wichtig ist, eine Vorstellung davon zu gewinnen, *wie* diese Mechanik etwa aussehen könnte. Die Einarbeitung von Kräften kann dann später erfolgen.

Wellen

Das Grundphänomen ist ein Strom kräftefreier Teilchen, die sich mit gleichbleibender Geschwindigkeit bewegen, und die voneinander keine Notiz nehmen, also keinerlei Wechselwirkung haben. Andererseits ist in der Wellenlehre das Grundphänomen die freie Welle, d.h. einfach eine sinus- oder cosinus-förmige Amplitude, die mit gleichbleibender Geschwindigkeit nach rechts oder links läuft. Wenn wir diese Amplitude mit ψ bezeichnen, hätten wir damit zu einem festen Zeitpunkt eine Welle von der Form

$$\psi(x) = \cos(kx) \quad \text{mit} \quad k = \frac{2\pi}{\lambda},$$

wobei λ die Wellenlänge und k der sog. *Wellenvektor* ist, der mit der Wellenlänge wie angegeben zusammenhängt. Wir werden uns im Folgenden nur auf den Wellenvektor stützen.

Soll die Welle "laufen", so muß sie sich mit zunehmendem t nach rechts (bzw. links) verschieben, also von der Form

$$\psi(x,t) = \cos\left(k(x - vt)\right) = \cos(kx - kvt)$$

sein. An einem festen Ort, z.B. $x = 0$, ist der zeitliche Verlauf damit

$$\psi(t) = \cos(-kvt) = \cos(-\omega t),$$

wobei wir die Kreisfrequenz $\omega = 2\pi/\tau$ (τ=Zyklenzeit) eingeführt haben. Die Geschwindigkeit v, mit der die "Phasen" laufen, ist deshalb mit k über die Beziehung $kv = \omega$ bzw.

$$v_{\text{Phase}} = \frac{\omega(k)}{k}$$

verbunden. Dabei ist berücksichtigt worden, daß ω möglicherweise von k abhängt, nicht aber konstant ist (wie z.B. die Lichtgeschwindigkeit im Vakuum). ω wird übrigens immer als positiv angenommen, wohingegen k beide Vorzeichen haben kann.

Nun hätte man überall ebensogut den Sinus anstelle des Cosinus verwenden können. In Abschnitt 8.2.2 im Zusammenhang mit der Fourier-Analyse haben wir gesehen, daß die Verwendung der (komplexen) Linearkombination $e^{i\varphi} = \cos(\varphi) + i\sin(\varphi)$ Vorteile bietet. Der Vorteil im gegenwärtigen Fall ist, daß bei der Welle e^{ikx} die Laufrichtung durch das Vorzeichen von k gegeben ist:

$$\psi(x,t) = e^{i(kx-\omega t)} = e^{ik(x - \frac{\omega}{k}t)}. \tag{8.49}$$

Sie läuft bei positivem k nach rechts und bei negativem k nach links. (Dagegen ist z.B. $\cos(kx) = (e^{ikx} + e^{-ikx})/2$ die Überlagerung einer rechts- und einer links-laufenden Welle.)

Unsere Grund-Hypothese lautet nun: Eine Wellen-Funktion der Form (8.49) entspricht einem Teilchenstrom mit einer (bislang nicht spezifizierten) Geschwindigkeit v. Diese ist vor allen Dingen nicht von vornherein mit der Phasengeschwindigkeit v_{Phase} zu identifizieren. Wie kann nun die Amplitude dieser Welle, die im Augenblick einfach 1 gesetzt ist, mit dem Teilchenstrom in Verbindung gebracht werden? Das Betragsquadrat der Amplitude wird in der Wellenlehre als *Intensität* der Welle bezeichnet. Diese Intensität müßte der *Dichte* des Teilchenstromes entsprechen. Die Intensität unserer "Basis-Welle" (8.49) ist übrigens 1 und damit vom Ort unabhängig, was mit dem zugeordneten gleichförmigen Teilchenstrom in Einklang ist. (Dagegen ergäben Kosinus oder Sinus eine von Ort zu Ort verschiedene Zahl zwischen 0 und 1, und schon diese Tatsache spricht für die e-Funktion.)

Wir kommen erst dann in Schwierigkeiten, wenn wir das Teilchenbild einarbeiten wollen und den Fall *eines* Teilchen zu behandeln haben. Hier bleibt nichts anderes übrig, als die (dann von Ort zu Ort verschiedene) Intensität der Welle so mit dem Teilchen zu verknüpfen, daß große Intensität mit hoher Wahrscheinlichkeit und niedrige Intensität mit geringer Wahrscheinlichkeit einhergeht, das Teilchen an der betreffenden Stelle anzutreffen. Da die Gesamtwahrscheinlichkeit 1 sein muß, muß für eine solche Wellenfunktion

$$\int_{-\infty}^{+\infty} |\psi(x,t)|^2 dx = \int_{-\infty}^{+\infty} \psi^*(x,t)\psi(x,t)dx = 1 \tag{8.50}$$

für alle t gelten.

Wellenpakete

Wie kann nun der Teilchen-Aspekt zur Geltung gebracht werden? Ein Teilchen ist dadurch charakterisiert, daß wir ihm einen *Ort* und eine *Geschwindigkeit* zuordnen können, mit anderen Worten, daß wir wissen, wo es sich befindet und wie schnell es sich in welche Richtung bewegt. Das ist in dem bislang gezeichneten Rahmen nicht möglich, denn dann müßte unsere Wellenfunktion eine δ-Funktion sein und das würde auf viele weitere Schwierigkeiten stoßen. Man kann aber weniger anspruchsvoll sein und sich damit begnügen, daß man nur einen gewissen *Bereich* fordert, in dem sich das Teilchen aufhält. Das ist so unrealistisch nicht, wenn man bedenkt, daß keine Größe beliebig genau meßbar ist. Als Wellenfunktion käme zum Beispiel eine $\exp(-\alpha^2 x^2)$-Funktion in Betracht (siehe Beispiel (3) im Abschnitt 8.3.1). Wir sind dieser Gaußschen Glockenkurve schon öfter begegnet. Sie zeigt ein Maximum an der Stelle $x=0$ und fällt nach beiden Seiten mehr oder weniger steil ab, je nach Wert des Parameters α. Eine passende Funktion müßte allerdings an der Stelle x_0, an der sich das Teilchen befindet, (und nicht an der Stelle 0) zentriert sein, also die Form $\exp(-\alpha^2(x-x_0)^2)$ haben (siehe Abb. 8.8). Weil überdies (8.50) gelten soll, müssen wir noch einen Normierungsfaktor vorsehen, der dies garantiert. Mit Hilfe von Gl. (6.37) ergibt sich dafür

$$\sqrt{\alpha\sqrt{\frac{2}{\pi}}}.$$

Zum Schluß fügen wir noch einen (komplexen) Faktor vom Betrage 1, nämlich $e^{ik_0(x-x_0)}$, hinzu. Das erscheint im Augenblick willkürlich, aber dieser Faktor ändert zum einen an der

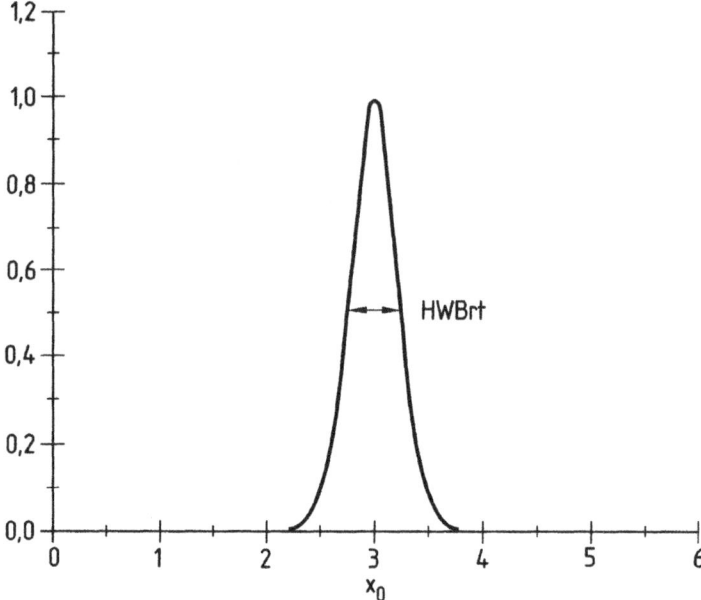

Fig. 8.8 An der Stelle $x = x_0$ zentrierte Gaußfunktion mit $\alpha^2 = 10$. (Halbwertsbreite ist $2\sqrt{\ln 2}/\alpha$).

räumlichen Intensitätsverteilung nichts, weil er bei der Bildung von $\psi^*\psi$ Eins ergibt, bringt uns aber zum anderen eine gewisse Flexibilität, die wir brauchen werden. Alles in allem ist unser Ansatz für $\psi(x)$ nun die Funktion

$$\psi(x) = \sqrt{\alpha\sqrt{\frac{2}{\pi}}}\, e^{ik_0(x-x_0)} e^{-\alpha^2(x-x_0)^2}. \tag{8.51}$$

In Gl. (8.51) kann α so groß und damit die Gaußfunktion so schmal gewählt werden, wie es die Lokalisierung des Teilchens erfordert.

Die Intensität ist damit

$$\psi^*\psi = \alpha\sqrt{\frac{2}{\pi}} e^{-2\alpha^2(x-x_0)^2},$$

und das Integral über den ganzen Raum [siehe Gl. (6.37), α dort entspricht α^2 hier]

$$\int_{-\infty}^{+\infty} \alpha\sqrt{\frac{2}{\pi}} e^{-2\alpha^2(x-x_0)^2}\, dx = \alpha\sqrt{\frac{2}{\pi}} \cdot \sqrt{\frac{\pi}{2\alpha^2}} = 1.$$

Wir müssen nun eine Brücke zu den Wellen, von denen wir ausgegangen sind, schlagen. Dies ist mit Hilfe der Fouriertransformation möglich. Die rechte Gleichung des Gleichungspaares (8.35) erzeugt ja eine beliebige, quadratintegrable Funktion durch Überlagerung von Wellen der Form e^{ikx}, wenn die Fouriertransformierte $F(k)$ bekannt ist. Diese haben wir uns mit Gl. (8.40) verschafft, so daß wir nur einzusetzen brauchen:

$$\psi(x) = \sqrt{\alpha\sqrt{\frac{2}{\pi}}} \frac{1}{\sqrt{2\pi}} \int_{k=-\infty}^{\infty} \frac{1}{\sqrt{2a}} e^{-ikx_0} e^{-\frac{(k-k_0)^2}{4\alpha^2}} e^{ikx} dk =$$

$$\frac{1}{\sqrt{\alpha(2\pi)^{3/2}}} \int_{-\infty}^{\infty} e^{ik(x-x_0)} e^{-\frac{(k-k_0)^2}{4\alpha^2}} dk. \tag{8.52}$$

(Der Normierungsfaktor ist in (8.40) noch nicht berücksichtigt und wurde jetzt hinzugefügt.) Damit ist unser lokalisiertes Teilchen als eine Überlagerung von Wellen beschrieben. Man bezeichnet deshalb Wellenfunktionen dieser oder ähnlicher Form als *Wellenpaket*. Betrachtet man die Gleichung etwas genauer, so sieht man, daß Wellen der Form $e^{ik(x-x_0)}$ überlagert werden, und zwar mit einem "Gewichts"-Faktor $e^{-\frac{(k-k_0)^2}{4\alpha^2}}$, der sein Maximum bei dem k-Wert k_0 hat. Dieser Gewichtsfaktor fällt um k_0 herum ebenso ab wie die Teilchendichte um x_0 herum, allerdings nicht mit dem Faktor $2\alpha^2$ sondern $1/(4\alpha^2)$. Je stärker das Teilchen lokalisiert ist (α groß), um so breiter ist die Gewichtskurve für die k-Werte, denn dann ist $1/(4\alpha^2)$ klein und umgekehrt.

Wellenpakete in der Zeit

Bislang ist nur eine Momentaufnahme gemacht werden, insofern die Zeit nicht berücksichtigt wurde. Die nächste Frage, die sich stellt, ist, wie sich das Wellenpaket mit t weiterentwickelt. Sie läßt sich beantworten, wenn man wie eingangs den Übergang von der reinen Ortsfunktion $\cos(kx)$ zur "laufenden" Welle $\cos(kx - \omega t)$ macht. Wir brauchen also nur in Gl. (8.52) den Faktor e^{ikx} durch den Faktor $e^{i(kx-\omega t)}$ zu ersetzen.[5] Der Exponent der Welle in Gl. (8.52) ist $ik(x-x_0) = ikx - ikx_0$ und muß nun durch

$$i(kx - \omega(k)t) - ikx_0 = ikx - ikx_0 - i\omega(k)t$$

ersetzt werden. Aus Gl. (8.52) wird damit

$$\psi(x,t) = \frac{1}{\sqrt{\alpha(2\pi)^{3/2}}} \int_{-\infty}^{\infty} e^{i(kx-kx_0-\omega(k)t)} e^{-\frac{(k-k_0)^2}{4\alpha^2}} dk. \tag{8.53}$$

Um die zeitliche Änderung dieses etwas umständlichen Ausdruckes zu erkennen, müssen wir einen Ansatz für $\omega(k)$ machen. Wir können als erstes $\omega(k) = \omega_0$ versuchen, also ω als konstant ansehen. Man sieht, daß dann der Faktor $e^{-i\omega_0 t}$ aus dem Integral herausgezogen werden kann und als komplexe Zahl vom Betrag 1 beim Übergang zu $\psi^*\psi$ verschwindet. Unser Paket würde demnach "stehen bleiben", was kein sinnvolles Ergebnis wäre. Wir können als nächstes ω in eine Taylor-Reihe entwickeln, und zwar an der Stelle, an der die Gewichtsfunktion ihr Maximum hat, nämlich bei k_0. Wir erhalten dann für ω

$$\omega(k) = \omega_0 + \frac{d\omega}{dk}\bigg|_{k_0} (k - k_0) + \cdots .$$

---

[5]Das setzt allerdings voraus, daß die einzelnen Wellen sich nicht gegenseitig stören. Wir wollen aber diesen Punkt nicht weiter diskutieren, weil man in diesem Stadium zunächst einmal das Einfachste versuchen wird.

Setzt man das nun in Gl. (8.52) ein, so wird der Exponent der Welle

$$ikx - ikx_0 - i[\omega_0 + \frac{d\omega}{dk}(k - k_0)]t = -i(\omega_0 - \frac{d\omega}{dk}k_0)t + ikx - ikx_0 - i\frac{d\omega}{dk}kt$$

$$= -i(\omega_0 - \frac{d\omega}{dk}k_0)t + ikx - ik(x_0 + \frac{d\omega}{dk}t).$$

Der erste Klammerausdruck enthält kein k und ist deshalb wiederum bedeutungslos, weil er vorgezogen werden kann und für die Intensitätsverteilung keine Rolle spielt. Im Rest ist aber x_0 durch $x_0 + (d\omega/dk)t$ ersetzt, was bedeutet, daß das Maximum bei x_0 um den Betrag $(d\omega/dk)t$ weitergewandert ist, und zwar mit der Geschwindigkeit $v = d\omega/dk$.

Zunächst verhält sich das Wellenpaket also richtig: berücksichtigt man, daß die Basiswellen laufen, dann läuft auch das Paket. Zu beachten ist, daß es sich nicht mit der Phasengeschwindigkeit $v_{\text{Phase}} = \omega/k$ (siehe oben) bewegt sondern mit der sog. *Gruppengeschwindigkeit* $v_{\text{Gruppe}} = d\omega/dk$. Die höheren Terme in der ω-Entwicklung zeitigen auch Einflüsse auf die Entwicklung des Wellenpakets, aber sie werden erst bei größeren t-Werten wirksam und brauchen uns zum gegenwärtigen Zeitpunkt nicht zu interessieren.

Beziehung zwischen k, ω und p, E

Die letzte Stufe des Konzeptes muß darin bestehen, die Wellengrößen k und ω mit den Teilchengrößen v bzw. dem Impuls $p = mv$ und der Energie E in Beziehung zu setzen. Da wir im Augenblick nur kräftefreie Teilchen behandeln, enthält die Energie nur die kinetische Energie (die potentielle Energie V ist Null). E ist also $E = (m/2)v^2 = p^2/(2m)$ und es ist

$$\frac{dE}{dp} = \frac{p}{m} = v = \frac{d\omega}{dk}.$$

(Der letzte Ausdruck ist das gerade erarbeitete Ergebnis für die Bewegung unseres Wellenpaketes.) Nimmt man nun die Plancksche Beziehung für die Energie von Wellenpaketen $E = h\nu = \hbar\omega$ hinzu ($\hbar$ ist eine Abkürzung für $h/(2\pi)$), so entsteht

$$\frac{dE}{dp} = \frac{d(\hbar\omega)}{dp} = \hbar\frac{d\omega}{dp}.$$

Aus dem Vergleich beider Gleichungen kann man den Schluß ziehen, daß

$$p = \hbar k$$

gelten muß, – die berühmte DeBroglie-Beziehung. Wir können nun aus dem ganzen Konzept die Größen k und $\omega(k)$ eliminieren und durch p und $E(p)$ ersetzen, beispielsweise in Gl. (8.52), die für unser "Demonstrations"-Paket gilt. Die *allgemeine* Form eines Wellenpaketes hat nach Gl. (8.35) dann die Form

$$\psi(x, t) = \int_{p=-\infty}^{\infty} F(p)e^{i(\frac{p}{\hbar}x - \frac{E(p)}{\hbar}t)}dp. \qquad (8.54)$$

Dabei ist $F(p)$ eine allgemeine Fouriertransformierte, die für lokalisierte Wellenpakete in geeigneter Form zu wählen ist. (Den Faktor $\frac{1}{2\pi}$ in Gl. (8.35) haben wir zu $F(p)$ geschlagen.)

Zum Schluß noch eine Anmerkung. Wir haben bei der Diskussion von Gl. (8.52) festgestellt, daß eine schmale Ortsverteilung ein breites k-Spektrum bedingt. Nachdem wir nun wissen, daß dem k-Wert der Impuls p eines Teilchens entspricht, können wir die Aussage auch so machen: *Ist die Ortsverteilung schmal (α groß), so ist die Impulsverteilung breit, – ist die Impulsverteilung schmal (α klein), so ist die Ortsverteilung breit. Man kann aber nicht beide Verteilungen zugleich schmal machen.* Dies ist die wesentliche Aussage der *Heisenbergschen Unschärferelation.*

8.5.2 Die Schrödinger-Gleichung

Unser nächstes Ziel soll sein, zu Gl. (8.54) eine passende Differentialgleichung zu entwickeln. Mit Differentialgleichungen und ihren Lösungen werden wir uns erst im nächsten Kapitel ausführlich auseinandersetzen. Hier genügt es zu wissen, daß eine Differentialgleichung eine Gleichung ist, die den Funktionswert und die Ableitungen einer Funktion gewissen Bedingungen unterwirft, denen die Funktion genügen muß. Da ψ von x und t abhängt, kommen die partiellen Ableitungen nach x und t in Frage. Bezüglich des Integrals auf der rechten Seite von Gl. (8.54) sind x und t Parameter (Integrationsvariable ist ja p!). Die Ableitung geschieht deshalb durch partielle Ableitung des Integranden (siehe Abschn. 6.3.2).

Die Schrödinger-Gleichung für freie Teilchen

Wir beginnen mit der Ableitung nach t.

$$\frac{\partial \psi}{\partial t} = \int_{-\infty}^{\infty} \frac{\partial}{\partial t} \left[F(p) e^{i(\frac{p}{\hbar}x - \frac{E(p)}{\hbar}t)} \right] dp$$

$$= \int_{-\infty}^{\infty} F(p) e^{i(\frac{p}{\hbar}x - \frac{E(p)}{\hbar}t)} \left(-i \frac{E(p)}{\hbar} \right) dp$$

$$= \left(\frac{-i}{\hbar} \right) \int_{-\infty}^{\infty} E(p) F(p) e^{i(\frac{p}{\hbar}x - \frac{E(p)}{\hbar}t)} dp.$$

Das kann man auch so schreiben:

$$i\hbar \frac{\partial \psi}{\partial t} \equiv \hat{E}\psi(x,t) = \int_{-\infty}^{\infty} E(p) F(p) e^{i(\frac{p}{\hbar}x - \frac{E(p)}{\hbar}t)} dp. \qquad (8.55)$$

Dabei haben wir einen Operator $\hat{E} = i\hbar(\partial/\partial t)$ eingeführt (siehe Abschnitt 8.4.1).

In genau der gleichen Weise kann man nach x ableiten und einen Operator $\hat{p} = (\hbar/i)(\partial/\partial x)$ einführen:

$$\frac{\hbar}{i} \frac{\partial \psi}{\partial x} \equiv \hat{p}\psi(x,t) = \int_{-\infty}^{\infty} p F(p) e^{i(\frac{p}{\hbar}x - \frac{E(p)}{\hbar}t)} dp.$$

Zweifache Ableitung nach x ergibt

$$-\hbar^2 \frac{\partial^2 \psi}{\partial x^2} \equiv \hat{p}^2 \psi(x,t) = \int_{-\infty}^{\infty} p^2 F(p) e^{i(\frac{p}{\hbar}x - \frac{E(p)}{\hbar}t)} dp. \qquad (8.56)$$

Nun läßt sich die gesuchte Differentialgleichung leicht finden:

$$\hat{E}\psi(x,t) - \frac{1}{2m}\hat{p}^2\psi(x,t) = 0,$$

denn die linke Seite ist gleich

$$\int_{-\infty}^{\infty} E(p)F(p)e^{i\left(\frac{p}{\hbar}x - \frac{E(p)}{\hbar}t\right)}dp - \frac{1}{2m}\int_{-\infty}^{\infty} p^2 F(p)e^{i\left(\frac{p}{\hbar}x - \frac{E(p)}{\hbar}t\right)}dp,$$

und das ist in der Tat Null:

$$\int_{-\infty}^{\infty}\left(E(p) - \frac{p^2}{2m}\right)F(p)e^{i\left(\frac{p}{\hbar}x - \frac{E(p)}{\hbar}t\right)}dp = 0,$$

weil der Klammerausdruck gleich Null ist. Wir wollen die Differentialgleichung aus der Operatorform noch in die vertrautere Form mit partiellen Ableitungen übertragen. Sie lautet dann

$$i\hbar\frac{\partial\psi}{\partial t} = -\frac{\hbar^2}{2m}\frac{\partial^2\psi}{\partial x^2}. \tag{8.57}$$

Dies ist die Schrödinger-Gleichung für freie Teilchen, wie sie üblicherweise geschrieben wird.

Die (zeitabhängige) Schrödinger-Gleichung für Teilchen in Kraftfeldern

Die Operatorform ist aber viel geeigneter, die notwendige Ergänzung bei Vorhandensein von Kräften zu finden. Konservative Kräfte haben ein Potential, dessen Ableitung die (negative) Kraft ergibt [s. Gl. (5.28) reduziert auf eine Dimension]:

$$\frac{\partial V(x)}{\partial x} = -k,$$

und die Gesamtenergie ist dann kinetische Energie plus potentielle Energie:

$$E = T + V = \frac{p^2}{2m} + V(x).$$

Wenn wir nun die Schrödinger-Gleichung in der Operatorform ansehen, so lautet sie

$$\hat{E}\psi = \hat{T}\psi,$$

wobei wir $\hat{p}^2/(2m)$ mit $\hat{T}$ identifiziert haben. Das Nächstliegende ist, die Gleichung so erweitern, daß man

$$\hat{E}\psi = \hat{T}\psi + \hat{V}\psi$$

schreibt, in Anlehnung an $E = T + V$. Dazu muß man einen Operator für $\hat{V}$ finden. Das Einfachste wäre der in 8.4.1 beschriebene Operator "Multipliziere mit", also $V(x)\cdot$. Unter dieser Voraussetzung würde die Gleichung in der Form mit Ableitungen

$$i\hbar\frac{\partial\psi}{\partial t} = -\frac{\hbar^2}{2m}\frac{\partial^2\psi}{\partial x^2} + V(x)\psi \tag{8.58}$$

lauten. Dies ist die (zeitabhängige) Schrödinger-Gleichung für Teilchen in (konservativen) Kraftfeldern.

Wir wollen noch einen Überschlag versuchen, ob der Vorschlag vernünftig ist. Dazu denkt man sich für Orts- und Impulsverteilung einen Kompromiß geschlossen, bei dem beide Größen etwa gleichermaßen unscharf (und damit beide noch so scharf wie möglich) sind. Unter diesen Umständen hat $F(p)$ auf der rechten Seite von Gl. (8.56) ein Maximum um einen Wert, der dem klassischen Impuls p_{kl} entspricht. Man kann dann den p^2-Faktor unter dem Integral näherungsweise gleich p_{kl}^2 setzen. Ähnlich kann man in Gl. (8.55) mit dem Faktor (unter dem Integral) $E(p)$ verfahren und ihn mit E_{kl} annähern. Ist auch die Ortsverteilung nicht allzu breit, und ändert sich $V(x)$ im Bereich des Wellenpaketes nicht allzu sehr, so kann man umgekehrt den Faktor $V(x)$ in $V(x)\psi$ als $V(x_{kl})$ unter das Integral schreiben, so daß der dritte Term in der Schrödinger-Gleichung näherungsweise die Form

$$\int_{-\infty}^{\infty} V(x_{kl}) F(p) e^{i(\frac{p}{\hbar}x - \frac{E(p)}{\hbar}t)} dp$$

annimmt. Gleichung (8.58) verlangt nun, daß

$$i\hbar \frac{\partial \psi}{\partial t} + \frac{\hbar^2}{2m} \frac{\partial^2 \psi}{\partial x^2} - V(x)\psi = 0$$

ist. Mit den angegebenen Näherungen nimmt die linke Seite die Form

$$\int_{-\infty}^{\infty} \left[E_{kl} - p_{kl}^2/(2m) - V(x_{kl}) \right] F(p) e^{i(\frac{p}{\hbar}x - \frac{E(p)}{\hbar}t)} dp$$

an. Nun ist der Ausdruck in der Klammer laut klassischer Mechanik Null und damit auch das ganze Integral. Dies zeigt, daß die vorgeschlagene Erweiterung der Schrödinger-Gleichung in keine Widersprüche führt.

Diese Argumentation ist zweifellos nur ein Versuch, das Zusatzglied plausibel zu machen, aber man muß sich darüber klar sein, daß die Quantenmechanik nicht "abgeleitet" werden kann. Der ganze Gedankengang bis hierher ist vielmehr ein tastender Versuch, ein Puzzle zusammenzusetzen und zu erraten, wie die neue Mechanik aussehen könnte. Den Test hat diese Theorie erst dann bestanden, wenn das Experiment sie bestätigt. Bislang sind in diesem Bereich keine Experimente bekannt, die ihr widersprechen würden. Im Gegenteil, Theorie und Experiment stehen in glänzendem Einklang, so lange Rechnung und experimentelle Daten gleichermaßen verläßlich sind.

Zum Schluß wollen wir die Gleichung (8.58) noch etwas kürzer schreiben. Wenn man den sog. Hamilton-Operator als

$$\hat{H} = -\frac{\hbar^2}{2m} \frac{\partial^2}{\partial x^2} + V(x).$$

definiert, lautet sie einfach

$$i\hbar \frac{\partial \psi}{\partial t} = \hat{H}\psi.$$

Die zeitunabhängige Schrödinger-Gleichung

Die Schrödinger-Gleichung für freie Teilchen (8.57) hatten wir aufgrund von Gl. (8.54) gefunden. Diese Gleichung stellt Wellenpakete durch Überlagerung von Wellen mit ganz verschiedenen Energien $E(p)$ dar. Nach der Erweiterung auf Gl. (8.58) kann die Wellenfunktion aber auch eine davon verschiedene Struktur haben. Insbesondere können wir die Frage aufwerfen, ob es nicht Wellenfunktionen gibt, die nur *eine* Energie E besitzen. Die Frage ist auch deshalb naheliegend, weil Teilchen in einem konservativen Kraftfeld eine sog. Bewegungskonstante, nämlich die Energie, haben. Dies ist nur eine etwas andere Form der Formulierung des Energiesatzes.

Gibt es Zustände mit einer "scharfen" Energie, so muß die Wellenfunktion die Form

$$\psi(x,t) = \tilde{\psi}(x)e^{-i\frac{E}{\hbar}t} \tag{8.59}$$

haben. [Der Exponentialfaktor ersetzt den Faktor $e^{-iE(p)/\hbar t}$ in Gl. (8.56).] Setzt man dies in die Schrödinger-Gleichung ein, so entsteht

$$i\hbar\tilde{\psi}(x)\frac{d}{dt}e^{-i\frac{E}{\hbar}t} = i\hbar\tilde{\psi}(x)e^{-i\frac{E}{\hbar}t}\left(-i\frac{E}{\hbar}\right) = \hat{H}\tilde{\psi}(x)e^{-i\frac{E}{\hbar}t}.$$

Nach Kürzen mit $e^{-i\frac{E}{\hbar}t}$ ergibt sich

$$\hat{H}\tilde{\psi}(x) = E\tilde{\psi}(x), \tag{8.60}$$

also eine Eigenwertgleichung mit E als Eigenwert und $\tilde{\psi}(x)$ als Eigenfunktion. Dabei gilt die Nebenbedingung Gl. (8.50), die verlangt, daß $\tilde{\psi}(x)$ quadratintegrabel ist. Wir haben am Ende von Abschnitt 8.4.2 gesehen, daß solche Eigenwertgleichungen einen Satz von Lösungen der Form

$$\tilde{\psi}^{(i)}(x) \quad \text{mit Eigenwert} \quad E^{(i)} \qquad i = 1, 2, 3, \ldots$$

haben. Dabei ist E die (scharfe) Energie des zugehörigen Eigenzustandes. Wegen Gl. (8.59) gilt für die Intensität

$$\psi^*(x,t)\psi(x,t) = \tilde{\psi}^*(x)\tilde{\psi}(x),$$

d.h. die Aufenthaltswahrscheinlichkeit des Teilchens ist zeitunabhängig. Solche Zustände nennt man *stationär*.

Wir wollen noch ein Beispiel für ein konkretes Problem geben. Gegeben ein zwei-atomiges Molekül, dessen Atome gegeneinander schwingen können. Die einzige Bewegungskoordinate ist der Atom-Abstand r, und die Koordinate x identifizieren wir mit $r - r_0$, wobei r_0 die "Ruhelage" (Bindungsabstand) bezeichnet. Die potentielle Energie ist näherungsweise die eines an einer Feder schwingenden Teilchens, also $(\kappa/2)x^2$ mit κ als Federkonstanten. Die Schrödinger-Gleichung lautet dann

$$-\frac{\hbar^2}{2m}\frac{d^2\tilde{\psi}}{dx^2} + \frac{\kappa}{2}x^2\psi = E\tilde{\psi}. \tag{8.61}$$

(Dabei ist m die reduzierte Masse ganz wie in der klassischen Mechanik.) Im nächsten Kapitel werden wir die Lösung skizzieren.

Erweiterung auf drei Dimensionen

Die Erweiterung auf zwei oder drei Dimensionen ist jetzt kein Problem mehr. Genau wie am Ende von Abschnitt 8.2.2 können wir von eindimensionalen Wellen e^{ikx} zu mehrdimensionalen Wellen der Form

$$e^{ik_x x} e^{ik_y y} e^{ik_z z} = e^{i(k_x x + k_y y + k_z z)} = e^{i\mathbf{k} \cdot \mathbf{x}}$$

übergehen. Dabei ist $\mathbf{k}$ die Zusammenfassung der drei Komponenten (k_x, k_y, k_z) und $\mathbf{x}$ die von (x, y, z). Die Wellen laufen nun im Raum in irgendeiner Richtung, die durch den Wellenvektor $\mathbf{k}$ gegeben ist (jetzt ist $\mathbf{k}$ wirklich ein Vektor). Die zeitabhängige Form dieser Welle ist dann

$$e^{i(\mathbf{k} \cdot \mathbf{x} - \omega t)},$$

und die ganze weitere Argumentation läuft wie bisher mit $\psi(x, y, z, t)$ an Stelle von $\psi(x, t)$. Bei der Entsprechung $p = \hbar k$ müssen wir bedenken, daß ebenso wie k jetzt auch p ein Vektor ist (die Geschwindigkeit ist ein Vektor und damit auch $p = m\mathbf{v}$). So wird aus der Entsprechung eine dreifache:

$$\mathbf{p} = \hbar \mathbf{k} \quad \text{bzw.} \quad p_i = \hbar k_i \quad \text{mit} \quad i = x, y, z.$$

Statt eines Operators $\hat{p}$ haben wir nun drei Operatoren $\hat{p_x} = (\hbar/i)(\partial/\partial x)$ usw., und die kinetische Energie ist statt $p^2/(2m)$ jetzt $(p_x^2 + p_y^2 + p_z^2)/(2m)$, so daß der Hamilton-Operator schließlich

$$\hat{H} = -\frac{\hbar^2}{2m}\left(\frac{\partial^2}{\partial x^2} + \frac{\partial^2}{\partial y^2} + \frac{\partial^2}{\partial z^2}\right) + V(x, x, z) \cdot = -\frac{\hbar^2}{2m}\Delta + V(x, x, z) \cdot \qquad (8.62)$$

wird. (Dabei ist Δ der Laplace-Operator [siehe Gl. (5.32)].) Die beiden Schrödinger-Gleichungen in der Form mit dem $\hat{H}$-Operator behalten ihre Form bei.

9 Differentialgleichungen

Bei der Behandlung physikalischer oder chemischer Probleme ergeben sich häufig Gleichungen, die neben bestimmten Funktionen auch deren Ableitungen enthalten. Solche Gleichungen – oder Gleichungssysteme – nennt man *Differentialgleichungen*. Ähnlich wie gewöhnliche Gleichungen als Bedingung für eine oder mehrere *Zahlen* aufgefaßt werden können, so ist eine Differentialgleichung eine Bedingung für eine *Funktion*. Ist beispielsweise die Differentialgleichung $y'(x) = y(x)$ gegeben, würde eine mögliche Antwort lauten: $y = e^x$, weil diese Funktion gleich ihrer Ableitung ist. Eine Funktion ist also dann eine Lösung einer Differentialgleichung, wenn man beim Einsetzen der Funktion und ihrer Ableitungen eine Identität erhält, d.h. eine Gleichung, die für *alle* x-Werte erfüllt ist. Lösungen einer Differentialgleichung bezeichnet man häufig auch als *Integral* (der betreffenden Gleichung).

In diesem Zusammenhang ergeben sich eine Reihe von Fragen: (1) nach welchen Verfahren lassen sich Lösungen auffinden, (2) wie groß ist die Mannigfaltigkeit der Lösungen und (3) unter welchen zusätzlichen Bedingungen erhält man eindeutige Lösungen?

Man unterscheidet Differentialgleichungen für Funktionen mit *einer* Veränderlichen (*gewöhnliche Differentialgleichungen*) und solche für Funktionen mit *mehreren* Veränderlichen (*partielle Differentialgleichungen*). Wir werden uns in diesem Kapitel hauptsächlich mit gewöhnlichen Differentialgleichungen beschäftigen, – lediglich der letzte Abschnitt enthält einige Grundtatsachen zum Thema "Partielle Differentialgleichungen".

Alle Bewegungsprobleme in der Physik lassen sich in Form von Differentialgleichungen formulieren und ihre Lösung ist ein zentrales Problem der theoretischen Physik. Es darf deshalb nicht verwundern, daß eine höchst umfangreiche Literatur über dieses Thema existiert, das wir in unserem Rahmen auch nicht annähernd ausschöpfen können. Vielmehr werden wir uns mit einigen mehr oder weniger einfachen Fällen zufriedengeben müssen. Der Chemiker wird in erster Linie in der Kinetik, also der Bewegungslehre der Chemie, mit Differentialgleichungen zu tun haben.

9.1 Einführung

9.1.1 Gewöhnliche Differentialgleichungen

Die allgemeine Form einer gewöhnlichen Differentialgleichung lautet

$$F(x, y, y', y'', \ldots, y^{[n]}) = 0. \tag{9.1}$$

Dabei bestimmt die höchste auftretende Ableitung, hier $y^{[n]}$, die *Ordnung* der Differentialgleichung.

Bevor wir allgemeine Betrachtungen anstellen, zunächst drei Beispiele, die einige charakteristische Züge aufzeigen sollen.

(1) Gegeben die chemische Reaktion A → B + C, eine Zerfallsreaktion mit einer Geschwindigkeitskonstanten k. Wir bezeichnen mit m_A die Menge der Substanz A und nehmen an, daß der Zerfall proportional der vorhandenen Menge ist. (Das ist z.B. dann der Fall, wenn jedes Molekül eine bestimmte Zerfallswahrscheinlichkeit hat.) Wir können das Bewegungsgesetz dann so formulieren, daß

$$\frac{dm_A}{dt} = -k\,m_A$$

ist. Dies ist eine Differentialgleichung erster Ordnung mit der Lösung

$$m_A = m_0\,e^{-kt},$$

wie man durch Einsetzen leicht nachprüft. Beachten Sie, daß eine frei wählbare Konstante (m_0) in der Lösung auftritt, daß also die Lösung eine ganze Kurvenschar darstellt. Derartige Zerfallsgesetze sind deshalb von Interesse, weil sich aus ihnen Aussagen über den Mechanismus der Reaktion ergeben. Nehmen wir an, daß nur ein Stoß *zweier* Moleküle A zu einem Zerfall führt, dann wäre die Zerfallswahrscheinlichkeit proportional zum Quadrat der vorhandenen Menge (bei festem Volumen):

$$\frac{dm_A}{dt} = -k\,m_A^2,$$

und die Lösung wäre

$$m_A = \frac{m_0}{1 + m_0 kt}.$$

Durch Messung der Kinetik läßt sich die Frage entscheiden.

(2) Ein zweiatomiges Molekül der Form AB ist ein Gebilde, in dem die beiden konstituierenden Atome A und B gegeneinander schwingen können. Ist r der Abstand und r_0 der Gleichgewichtsabstand, so gilt für die Bewegung $k = mb$ (Kraft k, reduzierte Masse m und Beschleunigung b). Die Geschwindigkeit v ist dr/dt und die Beschleunigung die Änderung der Geschwindigkeit pro Zeit, also $b = d^2r/dt^2$. Nehmen wir an, daß die rücktreibende Kraft proportional zur Auslenkung ist, haben wir $k = -\kappa(r - r_0)$. Dies ergibt insgesamt die Differentialgleichung zweiter Ordnung

$$m\frac{d^2r}{dt^2} = -\kappa(r - r_0).$$

Lösungen sind, wie man wiederum durch Einsetzen nachprüfen kann,

$$r(t) = r_0 + A\sin\left(\sqrt{\frac{\kappa}{m}}t + \phi\right),$$

eine Kurvenschar, die zwei Parameter (A und ϕ) enthält.

(3) Die Bewegung eines Teilchens in einer Ebene unter dem Einfluß einer Kraft $k_x = -\alpha x/(x^2 + y^2)^{3/2}$ und $k_y = -\alpha y/(x^2 + y^2)^{3/2}$ gehorcht ebenfalls dem Gesetz $k = mb$, aber Kraft k, Beschleunigung b, Geschwindigkeit v und Ort (x, y) sind (zweidimensionale) Vektoren und führen auf zwei (gekoppelte) Differentialgleichungen für $x(t)$ und $y(t)$:

$$m\frac{d^2x}{dt^2} = -\alpha x/(x^2 + y^2)^{3/2} \quad \text{und} \quad m\frac{d^2y}{dt^2} = -\alpha y/(x^2 + y^2)^{3/2},$$

ein System zweier Differentialgleichungen zweiter Ordnung für die beiden unbekannten Funktionen.

■ Eine gewöhnliche Differentialgleichung n-ter Ordnung stellt eine Bedingung für eine Funktion $y = f(x)$ dar, in die x, $y(x)$ und Ableitungen bis n-ter Ordnung eingehen:

$$F(x, y, y', \ldots, y^{[n]}) = 0.$$

Lösungen sind nicht nur einzelne Funktionen sondern eine *Mannigfaltigkeit* von Funktionen.

9.1.2   Kurvenscharen und Differentialgleichungen

Wir haben eben an Beispielen gesehen, daß sich als Lösung einer Differentialgleichung eine Kurvenschar ergab. Der Zusammenhang ist leichter zu überblicken, wenn man den umge-

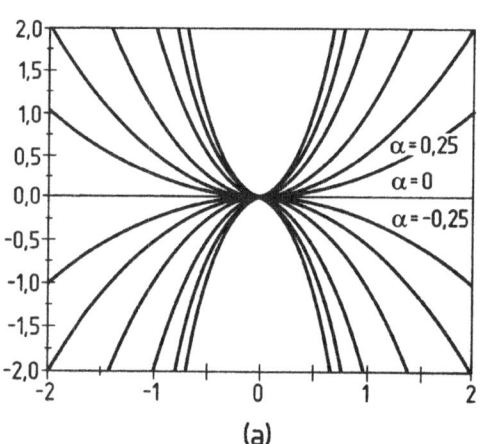

(a)

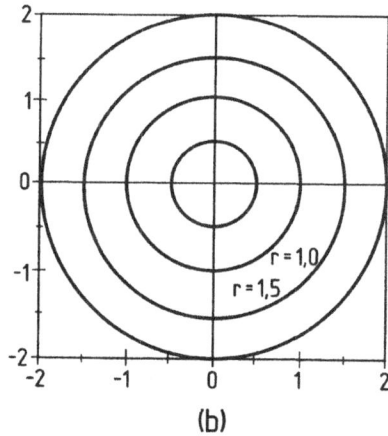

(b)

Fig. 9.1 (a) Kurvenschar aller Parabeln mit Scheitel in (0,0);
(b) Kurvenschar aller Kreise mit Mittelpunkt im Ursprung

kehrten Weg geht: man gibt die Kurvenschar vor und fragt, welche Differentialgleichung diese Kurvenschar als Lösung hat. Kurvenscharen werden wie einzelne Funktionen dargestellt, aber sie müssen einen (oder mehrere) zusätzliche Parameter enthalten. Jeder Parameterwert liefert dann eine Kurve. Um die gesuchte Differentialgleichung zu finden, brauchen wir nur die Gleichung der Kurvenschar zu differenzieren, so daß wir eine zweite Gleichung erhalten. Ist nur *ein* Parameter vorhanden, so kann man diesen Parameter eliminieren und es entsteht eine Beziehung zwischen y, y' und x. Wir geben eine Reihe von Beispielen.

(1) Die Kurvenschar aller Parabeln, deren Scheitel im Punkt $x = y = 0$ liegt (siehe Abb. 9.1a), ist durch die Gleichung $y = \alpha x^2$ gegeben (mit α als Parameter). Wir können diese Gleichung nach x ableiten und erhalten $y' = 2\alpha x$. Nun läßt sich aus beiden Gleichungen α eliminieren und es bleibt die gesuchte Beziehung

$$xy' = 2y. \tag{9.2}$$

Der Lösungssatz dieser Differentialgleichung muß die Ausgangskurvenschar ergeben.

(2) Die Kurvenschar aller Kreise um den Ursprung (siehe Abb. 9.1b) ist durch die Gleichung $x^2 + y^2 = R^2$ gegeben. Implizite Ableitung (siehe Abschn. 5.3.3) ergibt $2x + 2yy' = 0$. In diesem Fall ist die Eliminierung des Parameters R überflüssig, weil sie bereits von selbst erfolgt ist. Nach Kürzen ist die gesuchte Gleichung

$$x + yy' = 0. \tag{9.3}$$

(3) Alle Kreise mit Mittelpunkt x_0, y_0 und Radius 1. Die Gleichung der Kurvenschar ist

$$(x - x_0)^2 + (y - y_0)^2 = 1.$$

Diese Kurvenschar ist zweiparametrig (x_0 und y_0!). (Implizites) Ableiten führt auf

$$2(x - x_0) + 2(y - y_0)y' = 0,$$

aber wir müssen zwei Parameter eliminieren. Dazu benötigen wir eine dritte Gleichung, die wir durch erneutes Differenzieren (nach Kürzen von 2) erzeugen:

$$1 + (y')^2 + (y - y_0)y'' = 0.$$

(Beachten Sie, daß beim Ableiten des zweiten Terms die Produktregel erforderlich ist!) Eliminieren von x_0 und y_0 führt auf

$$\left(1 + (y')^2\right)^{3/2} + y'' = 0.$$

Aus den beiden ersten Gleichungen läßt sich x_0 (als $x - x_0$) eliminieren:

$$(y - y_0)^2 \left(1 + (y')^2\right) = 1.$$

Aus der so entstandenen und der dritten Gleichung kann man dann y_0 (als $y - y_0$) ebenfalls eliminieren:

$$1 + (y')^2 + \frac{1}{\sqrt{1 + (y')^2}} y'' = 0,$$

was auf die oben gegebene Gleichung führt.

Man sieht, daß eine zweiparametrige Kurvenschar zwangsläufig zu einer Differentialgleichung zweiter Ordnung führt. Entsprechendes gilt auch für Differentialgleichungen höherer Ordnung.

Wir wollen nun noch zeigen, daß auch umgekehrt Differentialgleichungen n-ter Ordnung als Lösung eine n-parametrige Kurvenschar haben. Dazu denken wir uns die Gleichung nach der höchsten Ableitung aufgelöst:

$$y^{[n]} = F(x, y, y', y'', \ldots, y^{[n-1]})$$

und nehmen an, daß F nach allen Positionen beliebig oft differenzierbar ist.

Bei Gleichungen 1. Ordnung haben wir

$$y' = F(x, y).$$

Ableitung nach x ergibt

$$y'' = G(x, y, y'), \quad \text{dann} \quad y''' = H(x, y, y', y'')$$

usw. Man sieht, daß man für einen x-Wert den zugehörigen y-Wert frei wählen kann, daß aber dann die $y'(x)$-, $y''(x)$-Werte usw. festliegen. Dies führt dazu, daß für die Lösung, die den Punkt x, y enthält, alle höheren Ableitungen festliegen, was darauf hinausläuft, daß die Lösung in Form einer Taylorreihe festliegt. Die Kurvenschar hat also *einen* freien Parameter, nämlich y.

Für Gleichungen 2. Ordnung gehen wir analog vor:

$$y'' = F(x, y, y').$$

Durch Ableiten erhält man

$$y''' = G(x, y, y', y''), \quad \text{dann} \quad y'''' = H(x, y, y', y'', y''')$$

usw. Hier kann man für ein x die beiden Größen $y, y'(x)$ frei wählen, aber alle höheren Ableitungen liegen wiederum fest und führen zu einer Lösung in Form einer Taylorreihe. Eine Differentialgleichung 2. Ordnung hat mithin als Lösung eine zweiparametrige Kurvenschar. Entsprechend kann man bei Differentialgleichungen höherer Ordnung argumentieren.

> ■ Allgemein: Eine Kurvenschar mit n Parametern führt durch Eliminierung dieser Parameter auf eine Differentialgleichung n-ter Ordnung. Die für die Eliminierung erforderlichen Gleichungen erzeugt man durch sukzessives Ableiten. Umgekehrt hat eine Differentialgleichung n-ter Ordnung als Lösung eine Kurvenschar, die durch n Parameter gekennzeichnet ist.

Aufgaben

1. Versuchen Sie durch Probieren oder Erraten die Lösungen folgender Differentialgleichungen zu finden:
a) $y' + x^2 = 0$ b) $y'^2 = a$ c) $y' = \sin x$ d) $y'/y = 3$
2. Geben Sie die Differentialgleichung an, die die Kurvenschar aller Kreise mit Ursprung auf der x-Achse und Radius 1 als Lösung hat!

9.2 Differentialgleichungen erster Ordnung

9.2.1 Allgemeines

Eine gewöhnliche Differentialgleichung erster Ordnung ist – wie wir gesehen haben – eine Beziehung zwischen x, y und y':

$$F(x, y, y') = 0. \tag{9.4}$$

Wir nehmen zunächst den einfachsten Fall an, nämlich, daß in einem gewissen Gebiet von x und y Gl. (9.4) eine eindeutige Lösung bezüglich y' hat. Man kann sie dann auch in der Form

$$y' = f(x, y) \tag{9.5}$$

schreiben. Überdies soll $f(x, y)$ in beiden Variablen stetig sein. Gl. (9.5) weist jedem Punkt in der x, y-Ebene eine Steigung zu, die sich durch einen kleinen Strich an dem betreffenden Punkt veranschaulichen läßt. Die Gesamtheit dieser Striche definiert mithin ein Richtungsfeld, und eine Funktion $y(x)$, die in jedem ihrer Punkte die gleiche Steigung wie das Richtungsfeld hat, ist eine Lösung der Differentialgleichung, denn diese verlangt ja genau das. Damit wird auch anschaulich klar, daß die Lösung einer solchen Gleichung eine Kurvenschar sein muß, denn diese entsteht, wenn "zueinander passende" Richtungselemente miteinander verbunden werden.

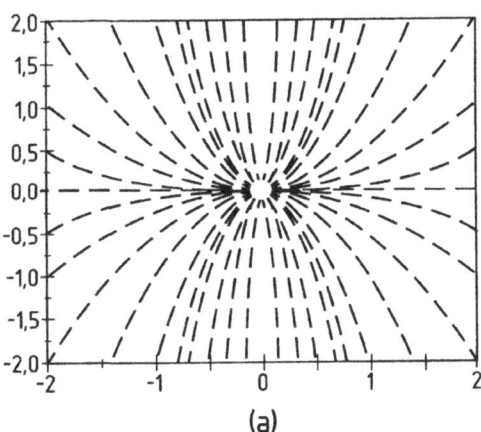
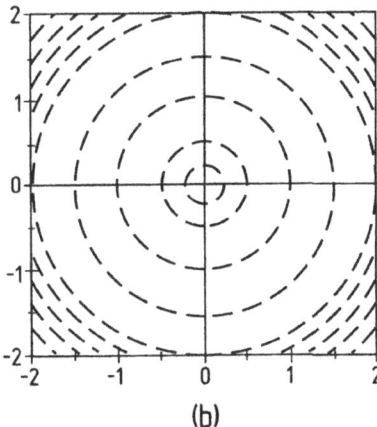

(a)   (b)

Fig. 9.2 (a) Richtungsfeld der Kurvenschar von Abb. 9.1a;
(b) Richtungsfeld der Kurvenschar von Abb. 9.1b

Als Beispiel zeigen wir in Abb. 9.2 die Richtungsfelder der beiden ersten Beispiele aus dem vorigen Abschnitt. Dies waren (a) alle Parabeln mit Spitze im Ursprung und (b) alle Kreise mit Zentrum im Ursprung. Versucht man, die Linienelemente miteinander zu verbinden, entstehen die Parabeln bzw. Kreise.

Die Bedingung, daß die Kurve durch einen bestimmten Punkt x_0, y_0 gehen soll, wählt also *eine* Kurve aus der Schar der Lösungen aus. Sie bietet damit eine Möglichkeit, zu einer eindeutigen Lösung (einer *partikulären* Lösung) der Differentialgleichung zu gelangen. Man bezeichnet eine solche Vorgabe als *Anfangsbedingung*, weil bei einem Bewegungsproblem $x(t)$ die Wahl von t_0, x_0 in der Regel die (vorgegebene) Startbedingung darstellt. Im Gegensatz dazu nennt man eine Gleichung, die den Schar-Parameter und damit die Gesamtheit der Lösungen enthält, die *allgemeine* Lösung.

Verfahren von Picard-Lindelöf Um zu zeigen, daß bei Vorgabe eines "Anfangs"-Punktes x_0, y_0 unter den angegebenen Voraussetzungen immer eine Lösung existiert, geht man auf beiden Seiten von Gl. (9.5) zur Stammfunktion über:

$$y(x) = \int f\big(x, y(x)\big) dx.$$

Das entsprechende bestimmte Integral von x_0 bis x lautet

$$y(x) - y(x_0) = \int_{x_o}^{x} f\big(\overline{x}, y(\overline{x})\big) d\overline{x},$$

wobei der Name der Integrationsvariablen in $\overline{x}$ geändert wurde. Wenn man nun auf der rechten Seite für $y(x)$ eine Näherungsfunktion $y^{(0)}(x)$, sagen wir die Tangente am Anfangspunkt x_0, einsetzt, so kann man erwarten, links eine bessere Lösung $y^{(1)}(x)$ zu erhalten:

$$y^{(1)}(x) = y(x_0) + \int_{x_0}^{x} f\big(\overline{x}, y^{(0)}(\overline{x})\big) d\overline{x}.$$

Dies läßt sich wiederholen und konvergiert gegen die richtige Lösung, wenn in dem betreffenden Gebiet $f(x, y)$ außerdem die sog. *Lipschitz-Bedingung* erfüllt ist, daß nämlich für alle x, y_1 und y_2 im Bereich der auftretenden x- und y-Werte der Ausdruck

$$\frac{|f(x, y_1) - f(x, y_2)|}{|y_1 - y_2|}$$

beschränkt ist. (Diese Bedingung soll verhindern, daß bei endlichen y-Werten y' unendlich wird.)

Ein Beispiel soll das skizzierte Verfahren verdeutlichen. Wir nehmen die Parabelschar (Abb. 9.1a) und wählen den Punkt $x_0 = 2, y_0 = 8$ als Anfangspunkt. (Man sieht leicht, daß die Kurve mit $\alpha = 2$, also $y = 2x^2$ die Lösungskurve ist.) Als nullte Näherung wählen wir die Tangente im Punkt x_0: $y^{(0)}(x) = 8(x - 1)$. Es ist $f(x, y) = 2y/x$ und für $y^{(1)}$ ergibt sich dann

$$y^{(1)}(x) = 8 + \int_{2}^{x} 2 \frac{8(\overline{x} - 1)}{\overline{x}} d\overline{x} = 8 + 16 \int_{2}^{x} \left(1 - \frac{1}{\overline{x}}\right) d\overline{x}$$
$$= 8 + 16(x - 2) - 16 \ln(x/2) = 16x - 24 - 16 \ln(x/2).$$

Abb. 9.3 zeigt Tangente, erste Näherung und die richtige Kurve.

Das zweite Beispiel (konzentrische Kreise, Abb. 9.1b) zeigt übrigens, daß dort in der Umgebung der x-Achse die Lipschitz-Bedingung *nicht* erfüllt ist, was die Umgebung der x-Achse aus dem

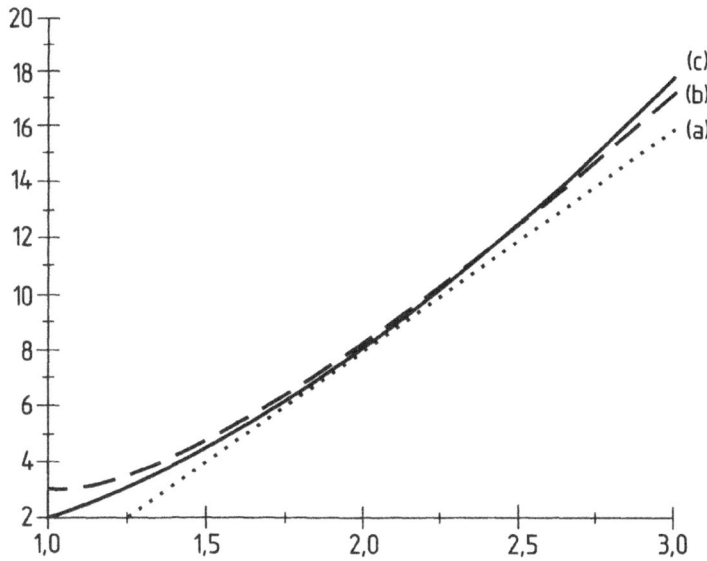

Fig. 9.3 Die Annäherung, ausgehend von der Tangente (a) über die erste Näherung (b). zur Lösung
(c) für den Fall $xy' = 2y$ und $x_0 = 2, y_0 = 8$.

x, y-Bereich ausscheiden läßt, in dem das Verfahren konvergiert. Das bedeutet, daß das gesamte
Gebiet in zwei Bereiche zerfällt, nämlich in eines oberhalb der x-Achse ($y > \epsilon$) und eines unterhalb
($y < -\epsilon$). Dies hängt damit zusammen, daß die Kurve $x^2 + y^2 = r^2$ (im Sinne von Kap. 3) als
Funktion (im Sinne von Kap. 4) in zwei Äste zerfällt, die separat zu behandeln sind.

Singuläre Linienelemente und singuläre Lösungen Hat Gl. (9.4) für ein Wertepaar x, y
mehrere Lösungen für y', so kann man ebenfalls, ausgehend vom Punkt x_0, y_0, das eben
beschriebene iterative Verfahren ausführen. Man muß sich dann aber außerdem für einen der
möglichen y'-Werte entscheiden. Das gilt zumindest für sog. *reguläre* Linienelemente, wenn
nämlich in Gl. (9.4) $\partial F/\partial y' \neq 0$ ist. Es können aber auch *singuläre* Linienelemente existieren
($\partial F/\partial y' = 0$). Ausgehend von einem solchen Linienelement muß die Lösung nicht mehr
eindeutig sein. Die Diskussion all dieser Möglichkeiten führt in unserem Zusammenhang zu
weit. Man kann aber an Hand eines einfachen Beispiels das Gesagte illustrieren.

Gegeben die Differentialgleichung

$$y^2(1 + y'^2) - 1 = 0. \tag{9.6}$$

Ihre Lösungen sind, wie man sich durch Einsetzen leicht überzeugt [vergl. auch Aufg. 2 von Abschn. 1]

$$(x + C)^2 + y^2 = 1,$$

sowie die beiden konstanten Funktionen

$$y = +1 \quad \text{und} \quad y = -1$$

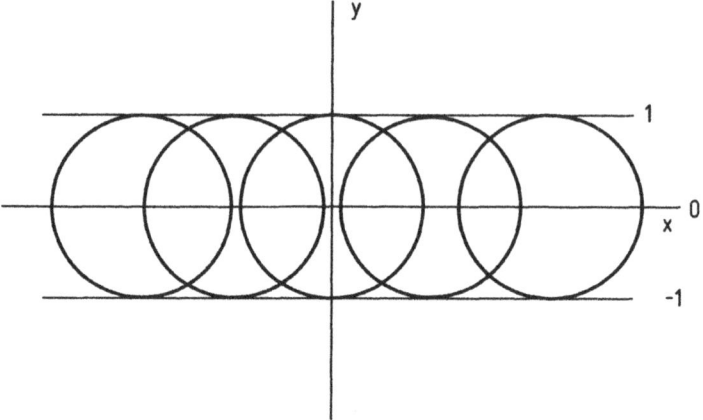

Fig. 9.4 Lösungen der Differentialgleichung $y^2(1 + y'^2) - 1 = 0$

(siehe Abb. 9.4). In welchem Punkte liegen nun singuläre Linienelemente vor, – mit anderen Worten, wo gilt $\partial F/\partial y' = 0$? $\partial F/\partial y'$ ist in diesem Beispiel $y^2 \cdot 2y'$ und dies ist Null für $y = 0$ oder $y' = 0$. Wir interessieren uns für den zweiten Fall und stellen fest, daß dies für $y = \pm 1$ der Fall ist. Ein Blick auf Abb. 9.4 zeigt, daß an diesen Stellen mögliche Lösungskurven parallel verlaufen, so daß die Fortführung, von *einem* Linienelement ausgehend, tatsächlich nicht eindeutig ist. (Die beiden Lösungsmöglichkeiten sind einerseits eine der beiden konstanten Funktionen und andererseits einer der Kreise.)

> ■ Eine Differentialgleichung erster Ordnung legt ein Richtungsfeld in der x, y-Ebene fest. Die Lösungsfunktionen müssen an allen Stellen die vom Richtungsfeld vorgeschriebene Richtung haben. Es ergibt sich somit als Lösung eine einparametrige Kurvenschar. Insbesondere ist eine *partikuläre* Lösung dadurch gegeben, daß man festlegt, welchen Punkt der x, y-Ebene sie enthalten soll.

9.2.2   Zwei einfache Lösungsverfahren

Wir müssen uns an dieser Stelle auf zwei Typen beschränken, die sich relativ leicht behandeln lassen, weil es sich bei diesem Thema – wie schon gesagt – um ein weites Feld mit umfangreicher Spezialliteratur handelt.

(1) Trennung der Variablen   Ein ziemlich häufig auftretender Fall ist durch Gleichungen des Typs

$$y'(x) = f(x)g(y) \quad \text{bzw.} \quad y'(x) = g(y)$$

gegeben. Hier läßt sich das sog. Verfahren der *Trennung der Variablen* anwenden. Man dividiert zunächst durch $g(y)$ und integriert dann beide Seiten über x. Auf diese Weise erhält man

$$\int \frac{y'(x)}{g(y(x))} dx = \int f(x)dx + C.$$

(Das C dient zur Erinnerung an die freie Konstante der Stammfunktion.) Die linke Seite läßt sich mittels der Substitutionsmethode in ein Integral über y umformen:

$$\int \frac{y'(x)}{g(y(x))} dx = \int \frac{1}{g(y)} dy,$$

so daß die Gleichung gelöst ist, wenn man die Stammfunktionen von $f(x)$ und $1/g(y)$ bestimmen kann:

$$\int \frac{1}{g(y)} dy = \int f(x)dx + C.$$

Man erhält auf diese Weise die allgemeine Lösung zunächst in impliziter Form, die man – wenn möglich – noch nach y auflösen kann.

Als Beispiel mag die Gleichung

$$y' = y^2 \sin x$$

dienen. Die entsprechende Umformung lautet

$$\int \frac{1}{y^2} dy = \int \sin x \, dx + C.$$

Hier sind beide Stammfunktionen leicht zu bestimmen. Nach Ersetzen haben wir

$$-\frac{1}{y} = -\cos x + C \quad \text{bzw.} \quad y = \frac{1}{\cos x + C}.$$

Als zweites Beispiel wollen wir noch die Kinetik der chemischen Reaktion A + B $\to$ C behandeln. Zur Zeit $t = 0$ sei die Menge von A (in Mol) A_0, die von B B_0 und die von C Null. Die zur jeweiligen Reaktionszeit t vorhandene Menge von C ist die Funktion $y(t)$, für die wir eine Differentialgleichung aufstellen wollen. Die zu dieser Zeit vorhandene Menge von A ist aus Gründen der Stöchiometrie $A_0 - y(t)$ und die von B $B_0 - y(t)$. Die Reaktionsgeschwindigkeit soll proportional einer Reaktionskonstanten k und den jeweils vorhandenen Mengen von A und von B sein. Wir haben mithin für die Zunahme von C das Zeitgesetz

$$\frac{dy}{dt} = k(A_0 - y)(B_0 - y).$$

Die Methode der Trennung der Variablen führt auf

$$\int \frac{1}{(A_0 - y)(B_0 - y)} dy = \int kdt + C.$$

Auf der linken Seite müssen wir den Integranden mittels Partialbruchzerlegung (Abschn. 1.4.3) umformen:

$$\frac{1}{(A_0 - y)(B_0 - y)} = \frac{1}{A_0 - B_0}\Big(\frac{1}{y - A_0} - \frac{1}{y - B_0}\Big),$$

so daß nach Ersetzen durch die Stammfunktionen

$$\frac{1}{A_0 - B_0}\left[\ln(y - A_0) - \ln(y - B_0)\right] = \frac{1}{A_0 - B_0}\ln\frac{y - A_0}{y - B_0} = k\,t + C$$

entsteht. Die Konstante C legen wir durch die Bedingung $y = 0$ für $t = 0$ fest:

$$\frac{1}{A_0 - B_0}\ln\frac{A_0}{B_0} = C.$$

Arbeitet man sie ein, so erhalten wir

$$\frac{1}{A_0 - B_0}\ln\frac{y - A_0}{y - B_0} = k\,t + \frac{1}{A_0 - B_0}\ln\frac{A_0}{B_0}.$$

Das läßt sich noch etwas übersichtlicher schreiben, indem man mit $A_0 - B_0$ multipliziert und dann zur e-Funktion übergeht:

$$\frac{y - A_0}{y - B_0} = \frac{A_0}{B_0}e^{(A_0 - B_0)kt}.$$

Wenn der Leser will, kann er dieses Resultat noch nach y auflösen.

(2) y'=f(y/x)   Ein weiterer leicht behandelbarer Typ ist die Gleichung $y' = f(y/x)$. Hier führt der Ansatz $y = xz(x)$ weiter, wobei $z(x)$ eine Hilfsfunktion darstellt. y' ist mit diesem Ansatz $y' = z(x) + xz'(x)$ und $y/x = z(x)$. Hineingehen damit führt auf

$$z + xz' = f(z) \quad \text{bzw.} \quad z' = \big(f(z) - z\big)\frac{1}{x}.$$

Dies ist eine Gleichung vom ersten Typ und führt auf

$$\int\frac{dz}{f(z) - z} = \ln x + C,$$

das zunächst die Umkehrfunktion $x(z)$

$$x(z) = C\exp\left(\int\frac{dz}{f(z) - z}\right)$$

ergibt. Nach Auflösen nach z und Multiplizieren mit x kann man schließlich $y(x)$ finden. (Bitte beachten Sie, daß die letzte Umformung eigentlich zu $e^C\exp(\dots)$ führt, aber e^C ist ebenso wie C eine freie Konstante, so daß man einfach wieder C schreibt. Allerdings wurde dabei unterschlagen, daß nun $C > 0$ ist.)

Beispiel:

$y' = (y/x) + 1$ läßt sich nicht durch Trennung der Variablen lösen. Man kann aber mit dem obigen Ansatz in

$$z + xz' = z + 1 \quad \text{bzw.} \quad z' = \frac{1}{x}$$

umformen. Die Lösung ist

$$z = \ln x + C \quad \text{und} \quad y = xz = x(\ln x + C) = x\ln x + Cx.$$

Einem dritten Fall, der linearen Differentialgleichung erster Ordnung, ist ein eigener Abschnitt gewidmet.

■ Es wird ein Lösungsweg für zwei einfache Typen von Differentialgleichungen erster Ordnung angegeben:

$$y' = f(x)g(y) \quad \text{und} \quad y' = f\left(\frac{y}{x}\right).$$

9.2.3   Lineare Differentialgleichungen erster Ordnung

Linear nennt man eine Differentialgleichung, wenn sie linear bezüglich der gesuchten Funktion, also bezüglich $y(x)$, ist. Die Funktion y und ihre Ableitungen $y', y'', \ldots$ dürfen dann nur in Form einer Linearkombination auftreten. Dagegen können die Faktoren davor beliebige Funktionen von x sein. $y' + x^2 y = 1$ ist also eine lineare Differentialgleichung, $y' + xy^2 = 1$ oder $y'y + x = 0$ dagegen nicht.

Die allgemeine Form einer linearen Differentialgleichung erster Ordnung ist

$$a(x)y' + b(x)y = c(x),$$

die sich mittels Division durch $a(x)$ immer auf die Gestalt

$$y' + f(x)y = g(x) \tag{9.7}$$

bringen läßt. Da y' für alle x, y eindeutig ist, und die Lipschitz-Bedingung zutrifft, solange $f(x)$ endlich ist, gilt nach dem in Abschn. 9.2.1 Gesagten: Die Lösung ist eindeutig, wenn sie durch einen Punkt x_0, y_0 gehen soll, und die allgemeine Lösung ist durch die Gesamtheit aller solcher Lösungen gegeben.

Ist $c(x)$ bzw. $g(x) = 0$, so nennt man die Gleichung *homogen*, anderenfalls *inhomogen*.

Lösung der homogenen Gleichung

Gesucht ist das allgemeine Integral der Gleichung

$$y' + f(x)y = 0 \qquad \text{bzw.} \qquad \frac{y'}{y} = -f(x).$$

Wendet man das Verfahren der Trennung der Variablen an und integriert über x, so geht sie in

$$\int \frac{y'}{y(x)}dx = \int \frac{1}{y}dy = -\int f(x)dx + C$$

über. Die linke Seite ergibt

$$\int \frac{dy}{y} = \ln y,$$

so daß die allgemeine Lösung nun

$$\ln y = -\int f(x)dx + C$$

lautet. Durch Übergang zur Exponentialfunktion erhält man die explizite Form

$$y = Ce^{-\int f(x)dx} = Ce^{-F(x)} \qquad\qquad (9.8)$$

der allgemeinen Lösung. (Man sieht, daß lediglich die Stammfunktion von $f(x)$ benötigt wird.)

Beispiel 1:

$$y' = -ky \qquad \text{mit} \qquad f(x) = +k.$$

Stammfunktion davon ist kx, so daß die allgemeine Lösung

$$y = Ce^{-kx}$$

ist. Sucht man eine partikuläre Lösung, z.B. die, die durch den Punkt x_0, y_0 geht, so muß

$$y_0 = Ce^{-kx_0}$$

gelten. C läßt sich eliminieren, indem man beide Gleichungen durcheinander dividiert, was schließlich auf

$$y = y_0 e^{-k(x-x_0)}$$

führt.

Beispiel 2:

$$y' + \frac{y}{x} = 0 \qquad \text{mit} \qquad f(x) = \frac{1}{x}.$$

Stammfunktion von $f(x)$ ist $\ln x$, und das Resultat lautet

$$y = Ce^{-\ln x} = \frac{C}{x}.$$

Lösung der inhomogenen Gleichung

Die Lösung von Gl. (9.7) setzt voraus, daß man die Lösung der zugehörigen homogenen Gleichung bereits kennt. Um sie von der gesuchten Lösung $y(x)$ der inhomogenen Gleichung zu unterscheiden, wollen wir sie $z(x)$ nennen. $z(x)$ ist also die Lösung von $z' + f(x)z = 0$ und diese ist [s. Gl. (9.8)]

$$z = Ce^{-\int f(x)dx}.$$

Man macht nun für $y(x)$ den Ansatz

$$y(x) = u(x)z(x),$$

wobei $u(x)$ eine noch zu bestimmende Funktion darstellt. Bevor man damit in die inhomogene Gleichung hineingeht, benötigt man noch $y'(x)$:

$$y'(x) = u'(x)z(x) + u(x)z'(x).$$

Setzt man beide Ausdrücke in die inhomogene Gleichung ein, so ergibt sich

$$\left[u'(x)z(x) + u(x)z'(x)\right] + f(x)\left[u(x)z(x)\right] = g(x).$$

Wegen der Definition von $z(x)$ gilt $z' = -f(x)z$, so daß sich der zweite und dritte Term auf der linken Seite wegheben

$$u'(x)z(x) - u(x)z(x)f(x) + f(x)u(x)z(x) = g(x),$$

und lediglich

$$u'(x)z(x) = g(x)$$

übrig bleibt. Man benötigt also neben der Stammfunktion von $f(x)$ noch die von $g(x)/z(x)$, um $u(x)$ und damit $y(x)$ zu erhalten:

$$y(x) = \left[\int \frac{g(x)}{z(x)}dx + C\right]z(x) = z(x)\int \frac{g(x)}{z(x)}dx + Cz(x). \tag{9.9}$$

(Im ersten Term hebt sich die Konstante vor $z(x)$ weg, so daß man hier bei $z(x)$ die freie Konstante weglassen kann.) Das Verfahren führt – nicht ganz glücklich – den Namen *Variation der Konstanten*.

Der obige Ausdruck läßt sich noch etwas kürzer mit $F(x)$ als Stammfunktion von $f(x)$ in der Form

$$y = e^{-F(x)}\int g(x)e^{F(x)}dx + Ce^{-F(x)}$$

schreiben. Der erste Term ist eine partikuläre Lösung der inhomogenen Gleichung, wie man ersieht, wenn man $C = 0$ setzt. Die allgemeine Lösung der inhomogenen Gleichung ist also die Summe von einer partikulären Lösung der inhomogenen Gleichung plus der allgemeinen Lösung der zugehörigen homogenen Gleichung, – eine Tatsache, die sich auch leicht allgemein zeigen läßt.

Als Beispiel lösen wir die Gleichung $y' + y/x = -a$. Die Lösung der zugehörigen homogenen Gleichung wurde bereits im letzten Abschnitt ermittelt: $z = 1/x$ (hier ohne C). Wir benötigen nun das Integral

$$\int \frac{g(x)}{z(x)}dx = \int \frac{-a}{\frac{1}{x}}dx = -a\int xdx = -\frac{a}{2}x^2 + C.$$

Die allgemeine Lösung lautet [siehe Gl. (9.9)]

$$y = \frac{1}{x}\left(-\frac{a}{2}x^2\right) + \frac{C}{x} = -\frac{ax}{2} + \frac{C}{x}.$$

> ■ Es wird der Lösungsweg für die homogene lineare Differentialgleichung
>
> $$y' + f(x)y = 0$$
>
> und für die inhomogene lineare Differentialgleichung
>
> $$y' + f(x)y = g(x)$$
>
> angegeben.

Aufgaben

1. Welche der folgenden Differentialgleichungen sind linear?
   a) $y + 2y' = x$ b) $y + 2y' = x^2$ c) $y^2 + 2y' = x$
   d) $xy + 2y' = 1$ e) $yy' + 2x = 1$
2. Geben Sie die allgemeinen Lösungen folgender Differentialgleichungen an!
   a) $xy' = y$,   b) $xy' = 2y(y - 1)$,
   c) $\sin y \cdot y' = 1$,   d) $(y')^2 + y^2 = 1$.
   (Tip: Trennung der Variablen.)
3. Geben Sie für den Fall b) die partikuläre Lösung an, die für $x = 1$ den Wert $y = 2$ liefert.
4. Suchen Sie die Lösung folgender (linearer) Differentialgleichungen:
   a) $xy' - y + x^2 = 0$,   b) $x^2 y' + 2xy = \sin x$!
5. Bei einer chemischen Gleichgewichtsreaktion A$\rightleftharpoons$B mit k_1 als Geschwindigkeitskonstante für die Hin- und k_2 für die Rückreaktion seien die Anfangsmengen m_A^0 und m_B^0. Gesucht ist der zeitliche Verlauf der Menge von A $m_A(t)$. Die Menge von B ist dann wegen der Erhaltung der Gesamtmenge $m_B(t) = m_A^0 + m_B^0 - m_A(t)$. Zu- und Abnahme von A sei durch

$$\frac{dm_A(t)}{dt} = -k_1 m_A(t) + k_2 m_B = -k_1 m_A(t) + k_2 \left(m_A^0 + m_B^0 - m_A(t) \right)$$

gegeben.[1] Berechnen Sie $m_A(t)$! Wie sieht das Resultat für $t \to \infty$ aus?

9.3 Systeme von Differentialgleichungen erster Ordnung

9.3.1 Äquivalenz mit Differentialgleichungen höherer Ordnung

So wie zwei Gleichungen für zwei Unbekannte auftreten können, können auch zwei Differentialgleichungen für zwei unbekannte Funktionen vorliegen. Man spricht dann von *gekoppelten Differentialgleichungen* oder von einem *System von Differentialgleichungen*. Wie im Falle unbekannter Zahlen kann man versuchen, die Gleichungen zu entkoppeln, d.h. eine Gleichung dafür zu benutzen, um eine Variable zu eliminieren. Das ist auch bei Differentialgleichungen möglich, aber es tritt eine Schwierigkeit auf. Nehmen wir als Beispiel den einfachsten Fall: zwei Gleichungen erster Ordnung für die beiden Funktionen $y(x)$ und $z(x)$:

$$F(x, y, y', z, z') = 0 \quad \text{und} \quad G(x, y, y', z, z') = 0.$$

---
[1] Das ist kein Naturgesetz sondern ein einfacher Ansatz!

Man kann (im Prinzip) die zweite Gleichung nach z auflösen und damit in die erste Gleichung hineingehen. Dann ist aber z noch immer in der Form z' in der Gleichung enthalten. Man kann sich eine dritte Gleichung verschaffen, indem man die zweite Gleichung nochmals ableitet. Man erhält dann $H(x, y, y', y'', z, z', z'') = 0$, aber jetzt sind drei Variablen zu eliminieren (z, z', z''). Wenn man auch noch die erste Gleichung ableitet, ergibt sich eine vierte Gleichung $K(x, y, y', y'', z, z', z'') = 0$. Aus diesen vier Gleichungen lassen sich endlich die drei Größen z, z', z'' eliminieren und es bleibt *eine* Gleichung für y, die wir mit $L(x, y, y', y'') = 0$ bezeichnen wollen. Dies ist aber eine Differentialgleichung *zweiter* Ordnung. Entsprechend würden zwei Gleichungen zweiter Ordnung nach Elimination einer Funktion auf eine Gleichung vierter Ordnung führen.

Von der Anzahl der freien Konstanten her gesehen, war das zu erwarten: Zwei Gleichungen erster Ordnung ergeben mit oder ohne Kopplung zwei freie Parameter, je einen für die beiden Funktionen. Die Gleichung zweiter Ordnung für $y(x)$ liefert als Lösung eine *zwei*parametrige Kurvenschar. Um anschließend $z(x)$ zu bestimmen, müssen wir in $F(\dots) = 0$ und $G(\dots) = 0$ ein $y(x)$ aus der zweiparametrigen Schar einsetzen, so daß $z(x)$ *zwei* Gleichungen erster Ordnung unterliegt. Für $z(x)$ ist dann gar kein Parameter mehr frei. Die Lösungsmannigfaltigkeit verlangt also für die Gleichung für $y(x)$ allein zwei Parameter und deshalb muß sie von zweiter Ordnung sein.

Selbstverständlich kann man diesen Gedankengang auch umkehren. Eine Differentialgleichung zweiter Ordnung für $y(x)$ kann man immer in zwei Gleichungen für zwei Funktionen erster Ordnung umwandeln. Dazu muß man nur eine Zwischenfunktion $z(x) = y'(x)$ definieren und aus $F(x, y, y', y'') = 0$ werden die beiden Gleichungen erster Ordnung

$$F(x, y, z, z') = 0 \quad \text{und} \quad y' - z = 0.$$

Beide Gleichungen zusammengenommen sind der Ausgangsgleichung äquivalent.

■ Systeme von Differentialgleichungen sind mehrere Differentialgleichungen für mehrere (unbekannte) Funktionen. Durch Eliminieren einer Funktion kann die Zahl der Funktionen sowie die Zahl der Gleichungen reduziert werden. Allerdings entstehen bei dieser Prozedur Differentialgleichungen höherer Ordnung. Umgekehrt lassen sich Differentialgleichungen höherer Ordnung durch Einführen von Hilfsfunktionen in ein System von Differentialgleichungen niederer Ordnung umwandeln.

9.3.2 Systeme von linearen Differentialgleichungen erster Ordnung

Betrachten wir als Beispiel eine chemische Reaktion der Form $A + B \to C$, deren Kinetik uns interessiert. Die jeweils vorhanden Stoffmengen seien m_A, m_B und m_C, die sämtlich wegen des Ablaufs der Reaktion Funktionen der Zeit t sind. Die Zu- oder Abnahme zu einem Zeitpunkt hängt von den Mengen der drei Substanzen zu dem betreffenden Zeitpunkt ab. Man wird deshalb drei Gleichungen der Form

$$\frac{dm_A}{dt} = k_A(m_A, m_B, m_C),$$

$$\frac{dm_B}{dt} = k_B(m_A, m_B, m_C),$$

$$\frac{dm_C}{dt} = k_C(m_A, m_B, m_C)$$

zu lösen haben. In jeder von ihnen treten alle drei Funktionen auf, – es handelt sich somit um ein *(gekoppeltes) System von Differentialgleichungen.* Diese Systeme sind natürlich in der Regel nicht linear. Da also die Kinetik chemischer Reaktionen mathematisch nichts anderes als die Lösung eines Systems von Differentialgleichungen darstellt, sei hier für den einfachsten Fall, nämlich ein System *linearer* Gleichungen, ein Weg zur Behandlung skizziert. Bevor wir das tun, müssen wir einiges Allgemeine über Systeme von linearen Differentialgleichungen sagen.

Ein System von m linearen Differentialgleichungen erster Ordnung hat die Form

$$y^{(1)\prime} = f_{11}(x)y^{(1)} + f_{12}(x)y^{(2)} + \cdots + f_{1m}(x)y^{(m)} + g^{(1)}(x),$$

$$y^{(2)\prime} = f_{21}(x)y^{(1)} + f_{22}(x)y^{(2)} + \cdots + f_{2m}(x)y^{(m)} + g^{(2)}(x),$$

$$\cdots,$$

$$y^{(m)\prime} = f_{m1}(x)y^{(1)} + f_{m2}(x)y^{(2)} + \cdots + f_{mm}(x)y^{(m)} + g^{(m)}(x).$$

Das Gleichungssystem wird wesentlich übersichtlicher, wenn man die Funktionen $y^{(k)}$, ihre Ableitungen $y^{(k)\prime}$ und die $g^{(k)}$ als Komponenten eines Vektors auffaßt. Wir schreiben dann wie bei Vektoren die Numer der Funktion als unteren Index, also y_k und y_k' und für die Zusammenfassung der m Funktionen zu einem Satz ebenfalls wie bei Vektoren $\mathbf{y}$ bzw. für deren Ableitungen $\mathbf{y}'$. In ähnlicher Form müssen dann die Funktionen f_{kl} als Elemente einer Matrix $\mathbf{F}$ aufgefaßt werden.[2] Unser System von Diffenrentialgleichungen nimmt dann die folgende Gestalt an:

$$\mathbf{y}' = \mathbf{F}\mathbf{y} + \mathbf{g}. \tag{9.10}$$

Verschiedene Lösungssätze können wir durchnumerieren, etwa in der Form $\mathbf{y}^{(1)}, \mathbf{y}^{(2)}, \mathbf{y}^{(3)}, \ldots$. Jeder dieser Sätze besteht aus den m Funktionen $y_1^{(k)}, y_2^{(k)}, \ldots y_m^{(k)}$.

Homogene Gleichungssysteme   Sind alle g_k gleich Null, so ist das Gleichungssystem

$$\mathbf{y}' = \mathbf{F}\mathbf{y} \tag{9.11}$$

homogen. Dann gelten wie bei normalen linearen homogenen Gleichungssystemen (siehe Abschn. 2.6.1-Allgemeine Sätze) folgende zwei Sätze:

Satz (1): Ist $\mathbf{y}$ ein Satz von Lösungsfunktionen, so ist der mit einer Konstanten multiplizierte Satz $\alpha\mathbf{y}$ ebenfalls ein Lösungssatz.

Satz (2): *Existieren mehrere Sätze von Lösungen $\mathbf{y}^{(1)}, \ldots \mathbf{y}^{(k)}$, so ist jede Linearkombination von ihnen wiederum eine Lösung des Gleichungssystems.* Die Beweise erfolgen in gleicher

---

[2]Die Zusammenfassung eines Satzes von Funktionen zu Vektoren hat nichts mit "gerichteten Größen" zu tun sondern ist rein formal zu verstehen, wie wir das auch bei dem Satz der Unbekannten bei der Lösung von linearen Gleichungssystemen getan hatten.

Weise wie beim analogen Satz für normale lineare homogene Gleichungssysteme: Wir zeigen das für Satz (2) für zwei Lösungssätze. Nach Voraussetzung gilt für sie

$$\mathbf{y}^{(1)}{}' = \mathbf{F}\mathbf{y}^{(1)} \quad \text{und} \quad \mathbf{y}^{(2)}{}' = \mathbf{F}\mathbf{y}^{(2)}.$$

Multipliziert man die erste der Gleichungen mit C_1, die zweite mit C_2 und addiert anschließend beide Gleichungen, erhält man

$$C_1\mathbf{y}^{(1)}{}' + C_2\mathbf{y}^{(2)}{}' = C_1\mathbf{F}\mathbf{y}^{(1)} + C_2\mathbf{F}\mathbf{y}^{(2)}.$$

Auf der rechten Seite kann man $\mathbf{F}$ ausklammern und auf der linken Seite die Tatsache benützen, daß für jede Funktion des Lösungssatzes $C_1 y_k^{(1)}{}'(x) + C_2 y_k^{(2)}{}'(x) = (C_1 y_k^{(1)}(x) + C_2 y_k^{(2)}(x))'$ ist:

$$\left(C_1\mathbf{y}^{(1)} + C_2\mathbf{y}^{(2)}\right)' = \mathbf{F}\left(C_1\mathbf{y}^{(1)} + C_2\mathbf{y}^{(2)}\right).$$

Q.e.d.

Sind die beiden Sätze $\mathbf{y}^{(1)}$ und $\mathbf{y}^{(2)}$ linear abhängig, d.h. gilt $\mathbf{y}^{(2)} = \alpha\mathbf{y}^{(1)}$, so ist Satz (2) trivial, weil er dann nur eine andere Formulierung von Satz (1) darstellt. Sind dagegen beide Sätze linear unabhängig, so kann man mit Hilfe von Satz (2) neue Lösungen erzeugen.

Linear abhängig sind Sätze von Lösungsfunktionen ebenso wie gewöhnliche Vektoren dann, wenn ein Satz von Koeffizienten C_i existiert, so daß

$$C_1\mathbf{y}^{(1)} + C_2\mathbf{y}^{(2)} + \cdots + C_k\mathbf{y}^{(k)} = 0 \tag{9.12}$$

gilt (wie immer, ausgenommen alle $C_i = 0$). Ob das der Fall ist, wird genau wie bei Vektoren – zumindest im Falle von $k = m$ – über die Determinante

$$\det\left(\mathbf{y}^{(1)}(x), \mathbf{y}^{(2)}(x), \ldots \mathbf{y}^{(m)}(x)\right) \quad = \quad \det\begin{pmatrix} y_1^{(1)} & y_1^{(2)} & \cdots \\ y_2^{(1)} & y_2^{(2)} & \cdots \\ \cdots & \cdots & \cdots \end{pmatrix} \tag{9.13}$$

geprüft: ist sie Null, so liegt lineare Abhängigkeit vor, und wenn nicht, sind die $\mathbf{y}^{(k)}(x)$ linear unabhängig. Der einzige Unterschied zu gewöhnlichen Vektoren ist der Umstand, daß bei Funktionen der Wert der Determinante von x abhängt. Um linear abhängig zu sein, muß die Determinante natürlich für *alle* x-Werte verschwinden. Nun hat aber die Tatsache, daß sowohl die linke Seite von Gl. (9.12) als auch die einzelnen $\mathbf{y}^{(i)}$ Lösungen ein und derselben Differentialgleichung sind, zur Folge, daß eine Beziehung der Art von Gl. (9.12) entweder für alle oder keinen x-Wert gelten muß. (Die C_i hängen ja nicht von x ab!) Das heißt, ist die Determinante für irgendeinen x-Wert Null, dann ist sie es für alle. (Bitte beachten Sie, daß dies natürlich nicht für beliebige Funktionensätze gilt sondern nur für solche, die Lösungen desselben Systems von linearen Differentialgleichungen sind.) Falls $k < m$ ist, muß man wie bei gewöhnlichen Vektoren mit dem Rang der entsprechenden Matrix arbeiten.

Wieviel linear unabhängige Lösungssätze existieren nun? Es müssen genau m sein, denn dann hat die allgemeine Lösung m freie Konstanten. Das ist die Zahl der freien Konstanten, die ein System von Differentialgleichungen erster Ordnung für m Funktionen haben muß. m linear unabhängige Lösungssätze $\mathbf{y}^{(1)}, \ldots \mathbf{y}^{(m)}$ nennt man deshalb ein *fundamentales Lösungssystem*, weil man aus ihnen die allgemeine Lösung zusammensetzen kann.

Inhomogene Gleichungssysteme Für ein inhomogenes Gleichungssystem Gl. (9.10) gelten ebenfalls wie bei gewöhnlichen inhomogenen Gleichungssystemen zwei Sätze:

(1) die Summe irgendeiner partikulären Lösung des inhomogenen Systems und einer Lösung des zugehörigen homogenen Systems ergeben wieder eine Lösung des inhomogenen Gleichungssystems. Mit anderen Worten: hat man eine Lösung des inhomogenen Gleichungssystems, so erhält man weitere Lösungen, wenn man beliebige Lösungen des homogenen Systems hinzuaddiert.

(2) Die Differenz zweier partikulärer Lösungen ist eine Lösung des zugehörigen homogenen Gleichungssystems.

Auch diese Beweise laufen analog den entsprechenden Sätzen von gwöhnlichen linearen Gleichungssystemen. Wir demonstrieren das für Satz (1). Laut Voraussetzung gilt

$$\mathbf{y}' = \mathbf{F}\mathbf{y} + \mathbf{g} \quad \text{und} \quad \mathbf{z}' = \mathbf{F}\mathbf{z}.$$

($\mathbf{y}$ Lösung des inhomogenen Gleichungssystems und $\mathbf{z}$ eine Lösung des zugehörigen homogenen Gleichungssystems.) Addiert man beide Gleichungen, ergibt sich

$$(\mathbf{y} + \mathbf{z})' = \mathbf{F}(\mathbf{y} + \mathbf{z}) + \mathbf{g},$$

d.h. $\mathbf{y} + \mathbf{z}$ ist ebenfalls eine Lösung des inhomogenen Systems. Man kann also in gleicher Weise wie bei einfachen linearen Differentialgleichungen auch hier die allgemeine Lösung des inhomogenen Systems finden, wenn man zu einer partikulären Lösung des inhomogenen Systems die allgemeine Lösung des zugehörigen homogenen Systems addiert.

Gleichungssysteme höherer Ordnung Es soll zum Schluß noch darauf hingewiesen werden, daß analoge Sätze auch für lineare Gleichungssysteme zweiter und höherer Ordnung gelten. Um das einzusehen, braucht man nur die Beweise etwas zu erweitern. (Zweite Ableitungen verhalten sich bei Linearkombinationen genauso wie erste Ableitungen usw.)

> ■ Für ein lineares System von m Differentialgleichungen gelten ähnliche Sätze wie für normale Gleichungssysteme für m Unbekannte. Bei homogenen Gleichungssystemen kann man einen Satz von Lösungsfunktionen noch mit einer beliebigen Konstanten multipliziert. Des weiteren kann man aus zwei linear unabhängigen Lösungssätzen durch Linearkombination neue Lösungen erzeugen. Aus einem Satz von m linear unabhängigen Lösungen schließlich – einem *fundamentalen Lösungssystem* – läßt sich die allgemeine Lösung gewinnen. Für inhomogene Gleichungssysteme gilt, daß eine partikuläre Lösung plus die allgemeine Lösung des zugehörigen homogenen Gleichungssystems die allgemeine Lösung des inhomogenen Systems liefert.

Lösungsweg für homogene Systeme mit konstanten Koeffizienten

Für den allgemeinen Fall eines homogenen linearen Gleichungssystems 1. Ordnung läßt sich kein Verfahrensschema angeben, wohl aber für den Fall, daß die Koeffizienten der Matrix $\mathbf{F}$ keine Funktionen von x sondern einfach feste Zahlen sind. Dies ist z.B. im Falle der Kinetik einer chemischen Reaktion erster Ordnung gegeben. Wir werden gleich zeigen, daß man das Problem durch Diagonalisierung von $\mathbf{F}$ lösen kann. Über Diagonalisierung von Matrizen hatten wir in Abschnitt 2.7.3 bereits gesprochen, allerdings nur für den Fall symmetrischer Matrizen. Die jetzt vorliegende Matrix braucht aber durchaus nicht symmetrisch zu sein. Jede $m \times m$-Matrix hat m Eigenwerte, die über die charakteristische Gleichung bestimmt werden können. Ihre Eigenvektoren sind aber im allgemeinen Fall nicht mehr orthogonal, eventuell nicht einmal mehr linear unabhängig, doch wir wollen im Folgenden voraussetzen, daß letzteres der Fall ist. Wie in 2.7.3 können die Eigenvektoren in den Spalten einer Matrix $\mathbf{T}$ gesammelt werden, die jetzt allerdings nicht mehr orthogonal ist, aber immer laut Voraussetzung noch eine Inverse hat. Die Gleichung für die Eigenvektoren ist formal dieselbe wie Gl. (2.63):

$$\mathbf{FT} = \mathbf{TF}_{\mathbf{diag}}.$$

Multiplizieren wir die Gleichung $\mathbf{y}' = \mathbf{Fy}$ von links mit $\mathbf{T}^{-1}$ und schieben nach $\mathbf{F}$ die Einheitsmatrix in Form von $\mathbf{TT}^{-1}$ ein, so erhalten wir

$$\mathbf{T}^{-1}\mathbf{y}' = \left(\mathbf{T}^{-1}\mathbf{y}\right)' = \mathbf{T}^{-1}\mathbf{FTT}^{-1}\mathbf{y},$$

oder, mit der Abkürzung $\mathbf{z} = \mathbf{T}^{-1}\mathbf{y}$,

$$\mathbf{z}' = \mathbf{T}^{-1}\mathbf{FT}\,\mathbf{z} = \mathbf{F}_{\mathbf{diag}}\mathbf{z}. \tag{9.14}$$

Wir haben den Satz von Funktionen $y_i(x)$ in einen neuen Satz $z_i(x)$ transformiert, für den eine ähnliche Gleichung gilt wie für die $y_i(x)$. Die Matrix $\mathbf{F}_{\mathbf{diag}}$ ist aber jetzt diagonal, so daß das Gleichungssystem für die z_i entkoppelt ist, d.h. in m Gleichungen der Form

$$z_i'(x) = \lambda_i z_i(x) \quad \text{mit den Lösungen} \quad z_i(x) = C_i e^{\lambda_i x}$$

zerfällt. (Die λ_i sind die Eigenwerte von $\mathbf{F}$.) Die Rücktransformation $\mathbf{y} = \mathbf{Tz}$ lautet in Komponentenform

$$y_i(x) = \sum\nolimits_{j=1}^{m} T_{ij} z_j(x) = \sum\nolimits_{j=1}^{m} C_j T_{ij} e^{\lambda_j x}.$$

Man ersieht hieraus, daß die m Funktionssätze

$$\mathbf{y}^{(1)} \sim y_i^{(1)} = T_{i1} e^{\lambda_1 x},$$

$$\mathbf{y}^{(2)} \sim y_i^{(1)} = T_{i2} e^{\lambda_2 x},$$

usw. ein Fundamentalsystem von Lösungen bilden und daß die allgemeine Lösung dann

$$\mathbf{y} = \sum\nolimits_{i=1}^{m} C_j \mathbf{y}^{(j)}$$

ist.

Ein Beispiel aus der chemischen Kinetik soll das Verfahren illustrieren, und zwar der Zerfall einer Substanz A in ein Produkt C. Dem Zerfall vorgelagert ist ein Gleichgewicht zwischen A und B und der Zerfall erfolgt von B aus:

$$
\begin{array}{ccc}
k_1 & & \\
A & \rightleftharpoons B & \rightarrow C. \\
k_2 & k_3 &
\end{array}
$$

Es sei $y_1(t)$ die Menge von A, $y_2(t)$ die Menge von B und $y_3(t)$ die Menge von C. Für die zeitlichen Änderungen machen wir jeweils die Annahme, daß sie proportional der Menge ist, von der aus die drei Teilreaktionen k_1, k_2, k_3 erfolgen. Damit haben wir

$$dy_1(t)/dt = -k_1 y_1 + k_2 y_2,$$

$$dy_2(t)/dt = k_1 y_1 - k_2 y_2 - k_3 y_2,$$

$$dy_3(t)/dt = k_3 y_2.$$

Die Matrix $\mathbf{F}$ ist somit

$$
\begin{pmatrix}
-k_1 & k_2 & 0 \\
k_1 & -k_2 - k_3 & 0 \\
0 & k_3 & 0
\end{pmatrix},
$$

und die charakteristische Gleichung lautet

$$
\det \begin{pmatrix}
-k_1 - \lambda & k_2 & 0 \\
k_1 & -k_2 - k_3 - \lambda & 0 \\
0 & k_3 & -\lambda
\end{pmatrix} = -\lambda\big[(-k_1 - \lambda)(-k_2 - k_3 - \lambda) - k_1 k_2\big] = 0.
$$

Die drei Eigenwerte sind

$$
\lambda^{(1)} = 0 \qquad
\left.\begin{array}{c} \lambda^{(2)} \\ \lambda^{(3)} \end{array}\right\}
= -\frac{k_1 + k_2 + k_3}{2} \pm \sqrt{\left(\frac{k_1 + k_2 + k_3}{2}\right)^2 - k_1 k_3}.
$$

Alle drei k sind positiv und $\lambda^{(2)}$ und $\lambda^{(3)}$ sind negativ. Die drei zugehörigen Eigenvektoren ergeben sich aus der Eigenwertgleichung

$$\mathbf{F} t^{(i)} = \lambda^{(i)} t^{(i)} \quad \text{mit} \quad i = 1, 2, 3 \,,$$

wobei wir den freien Gesamtfaktor jeweils durch $t_3 = 1$ festsetzen. Die drei Eigenvektoren sind dann

$$
t^{(1)} = \begin{pmatrix} 0 \\ 0 \\ 1 \end{pmatrix} \qquad
t^{(i)} = \begin{pmatrix} \lambda^{(i)}(k_2 + k_3 + \lambda^{(i)})/(k_1 k_3) \\ \lambda^{(i)}/k_3 \\ 1 \end{pmatrix} \qquad \text{mit} \quad i = 2, 3 \,,
$$

und das Fundamentalsystem von Lösungen lautet

$$
\mathbf{y}^{(1)} = \begin{pmatrix} 0 \\ 0 \\ 1 \end{pmatrix} \qquad
\mathbf{y}^{(i)} = \begin{pmatrix} \lambda^{(i)}(k_2 + k_3 + \lambda^{(i)})/(k_1 k_3) \\ \lambda^{(i)}/k_3 \\ 1 \end{pmatrix} e^{\lambda^{(i)} t} \qquad \text{mit} \quad i = 2, 3 \,.
$$

Suchen wir schließlich die partikuläre Lösung für die Anfangsbedingungen $y_1(0) = 1$, $y_2(0) = 0$ $y_3(0) = 0$, so müssen wir die Konstanten C_1, C_2, C_3 so bestimmen, daß

$$C_1 y^{(1)}(0) + C_2 y^{(2)}(0) + C_3 y^{(3)}(0) = \begin{pmatrix} 1 \\ 0 \\ 0 \end{pmatrix}$$

ist. Die drei Gleichungen für die Komponenten sind

$$C_2 \lambda^{(2)} \frac{k_2 + k_3 + \lambda^{(2)}}{k_1 k_3} + C_3 \lambda^{(3)} \frac{k_2 + k_3 + \lambda^{(3)}}{k_1 k_3} = 1,$$

$$C_2 \frac{\lambda^{(2)}}{k_3} + C_3 \frac{\lambda^{(3)}}{k_3} = 0$$

und

$$C_1 + C_2 + C_3 = 0.$$

Die Lösung dieses Gleichungssystems liefert

$$C_1 = -C_2 - C_3 = 1, \quad C_2 = \frac{\lambda^{(3)}}{\lambda^{(2)} - \lambda^{(3)}}, \quad C_3 = \frac{\lambda^{(2)}}{\lambda^{(3)} - \lambda^{(2)}}.$$

Die drei Mengenfunktionen sind für die gewählten Anfangsbedingungen

$$y_1(t) = \frac{k_2 + k_3 + \lambda^{(2)}}{\lambda^{(2)} - \lambda^{(3)}} e^{\lambda^{(2)} t} + \frac{k_2 + k_3 + \lambda^{(3)}}{\lambda^{(3)} - \lambda^{(2)}} e^{\lambda^{(3)} t},$$

$$y_2(t) = \frac{k_1}{\lambda^{(2)} - \lambda^{(3)}} \left(e^{\lambda^{(2)} t} - e^{\lambda^{(3)} t} \right)$$

$(\lambda^{(2)} \lambda^{(3)} = k_1 k_3!)$ und

$$y_3(t) = 1 + \frac{\lambda^{(3)}}{\lambda^{(2)} - \lambda^{(3)}} e^{\lambda^{(2)} t} + \frac{\lambda^{(2)}}{\lambda^{(3)} - \lambda^{(2)}} e^{\lambda^{(3)} t}.$$

Man überzeugt sich leicht, daß für $t = 0$ tatsächlich $y_1 = 1$ und $y_2 = y_3 = 0$ sind. Wegen der negativen λ-Werte klingen alle Exponentialfunktionen ab und gehen gegen Null für $t \to \infty$. Die Zwischenstufe B ist sowohl am Anfang als auch am Ende Null und das Endprodukt geht für große t gegen 1.

> ■ Es wird gezeigt, daß man ein homogenes lineares System von Differential-
> gleichungen mit konstanten Koeffizienten durch eine Transformation entkoppeln
> kann, so daß ungekoppelte Gleichungen entstehen, die dann einzeln gelöst wer-
> den können. Als konkretes Beispiel dient die Behandlung einer (unimolekularen)
> Kinetik von drei Stoffen.

Aufgaben

1. Zeigen Sie, daß das (nicht-lineare) Gleichungssystem für die beiden unbekannten Funktionen $y(x), z(x)$

$$y' = 2x + y^2 + z \quad \text{und} \quad z' = yz$$

durch Eliminieren von z in eine Differentialgleichung für y allein übergeführt werden kann!
2. Führen Sie es durch eine geeignete Zwischenfunktion wieder in ein Gleichungssystem erster Ordnung für zwei Funktionen zurück! (Es muß sich nicht das Ausgangssystem ergeben!)

9.4   Lineare Differentialgleichungen zweiter Ordnung

9.4.1   Allgemeines zur Lösungsmannigfaltigkeit

Die allgemeine Form einer linearen homogenen Differentialgleichung zweiter Ordnung lautet (nach Division durch eine eventuell vorhandene Funktion am y''-Term)

$$y'' + a(x)\,y' + b(x)\,y = c(x)$$

(inhomogene Gleichung, bzw. homogene Gleichung, falls $c(x)$ gleich Null).

Wir hatten bereits im vorigen Abschnitt darauf hingewiesen, daß die Sätze für lineare Gleichungssysteme auch für Differentialgleichungen zweiter Ordnung gelten. Erst recht gelten sie für *einzelne* lineare Differentialgleichungen. Diese besagten, daß (1) bei homogenen Gleichungen mit $y^{(1)}(x)$ und $y^{(2)}(x)$ auch $C_1 y^{(1)}(x) + C_2 y^{(2)}(x)$ eine Lösung ist (und wegen der Parameterzahl zugleich die allgemeine Lösung), und daß (2) bei inhomogenen Gleichungen die allgemeine Lösung die Summe einer partikulären Lösung plus der allgemeinen Lösung des zugehörigen homogenen Gleichungssystems ist.

$C_1 y^{(1)}(x) + C_2 y^{(2)}(x)$ ist natürlich nur dann die allgemeine Lösung, wenn $y^{(1)}(x)$ und $y^{(2)}(x)$ linear unabhängig sind. Ob lineare Abhängigkeit vorliegt, kann man mit der *Wronski-Determinante*

$$\det \begin{pmatrix} y^{(1)} & y^{(2)} \\ y^{(1)\prime} & y^{(2)\prime} \end{pmatrix}$$

entscheiden. Ist sie identisch Null (d.h. für alle x-Werte), liegt lineare Abhängigkeit vor. Lineare Abhängigkeit bedeutet im vorliegenden Fall, daß $y^{(1)\prime} = \alpha y^{(1)}$ und $y^{(2)\prime} = \alpha y^{(2)}$ gilt, daß also beide Funktionen der gleichen homogenen linearen Differentialgleichung erster Ordnung gehorchen. In diesem Fall enthält die allgemeine Lösung aber nur *einen* (multiplikativen) Faktor und beide Funktionen *müssen* linear abhängig sein. (Im Falle von drei Funktionen ist die Wronsky-Determinante eine 3×3-Determinante, usw.)

Zwei linear unabhängige Lösungen bezeichnet man deshalb wieder als *Fundamentallösungen*. Weitere (linear unabhängige) Lösungen kann es nicht mehr geben, weil sonst auch $C_1 y^{(1)} + C_2 y^{(2)} + C_3 y^{(3)}$ eine Lösung wäre, was einer dreiparametrigen Kurvenschar und damit einer Differentialgleichung dritter Ordnung entspräche.

■ Allgemein – also auch für höhere Ordnungen – läßt sich sagen, daß die Linearkombination zweier Lösungen einer homogenen Differentialgleichung wiederum eine Lösung der Gleichung ist. Das führt für den Fall, daß beide Lösungen linear unabhängig sind, bei Gleichungen zweiter Ordnung zur allgemeinen Lösung. Bei Gleichungen höherer Ordnung werden entsprechend mehr linear unabhängige Lösungen benötigt. Die maximale Anzahl linear unabhängiger Lösungen nennt man *Fundamentalsystem (von Lösungen)*.
Für jede inhomogene lineare Differentialgleichung gilt, daß die Summe einer partikulären Lösung der inhomogenen Gleichung plus einer beliebigen Lösung der zugehörigen homogenen Gleichung wiederum eine Lösung der inhomogenen Gleichung ist. Addiert man zur partikulären Lösung die allgemeine Lösung der zugehörigen homogenen Gleichung, so erhält man die allgemeine Lösung der inhomogenen Gleichung.

9.4.2 Lineare Differentialgleichung mit konstanten Koeffizienten

Wir wollen das Thema nicht allgemein behandeln sondern an Hand eines physikalisch interessanten konkreten Beispiels: eines Schwingungsvorganges. Das ist auch für Chemiker, die mit Spektroskopie zu tun haben, von Interesse. Außerdem ist die angewandte Methode natürlich verallgemeinerbar.

Homogene Gleichung

Eine homogene lineare Differentialgleichung zweiter Ordnung mit konstanten Koeffizienten lautet

$$y'' + ay' + by = 0.$$

Damit soll die Bewegung eines Körpers mit der Masse m behandelt werden, der um eine Ruhelage $x = 0$ schwingt. Er unterliegt einer Kraft, die proportional zur Auslenkung anwächst und ihn zurück in die Ruhelage zu treiben sucht, d.h. $k = -\kappa x$. Schließlich gibt es noch eine Reibungskraft, proportional zur Geschwindigkeit, die die Geschwindigkeit zu reduzieren sucht, also $k_r = -\rho v$. Nun ist bekanntlich $v = dx/dt$ und als Grundgleichung der Bewegung gilt $k = m \cdot b$, wobei $b = d^2x/dt^2$ die Beschleunigung ist. Wir haben also die Gleichung $m(d^2x/dt^2) = -\kappa x - \rho(dx/dt)$, die nach Division durch m in die Form

$$\frac{d^2x}{dt^2} + \frac{\rho}{m}\frac{dx}{dt} + \frac{\kappa}{m}x(t) = 0$$

übergeht. Unabhängige Variable ist hier t und die gesuchte Funktion ist $x(t)$.

Operator-Methode Für derartige Gleichungen gibt es einen sehr eleganten Lösungsweg. Dazu muß man sich an das erinnern, was im letzten Kapitel über Operatoren gesagt wurde. Das Folgende ist eine lehrreiche Illustration für das Rechnen mit solchen Operatoren.[3] Wir definieren den Operator

$$\hat{D} = \frac{d^2}{dt^2} + \frac{\rho}{m}\frac{d}{dt} + \frac{\kappa}{m}\cdot,$$

in Worten: "(1) Differenziere die Funktion, auf die er angewendet wird, zweimal, (2) differenziere sie einmal, multipliziere mit ρ/m und addiere das zum Resultat des ersten Schrittes und (3) multipliziere die Funktion mit κ/m und addiere das Resultat ebenfalls". Mit diesem Operator läßt sich die Differentialgleichung formal sehr einfach schreiben:

$$\hat{D}x(t) = 0.$$

Interessant wird es nun, wenn man die Tatsache, daß man mit Operatoren rechnen kann, ausnützt. Wir definieren zu diesem Zweck zwei weitere Operatoren:

$$\hat{D}^{(1)} = \frac{d}{dt} - a\cdot \quad \text{und} \quad \hat{D}^{(2)} = \frac{d}{dt} - b\cdot,$$

---

[3]Für Leser, die den Abschnitt über Operatoren in Kapitel 8 übersprungen haben: Man kann das Ganze auch verstehen, wenn man einen Operator als eine Vorschrift auffaßt, aus einer Funktion eine andere zu erzeugen. Im Folgenden kommen nur zwei solche Vorschriften vor: (1) eine Funktion mit einer Zahl zu multiplizieren und (2) eine Funktion zu differenzieren.

wobei a und b noch offene Konstanten sind. Es wurde besprochen, daß das Produkt zweier Operatoren "Hintereinander-Ausführen" bedeutet, und daß die Reihenfolge beliebig sein kann, aber nicht sein muß. In unserem Fall *ist* die Reihenfolge beliebig (die Operatoren sind vertauschbar!), wie man leicht sieht, wenn man beide Möglichkeiten hinschreibt und ausmultipliziert. In der Reihenfolge $\hat{D}^{(1)}\hat{D}^{(2)}$ ergibt sich

$$\left(\frac{d}{dt} - a\cdot\right)\left(\frac{d}{dt} - b\cdot\right) = \frac{d^2}{dt^2} - (a+b)\frac{d}{dt} + ab\cdot,$$

und dieser Operator hat genau die Form von $\hat{D}$, wenn man die Koeffizienten a und b so anpaßt, daß

$$\left(\frac{d}{dt} - a\cdot\right)\left(\frac{d}{dt} - b\cdot\right) = \frac{d^2}{dt^2} + \frac{\rho}{m}\frac{d}{dt} + \frac{\kappa}{m}\cdot$$

gilt. Die Umformung der einen in die andere Form haben wir bereits im Abschnitt 1.4 besprochen: Wäre d/dt einfach eine Variable z, so lautete das Problem: Forme das Polynom $z^2 + \frac{\rho}{m}z + \frac{\kappa}{m}$ so um, daß die Form $(z-a)(z-b)$ entsteht! Dazu brauchen wir nur die Wurzeln dieses Polynoms zu suchen. Sie sind

$$\left.\begin{array}{c} a \\ b \end{array}\right\} = -\frac{\rho}{2m} \pm \sqrt{\left(\frac{\rho}{2m}\right)^2 - \frac{\kappa}{m}}.$$

Da z hier nur ein Statthalter für d/dt war, sind damit die für $\hat{D}^{(1)}$ und $\hat{D}^{(2)}$ benötigten Konstanten bestimmt.

Große und kleine Reibung   Wir müssen nun zwei Fälle unterscheiden:
(1) große Reibung:

$$\left(\frac{\rho}{2m}\right)^2 > \frac{\kappa}{m}.$$

Dann ist der Ausdruck unter der Wurzel positiv und wir kürzen ihn mit

$$\left(\frac{\sigma}{2m}\right)^2$$

ab, im anderen Falle,
(2) kleine Reibung

$$\frac{\kappa}{m} > \left(\frac{\rho}{2m}\right)^2$$

ist der Ausdruck unter der Wurzel negativ und wir kürzen den *Betrag* mit ω^2 ab, also

$$\omega = \sqrt{\frac{\kappa}{m} - \left(\frac{\rho}{2m}\right)^2}.$$

Im ersten Fall haben wir somit

$$\left.\begin{array}{c} a \\ b \end{array}\right\} = -\frac{\rho}{2m} \pm \frac{\sigma}{2m}.$$

und im zweiten Falle

$$\left.\begin{array}{c} a \\ b \end{array}\right\} = -\frac{\rho}{2m} \pm i\omega.$$

Allgemeine Lösung Nach der erfolgreichen Anpassung von a und b kann die Differentialgleichung auf zwei Weisen geschrieben werden:

$$\hat{D}x(t) = \left(\frac{d}{dt} - a\cdot\right)\left[\left(\frac{d}{dt} - b\cdot\right)x(t)\right] = 0$$

oder

$$\hat{D}x(t) = \left(\frac{d}{dt} - b\cdot\right)\left[\left(\frac{d}{dt} - a\cdot\right)x(t)\right] = 0.$$

Die erste Gleichung besagt, daß eine Funktion, die

$$\left(\frac{d}{dt} - b\cdot\right)x(t) = 0$$

erfüllt, auch automatisch $\hat{D}x(t) = 0$ erfüllt, weil ja bereits der erste Operator Null liefert und der zweite Operator, auf die Funktion $x = 0$ angewendet, dann natürlich ebenfalls 0 ergibt. Die gleiche Argumentation kann für die zweite Form angewendet werden: Eine Funktion, für die

$$\left(\frac{d}{dt} - a\cdot\right)x(t) = 0$$

gilt, erfüllt ebenfalls die Gleichung 2. Ordnung. Wir haben damit zwei Lösungen, die zugleich Lösungen von Differentialgleichungen erster Ordnung sind, nämlich

$$x(t) = e^{at} \quad \text{bzw.} \quad x(t) = e^{bt}.$$

Nach dem Satz, daß jede Linearkombination zweier Lösungen einer homogenen Gleichung wieder eine Lösung ist, lautet die allgemeine Lösung der Gleichung 2. Ordnung

$$C_1 e^{at} + C_2 e^{bt}.$$

Betrachten wir nun die beiden oben unterschiedenen Fälle: Für den Fall großer Reibung haben wir als allgemeine Lösung

$$x(t) = C_1 e^{-\frac{\rho+\sigma}{2m}t} + C_2 e^{-\frac{\rho-\sigma}{2m}t},$$

also eine mit der Zeit abklingende Kurve. Für den Fall kleiner Reibung ist das Resultat

$$x(t) = C_1 e^{-\frac{\rho}{2m}t - i\omega t} + C_2 e^{-\frac{\rho}{2m}t + i\omega t} = e^{-\frac{\rho}{2m}t}\left(C_1 e^{-i\omega t} + C_2 e^{i\omega t}\right).$$

Schreibt man die beiden Konstanten anders, nämlich $C_1 + C_2 = B_1$ und $C_1 - C_2 = iB_2$ und berücksichtigt die Eulersche Gleichung $e^{i\varphi} = \cos\varphi + i\sin\varphi$, so erhält man

$$x(t) = e^{-\frac{\rho}{2m}t}\left(B_1 \cos(\omega t) + B_2 \sin(\omega t)\right).$$

Die kürzeste Form ergibt sich, wenn man an Stelle von cos- und sin-Funktion nur eine von beiden, aber mit einer Phasenverschiebung, verwendet. Bekanntlich gilt cos(a − b)=cos a cos b + sin a sin b. Also ist

$$A\cos(\omega(t - t_0)) = A\cos(\omega t_0)\cos(\omega t) + A\sin(\omega t_0)\sin(\omega t).$$

Vergleichen wir die Koeffizienten von $\cos(\omega t)$ und $\sin(\omega t)$, so muß gelten

$$A\cos(\omega t_0) = B_1 \quad \text{und} \quad A\sin(\omega t_0) = B_2.$$

A und t_0 ergeben sich also (beide Gleichungen quadrieren und addieren bzw. beide Gleichungen dividieren!) als

$$A = \sqrt{B_1^2 + B_2^2} \quad \text{und} \quad t_0 = \frac{1}{\omega}\arctan\frac{B_2}{B_1}.$$

Mit den derart bestimmten Größen ist das endgültige Resultat

$$x(t) = Ae^{-\frac{\rho}{2m}t}\cos(\omega(t - t_0)).$$

Man erkennt: Es erfolgt eine Schwingung mit Kreisfrequenz ω wie oben definiert und einem Dämpfungsfaktor, der ein Abklingen der Schwingung bewirkt. Im Sonderfall $\rho = 0$, d.h. ohne Dämpfung, ergibt sich eine ungedämpfte Schwingung mit einer Frequenz $\omega = \sqrt{\kappa/m}$, ein bekanntes Resultat.

Partikuläre Lösung Es bleibt noch die Bestimmung einer partikulären Lösung, also beispielsweise für den Fall, daß sich der Körper bei $t = 0$ an der Stelle x_0 befindet und daß zu diesem Zeitpunkt die Geschwindigkeit v_0 beträgt. Wir wollen das der Einfachheit halber für den Fall $\rho = 0$ tun. Dazu benötigen wir noch die Geschwindigkeit $v = dx/dt$:

$$\frac{dx}{dt} = -A\omega\sin(\omega(t - t_0)).$$

Für $t = 0$ ist

$$x_0 = A\cos(-\omega t_0) \quad \text{und} \quad v_0 = -A\omega\sin(-\omega t_0).$$

Auflösung nach A und t_0 ergibt (ähnlich wie oben)

$$A = \sqrt{x_0^2 + \frac{v_0^2}{\omega^2}} \quad \text{und} \quad t_0 = \frac{1}{\omega}\arctan\frac{v_0}{x_0\omega}.$$

Wir haben die Lösung einer linearen Differentialgleichung mit konstanten Koeffizienten auf Operatoren aufgebaut, weil Operatoren in der Theorie der chemischen Bindung eine wichtige Rolle spielen und hier eine Gelegenheit besteht, den Umgang mit ihnen einzuüben. Es soll aber darauf hingewiesen werden, daß in der Literatur meistens ein einfacheres Verfahren angewendet wird, das aber auf das Gleiche hinausläuft: Man macht einen Ansatz für $x(t)$ der Form e^{at} und geht damit in die Gleichung hinein. Die e-Funktionen heben sich dann heraus und es bleibt für die Bestimmung von a das gleiche Polynom wie bei der Methode mit den Operatoren. Der Leser möge das für einen einfachen Fall mit festen Zahlen einmal vergleichen!

Inhomogene Gleichung

Um das eben behandelte Beispiel auf den Fall einer inhomogenen Gleichung zu erweitern, nehmen wir an, daß zusätzlich zu den bislang berücksichtigten Kräften noch eine äußere Kraft auf unseren schwingenden Körper einwirkt, und zwar ebenfalls periodisch, aber nicht mit der Eigenfrequenz ω des Systems sondern mit einer anderen, fest vorgegebenen Frequenz ω_0. Zu unserer Gleichung tritt dann ein weiterer Term der Form $K_a/m = \gamma\cos(\omega_0 t)$:

$$\frac{d^2 x}{dt^2} + \frac{\rho}{m}\frac{dx}{dt} + \omega^2 x(t) = \gamma\cos(\omega_0 t), \tag{9.15}$$

wobei jetzt ω als Abkürzung für die Frequenz ohne Reibung $\sqrt{\kappa/m}$ verwendet wurde. Damit ist eine *inhomogene* lineare Differentialgleichung entstanden, weil der zusätzliche Term unabhängig von der gesuchten Funktion $x(t)$ ist. (Damit gehen wir an dieser Stelle über den Fall konstanter Koeffizienten hinaus, denn $g(x)$ ist hier keine Konstante sondern hängt von x ab.) Wie eingangs dieses Abschnittes dargelegt, ist die allgemeine Lösung der inhomogenen Gleichung die Summe der allgemeinen Lösung der zugehörigen homogenen Gleichung plus einer partikulären Lösung der inhomogenen Gleichung.

Partikuläre Lösung Um diese partikuläre Lösung der inhomogenen Gleichung zu finden, nutzen wir die Tatsache, daß der Umgang mit Exponentialfunktionen leichter ist als der mit trigonometrischen. Wenn wir die rechte Seite der Gleichung durch $\gamma\exp(i\omega_0 t)$ ersetzen, ist der Realteil der gewünschte Anteil und beim Imaginärteil ist cos durch sin ersetzt, – physikalisch die gleiche Kraft, nur zeitlich um $\pi/(2\omega_0)$ verschoben. Der Ansatz für $x(t)$ muß dementsprechend ebenfalls komplex sein, mit dem Realteil als Lösung für die cos-Kraft und dem Imaginärteil für die sin-Kraft. Als Ansatz wählen wir $C\exp(i\omega_0(t - t_a))$, also eine Schwingung mit der Frequenz der äußeren Kraft, allerdings zeitlich noch verschoben um die Zeit t_a. Daß dieser Ansatz vernünftig ist, sehen wir sofort, wenn wir ihn in die Differentialgleichung einsetzen:

$$-\omega_0^2 C e^{i\omega_0(t - t_a)} + i\frac{\rho}{m}\omega_0 C e^{i\omega_0(t - t_a)} + \omega^2 C e^{i\omega_0(t - t_a)} = \gamma e^{i\omega_0 t}.$$

Der t-abhängige Teil $\exp(i\omega_0 t)$ fällt nämlich heraus (ist also richtig gewählt), und es bleibt nach Ausklammern

$$C e^{-i\omega_0 t_a}\left[\omega^2 - \omega_0^2 + i\frac{\rho}{m}\omega_0\right] = \gamma,$$

eine (komplexe) Gleichung für zwei (reelle) Unbekannte C und t_a. Um die Gleichung in je einen Teil für die beiden Unbekannten zu zerlegen, kürzen wir den komplexen Klammerausdruck mit z ab und erhalten

$$\frac{C}{\gamma}e^{-i\omega_0 t_a} = \frac{1}{z} = \frac{z^*}{|z|^2} = \frac{1}{|z|}\cdot\frac{z^*}{|z|}.$$

Man erkennt nun: Die jeweils ersten Faktoren (ganz rechts und ganz links) sind reelle Zahlen und die jeweils zweiten Faktoren komplexe Zahlen vom Betrag 1, so daß die Gleichung oben in zwei Gleichungen zerfällt:

$$\frac{C}{\gamma} = \frac{1}{|z|} \quad \text{und} \quad e^{-i\omega_0 t_a} = \frac{z^*}{|z|}$$

Die erste ergibt nach Auflösen und Einsetzen von z

$$C = \frac{\gamma}{\sqrt{(\omega^2 - \omega_0^2)^2 + (\rho\omega_0/m)^2}}$$

und die zweite

$$\cos(\omega_0 t_a) - i\sin(\omega_0 t_a) = (\omega^2 - \omega_0^2 - i\rho\omega_0/m)/|z|$$

oder (Imaginärteil dividiert durch Realteil)

$$\tan(\omega_0 t_a) = \frac{\rho\omega_0/m}{\omega^2 - \omega_0^2},$$

so daß t_a über die arctan-Funktion bestimmt werden kann.

Allgemeine Lösung Die allgemeine Lösung der inhomogenen Gleichung ist, wie oben ausgeführt, die allgemeine Lösung der zugehörigen homogenen Gleichung, die wir dem vorigen Abschnitt (hier für den Fall "kleine Reibung") entnehmen, plus Realteil der eben gefundenen Lösung der inhomogenen Gleichung

$$x(t) = Ae^{-\frac{\rho}{2m}t}\cos\left(\sqrt{\omega^2 - \left(\frac{\rho}{2m}\right)^2}(t - t_0)\right)$$
$$+ \frac{\gamma}{\sqrt{(\omega^2 - \omega_0^2)^2 + (\rho\omega_0/m)^2}}\cos(\omega_0(t - t_a))$$

mit C und t_a wie oben bestimmt. Der erste Teil verschwindet nach einiger Zeit wegen der Reibung, der zweite Teil ist eine (erzwungene) Schwingung mit der Frequenz der äußeren Kraft, aber zeitlich verschoben, d.h. "nachlaufend". Die Amplitude (der Vorfaktor vor der cos-Funktion) wird klein für große Unterschiede zwischen ω und ω_0 und erreicht andererseits ein Maximum für $\omega = \omega_0$ (Resonanz). Das Quadrat, als Funktion von ω^2 aufgefaßt, ist eine Lorentz-Kurve (siehe 8.3.1) mit einem Maximum an der Stelle ω_0^2. Die Nachlaufzeit t_a nimmt mit der Reibung ρ zu, desgleichen mit abnehmender Differenz von ω^2 und ω_0^2. $\omega = \omega_0$ macht $\tan(\omega_0 t_a)$ unendlich, so daß $\omega_0 t_a$ dann den Wert $\pi/2$ annimmt.

■ Als Beispiel für eine lineare Differentialgleichung erster Ordnung mit konstanten Koeffizienten wurde die Bewegung eines Körpers, der einer rücktreibenden Kraft, einer Reibungskraft und gegebenenfalls einer periodischen äußeren Kraft unterliegt, behandelt. Das entspricht einer Schwingung, einer gedämpften Schwingung bzw. einer erzwungenen Schwingung.

9.4.3 Lineare Differentialgleichungen mit nicht konstanten Koeffizienten

Für homogene lineare Differentialgleichungen der Form

$$y''(x) + a(x)y'(x) + b(x)y(x) = 0 \tag{9.16}$$

besitzen wir kein allgemein anwendbares Lösungsverfahren. Wie immer muß man in solchen Fällen seine Zuflucht zur Reihenentwicklung nehmen. Sind die beiden Koeffizientenfunktionen $a(x)$ und $b(x)$ im Punkt x_0 in eine Taylorreihe entwickelbar, so kann man mit einem Ansatz

$$y(x) = \sum_{k=0}^{\infty} a_k(x - x_0)^k$$

in die Differentialgleichung hineingehen und dann durch Koeffizientenvergleich von gleichen $(x-x_0)$-Potenzen die a_k bestimmen. Der kleinere Konvergenzradius der beiden Funktionen $a(x)$ und $b(x)$ bestimmt dabei den Konvergenzradius von $y(x)$. Das Ganze läuft – ähnlich wie bei Integralen – darauf hinaus, daß die Lösungen nicht durch analytische Ausdrücke darstellbar sind, sondern neue Funktionen definieren, denen man allenfalls Namen geben kann. Einige einfache Gleichungen, die häufiger auftreten, sind natürlich wohlbekannt und gut untersucht, wie z.B. die Besselsche Differentialgleichung und viele andere. Man findet bei Bedarf Darstellungen davon sowohl in allgemeinen Lehrbüchern der Analysis (z.B. [10]), in Monographien über Differentialgleichungen, in Handbüchern mathematischer Funktionen (z.B. [11]), aber auch in Anhängen von Physikbüchern, die diese Funktionen benötigen. Wir werden hier lediglich exemplarisch die Legendresche Differentialgleichung etwas ausführlicher behandeln.

Legendresche Differentialgleichung

Die *Legendresche Differentialgleichung*

$$(1 - x^2)y'' - 2xy' + \nu(\nu + 1)y = 0 \tag{9.17}$$

hat in der Form von Gl. (9.16) die Koeffizientenfunktionen

$$a(x) = -\frac{2x}{1 - x^2} \quad \text{und} \quad b(x) = \frac{\nu(\nu + 1)}{1 - x^2}.$$

Beide Funktionen haben Pole[4] für $x = \pm 1$, und bei Entwicklung an der Stelle $x_0 = 0$ ist der Konvergenzradius 1. Eine Entwicklung dieser Funktionen ist überflüssig, weil in der Form (9.17) sowieso nur Potenzen von x auftreten. Wir machen also den Ansatz

$$y = \sum_{k=0}^{\infty} a_k x^k, \qquad y' = \sum_{k=0}^{\infty} k a_k x^{k-1} \quad \text{und} \quad y'' = \sum_{k=0}^{\infty} k(k-1)a_k x^{k-2}.$$

Einsetzen in (9.17) führt auf

$$\sum_{k=0}^{\infty} k(k-1)a_k x^{k-2} - \sum_{k=0}^{\infty} k(k-1)a_k x^k - 2\sum_{k=0}^{\infty} k a_k x^k$$
$$+ \nu(\nu + 1)\sum_{k=0}^{\infty} a_k x^k = 0,$$

---

[4]Stellen, wo sich die Funktion wie $1/x$ verhält (Abschn. 7.2).

bzw., wenn man den Summationsindex k in der ersten Summe um 2 verschiebt und die drei übrigen Summen auf die rechte Seite bringt,

$$\sum_{k=0}^{\infty}(k+2)(k+1)a_{k+2}x^k = \sum_{k=0}^{\infty}[k(k-1)+2k-\nu(\nu+1)]a_k x^k.$$

Koeffizientenvergleich ergibt

$$(k+2)(k+1)a_{k+2} = [k(k-1)+2k-\nu(\nu+1)]a_k,$$

bzw.

$$a_{k+2} = \frac{k(k+1)-\nu(\nu+1)}{(k+2)(k+1)}a_k \quad \text{für} \quad k=0,1,2,\ldots.$$

Wie man sieht, kann man a_2 aus a_0, a_3 aus a_1 usw. berechnen, hat also eine Rekursionsformel für die a_k. Die Koeffizienten a_0 und a_1 bleiben frei und stellen die freien Parameter der Lösungen dar. Vor allen Dingen sieht man, daß die a_k mit geradem k eine Rekursionsreihe für sich bilden und die mit ungeradem k ebenfalls. Durch Nullsetzen von a_1 treten also nur gerade Koeffizienten auf und das resultierende Polynom ist gerade. Bei Nullsetzen von a_0 ergibt sich ein ungerades Polynom.

Ist die Größe ν in Gl. (9.17) keine ganze Zahl, so erhält man als Lösung unendliche Reihen. Von besonderem Interesse ist jedoch der Fall, bei dem ν eine *ganze* Zahl l ist. Die Rekursionsformel ergibt dann für $a_{l+2} = 0 \cdot a_l$, d.h. ab a_{l+2} verschwinden alle Koeffizienten. Wenn man bei geradem l ein gerades Polynom wählt, bricht die Rekursion nach a_l ab und man erhält ein (gerades) Polynom l-ten Grades. Ist l ungerade, so wählt man ein ungerades Polynom, das dann ebenfalls vom l-ten Grade ist. Für die ersten Polynome gilt mit einem Vorfaktor, der P_l an der Stelle $x=1$ zu 1 macht:

$$P_0 = 1; \qquad P_1 = x \qquad P_2 = \frac{1}{2}(3x^2-1) \qquad P_3 = \frac{1}{2}(5x^3-3x) \quad \ldots.$$

Alternative Form, Orthogonalität Diese *Legendreschen Polynome* lassen sich außer über die Rekursionsformel auch noch in der Form

$$P_l(x) = \frac{1}{2^l l!}\frac{d^l}{dx^l}(x^2-1)^l \tag{9.18}$$

berechnen. Der Vorfaktor ist ebenfalls so gewählt, daß $P_l(1) = 1$ ist. Der Nachweis von der Behauptung geschieht durch Einsetzen des Ausdrucks (9.18) in die Differentialgleichung. Die Durchführung stellt eine Übungsaufgabe (siehe Aufg. 5) für Fortgeschrittene dar.

Man kann mittels (9.18) zeigen, daß die Legendreschen Polynome ein Orthogonalsystem bilden:

$$\int_{-1}^{1} P_j(x)P_k(x)dx = \delta_{jk},$$

indem man das Integral mittels partieller Integration so lange umformt, bis einer der Faktoren konstant ist. Wir wollen das nicht im einzelnen durchführen, aber darauf hinweisen, daß uns diese Funktionen schon – bis auf den Vorfaktor – im letzten Kapitel (Abschn. 8.1.2) als orthogonalisierte Polynome begegnet sind, die wir als Beispiel für die Orthogonalisierung von x^n-Funktionen kennengelernt hatten. (Vergleichen Sie die ersten Vertreter!) Der einzige Unterschied besteht in der Normierung: hier wurde der Faktor so gewählt, daß $P_l(1) = 1$ und dort so, daß $\int_{-1}^{1} (\phi_{\text{norm}}^{(l)})^2(x)dx = 1$ ist. Der Zusammenhang ist

$$\phi_{\text{norm}}^{(l)}(x) = \sqrt{\frac{2l+1}{2}} P_l(x).$$

Wir werden bereits im nächsten Abschnitt auf diese Funktionen zurückkommen.

Zugeordnete Legendresche Polynome Von den $P_l(x)$ lassen sich weitere Funktionen ableiten, die wir noch benötigen werden. Es sind dies die sog. *zugeordneten Legendreschen Polynome*, die man durch einen weiteren Index m kennzeichnet: $P_l^m(x)$. Man gewinnt sie in folgender Weise: Zunächst ist $P_l^0 = P_l$ selbst, es folgen

$$P_l^1 = \sqrt{1-x^2}\, P_l' \quad \text{und} \quad P_l^2 = (\sqrt{1-x^2})^2 P_l'' = (1-x^2)P_l''.$$

Allgemein gilt

$$P_l^m = (\sqrt{1-x^2})^m \frac{d^m P_l(x)}{dx^m} = (1-x^2)^{m/2} \frac{d^m P_l(x)}{dx^m}.$$

Da P_l ein Polynom l-ten Grades ist, das nach $l+1$ Ableitungen Null ergibt, endet der Prozeß mit $m = l$:

$$P_l^l = (1-x^2)^{l/2} \frac{d^l P_l(x)}{dx^l} = (1-x^2)^{l/2} \frac{(2l)!}{2^l l!}.$$

Ähnlich wie die einfachen Legendreschen Polynome genügen auch die zugeordneten einer Differentialgleichung:

$$(1-x^2)(P_l^m)'' - 2x(P_l^m)' + l(l+1)P_l^m - \frac{m^2}{1-x^2} P_l^m = 0. \tag{9.19}$$

Der Beweis erfolgt wie oben durch Einsetzen, ist aber etwas umständlicher.

Falls ein Leser den Ehrgeiz hat, den Nachweis selbst zu führen, so möge er die ursprüngliche Legendresche Differentialgleichung m-mal ableiten (allgemein!), dann mit $(1-x^2)^{(m/2)}$ multiplizieren und schließlich die gleiche Technik wie in Aufgabe 5 anwenden, um die vor den Ableitungen stehenden Faktoren in diese hineinzuziehen. Auch dann läßt sich zeigen, daß die Gleichung aufgeht.

> ■ Als Beispiel einer homogenen linearen Differentialgleichung mit x-abhängigen Koeffizienten wurde die Legendresche Differentialgleichung behandelt, die in der Theorie der Elektronenzustände in Atomen eine wichtige Rolle spielt.

9.4.4 Eigenwertprobleme

Dieser Abschnitt setzt eigentlich die Kenntnis von Kapitel 8 voraus.[5] So wurde bereits in Abschnitt 8.4.2 darauf hingewiesen, daß man – ähnlich wie bei Vektoren – auch für Funktionen Eigenwertprobleme stellen kann:

$$\hat{H}\psi(x) = E\psi(x). \tag{9.20}$$

Dabei ist $\hat{H}$ ein linearer Differentialoperator, meist von der Form $[\mu(d^2/dx^2) + V(x)\cdot]$, so daß die Eigenwertgleichung eine lineare homogene Differentialgleichung zweiter Ordnung darstellt. In Worten lautet sie: "Suche eine Funktion $\psi(x)$, die nach Anwendung des Operators $\hat{H}$ die Funktion zurückliefert, multipliziert mit einem Faktor E", dem *Eigenwert*. Die Funktion $\psi(x)$ muß noch durch irgendwelche Randbedingungen eingeschränkt werden. Ist sie nur in einem bestimmten Intervall $a \leq x \leq b$ definiert, so kann man beispielsweise verlangen, daß die Funktion an den Randpunkten Null sein soll oder ähnlichen Bedingungen genügt. Reicht der Definitionsbereich von $-\infty$ bis $+\infty$, so lautet die Randbedingung meistens, daß die Funktion quadratintegrabel sein soll, was einen genügend schnellen Abfall für große x-Werte voraussetzt:

$$\int_{-\infty}^{+\infty} |\psi(x)|^2 \, dx = endlich.$$

(Es kann aber auch sein, daß man vorschreibt, daß sie für große $|x|$ periodisches Verhalten zeigen soll.)

Wie bei den Vektoren gibt es als Lösungen einen Satz von Eigenfunktionen $\psi^{(i)}(x), (i = 1, 2, \ldots)$ mit den zugehörigen Eigenwerten $E^{(i)}$. Auf Grund der Parallelität zwischen Vektoren und Funktionen (siehe Kap. 8) hatten wir bereits festgestellt, daß für eine bestimmte Klasse von Operatoren $\hat{H}$ (hermitesche Operatoren) die Eigenwerte reell und die Eigenfunktionen paarweise orthogonal sind.

In der Vektorrechnung ist die Zahl der Lösungen gleich der Dimension des Vektorraumes. Da die Dimension eines Funktionenraumes nicht endlich ist (siehe Kap. 8), ist auch die Zahl der Lösungen für Gleichungen vom Typ (9.20) nicht endlich. Wie sieht nun das "Spektrum" der Eigenwerte aus? Im Falle eines endlichen Definitionsintervalls $a \leq x \leq b$ kann man für eine wichtige Klasse von Operatoren zeigen (Sturm-Liouville-Problem), daß die Eigenwerte ein diskretes Spektrum bilden, d.h. eine Folge von (größer werdenden) Zahlen darstellen. Im Falle eines uneingeschränkten Intervalls hat das Spektrum in der Regel zwei Bereiche: einen diskreten Bereich, und, ab einem bestimmten Wert, einen kontinuierlichen Bereich. Insbesondere bilden die Eigenwerte von nicht-quadratintegrablen Eigenfunktionen ein Kontinuum.

Legendresche Differentialgleichung als Eigenwertgleichung Als Illustration dieser Zusammenhänge soll die Legendresche Differentialgleichung dienen. Wir wählen als Definitionsbe-

---

[5]Der Leser, der dieses Kapitel übersprungen hat, wird bei einem Teil des Gesagten Schwierigkeiten haben. Falls er größeres Interesse an dem Thema hat, sollte er Kapitel 8 nachholen.

reich das Intervall $[-1, 1]$ und definieren $\hat{H} = (x^2 - 1)d^2/dx^2 + 2xd/dx$. Die Eigenwertgleichung lautet dann

$$(x^2 - 1)\psi''(x) + 2x\psi'(x) = E^{(l)}\psi^{(l)}(x),$$

und durch Vergleich mit der Legendreschen Gleichung erkennt man, daß hier die Eigenwerte die Zahlen $0 \cdot 1, 1 \cdot 2, \ldots l(l+1) \ldots$ sind und die zugehörigen Eigenfunktionen die Legendreschen Polynome $P_l(x)$. Wir müssen zunächst zeigen, daß $\hat{H}$ hermitesch ist (s. Gl. 8.45), daß also

$$\int_{-1}^{1} u(x)\left(\hat{H}v(x)\right)dx = \int_{-1}^{1} \left(\hat{H}u(x)\right)v(x)dx$$

gilt. (Sterne sind weggelassen, da alles reell!)
Die linke Seite ist

$$\int_{-1}^{1} u\left[(x^2 - 1)v'' + 2xv'\right]dx,$$

das mittels partieller Integration in

$$u(x^2 - 1)v'\Big|_{-1}^{1} - \int_{-1}^{1} \left[u(x^2 - 1)\right]'v'dx + u2xv\Big|_{-1}^{1} - \int_{-1}^{1} \left[u2x\right]'vdx$$

$$= -\int_{-1}^{1} \left[u'(x^2 - 1) + u2x\right]v'dx + u2xv\Big|_{-1}^{1} - \int_{-1}^{1}(u'2x + 2u)vdx$$

übergeht [der erste Term ist Null wegen $(x^2 - 1)|_{-1}^{1} = 0$]. In gleicher Weise ergibt die rechte Seite

$$-\int_{-1}^{1} u'\left[(x^2 - 1)v' + 2xv\right]dx + u2xv\Big|_{-1}^{1} - \int_{-1}^{1} u(2xv' + 2v)dx.$$

Beide Seiten sind gleich und damit ist $\hat{H}$ hermitesch.
Die Legendresche Differentialgleichung liefert also ein reelles diskretes Eigenwertspektrum und die zugehörigen Eigenfunktionen sind paarweise orthogonal.

> ■ Es wird der Typus der Eigenwertgleichung für Funktionen vorgestellt. Dies sind in der Regel homogene lineare Differentialgleichungen, bei der eine freie Konstante (Eigenwert) und die zugehörige Eigenfunktion zu bestimmen sind. Die Lösung besteht aus Sätzen solcher Paare von Eigenwerten und Eigenfunktionen.

Eigenwertgleichungen und Quantenmechanik Eigenwertprobleme treten im Rahmen der Quantenmechanik auf (siehe Abschn. 8.5.2), wo sie das grundlegende mathematische Verfahren im Zusammenhang mit Rechnungen an Atomen und Molekülen, d h. also der Theorie der chemischen Bindung, darstellen. Es besteht die Möglichkeit, die Gleichung direkt zu lösen, was aber nur in den einfachsten Fällen gelingt, z.B. bei der Berechnung der Schwingung eines zweiatomigen Moleküls mit einer rücktreibenden Kraft $-\kappa x$. In den meisten Fällen ist aber die direkte Lösung nicht möglich. Man macht dann die Rechnung in einem

Funktionenraum mit passender Basis (siehe Kap. 8), wo die Differentialgleichung in die entsprechende Matrixgleichung

$$\mathbf{H}\psi = E\psi$$

übergeht, die nach Berechnung der Matrixelemente von $\hat{H}$ den Einsatz der Methoden der linearen Algebra gestattet. Bei der Wahl der Basisfunktionen berücksichtigt man in der Regel bereits die Nebenbedingungen, so daß sie von vornherein durch den Ansatz erfüllt sind. Im übrigen sei auf den letzten Absatz von Abschnitt 8.4.2 verwiesen.

Als Beispiel soll Gl. (8.61) dienen, die wir am Ende des letzten Kapitels als Schrödinger-Gleichung für ein schwingendes zweiatomiges Molekül aufgestellt hatten. ψ muß quadratintegrabel sein und wir versuchen einen Produktansatz $f(x)g(x)$, wobei der zweite Faktor für den Abfall der Funktion für große $|x|$ sorgen soll und der erste für den Verlauf im zentralen Teil der Funktion zuständig ist. Wir ersetzen zunächst die Federkonstante κ durch die Frequenz ω des Oszillators, die über $\omega = \sqrt{\kappa/m}$ zusammenhängen. Dann lautet die Gleichung

$$-(\hbar^2/(2m))\psi'' + (m\omega^2/2)x^2\psi = E\psi.$$

Multiplikation mit $2m/\hbar^2$ und Hineingehen mit $\psi = f(x)g(x)$ liefert

$$-f''g - 2f'g' - fg'' + (m\omega/\hbar)^2 x^2 fg = (2mE/\hbar^2)fg. \tag{9.21}$$

Wir suchen nun zunächst eine Gleichung für $g(x)$ für große $|x|$. Unter diesen Umständen ist der Term auf der rechten Seite viel kleiner als der letzte auf der linken Seite (x sehr groß!) und kann vernachlässigt werden. Das gleiche Argument gilt für den ersten Term auf der linken Seite. Durch Vergleich des dritten und letzten Termes läßt sich schließen, daß $g'' \sim x^2 g$ sein muß, diese Terme also von gleicher Ordnung in x sind. g' müßte sich demnach wie xg verhalten, weil Ableiten offenbar die x-Potenz um eins erhöht. Quadratisch in x verhalten sich mithin nur der g''- und der $x^2 g$-Term und nur diese bleiben für sehr große x übrig. (Die Rechtfertigung für diese Annahmen wird sogleich erfolgen.) Er bleibt also nach Wegkürzen von f

$$g''(x) = (m\omega/\hbar)^2 x^2 g(x).$$

Als mit großem x abfallende Funktionen können wir $1/r^n$, $e^{-\alpha x}$ und $e^{-\alpha x^2}$ durchprobieren und werden im letzten Fall fündig:

$$(4\alpha^2 x^2 - 2\alpha)e^{-\alpha x^2} = (m\omega/\hbar)^2 x^2 e^{-\alpha x^2}.$$

Die für große x wesentlichen Terme mit x^2 sind gleich unter der Bedingung, daß $\alpha = m\omega/(2\hbar)$ ist. Damit ist die $g(x)$-Funktion gefunden und die Rechtfertigung besteht im erfolgreichen Hineingehen mit $f(x)e^{-\alpha x^2}$ in Gl. (9.21):

$$-f''e^{-\alpha x^2} - 2f'(-2\alpha x)e^{-\alpha x^2} - f(4\alpha^2 x^2 - 2\alpha)e^{-\alpha x^2} + (2\alpha x)^2 fe^{-\alpha x^2} = (2mE/\hbar^2)f.$$

Kürzen durch $(2mE/\hbar^2)f$ und Wegheben der zwei Terme mit x^2 ergibt die Differentialgleichung

$$-f'' + 4\alpha x f' + 2\alpha f = (2mE/\hbar^2)f$$

für $f(x)$. Nachdem diese Gleichung nur x-Potenzen als Koeffizientenfunktionen hat, ist ein Polynom-Ansatz für sie sinnvoll.

(1) Polynom 0.-ten Grades $f(x) = 1$. (Auf einen Gesamtfaktor können wir bei einer linearen Differentialgleichung verzichten.) Damit wird die Gleichung

$$2\alpha = m\omega/\hbar = (2mE/\hbar^2) \quad \text{mit} \quad E = (1/2)\hbar\omega.$$

Die Gleichung geht also auf und wir haben mit ihr den ersten E-Wert $E^{(1)}$.

(2) Polynom 1.-ten Grades $f(x) = x + a$. Hineingehen liefert

$$4\alpha x + 2\alpha(x + a) = (2mE/\hbar^2)(x + a).$$

Hier müssen wir für beide x-Potenzen einen Koeffizientenvergleich durchführen:

$$(1) \quad 6\alpha x = (2mE/\hbar^2)x \quad \Rightarrow \quad E = (3/2)\hbar\omega$$

und

$$(0) \quad 2\alpha a = (2mE/\hbar^2)a,$$

was zu einem Widerspruch mit (1) führt und woraus wir auf $a = 0$ schließen. Damit haben wir eine zweite Lösung und $E^{(2)}$.

(3) Polynom 2.-ten Grades $f(x) = x^2 + ax + b$. Hier liefert das Hineigehen

$$-2 + 4\alpha x(2x + a) + 2\alpha(x^2 + ax + b) = (2mE/\hbar^2)(x^2 + ax + b).$$

Es sind drei Koeffizientenvergleiche anzustellen:

$$(2) \quad 10\alpha x^2 = (2mE/\hbar^2)x^2 \quad \Rightarrow \quad E = (5/2)\hbar\omega,$$

$$(1) \quad 6\alpha a x = (2mE/\hbar^2)ax \quad \Rightarrow \quad a = 0$$

wegen Widerspruchs zu (2) und schließlich

$$(0) \quad -2 + 2\alpha b = (2m/\hbar^2)(5/2)\hbar\omega b$$

ergibt $b = -\hbar/(2m\omega)$. Somit ist die dritte Lösung und $E^{(3)}$ gefunden.

Selbstverständlich läßt sich diese Gleichung auch allgemein lösen. Dabei zeigt sich, daß die E-Werte äquidistant sind, sich also immer um den gleichen Betrag, nämlich $\hbar\omega$, unterscheiden. Dies ist bereits bei den ersten drei E zu sehen. Daß das Experiment die Terme nicht genau äquidistant wiedergibt, liegt nicht an einer Unzulänglichkeit der Lösung der Gleichung sondern nur an der Tatsache, daß das Potential nicht genau $(\kappa/2)x^2$ ist, wie es in der Gleichung zugrunde gelegt wurde.

9.4.5 System von linearen Differentialgleichungen zweiter Ordnung mit konstanten Koeffizienten

Abschließend soll noch ein einfaches System von Differentialgleichungen 2. Ordnung behandelt werden, und zwar ein lineares mit konstanten Koeffizienten. Solche Systeme treten bei der Berechnung von Molekül-Schwingungen auf und spielen insofern in der Chemie eine gewisse Rolle. Zu diesem Thema gibt es ausführliche Monographien (z.B. Wilson, Decius, Cross [15]), die das Gebiet eingehend behandeln. Es ist deshalb für unsere Zwecke ausreichend, das Grundproblem und das Lösungsschema aufzuzeigen und an Hand eines kleinen

Beispiels zu erläutern. Dieses Lösungsschema läuft – wie bei dem oben behandelten System 1. Ordnung – auf Entkopplung durch Diagonalisierung einer Matrix hinaus.

Ein Molekül, bestehend aus N Atomen, hat $3N$ Bewegungskoordinaten. Diese N Koordinatensätze $x_i, y_i, z_i, (i = 1, \ldots N)$ sollen aber nicht die *Lage* der Atome selbst beschreiben, sondern nur deren *Auslenkung* aus der jeweiligen Ruhelage angeben. Die Schreibweise vereinfacht sich etwas, wenn wir alle Koordinaten x nennen und von 1 bis $3N$ durchnumerieren: x_i mit $i = 1, 2, 3 \ldots 3N$, so daß das erste Atom die Koordinaten x_1, x_2, x_3 hat, das zweite x_4, x_5, x_6, usw. Die potentielle Energie bei einer beliebigen Verzerrung des Moleküls ist näherungsweise quadratisch in den Auslenkungskoordinaten:

$$V = \frac{1}{2} \sum_{i,j}^{3N} F_{ij} x_i x_j.$$

Die rücktreibende Kraft, die bei einer Auslenkung x_i auf ein Atom wirkt, ist dann $\partial V/\partial x_i$, also

$$k_i = \sum_{j=1}^{3N} F_{ij} x_j,$$

wobei die F_{ij} irgendwelche Konstanten mit $F_{ij} = F_{ji}$ sind. Die Bewegungsgleichung für die x_i-Koordinate lautet also (Kraft = Masse×Beschleunigung)

$$m_i \frac{d^2 x_i}{dt^2} = \sum_{j=1}^{3N} F_{ij} x_j,$$

wobei die drei m_i, die zu den Koordinaten des gleichen Atoms gehören, natürlich gleich zu setzen sind. Wir gehen nun genau wie bei den Systemen erster Ordnung (vergl. Abschn. 9.3.2) vor und fassen die x_i zu *einer* Größe $\mathbf{x}$ zusammen, schreiben die Gesamtheit der F_{ij} als Matrix $\mathbf{F}$ und führen die Diagonalmatrix $\mathbf{T}$ mit $T_{ii} = m_i$ ein. Das Gleichungssystem lautet in dieser Schreibweise einfach

$$\mathbf{T} \frac{d^2 \mathbf{x}}{dt^2} = \mathbf{F} \mathbf{x}. \tag{9.22}$$

Um an die in der Literatur übliche Nomenklatur anzuschließen, definieren wir noch die Matrix $\mathbf{G} = \mathbf{T}^{-1}$, also hier ebenfalls eine Diagonalmatrix, aber mit den Elementen $1/m_i$. Multiplikation mit $\mathbf{G}$ ergibt dann

$$\frac{d^2 \mathbf{x}}{dt^2} = \mathbf{G} \mathbf{F} \mathbf{x}. \tag{9.23}$$

Dies ist genau die gleiche Form wie im Falle eines homogenen Systems erster Ordnung Gl. (9.11), nur daß die ersten Ableitungen (dort $d\mathbf{y}/dx$) durch die zweiten (hier $d^2\mathbf{x}/dt^2$) und $\mathbf{F}$ durch das Produkt $\mathbf{GF}$ ersetzt sind. Man kann deshalb zur Entkopplung auch das gleiche Schema wie dort anwenden, nämlich die Diagonalisierung der Matrix $\mathbf{GF}$ mittels einer Transformation und gelangt [siehe Gl. (9.14)] zu einem entkoppelten Gleichungssystem für die transformierten Bewegungskoordinaten z_i

$$\frac{d^2 \mathbf{z}}{dt^2} = (\mathbf{GF})_{\text{diag}} \mathbf{z} \qquad \text{bzw.} \qquad \frac{d^2 z_i}{dt^2} = \lambda_i z_i(t) \tag{9.24}$$

mit den λ_i als Eigenwerten von $\mathbf{GF}$. Diese transformierten Bewegungskoordinaten $z_i(t)$ nennt man *Normalkoordinaten*.

Für die λ_i sind nun drei Möglichkeiten denkbar:

(1) $\lambda_i < 0$. Das ist der Normalfall einer rücktreibenden Kraft und die Lösungen sind dann Funktionen des Typs $A\cos(\sqrt{|\lambda_i|}\,t + \varphi)$.

(2) $\lambda_i = 0$. Das ist der Fall für Bewegungen, die keiner Kraft unterliegen, wie Verschiebungen (Translationen) des Moleküls oder Drehungen (Rotationen). Die Lösung ist hier $\alpha t + \beta$, d.h. eine gleichförmige Bewegung, aber sie ist uninteressant.

(3) $\lambda_i > 0$, ein Fall, der aber nur auftreten könnte, wenn auseinandertreibende Kräfte vorliegen würden. Die Stabilität des Moleküls wird natürlich vorausgesetzt.

Abschließend muß noch erwähnt werden, daß das hier skizzierte Verfahren mit kartesischen Auslenkungskoordinaten den Vorteil der Einfachheit besitzt, mit dem sich das Prinzip, nämlich Entkopplung mittels der Diagonalisierung einer Matrix, sehr schön demonstrieren läßt. Im nächsten Kapitel über Gruppentheorie wird es uns gute Dienste ebenfalls zur Demonstration des Prinzips leisten. In der Praxis aber wären kartesische Koordinaten ungeeignet. Man verwendet dann besser interne Koordinaten (Bindungsabstände und -winkel), aber das Arbeiten damit ist ein eigenes Problem und eher technischer Natur.

> ■ Auch gewisse homogene lineare Differentialgleichungen zweiter Ordnung mit konstanten Koeffizienten lassen sich durch eine Transformation entkoppeln.

Zwei Beispiele: (1) Schwingung des HF-Moleküls

Wir brauchen nur die Bewegung in der x-Achse zu betrachten und haben deshalb nur zwei Koordinaten x_H und x_F, die wir zu dem "Vektor" $\mathbf{x}$ zusammenfassen können. Bitte beachten Sie, daß x_H und x_F nicht die x-Werte in der Ruhelage sind, sondern die *Auslenkung* aus dieser Ruhelage. (Die Koordinaten der Ruhelage gehen in unsere Rechnung gar nicht ein, weil wir nur die Bewegung *relativ* zur Ruhelage betrachten.)

Das H-Atom unterliegt einer Kraft $k^{(H)} = \kappa(x_F - x_H)$, wobei κ die Kraftkonstante ist und die Kraft selbst proportional zur *Änderung* des Bindungsabstandes ist.[6] Das Vorzeichen ist so gewählt, daß unter der Voraussetzung, daß sich das H-Atom links vom F-Atom befindet, bei Dehnung der Bindung die Kraft zum F-Atom hin gerichtet ist und umgekehrt. Das F-Atom unterliegt dann der Gegenkraft $k^{(F)} = \kappa(x_H - x_F)$. Aus Gründen der Bequemlichkeit führen wir die reziproken Massen $\mu_H = 1/m_H$ und $\mu_F = 1/m_F$ ein. Für die $\mathbf{GF}$-Matrix ergibt sich dann

$$\mathbf{GF} = \kappa \begin{pmatrix} -\mu_H & \mu_H \\ \mu_F & -\mu_F \end{pmatrix}.$$

Die Eigenwerte werden mit Hilfe des charakteristischen Polynoms

$$(-\mu_H\kappa - \lambda)(-\mu_F\kappa - \lambda) - \mu_H\mu_F\kappa^2 = \lambda^2 + (\mu_H + \mu_F)\kappa\lambda$$
$$= (\lambda - 0)\Big(\lambda + (\mu_H + \mu_F)\kappa\Big) = 0$$

---

[6]Bitte beachten Sie, daß das eine Näherung ist.

gefunden. Die linke Seite ist bereits faktorisiert und wir haben zwei Eigenwerte $\lambda^{(1)} = 0$ und $\lambda^{(2)} = -(\mu_H + \mu_F)\kappa$. Die zwei zugehörigen Eigenvektoren $\mathbf{t}^{(i)}$ ($i = 1, 2$) finden wir durch Lösen des Gleichungssystems

$$(-\mu_H\kappa - \lambda^{(1)})t_1 + \mu_H\kappa t_2 = 0 \qquad \mu_F\kappa t_1 + (-\mu_F\kappa - \lambda^{(1)})t_2 = 0$$

für $\mathbf{t}^{(1)}$ und

$$(-\mu_H\kappa - \lambda^{(2)})t_1 + \mu_H\kappa t_2 = 0 \qquad \mu_F\kappa t_1 + (-\mu_F\kappa - \lambda^{(2)})t_2 = 0$$

für $\mathbf{t}^{(2)}$. Im ersten Fall ergibt sich $t_1 = t_2$, so daß der erste Eigenvektor (bei Verzicht auf Normierung) $\mathbf{t}^{(1)} = (1, 1)$ ist. Zum Eigenwert Null gehört also die gleiche Koordinatenänderung von H und F, und die zugehörige Bewegung stellt eine einfache Verschiebung des Moleküls dar. Für $\mathbf{t}^{(2)}$ ergibt sich (wiederum bei Verzicht auf Normierung) der Vektor $(\mu_H, -\mu_F)$. Ausgeschrieben bedeutet das $x_H = \mu_H f(t)$ und $x_F = -\mu_F f(t)$, also H- und F-Atom sind entweder aufeinander zu oder von einander weg ausgelenkt. Der volle zeitliche Verlauf wäre mit $f(t) = A\cos(\sqrt{|\lambda_i|}t + \varphi)$ [s. Fall (1)]

$$x_H(t) = A\mu_H \cos(\sqrt{(\mu_H + \mu_F)\kappa}\, t + \varphi),$$

$$x_F(t) = -A\mu_F \cos(\sqrt{(\mu_H + \mu_F)\kappa}\, t + \varphi).$$

Man sieht übrigens schön, daß die Amplitude der H-Bewegung 19 mal so groß ist wie die des viel schwereren F-Atoms.

(2) Streckschwingungen des HCN-Moleküls

Als weiteres Beispiel betrachten wir das (ebenfalls lineare) HCN-Molekül und seine beiden Streckschwingungen. Hier haben wir drei Koordinaten, nämlich die x-Auslenkungskoordinaten der drei Atome, die wir in der Reihenfolge x_H, x_C, x_N in $\mathbf{x}$ verwenden. Für die drei Kräfte gilt (näherungsweise)

$$k^{(H)} = \kappa_{HC}(x_C - x_H),$$

$$k^{(C)} = \kappa_{HC}(x_H - x_C) + \kappa_{CN}(x_N - x_C),$$

$$k^{(N)} = \kappa_{CN}(x_C - x_N).$$

Die reziproken Massen sind hier $\mu_H = 1/m_H$, $\mu_C = 1/m_C$ und $\mu_N = 1/m_N$ und die GF-Matrix ist

$$\mathbf{GF} = \begin{pmatrix} -\mu_H\kappa_{HC} & \mu_H\kappa_{HC} & 0 \\ \mu_C\kappa_{HC} & -\mu_C(\kappa_{HC} + \kappa_{CN}) & \mu_C\kappa_{CN} \\ 0 & \mu_N\kappa_{CN} & -\mu_N\kappa_{CN} \end{pmatrix}.$$

Die charakteristische Gleichung lautet

$$(-\mu_H\kappa_{HC} - \lambda)(-\mu_C(\kappa_{HC} + \kappa_{CN}) - \lambda)(-\mu_N\kappa_{CN} - \lambda)$$
$$-\mu_H\mu_C\kappa_{HC}^2(-\mu_N\kappa_{CN} - \lambda) - \mu_N\mu_C\kappa_{CN}^2(-\mu_H\kappa_{HC} - \lambda) = 0.$$

Weil auch hier die Verschiebung des gesamten Moleküls zu keiner Energieänderung führen darf, muß ein Eigenwert Null sein. Setzt man in obiger Gleichung dies für λ ein, so sieht man, daß die Gleichung tatsächlich erfüllt und damit der erste Eigenwert gefunden ist. Multipliziert man die Gleichung aus und dividiert durch λ, so entsteht die quadratische Gleichung

$$\lambda^2 + \lambda[\mu_H \kappa_{HC} + \mu_C(\kappa_{HC} + \kappa_{CN}) + \mu_N \kappa_{CN}]$$

$$+(\mu_C \mu_N + \mu_C \mu_H + \mu_H \mu_N)\kappa_{HC}\kappa_{CN} = 0.$$

Die beiden Lösungen dieser Gleichung liefern die übrigen Eigenwerte

$$\lambda^{(2,3)} = -\frac{1}{2}\Big((\mu_H + \mu_C)\kappa_{HC} + (\mu_N + \mu_C)\kappa_{CN}\Big)$$

$$\pm\sqrt{\Big(\frac{1}{2}\big((\mu_H + \mu_C)\kappa_{HC} - (\mu_N + \mu_C)\kappa_{CN}\big)\Big)^2 + \mu_C^2\kappa_{HC}\kappa_{CN}}.$$

Wenn wir für den Augenblick den zweiten Term unter der Wurzel weglassen, sind die beiden Lösungen sehr einfach:

$$\lambda^{(2)} = -(\mu_N + \mu_C)\kappa_{CN},$$

$$\lambda^{(3)} = -(\mu_H + \mu_C)\kappa_{HC}.$$

Das wäre die Lösung für die beiden zweiatomigen Moleküle HC und CN. Die Gegenwart des zweiten Terms wirkt sich dann so aus, daß die beiden λ-Werte auseinandertreten, daß also der höhere Term nach oben hin und der tiefere nach unten hin verschoben ist. Beide Schwingungen sind also im HCN-Molekül gekoppelt und können nicht separat behandelt werden. Die Zeitabhängigkeit der zugehörigen $z_i(t)$-Funktionen ist dann

$$z_1(t) = C_1(t + \gamma),$$

$$z_2(t) = C_2 \cos(\sqrt{|\lambda^{(2)}|}\, t + \alpha),$$

$$z_3(t) = C_3 \cos(\sqrt{|\lambda^{(3)}|}\, t + \beta).$$

Um die x_i-Funktionen zu bestimmen, die mit diesen drei Normalschwingungen verbunden sind, benötigen wir noch die drei Eigenvektoren. Wir setzen sie in der Form

$$\mathbf{t}^{(1)} = \begin{pmatrix} 1 \\ 1 \\ 1 \end{pmatrix} \quad \mathbf{t}^{(2)} = \begin{pmatrix} B \\ A \\ 1 \end{pmatrix} \quad \mathbf{t}^{(3)} = \begin{pmatrix} 1 \\ C \\ D \end{pmatrix}$$

an. Die Bestimmung der vier Konstanten erfolgt wie in Beispiel (1).

$\mathbf{t}^{(2)}$: $\lambda^{(2)}$ ist im wesentlichen die CN-Schwingung. (Deshalb wurde der Ansatz $(B, A, 1)$ gewählt, d.h. H- und C-Bewegung relativ zu N.) Für den Eigenvektor muß das homogene lineare Gleichungssystem

$$(-\mu_H \kappa_{HC} - \lambda^{(2)})B + \mu_H \kappa_{HC}A = 0,$$

$$\mu_C \kappa_{HC} B + [-\mu_C(\kappa_{HC} + \kappa_{CN}) - \lambda^{(2)}]A + \mu_C \kappa_{CN} = 0,$$

$$\mu_N \kappa_{CN} A + (-\mu_N \kappa_{CN} - \lambda^{(2)}) = 0$$

gelöst werden. Die dritte Gleichung liefert für A

$$A = \frac{\mu_N \kappa_{CN} + \lambda^{(2)}}{\mu_N \kappa_{CN}} = 1 + \frac{\lambda^{(2)}}{\mu_N \kappa_{CN}},$$

und die erste für B

$$B = A \frac{\mu_H \kappa_{HC}}{\mu_H \kappa_{HC} + \lambda^{(2)}} = \frac{1 + \frac{\lambda^{(2)}}{\mu_N \kappa_{CN}}}{1 + \frac{\lambda^{(2)}}{\mu_H \kappa_{HC}}}.$$

Analog ergibt sich für den dritten Eigenvektor $(1, C, D)$

$$C = 1 + \frac{\lambda^{(3)}}{\mu_H \kappa_{HC}},$$

$$D = \frac{1 + \frac{\lambda^{(3)}}{\mu_H \kappa_{HC}}}{1 + \frac{\lambda^{(3)}}{\mu_N \kappa_{CN}}}.$$

(Die Eigenvektoren sind weder normiert noch orthogonal.)

Will man sich ein "Bild" von den drei Normalschwingungen (man spricht im Spektroskopiker-Slang auch von "Schwingungsmoden" oder kurz von "Moden") machen, so sieht man, daß die erste Normalschwingung (z_1 mit dem Eigenwert 0) durch $x_H(t) = x_C(t) = x_N(t)$ bestimmt ist, d.h. daß sich alle drei Auslenkungen in gleicher Weise ändern. Es handelt sich also hierbei um die Translation des gesamten Moleküls. Für die zweite Normalschwingung gilt

$$x_H(t) = B x_N(t) \qquad x_C(t) = A x_N(t).$$

In der Regel ist A negativ, so daß sich N- und C-Atom aufeinander zu bzw. voneinander weg bewegen. Die Bewegung des H-Atoms ist unübersichtlich. Die dritte Normalschwingung ist ähnlich der zweiten, enthält aber die Bewegung von H- und C-Atom.

Beide Normalschwingungen lassen sich im IR-Spektrum erkennen, eine dritte (Biegeschwingung) ist in unserem gestreckten Modell nicht enthalten.

Aufgaben

1. (a) Bestimmen Sie für $y'' + 9y = 0$ die allgemeine Lösung!
(b) Bestimmen Sie für dieselbe Gleichung die partikuläre Lösung mit $y = y' = 1$!
(c) Zeigen Sie, daß folgendes Lösungspaar ein Fundamentalsystem bildet: $y = \sin 3x$ und $y = e^{-3x}$!
2. Diese Aufgabe soll Ihnen vermitteln, daß das oben besprochene Verfahren über Operatoren auch für Differentialgleichungen höherer Ordnung anwendbar ist. Bestimmen Sie die Lösung der Differentialgleichung $y''' - 2y'' + y' - 2 = 0$ nach zwei Methoden:
(a) Über den besprochenen Operatoren-Ansatz (b) mit dem Ansatz e^{ax} für $y(x)$.
3. Diskutieren Sie die in Gl. (9.15) behandelte erzwungene Schwingung für den Fall, daß die Bewegung reibungsfrei ist!

4. Überzeugen Sie sich durch Einsetzen, daß die als $P_3(x)$ bezeichnete Funktion $1/2(5x^3 - 5x)$ tatsächlich der Legendreschen Differentialgleichung für $l = 3$ genügt.

5. Zeigen Sie, daß der Ausdruck (9.18) der Legendreschen Differentialgleichung (9.17) genügt! Anleitung: (1) Kürzen Sie den Ausdruck $(x^2 - 1)^l$ mit $v(x)$ ab, so daß (9.18) einach in der Form $v^{[l]}$ geschrieben werden kann (l-te Ableitung!). (Den Vorfaktor können Sie weglassen, da die Differentialgleichung linear und homogen ist.) (2) Setzen Sie diesen Ausdruck in die Differentialgleichung ein! (3) Formen Sie den ersten Term um, indem Sie den Ausdruck $[(1 - x^2)v]^{[l+2]}$ (siehe Übungsaufgabe 6 in Abschn. 5.1) berechnen und zur Umformung benutzen. (4) Formen Sie auch den zweiten Term der Gleichung um, indem Sie mit dem Ausdruck $(xv)^{[l+1]}$ analog verfahren! (5) Die Differentialgleichung ist nun in einer Form, die als $l + 1$-te Ableitung eines Ausdrucks geschrieben werden kann. (6) Dieser Ausdruck verschwindet identisch und damit ist auch die Gleichung erfüllt.

6. Ein Elektron, das sich (eindimensional) innerhalb eines Kastens mit Wänden an $x = -l$ und $x = +l$ bewegt, gehorcht einer Zustandsgleichung $-\mu d^2\psi(x)/dx^2 = E\psi(x)$. Die Randbedingungen bestehen darin, daß $\psi(x)$ an den Kastenwänden den Wert 0 annehmen soll. Wie lauten Eigenwerte und Eigenfunktionen dieses Eigenwertproblems?

7. Führen Sie das gleiche Verfahren zum Auffinden der Normalschwingungen für das (ebenfalls lineare) CO_2-Molekül durch. Berücksichtigen Sie dabei, daß zwei der Massen gleich sind und die beiden Kraftkonstanten ebenfalls.

8. Die Kopplung der beiden Schwingungen im HCN-Molekül soll nochmals etwas vereinfacht behandelt werden. Im HCN-Molekül können sowohl das H- und C-Atom gegeneinander schwingen als auch das C- gegen das N-Atom. (Winkelschwingungen bleiben wiederum außer Betracht.) Wir wollen nur mit den beiden (internen) Variablen r_{HC} und r_{CN} (d.h. den Bindungslängen) operieren. Wären beide Schwingungen ungekoppelt, so hätten wir die beiden Gleichungen

$$r_{HC}'' = -\omega_{HC}^2 r_{HC} \qquad \text{und} \qquad r_{CN}'' = -\omega_{CN}^2 r_{CN}$$

mit den beiden Lösungen

$$r_{HC} = A\cos(\omega_{HC}t + \alpha) \qquad \text{und} \qquad r_{CN} = B\cos(\omega_{CN}t + \beta).$$

$[\omega_{HC}^2 = (\mu_H + \mu_C)\kappa_{HC}$ und $\omega_{CN}^2 = (\mu_C + \mu_N)\kappa_{CN}$ in der Bezeichnungsweise der Beispiele im Text. Es gilt $\omega_{HC} > \omega_{CN}$.] Wir nehmen nun eine (kleine) Kopplung zwischen beiden Schwingungen an, so daß unser Gleichungssystem nun lautet

$$r_{HC}'' = -\omega_{HC}^2 r_{HC} - Kr_{CN} \qquad \text{und} \qquad r_{CN}'' = -\omega_{CN}^2 r_{CN} - Kr_{HC}.$$

(a) Schreiben Sie das Gleichungssystem in Vektor- bzw. Matrixform direkt, d.h. ohne Aufstellen der GF-Matrix, hin und berechnen Sie die beiden Eigenfrequenzen!

(b) Wir machen im Folgenden die Annahme, daß K klein gegen die Differenz beider ω^2 ist. Sie können für diesen Fall die Wurzel in eine Taylor-Reihe entwickeln:

$$\sqrt{A^2 + B} = |A|\sqrt{1 + \frac{B}{A^2}} \approx |A|\left(1 + \frac{B}{2A^2}\right) = |A| + \frac{B}{2|A|}.$$

Berechnen Sie damit einfach zu handhabende Näherungen für die Frequenzen der Normalschwingungen!

(c) Stellen Sie die beiden t-Funktionen für die Normalschwingungen z_1, z_2 auf.

(d) Transformieren Sie sie auf die Bewegungen in den Ausgangskoordinaten r_{HC}, r_{CN} zurück und diskutieren Sie das Resultat!

9.5   Partielle Differentialgleichungen

9.5.1   Lösungsmannigfaltigkeiten und -ansätze

Die einfachste Form einer partiellen Differentialgleichung für eine Funktion von zwei Variablen $z = z(x, y)$ ist

$$F(x, y, z, \frac{\partial z}{\partial x}, \frac{\partial z}{\partial y}) = 0, \tag{9.25}$$

eine Beziehung zwischen den Variablen x, y, z und den beiden partiellen Ableitungen von z. Die Lösungsmannigfaltigkeit von partiellen Differentialgleichungen ist ungleich größer als die von gewöhnlichen. Man sieht sie besser nicht als Flächen-Schar sondern als Definition einer ganzen Klasse von Funktionen. Die Beziehung (9.25) bedeutet ja nur, daß in jedem Punkt des Raumes x, y, z nicht mehr als eine Beziehung zwischen den beiden Steigungen besteht, – sie legt diese also gar nicht einmal fest.

Eine Vorstellung von der Allgemeinheit der Lösungen gibt die Differentialgleichung zweiter Ordnung

$$\frac{\partial^2 z}{\partial x^2} - \frac{\partial^2 z}{\partial y^2} = 0. \tag{9.26}$$

Hier sind alle Funktionen der Form $z = u(x - y) + v(x + y)$ eine Lösung bei *beliebigen* Funktionen $u(t)$ und $v(t)$, wovon man sich durch Bildung der Ableitungen und Einsetzen überzeugt. Es hat also wenig Sinn, uns in aller Breite in dieses weitläufige Thema zu versteigen. Vielmehr hilft häufig ein relativ beschränkter Ansatz weiter, der *Bernoullische Produktansatz*.

Der Bernoullische Produktansatz

Wir betrachten eine partielle Differentialgleichung zweiter Ordnung für eine Funktion $u(x, y)$, deren allgemeine Form

$$F(x, y, u, u_x, u_y, u_{xx}, u_{xy}, u_{yy}) = 0 \tag{9.27}$$

lautet. Man kann nun versuchen, Lösungen der Form $u(x, y) = X(x) \cdot Y(y)$ zu finden, d.h. Lösungen, die aus zwei Faktoren bestehen, von denen der eine nur von x und der andere nur von y abhängt. Dazu muß man die entsprechenden Ableitungen bilden, z.B.

$$u_{xy} = \frac{dX}{dx}\frac{dY}{dy} \quad \text{oder} \quad u_{yy} = X(x)\frac{d^2Y}{dy^2}$$

und damit in Gl. (9.27) hineingehen:

$$F(x, y, XY, X'Y, XY', X''Y, X'Y', XY'') = 0.$$

Wenn es jetzt gelingt, diese Gleichung so umzuformen, daß auf der einen Seite nur Funktionen von x und auf der anderen Seite nur solche von y stehen, daß sie also die Form

$$G(x, X, X', X'') = H(y, Y, Y', Y'')$$

annimmt, kann man wie folgt argumentieren: Die linke Seite hängt nur von x ab, die rechte nur von y. Das ist nur dann möglich, wenn beide Seiten gleich einer Konstanten sind:

$$G(x, X, X', X'') = H(y, Y, Y', Y'') = c,$$

so daß nun zwei Gleichungen vorliegen:

$$G(x, X, X', X'') = c \quad \text{und} \quad H(y, Y, Y', Y'') = c.$$

Dabei müssen die c in beiden Gleichungen natürlich dieselben Zahlen sein, ansonsten ist c beliebig. Man hat jetzt nur noch zwei gewöhnliche Differentialgleichungen, eine für $X(x)$ und eine für $Y(y)$. Das weitere Vorgehen hängt von den Randbedingungen ab. Soll beispielsweise $u(x, y)$ für zwei x-Werte Null sein, unabhängig vom y-Wert $[u(x_1, y) = u(x_2, y) = 0]$, so kann man entsprechende Lösungen für $X(x)$ suchen, was oft nur für bestimmte c-Werte möglich ist, und daran anschließend die passenden $Y(y)$-Funktionen bestimmen. Da die Probleme sehr unterschiedlich sein können, ist es besser, sich auf einige konkrete Beispiele zu beschränken.

Ganz allgemein wäre noch anzuführen, daß es sich häufig um homogene lineare Gleichungen handelt. Für diese gilt genau wie für die entsprechenden gewöhnlichen Differentialgleichungen, daß mit zwei Lösungen $u^{(1)}$ und $u^{(2)}$ auch alle Linearkombinationen $\alpha u^{(1)} + \beta u^{(2)}$ wieder Lösungen sind. Der Beweis erfolgt genau wie bei den gewöhnlichen Differentialgleichungen und soll dem Leser überlassen bleiben. Das bedeutet aber, daß wir verschiedene Lösungen in Produktform wieder linear-kombinieren können, und daß unsere endgültige Lösung dann keineswegs eine einfache Produktform sein muß.

■ Für partielle Differentialgleichungen der Form

$$F\left(x, y, z(x, y), \frac{\partial z}{\partial x}, \frac{\partial z}{\partial y}, \dots\right) = 0$$

kann man als einfachsten Versuch einen Produktansatz

$$z(x, y) = X(x)\, Y(y)$$

machen. Läßt sich die Gleichung separieren, so hat man einen Satz besonders einfacher Lösungen gefunden.

9.5.2 Diffusionsvorgänge als Beispiel

Die Diffusionsgleichung

Die Diffusion wird beschrieben durch eine Funktion $\rho(x, y, z, t)$, die die Konzentration z.B. einer gelösten Substanz in Abhängigkeit von Ort und Zeit angibt. Wir nehmen an, daß die Substanz nicht zerfällt oder sonst irgendwie verschwindet, so daß wir von einer konstanten Gesamtmenge ausgehen können. Der Diffusionsvorgang selbst wird dann durch ein Strömungsfeld $\vec{j}(x, y, z, t)$ beschrieben, das angibt, wann und wo wieviel Substanz pro Fläche in eine bestimmte Richtung diffundiert. Wir haben in Abschnitt 5.4.2 die Divergenz kennengelernt und wissen, daß sie angibt, wie viel Substanz aus einem Volumenelement herausfließt. Wegen des Nichtverschwindens dieser Substanz muß ihre Konzentration in dem Volumenelement entsprechend abnehmen, so daß folgende "Kontinuitätsgleichung" gelten muß:

$$\text{div } \vec{j} = -\frac{\partial \rho}{\partial t}.$$

Für $\vec{j}$ nehmen wir an, daß die Diffusionsgeschwindigkeit um so größer ist, je größer der Konzentrationsabfall ist, und daß sie in die Richtung erfolgt, in der er am größten ist:

$$\vec{j}(x, y, z, t) = -D \text{ grad } \rho(x, y, z, t),$$

wobei D eine Konstante, die sog. *Diffusionskonstante*, ist, die vom Lösungsmittel und von der gelösten Substanz abhängt. Man kann nun $\vec{j}$ eliminieren, indem man von vorstehender Gleichung auf beiden Seiten die Divergenz bildet und dies gleich $-\partial\rho/\partial t$ setzt:

$$D \text{ div grad } \rho(x, y, z, t) = D \, \Delta\rho(x, y, z, t) = \frac{\partial \rho}{\partial t}. \tag{9.28}$$

Dies ist eine partielle Differentialgleichung für $\rho(x, y, z, t)$, und zwar erster Ordnung bezüglich t und zweiter Ordnung bezüglich x, y, z. (Δ ist der Laplace-Operator.) Man sieht, daß man die Konzentration zu einer bestimmten Zeit vorgeben kann und daß sich dann aufgrund von Gleichung (9.28) die Änderung der Konzentration mit der Zeit ergibt.

Für unsere Demonstration empfiehlt es sich, den räumlichen Vorgang zu vereinfachen, indem wir uns auf ein nicht allzu dickes Rohr beschränken und die Diffusion nur in der x-Richtung verfolgen. ρ hängt jetzt nur noch von x und t ab, und die Diffusionsgleichung vereinfacht sich zu

$$D\frac{\partial^2 \rho}{\partial x^2} = \frac{\partial \rho}{\partial t}. \tag{9.29}$$

Wir machen nun den Produktansatz $\rho(x, t) = X(x)T(t)$ und gehen damit in Gl. (9.29) hinein:

$$D\frac{d^2 X(x)}{dx^2}\, T(t) = X(x)\, \frac{dT(t)}{dt}.$$

Der Versuch, die Variablen zu trennen, ist erfolgreich:

$$\frac{1}{X(x)}\frac{d^2 X(x)}{dx^2} = \frac{1}{D\, T(t)}\frac{dT(t)}{dt} = c.$$

Wir müssen mit der Gleichung für $X(x)$ beginnen, weil bei ihr die Anfangsbedingungen berücksichtigt werden müssen:

$$\frac{d^2 X(x)}{dx^2} = c\, X(x).$$

Dies ist wieder die Schwingungsgleichung mit ihren drei Typen von Lösungen: $c = \lambda^2 > 0, c = 0$ und $c = -\lambda^2 < 0$. Im ersten Fall sind die Lösungen vom Typ

$$\alpha e^{\lambda x} + \beta e^{-\lambda x},$$

im zweiten Fall

$$\alpha x + \beta$$

und im dritten Fall

$$\alpha \cos(\lambda x) + \beta \sin(\lambda x).$$

Die zugehörige $T(t)$-Funktion gehorcht der Gleichung

$$\frac{dT(t)}{dt} = cD\, T(t)$$

mit den Lösungen

$$T(t) = T_0\, e^{cDt},$$

wobei schon klar wird, daß $c > 0$ keinem physikalisch sinnvollen Fall entspricht. $c = 0$ führt auf $T(t)$=konstant und $c < 0$ schließlich auf

$$T(t) = T_0 e^{-\lambda^2 Dt}.$$

Erster Fall: offenes Rohr

Gegeben ein Rohr der Länge l, bei dem aus den offenen Rohrenden herausdiffundierende Substanz sofort entfernt wird. Dies bedeutet, daß an den Rohrenden für alle Zeiten $\rho = 0$ gelten muß, daß also $\rho(0,t) = \rho(l,t) = 0$ für beliebige t gilt. Als Lösungsfunktionen für $X(x)$ kommen mithin nur $\sin(k\pi x/l)$-Funktionen ($k = 1, 2, \ldots$) in Frage, die die gewünschte Eigenschaft aufweisen, und das zugehörige λ ist $k\pi/l$. $\rho(x,0)$ muß als eine Linearkombination dieser Funktionen angesetzt werden.

Wir nehmen an, daß ρ am Anfang ($t = 0$) im ganzen Rohr den (konstanten) Wert ρ_0 hat, daß also $\rho(x,0) = \rho_0$ ist. Diese Funktion muß nach dem obigen Funktionsatz entwickelt werden. Eine Fourier-Entwicklung ist nicht ohne weiteres möglich, weil dort auch die cos-Funktionen eingehen, die den geforderten Nebenbedingungen nicht genügen. Wir können aber das allgemeine in Abschnitt 8.1.1 entwickelte Verfahren heranziehen, mit dem Intervall $0 \le x \le l$, dem (orthogonalen) Satz von Basisfunktionen $\sin(k\pi x/l)$ (k=1,2,3,...), deren Norm-Quadrat

$$\int_0^l \sin^2(k\pi x/l)dx = \frac{l}{2}$$

ist, so daß die Entwicklungskoeffizienten der Funktion $\rho(x,0) = \rho_0$

$$c_k = \frac{1}{l/2} \int_0^l \sin(k\pi x/l)\, \rho_0 dx = \frac{2\rho_0}{l} \begin{cases} 0 & (k \text{ gerade}) \\ \frac{2l}{k\pi} & (k \text{ ungerade}) \end{cases}$$

sind. Damit hat $\rho(x,0)$ die Form

$$\rho(x,0) = \sum_{k=1,3,5\ldots} \frac{4\rho_0}{k\pi} \sin(k\pi x/l). \tag{9.30}$$

Die zeitabhängige Funktion entsteht, wenn man die einzelnen Terme $\sin(k\pi x/l)$ als Lösung des $X(x)$-Anteils zu einem $\lambda = k\pi/l$ betrachtet. Der $T(t)$-Faktor ist, wie oben gezeigt,

$$T(t) = T_0 e^{-\lambda^2 Dt} = T_0 e^{-(k\pi/l)^2 Dt},$$

und der entsprechende Beitrag zu $\rho(x,t)$ lautet

$$\sin(k\pi x/l)\ e^{-(k\pi/l)^2 Dt}.$$

Über die verschiedenen Beiträge kann man nun summieren (die Differentialgleichung für ρ ist linear und homogen!), so daß schließlich

$$\rho(x,t) = \frac{4\rho_0}{\pi} \sum_{k=1,3,5\ldots} \frac{1}{k} \sin(k\pi x/l)\ e^{-(k\pi/l)^2 Dt} \tag{9.31}$$

entsteht. Man überzeugt sich leicht, daß für $t = 0$ der richtige Anfangszustand [Gl. (9.30)] erscheint. Für $t \to \infty$ wird ρ Null, d.h. die Substanz ist vollständig herausdiffundiert.

Der Verlauf der Konzentration ist schematisch in Abb. 9.5 ($\rho_0 = \pi/4$, $D = 10^{-3}$ in beliebigen Einheiten) angegeben.

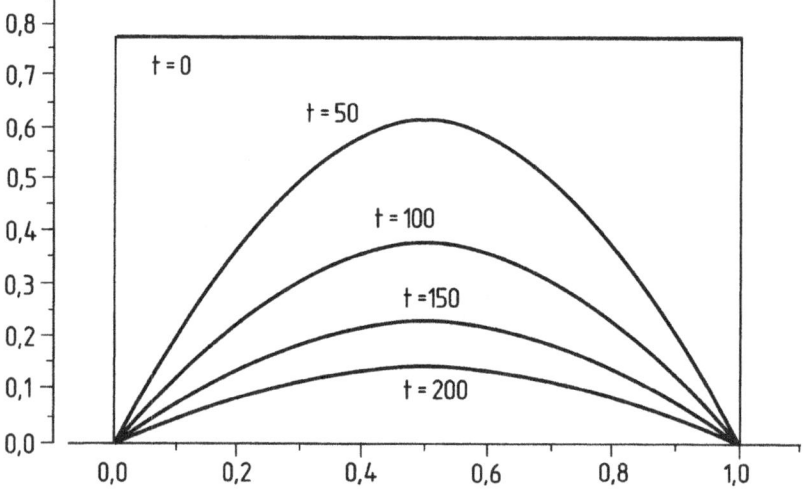

Fig. 9.5 $\rho(x)$ für verschiedene Zeiten $t = 0, 50, 100, 150, 200$ gemäß Gl. (9.31)

Zweiter Fall: beidseitig geschlossenes Rohr

Hier lautet die Nebenbedingung, daß an den Rohrenden die Diffusionsströmung $\vec{j}$ verschwinden muß. Wegen $\vec{j}$ = grad ρ heißt das, daß $\partial\rho/\partial x$ gleich Null sein muß. Der Satz von Funktionen, der diesen Bedingungen genügt, ist $\cos(k\pi x/l)$ sowie die konstante Funktion. Diese Funktionen sind ebenfalls paarweise orthogonal und die cos-Funktionen haben ebenfalls das Norm-Quadrat $l/2$ und für die (konstante) Funktion $X(x) = 1$ ist es l. Als Anfangszustand wie im ersten Fall eine konstante Verteilung zu wählen macht bei diesen Bedingungen natürlich wenig Sinn, weil dann keinerlei zeitliche Änderung mehr auftreten würde. Vielmehr wollen wir jetzt annehmen, daß in einem Bereich um $l/2$, also in der Mitte des Rohres, in einer Breite d eine Konzentration ρ_0 herrscht, außerhalb dieses Bereiches die Konzentration aber Null ist (s. Abb. 9.6a). Der Koeffizient c_0 der konstanten Funktion ist

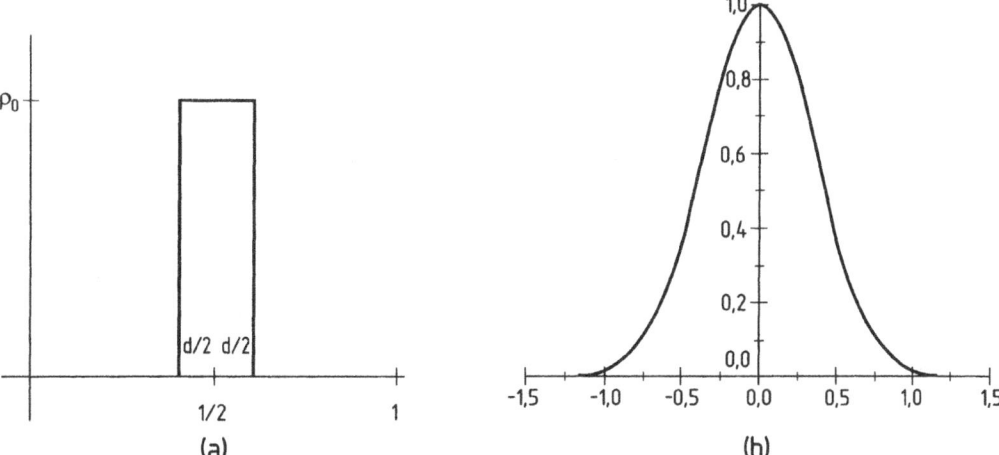

Fig. 9.6 Zur Diffusionsgleichung: (a) $\rho(x,0)$ für Fall (2), (b) $\rho(x,0)$ für Fall (3)

mithin

$$c_0 = \frac{1}{l}\int_{l/2-d/2}^{l/2+d/2}\rho_0 dx = \frac{d\rho_0}{l}$$

und die der cos-Funktionen sind

$$c_k = \frac{1}{l/2}\int_{l/2-d/2}^{l/2+d/2}\cos(k\pi x/l)\rho_0 dx = \frac{2\rho_0}{l}\cdot\begin{cases} 0 & (k\text{ ungerade}) \\ \frac{2l}{\pi}\frac{(-1)^{k/2}}{k}\sin\frac{\pi k d}{2l} & (k\text{ gerade}) \end{cases}.$$

(Die Integrale kann der Leser als Übungsaufgabe zum Kapitel 6 auffassen, – wir geben hier nur das Resultat.) Damit wird

$$\rho(x,0) = \frac{d\rho_0}{l} + \frac{4\rho_0}{\pi}\sum_{2,4,6...}\frac{(-1)^{k/2}}{k}\sin\frac{\pi k d}{2l}\cos(\frac{k\pi}{l}x).$$

Wie im ersten Fall ist der $X(x)$-Faktor eines Termes $\cos(k\pi x/l)$ mit $\lambda = k\pi/l$ und der zugehörige $T(t)$-Faktor der gleiche wie dort. Die vollständige Funktion für $\rho(x,t)$ lautet unter diesen Umständen

$$\rho(x,t) = \frac{d\rho_0}{l} + \frac{4\rho_0}{\pi} \sum_{2,4,6\ldots} \frac{(-1)^{k/2}}{k} \sin\frac{\pi kd}{2l} \cos(\frac{k\pi}{l}x)\, e^{-(k\pi/l)^2 Dt}.$$

Man sieht, daß für sehr große t die k-Summe vollständig verschwindet und der erste Term, bei dem sich die Substanz gleichmäßig über das ganze Rohr verteilt hat, allein übrig bleibt.

Dritter Fall: unendlich langes Rohr

In diesem Fall benötigen wir keine Nebenbedingung sondern nur eine physikalisch sinnvolle Anfangsbedingung. Wir setzen die einzelnen $X(x)$-Faktoren ebenfalls als $\sin(kx)$ und $\cos(kx)$, bzw. bequemer als e^{ikx} und e^{-ikx} an, wobei jetzt einfach $\lambda = k$ ist. Der wesentliche Gesichtspunkt ist, daß k jetzt eine kontinuierliche Größe ist, weil Beschränkungen für k wie in den beiden ersten Fällen infolge der Randbedingungen entfallen. Der $T(t)$-Faktor ist dann $\exp(-k^2 Dt)$, so daß die Gesamtlösung (jetzt ein Integral anstatt einer Summe) lautet

$$\rho(x,t) = \int_{-\infty}^{\infty} c(k)\, e^{ikx}\, e^{-k^2 Dt} dk. \tag{9.32}$$

Man sieht, daß $c(k)$ die Fouriertransformierte von $\rho(x,0)$ ist. Wählen wir als Anfangsbedingung eine an der Stelle $x=0$ zentrierte Gaußfunktion für $\rho(x,0)$ (siehe Abb. 9.6b)

$$\rho(x,0) = e^{-\alpha^2 x^2},$$

so lautet [vergl. Gl. (8.39)] die Fouriertransformierte

$$c(k) = \frac{1}{2\alpha\sqrt{\pi}} e^{-\frac{1}{4\alpha^2}k^2}.$$

Einsetzen in Gl. (9.32) liefert

$$\rho(x,t) = \frac{1}{2\alpha\sqrt{\pi}} \int_{-\infty}^{\infty} e^{-\frac{1}{4\alpha^2}k^2 + ikx - k^2 Dt} dk = \frac{1}{2\alpha\sqrt{\pi}} \int_{-\infty}^{\infty} e^{-Ak^2 + ikx} dk,$$

wobei A für $1/4\alpha^2 + Dt$ steht. Dieses Integral werten wir wie im Abschn. 8.3.1 aus, indem wir eine quadratische Ergänzung im Exponenten vornehmen:

$$\frac{1}{2\alpha\sqrt{\pi}} \int_{-\infty}^{\infty} e^{-A(k-\frac{ix}{2A})^2} e^{\frac{-x^2}{4A}} dk.$$

Der zweite e-Faktor enthält kein k und kann deshalb vor das Integral gezogen werden und der erste liefert wie im 3. Beispiel in Abschn. 8.3.2 nach Integration über k den Wert $\sqrt{\pi/A}$. Nach Rücksubstituieren von A ist das Resultat

$$\rho(x,t) = \frac{1}{\sqrt{1+4\alpha^2 Dt}} e^{-\frac{\alpha^2}{1+4\alpha^2 Dt}x^2}.$$

Dies ist ebenfalls eine Gaußfunktion, aber das t im Nenner des Bruches im Exponenten sorgt dafür, daß der Faktor vor x^2 mit der Zeit kleiner wird, d.h., die anfängliche Gaußverteilung verbreitert sich mit der Zeit. Gleichzeitig bewirkt der Vorfaktor vor dem Exponentialausdruck, daß die Höhe der Gaußverteilung ständig abnimmt, und zwar in einem Maße, daß das Integral

$$\int_{-\infty}^{\infty} \rho(x,t)dx$$

konstant bleibt, was eine Folge der Tatsache ist, daß keine Substanz verschwindet. Im Endzustand ist die Verteilung sozusagen unendlich flach und breit.

> ■ Die Diffusionsgleichung wird erläutert und für drei einfache Randbedingungen gelöst.

9.5.3 Die Wellengleichung

Wir wollen nochmals auf die eingangs behandelte Gleichung (9.26)

$$\frac{\partial^2 u(x,t)}{\partial x^2} - \frac{1}{c^2}\frac{\partial^2 u(x,t)}{\partial t^2} = 0$$

zurückkommen, in die noch die Konstante c aufgenommen wurde. Wie in dem vorangegangenen Abschnitt können wir einen Produktansatz versuchen und hätten damit auch Erfolg. Da wir aber bereits eine sehr allgemeine Lösung beschrieben haben, nämlich $u(x,t) = f(x-ct) + g(x+ct)$, ist es zweckmäßiger, hierauf aufzubauen. Zunächst noch eine Ergänzung: man sieht sofort, daß auch $\alpha xt + \beta x + \gamma t + \delta$ eine Lösung darstellt, weil u_{xx} und u_{tt} Null werden und damit die Differentialgleichung erfüllt ist. Nachdem unsere Gleichung linear ist und damit auch alle Linearkombinationen von Lösungen wiederum Lösungen darstellen, können wir den Ausdruck $\alpha xt + \beta x + \gamma t + \delta$ auch zu jeder anderen Lösung hinzufügen.

Als erstes wollen wir die Ausdrücke $f(x-ct)$ und $g(x+ct)$ veranschaulichen. $f(x-ct)$ ist zum Zeitpunkt $t=0$ einfach $f(x)$ und zu einem späteren Zeitpunkt $t=t_1$ die Funktion $f(x-ct_1)$, also die um den Betrag ct_1 nach rechts verschobene Funktion $f(x)$ (s. Abb. 9.7). Mit größer werdendem t wird die Rechtsverschiebung größer, d.h., die Funktion $f(x)$ "läuft" mit der Zeit nach rechts, und zwar mit einer Geschwindigkeit c. Auf ähnliche Weise macht man sich klar, daß $g(x+ct)$ eine mit der Geschwindigkeit c nach links laufende Kurve ist.

Wir nehmen nun an, daß als Anfangsbedingung ($t=0$) eine Funktion $h(x)$ gegeben ist, daß also

$$u(x,0) = h(x) = f(x) + g(x)$$

gilt. Wie können wir $h(x)$ in den rechtslaufenden Anteil $f(x)$ und den linkslaufenden Anteil $g(x)$ aufspalten? Ohne zusätzliche Information nicht, wir müssen beispielsweise noch die zeitliche Änderung an allen Orten kennen, d.h. wir benötigen noch

$$k(x) = \left.\frac{\partial u(x,t)}{\partial t}\right|_{t=0} = -cf'(x) + cg'(x).$$

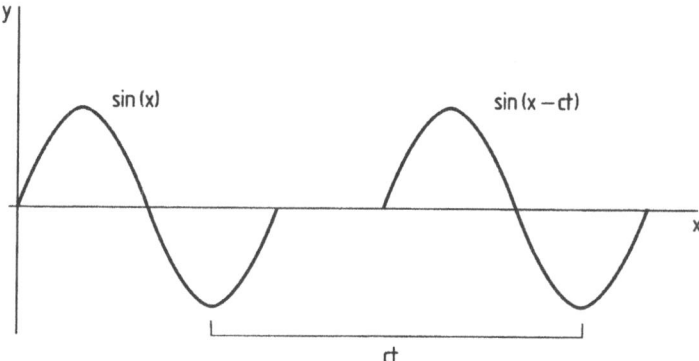

Fig. 9.7 Die Funktion $f(x - ct)$ für $t = 0$ und abgeänderten t-Wert

Bei Kenntnis von $h(x)$ *und* $k(x)$ ist die gewünschte Trennung möglich, denn wir kennen ja auch $h'(x) = f'(x) + g'(x)$:

$$1/2\Big(h'(x) + k(x)/c\Big) = g'(x) \qquad \text{und} \qquad 1/2\Big(h'(x) - k(x)/c\Big) = f'(x),$$

und $k(x)$ ist aufgespalten. Durch Übergang zu den Stammfunktionen finden wir auch $f(x)$ und $g(x)$ selbst.

Als Beispiel betrachten wir eine Welle der Form $\sin(\kappa x)$ für $h(x)$ und die Funktion $a\cos(\kappa x)$ für $k(x)$. $f'(x)$ und $g'(x)$ sind danach

$$f'(x) = 1/2[\kappa \cos(\kappa x) - (a/c)\cos(\kappa x)] = \kappa/2\left(1 - \frac{a}{c\kappa}\right)\cos(\kappa x)$$

und

$$g'(x) = 1/2[\kappa \cos(\kappa x) + (a/c)\cos(\kappa x)] = \kappa/2\left(1 + \frac{a}{c\kappa}\right)\cos(\kappa x).$$

Damit wird $h(x)$ gleich[7]

$$f(x) + g(x) = \frac{1}{2}\left(1 - \frac{a}{c\kappa}\right)\sin(\kappa x) + \frac{1}{2}\left(1 + \frac{a}{c\kappa}\right)\sin(\kappa x).$$

Die Summe ergibt unser Ausgangs-$h(x)$ und der erste Summand gehört zur rechtslaufenden Welle und der zweite zur linkslaufenden. $u(x, t)$ ist demnach

$$u(x, t) = \frac{1}{2}\left(1 - \frac{a}{c\kappa}\right)\sin\big(\kappa(x - ct)\big) + \frac{1}{2}\left(1 + \frac{a}{c\kappa}\right)\sin\big(\kappa(x + ct)\big).$$

Wählen wir $a = c\kappa$, ist die Welle rein linkslaufend, bei $a = -c\kappa$ rein rechtslaufend.

---

[7]Die (additiven) Integrationskonstanten beim Übergang zu den Stammfunktionen $f(x)$ und $g(x)$ wurden weggelassen, weil sie nur zu den weiter oben erwähnten Zusatztermen $\alpha x t + \beta x + \gamma t + \delta$ führen, die immer möglich sind.

9.5.4 Kugelfunktionen

Wir betrachten Funktionen, deren Definitionsbereich die Punkte auf einer Einheitskugel um den Koordinatenursprung darstellen. Jedem Punkt auf der Kugeloberfläche entspricht einerseits eine Richtung (vom Koordinatenursprung aus gesehen) und andererseits ein Funktionswert. Richtungen haben wir (s. Abschnitt 3.1.1) mittels zweier Winkel, θ und φ, charakterisiert. Formal gesehen liegt also eine Funktion von zwei Variablen $u = f(\theta, \varphi)$ vor. Will man f nach Basisfunktionen entwickeln, wäre es schön, wenn wir ein Orthogonalsystem solcher Funktionen zur Verfügung hätten. Ein solches läßt sich finden, wenn wir irgend einen hermiteschen Operator wählen, dessen Eigenfunktionen – wie wir gesehen haben – ein System orthonormierter Funktionen bilden. Als hermiteschen Operator können wir z.B. den Laplace-Operator Δ verwenden, den wir in Abschn. 5.4.2 [Gl. (5.32)] kennengelernt und später in Kugelkoordinaten r, θ, φ transformiert hatten [Abschn. 5.4.4 Gl. (5.37)]. r ist in unserem Falle konstant und gleich 1, und die beiden anderen Koordinaten sind die, die wir als Variable benötigen. Man kann also in der angegebenen Form von Δ die Variable gleich 1 setzen und die Ableitungen nach r weglassen. Zum Schluß noch eine kleine M̶ kation: Es ist natürlich gleichgültig, ob als Operator Δ oder $-\Delta$ verwendet wird. Eigenfunktionen sind die gleichen. Da sich aber bei Verwendung von Δ negative ̶te ergeben würden und man in diesem Fall positive Eigenwerte bevorzugt, woll̶ ̶ $-\Delta$ arbeiten. Unser Operator lautet also

$$\hat{L}^2 = -\frac{1}{\sin\theta}\frac{\partial}{\partial\theta}\left(\sin\theta\frac{\partial}{\partial\theta}\right) - \frac{1}{\sin^2\theta}\frac{\partial^2}{\partial\varphi^2}. \tag{9.33}$$

(Der Name des Operators ist reine Konvention.) Die zu lösende Eigenwertgleichung ist dann

$$\hat{L}^2 Y(\theta, \varphi) = E\, Y(\theta, \varphi).$$

Wir machen einen Produktansatz $Y(\theta, \varphi) = \Theta(\theta)\Phi(\varphi)$ und erhalten

$$-\frac{1}{\sin\theta}\frac{d}{d\theta}\left(\sin\theta\frac{d\Theta(\theta)}{d\theta}\right)\Phi(\varphi) - \frac{\Theta(\theta)}{\sin^2\theta}\frac{d^2\Phi(\varphi)}{d\varphi^2} = E\Theta(\theta)\Phi(\varphi).$$

Zur Trennung der Variablen dividieren wir durch $\Theta\Phi$ und multiplizieren mit $\sin^2\theta$:

$$-\frac{\sin\theta}{\Theta(\theta)}\frac{d}{d\theta}\left(\sin\theta\frac{d\Theta(\theta)}{d\theta}\right) - \frac{1}{\Phi(\varphi)}\frac{d^2\Phi(\varphi)}{d\varphi^2} = E\sin^2\theta.$$

Damit läßt sich die Trennung der Variablen bewirken:

$$-\frac{\sin\theta}{\Theta(\theta)}\frac{d}{d\theta}\left(\sin\theta\frac{d\Theta(\theta)}{d\theta}\right) - E\sin^2\theta \quad = \quad \frac{1}{\Phi(\varphi)}\frac{d^2\Phi(\varphi)}{d\varphi^2} \quad = \quad C.$$

Die Gleichung für $\Phi(\varphi)$

$$\frac{d^2\Phi(\varphi)}{d\varphi^2} = C\Phi(\varphi)$$

ist eine alte Bekannte und hat für $C > 0$ e-Funktionen als Lösung, für $C = 0$ die Lösung $c_1\varphi + c_2$ und für $C < 0$ schließlich sin- oder cos-Funktionen. Da wir für bestimmte Richtungen eindeutige Funktionswerte benötigen, kommen nur Funktionen mit einer Periode von 2π in Betracht. Damit scheiden die e-Funktionen als Lösung aus, in $c_1\varphi + c_2$ muß $c_1 = 0$ sein, und die trigonometrischen Funktionen müssen von der Form $\sin(m\varphi)$ bzw. $\cos(m\varphi)$ mit ganzzahligem m sein. Wir können für C auch $-m^2$ setzen und erhalten dann für $m = 0$ die (normierte) Funktion $\Phi = 1/\sqrt{2\pi}$ und für $m > 0$ das Funktionenpaar $(1/\sqrt{\pi})\sin(m\varphi)$ und $(1/\sqrt{\pi})\cos(m\varphi)$. Damit liegt der $\Phi(\varphi)$-Faktor der Lösung fest.

Die Gleichung für $\Theta(\theta)$ lautet nun mit dem, was wir für C festgelegt haben,

$$-\frac{\sin\theta}{\Theta(\theta)}\frac{d}{d\theta}\left(\sin\theta\frac{d\Theta(\theta)}{d\theta}\right) - E\sin^2\theta = -m^2$$

oder, nach Multiplikation mit $-\Theta$,

$$\sin\theta\frac{d}{d\theta}\left(\sin\theta\frac{d\Theta(\theta)}{d\theta}\right) - (m^2 - E\sin^2\theta)\Theta(\theta) = 0. \tag{9.34}$$

An dieser Stelle ist eine Variablen-Transformation nötig. Wir führen als neue Variable $u = \cos\theta$ ein. Ein Problem ist nur die Transformation der Ableitung. Für eine beliebige Funktion $f(\theta(u))$ ist nach der Kettenregel

$$\frac{df(\theta(u))}{du} = \frac{df(\theta)}{d\theta}\frac{d\theta(u)}{du} = \frac{df}{d\theta}\frac{1}{du/d\theta}.$$

$du/d\theta = -\sin\theta$ und außerdem gilt $\sin^2\theta = 1 - u^2$. Wir erhalten somit nach Multiplikation mit $-\sin^2\theta$

$$(u^2 - 1)\frac{df}{du} = \sin\theta\frac{df}{d\theta}.$$

Beim Übergang zur Variablen u müssen wir also nur den Ausdruck $\sin\theta\frac{d}{d\theta}$ durch $(u^2-1)d/du$ ersetzen und aus Gl. (9.34) wird:

$$(u^2 - 1)\frac{d}{du}\left((u^2 - 1)\frac{d\Theta(u)}{du}\right) - \left(m^2 - (1 - u^2)E\right)\Theta(u) = 0.$$

Wenn wir nun im ersten Term das Produkt differenzieren, wird daraus

$$(u^2 - 1)^2\Theta'' + (u^2 - 1)2u\Theta' - \left(m^2 - (1 - u^2)E\right)\Theta = 0,$$

und Division durch $1 - u^2$ ergibt zu guter Letzt

$$(1 - u^2)\Theta'' - 2u\Theta' + E\Theta - \frac{m^2}{1 - u^2}\Theta = 0.$$

Wir erkennen in dieser Gleichung die Differentialgleichung für die zugeordneten Legendreschen Polynome (9.19), wenn wir $E = l(l + 1)$ setzen. Diese Polynome wurden im Abschnitt 9.4.3 besprochen und mit P_l^m bezeichnet. Θ ist also nach Resubstitution $\sqrt{(2l + 1)/2}\cdot$

$P_l^m(\cos\theta)$, wobei wir gleich die richtige Normierung verwendet haben. Die gesuchten Eigenfunktionen sind

$$Y_l^0(\theta,\varphi) = \sqrt{\frac{2l+1}{2}}P_l(\cos\theta)\frac{1}{\sqrt{2\pi}} \qquad \text{für} \qquad m = 0$$

und

$$\sqrt{\frac{2l+1}{2}}P_l^m(\cos\theta)\frac{1}{\sqrt{\pi}}\left\{\begin{array}{l} \cos(m\varphi) \\ \sin(m\varphi) \end{array}\right. \qquad \text{für} \qquad 1 \le m \le l.$$

Wir können l frei wählen, m aber kann maximal gleich l sein. Da für jeden positiven m-Wert zwei Funktionen zur Verfügung stehen und für $m = 0$ zusätzlich eine weitere, so gibt es zu jedem l-Wert $2l + 1$ Eigenfunktionen, die sich im m-Wert unterscheiden.

Etwas eleganter sieht die Lösung aus, wenn wir statt der reellen Funktionen (cos und sin) komplexe Funktionen $e^{im\varphi}$ und $e^{-im\varphi}$ verwenden (das hätten wir von Anfang an tun können). Wir können dann einfach

$$Y_l^m(\theta,\varphi) = \sqrt{\frac{2l+1}{4\pi}}P_l^{|m|}(\cos\theta)e^{im\varphi}$$

schreiben und für m gilt jetzt $-l \le m \le l$. Diese Funktionen nennt man *Kugelfunktionen* aufgrund der Tatsache, daß sie auf einer Kugeloberfläche definiert sind. Es sind die gesuchten orthonormierten Funktionen, die überdies die angenehme Eigenschaft haben, auf der Kugeloberfläche stetig zu sein. Dies ist keineswegs selbstverständlich, weil die Punkte $\theta = 0$ und $\theta = \pi$ bezüglich der Koordinaten selbst singulär sind. Wir werden auf diese Funktionen gleich im nächsten Abschnitt zurückkommen.

> ■ Wir haben ein orthonormiertes System von Funktionen $Y(\theta,\varphi)$, die *Kugelfunktionen*, erzeugt. Dies sind Funktionen, die jedem Punkt auf einer Einheitskugel einen Funktionswert zuordnen.

9.5.5 Atomare Zustandsfunktionen

Wir können zum Schluß noch zeigen, daß die zeitunabhängige Schrödinger-Gleichung für die Bewegung eines (einzelnen) Elektrons im Kraftfeld eines positiv geladenen Kernes mit Hilfe der Kugelfunktionen gelöst werden kann. Die Eigenwertgleichung [vergl. Gl. (8.60) mit dem Operator $\hat{H}$ von Gl. (8.62)] lautet

$$-\mu\Delta\psi(x,y,z) - Z/(\sqrt{x^2+y^2+z^2})\psi(x,y,z) = E\psi(x,y,z),$$

wobei $\mu = \hbar^2/(2m)$ und $Z = Z_{\text{Kern}}e^2$ (e Elementarladung) Abkürzungen darstellen. Für V wurde das Coulomb-Potential des Kernes eZ_{Kern}/r angesetzt. Wegen der Wurzel in V haben wir keine Chance, mit einem Produktansatz zum Ziel zu gelangen. Dagegen lautet die Gleichung nach Transformation auf Kugelkoordinaten

$$-\mu\left(\frac{1}{r^2}\frac{\partial}{\partial r}r^2\frac{\partial}{\partial r} + \frac{1}{r^2\sin\theta}\frac{\partial}{\partial\theta}\sin\theta\frac{\partial}{\partial\theta} + \frac{1}{r^2\sin^2\theta}\frac{\partial^2}{\partial\varphi^2}\right)\psi(r,\theta,\varphi)$$

$$-\frac{Z}{r}\psi(r,\theta,\varphi) = E\psi(r,\theta,\varphi),$$

wenn wir die transformierte Form des Laplace-Operators [Gl. (5.37)] verwenden. Hier führt nun ein Produktansatz weiter. Um zunächst die Variable r von dem Variablenpaar θ, φ zu trennen, machen wir den Ansatz $\psi(r, \theta, \varphi) = R(r)W(\theta, \varphi)$ und erhalten

$$-\mu \frac{W(\theta, \varphi)}{r^2} \left(\frac{d}{dr} r^2 \frac{d}{dr} R(r) \right) - \left(\frac{Z}{r} + E \right) R(r) W(\theta, \varphi)$$

$$- \mu R(r) \left(\frac{1}{r^2 \sin \theta} \frac{\partial}{\partial \theta} \sin \theta \frac{\partial}{\partial \theta} + \frac{1}{r^2 \sin^2 \theta} \frac{\partial^2}{\partial \varphi^2} \right) W(\theta, \varphi) = 0.$$

Division durch $R(r)W(\theta, \varphi)$ und Multiplikation mit r^2 macht nun die Trennung der Variablen möglich:

$$-\mu \frac{1}{R(r)} \left(\frac{d}{dr} r^2 \frac{d}{dr} R(r) \right) - \left(\frac{Z}{r} + E \right) r^2$$

$$= \mu \frac{1}{W(\theta, \varphi)} \left(\frac{1}{\sin \theta} \frac{\partial}{\partial \theta} \sin \theta \frac{\partial}{\partial \theta} + \frac{1}{\sin^2 \theta} \frac{\partial^2}{\partial \varphi^2} \right) W(\theta, \varphi) = C.$$

Die Gleichung für W lautet (nach Multiplikation mit W/μ)

$$\left(\frac{1}{\sin \theta} \frac{\partial}{\partial \theta} \sin \theta \frac{\partial}{\partial \theta} + \frac{1}{\sin^2 \theta} \frac{\partial^2}{\partial \varphi^2} \right) W(\theta, \varphi) = (C/\mu) W(\theta, \varphi).$$

Der Operator auf der linken Seite ist – bis auf das Vorzeichen – genau der Operator, dessen Eigenfunktionen auf die Kugelfunktionen geführt haben [s. Gl. (9.33)]. Als Eigenwerte hatten sich dort die Zahlen $l(l + 1)$ für $l = 0, 1, 2, \ldots$ ergeben. Wir müssen also nur in der obigen Gleichung für $-C/\mu$ den Ausdruck $l(l + 1)$ einsetzen und haben als Lösungen für $W(\theta, \varphi)$ den Funktionensatz $Y_l^m(\theta, \varphi)$.

Es bleibt die Gleichung für den $R(r)$-Faktor

$$-\mu \frac{1}{R(r)} \left(\frac{d}{dr} r^2 \frac{d}{dr} R(r) \right) - \left(\frac{Z}{r} + E \right) r^2 = -\mu l(l + 1).$$

Dies ist nach Multiplikation mit $R(r)/r^2$ und Umordnung eine Eigenwertgleichung für $R(r)$ allein:

$$-\mu \left(\frac{1}{r^2} \frac{d}{dr} r^2 \frac{d}{dr} R(r) - \frac{l(l + 1)}{r^2} R(r) \right) - \frac{Z}{r} R(r) = E R(r).$$

Für dieses Potential lassen sich die Lösungen angeben, nämlich Polynome in r multipliziert mit einer Exponentialfunktion $exp(-\alpha r)$. Da in realistischen Kernen wegen weiterer Elektronen das Potential $V(r)$ aber komplizierter ist, ist man sowieso auf Näherungen angewiesen. Statt sich in Einzelheiten über die Lösungen des Spezialfalles zu verlieren, ist es deshalb fruchtbarer, auf einige allgemeine Aussagen hinzuweisen, die interessanter sind.

Wie immer bei Eigenwertgleichungen können wir die Lösungen durchnummerieren: $R^{(1)}(r)$, $R^{(2)}(r), \ldots$, allgemein also $R^{(n)}(r)$. Nun steht in der Gleichung aber das frei wählbare l, so daß wir für jedes l einen eigenen Satz von Lösungsfunktionen bekommen und die vollständige

Kennzeichnung $R^{(n,l)}(r)$ ist. Die zugehörigen Eigenwerte sind dann $E^{(n,l)}$. Wichtig ist nun die Tatsache, daß wir ja auch den m-Wert, der bei den Kugelfunktionen nur der Bedingung $-l \leq m \leq +l$ unterlag, frei wählen können. Da m aber in der Gleichung für $R(r)$ gar nicht auftritt, bedeutet das, daß Eigenwerte $E^{(n,l)}$ und der R-Faktor der vollständigen Eigenfunktionen $R^{(n,l)}(r) Y_l^m(\theta, \varphi)$ nicht von m abhängen. Bei gegebenem l-Wert haben wir also $2l + 1$ Lösungsfunktionen zum gleichen Eigenwert $E^{(n,l)}$.

Zur Numerierung ist allerdings noch eine Ergänzung notwendig. Die oben erwähnten Lösungen für das einfache Potential $V(r) = -Z/r$ zeigen, daß der E-Wert für die erste $l = 1$-Funktion gleich dem E-Wert der zweiten $l = 0$-Funktion ist, also $E^{(2,0)} = E^{(1,1)}$ ist. Ebenso ist der E-Wert für die erste $l = 2$-Funktion gleich dem der dritten $l = 0$-Funktion ($E^{(3,0)} = E^{(1,2)}$) usw. Man zieht es daher vor, die Numerierung so abzuändern, daß gleiche n-Werte gleiche E-Werte bedeuten. Das erreicht man, indem man die Numerierung der $l = 1$-Funktionen mit 2 beginnt, der $l = 2$-Funktionen mit 3 usw. Die erste $l = 1$-Funktion und ihr Eigenwert erhält damit die Nummer $E^{(2,1)}$ (anstelle von $E^{(1,1)}$), usw. Mit dieser Numerierung sieht das Schema die Eigenwerte folgendermaßen aus:
$E^{(1,0)}$
$E^{(2,0)} = E^{(2,1)}$
$E^{(3,0)} = E^{(3,1)} = E^{(3,2)}$ usw.

Auch für Potentiale, für die nur $V(r) \approx -Z/r$ ist, behält man dieses Schema bei, weil $E^{(n,0)} \approx E^{(n,1)} \approx E^{(n,2)} \dots$ jetzt zwar nicht mehr exakt, aber doch noch näherungsweise gilt.

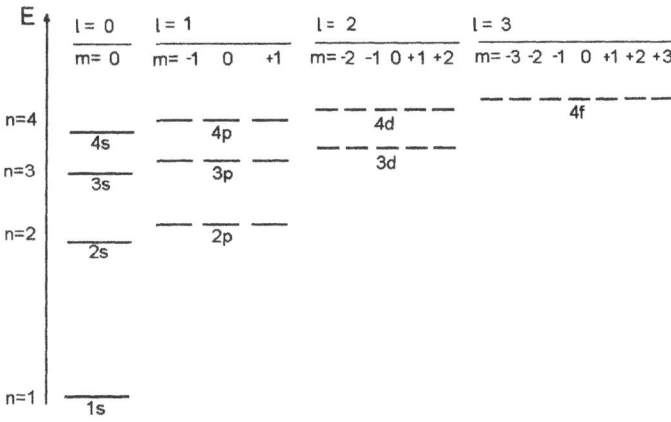

Fig. 9.8 Schema der Elektronenzustände im Atom

Wenn wir nun noch anführen, daß aus historischen Gründen die Funktionen (bzw. Zustände) mit $l = 0$ "s-Funktionen" (bzw. s-Zustände), die mit $l = 1$ "p-Funktionen", die mit $l = 2$ "d-Funktionen" usw. genannt werden, so sieht man, daß s-Funktionen nicht entartet sind ($2l + 1$ ist hier 1), daß p-Funktionen stets dreifach entartet sind, d-Funktionen fünffach usw. Nimmt man hinzu, daß ein Zustand maximal zwei Elektronen aufnehmen kann, so erscheint die Struktur des periodischen Systems, wie sie in den Anfangsvorlesungen auf den Elektronenzuständen der Atome aufgebaut wird. Abb. 9.8 zeigt die Energie der Zustände, allerdings nur schematisch. Die relativen Abstände variieren von Fall zu Fall stark.

Es war das Ziel dieses Abschnitts zu demonstrieren, daß einerseits die vorstehenden Überlegungen wesentlich für das Verständnis der Elektronentheorie in Atomen (und damit letztlich auch in Molekülen) sind und daß sie andererseits ausreichen, um wenigstens einige grundlegende Fragen der Theorie der chemischen Bindung anzugehen.

> ■ Die Lösung der Schrödinger-Gleichung für die Bewegung von Elektronen im Feld eines Atomkerns wurde skizziert. Die dabei erhaltenen Zustandsfunktionen von Elektronen ergeben sich als Produkt einer Funktion $R(r)$ und einer Kugelfunktion $Y(\theta, \varphi)$. Letztere bestimmt den Charakter (die Symmetrie) des Zustandes, der meist mit der Symbolfolge 1s, 2s, 2p, 3s, $\cdots$ gekennzeichnet wird.

Aufgaben

1. Kann die partielle Differentialgleichung für $u(x, y)$

$$a \frac{\partial^2 u}{\partial x^2} + b \frac{\partial^2 u}{\partial y^2} = cu$$

durch einen Produktansatz für u in zwei gewöhnliche Differentialgleichungen aufgespalten werden?
2. Wir knüpfen an das Beispiel am Ende von Abschnitt 9.5.3 an und wählen den Fall, wo $a = -c\kappa$ angenommen wird und $u(x, t)$ dann $\sin(\kappa(x - ct))$ ist. Zeigen Sie, daß diese Lösung auch auf dem Weg über die Trennung der Variablen erhalten werden kann!

10   Gruppentheorie

Die Gruppentheorie war lange Zeit ein Thema ausschließlich für Mathematiker und fand erst mit dem Aufkommen der Atomspektroskopie das Interesse der Physiker, weil sie erkannten, daß mit ihrer Hilfe Ordnung in die verwirrende Vielfalt der Spektren zu bringen war. Für den Chemiker bietet sie zunächst die Möglichkeit, Moleküle nach ihrer Symmetrie zu klassifizieren (Abschn. 10.1). Darüber hinaus kann er mit ihrer Hilfe den einzelnen Molekülzuständen (Grundzustand, elektronisch angeregten Zuständen oder Schwingungszuständen) bestimmte Symmetrierassen zuordnen. Das gleiche gilt für die Zustände einzelner Elektronen im Molekül. Sie ist daher ein unentbehrliches Hilfsmittel vor allem für den Spektroskopiker und den Theoretiker. Dies ist das Thema von Abschn. 10.2.

10.1   Gruppen

Wir werden zunächst einige allgemeine Sätze aus der Gruppentheorie besprechen und uns dann mit den sog. Symmetriegruppen etwas ausführlicher befassen, weil diese für den Chemiker die größte Rolle spielen.

10.1.1   Definitionen

Eine *Gruppe* besteht aus einem Satz von *Elementen*, für die *eine* Verknüpfung indexElemente¿einer Gruppe (Gruppenoperation) definiert ist, – zum Unterschied von Zahlen, bei denen *zwei* Verknüpfungen existieren (Addition und Multiplikation). Die Verknüpfung der Gruppenelemente hat nichts mit der herkömmlichen Addition oder Multiplikation zu tun. Sie ist vielmehr ein Ausdruck für die Tatsache, daß zwei Elementen a und b der Gruppe ein drittes Element zugeordnet wird als Resultat der Gruppenoperation. Geschrieben wird der Zusammenhang in der Form

$$a \cdot b = c \quad \text{oder einfach} \quad a\,b = c.$$

Man spricht allerdings von dieser Operation als "Multiplikation" oder – je nach Analogie – auch als "Addition", aber der Leser sollte im Auge behalten, daß sie mit der Multiplikation oder Addition von Zahlen nichts zu tun hat.

Die Anzahl der Elemente ergibt die *Ordnung* der Gruppe. Man unterscheidet *endliche* Gruppen (Gruppen endlicher Ordnung) und *unendliche* oder *kontinuierliche* Gruppen, je nachdem die Zahl der Elemente endlich oder unendlich ist. Für den Physiker sind die Gruppen unendlicher Ordnung wichtiger als die endlicher Ordnung, aber in der Chemie werden in erster Linie Gruppen endlicher Ordnung benötigt. Wir wollen uns daher im Folgenden auf Gruppen dieser Art beschränken.

Für Gruppen endlicher Ordnung kann man das Ergebnis der Gruppen-"Multiplikation" in einer Tabelle festhalten. Besteht die Gruppe aus den Elementen a, b, c, d, so könnte das so aussehen:

	a	b	c	d
a	d	d	b	a
b	b	c	c	a
c	a	c	c	c
d	c	b	a	a

(Wir werden aber gleich sehen, daß dabei bestimmte Regeln zu beachten sind.) Der Tabelle entnimmt man, daß z.B. $bc = c$ oder $da = c$ gilt, und ebenso kann man das Ergebnis der Operation zweier anderer Elemente ablesen. Beachten Sie, daß allgemein *nicht* $ab = ba$ gelten muß, d.h. die Multiplikation *kann*, muß aber nicht kommutativ sein. Gruppen, bei denen die Multiplikation generell kommutativ ist, nennt man *Abelsche Gruppen*. Bei ihnen muß die Multiplikationstabelle bei Spiegelung an der Diagonalen in sich selbst übergehen.

Gruppenaxiome Bis jetzt haben wir lediglich einen Satz von Elementen mit einer Gruppenoperation. Damit das Ganze eine Gruppe darstellt, müssen nun eine Reihe von Axiomen erfüllt sein:

(I) Es muß für drei beliebige Elemente immer $(a\,b)c = a(b\,c)$ sein, d.h. es muß das assoziative Gesetz gelten. Unter dieser Voraussetzung braucht man bei einer drei- oder mehrfachen Multiplikation nur die Reihenfolge der Elemente anzugeben, benötigt aber keine Klammern, denn sie spielen nun keine Rolle mehr: $(a\,b)c = a(b\,c) = a\,b\,c$. (Bitte beachten Sie, daß in der Beispiel-Tabelle oben dieses Axiom *nicht* erfüllt ist. Deshalb bilden die Elemente a, b, c, d keine Gruppe.)

(II) Es muß ein *Einheitselement* e geben, das für beliebige Elemente a dieses Element zurückliefert:

$$a\,e = e\,a = a.$$

(III) Es muß zu jedem Element a *genau ein* zu a *reziprokes* Element a^{-1} geben:

$$a\,a^{-1} = a^{-1}\,a = e$$

("reziprok" in Analogie von $x \cdot (1/x) = (1/x) \cdot x = 1$). Dies hat zur Folge, daß jede Gleichung der Form $a\,x = b$ eindeutig nach x auflösbar ist. Multipliziert man nämlich die Gleichung auf beiden Seiten links mit a^{-1}, so erhält man

$$a^{-1}\,ax = a^{-1}\,b \qquad \Rightarrow \qquad x = a^{-1}\,b,$$

und das ist eindeutig, weil die Eindeutigkeit von a^{-1} vorausgesetzt wurde. In jeder Zeile der Multiplikationstabelle kann deshalb jedes Element nur *einmal* auftreten.

Die Elemente der Zeile von a erhält man, wenn x in dem Ausdruck ax alle Gruppenelemente durchläuft. Würde nun b dabei zweimal auftreten, also sowohl $ax_1 = b$ als auch $ax_2 = b$, so ergibt die Auflösung $x_1 = a^{-1}b$ und $x_2 = a^{-1}b$ und damit $x_1 = x_2$. Das Gleiche gilt übrigens auch für die Spalten, da auch die Gleichungen $x\,a = b$ eindeutig auflösbar sind: $x = b\,a^{-1}$.

Wir betrachten zunächst ein Beispiel. Als Gruppenelemente nehmen wir die sechs Möglichkeiten, drei Elemente miteinander zu vertauschen: (1) Alle belassen (Bezeichnung E), (2) Zyklisch vorwärts, also das letzte nach vorn und die beiden anderen rücken nach hinten (Bezeichnung C_+), (3) dto. rückwärts (Bezeichnung C_-), und die drei Zweier-Permutationen P_{12}, P_{13} und P_{23}. Als Gruppen-Operation definieren wir das Hintereinander-Ausführen zweier Vertauschungen, und zwar zuerst die rechts-stehende und danach die links-stehende. Der Vorgang läßt sich am besten an einem Beispiel erklären:

Wir suchen das "Produkt" $C_+ \cdot P_{23}$. Die zu vertauschenden Elemente seien ABC. Zuerst ist das rechts-stehende P_{23} auszuführen: $ABC \rightarrow ACB$, dann das linksstehende C_+: $ACB \rightarrow BAC$. Diese zwei Operationen können auch durch eine einzige, nämlich P_{12}, erreicht werden. Also ist $C_+ \cdot P_{23} = P_{12}$ und der Eintrag in der Multiplikationstabelle wird entsprechend vorgenommen.

Es ist klar, daß mit dieser Vorschrift das Produkt zweier beliebiger Elemente wiederum eines der sechs Elemente ergibt und wir folgende Multiplikationstabelle erhalten:

	E	C_-	C_+	P_{12}	P_{13}	P_{23}
E	E	C_-	C_+	P_{12}	P_{13}	P_{23}
C_-	C_-	C_+	E	P_{23}	P_{12}	P_{13}
C_+	C_+	E	C_-	P_{13}	P_{23}	P_{12}
P_{12}	P_{12}	P_{13}	P_{23}	E	C_-	C_+
P_{13}	P_{13}	P_{23}	P_{12}	C_+	E	C_-
P_{23}	P_{23}	P_{12}	P_{13}	C_-	C_+	E

Wir können alle besprochenen Zusammenhänge anhand dieses Beispiels verifizieren. (I) Zunächst ist klar, daß zweimaliges Hintereinanderausführen $c \cdot (b \cdot a)$ (erst b, dann c) auch so erfolgen kann, daß man zunächst die Multiplikation $c \cdot b$ vornimmt, also die beiden Vorschriften in eine zusammenfaßt, und diese dann auf a anwendet: $(c \cdot b) \cdot a$. Also ist die Multiplikation assoziativ. Das kann man selbstverständlich auch mittels dreier beliebiger Elemente und der Tabelle überprüfen. (II) Inspektion zeigt, daß das Einheitselement das Element E ist. (III) Das reziproke Element von C_+ ist das Element C_- (Zyklus in entgegengesetzter Richtung) oder das von P_{13} ist es selbst, denn $P_{13} \cdot P_{13} = E$. Man überzeugt sich auch leicht, daß jedes Element in jeder Zeile (bzw. Spalte) nur einmal vorkommt.

Wir benötigen nun noch zwei Begriffe, die sich als nützlich erweisen werden.

Klassen-Einteilung mittels konjugierter Elemente   Es besteht die Möglichkeit, die Elemente einer Gruppe in *Klassen* einzuteilen. Dazu benützt man das Konzept der zu einem Element a *konjugierten* Elemente. Man sagt, das Element b sei zum Element a konjugiert, wenn es irgend ein Element der Gruppe (hier c genannt) gibt, so daß

$$c^{-1}b\,c = a \tag{10.1}$$

gilt. Die Klasseneinteilung erfolgt nun so, daß alle zu a konjugierten Elemente eine Klasse bilden. Um zu zeigen, daß diese Vorschrift tatsächlich zu einer Klasseneinteilung führt, müssen drei Bedingungen erfüllt sein.

Erstens muß a zu sich selbst konjugiert sein. Dies ist der Fall, denn wenn wir für c das Einheitselement e wählen, ergibt sich die Behauptung: $e^{-1}ae = a$. $(e^{-1} = e.)$ Zweitens muß gelten: wenn b konjugiert zu a, dann auch a konjugiert zu b. Dies ist ebenfalls der Fall, denn wenn $c^{-1}bc = a$, dann ist $cac^{-1} = b$. (Setzt man $d = c^{-1}$, so ist $cac^{-1} = d^{-1}ad$). Und drittens muß, wenn b in der Klasse von a und c in der Klasse von b ist, auch gelten: c ist in der Klasse von a. Auch dies läßt sich zeigen. Laut Voraussetzung gilt

$$f^{-1}b f = a \quad \text{und} \quad g^{-1}c g = b.$$

Aber dann gilt auch

$$f^{-1}g^{-1}c g f = a, \quad \text{bzw} \quad (g f)^{-1}c (g f) = a,$$

d.h. das Element $g f$ vermittelt die Klassenbeziehung.

Man sieht übrigens, daß das Einheitselement e immer eine Klasse für sich bildet, denn für beliebige Gruppenelemente c gilt ja $c^{-1}e c = e$. Wir wollen die Klasseneinteilung noch explizit für das Beispiel der oben vorgestellten Gruppe der Permutationen von drei Elementen vornehmen.

Wir wählen als Beispiel das Element P_{23} aus. Lassen wir in dem Ausdruck $c^{-1}P_{23}c$ das Element c die sechs Gruppenelemente durchlaufen, so erhalten wir aufgrund der Gruppentafel die Reihe

$$P_{23}, \quad P_{13}, \quad P_{12}, \quad P_{13}, \quad P_{12}, \quad P_{23}.$$

(Beispiel für das vierte Glied: $P_{12}^{-1}P_{23}P_{12} = P_{12}P_{23}P_{12} = P_{12}C_- = P_{13}$.) In der Reihe erscheinen drei verschiedene Elemente (jeweils zweimal). Also bilden die drei Elemente P_{12}, P_{13}, und P_{23} zusammen eine Klasse (es sind die drei Zweier-Vertauschungen). Wir haben das anhand des Elementes P_{23} herausgefunden, aber das Resultat für die beiden anderen Zweier-Permutationen wäre dieselbe Klasse gewesen. In ähnlicher Weise kann man sich davon überzeugen, daß auch die beiden zyklischen Permutationen C_+ und C_- zusammen eine Klasse bilden. Das Einheitselement bildet – wie gesagt – für sich eine dritte Klasse.

Untergruppen Man nennt einen Teilsatz der Gruppenelemente eine Untergruppe, wenn diese Elemente für sich bereits die Gruppenaxiome erfüllen. Man sieht sofort, daß das Einheitselement e immer zu diesem Teilsatz gehören muß, so wie das reziproke Element eines jeden Untergruppenelementes. In unserer Beispiel-Gruppe bilden die beiden Elemente E und P_{23} bereits für sich eine Gruppe mit der Multiplikationstabelle

	E	P_{23}
E	E	P_{23}
P_{23}	P_{23}	E

Diese Untergruppe ist *isomorph*[1] zur Gruppe der Permutationen zweier Elemente, die aus den Elementen E (belassen) und P (vertauschen) besteht. Auch die ersten drei Elemente

---

[1]Isomorph nennt man zwei Gruppen, die die gleiche Multiplikationstabelle haben, wenn man eine geeignete Zuordnung der Elemente vornimmt. In unserem Beispiel wäre die Zuordnung $E \to E$ und $P_{23} \to P$.

der Beispiel-Gruppe bilden eine Untergruppe, wovon man sich leicht überzeugt, wenn man den linken oberen Teil der Tabelle ausschneidet.

Es gibt eine Reihe weiterer Begriffe in diesem Zusammenhang (wie z.B. *Faktorgruppen*). Da wir hier ohne sie auskommen, sei der interessierte Leser auf die weiterführende Literatur, z.B. [12, 13, 14], verwiesen.

■ Eine endliche Gruppe besteht aus einem endlichen Satz von Elementen, für die *nur eine* Verknüpfung (die Gruppenoperation) definiert ist. Diese Verknüpfung wird von Fall zu Fall als "Addition", meist aber als "Multiplikation" bezeichnet, obwohl sie im herkömmlichen Sinn weder mit dem einen noch dem anderen zu tun hat. Die Gruppenoperation muß die drei Gruppen-Axiome (I–III) erfüllen. Ein wichtiger Gesichtspunkt ist, daß es möglich ist, die Elemente in verschiedene *Klassen* einzuteilen. Ferner ist denkbar, daß ein Teilsatz der Elemente bereits für sich eine Gruppe darstellt. Diesen Teilsatz bezeichnet man als *Untergruppe*.

10.1.2 Symmetriegruppen

Symmetrie-Operationen

Wir wollen nun diese Überlegungen auf den Fall übertragen, daß ein gegebenes Molekül eine bestimmte Symmetrie aufweist. Auch hier arbeiten wir am besten mit einem Beispiel und wählen dazu das Ammoniak-Molekül NH_3. Es darf als bekannt vorausgesetzt werden, daß es die Gestalt einer stumpfen Pyramide hat (siehe Abb. 10.1). Das Molekül ist in ei-

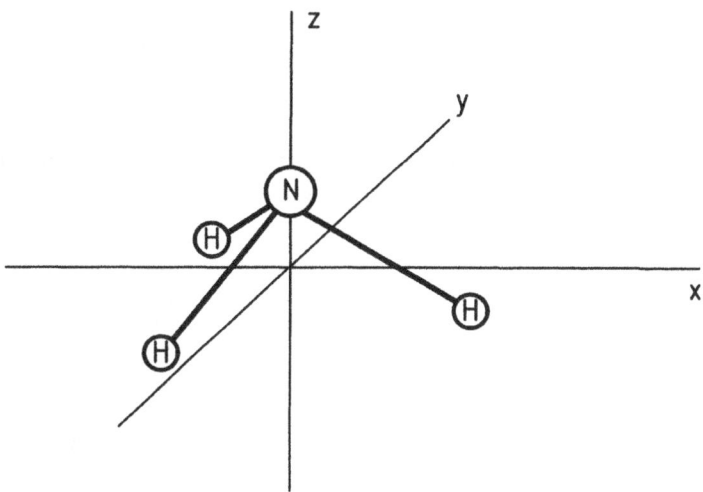

Fig. 10.1 Das NH_3-Molekül und seine Positionierung in einem Koordinatensystem

nem räumlichen Koordinatensystem so positioniert, daß das N-Atom auf der z-Achse liegt und die drei H-Atome eine Ebene parallel zur x, y-Ebene bilden. Um die Symmetrie zu charakterisieren, führen wir den Begriff der *Deckoperation* ein: Wenn wir mit ihm eine gewisse Bewegungsoperation vornehmen und es damit mit sich selbst zur Deckung bringen, nennen wir das eine Symmetrie-Operation des Moleküls. In unserem Beispiel ist die Drehung um 120^0 um die z-Achse eine solche Operation, die das Molekül mit sich selbst zur Deckung bringt und damit eine Symmetrie-Operation des Ammoniaks darstellt. (Dies gilt selbstverständlich nur so lange, wie das Molekül nicht verzerrt ist!) Unser Bestreben muß es zunächst sein, eine vollständige Liste aller möglichen Deckoperationen des betreffenden Moleküls, d.h. aller möglichen Symmetrie-Operationen, aufzustellen. Wir werden dann sehen, daß sie zusammen eine Gruppe bilden.

Als erstes muß man sich darüber klar werden, was für Operationen überhaupt als Symmetrie-Operationen in Frage kommen. Wir haben in unserem Beispiel eine Drehung um eine Achse kennengelernt. Eine solche Drehachse nennt man ein *Symmetrie-Element*. Solche Symmetrie-Elemente sind von Symmetrie-Operationen zu unterscheiden, denn zu dieser Drehachse gehören *zwei* Symmetrie-Operationen, nämlich eine Drehung um 120^0 und eine um 240^0. (Auch letztere bringt das Molekül zur Deckung!) Wir werden später sehen, daß wir auch eine triviale Operation "Molekül-belassen" als Deckoperation auffassen und der Vollständigkeit halber in unsere Liste aufnehmen müssen (die *Einheits-Operation*). Dagegen wird die Operation "Drehung um 360^0" *nicht* als eigenständige Operation aufgefaßt, weil sie im Endeffekt das gleiche bewirkt wie die Einheitsoperation. (Man erkennt dies am besten so, daß man sich die einzelnen H-Atome numeriert denkt.)

Symmetrie-Achsen Symmetrie-Achsen sind also das erste Symmetrie-Element, das wir kennengelernt haben. Nun müssen diese Achsen nicht unbedingt mit Drehungen um 120^0 (bzw. einem Vielfachen davon) verbunden sein. Solche Achsen nennt man *dreizählig*, weil drei Drehungen auf die Einheitsoperation hinauslaufen. Aber es sind auch zweizählige Achsen denkbar, zu denen nur die Drehung um 180^0 als Symmetrie-Operation gehört. Ein Beispiel hierfür ist das Wasser-Molekül, wenn man es wie in Abb. 2.12 positioniert. Im Prinzip kann eine Achse beliebig-zählig sein. Für Moleküle spielen noch vierzählige Achsen (planarer Komplex AB$_4$) und sechszählige Achsen (Benzol) eine besondere Rolle, aber auch fünf- oder achtzählige Achsen kommen vor.

Auch die Lage der Drehachse spielt eine Rolle. Sie geht bei geeigneter Positionierung des Moleküls zwar immer durch den Ursprung, muß aber nicht die z-Achse sein. Ist nur *eine* Drehachse vorhanden, so wird man sie meistens in z-Richtung legen, aber es können ja mehrere vorhanden sein. Beim Benzol (positioniert in die x,y-Ebene) haben wir neben der (sechszähligen) z-Achse z.B. eine zweizählige Achse (die x-Achse). Man bezeichnet das Symmetrie-Element "Achse" mit dem Symbol C und hängt die Zähligkeit als Index daran: C$_2$ bezeichnet also eine zweizählige Achse, C$_3$, eine dreizählige, usw. Unglücklicherweise bezeichnet man die zugehörigen Symmetrie-Operationen mit den gleichen (oder ähnlichen) Symbolen, was dem Auseinanderhalten von Symmetrie-Element und Symmetrie-Operation nicht eben förderlich ist. So bezeichnet C$_2$ auch die zum Symmetrieelement C$_2$ gehörende Drehung um 180^0 und C$_3$ die Drehung um 120^0. Die Drehung um 240^0 wird als Hintereinander-Ausführung zweier C$_3$-Operationen aufgefaßt und dementsprechend mit C$_3\cdot$C$_3$ = C$_3^2$ bezeichnet. Zu einer vierzähligen Achse C$_4$ gehören die Operationen C$_4$ (Drehung um 90^0), C$_2$ (Drehung um 180^0) und C$_4^3$ (Drehung um 270^0). Entsprechend verfährt man bei höher-zähligen Achsen.

Spiegelebenen Ein zweites Symmetrie-Element, das unser Ammoniak aufweist, sind Spiegel-Ebenen. So ist die xz-Ebene ein Symmetrie-Element, weil Spiegelung an ihr das Molekül ebenfalls zur Deckung bringt. Es existieren übrigens noch zwei weitere Spiegelebenen, die allerdings nicht mit Ebenen aus zwei Koordinatenachsen zusammenfallen. Sie enthalten zwar die z-Achse, aber sie bilden mit der xz-Ebene Winkel von 120^0 bzw. 240^0.

Da zu dieser Art von Symmetrie-Element nur *eine* Symmetrie-Operation gehört (eben die Spiegelung als Operation) werden auch hier Element und Operation mit dem gleichen Symbol σ bezeichnet. Eventuell kann man Indizes verwenden, um mehrere Ebene zu numerieren (wie z.B. beim Ammoniak $\sigma_1, \sigma_2, \sigma_3$) oder man kann die Lage der Spiegelebene bezüglich einer Drehachse damit charakterisieren, wie wir noch sehen werden.

Inversionszentrum Neben der Spiegelung an Spiegel-Ebenen ist auch die Spiegelung am Ursprung denkbar. Man nennt diese Operation *Inversion* und das Element ein *Inversionszentrum*. NH_3 weist dieses Symmetrie-Element nicht auf, wohl aber ein oktaedrischer Komplex (sechs gleiche "Liganden" in gleichen Abständen vom Zentrum in den sechs Richtungen der Koordinatenachsen). Symbol für Element wie für Operation ist i.

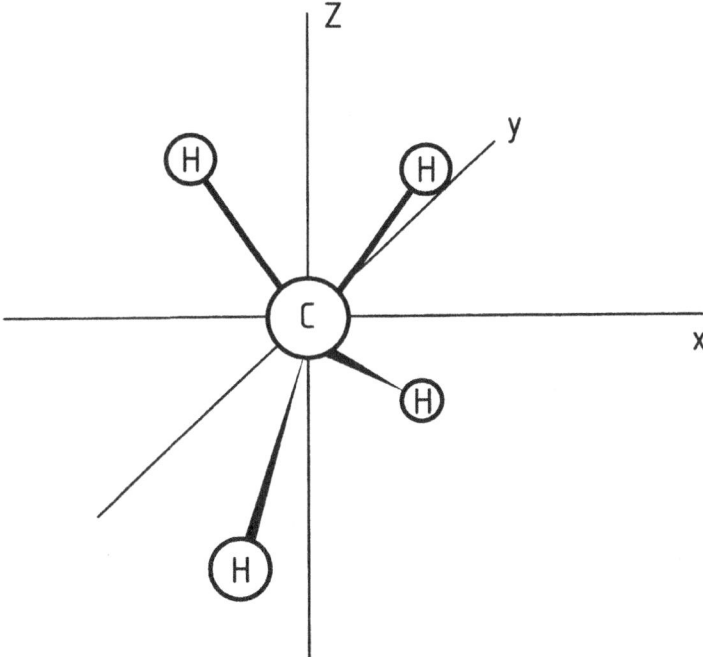

Fig. 10.2 Orientierung des Methan-Moleküls bei der Erläuterung einer Drehspiegel-Achse

Drehspiegel-Achsen Ein letztes und vergleichsweise komplexes Symmetrie-Element ist eine Drehspiegel-Achse. Auch diese weist das Ammoniak-Molekül nicht auf. Ein Beispiel hierfür ist das Methan-Molekül CH_4, wenn man es nicht ähnlich wie den Ammoniak als Pyramide im Koordinatensystem positioniert sondern wie in Abb. 10.2 gezeigt. Das Molekül hat zunächst in z-Richtung eine zweizählige Achse, denn eine Drehung um 180^0 bringt das Molekül zur Deckung. Es hat aber eine höhere Symmetrie, weil eine Drehung um 90^0 und anschließende Spiegelung an der senkrecht zur Drehachse liegenden Ebene das Molekül ebenfalls zur Deckung bringt. Man beachte: das Molekül hat weder eine vierzählige Achse noch die xy-Ebene als Spiegelebene. Nur die kombinierte Operation Drehung+Spiegelung bringt das Molekül zur Deckung. Solch ein Symmetrie-Element nennt man eine Drehspiegel-Achse und bezeichnet sie mit dem Symbol S, hier S_4. Die zugehörigen Symmetrie-Operationen sind zunächst die besprochene S_4-Operation. Zweimaliges Ausführen dieser Operation ist die normale Drehung um 180^0 (C_2), denn die zwei Spiegelungen heben sich auf. Schließlich führt die nochmalige Ausführung der Operation zu einer Drehung um 270^0 plus Spiegelung (Operation S_4^3). Ähnlich geht man bei sechszähligen Drehspiegelachsen vor. Die zweizählige Drehspiegel-Achse ist mit einem Inversionszentrum identisch und wird deshalb nicht als eigenständiges Symmetrie-Element angesehen.

Es gibt auch dreizählige Drehspiegelachsen (S_3) und wir wollen uns die zugehörigen Symmetrie-Operationen klarmachen. Zunächst ist da die Operation S_3, eine Drehung um 120^0 und anschließende Spiegelung. Zweimalige Ausführung ergibt eine Drehung um 240^0 ohne Spiegelung (anstelle zweimaliger Spiegelung), dann die Drehung um 360^0 plus Spiegelung, also im Endeffekt nur die Spiegelung an der xy-Ebene, als nächstes die Drehung um 120^0 ohne Spiegelung und zum Schluß die Drehung um 240^0 mit Spiegelung. Man sieht, daß das auf eine dreizählige Achse und eine senkrecht dazu gelagerte Spiegelebene hinausläuft. Ungerade Drehspiegelachsen sind also gleichbedeutend mit einer gewöhnlichen Drehachse gleicher Zähligkeit plus einer senkrecht dazu liegenden Spiegelebene. Hier ist also das Symmetrie-Element die Kombination zweier bereits bekannter Symmetrie-Elemente.

Damit haben wir die möglichen Symmetrie-Elemente von einzelnen Molekülen erschöpft. Es soll lediglich noch darauf hingewiesen werden, daß für räumliche Gitter, wie sie in Kristallen erscheinen, als weitere Operationen Verschiebungen hinzutreten, aber wir wollen es hier bei den Symmetrie-Operationen für einzelne Moleküle belassen, weil Kristallographie eine eigenständige Disziplin darstellt.

■ Es wurden *Deckoperationen* vorgestellt, die ein gegebenes Molekül zur Deckung mit sich selbst bringen können. Diese Deckoperationen bilden als *Symmetrie-Operationen* die Elemente der Symmetriegruppe des betreffenden Moleküls. Es kann sich dabei um
Drehungen
Punkt- oder Ebenen-Spiegelungen oder
Drehspiegelungen
handeln. Die mit diesen Symmetrie-Elementen verbundenen Symmetrie-Operationen wurden erläutert.

Symmetriegruppen

Die Gesamtheit aller Symmetrie-Operationen eines Moleküls bildet eine Gruppe, die *Symmetriegruppe des betreffenden Moleküls*. Dabei spielt die Hintereinanderausführung zweier Operationen die Rolle der Multiplikation zweier Gruppen-Elemente, wie wir das bereits bei den Symmetrie-Operationen einer Symmetrie-Achse praktiziert hatten. Der wesentliche Punkt ist, daß zwei nacheinander ausgeführte Symmetrie-Operationen immer auch durch *eine* Symmetrie-Operation zu erreichen ist. (Sollte das nicht der Fall sein, haben Sie einfach eine Operation vergessen und Ihre Liste ist nicht vollständig.) Daß dem so ist, sieht man am einfachsten bei Symmetriegruppen, die nur ein einziges Symmetrie-Element aufweisen.

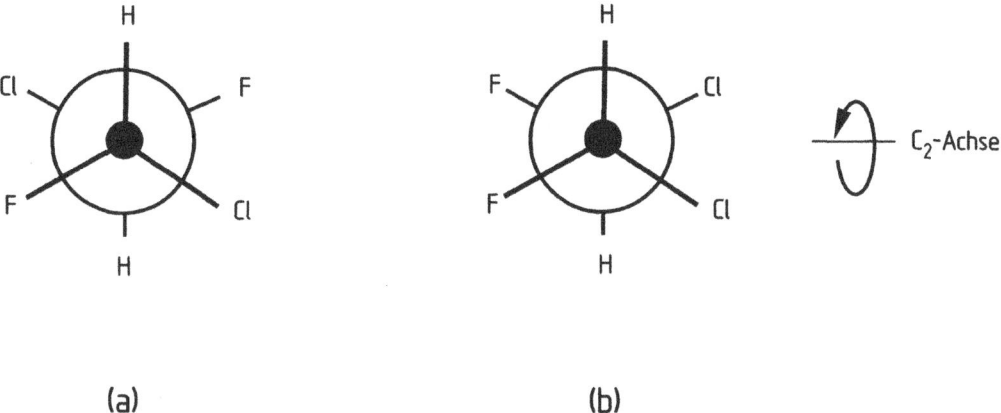

(a)   (b)

Fig. 10.3 Zwei Konformationen von CHFCl-CFHCl, (a) Symmetrie C_i (b) Symmetrie C_2

Gruppen mit nur einem Symmetrie-Element Ein simples Beispiel hierfür ist das HOCl-Molekül (unterchlorige Säure), das gewinkelt ist und bei dem zwei ungleiche Atome am zentralen Sauerstoff gebunden sind. Dieses Molekül weist nur ein Symmetrie-Element auf, nämlich eine Spiegelebene (die Molekül-Ebene), und die beiden Symmetrie-Operationen e (Einheits-Operation) und σ (Spiegelung an einer Ebene) bilden zusammen eine Gruppe, C_σ genannt. Die Gruppentabelle ist einfach

	e	σ
e	e	σ
σ	σ	e

Man überzeugt sich leicht davon, daß Hintereinander-Ausführung zu dem in der Tabelle enthaltenen Ergebnis führt. Eine ähnliche Gruppe ist die Gruppe C_i, bei der das Molekül als einziges Symmetrie-Element die Inversion an einem Zentrum aufweist. Hier bilden die beiden Elemente e und i die beiden Symmetrie-Operationen und die Tabelle ist die gleiche wie bei C_σ (nur die Operation i an der Stelle von σ). Solche Gruppen nennt man *isomorph*, d.h. bei einer bestimmten Zuordnung der beiden Elemente-Sätze (hier e zu e und σ zu i) ist die Multiplikationstabelle gleich. Zusätzlich muß gelten, daß die Zuordnung umkehrbar ist. Voraussetzung dafür ist, daß beide Gruppen gleich viel Elemente haben. Dagegen heißen zwei Gruppen *homomorph*, wenn die Gruppen zwar die gleiche Multiplikationstabelle haben, aber die Zuordnung nicht umkehrbar ist. Dann haben die Gruppen eine verschiedene Anzahl von Elementen. Beispiele werden in der Folge gegeben werden.

Abb. 10.3a zeigt ein Molekül, das in der gezeigten Konformation die Symmetrie C_i hat. (Man blickt in Richtung der CC-Bindung und die Substituenten nehmen die gezeigten Positionen ein.)

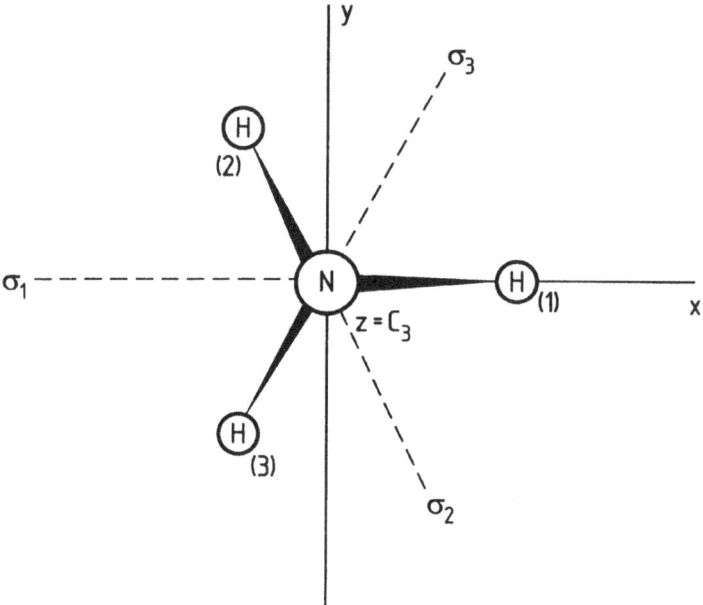

Fig. 10.4 Symmetrie-Elemente des NH_3-Moleküls

Eine weitere Gruppe mit nur einem Symmetrie-Element sind die Gruppen mit (nur einer) n-zähligen Achse, also C_2, C_3, C_4, usw. Wir geben die Gruppentafel als Beispiel für die Gruppe C_4:

	e	C_4	C_2	C_4^3
e	e	C_4	C_2	C_4^3
C_4	C_4	C_2	C_4^3	e
C_2	C_2	C_4^3	e	C_4
C_4^3	C_4^3	e	C_4	C_2

Ein Beispiel für ein Molekül mit C_2-Symmetrie zeigt Abb. 10.3b. Die Gruppe mit (nur) einer n-zähligen Drehachse (S_n) behandeln wir später.

Gruppen C_{nv} und C_{nh} Wir kehren nun zu unserem Ausgangsbeispiel, dem NH_3-Molekül, zurück. Wir hatten gesehen, daß es eine dreizählige Symmetrie-Achse aufweist. Daneben gibt es eine Spiegelebene (die xz-Ebene) und zwei weitere Spiegelebenen, die durch die Spiegelung an den beiden anderen NH-Bindungen gekennzeichnet sind. Wir haben damit sechs Symmetrie-Operationen: e, C_3, C_3^2, σ_1, σ_2 und σ_3 (siehe Abb. 10.4). Wie kann man nun die Gruppen-Tabelle erstellen? Bevor wir die Hintereinander-Ausführungen durchspielen, müssen wir uns entscheiden, ob wir die Symmetrie-Elemente Raum-fest oder Molekül-fest ansehen wollen. Wenn beispielsweise auf eine Drehung die Spiegelung σ_1 vorgenommen werden soll, müssen wir verabreden, ob sich die Spiegelebene mitgedreht hat oder nicht. Beides ist möglich und führt auf analoge Tabellen. Wir wollen hier die Raum-feste Variante wählen. Abb. 10.5 zeigt, wie sich die (numerierten) H-Atome verhalten und man ersieht daraus, daß

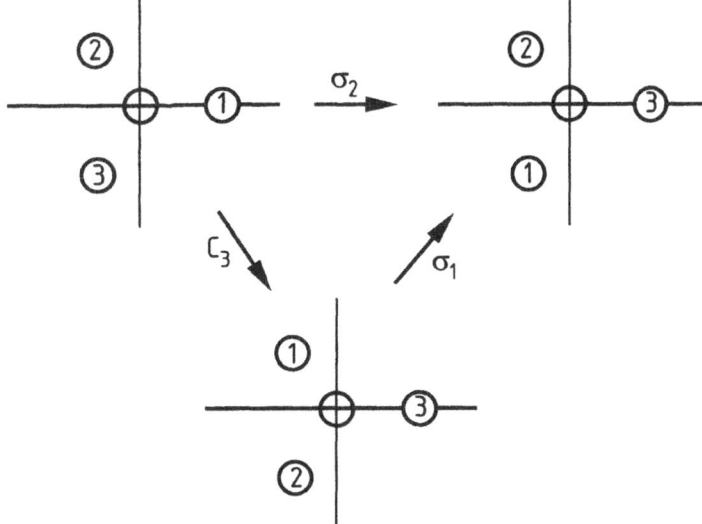

Fig. 10.5 Hintereinander-Ausführen zweier Symmetrie-Operationen, hier von C_3 und σ_1

das Produkt $\sigma_1 \cdot C_3$ (erst C_3, dann σ_1!) der Spiegelung an der 2. Spiegelebene entspricht, also gleich σ_2 ist. Auf die gleiche Weise können alle Produkte gebildet werden und wir erhalten als Gruppentafel

	e	C_3	C_3^2	σ_1	σ_2	σ_3
e	e	C_3	C_3^2	σ_1	σ_2	σ_3
C_3	C_3	C_3^2	e	σ_3	σ_1	σ_2
C_3^2	C_3^2	e	C_3	σ_2	σ_3	σ_1
σ_1	σ_1	σ_2	σ_3	e	C_3	C_3^2
σ_2	σ_2	σ_3	σ_1	C_3^2	e	C_3
σ_3	σ_3	σ_1	σ_2	C_3	C_3^2	e

Diese Gruppe, die übrigens isomorph mit der Gruppe der Vertauschungen von drei Elementen (siehe vorigen Abschnitt) ist, nennt man C_{3v}: C_3 von der dreizähligen Achse her und der Index v gibt an, daß zusätzlich Spiegelebenen vorhanden sind, und zwar *vertikale*, d.h.

solche, in der die Drehachse liegt. (Im Gegensatz zu einer *horizontalen* Spiegelebene, die senkrecht zur Drehachse liegt.)

Es gibt noch eine zweite Möglichkeit, sich solche Gruppen mit mehreren Symmetrie-Elementen zu veranschaulichen. Dazu stellt man sich das räumliche Koordinatensystem als aus acht Oktanden zusammengesetzt vor: vier über und vier unterhalb der xy-Ebene. Man arbeitet dann mit einem Kunst-Molekül, das man sich aus einer Anzahl gleicher Atome aufgebaut denkt. Zunächst wird nun ein Atom irgendwie in den Raum gelegt, aber auf keines der Symmetrie-Elemente. Dieses Atom kennzeichnen wir so, daß wir an die betreffende Stelle eine Marke setzen, – und zwar einen (massiven) Punkt für Atome über der xy-Ebene und einen kleinen Kreis für solche darunter. Mit unserem 1. Atom hat sich die Situation (a) in Abb. 10.6 ergeben. Soll nun eine dreizählige Achse

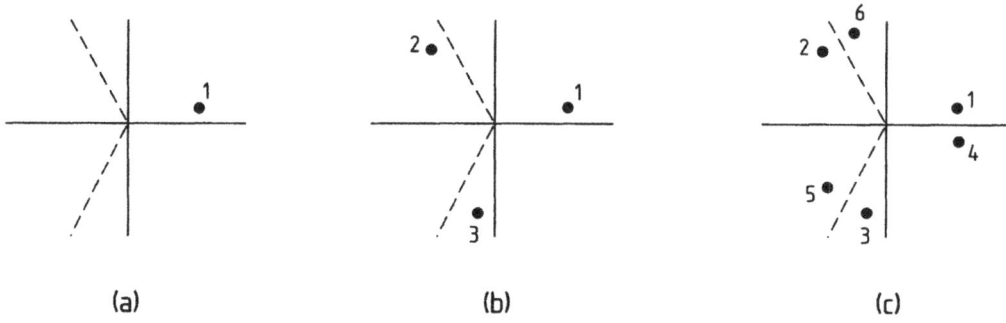

(a)   (b)   (c)

Fig. 10.6 Realisierung einer Symmetriegruppe mittels eines künstlichen "Moleküls" aus Punkten

vorhanden sein, so müssen an zwei weiteren Positionen ebenfalls Atome liegen und wir erhalten das Gebilde (b). Nehmen wir nun an, daß noch eine vertikale Spiegelebene vorhanden ist (z.B. die xz-Ebene), so führt diese Spiegelung zu *drei* weiteren Atomen ((c) in der Abb.). Man erkennt, daß sich die zwei anderen Spiegelebenen sozusagen automatisch ergeben haben, und daß unser Gebilde aus sechs Atomen besteht, jeweils eines für jede Symmetrie-Operation. Auch hier läßt sich die Multiplikationstafel erstellen, wenn man von Atom-Nr. 1 ausgeht und dann verfolgt, wohin die erste und dann die zweite Operation führt und fragt, welche Operation in einem Schritt auf das gleiche Reslat kommt. Beispielsweise führt C_3 das erste Atom in das zweite über und die Spiegelung an der ersten Spiegelebene in das fünfte. Die Spiegelung an der 2. Spiegelebene führt direkt vom ersten zum fünften, also wie oben $\sigma_1 C_3 = \sigma_2$. Für komplizierte Gruppen ist das ein bequemes Verfahren, um keine Operation zu übersehen.

Welche Klassen existieren nun? Wir können das wie im Falle der Permutationsgruppe aufgrund der Gruppentafel bestimmen, aber da die Gruppen isomorph sind, können wir uns die Arbeit sparen, wenn wir die dortigen Resultate übernehmen. Dazu müssen wir die richtige Zuordnung vornehmen. Die beiden e-Elemente entsprechen natürlich einander, die beiden zyklischen Vertauschungen entsprechen den beiden C_3-Operationen und die drei Zweiervertauschungen entsprechen den drei Spiegelungen. Dies läßt sich durch Vergleich der beiden Gruppentafeln feststellen. Die Gruppe C_{3v} hat mithin drei Klassen: die Einheitsoperation, die beiden Drehungen und die drei Spiegelungen. Man sieht, daß ähnliche Operationen in gleichen Klassen landen.

Welche Untergruppen gibt es? Zunächst die Untergruppe C_3 mit den drei Elementen e, C_3 und C_3^2, und dann drei C_σ-Gruppen mit den Elementen e und σ_1, e und σ_2 und schließlich e und σ_3.

In ähnlicher Weise wie die Gruppe C_{3v} kann man weitere Gruppen durch Kombination einer C_n-Achse mit vertikalen Spiegelebenen bilden: C_{2v}, C_{4v}, usw. Beispiele für C_{2v} sind das Wassermolekül (Orientierung wie in Abb. 2.12) oder ein pyramidaler Komplex AB_4 für C_{4v}.

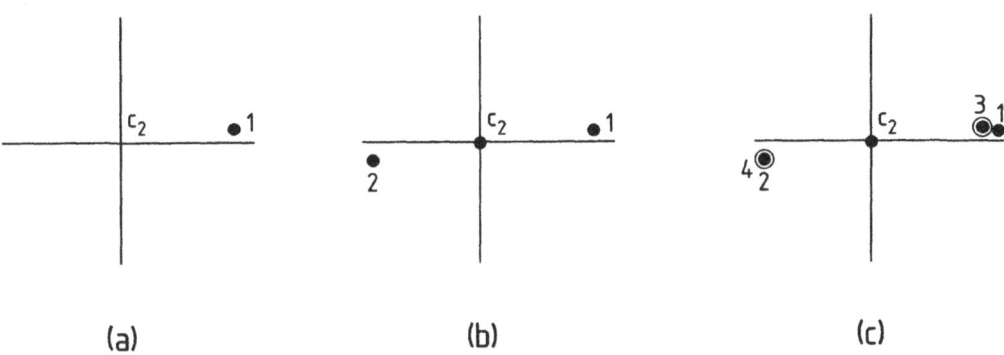

(a)   (b)   (c)

Fig. 10.7 Die Gruppe C_{2h} im "Punkt-Molekül-Modell" (zu den drei Schritten: siehe Text)

Wir kombinieren als nächstes eine Drehachse (zunächst C_2) mit einer horizontalen Spiegelebene und nennen die entsprechende Gruppe C_{2h}. Abb. 10.7 zeigt die Struktur des künstlichen Moleküls. Im ersten Schritt haben wir Atom 1 (siehe (a)), fügen wir die C_2-Achse hinzu, "entsteht" Atom 2 und die horizontale Spiegelebene erzeugt die Atome drei und vier, beide jetzt in den unteren Oktanden. Welche Symmetrie-Operationen liegen vor? Die folgende Tabelle gibt die Antwort. Atom 1 wird übergeführt in Atom n durch die Operation

in Atom	durch Operation
1	e
2	C_2
3	σ_h
4	i

Ein Molekül dieser Gruppe ist das trans-Butadien. Es liegt vollständig in der xy-Ebene, geht also bei Spiegelung in dieser Ebene in sich selbst über, außerdem ist die z-Achse zweizählige Symmetrieachse und es gibt ein Inversionszentrum. Ganz ähnlich lautet das Resultat für eine vierzählige Achse (C_{4h}) und anderen gerad-zähligen Achsen. Dagegen liegen die Verhältnisse bei ungerad-zähligen Achsen etwas anders: Wir wiederholen die obige Prozedur für eine dreizählige Achse.

Die dreizählige Achse liefert die Atome 1 bis 3 und die horizontale Spiegelung die Atome 4 bis 6 (siehe Abb. 10.8a). Der Übergang von Atom 1 in 1, 2, 3 wird von e bzw. den beiden Drehungen bewerkstelligt und σ_h führt es in Atom 4 über. Welche Operation führt aber zu Atom 5 oder 6? Zu Atom 5 führt die Drehspiegelung S_3 und zu 6 S_3^5. Man kann deshalb die

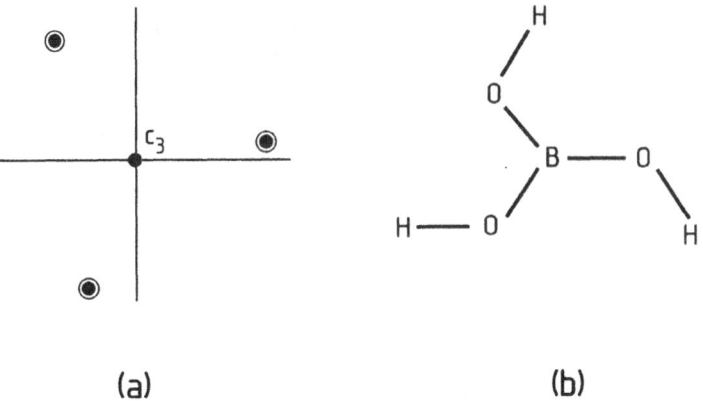

(a)   (b)

Fig. 10.8 (a) Die Gruppe C_{3h}; (b) Beispiel einer Konformation von $B(OH)_3$ mit Symmetrie C_{3h}

Gruppe C_{3h} auch als S_3 auffassen, – üblich ist ersteres. Als Beispiel könnte eine spezielle (planare) Konformation der Borsäure dienen (siehe Abb. 10.8b).

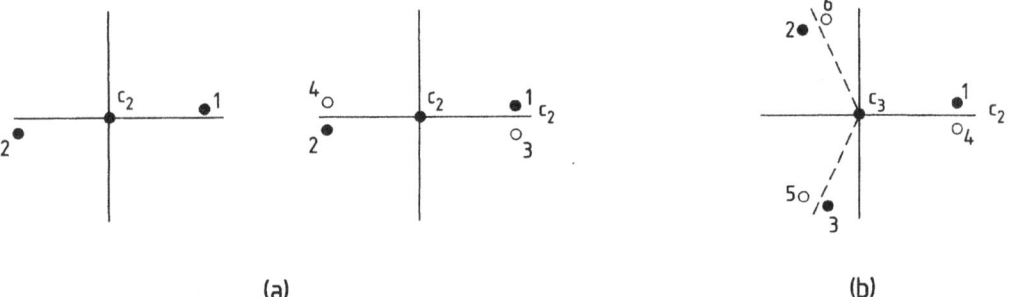

(a)   (b)

Fig. 10.9 (a) Gruppe D_2;   (b) Gruppe D_3

Gruppen D_n   Wir kombinieren nun mehrere Drehachsen, nämlich eine C_n-Achse mit einer senkrecht dazu liegenden C_2-Achse. Diese Gruppen tragen die Bezeichnung D_n. Wir beginnen mit D_2 (Abb. 10.9a): Die 1. C_2-Achse (z-Achse) erzeugt die Punkte 1 und 2 und die 2. C_2-Achse (x-Achse) die Punkte 3 und 4. Wir sehen auch hier, daß automatisch eine dritte C_2-Achse generiert wird, und zwar in Richtung der y-Achse. Ein geometrisches Gebilde, das diese Art von Symmetrie hat, ist ein 2-blättriger Propeller. Ein Molekül mit dieser Symmetrie ist Biphenyl, zwei über eine CC-Bindung miteinander verbundene Benzolringe, die jeder für sich planar, aber gegeneinander verdrillt sind. D_3 (Abb. 10.9b) wird entsprechend aufgebaut und man sieht, daß es drei senkrecht zur dreizähligen Achse stehende C_2-Achsen haben muß. Ein Molekül-Ion mit D_3-Symmetrie ist das (positiv geladene) Triphenyl-methyl-Kation, bei dem an einem C-Atom drei Benzolringe hängen, die ebenfalls, ähnlich wie ein dreiflügeliger Propeller, gegeneinander verdrillt sind. Die höheren D_n-Gruppen sind entsprechend strukturiert.

Noch höhere Symmetrie entsteht, wenn zu zwei Drehachsen zusätzliche Spiegelungen treten. Nimmt man zu D_2 eine horizontale Spiegelebene dazu, entsteht die wichtige Symmetriegruppe D_{2h}. Wir starten für D_{2h} mit der Gruppe D_2 und fügen die horizontale Spiegelebene

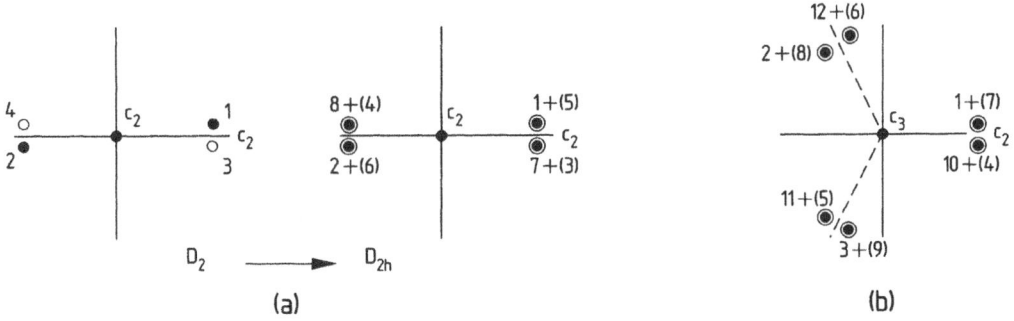

Fig. 10.10 (a) Gruppe D_{2h};   (b) Gruppe D_{3h}

hinzu. Dabei werden vier weitere Atome erzeugt mit Nummer 5-8. Diese Gruppe hat also 8 Symmetrie-Operationen: Atom 1 geht über in Atome 1 durch e, in 2 durch C_2 (z-Achse), in 3 durch C_2' (x-Achse), in 4 durch C_2'' (y-Achse), in 5 durch σ_h, in 6 durch i, in 7 durch σ_v (xz-Ebene) und in 8 durch σ_v' (yz-Ebene). Man sieht, daß automatisch die Inversion und zwei vertikale Spiegelebenen generiert wurden. Das Gebilde hat die Symmetrie einer Streichholzschachtel, ein Molekül-Beispiel ist das Äthylen-Molekül C_2H_4. Ein Molekül der Symmetrie D_{3h} ist das Äthan in seiner "eclipsed" Konformation, d.i. die Konformation, bei der die CH-Bindungen jeweils übereinander stehen. Ein schönes Beispiel für die Symmetrie D_{6h} ist Benzol mit einer sechszähligen Achse, sechs senkrecht dazu stehenden zweizähligen Achsen, einer horizontalen Spiegelebene, sechs vertikalen Spiegelebenen, Inversion und die Drehspiegel-Operationen S_6, S_6^5, S_3 und S_3^5 (insgesamt 24 Symmetrie-Operationen).

Es gibt noch eine andere Möglichkeit, Spiegel-Symmetrie mit D_n-Symmetrie zu verknüpfen. Dies geschieht mit vertikalen Spiegelebenen, die aber nicht "über" den horizontalen C_2-Achsen liegen sondern zwischen ihnen. Man nennt solche Spiegelebenen diagonale Spiegelebenen und bezeichnet sie mit dem Symbol σ_d. Derartige Gruppen werden dann mit D_{nd} bezeichnet. Beginnen wir wieder mit D_{2d}! Die ersten vier Atome entnehmen wir der Gruppe D_2 und die diagonalen Spiegelebenen ergeben die Punkte 5-8 (Abb. 10.11a). Abb. 10.11b zeigt das Analoge für die Gruppe D_{3d}. Abb. 10.12a und b zeigen zwei Moleküle, die diese Symmetrie aufweisen, einerseits das Cyclooctatetraen in seiner Wannenform, wobei die horizontalen C-Achsen in Richtung der Koordinatenachsen liegen und die σ_d-Ebenen in den Diagonalen, und andererseits die "staggered" Konformation von Äthan, bei der die Bindungen "auf Lücke" stehen, was die energie-ärmere Form (verglichen mit der eclipsed-Form) darstellt.

Tetraeder- und Oktaeder-Gruppe Schließlich sollen noch zwei hochsymmetrische Gruppen vorgestellt werden. Da ist zunächst die Symmetrie des Methan-Moleküls, die Tetraeder-

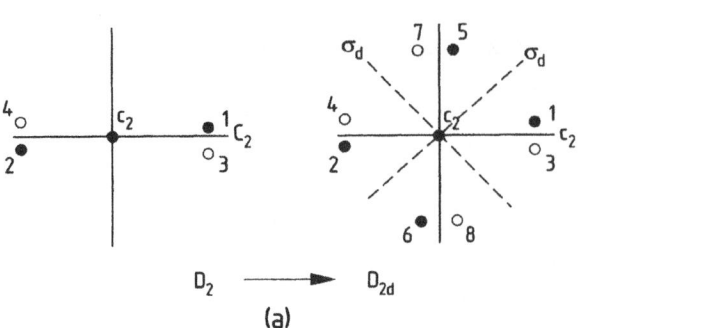

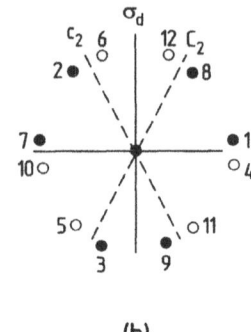

(a)   (b)

Fig. 10.11 (a) Symmetrie D_{2d};   (b) Symmetrie D_{3d}

Gruppe T (nur Drehungen) und T_d (Drehungen und Spiegelungen). T besteht aus der Einheitsoperation e, vier dreizählige Achsen (entlang den CH-Bindungen, insgesamt $4 \cdot 2$ Operationen), und drei C_2-Achsen, die man am besten erkennt, wenn man das Molekül wie in Abb. 10.2 orientiert. Sie gehen durch gegenüberliegende Kanten und ergeben drei weitere Operationen. Insgesamt hat die Gruppe also 12 Symmetrie-Operationen. Bei T_d treten dazu noch Spiegelungen. Zunächst sind die drei C_2-Achsen durch S_4-Achsen zu ersetzen, was zu $3 \cdot 2$ neuen Operationen führt. Außerdem gibt es sechs Spiegelebenen durch jeweils zwei CH-Bindungen. Auch sie sind gut in Abb. 10.2 zu erkennen. Insgesamt hat T_d dann 24 Symmetrie-Operationen.

Die zweite hochsymmetrische Gruppe ist die Oktaeder-Gruppe, ebenfalls mit zwei Versionen: O (nur Drehungen) und O_h (Drehungen und Spiegelungen). Als geometrisches Gebilde zur Veranschaulichung der Symmetrie-Verhältnisse dient am besten ein Würfel. Wir haben neben der Einheitsoperation e drei vierzählige Achsen (in Koordinaten-Richtung), das sind $3 \cdot 3 = 9$ Operationen, vier dreizählige Achsen (über die Diagonalen), also $4 \cdot 2 = 8$ Operationen und sechs zweizählige Achsen (durch zwei einander diagonal gegenüberliegend Kanten), insgesamt 24 Operationen. Bei O_h gehen die vier dreizähligen C_3-Achsen in vier S_6-Achsen über, was 8 zusätzliche Operationen (S_6 und S_6^5) und die Inversion i erbringt, ferner 9 Spiegel-Ebenen (drei an den Koordinatenflächen und sechs diagonal dazwischen) und schließlich noch dreimal die S_4 und S_4^3 Operationen entlang der Koordinaten-Achsen. Ingesamt also weitere 24 Operationen, so daß O_h alles in allem 48 Symmetrie-Operationen aufweist.

Damit sind die wichtigsten Symmetrie-Gruppen, die für Moleküle in Frage kommen, besprochen. (Einige Exoten wie die Ikosaeder-Gruppe können wir getrost übergehen.) Diese hier behandelten Gruppen nennt man *Punktgruppen*, im Gegensatz zu den *Raumgruppen*, die die Symmetriegruppen von Gittern sind, oder zu *kontinuierlichen* Gruppen (Lie-Gruppen), z.B. die Gesamtheit aller Rotationen eines dreidimensionalen Körpers.

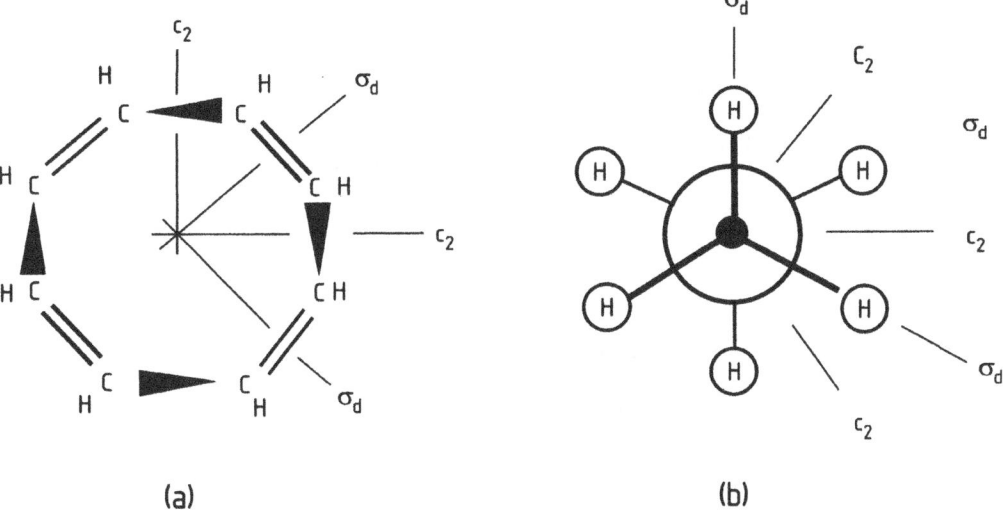

Fig. 10.12 (a) Beispiel für D_{2d} (Wannenform von Cyclooctatetraen);
            (b) Beispiel für Symmetrie D_{3d} (Äthan, staggered, i.e. Bindungen auf Lücke)

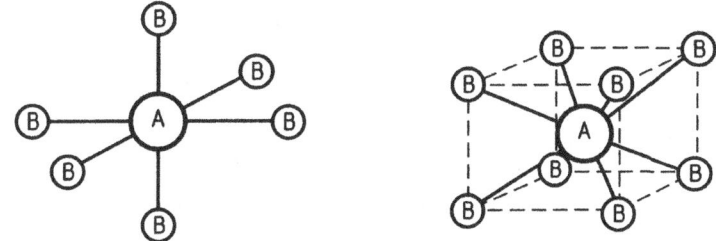

Fig. 10.13   Zwei Komplexe mit Oktaeder-Symmetrie

> ■ Die Kombinationen verschiedener Symmetrie-Elemente führt auf eine Reihe von Symmetriegruppen, die aus zwei bis 48 Symmetrie-Operationen bestehen, und für die spezielle Bezeichnungen üblich sind. Als Beispiel dient die Symmetriegruppe C_{3v} des Ammoniak, die sechs Symmetrie-Operationen umfaßt.

Aufgaben

1. (a) Stellen Sie die Symmetrie-Elemente und anschließend die Symmetrie-Operationen der Gruppe C_{2v} des Wassers zusammen (halten Sie Elemente und Operationen auseinander)!
(b) Berechnen Sie die Multiplikations-Tabelle der Gruppe!
(c) Welche Klassen existieren?
(d) Welche Untergruppen enthält die Gruppe?
2. Tun Sie das Gleiche für die Gruppe D_{2h}!

10.2   Darstellungstheorie

Leser, die nicht an Spektroskopie oder Bindungstheorie interessiert sind, können diesen Abschnitt ohne weiteres überschlagen. Für den daran Interessierten aber sollen die wichtigsten Prinzipien zu diesem Thema besprochen und anschließend an einem Beispiel illustriert werden. Er hat dann, wenn er zu weiterführender Literatur greift, eine gute Grundlage, auf der er aufbauen kann. Die ersten drei Unterabschnitte enthalten die allgemeinen Grundlagen der Darstellungstheorie, der letzte die Anwendung auf physikalische Systeme wie Moleküle, um derentwillen das Thema überhaupt behandelt wird.

10.2.1   Darstellung von Gruppen durch Matrizen

Gegeben sei eine Gruppe $\mathcal{G}$. Jedem Gruppenelement G_i ordnen wir nun eine orthogonale $n \times n$-Matrix $\mathbf{M}_i$ zu, und zwar so, daß mit $G_i G_j = G_k$ auch $\mathbf{M}_i \mathbf{M}_j = \mathbf{M}_k$ gilt. Für den Satz der $\mathbf{M}_i$ soll also die gleiche Multiplikationstabelle wie für die G_i gelten. Man bezeichnet den Satz der Matrizen $\mathbf{M}_i$ als *n-dimensionale Darstellung der Gruppe*. Es ist wichtig in diesem Zusammenhang, daß die $\mathbf{M}_i$ *nicht* unbedingt *verschiedene* Matrizen sein müssen. Sind sie alle verschieden, so ist der Satz der $\mathbf{M}_i$ isomorph zu den G_i, sind aber nicht alle Elemente von einander verschieden, liegt nur Homomorphie vor. Ein sehr einfaches Beispiel für eine homomorphe Darstellung der Gruppe C$_{3v}$ (unser Hauptbeispiel) ist der Satz der sechs 1×1-Matrizen, die sämtlich den Wert 1 haben, und die die gleiche Multiplikationstabelle haben wie die Gruppenelemente. Jedem Gruppenelement ist die 1 zugeordnet, so daß bei der Multiplikation zweier Elemente $\mathbf{M}_i$ mit $\mathbf{M}_j$ immer 1 entsteht und der 1 ist auch das Element $G_i G_j$ zugeordnet. Diese Darstellung (die *totalsymmetrische Darstellung*) ist zwar trivial, aber sie taucht sehr oft auf. (Bitte beachten Sie, daß nicht behauptet wurde, daß man aus dem Produkt der beiden Matrizen schließen kann, welches Gruppenelement das Resultat ist. Es ist lediglich erforderlich, daß sich die dem betreffenden Element zugeordnete Matrix ergibt und das ist im obigen Beispiel der Fall.)

Wir geben noch ein Beispiel von sechs 2×2-Matrizen, die hier alle verschieden sind und die ebenfalls die Gruppe C$_{3v}$ darstellen:

$$e = \begin{pmatrix} 1 & 0 \\ 0 & 1 \end{pmatrix}, \qquad C_3 = \begin{pmatrix} -1/2 & -\sqrt{3}/2 \\ \sqrt{3}/2 & -1/2 \end{pmatrix}, \qquad C_3^2 = \begin{pmatrix} -1/2 & \sqrt{3}/2 \\ -\sqrt{3}/2 & -1/2 \end{pmatrix},$$

$$\tag{10.2}$$

$$\sigma_1 = \begin{pmatrix} 1 & 0 \\ 0 & -1 \end{pmatrix}, \qquad \sigma_2 = \begin{pmatrix} -1/2 & -\sqrt{3}/2 \\ -\sqrt{3}/2 & 1/2 \end{pmatrix}, \qquad \sigma_3 = \begin{pmatrix} -1/2 & \sqrt{3}/2 \\ \sqrt{3}/2 & 1/2 \end{pmatrix}.$$

Der Leser sollte den einen oder anderen Test machen, um sich davon zu überzeugen, daß tatsächlich eine Darstellung der Gruppe C$_{3v}$ vorliegt.

Man kann sich sofort klarmachen, daß es beliebig viele Darstellungen einer Gruppe geben muß. Wenn wir die $\mathbf{M}_i$ durch einen Satz $\mathbf{N}_i$ ersetzen, der sich durch die Transformation

$$\mathbf{N}_i = \mathbf{T}^{-1} \mathbf{M}_i \mathbf{T} \tag{10.3}$$

ergibt, so sieht man, daß die $\mathbf{N}_i$ die gleiche Multiplikationstafel haben. Aus $\mathbf{M}_i\mathbf{M}_j = \mathbf{M}_k$ folgt nämlich

$$\mathbf{N}_k = \mathbf{T}^{-1}\mathbf{M}_k\mathbf{T} = \mathbf{T}^{-1}\mathbf{M}_i\mathbf{M}_j\mathbf{T} = \mathbf{T}^{-1}\mathbf{M}_i\mathbf{T}\mathbf{T}^{-1}\mathbf{M}_j\mathbf{T} = \mathbf{N}_i\mathbf{N}_j.$$

Man nennt Darstellungen, die durch eine Transformation des obigen Typs auseinander hervorgehen, *äquivalent*. Neben diesen äquivalenten Darstellungen können aber auch nicht äquivalente Darstellungen existieren. Hat man beispielsweise eine zweite Darstellung anderer Dimension, so kann sie nicht äquivalent zur ersten sein. Aber nicht einmal Darstellungen gleicher Dimension *müssen* äquivalent sein.

Um weitere Möglichkeiten, neue Darstellungen zu bilden, aufzuzeigen, müssen wir kurz erläutern, was eine *Blockmatrix* (genauer *Diagonalblockmatrix*) ist. Wir sagen, eine Matrix habe Block-Form, wenn sie die Form

$$\mathbf{C} = \begin{pmatrix} \mathbf{A} & \mathbf{0} \\ \mathbf{0} & \mathbf{B} \end{pmatrix}$$

hat. $\mathbf{A}$ und $\mathbf{B}$ sind dabei "Untermatrizen" jeweils beliebiger Dimension und die Dimension von $\mathbf{C}$ ist die Summe der Dimensionen von $\mathbf{A}$ und $\mathbf{B}$. (Man kann natürlich auch Blockmatrizen aus mehr als zwei Blöcken aufbauen.) Mit Hilfe der Matrizen-Multiplikationsregel kann man sich vergewissern, daß die Multiplikation zweier gleich-geblockter Matrizen wieder eine Matrix gleicher Blockung liefert:

$$\begin{pmatrix} \mathbf{A} & \mathbf{0} \\ \mathbf{0} & \mathbf{B} \end{pmatrix} \cdot \begin{pmatrix} \mathbf{C} & \mathbf{0} \\ \mathbf{0} & \mathbf{D} \end{pmatrix} = \begin{pmatrix} \mathbf{AC} & \mathbf{0} \\ \mathbf{0} & \mathbf{BD} \end{pmatrix}.$$

(Gleich-geblockt heißt, daß $\mathbf{A}$ und $\mathbf{C}$ sowie $\mathbf{B}$ und $\mathbf{D}$ jeweils die gleiche Dimension haben!) Die einzelnen Blöcke vermischen sich also bei der Multiplikation nicht.

Haben wir somit zwei Darstellungen $\mathbf{M}_i$ (Dimension m) und $\mathbf{N}_i$ (Dimension n), so können wir Matrizen, die das gleiche Gruppenelement darstellen, zu einer Blockmatrix

$$\begin{pmatrix} \mathbf{M}_i & \mathbf{0} \\ \mathbf{0} & \mathbf{N}_i \end{pmatrix}$$

"zusammensetzen" (*direkte Addition*) und erhalten eine Darstellung, deren Dimension $m + n$ ist. Des weiteren können wir diese zunächst geblockte Darstellung einer Ähnlichkeitstransformation unterwerfen, wonach die Blockdarstellung im allgemeinen verschwunden ist. (Durch die entsprechende Rücktransformation könnte man sie natürlich wieder hervorbringen.)

Als Beispiel betrachten wir wieder die Gruppe C_{3v}, und zwar die eindimensionale Darstellungen

$$e = 1 \qquad C_3 = 1 \qquad C_3^2 = 1 \qquad \sigma_1 = -1 \qquad \sigma_2 = -1 \qquad \sigma_3 = -1$$

und die in Gl. (10.2) gegebene zweidimensionale Darstellung. Wir können daraus eine dreidimensionale Darstellung bilden:

$$e = \begin{pmatrix} 1 & 0 & 0 \\ 0 & 1 & 0 \\ 0 & 0 & 1 \end{pmatrix} \qquad C_3 = \begin{pmatrix} 1 & 0 & 0 \\ 0 & -1/2 & -\sqrt{3}/2 \\ 0 & \sqrt{3}/2 & -1/2 \end{pmatrix}$$

$$C_3^2 = \begin{pmatrix} 1 & 0 & 0 \\ 0 & -1/2 & \sqrt{3}/2 \\ 0 & -\sqrt{3}/2 & -1/2 \end{pmatrix} \qquad \sigma_1 = \begin{pmatrix} -1 & 0 & 0 \\ 0 & 1 & 0 \\ 0 & 0 & -1 \end{pmatrix}$$

$$\sigma_2 = \begin{pmatrix} -1 & 0 & 0 \\ 0 & -1/2 & -\sqrt{3}/2 \\ 0 & -\sqrt{3}/2 & 1/2 \end{pmatrix} \qquad \sigma_3 = \begin{pmatrix} -1 & 0 & 0 \\ 0 & -1/2 & \sqrt{3}/2 \\ 0 & \sqrt{3}/2 & 1/2 \end{pmatrix},$$

die mit

$$\mathbf{T} = \begin{pmatrix} 1/\sqrt{2} & 1/\sqrt{2} & 0 \\ 1/\sqrt{2} & -1/\sqrt{2} & 0 \\ 0 & 0 & 1 \end{pmatrix}$$

transformiert,

$$e = \begin{pmatrix} 1 & 0 & 0 \\ 0 & 1 & 0 \\ 0 & 0 & 1 \end{pmatrix} \qquad C_3 = \begin{pmatrix} 1/4 & 3/4 & -\sqrt{3/8} \\ 3/4 & 1/4 & \sqrt{3/8} \\ \sqrt{3/8} & -\sqrt{3/8} & -1/2 \end{pmatrix}$$

$$C_3^2 = \begin{pmatrix} 1/4 & 3/4 & \sqrt{3/8} \\ 3/4 & 1/4 & -\sqrt{3/8} \\ \sqrt{3/8} & -\sqrt{3/8} & -1/2 \end{pmatrix} \qquad \sigma_1 = \begin{pmatrix} 0 & -1 & 0 \\ -1 & 0 & 0 \\ 0 & 0 & -1 \end{pmatrix} \qquad (10.4)$$

$$\sigma_2 = \begin{pmatrix} -3/4 & -1/4 & -\sqrt{3/8} \\ -1/4 & -3/4 & \sqrt{3/8} \\ -\sqrt{3/8} & \sqrt{3/8} & 1/2 \end{pmatrix} \qquad \sigma_3 = \begin{pmatrix} -3/4 & -1/4 & \sqrt{3/8} \\ -1/4 & -3/4 & -\sqrt{3/8} \\ \sqrt{3/8} & -\sqrt{3/8} & 1/2 \end{pmatrix}$$

ergibt, eine Darstellung, die nicht mehr geblockt ist.

■ *Darstellungen einer Gruppe* nennt man einen Satz von Matrizen, eine für jedes Gruppenelement, deren Multiplikationstafel der der Gruppe gleicht. Dabei sind zwei Fälle möglich:
(1) Alle Matrizen sind voneinander verschieden und Gruppe und Darstellungsmatrizen sind *isomorph.*
(2) Die Matrizen sind teilweise gleich (im Extremfalls ein Satz von Einsen) und Gruppe und Darstellungsmatrizen sind nur *homomorph*, d.h. die zwei Gruppenelementen entsprechenden Matrizen liefern bei Multiplikation die Matrix, die dem Produkt der beiden Gruppenelemente entspricht.

10.2.2 Irreduzible Darstellungen

Hat man eine n-dimensionale Darstellung vorliegen, so stellt sich natürlich die Frage, ob eine Äquivalenz-Transformation existiert, die die Darstellung in Block-Form überführt. Ist das der Fall, dann sind die zwei Sätze von Blöcken wiederum eine Darstellung der betreffenden Gruppe. Eine Darstellung, die durch eine entsprechende Transformation in zwei separate Darstellungen überführt werden kann, nennt man *reduzibel.* Ist das nicht möglich, so ist die Darstellung *irreduzibel.* Es ist klar, daß man diesen Vorgang so oft wiederholen kann, bis keine weitere Reduktion mehr möglich ist und alle Darstellungen irreduzibel sind. Diesen

Vorgang nennt man *Ausreduktion*. Beispielsweise ist die Darstellung (10.2) irreduzibel, wohingegen wir von der dreidimensionalen Darstellung, die wir eben generiert haben, wissen, daß sie reduzibel ist. Eindimensionale Darstellungen sind natürlich per se irreduzibel.

Es ist nun eine sehr merkwürdige Tatsache, daß es bei endlichen Gruppen nur eine endliche Anzahl nicht äquivalenter irreduzibler Darstellungen gibt. Die Entwicklungen der Überlegungen, die zu diesem Schluß führen, würden hier zu weit führen. Wer sich mit der Darstellungstheorie von Gruppen näher befassen möchte, muß dazu Lehrbücher über Gruppentheorie heranziehen. Es gibt solche Monografien, die auch für Chemiker geeignet sind [12, 13]. Wir wollen hier nur anführen, daß es zwei Bedingungen gibt, die die Anzahl und Dimension nicht äquivalenter irreduzibler Darstellungen mit der betreffenden Gruppe verknüpfen.

(1) Erstens ist die Zahl dieser Darstellungen gleich der Anzahl der Klassen. Deswegen ist auch die Kenntnis der Klassen einer Gruppe wichtig. Beispielsweise hat unsere Demonstrationsgruppe C_{3v} drei Klassen und dementsprechend drei verschiedene irreduzible Darstellungen.

(2) Zweitens gilt für die Dimension dieser Darstellungen, daß die Summe der Quadrate der Dimensionen gleich der Anzahl der Gruppenelemente ist. Damit liegt in den meisten Fällen auch die Dimension der verschiedenen Darstellungen fest (nicht immer). Für die Gruppe C_{3v} benötigen wir drei Quadratzahlen, die die Summe 6 ergeben. Dies ist nur durch $1^2 + 1^2 + 2^2 = 6$ möglich. Die drei Darstellungen sind also zwei eindimensionale Darstellungen und eine zweidimensionale. Die zweidimensionale Darstellung ist in den Gln. (10.2) gegeben worden, die eine eindimensionale Darstellung ist die totalsymmetrische und die andere eine, bei der

$$e = C_3 = C_3^2 = 1 \quad \text{und} \quad \sigma_1 = \sigma_2 = \sigma_3 = -1$$

ist.

Über die technische Seite der Ausreduktion brauchen wir hier nichts zu sagen, weil es oft genügt festzustellen, welche Darstellungen in einer gegeben Darstellung enthalten sind. Dafür werden wir im nächsten Abschnitt ein Verfahren kennenlernen. Die explizite Transformation ist in den meisten Fällen von sekundärer Bedeutung.

> ■ *Irreduzible Darstellungen* nennt man einen Satz von Matrizen, der durch keine Ähnlichkeitstransformation in eine (allen Matrizen gemeinsame) Blockform übergeführt werden kann. Von diesen irreduziblen Darstellungen gibt es bei Punktgruppen nur endlich viel verschiedene, die nicht äquivalent sind, d.h., die nicht durch eine Ähnlichkeitstransformation ineinander übergeführt werden können.

10.2.3 Charaktere und Charakterentafeln

Wir hatten in Kap. 2 die *Spur* von Matrizen kennengelernt (Summe der Diagonal-Elemente). Dabei war auch gezeigt worden, daß sie invariant gegenüber Transformationen der Form $\mathbf{T}^{-1}\mathbf{M}\mathbf{T}$ ist [Gl. (2.45)]. Das bedeutet im vorliegenden Zusammenhang, daß die Spuren der Darstellungsmatrizen bei einer Äquivalenztransformation unverändert bleiben. Außerdem sind die Elemente einer Klasse durch die Beziehung (10.1)

$$c^{-1}b\,c = a$$

miteinander verbunden, woraus sofort folgt, daß Elemente gleicher Klasse auch die gleiche Spur haben müssen.

Überprüfen wir das für die irreduziblen Darstellungen unserer Demonstrationsgruppe: Bei der totalsymmetrischen Darstellung ist alles klar, bei der zweiten eindimensionalen Darstellung haben die ersten zwei Klassen die Spur 1 (bei eindimensionalen Matrizen ist Zahl gleich Spur) und die dritte Klasse hat die Spur -1, und bei der zweidimensionalen Darstellung (10.2) ist die Spur von e 2 (die Spur von e ist immer gleich der Dimension), die Spur von C_3 und C_3^2 ist in beiden Fällen $-1/2 - 1/2 = -1$ und die der drei σ_i ist jeweils Null.

Im Rahmen der Gruppentheorie nennt man die Spur den *Charakter* (Symbol χ_i, wobei der Index das Gruppenelement bezeichnet) und für die drei irreduziblen Darstellungen von C_{3v} erhalten wir die Tabelle

	e	C_3	C_3^2	σ_1	σ_2	σ_3
A_1	1	1	1	1	1	1
A_2	1	1	1	-1	-1	-1
E	2	-1	-1	0	0	0

Dabei sind in der ersten Spalte die Namen der drei irreduziblen Darstellungen angegeben, die nach bestimmten Konventionen festgelegt sind. Die Tabelle ist so, wie sie jetzt gegeben ist, redundant, weil in ihr für die einzelnen Klassenelemente jeweils gleiche Spalten enthalten sind. Es ist einfacher, für jede Klasse nur ein Referenz-Element anzugeben mit der Anzahl der betreffenden Elemente. Auf diese Weise entsteht die kürzere Tabelle

	e	$2\,C_3$	$3\,\sigma$
A_1	1	1	1
A_2	1	1	-1
E	2	-1	0

Solche Tafeln findet man für alle Punktgruppen in Büchern über Gruppentheorie bzw. der Monographie [15], dort im Anhang X.

Die Zeilen der einzelnen Darstellungen bilden zueinander *orthogonale* Vektoren der Dimension der Zahl der Gruppenelemente (nicht der Klassen).

Überprüfen wir das für obige Tabelle! Zunächst ist die Norm aller drei Zeilen gleich der Zahl der Gruppenelemente:
für A_1: $1^2 + 2 \cdot 1^2 + 3 \cdot 1^2 = 6$,
für A_2: $1^2 + 2 \cdot 1^2 + 3 \cdot (-1)^2 = 6$ und
für E: $2^2 + 2 \cdot (-1)^2 + 3 \cdot 0 = 6$.
A_1 und A_2 sind orthogonal: $1 \cdot 1 + 2 \cdot 1 \cdot 1 + 3 \cdot 1 \cdot (-1) = 0$,
A_1 und E sind orthogonal: $1 \cdot 2 + 2 \cdot 1 \cdot (-1) + 3 \cdot 1 \cdot 0 = 0$ und
A_2 und E sind orthogonal: $1 \cdot 2 + 2 \cdot 1 \cdot (-1) + 3 \cdot (-1) \cdot 0 = 0$.

Diese Orthogonalitätsverhältnisse geben uns nun ein einfaches Mittel an die Hand, um die Anzahl der jeweiligen irreduziblen Darstellungen in einer vorgegebenen Darstellung (reduzibel oder irreduzibel) zu bestimmen. Zunächst ist klar, daß die Charaktere einer gegebenen Darstellung einfach die Summe der Charaktere der in ihr enthaltenen irreduziblen Darstellungen ist. Der einfache Grund ist, daß sich bei der Ausreduktion (der Transformation auf

Block-Form) der Charakter der einzelnen Elemente nicht ändert und in Block-Form die jeweiligen irreduziblen Darstellungen so oft dastehen wie sie eben vorkommen. Bildet man also die Charaktere der gegebenen Darstellung, so kann man die Anzahl der enthaltenen irreduziblen Darstellungen so feststellen, daß man das Skalarprodukt des "Charakteren-Vektors" mit dem der betreffenden irreduziblen Darstellung bildet und durch die Anzahl der Gruppenelemente dividiert. Wenn χ_i die Charaktere der zu analysierenden Darstellung sind (der Index i steht jetzt für die Klasse) und $\chi_i^{(k)}$ der Charakter der irreduziblen Darstellung mit Namen k aus der Charakterentafel ist, dann ist die Zahl der in der Darstellung enthaltenen irreduziblen Darstellungen k gleich

$$n_k = \frac{1}{n_g} \sum_i n_i \chi_i \chi_i^{(k)}. \tag{10.5}$$

Dabei ist n_g die Zahl der Gruppenelemente und n_i die Zahl der Elemente in Klasse i.

Schreiben wir uns das in der normalen Vektor-Notation hin! Per Definition ist $\vec{\chi}^{(i)} \cdot \vec{\chi}^{(j)} = n_g \delta_{ij}$. Für die Darstellung $\vec{\chi}$ gilt $\sum_k n_k \vec{\chi}^{(k)}$ und die n_k sind gesucht. Das Skalarprodukt von $\vec{\chi}$ mit $\vec{\chi}^{(k)}$ ist

$$\vec{\chi}^{(k)} \cdot \vec{\chi} = \vec{\chi}^{(k)} \cdot \left(\sum_l n_l \vec{\chi}^{(l)}\right) = \sum_l n_l \vec{\chi}^{(k)} \cdot \vec{\chi}^{(l)} = n_k\, n_g.$$

Verifizieren wir das an unserem reduziblen Beispiel für die Gruppe C$_{3v}$ [Gln. (10.4)]. Ein Blick zurück zeigt, daß wir die Darstellungen A$_2$ und E "hineingesteckt" hatten. Sehen wir, ob Gl. (10.5) funktioniert. Die Charaktere der Darstellung sind $\chi_1 = 3$, $\chi_2 = 1/4 + 1/4 - 1/2 = 0$ und $\chi_3 = 0 + 0 + (-1)$ bzw. $-3/4 - 3/4 + 1/2 = -1$. Wie oft ist die Darstellung A$_1$ in ihr enthalten?

$$n_{A_1} = 1/6\Big(1 \cdot 3 \cdot 1 + 2 \cdot 0 \cdot 1 + 3 \cdot (-1) \cdot 1\Big) = 0.$$

Das ist richtig. Sodann fragen wir nach A$_2$:

$$n_{A_2} = 1/6\Big(1 \cdot 3 \cdot 1 + 2 \cdot 0 \cdot 1 + 3 \cdot (-1) \cdot (-1)\Big) = 1.$$

Das ist auch richtig. Und zum Schluß: Wie oft ist E enthalten?

$$n_E = 1/6\Big(1 \cdot 3 \cdot 2 + 2 \cdot 0 \cdot (-1) + 3 \cdot (-1) \cdot 0\Big) = 1.$$

Stimmt ebenfalls!

Die Begründung, *warum* die Charakteren-Vektoren irreduzibler Darstellungen zueinander orthogonal sind, ist auch hier ohne tieferes Eindringen in die Grundlagen der Darstellungstheorie nicht zu erbringen. Dagegen ist die Formel (10.5) nichts weiter als die übliche Antwort auf die Frage "In welchem Umfang ist der Vektor $\chi^{(k)}$ im Vektor χ enthalten?". Die Antwort auf diese Frage gibt wie immer das Skalarprodukt. Um – wie im nächsten Abschnitt – feststellen zu können, wie oft eine bestimmte Darstellung in einer gegebenen enthalten ist, ist es für die Praxis zunächst wichtig, daß man weiß, *wie* man das feststellt. Die Antwort auf das "Warum" ist ist dem Wissensdurstigen vorbehalten. Das mag unbefriedigend sein, aber wir sind hier gewissen Beschränkungen unterworfen.

■ Die Charaktere der verschiedenen Klassen von Gruppen-Elementen enthalten die wesentlichen Informationen der betreffenden Darstellung. Mit ihrer Hilfe kann man bei gegebenen Darstellungen feststellen, ob sie reduzibel sind und, wenn ja, welche irreduziblen Darstellungen sie enthalten und wie oft das der Fall ist. Dies geschieht mit Hilfe der Charakterenformel Gl. (10.5).

10.2.4 Eigenwerte und Eigenvektoren von Matrizen bei Vorliegen von Symmetrie

Der folgende Abschnitt führt die Überlegungen zur Lösung des Eigenwertproblems und der Diagonalisierung von Matrizen (Abschn. 2.7) weiter. Die Grundlage hierfür waren Basistransformationen im Vektorraum (Abschn. 2.4.2). Die Frage, die sich jetzt stellt, ist die, wie sich das Vorhandensein von Symmetrie auswirkt.

So ist die zeitunabhängige Schrödinger-Gleichung (8.60) eine Eigenwertgleichung, die bei Entwicklung nach einem Satz von N Basisfunktionen (siehe Kap. 8) in die entsprechende Matrix-Gleichung (2.61) übergeht. Die Bestimmung von Eigenwerten und den zugehörigen Eigenvektoren läuft auf die Diagonalisierung einer reell-symmetrischen bzw. hermiteschen $N \times N$-Matrix $\mathbf{H}$ hinaus. (Aber auch in anderen Fällen können Matrizen auftreten, wie in dem weiter unten behandelten Beispiel der potentiellen Energie eines Moleküls bei Verzerrungen aus seiner Ruhelage.)

Allgemeines

Eine eventuell vorhandene (z.B. räumliche) Symmetrie des Systems muß sich sowohl im Vektorraum als auch in den Eigenschaften der $\mathbf{H}$-Matrix (Gl. 2.61) widerspiegeln und sie wird – wie wir gesehen haben – durch eine Gruppe $\mathcal{G}$ mit n Elementen G_i beschrieben. Die diesbezüglichen Überlegungen nicht ganz einfach und wir wollen sie deshalb in eine Reihe von Einzelschritten zerlegen. Sie sind für alle, die sich mit Spektroskopie beschäftigen, von großer Bedeutung und das folgende soll dieser Gruppe von Lesern den Einstieg ermöglichen.

(1) Der Vektorraum als Träger einer Darstellung Von dem Vektorraum müssen wir verlangen, daß jeder Vektor jeder der n Symmetrieoperation unterworfen werden kann, daß also mit jedem Vektor $\vec{\psi}$ auch alle Vektoren $G_i \vec{\psi}$ zum Vektorraum gehören. Jede Symmetrieoperation G_i ordnet dann jedem Vektor einen anderen Vektor zu, vermittelt also eine (lineare) Abbildung des Vektorraumes auf sich selbst und diese wird durch eine Matrix $\mathbf{M}_i$ beschrieben. Hintereinander-Ausführung zweier Symmetrie-Operationen kann auch durch eine einfache Symmetrie-Operation ersetzt werden, so daß das Produkt zweier $\mathbf{M}$-Matrizen laut Gruppentafel eine dritte $\mathbf{M}$-Matrix ergibt. Der Satz der n $\mathbf{M}_i$-Matrizen bildet also eine N-dimensionale Darstellung der Gruppe $\mathcal{G}$. Man sagt, die Gruppe $\mathcal{G}$ induziert eine Darstellung in den betreffenden Vektorraum. (Wir setzen im Folgenden voraus, daß diese Darstellung reell-orthogonal bzw. unitär ist oder gewählt werden kann.)

(2) H bei Vorhandensein von Symmetrie Neben dem Vektorraum muß auch die Matrix $\mathbf{H}$ gewissen Bedingungen genügen, wenn sie die betreffende Symmetrie aufweisen soll. Dazu fassen wir die Symmetrie-Operation $\mathbf{M}_i$ als Basis-Transformation auf und fragen, wie sich $\mathbf{H}$ unter ihr transformiert. Die Antwort gibt Gl. (2.44) mit $\mathbf{H}$ für $\mathbf{G}$ und $\mathbf{M}_i$ für $\mathbf{T}$. Wenn nun die Abbildung $\mathbf{H}$ invariant gegenüber der Symmetrie-Operation $\mathbf{M}_i$ sein soll, so muß die transformierte $\mathbf{H}$-Matrix die gleiche wie die Ausgangsmatrix sein, – d.h., es muß

$$\mathbf{M}_i \mathbf{H} \mathbf{M}_i^+ = \mathbf{H} \quad \text{bzw.} \quad \mathbf{M}_i \mathbf{H} = \mathbf{H} \mathbf{M}_i \tag{10.6}$$

gelten. $\mathbf{M}_i$ und $\mathbf{H}$ müssen also vertauschbar sein, und zwar muß das für *alle* $\mathbf{M}_i$ der Gruppe $\mathcal{G}$ gelten. Hieraus ergeben sich eine Reihe von Folgerungen.

(3) Blockung der M_i Näheres über die Struktur einer beliebigen Matrix M, die mit H vertauschbar ist, läßt sich in der Basis der Eigenvektoren von H sagen. H ist in dieser Basis eine Diagonalmatrix Λ, mit den Eigenwerten $\lambda^{(k)}$ in der Diagonale (vergl. Abschn. 2.7.3). Wir wollen außerdem verabreden, daß wir durch Umordnung erreicht haben, daß die Eigenwerte $\lambda^{(k)}$ in auf- oder absteigender Reihenfolge in Λ stehen, daß also insbesondere entartete Eigenwerte hintereinander stehen. Man sieht sofort, daß Vertauschbarkeit gegeben ist, wenn auch M eine Diagonalmatrix ist. Unter welchen Umständen sonst? Dazu betrachten wir in Λ und M jeweils den links oben stehenden 2×2-Block:

$$\begin{pmatrix} \lambda^{(1)} & 0 \\ 0 & \lambda^{(2)} \end{pmatrix} \quad \text{und} \quad \begin{pmatrix} m_{11} & m_{12} \\ m_{21} & m_{22} \end{pmatrix}.$$

Wenn man beide Blöcke in beiden möglichen Reihenfolgen miteinander multipliziert und dann gleich setzt, so sieht man, daß Vertauschbarkeit nur unter zwei Bedingungen vorliegen kann: Entweder ist $m_{12} = m_{21} = 0$, d.h. der M-Block ist ebenfalls diagonal oder es gilt $\lambda^{(1)} = \lambda^{(2)}$. Dann kann der Λ-Block als Vielfaches der Einheitsmatrix E, also als $\lambda^{(1)}E$, geschrieben werden und E ist natürlich mit einem *beliebigen* M-Block vertauschbar.

Dieser Gedankengang kann auf beliebige 2×2-Blöcke übertragen werden und führt zu folgender Aussage: *In der Basis der Eigenvektoren von H muß eine mit H vertauschbare Matrix M weitgehend geblockt sein. $m\times m$-Blöcke in M können nur dort auftreten, wo die entsprechenden m Eigenwerte von H entartet sind. Insbesondere haben nicht-entartete Eigenwerte zur Folge, daß an der entsprechenden Stelle von M lediglich ein 1×1-Block stehen kann.*

(4) Symmetriebedingte Entartung Bezieht man das auf *alle* Darstellungsmatrizen M_i von $\mathcal{G}$, so heißt das: In allen Positionen, in denen nicht-entartete Eigenwerte von H stehen, stehen in den M_i 1×1-Blöcke und damit eine eindimensionale Darstellung von $\mathcal{G}$. An Stellen, wo zweifach entartete Eigenwerte von H stehen, enthalten die M_i 2×2-Blöcke, also eine zweidimensionale Darstellung von $\mathcal{G}$, usw. In dieser Basis sind also alle M_i geblockt. Ist eine weitere Ausreduktion nicht mehr möglich, mit anderen Worten, ist die Darstellung vollständig ausreduziert, so nennt man die Entartungen von H *symmetrie-bedingt*. (Sollte sich einer der Sätze von Blöcken weiter reduzieren lassen, wird das als *zufällige Entartung* bezeichnet.)

(5) Symmetrie-Rassen der Eigenvektoren Bezüglich der Eigen*vektoren* läßt sich nun folgender Schluß ziehen: Alle Eigenvektoren mit nicht-entarteten Eigenwerten transformieren sich wie eine (ganz bestimmte) eindimensionale Darstellung von $\mathcal{G}$, Paare von Eigenvektoren mit zweifach-entarteten Eigenwerten wie eine der zweidimensionalen irreduziblen Darstellungen, usw. Man verifiziert das am einfachsten in der eben benutzen Basis, in der die Eigenvektoren als Basisvektoren angesehen werden. Nehmen wir an, daß der erste Eigenwert $\lambda^{(1)}$ nicht entartet ist. Der zugehörige Eigenvektor in dieser Basis ist

$$\begin{pmatrix} 1 \\ 0 \\ 0 \\ . \\ . \end{pmatrix},$$

und in allen $\mathbf{M}_i$-Matrizen stehen links oben 1×1-Blöcke. Sie bewirken, daß der Eigenvektor bei Multiplikation mit $\mathbf{M}_i$ mit der Zahl in diesem Block multipliziert wird. Das heißt nichts anderes, als daß sich dieser Eigenvektor unter den Symmetrieoperationen nach der betreffenden Darstellung transformiert (von dieser *Symmetrierasse* ist). Für alle anderen nicht-entarteten Eigenvektoren läßt sich analog argumentieren. Bei Paaren von Eigenvektoren, die zu zweifach-entarteten Eigenwerten gehören, stehen in den $\mathbf{M}_i$-Matrizen an der betreffenden Stelle 2×2-Blöcke, die eine zweidimensionale Darstellung bilden. Dieses Paar von Eigenvektoren transformiert sich bei Symmetrieoperationen dann gemäß dieser Darstellung.

Alle diese Beziehungen sind in der Basis der Eigenvektoren direkt ablesbar, aber sie sind natürlich in jeder Basis gültig, wenn auch nicht unmittelbar sichtbar. Das Fazit ist, daß alle Eigenvektoren von $\mathbf{H}$ eine bestimmte Symmetrierasse haben, d.h. sich unter den Symmetrieoperationen entsprechend dieser Darstellung von G_i transformieren.

(6) Symmetriekoordinaten   Nachdem die Eigenvektoren aber nicht vorab bekannt sind, bietet sich folgende Vorgehensweise an. Wir können mit dem im letzten Abschnitt erläuterten Verfahren [Gl. (10.5)] feststellen, wie oft jede der irreduziblen Darstellungen von $\mathcal{G}$ in der N-dimensionalen Darstellung der $\mathbf{M}_i$ enthalten ist. Für das Folgende soll gelten, daß die Darstellung $\Gamma^{(1)}$ n_1 mal, $\Gamma^{(2)}$ n_2 mal usw., auftritt. In den letzten Abschnitten haben wir gesehen, daß durch eine geeignete orthogonale Transformation eine Blockung der Darstellungsmatrizen erreicht werden kann, wobei die einzelnen Blöcke irreduzible Darstellungen enthalten. (Die Frage, wie man diese Transformationsmatrix findet, soll uns im Moment nicht kümmern.) Diese Transformation, die wir $\mathbf{U}_{\mathrm{red}}$ nennen wollen (weil sie die Darstellung "ausreduziert"), ist wie immer ein Übergang zu anderen Basisvektoren. Die neuen Basisvektoren, bei denen nun die $\mathbf{M}_i$ geblockt sind, nennen wir *symmetrie-adaptierte Koordinaten* oder, einfacher, *Symmetriekoordinaten*. Sie transformieren sich per Definition unter Symmetrieoperationen wie irreduzible Darstellungen, d.h., man kann von jedem (neuen) Basisvektor sagen, zu welcher irreduziblen Darstellung er gehört (von welcher Symmetrierasse er ist). Diese Eigenschaft teilt er mit den gesuchten Eigenvektoren, von denen wir eben gesehen haben, daß für sie das gleiche gilt.

(7) Blockung von H   Wie immer müssen wir dann auch $\mathbf{H}$ transformieren:

$$\mathbf{U}_{\mathrm{red}}\mathbf{H}\mathbf{U}_{\mathrm{red}}^{+} = \mathbf{H}_{\mathrm{sym}}.$$

Der Punkt ist nun, daß $\mathbf{H}_{\mathrm{sym}}$ geblockt ist, und zwar so, daß Matrixelemente zwischen Basisvektoren *verschiedener* Symmetrierassen Null sind. Dies folgt daraus, daß wegen der Symmetrie von $\mathbf{H}$ der Vektor $\mathbf{H}\psi_\Gamma$ von gleicher Symmetrierasse ist wie ψ_Γ und Skalarprodukte zwischen Vektoren verschiedener Symmetrierassen Null sind.[2] Wesentlich ist dabei, daß die Blockung der $\mathbf{H}$-Matrix *von anderer Form* ist als die der Darstellungsmatrizen $\mathbf{M}_i$. Um das aufzuzeigen, ordnen wir die Basisvektoren nach Symmetrierassen, also zuerst die n_1 Symmetriekoordinaten der Rasse $\Gamma^{(1)}$, dann n_2 der Rasse $\Gamma^{(2)}$, und so weiter. Da aller

---

[2]Ersteres folgt aus Punkt (5) und letzteres, aus der Tatsache, daß die Transformation $\mathbf{U}_{\mathrm{red}}$ einen Übergang eines Orthonormalsystems in ein anderes darstellt und somit auch Symmetriekoordinaten paarweise orthogonal sind.

Matrixelemente mit allen Symmetriekoordinaten anderer Rasse Null sind, beginnt unsere Matrix mit einem $n_1 \times n_1$-Block, es folgt für die Darstellung $\Gamma^{(2)}$ ein $n_2 \times n_2$-Block, usw. Sind zweidimensionale Darstellungen vorhanden, haben wir zwei Gruppen von Symmetrie-koordinaten, nämlich die Gruppe der ersten Komponenten und die der zweiten. Da beide gleich behandelt werden müssen, ergeben sich dann zwei gleiche Blöcke der Größe $n_k \times n_k$, wenn n_k solcher Vektorpaare vorhanden sind. Wir sehen, daß die Blockung von $\mathbf{H}$ eine ganz andere Struktur hat als die der $\mathbf{M}_i$.

Diese Überlegungen zur Struktur einer hermiteschen Matrix $\mathbf{H}$ bei Vorliegen von Symmetrie sind aus zwei Gründen wichtig. Der hauptsächliche Wert besteht in dem Resultat, daß man jedem Eigenvektor eine Symmetrierasse zuordnen kann. Im ganzen zugehörigen Spektrum können dann alle Terme hinsichtlich ihrer Symmetrie klassifiziert werden, was die oft verwirrenden Vielfalt wesentlich durchsichtiger macht und auch (hier nicht behandelt!) zu bestimmten Übergangsverboten führt, weil Übergänge zwischen gewissen Rassen ausgeschlossen werden können.

Zum zweiten führt der Zerfall des Eigenwertproblems in kleinere Blöcke für die einzelnen Symmetrierassen zu einer mehr oder weniger starken Reduktion des Rechenaufwandes. Das folgt sofort aus der Blockung von $\mathbf{H}_{\mathbf{sym}}$, deren Blöcke jeweils für sich diagonalisiert werden können.

> ■ Es wird gezeigt, daß eine Matrix, die ein physikalisches Problem mit Symmetrie beschreibt, eine Blockform annehmen muß, wenn man als Basis Symmetriekoor-dinaten benützt. Die Blöcke beziehen sich jeweils auf Koordinaten gleicher Symmetrie. Alle Eigenvektoren einer hermiteschen Matrix gehören einer bestimmten Symmetrierasse an, d.h. sie transformieren sich bei Symmetrie-Operationen wie eine bestimmte irreduzible Darstellung.

Beispiel: Potentielle Energie von Molekülen gegenüber Verzerrungen

Als konkretes Beispiel für das Vorausgegangene wollen wir die potentielle Energie für die Verzerrung eines Moleküls aus seiner Gleichgewichtslage behandeln (siehe Abschn. 9.4.5). Der Matrix $\mathbf{H}$ hier entspricht die Matrix $\mathbf{F}$ in Gl. (9.22), und den Vektoren, die in den allgemeinen Überlegungen aufgetaucht sind, entspricht der Satz der Koordinaten x_i. Als Beispiel dient uns wieder das NH_3-Molekül.

Wir arbeiten wie in Abschnitt 9.4.3 mit Verzerrungskoordinaten, drei je Atom, so daß insgesamt zwölf solcher Koordinaten auftreten (siehe Abb. 10.14), im einzelnen x_N, y_N, z_N für das N-Atom und x_1, bis z_3 für die drei H-Atome. Der Vektorraum ist somit zwölf-dimensional und Träger einer zwölf-dimensionalen (reduziblen) Darstellung der Gruppe C_{3v}. Als erstes müssen wir feststellen, wie oft die drei möglichen irreduziblen Darstellungen A_1, A_2 und E in dieser Darstellung enthalten sind. Dazu benötigen wir die Charaktere dieser Darstellung und Gl. (10.5) sagt uns dann das weitere. Um die Charaktere der drei Klassen dieser Gruppe zu bestimmen, müßten wir aus jeder Klasse wenigstens eine der 12×12-Matrizen aufstellen, beispielsweise die für e, die für C_3 und die für σ_1. Diese wiederum gewinnen wir aus der Transformation der zwölf Koordinaten unter den angegebenen

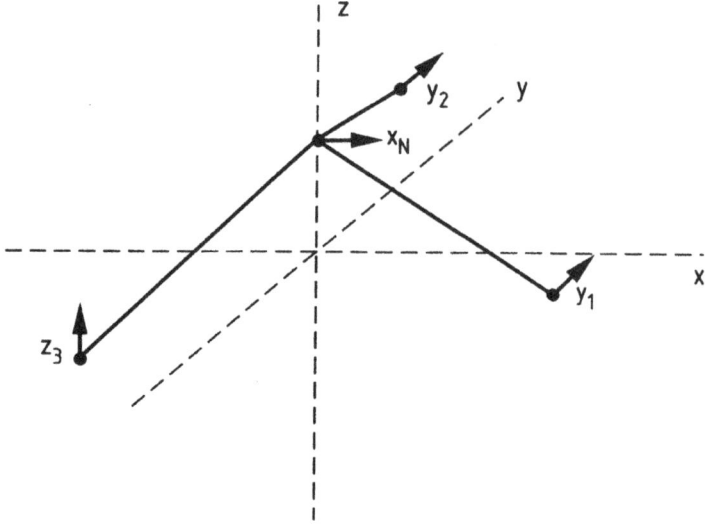

Fig. 10.14 Beispiel für Verzerrungskoodinaten im Falle NH$_3$

Symmetrie-Operationen.

Es ist nun erfreulicherweise nicht notwendig, diese Matrizen vollständig hinzuschreiben. Da wir nur die Spur der Matrix suchen, benötigen wir nur die Diagonalelemente und das sind sehr viel weniger.

(1) Matrix für e: Dies ist natürlich die Einheitsmatrix, alle Elemente in der Diagonalen sind 1 (und alle übrigen 0). Damit ist die Spur 12.

(2) Die Matrix für C$_3$: Bei einer Drehung um die z-Achse gehen die Koordinaten von H$^{(1)}$ in die von H$^{(2)}$ über, usw. Es werden also nur Nichtdiagonalblöcke besetzt, die auf die Spur keinen Einfluß nehmen. Nur das N-Atom macht da eine Ausnahme: hier geht die z-Koordinate in sich selbst über (Diagonalelement=1) und das x, y-Paar transformiert sich wie in Gl. (3.9):

$$\begin{pmatrix} \cos(\pi/3) & -\sin(\pi/3) \\ \sin(\pi/3) & \cos(\pi/3) \end{pmatrix} = \begin{pmatrix} -1/2 & -\sqrt{3}/2 \\ \sqrt{3}/2 & -1/2 \end{pmatrix}.$$

Hier ist die Spur -1. Zählt man die 1 für die z-Koordinate und die Nullen für die H-Koordinaten dazu, ergibt sich insgesamt 0.

(3) Die Matrix für σ_1: H$^{(2)}$ geht in H$^{(3)}$ über und umgekehrt, so daß der Beitrag dieser sechs Koordinaten zur Spur 0 ist. Für H$^{(1)}$ und N gilt jeweils: $y \to y$, $z \to z$, aber $x \to -x$. Der Beitrag für N und H$^{(1)}$ ist jeweils $(-1) + 1 + 1 = 1$, also ist die Spur insgesamt 2

Nachdem wir die Spuren der drei Klassen-Vertreter gefunden haben, können wir Gl. (10.5) anwenden, um die Zahl der irreduziblen Darstellungen zu finden, die unsere zwölf-dimensionale Darstellung enthält.

$$n_{A_1} = (1 \cdot 12 \cdot 1 + 2 \cdot 0 \cdot 1 + 3 \cdot 2 \cdot 1)/6 = 3,$$

$$n_{A_2} = (1 \cdot 12 \cdot 1 + 2 \cdot 0 \cdot 1 + 3 \cdot 2 \cdot (-1))/6 = 1,$$
$$n_E = (1 \cdot 12 \cdot 2 + 2 \cdot 0 \cdot (-1) + 3 \cdot 2 \cdot 0)/6 = 4.$$

(Eine Kontroll-Rechnung für die Dimension ergibt $3 \cdot 1 + 1 \cdot 1 + 4 \cdot 2 = 12$.)

Nun müßte die Transformation auf die zwölf Symmetriekoordinaten erfolgen. Das ist ohne die entsprechende Technik schwierig, und wir wollen in dieser Einführung dem Leser ja nur begreiflich machen, wozu Gruppentheorie im Zusammenhang mit Molekülsymmetrie dient. Wir können unsere Aufgabe aber wenigstens ein Stück weit lösen, wenn wir geschickt vorgehen und uns aufs Skizzieren beschränken.

Als erstes wollen wir zeigen, daß im Falle des NH_3-Moleküls ein kleines Stück der Arbeit bereits getan ist. Die Gruppe C_{3v} umfaßt nur Drehungen um die z-Achse und Spiegelungen an Ebenen, die die z-Achse enthalten, so daß bei allen Symmetrie-Operationen z-Koordinaten immer in z-Koordinaten und x, y-Koordinatenpaare immer in Linearkombinationen von x- und y-Koordinaten übergehen. Wir können also die Analyse, die wir oben für alle zwölf Koordinaten auf einmal angestellt haben, für beide Gruppen separat wiederholen. Die Darstellungsmatrizen für die z-Koordinaten haben die Charaktere 4, 4, 2, und die für die x, y-Koordinaten die Charaktere 8, -4, 0. (Man beachte, daß die Summe beider wieder 12, 0, 2 ergibt, wie es sein muß.) Die gleiche Prozedur für die beiden Sätze wie oben ergibt für die z-Koordinaten $3 \cdot A_1 + 1 \cdot A_2$ und die x, y-Koordinaten $4 \cdot E$. Damit ist eine gewisse Zuordnung schon erreicht.

Als nächstes können einige Vorab-Informationen eingebracht werden. In Abschn. 9.4.3 war gesagt worden, daß drei Normalkoordinaten Translationen (d.h. Verschiebungen des gesamten Moleküls) darstellen müssen und drei weitere Rotationen (Drehungen des gesamten Moleküls). Die verbleibenden sechs Normalkoordinaten sind innere Koordinaten, deren Bewegung Schwingungen des Moleküls entsprechen. In den Charakteren-Tabellen der Monographien über Gruppentheorie sind auch die jeweiligen Symmetrierassen von Translation und Rotation angegeben, weil diese feststehen und weil sie ständig benötigt werden. Einer solchen Tabelle entnehmen wir, daß die Symmetrierasse der Translation bei der Gruppe C_{3v} $A_1 + E$ und die der Rotation $A_2 + E$ ist. Damit sind zwei Vertreter des z-Satzes identifiziert: eine A_1- und die A_2-Koordinate scheiden aus und als innere Koordinaten verbleiben nur zwei A_1-Koordinaten übrig. Das gleiche gilt für die vier E-Koordinaten-Paare: zwei scheiden als Translation bzw. Rotation aus und es bleiben nur zwei für innere Koordinaten übrig. Die Gesamtsumme für die inneren Koordinaten ist also richtig 6: zwei A_1-Koordinaten und zwei E-Paare. Die potentielle Energie hängt überdies von Verschiebungen oder Drehungen des Moleküls im Raum gar nicht ab, und die Bewegungsgleichungen für diese Koordinaten sind trivial, wie wir in 9.4.3 gesehen hatten.

Nachdem sechs der zwölf Koordinaten ausgeschieden sind, können wir uns auf die sechs inneren Koordinaten beschränken. Dazu sind kartesische Koordinaten ungeeignet. Wir suchen uns sechs Koordinaten, die nur von der relativen Position der Atome gegeneinander abhängen. Dafür bieten sich die drei Bindungslängen, bzw. die entsprechenden Verzerrungen aus der Ruhelage, an: r_1, r_2, r_3. Sodann benötigen wir noch drei Winkel. Da wäre zunächst der Winkel θ, den die drei H-Atome mit der z-Achse bilden und dessen Größe die sog. Umbrella-Mode (Regenschirm-Bewegung) regiert (siehe Abb. 10.15a). Die zwei anderen Winkel wählt man am besten so, daß sie Bewegungen von $H^{(2)}$ und $H^{(3)}$ gegenüber $H^{(1)}$ beschreiben, und zwar in der Ebene der drei H-Atome (Abb. 10.15b).

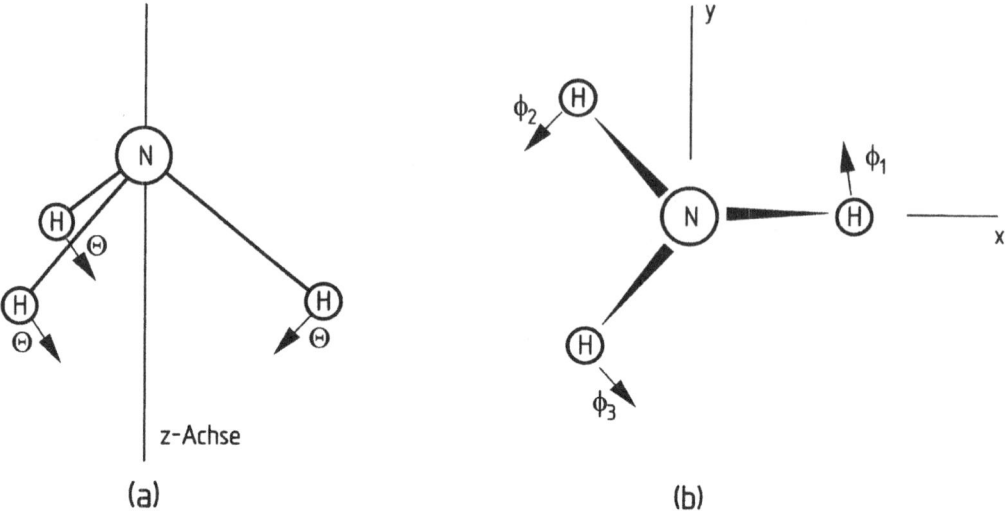

Fig. 10.15 NH$_3$-Molekül: (a) Umbrella-Mode;   (b) Die Winkel ϕ_1, ϕ_2 und ϕ_3

Für diese sechs Variablen sind nun die sechs Symmetriekoordinaten nicht allzu schwer zu erraten. Zunächst ändert die θ-Koordinate nichts an der Symmetrie und ist mithin sicher totalsymmetrisch, d.h. von der Rasse A$_1$. Als nächstes nehmen wir uns die drei Koordinaten r_1, r_2, r_3 vor und überlegen, wie sie auf Symmetriekoordinaten transformiert werden könnten. Die Linearkombination $r_1 + r_2 + r_3$ ist sicher ebenfalls totalsymmetrisch, hat also auch die Rasse A$_1$. Damit hätten wir beide A$_1$-Symmetriekoordinaten gefunden. Es muß noch zwei zu $r_1 + r_2 + r_3$ orthogonale Linearkombinationen geben. Hier setzt man am einfachsten: $2r_1 - r_2 - r_3$ und $r_2 - r_3$. Dieser Teil der Transformationsmatrix sieht also (nach Normierung) so aus:

$$\mathbf{s} = \mathbf{Tr},$$

bzw.

$$\begin{pmatrix} s_1 \\ s_2 \\ s_3 \end{pmatrix} = \begin{pmatrix} 1/\sqrt{3} & 1/\sqrt{3} & 1/\sqrt{3} \\ 2/\sqrt{6} & -1/\sqrt{6} & -1/\sqrt{6} \\ 0 & 1/\sqrt{2} & -1/\sqrt{2} \end{pmatrix} \begin{pmatrix} r_1 \\ r_2 \\ r_3 \end{pmatrix}.$$

(Man überzeugt sich leicht, daß die **T**-Matrix reell orthogonal ist.) Da nur noch zwei E-Darstellungen übrig sind, können die zwei anderen Symmetriekoordinaten s_1 und s_2 nur die Basis für eine der beiden E-Darstellungen bilden. θ ist bereits Symmetriekoordinate und wir wollen sie mit s_4 bezeichnen. Es bleiben noch die beiden ϕ-Winkel. Hier ist es zweckmäßig, zunächst den dritten ϕ-Winkel, nämlich ϕ_1 (Winkel H$^{(1)}$ gegen die x-Achse) hinzuzunehmen. Mit diesen drei Winkeln können wir eine ähnliche Transformation wie mit den drei r-Koordinaten vornehmen:

$$\begin{pmatrix} R_z \\ s_5 \\ s_6 \end{pmatrix} = \begin{pmatrix} 1/\sqrt{3} & 1/\sqrt{3} & 1/\sqrt{3} \\ 2/\sqrt{6} & -1/\sqrt{6} & -1/\sqrt{6} \\ 0 & 1/\sqrt{2} & -1/\sqrt{2} \end{pmatrix} \begin{pmatrix} \phi_1 \\ \phi_2 \\ \phi_3 \end{pmatrix}.$$

Die zweite und die dritte Zeile wird von den beiden noch fehlenden internen Symmetrie-koordinaten (s_5 und s_6) gebildet. Die erste Zeile ist, wie ein Blick auf Abb. 10.15 zeigt, die bereits aussortierte Rotation um die z-Achse, die infolge der Hinzunahme von ϕ_1 mit ins Spiel kam. (Sie hat A_2-Symmetrie.) s_5 und s_6 bilden zusammen die noch ausstehende E-Darstellung.

Wir fassen die gefundenen internen Symmetriekoordinaten zusammen:

$$s_1 = 1/\sqrt{3}(r_1 + r_2 + r_3) \qquad \text{(Rasse } A_1\text{)},$$

$$\left.\begin{array}{l} s_2 = 1/\sqrt{6}(2r_1 - r_2 - r_3) \\ s_3 = 1/\sqrt{2}(r_2 - r_3) \end{array}\right\} \quad \text{(Rasse E)},$$

$$s_4 = \theta \qquad \text{(Rasse } A_1\text{)},$$

$$\left.\begin{array}{l} s_5 = 1/\sqrt{6}(2\phi_1 - \phi_2 - \phi_3) \\ s_6 = 1/\sqrt{2}(\phi_2 - \phi_3) \end{array}\right\} \quad \text{(Rasse E)}.$$

In diesen Koordinaten enthält die ursprüngliche 12×12 **F**-Matrix nur noch einen 2×2-Block für die beiden A_1-Koordinaten (s_1 und s_4) und zwei (gleiche) 2×2-Blöcke für jede der beiden E-Koordinaten, also einer für s_2 und s_5 und ein gleicher für s_3 und s_6.

Unsere Überlegungen haben sich zunächst auf die Blockung der **F**-Matrix bezogen. Damit ist allerdings noch nicht die Bewegungsgleichung (9.23) separiert. Diese gilt in der angegebenen Form ohnehin nur für kartesische Koordinaten. Für praktische Fälle sind aber – wie wir gesehen haben – innere Koordinaten sowieso geeigneter, die nicht-kartesisch sind. Hier muß nach einem anderen Weg gesucht werden, um die Gleichung in die Form

$$\frac{d^2 \mathbf{s}}{dt^2} = \tilde{\mathbf{F}} \mathbf{s}$$

zu bringen. Dies ist zwar möglich, so daß unsere Symmetrie-Überlegungen auch für innere Schwingungskoordinaten gelten. Wie man allerdings die Bewegungsgleichungen in inneren Koordinaten aufstellt, muß einem Lehrbuch über Molekülschwingungen (z.B. [15]) entnommen werden. Aber das Ergebnis, daß zwei A_1- und zwei E-Normalschwingungen existieren, bleibt gültig. Qualitativ sieht also ein Term-Schema für die Schwingungen von NH_3 etwa wie in Abb. 10.16 aus. Dabei wurde vorausgesetzt, daß der Grundzustand A_1-Symmetrie hat.

Wir haben hier als Demonstrationsobjekt den verhältnismäßig anschaulichen Raum der Atom-Bewegungen gewählt, um zu zeigen, in welcher Weise sich der Einfluß von Symmetrie zeigt, und wie die Gruppentheorie ihn zur Geltung bringen kann. Ähnliche Überlegungen lassen sich auch für den Zustandsraum von Elektronen in Molekülen anstellen. Für die

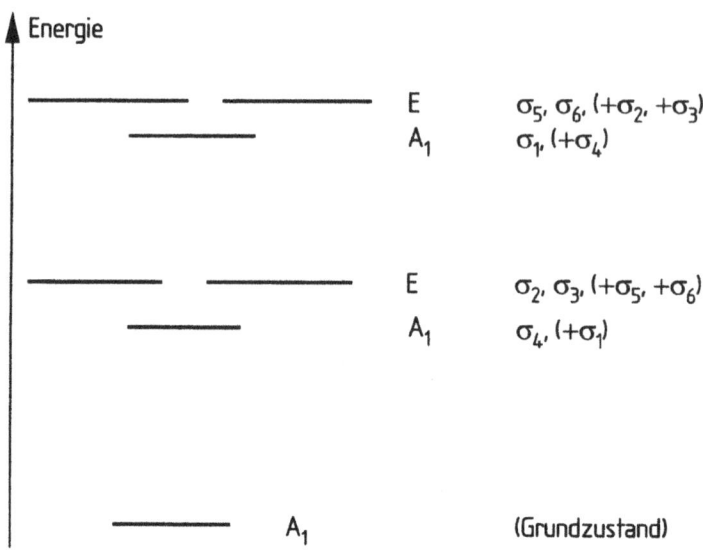

Fig. 10.16 Term-Schema für Schwingungsgrundzustand und erste angeregte Schwingungszustände
des NH₃-Moleküls

Theoretische Chemie, die sich ja hauptsächlich mit der Struktur der Elektronenhülle befaßt, ist die Symmetrie der Elektronenzustände von großer Bedeutung. Man denke z.B. an
die s-Elektronen, p-Elektronen usw. in Atomen, eine Klassifizierung, die sich ebenfalls auf
gruppentheoretische Grundlagen zurückführen läßt. Da dies aber über den Rahmen einer
Einführung hinausgeht, wollen wir es bei diesem Hinweis belassen.

> ■ Die im vorhergehenden Unterabschnitt entwickelten allgemeinen Überlegungen
> werden für den Fall des Ammoniak-Moleküls durchgespielt. Dies kann zwar nicht
> in allen Einzelheiten geschehen, weil zwölf Koordinaten dazu zu viel sind. Es
> wurde aber immerhin geklärt, daß die sechs Schwingungsbewegungen, die das
> NH₃-Molekül ausführen kann, von der Rasse A₁, A₁, E und E sind und wie die
> zugehörigen Bewegungen verlaufen.

Aufgaben

1. (a) Geben Sie die Zahl der irreduziblen Darstellungen der Gruppe C_{2v} und ihre Dimension an!
(b) Das Gleiche für die Gruppe D_{2h}.
2. Führen Sie die gleiche Analyse (wie für NH_3 oben) für das H_2O-Molekül durch. Die Charakterentafel für C_{2v} ist

	e	C_2	$\sigma_v = \sigma_{xz}$	$\sigma_v' = \sigma_{yz}$
A_1	1	1	1	1
A_2	1	1	-1	-1
B_1	1	-1	1	-1
B_2	1	-1	-1	1

$T_x = B_1, T_y = B_2, T_z = A_1$
$R_x = B_2, R_y = B_1, R_z = A_2$

11   Versuchsauswertung und Fehlerrechnung

Messungen sind gewöhnlich mit Fehlern behaftet. In unserem Zusammenhang sind besonders *zufällige* Fehler (z.B. Unvollkommenheit der Meßgeräte, Schwankungen der Meßbedingungen u.a.) von Interesse, da sie den Gesetzen der Wahrscheinlichkeitsrechnung gehorchen. Man kann den Einfluß solcher zufälliger Fehler wesentlich dadurch vermindern, daß man die zu bestimmende Größe wiederholt mißt und die Einzelresultate nach statistischen Methoden auswertet. Des weiteren lassen sich auch Beziehungen für die Fortpflanzung von Fehlern ableiten sowie Methoden angeben, wie man eine Kurve auf bestmögliche Art an Meßpunkte anpaßt, die mit zufälligen Fehlern behaftet sind.

Es liegt auf der Hand, daß *systematische* Fehler (z.B. ein falsch anzeigendes Meßgerät) mit statistischen Methoden weder erkannt noch ausgeglichen werden können. Bevor wir auf das eigentliche Thema zu sprechen kommen, müssen wir noch einen kurzen Ausflug in die Statistik unternehmen.

11.1   Wahrscheinlichkeitsdichten

11.1.1   Größenverteilung als Beispiel

Wenn Sie eine Statistik über Kraftfahrzeugtypen erstellen wollen, wäre die Sie interessierende Eigenschaft (z.B. die Herstellerfirma) eine diskrete Größe. Man spricht dann von einer *diskreten* (Zufalls-)Größe. Wenn Sie dagegen eine Statistik über die Größe der Bundesbürger anfertigen wollen, gilt Ihr Interesse einer Zahl. Ihre Zufallsgröße ist dann eine kontinuierliche Größe. Diese *kontinuierlichen Zufallsgrößen* sind im Zusammenhang mit Messungen wichtig und wir beschränken uns auf sie.

Bleiben wir beim letzten Beispiel und fragen, wie wir vorzugehen hätten. Dabei wollen wir zunächst voraussetzen, daß wir die Größe eines jeden Bürgers kennen, und zwar im Rahmen unserer Meßgenauigkeit (sagen wir auf ± 0.5mm). Wir müssen dann den in Frage kommenden Bereich (ca. 1.0–2.5 m) in 1mm breite Intervalle einteilen und können nun die Anzahl der Personen für jedes Intervall ermitteln (*Häufigkeitsverteilung*). Im Prinzip ist damit unsere Statistik fertig, aber wir wollen sie noch ein wenig aufbereiten. Wir können die Personenzahl jedes Bereiches durch die Gesamtzahl der Bürger dividieren. Dann erhalten wir für jedes Intervall eine positive Zahl kleiner als 1 und die Summe über alle Bereiche muß 1 ergeben. Die Zahl p_l des l-ten1mm-Intervalles gibt die Wahrscheinlichkeit dafür an, daß ein beliebig herausgegriffener Bürger gerade diese Größe besitzt. Wir können übrigens auch die Wahrscheinlichkeit für mehrere Intervalle zusammenfassen, wenn wir die Wahrscheinlichkeiten für die Einzelintervalle addieren. Die Summe über alle Intervalle $\sum_l p_l$ ist 1.

Es bleibt noch hinzuzufügen, daß die Zahlen für die einzelnen Intervalle selbst auch einen gewissen Zufallscharakter aufweisen. Teilt man die Zahl der Probanden durch Würfeln in zwei gleich große Gruppen, so ist innerhalb der beiden Gruppen nicht zu erwarten, daß die Zahlen von einander entsprechenden Intervallen genau übereinstimmen. Ebenso unwahrscheinlich ist, daß ein Jahr später sich exakt die gleichen Zahlen ergeben. Mit anderen Worten: die für die Intervalle ermittelten Zahlen sind selbst gewissen Schwankungen unterworfen, die zwar nicht signifikant sind, die aber Statistiker berücksichtigen müssen. Dieser Gesichtspunkt spielt aber für das Folgende keine Rolle.

Bislang stellen die p_l einen Satz *diskreter* Zahlen, dar. Da wir angenehmen dürfen, daß sich (bis auf die erwähnten Schwankungen) eine glatte Kurve $\rho(l)$ durch sie legen läßt, können wir von dem Satz p_l zu einer *Funktion* $\rho(l)$ übergehen, wobei l jetzt eine *kontinuierliche* Variable ist. Sehr wichtig ist nun Folgendes: Wenn wir von $\rho(l)$ zurück zu den p_l gehen wollen, müssen wir $\rho(l)$ über den entsprechenden l-Bereich integrieren:

$$p_l = \int_{l-\Delta l/2}^{l+\Delta l/2} \rho(l)dl \quad \approx \quad \rho(l)\,\Delta l \quad \text{mit} \quad \Delta l = 1mm.$$

$\rho(l)$ gibt an einer bestimmten Stelle l nicht die Wahrscheinlichkeit selbst für das betreffende l an sondern die Wahrscheinlichkeit pro mm, ist also in diesem Sinne nur eine Wahrscheinlichkeits*dichte* mit der Dimension mm^{-1}. Um aus ihr eine Wahrscheinlichkeit zu erhalten, muß sie mit dem Bereich Δl, für die sie gelten soll, noch multipliziert werden. Eine Teilsumme über einen l-Bereich $\sum_{l_a}^{l_e} p_l$ muß durch ein Integral

$$\int_{l_a}^{l_e} \rho(l)dl$$

ersetzt werden und das Integral über den gesamten l-Bereich ist

$$\int_l \rho(l)dl = 1.$$

Die unterschiedlichen Dimensionen von p_l bzw. $\rho(l)$ sind deutlich zu sehen.

Die Form der Kurve kann beliebig sein und spiegelt irgendwelche zugrundeliegende Gesetze wieder, hier biologische Gesetzmäßigkeiten, die wir nicht kennen und für eine Statistik auch gar nicht kennen müssen. Es könnte sich z.B. eine *Gleichverteilung* ergeben, also ein im wesentlichen konstantes ρ. Oft aber ergibt sich eine Funktion mit einem Maximum, wie wir das in unserem Beispiel zu erwarten haben (siehe Abb. 11.1).

Wichtig für uns ist nun die Tatsache, daß auch eine Meßreihe unter diesem Gesichtspunkt betrachtet werden kann. Auch hier haben Sie zunächst eine Meßgenauigkeit, unterhalb der Sie beispielsweise Anzeigengeräte nicht mehr ablesen können. Diese entspricht der Intervallbreite von 1mm im obigen Beispiel. Wenn Sie nun eine sehr große Anzahl von Messungen dieser Größe ausführen, werden Sie – selbst, wenn Sie alle Ihre Messungen gleich gewissenhaft durchführen – Abweichungen feststellen, weil die Versuchsbedingungen eben nicht exakt gleich gehalten werden können. Sie werden wie bei der Größe der Bundesbürger Werte erhalten, die sich an einer Stelle häufen (und zu einem Maximum der Ausgleichskurve

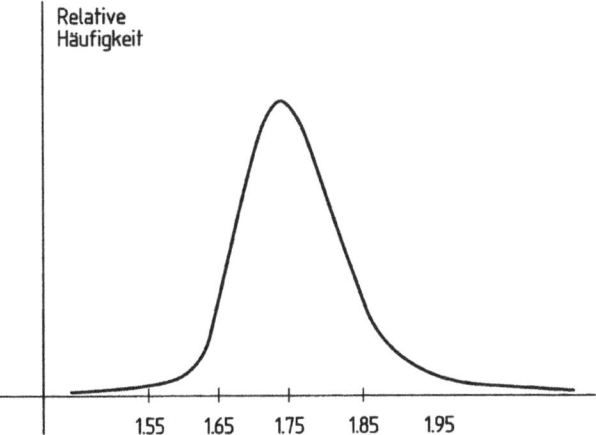

Fig. 11.1 Beispiel für eine Wahrscheinlichkeitsdichte

$\rho(x)$ führen) und abseits von dieser Stelle seltener werden. Auch wenn Sie sehr viele weitere Messungen durchführen, wird sich diese Kurve kaum mehr verändern, einfach weil sie durch die Natur Ihrer Versuchsanordnung festliegt.

> ■ Eine Statistik für eine bestimmte (kontinuierliche) Eigenschaft von sehr vielen Einzelexemplaren oder sehr viele Messungen einer physikalischen Größe führt auf eine Funktion $\rho(x)$, die mit der Wahrscheinlichkeit dafür, daß ein herausgegriffenes Exemplar im Bereich zwischen x und $x + \Delta x$ liegt, über die Beziehung $\rho(x)\Delta x$ zusammenhängt. $\rho(x)$ heißt deshalb die *Wahrscheinlichkeitsdichte*.

11.1.2 Ein statistisches Modell

Da anzunehmen ist, daß sowohl die unterschiedliche Größe der Bundesbürger als auch unterschiedliche Meßresultate in irgendeiner Weise zufallsbedingt sind, ist es nützlich, sich ein mathematisch-statistisches Modell zu verschaffen und das zugehörige $\rho(x)$ zu studieren. Ein einfaches Modell ist ein Würfel, der mit einer Wahrscheinlichkeit p die Zahl 1 bzw. mit der Wahrscheinlichkeit $1 - p$ die Zahl 2 liefert. Nachdem n Würfe erfolgt sind, läßt sich die Wahrscheinlichkeit berechnen, daß m-mal die 1 (und damit $(n-m)$-mal die 2) geworfen wurde ($0 \leq m \leq n$). Diese Wahrscheinlichkeit ist

$$\binom{n}{m} p^m (1-p)^{n-m}.$$

Der erste Faktor ergibt sich aus der Anzahl der möglichen Reihenfolgen der 1- bzw. 2-Würfe, ähnlich wie bei der Ableitung des binomischen Satzes (1.15) die Zahl der A/B-Reihenfolgen. Der zweite Faktor bringt die Wahrscheinlichkeit der m 1-Würfe und der dritte die der $n-m$ 2-Würfe ein. Man überzeugt sich leicht, daß die Summe über alle m die Zahl 1 ergibt.

$[p + (1 - p)]^n$ ist nämlich einerseits 1 und andererseits nach dem Binomialsatz

$$[p + (1 - p)]^n = \sum\nolimits_{m=0}^{n} \binom{n}{m} p^m (1 - p)^{n-m}.$$

Unser Ziel ist nun, diesen Ausdruck in eine Funktion $\rho(m)$ umzuformen. Dazu müssen allerdings einschränkende Annahmen gemacht werden. So ergibt sich z.B. für den Fall, daß $p \ll 1$ ist, die sog. *Poisson-Verteilung*, die aber seltener benötigt wird. Wichtiger ist der Fall, daß p und $1 - p$ in der Nähe von $1/2$ liegen.

Wir berechnen als erstes näherungsweise $\binom{n}{m}$ mittels der Sterlingschen Formel (1.11):

$$\binom{n}{m} = \frac{n!}{m!(n-m)!} \approx \frac{\sqrt{2\pi n}(n/e)^n}{\sqrt{2\pi m}(m/e)^m \sqrt{2\pi(n-m)}((n-m)/e)^{n-m}}$$

$$= \frac{1}{\sqrt{2\pi m(1 - m/n)}} \frac{1}{(m/n)^m (1 - m/n)^{n-m}}.$$

Der Gesamtausdruck wird damit

$$\binom{n}{m} p^m (1 - p)^{n-m} \approx \frac{1}{\sqrt{2\pi m(1 - m/n)}} \left(\frac{m/n}{p}\right)^{-m} \left(\frac{1 - m/n}{1 - p}\right)^{-(n-m)}.$$

Da das Rechnen mit großen Exponenten immer noch unbequem ist, verwandeln wir das Ganze in eine Exponentialfunktion

$$\frac{1}{\sqrt{2\pi m(1 - m/n)}} \exp\left(-m \ln \frac{m/n}{p} - (n - m) \ln \frac{1 - m/n}{1 - p}\right).$$

Als nächstes brauchen wir einen geeigneten Null-Punkt für die Variable m. Als solchen bietet sich die Stelle, an der unser Ausdruck zum Maximum wird, an. Wenn wir den Wurzelvorfaktor einmal beiseite lassen, ist dies dort, wo der Exponent ein Maximum hat, bzw. seine Ableitung nach m Null wird. Diese Ableitung ist

$$-\ln \frac{m/n}{p} - m\frac{1}{m} + \ln \frac{1 - m/n}{1 - p} - (n - m)\frac{-1}{n - m} = -\ln \frac{(m/n)(1 - p)}{(1 - m/n)p}.$$

Setzt man diesen Ausdruck gleich Null, bzw. das Argument des Logarithmus 1, so ist das

$$\frac{1 - p}{p} = \frac{1 - m/n}{m/n} \quad \text{oder} \quad \frac{m}{n} = p,$$

ergibt also letztlich $m_{mx} = np$. Wir gehen nun vom m zur Variablen $\Delta m = m - np$ über und im Ausdruck für die Wahrscheinlichkeit wird der Vorfaktor

$$\frac{1}{\sqrt{2\pi n(p + \Delta m/n)(1 - p - \Delta m/n)}}$$

und die Exponentialfunktion

$$\exp\left(-(\Delta m + np) \ln \frac{\Delta m/n + p}{p} - (n(1 - p) - \Delta m) \ln \frac{1 - p - \Delta m/n}{1 - p}\right)$$

$$= \exp\left(-(\Delta m + np) \ln \left(1 + \frac{\Delta m/n}{p}\right) - (n(1 - p) - \Delta m) \ln \left(1 - \frac{\Delta m/n}{1 - p}\right)\right).$$

Bislang haben wir – außer der Stirlingschen Formel – keine Näherungen benutzt sondern nur umgeformt. Wenn nun die Größe Δm (die Abweichung von m_{mx}) klein gegen n und $p \approx 1/2$ ist, werden die Argumente des Logarithmus 1 plus kleine Zahl, so daß die Taylorentwicklung $\ln(1+x) \approx x - x^2/2$ verwendet werden kann. Behält man nur die Terme bis zur zweiten Potenz von Δm bei, wird der Exponent

$$-(\Delta m + np)\left(\frac{\Delta m/n}{p} - \frac{1}{2}\left(\frac{\Delta m/n}{p}\right)^2\right) - (n(1-p) - \Delta m)\left(-\frac{\Delta m/n}{1-p} - \frac{1}{2}\left(\frac{\Delta m/n}{1-p}\right)^2\right)$$

$$= -\frac{\Delta m^2}{2np} - \frac{\Delta m^2}{2n(1-p)} = -\frac{\Delta m^2}{2np(1-p)}.$$

Vernachlässigt man im Vorfaktor $\Delta m/n$ gegen p oder $1-p$, so lautet der Endausdruck schließlich für nicht zu große Δm und $p \approx 1-p \approx 1/2$

$$\binom{n}{m} p^m (1-p)^{n-m} \approx \frac{1}{\sqrt{2\pi np(1-p)}} e^{-\frac{\Delta m^2}{2np(1-p)}} = \frac{1}{\sqrt{2\pi np(1-p)}} e^{-\frac{(m-np)^2}{2np(1-p)}}.$$

Dies ist eine Gauß-Kurve mit dem Maximum an der Stelle $\Delta m = 0$ bzw. $m = np$. Eine solche Wahrscheinlichkeitsdichte wird *Normalverteilung* oder auch *Gaußsche Normalverteilung* genannt, weil sie die häufigste Fehlerverteilung beschreibt. Die Halbwertsbreite einer Funktion $e^{-\alpha x^2}$ ist – wie man leicht nachrechnet – $2\sqrt{\ln 2/\alpha}$, in unserem Falle also $2\sqrt{n(2\ln 2)p(1-p)}$, wächst mithin wie $\sqrt{n}$. Anders, wenn man zur *relativen* Größe bezüglich n, also zu m/n übergeht. Der Exponent ist dann $-n(m/n - p)^2/(2p(1-p))$, so daß die Halbwertsbreite für m/n jetzt $2\sqrt{(2\ln 2)p(1-p)/n}$ ist: sie nimmt mit $1/\sqrt{n}$ ab. Verdopplung der Zahl der Würfe n führt zwar zu einer breiteren Verteilung der Größe m um den Faktor $\sqrt{2}$, aber zu einer um den Faktor $1/\sqrt{2}$ schmaleren Verteilung über die Größe m/n. Dieses *Gesetz der großen Zahl* (Bernoulli) besagt also, daß bei sehr großer Wurfzahl die *relative* Abweichung vom "Erwartungswert" $m/n = p$ immer schmaler wird.

Wir können die Wahrscheinlichkeitsdichte noch etwas eleganter formulieren, wenn wir von m/n zur kontinuierlichen Größe x übergehen. m läuft von 0 bis n, also x von 0 bis 1. Damit wird die Wahrscheinlichkeitsdichte

$$\frac{1}{\sqrt{2\pi np(1-p)}} e^{-\frac{n(x-p)^2}{2p(1-p)}}.$$

Es gilt nun noch Folgendes zu bedenken: m ist eine diskrete Variable, die jeweils um 1 zunimmt. Die Variable x ist zunächst ebenfalls diskret, aber sie vergrößert sich jeweils nur um $1/n$. Die Summe des obigen Ausdruckes über alle m ist 1 und die über die x_i geht noch immer über n Summanden. Möchte man aber x als kontinuierliche Variable auffassen und die Summe als Integral schreiben, so muß wegen $\Delta x = 1/n$ bzw. $n\Delta x = 1$ der Faktor $n\Delta x$ hinzugefügt werden. Wir lassen im Moment den Vorfaktor weg und machen folgende Schritte:

$$\sum_{i=0}^{n} e^{-\frac{n(x_i-p)^2}{2p(1-p)}} = \sum_{i=0}^{n} e^{-\frac{n(x_i-p)^2}{2p(1-p)}} n\Delta x \Rightarrow n\int_{x=0}^{1} e^{-\frac{n(x-p)^2}{2p(1-p)}} dx,$$

so daß die Funktion einschließlich Vorfaktor jetzt

$$\sqrt{\frac{n}{2\pi p(1-p)}} e^{-\frac{nx^2}{2p(1-p)}}$$

Tab. 11.1 Beispiel für eine Wahrscheinlichkeitsdichte

m	x	$\binom{n}{m}p^m(1-p)^{n-m}$	$\Delta x/(\sqrt{2\pi}\sigma)e^{-(x-p)^2/(2\sigma^2)}$
0	0.000	0.0467	0.0450
1	0.167	0.1866	0.1683
2	0.333	0.3110	0.3150
3	0.500	0.2765	0.2934
4	0.667	0.1382	0.1367
5	0.833	0.0369	0.0318
6	1.000	0.0041	0.0037

lautet. Führen wir zum Schluß die Abkürzung $\sigma = \sqrt{p(1-p)/n}$ ein, so ist der Endausdruck

$$\frac{1}{\sqrt{2\pi}\,\sigma}\,e^{-\frac{x^2}{2\sigma^2}}.$$

Die Halbwertsbreite dieser Funktion ist $2\sqrt{2\ln 2}\,\sigma \approx 2.4\sigma$ und man sieht, daß diese *Glockenkurve* um so breiter ist, je größer σ ist. Für sehr große n wird σ klein und die Verteilung beliebig schmal.

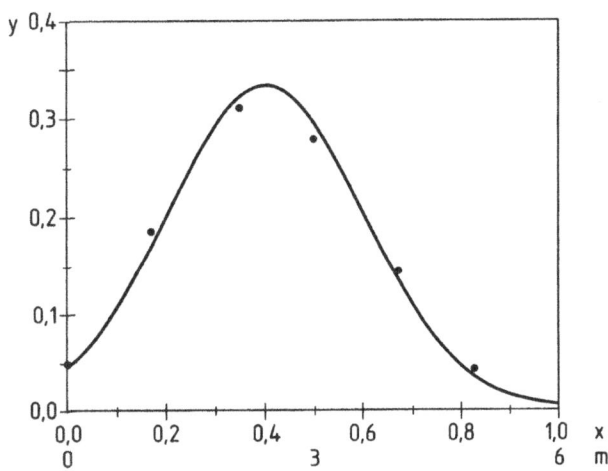

Fig. 11.2 Beispiel für $n = 6, p = 0.4, \sigma^2 = 0.04$ und als Vergleichskurve $\rho \cdot \Delta x$ (siehe Text)

Als Beispiel zeigen wir in Abb. 11.2 bzw. Tab. 11.1 den Fall $n = 6, p = 0.4$. Dies sind zwar nur 7 Stützstellen für m bzw. x, aber dies ist ausreichend, um einen Eindruck zu bekommen. Zum Vergleich darf man natürlich nicht ρ selbst auftragen (Wahrscheinlichkeits*dichte*) sondern $\rho\Delta x = \rho/6$. σ ist hier $\sqrt{0.4 \cdot 0.6/6} = \sqrt{0.04} = 0.2$

Bitte beachten Sie, daß wir das Würfel-Modell nur deshalb durchgespielt haben, weil es zeigt, daß eine Gauß-Verteilung eine vernünftige Sache ist. Die Abhängigkeit von σ von der Zahl der Würfe ist eine Spezialität dieses Modells. (n ist sozusagen nur ein Parameter des Modells.) Die *Verteilung Ihrer Meßwerte* dagegen wird keineswegs schmaler mit der Zahl der Messungen, weil dieses σ durch Ihre Versuchsbedingungen festgelegt ist. Auch die Verteilung der Bevölkerung über Größenklassen ändert sich nicht, wenn man ein Volk von doppelter Einwohnerzahl vermißt, weil σ durch die erwähnten biologischen Gesetze bestimmt ist. Was sich hier ändert, ist nur die oben erwähnte statistische Schwankung innerhalb der Größenklassen.

Stichproben Die Existenz einer Wahrscheinlichkeitsdichte für Ihre Meßresultate beruht zunächst auf der Annahme einer sehr großen Anzahl von Messungen. Das ist natürlich unrealistisch. Kehren wir nochmals zur Größe der Bevölkerung zurück. Auch hier ist es nicht notwendig, die Größe der gesamten Bevölkerung zu bestimmen. Es würde durchaus ausreichen, nur den hundertsten Teil von ihnen zu vermessen. Man dürfte hoffen, dann eine Wahrscheinlichkeitsdichte zu erhalten, die der der gesamten Bevölkerung ziemlich genau entspricht. Voraussetzung ist allerdings, daß der Querschnitt, der ausgewählt wird, "repräsentativ" für die Gesamtbevölkerung ist. Repräsentativ heißt hier lediglich, daß die beiden ρ-Funktionen im wesentlichen übereinstimmen. (Nähme man die Probanden ausschließlich aus Norddeutschland, könnte diese Auswahl eventuell nicht repräsentativ sein.) Ein derartiges Vorgehen nennt man eine *Stichproben-Nahme*. Das gleiche gilt für die Erstellung einer Meßreihe. Zehn oder zwanzig Messungen können Sie als Stichprobe ansehen, aus der Sie die wichtigsten Daten gewinnen können.

■ Die Wahrscheinlichkeitsdichte für das Verhältnis von 1- und 2-Würfen mit einer Einzelwahrscheinlichkeit p und $1-p$ ist für den Fall großer Wurfzahl und nicht allzu ungleicher Einzelwahrscheinlichkeit in der Umgebung des Maximums $m = np$ eine Gauß-Kurve der Form

$$\frac{1}{\sqrt{2\pi}\sigma} e^{-\frac{x^2}{2\sigma^2}} \quad \text{mit} \quad \sigma = \sqrt{p(1-p)/n},$$

wobei $x = m/n - p$ ist und m die Zahl der 1-Würfe. Für Messungen, die statistischen Fehlern unterliegen, ist eine ähnliche Verteilung zu erwarten.

11.1.3 Parameter von Wahrscheinlichkeitsdichten

Für Wahrscheinlichkeitsdichten $\rho(x)$ mit einem ausgeprägten Maximum lassen sich eine Reihe von Parametern definieren, die die wesentliche Information widerspiegeln. Zunächst gibt es den *wahrscheinlichsten Wert* x_w, der dem x-Wert entspricht, bei dem ρ maximal ist. Dann kann man den *Mittelwert* (oder *Erwartungswert*)

$$\overline{x} = \int_{-\infty}^{\infty} x\rho(x)dx$$

definieren. (Das Integral erstreckt sich über den ganzen x-Bereich; wo keine ρ-Werte existieren, muß man sie Null setzen.) Schließlich läßt sich die Breite der Verteilung noch über die *Dispersion*

$$D = \int_{-\infty}^{\infty} (x - \overline{x})^2 \rho(x) dx$$

charakterisieren. Für eine bezüglich des Maximums symmetrische Funktion wie die Normalverteilung fallen wahrscheinlichster Wert und Mittelwert zusammen. Die Dispersion wird im Falle einer Gauß-Kurve (Maximum bei $x = \overline{x}$!)

$$\frac{1}{\sqrt{2\pi}\sigma} \int_{-\infty}^{\infty} (x - \overline{x})^2 e^{-\frac{(x-\overline{x})^2}{2\sigma^2}} dx = \sigma^2.$$

Substitution $u = x - \overline{x}$ führt das Integral zunächst in

$$\int_{-\infty}^{\infty} u^2 e^{-\frac{u^2}{2\sigma^2}} du = \int_{-\infty}^{\infty} u^2 e^{-\alpha u^2} du$$

über (α ist eine Abkürzung). Den Wert dieses Integrals erhalten wir durch Ableiten der bekannten Formel (6.37)

$$\int_{-\infty}^{\infty} e^{-\alpha u^2} du = \sqrt{\frac{\pi}{\alpha}}$$

nach α:

$$\int_{-\infty}^{\infty} (-u^2) e^{-\alpha u^2} du = -\frac{1}{2} \sqrt{\frac{\pi}{\alpha^3}}.$$

Mit Vorfaktor und Resubstitution von α ist das

$$\frac{1}{\sqrt{2\pi}\sigma} \frac{1}{2} \sqrt{\pi(2\sigma^2)^3} = \sigma^2.$$

Es lassen sich weitere Parameter zur Charakterisierung der Wahrscheinlichkeitsdichte definieren (sog. *höhere Momente*), aber sie spielen für Fragen der Versuchsauswertung keine Rolle.

Zum Schluß wollen wir noch die sog. *Verteilungsfunktion* einführen, die wir hier nicht weiter benötigen, die aber ein häufig gebrauchter Begriff in der *thermodynamischen Statistik* ist. Diese hängt mit der Wahrscheinlichkeitsdichte ρ über das Integral bis zu einer bestimmten Grenze y zusammen:

$$F(y) = \int_{-\infty}^{y} \rho(x) dx.$$

Sie ist, anders als ρ, eine reine Wahrscheinlichkeit, und liefert den Anteil an der Gesamtmenge, dessen Zufallsgröße kleiner als y ist. (Im Beispiel der Größenverteilung wäre dies der Anteil der Bevölkerung, der kleiner als beispielsweise y=1.70m ist.) Selbstverständlich ist $F(-\infty) = 0$ und $F(\infty) = 1$. Umgekehrt kann man ρ durch Differenzieren von $F(x)$ erhalten.

■ Die beiden Parameter einer Wahrscheinlichkeitsdichte mit einem ausgeprägten Maximum sind der Erwartungs- oder Mittelwert

$$\overline{x} = \int_{-\infty}^{\infty} x\rho(x)dx$$

und die Dispersion

$$D = \int_{-\infty}^{\infty} (x - \overline{x})^2 \rho(x)dx$$

Aufgabe

Die Verteilung der Geschwindigkeiten von Molekülen eines Gases wird durch eine Wahrscheinlichkeitsdichte der Form $\rho(v) = v^2 e^{-av^2}$ wiedergegeben, deren Parameter a hier nichts zur Sache tut. Diese Kurve ist noch nicht "normiert", d.h. das Integral (von $v = 0$ bis ∞) ergibt noch nicht 1.

1. Normieren Sie $\rho(v)$! (Das Integral $\int_0^\infty x^2 e^{-ax^2}dx$ ist $\sqrt{\pi/a^3}/4$.)
2. Berechnen Sie die wahrscheinlichste Geschwindigkeit!
3. Berechnen Sie die mittlere Geschwindigkeit!

11.2   Meßreihen

11.2.1   Messungen als Stichproben

Wir haben oben Meßreihen unter dem Gesichtspunkt einer Statistik bezüglich der Meßgröße betrachtet. Die entsprechende Wahrscheinlichkeitsdichte ρ ist durch die Meßapparatur und die Meßmethode festgelegt. Wenn man sehr viele Messungen durchführen würde, könnte man den Verlauf von ρ genau bestimmen. Dieser Aufwand wird überflüssig, wenn eine Annahme über die (wahrscheinliche) Natur von ρ zugrunde gelegt wird. In der Regel wird man voraussetzen dürfen, daß die Fehler ähnlich wie bei einem Würfel mit $p, 1 - p \approx 1/2$ auftreten und zu einer Normalverteilung führen. Man kommt dann mit wenigen Messungen aus, die als Stichproben im Sinne von den Überlegungen am Ende von Abschn. 11.1.2 angesehen werden dürfen und mit deren Hilfe man die allein interessierenden Parameter bestimmen kann. Die beiden wichtigsten Parameter – Erwartungswert und Dispersion – sind überdies nicht nur im Hinblick auf eine Normalverteilung definiert sondern haben einen Sinn für alle ρ-Funktionen mit einem ausgeprägten Maximum. Selbstverständlich hängt die Verläßlichkeit dieser Parameter von der Anzahl der Messungen ab, wie wir noch sehen werden.

Unsere n Meßwerte seien x_i ($i = 1, 2, 3, \ldots n$). Bei der Bestimmung der Parameter sind die Integrale über x durch die entsprechenden Summen über die vorhandenen Meßdaten zu ersetzen. So ergibt sich für den Erwartungswert statt

$$\overline{x} = \int_{-\infty}^{\infty} x\rho(x)dx \qquad \text{nun} \qquad \overline{x} = \frac{1}{n}\sum\nolimits_{i=1}^{n} x_i$$

und für die Dispersion statt

$$\int_{-\infty}^{\infty} (x - \overline{x})^2 \rho(x)dx \qquad \text{jetzt} \qquad \sigma^2 = \frac{1}{n}\sum\nolimits_{i=1}^{n}(x_i - \overline{x})^2.$$

Man spricht dann im Falle von $\overline{x}$ nicht vom Erwartungswert sondern vom *Mittelwert* und σ^2 nennt man die *Varianz*, für die wir hier und in Zukunft das Symbol σ^2 benützen, das wir im Zusammenhang mit der Normalverteilung eingeführt hatten.

Die zweite Gleichung bedarf noch einer Ergänzung, weil n als nicht allzu groß angesehen werden darf. $x_i - \overline{x}$ kann auch in der Form $\sum_{j=1}^{n}(x_i - x_j)/n$ geschrieben werden. Wie man sieht, gehen nur *Differenzen* der x_i in den Ausdruck für σ ein. Die Zahl der für die Streuung relevanten *unabhängigen* Größen ist also nicht n sondern nur $n - 1$. Wenn man den Mittelwert der Fehlerquadrate bildet, muß man den Mittelwert von $n-1$ unabhängigen Größen bilden, was dazu führt, daß der Ausdruck für σ^2 besser durch

$$\sigma^2 = \frac{1}{n-1}\sum\nolimits_{j=1}^{n}(x_i - \overline{x})^2$$

ersetzt wird. (Man kann sich das gut am Beispiel $n = 2$ klarmachen, bei dem nur die eine Differenz $x_1 - x_2$ existiert.)

Von der Varianz, in die Δx^2 eingeht, kann man durch Wurzelziehen zu σ übergehen, einer Größe, die man als *mittlere quadratische Abweichung* ansehen kann und als *Standardabweichung* bezeichnet wird:

$$\sigma = \sqrt{\frac{1}{n-1}\sum\nolimits_{j=1}^{n}(x_i - \overline{x})^2}. \tag{11.1}$$

■ Bei einer endlichen Zahl von Meßwerten ersetzen Summen die Integrale für die Parameter der Wahrscheinlichkeitsdichte: Mittelwert

$$\overline{x} = \frac{1}{n}\sum\nolimits_{i=1}^{n} x_i$$

und Standardabweichung

$$\sigma = \sqrt{\frac{1}{n-1}\sum\nolimits_{j=1}^{n}(x_i - \overline{x})^2}.$$

11.2.2 Mittlerer Fehler von Einzelmessungen und mittlerer Fehler des Mittelwertes

$|x_i - \overline{x}|$ ist der Betrag des Fehlers der Einzelmessungen. Das Betragsquadrat ist dann $(x_i - \overline{x})^2$ und die Summe über alle x_i, dividiert durch $n - 1$, (im letzten Abschnitt als σ^2 bezeichnet) ist also das Fehlerquadrat, gemittelt über die Einzelmessungen. Man kann damit σ selbst, die Standardabweichung, als den gemittelten Fehler der Einzelmessungen ansehen. Sie kann übrigens noch etwas umgeschrieben werden, denn es gilt

$$\sigma^2 = \frac{1}{n-1} \sum_{i=1}^{n} (x_i - \overline{x})^2 = \frac{1}{n-1} \left[\sum_{i=1}^{n} x_i^2 - 2\overline{x} \sum_{i=1}^{n} x_i + n\overline{x}^2 \right]$$
$$= \frac{1}{n-1} \left[\sum_{i=1}^{n} x_i^2 - n\overline{x}^2 \right].$$

also

$$\sigma = \sqrt{\frac{1}{n-1} \left[\sum_{i=1}^{n} x_i^2 - n\overline{x}^2 \right]}. \tag{11.2}$$

Wenn wir die Wahrscheinlichkeit, daß ein Meßwert zwischen $\overline{x} - \Delta x$ und $\overline{x} + \Delta x$ liegt, berechnen wollen, können wir für ρ beispielsweise eine Gauß-Kurve mit den Parametern $\overline{x}$ und σ voraussetzen und müssen dann über das Intervall von $\overline{x} - \Delta x$ bis $\overline{x} + \Delta x$ integrieren:

$$w\Big|_{\overline{x}-\Delta x}^{\overline{x}+\Delta x} = \int_{\overline{x}-\Delta x}^{\overline{x}+\Delta x} \frac{1}{\sqrt{2\pi}\,\sigma} e^{-\frac{(x-\overline{x})^2}{2\sigma^2}} dx.$$

Substituiert man im Integranden $u = (x - \overline{x})/(\sqrt{2}\sigma)$, so erhält man einschließlich der Umrechnung der Grenzen

$$\frac{1}{\sqrt{\pi}} \int_{-\Delta x/\sqrt{2}\sigma}^{\Delta x/\sqrt{2}\sigma} e^{-u^2} du = \frac{2}{\sqrt{\pi}} \int_{0}^{\Delta x/\sqrt{2}\sigma} e^{-u^2} du.$$

Speziell für $\Delta x = \sigma$ ist dies

$$\frac{2}{\sqrt{\pi}} \int_{0}^{1/\sqrt{2}} e^{-u^2} du = 0.682.$$

(Der Zahlenwert ist Tabellen für das Gaußsche Fehlerintegral entnommen.) $\Delta x = 0.677\sigma$ führt übrigens auf den Wert 0.5 und heißt deshalb *wahrscheinlicher Fehler*.

Als Beispiel berechnen wir die Parameter irgendeiner Meßreihe, die die zehn Werte

$$4.18, 4.31, 4.25, 4.39, 3.96, 4.22, 4.16, 4.03, 3.89 \quad \text{und} \quad 4.09$$

geliefert hat. Um den Mittelwert $\overline{x}$ zu berechnen, zählen wir alle zehn Zahlen zusammen und dividieren anschließend durch 10. Es ist geschickter, eine Konstante abzuspalten (hier z.B. die Zahl 4), die wir später zum Resultat addieren. Wir bilden also

$$0.18 + 0.31 + 0.25 + 0.39 - 0.04 + 0.22 + 0.16 + 0.03 - 0.11 + 0.09 = 1.48.$$

Der Mittelwert ist also $4 + (1.48/10) = 4.15$. (4.148 würde keinen Sinn machen, da auch der Fehler des Mittelwertes sicher größer als 0.001 ist.) Um die Streuung zu berechnen, bilden wir die Fehler der Einzelmessungen, quadrieren sie und addieren die Resultate:

$$(0.18 - 0.15)^2 + (0.31 - 0.15)^2 + (0.25 - 0.15)^2 + (0.39 - 0.15)^2 + (-0.04 - 0.15)^2$$
$$+(0.22 - 0.15)^2 + (0.16 - 0.15)^2 + (0.03 - 0.15)^2 + (-0.11 - 0.15)^2 + (0.09 - 0.15)^2$$
$$= 0.2208.$$

Nun dividieren wir durch die Zahl der Messungen minus 1 ($10 - 1 = 9$) und erhalten 0.0245. Die Wurzel daraus ist 0.157, also $\sigma = 0.16$. Dies ist die Dispersion (Varianz der Meßwerte) bzw. der mittlere Fehler der Einzelmessung. Der wahrscheinliche Fehler, also der Bereich, innerhalb dessen die Hälfte der Meßwerte liegt, wäre $0.677 \cdot 0.16 = 0.11$.

Wie verläßlich ist nun der Mittelwert $\overline{x}$? Der zu erwartende Fehler ist sicher kleiner als der Fehler der Einzelmessung σ, denn bei der Summenbildung mitteln sich die Fehler der einzelnen Meßwerte bis zu einem gewissen Grade heraus. Was benötigt wird, ist die Auswirkung der Schwankung der Einzelmessungen auf den Mittelwert. Wir können die Herleitung erst im nächsten Abschnitt (siehe 11.3.2) geben, möchten aber das Resultat schon hier anführen: der mittlere Fehler des Mittelwertes ist

$$\Delta \overline{x} = \frac{\sigma}{\sqrt{n}}. \tag{11.3}$$

Der Mittelwert wird also um so verläßlicher, je mehr Messungen vorliegen, – und zwar ist sein Fehler umgekehrt proportional zur Wurzel aus der Zahl der Meßwerte.

Im vorstehenden Zahlenbeispiel wäre der mittlere Fehler des Mittelwertes

$$\sigma/\sqrt{10} = 0.16/3.1 = 0.05.$$

Er ist damit deutlich kleiner als der mittlere Fehler der Einzelmessungen.

> ■ Der mittlere Fehler des Mittelwertes $\overline{x}$ nimmt mit der Zahl der Meßwerte ab und beträgt
>
> $$\frac{\sigma}{\sqrt{n}}.$$

Aufgabe

Gegeben die Meßreihe 2.78, 3.06, 2.91, 2.66, 2.68, 3.01, 2.80, 2.89. Bilden Sie Mittelwert, Standard-Abweichung und geben Sie den mittleren Fehler des Mittelwertes an!

11.3 Fehlerfortpflanzung

11.3.1 Fehlerfortpflanzung bei Einzelmessungen

Nehmen wir an, Sie wollen die kinetische Energie T bestimmen und messen dazu die Geschwindigkeit v. Der Zusammenhang beider Größen ist $T = mv^2/2$. Wir nehmen an, daß die Masse genau bekannt ist und fragen, wie sich Meßfehler bei der v-Messung auf T auswirken. Dies läuft auf die Frage hinaus, wie groß die Änderung in T ist, wenn wir v um Δv ändern. Das kann näherungsweise mittels der Tangentengleichung 5.9 bestimmt werden:

$$\Delta T = \frac{dT}{dv} \Delta v,$$

wobei die Ableitung an der Stelle v zu nehmen ist. In unserem Falle ergibt sich

$$\Delta T = mv\Delta v.$$

Wenn möglich, versucht man noch, die Beziehung so umzuformen, daß relative Fehler mit relativen Fehlern verbunden werden. Im vorliegenden Fall gelingt das, wenn wir beide Seiten durch T dividieren:

$$\frac{\Delta T}{T} = \frac{mv\Delta v}{mv^2/2} = 2\frac{\Delta v}{v},$$

und wir gelangen zu der Aussage, daß der relative Fehler der kinetischen Energie doppelt so groß wie der relative Fehler der gemessenen Geschwindigkeit ist.

Besteht allgemein der Zusammenhang zweier Größen $y = f(x)$, so führt eine ähnliche Überlegung darauf, daß der Fehler in y mit dem Meßfehler der Größe x über die Beziehung

$$\Delta y = \frac{df(x)}{dx}\Delta x$$

zusammenhängt. Das läßt sich natürlich auch auf den Fall, bei dem sich *zwei* Variable x und y auf eine Größe z auswirken, übertragen:

$$\Delta z = \frac{\partial z(x,y)}{\partial x}\Delta x + \frac{\partial z(x,y)}{\partial y}\Delta y.$$

Hier wird allerdings eine Besonderheit der Fehlerrechnung deutlich: die Fehler können sich kompensieren. Das ist durchaus möglich, wenn man die Richtung der Abweichungen kennt. Was man aber in der Regel nur kennt, ist die Größenordnung der Abweichung, nicht aber die Richtung. Wir müssen deshalb vom ungünstigsten Fall ausgehen und das ist der, bei dem sich die Fehler addieren. Die vorstehende Gleichung wäre dann durch die Beziehung

$$|\Delta z| = \left|\frac{\partial z(x,y)}{\partial x}\right||\Delta x| + \left|\frac{\partial z(x,y)}{\partial y}\right||\Delta y|$$

zu ersetzen. Dies nennt man den *maximalen Fehler*.

Als Beispiel betrachten wir wieder die kinetische Energie, diesmal aber auch mit einer ebenfalls zu messenden Masse. Es gilt

$$|\Delta T| = \left|\frac{\partial T}{\partial m}\right||\Delta m| + \left|\frac{\partial T}{\partial v}\right||\Delta v| = \frac{v^2}{2}|\Delta m| + m|v||\Delta v|.$$

Bei einer Geschwindigkeit $v=10$ m/sec und einer Masse $m=3$g ergibt ein Fehler in der Geschwindigkeit von 0.2m/sec und in der Masse von 0.08g einen Fehler bezüglich der kinetischen Energie $100\text{m}^2/\text{sec}^2/2 \cdot 0.08\text{g} + 3\text{g}\ 10\text{m/sec}\ 0.2\text{m/sec} = 4$ erg $+ 6$ erg $= 10$ erg.

■ Für die Fehlerfortpflanzung gilt: Hängt eine zu berechnende Größe u von den Meßgrößen $x, y, z, \ldots$ in der Form $u = f(x, y, z, \ldots)$ ab, so ist der maximale Fehler

$$\Delta u_{max} = \left|\frac{\partial f}{\partial x}\right||\Delta x| + \left|\frac{\partial f}{\partial y}\right||\Delta y| + \left|\frac{\partial f}{\partial z}\right||\Delta z| + \ldots.$$

Dies stellt die offensichtliche Erweiterung des Falles von zwei Meßgrößen x, y dar.

11.3.2 Fortpflanzung von Mittelwert und Streuung

Wir bleiben bei dem Fall, bei dem eine Größe z von zwei Meßgrößen x und y abhängt. (Die Erweiterung auf Abhängigkeit von mehr als zwei Meßgrößen ist offensichtlich.) Die m Meßwerte von x seien $x_1, x_2, \ldots x_m$ und die n Meßwerte von y entsprechend $y_1, y_2, \ldots y_n$. Die beiden Meßreihen führen durch Kombination eines jeden x-Wertes mit jedem y-Wert auf $m \cdot n$ Werte für z, die wir mit $z_{ik} = f(x_i, y_k)$ bezeichnen ($1 \leq i \leq m$ und $1 \leq k \leq n$). Schreiben wir die x_i und y_k in der Form $\overline{x} + \Delta x_i$ bzw. $\overline{y} + \Delta y_k$, so kann man in Anbetracht der Überlegungen des vorigen Abschnittes für die z_{ik} den Ausdruck

$$z_{ik} = f(\overline{x} + \Delta x_i, \overline{y} + \Delta y_k) = f(\overline{x}, \overline{y}) + \frac{\partial f}{\partial x} \Delta x_i + \frac{\partial f}{\partial y} \Delta y_k$$

verwenden. Mittelwertbildung für z ergibt

$$\frac{\sum_{i,k=1}^{m,n} z_{ik}}{m \cdot n} = \frac{1}{m \cdot n} \sum_{i,k=1}^{m,n} \left\{ f(\overline{x}, \overline{y}) + \frac{\partial f}{\partial x} \Delta x_i + \frac{\partial f}{\partial y} \Delta y_k \right\}$$
$$= f(\overline{x}, \overline{y}) + \frac{1}{m} \frac{\partial f}{\partial x} \sum_{i=1}^{m} \Delta x_i + \frac{1}{n} \frac{\partial f}{\partial y} \sum_{k=1}^{n} \Delta y_k.$$

(Alle Summen sind als Doppelsummen zu verstehen. Der erste Term ergibt $m \cdot n$ gleiche Terme, so daß sich der Faktor mn wegkürzt. Ähnliches gilt für die beiden nächsten Terme.) Nun ist per Definition $\sum_{i=1}^{m} \Delta x_i = 0$ und das Gleiche gilt für die k-Summe. Damit ist aber der Mittelwert von z gleich dem Funktionswert an der Stelle $\overline{x}, \overline{y}$

$$\frac{\sum_{i,k=1}^{m,n} z_{ik}}{m \cdot n} = \overline{z} = f(\overline{x}, \overline{y}).$$

Die Fortpflanzung des Mittelwertes ist damit geklärt: *Der Mittelwert der abgeleiteten Größe z kann aus f(x,y) berechnet werden, wenn man die Mittelwerte von x und y einsetzt.*

So bleibt die Frage nach der Fortpflanzung der Streuung bzw. des mittleren Fehlers. Hier ist die Größe

$$\frac{\sum_{i,k=1}^{m,n} (z_{ik} - \overline{z})^2}{m \cdot n}$$

zu bilden. $z_{ik} - \overline{z}$ ist

$$z_{ik} - \overline{z} = \frac{\partial f}{\partial x} \Delta x_i + \frac{\partial f}{\partial y} \Delta y_k$$

und das Quadrat

$$(z_{ik} - \overline{z})^2 = \left(\frac{\partial f}{\partial x}\right)^2 \Delta x_i^2 + 2 \frac{\partial f}{\partial x} \frac{\partial f}{\partial y} \Delta x_i \Delta y_k + \left(\frac{\partial f}{\partial y}\right)^2 \Delta y_k^2.$$

Bildet man wiederum die i, k-Summe, so fällt der mittlere Term wegen $\sum_{i=1}^{m} \Delta x_i = 0$ und $\sum_{k=1}^{n} \Delta y_k = 0$ weg und wir behalten

$$\sum_{i,k=1}^{m,n} \left(\frac{\partial f}{\partial x}\right)^2 \Delta x_i^2 + \left(\frac{\partial f}{\partial y}\right)^2 \Delta y_k^2.$$

Nun ist

$$\sum_{i=1}^{m} \Delta x_i^2 = (m-1)\sigma_x^2 \approx m\sigma_x^2$$

und

$$\sum_{k=1}^{n} \Delta y_k^2 = (n-1)\sigma_y^2 \approx n\sigma_y^2,$$

so daß die Doppelsumme einschließlich der partiellen Ableitungen

$$n \left(\frac{\partial f}{\partial x}\right)^2 m\sigma_x^2 + m \left(\frac{\partial f}{\partial y}\right)^2 n\sigma_y^2$$

wird. Dividiert man das durch mn (anstatt durch $mn - 1$) , so ergibt sich schließlich für σ_z^2

$$\sigma_z^2 = \left(\frac{\partial f}{\partial x}\right)^2 \sigma_x^2 + \left(\frac{\partial f}{\partial y}\right)^2 \sigma_y^2$$

und für die Streuung selbst

$$\sigma_z = \sqrt{\left(\frac{\partial f}{\partial x}\right)^2 \sigma_x^2 + \left(\frac{\partial f}{\partial y}\right)^2 \sigma_y^2}. \tag{11.4}$$

(Die richtigen $(m{-}1)$- bzw. $(n{-}1)$-Faktoren führen nur zu Korrekturen in der Größenordnung $1/m$ bzw. $1/n$ und sind für die Fehlerfortpflanzung nicht von Bedeutung.) Das Resultat ist also: *Die Streuungen σ_x und σ_y pflanzen sich gemäß Gl. (11.4) fort (pythagoräisch).*

Wir können nun den angekündigten Beweis von Gl. (11.3) nachholen. Dazu fassen wir den Mittelwert

$$\overline{x} = f(x_1, x_2, \ldots, x_n)$$

als Funktion der Meßwerte $x_1, x_2, \ldots$ auf, deren jeder mit dem Fehler σ behaftet ist. Der Fehler des Mittelwertes ist dann

$$\sigma_{\overline{x}} = \sqrt{\sum_{i=1}^{n} \left(\frac{\partial f}{\partial x_i}\right)^2 \sigma^2}.$$

σ^2 können wir vor die Wurzel ziehen und die partiellen Ableitungen sind wegen $f = 1/n \sum_i x_i$ alle $1/n$. Die Summe hat dann n (gleiche) Terme von jeweils $1/n^2$, so daß

$$\sigma_{\overline{x}} = \sigma \sqrt{\sum_{i=1}^{n} \left(\frac{1}{n}\right)^2} = \sigma \sqrt{n \left(\frac{1}{n}\right)^2} = \frac{\sigma}{\sqrt{n}}$$

ist. q.e.d.

■ Der Mittelwert einer Meßgröße u, die von den Meßgrößen $x, y, z, \ldots$ abhängt, ist gleich dem Funktionswert für die Mittelwerte der Meßgrößen:

$$\overline{u} = f(\overline{x}, \overline{y}, \overline{z}, \ldots)$$

und die entsprechende Standardabweichung ist

$$\sigma_u = \sqrt{\left(\frac{\partial f}{\partial x}\right)^2 \sigma_x^2 + \left(\frac{\partial f}{\partial y}\right)^2 \sigma_y^2 + \cdots}.$$

Aufgabe

Sie wollen die rücktreibende Kraft κ eines schwingenden Systems nach der Formel $\kappa = 4\pi^2 m/\tau^2$ bestimmen und haben zu diesem Zweck die Masse (Meßwerte 3.017, 3.026, 3.013 und 3.020 g) und die Periode τ (Meßwerte 1.413, 1.436, 1.428, 1.401 und 1.414 sec) gemessen. Wie groß ist der mittlere Fehler (Standardabweichung) von κ?

11.4 Ausgleichsfunktionen

Es tritt in der Praxis häufig der Fall auf, daß man eine Funktion für eine Reihe von x-Werten bestimmt hat und eine Kurve durch diese Punkte legen möchte. Nun ist es an sich keine Schwierigkeit, ein Polynom $(n-1)$. Grades genau durch n Punkte zu legen. Das Problem liegt in den Meßfehlern, die dazu führen, daß Punkte, die z. B. auf einer Geraden liegen sollten, darüber oder darunter liegen. Legt man dann ein Polynom exakt durch die Punkte, werden zwischen den Meßpunkten wilde und offenbar sinnlose Schwankungen auftreten, die dadurch entstehen, daß z. B. ein Polynom 10. Grades genau durch elf festgelegte Punkte gehen soll. Gesucht ist in solchen Fällen vielmehr eine Gerade, die "möglichst wenig Fehler macht". Dies ist das Problem der Ausgleichskurven.

11.4.1 Allgemeines

Gegeben also eine Reihe von N Punkten $x_1, x_2, \ldots x_N$, bei denen Messungen stattgefunden haben, samt den zugehörigen Meßwerten $f_1, f_2, \ldots f_N$. Wir wählen je nach Zweckmäßigkeit eine Reihe von Funktionen $\phi^{(i)}(x)$ mit $i = 1, \ldots n$, und die gesuchte Ausgleichkurve wird als Linearkombination dieser $\phi(x)$ angesetzt. Im Falle einer Ausgleichsgeraden wäre $\phi^{(1)} = 1$ und $\phi^{(2)} = x$ ($n = 2$), so daß der Ansatz für die Ausgleichskurve $c_1 + c_2 x$ wäre. Ganz allgemein erhebt sich die Frage, wie viele ϕ-Funktionen man wählen soll. Je weniger Funktionen man ansetzt, um so glatter wird die Ausgleichskurve, aber um so größer werden auch die Fehler an den einzelnen Stützstellen. Man muß hier einen Kompromiß schließen. Als Faustregel gilt, daß man höchstens halb so viele Parameter bestimmen sollte wie Meßdaten vorhanden sind, eher weniger. Hat man z.B. 20 Meßpunkte, erwartet aber eine Gerade, so ist $N = 20$, aber man setzt eine Gerade an, was $n = 2$ entspricht. Stellt man ein leichtes

"Durchhängen" fest, so kann man, um dem Rechnung zu tragen, auch eine Parabel (drei Parameter) ansetzen. Diese Einzelheiten müssen von Fall zu Fall entschieden werden.

Formal besteht also das Problem, eine Funktion $\tilde{f}(x)$ so zu bestimmen, daß sie N gegebene Meßwerte f_k an den Stellen x_k möglichst gut wiedergibt, wobei ein linearer Ansatz von passend ausgewählten Funktionen $\phi^{(i)}(x)$ gemacht wird:

$$\tilde{f}(x) = \sum\nolimits_{i=1}^{n} c_i \phi^{(i)}(x). \tag{11.5}$$

Dieses Problem ist dem in Abschn. 8.1.1 gestellten sehr ähnlich. Der Unterschied besteht lediglich darin, daß dort eine Funktion $f(x)$ vorgegeben war, die durch $\tilde{f}(x)$ möglichst gut angenähert werden sollte, daß aber hier nur Funktionswerte $f(x_k)$ an einer Reihe von x-Stellen gegeben sind. Der Ansatz (8.1) ist der gleiche wie oben [Gl. (11.5)], nur beim Aufstellen der Minimum-Bedingung muß das Integral in 8.1.1 über den x-Bereich jetzt durch eine Summe über die x_k-Werte ersetzt werden. Statt (8.2) haben wir also

$$\sum\nolimits_{k=1}^{N} \Big(f(x_k) - \tilde{f}(x_k) \Big)^2 = Min.!$$

(Dabei wurden reelle Funktionen vorausgesetzt.) Die in Abschn. 8.1.1 folgende Ableitung für die Berechnung der Koeffizienten c_i braucht hier nicht wiederholt zu werden, weil sie genau die gleiche ist. Das Resultat ist

$$\sum\nolimits_{j=1}^{n} \left(\sum\nolimits_{k=1}^{N} \phi^{(i)}(x_k) \phi^{(j)}(x_k) \right) c_j = \sum\nolimits_{k=1}^{N} \phi^{(i)}(x_k) f(x_k), \tag{11.6}$$

wobei gegenüber (8.8) lediglich die Integrale (d.h. die Skalarprodukte) durch die entsprechenden k-Summen ersetzt sind.[1] Wir können das noch ein wenig eleganter schreiben, wenn wir die $f(x_k)$-Werte als Komponenten eines N-dimensionalen Vektors $\mathbf{f}$ auffassen und die Funktionswerte der $\phi^{(i)}$-Funktionen an den Stützstellen als $N \times n$-Matrix $\mathbf{\Phi}$:

$$\mathbf{f} = \begin{pmatrix} f(x_1) \\ f(x_2) \\ f(x_3) \\ \ldots \\ f(x_N) \end{pmatrix} \qquad \mathbf{\Phi} = \begin{pmatrix} \phi^{(1)}(x_1) & \phi^{(2)}(x_1) & \ldots \\ \phi^{(1)}(x_2) & \phi^{(2)}(x_2) & \ldots \\ \phi^{(1)}(x_3) & \phi^{(2)}(x_3) & \ldots \\ \ldots & \ldots & \ldots \\ \phi^{(1)}(x_N) & \phi^{(2)}(x_N) & \ldots \end{pmatrix}, \tag{11.7}$$

oder kürzer,

$$f_k = f(x_k) \qquad \text{bzw.} \qquad \Phi_{ki} = \phi^{(i)}(x_k).$$

Damit wird Gl. (11.6) zu

$$\sum\nolimits_{j=1}^{n} \sum\nolimits_{k=1}^{N} \Phi_{ki} \Phi_{kj} c_j = \sum\nolimits_{k=1}^{N} \Phi_{ki} f_k \qquad \text{bzw.} \qquad \mathbf{\Phi}^+ \mathbf{\Phi} \mathbf{c} = \mathbf{\Phi}^+ \mathbf{f}.$$

$\mathbf{\Phi}^+ \mathbf{\Phi}$ ist eine $n \times n$-Matrix und $\mathbf{\Phi}^+ \mathbf{f}$ ein n-dimensionaler Vektor. Das Resultat ist ein n-dimensionales lineares Gleichungssystem für die Entwicklungskoeffizienten c_i.

---

[1] Das ist der einfachste Weg, die Skalarprodukte zu imitieren. Es kann aber – besonders bei nicht-äquidistanten Meßpunkten – zweckmäßig sein, die einzelnen Terme mit Gewichtsfaktoren zu versehen, um der unterschiedlichen Streifenbreite Rechnung zu tragen.

11.4.2 Ausgleichsgeraden

Betrachten wir das einfache Beispiel einer Ausgleichsgeraden (die beiden ϕ-Funktionen wurden oben angegeben). Die $\boldsymbol{\Phi}$-Matrix besteht aus den Werten der beiden $\phi^{(i)}(x)$-Funktionen an den x_k-Stellen und ist dann

$$\boldsymbol{\Phi} = \begin{pmatrix} 1 & x_1 \\ 1 & x_2 \\ \cdots & \cdots \\ 1 & x_N \end{pmatrix},$$

und die Größen $\boldsymbol{\Phi}^+\boldsymbol{\Phi}$ und $\boldsymbol{\Phi}^+\mathbf{f}$ sind

$$\begin{pmatrix} N & \sum_k x_k \\ \sum_k x_k & \sum_k x_k^2 \end{pmatrix} \quad \text{und} \quad \begin{pmatrix} \sum_k f_k \\ \sum_k x_k f_k \end{pmatrix}.$$

(Das N links oben ergibt sich aus $\sum_1^N 1 \cdot 1$.) Für c_1 und c_2 bleibt damit ein lineares Gleichungssystem für zwei Unbekannte zu lösen. Mit den Abkürzungen

$$[x] = \sum_k x_k \quad [x^2] = \sum_k x_k^2$$

und

$$[f] = \sum_k f_k \quad [xf] = \sum_k x_k f_k$$

lautet es

$$\begin{pmatrix} N & [x] \\ [x] & [x^2] \end{pmatrix} \begin{pmatrix} c_1 \\ c_2 \end{pmatrix} = \begin{pmatrix} [f] \\ [xf] \end{pmatrix}.$$

Als Zahlenbeispiel wollen wir die Meßwerte 2.1, 3.8, 5.2, 6.9, 9.8, 11.2 an den x-Werten 0.0, 2.0, 3.0, 5.0, 8.0, 9.0 annehmen. Damit ergibt sich das Gleichungssystem

$$\begin{pmatrix} 6.0 & 27.0 \\ 27.0 & 183.0 \end{pmatrix} \begin{pmatrix} c_1 \\ c_2 \end{pmatrix} = \begin{pmatrix} 39.0 \\ 236.9 \end{pmatrix}$$

mit der Lösung $c_1 = 2.0073$ und $c_2 = 0.9984$, so daß die Ausgleichsgerade

$$\tilde{f}(x) = 2.0073\phi^{(1)} + 0.9984\phi^{(2)} = 2.0073 + 0.9984x$$

lautet (siehe Abb. 11.3).

Die Erweiterung auf beispielsweise Parabeln ist offensichtlich. Aber auch andere Ansätze wie Exponentialfunktionen oder negative Potenzen lassen sich, wie wir im vorgien Abschnitt gesehen haben, mit dem gleichen Schema behandeln.

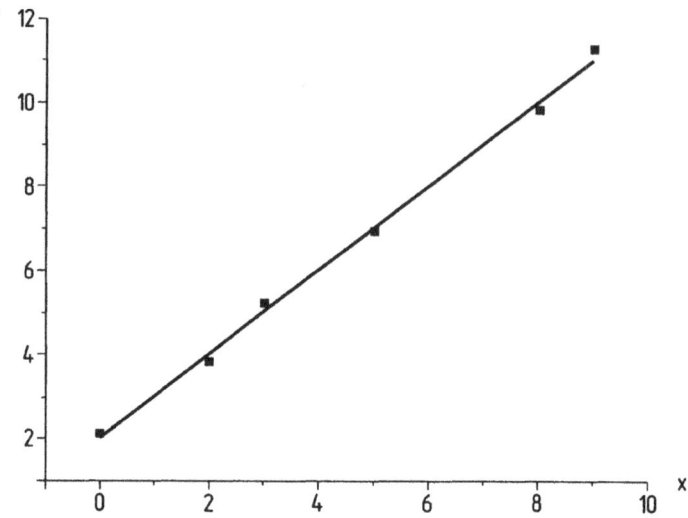

Fig. 11.3 Beispiel für eine Ausgleichsgerade

> ■ Um eine Ausgleichsfunktion als Linearkombination von beliebigen vorgege-
> benen Funktionen durch einen Satz von Meßpunkten zu legen, bildet man den
> Vektor $\mathbf{f}$ und die Matrix $\boldsymbol{\Phi}$ [Gl. (11.7)] und aus diesen die zwei Größen $\boldsymbol{\Phi}^+\mathbf{f}$ und
> $\boldsymbol{\Phi}^+\boldsymbol{\Phi}$ und löst dann das lineare Gleichungssystem
>
> $$(\boldsymbol{\Phi}^+\boldsymbol{\Phi})\mathbf{c} = (\boldsymbol{\Phi}^+\mathbf{f})$$
>
> für den gesuchten Satz der Koeffizienten c_i. Im Falle einer Ausgleichsgeraden sind
> dies zwei Gleichungen für zwei Unbekannte.

Aufgabe

Gegeben sei eine Substanz, die nach einem (angenommenen) Gesetz $y(t) = Ae^{-\alpha t}$ zerfällt. Logarithmieren liefert $\ln y(t) = \ln A - \alpha t$. Im Rahmen einer kinetischen Untersuchung messen Sie zu
verschiedenen Zeiten den Logarithmus der Konzentration $y(t)$:

$t=$	0	0.5	1.0	1.5	2.0	3.0	5.0
$\ln y(t)=$	0.98	0.80	0.61	0.39	0.18	-0.21	-1.02

Bestimmen Sie mittels einer Ausgleichsgeraden die Werte für $\ln A$ und α!

11.5   Computer-Programme

Zum Schluß dieses Buches soll noch auf die Möglichkeit des Einsatzes von elektronischen
Rechnern hingewiesen werden. Stellvertretend für viele Programme können hier nur zwei
Vertreter vorgestellt werden, die relativ verbreitet sind. Zuerst gilt es aber die Illusion zu

zerstören, nämlich daß, wenn es Mathematikprogramme gibt, Sie selbst keine Mathematik mehr benötigen. Das ist natürlich so nicht richtig. Vielmehr können Sie Programme niemals sinnvoll einsetzen, wenn Sie die Materie nicht selbst beherrschen. Was Ihnen abgenommen wird, ist lediglich die Detail-Arbeit. Die aber erledigt ein Programm müheloser als Sie selbst. Ein besonderer Vorzug ist es, daß Sie, wenn sich ein Fehler herausgestellt hat, die Analyse einfach und problemlos wiederholen können, ohne daß Sie selbst alle Rechnungen von neuem durchführen müssen.

11.5.1 Origin

ORIGIN ist speziell für die Auswertung von Daten konzipiert und zwar von einfachen Versuchsresultaten bis hin zu den großen Datenmengen, die moderne Spektroskopie-Geräte über angeschlossene Computer ausgeben. Das Programm kann zunächst alle Funktionen, die als analytischer Ausdruck eingegeben werden können, grafisch darstellen, und zwar auch mehrere Funktionen übereinander, so daß Sie analytische Ansätze mit generierten Daten vergleichen können. Auch dreidimensionale Darstellungen von Funktionen mit zwei Variablen können perspektivisch dargestellt werden.

Der eigentliche Schwerpunkt ist aber die Auswertung von Meßdaten, die in Tabellenform eingegeben werden. Es sind zunächst eine Reihe von Anpassungen (Fits) möglich, z.B. mittels Geraden, Parabeln, Polynomen usw. Aber auch Vorgabe bestimmter Formen ist möglich wie exponentieller Abfall oder Anstieg mit ein, zwei oder drei Termen, Gauß-Verteilung oder Lorentzform-Kurven und weitere Möglichkeiten. Des weiteren können Kurven auf verschiedene Weisen geglättet oder mehrere Kurven gemittelt werden.

Kurven können nach allen Richtungen hin verschoben oder Basislinien gesucht werden. Datensätze können inter- oder extrapoliert werden, die daraus resultierenden Kurven können differenziert oder integriert werden. Insbesondere ist die in der Praxis des Spektroskopikers so wichtige schnelle Fouriertransformation (FFT) fest eingebaut, und zwar in beide Richtungen. Man sieht, daß sehr viele Probleme, die in der Praxis aufzutreten pflegen, bereits fertig gelöst sind und Sie das Ganze nur noch steuern müssen.

Zum Schluß sind auch noch Probleme, die bei der Statistik auftreten, inkorporiert, so Datenanalyse bezüglich statistischer Parameter. Ferner gibt es sog. t-Tests, bei denen getestet wird, ob eine Normalverteilung vorliegt. Diese Analyse kann für beide Seiten des Maximums oder wahlweise auch für jede Seite einzeln durchgeführt werden. Man kann schließlich noch untersuchen, ob zwei Populationen vorliegen, d.h., ob die Verteilung durch Summation über zwei unterschiedliche Normalverteilungen zustande kommt.

11.5.2 Mathematica

MATHEMATICA kann sehr viel mehr. Origin kann mathematische Ausdrücke nur zahlenmäßg auswerten, d.h. ähnlich wie ein Taschenrechner, um Funktionswerte zu berechnen. Mathematica kann aber analytische Ausdrücke auch analytisch behandeln, beispielsweise Vereinfachungen vornehmen, Brüche auf einen gemeinsamen Nenner bringen oder kürzen, Polynom-Division oder Partialbruch-Zerlegungen vornehmen, und das nicht nur für eine sondern auch für mehrere Variable, bei denen die Rechnung "von Hand" sehr mühsam werden kann. Sodann können Gleichungen und Gleichungssysteme gelöst werden, numerisch, aber auch analytisch. Selbstverständlich sind alle Vektor-, Matrix- und Determinantenberechnungen möglich und vieles andere, was in Kapitel 2 besprochen wurde. Es kann darüber hinaus auch analytische Ausdrücke differenzieren oder die Stammfunktionen finden, und zwar ebenfalls analytisch, d.h. Sie erhalten Gleichungen als Resultat. Wenn Sie sehr umfangreiche und unübersichtliche Funktionen haben, bei denen die Ausrechnung der Ableitungen oder Stammfunktionen sehr langwierig ist, kann der Einsatz von Mathematica Vorteile bringen. Sogar Differentialgleichungen können behandelt werden.

Dieses Programm ist derart umfangreich, daß es sich empfiehlt, für das Arbeiten mit ihm die eigens dafür geschriebene Spezialliteratur zu Rate zu ziehen, – wenigstens, wenn man die Möglichkeiten des Programms voll ausschöpfen will. Aber auch dieses Programm ersetzt kein mathematisches Können und auch hier gilt, daß für den sinnvollen Einsatz zuallererst das eigene Verständnis notwendige Voraussetzung ist.

A   Grundwissen

Im Folgenden wird Material zusammengestellt, das für das gesamte Buch unentbehrliches Handwerkszeug darstellt. Es sind dies Dinge, die eigentlich von der Schule her bekannt sein sollten. Ein Teil davon (z.B. das Rechnen mit Exponenten) dient nur der Auffrischung. Ein anderer Teil (z.B. Logarithmen, Sinus und Kosinus) werden am passenden Ort noch genauer besprochen, aber öfter auch vorher benötigt. Für diese Fälle ist das Allerwichtigste skizziert.

A.1   Algebra

Potenzrechnung

$$a^m = a \cdot a \cdot a \ldots a \quad \text{(m Faktoren)}.$$

Daher die grundlegende Rechenregel

$$a^m \cdot a^n = a^{m+n}.$$

$a^m/a^n = a^{m-n} = a^m \cdot a^{-n}$ mit $m \geq n$ führt dann auf

$$a^{-n} = \frac{1}{a^n} \quad \text{und} \quad a^0 = 1.$$

Ferner ist

$$\left(a^m\right)^n = a^{m \cdot n} = \left(a^n\right)^m.$$

m.te Wurzel

$$\sqrt[m]{a} \cdot \sqrt[m]{a} \cdots = a \quad \text{(m Faktoren)}$$

führt auf

$$\sqrt[m]{a} = a^{\frac{1}{m}} \quad \text{und} \quad a^{-\frac{1}{m}} = \frac{1}{\sqrt[m]{a}}.$$

Irrationale Exponenten

Für rationale x und $a > 1$ folgt nach den Rechenregeln für Potenzen aus $x_1 < x_2$ immer $a^{x_1} < a^{x_2}$. Irrationale Zahlen lassen sich mit passend gewählten p und q durch

$$\frac{p}{q} \leq x \leq \frac{p+1}{q}$$

eingeschränken. Für a^x (mit $a > 1$) gilt dann

$$a^{p/q} \leq a^x \leq a^{(p+1)/q}.$$

Logarithmen

Faßt man $a^x = b$ als Gleichung für die Unbekannte x auf, so nennt man die Lösung dieser Gleichung den Logarithmus von b zur Basis a:

$$x = \log_a b.$$

(siehe auch Abschn. 4.2.4). Besonders zweckmäßig ist es – wie wir in Kap. 4 sehen werden –, als Basis die *Eulerschen Zahl* $e = 2.718281828...$ (siehe Abschn. 4.3.2) zu verwenden. Den Logarithmus mit dieser Zahl als Basis nennt man den *natürlichen Logarithmus*:

$$x = \log_e b \equiv \ln b.$$

Gleichungen und Ungleichungen

Gleichungen   Das Umformen von Gleichungen wird von der Schule her vorausgesetzt. Wenn man sich an die Regel hält, grundsätzlich mit beiden Seiten das Gleiche zu machen, kann man kaum etwas verkehrt machen. Auflösen der Gleichung $y = ax + b$ nach x erfolgt in zwei Schritten:
(1) subtrahiere b: $y - b = ax + b - b = ax$ und
(2) dividiere durch a: $(y - b)/a = (ax)/a = x$.

Ungleichungen   Bei Ungleichungen gilt es zu beachten:
Ist $a - b > 0$, dann ist $a > b$. Aus $a > b$ folgt

$$a + c > b + c \qquad (c \text{ beliebig}),$$

$$a \cdot c > b \cdot c \qquad (c > 0),$$

$$a \cdot c < b \cdot c \qquad (c < 0),$$

$$-b > -a.$$

Aus $a > b$ und $c > d$ folgt

$$a + c > b + d,$$

und aus $|a| < b$ für $b > 0$ schließlich

$$-b < a < +b.$$

Alle diese Behauptungen sind leicht mittels Differenzbildung zu beweisen. Daneben gilt noch die sogenannte *Dreiecksungleichung*, die für reelle Zahlen ziemlich trivial ist aber auch für komplexe Zahlen gilt

$$|a + b| \leq |a| + |b|.$$

Sie beruht dort darauf, daß die dritte Seite eines Dreiecks nicht größer als die Summe der beiden anderen Seiten sein kann (siehe Abb. 1.3).

Schreibweise von Summen mit Summationszeichen und Laufindex

Da häufig Summen mit allgemein gehaltener Länge zu bilden sind (z.B. Summen über n Terme), ist eine Schreibweise angebracht, mit der sich dies ausdrücken läßt. Die Summe der ersten vier natürlichen Zahlen kann man ohne weiteres direkt hinschreiben: $1 + 2 + 3 + 4$, die Summe über die ersten hundert aber nicht mehr so einfach. Man kann sich damit behelfen, daß man $1+2+3+\cdots+100$ schreibt, weil jedermann sieht, was gemeint ist. Besser ist aber eine eindeutigere Schreibweise:

$$\sum_{k=1}^{100} k,$$

was besagt: "Bilde den Ausdruck hinter dem Summenzeichen Σ zunächst für $k = 1$, dann für $k = 2$, usw. bis zu $k = 100$ und addiere alles". Z.B. könnte die Summe der Quadratzahlen von 10 bis 20 in der Form

$$\sum_{k=10}^{20} k^2$$

geschrieben werden. Allgemein bedeutet

$$\sum_{k=n_a}^{n_e} A(k)$$

also, die Ausdrücke $A(k = n_a)$, $A(k = n_a + 1)$ usw. bis $A(k = n_e)$ zu bilden und zu summieren. Es ist klar, daß der Name des *Summationsindex* k keine Rolle spielt, – man könnte ebenso gut den Buchstaben i verwenden. Außerdem kann man den Summationsindex auch verschieben: Das Beispiel mit den Quadratzahlen könnte auch

$$\sum_{k=1}^{11} (k + 9)^2$$

geschrieben werden, wovon man sich leicht überzeugen kann, wenn man in beiden Fällen den Operationsauftrag richtig ausführt. Selbstverständlich gelten alle Regeln für Summen weiter. Wie aus jeder Summe können gemeinsame Faktoren herausgezogen werden: $3 \cdot 7 + 3 \cdot 9 = 3 \cdot (7 + 9)$ lautet im allgemeinen Fall

$$\sum_{k=n_a}^{n_e} c \cdot A(k) = c \cdot \sum_{k=n_a}^{n_e} A(k)$$

und zwei Summen lassen sich addieren (dies ist nichts als eine Umordnung):

$$\sum_{k=m}^{n} A(k) + \sum_{k=m}^{n} B(k) = \sum_{k=m}^{n} \left[A(k) + B(k) \right],$$

wenn die Summationsgrenzen m und n übereinstimmen.

Außer einfachen Summen treten manchmal mehrfache Summen auf. Der Ausdruck

$$\sum_{k=1}^{2} \sum_{l=1}^{3} A(k, l)$$

ist so zu verstehen:

$$\sum\nolimits_{k=1}^{2} \left(\sum\nolimits_{l=1}^{3} A(k,l) \right)$$

also erst $k=1$ setzen und damit die l-Summe bilden, anschließend $k=2$ und ebenfalls die l-Summe bilden, und schließlich beide l-Summen addieren. Ausgeschrieben ergibt das

$$A(1,1) + A(1,2) + A(1,3) \ + \ A(2,1) + A(2,2) + A(2,3).$$

Oft genug treten Produkte zweier Summen auf

$$\sum\nolimits_{k=m}^{n} A(k) \cdot \sum\nolimits_{l=p}^{q} B(l).$$

(Die Summationsindizes beider Summen tragen verschiedene Namen, was an sich nicht notwendig wäre. Will man aber Umformungen vornehmen, ist das eine Sicherheitsmaßnahme, die verhindert, daß die Bedeutung der Indizes durcheinander gerät.) Das Produkt kann als Doppelsumme geschrieben werden:

$$\sum\nolimits_{k=m}^{n} A(k) \cdot \sum\nolimits_{l=p}^{q} B(l) \ = \ \sum\nolimits_{k=m}^{n} \sum\nolimits_{l=p}^{q} A(k)\,B(l).$$

(Man überzeuge sich durch explizites Hinschreiben! Man kann es aber auch leicht einsehen, wenn man bedenkt, daß $A(k)$ bezüglich der l-Summe eine Konstante darstellt, die man ebenso, wie man sie herausziehen kann, auch wieder zurück unter das Summenzeichen schieben kann.)

A.2   Trigonometrie

Winkelmaße

Auf allen Winkelmessern sowie im täglichen Leben werden Winkel im Gradmaß angegeben: einem vollen Umlauf entsprechen 360^0. In der Mathematik ist dieses Maß aber unzweckmäßig. Man verwendet besser das Bogenmaß, gegeben durch die Bogenlänge eines entsprechenden Kreissegmentes vom Radius 1. Die Einheit in diesem Maß ist rad. Die Umrechnung erfolgt über einen einfachen Dreisatz: 360^0 entsprechen der Bogenlänge 2π rad, 1^0 entspricht also $\pi/180$ rad und n^0 schließlich $n\pi/180 = n/57.3$ rad. ($\pi = 3.1415926535...$ ist das Verhältnis von Halbkreis zu Durchmesser.) Umgekehrt ist 1 rad 57.3^0 und φ rad entsprechen $\varphi \cdot 57.3^0$.

Winkel gegen die x-Achse (s. Abb. A.1a) werden als positiv angesehen, wenn der Bogen im mathematischen Sinn (d.h. entgegengesetzt dem Uhrzeiger-Sinn) durchlaufen wird, anderenfalls ist der Winkel negativ. Gleiches gilt auch für Drehungen.

Dreiecksseiten

Ein rechtwinkliges Dreieck wird in einen Einheitskreis gezeichnet (s. Abb. A.1a). Die dem Winkel φ gegenüberliegende Seite (*Gegenkathete*) wird als *Sinus* und die anliegende Seite (*Ankathete*) als *Kosinus* bezeichnet. Beide Längen hängen natürlich vom Winkel φ ab. Man schreibt dann $\sin\varphi$ bzw. $\cos\varphi$. Laut Satz des Pythagoras gilt

$$\sin^2 \varphi + \cos^2 \varphi = 1.$$

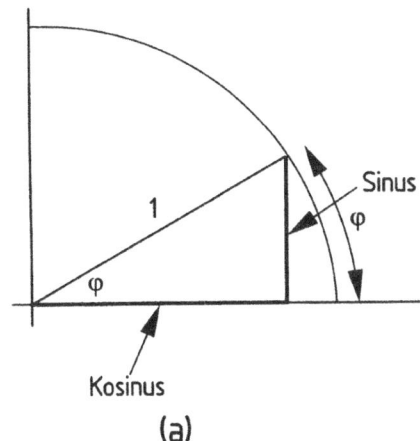

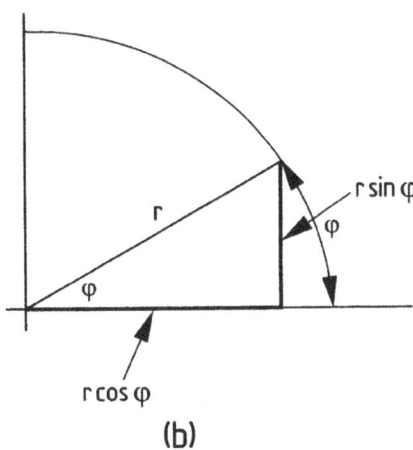

Fig. A.1 Rechtwinkliges Dreieck und seine Seiten. (a) Einheitskreis; (b) beliebiger Radius.

Öfter wird auch der Quotient beider Größen, *Tangens* genannt, benötigt:

$$\tan \varphi = \frac{\sin \varphi}{\cos \varphi}.$$

Weiteres über diese Winkelfunktionen findet der Leser in Abschnitt 4.2.2.

Bei beliebigen rechtwinkligen Dreiecken (Kreis mit Radius r statt Einheitskreis, s. Abb. A.1b) ist dann die Länge der Gegenkathete $r \cdot \sin \varphi$ bzw. die der Ankathete $r \cdot \cos \varphi$.

B   Lösungen der Übungsaufgaben

Die Lösungen sind nicht allzu knapp gehalten, und die wichtigsten Zwischenschritte sind angegeben. Andererseits wäre dieser Teil zu umfangreich geworden, wann wirklich *alle* Rechenschritte im Datail wiedergegeben worden wären. Dem Leser, der sich nicht nur überzeugen will, daß sein Resultat richtig ist, sondern aus der angegebenen Rechnung noch lernen will, wird deshalb geraten, diese Lösung selbst auf einem Blatt Papier mit allen eventuell weggelassenen Einzelheiten nachzuvollziehen. Aus einem "Ja, so ungefährt geht das" kann man nichts lernen!

Abschnitt 1.1

Aufgabe 1. (a) H, Li, Na, K, Rb, Cs, Mg, Al, Si, P, S, Cl, Ar. (Na nicht zweimal nennen!). (b) Na. (c) Li, Mg, P, Ar. (d) Die leere Menge; (e) Nein, es ist in keinem Fall eine umkehrbare Abbildung einer der Mengen auf eine andere möglich.

Aufgabe 2. Die kartesischen Produkte von $M \otimes M$ bestehen aus den Paaren (H,H), (H,He), (H,Li), (H,Be) ..., (He,H), (He,He), (He,Li), ... bis, sagen wir, (J,J). Man könnte damit die Reaktionen zweier chemischer Elemente miteinander bezeichnen. Dazu wäre zu ergänzen, daß (H,Cl) und (Cl,H) zwei verschiedene Elemente von $M \otimes M$ bezeichnen. Entweder man hat nun zwei Möglichkeiten, die entsprechende Reaktion durch ein Element von $M \otimes M$ darzustellen. Will man das nicht, so könnte man vereinbaren, daß das erstgenannte Element im Überschuß vorhanden sein soll. (Cl,Cl) würde übrigens die Reaktion von Chlor mit sich selbst bezeichnen, was aber keinen Sinn macht.

Aufgabe 3. Die Menge auf der linken Seite der Gleichung enthält alle Elemente, für die gilt: $(x \in M \vee x \in N) \wedge x \in P$. (Die Symbole $\vee$ bzw. $\wedge$ bedeuten mathematisch-"oder" bzw. mathematisch-"und".) Die Menge auf der rechten Seite enthält alle Elemente, für die gilt: $(x \in M \wedge x \in P) \vee (x \in N \wedge x \in P)$. Hier ist in beiden Teil-Bedingungen die Bedingung $(x \in P)$ enthalten, die also in beiden Fällen gilt. Übrig bleibt die weitere Bedingung $(x \in M) \vee (x \in N)$. Die Zusammenfassung beider Bedingungen führt aber auf die Bedingung für die linke Seite.

Abschnitt 1.2

Aufgabe 1. $((a \cdot b) \cdot c) \cdot d = (a \cdot (b \cdot c)) \cdot d = a \cdot ((b \cdot c) \cdot d) = a \cdot (b \cdot (c \cdot d))$

Aufgabe 2. (a) Am einfachsten zuerst im hexadezimalen System:

$$100 = 6 \cdot 16 + 4 \sim 64_{\text{hex}} \quad 180 = 11 \cdot 16 + 4 \sim b4_{\text{hex}}.$$

Das läßt sich leicht ins Binärsystem übertragen:

$$64_{\text{hex}} \sim 110\ 0100 \quad b4_{\text{hex}} = 1011\ 0100.$$

$$
\begin{array}{cc}
64 & 1100100 \\
\text{(b)} \quad \underline{b4} & \underline{10110100} \\
118 & 100011000
\end{array}
$$

(c) $100011000 \sim 118_{\text{hex}} \sim 1 \cdot 256 + 1 \cdot 16 + 8 = 256 + 16 + 8 = 280$

Aufgabe 3. Nein, denn $a - b \neq b - a = -(a - b)$.

Aufgabe 4. Per Definition ist $n + \overline{n} = 0$ und ebenso $\overline{n} - \overline{n} = 0$. Also ist $m - \overline{n} = m + (n + \overline{n}) - \overline{n} = m + n + (\overline{n} - \overline{n}) = m + n$

Aufgabe 5. Die Behauptung ist:

$$
\frac{\frac{m}{n}}{\frac{p}{q}} = \frac{mq}{np}.
$$

Wegen der Grundregel für Brüche muß also $\frac{m}{n} = \frac{p}{q} \frac{mq}{np}$ gelten. Die Multiplikationsregel für Brüche und anschließendes Kürzen ergibt

$$
\frac{p}{q} \frac{mq}{np} = \frac{pmq}{qnp} = \frac{m}{n} \quad q.e.d.
$$

Aufgabe 6. π kann bekanntlich nicht als Bruch geschrieben werden, ist also eine irrationale Zahl.

Aufgabe 7. Der Gleichung zufolge muß $(1+p)^5 > 1 + 5p$ sein. In der Tat ist $2^5 = 32 > 1 + 5 \cdot 1 = 6$.

Abschnitt 1.3

Aufgabe 1. In beiden Fällen (die gleiche Zahl!): $\text{Re}(z) = 3$, $\text{Im}(z) = 4$ (das i in der Summen-Form gehört nicht zum Imaginärteil, $\text{Im}(z)$ selbst ist reell!)

Aufgabe 2. (a) $(5, 3)$ (b) $(1, -3)$ (c) $\sqrt{4^2 + 1^2} = \sqrt{17}$
(d) $\sqrt{4^2 + (-1)^2} = \sqrt{17}$

Aufgabe 3. ρ ist laut Definition einfach gleich $|z|$, φ kann im Falle (b) und (c) direkt angegeben werden. In den übigens Fällen ist die Gleichung $b/a = \tan \varphi$ zu lösen. Jeder Taschenrechner bietet diese Lösung explizit als $\arctan(b/a)$ an (s.a. Abschn. 3.2.4 über Polarkoordinaten). Hier kommt es nur darauf an, sich klarzumachen, daß jeder Zahl mit kartesischen Koordinaten a, b ein Koordinatensatz ρ, φ entspricht, der den gleichen Punkt charakterisiert. Man skizziere sich das an Hand von (a)! Auf diese Weise ergibt sich:
(a) $\sqrt{34}e^{i1.03}$ (b) $2e^{i\pi/2}$ (c) $25 \ (=25e^{0 \cdot i})$
(d) $\sqrt{a^2 + b^2}e^{i \arctan(b/a)}$ bzw. $\sqrt{a^2 + b^2}e^{i(\arctan(b/a) + \pi)}$
(e) $\sqrt{5}e^{i0.464}e^{i(\pi/6)} = \sqrt{5}e^{i0.987}$

Aufgabe 4. (a) $(2.60, 3/2)$ oder $2.60 + i3/2$,   (b) -2.

Aufgabe 5. (a) $(3 \cdot 2 - 5 \cdot 1, 3 \cdot 1 + 5 \cdot 2) = (1, 13)$
(b) $\sqrt{34}e^{i1.03} \cdot \sqrt{5}e^{i0.46} = \sqrt{170}e^{i1.49}$
(c) $\sqrt{1^2 + 13^2}e^{i1.49}$, (innerhalb der Fehlergrenzen gleich).
(d) $(\sqrt{170}\cos(1.49), \sqrt{170}\sin(1.49)) = 1.05, 12.99)$ Rundungsfehler!

Aufgabe 6. $(3 \cdot 2 + 5 \cdot 1, 5 \cdot 2 - 3 \cdot 1)/5 = (11/5, 7/5)$, bzw. $\sqrt{34}e^{i1.03}/\sqrt{5}e^{i0.46} = \sqrt{34/5}e^{i0.57}$

Aufgabe 7. $(2,-1) = \sqrt{5}e^{-i0.987}$; $(2, -1)^5 = 25\sqrt{5}e^{-i4.935} = 25\sqrt{5}e^{i1.348}$

Aufgabe 8. $2e^{i\pi/12}$, $2e^{i9\pi/12}$, $2e^{i17\pi/12}$.

Abschnitt 1.4

Aufgabe 1. $(2^2 - 1) + (3^2 - 1) + (4^2 - 1) = 3 + 8 + 15 = 26$

Aufgabe 2. $\sum_{k=0}^{2}[(k + 2)^2 - 1] = \sum_{k=0}^{2}(k^2 + 4k + 3) = 3 + 8 + 15$.

Aufgabe 3. Alle drei Ausdrücke sind gleich. (b) ist gleich (a), weil im 2. Faktor lediglich der Indexname "k" gegen "l" getauscht wurde, und (b) ist gleich (c), weil in (c) unter der k-Summe zunächst der k-abhängige Ausdruck k^2 steht, multipliziert mit einem Faktor, der *nicht* von k abhängt (die l-Summe, deren Resultat eine feste Zahl ist). Dieser k-unabhängige Faktor ist für alle Summanden der k-Summe gleich und kann deshalb vorgezogen werden. Dann entsteht ein Produkt zweier Summen, dessen beide Faktoren auch vertauscht werden können, also (b).

Aufgabe 4. Die Doppelsummenformel liefert
$3x \cdot x^2 + 3x \cdot 2x + 3x \cdot 5 - 4 \cdot x^2 - 4 \cdot 2x - 4 \cdot 5$, also das gleiche Resultat wie die direkte Ausmultiplikation.

Aufgabe 5. (a) 1. Schritt: $(12x^5 + 7x^4 + 6x^3 - 9x^2 + 8x - 2) - 3x^2(4x^3 + 5x^2 + 4x - 2) = -8x^4 - 6x^3 - 3x^2 + 8x - 2$.
2. Schritt: $(-8x^4 - 6x^3 - 3x^2 + 8x - 2) + 2x(4x^3 + 5x^2 + 4x - 2) = 4x^3 + 5x^2 + 4x - 2$.
3. Schritt: $(4x^3 + 5x^2 + 4x - 2) - 1(4x^3 + 5x^2 + 4x - 2) = 0$, also Rest Null.
(b) Das Polynom ist durch $Q(x)$ teilbar, dabei entsteht das Polynom $S(x) = 3x^2 - 2x + 1$.
(c) In diesem Fall bliebe der Rest $-8x - 6$ übrig und das Polynom wäre nicht teilbar.
(d) Wenn wir Zähler und Nenner vertauschen, ist der Polynomgrad des Zählers kleiner als der des Nenners (3, bzw. 5) und die Abspaltung eines Polynoms $S(x)$ in der Form $S(x) \cdot Nennerpolynom$ ist nicht mehr möglich: der Zähler ist bereits der Rest!

Aufgabe 6. (a) Gemäß Formel $(-b \pm \sqrt{b^2 - 4ac})/2a$:

$$x_{1,2} = \frac{-3 \pm \sqrt{9 + 16}}{4} = \frac{-3 \pm 5}{4} \implies x_1 = -2, x_2 = 1/2,$$

oder mittels quadratischer Ergänzung

$$2x^2 + 3x - 2 = 2(x^2 + \frac{3}{2}x - 1) = 2\left[x^2 + 2\frac{3}{4}x + \left(\frac{3}{4}\right)^2 - \left(\frac{3}{4}\right)^2 - 1\right] \Rightarrow$$

$$\left(x + \frac{3}{4}\right)^2 = \left(\frac{3}{4}\right)^2 + 1 = \frac{25}{16} \quad \text{usw.}$$

(b) Man erhält analog, auf beiden Wegen,

$$x_{1,2} = -\frac{3}{4} \pm \frac{\sqrt{9 + 8i}}{4}.$$

Auch im Komplexen sind die beiden Quadratwurzeln durch $\pm$ unterschieden. Das Wurzelziehen selbst geschieht in üblicher Form (vergl. Übungsaufgabe 1.3.8).

Aufgabe 7. $(x - 1)(x - 2)(x - 3) = 0 \implies x^3 - 6x^2 + 11x - 6 = 0$.

Aufgabe 8. (a) Da die Koeffizienten alle reell sind, entweder drei reelle oder eine reelle und zwei zu einander konjugiert komplexe Wurzeln.
(b) Das Polynom muß durch $x - x_1 = x - 2$ teilbar sein. Die beiden übrigen Wurzeln ergeben sich aus dem Polynom 2. Grades, das durch Polynomdivision entsteht. Diese ergibt $4x^2 - 12x + 4$, und daraus $x_{1,2} = (3 \pm \sqrt{5})/2$

Aufgabe 9. (a) 1.Schritt: Wurzeln des Nennerpolynoms bestimmen:
$x^2 - 11x + 28 = 0 \quad \Rightarrow \quad x_{1,2} = 11/2 \pm \sqrt{121/4 - 28} = 7$ bzw. 4. Ansatz also

$$\frac{5x - 29}{x^2 - 11x + 28} = \frac{A}{x - 7} + \frac{B}{x - 4},$$

bzw., nach Multiplikation mit $(x-7)(x-4)$:

$$5x - 29 = A(x-4) + B(x-7) = (A+B)x - 4A - 7B.$$

Koeffizientenvergleich für x^1 liefert: $A + B = 5$ und für x^0: $-29 = -4A - 7B$ und das ergibt $A = 2$ und $B = 3$, so daß letztlich

$$\frac{5x - 29}{x^2 - 11x + 28} = \frac{2}{x - 7} + \frac{3}{x - 4}.$$

(b) Als Wurzeln ergibt sich hier die zweifache Wurzel $x_{1,2} = 4$. Der Ansatz ist also abzuwandeln:

$$\frac{3x - 10}{x^2 - 8x + 16} = \frac{A}{x - 4} + \frac{B}{(x - 4)^2}.$$

Multiplikation mit $(x - 4)^2$ führt auf

$$3x - 10 = A(x - 4) + B$$

und über Koeffizientenvergleich auf $A = 3$ und $B = 2$.

(c) Hier sind die beiden Wurzeln des Nenners komplex: $x_1 = 4 + i$ und $x_2 = 4 - i$. Der Ansatz ist nun

$$\frac{2x - 8}{x^2 - 8 + 17} = \frac{A + iB}{x - (4 + i)} + \frac{A - iB}{x - (4 - i)}.$$

Multiplikation mit den Nennerpolynomen ergibt

$$2x - 8 = (A + iB)(x - 4 + i) + (A - iB)(x - 4 - i) = 2A(x - 4) + 2iBi = 2A(x - 4) - 2B.$$

Damit erhält man $A = 1$ und $B = 0$. (Machen Sie in allen drei Fällen die Probe!)

Abschnitt 1.5

Aufgabe 1.

$$(a) \;\; \frac{6!}{1! \; 1! \; 1! \; 1! \; 1! \; 1!} = 6! = 720 \quad (b) \;\; \frac{6!}{2!} = 360 \quad (c) \;\; \frac{6!}{4!} = 30 \quad (d) \;\; \frac{6!}{6!} = 1$$

(bei (b)-(d) sind die 1!-Faktoren im Nenner weggelassen worden.)

Aufgabe 2. (a)

$$\frac{12!}{9!} = \frac{12 \; 11 \; 10 \; 9 \; 8 \; 7 \; 6 \; 5 \; 4 \; 3 \; 2 \; 1}{9 \; 8 \; 7 \; 6 \; 5 \; 4 \; 3 \; 2 \; 1} = 12 \; 11 \; 10 = \prod_{k=10}^{12} k.$$

(b)

$$\frac{8!}{5!} + \frac{8!}{2!} = \frac{8!}{5!} + \frac{8! \; 3 \; 4 \; 5}{2! \; 3 \; 4 \; 5} = \frac{8!(1 + 3 \; 4 \; 5)}{5!} = \frac{8! 61}{5!} = 6 \; 7 \; 8 \; 61.$$

Aufgabe 3. $abcde \rightarrow dbcae \rightarrow decab \rightarrow decba$. Dies sind 3 Transpositionen, d.h. die Permutation ist ungerade.

Aufgabe 4. (a) Der korrekte Wert ist $87{,}178{,}291{,}200$.

(b) Die Sterlingsche Formel ergibt

$$14! \approx \sqrt{2\pi 14}\left(\frac{14}{e}\right)^{14} = 86{,}661{,}001{,}739.3 \quad (0.6\% \text{ Fehler})$$

Aufgabe 5.

$$(a) \quad \binom{5}{3} = \frac{5!}{3!(5-3)!} = \frac{120}{6 \cdot 2} = 10 \quad (b) \quad \binom{5}{1} = \frac{5!}{1!(5-1)!} = \frac{5!}{4!} = 5$$

$$(c) \quad \binom{5}{0} = \frac{5!}{0!(5-0)!} = \frac{5!}{1 \, 5!} = 1 \quad (d) \quad \binom{5}{5} = \frac{5!}{5!(5-5)!} = \frac{5!}{5! \, 1} = 1.$$

Aufgabe 6. (a)

$$C(7;4) = \binom{7}{4} = \frac{7 \, 6 \, 5}{3!} = 35.$$

(b) Man muß noch mit der Zahl der Permutationen der 4 herausgegriffenen Elemente multiplizieren: $35 \cdot 24$.

(c) Die gesuchte Wahrscheinlichkeit ist Zahl der günstigen Fälle / Zahl der möglichen Fälle, also 1 : $\binom{49}{6}$.

$$\binom{49}{6} = \frac{49 \cdot 48 \cdot 47 \cdot 46 \cdot 45 \cdot 44}{1 \cdot 2 \cdot 3 \cdot 4 \cdot 5 \cdot 6} = 49 \cdot 47 \cdot 46 \cdot 44 \cdot 3 = 13,983,816 \approx 1.4 \cdot 10^7,$$

so daß die gesuchte Wahrscheinlichkeit $0.7 \cdot 10^{-7}$ ist. (Anschaulicher: aus 14 Millionen Zahlen *die* richtige zu finden.)

Aufgabe 7. Bei jeder der 16 Positionen besteht die Wahl zwischen 2 Elementen (0 oder 1). Bei einer Position wären das 2 Möglichkeiten, bei zwei Positionen $2 \cdot 2$ Möglichkeiten usw. Bei 16 Positionen sind das 2^{16} Möglichkeiten.

Aufgabe 8.

$$(a+b)^5 = \binom{5}{0}a^5 + \binom{5}{1}a^4b + \binom{5}{2}a^3b^2 + \binom{5}{3}a^2b^3 + \binom{5}{4}ab^4 + \binom{5}{5}b^5 =$$

$$a^5 + 5a^4b + 10a^3b^2 + 10a^2b^3 + 5ab^4 + b^5$$

Abschnitt 2.1

Aufgabe 1. Masse, Zeit, Energie und Ladung wohnt keine Richtung inne, sind also Skalare. Die übrigen Größen sind Vektoren. Der Impuls ist bekanntlich Masse$\times$Geschwindigkeit und hat die gleiche Richtung wie die Geschwindigkeit selbst (vergl. auch Abschnitt 2.1: Zahl$\times$Vektor=Vektor). Der Ort eines Körpers wird duch seine Lage relativ zu einem Koordinatenursprung charakterisiert. Man muß also Entfernung und Richtung kennen. Auch das Dipolmoment hat eine Richtung, beim Wassermolekül beispielsweise längs der Achse O–(H_2-Mittelpunkt).

Aufgabe 2. $\sqrt{3^2 + (-4)^2 + 1^2} = \sqrt{26}$

Aufgabe 3. Die Achsenabschnitte eines Vektors der Länge 1 werden durch den Kosinus des Winkels gegeben, den der Vektor gegenüber der Koordinatenachse hat. Hier gilt also bezüglich der y-Achse: $\cos 30^0 = 0.866$ und bezüglich der x-Achse $\cos 60^0 = 0.5$. Nun hat unser Vektor aber die Länge 5. Der Satz über ähnliche Dreiecke sagt uns, daß wir dann alle Dreiecksseiten mit 5 multiplizieren müssen. Die beiden Komponenten lauten also $v_1 = 2.5, v_2 = 4.33$.

Aufgabe 4. (Die Komponenten der Vektoren sind hier in Zeilen angegeben.)
(a) (7, 10, -4); (1, -6, 6); (-12, -6, -3); (0, -26, 23).
(b) $|\vec{a}| = \sqrt{21}$, also $(1/\sqrt{21})\vec{a}$, $|\vec{b}| = 7\sqrt{2}$, also $5/(7\sqrt{2}) \cdot \vec{b}$.

Abschnitt 2.2

Aufgabe 1. (a) $\vec{a} \cdot \vec{b} = 3 \cdot 2 + 4(-1) + 7 \cdot 4 = 30$.
(b) Die gesuchte Komponente ist $\vec{a} \cdot \vec{b}/|\vec{b}| = 30/\sqrt{21}$.

Aufgabe 2.

$$\vec{r} \times \vec{k} = \begin{pmatrix} 4 \cdot 2 - (-1) \cdot 1 \\ (-1)(-1) - 2 \cdot 2 \\ 2 \cdot 1 - 4(-1) \end{pmatrix} = \begin{pmatrix} 9 \\ -3 \\ 6 \end{pmatrix} [Newton \times Meter].$$

Es weist in den Okanden "rechts-vorn-oben".

Aufgabe 3. $J_x = y \times p_z - z \times p_y$, $J_y = z \times p_x - x \times p_z$, $J_z = x \times p_y - y \times p_x$

Aufgabe 4. Entweder erst $v^{(1)} \times v^{(2)}$ und anschließend das Skalarprodukt mit $v^{(3)}$ bilden oder direkt mit Gl. (2.19) : $2(-2)3 + 3\ 1\ 2 + 2\ 4\ 5\ -2\ 1\ 5 - 3\ 4\ 3 - 2(-2)2 = -4$. Das Minuszeichen besagt, daß die drei Vektoren ein Links-System bilden.

Abschnitt 2.3

Aufgabe 1. Am einfachsten mit dem Spatprodukt Gl. (2.19) (Resultat $= 24$). Da dies nicht Null ist, liegt keine lineare Abhängigkeit vor. Gleichungssystem (2.21) hätte für die α_i nur die Werte 0 zugelassen!

Aufgabe 2. Nein, denn die drei (dreidimensionalen) Vektoren sind linear unabhängig.

Aufgabe 3. Nein, denn bereits für die ersten beiden Vektoren gilt $v^{(1)} \cdot v^{(2)} = 6$, also nicht Null.
Schmitt-Orthogonalisierung:
1. Schritt: Normieren von $v^{(1)}$ liefert $(3, 2, 1)/\sqrt{14}$.
2. Schritt: Von $v^{(2)}$ die Komponente in Richtung von $v^{(1)}$ abziehen:

$$\begin{pmatrix} 3 \\ -2 \\ 1 \end{pmatrix} - \frac{6}{\sqrt{14}} \begin{pmatrix} 3/\sqrt{14} \\ 2/\sqrt{14} \\ 1/\sqrt{14} \end{pmatrix} = \frac{1}{7} \begin{pmatrix} 12 \\ -20 \\ 4 \end{pmatrix}.$$

Man überzeugt sich leicht, daß dieser Vektor nun orthogonal zu $v^{(1)}$ ist. Der 3. Schritt besteht im Normieren des neuen Vektors: $(12/7, -20/7, 4/7)/\sqrt{80/7}$.

Aufgabe 4. Ja, denn die Bedingungen (2.28) sind erfüllt.

Aufgabe 5.

$$\alpha_1 = \vec{v} \cdot \vec{f}^{(1)} = 10/\sqrt{2},$$

entsprechend die anderen beiden Werte

$$\alpha_2 = -2/\sqrt{3}, \qquad \alpha_3 = -4/\sqrt{6} = -2\sqrt{\frac{2}{3}}.$$

Abschnitt 2.4

Aufgabe 1. (a) $\mathbf{A}$: 2, 1, 4 ; $\mathbf{B}$: 7, -1 ; $\mathbf{C}, \mathbf{C}^T$: 4, 1.
(b) 7; 6; 5 und 5.
(c)

$$\mathbf{A} = \begin{pmatrix} 2 & 4 & 2 \\ -2 & 1 & 5 \\ 3 & -1 & 4 \end{pmatrix} \qquad \mathbf{B} = \begin{pmatrix} 7 & 3 & 2 \\ 1 & -1 & 4 \end{pmatrix}$$

$\mathbf{B}$ kann nicht symmetrisch sein, da $\mathbf{B} = \mathbf{B}^T$ impliziert, daß $\mathbf{B}$ quadratisch ist.
(d)

$$1/2(\mathbf{A} + \mathbf{A}^T) = \begin{pmatrix} 2 & 1 & 2.5 \\ 1 & 1 & 2 \\ 2.5 & 2 & 4 \end{pmatrix}$$

$\mathbf{B}$ kann nicht symmetrisiert werden, da 3×2- und 2×3-Matrizen nicht addiert werden können.
(e) $\mathbf{B} + \mathbf{C}$ geht nicht, da die Schemata nicht aufeinander passen.

$$\mathbf{B^T} + \mathbf{C} = \begin{pmatrix} 11 & 2 & 5 \\ -2 & 0 & 15 \end{pmatrix};$$

$\mathbf{B} + \mathbf{C^T} = (\mathbf{B^T} + \mathbf{C})^T$
(f)

$$\begin{pmatrix} 4 & -4 & 6 \\ 8 & 2 & -2 \\ 4 & 10 & 8 \end{pmatrix}, \qquad \begin{pmatrix} -7 & -1 \\ -3 & 1 \\ -2 & -4 \end{pmatrix}, \qquad \begin{pmatrix} 12 & -3 & 9 \\ -9 & 3 & 33 \end{pmatrix}.$$

(g) (Spalten-)vektor $(-10, 9, 9)$;   geht nicht;   (Spalten-)vektor $(-5, -22)$;
geht nicht; $(14, -10)$.
(h) $\mathbf{AC}, \mathbf{BA}, \mathbf{BB}, \mathbf{CC}$ gehen nicht;

$$\mathbf{AA} = \begin{pmatrix} 2 & 9 & 20 \\ 10 & -12 & 7 \\ 32 & 21 & 17 \end{pmatrix} \quad \mathbf{AB} = \begin{pmatrix} 14 & 16 \\ 29 & -1 \\ 37 & 13 \end{pmatrix} \quad \mathbf{BC} = \begin{pmatrix} 25 & -6 & 32 \\ 15 & -4 & -2 \\ -4 & 2 & 50 \end{pmatrix}$$

$$\mathbf{CA} = \begin{pmatrix} 10 & 6 & 25 \\ 20 & 62 & 34 \end{pmatrix} \quad \mathbf{CB} = \begin{pmatrix} 31 & 17 \\ 4 & 40 \end{pmatrix}.$$

Aufgabe 2. Wir berechnen die Matrixprodukte in Komponentenform [Gl.(2.35)]:

$$(\mathbf{AB})_{ik} = \sum_j a_{ij} b_{jk} \quad \Longrightarrow \quad (\mathbf{AB})_{ik}^T = \sum_j a_{kj} b_{ji}$$

einerseits und

$$(\mathbf{B}^T \mathbf{A}^T)_{ik} = \sum_j b_{ij}^T a_{jk}^T = \sum_j b_{ji} a_{kj}$$

andererseits. Beide Ausdrücke sind gleich.

Aufgabe 3. (a) **A**: Dimension beider Räume =3; **B**: Dimension Urbildraum =2, Abbildraum =3; **C**: Dimension Urbildraum =3, Abbildraum =2.
(b) **A**: Von der Dimension her möglich, man muß aber noch prüfen, ob die Inverse von **A** existiert. Da die Spalten linear unabhängig sind, ist dies der Fall. **B**: Da der Abbildraum eine höhere Dimension hat als der Urbildraum müssen im Abbildraum Punkte existieren, die keine Urbilder haben. Dann ist die Inversion nicht möglich. **C**: Da die Dimension des Abbildraumes kleiner als der Urbildraum ist, müssen verschiedene Urbilder die gleichen Abbilder haben. Dann ist ebenfalls die Inversion nicht möglich.

Aufgabe 4. Mit der in Abschnitt 2.4 gegebenen Formel für 2 × 2-Matrizen ergibt sich

$$\frac{1}{26} \begin{pmatrix} 4 & -1 \\ -2 & 7 \end{pmatrix}.$$

Aufgabe 5. (a) Ja, denn beide Spalten sind normiert und zu einander orthogonal.
(b) Wir verwenden Gl. (2.44) und berücksichtigen die Orthonormalität von **T**. Wir haben dann zu berechnen:

$$\mathbf{T G T}^T = \begin{pmatrix} \sqrt{3}/2 & -1/2 \\ 1/2 & \sqrt{3}/2 \end{pmatrix} \begin{pmatrix} 7 & 1 \\ 3 & -1 \end{pmatrix} \begin{pmatrix} \sqrt{3}/2 & 1/2 \\ -1/2 & \sqrt{3}/2 \end{pmatrix} =$$

$$\begin{pmatrix} -\sqrt{3}+5 & 2\sqrt{3} \\ 2\sqrt{3}+2 & \sqrt{3}+1 \end{pmatrix}$$

Aufgabe 6. (a) Die Spalten der Abbildungsmatrix enthalten die Abbilder der Einheitsvektoren, also

$$\mathbf{A} = \begin{pmatrix} 3 & -2 \\ -4 & 1 \end{pmatrix}.$$

(b) Das Abbild von **c** lautet

$$\begin{pmatrix} 3 & -2 \\ -4 & 1 \end{pmatrix} \begin{pmatrix} 5 \\ 2 \end{pmatrix} = \begin{pmatrix} 11 \\ -18 \end{pmatrix}.$$

Aufgabe 7. (a) Die beiden Spalten sind linear-unabhängig, also existiert die Inverse.
(b) Sie lautet

$$-\frac{1}{5} \begin{pmatrix} 1 & 2 \\ 4 & 3 \end{pmatrix}$$

und die Multiplikation mit dem Resultat von 6b liefert **c**.

Aufgabe 8. Die (reelle) Matrix $A^T A$ ist symmetrisch, denn es gilt $(A^T A)^T = A^T (A^T)^T = A^T A$. Wir brauchen also nur die drei Diagonalglieder und nur drei der Nichtdiagonalglieder auszurechnen. Wir führen die vier Abkürzungen $S = \sin\theta$, $C = \cos\theta$, $s = \sin\varphi$ und $c = \cos\varphi$ ein. Mit diesen lautet die Matrix

$$A^T A = \begin{pmatrix} Sc & Ss & C \\ rCc & rCs & -rS \\ -rSs & rSc & 0 \end{pmatrix} \begin{pmatrix} Sc & rCc & -rSs \\ Ss & rCs & rSc \\ C & -rS & 0 \end{pmatrix}$$

$$(A^TA)_{11} = SScc + SSss + CC = SS + CC = 1.$$
$$(A^TA)_{22} = r^2CCcc + r^2CCss + r^2SS = r^2(CC + SS) = r^2.$$
$$(A^TA)_{33} = r^2SSss + r^2SScc + 0 = r^2SS = r^2\sin^2\theta.$$
$$(A^TA)_{12} = rSCcc + rSCss - rCS = r(SC - CS) = 0.$$
$$(A^TA)_{13} = -rSScs + rSSsc + 0 = 0.$$
$$(A^TA)_{23} = -r^2CScs + r^2CSsc + 0 = 0.$$

Das Resultat ist eine Diagonalmatrix mit den Größen $1, r^2, r^2\sin^2\theta$ in der Diagonalen.

Abschnitt 2.5

Aufgabe 1. (a) $\det(\mathbf{A}) =$

$$2 \cdot 1 \cdot 4 + (-2) \cdot (-1) \cdot 2 + 3 \cdot 4 \cdot 5 - 3 \cdot 1 \cdot 2 - 2 \cdot (-1) \cdot 5 - (-2) \cdot 4 \cdot 4 = 108.$$

$\det(\mathbf{B}) = 7 \cdot (-1) - 1 \cdot 3 = -10$; $\det(\mathbf{C}) = -9 - (-9) = 0$. Man überzeugt sich leicht, daß die transponierten Matrizen zu den gleichen Resultaten führen.
(b) Es ergibt sich -108. Die Determinante von

$$\begin{pmatrix} 2 & -2 & 2 \\ 4 & 1 & 4 \\ 2 & 5 & 2 \end{pmatrix}$$

liefert Null.
(c) Das Schema sieht nach Ergänzung so aus:

$$\begin{array}{rrrrr} 2 & -2 & 3 & 2 & -2 \\ 4 & 1 & -1 & 4 & 1 \\ 2 & 5 & 4 & 2 & 5 \end{array} .$$

Man erkennt, daß sich die drei positiven Terme von Gl. (2.46) durch Multiplikation der Positionen $(11)(22)(33)$, $(12)(23)(34)$ und $(13)(24)(35)$, also dreier Linen von links oben nach rechts unten, ergeben. Die negativen Terme ergeben sich aus Linien, die von rechts oben nach links unten laufen: $(13)(22)(31)$, $(14)(23)(32)$ und $(15)(24)(33)$.

Aufgabe 2. *Die* ersten zehn gibt es natürlich nicht, denn man ist frei, nach welchem Schema man vorgeht, um die 24 Vertauschungen zu erzeugen. Hier ein Beispiel:
$a_{11}a_{22}a_{33}a_{44} - a_{11}a_{22}a_{34}a_{43} - a_{11}a_{23}a_{32}a_{44} + a_{11}a_{23}a_{34}a_{42}$
$+a_{11}a_{24}a_{32}a_{43} - a_{11}a_{24}a_{33}a_{42} - a_{12}a_{21}a_{33}a_{44} + a_{12}a_{21}a_{34}a_{43}$
$+a_{12}a_{23}a_{31}a_{44} - a_{12}a_{23}a_{34}a_{41} - a_{12}a_{24}a_{31}a_{43} + a_{12}a_{24}a_{33}a_{41}$ ... usw

Aufgabe 3.

$$-a_{12}\det\begin{pmatrix} a_{21} & a_{23} & a_{24} \\ a_{31} & a_{33} & a_{34} \\ a_{41} & a_{43} & a_{44} \end{pmatrix} + a_{22}\det\begin{pmatrix} a_{11} & a_{13} & a_{14} \\ a_{31} & a_{33} & a_{34} \\ a_{41} & a_{43} & a_{44} \end{pmatrix}$$

$$-a_{32}\det\begin{pmatrix} a_{11} & a_{13} & a_{14} \\ a_{21} & a_{23} & a_{24} \\ a_{41} & a_{43} & a_{44} \end{pmatrix} + a_{42}\det\begin{pmatrix} a_{11} & a_{13} & a_{14} \\ a_{21} & a_{23} & a_{24} \\ a_{31} & a_{33} & a_{34} \end{pmatrix}.$$

Z.B. tritt der erste Term von Aufgabe 2 in der zweiten Determinante auf: $a_{22} \cdot (a_{11}a_{33}a_{44})$.

Aufgabe 4. (a) Für $\mathbf{D}$ ergibt sich

$$\begin{pmatrix} 9 & -18 & 18 \\ 23 & 2 & -14 \\ -1 & 14 & 10 \end{pmatrix}$$

(b) $\mathbf{AD}^T$ liefert die Matrix

$$\begin{pmatrix} 108 & 0 & 0 \\ 0 & 108 & 0 \\ 0 & 0 & 108 \end{pmatrix} = \det(\mathbf{A}) \cdot \mathbf{1}.$$

Wenn Sie $\mathbf{D}^T$ mit $1/\det(\mathbf{A})$ multiplizieren, erhalten Sie $\mathbf{A}^{-1}$!

Aufgabe 5.

$$\mathbf{B} + \mathbf{C} = \begin{pmatrix} 7-1 & 1+3 \\ 3-3 & -1+9 \end{pmatrix} = \begin{pmatrix} 7 & 1+3 \\ 3 & -1+9 \end{pmatrix} + \begin{pmatrix} -1 & 1+3 \\ -3 & -1+9 \end{pmatrix} =$$

$$\begin{pmatrix} 7 & 1 \\ 3 & -1 \end{pmatrix} + \begin{pmatrix} 7 & 3 \\ 3 & 9 \end{pmatrix} + \begin{pmatrix} -1 & 1 \\ -3 & -1 \end{pmatrix} + \begin{pmatrix} -1 & 3 \\ -3 & 9 \end{pmatrix}.$$

Das ist natürlich umständlicher als die direkte Berechnung, vermittelt aber einen guten Eindruck davon, daß die Determinante einer *Summe* zweier Matrizen eine komplizierte Sache ist.

Aufgabe 6. $\mathbf{B} \cdot \mathbf{C}$ ergibt

$$\begin{pmatrix} -10 & 30 \\ 0 & 0 \end{pmatrix}$$

und die Determinante dieser Matrix ist Null, weil eine Zeile Null ist. Andererseits ist auch $\det(\mathbf{C})$ Null, so daß die Gleichung für diesen Fall verifiziert ist.

Aufgabe 7. Man sieht, daß sich die 2. Zeile aus der ersten durch Multiplikation mit 2 ergibt und die dritte durch Multiplikation mit -1.5. Der Rang muß also 1 sein. Das gleiche Ergebnis erhält man, wenn man alle 2×2-Determinanten ausrechnet: man erhält in *allen* Fällen Null, also ist der Rang kleiner als 2.

Abschnitt 2.6

Aufgabe 1. Die Koeffizientendeterminante hat den Wert -62 und zeigt an, daß das lineare Gleichungssystem linear unabhängig ist. Unter diesen Umständen existiert nur die Triviallösung $x = y = z = 0$.

Aufgabe 2. Die Koeffizientendeterminante ist Null und zeigt an, daß die drei Gleichungen linear abhängig sind. Wir streichen die letzte Gleichung und setzen die Lösung mit $x, y, 1$ an, da noch ein Gesamtfaktor frei ist. (Genau genommen hätten wir zuvor prüfen müssen, ob die verbliebenen Gleichungen jetzt linear unabhängig sind. Bereits die erste 2×2-Unterdeterminante liefert Nichtnull und zeigt das.) Mit diesem Ansatz ergeben sich die zwei Gleichungen

$$-2x + 7y = -4 \quad \text{und} \quad 5x - 3y = -1.$$

Dieses Gleichungssystem hat die Lösung (s. Aufg. 5) $x = -19/29$ und $y = -22/29$. Die allgemeine Lösung lautet deshalb

$$x = -\alpha\frac{19}{29} \quad y = -\alpha\frac{22}{29} \quad z = \alpha.$$

Aufgabe 3. Auch hier ist die Koeffizientendeterminante Null, aber bei Streichung der letzten Gleichung würden wir feststellen, daß alle drei Unterdeterminanten Null sind, daß also immer noch lineare Abhängigkeit besteht. Wenn wir nun die zweite Gleichung streichen, müssen wir noch prüfen, ob wir die zuvor weggelassene Gleichung nicht doch benötigen. Die Unterdeterminanten der 1. und 3. Gleichungen sind nicht Null, also sind 1. und 3. Gleichung nicht linear abhängig und wir müssen diese beiden Gleichungen bearbeiten. Es sind die gleichen wie bei Aufg. 2.

Aufgabe 4. Zunächst die Frage nach einer eventuellen linearen Abhängigkeit: Wir müssen die $\binom{5}{3} = 10$ möglichen 3×3-Unterdeterminanten bilden. Ist eine von ihnen ungleich Null, sind die drei Gleichungen linear abhängig und damit teilweise überflüssig. Es reicht aber aus, wenn man nur so viele Unterdeterminanten bildet, bis alle Spalten erfaßt sind: z.B. die aus Spalten 1,2,3, die aus Spalten 1,2,4 und schließlich die aus Spalten 1,2,5. Sie alle sind Null und wir können eine Gleichung streichen. Wir behalten die beiden ersten. Mit zwei Gleichungen lassen sich zwei Variable bestimmen, z.B. x und y. Die anderen (z, u, v) können wir beliebig festlegen, um partikuläre Lösungen zu finden. Drei solche Lösungen lassen sich finden, wenn wir z.B. (1) $z = 1, u = v = 0$, (2) $u = 1, z = v = 0$ und (3) $z = u = 0, v = 1$ setzen. Es resultiert für jeden Fall ein Gleichungssystem, nämlich

$$(1) \qquad -2x + 7y = -4 \quad \text{und} \quad 5x - 3y = -1.$$

$$(2) \qquad -2x + 7y = -3 \quad \text{und} \quad 5x - 3y = 3.$$

$$(3) \qquad -2x + 7y = 1 \quad \text{und} \quad 5x - 3y = -4.$$

Die Lösungen des 1. Systems kennen wir (s. Aufg. 5): $x = -19/29$, $y = -22/29$. Dazu tritt jetzt $z = 1, u = 0, v = 0$. Die Lösungen des 2. Systems ergeben sich analog $x = 12/29$ und $y = -9/29$ mit Gesamtlösung $x = 12/29, y = -9/29, z = 0, u = 1, v = 0$. Das 3. System ergibt $x = -25/29, y = -3/29, z = 0, u = 0, v = 1$. Die allgemeine Lösung ist also eine beliebige Linearkombination dieser drei Lösungen:

$$x = -\alpha\frac{19}{29} + \beta\frac{12}{29} - \gamma\frac{25}{29},$$

$$y = -\alpha\frac{22}{29} - \beta\frac{9}{29} - \gamma\frac{3}{29},$$

$$z = \alpha, \qquad u = \beta \qquad v = \gamma.$$

Aufgabe 5. (a) Die Inverse von $\mathbf{A}$ ist [Gl. (2.41)]

$$\frac{1}{(-2)(-3) - 5 \cdot 7}\begin{pmatrix} -3 & -7 \\ -5 & -2 \end{pmatrix}.$$

Zu berechnen ist $\mathbf{x} = \mathbf{A}^{-1}\mathbf{b}$:

$$\frac{1}{-29}\begin{pmatrix} -3 & -7 \\ -5 & -2 \end{pmatrix}\begin{pmatrix} -4 \\ -1 \end{pmatrix} = \frac{1}{-29}\begin{pmatrix} 19 \\ 22 \end{pmatrix}.$$

(b) Wir lösen die erste Gleichung nach x auf und erhalten $x = (7/2)y + 2$. Dies setzen wir in die zweite Gleichung ein: $(35/2)y + 10 - 3y = -1$, bzw. $(29/2)y = -11$. Auflösen nach y ergibt $-22/29$. Aus der ersten Gleichung wird damit $-2x - 154/29 = -4$ oder $-58x = -116 + 154$. Dies ergibt schließlich $x = -19/29$.

(c) Wir multiplizieren die erste Gleichung mit $-5/2$ und ziehen sie von der zweiten Gleichung ab. (Der Faktor ist so gewählt, daß der 1. Koeffizient der zweiten Gleichung Null wird.) Die beiden Gleichungen lauten jetzt

$$-2x + 7y = -4 \quad \text{und} \quad (\frac{35}{2} - 3)y = -11.$$

Die letzte Gleichung läßt sich nach y auflösen: $y = -11/(29/2) = -22/29$. Bringt man dies in die erste Gleichung ein, so wird diese $-2x = -4 - 7(-22/29) = 38/29$. Auflösen nach x beendigt das Schema: $x = -19/29$.

d)

$$x = \frac{\det \begin{pmatrix} -4 & 7 \\ -1 & -3 \end{pmatrix}}{\det \begin{pmatrix} -2 & 7 \\ 5 & -3 \end{pmatrix}} = \frac{19}{-29}, \quad y = \frac{\det \begin{pmatrix} -2 & -4 \\ 5 & -1 \end{pmatrix}}{\det \begin{pmatrix} -2 & 7 \\ 5 & -3 \end{pmatrix}} = \frac{22}{-29}.$$

Aufgabe 6.

$$y = \frac{\det \begin{pmatrix} 3 & 1 & -4 \\ 4 & 3 & -1 \\ 2 & -2 & 1 \end{pmatrix}}{\det \begin{pmatrix} 3 & 2 & -4 \\ 4 & 1 & -1 \\ 2 & -5 & 1 \end{pmatrix}} = \frac{53}{64}$$

Aufgabe 7. 1. Schritt: Multiplikation der ersten Gleichung mit 3 und Abziehen von der 2. Gleichung und Multiplikation der ersten Gleichung mit 2 und Abziehen von der 3. Gleichung liefert in der ersten Spalte Nullen:

$$x + y + z = 2$$
$$-y - 5z = 0$$
$$-6y + z = -9$$

2. Schritt: Das sechsfache der zweiten Gleichung, abgezogen von der dritten Gleichung, liefert eine "Dreiecks-Koeffizientenmatrix":

$$x + y + z = 2$$
$$-y - 5z = 0$$
$$31z = -9.$$

Jetzt sind wir in der Lage, die Unbekannten rückwärts eine nach der anderen zu bestimmen: $z = -9/31$, $y = -5z = 45/31$ und schließlich

$$x = 2 - z - y = 2 - \frac{-9}{31} - \frac{45}{31} = \frac{62 + 9 - 45}{31} = \frac{26}{31}.$$

(In der Regel treten natürlich Brüche auf, die das Verfahren "von Hand" unbequem machen, bei Verwendung eines Computers aber überhaupt kein Problem darstellen.)

Aufgabe 8. Die erste Frage zielt wieder auf eventuelle lineare Abhängigkeit. Von Aufg. 4 wissen wir, daß die linken Seiten linear abhängig sind. Wäre das ganze Gleichungssystem linear unabhängig, dann gäbe es überhaupt keine Lösung. Wir prüfen das, indem wir eine 3×3-Determinante unter Einschluß der rechten Spalte bilden, z.B. 1., 2. Spalte und rechte Seite. Diese ist ebenfalls Null, so daß eine (die dritte) Gleichung gestrichen werden kann.

Wir benötigen nun *eine* partikuläre Lösung, die wir dadurch gewinnen, daß wir $z = u = y = 0$ setzen. Unser Gleichungssystem für *diese* Lösung lautet dann

$$-2x + 7y = 3 \quad \text{und} \quad 5x - 3y = -4.$$

Nach üblichen Verfahren ergibt sich $x = -19/29$, $y = 7/29$. Die anderen Variablen sind laut Ansatz Null. Die allgemeine Lösung erhalten wir, wenn wir die allgemeine Lösung des zugehörigen homogenen Gleichungssystem hinzuaddieren. Diese Lösung hatten wir in Aufg. 4 bereits bestimmt. Die allgemeine Lösung des inhomogenen Gleichungssystem ist mithin:

$$x = -\frac{19}{29} - \alpha\frac{19}{29} + \beta\frac{12}{29} - \gamma\frac{25}{29},$$

$$y = \frac{7}{29} - \alpha\frac{22}{29} - \beta\frac{9}{29} - \gamma\frac{3}{29},$$

$$z = \alpha, \quad u = \beta \quad v = \gamma.$$

Abschnitt 2.7

Aufgabe 1. Es ist die Determinante von $\mathbf{H} - E\mathbf{1}$ aufzustellen und gleich Null zu setzen:

$$\det \begin{pmatrix} 2 - E & 3 \\ 3 & -4 - E \end{pmatrix} = (2 - E)(-4 - E) - 9 = 0.$$

Diese quadratische Gleichung hat zwei Lösungen: $E^{(1)} = -1 - 3\sqrt{2} = -5.242$ und $E^{(2)} = -1 + 3\sqrt{2} = 3.242$.

Aufgabe 2. Die Eigenvektoren ergeben sich aus dem homogenen Gleichungssystem

$$(\mathbf{H} - E^{(1)}\mathbf{1})\mathbf{v}^{(1)} = 0 \quad \text{bzw.} \quad (\mathbf{H} - E^{(2)}\mathbf{1})\mathbf{v}^{(2)} = 0.$$

Dies ist für den ersten Eigenvektor

$$\begin{pmatrix} 2 + 1 + 3\sqrt{2} & 3 \\ 3 & -4 + 1 + 3\sqrt{2} \end{pmatrix} \begin{pmatrix} v_1^{(1)} \\ v_2^{(1)} \end{pmatrix} = 0$$

mit Lösung $v_1^{(1)} = 1$ und $v_2^{(1)} = -(1 + \sqrt{2})$ (unnormiert), bzw., nach Normierung, die Zahlenwerte 0.383 und -0.924. Eine analoge Rechnung für $\mathbf{v}^{(2)}$ führt auf die beiden Komponenten 0.924 und 0.383.

Aufgabe 3. Die Matrix $\mathbf{U}$ ergibt sich, wenn man die (normierten) Eigenvektoren in die Spalten einsetzt:

$$\mathbf{U} = \begin{pmatrix} 0.383 & 0.924 \\ -0.924 & 0.383 \end{pmatrix}.$$

Aufgabe 4. Die Transformation $\mathbf{U}^+\mathbf{H}\mathbf{U}$ ergibt schließlich

$$\begin{pmatrix} 0.383 & -0.924 \\ 0.924 & 0.383 \end{pmatrix} \begin{pmatrix} 2 & 3 \\ 3 & -4 \end{pmatrix} \begin{pmatrix} 0.383 & 0.924 \\ -0.924 & 0.383 \end{pmatrix} = \begin{pmatrix} -5.242 & 0 \\ 0 & 3.242 \end{pmatrix}.$$

Abschnitt 2.8

Nein, denn das Molekül ist linear. Die beiden Polarisierbarkeiten senkrecht zur Molekülachse sind gleich, da das Molekül rotationssymmetrisch ist. Liegt das Molekül in der z-Achse, so ist $\alpha_x = \alpha_y \neq \alpha_z$.

Abschnitt 3.1

Aufgabe 1.
$x = 4 + \sin\theta\cos\varphi \cdot t \quad y = -2 + \sin\theta\sin\varphi \cdot t \quad z = 1 + \cos\theta \cdot t$.
Parameterfrei: Z.B. Division 2.Gl. durch 1.Gl. und 1.Gl. durch 3.Gl.:

$$\frac{y+2}{x-4} = \sin\theta\tan\varphi \quad \text{und} \quad \frac{x-4}{z-1} = \tan\theta\cos\varphi.$$

Aufgabe 2. $x = 4 - t \quad y = -2 + 7t \quad z = 1 - 4t$.
Parameterfrei: $y + 2 = 7(4 - x)$ und $z - 1 = 4(x - 4)$,
bzw. $7x + y - 26 = 0$ und $4x - z - 15 = 0$.

Aufgabe 3. $x = -3 + 9t$ und $y = 4 - 2t$. Parameterfrei: $y = -(2/9)x + (10/3)$.

Aufgabe 4. Der Richtungsvektor ist $(\cos 60^0 = 1/2, \sin 60^0 = \sqrt{3}/2)$ und die Gerade soll durch Punkt $(0, -3)$ gehen. Das ergibt $x = (1/2)t$ und $y = -3 + (\sqrt{3}/2)t$. Parameterfrei: $y = \sqrt{3}x - 3$.

Aufgabe 5.

$$\frac{x^2}{9} + \frac{y^2}{4} - 1 = 0.$$

Aufgabe 6. Die allgemeine Form ist (bei Scheitelpunkten auf der x-Achse)

$$\frac{x^2}{a^2} - \frac{y^2}{b^2} = 1.$$

Scheitelpunkte auf der x-Achse bei ± 2 ergibt $a = 2$ und die geforderte Form der der Geraden (siehe Abb. 3.3b) erfordert $b/a = 4$, also $b = 8$.

Aufgabe 7. Die allgemeine Form ist jetzt

$$-\frac{x^2}{a^2} + \frac{y^2}{b^2} = 1.$$

Der Scheitelpunkt ist jetzt durch b gegeben: $b = 2$ aber nach wie vor $b/a = 4$, also $a = 1/2$.

Aufgabe 8. Die erste Form stellt einen Kreis dar, die zweite (nach Auflösen $y = \sqrt{x^2 - 1}$) ist eine Hyperbel mit Scheitelpunkten auf der x-Achse, denn der Formel entnimmt man, daß keine reellen Werte für $|x| < 1$ existieren. Die dritte ist dann eine Hyperbel mit Scheitelpunkten auf der y-Achse und die vierte liefert überhaupt keine reellen Lösungen für das x, y-Paar.

Aufgabe 9. $x = 7 - 11u - 5v, \quad y = -1 - 2u - 4v, \quad z = 3 + u - 9v.$
Eine parameterfreie Form ist z.B. $11x - 52y + 17z = 180.$ (dies kann aber auch mit einem beliebigen Faktor multipliziert werden.)

Aufgabe 10. Um eine Parameterform zu erhalten, muß eine Ebene durch die drei Punkte $(3, 0, 0)$, $(0, -2, 0)$ und $(0, 0, 4)$ gelegt werden:

$$x = 3 - 3u - 3v \quad y = -2u \quad z = 4v.$$

Eine parameterfreie Form kann direkt angegeben werden: $x/3 - y/2 + z/4 = 1.$

Aufgabe 11. Für $y = 0$ ergibt sich eine Hyperbel in der x, z-Ebene, für $z = 0$ das gleiche in der x, y-Ebene. Für $x = 0$ hat die Gleichung keine Lösung, wohl aber für z.B. $x = \pm 2$, wo $y^2 + z^2 = 3$ entsteht, d.h. ein Kreis mit dem Radius $\sqrt{3}$. Ähnliches gilt auch für größere x-Werte. Wir haben also einen Rotations-Körper entlang der x-Achse, der aus einer Hyperbel entsteht.

Abschnitt 3.2

Aufgabe 1. $x \to x - 3, \; y \to y - (-2), \; z \to z - (-5)$ ergibt

$$(x - 3)^2 - (y + 2)^2 - (z + 5)^2 = 1.$$

Aufgabe 2. $x \to x/2, \; y \to y/(1/2), \; z \to z/(1/2)$ führt auf

$$x^2/4 - 4y^2 - 4z^2 = 1.$$

Aufgabe 3. Wegen $\cos 45^0 = \sin 45^0 = 1/\sqrt{2}$ gilt

$$\begin{pmatrix} \overline{x} \\ \overline{y} \end{pmatrix} = \frac{1}{\sqrt{2}} \begin{pmatrix} 1 & -1 \\ 1 & 1 \end{pmatrix} \begin{pmatrix} x \\ y \end{pmatrix}$$

Wäre unsere Figur in Parameterform gegeben, müßte also $x \to (x - y)/\sqrt{2}$ und $y \to (x + y)/\sqrt{2}$ ersetzt werden. Da nur eine parameterfreie Form gegeben ist und wir keine Umwandlung vornehmen wollen, müssen wir direkt mit dieser Form arbeiten. Dazu müssen wir die Abbildungsgleichungen nach x und y auflösen:

$$\begin{pmatrix} x \\ y \end{pmatrix} = \frac{1}{\sqrt{2}} \begin{pmatrix} 1 & 1 \\ -1 & 1 \end{pmatrix} \begin{pmatrix} \overline{x} \\ \overline{y} \end{pmatrix}$$

und dann die Ersetzungen $x \to (x + y)/\sqrt{2}$ und $y \to (-x + y)/\sqrt{2}$ vornehmen:

$$(x + y)^2/2 - (-x + y)^2/2 - z^2 = 1 \quad \text{bzw.} \quad 2xy - z^2 = 1.$$

(Dabei wurden keine neuen Koordinaten-Namen eingeführt, weil das Achsensystem beibehalten wurde.)

Abschnitt 4.1

Aufgabe 1. Die Tabelle für die y, x Paare lautet

y=	-2	-1.5	-1	-0.5	0	0.5	1	1.5	2
x=	-2	9/8	2	11/8	0	-11/8	-2	-9/8	2

Beim Eintragen in ein x, y-Diagramm entsteht eine S-förmige Kurve, die zeigt, daß die dreifachen

Werte von y für x-Werte zwischen -2 und $+2$ auftreten. Folgende Verabredungen bietet sich an: (1) Wir wählen denjenigen y-Wert, der > 1 ist und erhalten eine Funktion (Ast) mit Definitionsbereich $x > -2$ (für andere x-Werte existiert kein $y > 1$-Wert). (2) Wir wählen $y < -1$ und erhalten eine Funktion mit Defintionsbereich $x < 2$ und schließlich (3) wir wählen $-1 < y < +1$ und erhalten eine dritte Funktion (oder 3. Ast) für $-2 < x < +2$.

Aufgabe 2. Die Gestalt eines Bergrückens über der x-Achse.

Aufgabe 3. Nein, denn $\Delta y = \tan(x + \Delta x) - \tan x$ wird beliebig groß, wenn x nur nahe genug an $\pi/2$ liegt.

Abschnitt 4.2

Aufgabe 1. $y = c$ ist eine ganze rationale Funktion (Polynom 0. Ordnung). Sie ist monoton, aber nicht streng monoton. Man kann sie sowohl monoton steigend als auch fallend nennen (Bedingung für monoton steigend ist $y(x_2) \geq y(x_1)$ für $x_2 > x_1$, und die ist erfüllt). Weil $x \to -x$ keine Änderung der Funktion hervorruft, ist sie symmetrisch. Umkehrbar ist sie selbstverständlich nicht.

Aufgabe 2. (a) Die Definition ist

$$y = \frac{\sinh x}{\cosh x} = \frac{e^x - e^{-x}}{e^x + e^{-x}}.$$

Da e^x und e^{-x} für alle x-Werte definiert ist und der Nenner nirgends Null wird, ist die Funktion für alle x-Werte definiert.
(b) $x \to -x$ überführt die Funktion in

$$\frac{e^{-x} - e^x}{e^{-x} + e^x} = -\frac{e^x - e^{-x}}{e^x + e^{-x}} = -\tanh x,$$

also ist die Funktion antisymmetrisch.
(c) Die Funktion ist streng monoton steigend. Man kann das leicht rechnerisch überprüfen: Für $x_1 = x$ und $x_2 = x + \Delta x$ mit $\Delta x > 0$ und die Abkürzungen $u = e^x$ und $v = e^{\Delta x} > 0$ gilt

$$\tanh(x + \Delta x) - \tanh x = \frac{uv - 1/(uv)}{uv + 1/(uv)} - \frac{u - 1/u}{u + 1/u} = \frac{u^2 v^2 - 1}{u^2 v^2 + 1} - \frac{u^2 - 1}{u^2 + 1} =$$

$$\frac{(u^2 v^2 - 1)(u^2 + 1) - (u^2 - 1)(u^2 v^2 + 1)}{(u^2 v^2 + 1)(u^2 + 1)} = \frac{2(u^2 v^2 - u^2)}{(u^2 v^2 + 1)(u^2 + 1)} = \frac{2u^2(v^2 - 1)}{(u^2 v^2 + 1)(u^2 + 1)}$$

Alle auftretenden Größen sind positiv, auch $v^2 - 1$.
(d) Wegen der Grenzwerte und der Monotonie umfaßt der Wertevorrat das Intervall $(-1, +1)$.
(e) Beide Funktionen haben für $x \to -\infty$ den Wert $-\pi/2$, steigen dann streng monoton an, schneiden bei $x = 0$ die x-Achse und steigen dann weiter monoton gegen den Wert $+\pi/2$.

Aufgabe 3. (a) -1, 0, 1, 2, 0.5 ($3.1623^2 \approx 10$), $\log 0$ existiert nicht.
(b) $\log 4 = 2 \log 2$, $\log 5 = \log 10 - \log 2 = 1 - \log 2$, $\log 6 = \log 2 + \log 3$, $\log 8 = 3 \log 2$, $\log 9 = 2 \log 3$, $\log 7 \approx \log(\sqrt{100/2}) = (1/2)(2 - \log 2)$
(c)

$$\log_{10} x = \frac{\ln x}{\ln 10} = \frac{\ln x}{2.303} = 0.4343 \ln x.$$

(d) $\log_{10} e \approx (1/3)(\log 10 + \log 2) = 1.30103/3 = 0.43368$ (statt 0.43429).

Aufgabe 4. $x^2 - x + 2 = (x - 1/2)^2 + 7/4$ ist für $x \geq 1/2$ streng monoton steigend und für $x \leq 1/2$ streng monoton fallend. In den jeweiligen Bereichen ist die Funktion umkehrbar: $x_I = +\sqrt{y - 7/4} + 1/2$ bzw. $x_{II} = -\sqrt{y - 7/4} + 1/2$.

Aufgabe 5. (a) tanh x ist überall streng monoton steigend und damit auch überall umkehrbar.
(b) Der Defintionsbereich der Umkehrfunktion ist gleich dem Wertevorrat der Ausgangsfunktion, in unserem Falle also das Intervall $(-1, +1)$.
(c) Nach Vertauschung der Variablen in der Ausgangsfunktion und der angegebenen Abkürzung ist

$$x = \frac{u - 1/u}{u + 1/u} = \frac{u^2 - 1}{u^2 + 1} \quad \Rightarrow \quad x(u^2 + 1) = u^2 - 1$$

bzw.

$$(x - 1)u^2 = -x - 1 \quad \Rightarrow \quad u^2 = \frac{1 + x}{1 - x}$$

und damit

$$u = \sqrt{\frac{1 + x}{1 - x}} \quad \text{und} \quad y = \frac{1}{2} \ln \frac{1 + x}{1 - x}.$$

Der Bruch ist im Definitionsbereich überall positiv, so daß der Funktionswert definiert ist.
(d) Die Funktion ist ebenfalls antisymmetrisch, wie man entweder aus der umgeklappten grafischen Darstellung von tanh ersieht oder aber durch Ersetzen von x durch $-x$:

$$y(-x) = \frac{1}{2} \ln \frac{1 - x}{1 + x} = \frac{1}{2} \ln \left[\frac{1 + x}{1 - x} \right]^{-1} = -\frac{1}{2} \ln \frac{1 + x}{1 - x} = -y(x).$$

(e) Ja, so lange die Funktion in einem Bereich umkehrbar ist, der ein Intervall $[-a, +a]$ umfaßt. Ist die Funktion aber nur in anderen Bereichen umkehrbar, werden die Verhältnisse komplizierter.

Abschnitt 4.3

Aufgabe 1. (a) Für den linken Bereich $(x \leq 3)$ ist das Polynom stetig und der Funktionswert für $x = 3$ ist 2. Für den rechten Bereich $(x > 3)$ muß der Grenzwert für $x \to +3$ gebildet werden: Wir setzen $x = 3 + \Delta x$, setzen das in die Funktion ein:

$$(3 + \Delta x)^2 - 6(3 + \Delta x) + 11 = 2 - 12\Delta x + (\Delta x)^2$$

und

$$\lim_{\Delta x \to 0} \left(2 - 12\Delta x + (\Delta x)^2 \right) = 2,$$

ist also auch 2. Damit ist die Funktion stetig.
(b) nein, denn die Funktion ist an der Stelle $x = 3$ nicht nicht definiert. Da aber beide Grenzwerte für $x \to +3$ den Wert 2 annehmen, kann sie stetig gemacht werden, wenn man sie (zusätzlich) an dieser Stelle erklärt: $f(3) := 2$.

Aufgabe 2. (a) Ja, außer der Stelle $x = 0$, wo der Exponent nicht definiert ist.
(b) Der Grenzwert für $x \to +0$ muß gebildet werden: Für sehr kleine x wird der Exponent beliebig groß und da das Vorzeichen negativ ist, die Funktion beliebig klein. Es muß also gezeigt werden, daß $|exp(-1/x^2) - 0| < \epsilon$ für $x < \delta$. Setzt man für $\delta = 1/\sqrt{-\ln \epsilon}$, so kann man durch Einsetzen

prüfen, daß die Bedingung erfüllt ist. Der Grenzwert von rechts ist also 0, der von links wegen der Symmetrie der Funktion ebenfalls, so daß die Zuweisung $f(0) = 0$ eine stetige Funktion erzeugt.

Aufgabe 3. Die Quotientenregel für Grenzwerte läßt sich erst nach Umformen (Division durch e^x) anwenden:

$$\lim_{x \to +\infty} \frac{e^x - e^{-x}}{e^x + e^{-x}} = \lim_{x \to +\infty} \frac{1 - e^{-2x}}{1 + e^{-2x}} = \frac{1}{1} = 1.$$

Der Grenzwert für $x \to -\infty$ ist wegen der Antisymmetrie der Funktion -1.

Aufgabe 4. Die Quotientenregel für zwei Folgen läßt sich nicht unmittelbar anwenden, weil weder die Zählerfolge $b_n = b + n$ noch die Nennerfolge $c_n = c + n$ einen Grenzwert hat. Nach Umformen (Division von Zähler und Nenner durch n) $a_n = (1 + b/n)/(1 + c/n)$ liegen im Zähler und Nenner Folgen vor, deren Grenzwert 1 ist. Also ist der Grenzwert von $a_n = (b + n)/(c + n)$ gleich $1/1 = 1$.

Aufgabe 5. Das Quotientenkriterium liefert für $|a_{n+1}/a_n|$ den Ausdruck

$$\frac{\frac{n+2}{(n+1)!}}{\frac{n+1}{n!}} = \frac{(n+2)n!}{(n+1)(n+1)!} = \frac{(n+2)}{(n+1)^2}.$$

Der Grenzwert dieses Ausdrucks für $n \to \infty$ ist zu bilden. Um die Formel für den Quotienten zweier Folgen anwenden zu können, dividieren wir den Zähler und Nenner durch n^2 und erhalten

$$\lim_{n \to \infty} \frac{2/n + 1/n^2}{(1 + 1/n)^2} = \frac{0}{1^2} = 0.$$

Die Reihe konvergiert also!

Aufgabe 6. (a)

$$\frac{a_{n+1}}{a_n} = \frac{(n+1)(n+2)}{(n+2)(n+3)} = \frac{1 + 1/n}{1 + 3/n},$$

und $n \to \infty$ liefert 1. Mithin ist keine Entscheidung möglich.
(b)

$$s_n = \sum_{k=0}^{n} \frac{1}{(k+1)(k+2)} = \sum_{k=0}^{n} \frac{1}{k+1} - \sum_{k=0}^{n} \frac{1}{k+2}$$

$$= \sum_{k=1}^{n+1} \frac{1}{k} - \sum_{k=2}^{n+2} \frac{1}{k} = 1 - \frac{1}{n+2},$$

(der Rest hebt sich weg). Also ist

$$\sum_{k=0}^{\infty} \frac{1}{(k+1)(k+2)} = \lim_{n \to \infty} \left(1 - \frac{1}{n+2}\right) = 1.$$

Aufgabe 7. Vergleichen wir die beiden Reihen:

Reihe (5) $\quad \frac{1}{1 \cdot 2} + \frac{1}{2 \cdot 3} + \frac{1}{3 \cdot 4} + \frac{1}{4 \cdot 5} + \ldots$

Reihe (6) $\quad 1 + \frac{1}{2 \cdot 2} + \frac{1}{3 \cdot 3} + \frac{1}{4 \cdot 4} + \frac{1}{5 \cdot 5} + \ldots$

Wir sehen, Reihe 5 ist Majorante von Reihe 6, wenn wir deren 1. Term separat betrachten. Also ist die Summe von Reihe 6 größer als 1, aber kleiner als 1+Summe von Reihe 5, d.h. kleiner als 2 (tatsächlich ist sie $\pi^2/6 = 1.645$.)

Aufgabe 8. (a) e_n war definiert als $(1+1/n)^n$, so daß $(e_n)^x$ einfach $(1+1/n)^{nx}$ ist. Die Substitution $m = nx$ liefert also

$$\left(1 + \frac{1}{n}\right)^{nx} = \left(1 + \frac{1}{m/x}\right)^m = \left(1 + \frac{x}{m}\right)^m.$$

Die Anwendung der Binomialformel führt dann auf

$$(e_m)^x = \sum_0^m \binom{m}{k}\left(\frac{x}{m}\right)^k = \sum_0^m \frac{1}{k!}\left(1 - \frac{1}{m}\right)\cdots\left(1 - \frac{k-1}{m}\right)x^k$$

$$= 1 + x + \frac{1}{2!}\left(1 - \frac{1}{m}\right)x^2 + \frac{1}{3!}\left(1 - \frac{1}{m}\right)\left(1 - \frac{2}{m}\right)x^3 + \ldots$$

Dieser Ausdruck entspricht Gl. (4.18), hat aber jetzt zusätzlich x-Potenzen an den einzelnen Termen. Wie bei e kann man mit $\lim_{m\to\infty}$ von $(e_m)^x$ zu e^x übergehen.

(b). Man kann die vorstehende Gleichung leicht so umformen, daß $(e^x - 1)/x$ entsteht. Dazu muß man nur die 1 der Reihe auf die andere Seite bringen, dann aus der Reihe x ausklammern und damit dividieren:

$$\frac{(e_m)^x - 1}{x} = 1 + \frac{1}{2!}\left(1 - \frac{1}{m}\right)x + \ldots$$

Der Grenzübergang $x \to 0$ macht alle Terme, die noch x enthalten, zu Null:

$$\lim_{x\to 0} \frac{(e_m)^x - 1}{x} = 1.$$

Da das Resultat nicht mehr von m abhängt, erübrigt sich der Grenzübergang $m \to \infty$. Der gesuchte Grenzwert ist 1.

Abschnitt 5.1

Aufgabe 1. (a) Wir formen a in $e^{\ln a}$ um. Dann liefert die Kettenregel mit $u = \ln a\, x$

$$(a^x)' = (e^{(\ln a)x})' = de^u/dx = e^u \ln a = \ln a\, e^{\ln a\, x} = (\ln a)\, a^x.$$

(b) Wir verwenden Gl. (4.12) in der Form

$$log_c x = \frac{\ln x}{\ln c}$$

und erhalten mit der Konstanten-Regel

$$(log_c x)' = \frac{1}{\ln c} \cdot \frac{1}{x} = \frac{1}{(\ln c)x}.$$

(c)

$$(\cot x)' = \left(\frac{\cos x}{\sin x}\right)' = \frac{-\sin x \sin x - \cos x \cos x}{\sin^2 x} = -\frac{1}{\sin^2 x}.$$

(d) Mit $u = a^2 - x^2$ wird die Funktion zu $u^{1/2}$ und damit die Ableitung nach der Kettenregel

$1/2u^{-1/2}(-2ax) = -ax/\sqrt{a^2 - x^2}$.

(e) $\arctan x = y$ ist äquivalent $\tan y = x$. Die Ableitung liefert

$$\frac{dx}{dy} = \frac{1}{\cos^2 y} \quad \text{bzw.} \quad \frac{dy}{dx} = \cos^2 y.$$

Bleibt noch die Resubstitution.

$$\tan^2 y = \frac{\sin^2 y}{\cos^2 y} = \frac{1 - \cos^2 y}{\cos^2 y} = \frac{1}{\cos^2 y} - 1.$$

Daraus folgt durch Auflösen nach $\cos^2 y$

$$\cos^2 y = \frac{1}{1 + \tan^2 y},$$

so daß nach Resubstitution

$$(\arctan x)' = \frac{1}{1 + x^2}.$$

(f)

$$(\tanh x)' = \left(\frac{\sinh x}{\cosh x}\right)' = \frac{\cosh x \cosh x - \sinh x \sinh x}{\cosh^2 x} = \frac{1}{\cosh^2 x}.$$

(Zum letzten Schritt siehe Abschnitt 4.2 über Hyperbelfunktionen.)

(g) (1) $\operatorname{arsinh} x = y$ führt auf $\sinh y = x$. $dx/dy = \cosh y$ und $dy/dx = 1/\cosh y$. Nun ist $\cosh^2 y - \sinh^2 y = 1$, also nach Auflösung $\cosh y = \sqrt{1 + \sinh^2 y}$. Also ist

$$(\operatorname{arsinh} x)' = \frac{1}{\cosh y} = \frac{1}{\sqrt{1 + \sinh^2 y}} = \frac{1}{\sqrt{1 + x^2}}.$$

(2) Gl. (4.13) lautet $\operatorname{arsinh} x = \ln(\sqrt{1 + x^2} + x)$. Dies ist vom Typ $f(u(v(x)))$ mit $u(x) = \sqrt{v(x)} + x$ und $v = 1 + x^2$. Man kann sich leicht eine dreistufige Kettenregel ableiten: $df/dx = (df/du) \cdot (du/dv) \cdot (dv/dx)$, aber es ist vielleicht einfacher, die zwei Stufen nacheinander anzuwenden. $(\ln u)' = 1/u$, $u' = [\sqrt{v(x)}]' + 1$ und schließlich $(\sqrt{v(x)})' = 1/(2\sqrt{v})v'$, was $1/(2\sqrt{v}) \cdot (2x) = x/\sqrt{1 + x^2}$ ist. Insgesamt ergibt sich also für u' der Ausdruck $x/\sqrt{1 + x^2} + 1$. Der Endausdruck ist also

$$\left(\ln(\sqrt{1 + x^2} + x)\right)' = \frac{1}{u}\left(\frac{x}{\sqrt{1 + x^2}} + 1\right) = \frac{\frac{x}{\sqrt{1 + x^2}} + 1}{\sqrt{1 + x^2} + x}.$$

Der Rest besteht in einer geschickten Umformung. Wenn wir mit dem Ausdruck $\sqrt{1 + x^2} - x$ erweitern, wird der Nenner 1 und es bleibt für den Zähler

$$\left(\frac{x}{\sqrt{1 + x^2}} + 1\right)\left(\sqrt{1 + x^2} - x\right) = x + \sqrt{1 + x^2} - \frac{x^2}{\sqrt{1 + x^2}} - x.$$

Bringt man das auf einen Nenner, so entsteht

$$\frac{(1 + x^2) - x^2}{\sqrt{1 + x^2}} = \frac{1}{\sqrt{1 + x^2}}.$$

Aufgabe 2. Wir schreiben $p = m/n$, so daß die Ableitung von

$$x^{m/n} = (x^{1/n})^m$$

gesucht ist. Dies ist mit der Kettenregel lösbar: $u = x^{1/n}$, ein Ausdruck, von dem gezeigt worden war, daß seine Ableitung $(1/n)x^{(1-n)/n}$ ist. Für u^m gilt, daß $(u^m)' = m\,u^{m-1}$ ist. Also wird mit der Kettenregel

$$(x^{m/n})' = m\,u^{m-1} \cdot (1/n)\, x^{(1-n)/n} = m\,(x^{1/n})^{m-1} \cdot (1/n)\, x^{(1-n)/n} =$$

$$\frac{m}{n} x^{\frac{m-1}{n}} x^{\frac{1-n}{n}} = \frac{m}{n} x^{\frac{m-n}{n}} = p x^{p-1}.$$

Aufgabe 3. Wir formen x^x wie in 1a) um: $x^x = e^{x \ln x}$ und können dann die Kettenregel mit e^u und $u = x \ln x$ verwenden. Die Ableitungen sind $(e^u)' = e^u$ und $(x \ln x)'$ nach der Produktregel $\ln x + x/x = (\ln x) + 1$. Damit erhalten wir

$$(x^x)' = e^{x \ln x}(\ln x + 1) = x^x(\ln x + 1)$$

Aufgabe 4. 1. Ableitung: $\cos x$, 2. Ableitung: $-\sin x$, 3. Ableitung: $-\cos x$, 4. Ableitung: $\sin x$, 5. Ableitung: $\cos x$ usw.

Aufgabe 5. Die erste Ableitung nach der Kettenregel mit $u = 1 - x^2$ gibt

$$y = u^{-1/2} \quad \Rightarrow \quad y' = -\frac{1}{2}(1-x^2)^{-3/2}(-2x) = \frac{x}{(\sqrt{1-x^2})^3}$$

Die zweite Ableitung muß nach der Quotientenregel berechnet werden. Sie ist

$$\frac{(\sqrt{1-x^2})^3 - x\big((1-x^2)^{3/2}\big)'}{(1-x^2)^3} = \frac{(\sqrt{1-x^2})^3 - x(3/2)(1-x^2)^{1/2}(-2x)}{(1-x^2)^3}$$

$$= \frac{(\sqrt{1-x^2})^3 + 3x^2\sqrt{1-x^2}}{(1-x^2)^3} = \frac{1+2x^2}{(\sqrt{1-x^2})^5}.$$

Aufgabe 6. $\big((1-x^2)v(x)\big)^{[n]} =$

$$\binom{n}{0}(1-x^2)v^{[n]} + \binom{n}{1}(-2x)v^{[n-1]} + \binom{n}{2}(-2)v^{[n-2]} + \dots$$

Alle weiteren Terme sind Null, da alle höheren Ableitungen von $1 - x^2$ Null ergeben. Wir erhalten somit

$$\big((1-x^2)v(x)\big)^{[n]} = (1-x^2)v^{[n]} - 2nxv^{[n-1]} - n(n-1)v^{[n-2]}.$$

Abschnitt 5.2

Aufgabe 1.

$$\frac{f'}{g'} = \frac{9x^2 - 22x - 21}{2x - 3}\Bigg|_{x=5} = \frac{94}{7}$$

Aufgabe 2.

$$\frac{(\ln x)'}{(1/x)'} = \frac{1/x}{-1/x^2} = -x.$$

Dies ist Null für $x \to 0$.

Aufgabe 3. (a)

$$\frac{f'}{g'} = \frac{\alpha e^{\alpha x} - \beta e^{\beta x}}{1}\Big|_{x=0} = \alpha - \beta,$$

(b)

$$\frac{f'}{g'} = \frac{\sin x}{2x}\Big|_{x=0} = 1/2,$$

wegen $\lim(\sin x/x)|_{x \to 0} = 1$.
(c)

$$\frac{f'}{g'} = \frac{1}{1 + \cos x}\Big|_{x=0} = 1/2.$$

(d)

$$\frac{1}{1 + \sin x/x}\Big|_{x \to \infty} \to 1,$$

da im Nenner $(\sin x)/x$ beliebig klein (gegen 1) wird.
(e)

$$\frac{1}{\sin x} - \cot x = \frac{1}{\sin x} - \frac{\cos x}{\sin x} \qquad \frac{f'}{g'} = \frac{(1 - \cos x)'}{(\sin x)'} = \frac{\sin x}{\cos x}\Big|_{x=0} = 0.$$

Aufgabe 4. Um die Fragen zu entscheiden, benötigen wir die erste und zweite Ableitung der Funktion.
$f'(x) = 10(e^{-2x} - 2xe^{-2x}) = 10(1 - 2x)e^{-2x}$ und $f''(x) = 10(4x - 4)e^{-2x}$.
(a) $y' = 0$ $\Rightarrow$ $10(1 - 2x)e^{-2x} = 0$ $\Rightarrow$ $x = 1/2$ ist einzige Nullstelle im Endlichen. Also existiert nur ein Extremum, und zwar im Punkte $x = 0.5$. Da $f''(0.5) = -20/e$, also < 0 ist, handelt es sich dabei um ein Maximum.
(b) Als Startpunkt wählen wir 0. Dann ist die Tangentengleichung $y = f(0) + f'(0)x$, also $y = -1 + 10x$ und deren Nullstelle 0.1 Der zweite Startpunkt ist 0.1 und die Tangentengleichung $y = f(0.1) + f'(0.1)(x - 0.1)$ bzw. $y = (e^{-0.2} - 1) + 8e^{-0.2}(x - 0.1)$. Die Nullstelle der Tangente ist durch die Gleichung $1 = e^{-0.2}(8x + 0.2)$ gegeben. Die Lösung lautet $x = (e^{0.2} - 0.2)/8 = 0.128$. (Die richtige Lösung ist 0.130.)
(c) Für den Wendepunkt muß $y'' = 0$ sein. Die einzige Lösung (im Endlichen) ist $x = 1$. Da y' an dieser Stelle $-10e^{-2}$ ist, ist die Funktion an dieser Stelle fallend. (Die dritte Ableitung (hier nicht ausgeführt) würde uns sagen, ob das Gefälle an dieser Stelle minimal oder maximal ist.)

Aufgabe 5. Die Ableitung von $\tan x$ ist $1/\cos^2 x$ und damit überall ≥ 1. Sie wird also nirgends Null und der Tangens hat keine relativen Extrema. *Relativ* ist hier wichtig, denn der Tangens wird ja an bestimmten Stellen unendlich, aber dort ist er unstetig und hat deshalb überhaupt keine Tangente. Eine derartige Stelle wird nicht als relatives Extremum aufgefaßt.

Aufgabe 6. (a) Die Kurve beginnt links mit großen Werten, schneidet dann die x-Achse, durchläuft eine Minimum bei $r = r_0$ und nähert sich dann der x-Achse an.
(b) Nullstelle: Wir kürzen $e^{-\alpha(r - r_0)}$ mit u ab, so daß die Funktion die Form $D(u^2 - 2u)$ annimmt. Nullstellen treten bei $u = 0$ und bei $u = 2$ auf. Ersteres tritt für $r \to \infty$ ein, letzteres für $r - r_0 = \ln 2$,

bzw. $r = r_0 - \ln 2$. Extremum: Die erste Ableitung ist $D(2u-2)du/dr$, und $du/dr = -\alpha e^{-\alpha(r-r_0)} = -\alpha u$ ist. Damit ist $f' = -2\alpha D(u^2 - u)$ und $f'' = 2\alpha^2 D(2u^2 - u)$. f' sagt uns, daß ein Extremum für $u = 1$ existiert und f'', daß dort die 2. Ableitung $= 2\alpha^2 D$ ist. $u = 1$ entspricht $r = r_0$ und die 2. Ableitung ist dort positiv, also ist das Extremum ein Minimum.
(c) Diese 2. Ableitung ist dort proportional α^2 und die Kurve verhält sich mithin wie eine Parabel mit einem Faktor α^2. Je größer also α ist, desto enger ist das Minimum.

Abschnitt 5.3

Aufgabe 1. (a) $z = \ln(2x - y^2)$: Die Kettenregel liefert für z_x und z_y

$$z_x = \frac{1}{2x - y^2} \cdot 2 = \frac{2}{2x - y^2} \quad \text{bzw.} \quad z_y = \frac{1}{2x - y^2} \cdot (-2y) = -\frac{2y}{2x - y^2}.$$

Die zweiten Ableitungen sind nach der Quotientenregel zu bilden und ergeben

$$z_{xx} = \frac{0 - 2 \cdot 2}{(2x - y^2)^2} \quad \text{bzw.} \quad z_{xy} = \frac{0 - 2 \cdot (-2y)}{(2x - y^2)^2}.$$

$$z_{yx} = -\frac{0 - (2y) \cdot 2}{(2x - y^2)^2} \quad \text{bzw.} \quad z_{yy} = -\frac{2(2x - y^2) - (2y)(-2y)}{(2x - y^2)^2}.$$

$z_{xy} = z_{yx}$!.
(b) Die etwas schwierigeren Ableitungen von $z = e^{x+2y} \ln(2x - y^2)$ bilden wir am besten mit der Eselsbrücke konstante Variable $\to c$:

$$z_x = \left(e^{x+2c} \ln(2x - c^2)\right)' = \left(e^{x+2c}\right)' \ln(2x - c^2) + e^{x+2c}\left(\ln(2x - c^2)\right)' =$$

$$e^{x+2c} \ln(2x - c^2) + e^{x+2c}\frac{2}{2x - c^2} = e^{x+2y}\left(\ln(2x - y^2) + \frac{2}{2x - y^2}\right),$$

und

$$z_y = \left(e^{c+2y} \ln(2c - y^2)\right)' = \left(e^{c+2y}\right)' \ln(2c - y^2) + e^{c+2y}\left(\ln(2c - y^2)\right)' =$$

$$2e^{c+2y} \ln(2c - y^2) + e^{c+2y}\frac{-2y}{2c - y^2} = 2e^{x+2y}\left(\ln(2x - y^2) - \frac{y}{2x - y^2}\right).$$

(Der letzte Schritt ist jeweils die Resubstitution.)

Aufgabe 2. (a) $z_x(3, -2) = 2/(6-4) = 1$ und $z_y(3, -2) = -4/(6-4) = -2$. $z_0 = \ln(6-4) = \ln 2$. Damit lautet die Tangentengleichung in $(3, -2)$
$z_{Tngt} = \ln 2 + 1 \cdot (x - 3) - 2 \cdot (y + 2)$. (b) Das totale Differential lautet $dz = 2/(2x - y^2)dx - 2y/(2x - y^2)dy$.

Aufgabe 3. In Parameterform ist der Weg $x = t$ und $y = t^2$. Benötigt wird noch $dx/dt = 1$ und $dy/dt = 2t$. Damit wird die totale Ableitung für diesen Fall

$$\frac{dz}{dt} = \frac{2}{2x - y^2} \cdot 1 - \frac{2y}{2x - y^2} \cdot 2t = \frac{2 - 4t^3}{2t - t^4}.$$

Aufgabe 4. Die Funktionaldeterminante ist die Determinante, gebildet aus den partiellen Ableitungen der Transformationsgleichungen, also

$$\det \begin{pmatrix} \sin\theta\cos\varphi & r\cos\theta\cos\varphi & -r\sin\theta\sin\varphi \\ \sin\theta\sin\varphi & r\cos\theta\sin\varphi & r\sin\theta\cos\varphi \\ \cos\theta & -r\sin\theta & 0 \end{pmatrix} =$$

$$0 + r^2 \cos^2 \theta \sin \theta \cos^2 \varphi + r^2 \sin^3 \theta \sin^2 \varphi - (-r^2) \sin \theta \cos^2 \theta \sin^2 \varphi - 0 -$$

$$(-r^2) \sin^3 \theta \cos^2 \varphi = r^2 \left(\cos^2 \theta \sin \theta + \sin^3 \theta \right) = r^2 \sin \theta.$$

Aufgabe 5.

$$z_x = 2 - \frac{1}{2} \sqrt{\frac{y^3}{x}} = 0 \quad \text{und} \quad z_y = 3 - \frac{3}{2} \sqrt{xy} = 0.$$

Die Lösung beider Gleichungen erhalten wir, indem wir zunächst die Nenner wegbringen: $4\sqrt{x} = \sqrt{y^3}$ und $2 = \sqrt{xy}$. Sodann multiplizieren wir beide rechten und linken Seiten miteinander, wobei das x herausgekürzt werden kann: $8 = \sqrt{y^4}$, woraus sich $y = \sqrt{8}$ ergibt. x erhält man dann aus der zweiten Gleichung mit $x = \sqrt{2}$. Die zweiten Ableitungen sind

$$z_{xx} = \frac{1}{4} \sqrt{\frac{y^3}{x^3}} \qquad z_{xy} = -\frac{3}{4} \sqrt{\frac{y}{x}} \qquad z_{yy} = -\frac{3}{4} \sqrt{\frac{x}{y}}$$

mit den Zahlenwerten $z_{xx} = \sqrt{8}/4$, $z_{xy} = -3\sqrt{2}/4$ und $z_{yy} = -3/(4\sqrt{2})$. Die Diskriminante $z_{xx} z_{yy} - z_{xy}^2 = -3/8 - 9/8 = -3/2$. Der Punkt ist also ein Sattelpunkt.

Aufgabe 6. Allgemein gilt

$$\frac{\partial F}{\partial v} \frac{dv}{dp} + \frac{\partial F}{\partial p} = 0.$$

Dies ist hier

$$\left[\left(-\frac{2a}{v^3} \right)(v - b) + \left(p + \frac{a}{v^2} \right) \right] \frac{dv}{dp} + (v - b) = 0.$$

Auflösen nach dv/dp ergibt

$$\frac{dv}{dp} = -\frac{v - b}{-(2a/v^3)(v - b) + (p + a/v^2)} = \frac{v^3(v - b)}{av - 2ab - pv^3}.$$

Abschnitt 5.4

Aufgabe 1. Mit der Zwischenvariablen $w = x^2 + y^2 - z^2$ ergibt sich für

$$v_x(x, y, z) = \frac{du}{dw} \frac{\partial w}{\partial x} = 2w \cdot 2x = 4x(x^2 + y^2 - z^2)$$

und analog
$v_y(x, y, z) = 4y(x^2 + y^2 - z^2)$ und $v_z(x, y, z) = -4z(x^2 + y^2 - z^2)$.

Aufgabe 2. Man kann die Divergenz natürlich direkt bilden, nämlich

$$\frac{\partial 4xw}{\partial x} + \frac{\partial 4yw}{\partial y} + \frac{\partial (-4zw)}{\partial z}$$

usw. Etwas eleganter ist es, die Gleichung (5.31) zu verwenden, und zwar mit $u \to 4w$ und $\vec{v} \to \vec{r} = (x, y, -z)$. Wir haben dann

$$\text{grad}(4w) \cdot \vec{r} + 4w \, \text{div} \, \vec{r} = 4x \frac{\partial w}{\partial x} + 4y \frac{\partial w}{\partial y} - 4z \frac{\partial w}{\partial z} + 4w \cdot (1 + 1 - 1)$$

$= 8(x^2 + y^2 + z^2) + 4(x^2 + y^2 - z^2) = 12(x^2 + y^2) + 4z^2$. Da rot grad $u = 0$ ist, muß die Rotation Null ergeben. In der Tat ist

$$(rot\vec{v})_x = \frac{\partial(-4zw)}{\partial y} - \frac{\partial(4yw)}{\partial z} = -4z\frac{\partial w}{\partial y} - 4y\frac{\partial w}{\partial z} = 8(-zy + yz) = 0,$$

und die beiden anderen Komponenten analog.

Aufgabe 3. Die Divergenz ist Null, die x-Komponente der Rotation

$$\frac{\partial(xy^2)}{\partial y} - \frac{\partial(zx^2)}{\partial z} = 2xy - x^2,$$

die y-Komponente

$$\frac{\partial(yz^2)}{\partial z} - \frac{\partial(xy^2)}{\partial x} = 2yz - y^2,$$

und die z-Komponente

$$\frac{\partial(zx^2)}{\partial x} - \frac{\partial(yz^2)}{\partial y} = 2zx - z^2.$$

Aufgabe 4.
$u(r, \theta, \varphi) = (r^2 - 2z^2)^2 = (r^2 - 2r^2\cos^2\theta)^2 = r^4(1 - 2\cos^2\theta)^2 = r^4(\sin^2\theta - \cos^2\theta)^2$.
grad div $u = \Delta u =$

$$(\sin^2\theta - \cos^2\theta)^2 \frac{1}{r^2}\frac{d}{dr}r^2\frac{dr^4}{dr} + \frac{r^4}{r^2\sin\theta}\frac{d}{d\theta}\sin\theta\frac{d}{d\theta}(\sin^2\theta - \cos^2\theta)^2 =$$

$$(\sin^2\theta - \cos^2\theta)^2 \frac{1}{r^2}\frac{d(r^2 4r^3)}{dr} + \frac{r^2}{\sin\theta}\frac{d}{d\theta}\Big((\sin\theta)2(\sin^2\theta - \cos^2\theta)4\cos\theta\sin\theta\Big).$$

Für die θ-Ableitung im letzten Tern benötigen wir eine Nebenrechnung:

$$\Big(\sin^2\theta\cos\theta(2\sin^2\theta - 1)\Big)' =$$

$$2\sin\theta\cos^2\theta(2\sin^2\theta - 1) - \sin^3\theta(2\sin^2\theta - 1) + \sin^2\theta\cos\theta 4\sin\theta\cos\theta =$$

$$\sin\theta(-2 + 11\sin^2\theta - 10\sin^4\theta)$$

Damit wird der gesamte Ausdruck
$(\sin^2\theta - \cos^2\theta)^2 20r^2 + 8r^2(-2 + 11\sin^2\theta - 10\sin^4\theta)$.

Abschnitt 6.1

Aufgabe 1. Der Maximalwert des Integranden im Integrationsbereich ist $3^2 = 9$, das Integrationsintervall ist 2, mithin ist $2 \cdot 9 = 18$ eine Obergrenze für das Integral.

Aufgabe 2. Man zerschneidet z.B. bei $x = 2$. Dann ist $1 \cdot 4 + 1 \cdot 9 = 13$ eine bessere Obergrenze.

Aufgabe 3. Das Intervall $[2, 5]$ auf der x-Achse soll in n gleiche Intervalle zerschnitten werden, die dann eine Breite von $\Delta x = (5 - 2)/n$ haben. Die Intervallgrenzen sind $x_i = 2 + i\Delta x = 2 + 3i/n$ mit $0 \le i \le n$ ($i = 0$ linker, $i = n$ rechter Rand). Die zugehörigen Funktionswerte sind

$$f(x_i) = 3x_i + 4 = 3(2 + 3i/n) + 4 = 10 + 9i/n.$$

Die Summe der Flächenstreifen ist

$$\sum_{i=0}^{n-1}(10+9i/n)\cdot 3/n \quad \text{bzw.} \quad \sum_{i=1}^{n}(10+9i/n)\cdot 3/n$$

für den Fall, daß die Höhe am linken, bzw. am rechten Rand verwendet wird. Es ergibt sich für den zweiten Fall

$$30/n\sum_{1}^{n}1 + 27/n^2\sum_{1}^{n}i = (30/n)\cdot n + (27/n^2)\cdot n(n+1)/2 = 30 + 27(1+1/n)/2.$$

Der Grenzübergang $n \to \infty$ liefert $30 + 27/2$. Das Resultat für die Formel für den linken Rand ist nach dem Grenzübergang das gleiche.

Aufgabe 4. Die Stammfunktion von $\sin(2x)$ ist $(-1/2)\cos(2x)+c$, wovon man sich durch Ableiten leicht überzeugt. Der Wert des Integrals ist dann $[(-1/2)\cos\pi] - [(-1/2)\cos 0] = 1$.

Aufgabe 5. Wir können entweder $\int_0^{\pi/2}(\sin 2x + 3x^2)dx = \int_0^{\pi/2}\sin 2x\, dx + \int_0^{\pi/2}3x^2 dx$ schreiben und das 2. Integral über seine Stammfunktion x^3 berechnen: $(\pi/2)^3 - 0^3$ oder aber die Stammfunktion des gesamten Integrals als Summe der Einzel-Stammfunktionen ermitteln: $(-1/2)\cos 2x + x^3$ und die entsprechende Differenz bilden (explizit hinschreiben!).

Aufgabe 6. Die Stammfunktion des Integranden $3x+4$ ist $3/2x^2+4x$, wie man durch abwechselndes Raten und Check durch Differenzieren feststellen wird. Das Integral ist dann $(3/2x^2 + 4x)|_2^5 = 75/2 + 20 - 12/2 - 8 = 87/2$, was mit dem bereits ermittelten Resultat übereinstimmt.

Aufgabe 7. Eine Untergrenze erhält man, wenn man die Kurve durch die linken oberen Ecken der Balken gehen läßt: $1/(x+1)$. Dies führt auf das Integral $\int_0^N 1/(x+1)dx = \ln(N+1)$ mit einem Zahlenwert 3.045 für $N = 20$. Die Obergrenze enthält man bei einer Kurve über die rechten oberen Ecken, wobei man nun allerdings den 1. Term separat behandeln muß: die Funktion ist $1/x$ und das Integral $1 + \int_1^N 1/x\, dx = 1+\ln N$ mit dem Zahlenwert 3.996. Am besten ist natürlich ein Mittelweg, d.h. die Kurve durch die Mitte des oberen Balkenrandes zu legen: $1/(x+0.5)$ mit dem Integral $\int_0^N 1/(x+0.5)dx = \ln(N+0.5)-\ln 0.5 = \ln(2N+1)$, was zu 3.714 führt. Der richtige Wert ist 3.598. Da man den größten Fehler natürlich bei $n = 1$ macht, ist das Verfahren nur für Summen der Form $\sum_M^N$ geeignet, wenn auch M nicht allzu klein ist.

Abschnitt 6.2

Aufgabe 1. Der Integrand ist vom Typ (6.13). Benötigt wird daher nur die Stammfunktion von $1/u^n = u^{-n}$ Diese ist

$$\frac{1}{-n+1}u^{-n+1} + c = -\frac{1}{n-1}\frac{1}{u^{n-1}} + c.$$

Die gesuchte Stammfunktion ist mithin

$$-\frac{A}{n-1}\frac{1}{(x-a)^{n-1}} + c.$$

Aufgabe 2. Die Stammfunktion von $1/(x^2+1)$ ist laut Tabelle 1 des vorigen Kapitels $\arctan x + c$. Der Integrand $1/(a^2x^2 + 1)=1/[(ax)^2 + 1]$ ist vom Typ (6.14), so daß die Stammfunktion

$$\frac{1}{a}\arctan(ax) + c$$

ist.

Aufgabe 3. Es gilt (Beispiel 4 zur partiellen Integration) $\int \ln x \, dx = x(\ln x - 1) + c$. Einerseits ist also

$$\int \ln(ax)dx = \frac{1}{a}ax\Big(\ln(ax) - 1\Big) + c = x\Big(\ln(ax) - 1\Big) + c$$

und andererseits

$$\int (\ln a + \ln x)dx = \ln a \cdot x + x(\ln x - 1) + c =$$

$$x(\ln a + \ln x - 1) + c = x[\ln(ax) - 1] + c,$$

was das gleiche ist.

Aufgabe 4. (a) Mit $f = e^x$, $F = e^x$, $g = x^2$ und $g' = 2x$ ist

$$\int x^2 e^x dx = x^2 e^x - 2\int x e^x dx.$$

Das Integral ganz rechts wurde bereits als Beispiel 1 zur partiellen Integration gerechnet. Somit ergibt sich ingesamt

$$\int x^2 e^x dx = x^2 e^x - 2(x-1)e^x + c = (x^2 - 2x + 2)e^x + c.$$

(b) Mit $f = \sin x$, $F = -\cos x$, $g = \cos x$ und $g' = -\sin x$ ist

$$\int \sin x \cos x \, dx = -\cos^2 x - \int (-\cos x)(-\sin x)dx.$$

Durch Umstellen ergibt sich

$$2\int \sin x \cos x \, dx = -\cos^2 x \quad \text{bzw.} \quad \int \sin x \cos x \, dx = -(\cos^2 x)/2 + c.$$

Aufgabe 5. (a) Substitution $u = x^2 + 4$, $du/dx = 2x$ und $x = 1/2 \cdot du/dx$. Das ergibt zunächst für das unbestimmte Integral

$$\int x \ln(x^2 + 4)dx = \int \frac{1}{2}\frac{du}{dx}\ln u \, dx = \frac{1}{2}\int \ln u \, du = \frac{u}{2}(\ln u - 1).$$

Nun entweder Resubstitution $u = x^2 + 4$

$$\int x \ln(x^2 + 4)dx = \frac{x^2 + 4}{2}\Big(\ln(x^2 + 4) - 1\Big)$$

und Bildung der Differenz für $x = 2$ und $x = 1$

$$\frac{8}{2}\Big(\ln(8) - 1\Big) - \frac{5}{2}\Big(\ln(5) - 1\Big) = 4(\ln 8 - 1) - 5/2(\ln 5 - 1)$$

oder Umrechnen der Grenzen $u = 2^2 + 4 = 8$ und $u = 1^2 + 4 = 5$ und damit in die u-Form der Stammfunktion hineingehen:

$$8/2(\ln 8 - 1) - 5/2(\ln 5 - 1)$$

wie oben.

(b) $u = (x - p)$ und $du/dx = 1$ ergibt $\int u^m \, du = 1/(m+1) \, u^{m+1}$. Entweder nun Resubstitution und alte Grenzen:

$$\frac{1}{m+1} \left. (x-p)^{m+1} \right|_1^2 = \frac{1}{m+1} \left((2-p)^{m+1} - (1-p)^{m+1} \right)$$

oder neue Grenzen $u = (2 - p)$ und $u = (1 - p)$, so daß

$$\frac{1}{m+1} \left. u^{m+1} \right|_{1-p}^{2-p} = \text{wie oben.}$$

Aufgabe 6. Wir substituieren $u = \alpha x$ und erhalten zunächst die Form

$$\int \left(1 - \beta \frac{u}{\alpha} \right) \cos u \, \frac{1}{\alpha} \frac{du}{dx} dx = \frac{1}{\alpha} \int \left(1 - \frac{\beta}{\alpha} u \right) \cos u \, du.$$

Dies ist mittels partieller Integration weiterzubehandeln: $f = \cos u$, $F = \sin u$, $g = 1 - \beta u/\alpha$, $g' = -\beta/\alpha$. Wir lassen zunächst den Vorfaktor $1/\alpha$ weg und haben

$$\int \left(1 - \frac{\beta}{\alpha} u \right) \cos u \, du = \left(1 - \frac{\beta}{\alpha} u \right) \sin u - \int \frac{-\beta}{\alpha} \sin u \, du = \left(1 - \frac{\beta}{\alpha} u \right) \sin u - \frac{\beta}{\alpha} \cos u + c$$

Resubstitution schließlich ergibt (einschließlich des Vorfaktors)

$$\int (1 - \beta x) \cos(\alpha x) dx = \frac{1}{\alpha}(1 - \beta x) \sin(\alpha x) - \frac{\beta}{\alpha^2} \cos(\alpha x) + c.$$

Aufgabe 7. (a) Wir können Gl. (6.21) direkt verwenden, wenn wir setzen: $f(u) = 1/\sqrt{1-u^2}$, $u = \sin x$ und $du/dx = \cos x$. Mit diesen Setzungen wird Gl. (6.21)

$$\int f(u) \, du = \int \frac{1}{\sqrt{1-u^2}} du = \int \frac{1}{\sqrt{1-\sin^2 x}} \cos x \, dx = \int \frac{\cos x}{\cos x} dx = \int dx = x + c.$$

Resubstitution liefert wegen $x = \arcsin u$

$$\int \frac{1}{\sqrt{1-u^2}} du = \arcsin u + c.$$

Die Substitution $u = \cos x$ liefert wegen $du/dx = -\sin x$ den Ausdruck

$$\int \frac{1}{\sqrt{1-u^2}} du = -\arccos u + c = \pi/2 - \arccos u + (c - \pi/2).$$

(Die beiden $\pi/2$-Terme heben sich weg und sind nur wegen des Folgenden eingeführt worden.)

(b) Die Ergebnisse sind nur scheinbar unterschiedlich. Es gilt nämlich $\arcsin u = \pi/2 - \arccos u$. Um das einzusehen, benutzen wir die in Kap. 4 gezeigte Technik, Umkehrfunktionen zu einander in Relation zu setzen. Wir setzen $x = \arcsin u$ und $y = \pi/2 - \arccos u$. Die Umkehrungen beider Gleichungen sind $u = \sin x$ und $u = \cos(\pi/2 - y)$. Wegen $\cos x = \cos(-x)$ kann für die zweite Gleichung auch geschrieben werden: $u = \cos(y - \pi/2)$. Da der Sinus nichts weiter als ein um $\pi/2$ nach rechts verschobener Kosinus ist, ist $x = y$. Der zweite Term $\pi/2$ modifiziert nur die ohnehin willkürliche Integrationskonstante c.

(c) Für die Stammfunktion von $\sqrt{1 - u^2}$ liefert die analoge Prozedur

$$\int \sqrt{1-u^2} du = \int \sqrt{1-\sin^2 x} \cos x \, dx = \int \cos^2 x \, dx.$$

Für die Stammfunktion von $\sin^2 x$ wurde im Text $(x - \sin x \cos x)/2$ berechnet. Die Stammfunktion von $\cos^2 x$ kann über $\cos^2 x = 1 - \sin^2 x$ auf die von $\sin^2 x$ zurückgeführt werden, und ist $(x + \sin x \cos x)/2$. Damit also wird

$$\int \sqrt{1 - u^2}\, du = (x + \sin x \cos x)/2 + c$$

und nach Resubstitution

$$\int \sqrt{1 - u^2}\, du = \left(\arcsin u + u\sqrt{1 - u^2} \right)/2 + c.$$

(d) Die Stammfunktion von $\sqrt{a^2 - u^2} = a\sqrt{1 - (x/a)^2}$ läßt sich nach Gl. (6.14) leicht finden:

$$a \cdot \frac{1}{1/a}\left(\arcsin(x/a) + (x/a)\sqrt{1 - (x/a)^2} \right)/2 = \left(a^2 \arcsin(x/a) + x\sqrt{a^2 - x^2} \right)/2.$$

Abschnitt 6.3

Aufgabe 1. Zu berechnen ist $-Z_A Z_B \int_R^\infty 1/r^2\, dr$:

$$\int_R^S 1/r^2\, dr = -\frac{1}{r}\Big|_R^S = -\frac{1}{S} + \frac{1}{R}$$

und der Grenzübergang $S \to \infty$ liefert

$$\lim_{S \to \infty}\left(-\frac{1}{S} + \frac{1}{R} \right) = \frac{1}{R},$$

so daß die aufzuwendende Arbeit $A = -Z_A Z_B/R$ ist (das ist eine positive Zahl, wenn die Ladungen verschiedenes Vorzeichen haben).

Aufgabe 2.

$$\int_a^1 \ln x\, dx = x(\ln x - 1)\Big|_a^1 = -1 - a\ln a + a.$$

$\lim_{a \to 0} a \ln a$ ist nach der Regel von l'Hospital

$$\lim_{a \to 0} a \ln a = \lim_{a \to 0} \frac{\ln a}{1/a} = \frac{(\ln a)'}{(1/a)'}\Big|_{a=0} = \frac{1/a}{-1/a^2}\Big|_{a=0} = -a\big|_0 = 0$$

Damit ist das Integral endlich und sein Wert gleich -1.

Aufgabe 3. Wir benötigen die partielle Ableitungen des Integranden nach dem Parameter p: $\partial x^p/\partial p$. (Achtung: nach p, nicht etwa nach x ableiten!!)

$$\frac{\partial x^p}{\partial p} = \frac{\partial e^{p \ln x}}{\partial p} = \ln x\, e^{p \ln x} = x^p \ln x.$$

dI/dp ist also

$$\int_1^2 x^p \ln x\, dx.$$

Dieses Integral wurde bereits als 4. Beispiel zur partiellen Integration berechnet. Zu berechnen ist also

$$\left[\frac{x^{p+1}}{p+1}\ln x - \frac{x^{p+1}}{(p+1)^2}\right]\Big|_1^2 = \frac{2^{p+1}}{p+1}\ln 2 - \frac{2^{p+1}}{(p+1)^2} + \frac{1}{(p+1)^2}.$$

Zum Vergleich die direkte Berechnung. $I(p)$ war laut Text $(2^{p+1}-1)/(p+1)$, so daß die Ableitung nach p nach der Quotientenregel

$$\frac{d}{dp}\left(\frac{2^{p+1}-1}{p+1}\right) = \frac{2^{p+1}\ln 2 \cdot (p+1) - 2^{p+1} + 1}{(p+1)^2}.$$

Dies ist gleich dem Resultat, das über Gl. (6.26) erzielt worden war.

Abschnitt 6.4

Aufgabe 1. Zu fragen ist jeweils, ob $\partial P/\partial y$ und $\partial Q/\partial x$ gleich sind. Für die fünf Fälle gilt:

$$\frac{\partial P}{\partial y}: \quad a)\ \ 0 \ \ b)\ \ 0 \ \ c)\ \ 1 \ \ d)\ \ 0 \ \ e)\ \ 1$$

und

$$\frac{\partial Q}{\partial x}: \quad a)\ \ 0 \ \ b)\ \ 0 \ \ c)\ \ 1 \ \ d)\ \ 0 \ \ e)\ \ -1.$$

Die ersten vier Differentiale sind also totale Differentiale und die Kurvenintegrale sind wegunabhängig, Im Falle e) ist $+1 \neq -1$, es handelt sich um kein totales Differential und das Integral über den Ausdruck ist wegabhängig.

Aufgabe 2. Da in allen fünf Fällen die gleichen Wege zu berechnen sind, können wir die Daten dafür zunächst zusammenstellen:
Wegstück Ia: $x = 0 \quad y = t \quad dx = 0 \quad dy = dt$
Wegstück Ib: $x = t \quad y = 1 \quad dx = dt \quad dy = 0$
Wegstück IIa: $x = t \quad y = 0 \quad dx = dt \quad dy = 0$
Wegstück IIb: $x = 1 \quad y = t \quad dx = 0 \quad dy = dt$
Wegstück III: $x = t \quad y = t \quad dx = dt \quad dy = dt$
In allen Fällen ist $t_a = 0$ und $t_e = 1$ (Es empfiehlt sich, sich eine Skizze für die drei Wege anzufertigen.) Damit ergibt sich für a)

$$I: \int_0^1 dt + \int_0^1 dt = 2 \quad II: \int_0^1 dt + \int_0^1 dt = 2 \quad III: 2\int_0^1 dt = 2,$$

für b)

$$I: \int_0^1 t\,dt + \int_0^1 t\,dt = 1/2 + 1/2 = 1 \quad II: \quad \text{dto.} \quad III: 2\int_0^1 t\,dt = 1,$$

für c)

$$I: 0 + \int_0^1 dt = 1 \quad II: 0 + \int_0^1 dt = 1 \quad III: 2\int_0^1 t\,dt = 1,$$

für d)

$$I: -\int_0^1 t\,dt + \int_0^1 t\,dt = 0 \quad II: \int_0^1 t\,dt - \int_0^1 t\,dt = 0 \quad III: 0$$

und für e)

$$I: 0 + \int_0^1 dt = 1 \quad II: 0 - \int_0^1 dt = -1 \quad III: 0.$$

Es ergibt sich genau die vorhergesagte Wegabhängigkeit.

Aufgabe 3.

(a) $\partial/\partial y \, [y(\cos x - x \sin x)] = \cos x - x \sin x = \partial/\partial x (x \cos x) = \cos x - x \sin x$

Das Integral ist wegunabhängig.

(b) $\partial/\partial y \, [y(\cos x - \sin x)] = \cos x - \sin x \neq \partial/\partial x (x \cos x) = \cos x - x \sin x$

Das Integral ist wegabhängig.

Aufgabe 4. (1) Wegstück von (0,0) nach (0,1). Die Daten für den Weg lauten: $x = 0$, $y = t$, $t_a = 0$, $t_e = 1$, $dx/dt = 0$ und $dy/dt = 1$. Das Integral a) ergibt

$$\int_0^1 [t(\cos 0 - 0 \sin 0) \cdot 0 \, dt + 0 \cos 0 \cdot 1 \, dt] = 0$$

und für Integral b)

$$\int_0^1 [t(\cos 0 - \sin 0) \cdot 0 \, dt + 0 \cos 0 \cdot 1 \, dt] = 0.$$

Für das zweite Wegstück des ersten Weges sind die Wegdaten $x = t$, $y = 1$, $t_a = 0$, $t_e = \pi/2$, $dx/dt = 1$ und $dy/dt = 0$. Damit ergibt sich für Integral a)

$$\int_0^{\pi/2} [1(\cos t - t \sin t) \cdot 1 \, dt + t \cos t \cdot 0 \, dt].$$

Wir benötigen jetzt und im folgenden drei Stammfunktionen, die sich leicht über partielle Inegration berechnen lassen:

$$\int x \sin x \, dx = -x \cos x + \sin x \qquad \int x \cos x \, dx = x \sin x + \cos x$$

$$\text{und} \quad \int x^2 \sin x \, dx = -x^2 \cos x + 2x \sin x + 2 \cos x.$$

Damit wird das Integral

$$\int_0^{\pi/2} (\cos t - t \sin t) dt = (\sin t + t \cos t - \sin t) \Big|_0^{\pi/2} = 0$$

und für das Integral b) gilt analog

$$\int_0^{\pi/2} [1(\cos t - \sin t) \cdot 1 \, dt + t \cos t \cdot 0 \, dt] = (\sin t + \cos t) \Big|_0^{\pi/2} = 0$$

Damit sind beide Integrale über den ersten Weg Null.

(3) Für den zweiten Weg haben wir folgende Setzungen: $x = \pi/2 \, t$, $y = t$, $t_a = 0$, $t_e = 1$, $dx/dt = \pi/2$, $dy/dt = 1$. Damit wird Integral a)

$$\int_0^1 [t\big(\cos(\pi/2 \, t) - (\pi/2 \, t) \sin(\pi/2 \, t)\big)\pi/2 \, dt + (\pi/2 \, t) \cos(\pi/2 \, t) \, dt].$$

Hier ist eine Transformation der Variablen zweckmäßig: $u = \pi/2\, t$. Das führt auf

$$2/\pi \int_0^{\pi/2} [u(\cos u - u\sin u)du + u\cos u\, du].$$

Mit den Hilfsintegralen kann man leicht die Stammfunktion ermitteln:

$$2/\pi \left[(2(u\sin u + \cos u) + u^2\cos u - 2u\sin u - 2\cos u) \right] \Big|_0^{\pi/2} =$$

$$(2/\pi)(u^2\cos u) \Big|_0^{\pi/2} = 0.$$

Für das b)-Integral erhält man auf analogem Wege

$$2/\pi \int_0^{\pi/2} [u(\cos u - \sin u)du + u\cos u\, du] =$$

$$2/\pi \left[(2(u\sin u + \cos u) + u\cos u - \sin u) \right] \Big|_0^{\pi/2} = 2/\pi(\pi - 3) = 2(1 - 3/\pi).$$

Aufgabe 5. Der Weg ist charakterisiert durch $x = \cos t$, $y = \sin t$, $dx = -\sin t\, dt$, $dy = \cos t\, dt$, $t_a = 0$ und $t_e = 2\pi$. Unser Wegintegral in t-Form lautet also

$$\int_0^{2\pi} [\cos^2 t\sin t(-\sin t)dt - \cos t\sin^2 t\cos t\, dt] = -2\int_0^{2\pi} \cos^2 t\sin^2 t\, dt.$$

Mit $\sin(2t) = 2\sin t\cos t$ wird daraus

$$-\frac{1}{2}\int_0^{2\pi} \sin^2(2t)dt.$$

Substitution $u = 2t$ führt auf ein bekanntes Integral (siehe partielle Integration)

$$-\frac{1}{4}\int_0^{2\cdot 2\pi} \sin^2 u\, du = -\frac{1}{4}\frac{u - \sin u\cos u}{2}\Big|_0^{4\pi} = -\frac{4\pi}{8} = -\frac{\pi}{2}.$$

Abschnitt 6.5

Aufgabe 1. Da $\rho(x,y,z)$ die Ladungsdichte am Punkt x,y,z darstellt, ist im Volumenelement die Ladung $\rho(x,y,z)dx\,dy\,dz$ enthalten. Sie hat am Punkt X,Y,Z ein elektrisches Potential $\rho(x,y,z)\cdot dx\,dy\,dz/\sqrt{(x-X)^2 + (y-Y)^2 + (z-Z)^2}$, so daß sich durch Aufsummation über das Gebiet der Ladungsverteilung

$$\int\int\int_B \frac{\rho(x,y,z)}{\sqrt{(x-X)^2 + (y-Y)^2 + (z-Z)^2}}dx\,dy\,dz$$

oder kürzer

$$\int\int\int_B \frac{\rho(x,y,z)}{|r-R|}dx\,dy\,dz$$

ergibt.

Aufgabe 2. Der Beitrag zweier (Volumen-)Elemente der beiden Ladungswolken ist

$$\rho_1(x_1,y_1,z_1)\rho_2(x_2,y_2,z_2)dx_1dy_1dz_1dx_2dy_2dz_2/r_{12},$$

wobei r_{12} der Abstand $\sqrt{(x_1 - x_2)^2 + (y_1 - y_2)^2 + (z_1 - z_2)^2}$ ist. Die gesamte elektrostatische Energie ist damit

$$\iiint_{B_1} \iiint_{B_2} \frac{\rho_1(x_1, y_1, z_1)\rho_2(x_2, y_2, z_2)}{\sqrt{(x_1 - x_2)^2 + (y_1 - y_2)^2 + (z_1 - z_2)^2}} dx_1 dy_1 dz_1 dx_2 dy_2 dz_2.$$

Aufgabe 3. (a) In unserem Beispiel ist $g_o = \sqrt{1-x}$ und $g_u = -\sqrt{1-x}$, $g_l = 0$ und $g_r = 1$. Zu berechnen ist also

$$\int_{x=0}^{1} \int_{y=-\sqrt{1-x}}^{+\sqrt{1-x}} x^3 y^2 dx\, dy.$$

Die erste Stufe besteht in der Berechnung von

$$\int_{-\sqrt{1-x}}^{+\sqrt{1-x}} y^2 dy,$$

(x^3 ist in dieser Stufe eine Konstante und kann herausgezogen werden.) Die Stammfunktion ist $y^3/3$ und führt auf

$$\frac{y^3}{3}\Big|_{-\sqrt{1-x}}^{+\sqrt{1-x}} = \frac{2}{3}\left(\sqrt{1-x}\right)^3.$$

Dies geht in die zweite Stufe ein:

$$\frac{2}{3} \int_{x=0}^{1} x^3 (1-x)\sqrt{1-x}\, dx.$$

Substitution $u = 1 - x$ ergibt

$$-\frac{2}{3} \int_{u=1}^{0} (1-u)^3 u \sqrt{u}\, du = \frac{2}{3} \int_{0}^{1} (u^{3/2} - 3u^{5/2} + 3u^{7/2} - u^{9/2}) du =$$

$$\frac{2}{3}\left((2/5)u^{5/2} - 3(2/7)u^{7/2} + 3(2/9)u^{9/2} - (2/11)u^{11/2}\right) =$$

$$\frac{2}{3}\left((2/5) - (6/7) + (2/3) - (2/11)\right) = \frac{64}{5 \cdot 7 \cdot 9 \cdot 11}.$$

(b) Die Grenzen sind nun die Umkehrfunktionen von $g_{o/u}(x)$: $g_r = 1 - y^2$, $g_l = 0$, $g_u = -1$ und $g_o = +1$. Das Integral lautet

$$\int_{y=-1}^{+1} \int_{x=0}^{x=1-y^2} x^3 y^2 dx\, dy.$$

Die erste Stufe ist

$$\int_{x=0}^{x=1-y^2} x^3 dx = \frac{x^4}{4}\Big|_0^{1-y^2} = \frac{(1-y^2)^4}{4}.$$

Die zweite Stufe lautet

$$\int_{y=-1}^{+1} \frac{(1-y^2)^4}{4} y^2 dy.$$

Weil der Integrand symmetrisch ist, können wir das durch das Doppelte des Integrals von 0 bis 1 ersetzen:

$$\frac{1}{2}\int_0^1 (y^2 - 4y^4 + 6y^6 - 4y^8 + y^{10})dy = \frac{1}{2}\Big((1/3) - (4/5) + (6/7) - (4/9) + (1/11)\Big).$$

Man überzeugt sich mit ein wenig Rechnung, daß beide Resultate gleich sind.

Aufgabe 4. (a) Das Integral ist

$$\int_{x=2}^4 \int_{y=-1}^5 \sin(x + 2y)dx\,dy.$$

Die y-Stufe ist ($u = 2y + x$)

$$\int_{y=-1}^5 \sin(x + 2y)dy = -\frac{1}{2}\cos u\Big|_{-2+x}^{10+x} = -\frac{1}{2}\Big(\cos(10 + x) - \cos(-2 + x)\Big)$$

Die x-Stufe ist dann

$$-\frac{1}{2}\int_{x=2}^4 \Big(\cos(10 + x) - \cos(-2 + x)\Big)dx = -\frac{1}{2}\Big(\sin(10 + x) - \sin(-2 + x)\Big)\Big|_2^4 =$$

$$-\frac{1}{2}\Big(\sin(14) - \sin(2) - \sin(12)\Big).$$

(b) Das zweite Integral faktorisiert, weil der Integrand faktorisiert ist:

$$\int_{x=2}^4 \int_{y=-1}^5 \sin x \sin(2y)dx\,dy = \int_2^4 \sin x\,dx \int_{-1}^5 \sin(2y)dy.$$

Die einzelnen Faktoren stellen keine Schwierigkeit mehr dar.

Aufgabe 5. Das transformierte Integral lautet

$$\int_{r=0}^R \int_{\varphi=0}^{2\pi} (5 - 3r^2)r\,dr\,d\varphi.$$

Dabei ist R der Radius an der Basis und ergibt sich aus $5 - 3R^2 = 0$. R ist damit $\sqrt{5/3}$. Das Integral hat für beide Variable feste Grenzen und ist damit als Produkt schreibbar:

$$\int_{\varphi=0}^{2\pi} d\varphi \int_{r=0}^R (5 - 3r^2)r\,dr = 2\pi \cdot \Big((5/2)r^2 - (3/4)r^4\Big)\Big|_0^R = 2\pi\Big((5/2)R^2 - (3/4)R^4\Big) =$$

$$2\pi\Big(\frac{5}{2}\frac{5}{3} - \frac{3}{4}\frac{25}{9}\Big) = \frac{25\pi}{6}.$$

Aufgabe 6. Das Integral in kartesischen Koordinaten lautet

$$\iiint_{-\infty}^{+\infty} \frac{e^{-\alpha(x^2+y^2+z^2)}}{\sqrt{x^2 + y^2 + (z - z_0)^2}}dx\,dy\,dz.$$

Die Substitution $z' = z - z_0$ benötigt keine Genzentransformation, weil diese sowieso unendlich sind. Wir schreiben für die substituierte Variable z' wieder nur z, weil kein Durcheinander zu befürchten ist. Wir erhalten

$$\iiint_{-\infty}^{+\infty} \frac{e^{-\alpha[x^2+y^2+(z+z_0)^2]}}{\sqrt{x^2 + y^2 + z^2}}dx\,dy\,dz.$$

Nun gehen wir zu Kugelkoordinaten über (beachten Sie: $z = r \cos \theta$!):

$$\int_{r=0}^{\infty} \int_{\theta=0}^{\pi} \int_{\varphi=0}^{2\pi} \frac{e^{-\alpha(r^2 + 2z_0 r \cos\theta + z_0^2)}}{r} r^2 dr \, \sin\theta \, d\theta \, d\varphi.$$

Im nächsten Schritt tun wir drei Dinge: (1) Wir kürzen durch r, (2) Wir führen die φ-Integration aus (Integrand hängt nicht von φ ab) und (3) wir zerlegen den Exponentialausdruck in drei Faktoren und ziehen den konstanten vor das Integral:

$$2\pi e^{-\alpha z_0^2} \int_{r=0}^{\infty} \int_{\theta=0}^{\pi} e^{-\alpha r^2} e^{-2\alpha z_0 r \cos\theta} r \, dr \, \sin\theta \, d\theta.$$

Die Grenzen beider Variablen sind fest, aber wir können trotzdem nicht faktorisieren, weil der Integrand kein Produkt einer r- und einer θ-Funktion ist. Wir beginnen mit dem θ-Integral:

$$\int_{\theta=0}^{\pi} e^{-2\alpha z_0 r \cos\theta} \sin\theta \, d\theta.$$

Die Sustitution $u = \cos\theta$ und $du/d\theta = -\sin\theta$ führt uns (Grenzentransformation $0 \to 1$ und $\pi \to -1$) auf

$$\int_{u=1}^{-1} e^{-2\alpha z_0 r u} (-1) du = \int_{-1}^{1} e^{-2\alpha z_0 r u} du.$$

Die Stammfunktion ist $-e^{-2\alpha z_0 r u}/(2\alpha z_0 r)$ und das Integral wird schließlich

$$-\frac{e^{-2\alpha z_0 r u}}{2\alpha z_0 r} \Big|_{u=-1}^{1} = \frac{e^{2\alpha z_0 r} - e^{-2\alpha z_0 r}}{2\alpha z_0 r}.$$

Bleibt noch die r-Integration. Das Integral ist (nach Kürzen von r)

$$\frac{2\pi e^{-\alpha z_0^2}}{2\alpha z_0} \int_{r=0}^{\infty} e^{-\alpha r^2} \left(e^{2\alpha z_0 r} - e^{-2\alpha z_0 r} \right) dr.$$

Zieht man den Exponentialfaktor vor dem Integral wieder in den Integranden hinein, ensteht

$$\frac{\pi}{\alpha z_0} \int_{r=0}^{\infty} \left(e^{-\alpha(r-z_0)^2} - e^{-\alpha(r+z_0)^2} \right) dr.$$

(Wenn Ihnen dieser Schritt Schwierigkeiten bereitet, multiplizieren Sie beide Exponenten einfach aus und Sie können die Richtigkeit überprüfen.) Wir substituieren wieder wie im ersten Schritt, und zwar im ersten Integral $r' = r - z_0$ und im zweiten $r' = r + z_0$. Zum Unterschied von der Substitution ganz am Anfang muß aber die Untergrenze umgerechnet werden, weil sie nicht ∞ ist. Das Resultat ist damit

$$\frac{\pi}{\alpha z_0} \left[\int_{-z_0}^{\infty} e^{-\alpha r^2} dr - \int_{+z_0}^{\infty} e^{-\alpha r^2} dr \right]$$

Wenn man beide Integrale zusammenzieht, laufen die Grenzen von $-z_0$ bis $+z_0$ und wegen der Symmetrie der Integranden kann man schließlich

$$\frac{2\pi}{\alpha z_0} \int_0^{z_0} e^{-\alpha r^2} dr$$

schreiben. Das letzte Integral läßt sich analytisch nicht ausrechnen, stellt aber eine wohlbekannte Funktion, die sog. Fehler-Funktion dar. Sie ist auf den meisten Rechenanlagen ebenso wie der Sinus verfügbar und stellt kein Problem mehr dar.

Aufgabe 7. Die linke Seite (das Bereichsintegral) wird bei $j_y = 0$

$$\int_{y=c}^{d} \left[\int_{x=a}^{b} \frac{\partial j_x}{\partial x} dx \right] dy = \int_{y=c}^{d} \left[j_x(b,y) - j_x(a,y) \right] dy.$$

Auf der rechten Seite (dem Umlaufintegral) ist der Integrand $j_x(x,y) n_x$, wobei n_x die x-Komponente des nach außen weisenden Normalenvektors ist. Bei der unteren Begrenzung weist dieser Vektor nach unten, – seine x-Komponente ist also Null. Entlang der oberen Begrenzung weist er nach oben und n_x ist ebenfalls Null. Bleiben nur die beiden senkrechten Begrenzungen. Auf der rechten Begrenzung weist er nach rechts ($n_x = 1$) und auf der linken nach links ($n_x = -1$). Das Umlaufintegral ist damit

$$\int_c^d j_x(b,y) dy - \int_c^d j_x(a,y) dy,$$

was besagt, daß das Umlaufintegral gleich dem Bereichsintegral ist.

Abschnitt 7.1

Aufgabe 1. (a) $\cos x$:

n	$f^{[n]}(x)$	$f^{[n]}(x_0 = 0)$	$(x - x_0)^n/n!$
0	$\cos x$	1	$1/0!$
1	$-\sin x$	0	$x/1!$
2	$-\cos x$	-1	$x^2/2!$
3	$\sin x$	1	$x^3/3!$
4	$\cos x$	0	$x^4/4!$
$\cdots$			

Reihe: $\cos x = 1 - x^2/2 + x^4/24 - x^6/720 + \ldots$

(b) e^x:

n	$f^{[n]}(x)$	$f^{[n]}(x_0 = 0)$	$(x - x_0)^n/n!$
0	e^x	1	$1/0!$
1	e^x	1	$x/1!$
2	e^x	1	$x^2/2!$
3	e^x	1	$x^3/3!$
4	e^x	1	$x^4/4!$
$\cdots$			

Reihe: $e^x = 1 + x + x^2/2 + x^3/6 + x^4/24 + \ldots$

(c) $\ln(1 + x)$:

n	$f^{[n]}(x)$	$f^{[n]}(x_0 = 0)$	$(x - x_0)^n/n!$
0	$\ln(1 + x)$	0	$1/0!$
1	$1/(1 + x)$	1	$x/1!$
2	$-1/(1 + x)^2$	-1	$x^2/2!$
3	$2/(1 + x)^3$	2	$x^3/3!$
4	$-3!/(1 + x)^4$	-3!	$x^4/4!$
...			

Reihe: $\ln(1 + x) = x - x^2/2 + x^3/3 - x^4/4 + \ldots$

Aufgabe 2. $x = 17\pi/180 = 0.2967$. Damit ergeben die ersten vier Glieder: 1, -0.0440, 0.0003, -10^{-6}. Die Summe ist 0.9563. $|R_4|_{max}$ überschätzt den Fehler: $x^5/5! \cdot 1 = 0.0024/120 = 0.00002 = 2 \cdot 10^{-5}$.

Aufgabe 3. $1/x$ an der Stelle $x_0 = 1$:

n	$f^{[n]}(x)$	$f^{[n]}(x_0 = 1)$	$(x - x_0)^n/n!$
0	$1/x$	1	$1/0!$
1	$-1/x^2$	-1	$(x - 1)/1!$
2	$2/x^3$	2	$(x - 1)^2/2!$
3	$-3!/x^4$	3!	$(x - 1)^3/3!$
4	$4!/x^5$	-4!	$(x - 1)^4/4!$
...			

Reihe: $1/x = 1 - (x - 1) + (x - 1)^2 + (x - 1)^3 + (x - 1)^4 + \ldots$ Ersetzt man überall x durch $x + 1$, so erhält man die bekannte Reihe $1/(1 + x) = 1 - x + x^2 - \ldots$.

Aufgabe 4. (a) e^{-x} aus e^x durch $x \to -x$:

$$e^{-x} = 1 + (-x) + (-x)^2/2 + (-x)^3/6 + (-x)^4/24 + \ldots$$

$$= 1 - x + x^2/2 - x^3/6 + x^4/24 - \ldots$$

(b) $\sinh x = (e^x - e^{-x})/2$:

$$\sinh x = x + x^3/6 + x^5/120 + \ldots$$

(c) $\cosh x = (e^x + -e^{-x})/2$:

$$\cosh x = 1 + x^2/2 + x^4/24 + \ldots$$

Aufgabe 5.
$u(x, y, z) = f + f_x x + f_y y + f_z z$
$+ f_{xx} x^2 + f_{yy} y^2 + f_{zz} z^2 + 2f_{xy} xy + 2f_{xz} xz + 2f_{yz} yz + \cdots$.
(Funktionswert und Ableitungen sind an der Stelle $x = y = z = 0$ zu nehmen.)

Aufgabe 6.
Allgemein gilt $f(x, y) = f + f_x x + f_y y + f_{xx} x^2 + f_{yy} y^2 + 2f_{xy} xy + \cdots$.
Speziell für $\sin(x + 2y)$ an der Stelle $x = y = z = 0$ ist $f = 0$, $f_x = \cos(x + 2y) = 1$, $f_y = 2\cos(x + 2y) = 2$, $f_{xx} = -\sin(x + 2y) = 0$, $f_{yy} = -4\sin(x + 2y) = 0$, $f_{xy} = -2\sin(x + 2y) = 0$.
Somit bleibt nur $\sin(x + 2y) \approx x + 2y + \quad$ Glieder 3. Ordnung.

Abschnitt 7.2

Aufgabe 1. $w = az^2 + bz^* = a(x + iy)^2 + b(x - iy) = a(x^2 - y^2 + 2ixy) + b(x - iy) = a(x^2 - y^2) + bx + i(2axy - by)$. Also ist

$$u(x,y) = a(x^2 - y^2) + bx \quad \text{und} \quad v(x,y) = 2axy - by.$$

Es gilt

$$\partial u/\partial x = 2ax + b, \quad \partial u/\partial y = -2ay \quad \partial v/\partial x = 2ay \quad \partial v/\partial y = 2ax - b.$$

Also ist die Gleichung $u_y = -v_x$ erfüllt, nicht aber die Gleichung $u_x = v_y$ und die angegebene Funktion ist demnach *nicht* analytisch.

Aufgabe 2. (a) $1/[(z - 4)(z + i)]$ hat die beiden singulären Stellen $z_1 = (4, 0)$ und $z_2 = (0, -1)$ und sonst keine.
(b) Bei Entwicklung am Punkt $(2, -1)$ müssen die Abstände zu den singulären Stellen bestimmt werden: $|(4, 0) - (2, -1)| = |(2, 1)| = \sqrt{5}$ und $|(0, -1) - (2, -1)| = |(-2, 0)| = 2$. Der kleinere von beiden gilt: $r_K = 2$.

Aufgabe 3. (a) 1. Weg:

$$\int_0^1 z^2 dz + \int_1^{1+2i} z^2 dy.$$

Für den ersten Wegabschnitt ist $z = x$ (denn $y = 0$!) und damit

$$\int_0^1 x^2 dx = \frac{x^3}{3}\Big|_{x=0}^1 = \frac{1}{3}.$$

Beim zweiten Wegabschnitt wählen wir als Parameter y und erhalten damit

$$\int_{y=0}^2 (1 + iy)^2 i\, dy = \int_{y=0}^2 \left(i(1 - y^2) - 2y\right) dy = 2i - i\frac{y^3}{3}\Big|_{y=0}^2 - 2\frac{y^2}{2}\Big|_{y=0}^2 =$$

$$2i - i\frac{8}{3} - 2\frac{4}{2} = -i\frac{2}{3} - 4.$$

Beide Integrale ergeben zusammen $-11/3 - 2i/3$.
(b) 2. Weg analog:

$$\int_0^2 (iy)^2 i\, dy + \int_0^1 (x + 2i)^2 dx = -i\frac{8}{3} + \int_0^1 \left((x^2 - 4) + 4ix\right) dx = -i\frac{8}{3} - \frac{11}{3} + 2i =$$

$$-\frac{11}{3} - i\frac{2}{3},$$

das gleiche Ergebnis wie auf dem 1. oder auf dem direkten Weg.

Aufgabe 4. Wir müssen zunächst die beiden Residuen bestimmen, am besten mittels Partialbruchzerlegung:

$$\frac{1}{(z - 4)(z + i)} = \frac{1}{4 + i}\left(\frac{1}{z - 4} - \frac{1}{z + i}\right).$$

Das Residuum des Pols in $z = 4$ ist also $1/(4+i)$ und das in $z = -i$ ist $-1/(4+i)$. Das Umlaufintegral des ersten Poles ist $2\pi i/(4 + i)$ und das des zweiten $-2\pi i/(4 + i)$. Ein Umlaufintegral um beide Pole ist einfach die Summe der beiden Einzelergebnisse, wie man erkennt, wenn man nach dem ersten Umlauf zu einem Punkt des anderen Umlaufs geht und nach dem zweiten Umlauf auf dem gleichen Weg zurückgeht. Für die beiden zusätzlichen Wegstrecken heben sich die Integrale weg. Der Umlauf um beide Pole ergibt hier also Null.

Abschnitt 8.1

Aufgabe 1.

$$(f,g) = \int f^*(x)g(x)dx = \int \left(f(x)g^*(x)\right)^* dx = \left(\int g^*(x)f(x)dx\right)^* = (g,f)^*$$

Aufgabe 2. x^3 ist als ungerade Potenz bereits orthogonal gegenüber den geraden Polynomen $\phi_{norm}^{(0)}$ und $\phi_{norm}^{(2)}$. Bleibt noch die Orthogonalisierung gegen $\phi_{norm}^{(1)} = \sqrt{\frac{3}{2}} \cdot x$. Zu berechnen ist zunächst das orthogonalisierte

$$\phi_{orth}^{(3)} = x^3 - (\phi_{norm}^{(1)}, x^3)\phi_{norm}^{(1)} = x^3 - \left(\int_{-1}^{1} \sqrt{\frac{3}{2}}xx^3 dx\right) \cdot \sqrt{\frac{3}{2}}x =$$

$$x^3 - \frac{3}{2}\frac{2}{5}x = x^3 - \frac{3}{5}x.$$

Dieses Polynom 3. Grades muß noch normiert werden. Wenn n der Normierungsfaktor ist, muß gelten

$$n^2 \int_{-1}^{1} \left(x^3 - \frac{3}{5}x\right)^2 dx = 1.$$

Das Integral ist

$$\frac{2}{7} - \frac{6}{5}\frac{2}{5} + \frac{9}{25}\frac{2}{3} = \frac{8}{175},$$

so daß

$$n = \frac{5}{2}\sqrt{\frac{7}{2}} \quad \text{und} \quad \phi_{norm}^{(3)} = \frac{5}{2}\sqrt{\frac{7}{2}}\left(x^3 - \frac{3}{5}x\right).$$

Aufgabe 3. $\phi_{norm}^{(i)}$ für $i = 0, 1$ ist im Text gegeben. $\phi_{orth}^{(2)}$ ebenfalls, muß aber noch normiert werden. Die Lösung lautet

$$\phi_{norm}^{(2)} = \frac{3}{2}\sqrt{\frac{5}{2}}\left(x^2 - \frac{1}{3}\right).$$

Benötigt werden die Stammfunktionen von xe^x und x^2e^x, die sich leicht mittels partieller Integration ergeben:

$$\int xe^x dx = (x-1)e^x \qquad \text{und} \qquad \int x^2 e^x dx = (x^2 - 2x + 2)e^x.$$

Dann ist

$$c_0 = \int_{-1}^{1} \sqrt{\frac{1}{2}}e^x dx = \sqrt{\frac{1}{2}}e^x\Big|_{-1}^{1} = \sqrt{\frac{1}{2}}(e - \frac{1}{e}) = 1.662,$$

$$c_1 = \int_{-1}^{1} \sqrt{\frac{3}{2}}xe^x dx = \sqrt{\frac{3}{2}}(x-1)e^x\Big|_{-1}^{1} = \sqrt{\frac{3}{2}}(0 - (-2)e^{-1}) = 0.901,$$

und

$$c_2 = \int_{-1}^{1} \frac{3}{2}\sqrt{\frac{5}{2}}(x^2 - \frac{1}{3})e^x dx = \frac{3}{2}\sqrt{\frac{5}{2}}(x^2 - 2x + \frac{5}{3})e^x\Big|_{-1}^{1} = \sqrt{\frac{5}{2}}(e^1 - 7e^{-1}) = 0.226$$

Abschnitt 8.2

Aufgabe 1. Die Periode läuft von $-\pi$ bis π, woraus $l = \pi$ folgt. Im Intervall $[-\pi, 0]$ ist $f(x) = 1 + 2x/\pi$ und im Intervall $[0, \pi]$ ist $f(x) = 1 - 2x/\pi$. Wir haben also

$$b_0 = \frac{1}{2\pi}\Big[\int_{-\pi}^{0} (1 + 2x/\pi)dx + \int_{0}^{\pi} (1 - 2x/\pi)dx \Big],$$

$$b_\nu = \frac{1}{\pi}\Big[\int_{-\pi}^{0} \cos(\nu x)(1 + 2x/\pi)dx + \int_{0}^{\pi} \cos(\nu x)(1 - 2x/\pi)dx \Big],$$

und

$$a_\nu = \frac{1}{\pi}\Big[\int_{-\pi}^{0} \sin(\nu x)(1 + 2x/\pi)dx + \int_{0}^{\pi} \sin(\nu x)(1 - 2x/\pi)dx \Big],$$

Alle Ausdrücke enthalten zwei Integrale, die natürlich beide getrennt ausgerechnet werden können. Etwas eleganter ist es aber, das erste Integral so umzuformen, daß nur noch ein Integral zu berechnen ist. So kann das erste Integral von b_ν durch die Substitution $u = -x$ in

$$\int_{\pi}^{0} \cos(\nu(-u))(1 - 2u/\pi)(-du) = \int_{0}^{\pi} \cos(\nu u))(1 - 2u/\pi)du$$

umgewandelt werden, und wir sehen, daß das erste und zweite Integral in b_ν gleich sind (der Name der Integrationsvariablen spielt ja keine Rolle). Das Gleiche gilt für die beiden Integrale in b_0. Für das erste Integral in a_ν gilt aber, daß bei der Substitution ein Vorzeichenwechsel auftritt, weil $\sin(\nu(-u)) = -\sin(\nu u)$ ist, so daß sich beide Integrale wegheben. Damit sind wir bei

$$b_0 = \frac{1}{\pi}\int_{0}^{\pi} (1 - 2x/\pi)dx \qquad b_\nu = \frac{2}{\pi}\int_{0}^{\pi} \cos(\nu x)(1 - 2x/\pi)dx \quad \text{und} \quad a_\nu = 0.$$

Das Integral für b_0 ist ebenfalls Null:

$$\int_{0}^{\pi} (1 - 2x/\pi)dx = x - x^2/\pi \Big|_{0}^{\pi} = 0.$$

Für das b_ν-Integral schließlich benötigen wir die Stammfunktion von $(1 - 2x/\pi) \cdot \cos(\nu x)$. Diese können wir der Lösung von Übungsaufgabe 6 in Abschnitt 6.2 entnehmen, wenn wir $\alpha = \nu$ und $\beta = 2/\pi$ setzen. Das Resultat ist

$$(1/\nu)(1 - 2x/\pi)\sin(\nu x) - 2/(\pi\nu^2)\cos(\nu x).$$

Wegen $\sin(\nu x) = 0$ für $x = 0$ bzw. $x = \pi$ fällt das erste Integral weg und es bleibt einschließlich Vorfaktor

$$b_\nu = -\frac{4}{\pi^2\nu^2}\cos(\nu x)\Big|_{0}^{\pi} = \frac{8}{\pi^2\nu^2}.$$

Insgesamt ergibt sich

$$f(x) = \frac{8}{\pi^2}\sum_{\nu=1}^{\infty} \frac{1}{\nu^2}\cos(\nu x).$$

Aufgabe 2. y ist hier ein fester Wert und das erste Integral liefert laut Gl. 8.33 die Zahl e^y. Das zweite Integral liefert den gleichen Wert, denn da die δ-Funktion nur für $x = y$ von Null verschiedene Werte hat, sonst aber Null ist, ist die einzige Frage, ob diese Stelle innerhalb des

Integrationsbereiches liegt oder nicht. Beim zweiten Integral ist das der Fall und man kann die Grenzen also auch bis $\pm\infty$ ausweiten. Dagegen ist das beim dritten Integral *nicht* der Fall und die δ-Funktion ist im gesamten Integrationsbereich Null. Also ist auch das Integral Null.

Aufgabe 3. Ohne viel Rechnen läßt sich sofort sagen, daß symmetrische Funktionen nur durch Überlagerung von symmetrischen Funktionen, hier also von Cosinus-Funktionen, zustande kommen können. Addition von antisymmetrischen Funktionen, hier also Sinus-Funktionen, würde die Symmetrie zerstören. Es müssen also alle a_ν Null sein. Umgekehrt dürfen in antisymmetrischen Funktionen keine symmetrischen Funktionen auftauchen. In diesem Falle müssen also alle b_ν Null sein. Das kann man natürlich auch nachrechnen:

$$a_\nu = \frac{1}{l}\int_{-l}^{+l} f(x)\sin(\nu x)dx = \frac{1}{l}\int_{-l}^{+l} f(-x)\sin(\nu x)dx =$$

$$\frac{1}{l}\int_{l}^{-l} f(u)\sin(-\nu u)(-du) = -\frac{1}{l}\int_{-l}^{+l} f(u)\sin(\nu u)du = -a_\nu.$$

In der 1. Umformung wurde die für symmetrische Funktionen gültige Beziehung $f(x) = f(-x)$ benutzt, anschließend die Substitution $u = -x$ vorgenommen, dann die Vorzeichen gesammelt ($\sin(-x) = -\sin x$!) und das Resultat als $-a_\nu$ erkannt (der Name der Integrationsvariablen spielt bekanntlich keine Rolle). $a_\nu = -a_\nu$ ist aber gleichbedeutend mit $a_\nu = 0$. In genau der gleichen Weise kann man zeigen, daß bei antisymmetrischen Funktionen $[f(-x) = -f(x)]$ die b_ν Null werden. Für die c_ν gilt dann $c_\nu = c_{-\nu}$, falls $f(x)$ symmetrisch, bzw. $c_\nu = -c_{-\nu}$, falls $f(x)$ antisymmetrisch.

Aufgabe 4. (a) $c(k)$ ist durch Gleichung (8.26) gegeben:

$$c(k) = \frac{1}{\sqrt{2\pi}}\int_{-\infty}^{\infty} e^{-ikx}f(x)dx = \frac{1}{\sqrt{2\pi}}\Big[\int_{-1}^{0}(1+x)e^{-ikx}dx + \int_{0}^{1}(1-x)e^{-ikx}dx\Big].$$

Auch hier ist es praktisch, daß erste Integral durch die Substitution $u = -x$ umzuschreiben:

$$\int_{-1}^{0}(1+x)e^{-ikx}dx = \int_{1}^{0}(1-u)e^{iku}(-du) = \int_{0}^{1}(1-u)e^{iku}du.$$

Setzt man das in die obige Formel ein, nachdem man die Integrationsvariablen wieder x nennt, ergibt sich

$$c(k) = \frac{1}{\sqrt{2\pi}}\int_{0}^{1}(1-x)\Big(e^{ikx} + e^{-ikx}\Big)dx = \sqrt{\frac{2}{\pi}}\int_{0}^{1}(1-x)\cos(kx)dx.$$

Die Stammfunktion von $(1-x)\cos(kx)$ ist (siehe Aufg. 1, $\beta = 1$ und $\alpha = k$)

$$(1/k)(1-x)\sin(kx) - 1/(k^2)\cos(kx),$$

so daß

$$c(k) = \sqrt{\frac{2}{\pi}}\Big[(1/k)(1-x)\sin(kx) - 1/(k^2)\cos(kx)\Big]\Big|_{0}^{1} =$$

$$\sqrt{\frac{2}{\pi}}\Big[1/k(1-1)\sin(k) - 1/k(1-0)\sin(k\cdot 0) - \cos(k)/(k^2) + \cos(0)/(k^2)\Big]$$

$$= \sqrt{\frac{2}{\pi}}\frac{1-\cos k}{k^2}.$$

(b) $f(x)$ kann also in der Form

$$f(x) = \frac{1}{\sqrt{2\pi}} \int_{k=-\infty}^{+\infty} c(k) e^{ikx} dk = \frac{1}{\pi} \int_{k=-\infty}^{+\infty} \frac{1 - \cos k}{k^2} e^{ikx} dk$$

dargestellt werden.

(c) Die Ableitung ist damit [Gl. (6.26), Integrationsvariable ist hier k, Parameter hier x!]

$$\frac{d}{dx} f(x) = \frac{1}{\pi} \int_{k=-\infty}^{+\infty} \frac{\partial}{\partial x} \left(\frac{1 - \cos k}{k^2} e^{ikx} \right) dk = \frac{1}{i\pi} \int_{k=-\infty}^{+\infty} \frac{1 - \cos k}{k} e^{ikx} dk$$

Abschnitt 8.3

Aufgabe 1. Aus $f(-x) \Rightarrow F(-u)$ und $f^*(x) \Rightarrow F^*(-u)$ folgt $f^*(-x) \Rightarrow F^*(u)$.

Aufgabe 2. Aus $f(x) + f^*(-x) \Rightarrow F(u) + F^*(u)$ folgt, daß der Realteil der Ausgangsfunktion symmetisch und der Imaginärteil antisymmetrisch sein muß.

Aufgabe 3. Eine rein imaginäre Funktion läßt sich aus $f(x)$ durch Übergang zu $f(x) - f^*(x)$ machen. Dessen Fouriertransformierte lautet nach der letzten Ergänzungsregel

$$F(u) - F^*(-u) = \text{Re}\Big(F(u) - F(-u)\Big) + i\text{Im}\Big(F(u) + F(-u)\Big).$$

Die Fouriertransformierte einer rein imaginären Funktion ist also im Realteil antisymmetrisch und im Imaginärteil symmetrisch. Ist $f(x)$ zusätzlich symmetrisch, so ist die Realteil Null, ist sie antisymmetrisch, dann ist der Imaginärteil Null.

Aufgabe 4. $e^x = (1/2)(e^x + e^{-x}) + (1/2)(e^x - e^{-x})$. Der erste Term ist der symmetrische Anteil, der zweite der antisymmetrische Anteil von e^x. Man sieht, daß die beiden Anteile die Funktionen $\cosh x$ und $\sinh x$ sind.

Aufgabe 5. Beispiel (2) liefert mit $\tau = 1/\alpha$ und $\beta = 0$ für die Funktion $f(x) = e^{-x/\tau}$ für $x \geq 0$, sonst 0 die Fouriertransformierte

$$\frac{1}{2\pi} \left[\frac{\tau}{1 + \tau^2 k^2} - i \frac{k\tau^2}{1 + \tau^2 k^2} \right].$$

Das Spiegelbild von $f(x)$ liefert das Spiegelbild von $F(k)$. $f(x) + f(-x)$ ist $e^{-|x|/\tau}$ (jetzt für alle x) und in $F(k)$ geht bei Spiegelung der erste Term in sich selbst, der zweite aber mit Vorzeichenwechsel in sich selbst über. Die Summe liefert also für $e^{-|x|/\tau}$ die Fouriertransformierte

$$\frac{1}{\sqrt{2\pi}} \frac{2\tau}{1 + \tau^2 k^2}.$$

Beide sind reell und symmetrisch, so daß Bild und Abbild direkt vertauscht werden können. Nach Überwälzen der Konstanten ergibt sich also

$$f(x) = \frac{1}{1 + \tau^2 x^2} \quad \Rightarrow \quad F(k) = \frac{\sqrt{\pi/2}}{\tau} e^{-|k|/\tau}.$$

Aufgabe 6. τ ist für die angegebenen Pulslängen (a) $(10 \cdot 10^{-9})/2 = 5 \cdot 10^{-9})$, [bzw. (b) $5 \cdot 10^{-12}$, (c)$5 \cdot 10^{-15}$] sec. Für $\Delta\omega$ hatten wir die Formel $\Delta\omega = 2\pi/\tau$, bzw. für das gängigere $\Delta\nu = \Delta\omega/(2\pi) = 1/\tau$, so daß sich für $\Delta\nu$ die Zahlen $0.2 \cdot 10^9$, (bzw. $0.2 \cdot 10^{12}$, $0.2 \cdot 10^{15}$) $\sec^{-1}$ ergeben. Umrechnung in Wellenzahlen ($k = \nu/c, c = 3 \cdot 10^{10}$ cm/sec) liefert schließlich eine Linienbreite von

$$0.7 \cdot 10^{-2} \text{ cm}^{-1}, \qquad 7 \text{ cm}^{-1}, \qquad 7000 \text{ cm}^{-1}.$$

Aufgabe 7. Die Halbwertszeit der Zerfallskurve $e^{-\alpha t}$ ist $\tau = \ln 2/\alpha$, so daß die gesuchte Linienbreite 2α gleich $2\ln 2/\tau \approx 1.4/\tau$ ist. Das ergibt die Breite bezüglich der Kreisfrequenz ω. Um die Breite der Frequenz ν zu erhalten, muß noch durch 2π dividiert werden, so daß $\Delta\nu$ schließlich

$$(a) \quad 2.2 \cdot 10^{12} \sec^{-1} \qquad (b) \quad 2.2 \cdot 10^{13} \sec^{-1}$$

wird. (Zum Vergleich: Der Bereich des sichtbaren Lichtes liegt zwischen etwa $4 \cdot 10^{14}$ und $7.5 \cdot 10^{14}$ $\sec^{-1}$. Konkret: Eine Spektrallinie bei z.B. $6 \cdot 10^{14}$ hat in Fall (b) eine Breite von $5.89 - 6.11 \cdot 10^{14}$.)

Aufgabe 8. Laut Gl. (8.42) benötigen wir die Fouriertransformierten der Faktoren im Faltungsintegral: $e^{-\alpha^2 x^2}$ [siehe Beispiel (3)] und $1/(1 + \tau^2 x^2)$ [siehe Aufgabe 5]. Damit ergibt sich

$$\sqrt{2\pi}\,\frac{1}{\sqrt{2}\alpha}e^{-k^2/4\alpha^2}\,\frac{\sqrt{\pi/2}}{\tau}e^{-|k|/\tau} = \frac{\pi}{\sqrt{2}\alpha\tau}e^{-k^2/4\alpha^2 - |k|/\tau}.$$

Abschnitt 8.4

Das Matrixelement zwischen $\psi^{(m)}(x)$ und $\psi^{(n)}(x)$ ist $\left(\psi^{(m)}(x), \frac{d}{dx}\psi^{(n)}(x)\right)$:

$$\int_{x=-l}^{l}\frac{1}{\sqrt{2l}}e^{-im\frac{\pi}{l}x}\frac{d}{dx}\frac{1}{\sqrt{2l}}e^{in\frac{\pi}{l}x}dx = \frac{1}{2l}\int_{x=-l}^{l}e^{-im\frac{\pi}{l}x}(in\frac{\pi}{l})e^{in\frac{\pi}{l}x}dx =$$

$$\frac{in\pi}{2l^2}\int_{x=-l}^{l}e^{i(n-m)\frac{\pi}{l}x}dx = \frac{in\pi}{2l^2}\delta_{mn}.$$

Die Matrix ist also diagonal und hat dort die Elemente $M_{nn} = \frac{in\pi}{2l^2}$.

Abschnitt 9.1

Aufgabe 1. a) $y = -x^3/3 + C$, b) $y = \pm\sqrt{ax} + C$, c) $y = -\cos x + C$, d) $y = Ce^{3x}$
2. Die Kreisgleichung mit $r = 1$ lautet $x^2 + y^2 = 1$ (im Ursprung zentriert) bzw. $(x - C)^2 + y^2 = 1$ (zentriert in $x = C, y = 0$. Implizite Ableitung liefert $(x - C) + yy' = 0$ (durch 2 gekürzt) und die C-Eliminierung führt auf $y^2(y')^2 + y^2 = 0$ bzw. $y^2((y')^2 + 1) = 0$.

Abschnitt 9.2

Aufgabe 1. a), b) und d) sind linear, c) (wegen y^2) und e) (wegen $y \cdot y'$) nicht.

Aufgabe 2. (a). Trennung der Variablen, Integration und Auflösung nach y:

$$\frac{y'}{y} = \frac{1}{x} \qquad \ln y = \ln x + C \qquad y = e^C x = C'x.$$

(b) Nach der Trennung der Variablen muß eine Partialbruchzerlegung eingeschoben werden:

$$\frac{y'}{y(y-1)} = \frac{2}{x} \qquad y'\left(\frac{1}{y-1} - \frac{1}{y}\right) = \frac{2}{x}$$

Integration ergibt nach Auflösen nach y:

$$\ln(y-1) - \ln y = \ln \frac{y-1}{y} = 2\ln x + C = \ln x^2 + C \qquad y = \frac{1}{1 - Cx^2}.$$

(c) In gleicher Weise (Variable sind schon getrennt):

$$-\cos y = 2x - C \qquad \Rightarrow \qquad y = \arccos(C - 2x)$$

(d) Hier sind die Variablen zwar auch getrennt, aber nicht so, daß y' als Faktor auf der linken Seite steht. Das erreichen wir durch folgende Umformung:

$$(y')^2 = 1 - y^2 \qquad \frac{(y')^2}{1-y^2} = 1 \qquad \frac{y'}{\sqrt{1-y^2}} = 1,$$

was $\arcsin y = x + C$ bzw. $y = \sin(x + C)$ ergibt.

Aufgabe 3. Nach Einsetzen des x- und y-Wertes läßt sich die Konstante C bestimmen: $C = 1/2$, so daß die gesuchte partikuläre Lösung $y = 1/(1 - x^2/2)$ lautet.

Aufgabe 4. (a) Aufgabe 2a liefert die Lösung der zugehörigen homogenen Gleichung, so daß wir direkt den Ansatz $y = u(x) \cdot x$ machen können (z ist hier x!):

$$xy' = x(u'(x) \cdot x + u(x) \cdot 1) - u(x) \cdot x = x^2 u' = -x^2 \qquad u' = -1 \qquad u = -x + C$$

so daß schließlich

$$y = u(x)x = Cx - x^2$$

ist.

(b) Wir suchen zuerst die Lösung der zugehörigen homogenen Gleichung $x^2 z' + 2xz = 0$. Trennung der Variablen führt auf die Lösung $z = C/x^2$. Unser Ansatz wird damit $y = u(x)/x^2$ und $y' = u'/x^2 - 2u/x^3$. Einsetzen in die (inhomogene) Differentialgleichung ergibt

$$u' = \sin x \qquad u = -\cos x + C \qquad y = uz = (C - \cos x)/x^2.$$

5. Umformung und Trennung der Variablen liefert

$$m_A' = -k_1 m_A + k_2(m_B^0 + m_A^0 - m_A) = -(k_1 + k_2)m_A + k_2(m_B^0 + m_A^0) \qquad \Rightarrow$$

$$-\frac{m_A'}{(k_1 + k_2)m_A - k_2(m_B^0 + m_A^0)} = 1.$$

Beidseitige Integration ergibt

$$\frac{\ln\left((k_1 + k_2)m_A - k_2(m_B^0 + m_A^0)\right)}{k_1 + k_2} = -t + C \Rightarrow$$

$$(k_1 + k_2)m_A - k_2(m_B^0 + m_A^0) = Ce^{-(k_1+k_2)t}$$

$$m_A(t) = \frac{k_2(m_B^0 + m_A^0) + Ce^{-(k_1+k_2)t}}{k_1 + k_2}$$

Für $t = 0$ soll $m_A(0) = m_A^0$ sein, was auf $C = m_A^0 k_1 - m_B^0 k_2$ führt und somit zu

$$m_A(t) = \frac{k_2(m_B^0 + m_A^0)}{k_1 + k_2} + \frac{m_A^0 k_1 - m_B^0 k_2}{k_1 + k_2} e^{-(k_1 + k_2)t}.$$

Der Grenzwert für $t \to \infty$ ist der erste der beiden Terme. Mit ein klein wenig Umformung ergibt sich für

$$\frac{m_A(\infty)}{m_B(\infty)} = \frac{k_2}{k_1}.$$

Abschnitt 9.3

Aufgabe 1. Wir differenzieren die erste Gleichung nach x: es ergibt sich $y'' = 2 + 2yy' + z'$. Da wir z eliminieren wollen, benötigen wir keine vierte Gleichung, da drei Gleichungen ausreichen, um z und z' zu eliminieren. (Das liegt daran, daß die erste Gleichung z' nicht enthält, sonst wäre neben z' auch z'' entstanden und wir hätten die vierte Gleichung benötigt.) So ergibt sich aus der neuen Gleichung und der zweiten Gleichung $y'' = 2 + 2yy' + yz$. Löst man die erste Gleichung nach z auf, erhält man $z = y' - 2x - y^2$. Das können wir benutzen, um z vollständig zu eliminieren: $y'' = 2 + 2yy' + y(y' - 2x - y^2)$ oder

$$y'' = 2 + 3yy' - 2xy - y^3.$$

Aufgabe 2. Wir nennen die Zwischenfunktion $w(x)$ (braucht ja nicht das alte z zu sein!) und setzen z.B. $w = y'$ und haben damit eine Gleichung. Dann lautet die andere Gleichung $w' = 2 + 3yw - 2xy - y^3$. Dieses Gleichungssystem ist dem Ausgangssystem äquivalent.

Abschnitt 9.4

Aufgabe 1. (a) Es ist $(d^2/dx^2 + 9\cdot)$ gleich $(d/dx - 3i)(d/dx + 3i)$, so daß zwei Lösungen lauten

$$e^{3ix} \quad \text{und} \quad e^{-3ix}.$$

Da beliebige Linearkombinationen von ihnen wiederum Lösungen darstellen, können wir als Lösungen auch die reellen Funktionen

$$1/2(e^{3ix} + e^{-3ix}) = \cos 3x \quad \text{und} \quad 1/2i(e^{3ix} - e^{-3ix}) = \sin 3x$$

verwenden.
(b) Wir machen den Ansatz $y = A\cos 3x + B\sin 3x$ und erhalten dann $y' = -3A\sin 3x + 3B\cos 3x$. $y(0) = 1$ liefert die Bedingung $A = 1$ und $y'(0) = 1$ die Bedingung $3B = 1$, so daß die Lösung

$$y(x) = \cos 3x + (1/3)\sin 3x$$

ist.
(c) Die Wronsky-Determinante lautet

$$\sin 3x(-3i)e^{-3ix} - e^{-3ix} 3\cos 3x = -3e^{-3ix}(i\sin 3x + \cos 3x) =$$

$$-3(\cos 3x - i\sin 3x)(i\sin 3x + \cos 3x) = -3.$$

Dies ist ungleich Null, beide Lösungen bilden also ein Fundamentalsystem.

Aufgabe 2. (a) Der Ansatz $d^3/dx^3 - 2d^2/dx^2 + d/dx - 2 = (d/dx - a)(d/dx - b)(d/dx - c)$ führt auf das Aufsuchen der Wurzeln eines Polynoms $z^3 - 2z^2 + z - 2$. Eine Lösung muß hier erraten werden: $z = 2$. Die beiden anderen lassen sich nach Polynomdivision durch Lösen der quadratischen Gleichung $z^2 + 1 = 0$ finden: $+i$ und $-i$. Wir haben mithin drei Differentialgleichungen erster Ordnung:

$$(d/dx - 2)y = 0 \qquad (d/dx - i)y = 0 \qquad (d/dx + i)y = 0$$

mit den Lösungen

$$y = e^{2x} \qquad y = e^{ix} \qquad y = e^{-ix},$$

oder, durch Übergang zu Linearkombinationen der letzten zwei Lösungen

$$y = e^{2x} \qquad y = \cos x \qquad y = \sin x,$$

so daß die allgemeine Lösung

$$y = Ae^{2x} + B\cos x + C\sin x$$

lautet.

(b) Der Ansatz e^{ax} mit $y' = ae^{ax}$ usw. führt auf die Gleichung

$$a^3 e^{ax} - 2a^2 e^{ax} + ae^{ax} - 2e^{ax} = 0.$$

Der Faktor e^{ax} fällt heraus und wir verbleiben mit einer Gleichung 3. Ordnung für a, die die gleiche wie das Polynom für z unter (a) ist. Der Fortgang ist der gleiche wie bei (a).

Aufgabe 3. Der homogene Teil der Lösung ist hier keine abklingende Eigenfrequenz:

$$A\cos(\omega(t - t_0))$$

und der Amplitudenfaktor des inhomogenen Anteile wird einfach

$$\frac{\gamma}{\left|\omega^2 - \omega_0^2\right|}.$$

Der Tangens der Phase

$$\tan(\omega_0 t_a) = \frac{\rho\omega_0/m}{\omega^2 - \omega_0^2}$$

ist wegen $\rho = 0$ jetzt 0, also auch t_a selbst, so daß die Bewegung eine Überlagerung der Eigenfrequenz und der äußeren Frequenz darstellt. Im Falle von Resonanz ist die Phase unbestimmt und der Amplitudenfaktor der erzwungenen Schwingung unendlich, was besagt, daß eine Daueranregung mit der Eigenfrequenz eines reibungslosen Systems zu einer ständig wachsenden Amplitude führt.

Aufgabe 4. Den Faktor $1/2$ kann man weglassen, da die Gleichung linear ist und der Vorfaktor frei ist. Ansonsten gilt $y' = 15x^2 - 3$ und $y'' = 30x$. Einsetzen ergibt

$$(1 - x^2)30x - 2x(15x^2 - 3) + 3 \cdot 4(5x^3 - 3x) = 0.$$

In der Tat heben sich alle Glieder weg und die Gleichung ist *identisch* erfüllt.

Aufgabe 5. (1) $P_l(x) = const \cdot v^{[l]}$. (2) Einsetzen in Gl. (9.17) liefert

$$(1 - x^2)v^{[l+2]} - 2xv^{[l+1]} + l(l + 1)v^{[l]} = 0. \tag{B.1}$$

(3) Der Ausdruck $[(1-x^2)v]^{[l+2]}$ (siehe Abschn. 5.1, Übungsaufgabe 6) ergibt

$$[(1-x^2)v]^{[l+2]} = (1-x^2)v^{[l+2]} - 2(l+2)xv^{[l+1]} - (l+2)(l+1)v^{[l]},$$

Löst man nach dem 1. Term auf der rechten Seite auf, kann man den 1. Term in der Gleichung ersetzen:

$$[(1-x^2)v]^{[l+2]} + 2(l+1)xv^{[l+1]} + 2(l+1)^2 v^{[l]} = 0. \tag{B.2}$$

(4) Wir wiederholen den gleichen Schritt mit dem 2. Term: Wir bilden

$$(xv)^{[l+1]} = xv^{[l+1]} + (l+1)v^{[l]},$$

lösen nach dem 1. Term rechts auf und ersetzen den 2. Term in der Gleichung:

$$[(1-x^2)v]^{[l+2]} + 2(l+1)(xv)^{[l+1]} = 0.$$

(5) Als $l+1$-te Ableitung geschrieben ist das

$$\frac{d^{l+1}}{dx^{l+1}}\left\{[(1-x^2)v]' + 2(l+1)xv\right\} = 0$$

(6) Um den Ausdruck in den geschweiften Klammern zu berechnen, ersetzt man v wieder durch $(x^2-1)^l$ und erhält

$$[-(x^2-1)^{l+1}]' + 2(l+1)x(x^2-1)^l = -(l+1)(x^2-1)^l(2x) + 2(l+1)x(x^2-1)^l = 0.$$

Damit sind auch alle weiteren $l+1$ Ableitungen Null und die Richtigkeit des Ansatzes ist bewiesen.

Aufgabe 6. Die Differentialgleichung ist die schon mehrfach behandelte Schwingungsgleichung, die Lösungen des Typs $A\sin ax$, $A\cos ax$ oder Ae^{ax} hat. Letztere scheiden aus, da sie die Randwertbedingungen $\psi(-l) = \psi(+l) = 0$ nicht befriedigen können. Bei den trigonometrischen Funktionen muß a entsprechend gewählt werden. Im Fall der sin-Funktion ist $a = n\pi/l$, wobei $n = 1, 2, 3 \dots$ ist. Man überzeugt sich leicht davon, daß $\sin(n\frac{\pi}{l}x)$ für alle ganzzahligen n-Werte an der Stelle $x = \pm l$ den Wert 0 ergibt. (Der Fall $n = 0$ scheidet aus physikalischen Gründen aus.) In gleicher Weise haben cos-Funktionen der Form $\cos(\frac{2n+1}{2}\frac{\pi}{l}x)$ mit $n = 0, 1, 2\dots$ dort Nullstellen. Nun ist die Lösung der Differentialgleichung $-\mu\psi'' = E\psi$

$$\psi(x) = A\sin\left(\sqrt{\frac{E}{\mu}}x\right) \qquad \text{bzw.} \qquad \psi(x) = A\cos\left(\sqrt{\frac{E}{\mu}}x\right).$$

Durch Vergleich der Argumente ergibt sich für die sin-Funktionen

$$\sqrt{\frac{E}{\mu}} = n\frac{\pi}{l} \qquad \text{bzw.} \qquad E = \mu\left(\frac{\pi}{l}\right)^2 n^2$$

und für die cos-Funktionen

$$\sqrt{\frac{E}{\mu}} = \frac{2n+1}{2}\frac{\pi}{l} \qquad \text{bzw.} \qquad E = \mu\left(\frac{\pi}{l}\right)^2\left(\frac{2n+1}{2}\right)^2$$

Die Eigenwerte $E^{(1)}, E^{(2)} \dots$ sind also

$$\mu\left(\frac{\pi}{l}\right)^2 1/4, \quad \mu\left(\frac{\pi}{l}\right)^2, \quad \mu\left(\frac{\pi}{l}\right)^2 9/4, \quad \mu\left(\frac{\pi}{l}\right)^2 4, \quad \dots$$

Aufgabe 7. Wir können den Lösungsgang im wesentlichen übernehmen, wenn wir nur μ_H und μ_N durch μ_O ersetzen und die beiden κ_{HC}, κ_{CN} durch ein und dasselbe κ. x_H muß durch x_1 (Position des linken O) und x_N durch x_2 (rechtes O) ersetzt werden. Die **GF**-Matrix sieht dann folgendermaßen aus:

$$
\mathbf{GF} = \kappa \begin{pmatrix} -\mu_O & \mu_O & 0 \\ \mu_C & -2\mu_C & \mu_C \\ 0 & \mu_O & -\mu_O \end{pmatrix},
$$

und die Eigenwertgleichung ist

$$
(-\mu_O\kappa - \lambda)^2(-2\mu_C\kappa - \lambda) - 2(-\mu_O\kappa - \lambda)\mu_O\mu_C = 0.
$$

$\lambda^{(1)} = 0$ wie bei HCN, wovon man sich durch Einsetzen sofort überzeugen kann. Der Faktor $-\mu_O\kappa - \lambda$ läßt sich ausklammern und liefert damit $\lambda^{(2)} = -\mu_O\kappa$. Der dritte Eigenwert ist dann $\lambda^{(3)} = -(2\mu_C + \mu_O)\kappa$. Die drei Eigenvektoren $\mathbf{t}^{(i)}$ sind wieder $\mathbf{t}^{(1)} = (1,1,1)$, für $\mathbf{t}^{(2)}$ ist mit dem Ansatz (α, β, γ) das Gleichungssystem

$$
(-\mu_O - (-\mu_O))\alpha + \mu_O\beta = 0
$$

$$
\mu_C\alpha + (-2\mu_C - (-\mu_O))\beta + \mu_C\gamma = 0
$$

$$
\mu_O\beta + (-\mu_O - (-\mu_O))\gamma = 0.
$$

zu lösen. Die erste und die dritte Gleichung ergeben für β Null und die zweite dann $\alpha = -\gamma$, so daß $\mathbf{t}^{(2)} = (1, 0, -1)$ (unnormiert) ist. Das dritte Gleichungssystem (mit $\lambda^{(3)}$) führt mit dem gleichen Ansatz auf $\alpha = \gamma$ und $2\alpha\mu_C = -\beta\mu_O$, so daß $\mathbf{t}^{(3)}$ (wiederum unnormiert) $(1, -2\mu_C/\mu_O, 1)$ ist. Die gleichen Überlegungen wie beim HCN-Molekül ergeben, daß bei der zweiten Normalschwingung das C-Atom in Ruhe bleibt und die beiden O-Atome gegeneinander schwingen, diese also eine symmetrische Streckschwingung darstellt. Die dritte Normalschwingung besteht in der Verkürzung einer Bindung während die andere sich verlängert: eine antisymmetrische Streckschwingung.

Aufgabe 8. (a) Das Gleichungssystem in Matrixform lautet

$$
\begin{pmatrix} r_{HC}'' \\ r_{CN}'' \end{pmatrix} = \begin{pmatrix} -\omega_{HC}^2 & -K \\ -K & -\omega_{CN}^2 \end{pmatrix} \begin{pmatrix} r_{HC} \\ r_{CN} \end{pmatrix}.
$$

und die charakteristische Gleichung

$$
(-\omega_{HC}^2 - \lambda)(-\omega_{CN}^2 - \lambda) - K^2 = 0.
$$

Sie liefert als Lösungen (nach einer kleinen Umformung unter der Wurzel)

$$
\lambda^{(1,2)} = -\frac{\omega_{HC}^2 + \omega_{CN}^2}{2} \pm \sqrt{\left(\frac{\omega_{HC}^2 - \omega_{CN}^2}{2}\right)^2 + K^2}.
$$

(b) Mit der angebenen Näherung für die Wurzel wird das ($\omega_{HC} > \omega_{CN}$!)

$$
\lambda^{(1,2)} = -\frac{\omega_{HC}^2 + \omega_{CN}^2}{2} \pm \left(\frac{\omega_{HC}^2 - \omega_{CN}^2}{2} + \frac{K^2}{\omega_{HC}^2 - \omega_{CN}^2}\right).
$$

Mit der Abkürzung $\Delta\omega^2$ für $K^2/(\omega_{HC}^2 - \omega_{CN}^2)$ sind die beiden Eigenwerte

$$
\lambda^{(1)} = -(\omega_{HC}^2 + \Delta\omega^2) \qquad \text{und} \qquad \lambda^{(2)} = -(\omega_{CN}^2 - \Delta\omega^2).
$$

Man sieht, daß die beiden reinen Bindungsfrequenzen wieder auftauchen, aber wegen der Kopplung verschoben sind.

(c) Damit sind die beiden Normalschwingungen

$$z_1(t) = A\cos(\sqrt{\omega_{HC}^2 + \Delta\omega^2}t + \alpha) \quad \text{und} \quad z_2(t) = B\cos(\sqrt{\omega_{CN}^2 - \Delta\omega^2}t + \beta).$$

(d) Für die Rücktransformation auf r_{HC} und r_{CN} benötigen wir noch die Eigenvektoren der Ausgangsmatrix. Wir setzen den ersten Eigenvektor in der Form $(1, \alpha)$ an und erhalten aus der ersten Zeile

$$(-\omega_{HC}^2 - \lambda^{(1)}) \cdot 1 - K\alpha = \Delta\omega^2 - K\alpha = 0$$

(die zweite Zeile wird nicht benötigt). Das ergibt für $\alpha = \Delta\omega^2/K = K/(\omega_{HC}^2 - \omega_{CN}^2)$. Damit ist der Eigenvektor, der die modifizierte HC-Schwingung beschreibt, gefunden und das Ergebnis ist, daß mit der HC-Schwingung auch eine CN-Schwingung (mit der gleichen, verschobenen Frequenz) einhergeht, und zwar mit dem (kleinen) Zusatzfaktor $K/(\omega_{HC}^2 - \omega_{CN}^2)$. Dieser Faktor wird um so größer, je geringer der Unterschied von HC- und CN-Frequenz ist. Ist sie gleich, so tritt Resonanz ein und das Bewegungsproblem ist mit der benutzten Näherung für die Wurzel nicht mehr behandelbar. In analoger Form bekommen wir für den zweiten Eigenvektor $(-\alpha, 1)$ (gleiches α wie oben). Hier ist der CN-Bewegung bei ebenfalls (nach unten verschobener Frequenz) eine kleine HC-Bewegung beigemischt.

Das Resümee ist: in einem Molekül sind die Bewegungungsmodi nicht mehr auf einzelne Bindungen beschränkt. Bei starken Kopplungen können sogar völlig neue Bewegungen entstehen.

Abschnitt 9.5

Aufgabe 1. Ja, denn der Ansatz $u(x, y) = X(x)Y(y)$ führt durch Einsetzen auf

$$aX''(x)Y(y) + bX(x)Y''(y) = cX(x)Y(y),$$

was bei Division durch $X(x)Y(y)$ auf

$$a\frac{X''(x)}{X(x)} + b\frac{Y''(y)}{Y(y)} = c \quad \text{bzw.} \quad a\frac{X''(x)}{X(x)} = c - b\frac{Y''(y)}{Y(y)}$$

führt, womit die Variablen getrennt sind. Durch Setzen beider Seiten gleich d ergeben sich die beiden gewöhnlichen Differentialgleichungen

$$aX''(x) = dX(x) \quad \text{und} \quad bY''(y) = (c - d)Y(y),$$

wobei a, b, c gegeben, d aber frei wählbar ist. (Es muß in *beiden* Gleichungen die gleiche Zahl sein).

Aufgabe 2. Zunächst müssen wir die im Text gefundene Lösung $u(x, t) = \sin(\kappa(x - ct))$ umschreiben, indem wir die Additionsformel für trigonometrische Funktionen $\sin(a - b)$ benutzen:

$$\sin(\kappa(x - ct)) = \sin(\kappa x)\cos(\kappa ct) - \cos(\kappa x)\sin(\kappa ct)$$

Dies ist zum späteren Vergleich notwendig.

Sodann ergibt der Ansatz $u(x, t) = v(x)w(t)$ beim Hineingehen in die Gleichung

$$v''(x)w(t) - (1/c^2)v(x)w''(t) = 0,$$

bzw., nach Division durch $v(x)w(t)$, Trennung der Variablen und Konstantsetzen beider Seiten

$$\frac{v''(x)}{v(x)} = \frac{w''(t)}{c^2 w(t)} = C.$$

Die $v(x)$-Gleichung lautet $v''(x) = Cv(x)$ mit den Lösungen
(a) für $C > 0$: $\alpha \exp(\sqrt{C}x) + \beta \exp(-\sqrt{C}x)$
(b) für $C = 0$: $\alpha x + \beta$ und
(c) für $C < 0$: $\alpha \exp(i\sqrt{|C|}x) + \beta \exp(-i\sqrt{|C|}x)$ oder mit reellen Funktionen
$\alpha \sin(\sqrt{|C|}x) + \beta \cos(\sqrt{|C|}x)$. In unserem Fall müssen wir natürlich $C = -\kappa^2$ wählen (Fall (c)) und damit

$$v(x) = \alpha \sin(\kappa x) + \beta \cos(\kappa x).$$

Die $w(t)$ Gleichung lautet $w''(t) = Cc^2 w(t)$. Über C haben wir bereits verfügt, so daß nur Fall (c) verbleibt:

$$w(t) = \gamma \sin(c\kappa t) + \delta \cos(c\kappa t)$$

und $u(x,t)$ ist das Produkt von $v(x)$ und $w(t)$. Da wir über α, β, γ und δ frei verfügen können, können wir
(1) $\alpha = 1$ und $\beta = 0$ und $\gamma = 0$ und $\delta = 1$ setzen, was $\sin(\kappa x)\cos(c\kappa t)$ ergibt. Eine zweite Möglichkeit ist
(2) $\alpha = 0, \beta = 1, \gamma = 1$ und $\delta = 0$. Dies liefert $\cos(\kappa x)\sin(c\kappa t)$. Unsere Differentialgleichung ist linear, also können wir beliebige Lösungen linear-kombinieren, in unserem Falle die Differenz bilden. Dies ergibt die eingangs zum Vergleich gebildete Funktion.

Abschnitt 10.1

Aufgabe 1. Die Gruppe C_{2v}:
(a) Sie enthält als Symmetrie-Elemente eine zweizählige Achse C_2 und eine vertikale Spiegel-Ebene $\sigma_v \equiv \sigma_{xz}$. Ein Punktdiagramm analog zu Abb. 10.7 zeigt, daß die erste Spiegelebene eine zweite senkrecht dazu bedingt ($\sigma_v' \equiv \sigma_{yz}$). Mithin sind die Symmetrie-Operationen e, C_2, σ_{xz} und σ_{yz}.
(b) Die Gruppentafel lautet

	e	C_2	σ_{xz}	σ_{yz}
e	e	C_2	σ_{xz}	σ_{yz}
C_2	C_2	e	σ_{yz}	σ_{xz}
σ_{xz}	σ_{xz}	σ_{yz}	e	C_2
σ_{yz}	σ_{yz}	σ_{xz}	C_2	e

(c) Die Gruppe ist kommutativ und in solch einem Fall ist jedes Element eine Klasse für sich, da immer $cac^{-1} = acc^{-1} = a$ ist.
(d) Es gibt drei Untergruppen: (1) e und C_2, (2) e und σ_{xz} und (3) e und σ_{yz}.

Aufgabe 2. Die Gruppe D_{2h}:
(a) Sie enthält als Symmetrie-Elemente zwei aufeinander senkrecht stehende C_2-Achsen ($C_2^{(z)}$ und $C_2^{(x)}$) und außerdem eine horizontale Spiegelebene σ_{xy}. Inspektion der betreffenden Punktdiagramms zeigt, daß die zwei Drehachsen eine dritte bedingen und die horizontale Spiegelebene im Verein mit den Achsen zwei vertikale Spiegelebenen und die Inversion erzeugen. Da nur Symmetrie-Elemente mit einer Symmetrieoperation vorhanden sind, besteht die Liste der Symmetrieoperationen nur aus e und einer Operation der jeweiligen Elemente: e, $C_2^{(z)}$, $C_2^{(x)}$, $C_2^{(y)}$, i, σ_{xz}, σ_{yz} und σ_{xy},

die in der Gruppentafel der Kürze halber mit e, z, x, y, i, xz, yz, xy bezeichnet sind.
(b) Diese lautet

	e	z	x	y	i	xz	yz	xy
e	e	z	x	y	i	xz	yz	xy
z	z	e	y	x	xy	yz	xz	i
x	x	y	e	z	yz	xy	i	xz
y	y	x	z	e	xz	i	xy	yz
i	i	xy	yz	xz	e	y	x	z
xz	xz	yz	xy	i	y	e	z	x
yz	yz	xz	i	xy	x	z	e	y
xy	xy	i	xz	yz	z	x	y	e

(c) Auch diese Gruppe ist kommutativ und hat daher daher acht Klassen mit je einem Element,
weil auch hier jedes Gruppenelement nur zu sich selbst konjugiert ist.
(d) Es gibt eine ganze Reihe von Untergruppen: mit zwei Elementen drei C_2, C_i, drei C_σ und mit
vier Elementen D_2, drei C_{2v} und drei C_{2h}.

Abschnitt 10.2

Aufgabe 1. (a) C_{2v}. Wir haben vier Klassen, also auch vier irreduzible Darstellungen. Um die
Dimension festzustellen, müssen vier Quadratzahlen gefunden werden, deren Summe die Zahl der
Elemente, also 4, ergibt. Die einzige Möglichkeit ist $1^2 + 1^2 + 1^2 + 1^2 = 4$. Damit existieren für diese
Punktgruppe vier nicht-äquivalente eindimensionale Darstellungen.
(b) Für die Gruppe D_{2h} gilt analog: Es gibt acht eindimensionale Darstellungen.

Aufgabe 2. Das Wasser-Molekül hat die Symmetrie C_{2v} (siehe Abschn. 10.1 Aufg. 2). Die Orientierung des Moleküls im Koordinatensystems zeigt Abb. 2.12. Wir arbeiten mit drei Verzerrungskoordinaten je Atom, so daß insgesamt neun Koordinaten x_O, y_O, z_O und x_1 bis z_2 (für die beiden
H-Atome) auftreten. Unser Vektorraum ist also neundimensional ($N = 9$). Der Satz der Symmetrieoperationen, bzw. der Darstellungsmatrizen M_i, besteht also aus e, C_2, σ_{xz} und σ_{yz}. Als
erstes benötigen wir die Spuren der vier Darstellungsmatrizen, die wir genau wie beim Ammoniak
ermitteln können. Zunächst ein Beispiel für eine der Matrizen explizit:

$$
M_{C_2} = \begin{pmatrix}
-1 & 0 & 0 & 0 & 0 & 0 & 0 & 0 & 0 \\
0 & -1 & 0 & 0 & 0 & 0 & 0 & 0 & 0 \\
0 & 0 & 1 & 0 & 0 & 0 & 0 & 0 & 0 \\
0 & 0 & 0 & 0 & 0 & 0 & -1 & 0 & 0 \\
0 & 0 & 0 & 0 & 0 & 0 & 0 & -1 & 0 \\
0 & 0 & 0 & 0 & 0 & 0 & 0 & 0 & 1 \\
-1 & 0 & 0 & 0 & 0 & 0 & 0 & 0 & 0 \\
0 & -1 & 0 & 0 & 0 & 0 & 0 & 0 & 0 \\
0 & 0 & 1 & 0 & 0 & 0 & 0 & 0 & 0
\end{pmatrix}
$$

Die Blockung in 3×3-Unterblöcke ist gezeigt, um die Koordinatensätze für die drei Atome zu
trennen. Man sieht sehr gut, daß Atome, die ihre Plätze tauschen (hier die beiden H-Atome),
nichts zur Spur beitragen, weil die betreffenden Blöcke keine Diagonalblöcke sind. Beiträge zur
Spur liefert nur das Atom, dessen Position unverändert bleibt (das O-Atom). Da $x \to -x, y \to -y$
und $z \to z$ ist die Diagonale in diesem Block entsprechend besetzt. Die Spur ist -1. Die Spur von
e ist natürlich 9 und die Spuren der beiden Spiegeloperationen kann man sich analog klar machen:

die von σ_{xz} ist 3 und die von σ_{yz} 1. Der nächste Schritt besteht darin, festzustellen, wie oft jede der (vier) irreduziblen Darstellungen von C_{2v} in unserer neundimensionalen Darstellung enthalten ist. Gl. (10.5) liefert

$$n_{A_1} = (1 \cdot 9 \cdot 1 + 1 \cdot (-1) \cdot 1 + 1 \cdot 3 \cdot 1 + 1 \cdot 1 \cdot 1)/4 = 3,$$

$$n_{A_2} = (1 \cdot 9 \cdot 1 + 1 \cdot (-1) \cdot 1 + 1 \cdot 3 \cdot (-1) + 1 \cdot 1 \cdot (-1))/4 = 1,$$

$$n_{B_1} = (1 \cdot 9 \cdot 1 + 1 \cdot (-1) \cdot (-1) + 1 \cdot 3 \cdot 1 + 1 \cdot 1 \cdot (-1))/4 = 3,$$

$$n_{B_2} = (1 \cdot 9 \cdot 1 + 1 \cdot (-1) \cdot (-1) + 1 \cdot 3 \cdot (-1) + 1 \cdot 1 \cdot 1)/4 = 2,$$

also $3 \cdot A_1 + 1 \cdot A_2 + 3 \cdot B_1 + 2 \cdot B_2$. Wir entnehmen der Charakterentafel, daß die drei Translationen die Symmetrie-Rassen $A_1 + B_1 + B_2$ und die drei Rotationen die Rassen $A_2 + B_1 + B_2$ haben. Zieht man diese ab, so bleiben für die inneren Koordinaten $2A_1 + B_1$. Als innere Koordinaten können wir die beiden r_1 und r_2 sowie den Bindungswinkel θ wählen. Die Winkel-Schwingung ändert die Symmetrie des Moleküls nicht, ist also totalsymmetrisch (d.h. A_1). Das gleiche gilt für die symmetrische Streckschwingung (beide Bindungen werden synchron länger und kürzer). Dagegen ist die antisymmetrische Streckschwingung (eine Bindung dann verkürzt, wenn die andere verlängert ist) von der Symmetrie B_1. Die Charakterentafel zeigt, daß B_1 eine Koordinate ist, die unter C_2 und unter σ_{yz} das Vorzeichen wechselt. Beides ist für die antisymmetrische Streckschwingung der Fall.

Wir können hier ebenso wie beim NH_3-Molekül schließlich die Transformationsmatrix $\mathbf{T}$, die die kartesischen Koordinaten in Symmetrie-Koordinaten überführt, erraten.

$$
\begin{array}{lll}
s_1 = (z_O + z_1 + z_2)/\sqrt{3} & (A_1) & T_z \\
s_2 = (2z_O + z_1 + z_2)/\sqrt{6} & (A_1) & \sim\text{symStr} \\
s_3 = (z_1 - z_2)/\sqrt{2} & (B_1) & \sim\text{asymStr} \\
s_4 = (x_O + x_1 + x_2)/\sqrt{3} & (B_1) & T_x \\
s_5 = (2x_O + x_1 + x_2)/\sqrt{6} & (B_1) & \sim R_y \\
s_6 = (x_1 - x_2)/\sqrt{2} & (A_1) & \sim\text{Wnk} \\
s_7 = (y_O + y_1 + y_2)/\sqrt{3} & (B_2) & T_y \\
s_8 = (2y_O + y_1 + y_2)/\sqrt{6} & (B_2) & R_x \\
s_9 = (y_1 - y_2)/\sqrt{2} & (A_2) & R_z
\end{array}
$$

Hinter den Symmetrie-Koordinaten ist die Symmetrie-Rasse angegeben und danach die Bewegung, die sie beschreibt. Das "$\sim$"-Zeichen besagt, daß die Bewegung nur näherungsweise erfaßt ist, weil Bewegungen gleicher Symmetrie-Rasse "koppeln", d.h. die Bewegungsgleichung für beide Bewegungen zusammen gelöst werden müssen. In diesem Sinne sind s_2 und s_6 gekoppelt (beide Symmetrie-Rasse A_1) und s_3 und s_5 (B_1).

Abschnitt 11.1

Aufgabe 1. Wenn

$$\int_0^\infty v^2 e^{-av^2} dv = \frac{1}{4}\sqrt{\frac{\pi}{a^3}} \quad \text{dann} \quad \int_0^\infty 4\sqrt{\frac{a^3}{\pi}} v^2 e^{-av^2} dv = 1$$

Aufgabe 2. Das Maximum von $v^2 e^{-av^2}$ ist an der Stelle, wo die Ableitung von ρ Null wird:

$$2v e^{-av^2} + v^2(-2av)e^{-av^2} = 2v(1-av^2)e^{-av^2} = 0,$$

was auf

$$v_{max} = \frac{1}{\sqrt{a}}$$

führt. (Die zweite Lösung $v = 0$ ist uninteressant.)

Aufgabe 3. Für $\bar{v}$ muß das Integral

$$4\sqrt{\frac{a^3}{\pi}} \int_0^\infty v \cdot v^2 e^{-av^2} dv$$

berechnet werden. Substitution $u = av^2$ ($du/dv = 2av$) führt das Integral in

$$4\sqrt{\frac{a^3}{\pi}} \frac{1}{2a^2} \int_0^\infty u e^{-u} du$$

über. Die Stammfunktion von ue^{-u} ist (partielle Integration!) $-(1+u)e^{-u}$, so daß das Resultat

$$\bar{v} = -4\sqrt{\frac{a^3}{\pi}} \frac{1}{2a^2} (1+u)e^{-u} \Big|_0^\infty = \frac{2}{\sqrt{\pi a}}$$

ist.

Abschnitt 11.2

Den Mittelwert erhalten wir durch

$$(2.78 + 3.06 + 2.91 + 2.66 + 2.68 + 3.01 + 2.80 + 2.89)/8 = 22.79/8 = 2.85.$$

Die Varianz ist

$$(0.07^2 + 0.21^2 + 0.06^2 + 0.19^2 + 0.17^2 + 0.16^2 + 0.05^2 + 0.04^2)/(8-1) = 0.1471/7 = 0.021.$$

Die Standardabweichung ist die Wurzel daraus:

$$\sigma = \sqrt{0.021} = 0.14.$$

Die mittlere Fehler des Mittelwertes ist schließlich

$$\sigma/\sqrt{8} = 0.05.$$

Abschnitt 11.3

Der Mittelwert von m ist 3.019 g und der von τ 1.420 sec. Die Varianz (σ_m^2) ergibt sich nach den allgemeinen Regeln zu 0.000030 und die von τ (σ_τ^2) zu 0.000137.

$$\frac{\partial \kappa}{\partial m} = \frac{4\pi^2}{\tau^2} \quad \text{und} \quad \frac{\partial \kappa}{\partial \tau} = -2\frac{4\pi^2 m}{\tau^3}.$$

Wir erhalten dann für σ_κ

$$\sigma_\kappa = 4\pi^2 \sqrt{\frac{0.000030}{\tau^4} + \frac{4m^2 \cdot 0.000137}{\tau^6}} = \frac{4\pi^2}{\tau^3} \sqrt{0.000030\tau^2 + 0.000137 \cdot 4m^2} =$$

$$\frac{4\pi^2}{1.420^3} \cdot 0.0711 \ [\text{g/sec}^2].$$

Abschnitt 11.4

Wir benötigen als Zwischengrößen
$[x] \equiv \sum x_i$, (hier t_i) = 13.0,
$[x^2] \equiv \sum x_i^2$, (hier t_i^2) = 41.5,
$[y] \equiv \sum y_i$, (hier $\ln y_i$) = 1.73 und
$[xy] \equiv \sum x_i y_i$ (hier $t_i \ln y_i$) = -3.775. Damit ist folgendes Gleichungssystem zu lösen:

$$7c_1 + 13c_2 = 1.73 \quad \text{und} \quad 13c_1 + 41.5c_2 = -3.775$$

mit der Lösung $c_1 = \ln A = 0.995$ und $c_2 = -\alpha = -0.403$.

Literaturverzeichnis

[1] G. Fischer, *Lineare Algebra* Vieweg Verlag, Wiesbaden, 2002

[2] H.J. Kowalsky G.O. Michler, *Lineare Algebra* W. de Gruyter, Berlin, 1998

[3] v.Mangold-Knopp, *Einführung in die höhere Mathematik* Band I, Abschn. 1 und 2. S.Hirzel Verlag, Stuttgart, 1980

[4] R. Courant, *Vorlesung über Differential- und Integralrechnung*, 2 Bde. Springer-Verlag, Berlin,Heidelberg,New York, 1971

[5] B. Baule, *Die Mathematik des Naturforschers und Ingenieurs*, Band I-VII, S.Hirzel Verlag, Zürich

[6] I.N.Bronstein, K.A.Semendjajew, G.Musiol, H.Mühlig, *Taschenbuch der Mathematik* Verlag Harri Deutsch, Frankfurt a.M. 1993

[7] I.M.Ryshik, I.S.Gradstein, *Summen-, Produkt- und Integraltafeln* VEB Deutscher Verlag der Wissenschaften, Berlin 1963.

[8] K.Knopp, *Funktionentheorie* Sammlung Göschen Nr. 668, de Gruyter, Berlin, 1957

[9] siehe z.B. Erwin Madelung *Die mathematischen Hilfsmittel des Physikers* Springer-Verlag Berlin, Göttingen, Heidelberg, 1962, S. 45

[10] E.T.Whittaker and G.N.Watson, *A Course of Modern Analysis* Cambridge at the University Press, 1962

[11] M.Abramowitz and I.A.Stegun, *Handbook of Mathematical Functions* Dover Publications, New York, 1972

[12] J.M.Hollas, *Die Symmetrie von Molekülen* W.d.Gruyter, Berlin, New York, 1975 (Chemie-orientiert mit vielen Anwendungsbeispielen)

[13] D.M.Bishop, *Group Theory and Chemistry* Dover Publication, Inc. New York, 1973 (Chemie-orientiert)

[14] M.Tinkham, *Group Theory and Quantum Mechanics* McGraw-Hill Book Comp. New York, Totonto, London 1964 (Physik-orientiert)

[15] E.B.Wilson, J.C.Decius, P.C.Cross, *Molecular Vibrations* McGraw-Hill Book Comp. New York, Totonto, London 1955

Sachverzeichnis

Made in the USA
Las Vegas, NV
07 November 2024

11117743R30299